# 小动物临床实验室诊断

## Small Animal Clinical Diagnosis by Laboratory Methods

第 5 版

Fifth Edition


主　编

［美］迈克尔·D. 维拉德（Michael D. Willard）

DVM, MS, DACVIM

得克萨斯农工大学兽医学院

小动物医学与外科系

小动物医学教授

［美］哈罗德·特维登（Harold Tvedten）

DVM, PhD, DACVP, DECVCP

瑞典农业科学大学兽医学院临床科学系

密歇根州立大学东兰辛兽医学院病理生物学和诊断研究系

名誉教授

主　译　师福山　张兆霞　严玉祺　马晓丹



長江出版傳媒

湖北科学技术出版社

著作权合同登记图字：17-2023-028 号

图书在版编目（CIP）数据

小动物临床实验室诊断：第 5 版 /（美）迈克尔 · D. 维拉德（Michael D. Willard），（美）哈罗德 · 特维登（Harold Tvedten）主编；师福山等主译 . —武汉：湖北科学技术出版社，2024.6

书名原文：Small Animal Clinical Diagnosis by Laboratory Methods, 5/E

ISBN 978-7-5706-2361-7

Ⅰ. ①小… Ⅱ. ①迈… ②哈… ③师… Ⅲ. ①动物疾病 – 实验室诊断 Ⅳ. ① S854.4

中国版本图书馆 CIP 数据核字（2022）第 253512 号

小动物临床实验室诊断（第 5 版）

XIAODONGWU LINCHUANG SHIYANSHI ZHENDUAN (DI 5 BAN)

---

责任编辑：林　潇

责任校对：秦　艺　　　　封面设计：曾雅明　北农阳光

---

出版发行：湖北科学技术出版社

地　　址：武汉市雄楚大街 268 号（湖北出版文化城 B 座 13—14 层）

电　　话：027-87679468　　　　邮　　编：430070

---

印　　刷：河北尚文雅屹印刷有限公司　　　　邮　　编：072759

---

787 × 1092　　1/16　　32 印张　　753 千字

2024 年 6 月第 1 版　　2024 年 6 月第 1 次印刷

定　　价：328.00 元

---

ELSEVIER

Elsevier (Singapore) Pte Ltd.
3 Killiney Road, #08-01 Winsland house I, singapore 239519
Tel: (65) 6349-0200; Fax: (65) 6733-1817


ISBN-13: 9781437706574

This translation of Small Animal Clinical Diagnosis by Laboratory Methods, Fifth Edition by Michael D. Willard, Harold Tvedten was undertaken by Hubei Science and Technology Press Co., Ltd and is published by arrangement with Elsevier (Singapore) Pte Ltd.
Small Animal Clinical Diagnosis by Laboratory Methods, Fifth Edition by Michael D. Willard, Harold Tvedten 由湖北科学技术出版社有限公司进行翻译，并根据湖北科学技术出版社有限公司与爱思唯尔（新加坡）私人有限公司的协议约定出版。

小动物临床实验室诊断（第 5 版）（师福山，张兆霞，严玉祺，马晓丹主译）
ISBN: 978-7-5706-2361-7



## 声　　明

本译本由湖北科学技术出版社有限公司完成。相关从业及研究人员必须凭借其自身经验和知识对文中描述的信息数据、方法策略、搭配组合、实验操作进行评估和使用。由于医学科学发展迅速，临床诊断和给药剂量尤其需要经过独立验证。在法律允许的最大范围内，爱思唯尔、译文的原文作者、原文编辑及原文内容提供者均不对译文或因产品责任、疏忽或其他操作造成的人身及（或）财产伤害及（或）损失承担责任，亦不对由于使用文中提到的方法、产品、说明或思想而导致的人身及（或）财产伤害及（或）损失承担责任。

# 译 委 会

**主　译**

师福山　浙江大学
张兆霞　中国农业大学动物医院
严玉祺　浙江大学
马晓丹　浙江大学

**副主译**

郑艺蕾　浙江大学
杜　芬　湖北省动物疫病预防控制中心
张　琼　中国农业大学动物医院
黄　薇　中国农业大学动物医院

**译　者**（按姓氏笔画排序）

王　莹　中国农业大学动物医院
王丹琳　浙江大学
李丹月　浙江大学
李鑫悦　浙江大学
张子安　浙江大学
何苏慧　浙江大学
陈　楠　浙江大学
俞雅宁　浙江大学
徐维律　浙江大学
高佳璇　浙江大学
黄城龙　浙江大学教学动物医院
董　露　浙江大学
鲁　彦　浙江大学教学动物医院
傅心雨　浙江大学

# 译者序

作为本书的译者，我们深感荣幸能够将这部小动物临床实验室诊断的权威之作呈现给广大读者。该书全面且系统地探讨了小动物医学领域中的临床实验室诊断技术，堪称小动物医学领域临床实验室诊断方面的典范。

在现代兽医学领域，临床实验室诊断技术持续革新，已然成为疾病诊断与治疗中不可或缺的关键环节。特别是对于小动物而言，由于其身体结构的复杂性和生理特征的独特性，临床实验室诊断工作显得尤为重要。

本书的原著者凭借丰富的经验和深厚的专业知识，将临床实验室诊断的各类技术以条理清晰、内容全面的方式展现给读者。从血液学到临床生物化学，从免疫学到微生物学，该书详尽地涵盖了小动物临床实验室诊断的各个方面，每一章节均深入剖析了相关技术的原理并对结果进行了详细解读，为读者提供了极具实用价值的操作指南与诊断思路。

在翻译过程中，译者们深切体会到了原著者对医学知识的精湛掌握以及对兽医事业的满腔热忱。译者们力求通过精准的翻译，将这份专业与热情传递给更多的读者，助力提升临床实验室诊断水平，为小动物健康事业贡献自己的力量。

最后，衷心感谢出版社的信任与支持，以及所有参与本书翻译的同行们的辛勤付出。期望本书能够成为小动物医学领域的经典之作，为行业发展和兽医学生的学习提供有力的支持与指导。

# 前　言

我们的目的是帮助兽医和兽医学生以尽可能简单、实用和快速的方式正确选择实验室检验方法并准确解读实验室检验结果。第 1 版和后续版本的受欢迎程度让我们感到惊讶和高兴。随着时间的变化，我们可能会遗漏一些小细节，但会记得在某一天中定下的重要原则。

与前 4 版一样，第 5 版《小动物临床实验室诊断》旨在提供规划性的方法来回答一些在解读实验室检验结果时经常遇到的问题。大多数作者在这一版中并没有编写新的章节，而是对他们先前所编写的章节进行了更新，这使他们可以更加专注于内容的时效性。我们在某些领域加入了新的作者，希望使本书尽可能与时俱进，虽然在一个不断更新的领域中这个目标几乎不可能达到。我们希望本书可以更加适合忙碌的临床兽医和正在学习如何艺术 / 科学地解决问题的学生使用，所以尽可能使参考文献和病理生理学内容在书中维持最低占比。

Michael D. Willard, Harold Tvedten

献给我的妻子 Gladys。如果没有她，我不可能将本书做得这么好，甚至可能无法完成这项工作。

Michael D. Willard

在过去的 40 年里，我与数千名兽医学生和临床兽医，以及数百名医疗技术人员和数十名临床病理学住院医生分享了成千上万次关于用实验室方法进行诊断的讨论。正是因为他们，每天的工作都变得有趣。兽医会议上的发言人不需要害怕我的问题，因为这些问题只是我每天问自己的问题。

Harold Tvedten

# 编著者


### Jeanne A. Barsanti, DVM, MS, DACVIM
Josiah Meigs Distinguished Teaching Professor, Emeritas
Small Animal Internist, Emeritas
Department of Small Animal Medicine and Surgery
The University of Georgia Teaching Hospital
The University of Georgia
Athens, Georgia

### Dawn Merton Boothe, DVM, MS, PhD, DACVIM, DACVP
Professor
Department of Physiology and Pharmacology
College of Veterinary Medicine
Director, Clinical Pharmacology Laboratory
Auburn University
Auburn, Alabama

### Sharon A. Center, DVM, DACVIM
Professor
Department of Veterinary Clinical Sciences
College of Veterinary Medicine
Cornell University
Ithaca, New York

### Stephen P. DiBartola, DVM, DACVIM
Associate Dean for Administration and Curriculum
Professor of Medicine
Department of Veterinary Clinical Sciences
College of Veterinary Medicine
The Ohio State University
Columbus, Ohio

### Sonya G. Gordon, DVM, DVSc, DACVIM
Associate Professor
Department of Small Animal Medicine and Surgery
College of Veterinary Medicine & Biomedical Sciences
Texas A&M University
College Station, Texas

### Paula Martin Imerman, BS, MS, PhD
Clinician and Associate Scientist
Department of Veterinary Diagnostic and Production Animal Medicine
College of Veterinary Medicine
Iowa State University
Ames, Iowa

### Cheri A. Johnson, DVM, MS, DACVIM
Professor
Department of Small Animal Clinical Sciences
College of Veterinary Medicine
Michigan State University
East Lansing, Michigan

### Mark C. Johnson, DVM, DACVP (Clinical Pathology)
Clinical Associate Professor
Department of Veterinary Pathobiology
College of Veterinary Medicine & Biomedical Sciences
Texas A&M University
College Station, Texas

### Ned F. Kuehn, DVM, MS, DACVIM
Chief of Internal Medicine Services
Michigan Veterinary Specialists
Southfield, Michigan

### Michael R. Lappin, DVM, PhD, DACVIM
Professor
Department of Veterinary Clinical Sciences
College of Veterinary Medicine and Biomedical Sciences
Colorado State University
Fort Collins, Colorado

### Gwendolyn J. Levine, DVM
Veterinary Clinical Associate
Department of Pathology
College of Veterinary Medicine & Biomedical Sciences
Texas A&M University
College Station, Texas

### Jonathan M. Levine, DVM, DACVIM (Neurology)
Assistant Professor of Neurology/Neurosurgery
Department of Small Animal Clinical Sciences
College of Veterinary Medicine & Biomedical Sciences
Texas A&M University
College Station, Texas

### Richard W. Nelson, DVM, DACVIM
Professor of Internal Medicine
Department of Medicine and Epidemiology
School of Veterinary Medicine
University of California
Davis, California

### Gary Osweiler, DVM, MS, PhD, DABVT
Professor
Department of Veterinary Diagnostic and Production Animal Medicine
Veterinary Toxicologist
Veterinary Diagnostic Laboratory
College of Veterinary Medicine
Iowa State University
Ames, Iowa

### Rose E. Raskin, DVM, PhD, DACVP
Professor of Veterinary Clinical Pathology
Department of Comparative Pathobiology
School of Veterinary Medicine
Purdue University
West Lafayette, Indiana

### Jennifer S. Thomas, DVM, PhD, DACVP
Associate Professor
Department of Pathobiology and Diagnostic Investigation
College of Veterinary Medicine
Michigan State University
East Lansing, Michigan

### David C. Twedt, DVM, DACVIM
Professor
Department of Veterinary Clinical Sciences
College of Veterinary Medicine and Biomedical Sciences
Colorado State University
Fort Collins, Colorado

### Douglas J. Weiss, DVM, PhD
Professor Emeritus
Department of Veterinary Biomedical Sciences
College of Veterinary Medicine
University of Minnesota
St. Paul, Minnesota

# 目　录

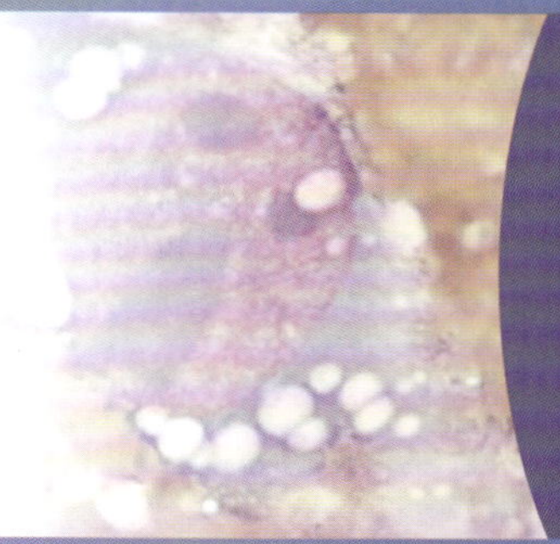

第1章

# 实验室的总体概要

Harold Tvedten, Jennifer S. Thomas

## 检测的选择和正确问题的询问

在实验室检测方面，兽医拥有众多选择。重要因素包括参考实验室检测的可获得性、诊所内检测的可靠性与易用性、成本效益、准确性和周转时间。兽医必须明确哪些检测在诊所内进行、哪些检测需要送到兽医参考实验室或者当地的人医实验室。近年来，诊所内使用的检测分析仪正在不断改进，使其在自动化和易用性方面更加先进。正确地选择因每个兽医诊所的需求和患病动物而异。没有一个答案适合所有情况。

为了从实验室检测中得到一个具体且有意义的答案，诊断医师必须提出一个具体且有意义的问题并且知道一项特定实验室的检查是否能给出一个有用的答案。举例说明，比较提出以下问题可能带来的结果："这只动物贫血了吗？""这只动物怎么了？"红细胞压积（packed cell volume，PCV）测定（除了解动物的水合状态）通常可回答第一个具体问题，但血清化学分析、全血细胞计数（complete blood count，CBC）、尿液分析和粪便检查不一定能回答第二个模糊的、非具体的问题。临床兽医应该问："在做出正确的诊断、提供准确的预后信息或选择合适的治疗方案上，一个高、低或正常的检测结果具体意味着什么？"如果答案是有意义的（即它将改变临床兽医的下一步方案），那么检测是值得的。正常的实验室结果可以排除某些疾病［即具有较高的阴性预测值（negative predictive value，NPV）］并可能与异常结果一样有价值。

**注意：**为了选择能提供具体诊断结果的合适检测，必须提出一个非常具体的问题。

## 简单的统计学和实际的解释

对于实验室结果，我们应保持合理的怀疑态度。临床兽医不应该相信所有的数值。所有实验室数据应结合患病动物的病史、体格检查和其他诊断结果进行解释。意料之外的结果很常见，临床兽医应该重新评估临时诊断，寻找其他疾病或者考虑导致实验结果错误的可能原因。数天检测结果的趋势往往比单日能提供更多信息。通常，并非所有在疾病情况下应该"异常"的检测结果在每个受影响的患病动物身上都显示异常。

**注意：**对于实验室结果，应保持合理的怀疑态度。

当解释实验室检测结果时，要记住95%的正常动物的预期结果在参考区间内。因此，

5% 的正常动物的（即 20 只中的 1 只）预期结果在参考区间外。如果进行 20 项检测，只有 36% 的正常动物的 20 项结果都落在 95% 置信区间参考值内。诊断医生必须预料到一些假阳性和假阴性的检测结果。对于一种疾病来说，没有任何检测具有 100% 敏感性和 100% 特异性。

**注意：**只有略多于 1/3 的正常动物可能在一组 20 项检测的所有检测中有“正常”的结果。临床兽医不应该过度解释偏离参考区间的微小变化。

正常动物的异常结果通常仅略高于或低于参考区间。变化的程度有助于医生判断疾病是否存在。结果有较大幅度的变化通常会使医生更有信心判断动物是异常的，因为它们不太可能是统计概率之外的结果。在许多检测中，偏离正常值的幅度增加也反映了疾病的严重程度增加和预后的恶化。

在重复分析样本时，实验室方法在提供相同结果的能力上各不相同（即分析精度）。变异系数（coefficient of variation，CV）常被用来表示测定的精度。变异系数低的分析方法精度高：结果的微小变化可以归因于患病动物的变化，而不是检测本身的随机变化。变异系数高的分析方法精度较低：结果的微小变化可能是由于检测的变化，而不是对动物疾病的指示。例如，由于人工计数白细胞、血小板或红细胞非常不精确，结果可能仅因为技术问题就相差 10% ~ 20%。因此，从一天到下一天的轻微变化可能只是反映人工计数的不精确，而不是患病动物的实际变化。

用筛选试验评估明显健康的动物群体与检测单个患病动物有很大不同。一项检测的预测值会很大程度受到动物中疾病流行程度的影响[3]。例如，如果一种疾病发生在 1000 只动物中的 1 只身上，而一项检测对该疾病的特异性和敏感性达到 95%，那么检测结果为阳性的动物实际上患病的概率是多少［即阳性预测值（positive predictive value，PPV）］？大多数学生、住院医生和临床兽医对这个问题的回答都是错误的；他们的回答平均值是 56%，范围是 0.095% ~ 99%。如果检测的敏感性为 95%，则应检测出 95% 的动物患病。因此，1000 只动物中应该有 1 只患病动物是阳性的。如果检测的特异性为 95%，那么 1000 只动物中没有患病的 999 只动物，有 5%（约 50 只）会出现假阳性检测结果。该试验的阳性预测值（即真阳性试验结果数 / 阳性试验结果总数）仅为 2% 左右，因为在这 51 只试验结果阳性的动物中只有 1 只会患病。需要向动物主人解释的主要是假阳性的结果。

高敏感性的筛查试验通常有助于排除疾病。在上面检测的敏感性为 95% 的例子中，5% 的患病动物不会被检测出来，将成为假阴性。根据上述情况，如果 1000 只动物中有 1 只患病，那么 0.05 只动物会出现假阴性结果。如果特异性为 95%，那么 1000 只动物中 999 只没有患病的动物，有 949 只是真正的阴性。因此阴性预测值（真阴性试验结果数 / 阴性试验结果总数：949/949.05）> 99.9%。

**注意：**从明显健康的动物群体中评估的检测结果与在单个患病动物中评估的结果有很大不同。

如果只在疑似患病的群体中进行检测，而不是对所有动物（包括那些没有临床症状的动物）进行疾病筛查，那么在检测群体中患病动物的概率就会更高。下面是以心丝虫为例的患病动物疾病检测。在一个心丝虫病流行的地区，一项心丝虫病的检测项目具有 99% 的敏感性和 90% 的特异性，用该方法对100只室外犬进行检测[5]。如果发病率是50%，那么就应该在50只患犬中检出49.5只，并在50只没有感染心丝虫的犬中得到5个假阳性结果。因此，这种情况下阳性预测值为49.5/54.5或91%。虽然还有假阳性需要解释，但已经大大减少了。

受试者操作特征（receiver operating characteristic，ROC）曲线（图1–1）用于确定试验在诊断中的有效性。ROC曲线绘制了在检测结果范围内不同浓度下计算真阳性率（由检测方法的诊断敏感性表示）与假阳性率（1–检测方法的诊断特异性）的关系。一个好的检测是x轴上假阳性率有很小增幅时，y轴上真阳性率有很大增幅。图1–1中的45°线表示无效检测，其假阳性和真阳性的增加相等。这种检测的阳性结果是真阳性还是假阳性将是随机的，就像抛硬币一样。图1–1

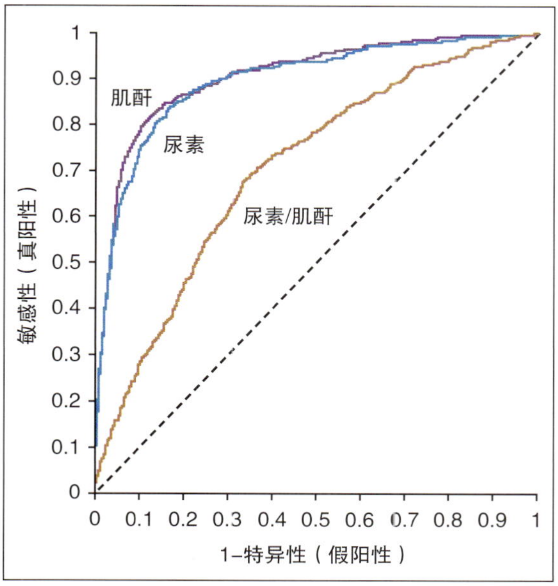


**图1–1 ROC曲线是一种显示检测有效性的方法**

比较了417只肾功能衰竭患犬、1463只正常犬和2418只无肾脏疾病的患病犬升高的血清尿素浓度、肌酐浓度和尿素/肌酐比值[2]。ROC曲线下的面积显示，血清肌酐和尿素浓度在诊断准确性上非常相似，但尿素/肌酐比值明显低于两者。

说明了血清肌酐和尿素［以血尿素氮（blood urea nitrogen，BUN）来衡量］是很好的检测犬肾衰的方法，而且效果非常相似[2]。尿素/肌酐比值明显比肌酐或尿素差，在图中更接近45°线（曲线下面积更小）。

ROC曲线在选择上下限决策阈值时也很有用，这些决策阈值可用于决定何时可以排除或确定诊断。注意，决策（或诊断）阈值与参考区间不同。检测结果低于较低的决策阈值限制的动物不太可能患有被检测的疾病；检测结果高于较高的决策阈值限制的动物很可能患有这种疾病。

当图1–1中的肌酐或尿素ROC曲线迅速改变其向上的角度，开始转向并向右趋向平稳时，建议确定为诊断肾功能衰竭的决策阈值。沿着曲线向左下方是具有更高特异性和更低敏感性的更高浓度阈值。更靠近右上方的是具有更高敏感性和更低特异性的较低阈值。在曲线的弯曲处，该检测具有最佳的敏感性（真阳性增加）和最小的特异性损失（假阳性增加）。

## 参考值

参考值（即参考范围、参考区间、“正常”范围）用于确定检测结果是正常还是异常。如果不知道正常动物在给定情况下应该是何值，那么实验室的结果是没有意义的。兽医有时会要求对没有实验室参考值的物种进行检测，有时还会发现实验室没有对通常不进行检测的物种的疾病诊断的准确性进行验证。参考区间可以表示为范围或平均值（或中间值）±2个标准差。参考区间最好也应该在上下限值周围有95%的置信区间，以帮助说明极限可以是“模糊的”。兽医经常使用一个上限值或下限值作为正常和不正常之间的确切区分点。例如，如果血清钠参考区间为 146 ～ 156 mmol/L，一个常见的错误是认为 146 mmol/L 是正常的，但 145 mmol/L 表示低钠血症，尽管这种方法并不精确或四舍五入可能意味着这些值本质上是相同的。另一个例子是，在再生性贫血和非再生性贫血之间，经常错误地将＜60 000 个网织红细胞 /μL 作为区分点。60 000 应该被认为是一个近似且基于经验法则的平均参考值。

人们在不同情况下使用参考值的平均值或范围。对于没有既往评估的个体患病动物使用上、下参考值是最好的。最好的参考值是患病动物患病前自身的值（如果有的话），因为个别动物或特殊群体的成员（如视觉猎犬、幼犬）可能存在独有的特征。当比较各组动物时（如一个研究项目），应该使用各组的平均值或中位数来解释变化（如 PCV 为 45%），而不是发表的参考值（如 PCV 为 37% ～ 54%）。

对于不同的方法和仪器，应使用特定的参考值。ADVIA 2120 仪器（西门子医疗诊断）的犬网织红细胞的实验室参考值为 11 000 ～ 111 000/μL（见附录）。XT-2000iV 分析仪（希森美康）报告的网织红细胞数量高于 ADVIA 2120，并且应该有不同的犬参考值范围（19 400 ～ 150 100/μL）。目前在大多数血液样本上收集的网织红细胞自动计数结果中的一个问题是许多非贫血犬似乎有再生红细胞生成反应，因为它们的网织红细胞计数高于目前使用的参考值。这可能是因为，即使有适当建立的参考值，但在一些样本的收集方式上（兴奋的犬与平静的犬相比）可能有变化，或者仪器软件的变化可能改变网织红细胞检测的敏感性。

平均值用于检测偏离标准的趋势。例如，如果一只犬有很低的二氧化碳分压（carbon dioxide partial pressure，$PCO_2$）（表明有呼吸性碱中毒的倾向）和很低的碳酸氢盐（bicarbonate，$HCO_3^-$）浓度（表明有代谢性酸中毒的倾向），诊断医生会用 pH 值来表明哪一种是疾病变化，哪一种可能是代偿性表现。在参考范围内的 pH 值仍然可以通过其偏离 pH 值平均值的程度进行鉴别。例如，正常偏低的 pH 值表明有酸化趋势，疾病过程更有可能是伴有呼吸代偿的代谢性酸中毒，而不是伴有代谢代偿的呼吸性碱中毒。平均值用于酶活性增加时，应报告为 x 倍增加（如比平均值增加 10 倍）。更常见的方法是使用高于参考值最大值的倍数增长，因为通常无法获得平均值。

参考值通常是次优的。理论上，当一个实验室改变仪器、方法甚至试剂类型时，都应该建立新的参考区间。这样操作费用相当高且极少能付诸实践，还要考虑到涉及的物种数量、品种的多样性、年龄、性别和其他因素的影响，以及每个类别所需的参考群体的“正常”动物数量。一个理想的参考群体应该包括 120 个个体的参数分布值和 200 个个体的非参数分布值。当只有 20 ～ 40 个个体可用时，建议使用一种可靠的方法来确定参考区间[9]。

不幸的是，由于后来发现了亚临床疾病或由于诸如品种、年龄、性别等因素而使数值偏离“典型的成年犬或猫”，因此使用现成的动物作为参考群体往往是不适当的。当动物个体的值与群体偏离时，应对参考群体的结果进行评估，以确定这些动物是否来自一个犬舍［如与品种相关的偏差（如灵猩犬），犬舍种群的营养或毒性紊乱］，或是否有任何其他解释，说明为什么应将这些动物从参考群体中剔除。

当实验室添加新的技术、试剂或仪器时，确定参考区间的另一种方法是使用新的和以前的或标准程序进行 20 ~ 60 次，甚至更多次重复分析。假设以前的参考值是从适当的参考总体中正确建立的，则使用回归分析从以前的参考值中预测新程序的参考值。在重复样本组中包含广泛的低和高的结果范围是非常重要的。

血液学或临床化学书籍和文章的参考值因诊所自身的仪器和方法而异，但对于确定典型的因品种、年龄、性别等原因导致与“典型成年犬或猫”的偏差因素是有用的。大多数诊所对某些物种（如宠物鸟、野生动物、动物园动物）分析的检测数量可能太少，不足以建立参考值。如果一个实验室没有自己的参考值，许多检测通常会使用文献值进行参考，例如国际物种名录系统（International species Inventory system，ISIS）动物园动物生理数据参考值。许多物种并不常见，并且只有少数可能存在于一个州或国家。ISIS 的值来自 65 个机构的正常动物，因此可以建立一个合理规模的数据库。

选定或整理的医院患病动物数据可用于重新评估一个或多个受到质疑的参数的参考值。例如，一个试剂公司改变一个检测的试剂配方（如钙），可能导致突然出现很多异常的高钙浓度或低钙浓度的患病动物。患病动物数据并非来自确诊的动物，而是来自现成的、近期获得的、廉价的本地数据。这些数据代表了实验室当前的患病动物群体。在上面的例子中，如果将实验室当前患病动物群体（减去患有会影响钙浓度的疾病的动物）中的钙浓度值与以前的参考值进行比较，那么从患病动物检测结果中得到的新的参考值可以作为临时调整。大家会期望在质量控制（quality control，QC）结果中获得一个与采用新试剂方法在时间上相匹配的变化。

## 国际单位制

国际单位制［Système Internationale d'Unités（SI 单位）］已经将数据报告标准化，以改进世界上大多数国家（美国、巴西和少数其他国家除外）的结果比较。过去用于血清酶活性的单位是特别不一致的，当时许多酶活性的结果都是以该程序作者的名字命名的。现在，酶活性在美国以国际单位每升（IU/L）表示，在许多其他国家以 ukat/L 表示。注意，用于表示酶活性的 IU/L 不是 SI 单位！酶活性的国际单位是 ukat/L。美国传统实验室仍然使用传统单位，如 mg/dL。附录包括将结果从一个计量单位（如 mg/dL）转换为另一个计量单位（如 mmol/L）的常用转换因子。然而，同一家医院的实验室可能使用不同的测量单位报告结果，导致临床兽医在解释这些结果时产生混淆。

## 实验室误差的来源

实验室误差是很常见的，并且需要及早发现，以避免误诊。应要求实验室重新检查在动物病史、体格检查或其他诊断结果中不合理的结果，如临床正常的动物明显的高钾血症或低血糖。各种假象可能导致一组检查中单个分析物或多个分析物的测量浓度或活性错误地增加或减少。虚假结果使实验室结果难以得到准确解释；假象可能在健康动物中引起异常结果，或在生病动物中掩盖异常结果。根据不同起因，假象可能导致无法确定分析物的真实浓度或活性。一旦在一组检测中发现一个虚假结果，应密切评估所有结果，以确定它们是否也受到了影响。

## 分析前误差

当怀疑假象时，需要确定假象是由分析前误差还是分析时误差造成的[12]。分析前误差发生在实验室分析样本之前，是实验室误差最常见的原因[1, 11]。分析前实验室误差的常见类型见专栏 1-1。大多数分析前误差是样本收集或处理时出现的问题，而这些问题是可以避免的。如果怀疑存在分析前误差，应尽可能收集新的样本。在实验室检测中，药物治疗常常会产生假象。例如，通常无法准确测量接受溴化钾治疗的患病动物体内的氯化物浓度，因为最常用的方法无法区分溴化物和氯化物。某些药物不溶于尿（如磺胺类药物），导致结晶尿。

一些分析前误差产生的原因（如高胆红素血症、脂血症或体内溶血）可能是生理性的，也可能是病理性的，不容易控制。这些干扰因子影响的严重程度取决于测量的分析物、涉及的物种和所使用的分析方法。

## 溶血

溶血可通过血浆或血清变红来识别。它会在 CBC、凝血和血液生化检查中造成明显的假象。溶血有时会发生在体内；它更常见的原因是不恰当的样本处理或采样造成的体外红细胞损伤。由于处理或采样错误造成溶血的样本最好丢弃。体外溶血可以通过以下方法减少：①使用锋利的针采血；②采用正确的静脉穿刺术，包括利落进入血管、限制血管淤滞和避免采血中负压过大；③采完血后及时轻轻混合和处理试管；④采用适当的离心技术从细胞中分离血浆或血清；⑤迅速从细胞中取出血清或血浆；⑥防止过热或结冰。

溶血可能导致红细胞胞质中高浓度的物质释放继而导致血清中相应物质的浓度升高［如乳酸脱氢酶（lactate dehydrogenase，LDH）、天冬氨酸转氨酶（aspartate aminotransferase，AST）、肌酸激酶（creatine kinase，CK）］[1, 14]。这些变化因物种或品种而异，与所使用的分析仪或方法无关。溶血释放出游离的血红蛋白，可能会干扰分光光度法测定与血红蛋白吸收范围波长相似的物质。最后，溶血释放的红细胞内容物可能会正向或负向地干扰用于测量分析物的化学反应。根据所使用的特定分析仪和方法，可能导致后两种溶血效果相关的误差很大。因此，参考实验室或分析仪制造商应该提供有关溶血对其特定分析系统影响的信息。兽医应该选择报告溶血、脂血或黄疸样本结果的实验室，而不是拒绝这样报告的实验室。报告结果可能并不表明实验室有更好的不受溶血、脂血或黄疸影响的方法，而只是表明他们报告了有问题的结果，并在报告的底部注明了免责声明。

**专栏 1-1　分析前实验室误差的常见原因**

- 样本标签不完整
- 静脉穿刺技术不恰当
- 经导管收集时的样本污染
- 抗凝剂错误
- 血液与抗凝剂混合延迟
- 吸入仪器前血液混合不充分
- 从细胞中提取血清或血浆延迟
- 样本分析延迟
- 样本存储不恰当
- 分析前对冷藏样本加热不充分
- 患病动物准备不充分（如未禁食）
- 样本中存在干扰物质

## 脂血

当甘油三酯的浓度超过 300 ~ 400 mg/dL 时，脂血会导致血清或血浆中出现乳白色浑浊。

脂血会改变血液的光散射特性[1]，导致各种血液和化学结果的改变，这取决于所使用的方法和分析仪。脂血性血清中的脂肪置换了等量的血清含水部分。因为钠等物质溶解在血清的含水部分，而不是脂质部分，这可能导致钠（假性低钠血症）和其他物质的假性减少，但不是生理性的低钠血症，因为具有生物效应的是与细胞膜接触的血浆水溶液中电解质的浓度。这种与体积相关的问题是否发生取决于仪器对样本的吸入和稀释方式或分析方法。脂血增加红细胞的脆弱性，常引起溶血。

近期进食是导致脂血最常见的原因。在采血前禁食 12 h 通常可以预防餐后脂血。如果脂血性样本不可避免（如脂质代谢紊乱的患病动物），那么可以通过超速离心或通过添加结合脂质的聚合物（如脂质清除剂）并离心来去除脂质，以清理血清或血浆。超速离心是判断其他脂质清除方法可行性的标准，并且被许多参考实验室所使用；然而，在大多数医院内，超速离心难以实现。清除聚合物时，重要的是首先确定该程序是否会错误地改变被测物质的浓度或活性。

### 分析性误差

分析性误差发生在实验室分析的实际执行过程中。操作者误差包括错误地混合样本、错误地使用分析仪、错误地处理试剂和未经授权修改程序。试剂问题包括使用过期或储存不当的试剂。分析仪故障可能是由于维护不当、仪器老化或购买了质量较差的仪器。一般来说，通过对技术人员进行适当的培训和严格遵守质量保证程序，包括检测协议、设备维护和质量控制的文件化标准操作程序，可以使分析误差最小化。

如果怀疑有实验室误差，第一步通常是用相同的样本进行重复分析。如果可疑结果不可重复，则很可能是操作者误差或随机误差。如果可疑结果在第二次分析中可重复，应收集新的血液样本并重复分析。如果新样本的可疑结果不可重复，则可能存在分析前误差。如果可疑的结果可重复，则要么是分析有问题，要么是结果准确地反映了患病动物的状态。应评估检测试剂和分析仪的功能，如果它们的功能正常，那么应重新评估患病动物以探寻替代诊断。如果仍怀疑存在实验室误差，则应将样本送往参考实验室进行分析。

## 样本采集：对与错

适当的样本采集和处理技术是避免分析前实验室误差并且获得可靠结果的必需步骤。应该标记试管以确保报告的结果是给相对应的患病动物。利落的静脉穿刺可以避免溶血、组织污染或者不适当的凝血。应从能迅速提供所需血量但又不引起血管塌陷的血管中采集样本。如果从导管中采集血液，必须适当丢弃管中的液体，以确保样本没有被污染。先将血液灌到含抗凝剂的收集管中，并及时混合（血小板计数和凝血检测的样本采集见第 5 章）。试管填充不当（通常是试管未填满）会改变抗凝剂与血液的比例，并显著影响凝血检测，甚至影响一些 CBC、细胞学或化学分析。将血液采集到错误的抗凝管中可能会干扰化学分析[8]（关于采集管的建议见专栏 1–2）。在细胞学样本中，带有促凝剂的血清管会破坏细胞形态。血液或其他体液的延迟分析会导致细胞损失并且难以鉴定涂片上的细胞类型或形态。全血或体液在分析前应冷藏。新鲜血液和体液细胞学样本的直接涂片应在采集后立即制作，并且应该附有血液或体液管。涂片应风干，不可冷藏。过热或过冷会

**专栏 1–2 收集管的选择**

**无抗凝剂：红色头盖管**

用于化学检测的血清

用于细胞学检查的液体

**肝素：绿色头盖管**

用于化学检测的血浆

**EDTA*（钠或钾）：紫色头盖管**

结合二价阳离子：$Ca^{2+}$ 和 $Mg^{2+}$ 浓度↓

CBC 首选的抗凝剂

用于细胞学检查的液体

用于化学检测的血清

干扰化学检测：方法相关

$Na^{+}$ 或 $K^{+}$ 浓度↑

**柠檬酸钠：浅蓝色头盖管**

结合二价阳离子：$Ca^{2+}$ 和 $Mg^{2+}$ 浓度↓

凝血检测首选的抗凝剂

干扰化学检测：方法相关

**氟（钠）：灰色头盖管**

仅用于测定葡萄糖或乳酸

抑制糖酵解酶

* EDTA，乙二胺四乙酸。

导致细胞裂解、细胞内成分漏出或者对温度敏感的分析物损失。从血细胞延迟分离血浆或血清会导致细胞内成分漏出和葡萄糖消耗。如果血清或血浆采集后不能及时分析，为避免酶或其他物质分解或损失，最好将其冷藏或冷冻。

有效采集样本的一个关键是与参考实验室良好地沟通。实验室人员会解释如何正确提交样本。当实验室收到不满意的样本时，或者当说明或样本的标签不完整时，必须设法联系相应兽医以获得进一步指示，不能随意决定如何处理该样本。这可能会延迟结果或导致进行无序的分析。重要的是不要浪费获取样本时付出的努力，也不要失去以后可能无法再获得的诊断机会。许多实验室在其网站上公布了有关其实验室提交程序的书面信息。关于样本处理、提交和日常费用的问题应直接交给每天回答这些问题的医疗技术人员、职员或秘书。病理学家的时间应该用来回答解释性、诊断性或政策性问题。

## 组合与单个检测的选择

有些人批评组合检测是一个“应急之策”或者一个无特定性“钓鱼行为”。相反，组合检测应该被认为是针对大量常见问题的具有成本效益的筛选。对大多数实验室来说，进行 20 项标准化学检测的成本通常低于对每只患病动物进行 3 项或 4 项不同的个体检测的成本。使用自动化仪器来执行组合检测有利于控制成本。另外，不管是对每个样本进行 20 次检测还是只进行 1 ~ 3 次检测，将患病动物信息输入计算机系统、标记试管、准备仪器所需的人工成本都是相同的。对于那些有机会使用更大实验室的临床兽医，建议选用包含多项检测的组合检测，不仅是为了成本效益，更是为了采取质量控制并在拥有有经验人员的实验室中进行，使检测具有可靠性和准确性（参见后面关于加急化验和护理点检测的讨论）。

尽管基本组合检测包括大多数实验室中相同或类似的检测，但血清化学组合检测包括不同数量和类型的检测。一个设计良好的组合检测应该收费最低且冗余检测项最少，有很高概率发现特定情况下的常见疾病。CBC 实际上是一种包括筛查贫血、炎性疾病、应激、血小板减少和各种其他问题的许多检查的组合检测。尿液分析是一种化学、形态学、微生物学和物理检测的组合检测，不仅用于揭示泌尿生殖道的出血性、炎性或功能性缺陷，还用于检测系统性疾病，如糖尿病、肝病、大面积急性肌肉损伤或血管内溶血。评估出血疾病的凝血组合检测将在第 5 章中讨论。

如果当地可用的方法或仪器要求每项检测都单独执行，或者某些检测在廉价的组合检测中不提供，那么单个检测选择就变得很重要。有些检测可能性价比不高，不能列入初步筛查的组合检测中。只有当患病动物信息提示存在问题，有理由使用这些检测时，才要求进行很少出现异常结果的昂贵检查。在诊断出某一特定疾病（如糖尿病）后，可能只需要进行一次检测来监测治疗过程，这可能是最具成本效益的。

## 加急化验

在某些加急情况下（如制定酸碱和电解质异常的输液疗法），从样本采集到获得结果的周转时间非常短。分析血浆或肝素化全血的仪器可缩短采集血清前血液完全凝结所需的时间（如 30 min）。与成本效率高的批量化验不同，加急化验通常是单独分析的。加急化验要求实验室人员中断他们高效的工作程序来执行单个检测。

## 送检还是自行检验

### 诊所内的实验室检测

兽医必须决定检测是在诊所里做还是送检。在诊所里检测的主要优势是周转时间短，避免因等待实验室结果而导致治疗或手术延迟，潜在地提高了客户满意度。其他优点包括最大限度地减少与样本运输相关的分析前误差，为诊所提供额外的收入来源，并且增加术前筛查、老年筛查和常规健康维护检查中生化组合检测[13]。诊所里检测的缺点包括购买设备和维持足够的试剂库存所需的成本，需要进行质量控制检测和需要额外的工作人员在实验室正确地进行分析操作（见后面关于基于检测量进行检测的成本计算的讨论等）。实验室可以是一个产生收入的单位，但对于低容量、低效的检测，可能会入不敷出。

临床实验室的质量差异很大。准确和可靠的实验室结果需要对有经验的医疗技术人员或具备相应职称的人员进行投资，并愿意为他们提供足够的时间来建立和维持良好的实验室检测系统。许多诊所由非实验室人员进行检测，他们缺乏参考实验室的技术人员特有的经验和培训。必须分配技术人员用于培训、试剂的库存管理和维护、设备维护、故障排除和对有可疑假象或结果有问题的样本进行重复检测。

诊所需要确保实验室的结果是可靠的。应该指定一个人负责质量保证程序，以确保结果是准确的、可重复的并被正确报告。必须执行、记录和监控质量控制检测，以证明提供给客户的结果的有效性。低检测量的医院应对每只患病动物的样本和所执行的每种检测类型进行对照样本分析。因为这在时间和金钱上是一项巨大的开支，所以质量控制检测的频率和范围往往是次优的，这就导致检测结果的可信度大打折扣。应制定标准操作程序，以确保无论由谁执行检测，检测都能正确且一致地进行。

细胞学和血涂片的显微分析可迅速提供有用的诊断信息。因此，从业者应该学习和练习这些技巧（见第 2 ~ 5 章和第 16 章）。一台高质量的显微镜是必要的。快速染色（如 Diff-Quik 或 Hemocolor）容易实现并能提供血涂片和细菌以及真菌和细胞学涂片一致的染色特征。新亚甲蓝（new methylene blue，NMB）可用于尿液沉渣、细胞学涂片和血液中的网织红细胞（参见第 16 章关于染色和显微镜的讨论）。若对诊断有任何疑问，应将细胞学、血液或尿液沉渣的风干涂片送检至临床病理学家。第 2 章讨论人工红细胞和白细胞计数技术，第 5 章讨论血小板计数技术。需要使用折射仪来测定尿比重、血浆总蛋白浓度和各种体液中总蛋白浓度。只需一滴尿液就可以用折射仪确定比重，这对评估肾功能至关重要。同样地，只需要测定红细胞压积管中的血浆体积就可以准确计算血浆蛋白。

大多数实验室至少需要两台高质量的离心机：一台用于红细胞压积管的单用途离心机，以确保 PCV 测定的一致性；一台用于分离血清或血浆的基本离心机。其他需要考虑的离心机包括用于小型（Eppendorf 型）试管的高速微型离心机，可以更有效地从小样本中分离血清或血浆。有些不稳定的物质需要一台冷藏离心机。如果诊所有血库，则需要一台血库离心机将新鲜冷冻血浆与浓缩红细胞（red blood cell，RBC）或富含血小板的血浆分离。细胞离心机用于制备具有良好形态的脑脊液（cerebrospinal fluid，CSF）或支气管肺泡灌洗（bronchoalveolar lavage，BAL）样本的细胞学涂片。血清或血浆在邮寄到参考实验室之前可能需要储存在冰箱（4℃）或冷冻室（-20℃）中。冰箱的冷冻柜和许多家用冰柜可能不能保持 -20℃以下的恒定温度。

## 兽医参考实验室

大型参考实验室提供更符合成本效益的检测（大型组合检测的成本通常低于 2 ~ 4 项单个检测）、高端仪器、更有经验的实验室检测专业人员、更好的质量保证、更好的实验室误差检测和广泛的检测。许多兽医购买了诊所内分析仪却发现，如果没有频繁校准和统一使用对照，结果是不可信的。多年来，不同的仪器制造商推广了各种诊所内的检测系统，但这些系统在几年后就消失了（连同试剂一起）。

更大、更复杂的仪器不仅能更快、更便宜地分析检测，而且能更好地检测样本和实验室误差。小型的简化仪器通常只报告数字，用于检测误差的附加信息有限。相比之下，更大的自动化血液学细胞计数器有图形显示，以说明计数的误差。分析可以使用多种方法[如两种类型的总白细胞（white blood cell，WBC）计数]，如果相同参数的结果不匹配，就会向操作人员发出警告信号，以检查该值。这些更复杂的工具通常也提供更广泛的数据范围，比小型临床仪器提供的数据更精确、准确和快速（见第 2 ~ 5 章）。

参考实验室雇用训练有素、经验丰富的人员，通常是经委员会认证的兽医临床病理学家。这些专家只专注于实验室检测，类似于其他领域（如心脏病学、眼科、骨科）的专家。参考实验室提供更多种类的检测，而兽医诊所提供的检测种类受检测量的限制。提供更多种类的检测需要更多的试剂存储，并增加试剂在使用之前就过期的可能性。过期的试剂不能使用，这些未使用试剂的损失会增加检测成本。一些参考实验室有快递系统，可在数小时内接收样本并返回结果（如通过传真），满足了快速答复的需要。

**注意：**建议选择更大的兽医实验室，因为这些实验室配备经验丰富的实验室人员、提供更好的质量保证、更好的仪器，并尽可能和实际地降低每次检测的成本。

## 人医实验室的使用

许多针对动物的化学检测，如电解质、

葡萄糖、尿素和肌酐，都是在大型人医实验室中精确地进行的。兽医参考实验室应避免使用对动物样本无效的方法。兽医特异性检测需要进行各种蛋白质、凝血、免疫和血液学分析。有时不常见的检测，如高铁血红蛋白和药物检测，可能只能在当地的人医实验室进行，因为兽医实验室很少提供这些检测。人医实验室不提供动物物种参考区间，不能帮助诊断动物疾病。

## 即时生化分析仪

对于真正的加急检测（如为疑似低血糖发作而测量血糖浓度），即时检测是必要的。即时检测在靠近患病动物的地方进行；它包括在患病动物身边使用的分析仪和在附近（如在病房）就可以找到的台式仪器。可用的检测方法必须符合诊所的需要，适用于被检测的物种。从脱水的猫或幼犬中可采集的样本量很少，所以仪器样本量要求很重要（表 1-1）。使用少量肝素抗凝全血的分析仪可以消除一些需要进行血浆或血清分离相关的弊端。因为离心后在血清或血浆与血细胞分离的液体 - 细胞界面上存在无法提取的血清或血浆部分，因此使用需要血浆或血清的分析仪意味着要比使用肝素抗凝全血的仪器多采集 2 ~ 3 倍的血液。需注意肝素抗凝全血的参考值可能与常规血清值不同。

理想的分析仪应该易于使用，快速准确地提供结果，需要最少的操作时间和培训，易于维护，试剂稳定，很少发生故障，易于维修或根据需要立即由制造商更换。已发表的客观评价可用于相对少见的商用兽医检测分析仪 [10, 15, 16, 18]。分析仪的制造商应能够提供数据，显示其分析的精确度和结果与每个目标物种使用参考方法得到的结果的比较情况。

最简单的分析仪只能测量一种分析物的浓度，如血糖。血糖分析仪的优点包括快速显示结果、血液量要求低（最低要求为 3 ~ 5 μL 全血）、成本低和便携性。使用各种便携式血糖仪［AlphaTrak（雅培实验室）、Precision Xtra（雅培实验室）、Ascensia Elite XL（拜耳诊断公司）、Ascensia Contour（拜耳诊断公司）、Accu-Chek Advantage（罗氏诊断公司）和 One Touch Ultra2（莱弗仕康公司）］与犬的参考方法进行比较的结果显示，不同分析仪的准确性存在差异。这就导致了在一些样本中对患病动物血糖状态的错误分类 [4]。

许多诊所内生化分析仪能够检测多种分析物（表 1-1）。允许临床测量单一分析物或定制生化组合检测的方法是最灵活的，但往往是劳动密集型，在执行多个检测时需要耗费更多技术人员的精力。由制造商预先设置好生化组合检测的分析仪灵活性较差，组合检测数量有限，但每次检测的成本一般较低。它们对技术人员的时间耗费和专业知识要求低 [18]。

不同的生化分析仪通常使用不同的试剂或方法。因此，每个分析系统都需要各自的物种特定参考区间。同一家诊所可能使用两种或两种以上不同的仪器分析同一种物质，这就造成了将检测结果与另一个参考区间进行比较，或不同仪器对同一患病动物的结果进行比较时，数据出现混淆。除非使用相同的分析仪系统和试剂，否则参考实验室的参考区间不应用于临床生化检测。如果诊所不能生成自己的参考区间，那么向制造商确定是否可以为相关物种提供适当的参考区间是很重要的。应要求制造商和实验室，提供关于其参考区间计算方法的信息（例如，所用动物的数量、年龄、品种和性别）。同样重要

表 1-1 一些商用生化分析仪的比较

| 比较项目 | 爱倍思 I-STAT1 手持式动物血气分析仪 | 罗氏全血干式半自动化生化分析仪 | 爱科来干式生化自动分析仪 | 富士全自动干式生化分析仪 | 爱倍思生化和电解质分析仪 | 爱德士自动生化分析仪 |
|---|---|---|---|---|---|---|
| 可用的生化和电解质检测次数 | 9+ 酸碱、血气、凝血、肌钙蛋白检测 | 15 + 血红蛋白 | 21 | 22 | 23 + 犬心丝虫、甲状腺素 | 26 |
| 组合或单个检测 | 6 个预定组合 + 单个检测 | 仅针对单个检测 | 1 个预定组合 + 单个检测 | 5 个预定组合 + 单个检测 | 9 个预定组合 | 7 个预定组合 + 单个检测 |
| 具有可用参考区间的物种 | NA* | 犬、猫、马、牛、兔、豚鼠、仓鼠 | 犬、猫、马 | 犬、猫、马、大鼠、兔、雪貂、牛 | 犬、猫、马 | 支持 18 个物种 |
| 样本类型 | 全血 | 全血、血清或血浆 | 全血、血清或血浆 | 全血、血清或血浆 | 全血、血清或血浆 | 血清或血浆 |
| 样本量（大小） | ＜95 μL | 32 μL | 250 μL（血）；100 μL（血清 / 血浆） | 1.5 mL（血液）；0.5 mL（血清 / 血浆） | 100 μL | 一次检测为 40 μL，每次检测为 10 μL |
| 推荐的质量控制程序 | 自动检测分析仪和传感器的墨盒；可根据要求提供液体控制 | 液体控制建议 | 可根据要求提供液体控制 | 液体控制（每天到每周，取决于检测量） | 与制造商联系 | 每月液体控制 |
| 试剂类型 | 墨盒 | 干燥试纸 | 干燥试纸 | 载玻片 | 塑料转子 | 干燥载玻片 |
| 分析时间 | ＜2 min | 每个检测 2 ~ 3 min | 8 ~ 14 min | 完成组合时间＜13 min | 组合时间＜12 min | 组合时间 6 min |
| 技术支持每天 24 h，每周 7 d† | 是 | 是 | 是 | 是 | 是 | 是 |
| 结果可传输到医院计算机系统‡ | 是 | 是 | 是 | 是 | 是 | 是 |

NA* 犬、猫和马的参考区间预计在 2011 年可用。

† 截至 2010 年 12 月可用；读者应向制造商了解任何可能存在的变化，并了解与技术支持相关费用的具体信息。

‡ 与生产商核对有关兼容实践管理软件的具体信息。

的是，应了解诊所内分析仪在患病动物身上的验证是否表现良好，因为制造商提供的数据通常是在健康动物上建立的。

必须考虑质量控制程序所需的成本和时间。制造商应提供质量控制程序的建议。如果制造商的质量控制程序不被推荐、不可用或不充分，那么应该怀疑分析系统。一些仪器配备了电子质量控制。它充分地检测了仪器中的电子电路和精确度，但电子质量控制不会检测试剂问题或某些类型的操作误差[6]。

应考虑分析仪的操作简易性和操作人员的培训要求。必须记住设置样本所需的技术人员耗时以及完成检测所需的时间。大多数诊所内生化分析仪可以在 10 ~ 20 min 内提供结果。但是，这个时间可能不包括分析仪或试剂的预热时间。不适当的预热程序会极大地改变结果。最后，确定测定方法的线性范围。高于线性范围的结果是不准确的，需要稀释和重新检测，以便结果在可接受的检测范围内。稀释患病动物样本耗时长，也是造成操作误差的原因之一。一些分析仪具备自动样本稀释功能。

试剂和设备的特点是最后的考虑因素。对于试剂，应评估每次检测的成本、保质期和储存要求。如果试剂保质期短，检测频率不高，试剂往往会过期。过期的试剂必须丢弃，这可能是一笔巨大的费用。设备的考虑因素包括成本（例如，购买或租赁、维护费用、服务合同）和维护耗时。如果分析仪发生故障，应确定制造商提供的技术支持（例如，可用的天数或周数、成本）、维修的预期周转时间，以及在维修期间是否有可以使用的租借分析仪。由于目前可用的许多分析仪都是软件驱动的，因此应该了解预期的更新升级频率和所有相关的成本。

## 诊所内分析仪的成本分析

诊所内的仪器有许多被忽视的成本。销售人员通常只讨论仪器和试剂的成本。每次检测的最终成本受许多因素的影响，而不仅仅是仪器的基本成本和试剂的成本。应在验证仪器、服务合同、确定参考范围、质量控制检测、校准、重复有问题的检测、稀释和重新运行超出范围的样本、仪器折旧、人工、利息损失（如果已经投资了仪器）和医院管理费的成本尽可能最低和样本量尽可能最高的情况下计算。每次检测的实际成本往往比销售人员建议的要高得多。其他隐性成本包括重复检测问题样本、一次性耗材、废物处理和可选且附属的设备。在确定实验室检测是否真的是诊所的利润中心，或是否值得为在诊所内进行检测的便利投资时，应该考虑每次实际的检测成本。

每天、每周和每年分析的患病动物样本数量对于确定每次检测的成本至关重要。使用临床生化分析仪进行一次检测［如葡萄糖或谷丙转氨酶（alanine aminotransferase，ALT）］的成本在本书早期版本中有描述，从每次检测 20.6 元（$3.00）（如果每天进行 10 次检测）到 120.3 元（$17.50）（如果每周进行 3 次检测）不等。同样，使用标准血气分析仪（Nova 4）进行血气分析［pH 值、二氧化碳分压（$PCO_2$）、氧分压（$PO_2$）和 $HCO_3^-$］，如果每年分析 4000 次，成本仅为 66.2 元（$9.63）；如果每年分析 424 次，成本为 286.6 元（$41.71）[17]。虽然这些值已经过时了，而且现在的检测可能更加昂贵，但趋势是正确的。

例如，将 2010 年密歇根州立大学（Michigan state University，MSU）一份完整的小动物检测的成本与同一实验室进行的单个检测的成本进行比较。一份 274.9 元（$40）的组合检测包括尿素、葡萄糖、总蛋白、白蛋白、球蛋白、ALT、谷草转氨酶（aspartate aminotransferase，AST）、山梨糖醇脱氢酶、钙（Ca）、磷（P）、镁（Mg）、钠（Na）、钾（K）、氯（Cl）、$HCO_3^-$、阴离子间隙、总胆红素、直接胆红素、间接胆红素、碱性磷酸酶（alkaline phosphatase，ALP）、淀粉酶、胆固醇、CK、肌酐、渗透压、铁和钠钾比。这是 22 项分析检测和 5 个计算结果，每项分析检测的成本约为 12.5 元（$1.82）。单独分析的检测更昂贵，因为做一批 10 ~ 15 项的检测所需的质量控制、时间和人工费用通常比 1 项或 2 项检测略多。2010 年来自密歇根州立大学同一实验室的单项检测成本如下：淀粉酶为 130.6 元（$19），尿素为 96.2 元（$14），胆红素（总胆红素和结合胆红素）为 178.7 元（$26），AST 为 96.2 元（$14）。因此，4 个单项检测将是 494.8 元（$73），而一个组合检测中的 22 项检测（实际分析）仅为 274.9 元（$40）（4 个单项检测成本的 55%）。

当执行组合检测时，每次检测的成本较低是因为效率高。无论对样本进行单项检测还是 25 项检测，实验室对每只患病动物都有一定的固定成本。当这些固定成本除以 25 项检测时，每项检测的成本明显低于仅进行 1 ~ 4项检测。样本的信息（例如,主人、日期、动物数据、检测要求）必须输入实验室计算机系统，样本需要标记并且可能需要离心，分成更多的试管，并转移到工作站，仪器必须编程执行检测，质量控制检测必须每天进行，并向提交的兽医发送报告。实验室也会在白天定期安排进行组合检测，但单项检测不定期在实验室进行。

根据（1995 年密歇根州立大学医院主任 Jack Judy 博士）估算，医院运营费用分配给兽医诊所的创收区域的费用是每平方英尺建筑面积 $50（约每平方米 3820 元）。如果一个实验室的建筑面积是 88 平方英尺（约 8.18 平方米），应该将每年约 30 255.72 元（$4400）的运营费用除以在该区域进行的检测数量。如果在每年 250 个工作日内每天执行 5 项检测，或每年执行 1250 项检测，则每次检测费用约为 24.2 元（$3.52）。创收领域应代偿其他领域（如医疗记录、接待区、办公区）。仪器每年的折旧总成本同样除以每年分析的检测次数，以确定每次检测的额外成本。每次检测的人工成本可以用医疗技术人员和其他实验室工作人员的年薪成本除以每年进行的检测次数来估算。

## 质量控制

必须执行质量控制程序以确保准确的结果，因为所有的仪器、试剂和实验室人员最终都会产生误差。检测时正确执行质量控制，可以及时纠正误差。质量控制应该是实验室检测的主要考虑因素，但在诊所内实验室检测中鲜少执行。

实验室内质量控制是通过重复分析含有已知数量的各种物质（即分析物）的对照试剂进行质量控制，如葡萄糖或肌酐。在对患病动物样本进行分析之前，对照样本的结果必须在预期质量控制结果的范围内。应使用每种物质的高、低和正常水平的对照样本。在大型实验室，所有 3 个对照样本（即高、正常、低）与每批患病动物样本一起分析。小型实验室如何选用对照样本的数量标准不一。使用 1 ~ 2 个质量控制样本（低、高或正常）比不做任何质量控制要好。每天记录和审查质量控制检测的结果可以发现仪器、操作人员或试剂突然的变化或变化趋势。渐变趋势可能是试剂的缓慢变质或仪器中光强缓慢下降的结果。快速变化可能是由于引入了一种新的试剂、仪器组件的突然变化或人为错误。

外部质量控制程序记录了使用相同仪器和程序的本实验室与其他实验室的检测结果比较。法律并不要求兽医实验室参与外部质量控制项目，但实验室肯定会从中受益。美国病理学家学院（College of American Pathologists，CAP）项目质量高且昂贵，是实验室检测人类样本所必需的。较大的兽医实验室可能会购买该项目。这些项目的实验室接收检测样本，分析样本，并报告结果。利用同一检测项目每个实验室的性能与使用相同检测方法的其他实验室的性能。这需要使用相同方法的许多实验室的大型数据库。其他外部质量控制程序也可用（如试剂或仪器生产商）。执业人员可以通过向参考实验室提交重复样本，或向两个或两个以上的实验室提交分离的样本，从而检查参考实验室的准确性。

虽然本书提供某些仪器或产品作为参考，但读者不应偏爱本书中讨论到的某个公司的产品或某个推荐实验室，而拒绝没有列入的仪器或产品。

## 参考文献与推荐阅读

[1] Alleman AR: The effects of hemolysis and lipemia on serum biochemical constituents. *Vet Med* 85:1272, 1990.

[2] Braun JP, Lefebvre HP: Early detection of renal disease in the canine patient. Presented at the 8th annual Hills Symposium, Rodos, October 3–5, 2004.

[3] Casscells W, Schenberer BS, Graboys TB: Interpretation by physicians of clinical laboratory results. *N Engl J Med* 299:999, 1978.

[4] Cohen TA et al: Evaluation of six portable blood glucose meters for measuring blood glucose concentration in dogs. *J Am Vet Med Assoc* 235:276, 2009.

[5] Courtney CH, Cornell JA: Evaluation of heartworm immunodiagnostic tests. *J Am Vet Med Assoc* 197:724, 1990.

[6] Ehrmeyer SS, Laessig RH: Electronic “Quality Control” (EQC): Is it just for unit use devices? *Clin Chim Acta* 307:95, 2001.

[7] Gerstman BB: Evaluating the reliability of diagnostic test results. *J Am Vet Med Assoc* 188:248, 1986.

[8] Henry JB, Kurec AS: The clinical laboratory: Organization, purposes and practice. In Henry JB, editor: *Clinical diagnosis and management by laboratory methods*, ed 19, Philadelphia PA, 1996, WB Saunders.

[9] Horn PS, Pesce AJU, Copeland BE: A robust approach to reference interval estimation and evaluation. *Clin Chem* 44:622, 1998.

[10] Lanevschi A, Kramer JW: Comparison of two dry chemistry analyzers and a wet chemistry analyzer using canine serum. *Vet Clin Pathol* 25:10, 1996.

[11] Lippi G et al: Preanalytical variability: The dark side of the moon in Laboratory testing. *Clin Chem Lab Med* 44:358, 2006.

[12] MacWilliams PS, Thomas CB: Basic principles of Laboratory medicine. *semin Vet Med surg (Small Anim)* 7:253, 1992.

[13] Metzger FL: 10 compelling reasons to offer in–house testing. *Vet Economics* 37(11):70, 1996.

[14] O'Neill SL, Feldman BF: Hemolysis as a factor in clinical chemistry and hematology of the dog. *Vet Clin Pathol* 18:58, 1989.

[15] Sutton A et al: Analyte comparisons between 2 clinical chemistry analyzers. *Can Vet J* 40:255, 1999.

[16] Trumel C et al: Comparison of measurements of canine plasma creatinine, glucose, proteins, urea, alanine aminotransferase, and alkaline phosphatase obtained with Spotchem SP 4430 and Vitros 250 analyzer. *Res Vet Sci* 79:183, 2005.

[17] Tvedten HW, Thomas JS: General laboratory concepts. In Willard MD, Tvedten HW, editors: *Small animal clinical diagnosis by Laboratory methods*, ed 4, St. Louis, 2004, WB Saunders.

[18] Vap LM, Mitzner B: An update on chemistry analyzers. *Vet Clin North Am* 26:1129, 1996.

第2章

# 全血细胞计数、骨髓检查和血库管理的总体概要和特定技术

Douglas J. Weiss, Harold Tvedten

## 全血细胞计数

全血细胞计数（CBC）是血液学检测的通用名称，用于描述血液中细胞成分和血浆中少数物质的数量和形态。CBC 是一种具有成本效益的检测方法，可以检测许多异常和疾病状况。在特定的患病动物中，骨髓检查用于检测 CBC 无法检测的异常。

**注意：**CBC 是一种具有成本效益的血液学检测方法，可以检测许多异常和疾病状况。

本章讨论了如何从 CBC 和骨髓检查的信息中得出结论，还描述了精选的血液学技术。关于解读的解释是简短的，因为关于红细胞（RBC）、白细胞（WBC）和血小板诊断试验的使用分别在第 3 ~ 5 章，以及其他参考文献中详细介绍[16]。技术介绍主要强调小型诊所使用的基本检测技术，但当基本检测技术可以清楚地阐明基本血液学原理时，技术介绍也包含了更先进的技术。

CBC 结果应进行系统评估。第一步是识别哪些检测结果是异常的。应使用适当的科学术语来描述异常情况（专栏 2-1）。一般使用“轻度、中度或重度”等形容词来反映变化的程度，可更好地解释相应结果。虽然这些形容词是基于临床经验的主观用法，但还是有一些已出版的指南可作为参考。结果偏离参考值越大，就越可认为这种变化确实是一种疾病变化，且比结果轻度偏离参考值的病情更为严重。

**注意：**首先，确定哪些检测结果是异常的，以及它们偏离参考值的程度。其次，在相关类型的数据组中评估异常结果。

对于特定物种，在参考区间之外的检测结果通常被认为是异常的。然而，参考值往往不是最佳的，因为最佳参考值难以建立且成本高昂，实验室每次更换仪器或方法时都需要对参考值进行修改。参考区间通常来源于有限数量的成年动物，不按年龄、性别或品种区分（见第 1 章），但是这些因素可能至关重要。例如，一般成年犬的红细胞压积［PCV；血细胞比容（hematocrit，Hct）］参考区间为 37% ~ 55%。然而，圣伯纳犬的 PCV 一般为 35% ~ 40%，而灵猩犬的 PCV 一般为 52% ~ 60%。这两个品种的参考区间几乎没有重叠。年龄也可能导致参考区间的显著变化。刚出生时的犬红细胞非常大，平均红细胞体积（mean corpuscular volume，MCV）约为 95 fL。MCV 在 2 ~ 3 月龄时下降到成年值。在 5 ~ 6 周龄时，幼犬的 PCV 通常约为 30%，血浆蛋白约为 5.3 g/dL，网织红细胞为 3% ~ 4%。如果与成年犬的参考区间相比，幼犬的 CBC 结果可能会与再生

### 专栏 2-1　选定的血液学变化的定义

| 血液学变化 | 定义 |
|---|---|
| 贫血 | 红细胞数量减少，临床表现为 PCV 减少 |
| 红细胞增多症 | 体内红细胞数量增多（PCV 增加） |
| 多染性 | 多染性细胞数量增多 |
| 异形红细胞症 | 红细胞形状变化增加 |
| 小红细胞性 | 小红细胞数量增多 |
| 大红细胞性 | 大红细胞数量增多 |
| 正常红细胞性 | 红细胞大小正常 |
| 低色素性 | 红细胞血红蛋白浓度较低（红细胞平均血红蛋白浓度较低） |
| 正常色素性 | 红细胞平均血红蛋白浓度正常 |
| 球形红细胞增多症 | 球形红细胞数量增多（即小而致密） |
| 锯齿红细胞增多 | 带有许多刺状突起的红细胞数量增多 |
| 棘形红细胞增多 | 带有少量细长钝状突起的红细胞数量增多 |
| 裂红细胞 | 小红细胞碎片 |
| 缗钱样 | 红细胞聚集成类似硬币堆的线性结构 |
| 自身凝集 | 红细胞免疫聚集成葡萄状簇 |
| 海因茨小体 | 氧化产生的血红素沉淀 |
| 血小板减少症 | 血小板数量减少 |
| 血小板增多症 | 血小板数量增多 |
| 白细胞增多症 | 白细胞数量增多 |
| 白细胞减少症 | 白细胞数量减少 |
| 中性粒细胞增多症 | 中性粒细胞数量增多 |
| 中性粒细胞减少症 | 中性粒细胞数量减少 |
| 核左移 | 未成熟中性粒细胞数量增多（非分叶的） |
| 核右移 | 高度成熟中性粒细胞数量增多（高度分叶的） |
| 中毒性中性粒细胞 | 细胞质有退行性变化的中性粒细胞 |
| 反应性淋巴细胞 | 形态学证据显示免疫激活的淋巴细胞 |
| 单核细胞增多症 | 单核细胞数量增多 |
| 单核细胞减少症 | 单核细胞数量减少 |
| 淋巴细胞增多症 | 淋巴细胞数量增多 |
| 淋巴细胞减少症 | 淋巴细胞数量减少 |
| 嗜酸性粒细胞增多症 | 嗜酸性粒细胞数量增多 |
| 嗜酸性粒细胞减少症 | 嗜酸性粒细胞数量减少 |
| 嗜碱性粒细胞增多症 | 嗜碱性粒细胞数量增多 |
| 嗜碱性粒细胞减少症 | 嗜碱性粒细胞数量减少 |
| 两系血细胞减少症 | 两种细胞系（红细胞、白细胞或血小板）减少 |
| 全血细胞减少症 | 三种细胞系（红细胞、白细胞和血小板）减少 |

性、失血性贫血混淆。应备好详细的动物情况资料，包括品种、年龄、仪器、方法和影响数值的其他变量[16]。

评估异常结果的第二步是对异常 CBC 数据进行分组。例如，低 PCV（即贫血）应与骨髓红细胞生成检测（如网织红细胞计数和多染性），以及红细胞形态观察（见第3章）相联系，以描述贫血情况。此外，严重的血小板减少症、低蛋白血症和黄疸通常有助于诊断贫血的原因。良好的知识储备往往可以提示诊断。例如，如果确定发生严重贫血，红细胞明显再生，并在血涂片中发现中等至大量的球形红细胞和在乙二胺四乙酸（ethylenediaminetetraacetic acid，EDTA）血液中的自身凝集现象，就可以确诊为免疫介导性溶血性贫血（immune-mediated hemolytic anemia，IMHA）。总白细胞计数应与白细胞分类计数和白细胞形态相联系（见第4章）。例如，在严重的中性粒细胞减少症中，未成熟中性粒细胞多于成熟中性粒细胞，且中毒性变化明显，通常提示革兰氏阴性细菌感染或败血症。只有淋巴细胞减少和白细胞数量异常的白细胞减少表明是长期应激/类固醇治疗过程导致的，而不是炎症。

第三步是从相关的 CBC 结果中得出血液学结论（专栏 2-2）。例如，贫血患病动物应通过网织红细胞和多染性红细胞来确定红细胞再生程度，注意红细胞形态，并考虑血浆蛋白浓度和血小板计数。如果一种细胞类型有减少（如血小板减少症），则应检查白细胞减少症、中性粒细胞减少症和非再生性贫血，以判断骨髓所有细胞系生成。

## 血液学异常程度

必须对血液学变化程度进行评估，因为这具有重要的诊断意义。患病动物的贫血通常是轻度的。例如，在表 2-1 中，737 份血液样本中有 29% 显示贫血；然而，实际有 55% 的患犬为轻度贫血（即 PCV 为 30% ~ 37%）。轻度贫血通常不是原发性造血疾病，而是继发于其他疾病，如炎性疾病、恶性肿瘤、肝功能衰竭或肾脏疾病，诊断应着眼于原发性疾病。严重的贫血（即犬的 PCV < 20%）作为原发性血液学问题进行评估。全血细胞减

**专栏 2-2 从血液学数据中得出的血液学结论**

| 血液学结论 | 血液学数据 |
|---|---|
| 再生性贫血 | 贫血并伴有适当的网织红细胞增多症 |
| 非再生性贫血 | 伴有网状细胞减少或不足的贫血 |
| 溶血性贫血 | 强再生性贫血伴有其他证据，如血红蛋白尿、正常到高的血浆蛋白和造成溶血性贫血的原因之一 |
| 失血性贫血 | 再生性贫血伴有血浆蛋白正常至降低，有缺铁或有失血的证据 |
| 免疫介导性溶血性贫血 | 中度到显著的球形细胞增多、自身凝集和（或）直接库姆斯试验阳性 |
| 氧化诱导的溶血性贫血 | 大量海因茨小体、偏心细胞或固缩红细胞 |
| 碎裂性贫血 | 大量角膜红细胞、裂红细胞或棘形红细胞（犬） |
| 缺铁性贫血 | 小细胞低色素性贫血伴不同程度的红细胞再生 |
| 炎症 | 白细胞增多，中性粒细胞增多，核左移，嗜酸性粒细胞增多 |
| 应激或类固醇反应 | 淋巴细胞减少和嗜酸性粒细胞减少；常见中性粒细胞增多，偶有单核细胞增多 |
| 兴奋/肾上腺素反应 | 淋巴细胞增多，白细胞增多，中性粒细胞增多，偶有红细胞增多症，尤其在猫上 |
| 毒血症 | 大量的中毒性中性粒细胞 |

少症是一个例外。此时应考虑不同细胞的存活时间。与中性粒细胞和血小板相比，红细胞的存活时间较长，所以全血细胞减少症是轻微的或在早期不明显，而中性粒细胞减少症和血小板减少症可能已经是中度到重度。

## 异常情况的频率

常规 CBC 检查可发现大多数血液学异常表现。表 2–1 中的数据来自密歇根州立大学对患病动物进行的 2 次 CBC 检查结果。规模更大的调查是使用计算机搜索定量值。规模较小

表 2–1　在密歇根州立大学进行的 2 次 CBC 结果调查中异常情况的发生率（%）

| 异常情况 | 犬（N=100） | 犬（N=737） | 猫（N=30） | 猫（N=159） |
|---|---|---|---|---|
| 贫血（PCV） | 23 | 29 | 10 | 20 |
| 贫血（血红蛋白） | 13 | 29 | 10 | 21 |
| 多染性 | 10 | na | 0 | na |
| 红细胞形态异常 | 38 | na | 53 | na |
| 小红细胞性（低 MCV） | na | 3 | na | 7 |
| 低色素性（低 MCHC） | na | 6 | na | 9 |
| 大红细胞性（高 MCV） | na | 5 | na | 7 |
| 高色素性（高 MCHC） | na | 1 | na | 8 |
| 红细胞增多症 | 5 | 3 | 7 | 9 |
| 低蛋白血症 | 9 | na | 7 | na |
| 高蛋白血症 | 24 | na | 47 | na |
| 溶血 | 4 | na | 3 | na |
| 脂血 | 5 | na | 3 | na |
| 白细胞增多症 | 16 | 28 | 13 | 19 |
| 白细胞减少症 | na | 6 | na | 22 |
| 核左移 | 5 | na | 10 | na |
| 淋巴细胞减少症 | 27 | na | 43 | na |
| 淋巴细胞增多症 | 2 | na | 3 | na |
| 单核细胞增多症 | 14 | na | 13 | na |
| 单核细胞减少症 | 0 | na | 4 | na |
| 嗜酸性粒细胞增多症 | 17 | na | 10 | na |
| 中毒性中性粒细胞 | 4 | na | 23 | na |
| 反应性淋巴细胞 | 7 | na | 7 | na |
| 血小板减少症 | 5 | 15 | 7 | 60 |
| 成簇血小板 | 6 | na | 23 | na |
| 血小板增多症 | 5 | 11 | 7 | 6 |

注：MCHC，平均红细胞血红蛋白浓度；MCV，平均红细胞体积；na，因设计原因不可用；PCV，红细胞压积。

的调查是对包括主观观察在内的记录进行手动搜索。

因为贫血经常发生（发生于 10% ~ 29% 的住院患病动物），诊断贫血的原因非常重要（见第 3 章）。犬和猫也经常发生高蛋白血症，这可能是脱水、炎症和免疫刺激所致（见第 12 章）。

**注意：** 贫血和高蛋白血症是住院犬和猫的常见疾病。

血涂片的显微镜结果评估是一种主观结果，通常评估为 0 ~ 4+，0 表示没有变化，4+ 表示增加到最大值，也可以使用诸如“轻度、中度或重度”之类的形容词。

猫和犬常有报告异常的红细胞形态（如异形红细胞增多症）。然而，这种异常通常是轻微的和临床不显著的（如 1+ 锯齿状）。虽然报告红细胞大小和形状的微小变化在技术层面是正确的，但它可能对兽医阅读报告没有帮助，因为太多的细节会掩盖检查中的重要发现。血液寄生虫、海因茨小体或 2+ ~ 4+ 球形红细胞等发现不常见，但具有重要的诊断意义。

在这些医院的犬和猫中，核左移和白细胞增多症表明炎症频繁发生（5% ~ 10%）。猫中性粒细胞中毒性变化的频率更高（23%），这是由于猫易形成杜勒小体（一种非常轻度的中毒性变化形式；见第 4 章）。

## 定量技术

### 样本提交

需要使用抗凝血进行细胞计数。血液样本中任何可见的血凝块都会改变白细胞或血小板计数结果，因为血液中的细胞分布不均匀。临床实验室不应使用已凝结的样本，因为该结果无效，且血凝块可能堵塞血液学仪器。带有血凝块的血涂片仍可进行评估。

**注意：** EDTA 是常规 CBC 样本的推荐抗凝剂。

EDTA 是保存细胞细节的最佳抗凝剂。肝素会导致染色不良且伴有弥漫性蓝色背景。无论是在实验室还是在送到参考实验室的包裹中，血涂片和细胞学涂片必须远离福尔马林。福尔马林烟雾可以在没有直接接触的情况下影响涂片。一种以柠檬酸为基础的抗凝剂可减少猫血小板的聚集（Diatube-H；Becton Dickinson，Oxford，UK），使涂片展示良好的细胞细节[8]。

商业采血管内为真空状态，可以主动采血至血流停止，以保证合适的血液量与抗凝剂比例。中度至严重的管内充盈不足可能导致 EDTA 盐浓度过高，将水分从细胞中抽离，使红细胞收缩，PCV 和 MCV 下降。一个 4 mL 的 EDTA 管中收集超过 1 mL 血液，就不会出现明显异常。应拒绝检测血液少于 1 mL 或有明显血凝块的抗凝样本。如果量非常少的血液被收集到装有液体抗凝剂的试管中，可能会有显著的血液稀释，导致细胞计数降低。过度填满管可能会稀释抗凝剂，导致凝血。用于凝血检查的柠檬酸采血管上有一条标示线，指示正确的采血体积，抗凝剂与血液比例为 1 ∶ 9。使柠檬酸采血管填充适当获得的 10% 的抗凝血液。为避免在凝血试验中出现稀释或浓度误差，将试管内血液填充到这条线（±10%）是非常重要的。

如果在 2 ~ 3 h 内未进行分析，则应将 EDTA 血液冷藏（4℃）。红细胞在储存 6 ~ 24 h 后肿胀，PCV 和 MCV 增加，平均红细胞血红蛋白浓度（mean corpuscular hemoglobin concentration，MCHC）降低。红细胞肿胀可能无法检测到缺铁性贫血中的小细胞低色素性细胞。如果将血液冷藏保存，红细胞计数、血红蛋白（hemoglobin，Hgb）浓度、Hct 和 RBC 指数（即 MCV、平均红细胞血红蛋白、MCHC）在 24 h 内变化极小。

**注意：**如果在 2 ～ 3 h 内不进行分析，则应将 EDTA 血液冷藏。应保存一份新鲜的、风干的血涂片，以便对细胞形态进行正确解释。

血涂片应立即制备并风干，以避免因细胞暴露于抗凝剂或细胞在储存和运输过程中变质而产生假象。即使 EDTA 管内血液储存时间过长而无法分析，也可以从新鲜的血涂片中获得大量信息。如果需要进行血液寄生虫检查，新鲜的毛细血管血液（耳刺取血）可提供较高浓度的含有寄生虫的红细胞。耳刺的血应立即制备成血涂片。

载玻片不应该装进信封里邮寄。邮局通常用机器处理信封，机器会把载玻片压碎。应将它们装在坚固的塑料容器（如盒子）中邮寄，这些容器不容易被机器损坏。

## 微红细胞压积

微红细胞压积法测定 PCV（Hct）有几个优点（优于血红蛋白浓度或红细胞计数），这使其成为小诊所评估患贫血和红细胞增多症时的红细胞数量的推荐方法。此外，当与自动化检测并行分析时，微红细胞压积可以对自动化仪器的 PCV 进行良好的质量控制检查。

**注意：**建议小诊所用微红细胞压积法（PCV，Hct）评估贫血或红细胞增多症。

PCV、血红蛋白浓度和红细胞计数是评估水合状态适当的患病动物红细胞数量的等效方法。微红细胞压积比人工红细胞计数更精确，操作更简单，还可以提供有关血红蛋白测定和红细胞计数的额外有用信息。肉眼检查微红细胞压积管中的血浆有助于发现黄疸、溶血或脂血（图 2–1）。微红细胞压积甚至可以用来筛查心丝虫病，因为活跃的微丝蚴集中在淡黄层上方的血浆中。可以用折射仪在从一个或两个微红细胞压积管获得的血浆中对血浆蛋白浓度进行定量分析。

PCV 的测定方法是将抗凝血置于微毛细管中离心，将细胞从血浆中分离出来。将微红细胞压积管填充 2/3 ～ 3/4。在特殊的微红细胞压积离心机中离心后，红细胞很好地填充在底部。白细胞和血小板在红细胞和血浆之间呈一条白色的细线（即淡黄层）（图 2–1）。此时可测定红细胞血容量（PCV 用 % 或 L/L 表示）。含有肝素的微红细胞压积管可用于直接收集非抗凝血。计算 PCV 的方法是用填充的红细胞长度除以填充的红细胞、淡黄层和血浆的总长度。封堵管底的黏土不应包括在内。有各种微红细胞压积读数设备可用。

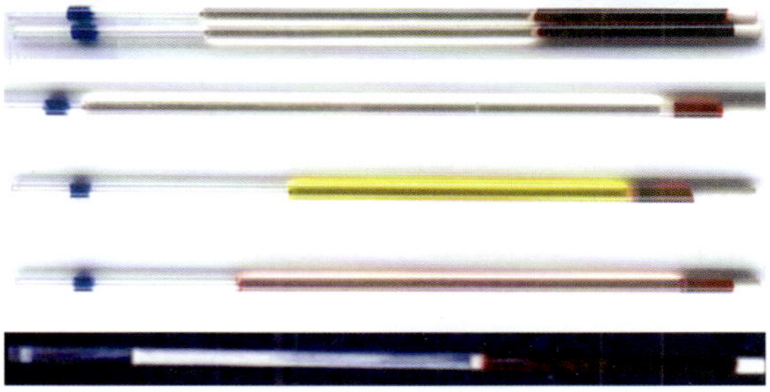

**图 2–1　微红细胞压积管**

上面 2 个微红细胞压积管正常。管的最右侧有白色的黏土堵塞管。黏土留下的暗红色区域布满了红细胞（PCV；约占血容量的 45%）。红细胞的左侧是一层白色被膜（淡黄层白细胞和血小板）。被膜的左侧是透明的血浆（约占血容量的 55%）。第 3 管显示严重贫血（PCV ＜ 10%），血浆清澈。第 4 管显示贫血伴黄疸血浆。第 5 管显示贫血和溶血性血浆。第 6 管显示血浆中的脂血。

微红细胞压积测定误差很小，但如果存在误差，则通常与离心或红细胞非常脆弱有关。微红细胞压积管应离心 5 min。当 PCV ＞ 50% 时，离心机对红细胞的填充不完全（即不紧密）。这会导致过高估计 PCV。如果微红细胞压积管装样时填充至管长的 2/3 ～ 3/4，细胞填充也不够完全。当 PCV ＜25% 时，红细胞的填充更紧密。这时 PCV 过度降低，使动物看起来更加贫血。微红细胞压积离心机达到高速（11 500 ～ 15 000 rpm），以确保适当的离心力能压实细胞。应该定期检查离心机转速，因为较慢的速度会导致较差的细胞堆积，离心速度较慢不能通过延长离心时间来代偿。应该每年检查 3 ～ 4 次离心机刷，如果磨损应及时更换。微红细胞压积管应在离心机头部均匀平衡，以防止重量分配不均。如果头部没有适当的平衡，电机上的磨损是不均匀的，最终导致头部振动。当机头仍在高速旋转时，不应中途停止，因为这也会导致电机过度磨损。

## 血红蛋白浓度

在大多数情况下，血红蛋白浓度（即血红蛋白）、红细胞计数和 PCV 在估计动物红细胞数量方面基本相同。

**注意：**在大多数情况下，血红蛋白、红细胞计数和 PCV 实质上是红细胞数量的等效度量。

由于微红细胞压积技术简单、准确、成本低，多数兽医会解释 PCV 结果而不是血红蛋白或红细胞计数。然而，大多数血液学仪器都提供血红蛋白测定，多余的信息有助于确保正确的诊断。如果存在红细胞堆积不良、细胞收缩、细胞肿胀或细胞脆性增加，血红蛋白可能比 PCV 更准确。如果在光度分析过程中，脂血干扰血浆光传输，血红蛋白浓度的测定是不准确的。大量海因茨小体可能导致光密度错误地增加，从而人为地增加血红蛋白浓度。

## 总细胞计数

总白细胞、红细胞和血小板计数可以用血细胞计数器人工测定或自动化仪器测定。血细胞计数器是一种便宜、简单的玻璃计数室，很容易安装在显微镜中，不需要校准和质量控制试剂。血细胞计数费时且不精确，但对于偶尔进行白细胞计数或血小板计数的小诊所来说，是一种有用的方法。因此，我们也将详细介绍这种方法。自动化仪器更精确，更容易使用，当需要分析的血液学样本数量多时，购买仪器还可以节省时间。

**注意：**人工血细胞计数在小诊所中是实用的，只需要偶尔进行细胞计数。

### 血细胞计数器

血细胞计数器是一个透明的玻璃室，里面装有细胞悬浮液，用于显微细胞计数。血细胞计深 0.1 mm，用精确的 3 mm × 3 mm 的网格划分为亚单位（图 2–2）。因此，在检测中使用的网格的表面积决定了包含计数细胞的血细胞计数器的体积。我们可以用数学方法确定每立方毫米中的细胞数（即 $mm^3$；如图 2–2 所示）。对这些计算加以了解可以将血细胞计数器用于其他液体中的细胞计数，如脑脊液和关节液中的细胞计数。在美国，细胞数量以细胞数 /μL 报告，这等于细胞数 /$mm^3$。这可能是因为最初的细胞是在血细胞计中计数的，以 $mm^3$ 表示部分。大多数其他国家报告的血液细胞浓度为细胞数 $\times 10^9$/L。1 L 等于 100 万（$10^6$）μL；因此，1 L 的细胞数量

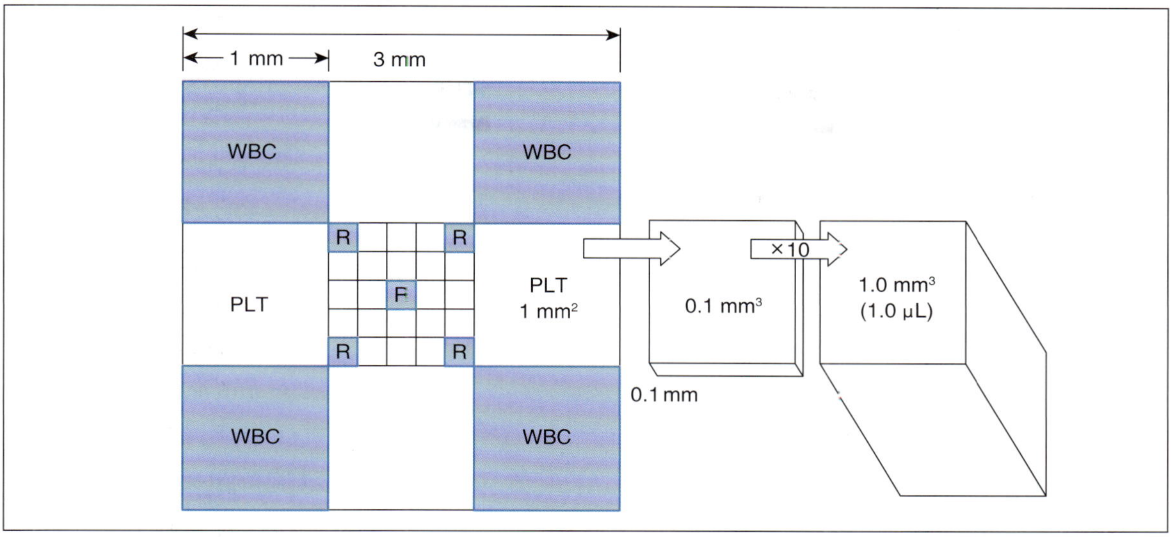


**图 2–2　血细胞计的尺寸**

血细胞计网格为 9 $mm^2$，深 0.1 mm。中心的 1 $mm^2$ 被另外划分为 25 个正方形。通常用于红细胞、白细胞和血小板计数的区域分别用 R、WBC 和 PLT 表示。为了确定 1 $mm^3$（= 1 μL）内的细胞，红细胞、白细胞和血小板的转换因子如表 2–2 所示。

是 1 μL 的 100 万倍（见第 1 章）。

血液（或其他液体）必须稀释，以便计算腔室中的细胞数量。用塑料容器的稀释系统是最简单的。贝克顿 – 迪金森公司（BD）停止生产 Unopette 系统，现在推荐 Bioanalytic GmbH（www.bioanalytic.de）生产的类似产品作为替代方案。在腔室中提供合理浓度的细胞所需的稀释量随血液（或其他液体，如腹腔积液）中细胞的预计浓度而变化。血液中的红细胞非常多，因此血液被显著稀释（如 1 ∶ 200）。注意，人工计数非常不准确且耗时，所以不建议人工计数。如果诊所没有自动化血液学仪器，微红细胞压积更实用。微红细胞压积甚至对评估血性液体（如腹腔积液）以预测出血量也很有用。白细胞稀释倍数通常为 1 ∶ 20，血小板稀释倍数为 1 ∶ 100。稀释倍数的倒数（即 1/ 稀释倍数）用于计算最终转换因子（表 2–2）。

网格中计数细胞的区域因细胞类型甚至计数室类型而异。在美国，计数白细胞时，计算最外层的 4 个方格（图 2–2）。对于血小板，计算 2 个方格（2 $mm^2$）。面积的倒数用于计算最终的转换因子。因为血细胞计数器只有 0.1 mm 深，1 $mm^2$ 等于 1 $mm^3$ 的 1/10。

**表 2–2　血细胞计转换因子**

| | 深度 | 面积 | 稀释 | 转换因子 |
|---|---|---|---|---|
| 转换因子 | 10/1 × | 1/ 面积（$mm^2$）× | 1/ 稀释 × | |
| 红细胞因子 | 10/1 × | 25/5 × | 200/1 × | = 10 000 |
| 白细胞因子 | 10/1 × | ¼ × | 20/1 × | = 50 |
| 血小板因子 | 10/1 × | ½ × | 100/1 × | = 500 |

为了将细胞计数转换为数量 /$mm^3$，必须调整 1 $mm^3$ 的计数部分和血液样本的稀释度（表 2-2）。基于血细胞计深度（0.1 mm）、计数面积（4 $mm^2$）和稀释因子（1 ∶ 20），可将白细胞因素调整为 50 倍稀释。如果选择不同于标准方法，可以确定不同的稀释度。

血细胞计数器有 2 个计数室（两侧各一个）。两室都要填满并计数。每侧白细胞计数的细胞数量差异应＜10%。如果细胞悬浮液分布不均匀，造成较大差异，则应重复测试。

用血细胞计数器进行人工计数有明显误差（如白细胞计数可能出现 20% 的误差）。在解释动物白细胞计数的每日变化时，应考虑这种误差幅度。例如，2100 个白细胞 /μL 的计数与前一天 1900 个白细胞 /μL 的计数差异太小，不能认为病情得到改善。对于不需要或无法使用自动化血液学仪器的临床兽医来说，尽管人工计数不精确，但对于大多数临床诊断是足够的。当怀疑自动计数有错误时，可以执行人工计数。

## 校正白细胞计数

由于有核红细胞（nucleated RBC，NRBC）包含在人工和自动化仪器的白细胞总数中，当有核红细胞数量多时，有必要减少白细胞计数（实际上是有核细胞计数）。如果在白细胞分类计数中计数 100 个白细胞时注意到超过 5 个有核红细胞，则应进行校正（即＞5% 的误差）。可用如下所示比例法从数学上调整有核细胞计数，使之符合正确的白细胞计数：

校正白细胞计数 = 有核细胞计数 ×100÷（有核红细胞数 + 100）

## 绝对有核红细胞计数

绝对有核红细胞计数是有核细胞计数和校正白细胞计数之间的差值。如果白细胞计数非常高或非常低，仅报告有核红细胞 / 100 个白细胞的相对比例可能会产生误导。例如，在败血症和中暑时有核红细胞会被释放，在这些情况下通常会出现中性粒细胞减少症和白细胞减少症。对于这些情况，绝对有核红细胞计数（每升或每微升）更容易解释。

## 红细胞指数

红细胞指数描述了红细胞的平均大小和血红蛋白含量。指数由最初直接得出的测量结果（即 PCV、红细胞计数、血红蛋白）通过以下公式计算。自动细胞计数器可以直接测量红细胞的体积或血红蛋白浓度。

平均红细胞体积（MCV）（单位为 fL）

=PCV×10÷ 红细胞（$10^6$）

平均红细胞血红蛋白（MCH）（单位为 pg）

=Hgb×10÷ 红细胞（$10^6$）

平均红细胞血红蛋白浓度（MCHC）（单位为 g/dL）

=Hgb×100÷PCV

MCV 表示红细胞的平均体积。MCV 增加、正常或降低分别表明平均红细胞为大细胞、正常细胞或小细胞。MCHC 正常或降低倾向于指示红细胞是正色素性或低色素性。如溶血或存在海因茨小体，高色素性的血红蛋白（即 MCHC 增加）表明仪器错误。MCH 表示每个平均红细胞的绝对血红蛋白含量。MCHC 表示平均红细胞中血红蛋白的浓度。

注意，只有存在很大比例的异常红细胞时，MCV 或 MCHC 才会偏离参考区间。因此，MCV 和 MCHC 往往对大细胞低色素性红细胞或小细胞低色素性红细胞的真实存在产生误导。例如，在 6752 只再生性贫血患犬的血液样本中，只有 8.3% 的血液样本 MCV 增加，

MCHC 下降，尽管再生性贫血（网织红细胞增加）是真正的大细胞性和低色素性[2]。MCV 和 MCHC 通常会对动物的贫血进行错误的形态学分类。

**注意：**MCV 和 MCHC 通常会对动物的真正贫血类型进行不正确的形态学分类，因为存在大量异常红细胞才能使平均值偏离参考区间。

## 自动血液学细胞计数器

### 阻抗计数器

阻抗计数是血液学仪器中细胞计数的标准方法，在目前许多仪器中仍然是常用的方法。利用阻抗计数原理（即库尔特原理），细胞被稀释在电解质溶液中，并通过一个孔（电极上的孔）抽取。因为细胞是不良的导电体，因此孔径两端的电阻随着每个细胞的脉冲而变化。电阻变化的频率表示细胞数量，而电阻变化的幅度表示细胞大小。阻抗计数器必须用电子方法来调整，以便仅在适当的大小间隔内对细胞进行计数。这个大小间隔是通过调整每个物种的电子阈值来设定的。阻抗计数器直接计算细胞数量，测量细胞大小，然后数学计算 Hct、MCHC 和 MCH。

**注意：**检查血小板 – 红细胞直方图可避免阻抗血小板计数的错误。

应检查血小板 – 红细胞直方图，确保血小板和红细胞峰值之间的充分分离，以避免错误。直方图应显示两个峰值，并指示阻抗计数器将哪些细胞类型计算为血小板或红细胞（图 2–3）。在红细胞和血小板峰值之间必须有一个清晰的分隔“谷”。在红细胞和血小板峰值之间的山谷和虚线保证了计数的准确性。一个常见的错误是血小板和红细胞的大小有重叠，因此仪器不能正确地区分它们。

阻抗计数器计算红细胞的数量，并确定样本中每个红细胞的大小，然后计算红细胞压积（Hct），基本方法是将红细胞的数量乘以它们的大小（如红细胞 ×MCV÷10）或乘以单个红细胞大小相加的总和。这不同于经典的血液离心法来压实红细胞并测定 PCV。

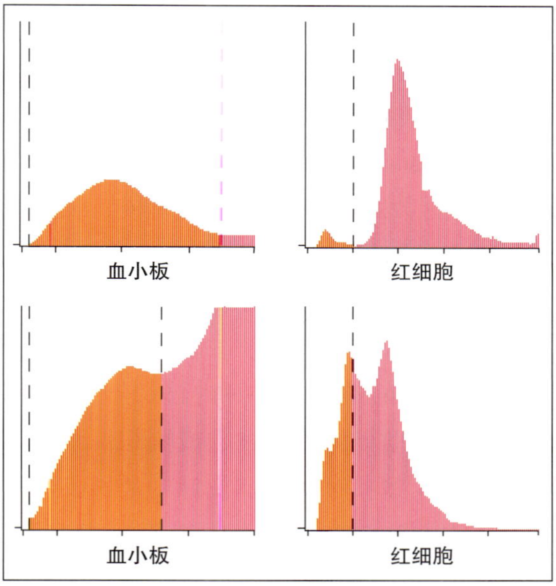


**图 2–3　来自阻抗血小板的红细胞 – 血小板和血小板直方图，以及来自 Cell–Dyn 仪器的红细胞计数的两个示例**

上面的直方图来自一只健康的犬。在右上方的直方图中，可以看到两个不同的峰值，一个较小的橙色血小板峰值和一个大的红色红细胞峰值。左边的橙色血小板峰值只是血红蛋白直方图的重复，它显示了血小板的大小分布。当血小板和红细胞的大小明显不同时，阻抗计数器可以准确区分和计数。下面的直方图来自一只缺铁性贫血患犬。右侧直方图中有三个细胞群（峰值），中间的异常峰值代表小红细胞。由于血小板和红细胞之间没有明显的分离（两个峰值之间没有谷），仪器不能正确地区分这两种细胞类型，并通过小红细胞的中间绘制边界。部分小红细胞被计数为血小板（橙色）和红细胞（红色）。因此，血小板计数是错误的。通常情况下，红细胞计数的相对误差很小，因为红细胞比血小板多得多，但在严重贫血和血小板严重增多的情况下，红细胞计数也可能有明显的误差。

因此，仪器计数最好称为血细胞比容（Hct），而不是红细胞压积（PCV）。为简单起见，PCV 在本书中通常用来表示 Hct 或 PCV。除了使用血液学仪器进行 CBC 外，通过微红细胞压积法测定 PCV 是一种很好的质量控制方法。如果微红细胞压积的 PCV 和仪器的 Hct 之间的变化＞3% ~ 5%，则提示出现技术错误，应该解释其问题。

较新的阻抗仪器可提供额外的信息，如 3 ~ 4 种白细胞的细胞分类计数、平均血小板体积（mean platelet volume，MPV）、血小板分布宽度（platelet distribution width，PDW）和网织红细胞计数，并可识别存在的有核红细胞[4]。

### 激光散射细胞计数器

较新的自动化血液分析仪通常在流式细胞仪中使用激光检测系统，根据不同角度的光散射来测量细胞的大小和内部复杂性[7]。添加染色剂有助于区分白细胞或网织红细胞的类型。为大型参考实验室设计的两种兽医仪器是 Advia 120/2120（以前是 H-1；西门子医疗解决方案）和 Sysmex XT-2000iV（日本神户 Sysmex 公司）。Sysmex 报告了激光（光学；PLT-O）和阻抗（PLT-I）血小板计数。这些新仪器还提供了关于每种细胞类型的丰富信息。RDW 数值表示红细胞大小的变化（红细胞大小不等），血红蛋白分布宽度（hemoglobin distribution width，HDW）表示血红蛋白浓度的变化（见第 3 章）。Tvedten 更喜欢解释图形的形态，而不是许多数值结果，如 RDW、HDW 等。

细胞的图形显示有助于诊断和检测实验室错误[13]。Advia 测量并报告所分析的每个红细胞的体积和血红蛋白含量（图 2-4 和图 2-5）。Advia 系统是将贫血正确分为正细胞正色素性、大细胞低色素性或小细胞低色素性最敏感和具体的方法。如红细胞指数所述，MCV 和 MCHC 往往会错误分析贫血的真实类型。红细胞细胞图根据细胞大小和血红蛋白浓度显示正常和异常的红细胞数量。Advia 120/2120 自动网织红细胞分析不仅提供绝对和相对网织红细胞计数，甚至还提供平均网织红细胞体积，这可能有助于判断缺铁患犬对治疗的反应。图 2-5 中彩色标记的网织红细胞图一目了然地表明，犬的贫血明显是再生性的。Advia 120/2120 和 Sysmex XT-2000iV 网织红细胞分析适用于犬网织红细胞。Advia 和 Sysmex 仪器主要检测聚集型猫网织红细胞，但不能检测到点状网织红细胞的巨大变化。

Advia 2120 和 Sysmex XT-2000iV 提供四分类白细胞自动化计数（总中性粒细胞、淋巴细胞、嗜酸性粒细胞和单核细胞）。Advia 2120、Sysmex 和 LaserCyte 都不能正确识别犬或猫的嗜碱性粒细胞。目前可用的白细胞分类计数（Diff）自动化仪器还有其他局限性，但如果认识到其局限性，自动化的 Diff 可以得到有效使用。自动化仪器图形显示的模式对于检测白细胞类型分类中的错误和检测白血病中的母细胞、有核红细胞、嗜酸性粒细胞增多、核左移和中性粒细胞的中毒性变化非常有用[13]。

激光型血液学仪器，如 Advia 2120、Sysmex XT-2000iV 和 LaserCyte，与阻抗仪一样通过光学系统而不仅仅是通过大小识别血小板（图 2-3）。凭借大小和内部复杂性（Advia）或大小和核酸染色（Sysmex）这两个特征，该仪器可以正确识别大于小红细胞的血小板。这在猫上很重要，因为猫 60% ~ 74% 的血小板可能太大，无法被阻抗血小板计数器检测到[6]。Advia 仪器计数高达 60 fL 的血小板，而红细胞通常＜60 fL（特别是猫上）。Advia

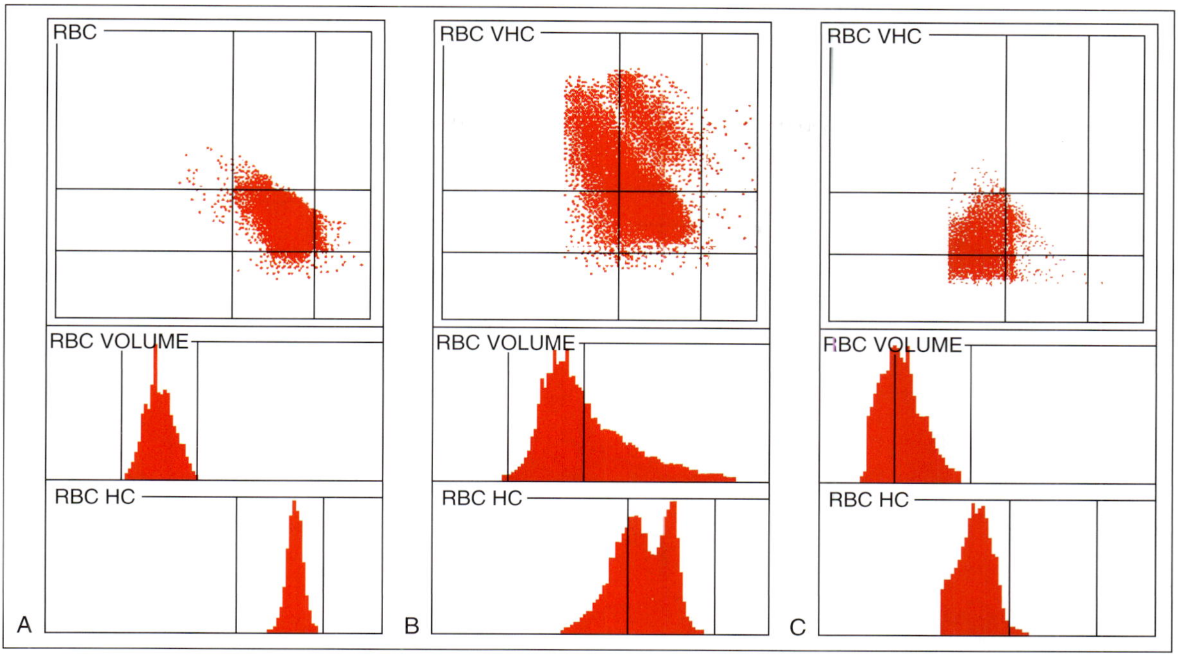


**图 2–4　Advia 2120 仪器的图形很好地说明了贫血的三种基本类型**

正细胞正色素性贫血（A）、大细胞低色素性贫血（B）和小细胞低色素性贫血（C）。图形包括一个红细胞（RBC）细胞图，最上面一排是 9 框网格。红细胞细胞图显示的是根据细胞体积（V）分析的每个红细胞，横轴显示的是细胞的血红蛋白浓度（HC）。在 9 框网格下有 2 个直方图。红细胞体积直方图相当于细胞图的垂直轴，显示了基于体积的红细胞数量。两条垂直线反映了上下限参考界限。血红蛋白直方图相当于细胞图的横轴，根据细胞血红蛋白浓度显示红细胞的数量。A. 与正常非贫血的犬一样，正细胞正色素性贫血患犬的直方图的中心框或竖线内有所有红细胞。B. 大细胞低色素性贫血患犬是一个 IMHA 病例，有许多未成熟的（大细胞低色素性）红细胞，从细胞图中央框向左侧和上方延伸。红细胞体积直方图上向右延伸的细胞为大细胞。这些红细胞在细胞图和 Hgb 直方图上也向左延伸，表明它们是低色素的。Advia 2120 的独特之处在于显示低色素红细胞。Hgb 直方图显示两个峰，曲线下面积反映左侧峰红细胞的相对数量（%），为低色素红细胞。在 IMHA 病例中，低色素（左峰）红细胞多于正色素（右峰）红细胞。因此，人们一眼就可以确定未成熟红细胞（通常是网织红细胞）的再生反应的大小。此外，细胞图中央上部框的一团红细胞是自身凝集的红细胞。C. 这只犬由于缺铁而患有小细胞低色素性贫血，这种贫血非常严重从而导致剩下的正常大小的正细胞正色素性红细胞过少，以至于无法显示正常细胞的位置。细胞图中细胞底部和左侧的直线，以及两个直方图左侧的直线表明 Advia 2120 不认为犬红细胞可能很小或低色素性，并将其排除在分析外（删节）。RBC，红细胞；RBC VHC，红细胞体积和血红蛋白浓度；RBC VOLUME，红细胞体积；RBC HC，红细胞血红蛋白浓度。

和 Sysmex 仪器的血小板细胞图和直方图通常可以鉴别非血小板颗粒（如影红细胞）何时被误算作血小板。图 2–6 显示了正常犬血小板直方图和细胞图，以及误将脂血血浆中溶解的影细胞计入血小板计数的异常直方图和细胞图。MPV 表示血小板的平均大小。血小板细胞图和直方图显示了血小板在样本中基于大小和内部复杂性的分布。在活化血小板中，平均血小板浓度（MPC）降低。各种标志和细胞图提示潜在的误差（如凝结的血小板）。

### 定量淡黄层干式血细胞分析仪

爱德士的定量淡黄层干式血细胞分析仪（QBC V）（缅因州威斯布鲁克爱德士公司）

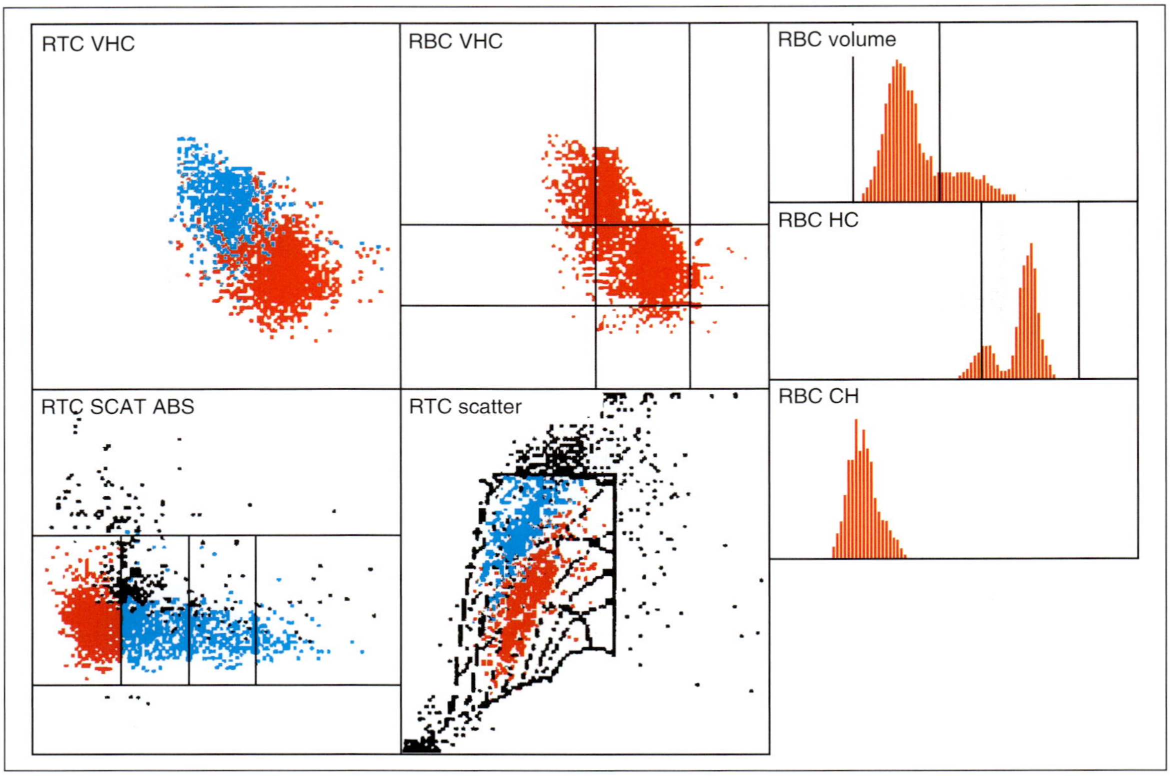


**图 2-5 Advia 2120 的红细胞和网织红细胞图显示再生性贫血患犬的两种细胞类型**

网织红细胞被染成蓝色。4 种红细胞细胞图显示两种独立的红细胞群，包括正常红细胞和大细胞低色素性红细胞。上中央细胞图（RBC VHC）如图 2-4B 所示。Advia 2120 检索红细胞被染色为网织红细胞，并在各种图形中显示为蓝点。左上角细胞图（RTC VHC）显示大细胞低色素性红细胞为蓝点，说明它们是网织红细胞，反映了再生反应。RTC SCAT ABS 细胞图（左下）显示了使用网织红细胞染色的细胞，并将网织红细胞进一步划分为三个方框，右侧反映了 RNA 含量增加。红细胞体积直方图（右上）显示了右侧大细胞性红细胞的第二个明显但较小的峰值。RBC HC 细胞图显示，在较大的正色素红细胞峰值的左侧，低色素 RBC 峰值的大小与正色素 RBC 峰值的大小相似（约为正常红细胞峰值的 1/3）。直方图曲线下面积反映了正常红细胞和大细胞低色素性红细胞的相对数量。仪器可以提供 9 个框中每个框的确切细胞数量。RTC VHC，网织红细胞体积和血红蛋白浓度；RBC VHC，红细胞体积和血红蛋白浓度；RBC volume，红细胞体积；RBC HC，红细胞血红蛋白浓度；RTC SCAT ABS，网织红细胞分类散点图；RTC scatter，网织红细胞散点图；RBC CH，红细胞平均血红蛋白含量。

是一种院内血液分析仪。QBC V 中的细胞计数由延展的淡黄层中不同细胞类型的各层的宽度确定。用一个塑料浮体将淡黄层展开，表面被染色后可见不同的分层（图 2-7）。分层的边界必须足够明显，以便测量，在异常样本中可能不太明显。QBC V 确定 2 ~ 3 层的白细胞分类细胞计数，包括单核细胞（即淋巴细胞）和粒细胞，以及犬的嗜酸性粒细胞。QBC V 分析比人工血细胞计数更快速和精确，但是比阻抗仪精度低。与参考方法的相关性仅适用于血小板计数，但 QBC V 实际上测量的是“血小板压积”。与红细胞的 PCV 一样，血小板压积是指由血小板构成的血量所占的百分比。血小板压积在 QBC V 中被转换为血小板计数，兽医习惯于解释血小板计数。血小板的平均大小（MPV）对确定血小

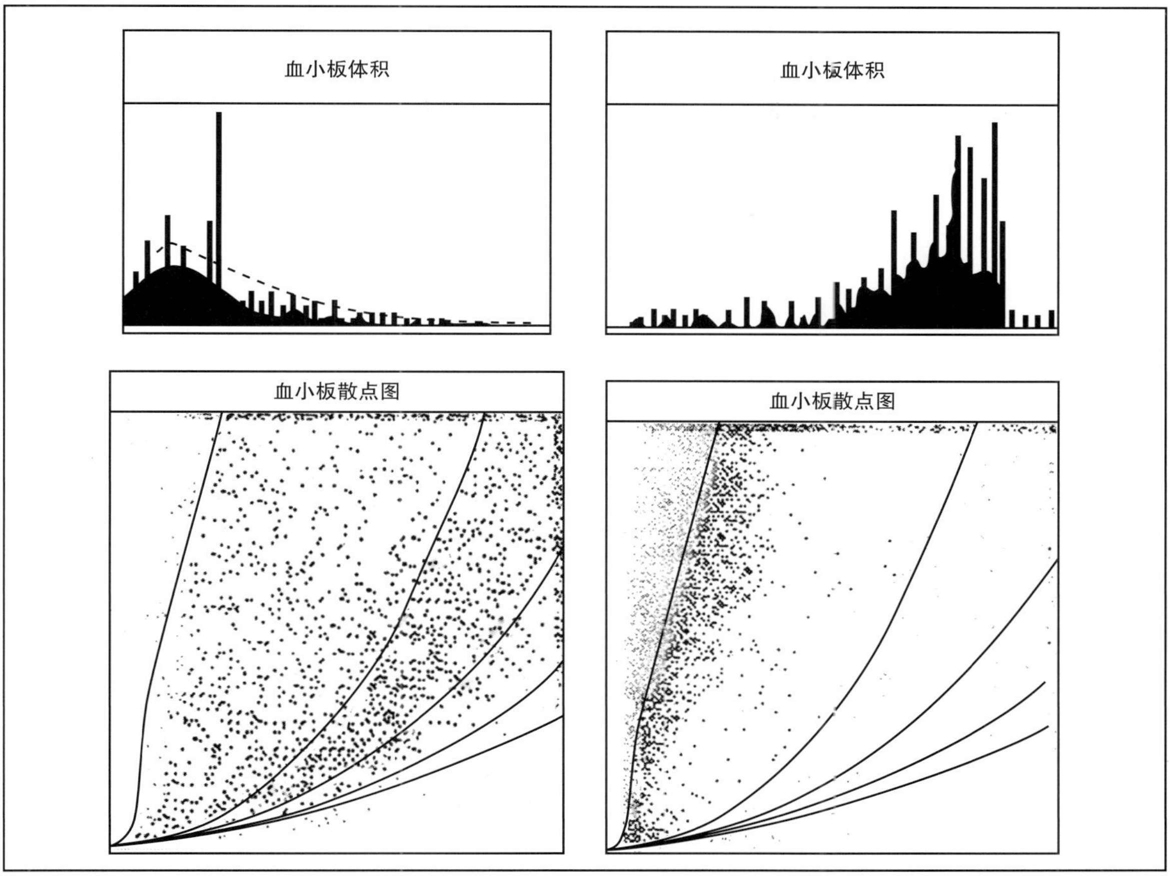


**图 2-6　2 只犬的 Advia 2120 血小板直方图和细胞图**

左边的直方图和细胞图来自缺铁性贫血患犬，但看起来相对正常。左上角的血小板体积直方图显示了沿着 x 轴从左到右不断增加的血小板数量。MPV 为 4 ~ 6 fL。右侧的血小板直方图和细胞图来自患考库欣综合征、脂血症和有许多影红细胞的犬。该直方图显示了相反的趋势，主要是大血小板和颗粒，在直方图的右侧有一个峰值。下面的血小板细胞图（血小板散点图）显示了基于大小和光密度的血小板。沿 y 轴向上的线表示体积增大。x 轴为颗粒大小，检测粒径为 30 ~ 60 fL。大多数点（即血小板）都在计数区域内。影红细胞呈簇状分布在计数区左侧边缘，部分位于计数区外。这是一种仪器误差，可以通过检查直方图和细胞图来检测。

板的实际数量很重要。例如，骑士查理王猎犬（和诺福克㹴）经常患有遗传性血小板发育不良，血小板非常大，但数量很少。特别是在阻抗血小板计数的情况下，这些骑士查理王猎犬的血小板数量通常很少，以至于它们看起来倾向于出血。测量这些骑士查理王猎犬的血小板压积表明，它们的血小板压积与正常犬相同，没有出血倾向[12]。在这些骑士查理王猎犬中，QBC V“血小板计数”（实际上反映的是血小板压积）是正常的，而实际列举血小板数量的其他方法都表明它们是异常的。因此，QBC V 可以被称为“骑士仪器”，因为它是唯一被验证的能精确测量骑士查理王猎犬的血小板压积的仪器。Advia 2120 血小板压积已经被验证可以用于骑士查理王猎犬的血液（数据待发表）。

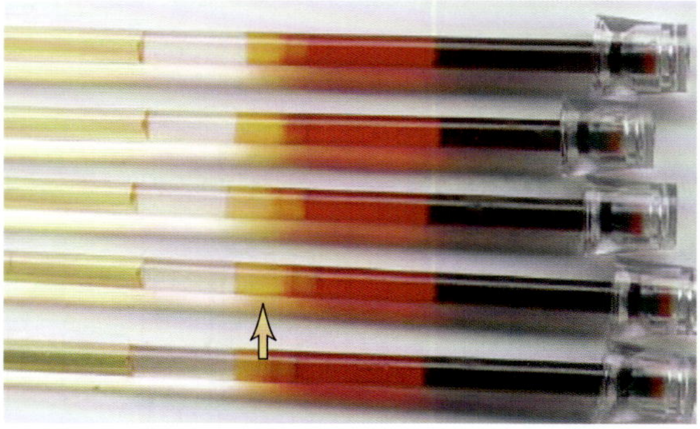

**图 2-7 来自骑士查理王猎犬的 5 份血液样本**

显示血小板常染色体隐性发育不良（遗传性无症状大血小板增多症），其中血小板数量较少，但由于血小板非常大，其血小板压积正常。血小板压积表示血液中血小板数量，可以用血小板占血量的百分比来表示（类似于 PCV）。爱德士的定量淡黄层干式血细胞分析仪将这个血小板压积转换为血小板计数。5 只管中黄色层（血小板，黄色箭头）的宽度反映了血小板压积，尽管通过阻抗仪测量血小板计数有时甚至低于 10 000/μL，但 5 只骑士查理王猎犬的血小板压积均正常。血小板左侧的透明区域是透明塑料浮体的顶部，浮体将淡黄层铺开，形成不同类型的细胞层。血小板右侧较暗的黄色到橙色层是白细胞层。

> **注意：**QBC V 直接确定血小板压积。血小板压积是评估骑士查理王猎犬和诺福克㹴的血小板数量的最佳方法，这些犬常患有遗传性血小板发育不良，血小板非常大，但数量很少。

## 猫的血小板计数

猫的血小板计数通常是不准确的（见第 5 章关于血小板计数的讨论）。猫的样本中经常（71%）出现低血小板计数（＜200 000 /μL），但只有 3% 是真正减少的[9]。60% ~ 74% 的猫血小板太大，阻抗计数器无法检测到[6]。由于聚集的血小板和大血小板都会造成巨大且几乎相等的误差，许多人认为不可能获得准确的血小板计数。然而，如果怀疑猫确实存在血小板减少，使用包括大血小板的光学血小板计数（激光型分析仪）和能抑制血小板聚集的前列腺素 $E_1$（prostaglandin $E_1$，$PGE_1$），即使在临床环境中也可以获得准确的血小板计数[11]。$PGE_1$ 在使用前必须冷冻，而且价格昂贵，但猫患血小板减少症并不常见，所以 $PGE_1$ 不需要经常使用。

> **注意：**猫的血小板计数通常是不准确的，因为大约 70% 的猫血液样本中有血小板凝块，60% ~ 74% 的猫血小板太大，无法用阻抗型分析仪检测到。

如果在血涂片中观察到血小板凝集，则说明血小板在血液样本中分布不均匀，人工计数、自动计数和血涂片评估的准确性都会受到影响。人工计数也受血小板凝集的影响；因此，使用含有血小板聚集物或血凝块的同一血液样本进行人工血小板计数也会出错。人工计数包括大的猫血小板，这是阻抗型血液学仪器通常无法计数的，所以即使不精确，人工计数也比阻抗计数器更准确。涂片上血小板团块的存在并不能证明存在真正的血小板减少。一种柠檬酸盐抗凝剂（Diatube-H；贝迪医疗）可降低猫血液样本中的假性血小板减少。Diatube-H 含有柠檬酸盐、茶碱、腺苷和双嘧达莫（简称为 CTAD），它们比 EDTA 更能抑制血小板凝集[8]。CTAD 管不能提供一贯准确的猫血小板计数，但确实降低了假性血小板减少的频率和程度。此外，通过将针插入静脉，让血液直接滴入含有 EDTA 的真空采血管（去除塞子），或使用两管法（先将血液收集到不用于细胞计数的管中，然后将部分血液收集到抗凝管中进行细胞计数）收集血液，有助于防止血小板凝集。

### 血涂片分析

使用血液学仪器对特定兽医物种的血液进行自动分析，可以提供丰富而有用的信息。

然而，血涂片检查是血液学仪器的重要补充部分，并且常能提供仪器无法给出的诊断信息。即使在没有血液学仪器的情况下，有经验的检测人员对血涂片进行评估也能快速获得丰富信息。目前没有一种血液学仪器能够识别犬或猫的嗜碱性粒细胞，且不能一致地识别所有物种的所有细胞类型。完整的五到六分类白细胞计数，包括未成熟的中性粒细胞、嗜碱性粒细胞和非典型细胞，只能通过显微镜（人工 Diff）进行。未成熟的中性粒细胞、中毒性中性粒细胞、反应性淋巴细胞、单核细胞、嗜碱性粒细胞、嗜酸性粒细胞和白血病细胞通常不能都被仪器识别。检测红细胞、白细胞和血小板的许多形态学改变需要在显微镜下进行形态学评估。血涂片评估可快速检测出白细胞和血小板数量的临床显著变化。红细胞估计数是不一致的，因此应使用 PCV 或其他方法来计数红细胞。仪器细胞计数更精确，通常也更准确，而且仪器计数的明显误差可以通过血涂片检查发现。

完整的 CBC 包括自动化仪器数据和血涂片的主观评估，至少应该在患病动物的第一次血液学检查时进行。单独使用自动化仪器的结果可以节省大量时间，并可以充分跟踪先前明确的血液学问题。对白细胞、红细胞和血小板的一些定性形态学观察可以得出临床有用的结论（见第 3 ~ 5 章）。

**注意：**血涂片评估是丰富信息的快速来源，与自动血液学仪器的数据一起，是患病动物初始 CBC 的重要组成部分。

## 制作涂片

一个或多个新制成且快速风干的血涂片必须作为完整的血液检查的一部分，和血液样本一并提交。抗凝管中的细胞有假象的变化，如中性粒细胞的空泡化和嗜碱性增加、任何类型的细胞变性和血小板聚集，这些变化会在数小时或数天内发生。这些可能会与疾病变化混淆，或妨碍一些主观评估。新涂片中的细胞保持正常的形态，血小板聚集的可能性较低。血涂片应与 EDTA 血液一起邮寄到参考实验室。细胞计数需要 EDTA 血液。

涂片必须有一个薄的区域，其中细胞分布在单层中。该区域提供了最佳的形态学细节和合理的细胞分布（图 2–8）。红细胞在单层中应紧密排布，但细胞间尽量不接触。犬的红细胞中央苍白，表明红细胞呈平铺状态。细胞不能变形。涂片远端（羽状边缘）的细胞常发生物理畸变，可能混淆或阻止结果判断。白细胞必须呈平铺状，暴露一个大的表面区域以供观察（图 16–2）。最好对薄单层细胞染色，使其在玻片上平铺且可观察视野较大，可以很好地评估细胞质和细胞核的细节。

**注意：**具有薄单层的新制成的血涂片对于正确识别细胞和做出诊断决定至关重要。

在解读血涂片和细胞学涂片时，两个常见的错误是试图识别涂片厚区域的细胞和受损或扭曲的细胞。只有具有足够形态学细节的细胞才能进行评估，并被写入报告。所有的涂片都有一些损坏的细胞，它们的形状和染色特征都是扭曲的，不应该包括在细胞分类计数中。需要注意的是，若这些细胞比例较大，它们的来源（如假象、中毒性变化、发育不良或肿瘤变化）应该被追踪。如果超过 5% 的白细胞无法解释，这些细胞可能被置于“其他”分类中。

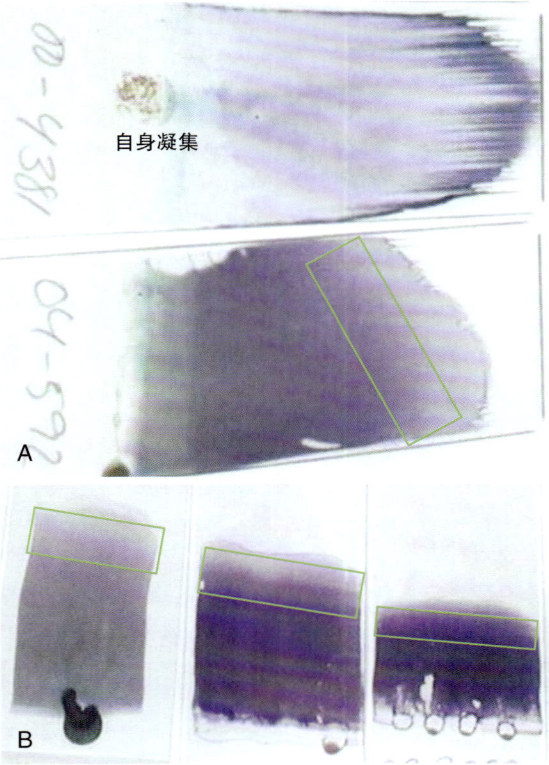


**图 2-8　血涂片的示例**

A. 两个血涂片上部有自身凝集，细胞分布不均匀，不像下面正常的血涂片。注意，上面的涂片在左侧未染色的原始血滴中和在右侧羽状边缘的细胞脊聚集了红细胞。应在涂片磨砂的一端用铅笔写上动物的身份、日期和其他信息，以便正确出具相应患病动物报告。B. 三种血涂片的长度不同，但在涂片末端附近有一个均匀分布的薄层（即单层）区域，绿色框所示，应在此进行细胞评估。图 A 中两个涂片下部的单层区域也用绿色框表示。图 A 中有自身凝集的涂片上部没有单层区域，这使得对红细胞形态的评估（如存在球形红细胞）变得困难。

应强化练习制作血涂片技术，以保证涂片质量良好可读。楔形血涂片法首先将一滴血滴在靠近磨砂边缘的玻璃载玻片上，然后使用另一个载玻片进行涂片。应该将铺血载玻片向后拉过载玻片，穿过血滴。其间不需要停止，单次平稳地向前推铺血载玻片（中途停止会让血液沿铺血载玻片扩散，这将导致涂片中白细胞分布发生改变）。推载玻片的角度可以改变涂片的长度（即较低的角度产生较长的涂片）。一个常见的错误是涂片延伸到载玻片的末端，导致单层区域丢失。血滴的大小也可以调节以改变涂片的长度。如果 EDTA 血滴太大，很可能会使涂片走得太长而脱离载玻片的末端。涂片应只延伸到载玻片的中间或远端 2/3 处，以便单层区位于容易染色和检查的载玻片区域。为了防止得到不规则的涂片，应该使用边缘光滑、表面干净的优质载玻片，并学会在涂片过程中平静、均匀地推片。

## 染色

血液学和细胞学染色将在第 16 章中讨论。

## 评估血涂片

应建立一套程序，以一致地评估和描述血涂片。应评估所有三种细胞类型（即白细胞、红细胞、血小板）的分布、数量和形态学特征。

### 血小板评估

血小板的数量比白细胞或红细胞的数量更准确（图 5-5）。计算单层区 100× 油镜视野中平均血小板数。在正常的犬血涂片上，每 100× 油镜视野有 8 ~ 29 个血小板。数量随显微镜的观察范围和检查血涂片的部位（厚度）而变化。一种估计方法是将每 100× 油镜视野的平均血小板数与 15 000 ~ 20 000 个血小板 /μL 相乘。然而，血小板估算应该以半定量的方式进行评估（如非常低、低、正常、高、非常高）。应使用精确的血小板计数仪器来判断治疗效果。应该检查血小板是否聚集，特别是在涂片的远端。如果血小板明显结块，说明血小板分布不均匀；因此，无论是估计的还是实际的血小板计数（仪器或人工）都是不准确的。目前还不能很好地确定什么程度的血小板凝集（血小板凝集的数量或大小）会导致血小板计数无临床意义。少量聚集物的存在不会影响临床计数准确性，但应避免报告有大的聚集物或许多聚集物的血小板计数（见本章和第 5 章之前对血小板计数的讨论。）

**注意：**血小板数量可以在血涂片上很好地估算。每个油镜视野（100×）平均有 8 ～ 29 个血小板表示血小板计数正常。将每 100× 油镜视野的平均血小板数与 15 000 ～ 20 000 个血小板 /μL 相乘，也可粗略估算出血小板数量。发现非常大或很多的血小板聚集表明估计或实际血小板计数有错误。

## 血小板形态

血小板减少常伴有比正常血小板大的血小板，这通常表明血小板生成活跃。然而，血涂片上大血小板的存在（更准确地说，MPV 或 PDW 增加）并不能区分包括免疫介导的血小板减少、骨髓疾病和弥散性血管内凝血（disseminated intravascular coagulation，DIC）等在内的犬体内血小板减少的原因。在没有血小板减少症的犬中，甚至可见大血小板和 MPV 增加，这也许是由其他原因引起的广泛性骨髓刺激造成的。

## 白细胞评估

从涂片中估计白细胞计数不如血小板精确，因为较大的白细胞分布不均匀，数量也较少。用 10× 显微镜物镜对涂片进行检查，主观估计白细胞的数量是否比正常多或少。应该观察整个涂片，特别是涂片末端（即羽状边缘）可能有许多白细胞分布不均。应在可能存在的白细胞增多症或白细胞减少症中使用适当的形容词（如“轻微的”“中度的”“显著的”）。另一种方法是在单层对多个 10× 物镜视野内白细胞数计数，进行血小板估算和白细胞鉴别。在作者的实验室，18 ～ 51 个白细胞 /10× 物镜视野表明犬血涂片的白细胞计数正常。白细胞 /10× 物镜视野的数量与实际白细胞计数相关性较好，r 值为 0.87。因为当白细胞 /10× 物镜视野的数量 > 60（数量太多，无法精确计数）时，准确性会下降，所以应该在 60 时停止计数，不要试图根据白细胞 /10× 物镜视野的数量来区分白细胞增多的程度。这种方法依赖于白细胞在涂片和显微镜镜头视野中的均匀分布。分布不均，如白细胞被拉至涂片的羽状边缘，可造成白细胞估值错误的偏低。

## 白细胞凝集

很少有犬和猫在 EDTA 血液收集管中有很强的白细胞凝集。用其他抗凝剂（如肝素、柠檬酸盐）收集血液有时可以防止或减缓凝集，从而获得更准确的白细胞总数。通常白细胞聚集物的误差很小，但在一只有大的白细胞聚集物的猫中，EDTA 中的白细胞计数为 36 920/μL，而用肝素采集血液并立即分析时，白细胞计数为 64 650/μL。15 ～ 30 min 后，猫的白细胞也在肝素中聚集。这种凝集被认为是由受抗凝剂影响的抗体引起的，在下一次检查中白细胞凝集的趋势可能并不会存在。

## 白细胞分类计数

白细胞以绝对（细胞数 /μL）和相对（%）白细胞分类计数（Diff）报告。分类计数可以来自人工或自动方法（见本章血液分析仪部分或第 4 章，了解更多关于自动 Diff 的信息）。人工 Diff 是通过对血涂片上 100 ～ 200 个或更多的白细胞进行分类来确定每种类型白细胞的百分比。每种类型白细胞的百分比（如 18% 嗜酸性粒细胞）乘以总白细胞数量 /μL，就得到每种白细胞类型的绝对计数（如总白细胞计数为 15 000/μL，则 18% 嗜酸性粒细胞的绝对嗜酸性粒细胞计数为 2700/μL)。绝对计数比细胞百分比的解释更能反映实际情况(见第 4 章)。

## 白细胞形态

**核左移** · CBC 的主要结论之一是患病动物患有炎性疾病。核左移表示炎性疾病，罕见例外(即粒细胞性白血病，佩 – 许畸形)。

> **注意：** 记录核左移表明患病动物有炎症。需要人工 Diff 记录核左移(未成熟中性粒细胞增多)。

通过血涂片检查和手动 Diff 识别未成熟的未分叶中性粒细胞(未分叶或杆状)以检测核左移。用于识别分叶中性粒细胞和未分叶中性粒细胞的标准是相对主观的，且随观察者的不同而不同。就像没有一个标准能始终如一地确定一个人是否成熟一样，也没有一个标准能始终如一地描述杆状到分叶的过渡。分叶具有不同于杆状的成熟形态学标记，具体内容如下：

- 核形状：核边缘局部变窄(即缩进)的叶状形成和平行边的丢失。
- 细而深染的核。
- 细长的核。
- 核染色质(异染色质)粗糙团块状。
- 核边缘粗糙(染色质团块突出)。

当不确定一个细胞是未分叶还是分叶时，应该把它认为是分叶的，因为分叶中性粒细胞通常比杆状中性粒细胞和较年轻的未分叶中性粒细胞更常见。中毒性中性粒细胞发育异常(即异步的成熟；图 2–9)，使得对不同成熟阶段的一致识别变得困难或无法进行。对血涂片的描述，例如，严重的核左移伴有严重中毒性变化的晚幼粒细胞，可能比要报告未分叶中性粒细胞的具体数量(%)更有用。

核左移的幅度反映了炎症的严重程度。比分叶中性粒细胞更年轻的中性粒细胞包括杆状中性粒细胞、晚幼粒细胞、中幼粒细胞、早幼粒细胞和原始粒细胞。所有未成熟的中性粒细胞都是未分叶的。血液中的未分叶中性粒细胞通常是杆状的，因为骨髓优先释放最成熟的中性粒细胞。如果核左移包括较杆状中性粒细胞更年轻的未分叶中性粒细胞，应注意每一种中性粒细胞类型以反映核左移的严重程度增加。

**中毒性中性粒细胞** · 中性粒细胞明显的中毒性变化(图 2–9)表明疾病更严重和预后更差(见第 4 章)。中性粒细胞中毒性变化通常与核左移、白细胞减少和白细胞增多有关，但在白细胞计数正常的情况下也可能出现，在这种情况下需要进行血涂片检查以记录异常。中毒性变化应根据受影响的中性粒细胞数量和严重程度报告。当中毒性变化

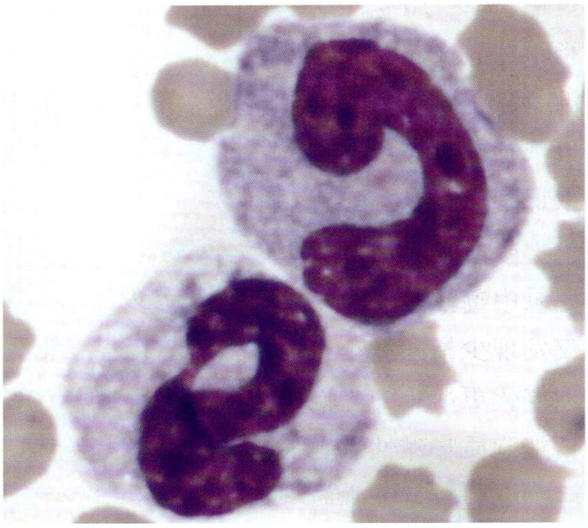

**图 2–9　来自患有脓胸的猫的中毒性中性粒细胞**

这个深蓝色(非中性色)中性粒细胞细胞质表明中度至重度(3+)毒性变化。下部细胞模糊不清(颜色较浅的区域)，表明有中毒性的空泡化。两者都是杆状(非分叶)，尽管下方的中性粒细胞的细胞核宽度明显变窄(异步成熟)。然而，细胞核的其余部分具有光滑平行的侧面和染色质密度(团块)，类似于上面的经典 U 形杆。

是轻微的，或少数中性粒细胞受到影响（或两者都有），可能不会表现出明显的异常临床症状。当中毒性变化为中度至重度时很多细胞受到影响，发热、呕吐、腹泻、沉郁、休克和败血症等症状更为常见，住院时间更长，预后更差[1,10]。

**注意：** 中性粒细胞中度至重度中毒性变化提示预后较差，住院时间较长，发热、呕吐、腹泻、沉郁、休克和败血症等症状更为常见。

肠道疾病（如细小病毒性腹泻）和细菌感染引起最严重的中毒性变化，通常是退行性核左移。中毒性变化不仅局限于细菌毒血症，还可能出现在 IMHA 等疾病和代谢性疾病中，如糖尿病和肝脂质沉积症。

以下准则可用于报告的统一性。中毒性中性粒细胞的数量可报告为很少、中等或很多。0 ~ 4% 的中毒性中性粒细胞不写入报告；很少指 5% ~ 10%；中等指 11% ~ 30%；很多指超过 30% 的中性粒细胞有中毒性变化。猫没有严重的临床症状时，中性粒细胞中经常出现杜勒小体。然而，杜勒小体是显微镜学家识别最一致的一种形态学变化，因此与假象（如 EDTA 嗜碱性和明显的空泡）相比其记录中毒性变化很重要。在清晰的细胞质中仅发现少量杜勒小体表明有轻微变化。中毒性变化更严重的中性粒细胞有几个变化，包括细胞质嗜碱性、空泡化和在猫中更常见的巨大细胞核。细胞质嗜碱性或空泡化的分级是主观的，受所使用的染色剂类型和中性粒细胞在 EDTA 中停留的时间的影响。EDTA 诱导的空泡（假象）周围有明显的膜，而中毒性“空泡化”在蓝色细胞质中更为弥漫和不规则。专栏 2-3 中提供了一个简单的中毒性严重性报告系统。表 2-3 为猫中毒性中性粒细胞研究项目提供了一个更复杂的分级系统[10]。该系统的总得分为轻度（1 ~ 6 分）、中度（7 ~ 12 分）、显著（>13 分）中毒性变化。

**反应性淋巴细胞** · 淋巴细胞的类型和外观差异很大。淋巴细胞的免疫刺激在健康动物和患病动物中都存在。受刺激的淋巴细胞称为反应性淋巴细胞。在患病动物和健康动物的血涂片中，偶有反应性淋巴细胞是很常见的。患病动物体内大量的反应性淋巴细胞提示强烈的抗原刺激，但反应性淋巴细胞的数量并不能可靠地指示免疫反应的强度。它们有明显的深蓝色细胞质，反映了细胞质中蛋白质合成的增加和信使 RNA（mRNA）的增加。细胞核可能发生淋巴母细胞转化，并具有弯曲的形状。反应性淋巴细胞可能只是轻微增大，细胞质略蓝，也可能转化为细胞质为深蓝色的大型母细胞。反应性淋巴细胞在幼龄动物中数量较多。由免疫刺激产生的淋巴母细胞转化的淋巴样细胞（如嗜吞噬细胞无形体感染）可以错误地模拟急性淋巴母细胞白血病（acute lymphoblastic leukemia，ALL）。

**注意：** 反应性淋巴细胞可能较大，不成熟，且深染。大而不成熟的反应性淋巴细胞增多可能与白血病相混淆。反应性淋巴细胞常见于患病动物。

**专栏 2-3 报告中毒性中性粒细胞外观的简单分级方案**

| 严重程度 | 中毒性的形态学特征 |
|---|---|
| 1+ | 透明的细胞质中只有少量到中等数量的杜勒小体 |
| 2+ 或 3+ | 主要是不同强度的细胞质嗜碱性、细胞质空泡化，也有巨大的中性粒细胞或中毒性颗粒 |
| 4+ | 细胞质过度蓝染、空泡化，细胞核太圆而无法区分中毒性中性粒细胞和反应性单核细胞或反应性淋巴细胞 |

表 2-3 猫中性粒细胞中毒性变化的 SEGEV 分级

| 形态学变化强度 | 受中毒性变化影响的细胞 | | |
|---|---|---|---|
| | ＜10% | 10% ~ 30% | ＞30% |
| 杜勒小体 | | | |
| 轻度 | 1 | 1 | 1 |
| 中度 | 1 | 1 | 2 |
| 显著 | 2 | 2 | 3 |
| 细胞质嗜碱性 | | | |
| 轻度 | 1 | 1 | 2 |
| 中度 | 2 | 2 | 3 |
| 显著 | 2 | 3 | 3 |
| 细胞质空泡化 | | | |
| 轻度 | 1 | 1 | 2 |
| 中度 | 2 | 2 | 3 |
| 显著 | 2 | 3 | 3 |
| 巨中毒性中性粒细胞 | 3 | 3 | 3 |

**白血病·**大多数患有白血病的犬和猫都是急性白血病。急性白血病的特征通常是明显的白细胞增多，伴有大量母细胞（见第 4 章）。肿瘤细胞的细胞类型可能很难识别，除非进行特定的染色程序，否则它们可能被简单地称为“母细胞”或“非典型细胞”。外周血中白血病细胞的数量从很多到没有不等。在一些白血病患病动物中，母细胞保留在骨髓中。

### 红细胞评估

由于人工制备的血涂片厚度不一，从血涂片中估计红细胞数量是不一致的。贫血的严重程度可由血涂片的染色强度和单层区域的长度来反映。在白色背景下，严重贫血动物的血涂片明显呈苍白色，而 PCV 正常的患病动物血涂片呈红色或橙色。在 PCV 正常动物的血涂片中，单层区域是血涂片羽状边缘后面的小到中等椭圆区域（图 2-8）。在严重贫血的血涂片中，单层区域向后延伸，甚至延伸到最初滴血的地方。在浓缩的血液（如脱水）中，单层区域小或没有。

### 红细胞形态

许多红细胞的形态学变化用拉丁文和英文名称来描述。一些形态学变化对诊断有帮助，如多染性（即网织红细胞增多）、真低色素性、球形红细胞、凝集、缗钱样形成、海因茨小体、偏心细胞、血液寄生虫和带有犬瘟热包涵体的红细胞（图 2-10 和图 2-11）。

**注意：**对诊断有用的红细胞形态学变化包括多染性（即网织红细胞增多）、真低色素性、球形红细胞、凝集、缗钱样形成、海因茨小体、偏心细胞和血液寄生虫或病毒包涵体。

许多常见的红细胞变化几乎没有临床意义（如红细胞大小不等、锯齿状红细胞、椭圆细胞、靶形红细胞、薄红细胞），尤其是数量较少的（见第 3 章）。尽管报告这些变化在技术上是正确的，但过多的细节可能会分散正在阅读报告的临床兽医的注意力，使其无法专注于更具诊断性的发现。

红细胞形态应在单层区域厚边缘进行评估。在单层区域的薄边缘（即靠近羽状边缘），红细胞变形，失去了原来的形状。犬红细胞在涂片单层区域的厚边缘，中央显示低色素区。在鉴别球形红细胞时，在球形红细胞一旁有中央明显苍白的正常红细胞进行比较是特别重要的。在羽状边缘附近的红细胞缺乏中央苍白区，可能被误认为球形红细胞，导致 IMHA 的误诊。

红细胞种群中形态学变化的频率通常与其意义有关，并且在解释变化时很重要。在正常动物的血涂片上可发现少量异常红细胞。

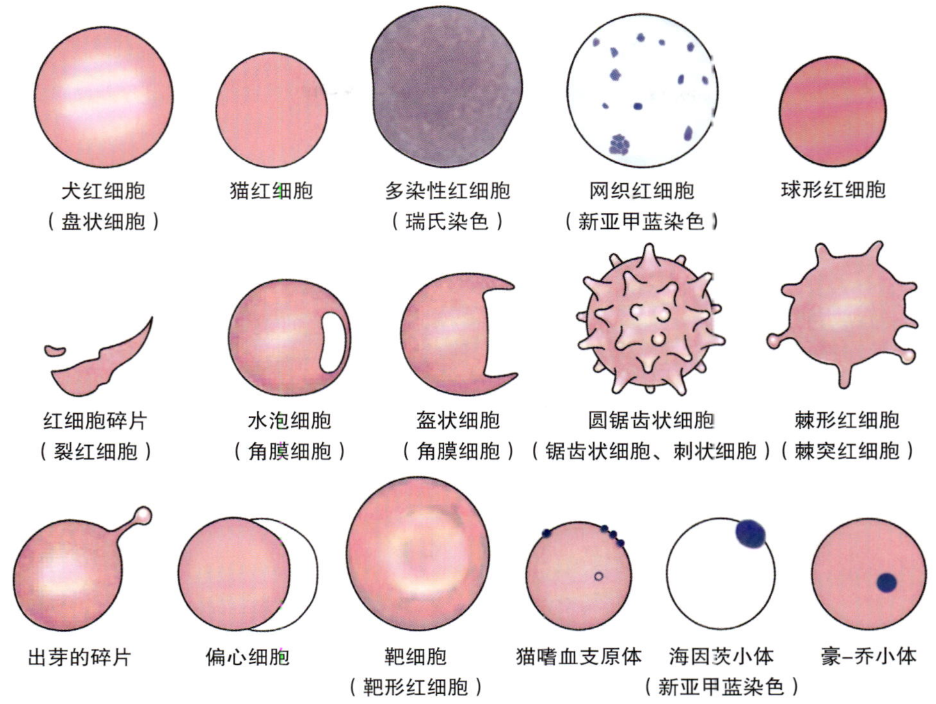


**图 2–10　选定的红细胞内含物和形状变化**

一些常用术语和同义词在红细胞形态学变化的选定图下给出。除了网织红细胞和海因茨小体优先用新亚甲蓝染色外，其余模拟瑞氏染色的血涂片上的形态。首先显示 2 个正常红细胞以做比较（描述和诊断意义见正文）。

应忽略罕见的异常红细胞。

**多染性**·在瑞氏染色或吉姆萨染色（即罗曼诺夫斯基染色）的血涂片上，可见多染性，称为多染性红细胞，指示较大、较蓝的红细胞数量增多。多染性红细胞与犬网织红细胞或猫聚集型网织红细胞相当一致。然而不同的罗曼诺夫斯基染色在多染性红细胞上呈现出比红细胞更深的蓝色，因此它们可以很好地被识别。当用新亚甲蓝（NMB）或其他网织红细胞染色液染色时，网织红细胞有代表核糖体物质和 RNA 的深色颗粒（见第 3 章）。多染性表示患有再生性贫血时从骨髓释放的网织红细胞增多（见第 3 章）。网织红细胞是大细胞低色素性红细胞。

> **注意：**多染性表明患有再生性贫血时，骨髓中释放的网织红细胞数量增多。多染性红细胞对应于犬网织红细胞和猫聚集型网织红细胞。

定量犬网织红细胞和多染性红细胞的相关指南如下：正常，＜1%；略有增加，1% ~ 4%；中度增加，5% ~ 20%；显著增加，21% ~ 50%（见第 3 章）。定量猫聚集型网织红细胞和多染性红细胞的相关指南如下：正常，≤0.4%；略有增加，0.5% ~ 2%；中度增加，3% ~ 4%；显著增加，≥5%。

**球形红细胞**·血涂片分析常用于诊断溶血性贫血。红细胞的几种形态学变化是特定疾病条件下的特异性变化（见第 3 章）。中等到大量的球形红细胞或自身凝集，或两者都有，是 IMHA 的良好指标。由于 IMHA 是犬最常见的严重贫血，必须正确识别和解释这些变化（见第 3 章）。

**注意：**IMHA 的诊断性指标是在血涂片中发现中等到大量球形红细胞和（或）将 EDTA 血液与 3 ~ 5 倍的盐水混合后保持自身凝集。

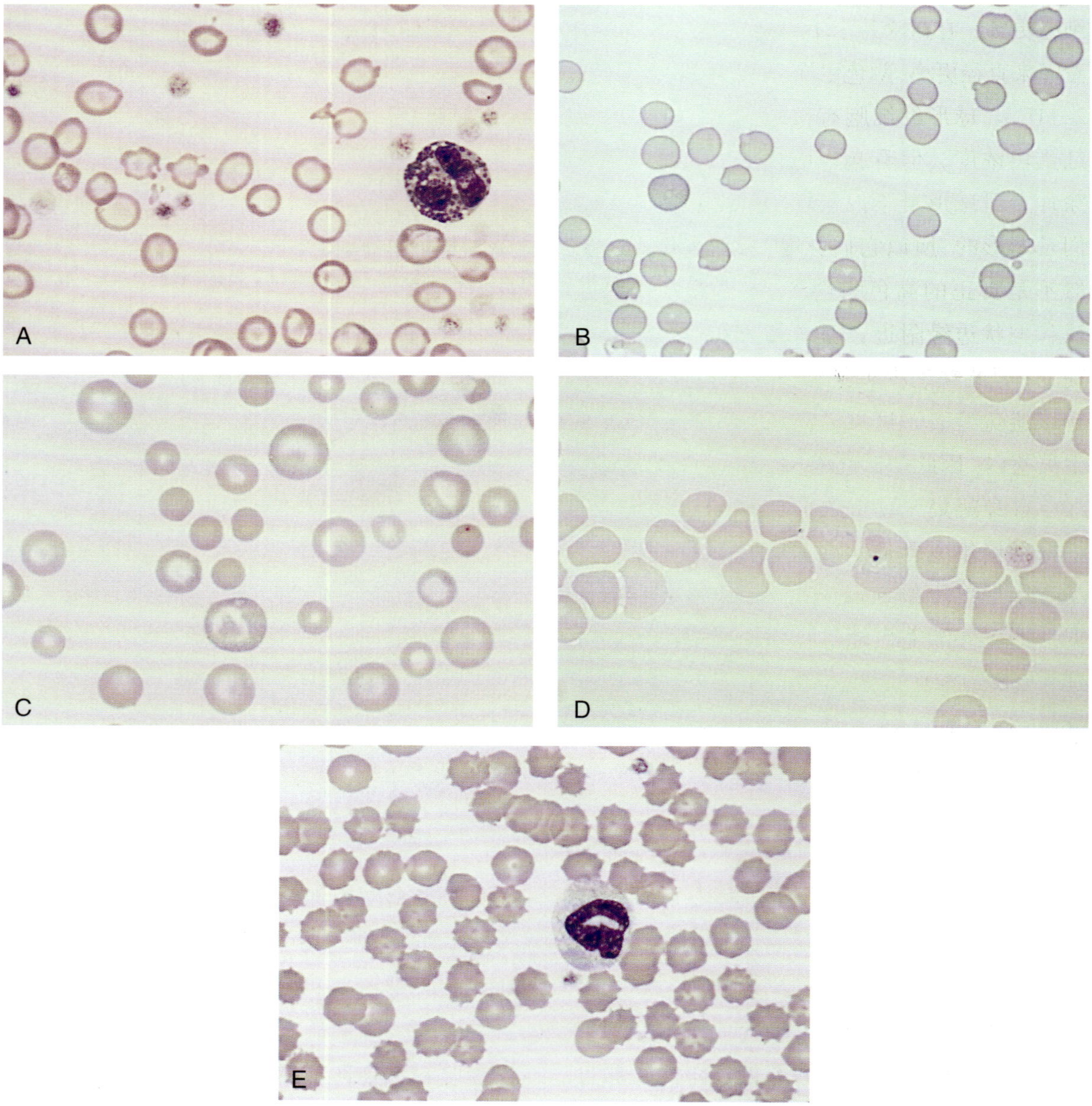


图 2–11　A. 犬缺铁性贫血。红细胞中央明显苍白（低色素），只有薄的血红蛋白边缘。可见红细胞碎片。B. 猫海因茨小体性贫血。许多红细胞边缘有圆形且通常淡染的海因茨小体，约有一半的海因茨小体延伸到表面上。一个自由的圆形海因茨小体与红细胞中的血红蛋白颜色相同。C. 犬免疫介导性溶血性贫血。有 4 个球形红细胞组成的细胞簇位于中心稍上偏左处，2 个球形红细胞位于中心最右侧。注意，这是在其他红细胞显示中央苍白的区域，所以很容易看到球形红细胞的直径更小，颜色更深，缺乏中央苍白。D. 犬瘟热。圆形的病毒包涵体颜色从灰色到淡红色不等。最明显的包涵体是在深蓝色、较小的豪 – 乔小体上面。E. 犬瘟热。在中性粒细胞的细胞质中，在细胞边缘约 7 点钟处有一个巨大的灰色病毒包涵体

为了识别犬血涂片中的球形红细胞，只检查单层区域是很重要的，正常的双凹犬红细胞通常平铺并表现为中央苍白（图 2–8 ~ 图 2–11）。与正常的盘状犬红细胞相比，球形红细胞更圆，在血涂片上不平铺，因此它们它们看起来直径更小，颜色更深，缺乏中央苍白（图 2–11C）。球形红细胞有正常的细胞体积和血红蛋白浓度，但看起来更小，因为它们在血涂片上呈球形且不像盘状一样平坦。因为它们是球形的，所以它们更厚，看起来更黑（虽然不是真正的高色素性）。在血涂片的厚区域和羽状边缘附近，正常的犬红细胞不是平铺的，因此缺乏中央苍白且类似球形红细胞，应该避免检查该区域。猫的红细胞通常缺乏中央苍白；因此球形红细胞增多症很难检测。

**自身凝集 ·** 真正的自身凝集是免疫诱导红细胞聚集成葡萄状簇。真正的自身凝集相当于阳性的库姆斯反应，是 IMHA 的有力证据。不兼容的输血通过免疫介导的凝集、调理和吞噬或溶血去除，可能具有 IMHA 的特征。红细胞在 EDTA 收集管中结块时，红细胞的自身凝集和强的缗钱样形成均肉眼可见，在血涂片上很难鉴别。

缗钱样形成是指红细胞连接成类似硬币堆叠的链。在犬上有一些缗钱样形成是正常的，而在正常的猫上会发现更多。犬血涂片中缗钱样形成增加与纤维蛋白原或急性期蛋白的增加有关，通常见于炎性疾病。在某些淋巴样瘤（如浆细胞骨髓瘤）中，缗钱样形成也与抗体产生过多有关，但这是一种不常见的原因。将 EDTA 血液与更多的生理盐水（3 ~ 5 倍的生理盐水）强烈混合，自身凝集可能与缗钱样形成区分开，并把它作为一个湿涂片在显微镜下观察。生理盐水使红细胞在肉眼和显微镜下从缗钱样形成的粗的和微小的团块中分散，但如果团块是由自身凝集引起的，则不引起分散。

**注意：**在试管中可以大致看到自身凝集和缗钱样形成。在血液中加入 3 ~ 5 倍以上的生理盐水，并把它作为一个湿涂片在显微镜下观察，可将自身凝集与缗钱样形成区分开来。

**异形红细胞症 ·** 异形红细胞症是红细胞形状变化的一个非特异性术语，应该根据形态变化的类型进一步分类（图 2–10）。锯齿状红细胞常为假象（如圆锯齿状），但也可能是生理 / 病理改变。在某些代谢性疾病中锯齿状红细胞可能更多。锯齿状红细胞在红细胞表面有大量均匀的尖状突起，有时呈圆形。当从细胞上方观察时，这些凸出物类似于小点和小写字母 o，可能模拟嗜血支原体或血支原体（以前称为汉赛巴尔通体）的环状形式。犬瘟热包涵体在红细胞和白细胞中很少见（图 2–11D 和图 2–11E），但出现时具有诊断意义。

**棘形红细胞 ·** 棘形红细胞有一些不规则的凸起，圆形的末端经常形成芽。有些红细胞与棘形红细胞和锯齿状红细胞相似，有尖尖的突起，长度不规则，数量不多。它们被称为棘形 – 锯齿状红细胞。在犬上，棘形红细胞与红细胞碎裂和脂质代谢改变有关，如发生在肝脏疾病中的情况。在猫上，棘形红细胞常与肝脏疾病有关，包括肝脂质沉积症和胆管肝炎。有些猫有明显的异形红细胞伴有棘形红细胞，但临床表现健康（据说与波斯猫有关）。

**红细胞碎片 ·** 当红细胞被迫通过改变的血管通道时或血流紊乱会导致出现红细胞碎片。红细胞碎片与犬的 DIC、缺铁性贫血、骨髓纤维化、充血性心力衰竭、肾小球肾炎、血管肉瘤和嗜血组织细胞增多症有关。

> **注意：** 在犬中，红细胞碎片与 DIC、缺铁性贫血、骨髓纤维化、充血性心力衰竭、肾小球肾炎、血管肉瘤和嗜血组织细胞增多症有关。

血管疾病，如 DIC，会导致循环血液中的纤维蛋白链通过撞击红细胞使其分裂。不规则的小红细胞碎片称为裂红细胞（也称为裂细胞）、角膜细胞（盔状细胞）或红细胞碎片（图 2–10）。棘形红细胞是与犬红细胞破裂相关的最常见的形状变化。

**薄红细胞 ·** 薄红细胞是一种具有弹性的红细胞，细胞膜似乎过多。与正常水平相比，薄红细胞的中央苍白区更大，通常被错误地归类为低色素性。薄红细胞中央较宽的苍白区通过血红蛋白边缘的厚度和颜色，以及红细胞指数与缺铁性真性低色素性区别开。薄红细胞有深色的血红蛋白边缘，而缺铁细胞有一个薄的、模糊的血红蛋白边缘（图 2–11A）。一种常见的薄红细胞形式是靶形红细胞（即靶细胞），在中央苍白区中间有一个血红蛋白的小圆圈（图 2–10）。薄红细胞和靶细胞是非特异性的发现，可能与再生性贫血和脾脏疾病或肝脏疾病有关。

**其他红细胞形态学改变 ·** 许多其他红细胞形状都有描述性的名称，如椭圆细胞（即椭圆形红细胞或卵圆形红细胞）和泪细胞（即泪滴状红细胞）。如果红细胞有不符合常见分类的异常形状，应该简单地报告异形红细胞的存在，并将其量化为 1+ 到 4+。明显的异形红细胞表示异常，但原因可能无特异性。

## 其他检测内容

### 血浆蛋白测定

血浆总蛋白可从离心微红细胞压积管中的血浆层测定。用锉刀在棕黄色层上方的管子上划痕并打破，将血浆放入折射仪中。大多数折射仪都有一个用于血浆总蛋白的内部刻度和用于尿液比重的刻度。如果刻度只对折射率进行分级，则需要用转换表将折射率转换为蛋白质浓度。血浆蛋白浓度有助于解释贫血或红细胞增多症（见第 3 章）、脱水和其他问题（见第 12 章）。

> **注意：** 由于血浆蛋白和 PCV 都受水合状态的影响，因此测定血浆蛋白和 PCV 对评估贫血、红细胞增多症或蛋白紊乱是有帮助的。

### 急性期蛋白

白细胞总数和分类计数（伴有核左移）通常用于记录犬和猫的炎症，但急性期蛋白反应是记录炎症的另一种非常敏感的方法。一些检测猫传染性腹膜炎（feline infectious peritonitis，FIP）的方法包括一种急性期蛋白，如 α1– 酸性糖蛋白或血清淀粉样蛋白 A。C 反应蛋白在犬中更常用来记录和监测炎性疾病。纤维蛋白原是一种血浆急性期蛋白，随着炎性疾病的发生增加，持续增加数天，并保持升高，直到炎症过程消退。C 反应蛋白、α1– 酸性糖蛋白和血清淀粉样蛋白 A 在炎症期间比纤维蛋白原更早增加，且增加幅度更大。C 反应蛋白、结合珠蛋白和血清淀粉样蛋白 A 是在血清蛋白电泳图（serum protein electrophoretogram，SEP）α2 区迁移的球蛋白，是阳性急性期蛋白，因炎症介质的作用而增加。白蛋白是一种阴性急性期蛋白，在炎症期间合成减少。

> **注意：** C 反应蛋白、α1– 酸性糖蛋白和血清淀粉样蛋白 A 是急性期蛋白，是犬和猫炎症的非常敏感的指标。纤维蛋白原和结合珠蛋白对炎症的反应也会增加，但程度较轻。

纤维蛋白原或其他球蛋白的增加会导致犬血涂片上有更多的缗钱样形成，这是炎症的另一个指标。缗钱样形成使红细胞更快沉降。红细胞沉降可以通过测定红细胞沉降率（erythrocyte sedimentation rate，ESR）来监测，但这现在更多地用于人类患者，犬和猫用得较少。健康猫的血液中有明显的缗钱样形成，因此很难注意到增加的缗钱样形成。

## 脂血、溶血和黄疸

在微血细胞压积管的血浆中可以直观地检测到脂血（浑浊的白色血浆）、溶血（红色）和黄疸（黄色到橙色），有助于诊断（图 2–1）。

**注意：**在微血细胞压积管的血浆中可见脂血（浑浊的白色血浆）、溶血（红色）和黄疸（黄色到橙色）。

脂血发生在近期摄入高脂肪食物、胰腺炎、糖尿病酮症酸中毒、甲状腺功能减退、肝脏疾病和原发性脂质紊乱中（如雪纳瑞犬；见第 8 章）。脂血性血浆引起折射率改变，因此用折光仪测定血浆蛋白或用血液学分析仪测定血红蛋白浓度可能是错误的。红细胞在脂血性血浆中比较脆弱，在体外容易溶解，因此经常伴有溶血症（血浆浑浊且呈红色）。脂血会影响红细胞脆性试验。红细胞在血涂片上显示模糊，背景呈蓝色和泡沫状。

溶血通常是采集和处理的假象，但也可能是血管内溶血的指标。溶血性贫血一定是急性和大量的才能引起真正的血管内溶血，并应伴有血红蛋白尿。溶血假象会错误地降低 PCV 和 MCV 值，增加 MCHC。高色素性（即 MCHC 增加）是实验室错误的指示，可能与脂血、血浆中游离血红蛋白、红细胞中的海因茨小体（激光计数器）或溶解的红细胞悬浮液中的海因茨小体（血红蛋白测定）有关。

黄疸提示溶血性贫血或肝脏问题（见第 3 章和第 9 章）。一些实验室对血浆进行黄疸指数测定来大致量化黄疸。黄疸指数将血浆的颜色与一套颜色标准进行比较。

### 血液的颜色

血液颜色异常可通过在白色滤纸上滴一滴来判断。棕色的血液（或者可能只是比正常的血液颜色更深）提示高铁血红蛋白血症。要使正常血液中的氧合血红蛋白呈现正常的红色，必须将 EDTA 血液暴露在空气中。滤纸上的一滴血可以很好地暴露在空气中，但要使管中的血液氧合，应该拔掉软木塞，在两个管之间来回倒血。含有高铁血红蛋白的血液在接触空气后保持棕色。氰化物中毒的血液可能呈樱桃红色，一氧化碳中毒的血液应该是鲜红色的。

## 骨髓检查

骨髓检查通常是为了检查血常规无法解答的特定问题。

**注意：**骨髓检查适应证包括非再生性贫血、持续性中性粒细胞减少、持续性血小板减少、两系血细胞减少症、全血细胞减少症、不明原因红细胞增多症或血小板增多症、血液中不典型细胞、不明原因高钙血症、高蛋白血症、单克隆丙种球蛋白和淋巴瘤分期。

轻度贫血的主要原因可能是炎症或再生性贫血，其中骨髓似乎有适当的反应，这不需要获取骨髓样本。专栏 2–4 提供了一般骨髓结论的简要总结。关于红细胞、白细胞和血小板某些疾病的诊断方法的更多详细信息，分别参见第 3 ～ 5 章。

从骨髓穿刺和活检中得到的结论是定量和定性的。各种细胞类型的数量是确定的。

在患有外周血细胞减少症的动物中，骨髓检查应表明是否发生骨髓产生减少。随着失血（如出血）或血液破坏（如溶血），骨髓前体细胞的数量应在 1 ~ 3 d 后增加（如红细胞增生）。随着细胞产量的减少，骨髓中特定类型的细胞数量可能减少（即发育不全），但通常的结论是骨髓无效造血，即骨髓中前体细胞的数量正常至增加，但是细胞释放没有有效的增加。细胞在释放到血液中之前就被破坏了（如凋亡）。为了从骨髓检查中得出正确的结论，应该知道血液和骨髓中的细胞数量；因此，CBC 应与骨髓检查同一天进行。

## 发育不全和再生障碍

骨髓可能有一种或多种细胞类型的数量减少（即发育不全）或严重缺乏（即再生障碍）。发育不全或再生障碍表明，细胞减少是由于骨髓生产该类型细胞不足。当所有细胞系（红细胞、粒细胞和巨核细胞）减少时，这种情况称为再生障碍性贫血或再生障碍性全血细胞减少。骨髓发育不全和再生障碍性贫血的具体原因将在相应的章节中进行描述。

**专栏 2-4　选定的基本骨髓结论**

| 骨髓结论 | 定义 |
|---|---|
| 红细胞增生 | 骨髓细胞增多，M/E 降低 |
| 红细胞发育不全 | 骨髓细胞减少，M/E 增加 |
| 髓细胞增生 | 骨髓细胞增多，M/E 增加 |
| 髓细胞发育不全 | 骨髓细胞减少，M/E 降低 |
| 巨核细胞增生 | 骨髓中巨核细胞数量增多 |
| 巨核细胞发育不全 | 骨髓中巨核细胞数量减少 |
| 再生障碍性贫血（又称再生障碍性全血细胞减少） | 骨髓中红细胞、髓细胞和巨核细胞明显减少 |
| 淋巴细胞增生 | 骨髓中淋巴细胞和浆细胞增殖增加 |
| 骨髓增生异常综合征 | 贫血、两系血细胞减少症或全血细胞减少症；髓细胞数量不一；母细胞增加不断变化（5% ~ 20%）；在血液或骨髓中有明显的发育不良特征 |
| 急性白血病 | 骨髓中有超过 20% 的母细胞 |

注：M/E 是髓系细胞的百分比除以红细胞的百分比。

## 增生和肿瘤

骨髓中一种或多种细胞类型的增殖可能是对红细胞、白细胞和血小板需求增加的正常反应，也可能是异常肿瘤或发育不良过程。

**注意：** 细胞类型的增殖可能是由于正常需要增加产量，也可能是由于异常肿瘤或发育不良过程。

在溶血性贫血或失血性贫血中，骨髓中的红细胞增生是预期和适当的生理反应。炎性疾病刺激骨髓髓样增生。免疫介导的血小板减少或 DIC 中消耗血小板可诱导巨核细胞增生。此外，在溶血性贫血的反应中，巨核细胞增生常伴有红细胞增生。全身免疫反应可导致淋巴细胞和浆细胞增生。任何细胞系中未成熟细胞的显著增加（即＞20% 母细胞）表明血液病变，很少有例外。骨髓增生异常综合征有大量发育不良（即异常发育）细胞，母细胞通常有轻度至中度（即 5% ~ 20%）增加（见第 4 章）。

## 骨髓增生异常综合征

**注意：** 骨髓增生异常综合征确定了造血干细胞获得性基因突变导致的定性骨髓缺陷。

骨髓细胞数量通常正常或增加，但细胞在进入血液前就被破坏（见第 3 章和第 4 章）。骨髓增生异常综合征的特征是血液中的细胞减少，骨髓中未成熟细胞的数量不同程度地增加（即 5% ~ 20%），以及前体细胞发生显著的形态学改变（发育不良变化）。骨髓增生异常综合征已经根据世界卫生组织的分类系统进行了细分，包括难治性贫血（refractory anemia，RA）、难治性贫血伴环状铁粒幼细胞（refractory anemia with ringed sideroblasts，RARS）、难治性贫血伴多系发育不良（refractory anemia with multilineage dysplasia，RAMD）和难治性贫血伴过多母细胞（refractory anemia with excess blasts，RAEB）[15]。与骨髓增生异常综合征相关的发育异常改变必须与继发性骨髓增生异常相区分，继发性骨髓增生异常与某些疾病和接触某些药物或毒素暴露有关[15]。

### 急性白血病

急性白血病是由与骨髓增生异常综合征相似的基因缺陷引起的。骨髓或血液中的母细胞数量可区分二者。

**注意：**白血病与骨髓增生异常综合征的区别在于血液或骨髓中的母细胞数量。骨髓增生异常综合征的母细胞＜20%，白血病的母细胞＞20%。

正常情况下，骨髓中母细胞占有核细胞总数的比例＜5%。在骨髓增生异常综合征中，母细胞不到有核骨髓细胞的 20%。在白血病中，母细胞超过20%（见第 4 章）。骨髓增生异常综合征可发展为急性白血病。

### 骨髓组织病理学

**注意：**骨髓核心活检可以发现骨髓穿刺涂片无法识别的几种疾病。主要病理变化包括骨髓纤维化、骨髓坏死和急性炎症。

骨髓纤维化是骨髓被成纤维细胞、胶原蛋白或网蛋白纤维取代。骨髓纤维化可为原发性或继发性。来自纤维化骨髓的骨髓抽吸物通常细胞量较少，不能诊断，因此需要活检进行组织病理学评估。

各种化学物质（如化疗药物、雌激素、苯巴比妥）和感染原（如革兰氏阴性菌、泛白细胞减少病毒）可直接或间接损伤骨髓，导致缺血损伤和细胞死亡。骨髓坏死常在制药或化工公司的新药或化学品的急性毒性研究中被诊断出。骨髓纤维化可随骨髓组织坏死而发生。骨髓的急性炎症与传染病、免疫介导性疾病和某些药物治疗有关。

## 骨髓活检和穿刺

骨髓状态的完整评估需要以下所有内容：当前的 CBC、血涂片、骨髓穿刺和骨髓核心活检。

**注意：**完整的骨髓评估需要当前的 CBC、血涂片、骨髓穿刺和骨髓核心活检。

从这些过程中可以获得不同类型的信息（专栏 2–5）。肱骨和髂骨是活检和穿刺的合适部位。通过髂骨进行的皮质活检含有足够

**专栏 2–5　由三种用于造血检查的实验提供的信息**

| 检测 | 提供的信息 |
|---|---|
| 全血细胞计数 | 外周血中所有三种细胞类型的定量信息和良好的血细胞形态 |
| 骨髓穿刺 | 单个骨髓细胞的良好形态，最佳确定细胞类型的百分比和比例（如 M/E 和淋巴细胞 %） |
| 组织病理学骨髓活检 | 骨髓细胞量和铁存储、结构模式以及病理变化的识别，包括骨髓纤维化、骨髓坏死和炎症 |

容量的骨髓，可以判断骨髓细胞总数和结构变化。骨髓核心活检针（如用于活检的小儿贾姆希迪针和用于穿刺的伊利诺伊斯胸骨针）有针芯锁定在针内，以防止被骨堵塞。为组织病理学检查而取的骨核心活组织切片通常无法用于诊断，因为它们缺乏真正的骨髓（例如，只有皮质骨）。因此，外科医生应该取2个或2个以上核心，或确定活检包括骨髓区域。组织病理学报告在2～3 d内获得，如果活检不能诊断，必须重新安排手术。

骨髓涂片可以由穿刺的骨髓制备，也可以在浸泡在福尔马林之前将骨髓芯压在玻片上。核心样本随后置于10%福尔马林中性缓冲液或其他固定液中，送往参考实验室进行切片。准备细胞学评估的涂片时，将一滴穿刺骨髓放在载玻片上，用一块干净玻片接触液滴，然后拿起，在另一块干净的玻片上做一个楔形涂片（即类似于血涂片的方法）。用这种方法，一滴骨髓可以制成几片薄的涂片。一次穿刺只能获得一滴骨髓；过多的穿刺会导致血液过多，稀释骨髓。

应检查涂片的羽状边缘是否有白色脂肪小斑点（即单元颗粒）。如果不存在，应该倾斜载玻片（含血滴），让过多的血液从骨髓颗粒中流出，然后再做压片准备。在骨髓颗粒上放置第二块载玻片或盖玻片，允许骨髓在载玻片之间扩散。在同一水平面上轻轻拉开载玻片。涂片用瑞氏染色法染色，但需要比血涂片更长的染色时间，以确保更厚、细胞更多的涂片有足够的渗透。

## 骨髓穿刺涂片的评估

在描述骨髓穿刺涂片中细胞的定量和定性方面应遵循一致的模式。评估的主要步骤包括细胞量、巨核细胞数量、髓系细胞/红系细胞（M/E）比值，以及髓系细胞和红系细胞的成熟是否有序。这些观察可以通过10× 物镜进行扫描。

**注意：**骨髓穿刺的主要评估步骤包括细胞量、巨核细胞数量、髓系细胞/红系细胞（M/E）比值，以及髓系细胞和红系细胞的成熟是否有序。

### 细胞量

应通过观察整体细胞量和大多数涂片上出现的组织碎片（即单元颗粒）的细胞量来评估细胞量是否正常、增加或减少。从正常细胞骨髓中穿刺出来的有核细胞应该比在血液中可见的有核细胞更多，并且应该包括未成熟的形式。低细胞量可能是外周血稀释的结果。因此，当细胞量较低时，应评估单元颗粒的细胞量。单元颗粒存在于大多数制备良好的涂片中，经常在羽状边缘附近发现。在单元颗粒内，血液细胞（即染成深蓝色的造血细胞）所占空间百分比与脂肪（即透明的，不染色的）所占空间百分比进行比较。在正常的细胞骨髓中，血液组织占单元颗粒的25%～75%。

巨核细胞数量可以很容易地通过使用10× 物镜来评估。尽管正常数目在不同样本和来自同个穿刺制备的不同载玻片之间有所不同，但含有多个单元颗粒的细胞涂片通常包含10～60个巨核细胞。

### 髓系细胞/红系细胞比值

M/E比值类似于CBC的白细胞分类计数。要准确评估细胞群，应该计数500～1000个细胞。对于临床应用，M/E比值可以通过在不同的涂片上进行2～3次100个细胞计数来确定。一些有经验的血液学家通过10× 物镜检查涂片来估计M/E比值。红细胞往往比髓细胞小，核染色质粗糙深染，细胞质在更成熟的阶段由深蓝色转变为橙色。髓系细胞的细胞核染色质细腻，细胞质灰色，有各种颗粒，成熟细胞细胞核呈杆状至多分叶形。犬的正常 M/E 比值为 0.75 ∶ 1 ~ 2.5 ∶ 1，猫的正常 M/E 比值为 1.2 ∶ 1 ~ 2.2 ∶ 1。

### 髓系细胞和红系细胞的成熟

在正常骨髓中，80% 的有核红细胞应该是相对成熟的（即中幼红细胞或晚幼红细胞）。这些细胞可以通过密集的核染色质团块和不同程度的细胞质血红蛋白化（由灰色到粉红色的细胞质）来识别。80% 的髓系细胞应该是晚幼粒细胞、杆状粒细胞和分叶粒细胞（表 2–4）。这些细胞可以通过其锯齿状到完全分叶的细胞核来识别。

### 含铁血黄素

巨噬细胞中的含铁血黄素呈蓝绿色颗粒。必须报告含铁血黄素的量。犬骨髓中缺乏铁提示缺铁性贫血。炎性贫血犬骨髓中含铁血黄素含量过高。含铁血黄素在患有持续性非再生性贫血的犬、多次输血的犬或溶血性贫血患犬中也可能过量。含铁血黄素通常在猫骨髓中观察不到。因此，它的缺乏不能作为缺铁的指征。

### 细胞形态

细胞形态在某些病例中具有诊断意义。发育不全在骨髓增生异常综合征、缺铁、某些急性白血病，以及浆细胞和巨噬细胞的增生性疾病中均可发生。

## 骨髓涂片评估程序总结

在评估骨髓涂片时，应执行以下步骤：

1. 量化涂片的细胞量。
   a. 有核细胞总数。
   b. 单元颗粒的有核细胞量。
   c. 巨核细胞数量。
2. 确定 M/E 比值。

**表 2–4 犬和猫骨髓中不同类型细胞的大致百分比**

| 细胞类型 | 犬 | 猫 |
|---|---|---|
| 原始红细胞 | 0.2 | 0.2 |
| 早幼红细胞 | 3.9 | 1.0 |
| 中幼红细胞 | 27 | 21.6* |
| 晚幼红细胞 | 15.3 | 5.6 |
| 总红细胞 | 46.4 | 28.7 |
| 原始粒细胞 | 0.0 | 0.8 |
| 早幼粒细胞 | 1.3 | 1.7 |
| 中幼粒细胞† | 9.0 | 5.0 |
| 晚幼粒细胞† | 9.9 | 10.6 |
| 杆状粒细胞† | 14.5 | 14.9 |
| 粒细胞（主要是分叶） | 18.7 | 13.5 |
| 总髓细胞 | 53.4 | 45.9 |
| 髓系细胞 / 红系细胞比值 | 1.15 : 1.0 | 1.6 : 1.0 |

数据来源：Jain NC: schalm's veterinary hematology, ed4, Philadelphia, 1986, Lea & Febiger.

* 红细胞包括嗜碱性和多染性。

† 中幼中性粒细胞和嗜酸性粒细胞结合形成了中幼粒细胞、晚幼粒细胞和杆状粒细胞。

3. 证明每个细胞系的成熟是有序和完整的。
4. 估计铁（即含铁血黄素）储量。
5. 确定形态学异常，如肿瘤、发育不良、感染和炎症。
6. 把信息总结成结论。
7. 将结果与临床症状、CBC、血涂片形态、骨髓核心活检相结合，得出最终结论。

## 血库

这里的评论仅限于可能在小诊所进行的一些检测。建立了全面服务血库的医院应该参考更详细的信息[16]。有两种检测方法是交叉配型和血型分析。应在输血前进行交叉配型，以避免输血反应。

## 交叉配型

其原理主要是看受血者是否有针对供血者细胞的抗体（主侧交叉配型）。次侧交叉配型检查供血者的血浆中是否有针对受血者红细胞的抗体。需要进行自体对照（受血者的血浆和自身的红细胞），以确定是否存在预先存在的自身凝集，可以防止解释主侧交叉配型。交叉配型的方法如下：

1. 用 EDTA 采血管从受血者和供血者上采血。离心 5 min。分离血浆和红细胞，并将它们转移到正确标记的小试管中。注意有无溶血或自身凝集。
2. 在红细胞管中加入 4 ~ 5 mL 磷酸缓冲盐水（phosphate-buffered saline，PBS），混合，离心 1 ~ 2 min，再次洗涤（用 PBS 冲洗红细胞 3 次）。
3. 洗完红细胞后，将红细胞与几滴 PBS 混合，形成供血者和受血者红细胞的 3% ~ 5% 溶液（估计）。标签管为主侧交叉配型、次侧交叉配型和受血者的自体对照。
   a. 将 1 滴供血者红细胞悬液和 2 滴受血者血浆置于主侧交叉配型管中。
   b. 将 1 滴受血者红细胞悬液和 2 滴供血者血浆置于次侧交叉配型管中。
   c. 将 1 滴受血者红细胞悬液和 2 滴受血者血浆放入自体对照管中。
4. 将试管轻轻摇晃，以混合，在温度为体温的水浴中孵育 15 min。离心 15 s，注意有无溶血现象。
5. 将试管在镜子上轻拍，搅动试管底部的红细胞颗粒。观察颗粒破碎时红细胞的凝集情况。报告凝集为少量小团块、中等到大的聚集或无凝集。凝集表示反应不相容。

## 血型

猫的血型非常重要。超过 95% 的美国家养短毛猫是 A 型血。B 型血的品种很多（英国短毛猫、柯尼斯卷毛猫、德文卷毛猫和异国猫）。这些不太常见的品种接受 A 型血猫的血液后死于输血反应的风险较高。AB 型血是罕见的，对 A 型血或 B 型血猫的红细胞没有同种抗体。在输血之前，受血猫和供血猫都应该进行血型检测。血型卡可用于临床检测（新泽西州弗莱明顿 DMS 实验室 RapidVet-H 猫科血型卡）（图 2-12）。没有一种检测是 100% 敏感性和 100% 特异性，但确定猫的血型可以将 B 型血猫发生严重输血反应的风险降到最低。

犬的血型比较复杂，因为它们有几种不同的血型。犬的血型目前被称为犬红细胞抗

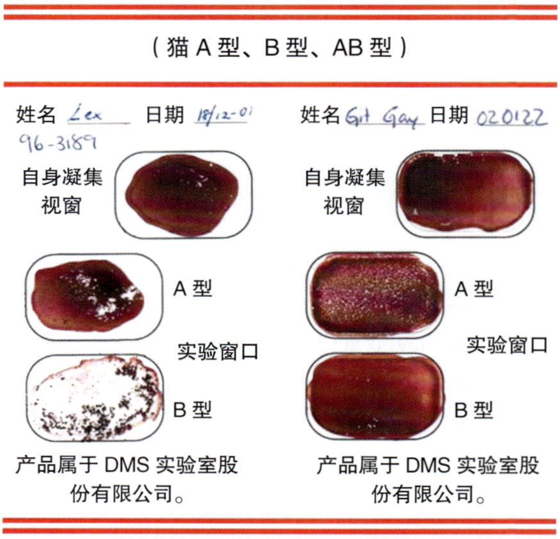


图 2-12 输血前，确定血型是非常重要的，尤其是猫。左边卡片是一只阳性 B 型血猫（在 B 型血窗口中凝集），右边卡片是一只 A 型血猫（在 A 型血窗口中中度凝集）。在卡片的顶部有一个自身凝集对照窗口。如果患病动物有自身凝集，就无法确定在 A 型血或 B 型血窗口中看到的凝集是由于血型反应还是由于已有的自身凝集

原（dog erythrocyte antigen，DEA），以前被称为犬类红细胞抗原（canine erythrocyte antigen，CEA）。类型包括 DEA 1.1、DEA 1.2、DEA 3、DEA 4、DEA 5 和 DEA 7。DEA 1.1 和 DEA 1.2 是输血反应最强的血型，有溶血和（或）红细胞凝集。可用犬 DEA 1.1 的血型鉴定卡，因此供血者和受血者可以进行血型鉴定，至少可以避免这种类型的反应。由于其他几种血型可能不兼容，建议在输血前将供血犬和受血犬进行交叉配型，特别是患病动物之前可能接触过犬血液制品。

## 参考文献与推荐阅读

[1] Aroch I, Klement E, Segev G: Clinical, biochemical and hematological characteristics, disease prevalence and prognosis of dogs presenting with neutrophil cytoplasmic toxicity. *J Vet Intern Med* 19:64, 2005.

[2] DeNicola DB, Matthews JA, Fernandes PJ, Frye MB: Comparison of reticulocyte counts to mean corpuscular volume and mean corpuscular hemoglobin concentration in anemic dogs. Presentation at the International Society of Animal Clinical Biochemistry, 2006.

[3] Jain NC, editor: *Schalm's veterinary hematology*, ed 4, Philadelphia, 1986, Lea & Febiger.

[4] Knoll JS: Clinical automated hematology systems. In Feldman BF, Zinkl JG, Jain NC, editors: *Schalm's veterinary hematology*, ed 5, Philadelphia, 2000, Lippincott, Williams & Wilkins.

[5] Knoll JS, Rowell SL: In-clinic analysis, quality control, reference values, and system selection. *Vet Clin North Am Small Animal Pract* 26:981, 1996.

[6] Lilliehöök I, Tvedten H: Validation of the Sysmex XT-2000iV hematology system for dogs, cats, and horses. I. Erythrocytes, platelets and total leukocyte counts. *Vet Clin Pathol* 38:163, 2009.

[7] Moritz A, Becker M: Automated hematology systems. In Weiss DJ, Wardrop KJ, editors: *Schalm's veterinary hematology*, ed 6, Hoboken, NJ, 2010, Wiley-Blackwell.

[8] Norman EJ et al: Evaluation of a citrate-based anticoagulant with platelet inhibitory activity for feline blood cell counts. *Vet Clin Pathol* 30:24, 2001.

[9] Norman EJ et al: Prevalence of low automated platelet counts in cats: comparison with prevalence of thrombocytopenia based on blood smear estimation. *Vet Clin Pathol* 30:137, 2001.

[10] Segev G, Klement E, Aroch I: Toxic neutrophils in cats: clinical and clinicopathologic features, and disease prevalence and outcome—a retrospective case control study. *J Vet Intern Med* 20:20, 2006.

[11] Tvedten H, Johansson P: Feline platelet counting with prostaglandin $E_1$ on the Sysmex XT-2000iV. *Vet Clin Pathol* 39: 190, 2010.

[12] Tvedten H, Lilliehöök I, Hillström A, Jens Häggström J: Plateletcrit is superior to platelet count for assessing platelet status in Cavalier King Charles Spaniels. *Vet Clin Pathol* 37:266, 2008.

[13] Tvedten H, Scott M, Boon GD: Interpretation of cytograms and histograms of erythrocytes, leukocytes and platelets. In Bonagura JD, editor: *Kirk's current veterinary therapy XIII*, Philadelphia, 2000, WB Saunders.

[14] Weiss DJ: A retrospective study of the incidence and classification of canine bone marrow disorders (1996-2004). *J Vet Intern Med* 20:955, 2006.

[15] Weiss DJ: Myelodysplastic syndromes. In Weiss DJ, Wardrop KJ, editors: *Schalm's veterinary hematology*, ed 6, Hoboken, NJ, 2010, Wiley-Blackwell.

[16] Weiss DJ, Wardrop KJ: *Schalm's veterinary hematology*, ed 6, Hoboken, NJ, 2010, Wiley-Blackwell.

[17] Zelmanovic D, Hetherington EJ: Automated analysis of feline platelets in whole blood, including platelet count, mean platelet volume and activation state. *Vet Clin Pathol* 27:2, 1998.

第3章

# 红细胞疾病

Douglas J. Weiss, Harold Tvedten

## 贫血诊断

贫血是最常见的红细胞（RBC）疾病。贫血可导致各种临床症状（如虚弱、嗜睡、运动不耐受、心脏杂音、血红蛋白尿、异食癖、休克、死亡），也可能导致仅能在一般诊断检查中检测到亚临床症状。贫血的原因列于专栏 3–1。贫血的诊断方法列于专栏 3–2。具体章节将详细描述。

**注意：** 贫血是非常常见的，10% ~ 30% 的患犬和患猫会出现贫血。

贫血分类主要考虑骨髓中红细胞的产生与红细胞的破坏（溶血）或出血损失的平衡。红细胞生成可能减少、正常或增加，骨髓生成可能“有效或无效”。贫血时，单核细胞吞噬系统清除红细胞可能正常或加速。贫血的治疗通常旨在减少巨噬细胞对红细胞的清除。贫血的三个基本原因是：①骨髓有效红细胞生成减少；②体内红细胞丢失（即外出血）；③体内红细胞破坏增加（即溶血）。可能存在生理性贫血，如高铁血红蛋白血症，即体内血红蛋白总量正常，但携氧能力降低。贫血通常由多种因素引起，如红细胞生成减少、红细胞寿命缩短和出血。

**注意：** 红细胞压积（PCV）、血红蛋白浓度和红细胞计数通常是贫血严重程度的等效指标。建议使用 PCV 进行解释。

贫血的存在和严重程度通常通过测定红细胞压积（PCV，或 Hct）来记录（见第 2 章）。血红蛋白浓度和红细胞计数是贫血存在和严重程度的等效指标，但为了简单起见，在下文的讨论中只使用 PCV。如果血液中有很多非常小的（小细胞低色素性）红细胞或很多非常大的（大细胞低色素性）红细胞，则会出现贫血时 PCV、血红蛋白和红细胞计数同时减少的例外情况。

水合状态和血容量影响贫血严重程度的评估。临床脱水（即血液浓缩）会降低血浆容量，从而导致 PCV（相对红细胞增多症）的相对增加。脱水可能会掩盖轻度到中度贫血，这种现象在贫血早期诊断中最常见。PCV 正确反映贫血的前提是动物的水合状态必须正常。例如，出血后，根据水和其他液体的摄入量，可能需要 1 ~ 2 d 来补充血容量，才能用 PCV 来反映贫血的严重程度。水合状态通常通过血浆蛋白（plasma protein，PP）浓度和 PCV 来评估。疾病引起的 PP 或 PCV 变化（如贫血或低蛋白血症）干扰这些值在评估水合状态时的使用。严重的低蛋白血症可

**专栏 3-1　常见的贫血类型**

**再生性贫血**

**失血性贫血**
- 外部失血
- 内部失血

**溶血性贫血**
- 免疫介导性贫血
- 冷血凝集素病
- 血液寄生虫
  - 猫嗜血支原体
  - 犬嗜血支原体
  - 犬巴贝斯虫
  - 猫胞簇虫
- 海因茨小体性贫血和高铁血红蛋白血症
- 锌或铜中毒
- 低磷血症
- 遗传性溶血性贫血
  - 丙酮酸激酶（PK）缺乏症
  - 磷酸果糖激酶缺乏症

**非再生性贫血**

**继发性贫血**
- 炎性疾病贫血
- 慢性肾病贫血
- 慢性肝病贫血
- 甲状腺功能减退和肾上腺皮质功能减退

**缺铁性贫血**

**骨髓疾病**
- 非再生性免疫介导性溶血性贫血
- 纯红细胞再生障碍
- 骨髓增生异常综合征
- 先天性红细胞生成异常
- 再生障碍性贫血
- 骨髓坏死 / 炎症
- 骨髓纤维化
- 白血病
- 巨噬细胞增殖性疾病

**药源性血液恶液质**
- 雌激素毒性
- 磺胺嘧啶毒性
- 苯基丁氮酮毒性

**传染病**
- 埃立克体属
- 猫白血病病毒（FeLV）
- 猫免疫缺陷病毒（FIV）
- 猫泛白细胞减少病毒
- 犬猫细小病毒

能是由于出血、肠道疾病、肾小球疾病或类似疾病导致的蛋白质损失（见第 12 章）。PP 测定不是一种敏感的脱水试验，但很容易进行且普遍可用。此外，脾脏可以影响 PCV（以及血红蛋白浓度和红细胞计数），因为它含有 20% ~ 30% 的红细胞量，脾脏收缩通过释放大量储存的红细胞而导致其分布的快速变化，犬比猫更明显。脾脏效应是即时的，主要见于正常动物。脾脏可以在一定的较低程度上放松以储存红细胞，将它们从循环中清除（如在麻醉下）。

在判读 CBC 结果时，必须考虑贫血的严重程度。轻度贫血通常继发于其他疾病（如炎性贫血、肿瘤、肾脏疾病、肝脏疾病、营养疾病或内分泌疾病），这种贫血通常随着原发性疾病的纠正而消退。当出现与参考区间的轻微差异时，还应考虑年龄和品种的多样，以及统计机会。例如，灵缇犬的 PCV 通常比大多数犬高（45% ~ 65%），所以贫血灵缇犬的 PCV 可能在成年犬的参考区间内。2 ~ 8 周龄幼犬的 PCV 平均值通常约为 28%，以成年犬参考值衡量是贫血的。

中度至重度贫血需要更积极和有针对性的诊断和治疗。贫血的严重程度对应不同的

PCV 范围。在犬中：轻度，30% ~ 37%；中度，20% ~ 29%；严重，13% ~ 19%；非常严重，＜13%。在猫中：轻度，20% ~ 26%；中度，14% ~ 19%；严重，10% ~ 13%；非常严重，＜10%。如果贫血迅速严重恶化，应立即采取行动。患有慢性、严重但稳定的贫血（如 PCV 为 5% ~ 8%）的动物可以存活数周至数月，且临床症状很少，这是由于患病动物对低氧血症的生理适应。

**注意：**轻度贫血通常继发于非血液器官或系统的疾病过程。中度至重度贫血通常是原发性血液病，应该更积极地进行诊断。

在确诊贫血并对其严重程度进行分级后，应该评估骨髓的红细胞生成，以确定骨髓是导致贫血的原因还是对红细胞量减少做出了适当的反应。贫血的一个关键问题是“骨髓对贫血的反应是否如预期的那样，还是贫血的原因？”骨髓有效的红细胞生成主要由其释放的网织红细胞来判断（表 3–1 和表 3–2）。骨髓功能应在失血或溶血性贫血时正常反应，网织红细胞的产生应与贫血的严重程度成比例增加。红细胞生成适当增加的贫血被归为再生性贫血（专栏 3–2）。非再生性贫血是指在贫血发生后的一段时间内发现网织红细胞反应和贫血的严重程度明显低于预期。中度至重度贫血在贫血发生后 3 ~ 7 d 出现最大反应。

## 确定红细胞再生

### 评估网织红细胞

血液中网织红细胞计数是评估红细胞生成强度最一致的方法，但在解释时必须考虑贫血持续时间（图 3–1）和网织红细胞增多的程度（表 3–2）。当犬 PCV ＜30%，猫 PCV ＜20% 时，应进行网织红细胞计数。

**注意：**网织红细胞计数是评估红细胞生成强度最一致的方法。

表 3–1 贫血时的红细胞再生程度

| 刺激程度 | 网织红细胞百分比 | |
|---|---|---|
| | 犬 | 猫* |
| 正常 | 1 | 0 ~ 0.4 |
| 轻度 | 1 ~ 4 | 0.5 ~ 2 |
| 中度 | 5 ~ 20 | 3 ~ 4 |
| 重度 | 21 ~ 50 | 5+ |

数据来源：Perman V, Schall WB: Diseases of the red blood cells. In Ettinger SJ, editor: Textbook of veterinary internal medicine: diseases of the dog and cat, ed 2, vol 2, Philadelphia, 1983, WB Saunders.

* 表示猫体内聚集型网织红细胞的百分比。

表 3–2 网织红细胞指南 *

| 再生程度 | 犬网织红细胞 / μL | 猫聚集型网织红细胞 / μL | 猫点状网织红细胞 / μL |
|---|---|---|---|
| 无 | 60 000 | ＜15 000 | ＜200 000 |
| 轻度 | 150 000 | 50 000 | 500 000 |
| 中度 | 300 000 | 100 000 | 1 000 000 |
| 重度 | ＞500 000 | ＞200 000 | 1 500 000 |

* 由 D.J. Weiss 博士改编，曾在密歇根州立大学和明尼苏达大学使用。

## 专栏 3-2 贫血的诊断方法

**Ⅰ. 确定贫血的严重程度（见本章）**

A. 轻度贫血（犬 PCV＞30%，猫 PCV＞20%）

1. 考虑年龄、品种和正常的统计原因
2. 检查实验室或样本错误；重复静脉穿刺
3. 经常继发性贫血，转到Ⅳ

B. 中度到重度贫血，转到Ⅱ

**Ⅱ. 确定骨髓反应性**

A. 在最初 2 ~ 3 d 或轻度贫血（犬 PCV＞30%，猫 PCV＞20%）时，不会出现网织红细胞增多症或多染性

B. 如果骨髓功能正常，网织红细胞增多症和多染性在 4 ~ 5 d 达到高峰

1. 重度犬网织红细胞增多症（＞500 000/μL）
2. 重度猫聚集型网织红细胞增多症（＞200 000/μL）

C. 7 ~ 14 d 的后期反应

1. 猫点状网织红细胞增多症，重度（＞1 500 000/μL）
2. 犬：大细胞低色素性红细胞量增加
   红细胞细胞图和直方图显示数量

D. 按红细胞指数和血液学仪器图形分类

1. 大细胞低色素性：再生性贫血
2. 正细胞正色素性：非再生性或再生前性贫血
3. 小细胞低色素性：通常为缺铁性贫血
4. 大细胞正色素性（见本章）

E. 如果再生充分，转到Ⅲ；如果再生不足，转到Ⅳ

**Ⅲ. 再生性贫血诊断**

A. 溶血性贫血诊断中的血涂片分析

球形红细胞、自身凝集反应、海因茨小体、多染性、血液寄生虫、偏心细胞、红细胞碎片（解释见本章）

B. 血红蛋白尿是血管内溶血性贫血的最佳证据。黄疸和脾肿大提示血管外溶血

C. 内部失血类似于溶血性贫血

用细胞学等检查出血

D. 外部失血

1. 病史常有提示
2. 倾向有低蛋白血症、低白蛋白血症或两者兼有
3. 检查血小板减少或出血倾向（见第 5 章）

**Ⅳ. 非再生性贫血诊断**

A. 诊断方法因病例表现而异

B. 根据贫血史和严重程度重新评估网织红细胞数量，以确定贫血是否为非再生性；贫血持续时间超过 3 ~ 4 d 可排除非再生性贫血；在贫血的原因消失 2 周后，网织红细胞反应减弱或消失；轻度贫血不会引起明显的网织红细胞增多症

C. CBC 评估

1. 小细胞低色素性红细胞；通常表示缺铁性贫血
   a. 红细胞细胞图和直方图比 MCV 和 MCHC 更敏感
   b. 一半的缺铁性贫血病例是再生性贫血
2. 正细胞正色素性贫血最常见但非特异性
3. 无网织红细胞增多症的大细胞正色素性猫红细胞；提示 FeLV 诱导的骨髓增生异常（本章）
4. 炎症证据（见第 4 章）；炎性贫血是非常常见的（即轻度、正细胞正色素性贫血）
5. 白血病或造血异常的证据（见第 4 章）通常提示评估骨髓；转到 H
6. 血小板减少症（见第 5 章）；考虑埃立克体或其他感染（见第 15 章）
7. 全血细胞减少症或两系血细胞减少症；表示骨髓疾病和骨髓评估；转到 H

D. 临床化学概况

1. 肾或肝功能衰竭的证据；导致继发性贫血（见第 7 章和第 9 章）
2. 系统性疾病的证据；贫血的各种原因

E. 病毒学、血清学(如可能感染)(如发热、淋巴结病)

F. 内分泌检查；甲状腺功能减退或其他功能障碍（见第 8 章）(如轻度、正细胞正色素性贫血）

G. 中毒性

1. 检查是否有睾丸肿瘤或曾接触雌激素
2. 停止目前的任何药物治疗并监测恢复情况
3. 检查环境中是否有毒物

H. 骨髓检查可发现许多异常（见本章和第 2 章）

骨髓纤维化、再生障碍性贫血、骨髓坏死 / 炎症、红细胞生成障碍、白血病、转移性肿瘤、骨髓增生异常综合征等

注：CBC，全血细胞计数；FeLV，猫白血病病毒；MCHC，平均红细胞血红蛋白浓度；PCV，红细胞压积；MCV，平均红细胞体积。

网织红细胞是一种未成熟的红细胞，在贫血时从正常骨髓中大量释放。网织红细胞有核糖体（核糖核酸）用于持续合成血红蛋白。当用新亚甲蓝染色时，核糖体物质呈深蓝色颗粒（图 3-2）。猫的网织红细胞应细分为聚集型和点状型，因为猫的独特之处在于拥有大量点状网织红细胞。网织红细胞被报告为每微升血液中绝对网织红细胞数、网织红细胞指数（reticulocyte index，RI）、网织红细胞百分比和网织红细胞校正百分比，或者可以通过检查血涂片上多染性红细胞的数量来估计网织红细胞数量（见下文）。网织红细胞比成熟红细胞更大（即大细胞），血红蛋白浓度更低。因此，大细胞低色素性红细胞数量的增加通常反映了网织红细胞增多症和骨髓的反应性。

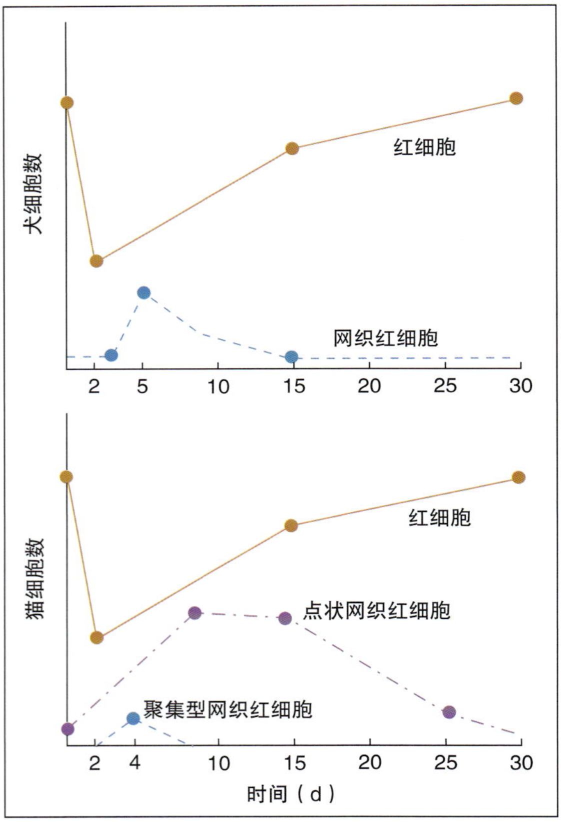


**图 3-1　犬和猫失血性贫血中的网织红细胞和红细胞反应**

两种动物在一次失血后，红细胞（红细胞计数）显示的循环红细胞量的恢复相似。PCV（或血红蛋白浓度或红细胞计数）在前 2 周快速增加，在接下来的 2 周缓慢增加。猫的网织红细胞反应比犬的更复杂。猫的聚集型网织红细胞反应比犬的弱，开始时间相似，但持续时间较短。猫点状网织红细胞反应的数量和持续时间比聚集型网织红细胞反应更多和更长。

### 人工网织红细胞计数

在显微镜下测定网织红细胞时，将 EDTA 血液与相应染色剂混合。最常用的染色剂是新亚甲蓝（1% 新亚甲蓝加 1.6% 草酸钾抗凝剂）和亮甲酚蓝（1% 盐水）。将血液和染色剂等量混合，新亚甲蓝孵育 10 min，亮甲酚蓝孵育 15 ~ 30 min。对于鸟类，可以将 1 滴新亚甲蓝与 1 滴 EDTA 血液混合，孵育 10 min。网织红细胞中残留的内质网呈深蓝色颗粒。将混合物涂片风干，计数 1000 个无核红细胞

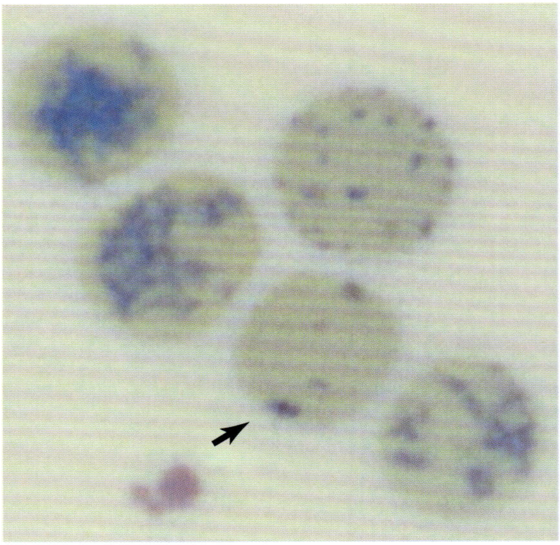

**图 3-2　猫的网织红细胞**

图中显示了 5 只猫的网织红细胞，包括 4 个聚集型网织红细胞，其核糖体物质超过 12 ~ 15 个，以及 1 个点状网织红细胞，其较少（箭头）。犬网织红细胞与猫的聚集型网织红细胞相似，但也有少量网织红细胞，其核糖体物质与点状网织红细胞一样少。

以确定网织红细胞的百分比。成熟的红细胞缺乏 RNA 且未染色。有核红细胞不包括在网织红细胞计数中，但单独报告。人工网织红细胞计数比自动方法更不精确，而且显微镜操作者之间的差异很大。然而，目前没有自动化仪器检测猫点状网织红细胞。因此，只能采取人工方法提供信息。至少应从染色涂片中估计点状网织红细胞的百分比（10%、25%、50%、75%、90%），以便正确解释猫的再生反应。猫点状网织红细胞的定义是它有 3 ~ 12 个点。一个聚集型网织红细胞有超过 12 ~ 15 个点，或者聚集的点太多，无法计数。犬网织红细胞被定义为有 2 个以上点。犬的网织红细胞可能有少量的点，但犬的点状网织红细胞没有那么多会影响解释，因此只能确定网织红细胞总数。

### 自动网织红细胞计数

各种兽医血液学仪器使用不同的网织红细胞染色进行自动网织红细胞计数。网织红细胞检测的敏感性因仪器和方法而异[17]。Advia 2120 和 Sysmex XT-2000iV 对犬的网织红细胞的计数大致正确，与猫聚集型网织红细胞相关性最好（图 2-5）。Sysmex 的网织红细胞染色稍微敏感一些，在其自动网织红细胞计数中，除了聚集型网织红细胞外，还能检测到约 6% 的点状网织红细胞。Sysmex 自动网织红细胞计数仍应主要视为聚集型网织红细胞总数。猫点状网织红细胞必须通过人工评估网织红细胞染色涂片计数，以确定点状网织红细胞数量的显著变化。LaserCyte（爱德士实验室）使用新亚甲蓝染色网织红细胞，比 Advia 或 Sysmex 仪器更不敏感。与手动或自动（Advia）方法相比，LaserCyte 具有负偏差和比例误差。建议将 LaserCyte 网织红细胞结果的仪器特定值视为非再生性（＜35 000/μL）或再生性（＞75 000/μL）。犬再生性贫血的临界值通常被认为＞60 000/μL，但 60 000/μL 应该被认为是平均参考值，而不是最大值。Advia 自动犬网织红细胞计数的参考值为 11 000 ~ 111 000/ μL 和 0.1% ~ 1.5%[29]。Sysmex XT 自动犬网织红细胞计数的参考值为 19 400 ~ 150 100/μL 和 0.3% ~ 2.4%[30]。随着常规自动网织红细胞计数的可用性，许多非贫血患犬的网织红细胞数超过 60 000/μL。兴奋和脾收缩可引起网织红细胞增多症。在解释网织红细胞时，最常见的错误是基于网织红细胞的轻微增加而得出贫血是再生性贫血的结论。

> **注意：**在解释网织红细胞时，最常见的错误是基于网织红细胞的轻度增加而得出贫血是再生性贫血的结论。

在缺铁性贫血的病例中，可以测量网织红细胞的体积，以记录对治疗的反应。缺铁时网织红细胞较小，但经铁治疗后网织红细胞体积增加。例如，在缺铁患犬中进行实验性补铁后，网织红细胞的平均细胞体积（MCVr；Advia 2120）从补铁前的 65 fL 增加到补铁 11 ~ 12 d 后的 82 fL，每个网织红细胞的血红蛋白（细胞血红蛋白网织红细胞，CHr）从约 16 pg 增加到 22 pg[9]。

### 绝对网织红细胞计数

网织红细胞的百分比可以单独报告（表 3-1），但这可能会产生误导，因为百分比是网织红细胞与成熟红细胞的比率。当贫血时，成熟红细胞会不同程度地减少，因此网织红细胞百分比高于实际造血反应水平（图 3-3）。通过将网织红细胞百分比乘以红细胞计数来计算绝对网织红细胞计数，从而根据贫血的严重程度调整网织红细胞百分比。绝对网织红

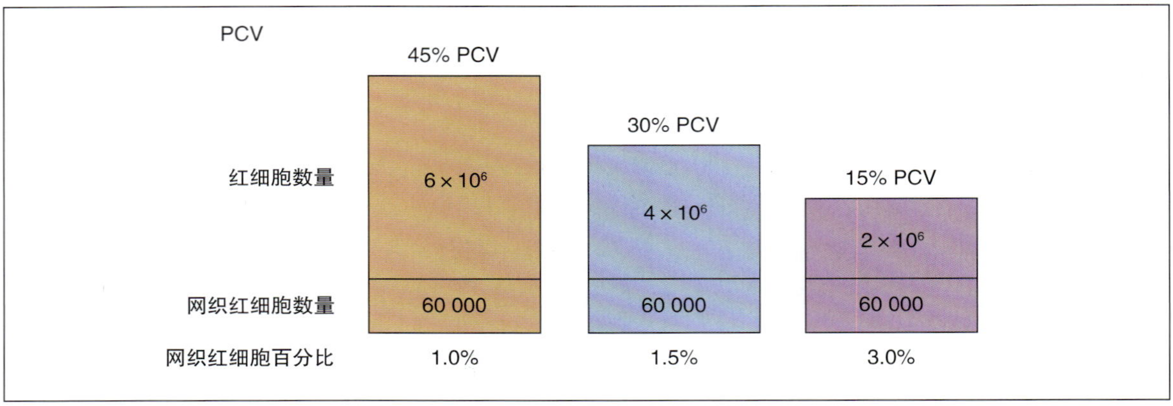


**图 3-3 贫血、红细胞与网织红细胞**

即使在每体积血液中网织红细胞的绝对数量保持不变的情况下，贫血严重程度的增加会导致成熟红细胞的数量减少，最终增加网织红细胞的相对百分比。PCV，红细胞压积。

细胞计数是骨髓生成的更一致的指标，被推荐为犬和猫再生性贫血的最佳单一指标（表 3-2）。如果红细胞计数无法获得，可以确定网织红细胞校正百分比（corrected reticulocyte percentage，CRP）和 RI（也称为网织红细胞生成指数）。

**注意：在贫血中，网织红细胞的百分比高于红细胞生成强度。绝对网织红细胞计数是真实网织红细胞反应的更一致的指标。**

### 网织红细胞指数和网织红细胞校正百分比

本节讨论 CRP 和 RI，但只是为了说明一些原则。RI 和 CRP 不建议用于解释临床诊断。CRP 根据贫血程度进行调整（专栏 3-3）。RI 根据犬外周血网织红细胞的寿命进行进一步调整。随着贫血日益严重，网织红细胞从骨髓中释放得更早，在成熟为红细胞之前在血液中存活的时间更长。寿命越长，网织红细胞的百分比就越高，但这并不是网织红细胞从骨髓中释放增加的结果。贫血越来越严重的猫，其血液中的网织红细胞寿命无法很好地测定，因此不建议对猫使用 RI。

犬的 RI $>1$ 表示再生性贫血。RI $\geqslant 3$ 表示有明显的再生反应。溶血性贫血比外部失血性贫血有更大的网织红细胞反应，因为红细胞生成的各种营养物质留在体内。然而，近期大量失血（如 4 ~ 5 d 前）或内部失血也可能是高度再生的，因此并非所有 RI $>3$ 的贫血都是溶血性的。目前还没有解释 CRP 的具体指南。

示例如下（专栏 3-3）：PCV 为 22.5%，网织红细胞百分比为 4% 的犬的 RI 为 1，表示再生反应不足。4% 的网织红细胞百分比并未表明网织红细胞生成增加 4 倍。

## 犬网织红细胞反应

犬网织红细胞通常在释放到血液中后约 1 d 内成熟为红细胞。由于这种快速成熟，网织红细胞主要是聚集型网织红细胞（即它们包含大量沉淀 RNA，很少有点状形式）。犬网织红细胞没有细分，因为鉴于显微计数的明显随机性和潜在误差，犬体内少量点状网织红细胞在临床上不显著。大多数实验室不将只有 1 ~ 2 个个体化颗粒的红细胞计数为网织红细胞，以确定不包括有颗粒伪像或沉淀的红细胞。尽管不同的染色剂显示多染性红细胞的程度不同，犬网织红细胞与瑞氏染色的血涂片上的多染性红细胞大致相同。一些指南根据网织红细胞百分比评估骨髓的活性程度（表 3–1）。这一方法已进行了修改，以提供绝对网织红细胞数来判断骨髓再生的程度（表 3–2）。

## 猫网织红细胞反应

与犬不同，猫在正常和再生性贫血时都有大量点状网织红细胞。解释猫的网织红细胞总数与犬不同。猫网织红细胞计数应细分为点状网织红细胞和聚集型网织红细胞，以反映成熟阶段的显著差异（图 3–2）。聚集型网织红细胞在约半天内迅速成熟为点状网织红细胞。点状网织红细胞在 10 ~ 12 d 内缓慢成熟，因此在血液中积累的数量远大于聚集型网织红细胞。没有识别猫网织红细胞类型的报告毫无价值。再生性贫血的持续时间可以通过网织红细胞反应的模式来检测。例如，在再生反应约 4 d 时，聚集型网织红细胞反应达到峰值而点状网织红细胞仍然相对较低（图 3–1）。此后，聚集型网织红细胞减少，点状网织红细胞继续增加。猫瑞氏染色的血涂片上的多染性红细胞反映了聚集型网织红细胞的数量（图 3–4）。

在持续性出血或溶血过程中，点状网织红细胞和聚集型网织红细胞计数（主要是点状网织红细胞）可能接近 100%。这使得网织红细胞计数的性能变得繁琐。即使有更多正常的网织红细胞，没有海因茨小体，很少或没有染色沉淀，显微镜下网织红细胞的测定也是

### 专栏 3–3　网织红细胞指数的计算步骤

**第一步：**网织红细胞校正百分比（CRP）。

CRP = 网织红细胞百分比 ×（患病动物红细胞压积 / 正常红细胞压积）

示例：红细胞压积（PCV）为 22.5% 和网织红细胞百分比为 4% 的犬。

CRP = 4% ×（22.5% ÷ 45%）= 2%

**第二步：**犬在贫血时比正常时更早地从骨髓中释放网织红细胞，这一点与人相似。如下文所示，这些“移位”网织红细胞的寿命比平时的 1 d 更长。这夸大了网织红细胞的百分比，因此 CRP 通过除以预期的成熟时间（以天为单位）进行进一步调整，该时间随贫血的严重程度而变化。

RI = CRP/ 网织红细胞的寿命

| 红细胞压积（%） | 预计网织红细胞寿命（d） |
|---|---|
| 45 | 1.0 |
| 35 | 1.5 |
| 25 | 2.0 |
| 15 | 2.5 |

当 PCV = 22.5% 时，前一示例中的网织红细胞应存活约 2 d。在血液中存活时间翻倍使血液中网织红细胞的百分比增加了 2 倍。网织红细胞指数（RI）因此调整为除以 2，从而真实地反映骨髓释放。

RI = 2% ÷ 2 d = 1

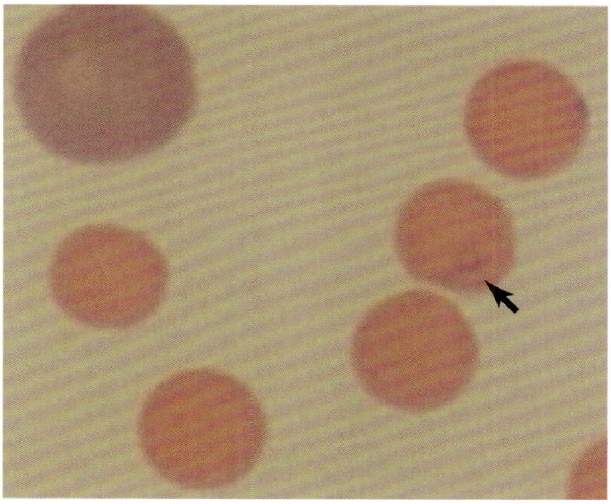

**图 3–4　猫的血涂片**

血涂片上的猫嗜血支原体很难与染色沉淀区分开来。看到红细胞上的环状（如箭头处的字母 o）和细菌的蓝色比染色沉淀的折射金属颜色更暗有助于确保正确诊断。请注意左上角的多染性红细胞，它是一种聚集型网织红细胞，其中有足够的 RNA，比其他无核红细胞染的颜色更蓝。

不精确的。用噻唑橙染色猫血液中网织红细胞 RNA 的流式细胞术是一种比人工镜检更敏感和可靠的猫网织红细胞检测方法[18]。通过这种噻唑橙染色方法，38 只临床正常猫的聚集型网织红细胞的参考区间为 0.1% ~ 0.5%（8500 ~ 42 000/μL），点状网织红细胞的参考区间是 2% ~ 17%（22 500 ~ 1 270 000/μL）[16]。人工计数参考值应与其类似。

**注意：**犬释放的聚集型网织红细胞，通常在约 1 d 内成熟为红细胞，而猫释放的聚集型网织红细胞，迅速变成点状网织红细胞，并维持 10 ~ 12 d。

## 多染性

多染性是指在瑞氏染色的血涂片上观察到的多染性红细胞数量增多。犬多染性红细胞相当于网织红细胞，多染性红细胞增多表明网织红细胞增多。这些细胞比成熟的红细胞大，并且由于细胞质中含核糖体，染色略蓝（图 3–4）。多染性是指血红蛋白的橙色染色加上 RNA 的蓝色染色的多种颜色。猫的聚集型网织红细胞表现为多染性红细胞，但点状网织红细胞却不表现。因此，猫 CBC 报告中的多染性仅反映聚集型网织红细胞总数，而犬血涂片中的多染性则反映网织红细胞总数。这两种动物的多染性增多表明 3 ~ 7 d 前骨髓红细胞生成。多染性的幅度反映了红细胞生成的强度。

## 大红细胞增多症

通过平均红细胞体积（MCV）或红细胞细胞图和红细胞体积直方图来记录大于正常红细胞的红细胞（即大细胞）（图 2–3 ~ 图 2–5）。网织红细胞增多症是大红细胞增多症最常见的病因，尤其是在贫血发生后 4 ~ 5 d，但成熟的大细胞也可以在红细胞加速生成的过程中释放。Tvedten 认为，当多染性和网织红细胞数量减少时，大红细胞增多症，尤其是大细胞低色素性红细胞的百分比，是再生反应后期（如 7 ~ 14 d）红细胞增多的更敏感指标[22]。

大红细胞增多症的其他病因包括：在长时间储存过程中，EDTA 管中红细胞的假性肿胀；贵宾犬的先天性红细胞生成障碍；口形红细胞增多和猫白血病病毒（feline Leukemia virus，FeLV）感染。因红细胞在 EDTA 中储存期间肿胀而引起的大红细胞增多症在邮寄给实验室的样本或采集后第 2 天分析的样本中很常见。

## 红细胞大小不均、红细胞分布宽度、血红蛋白分布宽度

红细胞大小不均是红细胞大小的变化。红细胞分布宽度（RDW）由自动血液学计数器报告，以描述红细胞大小不均的数量。红细胞大小不均增加的常见原因是再生性贫血伴有大细胞网织红细胞释放。血红蛋白分布宽度（HDW）描述了基于血红蛋白浓度的红细胞变化。RDW 或 HDW 的增加表明红细胞群体的变异性增加。RDW 或 HDW 增加可作为检查血涂片上红细胞形态的指标，而不仅仅依赖于自动化仪器的结果。

## 有核红细胞、嗜碱性点彩、豪 – 乔小体

再生性贫血的其他血液学检查结果包括豪 – 乔小体、有核红细胞（例如，红细胞增多症）和嗜碱性点彩。这些在血涂片上可见，但不像网织红细胞或大细胞低色素性红细胞指标那样定量或特异。

循环有核红细胞报告为每 100 个白细胞的有核红细胞数量或每体积血液中的有核红细胞绝对数量（见第 2 章）。由于严重的中性粒细胞减少症（如败血症和中暑）会夸大有核红细胞 /100 个白细胞的数值，因此用绝对值解释更具一致性。有核红细胞可能在再生性贫血中释放，但有核红细胞的数量对犬和猫的骨髓红细胞生成的反应是不一致的。在患有脾脏疾病、髓外造血、中暑、败血症、铅中毒、肾上腺皮质功能亢进、白血病和各种骨髓疾病的情况下，有核红细胞释放到血液中可能与红细胞生成增加无关。

**注意：** 有核红细胞的数量在再生性贫血中经常增加，但可能由于其他因素而增加，因此不是红细胞生成增加的有力证据。

嗜碱性点彩最常与再生性贫血有关，因此无须担心。嗜碱性点彩可能是由铅中毒引起的，但根据我们的经验，它既不是诊断犬铅中毒的特异方法，也不是敏感方法。毒理学检测应用于评估疑似铅中毒（见第 17 章）。

豪 – 乔小体是红细胞中小而圆的核残体。它们可能在红细胞生成增多或脾移除减少时被观察到。猫的脾脏清理红细胞能力较弱，因此豪 – 乔小体在正常猫中比犬更常见。类固醇治疗（或库欣病）会降低吞噬细胞功能，可增加豪 – 乔小体的数量。贵宾犬大红细胞增多症的豪 – 乔小体数量可能众多但发育不良。

### 高铁红细胞、铁粒幼细胞

高铁红细胞是异常的红细胞，具有嗜碱性颗粒（即帕彭海姆小体），类似于瑞氏染色的血涂片中的嗜碱性点彩。普鲁士蓝染色帕彭海姆小体内的铁，但不染色与嗜碱性点彩相关的颗粒。铁粒幼细胞是血液或骨髓中具有铁阳性颗粒的有核红细胞。尽管一些铁粒幼细胞被认为是正常的，但数量增多和异常的铁粒幼细胞则被认为是异常的。异常的铁粒幼细胞具有更多和更大的颗粒，这些颗粒可能在细胞核周围形成环（即环状铁粒幼细胞）。高铁红细胞和异常的铁粒幼细胞表明红细胞生成异常（即红细胞生成障碍）。氯霉素治疗、铁粒幼细胞性贫血和某些类型的骨髓增生异常综合征是血液中高铁红细胞增加和血液或骨髓中铁粒幼细胞异常的原因[24]。

## 贫血的形态学分类

兽医学中最常用两种贫血分类系统，其一被称为“贫血的形态学分类”，这是根据红细胞体积和血红蛋白浓度进行分类的传统名称。三个重要的分类是正细胞正色素性贫血、大细胞低色素性贫血和小细胞低色素性贫血。另一种系统是根据是否存在骨髓对贫血（即网织红细胞增多症、再生性贫血）的反应进行分类。血涂片形态学的评估是所有贫血评估方法的重要组成部分，但这些形态学变化的使用与本节描述的形态学分类不同。

### 贫血根据红细胞体积和血红蛋白浓度进行分类

贫血的形态学分类在传统上使用红细胞指数（即 MVC、MCHC）。MCV 和 MCHC 是所有 RBC 的平均值。平均值不是大细胞低色素性或小细胞低色素性红细胞轻度到中度增加的敏感指标。DiNicola 等报告称，尽管再生性贫血会使大细胞低色素性红细胞的数量增多，但 6752 只再生性贫血患犬的血液样本中只有 8% 的血液样本 MCV 增加的同时 MCHC 降低，这在诊断中是真实且重要的[6]。

Advia 自动血液学系统对大量大细胞低色

素性红细胞增加的识别效果最好。Advia仪器测量样本中每个红细胞的体积和血红蛋白浓度，并显示每个红细胞的大小和血红蛋白浓度（图2-4）。通过这种方式，甚至可以在红细胞细胞图上识别出少数异常红细胞。从红细胞体积和血红蛋白浓度直方图或从研究屏幕上可获得的红细胞细胞图的9个方框中的精确细胞数，可以更好地估计异常红细胞的数量（%）。贫血的形态学分类使用Advia仪器效果最好。遗憾的是，仅使用其他仪器提供的MCV和MCHC结果效果很差。单独使用MCV和MCHC诊断往往会对贫血的真实变化给出错误的分类，这可能导致错误的诊断。

### 正细胞正色素性贫血

非再生性贫血中可见正细胞正色素性贫血，骨髓中没有或很少释放大细胞性网织红细胞。血液中的大多数红细胞是先前生产中剩余的正细胞正色素性红细胞。由出血或溶血引起的贫血，其发病时间较短（如1～2 d），从而阻止再生性骨髓反应，在这段时间内，贫血也是正细胞正色素性贫血，最好分类为非再生性贫血。

### 大细胞低色素性贫血

大细胞低色素性贫血通常表示网织红细胞增多的再生性贫血。网织红细胞比成熟红细胞相对更大（即大细胞）。网织红细胞是低色素性的，因为它们没有完成血红蛋白合成。Tvedten认为，缺乏核糖体的大细胞低色素性红细胞（不是网织红细胞）在再生反应中仍处于晚期，反映了早期的红细胞生成增加。还有其他病因导致大细胞低色素性红细胞，如储存期间红细胞肿胀（如邮寄样本）。

### 小细胞低色素性贫血

小细胞低色素性贫血最常发生在缺铁的情况下，因为缺铁会阻碍血红蛋白的充分生成。小细胞低色素性贫血情况下红细胞小（即低MCV），血红蛋白产生不足（即低MCHC）。在患有门脉分流（portosystemic shunt，PSS）和肝萎缩的犬中，小细胞症和铁代谢改变很常见。小细胞低色素性贫血也与犬的铁粒幼细胞性贫血和某些类型的骨髓增生异常综合征有关。注意，日本秋田犬、柴犬和松狮犬通常红细胞较小（即MCV约为60 fL）。

**注意：**正细胞正色素性贫血表示非再生性贫血。大细胞低色素性贫血表明再生性贫血。小细胞低色素性贫血表明缺铁。

### 大细胞正色素性贫血

兽医学过度强调维生素$B_{12}$或叶酸缺乏导致大细胞低色素性贫血，这是阅读人类文献的结果，这些文献非常强调对人类恶性贫血的诊断。钴胺素缺乏症中的大细胞正色素性红细胞在犬和猫中不可见，但在人和灵长类动物中可见。由于MCV和MCHC在反映患病动物红细胞的真实变化方面不敏感，犬和猫的大细胞正色素性贫血的分类通常是错误的。再生性贫血可能有大红细胞增多症使MCV增加，但没有足够的低色素性红细胞使MCHC下降到参考区间之外。因此，如果仅对MCV和MCHC结果进行解释，一些再生性贫血可能会被误分为大细胞正色素性贫血。维生素$B_{12}$（钴胺素）吸收不良被视为巨型雪纳瑞犬的遗传性疾病和犬猫的获得性胃肠道疾病。建议测定血清钴胺素以诊断缺乏症。

除了再生性贫血外，还有其他引起大红细胞增多症的病因。一些贵宾犬患有先天性红细胞生成障碍（即“贵宾犬大红细胞增多症”；MCV＞80 fL），但没有贫血，也没有其他血液病症状（见其他遗传性溶血性贫血中讨论的口形红细胞增多症）。没有网织红细胞增多症的猫的大细胞正色素性贫血提示 FeLV 感染或骨髓增生异常综合征，与维生素 $B_{12}$ 或叶酸缺乏无关。

### 根据再生反应分类贫血

依据骨髓对贫血反应的评估，将贫血分为红细胞生成减少或无效（非再生性）和有效且充分（再生性）的贫血。只有红细胞生成增加（即网织红细胞增多症）的迹象足以与贫血的严重程度相匹配时，才将贫血归类为再生性贫血（表 3–2）。中重度贫血常常被误认为是再生性贫血，其网织红细胞仅轻微增加。

**注意：**只有红细胞生成增加（即网织红细胞增多症）的迹象足以反映贫血的程度时，才将贫血分类为再生性贫血。

## 再生性贫血

由红细胞破坏（即溶血）或失血引起的贫血应使正常骨髓能够对贫血做出反应。因此，再生性贫血的原因是溶血性贫血或失血（再生性贫血类型列表见专栏 3–1）。网织红细胞＞500 000 /μL 经常出现在患有溶血性贫血、内部出血或近期外部出血的犬上（表 3–1 和表 3–2）。然而，许多贫血既不是明显再生的，也不是完全不可再生。轻度贫血（如犬 PCV 为 30% ～ 35%；猫 PCV 为 20% ～ 26%）可能不会刺激网织红细胞增多，因为轻度刺激的骨髓会通过释放成熟的红细胞做出反应。注意幼犬和幼猫生长活跃，包括红细胞生成，并且再生迹象增强，如在很小的时候有轻度网织红细胞增多症。扩大血容量的需求会使幼犬和幼猫在失血的情况下更容易缺铁。

轻度到中度贫血的再生状态（专栏 3–2）必须根据贫血的持续时间、贫血的严重程度和多种原因的可能性进行解释。肠道肿瘤是一个由多种致病因素导致贫血的例子。肠道肿瘤可能因出血进入肠道而导致外部失血。这种外部失血最初会刺激良好的骨髓再生，但持续出血可能会导致铁和蛋白质缺乏。肠道肿瘤通常是炎性的，炎性疾病的贫血会干扰红细胞生成，导致红细胞生成减少。因此，贫血的再生程度可能会有所不同，并且比仅从外部失血判断的再生程度低。

### 失血性贫血

从病史或体检来看，外部失血通常很明显。然而，外部失血流入胃肠道或内部失血流入体腔可能是隐性的。胃肠道出血可表现为黑色、柏油状大便或大便中有新鲜的红色血液。粪便中潜血的检测价值值得怀疑（见第 9 章），因为肉类饮食中存在的肌红蛋白经常会导致假阳性结果。液体细胞学检查可以记录体腔内的出血（见第 10 章）。PCV 和体腔内液体的体积表明出血量。

失血的血液学模式根据失血发生的时间、失血的严重程度、失血是一次急性发作还是持续性的、失血是内部还是外部，以及物种的不同而有很大差异。与时间相关的变化和物种变化，如图 3–1 和以下讨论所示。

#### 外部失血

犬的 PCV 在 1 ～ 3 d 内不能完全反映急性失血性贫血的严重程度，直到血管内的液体体积被替换，剩余的 RBC 和 PP 被替换液体（口渴、体液重新分配或液体治疗）稀释。最初几小时的脾脏收缩会将储存的浓缩红细胞释放到循环中，并可能掩盖贫血的严重程度。失血后 3 d 应注意到网织红细胞的释放，失血后 4 ~ 5 d 聚集型网织红细胞出现增多并达到峰值（图 3–1）。PCV 的改善在失血后前 2 周内迅速发生，直到 PCV 达到低正常参考区间。此后，缺氧程度过轻，无法刺激大量促红细胞生成素产生，因此 PCV 增长缓慢，可能需要一个月才能恢复到原来的值。

**注意：** 在单次失血后，PCV 的改善在前 2 周迅速发生。此后 PCV 缓慢增加，可能需要一个月才能恢复到原来的值。

在成年动物中，数周的慢性出血会导致缺铁（图 3–12）和损害红细胞生成的负蛋白平衡。因此，失血性贫血最初（如在最初的 1 ~ 2 d）在血液中没有网织红细胞的增多（即再生前），随后再生能力达到最强，随着时间的推移，由于缺铁而变得再生不良或不可再生。幼犬和幼猫出生时铁储备量小，红细胞生成量最大，与生长速度相匹配。随着失血（如钩虫或球虫），铁的消耗会更快。即使是断奶前的正常幼猫，在喝牛奶（一种低铁饮食）时也经常出现亚临床缺铁。

再生性贫血中 PP 水平低或正常范围内较低通常与外部失血有关，是一个有用的诊断特征。PP 随着外部失血而丢失。在溶血性贫血和内部失血中，PP 浓度趋于正常或略微升高，因为没有蛋白质从体内流失。PP 参考区间可能太宽，以至于 PP 浓度看起来没有异常，但值可能在参考区间的较低水平。PP 被肝脏和淋巴组织替换的速度比骨髓替换红细胞的速度更快，因此低蛋白血症比 PCV 更不一致地反映外部出血的存在或严重程度。

猫对失血的 PCV 反应与犬在前 2 周的反应有些相似。出血后 4 d 左右，猫聚集型网织红细胞反应达到峰值（图 3–1）。在强再生反应中，猫聚集型网织红细胞的最大数量远低于犬网织红细胞的最大数量。类似地，猫的血涂片比犬的血涂片需要较少的多染性来表明再生能力强。点状网织红细胞在出血后约 1 周达到峰值，并可能在 3 周或更长时间内持续升高。点状网织红细胞在 PCV 恢复到参考区间后仍可能增加。因此，点状网织红细胞增多可能反映在过去 2 周内的某个时间内红细胞生成加速。

猫的聚集型网织红细胞和点状网织红细胞数量可以帮助确定贫血开始的时间。聚集型网织红细胞数量中度至显著增加但点状网织红细胞较少提示近期贫血（如 2 ~ 4 d）。点状网织红细胞增多而无聚集型网织红细胞增多，表明贫血持续了 1 ~ 3 周或贫血程度太轻，无法刺激聚集型网织红细胞反应。

幼犬和幼猫的年龄变化必须考虑在内。2 ~ 6 周龄健康幼犬的 PCV 约为 28%，PP 通常可能低于 6 g/dL。幼犬在 2 月龄或更小的时候网织红细胞浓度为 3% ~ 7%，0 ~ 2 周龄时最高（7%）。相反，成年犬的网织红细胞通常＜1.5%。使用成年犬参考区间，人们会错误地得出幼犬患有贫血、网织红细胞增多症和低蛋白血症等提示幼犬外部失血的结论。因此，应使用与年龄相关的参考区间 [28]。

**注意：** 2 ~ 6 周龄的健康幼犬 PCV 为 28%，PP 低于 6 g/dL，网织红细胞浓度为 3% ~ 7%。应使用基于年龄的参考值。

幼年动物对失血的反应不如成年动物。幼犬和幼猫有很高的骨髓红细胞生成活性，因为它们在成长的过程中需要扩大血容量。当骨髓红细胞生成率已经很高的时候，就不能期望它们的骨髓红细胞生成率像成年动物那样随着失血量的增加而增加。

### 内部失血

内部失血的血液学模式与溶血性贫血相似，因为流失到组织中的红细胞被破坏，其成分被保存以允许最大的骨髓反应产生。铁缺乏和低蛋白血症不会发生，因为铁和血浆蛋白不会从体内流失。一些流失到体腔中的红细胞可以通过淋巴管完整地再循环。

## 溶血性贫血

溶血性贫血通常是一种强再生性贫血，没有低蛋白血症或其他失血证据。仔细评估血涂片对确定特定类型溶血性贫血的证据是至关重要的，如球形红细胞、自身凝集反应、血液寄生虫、海因茨小体和偏心细胞。

溶血性贫血可分为血管内或血管外，这主要表明溶血的速度和严重程度。血管内溶血是由于红细胞受到迅速而严重的损伤，导致它们在血管系统中分解。血管内溶血的最佳证据是血红蛋白尿（图 3–5；另见第 7 章）。血浆或血清溶血也可证明血管内溶血（图 2–1）。仅血管外溶血而不伴随血管内溶血更常见。血管外溶血是指脾脏、肝脏和骨髓中的巨噬细胞清除受损的红细胞。脾脏肿大、肝脏肿大和黄疸是血管外溶血的证据。在血管内溶血过程中受损的红细胞也会被巨噬细胞清除，因此血管外溶血总是伴随着血管内溶血，或者在较慢速率的溶血中单独存在。血涂片或仪器图像上可见溶解的红细胞（影细胞）（图 3–6 和图 2–6）也反映了红细胞非常脆弱和溶血性贫血。更严重的伴有血红蛋白尿的血管内溶血性贫血包括一些免疫介导性溶血性贫血、海因茨小体性贫血、巴贝斯虫感染、锌毒性、磷酸果糖激酶缺乏症和蛇（蝰蛇）咬伤。

**注意：**伴有血红蛋白尿的血管内溶血是非常严重的，通常是过急性溶血性贫血。具体原因包括海因茨小体性贫血、补体固定免疫介导性贫血、锌中毒、巴贝斯虫感染、磷酸果糖激酶缺乏症和毒蛇咬伤。

黄疸（图 2–1）发生于血管内和血管外溶血。巨噬细胞破坏红细胞引起未结合胆红素产生增加而暂时超过了肝脏清除它的能力。严重贫血时，肝脏也可能出现缺氧或中毒性损伤，导致胆红素代谢降低和胆汁淤积。由于溶血速度较快，血管内溶血的胆红素浓度往往高于血管外溶血。血清胆红素测定（即总胆红素和结合胆红素）在区分贫血和肝病方面的作用有限，因为出现了许多与预期模式不同的情况。如本章所述，应使用特定的肝脏检查来记录肝病（见第 9 章）或溶血性贫血的血液学检查。

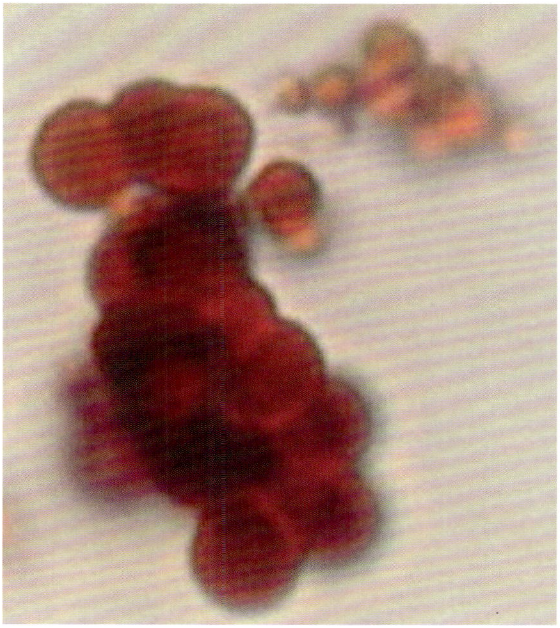

**图 3–5　血红蛋白尿沉淀**

血红蛋白尿可被视为尿沉渣中的血红蛋白液滴。血红蛋白液滴通常无法正确识别。该沉淀物来自一只缺乏磷酸果糖激酶的犬血管内溶血。

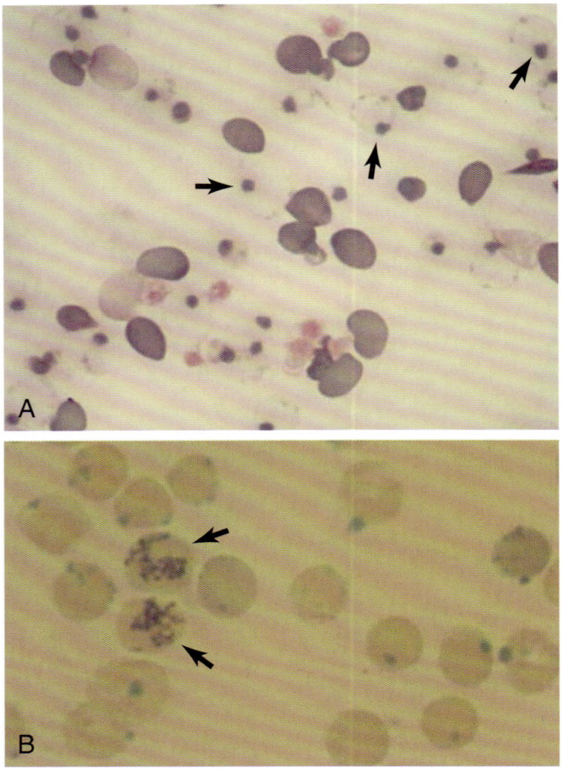


图 3–6 A. 一只猫因食用含有洋葱粉的婴儿食品而导致洋葱中毒，其体内的海因茨小体和影细胞。影细胞表现为模糊的圆圈（细胞膜），有一个圆形的海因茨小体（箭头），其颜色与完整红细胞中的血红蛋白相同。这只猫有血管内溶血、血红蛋白尿和血红蛋白肾病。B. 在新亚甲蓝染色涂片上发现了海因茨小体，该涂片来自一只洋葱中毒的犬。海因茨小体呈浅蓝色，而非两个网织红细胞（箭头）中的深紫色颗粒。大多数海因茨小体是单一的圆形包涵体，但在一些红细胞中也有更小的、粒状的、蓝色的海因茨小体。在网织红细胞染色涂片上，这些小而多的海因茨小体可能被误认为网织红细胞

## 免疫介导性溶血性贫血

免疫介导性溶血性贫血（IMHA）是犬最常见的严重贫血，在猫中较少见[13,19]。没有明显原因的 IMHA 发病通常被认为是由于针对红细胞自身抗原的抗体（即原发性 IMHA）；然而，由于红细胞上的外来抗原（即继发性 IMHA）暴露，感染性因子和某些药物可能直接或间接地诱导 IMHA。丙硫氧嘧啶已在猫上被证实是 IMHA 的诱导剂，左旋咪唑、卡普洛芬、强化磺胺类药物和头孢菌素已在犬上被证实是 IMHA 的诱导剂。此外，已经确定了 IMHA 的多种触发因素，包括犬的淋巴瘤、骨髓增生性疾病和传染病（巴贝斯虫病、埃立克体病、利什曼病、立克次体病），以及猫的淋巴瘤、FeLV、猫嗜血支原体、骨髓增生异常综合征和急性髓系白血病。输血时去除不相容的红细胞是一种免疫介导性溶血过程，因此也是 IMHA 的一种形式，尽管大多数作者将产生输血反应的犬排除在 IMHA 分类之外。无法记录 IMHA 的具体原因可能主要是因为目前缺乏具体的工具或知识。

**直接库姆斯试验 ·** 直接库姆斯试验确定红细胞上是否存在抗体或补体。红细胞上的抗体和补体可能会也可能不会直接指向红细胞本身，可能会也可能不会损伤红细胞。筛选试验是一种“多价直接抗球蛋白试验”，其中多价库姆斯试剂与患病动物的红细胞混合。该试剂含有针对各种抗体和补体的物种特异性抗体。如果患病动物的红细胞有足够的抗体或补体可检测，且这些抗体与抗球蛋白的比例适当，则会发生肉眼可见或显微镜下可见的血液凝集（即阳性反应）。一些实验室使用单价抗球蛋白将 IMHA 分类为免疫球蛋白 M（IgM）或免疫球蛋白 G（IgG）类型，并检测红细胞上补体的存在。在明尼苏达大学的 48 只犬中发现的模式是：7.1% IgG 阳性，10% IgG 和 IgM 阳性，19% IgG、IgM 和补体阳性。体内类固醇治疗的效果不可预测。在 IMHA 的皮质类固醇治疗期间，犬的库姆斯阳性持续时间不一。

直接库姆斯试验对 IMHA 既不具有高度特异性，也不敏感。只有 60% ~ 70% 的犬

IMHA 病例检测呈阳性。出现假阴性结果可能的原因包括红细胞上的抗体数量不足、进行检测的温度不当、抗原与抗体比例不当以及洗涤过程中从红细胞中洗脱出低亲和力抗体。为了确保达到适当的抗原：抗体比，应常规使用抗球蛋白试剂的系列稀释液。随着时间的推移，抗体和补体从血液样本中的红细胞中洗脱出来。在进行库姆斯试验之前，EDTA 血液样本储存的时间可能未知。因此，从邮寄到实验室的样本中获得的结果值得怀疑。Alsever 的溶液可以很好地储存被抗体包被的红细胞，但对大多数兽医来说并不易获得。在红细胞寄生虫感染、不相容输血和药物反应中可能出现阳性库姆斯反应，这些反应会导致红细胞对免疫系统产生异质反应。

通常认为 IMHA 的库姆斯试验的特异性较好，但出现阳性反应时，仍缺乏发生 IMHA 的证据。这些假阳性的结果不像假阴性的结果那样频繁,因为除非患病动物有 IMHA 迹象，否则通常不要求进行库姆斯试验。在 134 只贫血患犬的库姆斯阳性样本中，一半的补体第三成分（C3）阳性，但很少有血管内或血管外溶血性贫血的证据[21]。因此，库姆斯试验阳性应得到 IMHA 的其他有力证据的支持。

**犬免疫介导性溶血性贫血** · IMHA 的诊断通常基于犬体内存在中等到大量的球形红细胞、自身凝集反应或两者兼有[19]。犬 IMHA 中典型的 CBC 模式（作者回顾性研究的平均值）是中度至重度贫血（如 PCV 为 16%）、显著的网织红细胞增多症（如 625 000/μL）、多染色性（如 3+ 或 4+）、PP 正常至轻微增加（如 7.2 g/dL）、显著白细胞增多症（如 54 000/mL）、大多数（即 82%）犬有显著球形红细胞增多症（如 2+ 或更多），以及一些犬存在自身凝集反应和血小板减少症（如 29%）。RI 通常＞3，提示溶血性贫血。在 IMHA 的一项研究中，平均 RI 为 4.8。在犬中，存在中度至显著的球形红细胞增多症（如球形红细胞＞50% 的红细胞）可诊断为 IMHA，且很少有例外，如毒蛇咬伤。在盐水稀释后持续存在的红细胞凝集（即自身凝集反应）也提示 IMHA。血小板减少可能由免疫介导引起或由血栓栓塞（DIC）问题引起。如果免疫反应破坏骨髓中的红细胞前体细胞，一些 IMHA 病例是非再生性的。库姆斯试验阳性也是 IMHA 的良好证据。

**注意：** 犬 IMHA 的诊断通常基于存在中等至大量的球形红细胞、盐水稀释后仍存在的自身凝集反应，或中度至重度再生性贫血患犬的直接库姆斯试验阳性。

球形红细胞增多症（即球形红细胞增多）是在血涂片上主观观察到的，这是犬 IMHA 最常见也是最重要的诊断特征。识别球形红细胞的错误经常发生在评估低质量血涂片或血涂片不适当区域（如靠近羽状边缘）的红细胞形态时。然而，经验丰富的观察人员可以在高质量的犬血涂片中一致地鉴定出球形红细胞（图 3–7）。自身凝集反应可能会影响高质量血涂片的制备（图 2–8A）。当血液发生自身凝集反应时，“挤压”制片可作为常规楔形涂片的替代方法。我们可以在一滴血上放置第二块载玻片或盖玻片，然后将两块玻片拉开，以获得更好的单层血涂片。

球形红细胞的数量在诊断中很重要。正常动物的血液中偶尔会有球形红细胞。诊断 IMHA 基于中等到大量球形红细胞。球形红细胞可用 100× 油镜（1000× 放大）在血涂片的单层区域进行量化。我们可以在血涂片上找到正常红细胞中央苍白的区域，并将球形

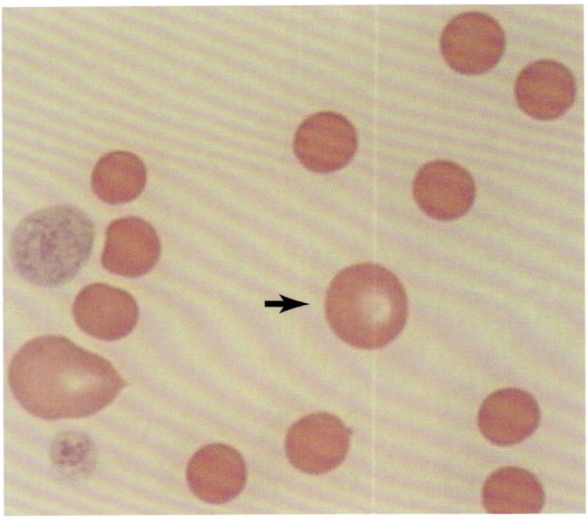

**图 3–7　犬的血涂片**

在血涂片上识别出中等至多个球形红细胞是诊断 IMHA 的极好证据。这张犬的血涂片显示了 11 个球形红细胞和 2 个正常红细胞。将中央苍白的更正常的双凹圆盘状红细胞（箭头）与 11 个球形红细胞进行比较，尽管二者体积相同，但球形红细胞的直径较小。球形红细胞更厚，所以颜色看起来更深，但并不是真正的深染。还有 2 个大血小板。一个血小板的直径比大多数红细胞的直径要宽。

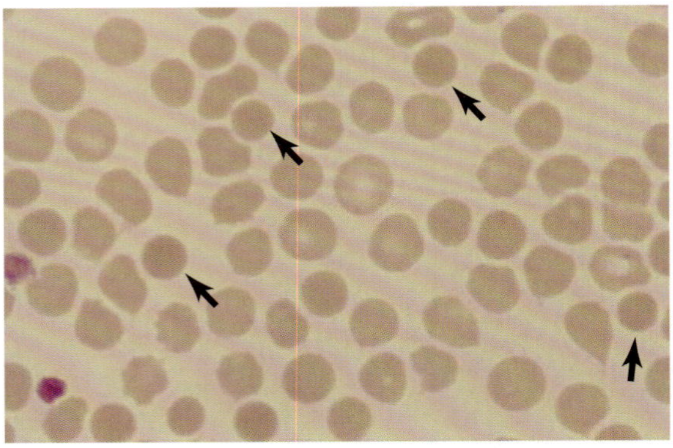

**图 3–8　一只被瑞典蝰蛇咬伤的犬的血涂片**

该犬的血液中含有球形红细胞。球形红细胞（箭头）和球状细胞可能由蛇毒引起。尽管这张照片中有球形红细胞，但它看起来不像 IMHA，因为它缺乏多染性、红细胞大小不均且白细胞增多。只有 2 个血小板（左下），提示血小板减少症。DIC 在蛇咬伤患病动物中很常见。

红细胞与正常红细胞进行比较。可以使用 1+ 到 4+ 的分级；在 100× 油镜视野下，1+ 等于 5 ~ 10 个球形红细胞（2% ~ 4%）；2+ 等于 11 ~ 50 个（4% ~ 20%）；3+ 等于 51 ~ 150 个（20% ~ 60%）；而 4+ 等于每个视野中有 150 个以上球形红细胞（＞60%）。注意，少于 2% 的球形红细胞不会被报告。

在锌中毒中有球形红细胞增多的报道。锌中毒可导致海因茨小体性贫血并伴有固缩红细胞，但也可诱导免疫球蛋白与红细胞结合。在犬的维生素 $K_3$ 和锌中毒中，偏心细胞的球形部分导致其被误认为球形红细胞，但为避免误诊，这些细胞应称为固缩细胞而不是球形红细胞。蛇毒中毒的某些病例可出现球形红细胞增多症或棘球形红细胞增多症（图 3–8）。

存在自身凝集反应通常可诊断为 IMHA（图 3–9）。血液样本的自发性自身凝集反应相当于库姆斯试验结果阳性，因为库姆斯试验的终点是红细胞的凝集。无须添加库姆斯试剂即可引起红细胞凝集的抗体称为完全抗体。自身凝集反应必须与炎性疾病中急性期蛋白反应甚至淋巴肿瘤的副蛋白血症引起的显著的缗钱样形成相区分。湿载玻片上的自身凝集反应类似于葡萄状的红细胞簇。在显微镜下，缗钱样形成就像线性的硬币堆，当血液与等量或更大量的生理盐水在一个潮湿的容器中混合时，它会散开。将一滴血液与一滴或三滴生理盐水混合滴在载玻片上，盖上盖玻片，并用肉眼和显微镜进行观察（图 3–9）。有些则进行更精确的以 1 ∶ 4 或 1 ∶ 9 稀释，并在试管中将 EDTA 血液与生理盐水混合，以检查持续凝集。请注意，在血液分析仪中也会用等量的生理盐水稀释。分析仪的电解质稀释液可分散由红细胞形成引起的缗钱样形成，但自身凝集反应仍存在。自身凝集反应可在红细胞细胞图上识别，并导致 CBC 中的各种仪器错误。

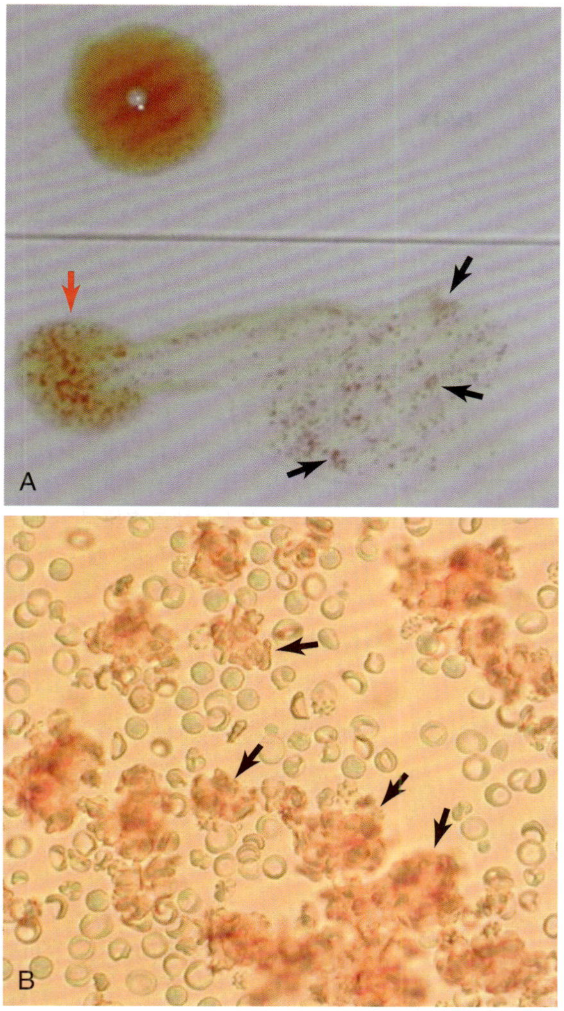


**图 3–9 自身凝集反应**

自身凝集反应是诊断 IMHA 的极好证据。A. 上面的图中有一滴 EDTA 血液，伴有黄疸和红细胞团块。下面载玻片的左侧有一滴 100% EDTA 血液（红色箭头），其中一部分血液被吸入载玻片右侧的三滴生理盐水中并混合。即使在稀释良好的血液中也有明显的红细胞凝集（黑色箭头），这表明是自身凝集反应，而不是缗钱样形成。血浆黄疸严重，这支持溶血性贫血的诊断。B. 如果生理盐水稀释前后凝集不明显，则应在显微镜下进行湿片检查。这张 EDTA 血液与生理盐水混合的显微照片显示，单个红细胞处于聚焦状态，几个红细胞聚集在焦点外（黑色箭头）。生理盐水稀释后聚集体的保留表明自身凝集反应。

**猫免疫介导性溶血性贫血** · 猫 IMHA 比犬 IMHA 更难诊断[13]。与犬不同，患有 IMHA 的猫通常很年轻（<3 岁）。球形红细胞增多症在猫上很难识别，因为猫的红细胞通常缺乏中央苍白区，而在患有 IMHA 的犬上经常出现的显著白细胞增多症，并不发生在猫上。血液或骨髓中的淋巴细胞增多常与猫 IMHA 有关。在受感染的猫中，常见库姆斯试验阳性和自身凝集反应。然而，自身凝集反应必须与缗钱样形成区分开。猫通常比犬有更多的缗钱样形成，炎症时缗钱样形成会增加。全血应该用等渗盐水或磷酸盐缓冲盐水 1 ∶ 4 稀释，以分散缗钱样形成，并进行肉眼和显微镜检查。在没有自身凝集反应或库姆斯试验阳性的情况下，IMHA 的诊断取决于贫血在免疫抑制治疗后得到缓解的治疗反应。

**注意：**与犬不同，患有 IMHA 的猫通常很年轻，没有明显的白细胞增多，球形红细胞很难识别。

猫 IMHA 的病因包括 FeLV、猫嗜血支原体、猫巴贝斯虫、淋巴瘤和丙硫氧嘧啶或甲巯咪唑治疗。此外，骨髓增生异常综合征和急性髓性白血病似乎是引发猫 IMHA 的诱因。应针对这些情况进行专门检测。可以在血涂片中识别出猫嗜血支原体（图 3–4），但聚合酶链反应（polymerase chain reaction，PCR）检测更敏感，可以区分不同类型的猫嗜血支原体（猫俄亥俄型嗜血支原体和加州型嗜血支原体或更新的菌株）。

**冷血凝集素病** · 极少有动物具有相关的临床症状，在该病中抗体优先结合体温以下的红细胞（即在周围毛细血管床：耳朵或爪子）。如果这些抗体凝集红细胞并堵塞毛细血管，就会导致血液流动不良和缺血性坏死。冷血凝集素病可能与慢性溶血性贫血有关，也可能与之无关。在冷血凝集素病中预期作用的抗体是 IgM。

应谨慎解释冷血凝集素病的检测结果。这种疾病很少发生，以至于大多数实验室对冷血凝集素病的正确评估缺乏经验。所涉及的不仅仅是冷藏血液样本和在低温（4℃）下进行凝集试验。红细胞必须在37℃下从EDTA血浆中分离出来，以避免冷血凝集素与红细胞结合。冷血凝集素通常存在于犬和人上。在人类中，滴度应＞1 ∶ 64才被视为异常。在犬和猫的血清中，冷血凝集素的诊断滴度尚不清楚。一只患有冷血凝集素病的猫的滴度为1 ∶ 52 000[20]。在4℃时发生的红细胞凝集应在血液加热至体温时分散。

此外，罕见犬的血浆或血清中含有能在较低的温度下（如在冷藏离心机中）从血液样本中沉淀出来的冷球蛋白或冷冻纤维蛋白原。类似地，血液样本必须保持在体温，直到可以进行冷冻纤维蛋白原或冷球蛋白检测，而这些检查很少进行，以至于实验室没有准备做这些检查。

### 海因茨小体性贫血

许多有毒物质氧化血红蛋白，使其沉淀并形成海因茨小体、高铁血红蛋白或两者都有。海因茨小体在瑞氏染色的血涂片上像正常血红蛋白一样被染色，但它们可能表现为红细胞内颜色较浅的圆形小体，或可能从细胞表面凸起（图3–10）。海因茨小体在裂解的影细胞中更明显（图3–6A）。使用与制备网织红细胞涂片相同的方法，海因茨小体在新亚甲蓝或亮甲酚绿染色的血涂片上染色显著（图3–6B）。海因茨小体染色与网织红细胞中的颗粒相比呈浅蓝色。犬体内的海因茨小体可能较小，大小和形状更偏粒状，这可能会混淆识别。小颗粒状海因茨小体的红细胞可能被错误分类为网织红细胞。

**注意：**海因茨小体性贫血是典型的再生性贫血（数天后），其特征是暴露于氧化毒素后出现海因茨小体、偏心细胞、固缩细胞甚至血管内溶血。高铁血红蛋白血症通常由同样的毒素引起。

**偏心细胞·**偏心细胞，如海因茨小体，是红细胞氧化损伤的结果（图3–10）。洋葱中毒和不太常见的维生素$K_3$毒性或糖尿病会导致犬的偏心细胞生成。吃洋葱的犬可能会出现各种症状，从似乎没有贫血迹象到危及生命的血管内溶血。偏心细胞是一种红细胞，其中部分细胞膜受损并融合在一起。细胞膜内层的融合将血红蛋白挤出该区域，在含有血红蛋白的区域和不含血红蛋白的区域之间留下一条清晰的分界线（图3–10）。固缩细胞是由相同的过程形成的红细胞，但在其中没有看到膜唇。这些通常被误认为是球形红细胞，这可能导致错误诊断为IMHA，而不是氧化毒素中毒。

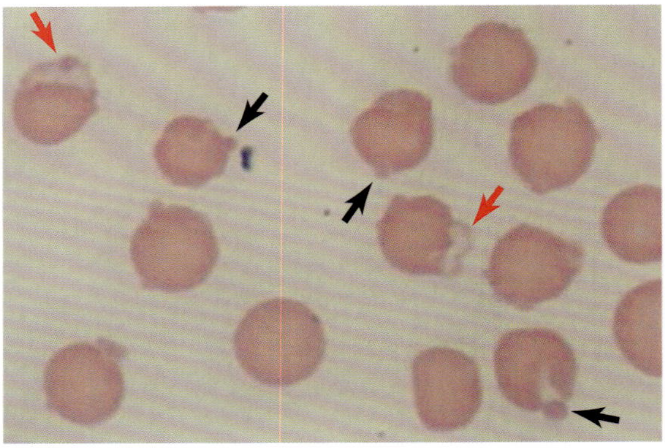

**图3–10　犬的血涂片**

偏心细胞是红细胞，其中部分细胞膜融合在一起，将血红蛋白从该区域挤出，在红细胞的一侧留下一个清晰的膜边缘（红色箭头）。移位的血红蛋白在细胞的剩余部分被迫变成球形，这不是真正的球形红细胞。这个过程产生的细胞没有明显的透明膜标记，称为固缩细胞，而不是球形红细胞。这只犬洋葱中毒产生了海因茨小体，在一些红细胞（黑色箭头）的边缘，海因茨小体呈现为小而苍白的圆形体。

**犬海因茨小体性贫血·**海因茨小体通常不会在犬的血液中发现。因此，犬血液中发现海因茨小体是不正常的。海因茨小体通常很小，不规则，而且有多个（图 3-6B）。因此，犬海因茨小体可能被忽视，而在用于网织红细胞评估的涂片染色中可能会被误认为网织红细胞。海因茨小体的颜色与网织红细胞相比呈浅蓝色，大小也不同。因此，当用诊断网织红细胞的染色液进行染色时，它们可以与真正的网织红细胞区分开。犬海因茨小体性贫血的原因包括暴露于洋葱、维生素 $K_3$、萘、丙二醇、苯佐卡因、亚甲蓝、铜、锌、苯肼和对乙酰氨基酚。食用煮熟、未煮熟或脱水的洋葱是犬海因茨小体性贫血的最常见原因。维生素 $K_3$ 比维生素 $K_1$ 毒性更大（且效力更低），因此维生素 $K_3$ 不应用于治疗。

**猫海因茨小体性贫血·**健康猫和患猫通常都有海因茨小体。猫的血红蛋白更容易受到氧化损伤，猫的脾脏在清除海因茨小体方面效率低下。海因茨小体数量受饮食影响（吃鱼和含丙二醇的饮食的猫海因茨小体增加）。红细胞中的海因茨小体通常是圆形、大的（即直径为 0.5 ~ 3.0 μm）并且是异常的。必须考虑海因茨小体的数量和质量、PCV、网织红细胞反应及暴露于氧化毒素的可能性，以确定它们在引起溶血性贫血中的重要性。猫血液中海因茨小体的数量可分为少量（＜10%）、中度（10% ~ 50%）和大量（＞50%）。

**注意：**猫的血红蛋白更容易受到氧化损伤，猫的脾脏在清除海因茨小体方面效率低下。因此，健康的猫血液中含有高达 10% 的海因茨小体。海因茨小体数量增多的猫可能没有溶血性贫血。

据报道，导致猫海因茨小体形成的氧化毒素包括亚甲蓝、对乙酰氨基酚、非那西丁、非那唑吡啶、异丙酚、丙二醇、鲑鱼类饮食、含洋葱粉的罐装肉类婴儿食品，以及糖尿病、甲状腺功能亢进、肾功能衰竭和淋巴瘤等疾病。食用半湿润饮食的猫海因茨小体增加是因为丙二醇的缘故。因此，美国食品药品监督管理局在 1994 年禁止在猫粮中添加丙二醇[5]。猫的海因茨小体数量的增加并不总是与溶血性贫血的迹象有关。

### 高铁血红蛋白血症

氧合血红蛋白是一种正常的含氧血红蛋白，其中铁处于还原（亚铁）状态。高铁血红蛋白是一种非功能性血红蛋白，其中亚铁被氧化为三价铁。高铁血红蛋白是无功能的，因为它不能结合氧。在健康动物中，每天约有 1% 的氧合血红蛋白转化为高铁血红蛋白。高铁血红蛋白还原酶将高铁血红蛋白还原为氧合血红蛋白。在罕见情况下，犬有高铁血红蛋白还原酶缺乏症的先天性缺陷，并导致严重的高铁血红蛋白血症和发绀。氧合血红蛋白法测定血红蛋白浓度仅测定氧合血红蛋白，而通常的氰化高铁血红蛋白法测定所有类型的血红蛋白，包括高铁血红蛋白。

**注意：**高铁血红蛋白是一种非功能性的血红蛋白。即使在 PCV 正常（生理性贫血）的动物中，高铁血红蛋白血症也可能导致发绀或贫血症状。

高铁血红蛋白血症可以通过观察黏膜发绀或血液呈褐色变色以及对高铁血红蛋白的特异性检测来确诊。许多参考实验室都可以进行检测。如果发现海因茨小体或偏心细胞，应怀疑是高铁血红蛋白血症。动物可能比 PCV 显示的更缺氧。血液变色通常是高铁血红蛋白血症的第一个迹象。高铁血红蛋白血症患病动物的血液比正常情况下颜色更深、更褐，接触空气时可能不会变红。将一滴患病动物的血和一滴正常动物的血放在白色滤纸上，可以更容易地检测出较深的颜色。如果超过 30% 的血红蛋白受到影响，动物的黏膜颜色可能会变得更深或发绀。犬高铁血红蛋白血症的原因包括苯佐卡因和对乙酰氨基酚的服用。猫高铁血红蛋白血症的原因包括苯佐卡因（西他卡因）、对乙酰氨基酚、非那西丁、亚甲蓝、DL- 甲硫氨酸和非那吡啶毒性。有毒物质（如苯佐卡因、对乙酰氨基酚、亚甲蓝）可能导致海因茨小体性贫血、高铁血红蛋白血症或两者兼有。

## 血液寄生虫

**嗜血支原体·**通过血涂片评估或 PCR 检测，可以诊断出猫俄亥俄型嗜血支原体和猫加州型嗜血支原体（如猫传染性贫血、巴尔通体病）感染。PCR 对寄生虫病更敏感，可以指示寄生虫是否为猫俄亥俄型嗜血支原体、加州型嗜血支原体或另一种嗜血支原体。血涂片评估不敏感，因为寄生虫数量通常低于显微镜观察所需的数量。染色沉淀在大小、形状和颜色上与嗜血支原体相似，因此很容易与病原混淆，导致假阳性诊断。为了区分猫嗜血支原体和染色沉淀，应识别清晰的环形形状（图 3-4）。环形形状看起来像一个小写字母 o，带有一个深色的外环和一个浅色的内环。如果该生物体数量较少，则很难准确诊断猫加州型嗜血支原体。

> **注意：**PCR 检测是一种比血涂片分析更敏感的检测猫红细胞嗜血支原体属感染的检测方法，似乎也能检测犬支原体。

寄生虫发作通常是短暂的（即 1 ~ 2 d），与很少或无法发现病原时期区分开。因此，应连续数天对涂片进行评估，以提高诊断的可能性。用刺血针刺破耳朵并立即制作薄血涂片，获得新鲜的、非抗凝的毛细血管血，可提供更高浓度的被寄生的红细胞。寄生虫可能会从 EDTA 血液中的红细胞上脱落。由于脾脏巨噬细胞清除受损的红细胞和生物体，猫传染性贫血经常出现脾脏肿大。猫俄亥俄型嗜血支原体感染的贫血程度预计会比猫加州型嗜血支原体感染的贫血更严重。感染 FeLV 或猫免疫缺陷病毒（feline immunodeficiency virus，FIV）可使猫容易感染嗜血支原体，并使贫血更严重。对于患有贫血或其他血液学问题的猫，建议进行 FeLV 和 FIV 检测。

**犬嗜血支原体·**犬嗜血支原体主要导致脾切除术后的犬贫血。这种情况可能发生在脾切除术后的携带犬上，也可能发生在通过输血或蜱虫叮咬接触感染后有脾切除术史的犬上。糖皮质激素治疗可能会导致功能性脾切除，从而使犬容易感染犬嗜血支原体。犬嗜血支原体通常表现为红细胞上不同的球菌链，较少呈环状。线性排列的球菌必须与染色沉淀区分开。

**巴贝斯虫属·**已经描述了犬的几种不同毒力的犬巴贝斯虫。所有毒株都会使犬产生不同程度的溶血性贫血和血小板减少症。可见急性血管内溶血和血管外溶血。常见血红蛋白尿。犬巴贝斯虫由蜱传播，常伴有犬埃立克体和其他感染。犬巴贝斯虫感染最常见于比赛灵猩犬。通过在血涂片上显示红细胞内梨状（或泪滴状）生物体或血清学检查进行诊断。毛细血管血中被寄生的红细胞浓度较高，因此建议采集新鲜的非抗凝耳刺血液样本。

吉氏巴贝斯虫比犬巴贝斯虫小。然而，这两种生物都足够大，在显微镜下很容易观察到（图 3-11）。吉氏巴贝斯虫可能通过犬咬伤传播，经常发生在比特犬中，所以这个品种不应该用作献血犬。犬吉氏巴贝斯虫可引

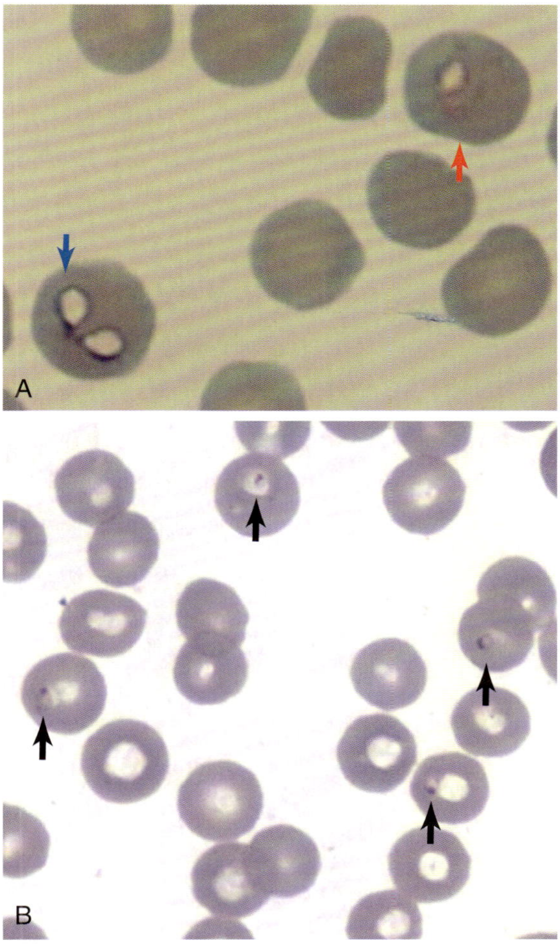


**图 3–11　在血涂片中观察到犬巴贝斯虫和吉氏巴贝斯虫**

犬巴贝斯虫（A）（2.5 ~ 5 μm）比吉氏巴贝斯虫（B）大 1 ~ 3 μm。犬红细胞直径约为 7 μm。红细胞中犬巴贝斯虫呈经典的双泪滴形状（A 中的蓝色箭头），但常见其他形状（红色箭头）。犬吉氏巴贝斯虫更偏圆形至椭圆形（B 中的黑色箭头）。

起溶血性贫血和血小板减少症，但一旦感染，犬就会成为亚临床携带者。

**猫胞簇虫·**猫胞簇虫是一种致命的、通过蜱传播的猫疾病。尸检时，通过在肺、肝、脾和淋巴结的内皮细胞中发现大的裂殖体，可以诊断出该病。流行地区包括密苏里州、俄克拉荷马州、阿肯色州、密西西比州、乔治亚州、佛罗里达州和路易斯安那州。在不到 50% 的感染猫的血涂片上发现红细胞中的小梨状或别针状生物。这些小生物的大小为 1 ~ 5 μm，并有一个位于外围的小细胞核。临床症状包括黄疸、沉郁、厌食、发热和脱水。

#### 锌或铜毒性

锌诱导的溶血性贫血是由犬摄入含锌物体［如便携式犬舍中的锌螺钉或便士（美国 1982 年后铸造的硬币）］引起的。锌在胃酸中形成可溶性盐并被吸收。锌中毒导致血管内溶血。临床症状包括严重贫血、黄疸、白细胞增多症、呕吐和腹泻。通过 X 线检查发现胃内含锌物体，血清锌浓度升高（正常犬血清锌浓度为 0.6 ~ 2.0 mg/kg），可确诊为锌中毒（见第 17 章）。据报道，锌中毒可使海因茨小体和球形红细胞增加。目前尚不清楚这些是表明免疫损伤的球形红细胞，还是氧化损伤导致的固缩细胞。用氯化锌处理犬红细胞会诱导 IgG 结合，因此锌诱导的溶血可能是继发性 IMHA[4]。铜毒性也可能导致溶血性贫血。例如贝灵顿㹴犬的铜蓄积性肝病，过量的铜可能会突然从肝细胞中释放出来，导致溶血性贫血，甚至血红蛋白尿。

#### 低磷血症

低磷血症导致犬和猫的溶血性贫血。在犬中，当血清磷浓度低于 1.0 mg/dL 时，会发生溶血。然而，在猫中，不太严重的低磷血症（即＜2.5 mg/dL）也可能发生溶血[12]。当给患有肝脂质沉积病的猫喂食时，可能会出现低磷血症。低磷血症可能是胰岛素治疗的并发症。溶血性贫血中低磷血症的诊断（见第 8 章）因常见的方法学错误而变得复杂。黄疸样本中的结合胆红素干扰了一些直接的无机磷（$PO_4$）测定[1]。在黄疸严重的样本中，$PO_4$ 浓度可能会出现假性降低，甚至过低而无法测量。如果有疑问，临床兽医可以使用针对血清改良的电感耦合血浆发射光谱法（通常用于毒理学实验室）来验证黄疸样本中的 $PO_4$ 浓度。

**注意：**低磷血症相关的溶血性贫血可能是给患肝脂质沉积病的猫喂食所致或者是胰岛素治疗的并发症。

### 丙酮酸激酶缺乏症

犬丙酮酸激酶（PK）缺乏症是一种常染色体隐性遗传性疾病，导致严重和持续的血管外溶血。其特征包括中度至重度贫血（即 PCV 为 18% ~ 25%），伴有明显的网织红细胞增多症（即 25% ~ 45%）和脾肿大。它发生在年轻的巴辛吉犬、西高地白㹴犬和比格犬中。受影响的犬在 3 岁时死亡，许多犬患有晚期骨髓纤维化和骨硬化症。PK 缺乏的红细胞通过糖酵解途径产生能量的效率低下，因此寿命缩短。

### 磷酸果糖激酶缺乏症

磷酸果糖激酶（PFK）缺乏是由英国史宾格犬和美国可卡犬、惠比特犬和混种犬 M-PFK 基因的一个错义突变所致。缺乏 PFK 的德国猎犬没有相同的 PFK 突变，因此用于其他品种犬的该遗传疾病的 DNA 检测在德国猎犬中呈阴性。与剧烈运动或应激诱导的过度换气导致呼吸性碱中毒相关的周期性血管内溶血和血红蛋白尿是特征性症状。碱性条件会抑制犬体内残留的 PFK 活性。可能出现脾肿大、黄疸或两者兼有。通过与贫血严重程度相比较的过度网织红细胞增多，并排除溶血性贫血的常见原因进行诊断。PFK 缺乏犬的 2, 3- 二磷酸甘油酯（diphosphoglyceride，DPG）浓度降低，这可以作为通过分析红细胞磷酸果糖激酶活性进而确诊之前的初步检测 [11]。

### 其他遗传性溶血性贫血

在贵宾犬和比格犬中已经报道了家族性非球形红细胞溶血性贫血。贵宾犬的病因尚未确定，且 PK 活性未得到评估。该病可使犬最早在 3 岁时死亡。尸检时发现骨髓纤维化、骨硬化和广泛的含铁血黄素沉着，与 PK 缺乏的犬相似。对比格犬遗传性非球形红细胞溶血性贫血进行了广泛的研究，但没有确定病因。贫血并不严重或致命，缺乏含铁血黄素沉着、骨髓纤维化或骨硬化。

阿拉斯加雪橇犬的侏儒症与口形红细胞增多有关。受影响的犬有良好的代偿性溶血性贫血，其特征是红细胞渗透脆性降低，红细胞存活率降低，骨髓红细胞增生。口形红细胞是具有口状中央苍白的红细胞。红细胞是大细胞低色素性的。MCHC 始终低于 30 g/dL。与年龄匹配的正常阿拉斯加雪橇犬相比，侏儒犬并没有贫血。

小型雪纳瑞犬具有常染色体隐性遗传性口形红细胞增多，但缺乏贫血的临床症状。一只小型雪纳瑞 - 比格犬患有遗传性口形红细胞增多和明显的大红细胞增多症，显然是由红细胞肿胀引起的（图 3-5）。犬的 PCV 为 48%，但红细胞数量（即 $5.01 \times 10^6/\mu L$）和血红蛋白浓度（12.5 g/dL）轻度降低 [3]。红细胞存活率仅略微减少。口形红细胞增多也发生在德伦特父系犬中，称为家族性口形红细胞增多——肥厚性胃炎。

犬的遗传性椭圆形红细胞增多症与膜蛋白 4.1 的缺乏有关。红细胞形态以大红细胞增多、椭圆形红细胞增多、异形红细胞增多和红细胞碎片为特征，但不存在贫血。

阿比西尼亚猫和索马里猫出现溶血性贫血后，红细胞渗透脆性增加。感染的猫反复出现中度至重度直接库姆斯阴性溶血性贫血，并伴有少量口形红细胞。也存在脾脏肿大、含铁血黄素沉着和淋巴增生。红细胞渗透脆性显著增加。

## 非再生性贫血

非再生性贫血通常为正细胞正色素性贫血，红细胞形态缺乏诊断性变化。许多非再生性贫血严重程度为轻度至中度，并作为全身性疾病，特别是炎症和肿瘤性疾病的继发性并发症发生。这些病例的诊断工作应针对原发性疾病。一个例外是肾功能衰竭引起的贫血，在疾病晚期可能会变得严重。重度非再生性贫血可能单独存在，也可能是全身骨髓抑制的一部分，导致双细胞减少症或全血细胞减少症。专栏 3-1 列出了潜在原因。

**注意：** 非再生性贫血可继发于非血液学问题，如炎症和器官衰竭或原发性骨造血系统疾病。

### 诊断方法

除非再生性贫血外，还应确定是否存在白细胞减少症或血小板减少症（专栏 3-2）。全血细胞减少症（即红细胞、白细胞、血小板减少）或双细胞减少症（即三种细胞类型中的两种细胞减少）通常表明骨髓疾病，最好通过骨髓活检和抽吸进行诊断（见第 2 章；稍后也会讨论）[26]。

如果只有贫血，应检查红细胞指数、红细胞细胞图、红细胞直方图和血涂片，将其分为正细胞正色素性、小细胞低色素性或大细胞正色素性。正细胞正色素性贫血最常见。如果贫血为轻度至中度，应评估继发性骨髓抑制的原因。严重的非再生性贫血通常与非再生性 IMHA 或纯红细胞再生障碍有关。小细胞低色素性贫血最常见于缺铁（稍后讨论）。猫无网织红细胞增多症的大细胞正色素性贫血（前面讨论过）通常与 FeLV 诱导的骨髓增生性疾病有关。如果无法确定贫血的原因，则需要进行骨髓评估。

### 继发性贫血

#### 炎性贫血

炎性或肿瘤性疾病的贫血是非再生性贫血最常见的原因[7]。轻度至中度正细胞正色素性再生性贫血不会发展为重度，血清铁含量低，骨髓和其他组织中的铁含量增加，这是炎性贫血的典型表现。第 4 章讨论了 CBC 的炎性变化。在炎症过程中，巨噬细胞释放炎性细胞因子，包括 IL-1、IL-6 和 TNF-α，引发包括发热在内的几种炎症过程。炎性细胞因子导致铁被隔离在巨噬细胞中，这降低了血清铁含量，限制了铁对发育中的中幼红细胞的利用，从而限制了红细胞生成。红细胞寿命也会缩短。与癌症相关的贫血的其他病因包括失血、红细胞碎片、骨髓肿瘤浸润和免疫介导性红细胞破坏。此外，许多化疗药物抑制红细胞生成。

**注意：** 炎性贫血的特点是轻度至中度正细胞正色素性非再生性贫血，不会发展为重度，血清铁含量低，骨髓和其他组织中的铁含量增加。

#### 慢性肾病贫血

慢性肾病贫血的诊断通过发现与肾功能衰竭相关的非再生性贫血得到证实（见第 7 章）。贫血的机制比促红细胞生成素的相对缺乏更复杂。无效的红细胞生成、红细胞寿命缩短和失血可能导致贫血。然而，这种类型的贫血对促红细胞生成素治疗反应良好。

#### 慢性肝病贫血

慢性肝病贫血可能有多种原因（见第 9 章）。脂质代谢可能导致红细胞形状改变（即棘形红细胞）和红细胞寿命缩短。明显的异形红细胞症是患有肝脂质沉积症和炎性肝病的猫的常见发现。凝血缺陷由肝脏合成的凝血和抗凝血因子减少引起，可能导致出血，特别是在猫上。肝功能减退可导致造血所需营养素缺乏。PSS 患犬，常见小红细胞增多。这些犬通常患有“功能性缺铁”，肝脏铁含量增加，但血清铁含量低，总铁结合能力（total iron-binding capacity，TIBC）正常，铁饱和度百分比低（表 3-3）[15]。

### 甲状腺功能减退和肾上腺皮质功能减退

继发于甲状腺功能减退和肾上腺皮质功能减退的贫血通常是轻度的，临床意义不大。第 8 章讨论了内分泌紊乱的评估。

## 重度非再生性贫血

不伴有白细胞减少症或血小板减少症的重度非再生性贫血的原因包括非再生性免疫介导性溶血性贫血（nonregenerative immune-mediated hemolytic anemia，NRIMHA）、纯红细胞再生障碍（pure red blood cell aplasia，PRCA）、缺铁性贫血、晚期慢性肾功能衰竭、FeLV 和 FIV 感染，以及某些类型的骨髓增生异常综合征。

### 非再生性免疫介导性溶血性贫血

NRIMHA 是一种红细胞生成受到抑制的 IMHA[26]。这被认为是由自身抗体破坏骨髓中相对成熟的红细胞前体细胞引起的。骨髓中可能存在的其他并发病理变化包括红细胞生成障碍、继发性噬血细胞综合征、骨髓纤维化和骨髓坏死。在许多犬中，红系存在成熟停滞。成熟停滞是指未成熟红细胞数量正常或增加，但后期发育减少或缺失，可能是由抗体介导的破坏。

**注意：**NRIMHA 和 PRCA 是 IMHA 的两种形式，其中骨髓中的红细胞生成受到抑制，导致非再生性贫血。

### 纯红细胞再生障碍

PRCA 是一种严重的非再生性贫血，其特征是骨髓中红细胞前体细胞很少或没有，但骨髓和巨核细胞谱系正常[26]。最初检查时，受影响犬和猫的 PCV 通常低于 8%。其病因被认为是免疫介导性的早期红细胞前体细胞的破坏。在 8 只患有 PRCA 的犬中，有 4 只发现了抗红细胞前体细胞的抗体。一些受影

**表 3-3　缺铁性贫血、炎性贫血和门脉分流患犬中铁的分布**

| | 正常* 平均值（范围） | 缺铁* 平均值（范围） | AID† 平均值 ± 标准差 | PSS‡ 平均值（范围） |
|---|---|---|---|---|
| 血清铁（μg/dL） | 149（84 ~ 233） | 30（8 ~ 60） | 62 ± 14 | 77（24 ~ 163） |
| TIBC（μg/dL） | 391（284 ~ 572） | 387（234 ~ 659） | 193 ± 28 | 377（302 ~ 452） |
| UIBC（μg/dL） | 243（142 ~ 393） | 357（216 ~ 633） | | 300（184 ~ 379） |
| 饱和度（%） | 39（20 ~ 59） | 8（2 ~ 19） | | 21（6 ~ 45） |

注：AID，炎性贫血；PSS，门脉分流；TIBC，总铁结合能力；UIBC，不饱和铁结合能力。

* 数据来自 Harvey、French 和 Meyer（1982）[10]。

† 数据来自 Feldman、Kaneko 和 Farver（1981）[7]。

‡ 数据来自 Meyer 和 Harvey（1994）[15]。

响的犬的库姆斯试验呈阳性。大多数犬对类固醇或非类固醇免疫抑制治疗有反应。细小病毒感染也与 PRCA 有关。

### 骨髓增生异常综合征

骨髓增生异常综合征（myelodysplastic syndrome，MDS）是一组由造血干细胞获得性遗传缺陷引起的血液学疾病，可导致血液中的细胞减少和血液或骨髓的发育异常变化[28]。在犬难治性贫血（RA）中，贫血程度为中度至重度，正细胞正色素性，非再生性。这种疾病导致异常的红细胞前体细胞产生，这些细胞具有非典型的形态学特征，在释放到血液中之前死亡。骨髓通常为正细胞性或多细胞性，并有红细胞增生。在骨髓红细胞前体细胞中可能观察到的形态学改变包括双核红细胞前体细胞、细胞质和细胞核的非同步成熟、大细胞、小细胞、巨幼细胞和豪－乔小体。在有限数量的受影响的犬中，贫血似乎对促红细胞生成素治疗有反应，且患犬生存期延长。

**注意：**骨髓增生异常综合征（MDS）是一组由造血干细胞获得性遗传缺陷引起的血液学疾病，可导致血液中的细胞减少和血液或骨髓的发育异常变化。

### 先天性红细胞生成障碍综合征

骨髓细胞生成障碍的先天性原因包括英国史宾格犬的先天性红细胞生成异常、多发性肌病和心脏病；巨型雪纳瑞犬的维生素 $B_{12}$ 吸收不良；以及贵宾犬的先天性红细胞生成异常（在本章前面描述过）。英国史宾格犬的先天性红细胞生成异常、多发性肌病和心脏病的特征是中度贫血，血涂片中伴有球形红细胞、裂红细胞、泪细胞、靶形红细胞、空泡红细胞。骨髓以红细胞增生伴红细胞生成异常（即双核和异常有丝分裂象）为特征。

巨型雪纳瑞犬的维生素 $B_{12}$ 吸收不良是一种常染色体隐性遗传疾病，其特征是慢性非再生性贫血和中性粒细胞减少症。红细胞大小不等增多（RDW 增加），但 MCV 保持正常。血液中的发育异常特征包括大红细胞、裂红细胞、棘形红细胞、椭圆形红细胞、角膜细胞、过度分叶中性粒细胞和巨型血小板。骨髓发育异常的特征包括巨杆状中性粒细胞和红细胞的不同步成熟。静脉注射维生素 $B_{12}$ 可缓解临床症状。

贵宾犬的先天性红细胞生成异常是一种玩具型和小型贵宾犬的疾病，其特征是血液中存在大红细胞增多症，骨髓中存在明显的红细胞生成不良。骨髓增生异常的特征包括巨幼红细胞、双核红细胞、核碎裂、多个豪－乔小体和非典型有丝分裂象。尽管形态非常异常，但这些犬并没有贫血，也没有临床症状。

### 铁粒幼细胞性贫血

铁粒幼细胞性贫血是一种中度至重度的犬小细胞性或低色素性非再生性贫血，可能与缺铁性贫血混淆[25]。血液和骨髓中存在多种发育异常特征。吡哆醇缺乏症（一种已知的人类病因）作为犬铁粒幼细胞性贫血的原因，其作用尚未被研究。

### 缺铁性贫血

缺铁性贫血在热带和亚热带地区并不罕见。Harvey、French 和 Meyer 记录了佛罗里达州 11% 的贫血患犬缺铁[10]。受影响的犬中有一半出现网织红细胞增多症和多染性。缺铁最常见的原因是持续失血（如钩虫、跳蚤、出血性肠道肿瘤）。失血性贫血最初是强再生性的，然后随着缺铁的恶化而发展为非再生性的。贫血从轻度到重度不等。典型表现是出现红细胞碎裂和低色素血症的异形红细胞症。血小板增多明显，有许多大血小板。

当出现低蛋白血症时，可支持近期存在严重的外出血。然而，PP 损失比体内红细胞的替换速度快得多，因此 PP 在慢性出血中可能是正常的。幼犬的 PP 浓度通常低于成年犬。因此，临床兽医在评估贫血幼犬时应使用与年龄相匹配的参考区间。幼犬相比成年犬，PCV 更低，网织红细胞值更高。幼犬比成年犬更容易缺铁，因为它们生长迅速，红细胞生成量最大。

CBC 通常可识别缺铁性贫血（图 3–12）。在犬中，小细胞性（即 MCV ＜60 fL）、低色素性（即 MCHC ＜32 g/dL）红细胞与缺铁的诊断一致。与 MCV 和 MCHC 相比，新型自动血液学细胞计数器在检测少量小细胞低色素性红细胞方面更为敏感（图 2–4）[22]。例外情况包括日本秋田犬、柴犬和松狮犬，这些犬通常有小的红细胞。小细胞增多和血清铁降低通常发生在 PSS 患犬上，类似于缺铁（前面讨论过）。

血清铁分布值是缺铁的最佳证据，可以为诊断提供信心。主人和兽医可能会对 PCV 恢复正常的缓慢速度感到沮丧。表 3–3 列出了犬缺铁时的预期铁分布值，并与表 3–4 中炎性贫血犬的铁值进行了比较[7]。

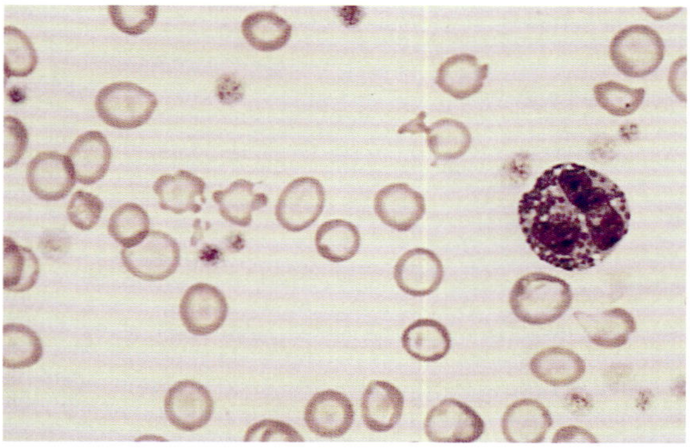

图 3–12　犬缺铁性贫血血涂片

犬缺铁性贫血的特点是低色素性。真正的低色素性是在红细胞中有薄边缘的血红蛋白。薄红细胞是中央苍白度增加的细胞，可能被错误地分类为低色素性。缺铁也常有异形红细胞增多和血小板增多。

TIBC 反映转铁蛋白（血清铁转运蛋白）的浓度。血清铁测定与转铁蛋白结合的铁。不饱和铁结合能力（unsaturated iron–binding capacity，UIBC）测量转铁蛋白能结合的额外铁量。TIBC 是血清铁和 UIBC 的总和。饱和度百分比是血清铁除以 TIBC（正常值为 20% ~ 60%）。饱和度百分比表明铁对红细胞生成的可用性。如果饱和度低于 20%，血红蛋白合成就会受损。在缺铁犬的骨髓样本中无法检测到含铁血黄素。血清铁蛋白与组织铁储存量相关。因此，它是缺铁的良好指标。此外，这是鉴别缺铁性贫血和炎性贫血的最佳方法。

**注意：**缺铁性贫血的典型特征是小红细胞增多、低色素血症、网织红细胞增多、异形红细胞增多、血小板增多、血清铁浓度低、TIBC 正常和血清铁蛋白降低。

与小红细胞增多相关的缺铁性贫血通常（即 70%）发生在 5 周龄的幼猫身上[23]。到 7 周龄时，它们开始吃固体食物，幼猫停止产生小红细胞。缺铁可能是奶中铁含量低的结果。

**表 3–4　炎性贫血与缺铁性贫血的选择参数比较**

| | 炎性贫血 | 缺铁性贫血 |
|---|---|---|
| 红细胞指数 | 正细胞正色素性 | 小细胞低色素性 |
| 血清铁 | 低 | 低 |
| 总铁结合能力 | 通常减少 | 通常正常 |
| 骨髓铁 | 丰富至增加 | 缺少 |
| 血清铁蛋白 | 高 | 低 |
| 炎症 | 呈现 | 不呈现 |

### 猫白血病和猫免疫缺陷病毒感染

FeLV 和 FIV 感染是猫非再生性贫血的主要原因。无网织红细胞增多的大红细胞增多症（即 MCV ＞52 fL）是 FeLV 感染的指示。

## 全血细胞减少症或双细胞减少症

中度至重度非再生性贫血合并白细胞减少症或血小板减少症或两者兼有，通常反映原发性骨髓疾病。如果骨髓细胞的生成（即造血）突然受到抑制，血液中的白细胞和血小板会先于红细胞减少，因为红细胞的寿命更长。

与原发性骨髓疾病相关的诊断包括病原学和病理学（即描述性）诊断。病理学诊断提供了对骨髓损伤的一般机制的理解，但通常不能提供具体的诊断。病理学诊断包括再生障碍性贫血、骨髓纤维化、骨髓坏死和骨髓炎症。

### 再生障碍性贫血

再生障碍性贫血的诊断是通过骨髓核心活检的组织病理学检查来确认的（见第 2 章）。再生障碍性贫血患病动物的骨髓抽吸物细胞很少，可能只能抽吸到脂肪，因此抽吸物质看起来是一个很差的样本。骨髓核心活检可评估骨髓结构，以确认骨髓细胞减少和被脂肪替代。犬再生障碍性贫血的可能病因包括药物毒性（如雌激素、苯丁酮、化疗药物、磺胺嘧啶、奎尼丁、硫乙酰磺胺）、犬埃立克体、细小病毒感染和免疫介导的过程[2]。在猫中，再生障碍性贫血的病因包括药物毒性（丙硫氧嘧啶、甲巯咪唑、灰黄霉素、化疗药物）、厌食 / 饥饿和 FeLV 感染。

> **注意：**再生障碍性贫血是一种病理学诊断，其特征是伴发双细胞减少症或全血细胞减少症，以及细胞少的骨髓被脂肪替代。

### 骨髓坏死 / 炎症

骨髓缺血性和毒性损伤导致骨髓坏死，并可能导致炎症反应。骨髓坏死与多种疾病有关，包括败血症 / 内毒素血症、药物和毒素暴露、细小病毒和单核细胞埃立克体病感染、DIC 和恶性肿瘤。坏死性病变可能会随着时间的推移而消退或发展为骨髓纤维化。

### 骨髓纤维化

骨髓纤维化的特征是血液组织被纤维结缔组织、胶原蛋白或网状纤维取代。骨髓纤维化可分为原发性和继发性。继发性骨髓纤维化可能发生在骨髓中毒性损伤后，可能是由促红细胞生成素和血小板生成素对骨髓的慢性过度刺激所致。因此，骨髓纤维化往往与骨髓坏死、免疫介导性贫血、免疫介导性血小板减少症和先天性溶血性贫血有关。原发性骨髓纤维化是一种红系、髓系和巨核细胞系的慢性骨髓增生性疾病。异常巨核细胞释放的生长因子是成纤维细胞增殖的病因。

### 药源性血液恶液质

据报道，大量药物会导致犬或猫的骨髓血液恶液质。在犬身上，这些药物包括雌激素、苯丁酮、甲氯芬酸、磺胺类药物、奎尼丁、氯霉素、头孢菌素、化疗药物、甲巯丙脯酸（卡托普利）、镇静药、酒石酸曲美拉嗪、米托蒽醌、硫乙酰磺胺、阿苯达唑、苯巴比妥和吩噻嗪。据报道，导致猫骨髓血液恶液质的药物包括化疗药物、氯霉素、灰黄霉素、丙基硫氧嘧啶和甲巯咪唑。

**雌激素毒性・**犬雌激素毒性可能引起骨髓破坏，导致再生障碍性贫血。然而，在前 3 周，血小板减少症、白细胞增多症和轻度但进行性贫血通常是 CBC 的特征。全白细胞计数可能超过 100 000/μL（图 3–13）。白细胞增多的原因尚不确定。3 周后，可能出现全血细胞减少症。睾丸肿瘤，通常是支持细胞瘤，也可能导致全血细胞减少症或双细胞减少症。血清雌二醇浓度的增加无法持续记录。与睾丸肿瘤相关的贫血的 PCV 为 6% ~ 38%。网织红细胞数量减少或仅略有增加。血小板计数为 3000 ~ 93 000/μL。

**磺胺嘧啶毒性** · 杜宾犬似乎易患磺胺嘧啶引起的恶液质。受影响的犬患有贫血、白细胞减少症、血小板减少症，或其与可变多关节炎、淋巴结病、多发性肌炎、肾小球肾炎和视网膜炎的组合。受影响的杜宾犬和其他犬通常在停药后康复。

**苯基丁氮酮毒性** · 与苯基丁氮酮毒性相关的血液恶液质包括严重再生障碍性贫血；短暂性中性粒细胞减少症，伴或不伴血小板减少症；血小板减少症；PRCA，以及溶血性贫血。患有苯基丁氮酮诱导的再生障碍性贫血的犬很少康复。

## 埃立克体病

犬单核细胞埃立克体病是由犬埃立克体引起的（血清学诊断见第 15 章）。急性感染持续导致血小板减少。抗血小板抗体在犬埃立克体感染期间持续存在，一些犬的直接库姆斯试验呈阳性。慢性埃立克体病可导致非再生性贫血、血小板减少和白细胞减少。受感染的犬会持续感染，一些犬会发展为严重的慢性期，出现全血细胞减少症和骨髓再生障碍性贫血。

> **注意：** 犬埃立克体可引起急性血液学改变和严重的慢性感染，导致再生障碍性贫血。粒细胞埃立克体病没有严重的慢性期。

在美国，粒细胞埃立克体病是由埃立克氏菌和嗜吞噬细胞无形体引起的。嗜吞噬细胞无形体在瑞典很常见。在感染后 4 ~ 14 d，容易在感染犬的中性粒细胞中检测到嗜吞噬

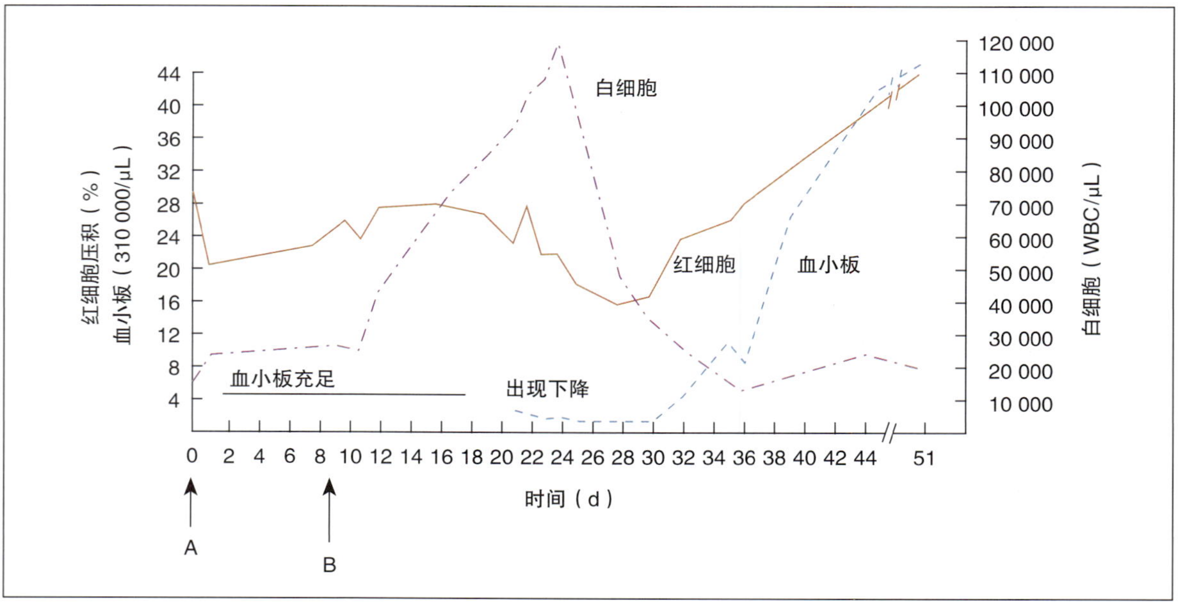


**图 3-13 犬雌激素中毒**

过量雌二醇导致犬短暂的、与时间相关的血液学变化包括双细胞减少症（血小板减少症和非再生性贫血），以及严重的白细胞增多症。A. 发生出血事件。B. 给予雌二醇。

细胞无形体内含物，并持续 4 ～ 8 d[14]。寄生虫血症期间血液学变化最大，是短暂性的，包括轻度非再生性贫血、中度血小板减少症、淋巴细胞减少症、中性粒细胞减少症和嗜酸性粒细胞减少症。血清铁和 TIBC 降低，提示炎性贫血。不会出现严重的慢性期。

### 猫白血病病毒

在大多数（90%）FeLV 感染的猫中，红细胞参数发生改变。FeLV 感染常与非再生性贫血相关。提示 FeLV 感染的一种模式是无网织红细胞增加的大红细胞增多（即 MCV ＞ 52 fL）。

### 猫免疫缺陷病毒

感染 FIV 的猫经常出现非再生性贫血。某些患病动物可能并发中性粒细胞减少症[8]。很少发生可能由病毒引起的溶血性贫血。

### 细小病毒

犬和猫的细小病毒感染（猫泛白细胞减少症）会破坏骨髓前体细胞。传染性泛白细胞减少症可导致严重的绝对粒细胞减少症和淋巴细胞减少症。轻度贫血可能无法检测到，因为 PCV 可能不会降低到参考区间以下。轻度贫血可能被脱水掩盖。当出现贫血时，通常是非再生性的，但网织红细胞的增加可能发生在疾病恢复期。

### 骨髓增生异常综合征和白血病

尽管某些类型的 MDS 会导致非再生性贫血［难治性贫血（RA）和环形铁粒幼细胞性难治性贫血（RARS）］，但其他类型的 MDS［难治性贫血伴多系发育不良（RCMD）和难治性贫血伴母细胞增多（RAEB）］会导致双细胞减少症或全血细胞减少症[27]。在骨髓中的两个或多个细胞系中可见异常发育特征，而 RAEB 中的原始粒细胞会增加（即 5% ～ 20%）。与患有其他类型 MDS 的动物相比，患有 RAEB 的犬和猫的生存期相对较短，并且进展为急性髓性白血病的概率更高。急性白血病将在第 4 章讨论。

> **注意：**某些类型的骨髓增生异常综合征（难治性贫血，环形铁粒幼细胞性难治性贫血）导致非再生性贫血，而其他类型（难治性贫血伴多系发育不良，难治性贫血伴母细胞增多）导致双细胞减少症或全血细胞减少症。

### 巨噬细胞增殖性疾病

巨噬细胞和组织细胞增殖性疾病包括犬的一系列疾病，其中两种（恶性组织细胞增多症、噬血细胞综合征）会引起显著的血液学改变[25]。恶性组织细胞增多症（弥散性组织细胞肉瘤）是一种非典型细胞在各种组织中的侵袭性恶性增殖，与全血细胞减少症有关。噬血细胞综合征是一种良性疾病，其特征是噬血细胞巨噬细胞增殖，导致血液中的细胞减少。噬血细胞综合征可为特发性或继发于 IMHA、免疫介导性血小板减少症、传染性疾病、MDS 或肿瘤。

## 输血和血型

输血可能是挽救生命的治疗方法，但是除非贫血严重或引起临床症状，否则最好避免输血。血液中含有许多具有高度免疫原性的细胞类型和蛋白质，可能会使患病动物对后续输血反应敏感。输血的适应证包括猫 PCV ＜ 11%，犬 PCV ＜ 13%，并且出现心动过速、脉搏质量差、嗜睡和虚弱等临床症状。一般来说，在确定是否需要输血时，临床症状比 PCV 更重要。供体的血液应该进行交叉配型，以找到最不可能引起输血反应的血液。急性输血反应包括发热、过敏反应、休克、溶血和弥散性血管内凝血。慢性输血反应包括输血细胞寿命缩短或对受体自身细胞的获得性免疫反应，如输血后紫癜。在输血后紫癜中，反复输血会导致受体自身血小板的突然破坏。

理想情况下，应确定患病动物和供体动物的血型。或者，临床兽医应使用犬红细胞抗原（DEAs）1.1、红细胞抗原 1.2 和红细胞抗原 7（最可能引起输血反应的红细胞抗原）阴性的供体犬。输血前必须进行交叉配型，因为犬至少有 8 种血型。猫有 3 种血型，分别为 A 型血、B 型血和 AB 型血。只要将 5 mL A 型血输进 B 型血猫体内，就会引起致命的输血反应。在美国，B 型血猫较少，但一些纯种猫（如阿比西尼亚猫、喜马拉雅猫、英国短毛猫）的 B 型率较高。已有试剂盒（RapidVet-H；新泽西州弗莱明顿市 DMS 实验室股份有限公司）可用于识别 DEA 1.1 和猫 A 型血、B 型血和 AB 型血（图 2-12）。

## 红细胞增多症

红细胞增多症是指 PCV、血红蛋白或红细胞计数增加。红细胞增多症可由绝对红细胞增多（即红细胞量增加与骨髓红细胞生成增加相关）或相对红细胞增多（即 PCV 增加由于血浆体积减小或脾收缩）引起。当 PCV 超过 70% 时，可能会出现神经症状，如癫痫发作和昏倒（可能是因为血液黏度过高而导致脑灌注不良）。

**注意：**红细胞增多症可由绝对红细胞增多（即红细胞量增加）或相对红细胞增多（即血浆体积减小或脾收缩）引起。

### 相对红细胞增多

相对红细胞增多是由血管液体减少（即脱水、血液浓缩、低血容量）引起的。另一个原因是脾收缩，它会将大量的红细胞从脾脏释放到外周血中。在由血液浓缩或脱水引起的相对红细胞增多中，补液后 PCV 应恢复正常（图 3-14）。血液浓缩通常伴随着 PP 浓度增加、液体流失（如腹泻、呕吐），以及低血容量。PCV 和 PP 浓度是临床有用的血液浓度指标，但由于参考区间宽，这不是敏感的脱水指标。平均参考区间中 PCV 和 PP 浓度的变化可以显示血液浓缩的趋势。

脾收缩引起的相对红细胞增多可能更难识别，因为无法一致地预测脾收缩或舒张的程度。运动、兴奋或恐惧后，脾脏也会收缩。动物平静下来后，PCV 应在 1 h 内恢复正常。

### 绝对红细胞增多

绝对红细胞增多分为原发性和继发性。读者不应将继发性红细胞增多症与上述讨论的相对红细胞增多混淆。

#### 原发性绝对红细胞增多

原发性绝对红细胞增多症又称为真性红细胞增多症或原发性红细胞增多症，是一种罕见的慢性骨髓增生性疾病。这种疾病是由有缺陷的红系细胞克隆不受控制的增殖引起的。原发性绝对红细胞增多症通常通过排除其他红细胞增多症的原因来诊断。尽管进行了液体治疗，但 PCV 通常仍保持在 70% ~ 80%。血清促红细胞生成素浓度没有增加。原发性红细胞增多症伴有高黏滞症，当 PCV 超过 60% 时，高黏滞症变得越来越严重。

#### 继发性绝对红细胞增多

继发性红细胞增多症分为适当型和不适当型。适当型继发性红细胞增多症是由缺氧（如肺部疾病或心脏病、生活在高海拔地区）导致的促红细胞生成素增加所致。动脉血气分析显示低氧血症（即氧分压低）。血清促红

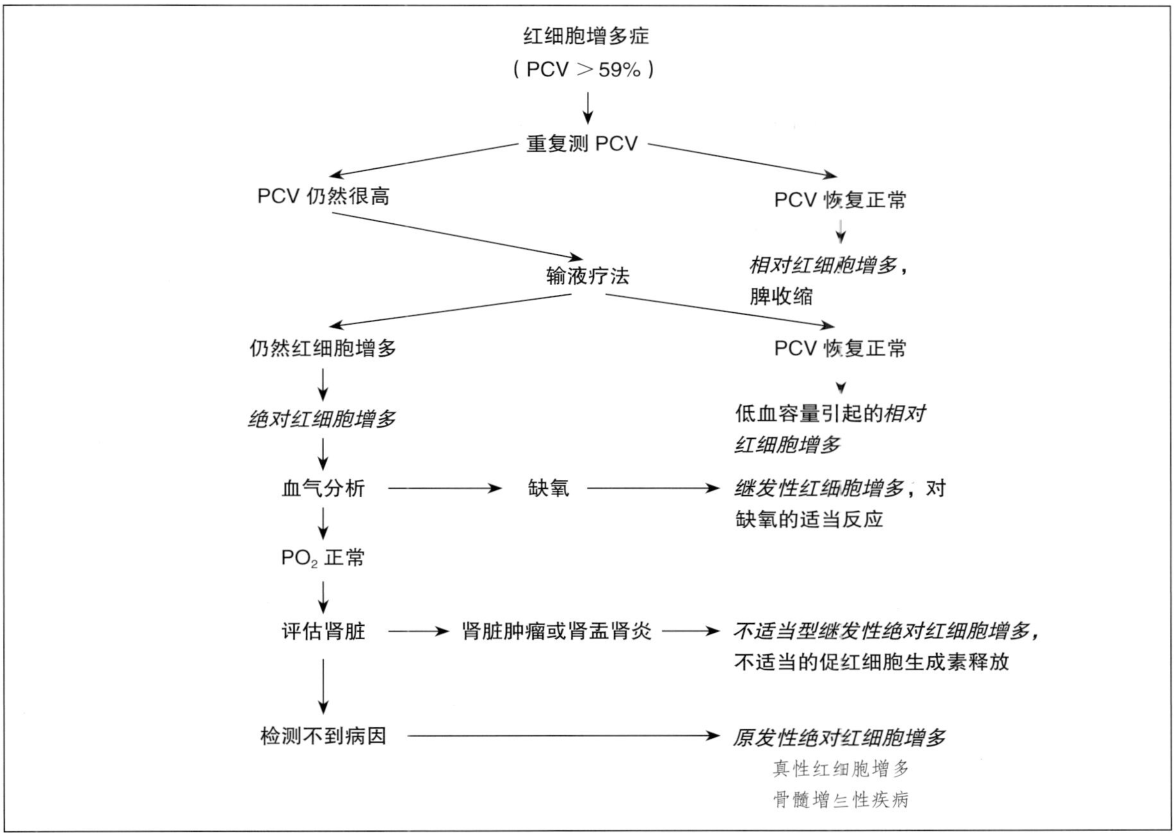


**图 3–14　红细胞增多症的诊断方法**

斜体表示的是使用列出的各种程序得出的。原发性绝对红细胞增多症通过排除上述原因进行诊断（即不太可能是脾收缩，水合状态正常；肺部、心脏或血红蛋白紊乱未发现缺氧；肾脏正常）。PCV，红细胞压积；$PO_2$，氧气分压。

细胞生成素浓度增加。继发性绝对红细胞增多的其他证据可能包括骨髓样本中的红细胞增殖或血液样本中的轻度多染性红细胞增多。

不适当型继发性红细胞增多症可能是由肾脏疾病引起的，其中红细胞生成素分泌过多。红细胞增多症发生在患有肾细胞癌、肾淋巴瘤和慢性肾盂肾炎的犬上。这些病例的 PCV 为 64% ~ 81%。血清促红细胞生成素浓度通常升高。然而，在正常犬和患有原发性和继发性红细胞增多症的犬之间发现血清促红细胞生成素活性的显著重叠。在肾肿瘤引起的继发性红细胞增多症的病例中，切除患病的肾脏会使 PCV 恢复正常。

## 参考文献与推荐阅读


[1] Alvarez F, Whalen K, Scott M: Conjugated, but not unconjugated bilirubin negatively interferes in Hitachi 747 assay of inorganic phosphorus. *Clin Chem* 39:2345, 1993.

[2] Brazzell J, Weiss DJ: Idiopathic aplastic pancytopenia in the dog: 9 cases (1996–2003). *Vet Clin Pathol* 35:413, 2006.

[3] Brown DE et al: Erythrocyte indices and volume distribution in a dog with stomatocytosis. *Vet Pathol* 31:247, 1994.

[4] Christian J et al: $ZnCl_2$ induced autologous IgG binding as a tool for evaluating immune–mediated clearance of dog RBC. *Vet Clin Pathol* 32:548, 1995.

[5] Christopher MM: Relation of endogenous Heinz bodies to disease and anemia in cats: 120 cases (1978–1987). *J Am Vet Med Assoc* 194:1089, 1989.

[6] DeNicola DB, Matthews JA, Fernandes PJ, Frye MB: Comparison of reticulocyte counts to mean corpuscular volume and mean corpuscular hemoglobin concentration in anemic dogs. Presentation at the International Society for Animal Clinical Biochemistry, 2006.

[7] Feldman BF, Kaneko JJ, Farver TB: Anemia of inflammatory disease in the dog: ferrokinetics of adjuvant induced anemia. *Am J Vet Res* 42:583, 1981.

[8] Flemming EJ et al: Clinical, hematologic, and survival data from cats infected with feline immunodeficiency virus: 42 cases (1983–1988). *J Am Vet Med Assoc* 199:913, 1991.

[9] Fry MM, Kirk CA: Reticulocyte indices in a canine model of nutritional iron deficiency. *Vet Clin Pathol* 35:172, 2006.

[10] Harvey JW, French TW, Meyer DJ: Chronic iron deficiency anemia in dogs. *J Am Anim Hosp Assoc* 18:946, 1982.

[11] Hillström A, Rowe A, Giger U, Tvedten H: Hereditary phosphofructokinase deficiency in the Wachtelhund dog. *J Am Anim Hosp Assoc* 47:145, 2011.

[12] Justin RB, Hohenhaus AE: Hypophosphatemia associated with enteral alimentation in cats. *J Vet Intern Med* 9:228, 1995.

[13] Kohn B et al: Primary immune–mediated hemolytic anemia in 19 cats: diagnosis, therapy, and outcome (1998–2004). *J Vet Intern Med* 20:159, 2006.

[14] Lilliehöök IE, Egenvall A, Tvedten HW: Hematopatho–logy in dogs experimentally infected with a Swedish granulocytic *Ehrlichia* species. *Vet Clin Pathol* 27:116, 1998.

[15] Meyer DJ, Harvey JW: Hematologic changes associated with serum and hepatic iron alteration in dogs with congenital portosystemic vascular anomalies. *J Vet Intern Med* 8:55, 1994.

[16] Moritz A et al: Canine and feline hematology reference values for the ADVIA 120 hematology system. *Vet Clin Pathol* 33:32, 2004.

[17] Perkins P, Carver E: Evaluation of the Hemavet automated hematology system for reticulocyte enumeration. *Vet Clin Pathol* 33:570, 1996.

[18] Perkins PC, Grindem CB, Cullins LD: Flow cytometric analysis of punctate and aggregate reticulocyte responses in phlebotomized cats. *Am J Vet Res* 56:1564, 1995.

[19] Piek CJ et al: Idiopathic immune–mediated hemolytic anemia: treatment, outcome, prognostic factors in 149 dogs. *J Vet Intern Med* 22:366, 2008.

[20] Schrader LA, Hurvitz AI: Cold agglutinin disease in a cat. *J Am Vet Med Assoc* 183:121, 1983.

[21] Slappendale RJ: The diagnostic significance of the direct antiglobulin test (DAT) in anemic dogs. *Vet Immunol Immunopathol* 1:49, 1979.

[22] Tvedten HW: Case E4: Basset hound hereditary thrombopathy and iron deficiency anemia. In Tvedten HW, editor: *Multispecies hematology atlas: Technicon H-1E system*, Tarrytown, NY, 1993, Miles Diagnostic Division.

[23] Weiser MG, Kociba GJ: Sequential changes in erythrocyte volume distribution and microcytosis associated with iron deficiency in kittens. *Vet Clin Pathol* 20:1, 1983.

[24] Weiss DJ: Sideroblastic anemia in 7 dogs (1996–2002). *J Vet Intern Med* 19:325, 2005.

[25] Weiss DJ: Hemophagocytic disorders in dogs: 24 cases (1996–2004). *J Am Vet Med Assoc* 230:697, 2007.

[26] Weiss DJ: Bone marrow pathology in dogs and cats with non–regenerative immune–mediated haemolytic anemia and pure red cell aplasia. *J Comp Pathol* 138:46, 2008.

[27] Weiss DJ: Myelodysplastic syndromes. In Weiss DJ, Wardrop KJ, editors: *Schalm's veterinary hematology*, ed 6, Hoboken, NJ, 2010, Wiley–Blackwell.

[28] Weiss DJ, Wardrop KJ, editors: *Schalm's veterinary hematology*, ed 6, Hoboken, NJ, 2010, Wiley–Blackwell.

[29] Weissert D, Becker M, Moritz A: Paper title [abstract]. In Proceedings of the Jahreskongress der DGK–DVG, Duesseldorf, Germany, 25–28 Sept 2008. City, 2008, pp 579–580.

[30] Bourges–Abella N, Geffre A, Concordet D, Braun JP, Trumel C: Canine reference intervals for the Sysmex XT–2000iV hematology analyzer. *Vet Clin Pathol* 40:303, 2011.

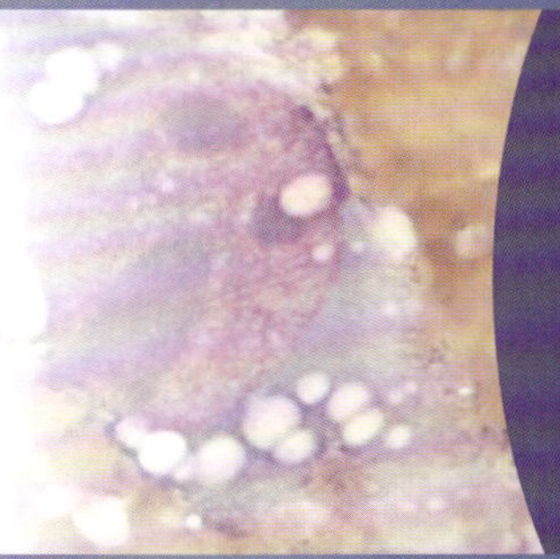

第 4 章

# 白细胞疾病

Harold Tvedten, Rose E. Raskin

## 基本白细胞概念

### 白细胞象

通过白细胞象评估患病动物的白细胞反应。白细胞象是 CBC 的白细胞部分，包括总白细胞计数、白细胞分类计数（differential leukocyte count，Diff）和白细胞形态描述。相对白细胞分类计数（相对 Diff）是各种白细胞类型［即分叶中性粒细胞（segmented neutrophils，segs）、非分叶中性粒细胞（nonsegmented neutrophils，nonsegs）、淋巴细胞、单核细胞、嗜酸性粒细胞、嗜碱性粒细胞］的百分比。绝对白细胞分类计数（绝对 Diff）是每体积（微升或升）血液中每种类型白细胞的数量。染色血涂片上的白细胞形态检查用于确定相对 Diff 和检测各种异常。第 2 章介绍了常用的血液学技术。本章旨在概述对白细胞反应的理解，并回答诊断中的常见问题。关于白细胞象解释的补充信息可以参阅其他教科书[18, 20, 25, 35, 46]。

白细胞是炎性细胞，白细胞象的变化主要用于识别炎性疾病的存在，并表征炎症的严重程度和类型。白细胞象在检测轻度炎症、局灶性炎症或慢性炎症时敏感性不高。因此，正常的白细胞计数和 Diff 不能在诊断中排除炎性疾病。急性期蛋白浓度，如犬的 C 反应蛋白和猫的血清淀粉样蛋白 A，是识别炎症存在的更敏感的指标。手动 Diff 不精确，因此，临床兽医应根据不同类型白细胞数量的显著变化进行诊断。

白细胞象通常不能证实感染，但有些情况，如非常严重的核左移和严重的中毒性中性粒细胞，提示严重感染。通过细胞学检查（第 16 章）和对超声、X 线片或体检显示异常的组织进行培养，发现生物体和相关炎症反应，可以更一致地证实感染。同样，白细胞象通常不能证实恶性淋巴瘤等血液系统肿瘤，而细胞学、组织病理学、组织化学和免疫学评估在超声、X 线片或体检中出现异常的造血组织，更能给出正确的诊断（见下文关于白血病下的造血肿瘤的讨论）。

### 自动白细胞分类计数与手动白细胞分类计数

大多数兽医血液学仪器的自动总白细胞计数是精准的。人类血液学仪器的自动白细胞分类计数（AutoDiff）已经在很大程度上取代了人类医学中的手动白细胞分类计数（ManDiff），因为这节省了雇用训练有素的人员评估血涂片的成本，并且 AutoDiff 具有更高的精度。AutoDiff 在犬和猫中有多种用途，但这些用途因仪器和患病动物的问题而异。目前的兽医血液学仪器无法识别所有类型的犬和猫白细胞。没有一种自动化的仪器能统计出杆状中性粒细胞和幼稚中性粒细胞的数量，大多数仪器都无法识别非分叶中性粒细胞或嗜碱性粒细胞。许多仪器都能检测中性粒细胞和淋巴细胞的总数，通常也能检测嗜酸性粒细胞的总数。使用 AutoDiff 的适当指征是监测这些类型的白细胞在数天内的治疗反应。这充分利用了仪器更高的精度，并且节省成本。

一些仪器在检测嗜酸性粒细胞和单核细胞方面存在偶发性误差。有些仪器只提供三细胞 Diff，实际上只显示中性粒细胞和淋巴细胞的总数。由于 CBC 和 Diff 的主要用途是记录炎性疾病的存在和严重程度，因此有必要使用手动 Diff 记录中性粒细胞的核左移和中毒性变化。通常需要 ManDiff 来验证 AutoDiff 记录的单核细胞增多症、嗜酸性粒细胞增多症或嗜碱性粒细胞增多症。在对患病动物进行初步评估时，将血液学仪器的精确数据和血涂片的主观观察相结合，能提供最佳的诊断和预后。然后，基于所使用的仪器及其正确测量 CBC（包括白细胞、AutoDiff 和手动 Diff）所记录的血液学异常的能力，临床兽医随后可以仅使用自动结果监测随时间和治疗产生的变化。

**注意：**在对患病动物进行初步评估时，将血液学仪器的精确数据与血涂片的主观但正确的观察结果相结合，能最大程度做出正确的诊断和预后。

## 绝对白细胞计数和相对白细胞计数

与相对百分比相比，绝对白细胞计数可以更一致地评估白细胞象反应（图 4–1）。例如，具有 65% 的分叶中性粒细胞的 10 000/μL 的白细胞计数有 6500 个分叶中性粒细胞 /μL。分叶中性粒细胞 6500/μL 是正常的，但 65% 的分叶中性粒细胞并不总是正常的。白细胞计数为 1000/μL（65% 的分叶中性粒细胞）表明严重的中性粒细胞减少症（即分叶中性粒细胞计数 650/μL）。白细胞计数为 50 000/μL，65% 的分叶中性粒细胞表示中性粒细胞增多症（即分叶中性粒细胞计数 32 500/μL）。

白细胞象的解释应从解释每种白细胞的绝对细胞计数开始。然后使用适当的血液学术语总结这些变化，表明特定白细胞类型的增加或减少。例如，“轻度至中度白细胞增多症伴成熟中性粒细胞增多症、淋巴细胞减少

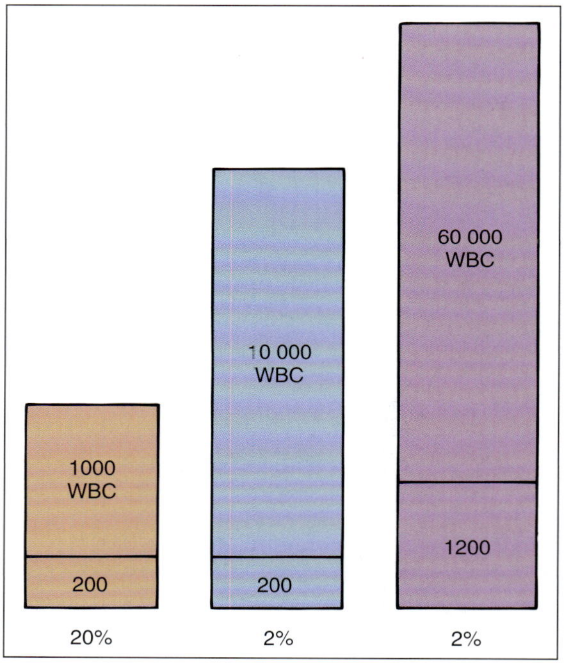


**图 4–1　相对白细胞计数和绝对白细胞计数**

每个条形图的底部方框中数字表示杆状中性粒细胞的绝对数量，条形图下方的百分比表示杆状中性粒细胞的相对百分比。第一个条形图和第二个条形图之间的相对变化（即 20% 变为 2%）似乎很大。然而，血液中杆状中性粒细胞的绝对数量没有变化（即 200/μL 血液）。第二个条形图和第三个条形图之间杆状中性粒细胞的相对百分比相同。然而，正常数量的杆状中性粒细胞存在于 200/μL 血液的犬中，但杆状中性粒细胞的真正增加（核左移）发生在第三个条形图有 1200/μL 的犬中。WBC，白细胞。

症和单核细胞增多症”表明，白细胞总数增加，成熟分叶中性粒细胞增加，但杆状中性粒细胞没有增加，淋巴细胞减少，单核细胞增加。这是最近糖皮质激素治疗或应激型反应的特定描述。

**注意：** 应使用绝对细胞计数而不是百分比来评估白细胞象。

## 白细胞的产生、循环和迁移

为了解释血液中白细胞的浓度，必须考虑骨髓中白细胞产生和释放到血液中的速率、白细胞在血管系统中的分布和循环半衰期，以及白细胞从血液迁移到组织中的速率。了解正常造血也是了解白血病（造血细胞肿瘤，稍后讨论）分类的必要条件。

### 白细胞的产生

粒细胞（即中性粒细胞、嗜酸性粒细胞、嗜碱性粒细胞）和单核细胞在骨髓中产生。尽管骨髓产生一些淋巴细胞，但大多数淋巴细胞由外周淋巴组织（即胸腺、淋巴结、脾脏、扁桃体、支气管相关淋巴组织、肠道相关淋巴组织）产生。白细胞在骨髓中由受白细胞介素和集落刺激因子影响的多能干细胞发育而成（图 4–2）[26]。

中性粒细胞构成血液中的大部分白细胞，

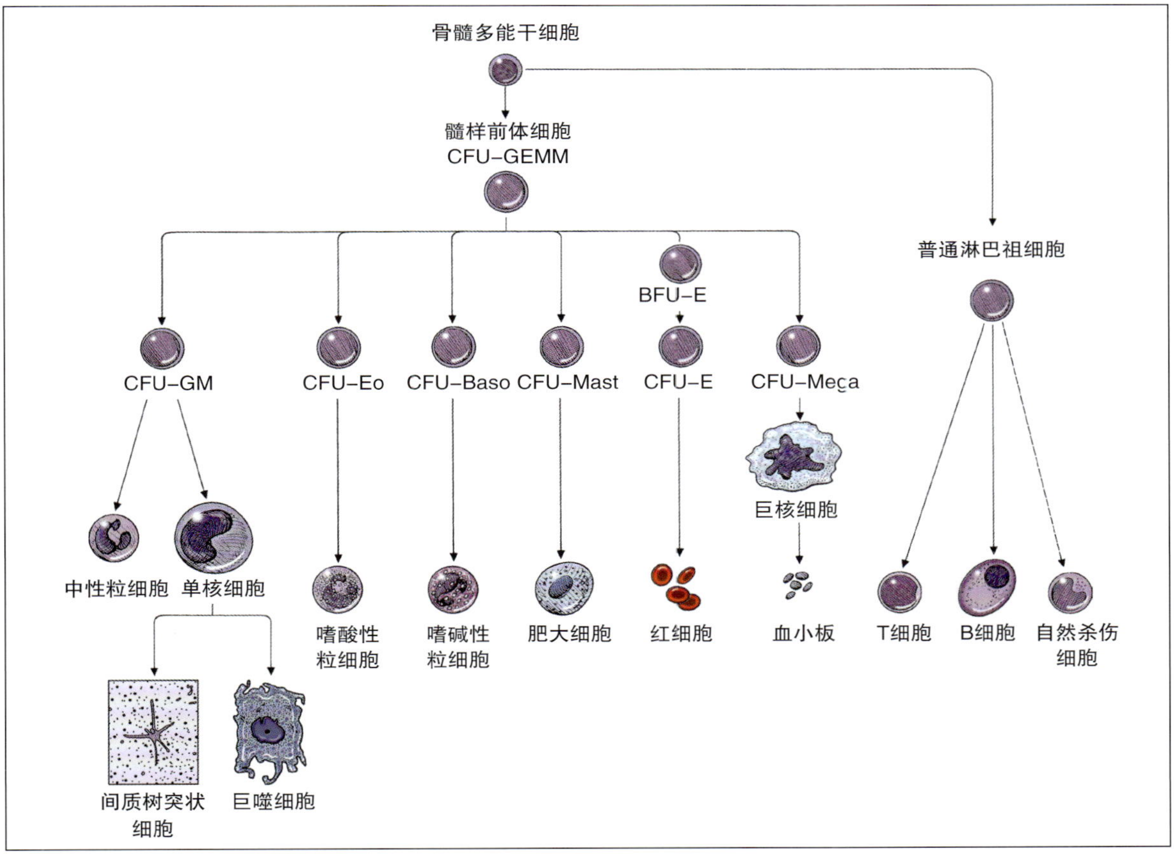


**图 4–2　骨髓多能干细胞的分化**

Baso，嗜碱性粒细胞；BFU，爆式集落形成单位；CFU，菌落形成单位；E，红细胞；Eo，嗜酸性粒细胞；GEMM，粒细胞–红细胞–单核细胞–巨核细胞；GM，粒细胞–巨噬细胞；Mega，巨核细胞；Mast，肥大细胞。

通常白细胞增多是由中性粒细胞引起的。中性粒细胞的动力学已经得到了很好的研究和理解。因此，这里的初始讨论集中于中性粒细胞。细胞“池”用于概念化和描述中性粒细胞在骨髓和血液中的“位置”，并简化骨髓和 CBC 数据的解释。骨髓分为两个池。第一个是原始粒细胞、早幼粒细胞和中幼粒细胞的有丝分裂池，提供稳定的中性粒细胞供应，以满足组织对这些细胞的需求。第二个池用于成熟和储存，由缺乏有丝分裂能力的晚幼粒细胞、杆状中性粒细胞和分叶中性粒细胞组成。前体细胞经历逐渐成熟，并提供一个分叶中性粒细胞储存池，以满足突然增加的组织对中性粒细胞的需求，直到有丝分裂池增加中性粒细胞生成量。在犬和猫的炎性疾病期间，白细胞减少症不常见，因为这个大的储存池可用于快速释放中性粒细胞。中性粒细胞最成熟的阶段优先从骨髓释放到血液中（顺序为分叶中性粒细胞、杆状中性粒细胞、晚幼粒细胞、中幼粒细胞，最后是早幼粒细胞）。当分叶中性粒细胞的骨髓储存耗尽时，非分叶中性粒细胞（如杆状中性粒细胞、晚幼粒细胞、中幼粒细胞）被释放到血液中，并发生核左移。核左移是炎症的特定指标，核左移的严重程度反映了炎症的严重程度。

成熟和储存池占髓系细胞群的 80%，而有丝分裂池通常占髓系细胞群的 20%。与中性粒细胞相反，前单核细胞和单核细胞在相对年轻的时候就被释放到血液中。骨髓中缺乏单核细胞的成熟和储存，这解释了为什么在大多数骨髓抽吸物中很少观察到单核细胞，除非出现严重的中性粒细胞减少症。

骨髓中的白细胞数量和形态可以通过骨髓抽吸进行细胞学检查和核心活检进行组织病理学检查。骨髓抽吸物涂片可对细胞形态和成熟情况进行定性和定量观察。核心活检提供骨髓细胞量的最佳估计，并检测基质反应（如骨髓纤维化、肉芽肿性骨髓炎）。第 2 章讨论了骨髓检查的解释。

**注意：**犬和猫的骨髓原始粒细胞产生分叶中性粒细胞大约需要 6 d，但中性粒细胞从通常较大的储存池中迅速释放，可在几分钟至几个小时内产生中性粒细胞。因此，即使在炎性疾病的早期阶段，犬和猫的白细胞减少症也不常见。这与网织红细胞释放的延迟不同，网织红细胞在再生性贫血发生后 4 ~ 6 d 在外周血中达到峰值。

### 中性粒细胞循环

当中性粒细胞释放到血液中时，大约一半的中性粒细胞沿着内皮细胞（即在边缘池中）黏附和滚动，而不是在静脉穿刺时在采血的血管内中心轴向血流中（即在循环池中）。位于血管内中心轴向血流中并被采集到血液样本中（并在白细胞计数中计数）的中性粒细胞被称为处于循环池中。边缘中性粒细胞池是一个与毛细血管内皮层相关的“隐藏”群体，尤其是肺和脾脏。循环细胞池和边缘细胞池构成总血中性粒细胞池（total blood neutrophil pool，TBNP）。中性粒细胞分布在循环细胞池和边缘细胞池之间，循环时间短（半衰期为 7.4 h），并从血管迁移到组织中。这些池之间的变化会影响白细胞计数，尤其是在猫中。在犬中，中性粒细胞的数量在循环池和边缘池中大致相等。在猫中，边缘池的大小是循环池的 2 ~ 3 倍（表 4–1）。因此，如果中性粒细胞因恐惧、兴奋或剧烈运动而从边缘池动员到循环池，那么犬的中性粒细胞计数可能会增加 1 倍，猫则可能增加 3 倍。这种效应被称为生理性白细胞增多症，主要见于年轻健康的猫。

**表 4–1　犬和猫的总血中性粒细胞池、循环中性粒细胞池和边缘中性粒细胞池**

| | 犬 | 猫 |
|---|---|---|
| 总血中性粒细胞池（$\times 10^8$/kg） | 10.2 | 28.9 |
| 循环中性粒细胞池（$\times 10^8$/kg） | 5.4 | 7.8 |
| 边缘中性粒细胞池（$\times 10^8$/kg） | 4.8 | 21.0 |

注：猫的总血中性粒细胞池比犬的大，因为其有非常大的边缘中性粒细胞池。与犬相比，猫的边缘中性粒细胞池相对较大，使得中性粒细胞更有可能转移到循环中性粒细胞池中，在恐惧、兴奋或剧烈运动时，白细胞增多更显著。

### 中性粒细胞向组织的迁移

中性粒细胞通常在血管系统中停留约 10 h，然后从血管迁移到组织中。迁移是随机的（即非年龄顺序）和单向的（这些细胞不返回循环）。在健康状态下，中性粒细胞在细菌和其他刺激下以较低的速率迁移到呼吸道、消化道和泌尿道中。中性粒细胞在肠腔的脓毒性环境中迅速溶解。在炎性疾病中，过量的组织中性粒细胞可以渗出物或脓液的形式出现（见第 16 章）。在肠炎等疾病中，组织中性粒细胞在细胞学检查或肉眼观察中隐藏。然而，组织对中性粒细胞需求的增加通常反映在白细胞象上。

**注意：**CBC 允许对外周血中的白细胞进行定量和形态学观察。白细胞象表示白细胞在骨髓中产生、在血管系统中分布，以及从血管迁移到组织中达到平衡。异常组织、器官或液体的细胞学检查可以记录炎症或感染的部位和类型。

## 白细胞增多症和中性粒细胞增多症

白细胞增多症通常与中性粒细胞增多症同义。例如，在 232 例白细胞增多超过 17 000/μL 的病例中，226 例（97%）患有中性粒细胞增多症。

### 中性粒细胞增多症的鉴别诊断

中性粒细胞增多症和白细胞增多症的三个最常见原因是：①炎症；②应激和皮质类固醇；③运动和肾上腺素。白血病相对少见（稍后讨论），但可能导致白细胞计数大量增加或不增加。炎症最具体的表现为核左移或非分叶中性粒细胞的绝对增加（图 4–3；见下文关于核左移和低分叶的讨论）。与皮质类固醇或肾上腺素相关增的白细胞增多症也可提示炎症。当出现轻度中性粒细胞增多症而没有核左移时，白细胞增多症的具体原因可能不清楚。在这种情况下，绝对淋巴细胞计数可能有用。淋巴细胞减少症通常与内源性应激或外源性糖皮质激素治疗效果相关。短暂性淋巴细胞增多症可能是由肾上腺素引起的脾收缩或运动相关效应引起的。持续性淋巴细胞增多症通常由慢性免疫刺激引起。经常有同时发生的疾病过程。例如，炎症通常会导致应激相关的淋巴细胞减少症。皮质类固醇治疗非常常见。

**注意：**白细胞增多症和中性粒细胞增多症不仅仅是由炎症引起的。白细胞增多症可能是对糖皮质激素治疗的反应，也可能是急性应激、对恐惧或运动的肾上腺素型反应，有时还可能是白血病。

### 炎症

炎症是一种常见且重要的实验室诊断。炎症通常会导致中性粒细胞增多症，是中性粒细胞增多症的主要原因。中性粒细胞在许多炎性疾病（如腹膜炎、关节炎）的急性期主要存在于组织中。巨噬细胞和淋巴细胞的增殖发生在亚急性至慢性炎症中（尤其是在血液以外的组织中）。但许多慢性炎性疾病（化脓性或渗出性疾病）仍可能以中性粒细

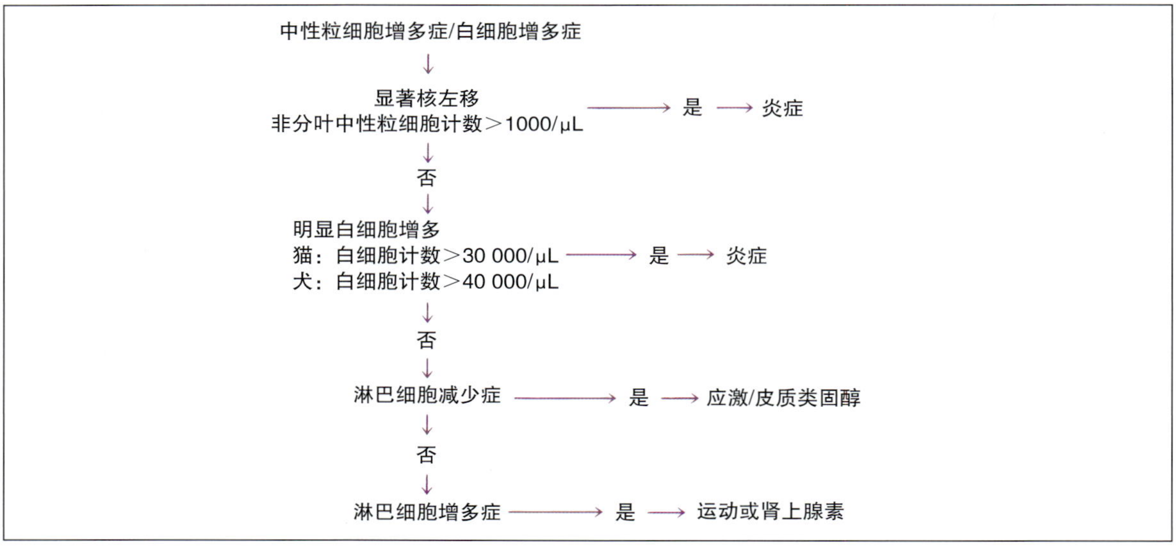


**图 4–3　白细胞增多症和中性粒细胞增多症的评估**

中性粒细胞增多症和随后的白细胞增多症的常见原因通常可以根据中性粒细胞的不成熟程度、中性粒细胞增多程度，以及淋巴细胞增加或减少的趋势来区分。当实验室发现存在时（是），得出右边的结论。当实验室发现不存在时（否），进入下一个区分特征。给出的值为更确定的诊断提供指导，较小的值仍可能被解释为给出某些结论。例如，患有炎症的犬通常白细胞计数少于 40 000/μL，非分叶中性粒细胞计数少于 1000/μL。轻度中性粒细胞增多症患病动物可能缺乏明确诊断的标准。粒细胞白血病是罕见的，这里不考虑。

胞为主。其他炎性细胞，如单核 – 巨噬细胞、嗜酸性粒细胞、淋巴细胞、浆细胞，甚至嗜碱性粒细胞，在各种炎性疾病中的血液和其他组织中增加（见后面的讨论）。中性粒细胞是杀死细菌的专家，细菌感染（即败血症）通常会导致中性粒细胞类型的炎症（如渗出性、化脓、脓肿），以及化脓性肉芽肿性炎症。然而，中性粒细胞增多症与其他感染一起发生，如某些真菌、原虫和病毒感染（如 FIP）。炎症也可能发生在非败血性过程中，如坏死（如胰腺炎、全身性脂肪组织炎、IMHA）、化学暴露（如松节油是脓肿形成的一种实验方法）、免疫介导性疾病（如系统性红斑狼疮、IMHA）和毒素（如内毒素、蛇咬伤）。肿瘤可能以多种方式引发炎症，如引起溃疡、导致正常组织坏死、肿瘤坏死导致血液供应过度或受损、患病动物易感染或产生副肿瘤效应，其中肿瘤产物刺激骨髓产生中性粒细胞或嗜酸性粒细胞。

**注意：** 中性粒细胞增多伴核左移的非分叶中性粒细胞计数＞1000/μL（非分叶中性粒细胞为 $1.0\times10^9$/L）特别提示炎性疾病。

## 核左移

核左移（未成熟中性粒细胞的绝对数量增多）表明患病动物患有炎性疾病（图 4–3）。未成熟中性粒细胞的鉴定需要进行血涂片评估。未成熟的中性粒细胞，如杆状中性粒细胞、晚幼粒细胞、中幼粒细胞和幼稚中性粒细胞，通常被称为非分叶中性粒细胞。识别非分叶中性粒细胞是主观的，在不同显微镜专家中差异很大。大多数有经验的显微镜专家每天检查血涂片，清楚地认识到在炎症期间中性粒细胞的不成熟和中毒性变化增加。然而，不同的观察者报告的杆状中性粒细胞、晚幼粒细胞和中幼粒细胞的数量会有所不同。当存在严重的中毒性变化时，这些细胞的确切数量通常无法确定，在这种情况下，应使用主观描述。例如，血液出现了严重的退行性核左移，中性粒细胞发生严重的中毒性变化。这可能是最真实的描述。即使在无中毒反应中，区分分叶中性粒细胞和非分叶中性粒细胞也可能很困难，使用术语“分叶过少”来表示中性粒细胞看起来比正常中性粒细胞更不成熟，尽管报告的非分叶中性粒细胞数量没有增加。

由于观察者的印象对非分叶中性粒细胞分类的影响，人们应该使用非分叶中性粒细胞的确切增加来说明炎症确实存在。非分叶中性粒细胞计数＞1000/μL 的发现是核左移的合理阈值（请注意，非分叶中性粒细胞计数 1000/μL 等于非分叶中性粒细胞 $1.0 \times 10^9$/L）。应谨慎解释每天的微小变化或偏离参考值的微小变化，因为人工白细胞分类计数对于数量较少的非分叶中性粒细胞和细胞（如嗜碱性粒细胞）特别不精确。在出血性、慢性或肉芽肿性疾病中会出现轻度核左移（即非分叶中性粒细胞计数 300 ~ 1000/μL）。许多炎性疾病患病动物可能没有出现核左移，因此，没有核左移或非常轻度核左移并不能将炎症从诊断中排除。

非分叶中性粒细胞的绝对数量及其不成熟状态表明了核左移的严重性。血液中观察到的未成熟中性粒细胞（非分叶中性粒细胞）包括杆状（刺）中性粒细胞、晚幼粒细胞（幼年）、中幼粒细胞和早幼粒细胞。由于较成熟的中性粒细胞首先从骨髓中释放，所以杆状中性粒细胞通常构成了大部分的核左移。出现比杆状中性粒细胞更幼稚的中性粒细胞表明越发严重的核左移。如果发现多个中幼粒细胞和晚幼粒细胞，则应单独报告晚幼粒细胞、中幼粒细胞和早幼粒细胞的数量（而不是简单地分组为非分叶中性粒细胞），以指示核左移的严重程度。可检测到的母细胞（即原始粒细胞）数量或不规则成熟模式可能提示粒细胞白血病。非分叶中性粒细胞多于分叶中性粒细胞表明退行性核左移和预后不良。

**注意：**核左移的严重程度由存在的非分叶中性粒细胞的绝对数量和更不成熟阶段（如晚幼粒细胞和中幼粒细胞）的个体数量反映。核左移的严重程度增加表明炎性疾病愈发严重。

## 炎症中的白细胞象改变

图 4–4 显示了白细胞通过典型的炎症反应发生变化的可能模式，出现明显的炎症发作，然后逐渐消退。由于治疗、脓肿破裂等原因，个别患病动物的变化可能与这种典型模式不同。预计在疾病过程的早期阶段会出现最严重的核左移，因为随着骨髓储存池中分叶中性粒细胞的耗尽，会释放更多的杆状中性粒细胞和晚幼粒细胞以满足早期的强烈需求。随着时间的推移，骨髓中的髓性增生会增加中性粒细胞的产生。当中性粒细胞的产生和成熟时间足够时，主要是成熟的分叶中性粒细胞被释放到血液中，核左移的严重程度减轻或消失。如果组织炎症持续稳定在低至中度水平，则骨髓的生产速率足以使大多数中性粒细胞在释放前成熟。因此，慢性炎症的特点可能是很轻微或没有核左移，很少或没有白细胞增多症。因此，单凭白细胞象数据很难记录慢性或轻度炎症。急性期蛋白，如 C- 反应蛋白或血清淀粉样蛋白 A，是炎症的敏感指标，可用于补充白细胞象。犬血涂片中的缗钱样形成增加（见第 2 章）或患病

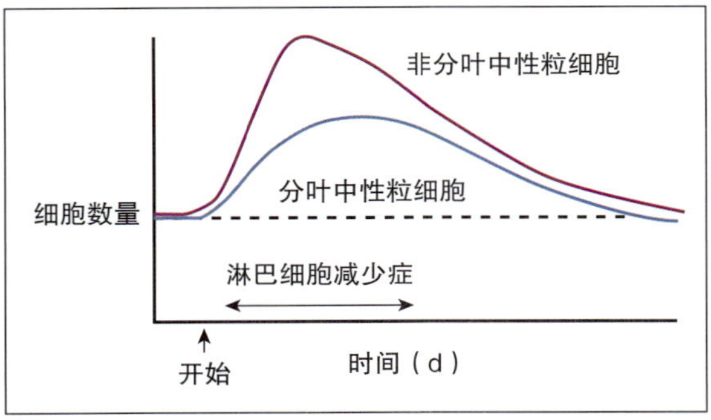


**图 4-4　随着炎症消退预期的白细胞变化**

急性炎症早期可能出现最严重的白细胞增多症和核左移。这一时期还伴有应激性淋巴细胞减少症。在炎症后期，中性粒细胞增多症可能会更加成熟，因为骨髓增生和中性粒细胞的骨髓生成足以使中性粒细胞在释放到血液中之前成熟。恢复期间，组织对中性粒细胞的需求也趋于减少。

动物发热提示炎症。缗钱样形成的增加通常与急性期蛋白（如纤维蛋白原）的产生有关。正常的白细胞象并不排除炎性疾病，特别是炎症是轻微或慢性的，或者只涉及表面（如膀胱炎）。

**注意**：慢性炎症可能有轻度（轻微、成熟的中性粒细胞增多）或没有白细胞象改变，因为随着时间的推移，中性粒细胞的骨髓产量增加与组织消耗相匹配。

### 炎症期间的骨髓反应

在炎症持续时间超过 2 ~ 3 d 时，会出现骨髓增生。炎性疾病患病动物很少需要骨髓取样，因为通常会出现白细胞增多症和核左移，这表明骨髓是活跃的。患有炎性疾病的犬或猫的持续、中度至严重白细胞减少症并不多见，因此该症可能是检查骨髓病因的指征（见第 2 章）。

### 预后

显然，除中性粒细胞计数以外的其他因素会影响预后，如疾病病因和炎症部位。然而，中性粒细胞计数反映了当前有效骨髓产生和组织需求的平衡。如果骨髓对炎症有典型反应，伴有轻度至中度中性粒细胞增多症和轻度至中度核左移，则预后相对较好。犬的白细胞增多症通常白细胞计数低于 40 000/μL。在 182 例白细胞增多症患犬的 CBC 检查中发现，151 例（83%）白细胞计数有 17 500 ~ 39 990/μL。因此，该范围内的白细胞增多症为轻度至中度，提示预后良好。只有 5% 的患犬出现 61 050 ~ 127 500/μL 的极度白细胞增多。超过 50 000 ~ 60 000 个白细胞的类白血病反应，表明预后不良，因为即使存在过多的白细胞（通常是中性粒细胞），炎症反应的原因也没有得到纠正。猫白细胞增多症的程度通常小于犬（即 70% 的病例白细胞计数＜30 000/μL）。嗜酸性粒细胞炎症中嗜酸性粒细胞增多的严重程度小于中性粒细胞性炎症期间的中性粒细胞增多。因此，当嗜酸性粒细胞计数超过 25 000 ~ 30 000/μL 时，诊断为嗜酸性粒细胞的类白血病反应（由于强嗜酸性粒细胞炎症，而非白血病或嗜酸性粒细胞增多综合征）。

表 4-2 总结了提示预后不良的白细胞计数标准（另见后面中毒性中性粒细胞的讨论）。退行性核左移、白细胞减少症、中性粒细胞减少症、淋巴细胞减少症、类白血病反应或其组合是对炎性疾病的非典型、意外反应，表明严重疾病、毒血症、严重应激、骨髓生成不足、干扰有效反应的问题或其组合。无论白细胞总数如何，退行性核左移的非分叶中性粒细胞都比分叶中性粒细胞多。发现未成熟中性粒细胞多于成熟中性粒细胞表明骨髓不能以足够的速度产生中性粒细胞，使其在释放前完全成熟。要么组织对中性粒细胞的需求急剧增加，要么细胞产量减少，或

**表 4-2 提示预后不良的白细胞象**

| 发现 | 预后不良的原因 |
|---|---|
| 退行性核左移 | 组织需求超过骨髓中性粒细胞的产生或导致中性粒细胞成熟时间不足 |
| 白细胞减少症 | 组织需求超过骨髓中性粒细胞的产生 |
| 类白血病反应 | 即使是过多的中性粒细胞也不能解决这个问题 |
| 中毒性中性粒细胞 | 中等至许多、中度至重度中毒性中性粒细胞与更长的住院时间、更高的治疗成本和更高的死亡率有关 |
| 严重或持续性淋巴细胞减少症 | 表示严重和持续的应激 |

者两者兼有。每日 CBC 变化的严重程度和趋势对评估预后很重要。退行性核左移、严重的中性粒细胞减少症和白细胞减少症、淋巴细胞减少症，以及大多数中性粒细胞的明显中毒性变化通常提示革兰氏阴性败血症，如肠破裂或细小病毒性肠炎。

白细胞减少症和中性粒细胞减少症都是不良的预后迹象。这些发现表明骨髓不能产生足够数量的中性粒细胞，中性粒细胞的组织消耗过多，或者两者兼有。中性粒细胞减少症，无论是原发性（骨髓疾病）还是继发性（过度组织消耗）的，都会使患病动物容易感染和出现败血症。白细胞减少症通常由中性粒细胞减少引起，但尽管中性粒细胞数量正常，淋巴细胞减少症也可能导致白细胞减少症。淋巴细胞减少症通常表示应激。严重或持续性淋巴细胞减少症表示严重或持续的应激。在严重的白细胞减少症（例如，白细胞计数＜1000/μL）中，即使所有中性粒细胞都是非分叶中性粒细胞，也不能得出核左移的结论，因为不成熟中性粒细胞的绝对数量增多不可能超过 1000/μL。尝试进行人工白细胞分类计数也是不必要的，因为总白细胞计数已经表明中性粒细胞减少症和淋巴细胞减少症，并且异常出现的细胞的 25 ～ 50 人工分类计数的不精确性非常大。自动仪器分类计数在严重白细胞减少症中更准确。

类白血病反应是由炎性疾病而非白血病引起的显著白细胞增多症（＞50 000 ～ 100 000/μL）。由于白细胞增多，类白血病意味着白细胞增多症。类白血病反应表明预后不良，因为尽管中性粒细胞数量丰富（实际上过多），但炎性疾病并未得到纠正。类白血病反应的原因通常是严重的局部感染（如子宫蓄脓、脓肿）。其他原因包括 IMHA、副肿瘤综合征伴骨髓刺激（如转移性纤维肉瘤、肾癌、直肠腺瘤）、罕见寄生虫病（如犬肝簇虫感染）和中性粒细胞功能缺陷［爱尔兰雪达犬白细胞黏附蛋白缺陷症（canine leukocyte adhesion protein deficiency，CLAD）］[39]。对于子宫蓄脓和一些壁状脓肿，存在着阻碍愈合的解剖问题。脓液和感染病原或其他原因不能排出体外，抗生素也不能穿透病变。在 CLAD 中，功能失调的中性粒细胞即使数量众多也无法纠正常见感染。IMHA 中的类白血病反应似乎是个例外，但红细胞的急性大规模破坏和巨噬细胞对碎片的吞噬是引起炎症反应的强烈刺激。

区分类白血病与慢性粒细胞白血病（chronic granulocytic leukemia，CGL）是困难的。CGL 是罕见的，因此当存在大量中性粒细胞时，诊断为类白血病反应的概率更大。类白血病反应和 CGL 都缺乏急性粒细胞白血病中的母细胞或异型性（见本章下文中的髓系肿瘤）。类白血病反应和 CGL 的核左移通常主要涉及杆状中性粒细胞，并且两者都可能有一些更不成熟的形式。淋巴结病的细胞学检查通常是诊断 CGL 的关键。带有 CGL 的淋巴结抽吸物（甚至肝脏或脾脏抽吸物）看起来像骨髓，具有混合造血功能和少数至中等数量的未成熟髓系细胞，包括原始粒细胞。母细胞的数量没有明显增加，因此 CGL 中的骨髓抽吸物通常不具有诊断性。类白血病反应的白细胞增多症应在适当的治疗（如摘除蓄脓子宫）后消退。疾病的临床症状、中毒性中性粒细胞和引起类白血病反应的疾病证据（如子宫蓄脓）提示诊断为类白血病反应。患有 CGL 的犬有持续的白细胞增多症，通常看起来不像生病。

**注意：** 存在退行性核左移、白细胞减少症、类白血病反应或中性粒细胞中度至显著毒性变化表明预后谨慎至不良。

### 中毒性中性粒细胞

中毒性中性粒细胞与犬的死亡率、住院时间和治疗费用的增加有关[3]。在具有中毒性中性粒细胞的犬中，子宫蓄脓、细小病毒感染、急性肾功能衰竭、腹膜炎、IMHA、弥散性血管内凝血（DIC）、胰腺炎、败血症和肿瘤性疾病的患病率明显较高。细菌感染导致中性粒细胞的严重中毒性变化，如细小病毒性肠炎中的继发性细菌性肠炎。然而，中毒性中性粒细胞发生在没有感染的疾病中（如 IMHA、胰腺炎、化疗药物、肾功能衰竭）。猫中毒性中性粒细胞的存在与休克、败血症、泛白细胞减少症、腹膜炎、肺炎和上呼吸道疾病的发病率显著增加有关，传染性疾病（病毒性和细菌性）和代谢性疾病也是如此[36]。具有中毒性中性粒细胞的猫的阴性结果比犬温和，这表明猫患轻度疾病时会形成中毒性中性粒细胞。

毒血症的分类可能非常详细[3]或更简化（见第 2 章）。应报告中毒性中性粒细胞的数量（百分比；或少数、中等、多）和形态学变化的严重程度。少数（1+）中毒性中性粒细胞的重要性微乎其微。然而，不应忽视中等至多（2+ ~ 4+）中毒性中性粒细胞（图 2–9）。中性粒细胞的中毒性变化虽然是主观的，但有时是疾病的唯一指标，因为在许多情况下，白细胞象的数值结果似乎是正常的。在对患病动物进行初步评估时，应始终包括有经验的操作人员进行的血涂片评估。

## 应激和皮质类固醇反应

皮质类固醇治疗和应激（内源性可的松释放）非常常见，并导致白细胞象的显著变化（表 4–3）。近期接受皮质类固醇治疗或急性应激导致的典型白细胞象模式是中度白细胞增多症伴成熟中性粒细胞增多症、淋巴细胞减少症和嗜酸性粒细胞减少症。在犬中，也可能发生轻度至中度单核细胞增多症（如 2500/μL）。犬皮质类固醇治疗引起的白细胞增多最多可达 30 000 ~ 40 000/μL，以中性粒细胞为主，但更常见的是 15 000 ~ 25 000/μL。中性粒细胞在糖皮质激素治疗后 4 ~ 12 h 内增多，在不到 24 h 内恢复到基线值。在猫中，皮质类固醇治疗后的白细胞增多症通常轻微（如白细胞计数为 22 000/μL 和中性粒细胞计数为 18 000/μL），没有单核细胞增多。

无中性粒细胞增多症的淋巴细胞减少症是白细胞象中最常见的变化，通常表示应激。淋巴细胞减少症提示慢性应激（如慢性肾功能衰竭）、长期皮质类固醇治疗或肾上腺皮质激素过多。慢性应激的白细胞象似乎正常。应激会导致嗜酸性粒细胞减少，但正常动物

表 4–3　用地塞米松治疗的犬的白细胞变化

单位：/μL

| | 星期五 | 星期六 | 星期一 | 星期二 | 星期三 |
|---|---|---|---|---|---|
| 白细胞 | 12 200 | 22 200 | 19 600 | 31 100 | 29 300 |
| 分叶中性粒细胞 | 9525 | 18 648 | 10 976 | 26 433 | 25 491 |
| 杆状中性粒细胞 | 0 | 0 | 196 | 0 | 0 |
| 淋巴细胞 | 1905 | 1998 | 5096 | 1866 | 879 |
| 单核细胞 | 635 | 1554 | 2156 | 2799 | 3132 |
| 嗜酸性粒细胞 | 635 | 0 | 1176 | 0 | 0 |

注：血液学数据来自一只每天接受地塞米松治疗（星期日除外）的正常犬，以说明皮质类固醇和应激反应。治疗开始前一天（即星期五）的数据应作为基线（参考）值。除了星期三，每天都会出现经典模式以外的模式。

可能很少有嗜酸性粒细胞，因此嗜酸性粒细胞减少症常被忽视。应激或皮质类固醇治疗有助于解释嗜酸性炎性疾病患病动物缺乏嗜酸性粒细胞增多。

**注意：** 糖皮质激素（内源性应激或治疗）对白细胞象有显著影响。淋巴细胞减少症是犬和猫的白细胞象中最常见的改变，反映了慢性应激或长期皮质类固醇治疗。急性糖皮质激素作用典型表现为成熟中性粒细胞增多症、淋巴细胞减少症、嗜酸性粒细胞减少症，而犬的单核细胞增多症在治疗后 4 ~ 12 h 达到高峰。

暴露于皮质类固醇后，由于从血液中迁移到组织中的中性粒细胞减少和释放到血液中的中性粒细胞增加，总血中性粒细胞池（TBNP）扩大。此外，中性粒细胞从边缘池（隐藏）转移到循环池（它们被包括在通过静脉穿刺收集的血液中）。应激或皮质类固醇治疗不会出现核左移，因为在正常的中性粒细胞骨髓储存池存在的情况下，从骨髓中释放的中性粒细胞通常太少，无法刺激杆状中性粒细胞和晚幼粒细胞的释放。

中性粒细胞的核过度分叶（称为核右移）的可能性更大，因为皮质类固醇减少了中性粒细胞在血液中的迁移并延长其循环半衰期。随着中性粒细胞的老化，核呈进行性过度分叶或分叶发展。超分叶中性粒细胞有 5 个或更多的叶。

皮质类固醇引起的急性变化是短暂的。因此，可能不会看到一种或多种预期的变化，这取决于样本在治疗多久后采集。白细胞的最大变化发生在 4 ~ 12 h，可在 24 h 后恢复正常。例如，表 4–3 显示了每天服用地塞米松（星期日除外）的健康犬的血液学数据。在初次治疗后一天（星期六），出现了五种预期的类固醇应激特征（即白细胞增多症、中性粒细胞增多症、无核左移、嗜酸性粒细胞减少症、单核细胞增多症）。未出现淋巴细胞减少症。第 3 天（星期一和星期日没有用地塞米松治疗）出现淋巴细胞增多症、单核细胞增多症和嗜酸性粒细胞增多症，最类似于生理性白细胞增多症（见下文）。只有在第 5 天（星期三）才观察到完整的经典皮质类固醇或应激模式。

## 运动和肾上腺素反应

短暂的生理性白细胞增多症主要发生在

年轻、健康的猫中，它们在恐惧中或剧烈运动后（如在静脉穿刺时挣扎）释放肾上腺素。这种反应与之前描述的类固醇应激反应不同。将这种肾上腺素介导的反应称为“应激”是不正确的（至少在血液学上不正确）。TBNP保持不变，但细胞突然从边缘池转移到循环池，导致中性白细胞增多。脾收缩容易导致淋巴细胞增多症和红细胞增多症。骨髓中性粒细胞的释放没有增加，毛细血管床中性粒细胞迁移也没有减少。猫的生理性白细胞增多症程度大于犬，因为猫的边缘中性粒细胞池更大（边缘池是循环池的3倍；表4–1）。猫的生理性白细胞增多症可能很严重，白细胞计数通常达到20 000/μL，中性粒细胞增多症可能被淋巴细胞增多症（6000 ~ 15 000/μL）掩盖[20]。犬的生理性白细胞增多症很轻微，因此在临床上很少被发现。实验犬的生理性白细胞增多症已被发现，这些犬通常由同一个人抽血，而单只动物的参考值可从之前的血液学检测中获得。如果它们突然运动或受到惊吓（如新的采血者），可以检测到白细胞、中性粒细胞、淋巴细胞和红细胞压积（PCV）轻微增加。

**注意：**通过战斗或逃跑反应产生的恐惧会导致肾上腺素诱导的白细胞增多，在健康的幼猫中最明显。中性粒细胞和淋巴细胞立即轻度至中度增加，在30 ~ 60 min内逐渐消退。淋巴细胞增多症将这种生理性白细胞增多症与类固醇应激反应区分开，后者通常伴有淋巴细胞减少症。

## 白细胞减少症和中性粒细胞减少症

白细胞减少症和中性粒细胞减少症在犬和猫中很少发生，因为它们有大量的中性粒细胞骨髓储存池。白细胞减少症提示预后不良。中性粒细胞减少症通常是由严重炎症和（或）骨髓生成减少期间中性粒细胞的组织过度消耗引起的（表4–4；另见第2章关于骨髓的讨论和下文“导致中性粒细胞减少症的骨髓问题”一节关于髓性发育不全的讨论）。中性粒细胞减少症的第三个病因是中性粒细胞暂时从循环池转移到边缘池，在那里它们无法计数。内毒素可导致这种变化。这种短暂的中性粒细胞减少症实际上是“假中性粒细胞减少症”，因为TBNP是不变的。狼疮或某些药物治疗可以引起罕见的免疫介导性或“类固醇反应性”中性粒细胞减少症。

**表4–4 中性粒细胞减少症的主要病因**

| | 受影响的动物 | |
|---|---|---|
| | 犬 | 猫 |
| **中性粒细胞的消耗** | | |
| 严重败血症/内毒素血症（重要） | ✓ | ✓ |
| 细小病毒性肠炎（重要） | ✓ | ✓ |
| 沙门氏菌病 | ✓ | ✓ |
| 免疫介导性破坏（罕见） | ✓ | |
| **骨髓抑制** | | |
| 猫白血病病毒（FeLV）（重要） | | ✓ |
| 猫免疫缺陷病毒（FIV） | | ✓ |
| 细小病毒（重要） | ✓ | ✓ |
| 埃立克体病 | ✓ | |
| 骨髓毒性 | ✓ | ✓ |
| 雌激素（内源性/外源性） | ✓ | |
| 苯基丁氮酮* | ✓ | ✓ |
| 苯巴比妥 | ✓ | |
| 癌症化疗 | ✓ | ✓ |
| 辐射 | ✓ | ✓ |
| 白血病（重要） | ✓ | ✓ |
| 骨髓病/骨髓坏死 | ✓ | ✓ |
| 免疫介导性破坏中性粒细胞前体（罕见） | ✓ | ✓ |

*其他药物的不完整列表见正文（由M.D.Willard博士提供）。

在中性粒细胞的组织过度利用期间，中性粒细胞减少症可能是严重的。这会刺激骨髓中非常不成熟的中性粒细胞，甚至中幼粒细胞和早幼粒细胞的释放。当非分叶中性粒细胞数量超过分叶中性粒细胞，核左移是退行性的。涉及大表面积的炎症过程，如化脓性腹膜炎、肠炎或败血症，往往会导致严重的中性粒细胞减少症和白细胞减少症。相比之下，化脓性细菌的局部感染（脓肿或子宫蓄脓）通常会导致白细胞增多症。革兰氏阴性菌感染通常严重，并引起消耗性中性粒细胞减少症。当发生退行性核左移、明显的中毒性变化和白细胞减少症时，应怀疑革兰氏阴性败血症。

严重感染导致的中性粒细胞减少症可能很难与骨髓抑制导致的中性粒细胞减少症区分开。中性粒细胞在血液中的寿命很短（如 10 h），因此中性粒细胞减少症在贫血或血小板减少症之前发生。无血小板减少症或贫血的中性粒细胞减少症提示严重炎症。双细胞减少症或全血细胞减少症（分别在两系或三系的细胞减少）提示原发性骨髓疾病。然而，严重感染通常会导致 DIC，从而导致血小板减少症（白细胞减少症）。炎症会导致贫血，这种贫血可能在疾病严重恶化之前存在。红细胞的寿命很长，因此贫血在原发性骨髓疾病的早期并不明显。原发性骨髓疾病可能隐匿性发展，缺乏临床症状，而消耗性中性粒细胞减少症在病情严重的动物中迅速发展。核左移、中性粒细胞的中毒性变化和缗钱样形成表明中性粒细胞减少症是严重炎症或感染的结果。

严重的原发性中性粒细胞减少症使动物易患败血症。因此，当发生继发感染时，首先注意到骨髓疾病引起的中性粒细胞减少症。中性粒细胞减少症和白细胞减少症是癌症化疗的副作用。中性粒细胞计数通常在治疗开始后 5 ~ 7 d 最低。中性粒细胞计数＜1000 ~ 2000/μL 时，需要监测患病动物是否存在败血症。如果患病动物的中性粒细胞计数＜500 ~ 1000/μL 且发热，则假定存在败血症（可能来自肠道细菌）。如果中性粒细胞计数 < 2500/μL 或血小板计数＜50 000/μL，建议暂停骨髓抑制药物化疗。

## 导致中性粒细胞减少症的骨髓问题

对持续性、未诊断的中性粒细胞减少症患病动物进行的诊断检测包括骨髓抽吸活检、核心活检或两者兼有。这可能会检测髓系发育不全、无效粒细胞生成、骨髓坏死、骨髓纤维化、弥散性肉芽肿性炎症、白血病和其他疾病（见第 2 章）。正确的病史可能会揭示影响粒细胞生成的药物或毒素（如雌激素或苯基丁氮酮）。无效的粒细胞生成使许多临床兽医感到困惑。这种白细胞减少症伴随着正常至增多的髓系细胞数量（即髓系增生）。髓系发育不全导致的中性粒细胞减少症似乎更符合逻辑。在无效的粒细胞生成中，中性粒细胞在成熟并释放到血液中之前，在骨髓中被细胞凋亡破坏。凋亡（程序性细胞死亡）发生在健康犬身上，是调节有效中性粒细胞产生的机制的一部分。细胞凋亡受到多种介质的影响，并且没有形态学改变来诊断特定的原因。在各种感染和药物治疗中，骨髓内细胞的死亡可能过多。大约一半的猫白血病病毒（FeLV）阳性，中性粒细胞减少的猫有明显的粒细胞增殖，表明细胞过度凋亡，而一半有髓细胞发育不全，表明病毒破坏了造血组织。无效的粒细胞生成也可能是一种特殊的药物反应（如苯巴比妥）。

髓系细胞的损伤或耗竭可能导致髓系发育不全（见第 2 章）。髓系发育不全的原因包括细小病毒感染、犬内源性和外源性雌激素中毒、犬埃立克体感染、癌症化疗、辐射，以及苯基丁氮酮、甲氧苄啶磺胺嘧啶或氯霉素等药物的特异性反应（见第 3 章）。免疫介导性中性粒细胞减少症尚未在犬和猫中得到很好的证明，但已有类固醇反应性中性粒细胞减少症的描述。

中性粒细胞减少症可能由实验室错误引起。AutoDiff 可通过检查仪器的白细胞象（见第 2 章）或通过筛查血涂片进行检查。当有疑问时，应执行完整的人工计数。总白细胞计数很少出错，但仪器警告应该是提醒操作员出现问题。显著的白细胞聚集罕见，但表明白细胞在 EDTA 样本中分布不均匀，因此白细胞计数可能不正确。在这种情况下，应立即获取并分析含有不同抗凝剂的新鲜血液样本。静脉输液管中的血液样本可能会被液体过度稀释。

#### 细小病毒感染

细小病毒性肠炎可能与白细胞减少症、伴有严重中毒性变化的中性粒细胞减少症和淋巴细胞减少症有关。细小病毒感染并破坏快速分裂的细胞（如肠隐窝上皮细胞、淋巴组织、造血细胞）。受损黏膜的大量中性粒细胞渗出导致白细胞减少症，骨髓中的造血细胞损伤也是如此。白细胞减少症是短暂的，通常出现在犬细小病毒病的早期，因此如果不进行多次 CBC 检查，可能会错过。在血涂片中可以检测到肠道炎症的肥大细胞。肥大细胞来源于受损的肠黏膜，并不表明肥大细胞肿瘤。康复时会出现中性白细胞增多。在粒细胞强烈增多期间，可能发生类白血病反应或正常细胞成熟的其他干扰。临床完全恢复后，可恢复白细胞象值基线。第 9 章讨论了细小病毒性肠炎的诊断。猫的泛白细胞减少症具有类似的血液学反应。

#### 猫白血病病毒和猫免疫缺陷病毒感染

第 15 章描述了 FeLV 感染诊断和相关疾病。FeLV 导致许多不同的血液学改变，包括细胞减少，如中性粒细胞减少[9]。猫免疫缺陷病毒（FIV）感染也与细胞减少（即中性粒细胞减少症、贫血、血小板减少症）有关。因此，猫的任何血液学异常都表明应进行 FeLV 和 FIV 检测。

#### 循环造血

循环造血［即灰牧羊犬综合征（gray collie syndrome）、周期性中性粒细胞减少症］是一种常染色体隐性遗传性疾病，主要特征为周期性中性粒细胞减少症，周期为 11 ～ 12 d，最初在银灰色牧羊犬幼犬中发现。中性粒细胞减少症严重到 0 ～ 400/μL 时，受影响的牧羊犬容易发生危及生命的细菌感染。干细胞缺陷会导致血小板、其他粒细胞、单核细胞和红细胞（即网织红细胞）周期性减少。由于血小板和红细胞的半衰期较长，这些细胞的数值变化不如中性粒细胞明显。在其他品种的犬、感染 FeLV 的少数猫和某些接受环磷酰胺治疗的犬中，也观察到循环造血，通常周期性更不规则。中性粒细胞、其他白细胞、网织红细胞和血小板的波动每隔 8 ～ 29 d 发生一次。每隔 2 ～ 3 d 获取的血象应记录为循环性中性粒细胞减少症，但可能需要每日进行 CBC 检查来记录其他细胞和血小板的循环。

## 单核细胞增多症和单核细胞减少症

约 30% 的住院犬和 11% 的猫患有单核细胞增多症。血液中的单核细胞在组织中成熟为巨噬细胞。巨噬细胞导致肉芽肿性和脓性肉芽肿性炎症。巨噬细胞清除坏死碎片，杀死真菌和一些寄生虫，灭活病毒，试图清除异物，清除衰老和异常的红细胞，并破坏肿瘤细胞。单核细胞增多症在炎性疾病中很常见，对巨噬细胞的需求很高。例如，单核细胞增多症在 IMHA 中很常见，其中大量红细胞在巨噬细胞中被破坏。坏死细胞碎片也必须清除，以允许组织再生和愈合。单核细胞增多症伴随化脓、脓性肉芽肿和肉芽肿性炎症、坏死、恶性肿瘤、溶血性或出血性疾病，以及免疫介导性疾病。

尽管巨噬细胞是大多数炎症过程的“晚期”成分，单核细胞增多症可能发生在急性和慢性疾病过程中，但单核细胞增多症不应单独用于指示慢性疾病过程（参见前文关于犬皮质类固醇反应的讨论，通常在治疗后 8 ~ 12 h 出现单核细胞增多症）。如果同时出现淋巴细胞减少症和嗜酸性粒细胞减少症，则可能是应激或皮质类固醇白细胞反应。如果不存在淋巴细胞减少症和嗜酸性粒细胞减少症，则应怀疑慢性炎症或组织破坏。单核细胞减少症并不具有显著临床意义。血液中通常存在少量单核细胞。单核细胞在血涂片上的分布也不均匀，因此人工单核细胞计数非常不精确。自动血液学分析仪通常难以区分单核细胞和大淋巴细胞。由于单核细胞的数量通常很少，而且计数非常不精确，单核细胞减少症无法可靠地检测出。

## 淋巴细胞增多症

持续性非肿瘤性淋巴细胞增多通常意味着慢性感染、病毒血症、免疫介导性疾病或近期免疫的强烈免疫刺激。慢性感染的支持性实验室证据（除病史和体格检查发现）可能包括高蛋白血症伴多克隆丙种球蛋白病，存在反应性淋巴细胞，炎症的 CBC 证据，以及炎症、淋巴结增生或两者兼有的细胞学或组织学记录。据报道，犬埃立克体感染的淋巴细胞计数高达 17 000 ~ 30 000/μL（或猫弓形虫感染的淋巴细胞计数为 9000/μL）[4]。在犬嗜吞噬细胞无形体感染的后期恢复阶段，可能会出现轻度淋巴细胞增多症（如 4500/μL）。患有慢性感染的犬和猫可能不存在淋巴细胞增多症。猫的 IMHA 中淋巴细胞数量高达 20 000/μL，但犬的 IMHA 中没有。在犬和猫的肾上腺皮质功能减退（艾迪生病）中，可分别发现高达 13 000/μL 和 9000/μL 的淋巴细胞增多症，尽管仅在 5% ~ 10% 的患病动物中可见[4]。短暂性淋巴细胞增多症发生在生理性白细胞增多症中（前面讨论过）。猫生理性白细胞增多症中的淋巴细胞增多症通常淋巴细胞计数 < 20 000/μL，但也可能超过 36 000/μL[40]。以前淋巴细胞增多症的例子通常是最大值，而不是通常预期的值。最大值在淋巴性白血病的鉴别诊断中是有用的，但不应排除其他淋巴细胞增多症病因的诊断。

### 反应性淋巴细胞和母细胞转化的淋巴细胞

反应性淋巴细胞是具有深蓝色细胞质和不规则、扇形或分裂细胞核的免疫刺激的大淋巴细胞。它们也被称为免疫细胞、病毒细胞和变异淋巴细胞。相比之下，母细胞转化的淋巴细胞有一个大的细胞核，一个浅色而分散的染色质，具有明显的核仁或核仁环。在健康动物的血涂片中可以看到罕见的反应性淋巴细胞，而在患病或最近接种疫苗的动物的血涂片中可能会出现几个反应性淋巴细胞。反应性淋巴细胞无特殊诊断意义。反应性淋巴细胞的数量并不一致反映免疫刺激的程度，也不是任何特定疾病的病理指标。反应性母细胞转化的淋巴细胞可能出现异常多、大或活跃（尤其是在年轻动物中），可能被误认为是淋巴性白血病。反应性淋巴细胞可能会混淆淋巴瘤患病动物疾病复发的分期或诊断。

## 淋巴细胞减少症和嗜酸性粒细胞减少症

严重的应激或外源性皮质类固醇给药（参见前面的应激和皮质类固醇反应）通常会导致淋巴细胞减少症和嗜酸性粒细胞减少症。炎症早期也会出现淋巴细胞减少症（图 4-4），淋巴细胞计数恢复正常是一个很好的预后标志，表明炎症应激已恢复。在某些病毒性疾病中，由于淋巴细胞组织的直接病毒损伤，以及由应激或抗原暴露导致的淋巴细胞重新分布，会出现淋巴细胞减少症。引起淋巴细胞减少症的犬病毒性疾病包括犬瘟热、传染性犬肝炎、细小病毒性肠炎和冠状病毒性肠炎。猫可能在泛白细胞减少症和 FeLV 感染中出现淋巴细胞减少症。

富含淋巴细胞的淋巴丢失被证实会导致淋巴细胞减少症。例如，犬和猫的乳糜胸、犬的蛋白丢失性肠病和淋巴管扩张，以及犬和猫的炎症、感染性或肿瘤性疾病对正常淋巴循环的破坏[18]。

年龄影响淋巴细胞计数。年轻的动物通常计数较高。例如，3 ~ 6 月龄时，不同年龄组犬的最小淋巴细胞计数为 2000/μL；8 ~ 24 月龄时为 1500/μL；24 月龄时为 1000/μL。因此，人们使用不同的淋巴细胞计数来指示幼犬的淋巴细胞减少。

嗜酸性粒细胞减少症可能难以通过常规白细胞计数来记录。嗜酸性粒细胞可能太少，无法在正常动物的白细胞分类计数中观察到，因此参考值可能降至 0。当存在 2% 的细胞类型（如嗜酸性粒细胞）时，100 个细胞的人工白细胞分类计数的预期差异为 0 ~ 8%（95% 置信区间）[34]。如果出现 0 的嗜酸性粒细胞，并且同时出现淋巴细胞减少症，则动物可能患有嗜酸性粒细胞减少症。嗜酸性粒细胞减少症的最常见病因是与疾病和皮质类固醇给药反应相关的严重应激。

许多灵猩犬、其他视觉猎犬和偶尔其他犬种的假性嗜酸性粒细胞减少症可能是由对“空泡化”或“灰色”嗜酸性粒细胞的错误识别所致。灰色嗜酸性粒细胞没有红橙色颗粒，而是只有透明染色颗粒，看起来像空泡。有时空泡化的嗜酸性粒细胞可能主要有空泡，偶尔有典型的红色颗粒，或在主要透明颗粒中有一抹红色。通常不确定空泡来自脱颗粒还是因为颗粒未染色。在电子显微镜下，灵猩犬嗜酸性粒细胞中的透明、未染色颗粒可以被视为颗粒而非空泡。血液学仪器（如 Advia 2120）有时可能无法检测某些样本中的嗜酸性粒细胞。

## 嗜酸性粒细胞增多症

嗜酸性粒细胞增多症通常表示嗜酸性粒细胞炎症。然而，由于嗜酸性粒细胞在血液中的半衰期很短，因此组织中的嗜酸性粒细胞炎症通常不会伴随血液中可检测到的嗜酸性粒细胞增多。细胞学或组织学将记录组织（如肺、皮肤、肠道）中的嗜酸性粒细胞炎症。嗜酸性粒细胞增多症是指嗜酸性粒细胞数量增多至超过实验室参考值，犬的嗜酸性粒细胞计数可能为低于 750 ~ 1300/μL，猫的嗜酸性粒细胞计数则为低于 750 ~ 1500/μL。嗜酸性粒细胞计数超过 5000/μL 是一种非常强烈的反应，可称为嗜酸性粒细胞增多症。当嗜酸性粒细胞计数在 25 000 ~ 30 000/μL 或以上时，可得出嗜酸性粒细胞的类白血病反应（由于强嗜酸性粒细胞炎症，而非白血病或高嗜酸性粒细胞增多综合征）。罗威纳犬和德国牧羊犬对嗜酸性粒细胞和更多嗜酸性粒细胞疾病具有更高的参考价值[22]。罗威纳犬有发展嗜酸性粒细胞疾病的倾向，如高嗜酸性粒细胞增多综合征和嗜酸性粒细胞脑膜脑炎。在西伯利亚哈士奇犬和阿拉斯加雪橇犬中，肺浸润伴嗜酸性粒细胞（PIE、肺支气管肺病、嗜酸性肺炎）、嗜酸性肺肉芽肿和口腔嗜酸性肉芽肿的发生率增加。骑士查理王猎犬易患嗜酸性肉芽肿和嗜酸性口炎。

嗜酸性粒细胞杀死寄生虫，调节免疫球蛋白 E（immunoglobulin E，IgE）抗体介导的超敏反应的强度，并可能促进炎症和组织损伤[10]。嗜酸性粒细胞通过附着在寄生虫上并在嗜酸性粒细胞和寄生虫之间形成消化液泡来杀死寄生虫。嗜酸性粒细胞颗粒含有重要的碱性蛋白和嗜酸性粒细胞过氧化物酶等有效分子，它们会脱颗粒进入消化液泡，破坏寄生虫或卵的壁并杀死它。体内寄生虫[如心丝虫、线虫、迁徙性肺吸虫（如猫肺并殖吸虫）]会产生更强烈的嗜酸性反应。绦虫或贾第虫等不侵入组织的体内寄生虫通常不会引起嗜酸性粒细胞增多症。一些寄生虫可能不会刺激嗜酸性粒细胞增多，直到它们死亡并暴露之前隐藏的抗原。嗜酸性粒细胞增多症是一种免疫反应。第一次接触寄生虫会产生中度的迟发性嗜酸性粒细胞增多症。第二次接触同一寄生虫会导致严重的嗜酸性粒细胞增多症。

某些过敏原会产生嗜酸性粒细胞炎症反应。淋巴细胞通过产生 IgE 型免疫反应对过敏原做出反应。IgE 与肥大细胞结合，从而引发炎症反应。遗憾的是，嗜酸性粒细胞炎症常局部损害正常组织。例如，猫哮喘吸入性过敏原引起的嗜酸性粒细胞炎症可能对呼吸道上皮细胞造成损害。嗜酸性粒细胞被肥大细胞产物和淋巴因子吸引到炎症组织。嗜酸性粒细胞炎症与肥大细胞和嗜碱性粒细胞密切相关。在肥大细胞肿瘤和淋巴瘤肿物中可能存在大量嗜酸性粒细胞，因为肥大细胞或淋巴细胞产生了吸引嗜酸性粒细胞的介质。

## 诊断方法

在确定嗜酸性粒细胞增多症的病因时，首先考虑寄生虫和过敏过程（图 4–5 和图 4–6）。然而，嗜酸性粒细胞增多症通常与寄生虫感染或过敏无关。嗜酸性粒细胞增多症可能伴随其他炎症反应，真菌（如隐球菌病）、病毒（如 FeLV）或细菌（如链球菌或葡萄球菌）感染和肿瘤（如肥大细胞瘤、淋巴瘤、黏液癌、纤维肉瘤、嗜酸性白血病）。高嗜酸性粒细胞增多综合征可导致严重的、持续的循环和组织嗜酸性粒细胞增多。

肥大细胞是前哨细胞，很多存在于皮肤、消化道、呼吸道和泌尿生殖道等表面附近。因此，嗜酸性粒细胞增多症的病因也可以通过身体系统方法进行评估。检查皮肤系统是否有外寄生虫、皮炎或肿物。跳蚤叮咬过敏是猫嗜酸性粒细胞增多症的常见病因。可通过经气管冲洗、支气管刷洗、拭子或收集附着在气管插管上的物质来对呼吸道进行细胞学评估。心丝虫病和 PIE（肺支气管肺病；嗜酸性肺炎）是犬嗜酸性粒细胞增多症的常见病因（发病率因部位而异）。细针抽吸或手术活检可能有助于评估皮肤或肺部肿物。上消化道检查应包括视诊检查口腔中的嗜酸性肉芽肿，特别是猫和西伯利亚哈士奇犬的嗜酸性肉芽肿复合体。

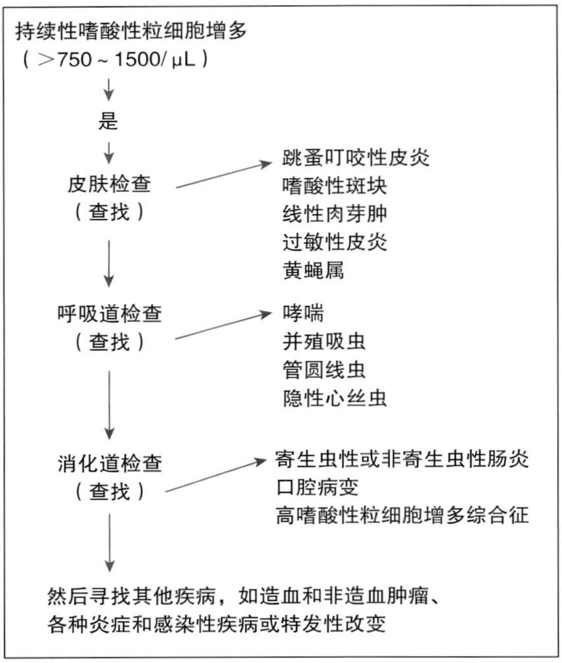


**图 4-5　猫嗜酸性粒细胞增多症常见原因的诊断流程**

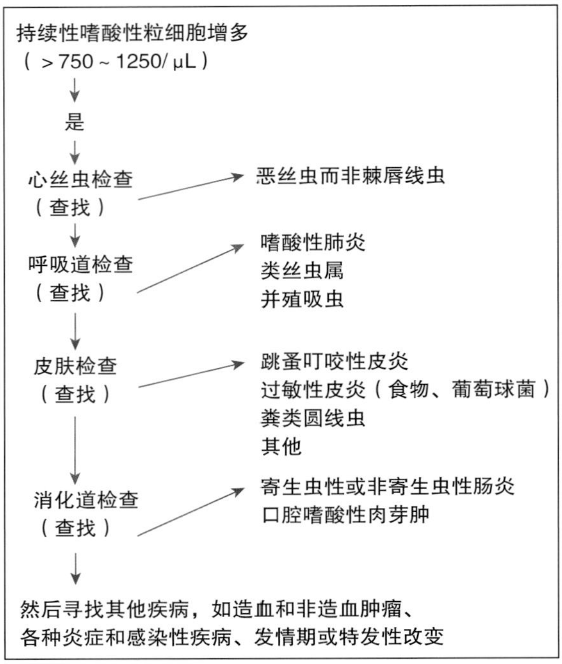


**图 4-6　犬持续性嗜酸性粒细胞增多症常见原因的诊断流程**

粪便虫卵检查费用低廉，尽管是否有卵通常与嗜酸性粒细胞增多症的原发性病因无关。如果怀疑嗜酸性胃肠炎，临床兽医应考虑内窥镜检查、手术活检和所有病变的细胞学评估。犬发情偶尔会导致嗜酸性粒细胞增多症。在一些没有明显原因的病例中，很难鉴别诊断非常严重的嗜酸性粒细胞炎性疾病、高嗜酸性粒细胞增多综合征和嗜酸性粒细胞骨髓增生性疾病。

## 嗜碱性粒细胞增多症

嗜碱性粒细胞在正常的犬和猫中被认为是罕见的。然而，嗜碱性粒细胞增多症（定义为在手动 Diff 过程中发现 1 个或多个嗜碱性粒细胞，并报告为≥100/μL 或 $0.1 \times 10^9$/L）出现在 8% 的瑞典患犬中。≥2000/μL（$2.0 \times 10^9$/L）且无嗜酸性粒细胞增多的极端犬嗜碱性粒细胞增多症是罕见的，如果持续存在并伴有明显的血小板增多症，则可能提示慢性骨髓增生性疾病。自动仪器（即 Advia 2120、Cell Dyn 3500、Sysmex XT-2000iV 和 LaserCyte）无法检测犬和猫的嗜碱性粒细胞，因此无法检测嗜碱性粒细胞增多症。Advia 2120 可将嗜碱性粒细胞视为大的未染色细胞（large unstained cell，LUC）。由于人工分类计数方法的不精确性，可能会漏检 2% 的嗜碱性粒细胞。嗜碱性粒细胞必须达到 3% ～ 6% 才能持续检出。

可能检测不到嗜碱性粒细胞增多，因为嗜碱性粒细胞难以识别。犬嗜碱性粒细胞有少量、广泛分散的紫色（即异色）或染色不良的颗粒，尤其是在水溶性染液中。这些细胞可能被误认为是单核细胞或中毒性中性粒细胞（图 4-7）。猫嗜碱性粒细胞数量众多，中等大小，圆形至椭圆形，灰褐色至淡紫色（图 4-8）。猫嗜碱性粒细胞是独特的，但猫嗜碱性粒细胞可能被误认为是颗粒褪色的嗜酸性粒细胞或单核细胞。猫的嗜酸性粒细胞有红橙色的杆状颗粒，而单核细胞有蓝灰色的细胞质，没有明显的颗粒。有时猫嗜碱性粒细胞有 1 ~ 2 个深紫色颗粒，有助于细胞识别。

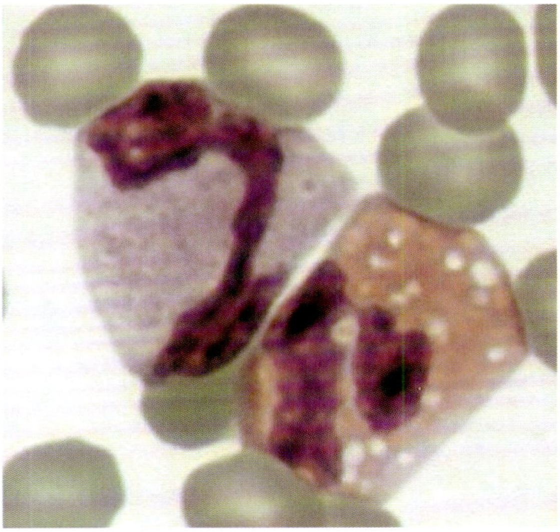

**图 4–7　犬的嗜碱性粒细胞和嗜酸性粒细胞**

犬嗜碱性粒细胞通常没有在许多其他物种中看到的明显的深蓝色颗粒，但可以通过细长的粒细胞核和淡紫色的细胞质来识别。颗粒可能会有一些染色。犬嗜碱性粒细胞常被误认为是中毒性中性粒细胞或单核细胞。嗜酸性粒细胞有大小不一的圆形颗粒。

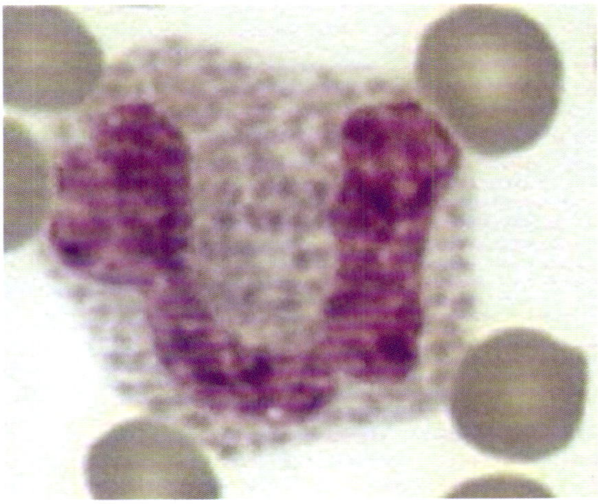

**图 4–8　猫嗜碱性粒细胞有圆形淡紫色颗粒和不鲜亮的橙色杆状嗜酸性粒细胞颗粒**

猫嗜碱性粒细胞常被误认为嗜酸性粒细胞。

嗜碱性粒细胞增多症通常伴有嗜酸性粒细胞增多症，诊断主要是为了确定嗜酸粒细胞增多症的原因。嗜碱性粒细胞是超敏反应的组成部分，肥大细胞和嗜酸性粒细胞也是如此。罗威纳犬同时患有嗜碱性粒细胞增多症和嗜酸性粒细胞增多症。嗜碱性粒细胞参与止血、脂质代谢、蜱虫排斥和肿瘤细胞杀伤[18]。嗜碱性粒细胞增多症通常是由寄生虫（尤其是犬心丝虫感染）和超敏反应引起的。此外，嗜碱性粒细胞增多症与脂血症或犬猫肥大细胞瘤有关，或作为慢性粒细胞白血病的一种形式发生[18]。

## 异常核形态和细胞质内含物

分叶过少是指粒细胞的核分叶减少，这通常表明不成熟和对炎症的一种反应。过度分叶定义为超过 5 个分叶。这种核变化反映了更成熟的中性粒细胞。过度分叶可能是中性粒细胞循环时间延长的结果，这通常与皮质类固醇治疗有关。然而，遗传发育异常、营养问题、白血病前期或发育异常状况，以及白血病可能是核变化的原因。本章稍后将讨论发育异常和白血病。

细胞质内含物，如杜勒小体和中毒性颗粒，可能与中性粒细胞的毒性变化有关。循环中性粒细胞可能含有血液中吞噬的颗粒，如海因茨小体、细胞碎片、调理化红细胞（或含铁血黄素）、药物或肥大细胞颗粒。在循环白细胞的细胞质中可能发现细菌（即无形体、菌血症）、原虫（即犬肝簇虫、利什曼原虫属）或酵母菌（即荚膜组织胞浆菌）等传染性病原体（图 4–9、图 4–10 和图 4–11）。罕见的是，遗传性疾病导致多种细胞质内含物。染色伪像和沉渣可能会使观察者感到困惑。

## 佩－许畸形

佩－许畸形（Pelger–Huët anomaly，PHA）是一种先天性终生白细胞发育障碍，其特征是中性粒细胞、其他粒细胞和单核细胞的核分叶不足。几乎所有中性粒细胞都类似于杆状中性粒细胞或晚幼粒细胞（即绝对白细胞

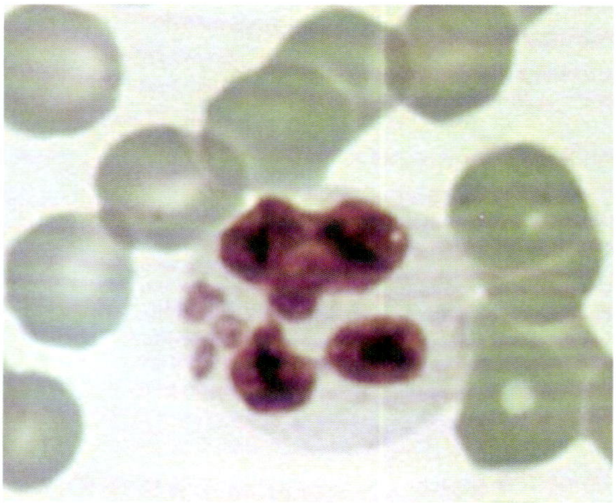

**图 4–9　1 个含有嗜吞噬细胞无形体的犬中性粒细胞**

细胞质中有 3 个桑椹胚，但细胞核和细胞质形态正常。

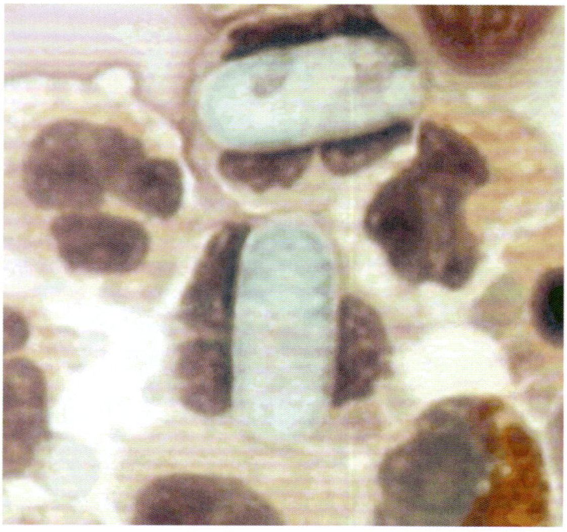

**图 4–10　2 个含有犬肝簇虫的犬中性粒细胞**

这是一个淡黄层涂片，用来浓缩白细胞的数量。

结果看起来像严重的退行性核左移）（图 4–12 和图 4–13）。应识别 PHA 中的特征性白细胞外观，并将这些中性粒细胞报告为佩－许细胞，而不是非分叶中性粒细胞，以避免临床兽医解读 CBC 结果时误诊，因为他们可能错误地得出炎症非常严重的结论。PHA 粒细胞的核染色质模式粗糙而成熟，细胞质清晰且无中毒性变化。中性粒细胞功能正常，感染倾向尚未得到证实。PHA 发生在犬和猫中，被认为是常染色体显性遗传[8]。然而，在澳大利

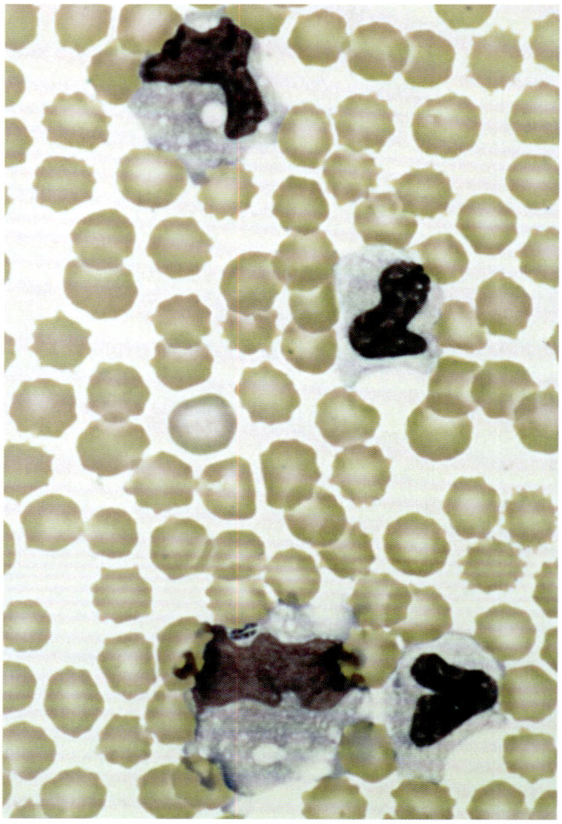

**图 4–11　一只 16 周龄的杜宾犬可能患有慢性肉芽肿性疾病，其涂片中含有 2 个单核细胞（左）和 2 个中毒性的幼稚中性粒细胞（照片右侧）**

下方单核细胞含有 2 个杆状细菌。这只犬出现了退行性核左移，杆状中性粒细胞比分叶中性粒细胞多，并伴中度单核细胞增多症。单核细胞有许多空泡，看起来很活跃（蓝色细胞质）。很难区分中毒性未成熟中性粒细胞和单核细胞。

亚牧羊犬中，PHA 可能以常染色体不完全显性模式遗传，这表明异常的表达由两个或多个等位基因控制[19]。

细菌感染、药物治疗、发展为粒细胞白血病或 FeLV 感染可能导致中性粒细胞获得性核分叶不足（即伪 PHA）。通过在父母、兄弟姐妹或其他亲属的血涂片中发现异常，或通过前瞻性育种试验证明该性状的遗传性，可以确诊真性 PHA。真性 PHA 在重复的血涂片分析中有持续的核变化，没有临床症状。

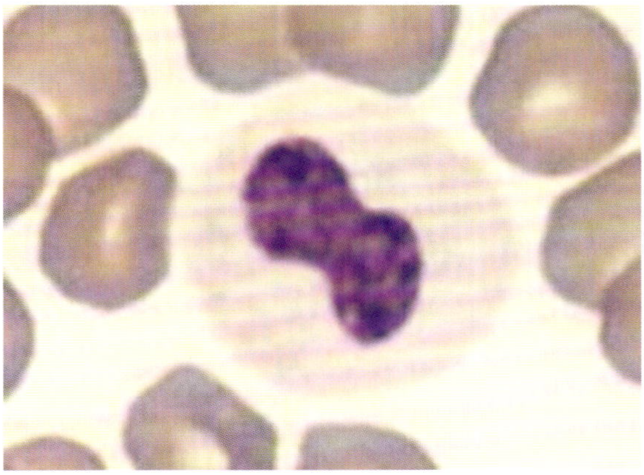

**图 4-12　犬佩 – 许中性粒细胞**

其核形状类似于晚幼粒细胞，但具有成熟中性粒细胞非常成熟的致密染色质模式。细胞质透明，无中毒性。这些中性粒细胞应被报告为佩 – 许中性粒细胞，而不是杆状中性粒细胞或晚幼粒细胞，这会误导阅读报告的人。

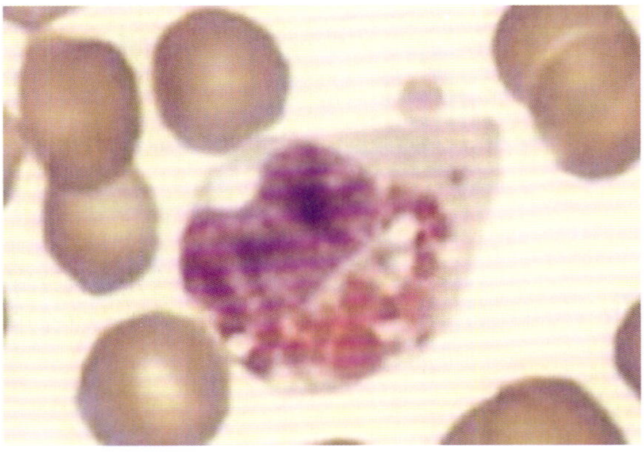

**图 4-13　犬佩 – 许嗜酸性粒细胞**

其有一个晚幼粒细胞形状的细胞核，但具有致密块状染色质模式。不同大小的颗粒是犬嗜酸性粒细胞的典型特征。

## 细胞质内含物遗传性疾病

### 契东综合征

契东综合征（Chédiak–Higashi syndrome，CHS）是波斯猫的一种常染色体隐性遗传病，眼睛呈黄绿色，毛色呈淡烟蓝色[46]。CHS 与中性粒细胞、嗜酸性粒细胞和其他细胞中溶酶体颗粒融合成大的粉红色细胞质内含物有关。黑色素颗粒的粗糙结块与被毛和虹膜的颜色稀释有关。此外，脉络膜色素减少会导致眼底反射呈红色和强光下的畏光。血涂片检查和猫的大体外观证实了 CHS 的诊断。中性粒细胞内含物在过氧化物酶和苏丹黑 B 染色中呈阳性。与其他物种相比，CHS 患猫没有感染的倾向。然而，患有 CHS 的猫继发于轻度血小板功能障碍，出血时间延长。创伤、静脉穿刺或择期手术后，止血时间可能会稍微延长。

### 伯曼猫中性粒细胞异常现象

中性粒细胞的罗曼诺夫斯基染色异常是伯曼猫的一种常染色体隐性遗传特征[46]。通常呈中性染色的中性粒细胞颗粒染色明显，类似于前粒细胞中的颗粒（图 4-14）。这种缺陷是无症状的，但需要与中毒性颗粒、Ⅵ型黏多糖贮积症和Ⅶ型黏多糖贮积症（mucopolysacharidosis，MPS）相鉴别。

### 溶酶体贮积症

贮积症是一种罕见的遗传性酶缺陷，可导致复杂分子的中间代谢物在细胞溶酶体内积累。根据代谢物的性质及其对罗曼诺夫斯基染色的亲和力，细胞质内含物可能表现为紫色和线状，就像猫的 MPS Ⅵ（即马罗托 – 拉米综合征）或犬的 MPS Ⅶ一样，或者在溶酶体酸性脂肪酶缺乏的猫的白细胞中表现为透明的空泡。MPS 特有的紫色颗粒可以与中

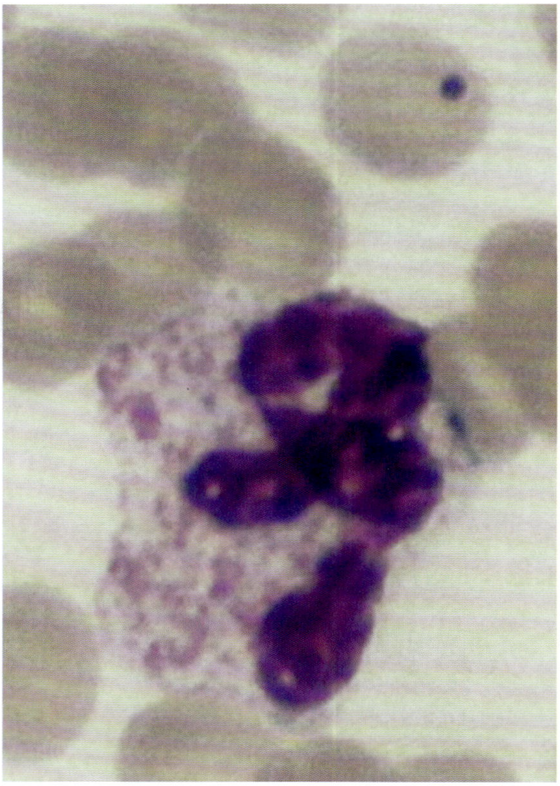

**图 4-14 一只伯曼猫的中性粒细胞颗粒异常，有突出的颗粒，类似于骨髓中早幼粒细胞的颗粒染色**

毒性颗粒区分开，因为细胞质中没有嗜碱性，中毒性颗粒在犬和猫中也很少见。溶酶体贮积症通常与进行性中枢神经系统疾病或骨骼疾病有关，但可通过 CBC 观察循环白细胞中的特征性内含物或空泡来鉴别。

## 白细胞功能缺陷

Weiss 回顾了中性粒细胞功能障碍[46]。原发性中性粒细胞功能障碍很少有文献记载。在有反复感染病史、中性粒细胞计数正常到极度升高，以及细胞学确定的缺乏中性粒细胞迁移到感染部位的动物中，可以怀疑该疾病。诊断原发性中性粒细胞功能障碍需要排除免疫抑制或继发性中性粒细胞功能障碍的常见原因，如应激、糖皮质激素治疗、营养缺乏、内分泌变化（如雌性犬发情的黄体晚期）或各种感染。中性粒细胞功能检测包括中性粒细胞的黏附性、趋化性、吞噬性、杀菌活性或其组合。中性粒细胞功能的检测是劳动密集型的，需要很长的时间来进行，因此价格很昂贵，而且只能通过少数专家或研究实验室来进行，动物必须转诊到这些实验室进行诊断。

### 犬 CD11/CD18 黏附蛋白缺乏症

犬黏附蛋白缺乏症［即犬白细胞黏附分子缺乏症（CLAD）、犬粒细胞病综合征］在爱尔兰赛特犬和爱尔兰赛特杂交幼犬中很少发生。CLAD 是一种常染色体隐性遗传病。受影响的幼犬在 12 周龄前就有反复的细菌感染。白细胞象异常通常包括类白血病反应（如白细胞计数高达 208 000/μL）。感染部位的液体含有很少的中性粒细胞，因为它们从微血管系统迁移到感染部位的能力较差。中性粒细胞在质膜表面缺乏 CD11/CD18 黏附蛋白，这通常会促进生物体的吞噬和血管中的细胞迁移[39]。

### 杜宾犬的慢性肉芽肿性疾病

8 只近缘杜宾犬的慢性呼吸道疾病归因于中性粒细胞杀菌活性受损[7]。中性粒细胞正常吞噬细菌,但无法杀死它们。免疫球蛋白浓度、补体浓度和有丝分裂原刺激的淋巴细胞转化都正常。在一窝可能患有杜宾犬慢性肉芽肿性疾病的瑞典幼犬中，一只 16 周龄的杜宾犬幼犬出现了败血症、单核细胞增多症和退行性核左移（图 4-11）。

### 髓过氧化物酶缺乏症

除了灵猩犬周期性造血中的中性粒细胞

减少外，还有由于髓过氧化物酶缺乏而导致的杀菌缺陷的相关报道[46]。在患有炎性疾病（如细小病毒性肠炎、子宫蓄脓、脓胸和肺炎），严重消耗中性粒细胞的犬中，发现了获得性髓过氧化物酶缺乏[17]。这导致 Advia 2120 将中性粒细胞错误地分类为单核细胞（图 4–15）。Advia 使用白细胞大小和过氧化物酶染色来进行 AutoDiff。用误认为单核细胞的中性粒细胞百分比来对髓过氧化物酶缺乏症进行分级。3 级（最严重的缺乏）有超过 50% 的中性粒细胞被误归类为单核细胞（图 4–15）。这些犬的中性粒细胞功能没有得到评估。

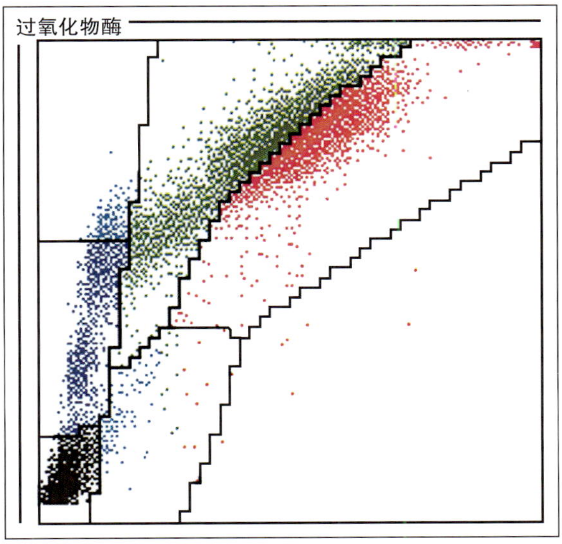


图 4–15　犬的获得性髓过氧化物酶缺乏症见于严重的炎性疾病，可以通过 Advia 2120 中性粒细胞分类中的误差大小来检测，并对其严重程度进行分级。Advia 2120 使用白细胞的大小（y 轴）和过氧化物酶染色（x 轴）来进行自动白细胞分类计数。在这个过氧化物酶点图中，红点是中性粒细胞，但大约一半的中性粒细胞群（红色椭圆）被归类为单核细胞（绿点），反映中性粒细胞的过氧化物酶活性降低。被错误地归类为单核细胞的中性粒细胞的数量反映了过氧化物酶活性降低的严重程度[17]。超过一半的中性粒细胞被错误地归类为单核细胞，用来表示髓过氧化物酶缺乏症的最严重程度。在该血液样本中，Advia 2120 的单核细胞计数为 40%，但人工单核细胞计数只有 11%

### 魏玛犬的反复感染

在反复发热和感染的魏玛犬幼犬中发现了中性粒细胞功能缺陷。它们的中性粒细胞对酪醇的化学发光反应降低。

### 获得性中性粒细胞功能障碍

少数患有调节不良的糖尿病、脓皮病、蠕形螨病、原藻病和铅中毒的犬已被报道有获得性中性粒细胞功能障碍。在一些患有糖尿病或肾上腺皮质功能亢进的犬中，可以注意到缺乏脓尿（未见中性粒细胞），在这些犬中可以从膀胱穿刺样本中培养出细菌。这表明在这些疾病中，中性粒细胞迁移有缺陷。在猫中，已有关于 FeLV 感染和 FIP 中性粒细胞功能障碍的记录，但并不常见[46]。

## 血细胞的发育异常和肿瘤性状况

前面讨论的白细胞的增殖反应是由于有目的地替换缺失的循环细胞，主要与增加利用或消耗有关。这种情况下的骨髓表现为增生。其他造血细胞增生可能是调节不良，发育和形态异常，被称为骨髓增生异常，或者是无目的性的、不受调控的新生长，被确认为肿瘤。血细胞的恶性肿瘤被称为白血病，字面意思是“白色的血液”，来自观察到的大面积的淡黄层。白血病反映了在血液或骨髓中发现的造血细胞的异常群体，而不是实体组织，如淋巴结、脾脏或肝脏。

### 非肿瘤性骨髓增生异常

用来指定显著发育异常的标准包括在骨髓中的一个或多个血细胞系中有超过 10% 的发育异常细胞，并同时出现血细胞减少[44]。造血细胞的形态异常可能发生在良性或肿瘤条件下（表 4–5）。

表 4-5 骨髓增生异常和相关疾病的类型

| 一般类别 | 相关疾病 |
|---|---|
| 先天性骨髓增生异常 | 玩具贵宾犬和迷你贵宾犬（红细胞和前体） |
| | 骑士查理王猎犬（血小板） |
| | 巨型雪纳瑞犬（中性粒细胞前体） |
| 继发性 MDS | 药物：硫唑嘌呤、环磷酰胺、阿糖胞苷、长春新碱、氯霉素 |
| | 传染性病原：FeLV、FIV、FIP |
| | 营养缺乏：叶酸、巨型雪纳瑞犬的钴胺素受体缺陷 |
| | 免疫介导性疾病：免疫介导性贫血 / 血小板减少 |
| | 恶性疾病：淋巴瘤、浆细胞骨髓瘤、肺腺癌 |
| 原发性 MDS | 特发性克隆缺陷 |

注：FeLV，猫白血病病毒；FIP，猫传染性腹膜炎病毒；FIV，猫免疫缺陷病毒；MDS，骨髓增生异常综合征。

### 先天性骨髓增生异常

遗传性骨髓增生异常存在于一些品种中，如玩具贵宾犬和迷你贵宾犬，其红细胞及其前体增大，或骑士查理王猎犬，其血小板异常大，与常染色体隐性缺陷有关。这些犬没有临床症状，增生异常的发现通常是偶然的。

### 继发性骨髓增生异常综合征

这种形式的骨髓增生异常不是一种肿瘤性疾病，而是一种继发于另一种疾病或条件的获得性疾病，是最常见的骨髓增生异常形式，占最近一份犬研究报告的骨髓疾病的近5%[45]。这可能与药物引起的营养问题有关，一旦消除了诱因，这些问题就可以逆转。一些骨髓增生异常会发生在某些猫病毒感染中，通常与免疫介导性疾病一起发生。例如，在IMHA 中，红细胞的大量产生可能与发育迅速和调节不良有关，导致有核的红细胞细胞质过多，核偏心而不是居中（图 4-16）。最近报道了一例与肺腺癌骨髓转移相关的犬红细胞生成障碍病例[23]。

## 白血病

白血病可能是基于白细胞浓度的极端升高，或者与该细胞类型的不典型或明显不成熟的形态有关。淋巴细胞或髓系（非淋巴）细胞可能与白血病有关。白血病的常见原因包括：①病毒感染，如 FeLV，它可能影响祖细胞的发育；②导致细胞生长改变的遗传性或获得性异常；③免疫系统缺陷，如 FIV 感染，缺乏对白血病的正常防御机制；④化学品（如苯、治疗药物），很少与白血病有关；⑤辐射，可能改变祖细胞的健康状况。

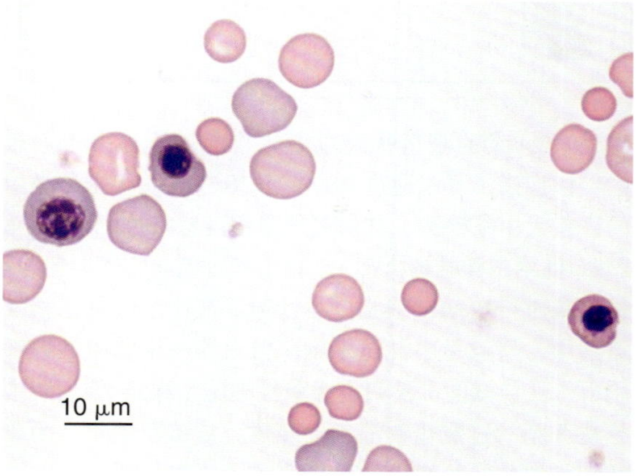


图 4-16 在一只患有强再生球形细胞免疫介导的溶血性贫血的犬的样本中，发现了 3 种有核红系前体的继发性骨髓增生异常。注意前体中微弱的嗜碱性点彩（最右），并且在所有 3 个红细胞中都有丰富的细胞质

白血病的临床症状各不相同。常见的症状包括嗜睡、黏膜苍白、厌食、体重减轻、发热、频繁感染、黄疸，以及异常出血，如瘀斑。体检结果通常包括肝脾肿大、淋巴结病或扁桃体肥大。

### 一般的实验室检查结果

白血病强有力的实验室指标包括明显的白细胞增多，存在许多母细胞，或晚期形态的形状或大小不规则。当测量与明显的白细胞增多或血小板增多有关的 PCV 时，可注意到明显的淡黄层。母细胞有一个大而圆的核，精细染色质模式，有一个或多个明显的核仁。反应性淋巴细胞和由母细胞转化而来的淋巴细胞通常数量很少（如 1 ~ 5 个 / 血涂片），并且不具有诊断性。许多反应性淋巴细胞和由母细胞转化而来的淋巴细胞可能出现在非白血病患病动物（如 1% ~ 5% 的白细胞）中，并可能与白血病相似。罕见的有丝分裂象并不表示白血病，因为在非白血病动物中也会遇到有丝分裂活跃的细胞，如红细胞、早幼粒细胞、中幼粒细胞、单核细胞和反应性淋巴细胞。识别细微的形态学不规则可能很困难。异常情况包括巨幼红细胞前体有过量的细胞质和不寻常的核染色质模式，有许多分叶核的增大的分叶中性粒细胞（大多核细胞），增大的高度空泡化的血小板，或侏儒巨核细胞，以及不同步的成熟，即细胞核和细胞质的成熟程度不同。

白血病的白细胞计数是可变的，从白细胞增多到白细胞减少，甚至是在正常范围内。贫血通常是非再生性的，但在某些形式的白血病中很少发现溶血。血小板减少或较少见的血小板增多，与其他血液学变化有关。用于诊断造血肿瘤或骨髓增生异常并评估受累程度的实验室检查除血液学检查外，还包括骨髓检查、生化、细胞学、血清学和尿液分析。如果血液中的变化不具有诊断性，骨髓检查可能确诊白血病。骨髓中的母细胞数量通常比血液中的多得多。骨髓检查最好包括抽吸和核心活检，同时进行外周血评估。积液或实体组织肿块的细胞学检查有助于确定主要来源。血清学用于检验引起白血病的病毒。对血清和尿液中的蛋白进行测定有助于确定与淋巴增生性疾病相关的丙种球蛋白病的存在（见第 12 章）。

**注意：** 白血病比其他导致白细胞数量和形态改变的原因少见。应激、炎症和反应性淋巴细胞则更常见。

### 高级诊断检测

以下信息适用于选择治疗造血肿瘤的患病动物，以及需要更具体的诊断来选择治疗的患病动物。特定白血病的最终诊断通常需要兽医临床病理学家的参与。常规 CBC 或骨髓细胞学的涂片镜检结合 EDTA 抗凝血的瑞氏染色涂片可能会对细胞起源进行形态分化，如淋巴系和髓系（即非淋巴系）。如果白血病患病动物的细胞形态不足以确定细胞系，可以使用通常在学术机构或参考实验室进行的专门检测（即细胞化学、电子显微镜、免疫细胞化学、遗传学检测）[38]。细胞化学涉及细胞内的酶、脂质或糖原的非免疫性细胞质标志物[31]。酶包括在某些粒细胞中发现的过氧化物酶，以及在单核细胞或 T 淋巴细胞中发现的非特异性酯酶（表 4–6）。电子显微镜有助于研究细胞质和细胞核的超微结构特征[13, 14]。免疫细胞化学（表 4–7）包括使用针对 CD3（T 细胞）、CD4（T 辅助细胞）、CD8（T 细胞毒性或抑制细胞）、CD14（单核细胞祖细胞）、CD21（B 细胞）和 CD79（B 细胞）

表 4-6 选择细胞化学染色剂鉴定犬猫白血病的细胞类型

| 染色 | 染色细胞 |
|---|---|
| 过氧化物酶 | 中性粒细胞：所有阶段均呈阳性<br>单核细胞：出现时呈弱阳性<br>嗜酸性粒细胞：在犬中呈阳性，在猫中呈阴性 |
| 苏丹黑 B | 中性粒细胞：所有阶段均呈阳性<br>单核细胞：出现时呈弱阳性<br>嗜酸性粒细胞：在犬中呈阳性，在猫中呈阴性 |
| 白细胞碱性磷酸酶 | 中性粒细胞：原始粒细胞，强阳性<br>单核细胞：原单核细胞在犬上弱阳或罕见<br>淋巴细胞：B 细胞亚群<br>嗜酸性粒细胞：猫的颗粒之间<br>嗜碱性粒细胞：弱染色或偶发染色 |
| 氯乙酸酯酶 | 中性粒细胞：强阳性<br>嗜碱性粒细胞：中等阳性<br>肥大细胞：可变阳性<br>巨核细胞：存在时呈弱阳性 |
| α-萘丁酚酯酶 | 单核细胞：弥漫性阳性<br>淋巴细胞：T 细胞中局灶性阳性<br>巨核细胞：弥漫性阳性 |
| 非特异性酯酶 + 氟化物 * | 淋巴细胞：在犬中呈阳性，在猫中可变<br>巨核细胞：在犬中呈弱阳性 |
| 过碘酸-希夫 | 中性粒细胞：所有阶段均呈阳性<br>巨核细胞：在犬中呈阳性，在猫中可变<br>肥大细胞：不同程度的阳性<br>淋巴细胞：浆细胞<br>嗜酸性粒细胞：弱或染色可变<br>嗜碱性粒细胞：弱或染色可变<br>单核细胞：弱或染色可变 |
| 酸性磷酸酶 | 中性粒细胞：所有阶段均呈阳性<br>淋巴细胞：T 细胞中局灶性阳性<br>嗜酸性粒细胞：阳性<br>嗜碱性粒细胞：在猫中呈阳性，在犬中可变<br>单核细胞：弥漫性阳性<br>巨核细胞：弥漫性阳性<br>肥大细胞：阳性 |

* 用氟化物抑制非特异性酯酶，以抑制或减少单核细胞的染色。

表 4-7 造血肿瘤中用于识别白细胞亚群的免疫化学抗体

| 抗体 | 白细胞亚群 |
|---|---|
| CD1c | 树突状细胞 |
| CD3 | T 淋巴细胞 |
| CD4 | T 辅助淋巴细胞<br>犬中性粒细胞 |
| CD5 | T 淋巴细胞<br>B 淋巴细胞亚群 |
| CD8 | T 细胞毒性淋巴细胞 |
| CD11b | 粒细胞、单核细胞、巨噬细胞 |
| CD11c | 单核细胞、粒细胞、树突状细胞 |
| CD11d | 巨噬细胞、颗粒淋巴细胞 |
| CD14 | 单核细胞 |
| CD18 | 泛白细胞 |
| CD20 | B 淋巴细胞 |
| CD21 | 成熟 B 淋巴细胞 |
| CD34 | 造血干细胞 |
| CD41/61 | 血小板 |
| CD45 | 泛白细胞 |
| CD61 | 血小板 |
| CD79a | B 淋巴细胞 |
| 因子Ⅷ的相关抗原 | 巨核细胞 / 血小板 |
| Mac387 | 粒细胞、单核细胞 |
| MHC Ⅱ | 巨噬细胞、树突状细胞、淋巴细胞 |
| 髓过氧化物酶 | 粒细胞、单核细胞 |
| 中性粒细胞特异性抗原 | 粒细胞 |

的抗体对特定细胞表面抗原进行染色[28]。用于这些特殊程序的血液和骨髓样本需要在处理、准备和固定方面具体说明。因此，应咨询临床病理学家，以避免因取样或样本处理不当而延误诊断。甚至还有涉及基因检测的更专业的诊断检测，如淋巴肿瘤的克隆性［如

抗原受体重排的聚合酶链反应（polymerase chain reaction for antigen receptor rearrangement，PARR）］和所有造血肿瘤的细胞遗传学异常的检测[6, 42]。

## 分类方案

造血肿瘤的分类方案经过多年的发展和完善，从纯粹的形态学比较开始，如法美英（FAB）分类系统，该系统将急性髓系白血病分为 8 个亚型（M0 ～ M7）（图 4–17），以及其对应的兽医系统（图 4–18），这两种系统都是基于起源细胞及其成熟程度，通过检查罗曼诺夫斯基（如瑞氏）染色的血液和骨髓涂

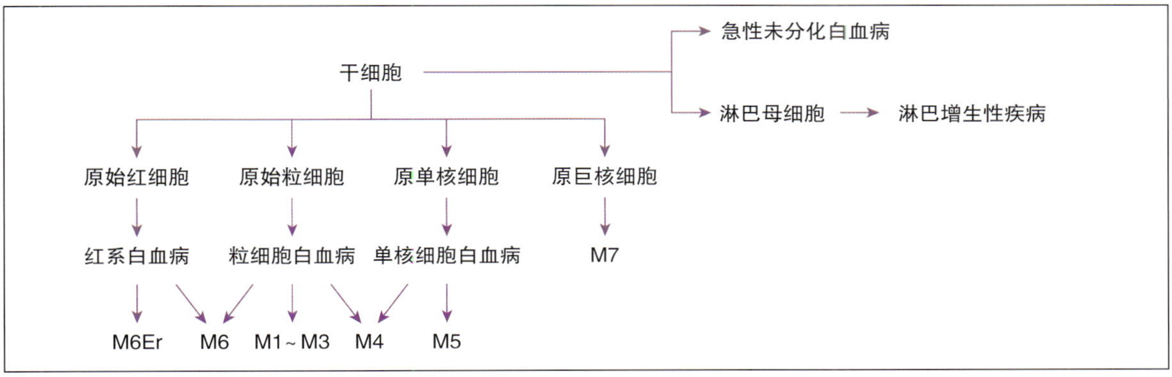


**图 4–17 用 FAB 分类描绘了最常见的未成熟造血细胞肿瘤性疾病的起源**

M1 ~ M3，原始粒细胞病和早幼粒细胞白血病；M4，髓单核细胞白血病；M5，原单核细胞白血病；M6Er，红系为主的红白血病；M6，红白血病；M7，巨核细胞白血病。

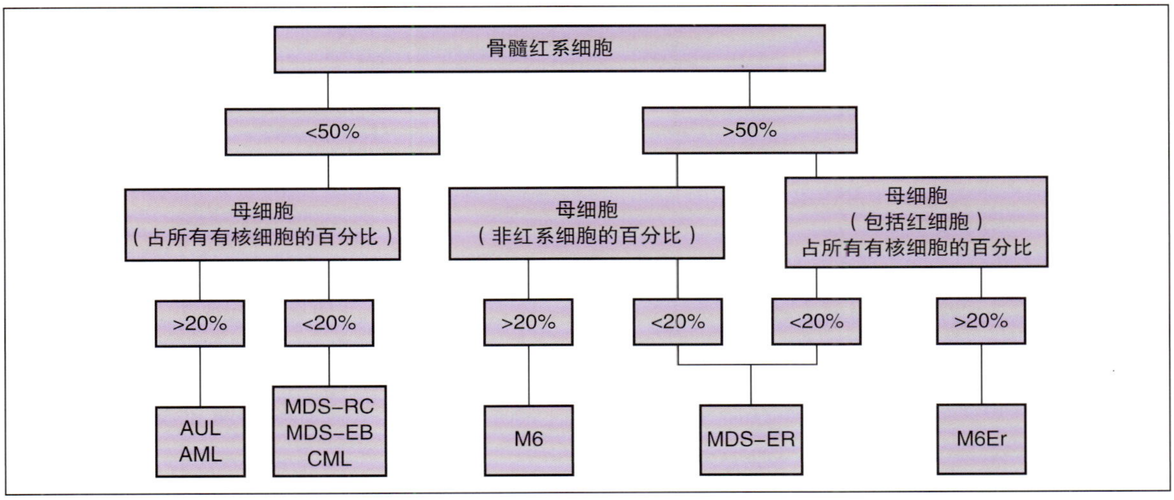


**图 4–18 使用源自所有有核细胞（ANC）的骨髓红系细胞对犬和猫的未成熟髓系白血病进行分类的示意图**

ANC 是一组排除淋巴细胞、浆细胞、巨噬细胞和肥大细胞的集群。非红系细胞的计算方法为 ANC 减去红系细胞。母细胞包括原始粒细胞、原单核细胞和巨核细胞。AML，急性髓系白血病 M1 ～ M5 和 M7；AUL，急性未分化白血病；CML，慢性髓系白血病；MDS–EB，原发性骨髓增生异常综合征伴母细胞增多；MDS–ER，骨髓增生异常综合征伴红系为主；MDS–RC，原发性骨髓增生异常综合征伴难治性红细胞减少；M6，红白血病；M6Er，红系为主的红白血病。

（经 Raskin RE 许可转载自：Myelopoiesis and myeloproliferative disorders. *Vet Clin North Am small Anim Pract* 26:1023, 1996.）

片确定。各种分类系统也被用于对淋巴肿瘤进行分类。其他分类系统，如国家癌症研究所工作组和更新的基尔系统，依赖于形态和免疫学特征。白血病的进一步区分可以通过细胞化学和免疫化学反应来进行（图 4–19）。世界卫生组织（World Health Organization，WHO）最新的造血和淋巴肿瘤分类方案通过肿瘤位置加上形态学、免疫表型和细胞遗传学标准确定不同的疾病类型，以最佳方式确定每种疾病的临床预后（专栏 4–1）[47]。淋巴肿瘤涉及淋巴细胞和浆细胞；髓系肿瘤涉及其余非淋巴性白细胞，包括单个或组合的肥大细胞、红细胞和巨核细胞或血小板；组织细胞肿瘤涉及巨噬细胞和树突状细胞。

有人建议对动物采用基于 WHO 人类淋巴肿瘤分类的系统[41]。这个兽医系统按免疫表型和肿瘤位置对淋巴肿瘤进行分类，主要在形态学标准的支持下，可能比以前的分类方案提供更好的预后信息。组织病理学在使用这一系统中起着关键作用。淋巴细胞白血病分为急性和慢性两种。大量母细胞或未成熟细胞表明白血病是急性的。慢性白血病有分化的细胞增殖，可能难以与增生区分（如反应性反应）。一般来说，慢性白血病的预后比急性白血病更好，因此患病动物的生存期更长。

美国兽医临床病理学会（ASVCP）之前制订了犬和猫的急性髓系白血病（acute myeloid leukemia，AML）的形态学分类标准[15]。AML 骨髓中的母细胞百分比等于或大于非淋巴细胞和非组织细胞的 30%，而慢性髓系白血病、骨髓增生异常综合征和类白血病反应的骨髓中，预计母细胞的百分比将＜30%（图 4–18）。然而，这一比例已经转变为 20%，以反映人们认识到在人类和动物中 20% ~ 30% 的范围是

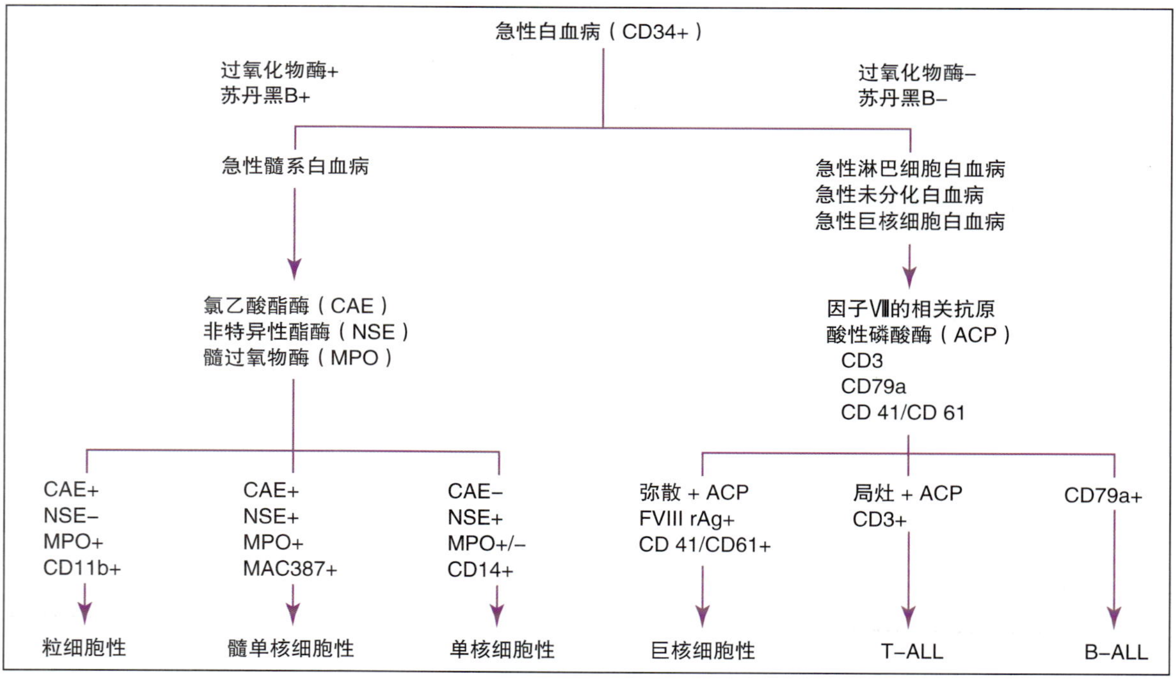


**图 4–19 使用细胞化学染色和免疫化学对急性白血病进行简化分类**

B–ALL，B 细胞急性淋巴母细胞白血病；T–ALL，T 细胞急性淋巴母细胞白血病；+，阳性；−，阴性。

一个灰色地带，具有更积极的临床过程的强烈倾向[37]。AML 被进一步分类，并根据细胞类型分为某一个亚型（M1 ～ M7）（图 4-18）。形容词（如粒细胞性或骨髓性、单核细胞性、淋巴细胞性；图 4-17）用来表示细胞谱系。如果不能确定细胞类型，它就被简单地称为急性未分化白血病。

**专栏 4-1 根据 2008 年 WHO 分类方案列出的精确描述的淋巴肿瘤和髓系肿瘤列表**

**淋巴肿瘤**

**前体**

- 淋巴母细胞白血病 / 淋巴瘤（B 细胞型、T 细胞型、无细胞型）

**成熟的**

- 淋巴细胞白血病 / 淋巴瘤（B 细胞型、T 细胞型）
- 颗粒性淋巴细胞白血病 / 淋巴瘤（T 细胞型、NK 细胞型）
- 浆细胞肿瘤
  - 骨髓瘤
  - 浆细胞瘤（髓外部位）
- 淋巴瘤（结节和结节外部位的 B 细胞型和 T 细胞型）
  - 蕈样真菌病 /Sézary 综合征（T 细胞型）
  - 边缘区（B 细胞型）

**髓系肿瘤**

**骨髓增生异常综合征**

- 骨髓增生异常综合征：难治性细胞减少症
- 骨髓增生异常综合征：母细胞过多

**急性髓系白血病**

- 急性髓系白血病（原始细胞型、原单核细胞型、红细胞型、原巨核细胞型）

**骨髓增生性肿瘤**

- 慢性骨髓性 / 中性粒细胞白血病
- 慢性嗜酸性白血病
- 慢性嗜碱性白血病
- 真性红细胞增多症
- 原发性血小板增多症
- 原发性骨髓纤维化
- 肥大细胞增多症（皮肤和系统性）

**组织细胞性肿瘤**

- 组织细胞肉瘤（树突状细胞）
- 嗜血细胞组织细胞肉瘤（巨噬细胞）
- 犬皮肤组织细胞瘤（树突状细胞）
- 猫进行性组织细胞增多症（树突状细胞）

**注意：**一般来说，淋巴肿瘤对治疗的反应比急性髓系白血病更敏感。

## 淋巴肿瘤

这种淋巴疾病可能起源于实体组织，如淋巴结（即结节）、消化道、胸腺、脾脏、眼睛和皮肤，或起源于骨髓，如浆细胞骨髓瘤或某些类型的白血病。随着时间的推移，分化的淋巴细胞持续增加，对已知的感染性病原体或抗原刺激物没有反应，这表明肿瘤代替免疫刺激。淋巴肿瘤的发生频率由高到低依次为淋巴瘤、浆细胞骨髓瘤、慢性淋巴细胞白血病（chronic lymphocytic leukemia，CLL）和急性淋巴细胞白血病（acute lymphoblastic leukemia，ALL）。

犬和猫的白血病年发病率大约分别为每 10 万只动物中有 31 例和 224 例。淋巴性恶性肿瘤，包括淋巴瘤，是 85% 以上的猫白血病和 65% 以上的犬白血病的原因。猫的淋巴瘤发病率是犬的 6 倍，髓系肿瘤的发病率是犬的 16 倍，这主要是由 FeLV 感染诱发肿瘤的结果。

### 前体淋巴瘤

**急性淋巴细胞白血病（ALL）·** ALL 比淋巴瘤的发生频率低。这种快速进展的疾病主要发生在中年犬上（平均 6 岁），也经常发生在感染 FeLV 的猫上。由于白血病起源于骨髓，ALL 可能与各种非再生性贫血、中性粒细胞减少和血小板减少的任何组合有关。随着病情的发展，在肝脏和脾脏等增大的内脏器官中可以发现淋巴母细胞。在 ALL 中，染色的血涂片上的淋巴细胞大小各不相同，有许多淋巴母细胞。CBC 通常可用于诊断 ALL，然而，骨髓中有更具一致性的异常（即淋巴母细胞密集的浸润）。如果没有细胞化学染色、细胞表面标志物或 PCR 克隆性检测，淋巴母细胞很难与低分化的髓系前体细胞区分开（图 4–19）。CD34 表面抗原的存在特别有助于区分未成熟的实体组织淋巴瘤的转移和源自骨髓的母细胞，而这又可能影响对治疗的反应。大多数猫 ALL 病例具有 T 细胞免疫表型，但犬的病例可能是 T 细胞、B 细胞或无细胞表型。高钙血症是一个不常见的实验室发现。

血涂片上的反应性淋巴细胞或由母细胞转化的淋巴细胞，特别是在经历强烈免疫刺激（如感染）的幼年动物中，可能会混淆其他甚至所有白血病的诊断。在许多非肿瘤性疾病中（如疾病或疫苗引起的免疫刺激），可观察到几个反应性淋巴细胞和由母细胞转化的淋巴细胞（每个血涂片上可能有 5 个）。相比之下，ALL 的淋巴母细胞占主导地位，每个油镜视野中可能有 5 个淋巴母细胞。不建议使用淡黄层制作涂片来浓缩白细胞以找到少数淋巴母细胞，因为在正常动物中，这些涂片通常有几个由母细胞转化的淋巴细胞。

### 成熟淋巴瘤

**慢性淋巴细胞白血病·**慢性淋巴细胞白血病（chronic lymphocytic leukemia，CLL）确诊后患病动物可持续生存约 12 个月，预后较好。多见于中老年犬（平均 10 岁），以雌性犬更多见。猫很少患这种类型的白血病，大多数患猫的 FeLV 阴性。区分 CLL 与 ALL 或具有白血病血象的淋巴瘤基于 CLL 中淋巴细胞的相对成熟外观，而在其他两种情况下常发现淋巴母细胞。CLL 中的淋巴细胞比正常大，外观比正常动物的更均匀。

淋巴细胞增多程度对 CLL 的诊断有很大帮助，淋巴细胞的增多量可能超过 40 000 ~ 100 000/μL。极端免疫反应（如慢性犬立克次体感染）中的最大淋巴细胞增多量很少 ＞25 000/μL，通常 ＜15 000/μL。在非白血病疾病中，具有较强持续免疫刺激的猫的淋巴细胞增多症可能达到更高的最大淋巴细胞计数（如 40 000/μL）。幼年、无症状食蟹猴的反应性淋巴细胞可持续 1 ~ 2 周，增多可达 70 000/μL。这些极端的变化可以称为淋巴细胞性类白血病反应。当淋巴细胞增多 ＞25 000 ~ 40 000/μL 时，CLL 是第一个需要考虑的疾病。CLL 的可能性与淋巴细胞增多症成比例增加，计数 ＞50 000 ~ 100 000/μL 具有明显的诊断价值。轻度正细胞正色素性非再生性贫血很常见，伴有可变的血小板减少症。

CLL 患病动物的淋巴结、脾脏和肝脏的细针抽吸物表明淋巴样增生，但区分增生与 CLL 可能很困难。CLL 具有更多的同质性，而增生性疾病有更多样化的淋巴细胞、浆细胞和淋巴母细胞。活检和组织病理学检查可以更好地检测肿瘤性淋巴细胞的浸润和组织结构缺失。在骨髓抽吸物中，淋巴细胞占比超过 15% ~ 20% 的有核细胞提示 CLL。

免疫表型分析表明，许多犬病例是 T 细胞起源。患有与单克隆性免疫球蛋白病相关的 B 细胞型 CLL 的犬可能会出现异常蛋白血症，最常见的是免疫球蛋白 M（IgM），但也会出现免疫球蛋白 A（IgA）和免疫球蛋白 G（IgG）丙种球蛋白病。使用诊断试验通过分析基因重排来确定克隆性，可能有助于确定淋巴细胞增殖是恶性的还是增生的。

**颗粒性淋巴细胞白血病 / 淋巴瘤·**淋巴细胞白血病和淋巴瘤的一个亚型涉及大部分中等大小的淋巴细胞，具有丰富的浅蓝色至透明的细胞质，含有几个小的红色或紫色颗粒，称为嗜苯胺蓝颗粒。这些细胞被称为大颗粒淋巴细胞（large granular lymphocyte，LGL），通常存在于许多动物的血液中，特别是在犬中，LGL 存在于 0 ~ 5% 的白细胞或 0 ~ 19% 的淋巴细胞中。LGL 计数可能由免疫刺激而增加，如在犬埃立克体病中所见。然而，LGL 的肿瘤性增殖是常见的。在猫中，与肠道淋巴瘤有关的颗粒状淋巴细胞有突出的大的粗糙的紫色细胞质颗粒。在犬中，LGL 恶性肿瘤可能表现为血液中的白血病或淋巴结和脾脏等组织中的淋巴瘤。在这些组织形式中，血液中的淋巴细胞计数可能正常，然而，中性粒细胞减少可能明显。在商业快速染色剂中能够染色的颗粒在水基瑞氏染色剂中染色效果不佳。然而，颗粒在瑞氏染色剂中能够观察到。这些细胞的免疫分型表明大多数是表达 CD3 和 CD8 的细胞毒性 T 细胞。

在犬中，LGL 白血病可能首先被认为是外周血中颗粒状淋巴细胞的良性非一过性增殖，称为持续性淋巴细胞增多症。这些细胞被认为起源于脾脏的红髓。随着疾病的进展，通常会发现脾肿大，细胞学检查显示 LGL 显著增加。通常情况下，骨髓看起来正常或有轻微的 LGL 受累。大多数患有 LGL 白血病的犬看起来像是患有 CLL，经过几年的缓慢的病程，一小部分犬可能有更具侵袭性的病程，类似于 ALL[24]。

**浆细胞肿瘤・**浆细胞骨髓瘤（plasma cell myeloma，PCM）是一种骨髓浆细胞疾病。髓外浆细胞瘤发生在软组织中（如肝脏、肾脏、脾脏、皮肤）。PCM 的 4 个诊断特征为：①伴有单克隆丙种球蛋白病的高蛋白血症；②脊柱的溶骨性病变；③骨髓抽吸物中含有超过 15% ~ 20% 的浆细胞；④本周蛋白尿（见第 7 章和第 12 章）。本周蛋白尿在犬和猫中很少见，这些抗体轻链最好通过检测含蛋白尿的尿液进行电泳识别。埃立克体病可能类似于浆细胞瘤，在骨髓中浆细胞大量增加，在血清中有类似于单克隆丙种球蛋白病的寡克隆丙种球蛋白病。

常通过对溶骨区或软组织肿物的组织学或细胞学评估诊断 PCM（见第 16 章）。肿瘤性浆细胞可能表现为细胞大小不等、细胞核大小不等和细腻分散的染色质形态。双核浆细胞在 PCM 中经常出现，但双核浆细胞通常在增生的淋巴组织（如淋巴结抽吸物）中可见。浆细胞白血病（即血液中存在肿瘤性浆细胞）不常发生。

**结节性淋巴瘤・**淋巴瘤（以前称为淋巴肉瘤）是犬和猫最常见的淋巴肿瘤。淋巴瘤通常起源于外周淋巴组织，但也可能在结节外部位（如皮肤）或实体组织中的骨髓淋巴细胞中发展。多中心性疾病在犬中更常见，通常累及外周淋巴结、脾脏和肝脏。犬淋巴瘤的其他形式如消化道淋巴瘤、胸腺淋巴瘤和皮肤淋巴瘤，发生频率依次递减。胸腺淋巴瘤在年轻猫中最常见，而消化道淋巴瘤在老年猫中更常见。猫也可能发展为多中心淋巴瘤、肾脏和皮肤的淋巴瘤。60% ~ 80% 的患胸腺淋巴瘤或多中心淋巴瘤的猫对 FeLV 群体特异性抗原呈阳性，而患消化道淋巴瘤的猫只有 30% 呈阳性。

CBC 对识别犬淋巴瘤不敏感。21% 的患犬有淋巴细胞增多症，25% 的患犬有淋巴细胞减少症。在确诊时，多达 57% 的犬可能患有白血病[32]。大约 30% 的患淋巴瘤的猫有白血病血象。CBC 可检测并发的细胞减少症，包括贫血、血小板减少症和白细胞减少症。是否累及骨髓被用于淋巴瘤的分期，因此有助于确定治疗方案。需要进行骨髓检查，因为 CBC 结果可能无法反映骨髓受累，反之亦然。在确定白血病是否累及骨髓时，骨髓核心活检最敏感（如 97% 的犬病例，仅通过血涂片分析能检出 50%，或仅使用骨髓抽吸活检能检出 60%）[32]。高钙血症（即血钙含量＞12 mg/dL）是与 T 细胞淋巴瘤最相关的因素（见第 8 章），有助于指导淋巴系统恶性肿瘤的诊断工作。单克隆丙种球蛋白病在 B 细胞淋巴瘤中很少见。

细胞病理学专家每天都在诊断淋巴瘤（见第 16 章）。淋巴结或其他受影响的组织和器官的细针抽吸物通常显示均匀的淋巴母细胞群或较大的淋巴细胞。如果细胞学在区分极度淋巴增生和早期淋巴瘤方面含糊不清，则手术活检与组织病理学可以根据正常组织结构的改变提供一个明确的诊断。手术或在内窥镜下进行深部组织活检也可能具有诊断意义。这常对边缘区淋巴瘤的病例有帮助，边缘区淋巴瘤是一种病程缓慢的 B 细胞淋巴瘤，通常表现为混合淋巴细胞群，类似于反应性淋巴细胞的外观。

免疫表型对淋巴瘤病例的预后评估有用。与 B 细胞淋巴瘤相比，T 细胞淋巴瘤患犬的复发和早期死亡的风险明显更高。目前，某些学术机构（如加利福尼亚大学戴维斯分校和科罗拉多州立大学）对细针抽吸物进行诊断性免疫细胞化学检查（或通过流式细胞仪进行评估）和组织切片的免疫组织化学检查。虽然通常“T 细胞型预后糟糕，B 细胞型预后最好”，但情况并不总是如此，预后指标涉及其他参数。

与由肿瘤性淋巴细胞组成的纵隔淋巴瘤或胸腺淋巴瘤不同，胸腺上皮肿瘤称为胸腺瘤，它含有数量不等的成熟淋巴细胞，通常见于老年犬和猫。这两种肿瘤都表现为前纵隔肿物，通常伴有咳嗽、呼吸困难或胸腔积液，包括乳糜胸。胸腺肿瘤与副肿瘤性高钙血症有关。胸腺瘤可能会同时出现血液中成熟淋巴细胞含量超过 25 000/μL，并可能与 CLL 相混淆。胸腺瘤有可能治愈。手术活检是诊断胸腺瘤的首选方法，因为细胞学检查可能会因为继发性乳糜胸或许多肥大细胞的存在而产生混淆。

**结节外淋巴瘤（蕈样真菌病）·** 蕈样真菌病是一种不常见的趋上皮性皮肤淋巴瘤（epitheliotrophic cutaneous Lymphoma，ECL），通常从皮肤开始，发展到累及淋巴结、脾脏和骨髓。蕈样真菌病的一个诊断特征是淋巴细胞在表皮内的局灶性聚集，形成“Pautrier 微脓肿”。“Sézary 综合征”是 ECL 的一个罕见变体，与白血病的血液特征有关，其特点是有细胞核明显卷曲的大 T 细胞[21]。ECL 的肿瘤细胞是表达 CD3 和 CD8 的细胞毒性 T 细胞。

与上皮细胞性蕈样真菌病相比，非趋上皮性淋巴瘤较少发生。这种形式以前被认为是 B 细胞来源，然而，最近的研究结果表明这完全是 T 细胞淋巴瘤，尽管其形态学和免疫学特征与蕈样真菌病不同。这两种形式都具有侵袭性，对治疗偶有反应或较差[29]。

## 髓系肿瘤

选定的髓系肿瘤的特征在专栏 4-1 中描述。骨髓增生异常综合征（MDS）包括一种白血病前状态，以及一种表现出显著发育不良的成熟和低分化非淋巴系细胞的肿瘤。一般来说，AML 是严重的、快速发展的疾病，对治疗基本上没有反应。相反，骨髓增生性肿瘤涉及从骨髓中释放出的相对成熟的细胞，临床病程可能很长。这一类别还包括累及肥大细胞增生性疾病，如皮肤肥大细胞瘤和全身性肥大细胞增多症。在髓系肿瘤中，同一动物的白血病细胞类型可能会随着时间的推移而变化，因此，诊断可能反映特定的时间点的状况。

各种细胞类型的母细胞通常缺乏可识别的特征，最初的冲动是将未分化的母细胞指定为淋巴母细胞。髓系肿瘤中的母细胞通过连续分化成为更成熟的髓系细胞（如果存在）来区分或者通过对低分化白血病的细胞进行化学染色来区分（表 4–7）。开始对动物进行细胞遗传学调查来确定与患有相同疾病的人相似的染色体缺陷，预后标志物可能有助于治疗这些疾病[6, 12, 16]。

**注意：**髓系肿瘤不常发生，而淋巴肿瘤则更常见。

## 骨髓增生异常综合征

原发性 MDS 是一种克隆性肿瘤疾病，表明它起源于一个单一转化的干细胞，影响多个非淋巴系，如红细胞、粒细胞和巨核细胞前体。发育异常的变化可能发生在白血病之前（即在显性白血病发病之前，可能需要数月到数年的时间）。这种肿瘤性疾病最好被认为是“原位白血病”，也就是说，缺陷仍然局限于骨髓，不会通过血液扩散或转移到身体的其他部位。一般来说，原发性 MDS 表现为一个或多个非淋巴系的持续外周血细胞减少，并伴有明显的形态学异常。在受影响的细胞系中，骨髓通常细胞数量众多，按照最新的人类 WHO 分类方案，母细胞百分比不到有核细胞的 20%[37]。两种 MDS 亚型似乎对猫有预测价值，因为中位生存期有明显差异[44]。一种亚型，即难治性细胞减少的 MDS，定义为骨髓样本中的骨髓母细胞少于 6%，生存期为 11.7 个月，而另一种亚型，即骨髓母细胞过多的 MDS，定义为骨髓中骨髓母细胞为 6% ~ 30%，生存期不到 1 个月。

## 急性髓系白血病

AML 是指一种影响非淋巴样细胞前体的肿瘤性疾病。M0 ~ M7 亚型由起源细胞和分化程度来定义[30]。可以使用细胞化学染色（图 4–19 和表 4–6）、免疫细胞化学（表 4–7）或流式细胞术来区分亚型[2, 43]。例如，急性原始粒细胞（骨髓）性白血病（AML–M2）通常由中性粒细胞组成，但也可能有嗜碱性粒细胞和嗜酸性粒细胞。白细胞总数是可变的，但可能发生极端白细胞增多。在血液循环中经常发现母细胞。AML 可能伴有严重的贫血和血小板减少。原始粒细胞、早幼粒细胞和非典型细胞代表 M1 ~ M3 亚型。原始粒细胞可能有一个中等嗜碱性的细胞质，很少有小的嗜苯胺蓝颗粒。无序的成熟序列也提示肿瘤发生，但可能发生在细胞破坏（如毒素、细小病毒）后的骨髓再生过程中。

骨髓再生始于未成熟的细胞（即原始粒细胞、早幼粒细胞、中幼粒细胞），没有预期中大量成熟杆状细胞和分叶细胞的存在。这种外观最初类似于白血病，但逐渐成熟，最终恢复正常的骨髓细胞群。诊断可能需要在几天后对骨髓进行重新评估。

髓单核细胞白血病（M4）的特点是由双向潜能干细胞联合产生中性粒细胞和单核细胞，导致原始粒细胞和原单核细胞等于或超过骨髓中非红系细胞的 20%。这是最常见的非淋巴性白血病。单核细胞和中性粒细胞的百分比可能随着疾病的发展而改变。预计会出现中度贫血。

单核细胞白血病（M5）不常发生。细胞化学染色可以防止将单核细胞白血病误诊为 ALL。原单核细胞增加到骨髓中非红系细胞的 20% 或更多。原单核细胞有嗜碱性的细胞质，缺乏明显的颗粒，细胞核呈不规则的圆形，呈折叠或褶皱的外观。

红白血病（M6）涉及不成熟和不典型的红细胞和粒细胞的增殖。红系成分超过 50%，原始粒细胞和原单核细胞（合计）等于或超过非红系细胞的 20%。一种称为 M6Er 的变异形式主要由红细胞前体细胞组成，在这种形式下，红系母细胞超过 20%。M6 在猫上比在犬上更常见。常有明显的严重非再生性贫血和发育异常改变。随着时间的推移，这种形式的白血病可能在外观上发生变化，并发展到主要涉及粒细胞前体。它通常与猫的 FeLV 感染有关。

原巨核细胞白血病（M7）在犬和猫中都有报道[11]。白细胞和血小板计数不同，可能发现循环的原巨核细胞。这些细胞有一个圆形的细胞核和稀少的嗜碱性细胞质，细胞表面粗糙不规则。血小板的形态通常是怪异的，其特点是巨大且有异常的颗粒。根据对过碘酸－希夫、α－萘乙酸酯酶、乙酰胆碱酯酶、第Ⅷ因子相关抗原或免疫标志物的细胞化学反应呈阳性诊断这种形式的白血病。电子显微镜可显示特征性的 α 颗粒或早期的内膜分界系统。以前报告里被误诊为 AML–M7 的一些病例，应该确诊为髓系增生伴骨髓纤维化。

**骨髓增生性肿瘤**

这组肿瘤包括大多数慢性髓系白血病，表现为受影响的特定成熟细胞类型的数量显著增加。骨髓中母细胞的百分比不到 20%，在罕见病例中有细胞遗传学异常[6, 12]。

慢性髓系白血病（chronic myelogenous leukemia，CML）和慢性中性粒细胞白血病（CNL）与急性粒细胞白血病的不同之处在于，分叶中性粒细胞和杆状中性粒细胞占多数。这两种疾病十分类似，除了在 CNL 中没有发现在 CML 中存在的费城染色体易位。CNL 的核左移可能延伸回早幼粒细胞，骨髓髓系增殖可能涉及髓系细胞的有序成熟，髓 / 红比值明显增加。这一比值可能介于 4 ∶ 1 和 25 ∶ 1 之间，也可能高达 36 ∶ 1。骨髓中含有不到 20% 的非淋巴组织细胞原始粒细胞（图 4–18）。CNL 的诊断通常基于发现明显的持续性白细胞增多（40 000 ~ 200 000/μL）和排除类白血病反应，如炎性白细胞增多症（在前面关于炎症的一节中讨论过）。贫血为轻度至中度，血小板计数可变。慢性粒细胞白血病可能出现淋巴抽吸物类似于明显的髓外造血的淋巴结病。预后和治疗反应均优于急性髓系白血病，确诊几个月后因母细胞危象死亡。

慢性嗜酸性粒细胞白血病是髓系白血病的变体。这种类型的白血病罕见，但已在犬中报告，并在猫中记录与 FeLV 感染有关。它的特点是明显的、持续的嗜酸性粒细胞增多（通常＞50 000/μL），并向不成熟转变。可能会出现中度贫血。它可能很难与高嗜酸性粒细胞疾病（如高嗜酸性粒细胞综合征、过敏、寄生虫病、嗜酸性炎性疾病、肥大细胞瘤、某些淋巴瘤）相鉴别。白血病嗜酸性粒细胞会离开骨髓，浸润实体组织，如淋巴结、肝脏和脾脏。

慢性嗜碱性粒细胞白血病是另一种不常见的髓系白血病，据报道主要发生在犬上。这种类型的肿瘤可以通过细微的核凹陷、分叶或小叶与肥大细胞白血病相区别。在犬中，肿瘤性嗜碱性粒细胞的胞质颗粒可能比肥大细胞的胞质颗粒粗大。这种疾病与血小板增多症和贫血有关。经治疗预后良好。

慢性粒单核细胞白血病（chronic myelomonocytic leukemia，CMMoL）是一种罕见的疾病，其中粒细胞系和单核细胞系的母细胞均占非淋巴组织细胞骨髓细胞的 30% 以下。病例外周血单核细胞增多常＞4000/μL，且发育异常改变显著。出于这个原因，这种形式的慢性髓系白血病被置于单独的 WHO 类别，反映了骨髓增殖和骨髓增生异常。当发生明显的单核细胞增多症伴中性粒细胞增多且没有炎症症状的指征时，应怀疑该病。随着时间的推移，CMMoL 可能进展为 AML。

真性红细胞增多症（原发性红细胞增多症）是犬和猫的一种罕见疾病，涉及成熟无核红细胞的肿瘤产生。砖红色的黏膜提示真性红细胞增多症，与明显增加的红细胞压积有关（即 PCV 为 65% ~ 82%）。若存在脾肿大，也仅为轻度肿大。50% 的患犬出现多饮多尿、出血和神经系统紊乱。真性红细胞增多症的明确诊断需要排除其他红细胞增多或绝对红细胞增多的原因（见第 3 章）。诊断是基于红细胞量的绝对增加、正常的动脉血氧分压（$PaO_2$），以及由专门实验室测量的血清促红细胞生成素浓度下降。必须排除肾囊肿、肾盂肾炎和肿瘤，因为它们也可以产生绝对真性红细胞增多症（即不适当的继发性红细胞增多症），作为一种伴随血清促红细胞生成素升高的副肿瘤综合征。

特发性血小板增多症（即原发性血小板增多症）是一种罕见的慢性骨髓增生性疾病，其特征是巨核细胞增殖和无规律的血小板生成，在犬和猫中有报道。它的发生与生理性或反应性血小板增多症无关。临床症状包括脾肿大和血小板功能异常，如自发性出血和血栓栓塞（见第 5 章）。血小板计数持续＞600 000/μL，往往超过 1 000 000/μL，这容易导致微血栓和微血管缺血。也可见中性粒细胞增多或嗜碱性组胞增多。

原发性骨髓纤维化（以前是特发性骨髓纤维化）被称为病因不明性骨髓化生或慢性巨核细胞 - 粒细胞生骨髓组织病。这种不常见的情况导致髓内和髓外造血，在病程后期伴随着反应性或继发性骨髓纤维化。最常受累的造血前体细胞是粒细胞和巨核细胞形式，它们浸润脾脏和肝脏。有些病例可能被误认为是巨核细胞来源的 AML。外周血中常同时有未成熟的粒细胞和红细胞，称为白 - 红母细胞反应。红细胞可表现为异形红细胞症，形成泪珠状。骨髓抽吸通常很困难，与骨髓纤维化的存在有关，因此，建议进行核心活检以确认诊断。生存期从几个月到几年不等，这取决于对非再生性贫血的治疗反应。

肥大细胞瘤包括从孤立肿物到弥散性肿物的各种表现。肥大细胞白血病可能起源于犬的骨髓，而且很少见。肥大细胞增多症或全身性肥大细胞增多症可能继发于实体肥大细胞瘤（见第 16 章），也可能提示严重的炎性疾病，尤其是细小病毒性肠炎。一般来说，血液中肥大细胞的数量越多，系统性肥大细胞瘤发生的可能性就越大，特别是在没有肠炎的情况下。健康犬的血涂片中不会出现肥大细胞[5]。正常犬骨髓中有 0 ~ 1 个肥大细胞 /1000 个有核细胞，骨髓涂片中有超过 10 个肥大细胞 /1000 个有核细胞则认为增加，支持血淋巴参与弥散性肥大细胞瘤的形成。

肥大细胞白血病可根据形态和细胞化学标准与嗜碱性白血病相区别。患有肠炎和肥大细胞症的犬，每个血涂片中的肥大细胞总数通常为 2 ~ 9 个，但也可在每个血涂片上发现 30 ~ 90 个肥大细胞。在犬和猫的皮肤肥大细胞瘤中很少发现循环转移的肥大细胞。循环中的肥大细胞在内脏肥大细胞瘤样病变的猫中更常见，导致弥散性、中度到重度脾肿大。循环中的肥大细胞吞噬红细胞并不罕见，这可能导致贫血。通常，弥散性疾病累及脾脏、肝脏、远端淋巴结或骨髓。细胞学或手术活检能准确诊断弥散性肥大细胞瘤。

## 组织细胞性肿瘤

组织细胞性肿瘤是一类重要的骨髓和实体组织肿瘤，涉及树突状细胞和巨噬细胞。它们在家养动物中表现为良性至高度侵袭性的恶性肿瘤。

存在明显的贫血提示组织细胞肉瘤的一种变体，即嗜血细胞组织细胞肉瘤，它是涉及巨噬细胞的恶性肿瘤。免疫标记有助于做出这种区分。犬和猫都可能出现组织细胞肉瘤复合体疾病。树突状瘤的实体组织形式在犬上表现为皮肤良性组织细胞瘤，在猫上表现为猫进行性组织细胞增多症。

### 组织细胞肉瘤

组织细胞肉瘤是一种髓系树突状细胞的局部肿瘤，随着时间的推移可能会出现扩散，此时该病被称为弥散性组织细胞肉瘤[1]。弥散性组织细胞肉瘤与一种更具侵袭性的疾病——恶性组织细胞病非常相似，后者同时导致多系统病变，也产生于骨髓树突状细胞。老年动物的风险更大，某些品种如金毛寻回犬、平毛猎犬、罗威纳犬和伯恩山犬的发病率更高[33]。受影响的主要部位包括关节周围的皮下组织、脾脏、肺和骨髓；继发部位是肝脏、淋巴结和肾脏。贫血、血小板减少和高胆红素血症是最常见的实验室异常。细胞学显示，恶性组织细胞大，通常呈明显的多形性圆形或星形细胞，有丰富的（有时为空泡化的）嗜碱性细胞质。细胞核呈椭圆形至肾形，染色质呈花边状，核仁明显，多核仁。多核细胞很常见，有丝分裂象也很常见。手术切除局部组织细胞肉瘤可延长生存期。

### 嗜血细胞组织细胞肉瘤

组织细胞肉瘤的一种嗜血型变体与库姆斯阴性再生性贫血有关，这种贫血与肿瘤性脾红髓和骨髓巨噬细胞的显著噬红细胞现象有关[27]。传染病或炎性疾病可能会出现类似的情况。恶性细胞间变性外观和没有并发感染的病史可能有助于区分恶性组织细胞增多症和炎性疾病。恶性组织细胞增多症与其他肿瘤的鉴别是通过阳性的组织细胞化学和免疫组织化学标志物，以及阴性的淋巴或上皮标志物来证实的。当进行免疫表型或基因重排研究时，外观相似的细胞实际上可能是 T 细胞或 B 细胞淋巴瘤。由于病情进展迅速，预后较差。其他实验室发现包括低白蛋白血症、血小板减少症和低胆固醇血症，前两种发现是预后较差的变量。

## 致谢

我们对 Ken Latimer 博士之前对本章所做的贡献表示感谢和赞赏。

## 参考文献与推荐阅读

[1] Affolter VK, Moore PF: Localized and disseminated histiocytic sarcoma of dendritic cell origin in dogs. *Vet Pathol* 39:74, 2002.

[2] Allison RW, et al: Dendritic cell leukemia in a golden retriever. *Vet Clin Pathol* 37:190, 2008.

[3] Aroch I, Klement E, Segev G: Clinical, biochemical, and hematological characteristics, disease prevalence, and prognosis of dogs presenting with neutrophil cytoplasmic toxicity. *J Vet Intern Med* 19:64, 2005.

[4] Avery AC, Avery PC: Determining the significance of persistent lymphocytosis. *Vet Clin North Am Small Anim Pract* 37:267, 2007.

[5] Bookbinder PF, Butt MT, Harvey HJ: Determination of

the number of mast cells in lymph node, bone marrow, and buffy coat cytologic specimens from dogs. *J Am Vet Med Assoc* 200:1648, 1992.

[6] Breen M, Modiano JF: Evolutionarily conserved cytogenetic changes in haematological malignancies of dogs and humans: man and his best friend share more than companionship. *Chromosome Res* 16:145, 2008.

[7] Breitschwerdt EB, et al: Rhinitis, pneumonia, and defective neutrophil function in the Doberman pinscher. *Am J Vet Res* 48:1054, 1987.

[8] Brockus CW: Leukocyte disorders. In Ettinger SJ, Feldman EC, editors: *Textbook of veterinary internal medicine*, ed 6, Philadelphia, 2005, WB Saunders, pp 1937.

[9] Brown MR, Rogers KS: Neutropenia in dogs and cats: a retrospective study of 261 cases. *J Am Anim Hosp Assoc* 37:131, 2001.

[10] Center SA, et al: Eosinophilia in the cat: a retrospective study of 312 cases (1975–1986). *J Am Anim Hosp Assoc* 26:349, 1990.

[11] Comazzi S, Gelain ME, Bonfanti U, et al: Acute megakaryoblastic leukemia in dogs: a report of three cases and review of the literature. *J Am Anim Hosp Assoc* 2010;46:327.

[12] Cruz Cardona JA, Milner R, Alleman AR, et al: BCR–ABL translocation in a dog with chronic monocytic leukemia. *Vet Clin Pathol*. Article first published online: 10 December 2010. *DOI: 10.1111/j.1939-165X.2010.00277.x*

[13] Grindem CB, Perman V, Stevens JB: Morphological classification and pathologic characteristics of spontaneous leukemia in 17 dogs. *J Am Anim Hosp Assoc* 21:219, 1985.

[14] Grindem CB, Perman V, Stevens JB: Morphological classification and pathologic characteristics of spontaneous leukemia in 10 cats. *J Am Anim Hosp Assoc* 21:227, 1985.

[15] Jain NC, et al: Proposed criteria for classification of acute myeloid leukemia in dogs and cats. *Vet Clin Pathol* 20:63, 1991.

[16] Juopperi TA, Bienzle D, Bernreuter DC, et al: Prognostic markers for myeloid neoplasms: a comparative review of the literature and goals for future investigation. *Vet Pathol* 48:182, 2011.

[17] Klenner S, Richarz J, Bauer N, Moriz A: Myeloperoxidase deficiency in dogs observed with the Advia 120. *Tierärztl Praxis Klientiere* 3:139, 2010.

[18] Latimer KS: Leukocytes in health and disease. In Ettinger SJ, Feldman EC, editors: *Textbook of veterinary internal medicine: Diseases of the dog and cat*, ed 4, vol 2, Philadelphia, 1995, WB Saunders.

[19] Latimer KS, Campagnoli RP, Danilenko DM: Pelger–Huët anomaly in Australian shepherds: 87 cases (1991–1997). *Comp Clin Pathol* 10:9, 2000.

[20] Latimer KS, Mahaffey EA, Prasse KW: *Veterinary laboratory medicine*, ed 4, Ames, IA, 2003, Iowa State University Press.

[21] Latimer KS, Rakich PM: Sézary syndrome in a dog. *Comp Clin Pathol* 6:115, 1996.

[22] Lilliehöök I, Tvedten H: Investigation of hypereosinophilia and potential treatments. *Vet Clin North Am Small Anim Pract* 33:1359, 2003.

[23] Lukaszewska J, Lewandowski K: Cabot rings as a result of severe dyserythropoiesis in a dog. *Vet Clin Pathol* 37:180, 2008.

[24] McDonough SP, Moore PF: Clinical, hematologic, and immunophenotypic characterization of canine large granular lymphocytosis. *Vet Pathol* 37:637, 2000.

[25] Meyer DJ, Harvey JW: *Veterinary laboratory medicine: interpretation and diagnosis*, ed 3, Philadelphia, 2007, WB Saunders.

[26] Moore GE, Mahaffey EA, Hoenig M: Hematologic and serum biochemical effects of long-term administration of antiinflammatory doses of prednisone in dogs. *Am J Vet Res* 53:1033, 1992.

[27] Moore PF, Affolter VK, Vernau W: Canine hemophagocytic histiocytic sarcoma: a proliferative disorder of CD11d+ macrophages. *Vet Pathol* 43:632, 2006.

[28] Moore PF, Vernau W: Lymphocytes: Differentiation molecules in diagnosis and prognosis. In Feldman BF, Zinkl JG, Jain NC, editors: *Schalm's veterinary hematology*, ed 5, Baltimore, 2000, Williams & Wilkins, pp 247.

[29] Moriello KA: Cutaneous lymphoma and variants. In Feldman BF, Zinkl JG, Jain NC, editors: *Schalm's veterinary hematology*, ed 5, Baltimore, 2000, Williams & Wilkins.

[30] Raskin RE: Myelopoiesis and myeloproliferative

disorders. *Vet Clin North Am Small Anim Pract* 26:1023, 1996.

[31] Raskin RE: Cytochemical staining. In Weiss DJ, Wardrop KJ, editors: *Schalm's veterinary hematology*, ed 6, Ames, IA, 2010, Wiley-Blackwell, pp 1141.

[32] Raskin RE, Krehbiel JD: Prevalence of leukemic blood and bone marrow in dogs with multicentric lymphoma. *J Am Vet Med Assoc* 194:1427, 1989.

[33] Rossi S, Gelain ME, Comazzi S: Disseminated histiocytic sarcoma with peripheral blood involvement in a Bernese Mountain dog. *Vet Clin Pathol* 38:126, 2009.

[34] Rumke CL: The statistically expected variability in differential leukocyte counting. In Koepke JA, editor: *Differential leukocyte counting*, Stokie, IL, 1978, College of American Pathologists, pp 69.

[35] Schultze AE: Interpretation of canine leukocyte responses. In Weiss DJ, Wardrop KJ, editors: *Schalm's veterinary hematology*, ed 6, Ames IA, 2010, Wiley-Blackwell, pp 321-334.

[36] Segev G, Klement E, Aroch I: Toxic neutrophils in cats: clinical and clinicopathologic features, and disease prevalence and outcome—a retrospective case control study. *J Vet Intern Med* 20:20, 2006.

[37] Swerdlow SH, Campo E, Harris NL, et al, *editors. WHO classification of tumours of haematopoietic and lymphoid tissues*, Lyon, France, 2008, IARC.

[38] Tasca S, et al: Hematologic abnormalities and flow cytometric immunophenotyping results in dogs with hematopoietic neoplasia: 210 cases (2002-2006). *Vet Clin Pathol* 38:2, 2009.

[39] Trowald-Wigh G, et al: Leucocyte adhesion protein deficiency in Irish setter dogs. *J Vet Immunol Immunopathol* 32:261, 1992.

[40] Valenciano AC, Decker LS Cowell RL: Interpretation of feline leukocyte responses. In Weiss DJ, Wardrop KJ, editors: *Schalm's veterinary hematology*, ed 6, Ames IA, 2010, Wiley- Blackwell, pp 335.

[41] Valli VE, et al: *Histological classification of hematopoietic tumors of domestic animals*, ed 2, Washington, DC, 2002, Armed Forces Institute of Pathology.

[42] Vernau W, Moore PF: An immunophenotypic study of canine leukemias and preliminary assessment of clonality by polymerase chain reaction. *Vet Immunol Immunopathol* 69:145, 1999.

[43] Villiers E, Baines S, Law A-M, et al: Identification of acute myeloid leukemia in dogs using flow cytometry with myeloperoxidase, MAC387, and a canine neutrophil-specific antibody. *Vet Clin Pathol* 35:55, 2006.

[44] Weiss DJ: Evaluation of dysmyelopoiesis in cats: 34 cases (1996-2005). *J Am Vet Med Assoc* 228:893, 2006.

[45] Weiss DJ: A retrospective study of the incidence and the classification of bone marrow disorders in the dog at a veterinary teaching hospital (1996-2004). *J Vet Intern Med* 20:955, 2006.

[46] Weiss DJ: Neutrophil function disorders. In Weiss DJ, Wardrop KJ, editors: *Schalm's veterinary hematology*, ed 6, Ames, IA, 2010, Wiley-Blackwell, pp 275.

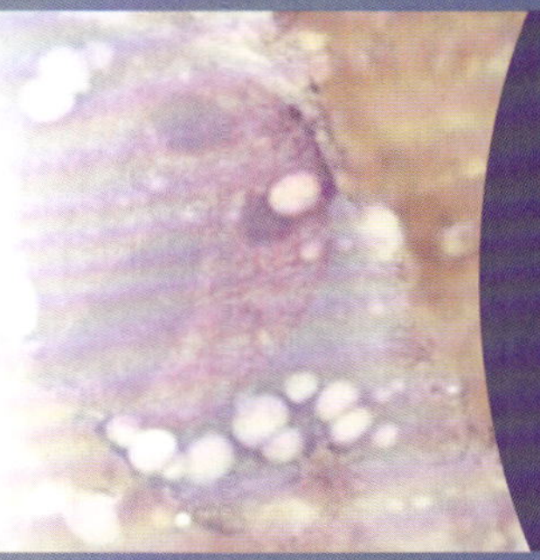

第5章

# 止血功能异常

Harold Tvedten

## 止血检测的目的

以前，止血检测主要用于确定患病动物出血原因或是否可能在手术中出血，而近期止血检测的目的发生了转变。因此，大多数检测都与确定血小板数量和功能、凝血缺陷检测，以及弥散性血管内凝血（DIC）的纤溶检测有关。最近，人们强调要确定动物是否处在高凝状态，是否容易发生血栓栓塞问题。欧洲已经开始流行血栓弹力图（thromboelastography，TEG）检测，兽医用它来确定血液中的细胞和血浆因子的最终效应是否显示高凝、正常凝血或低凝的倾向。TEG 检测表明，即使患病动物有血小板减少症和（或）凝血因子缺乏导致凝血时间［如活化部分凝血活酶时间（activated partial thromboplastin time，aPTT）］延长，也可能出现高凝状态。与评估特定缺陷的检测相比，TEG 是一种更全面的止血功能检测。

### 止血和疾病诊断

止血的目的是维持凝血和纤维蛋白溶解的平衡，以保持适当的血管结构和功能以及血液的流动性。当血管结构受损时，需要有足够数量和功能的血小板（初级止血），以及足够的凝血因子和辅助因子（次级止血），以阻止出血。一个完整的纤维蛋白溶解系统其血凝块形成于血管损伤区域，并在愈合时重新开放血管。DIC 时，纤维蛋白溶解失衡导致高凝状态和血栓栓塞，或出现低凝状态和出血，或两者同时出现。

本章共分 3 部分。第 1 部分介绍正常止血的组成成分，包括血管内皮细胞、血小板、凝血因子和纤维蛋白溶解系统。第 2 部分介绍几种止血检测和影响其用于诊断的因素。第 3 部分简要介绍特定的遗传性和获得性止血障碍及其实验室诊断。

对出血原因的评估包括处理显性问题（如严重的鼻出血），检测可疑问题［如杜宾犬的血管性血友病（von willebrand's disease，vWD）］，以及对实验室检查中发现的意外问题的调查（如轻度到中度的血小板减少、肝病的证据）。出血情况可能包括分娩、发情或轻微创伤（如静脉穿刺术、乳牙脱落）后出血时间延长或自发性出血（如瘀点、瘀斑、血肿）。胃肠道出血可能表现为粪便带有鲜红的血液或呈深色柏油状，而且往往是隐匿性出血。关节和肌肉出血可能导致跛行。体腔出血可通过体液细胞学诊断。小的出血（如瘀斑和瘀点）表明有血小板或血管缺陷（图 5-1）。鼻出血通常与血小板缺损有关，这可能是血管和鼻黏膜之间的组织稀少所致。相反，凝血功能缺陷的特点是深部大量出血（如血肿、关节积血）。

对疑似患有出血性疾病的患病动物的评估不仅需要选择合适的检查，为了最佳诊断，还需要完整的病史调查和体格检查，因为止血障碍与品种、年龄、治疗和中毒有很大关系。应该在诊所进行筛选检测。如 VetScan VSpro 凝血分析仪（加利福尼亚州联合市爱贝斯公司）等即时检测分析仪可用于诊所内分析 aPTT 和凝血酶原时间（PT）。然而，参考实验室（尤其在专业止血检测中心）对于止血检测的方法和试剂会有更好的控制，并可选择更完整的检测，这些检测可能是识别轻微或罕见问题所必需的（见后面的方法学讨论）。

图 5-2 显示了一种简单的检测选择方法。如果体格检查没有发现出血原因，或出血似乎与损伤关系不大，有必要进行止血检测（相对昂贵的检测）来诊断和定位止血缺陷。在有些情况下只需要做一个检测［如由于杜宾犬具有 vWD 的高发病率，因此将血管性血友病因子（von Willebrand's factor，vWF）或毛细血管出血时间测定作为杜宾犬的术前筛查］。同样，PT 是疑似摄入华法林类灭鼠剂的首选唯一检测方法。然而，建议在同一天进行一系列检测，确定可能的出血缺陷（表 5-1

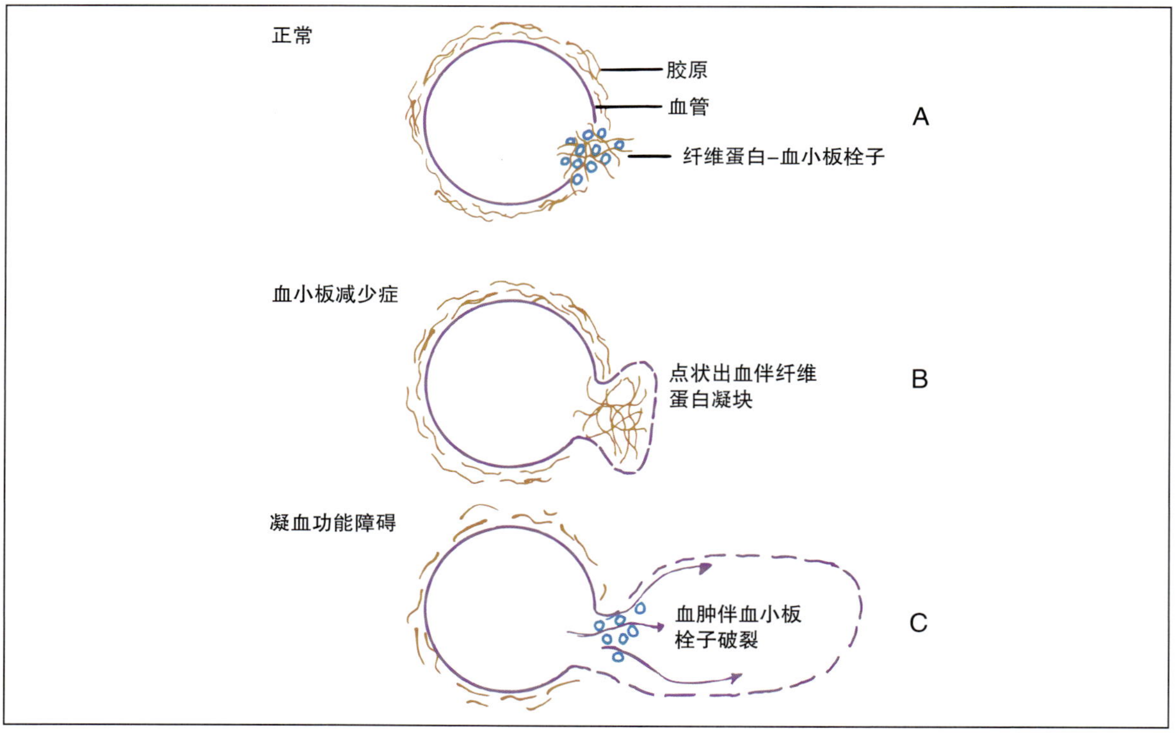


**图 5–1　血小板减少或凝血功能障碍的物理证据**

血小板减少症和凝血功能障碍的出血量的差异如图所示。A. 当暴露的胶原蛋白刺激血小板和凝血因子形成由纤维蛋白链迅速稳定的血小板栓子时，血管破裂通常会很快修复。B. 在血小板减少症中没有形成适当的血小板栓子，但在形成纤维蛋白凝块之前，只有少量血液渗入胶原蛋白。C. 凝血因子缺陷会阻止纤维蛋白快速或牢固地稳定血小板栓子，导致血小板堵塞破裂，从而导致大量出血。

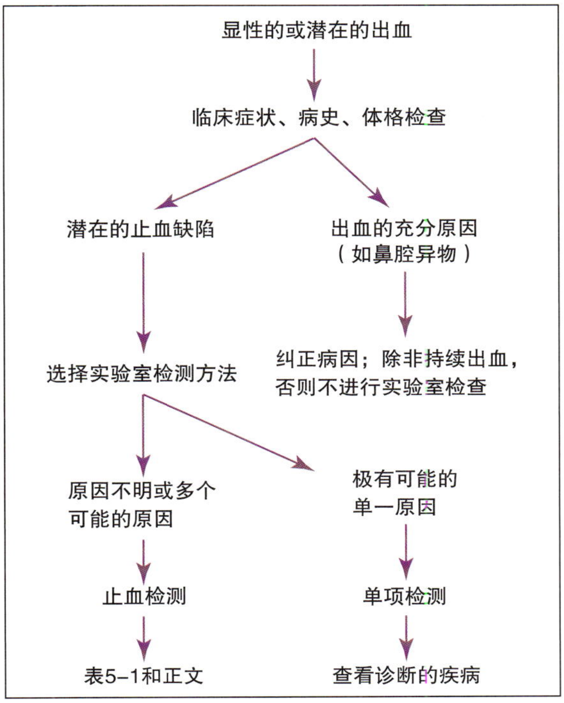


**图 5-2　实验室检查的选择**

如果能充分地解释出血过程，就没必要进行止血检测。如果可能存在止血缺陷，且无法确定止血缺陷原因，应该通过实验室检查来筛选止血机制的所有可能部分。当临床证据表明只有一个可能的原因时，应该选择最合适的检测来评估止血缺陷。

和表 5-2）。有些止血障碍会影响多个区域的止血，因此，只进行 1 ~ 2 个检测可能会导致不完整或错误的结论。凝血因子和抗凝血因子的产生和失活，血小板产生和清除的变化，以及治疗效果的变化可能混淆诊断。因此，在初诊时同时进行完整的检查更有可能获取正确诊断。组合检测中的正常结果可排除某些疾病。

合理的组合检测包括血小板计数、血小板功能检测、评估内源性和共同凝血途径的 aPTT、评估外源性和共同途径的 PT，以及纤维蛋白溶解活性的检测，如 D- 二聚体（表 5-1）。在某些情况下会使用替代检测和附加

**表 5-1　止血筛查检测**

| 首选检测 | 替代检测 | 参数检测 |
|---|---|---|
| 血小板计数 | 血涂片评估 | 血小板数量 |
| CBT、BMBT | PFA-100 | 血小板功能 |
| aPTT | ACT | 凝血因子（见正文） |
| PT | 特定凝血因子分析 | 凝血因子（见正文） |
| D- 二聚体 | FDP、TEG | 纤维蛋白溶解 |
| vWF 分析 | 基因检测 | vWF、vWD |

注：ACT，活化凝血时间；aPTT，活化部分凝血活酶时间；BMBT，颊黏膜出血时间；CBT，毛细血管出血时间；FDP，纤维蛋白降解产物；PFA-100，血小板功能分析仪；PT，凝血酶原时间；TEG，血栓弹力图；vWD，血管性血友病；vWF，血管性血友病因子。

检测（参见实验室检测一节）。

止血缺陷最初应定位在止血机制的常规区域，它有 4 个主要组成部分：血管、血小板、凝血因子和纤溶系统（表 5-2）。循环中的血小板与内皮下暴露的胶原蛋白接触后，聚集的血小板栓子最初会封闭受损的血管（初级止血）。血小板在 vWF 的帮助下与胶原蛋白结合并相互作用（图 5-3 和图 5-1）。由胶原蛋白、促凝血酶原激酶和血小板刺激的凝血因子形成纤维蛋白链，以稳定血小板栓子（次级止血）。纤溶系统溶解血栓，以便在血管愈合时重新开放血管腔，让血液流动。血小板栓子在凝血功能障碍中形成，但由于其没有被纤维蛋白链稳定住，所以很容易破裂并再出血。栓子一般在与内皮下胶原蛋白接触后迅速形成，但一种或多种凝血因子的严重缺乏会减缓栓子的形成。在此期间，在纤维蛋白凝块最终形成或邻近组织的压力阻止出血之前，可能会发生更大的出血（图 5-1）。

**表 5-2　止血机制：功能和合适的实验室检查**

| | 血小板数量 * | 血小板功能 * | 凝血因子 * | 纤溶系统 * | 血管 * |
|---|---|---|---|---|---|
| 正常功能 † | 血小板栓子 | 血小板栓子 | 纤维蛋白凝块 | 溶解血凝块 | 保留血液 |
| 用于评估的检测 ‡ | 血小板计数 | 出血时间 | aPTT 和 PT | D- 二聚体、FDP | 组织病理学 |
| 替代检测 | 血涂片的血小板评估 | PFA-100 | ACT 或特定因子分析 | TEG | |
| 疾病的术语 | *血小板减少症* | *血小板病* | *凝血功能障碍* | *DIC 血栓栓塞性疾病* | *血管疾病* |

注：ACT，活化凝血时间；aPTT，活化部分凝血活酶时间；DIC，弥散性血管内凝血；FDP，纤维蛋白降解产物；PFA-100，血小板功能分析仪；PT，凝血酶原时间；TEG，血栓弹力图。

* 止血机制的 5 个基本部分。

† 5 部分的基本功能。所有部分都与其他部分相互作用（例如，纤维蛋白凝块稳定血小板栓子，凝块刺激纤维蛋白溶解，血小板加速凝结过程）。

‡ 表头的止血参数（顶排）通过这些检测进行评估。从检测中可能发现的异常疾病为斜体字（疾病的术语，底排）。凝血因子活性的解释在文中和图 5-4、图 5-6、图 5-7、图 5-11 和图 5-12 中描述。

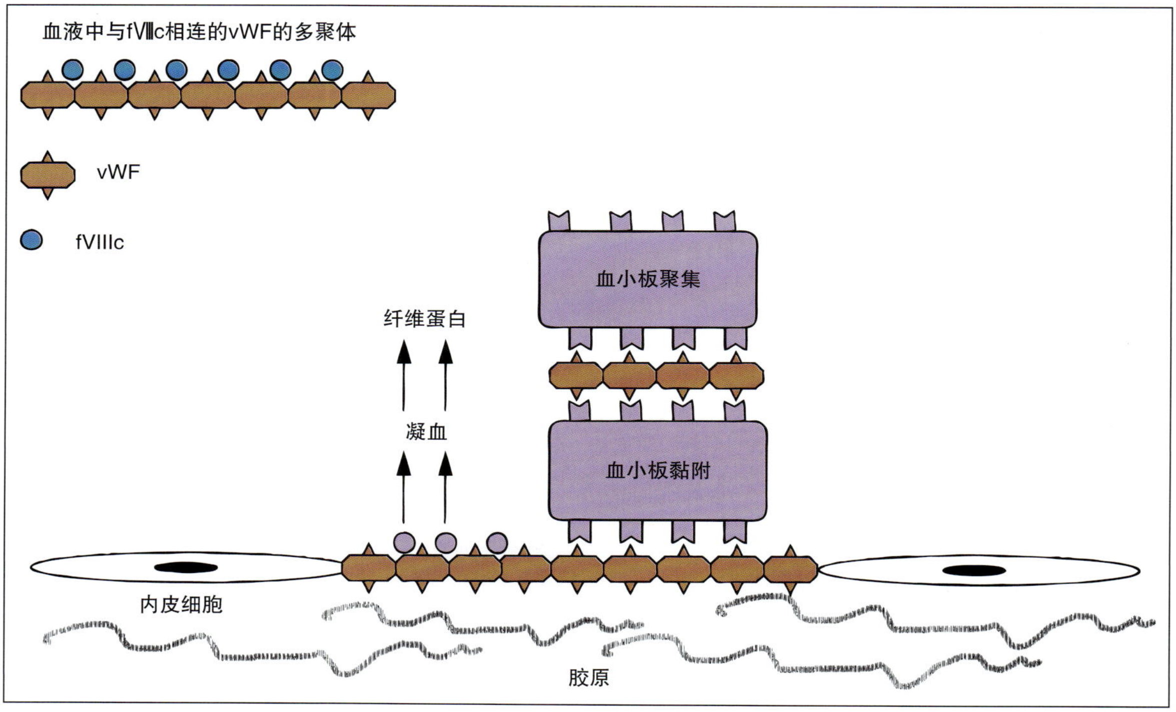


**图 5-3　第Ⅷ因子分子复合物的描述**

血管性血友病因子（vWF）是一个由许多 vWF 单位组成的长的多聚体。第Ⅷ因子的凝血活性物 / 物质（fⅧc）是一个较小的分子，在保护 fⅧc 的复合物中与 vWF 相连。为了促进血小板黏附到血管损伤的部位，vWF 与这些部位的胶原蛋白结合，促进受体特异性血小板聚集。在内源性系统中，fⅧc 的作用是激活 X 因子的共同途径，最终导致纤维蛋白的形成以稳定血小板栓子。

（数据来源：Cotran RS, Kumar V, Robbins SL: *Robbins pathologic basis of disease*, ed 5, Philadelphia, 1994, WB Saunders, p 621.）

**注意：** 在对未确定的出血问题进行初步诊断时，通常使用一系列止血检测比选择太少的止血检测确定问题发生位置更有效。

## 正常止血的组成部分

### 血管内皮细胞与血管壁

内皮细胞能分泌前列环素和一氧化氮等物质，它们是血小板黏附的抑制剂。然而，当血管内皮细胞因创伤、炎症、肿瘤或毒性而被破坏时，血小板黏附于暴露的内皮下胶原蛋白（初级止血），从而启动凝血级联反应并形成纤维蛋白网状物，随后稳定了血栓（次级止血）。血栓回缩和血管收缩也可防止持续失血。

### 血小板与初级止血

血小板是骨髓中巨核细胞脱落的小的细胞质碎片。它们在犬中循环大约 5 d，在猫中循环大约 30 h。血小板生成增加是通过循环中血小板总量（用血小板压积判定）减少来刺激的，而不一定是血小板计数减少（血小板减少症）。例如，患有遗传性发育不良、血小板较少但体积较大的骑士查理王猎犬的血小板压积是正常的[11, 54]。血小板压积与红细胞压积一样，是血小板占血液容量的百分比。因此，尽管血小板计数被普遍用来判断是否有足够的血小板可以止血，但它并不像血小板压积那样是一种生理学检测。

血小板附着在血管壁的缺损处，并聚集在一起，形成血小板栓子。然后，血小板加强和加速凝血级联反应和稳定的血凝块的形成。vWF 是初级止血所必需的，可能会影响一些血小板功能的检测。与血小板的结合导致构象变化，暴露出先前内化的磷脂酰丝氨酸（以前称为 PF-3，凝血因子Ⅹ和凝血酶原的有效受体，图 5-4），导致血小板激活，释放血小板颗粒内容物，聚集更多的血小板，并通过在主栓子上形成纤维蛋白原受体的促凝血表面而开始次级止血。从致密颗粒中释放二磷酸腺苷（adenosine diphosphate，ADP）会导致血栓素 $A_2$ 的合成，这是一种前列腺素，会导致不可逆转的血小板聚集、黏性变性 / 改变和局部血管收缩。初次止血需要足够数量的、功能正常的血小板。

### 凝血因子

最初形成的血小板栓子的稳定性是由凝血级联形成的纤维蛋白网实现的。凝血系统的主要目标是形成凝血酶，将循环中的纤维蛋白原转化为不溶性纤维蛋白。然后生成的纤维蛋白链交联形成网状，从而捕获更多的血细胞并稳定血小板栓子，使其比最初的栓子更强，并能抵抗纤溶酶的蛋白溶解性降解。

凝血因子的相互作用比这一描述要复杂得多，但可以分为 3 个部分：内源性途径、外源性途径和共同途径，以便诊断。这 3 个部分以字母 Y 的形式示意（图 5-4）。内源性途径包括因子Ⅻ、Ⅺ、Ⅸ和Ⅷ，由接触激活启动。因子Ⅻ在接触非内皮表面（如血管外的胶原蛋白）时被激活。

外源性途径是由组织因子和活化因子Ⅶ相互作用启动的。外源性系统启动凝血反应，而内源性系统则维持纤维蛋白的生成。这两条途径在因子Ⅹ被激活的地方汇入共同途径，然后导致纤维蛋白凝块的形成。大多数凝血试验将纤维蛋白的形成作为试验的终点。共同途径由因子Ⅹ、因子Ⅴ、凝血酶原和纤维蛋白原组成。

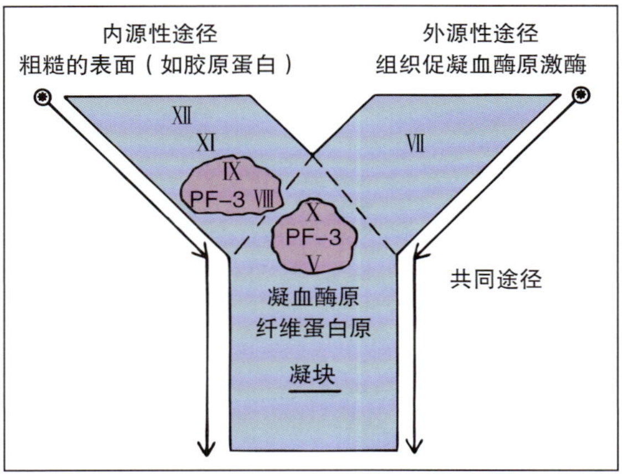


**图 5-4　一个简化的凝血级联**

我们可以把这个级联看作是一个有 3 个部分（或途径）的字母 Y。内源性途径包括因子Ⅻ、因子Ⅺ、因子Ⅸ和因子Ⅷ，外源性途径包括因子Ⅶ，而共同途径包括因子Ⅹ、因子Ⅴ、凝血酶原和纤维蛋白原。激活的血小板表面的磷脂酰丝氨酸［即血小板因子 3（PF-3）］加速了凝血过程。内源性途径通过接触未被内皮覆盖的异常表面（如胶原蛋白）启动。内源性系统通过激活的血小板表面的因子Ⅸ、因子Ⅷ和磷脂酰丝氨酸的复合物在因子Ⅹ处激活共同途径。共同途径（因而也是内源性或外源性途径）的终点是纤维蛋白凝块。来自受损细胞的组织促凝血酶原激酶和外源性途径中的因子Ⅶ也能激活共同途径。

在静脉穿刺困难的情况下，组织促凝血酶原激酶可能从受伤的细胞中释放出来，在体外启动凝血级联。患病动物体内的组织促凝血酶原激酶和离子钙的缺乏绝不会低到导致出血的程度。活化的血小板在凝块的形成中很重要，因为它们提供了一个带负电荷的磷脂表面，凝血因子会在上面集合。在严重的血小板减少症中，凝血过程较长（如 ACT 轻微延长）。在内源性途径中，血小板带负电荷的表面与因子Ⅸ和因子Ⅷ复合物反应。这个复合物中的活化因子Ⅸ与共同途径中的另一个因子Ⅹ和因子Ⅴ的复合物相互作用。

为了保持血小板附着在血管缺损部位，一旦促凝血因子被激活，它们会被抗凝血因子如抗凝血酶Ⅲ（AT Ⅲ，与肝素形成复合物）抑制，并被吞噬系统清除。C 蛋白是一种抗凝血剂和促纤维蛋白溶解因子，与 S 蛋白作为辅助因子，专门水解Ⅴ因子和Ⅷ因子，抑制凝血酶的形成[37]。一些因子（Ⅱ、Ⅶ、Ⅸ、Ⅹ和 C 蛋白）依赖于维生素 K。维生素 K 拮抗剂（即华法林）通过干扰这些因子来干扰止血。这些因子有不同的半衰期，这影响到哪些因子在华法林中毒期间最早出现缺乏。最早缺乏因子Ⅶ和 C 蛋白，在华法林中毒或大剂量华法林治疗的早期，缺乏 C 蛋白常会导致高凝状态。

肝素通过激活 AT Ⅲ间接抑制凝血酶和其他促凝血因子，AT Ⅲ是一种循环的天然抗凝剂，是凝血酶的主要生理性抑制剂。因为 AT Ⅲ在 DIC 中通常会减少，肝素治疗可能无效。肝素在临床上被用来治疗因严重胃肠道疾病、败血症和内毒素血症引起的止血异常[36]。患有肝功能不全时，由于合成减少，AT Ⅲ减少。患有肾小球疾病时，由于肾小球的损失增加，AT Ⅲ减少。AT Ⅲ检测方法的可用性各不相同。一些兽医实验室使用带有显色底物的自动检测方法，可以进行常规检测。然而，AT Ⅲ功能、C 蛋白和 S 蛋白的检测在时间、质控和试剂方面都很昂贵，因此只能在少数几个参考实验室进行。关于这些抗凝血因子活性的信息缺乏会阻碍对患病动物止血平衡能力的充分了解。

## 纤维蛋白溶解

纤维蛋白溶解是指受损血管修复后纤维蛋白凝块溶解的过程，重建正常的血管通畅性。纤溶酶消化纤维蛋白凝块（甚至包括循环纤维蛋白原），产生纤维蛋白降解产物（fibrin degradation products，FDP）或纤维蛋白原降解产物（FgDP）。FDP 具有抗凝作用，这有助于解释 DIC 期间的出血迹象。纤维蛋白溶解可通过定量纤维蛋白溶解产物，如 D-二聚体、FDP，或血栓形成后 30 ~ 60 min TEG 曲线的改变来检测。

## 实验室检测

当进行一系列检测时，兽医应该单独解释每项检测，并列出个别检测正常或异常的结果。然后根据总体实验室诊断和临床证据进行疾病诊断。表 5-3 列出了各种疾病的预期结果，可能有助于诊断或理解下一节所讨论的疾病。与所有这类表格一样，在复杂的临床案例中也会出现例外。

## 用于止血检测的采血

合适的样本采集和管理能避免检测结果中的分析前误差。利落的静脉穿刺术对于最大限度地减少组织因子产生至关重要，因为组织因子可能会激活血小板和凝血因子。应该避免通过拍打来“显现”静脉。应使用锋利的 20 G（1.1 mm）或更大的注射针。对于血小板计数和凝血试验，首选双注射器技术。从静脉穿刺器收集的第一管带有组织促凝血酶原激酶的血液用于其他检查（如用于生化检查的血清促凝管）或丢弃。让血液从裸露的针头中流出，也可以冲走促凝血酶原激酶。血液应与抗凝剂充分混合，方法是将试管翻

表 5-3　特定疾病的预期止血检测结果

| 疾病 | 止血检测 * | | | | |
|---|---|---|---|---|---|
| | 出血时间 | 血小板计数 | 活化部分凝血活酶时间 | 凝血酶原时间 | D- 二聚体 |
| 血小板减少症（如 IMT） | I | D | N | N | N |
| 血小板功能障碍（如尿毒症、阿司匹林治疗） | I | N | N | N | N |
| 内源性途径缺陷（如血友病 A 型或 B 型） | N† | N | I | N | N |
| Ⅶ因子缺乏 | N | N | N | I | N |
| 华法林类毒性（多因子缺乏） | N† | N–D‡ | I | I | N |
| 共同途径缺陷（如Ⅹ因子缺乏） | N† | N | I | I | N |
| 弥散性血管内凝血（DIC）§ | I | D | I | I | I |
| 血管性血友病（vWD） | I | N | N‖ | N | N |

注：有关这些疾病和其他可能具有类似结果的疾病的详细信息，请参阅正文。注意，这些检测中的任何一项都可能正常，伴有轻微到可变的疾病变化。IMT，免疫介导性血小板减少症。

* I，增加；D，减少；N，正常。

† 最初在正常时间段内停止，但可能再次开始出血。

‡ 某些华法林中毒的患病动物出现血小板减少症。

§ DIC 的结果变化很大（表 5-4）。

‖ 罕见的 vWD 病例的 aPTT 可能会延长。

转数次，但不要剧烈摇晃。采集过程中可以摇晃采集管以帮助混合。此外，湍流、凝块或极端的温度可能会使止血检测失败。EDTA是犬血小板计数和常规血液学检查的优良抗凝剂，但也有例外情况，EDTA（甚至包括作用更小的肝素和柠檬酸盐）似乎会促进血小板聚集，从而导致某些患病动物的假性血小板减少症。静脉穿刺足以进行CBC，但不足以进行准确的血小板计数（见后面关于猫血小板计数和$PGE_1$的讨论）。

柠檬酸化血浆凝血试验［即aPTT、PT、纤维蛋白原、凝血酶时间（thrombin time，TT）、FDP］需要9份新鲜全血和1份3.8%柠檬酸三钠抗凝剂，可以从细胞和血小板中分离血浆，这必须在样本采集后30 min内完成。柠檬酸盐或草酸盐血液采集管必须完全填充至管标签上的标记处，避免稀释错误。血浆可在4℃下储存48 h或在20℃下储存6 h，或冷冻运输，以保存因子Ⅶ和因子Ⅷ。Furlanello表示，样本在室温下可稳定48 h，因此可以送往实验室[15]。某些检测需要使用含有各种试剂的特殊试管，因此在采集样本之前，应询问或阅读来自实验室的信息。采样应使用塑料管，因为使用常规的玻璃表面会激活凝血。

## 血管评估

犬和猫出血的原因很少由血管疾病引起。可以对血管进行组织学评估。皮肤活检可检测出血动物的血管炎，表现为水肿、瘀斑和血小板数量正常，或者水肿和DIC。犬免疫介导性血管炎罕见，但抗原抗体复合物偶尔会沉积在血管中，导致阿尔萨斯反应和非血小板减少性紫癜，伴有瘀斑和水肿。尸检时发现的广泛瘀点性出血是败血症引起的DIC的症状。在极少数情况下，患有肾上腺皮质功能亢进的犬会出现皮肤出血，这种出血继发于血管周围支持胶原蛋白的分解代谢。

## 血小板计数

血液学分析仪是检测和评估血小板减少症的准确、敏感和精确的方法。然而，血涂片上的血小板估算值通常足以快速诊断严重的血小板减少症。严重的血小板减少症是出血的常见原因，可以在无仪器检测时进行血小板估算。在对血涂片进行常规制备和染色后，使用100倍油镜（即1000倍放大倍数）确定5 ~ 10个显微镜视野中的平均血小板数量，以估算血小板数量[52]。犬的血小板数量通常为每视野下8 ~ 29个，猫的血小板数量应为每视野下10 ~ 29个。如果血小板减少症严重到足以导致出血，则预计每个视野中只有0 ~ 3个血小板。血小板应在薄的“单层”区域计数，在此区域红细胞不会相互重叠，并且犬红细胞的中央淡染区明显。贫血、出血的动物在每视野下适当区域的红细胞数较少，因此很容易观察涂片的较厚区域。另一种选择是将每个100倍油镜视野下观察到的一个血小板等于15 000 ~ 20 000个血小板/μL。每个视野中所见的血小板数量因显微镜的物镜而异。更好的物镜有更大的视野。

必须确保样本中血小板分布均匀。应对血涂片进行血小板聚集的筛查，以确保任何血小板计数或评估的准确性。在扫查镜或低倍镜（4× 或10× 物镜）下足以看到的大血小板团块通常会被推到血涂片的远端。如果有大量或巨大的血小板团块，所有的血小板计数方法，如估算计数、人工计数和仪器计数都不准确。如果患病动物需要准确的血小板结果，则应避免血小板聚集。红细胞或白细胞的聚集也会导致实验室错误。应检查所有含抗凝血的检测管是否有肉眼可见的血凝块，若有则不应进行血液学检查。

**注意：**严重血小板减少症是出血的常见原因，通过血涂片进行评估是一种快速、廉价且通常充分的诊断方法。

血小板减少症是许多疾病存在的常见初始线索。血小板仪器计数准确，是检测轻度至中度血小板减少症的首选方法。首选仪器计数来监测血小板减少的过程和治疗反应。参考值因仪器、方法和动物品种而异。因此，特定参考值提高了检测轻度血小板减少症的敏感性。

猫的血小板有强烈的聚集倾向，从而会导致血小板计数不准确和结果偏低。$PGE_1$ 可防止血小板聚集[53]。如果立即将 $PGE_1$ 添加到猫的血液样本中，或者最好已经加在了检测管中，$PGE_1$ 将使血小板计数变得更准确，比没加 $PGE_1$ 的检测平均高 60%。常规患猫的光学计数（在带有激光系统的仪器中）可能比阻抗法计数高 50% ~ 62%，因为阻抗法会把大血小板计数为其他细胞[29]。因此，使用阻抗血液学仪器和无 $PGE_1$ 抗凝管将会导致猫血小板计数降低[53]。$PGE_1$ 价格昂贵，必须冷冻至使用前，但只需用于可能出现血小板减少症的猫或血小板持续聚集的犬。幸运的是，猫很少出现真正严重的血小板减少症。在猫的骨髓增生性疾病中，大量的大而奇怪的血小板可能不会被计数。其他颗粒［如影细胞（部分溶解的红细胞）］可能被错误地算作血小板。影细胞在 IMHA 样本中并不罕见。Advia 2120 或 Sysmex XT-2000iV 的血小板散点图出现异常，表明存在此错误（图 2-6）[51]。缺铁性贫血中的小红细胞会被算作血小板，尤其是用阻抗法仪器计数。通过检查血小板 - 红细胞直方图并观察到代表血小板（左峰）和红细胞（右峰）的峰分离失败（图 2-3）或仪器出现错误标志来识别这种错误。

如果没有自动血液学细胞计数器，或者怀疑自动计数有问题（如将影细胞计数为血小板），则可以使用玻璃计数仪（血细胞仪）进行人工计数。人工血小板计数不精确且劳动密集，但能够包括大血小板，而且与猫阻抗法血小板计数相比，人工血小板计数更类似于光学仪器血小板计数[29]。血细胞仪必须干净且无划痕。因为血小板呈灰尘颗粒大小，玻璃上的刻痕和划痕可能会导致人为误判。应保留一台非常好的血细胞仪，仅用于血小板计数。相差显微镜有助于区分血小板和其他颗粒。在常规显微镜上降低聚光器也有助于观察相对透明的血小板。血小板染色剂改善了血细胞仪中血小板的检测，但通常非必要。如果血液样本不好（如有凝块或血小板聚集），则不适合要求进行人工计数，因为计数结果会受血液中血小板分布不均匀的影响。

血液必须稀释，以便血细胞计数器中的细胞数量易于计数。使用塑料容器的稀释系统是最便捷的。Becton-Dickinson（BD）停用了他们的 Unopete 系统，现在推荐 Bioanalysis GmbH（www.bioanalysic.de）的类似产品作为替代品。Bioanalysis 的 Trombo-tic 被宣传能够裂解红细胞，分解血小板团块，使血小板更圆润，以便更好地识别。

延迟分析血样会导致血小板聚集，从而使血小板计数降低。多篇参考文献表示 30 min 至 6 h 是最长的时间限制。这可能因方法而异，因为使用 Bayer H-1 血液分析仪（Advia 2120 的前身）对 21 只犬的评估表明，放置 2 d 的 EDTA 血液也可以得到临床准确的血小板计数（图 5-5）。这表明，送往实验室的 EDTA 血液，在邮寄时放置 1 ~ 2 d，如果血小板凝集不存在或很少，可能仍具有临床准确的血小板计数结果。

**注意：** 如果血液样本中有大量的血小板聚集，则不能进行人工计数。样本中血小板分布不均匀是一种分析前错误，会导致所有类型的血小板计数不准确！应采集新的血液样本，特别注意避免血小板聚集。

## 血小板形态学

血小板可以通过各种仪器以不同的方式进行表示，包括本节中提到的一些仪器。应对血涂片进行常规评估，以确保血小板计数合理。血小板减少症患犬的血涂片上通常可见大血小板。然而，在犬中无论是大血小板数量的增加、平均血小板体积（MPV）的增加还是血小板分布宽度（PDW）的异常，都不能区分任何引起血小板减少症的病因或其他疾病。较大的血小板和 MPV 持续增加与血小板数量呈负相关，因此可以提示患病动物的血小板减少是真实的，而不是实验室错误。大血小板的功能更活跃，这可以解释血小板计数＜10 000/μL 的患犬为什么不会出现过度出血。骑士查理王猎犬通常具有血小板大而少的遗传性发育不良。这种巨血小板减少症由 β1- 微管蛋白缺陷所致[11]。它们没有出血的迹象，尽管阻抗血小板计数通常＜10 000/μL。尽管血小板计数较低，但骑士查理王猎犬和诺福克㹴的血小板压积（血容量百分比,类似于红细胞压积）正常（图 2–7）[54]。血小板压积（血小板量）是一种比血小板计数更具物理特性的测量方法，但没有人能够用血容量的百分比或 L/L 来解释血小板压积的意义。血小板压积由爱德士 VetAutoread 血液学分析仪（QBC）直接测量，但会转换成大多数兽医都能解释的血小板数。QBC 通过测量离心管中

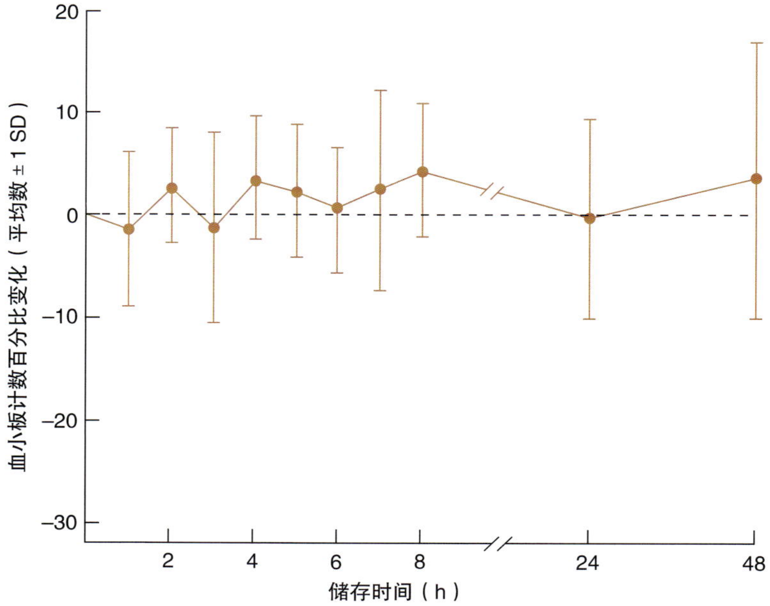


**图 5–5　H–1 血液分析仪（Advia 2120 的前身）血小板计数的稳定性**

将 21 个犬 EDTA 血液样本在室温下储存 8 h 并冷藏 2 d，且将血小板计数随时间的平均百分比变化与初始血小板计数进行比较。条形表示标准差（SD）。这表明可以对邮寄的血液样本进行血小板计数。

血小板层的宽度直接测量血小板压积。Advia 2120 呈现出了非常准确的血小板压积，即使在大血小板的骑士查理王猎犬上也能很好地发挥作用（未公开数据）。其他仪器能很好地测量血小板数量，但大多数仪器在精确测量 MPV 方面存在问题，特别是当血小板的大小分布不典型时。血小板压积等于血小板计数乘以 MPV 再乘以一个因子。

在患有免疫介导性血小板减少症（IMT）的犬中，H-1 血液分析仪（当时的 Technicon）始终报告 MPV 降低，但这很可能是在血小板减少非常明显的样本中测量 MPV 的错误，并不能反映真正的微血小板增多症。如果将小颗粒（如脂滴、细胞碎片）算作血小板，MPV 可能会降低。这种“背景干扰”在含有许多血小板的样本中不被注意，但在严重血小板减少症中有相对显著的影响。在 4 ℃下保存超过 4 h 的 EDTA 血液样本中犬 MPV 可能假性升高，原因是血小板肿胀。

在 Sysmex XT-2000iV 仪器中，富含 RNA 的大血小板被命名为高荧光血小板分数（HFPF）。HFPF 血小板相当于网状血小板[41]。血小板减少或血小板生成素治疗引起活跃血小板生成，HFPF 会持续增加。相较于白血病，由 DIC、IMHA 和 IMT 导致血小板减少症的犬拥有更多的 HFPF[17, 41]。这表明，在进一步研究之前，富含 RNA 的大血小板的绝对数量可能有助于区分血小板减少症（“再生性”血小板减少症）的原因。然而，在骑士查理王猎犬和诺福克㹴的遗传性巨血小板减少症中发现了大量富含 RNA 的大血小板（HFPF），这些大血小板大小不随年龄变化而改变[17]。

血小板在血涂片上常有伪足和不规则形状，这表明血小板在采集和血液处理过程中被激活。Advia 120 和 2120 的平均血小板成分（MPC）浓度降低是血小板活化的指标。患有 IMHA 的犬的 MPC 比正常和未患 IMHA 的犬降低得多，而那些患有 IMHA 且死亡的犬 MPC 降低得更多[61]。如水獭猎犬、猎狐犬和苏格兰㹴犬罹患的无力性血小板功能不全，原发性血小板疾病是导致血小板大而形态怪异的罕见原因[3, 5]。在一些血小板中可以看到埃立克体。

## 血小板功能检测

当怀疑初级止血有缺陷但血小板计数没有减少时，需要进行血小板功能检测（另见血管性血友病的描述）。血小板功能检测包括使用血小板功能分析仪（PFA-100）、血小板聚集测试（多板分析仪）和毛细血管出血时间（CBT）或颊黏膜出血时间检测（BMBT）。血小板聚集法测量血小板黏附在一起并释放颗粒内容物的能力，从而在体外测量血小板对各种复合物的反应。本文描述了一些诊所内检测，但为了更具体地确定血小板功能缺陷的机制，兽医应联系血小板专家，如 Boudreaux[11]。

血小板病意味着血小板功能缺陷，而血小板数量没有改变。获得性血小板病比遗传性更常见，在犬中比在猫中更常见。血小板病可由内分泌疾病引起，如糖尿病、肾上腺皮质功能亢进、IMHA、胰腺炎或肾功能衰竭，并可能与血栓形成有关。遗传性缺陷可能包括血小板黏附、环磷酸腺苷（cAMP）代谢、前列腺素代谢、颗粒池、vWF 和纤维蛋白原浓度所需的膜蛋白的定量或定性缺陷。

**注意：**CBT 或 BMBT 可作为 vWD、血小板减少症或血小板功能降低的诊所内筛选试验。两者均可作为术前检查，以排除初级止血中的问题。

## 颊黏膜出血时间和毛细血管出血时间

BMBT 或 CBT 通常用作术前筛查或排除初级止血中的缺陷。它们是血小板功能检测，但也受到血小板数量减少或 vWD 或血管疾病的影响。CBT 比 BMBT 有优势的一点是当一些 vWD 患病动物严重出血时，用绷带包扎爪子止血比控制口腔出血更容易 [39]。CBT 是在犬的前脚趾侧面剃光的表面上进行测量，犬侧卧位，腿上放置血压计袖带（压力 60 mmHg）。用采血针在脚垫角质部分相隔 5 mm 的皮肤部位扎 2 次。一般情况下，出血会在 1 ～ 2.5 min 内停止。

测量 BMBT 中的弹簧式一次性装置（Suricutt）在上唇黏膜表面形成标准化切口，此时上唇已经外翻并绑紧，由此足以通过阻碍静脉回流导致血管堵塞。这项技术包括测量出血停止的时间。在不对伤口施加压力的前提下，小心地用滤纸吸干切口附近的血液。健康犬的 BMBT 约为 2.6 min ± 0.5 min，并且可用于诊断尿毒症中的严重血小板减少症、vWD 和血小板功能障碍。BMBT 受所用弹簧式一次性装置类型和操作者差异的影响。在血友病等单纯的凝血缺陷中，BMBT 通常“正常”，因为血小板栓子的形成使得出血在预期时间内停止。然而，由于纤维蛋白链不能稳定血小板栓子，切口容易再出血。不建议进行角质层出血时间检测，因为它不敏感且不精确。然而，该检测可适用于将指甲修剪得太短时。角质层出血时间可以通过记录出血停止的时间来测量。它应该在 5 min 内停止。

## 血小板功能分析仪

血小板功能分析仪（PFA-100）（伊利诺伊州迪尔菲尔德市德灵股份有限公司）已经在犬中得到验证 [34]。柠檬酸盐抗凝血剂通过毛细管 / 微管和膜被吸入各种仪器盒 / 管中。膜上涂有胶原蛋白和 ADP 或胶原蛋白和肾上腺素（两种不同的墨盒）。涂有胶原蛋白和肾上腺素的墨盒被发现不太适合犬。涂有胶原蛋白和 ADP 的墨盒参考值为 53 ～ 98 s[34]。血细胞比容降低也导致闭合时间延长。

## 血小板聚集

暴露于各种激动剂后血小板聚集使评估血小板功能成为可能。多板分析仪（德国慕尼黑 Dynabyte 股份有限公司）是一种已在犬中得到验证的阻抗聚集仪 [22]。血小板玻璃珠保留试验可用于检测止血的常规异常，包括血小板病的血小板黏附缺陷和 vWD[6]。

## 凝血试验

### 活化凝血时间（ACT）

ACT 是一种简单且成本低廉的诊所内筛查试验，用于评估凝血系统的内源性途径和共同途径。然而，它不敏感。特定凝血因子必须降低至低于正常值的 5%，ACT 才会延长。因此，仅能检测到严重的凝血缺陷。例如，血友病携带者的因子Ⅷ或因子Ⅸ的浓度为正常浓度的 40% ～ 60%，而 ACT 甚至更敏感的 aPTT 都检测不到。患有严重血小板减少症（＜10 000/μL）时，ACT 可能会稍微延长。犬的 ACT 参考值为 60 ～ 110 s，猫的 ACT 参考值为 50 ～ 75 s。该检测使用的是全血，无须使用抗凝剂或获取血浆。

静脉采血应使用一种特殊的 ACT 真空采血管，其中包含一种激活剂。使用加热块或水浴将管预热至 37℃，并保持该温度，直到形成凝块。血液进入采血管后，犬的血液样本在 37℃下孵育 60 s，猫的血液样本孵育 45 s。然后，每隔 5 s 倒转一次试管，直到检测到第一个可见凝块结束。从向试管中添加血液到凝块首次可见的时间就是 ACT。

**注意：**ACT 是针对大多数凝血缺陷（如华法林中毒）的简单临床检测，尽管 aPTT 是针对内源性途径和共同途径中凝血因子缺乏的一种更敏感的检测。

## 凝血酶原时间（PT）

PT 评估外源性途径和共同途径（图 5–6）。共同途径中的因子包括因子Ⅹ、因子Ⅴ、因子Ⅱ、凝血酶和纤维蛋白原。作为一项单一检测，PT 的主要用途之一是检测维生素 K 拮抗剂中毒（如华法林）。PT 是华法林类毒性最敏感的检测。在维生素 K 相关因子（因子Ⅱ、因子Ⅶ、因子Ⅸ和因子Ⅹ）中，因子Ⅶ的半衰期最短。如果这些因子的合成受到抑制，则因子Ⅶ的缺乏会最早发生。由于因子Ⅶ在外源性途径中，PT 最早延长，且相较于正常平均值增加最大。PT 与 aPTT（图 5–7）一起用于检测其他类型的凝血功能障碍。因子必降低到正常值的 30% 以下，才能延长标准 PT，尽管使用针对犬优化的 PT 检测可以检测到更轻微的缺陷[35]。

**注意：**PT 是华法林类毒性最敏感的检测，在中毒后改变最早且最多。

在试验过程中加入钙和活化剂，并使用纤维测定仪或光电凝血仪检测纤维蛋白链的形成或凝块形成时滤光强度的变化。PT 测量添加组织凝血活酶和钙后形成纤维蛋白凝块所需的时间。PT 随着外源性途径或共同途径的因子缺乏、DIC、获得性维生素 K 缺乏（如香豆素中毒）或肝功能衰竭而延长。

## 活化部分凝血活酶时间（aPTT）

aPTT 检测内源性途径的因子（即因子Ⅻ、因子Ⅺ、因子Ⅸ和因子Ⅷ）和共同途径的因子（即除因子Ⅶ外的所有因子，图 5–6）。它用于检测一种或多种凝血因子的活性降低，如血友病、DIC、获得性维生素 K 缺乏、华法林中毒或肝功能衰竭。aPTT 测量在添加内源性系统接触表面活化剂和钙后形成纤维蛋白凝块所需的时间。因子必须少于正常值的

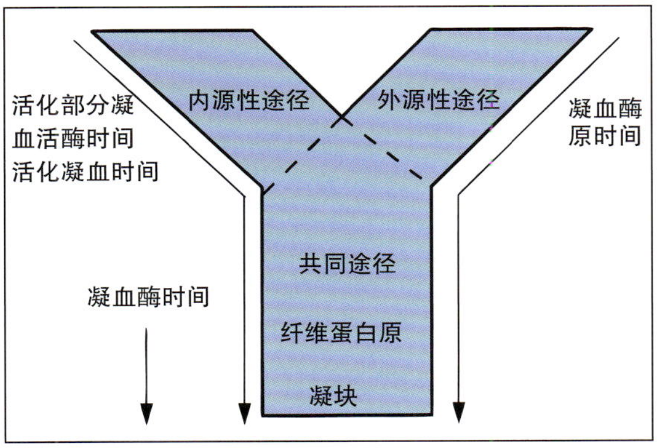


**图 5–6　凝血级联的止血检测**

活化部分凝血活酶时间（aPTT）和活化凝血时间（ACT）检测内源性途径和共同途径的所有因子。经过改进的凝血酶时间（TT）决定纤维蛋白原浓度。凝血酶原时间（PT）检测因子Ⅶ和共同途径的因子。

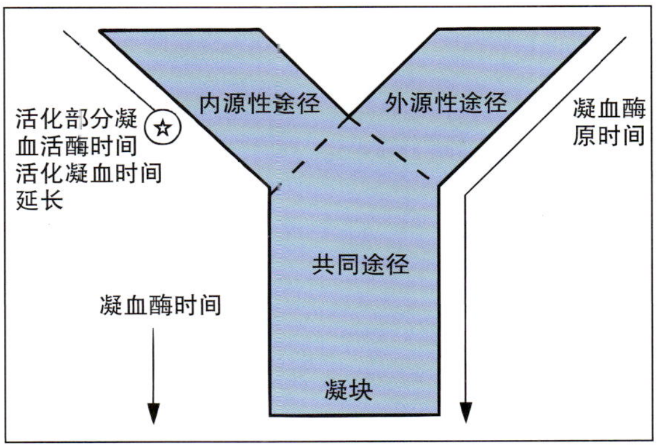


**图 5–7　内源性途径缺陷的检测结果**

应该只有活化部分凝血活酶时间（aPTT）和活化凝血时间（ACT）的结果异常。沿着内源性途径一侧的星形和箭头的终止描绘了缺陷的位置。分析特定因子和考虑临床症状、病史和体检结果可以从因子Ⅻ、因子Ⅺ、因子Ⅸ和因子Ⅷ中确定特定因子缺陷。

30% 才能延长 aPTT。因此，aPTT（当然不是 ACT）不能检测到拥有 40% ~ 60% 正常因子浓度的凝血缺陷携带者。当使用不同试剂时，aPTT 检测的敏感性存在显著差异 [33]。更敏感的试剂（如 Hemos IL SynthAFAX，仪器实验室）能够检测血友病 A（因子Ⅷ缺乏症），但一些不太敏感的试剂即使在血友病患病动物中也可能给出正常的 aPTT 结果。肝素治疗的监测需要 aPTT 试剂和肝素制剂特异性校准。

**注意：**aPTT 能检测除因子Ⅶ外的所有凝血因子，但不同的 aPTT 试剂会导致 aPTT 检测的敏感性存在显著差异。诊所内即时检测仪器可用于 aPTT 和 PT 检测。

### 凝血酶时间（TT）

TT 测量正常纤维蛋白原的浓度（图 5-6）。TT 可用于监测肝素和 FDP 的抗凝活性。改良 TT 在试剂中添加了过量的凝血酶，使其对抗凝剂不敏感。改良 TT 通常用于兽医实验室，不应用于监测肝素治疗。测定纤维蛋白原浓度的热沉淀法可用于诊断与炎性疾病相关的高纤维蛋白原血症，对诊断低纤维蛋白原血症不够敏感。低纤维蛋白原血症主要是 DIC 消耗纤维蛋白原增加的结果，但在晚期肝病中也可能出现纤维蛋白原产生减少。

### 特定因子分析

当止血缺陷已定位于一个可能的因子或一组因子（如早期内源性途径因子）时，应进行特定因子分析。止血实验室使用一种 aPTT 的改良检测来确定特定因子的百分比（如血友病 A 中因子Ⅷ的百分比）。该百分比与正常混合血浆进行比较，因此大约 100% 是正常的。

vWF 的免疫测定［即电免疫测定或酶联免疫吸附试验（enzyme-linked immunosorbent assay，ELISA）］用于诊断 vWD，通过精确表征分子多聚体的大小和浓度，已经鉴定了 vWD 的几种亚型 [50]。某些品种（如杜宾犬、爱尔达勒犬）的 vWD 发病率可能为 50% 或更高，因此任何出血倾向或手术需要都是 vWF 测定的合理指征。在进行任何输血之前都应该测量 vWF，因为输血会增加 vWF 的含量，这会掩盖 vWD 的缺陷。vWF 是一种急性期蛋白，可能会随着全身性疾病、应激、剧烈运动、氮质血症、肝脏疾病、分娩，以及使用升压素类似物脱氨基 D- 精氨酸升压素（DDAVP）而增加。犬特异性 vWF 抗原检测已在猫和犬的 vWD 诊断中验证。一些人 vWF 试剂盒具有与犬 vWF 交叉反应的抗体。vWF 功能检测（如美洲矛头蝮毒蛋白）也可以进行。

将血浆运送到参考实验室需要特别注意。应询问实验室所需的处理程序。通常，血浆可在 4 ~ 22℃下储存长达 48 h，或快速冷冻在 1 mL 等分试样中并在干冰上运输。应使用 3.8% 柠檬酸盐作为抗凝剂，比例为 1 ∶ 9（如 0.5 mL 柠檬酸钠 +4.5 mL 血液），将样本冷藏或置于冰上，并在采集后 30 min 内通过高速离心（即 2500 ~ 3500 rpm）15 min 分离血浆。应使用塑料移液管和容器储存血浆。

### D- 二聚体

D- 二聚体浓度表示体内凝块的分解量（纤维蛋白溶解）。D- 二聚体是一种来自交联纤维蛋白的特异性 FDP。交联纤维蛋白在纤维蛋白原形成纤维蛋白的后期出现，由凝血酶对可溶性纤维蛋白聚合物的作用产生。因此，与一般 FDP 试验相比，D- 二聚体对纤维蛋白溶解更具有特异性。纤维溶解增加通常表明体内凝血增加，这有助于诊断 DIC 和其他血栓栓塞性疾病。体内出血（如创伤）会产生凝块，并分解为 FDP 和 D- 二聚体。因此，升高的 D- 二聚体浓度对 DIC 不具有特异性。

＜0.25 μg/mL 的 D- 二聚体具有很强的阴性预测价值，可以或多或少地排除 DIC。多种 D- 二聚体浓度检测方法已在犬中证明有效（见稍后 DIC 的讨论）。

## 血栓弹力图（TEG）

TEG 测量在低剪切力条件下凝血期间全血的黏弹性，并指示血栓强度随时间（30 ~ 120 min）的变化。TEG 检测凝块形成中细胞成分（主要是血小板）和可溶性成分［凝血因子（主要是纤维蛋白原）和抗凝因子］相互作用的最终效应。该检测结果解释为最终止血效果是高凝、正常凝血或低凝，检测表明结果的异常程度（图 5-8）。纤维蛋白溶解有时可以通过 30 min（LY30）或 60 min（LY60）的裂解值（%）或解释曲线来表示。图 5-9 显示曲线幅度（宽度）随时间降低，表明纤维蛋白溶解。应该谨慎得出纤维蛋白溶解的结果，因为在正常犬中也可以看到 TEG 曲线的类似变化（可能是由于血小板收缩），给出纤维蛋白溶解的错误解读。

TEG 使用不同的仪器和试剂，并且可能与以下描述不同。基本原理是将氯化钙和凝血活化剂加入抗凝血液中。凝块随时间的推移在具有旋转活塞或插销的塑料室中被测量。从添加活化剂到凝块（R）的初始形成的时间类似于 ACT。初始凝血速率由凝块达到 20 mm 宽幅的时间（K）描述，并且 K 在此时间段内与曲线的角度（以度为单位）成反比关系（图 5-8）。最大振幅（maximum amplitude，MA）反映凝块的最大宽度或强度，

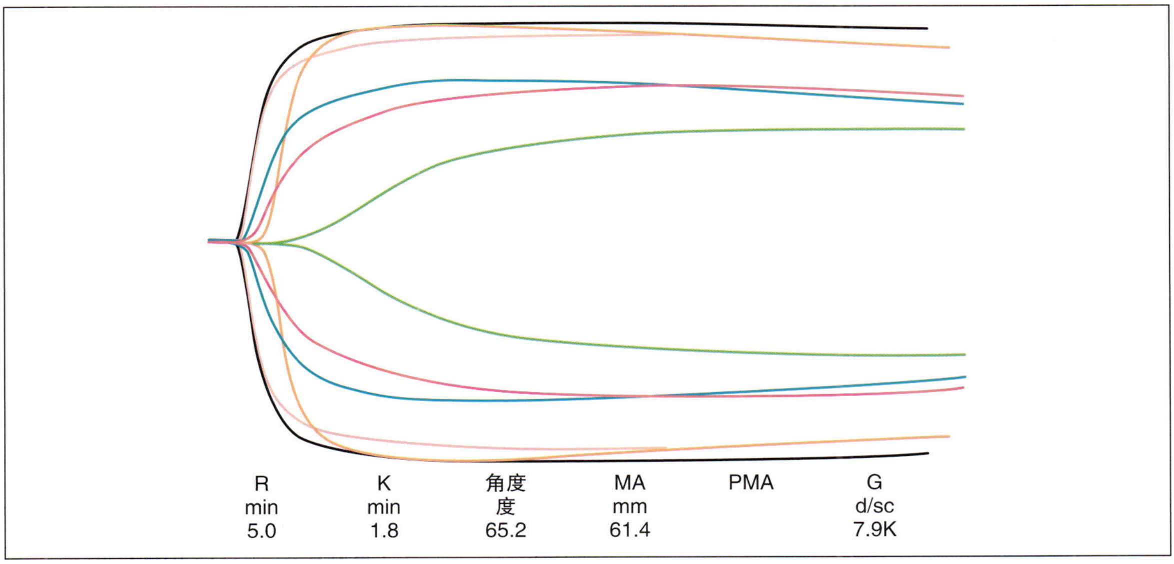


**图 5-8 血栓弹力图反应示例**

蓝绿色线和红紫色线来自 2 只正常犬。内部浅绿色线表示低凝反应。外部 3 条线（黑色、橙色和浅粉色）表示高凝反应。底部给出的值来自一只正常犬（蓝绿色线）。曲线的宽度用最大振幅（MA）来描述，即正在形成的凝块的最大宽度，单位为毫米（mm）。3 种高凝反应具有明显更宽的曲线和更大的 MA。K 和角度描述了凝血的初始阶段。初始凝血速率由凝块达到 20 mm 宽度的时间（K）来描述，并且 K 与该时间段内曲线的角度（以度为单位）成反比。G 是根据其他结果计算的“整体值”或总值。3 条高凝线的角度比正常犬的更陡，因此在初始凝血期间的时间（K）更短。绿色的低凝线在初始凝血期间具有较小的锐角，因此在该变化期间具有较长的时间（K）。R 是从添加钙到开始凝固的时间。绿色低凝线的 R 较长，其曲线开始偏离零点的时间晚于其他例子。忽略诊断中未使用的 PMA。

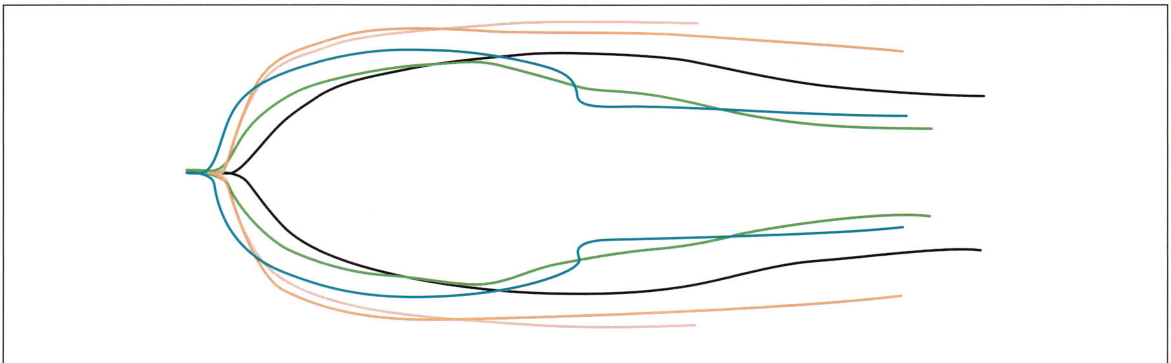


**图 5-9　包括纤维蛋白溶解模式的血栓弹力图反应**

如果在 TEG 试验期间发生纤维蛋白溶解，则曲线宽度（振幅）随时间减少。这张图显示了两个真实纤维蛋白溶解病例（黑色线和浅绿色线），一个纤维蛋白溶解的假象实例（蓝色线），以及两条正常犬的曲线（外部粉色线和橙色线）。患有纤维蛋白溶解症的犬伴有脓疱、肾上腺肿瘤和 DIC。请注意，这只犬的两条曲线的宽度随时间增加而减小（时间沿 x 轴）。第 1 天情况轻微（黑色线，LY30 为 4.6%，而正常犬没有，0%），但第 2 天情况更糟（绿色线，LY30 是 14%）。LY30 是 30 min 时的裂解值（从最大幅度降低）。黑线来自一只正常献血犬，它没有纤维蛋白溶解，但 LY30 为 17.3%。凝块收缩可以解释 LY30 增加的假象。忽略诊断中未使用的 PMA 和 EPL。其他缩写如图 5-8 所示。

并且受纤维蛋白数量和血小板数量的强烈影响。G 是根据其他结果计算出的“整体值”或总值。某些缺陷如血友病或华法林毒性可能会阻止血栓形成。降低样本的血细胞比容将导致 MA 和 G 增加，表明 TEG 结果为高凝状态。欧洲通常比美国更信任 TEG 检测的有效性。

## 止血障碍

在本节中，将讨论一些常见疾病或说明先前未讨论的止血系统部分的缺陷。

**弥散性血管内凝血**・DIC 是一种非常常见的诊断。“弥散性血管内凝血”是用于患有过度凝血、血栓形成、梗死、纤维蛋白溶解、血小板和血浆因子消耗，以及出血的动物的常用术语。然而，与“血栓栓塞性疾病”或不同强度和持续时间的高凝状态相比，诊断 DIC 所需的标准存在分歧。许多兽医将术语 DIC 限制为具有出血体征、血栓形成和死亡迹象的严重表现，而 DIC 对其他兽医而言也包括较轻的、亚临床和慢性疾病。因此，对 DIC 实验室检查结果的描述会因作者、各自使用的方法及各自对 DIC 定义理解的不同而存在很大差异（表 5-4）。例如，Maruyama 评估了患有恶性肿瘤的犬，并报告了被归类为非 DIC 的患犬（61%）比 DIC 患犬（39%）血小板减少症更为常见[31]。但 DIC 患犬的平均血小板计数（121 000/μL）明显比患有肿瘤的非 DIC 的犬（369 000/μL）下降更严重。Maruyama 需要 4 个或更多异常结果来诊断 DIC，因此患有恶性肿瘤和 1 ~ 3 个止血检测异常结果的犬未被归类为 DIC 患犬。一些患有恶性肿瘤和血小板减少症和（或）凝血缺陷的犬有止血障碍，但许多被归类为非 DIC。Tvedten

将更多 Maruyama 的病例纳入 DIC。DIC 在本章中用于概括各种各样的止血障碍性疾病。Wiinberg 等（2010）描述了一种犬的 DIC 诊断系统，类似于国际血栓与止血学会提出的人体评分系统[60]。与其争论诊断 DIC 的要求，我们更应该确认是否存在止血异常，并通过现有的检测尽可能对其定性。

DIC（血栓性疾病、消耗性凝血、高凝状态等）是一种常见的、多变的严重止血障碍，影响初级止血、次级止血和纤维蛋白溶解，甚至常与血管炎有关。因此，止血的所有组分都可能受到影响。DIC 继发于多种疾病，包括肿瘤、炎症、感染、创伤、蛇毒、坏死组织、粗糙表面和血管炎。凝血系统的外源性途径由受损细胞的组织促凝血酶原激酶启动，内源性途径被异常表面激活，如受损内皮细胞下暴露的胶原蛋白。炎性疾病会产生坏死区域和暴露的胶原蛋白，从而刺激凝血。许多感染，如犬传染性肝炎或 FIP[57, 58]，诱发 DIC 型发作。

肿瘤（如血管肉瘤）通常具有坏死、发炎的区域，并且肿瘤的化学疗法可能产生其他坏死并增加 DIC 的可能性。IMHA 在溶血期间产生丰富的红细胞碎片。血管炎可能诱发 DIC，因为血管内皮细胞受损。内皮细胞在血浆和内皮下胶原蛋白之间提供完整的屏障，并产生抑制血小板聚集的因子。如本章所述，DIC 可以是局灶性或慢性的，并不总是弥散性和急性的。许多疾病的死亡继发于梗死、血栓形成或 DIC 引起的出血。

**表 5–4　DIC 的实验室异常频率**

单位：%

| 异常 | FELDMAN[14] | KOCIBA[25] | MARUYAMA[31] |
|---|---|---|---|
| FDP 增加 | 61 | 94 | 50 |
| aPTT 延长 | 87 | 95 | 70 |
| PT 延长 | 80 | 72 | 45 |
| PLT 减少 | 80 | 48 | 39 |

注：aPTT，活化部分凝血活酶时间；FDP，纤维蛋白降解产物；PLT，血小板计数；PT，凝血酶原时间。

* 没有检测对 DIC 100% 敏感或特异。

血小板和凝血因子在凝血期间被过度消耗。这些凝块的分解增加了 FDP 和 D– 二聚体，它们作为抗凝血剂，通过与纤维蛋白原竞争血小板膜受体来干扰血小板功能和凝血。因此，表 5–3 中的所有止血检查都异常。然而，凝血因子和血小板生成不同程度增加代偿了不同程度的消耗，故没有可预测的单一结果（表 5–4）。DIC 诊断的可信度随着异常的止血检测次数和异常程度的增加而增加。引发患病动物 DIC 的常见疾病的任何止血异常都表明 DIC 的存在。当血小板减少症和凝血功能障碍同时发生时，可能发生 DIC。血小板减少症和凝血功能障碍在华法林中毒中发生，但这可能是中毒后的前几天发生的高凝状态所致。华法林型药物导致维生素 K 相关抗凝因子（C 蛋白）减少更快，然后促凝血因子（因子Ⅱ、因子Ⅸ和因子Ⅹ）充分减少导致低凝和出血。血小板很可能在高凝期被消耗，而不是因为失血而减少。AT Ⅲ减少是 DIC 的敏感指标。肝功能不全和蛋白质丢失状态也可能使 AT Ⅲ减少。AT Ⅲ检测普及度不高。

**血小板减少症**・血小板减少症是犬出血的最常见原因。约 15% 的患犬出现血小板减少症（见第 2 章）。然而，大多数病例有轻度血小板减少症，没有出血症状。轻度至中度血小板减少症通常在患病动物的初始实验室检查中发现，可能是血栓栓塞问题或传染病的早期指标（见第 15 章）。幸运的是，真正的血小板减少症在猫中并不常见，但遗憾的是，由于血小板聚集和血小板过大而无法检测，用血液学仪器阻抗法检测猫的血液样本非常常见假性血小板减少症。猫的血小板计数通常不准确。

血小板减少症的原因包括由感染性、毒性、药物诱导或肿瘤性骨髓疾病导致血小板生成减少，或由于感染性、炎性或免疫介导性疾病而加速血小板损伤或消耗。犬的血小板减少症最常见的原因是免疫介导性疾病、感染性疾病和肿瘤，而猫的血小板减少症通常是传染病、肿瘤或血栓栓塞性疾病的结果[19]。脾肿大，体温过低，脾脏充血或脾脏增生可加重脾脏中的血小板扣押。Tvedten不喜欢“脾脏功能亢进”的诊断，这只能让外科医生有理由切除一个巨大的脾脏，尽管脾脏仍在行使其功能。

**注意：**血小板减少症是犬出血的最常见原因。因此，应首先在不明原因的出血性疾病中评估血小板数量。通过血涂片估算血小板是简单、快速而廉价的方法，并且足以检测严重的血小板减少症。

血小板减少症通常定义为血小板计数低于正常参考范围（图 5–10）。血小板量（血小板压积）是一种生理上更有用的测量方法，但并不普及，很少有临床兽医能够熟练解释这些单位（%）。血小板减少症的诊断首先需要确认血小板减少症不是采样错误、样本处理延迟或实验室错误的结果。血小板减少症的严重程度有助于解释病症和制定治疗方案。持续性轻度血小板减少症（血小板计数 100 000 ~ 175 000/μL）并不具备疾病特异性。非常严重的血小板减少症（血小板计数＜20 000/μL）与免疫介导性血小板减少症（IMT）高度相关，至少在血小板减少症的传染性原因不常见的地区是如此。能够获得抗血小板抗体的检测非常有限，因此，IMT 通常通过排除其他常见原因和对免疫抑制治疗的反应来诊断。严重血小板减少症（血小板计数＜20 000/μL）可能出现临床症状（如鼻出血、便血、黑粪症、血尿、呕血、皮肤瘀点或瘀斑出血）。有些动物可能不会在血小板值为 10 000/μL 时出血，而有些动物可能在血小板值为 30 000 ~ 50 000/μL 时出血。血小板大小、血小板功能、血管和内皮支持、抗凝血剂和促凝血因子的浓度，以及挑战止血机制的严重程度，都可能会导致出血。将实验室数据变化的程度与临床症状联系起来非常重要。例如，如果血小板计数＞50 000/μL 并且患病动物出血，则可能存在其他因素（如与 DIC 相关的血小板功能缺陷）。相反，凝血功能障碍往往伴有大面积的出血、血肿、体腔出血和关节积血，而不是瘀点和瘀斑性出血。

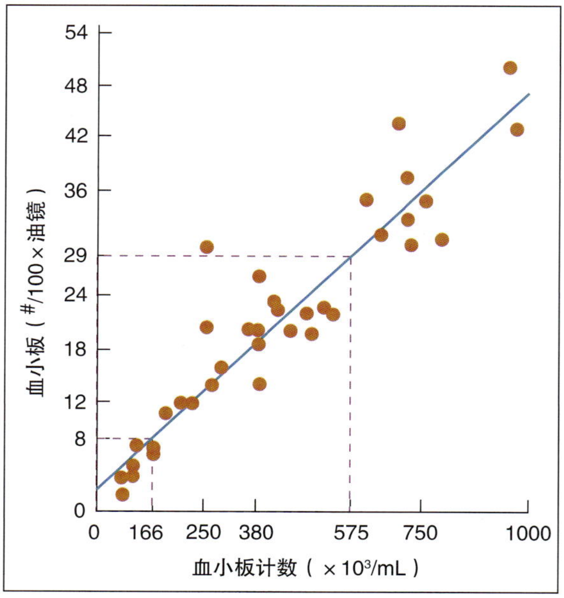


**图 5–10　犬血涂片血小板数量的估计**

100× 油镜视野中的平均血小板数量可用于估计血小板计数。8 ~ 29 个血小板 /100× 油镜视野代表正常犬血小板计数。回归线表示两个因素之间的关系。

血小板减少症的三个常见原因：①破坏（如 IMT）；②骨髓生成缺陷（如雌激素毒性、免疫介导的巨核细胞破坏、白血病）；③血小板的消耗（如 DIC）。如埃立克体、无形体或落基山斑点热，以及其他细菌和病毒感染，通常会引起血小板减少症。这些感染应该在流行区进行调查。骨髓穿刺、活检或两者通常记录巨核细胞的数量和形态（见第 2 章）。抽吸或活检部位的出血通常很容易控制，因此不应该害怕骨髓穿刺。DIC 是通过止血检测来诊断的。IMT 诊断缺乏常用的直接检测。

**血管性血友病 ·** 据报道，vWD 是许多犬种中最常见的遗传性止血缺陷，包括杜宾犬、苏格兰㹴犬，喜乐蒂牧羊犬和切萨皮克海湾寻回犬 [7, 55]。vWF 是血小板黏附在血管损伤部位的内皮下和其他血小板上所必需的（图 5–3）。因此，vWD 表现得类似于初级止血缺陷。

> **注意：** vWD 是最常见的遗传性止血缺陷。vWD 可以通过延长的出血时间、vWF 分析或基因检测来诊断。

vWD 的临床症状通常是轻度和多变的，这可能导致诊断模糊不清。在进行外科手术之前，动物主人和外科医生通常不知道受影响的犬有任何出血倾向。出血时间检测可以在临床上作为 vWD 发生频率高的品种的术前筛查。相较于 BMBT，更推荐检测 CBT（请参见前面的说明），因为某些 vWD 患病动物的过度出血给爪上绑绷带比给牙龈上施压更容易控制。vWF 分析或基因检测可以进行特异性诊断。尽管 vWF 水平非常低，但大多数常见的止血检测（即 aPTT、ACT、TEG）仍无法识别 vWD。vWF 水平为 30% 或更低时易发生出血，并且随着 vWF 缺乏出血倾向更加明显。Ⅰ型 vWD 的特征是 vWF 抗原降低，所有多聚体均成比例降低，并且在许多犬种中已有报道。Ⅱ型 vWD 的 vWF 抗原降低，但只有最大的多聚体浓度降低，这在德国短毛硬毛指示犬中已有报道。Ⅲ型 vWD 在纯合子中基本上没有 vWF，并且具有最严重的临床症状，这在苏格兰㹴犬、喜乐蒂牧羊犬和切萨皮克海湾寻回犬中已有报道。

vWF 的功能之一是与因子Ⅷ结合以稳定分子并防止其迅速从循环中清除。因此，早期 vWD 的诊断易与血友病 A 混淆。vWD 通过 vWF 浓度明显区别于血友病 A（表 5–5），vWF 浓度在血友病 A 中正常或增加。血友病 A 中 aPTT 延长（假设试剂针对犬进行了优化），而在 vWD 中，尽管缺乏 vWF，aPTT 通常正常。对于治疗或预防 vWD 或血友病患犬的出血，治疗建议包括给予新鲜冷冻血浆（或冷沉淀物）[48]。

## 血管内皮疾病

### 遗传性血管壁疾病

**埃勒斯 – 当洛斯综合征 ·** 一些罕见的血管遗传性疾病导致止血异常。埃勒斯 – 当洛斯综合征是一种发生在犬和猫中的疾病 [46]。皮肤无力或皮肤痉挛是一种胶原合成异常的遗传性疾病，导致血管脆性增加、关节松弛和皮肤过度延展。皮肤撕裂伴有出血和血小板功能缺陷，这些缺陷能用去氨升压素（即

**表 5–5　血管性血友病和血友病 A 的鉴别**

| 检测 | 血管性血友病 | 血友病 A |
|---|---|---|
| 活化部分凝血活酶时间 | 通常正常 | 延长 |
| 颊黏膜出血时间 | 延长 | 正常 |
| 血管性血友病因子 | 降低 | 正常到增加 |

DDAVP）成功控制。

**家族性血管病·**第二种遗传性血管壁疾病是家族性血管病，这是一种罕见的特发性遗传性血管病，可导致血管炎和胶原溶解。这种疾病在几种犬种中都有报道，包括德国牧羊犬、比格犬、苏格兰㹴犬和灵猩犬[56]。

### 获得性血管壁疾病

常见的获得性血管壁疾病包括落基山斑点热、心丝虫病、犬传染性肝炎、利什曼病、肿瘤、紫癜性出血和各种内分泌疾病。

**落基山斑点热·**落基山斑点热（即立克次体属立克次体种感染）在感染后约 2 周导致血管疾病。该病原增殖并改变内皮细胞，诱导血小板和纤维蛋白溶解活化，引起血小板减少和 DIC。血液学异常包括血管通透性改变、瘀点、瘀斑、水肿、脾肿大、高纤维蛋白原血症、纤溶系统激活、血栓形成和 DIC[10]。血浆因子Ⅷ降低和因子 V 活性增加表明患病动物预后不良。许多传染病通过继发于血管损伤、组织坏死或两者兼有的 DIC 样发病而使动物死亡。尸检时常见的败血症大体病变是 DIC 引起的广泛性瘀点出血。

**心丝虫病·**成年心丝虫存在于右心室和肺动脉中，可引起部分血流阻塞并干扰三尖瓣闭合，并且由于成年心丝虫的逆行迁移导致腔静脉综合征。成虫引起直接内皮损伤，导致内皮下胶原蛋白暴露、高凝状态、血小板减少症和可能的肺栓塞或 DIC。使用乙酰唑胺杀成虫剂可能引起血小板聚集导致血栓栓塞的发生[4]。

**利什曼病·**利什曼病引起的止血异常包括鼻出血和血小板减少症。DIC 可能由内皮损伤引发。血小板减少症、血栓病，以及血浆纤维蛋白和 FDP 浓度改变已经被报道。在没有可检测到的止血缺陷的情况下，鼻出血可能是由局部鼻炎引起。

**获得性止血疾病·**获得性出血性疾病在人类中有更好的研究，但这些机制也应在复杂的情况下被考虑在内。一种相对罕见的 vWD 形式与人类血液增生性疾病有关。针对 vWF 的自身抗体可能导致其更快地从循环中清除或干扰其功能。导致获得性止血障碍的其他疾病包括肿瘤，它会导致血管生成改变、肿瘤相关血管内皮改变、高凝状态和静脉血栓栓塞，静脉栓塞是凝血酶、组织因子、凝血因子和肿瘤细胞或肿瘤相关细胞分泌的血管内皮合成生长因子增加的部分结果。糖尿病和肾上腺皮质功能减退可能改变凝血功能，包括纤维蛋白溶解受损，血小板聚集和纤溶酶原激活物抑制剂增加。获得性血管病继发于与 FIP 相关的血管炎、免疫介导性疾病，如出血性血管炎[38]、药物反应、创伤、胃肠溃疡和维生素 C 缺乏症。

**血小板增多症·**血小板增多症并不少见，在 5% 的犬和 3% 的猫的血液样本中可见。原因包括缺铁性贫血、肿瘤、内分泌疾病、脾脏收缩、脾切除术和免疫抑制治疗（如泼尼松龙、长春新碱）。由于细胞因子白细胞介素 –3、白细胞介素 –6、粒细胞 – 巨噬细胞集落刺激因子和促红细胞生成素的交叉刺激，非特异性骨髓刺激发生在白细胞增多或贫血期间。它也发生在传染性疾病和炎性疾病、肿瘤、失血或内分泌疾病中。脾脏包括了总循环中 1/4 ~ 1/3 的血小板，因此兴奋（即肾上腺素）反应引起的脾脏收缩可能导致假性血小板增多症。血小板增多症通常见于犬缺铁性贫血。猫的血小板增多症通常与骨髓增生性疾病或白血病有关。原发性血小板增多症，也称为特发性血小板增多症，可能会导致一些人类患者形成血栓。但目前尚不清楚患有血小板增多症的犬和猫的血栓形成风险，以及是否应该进行预防性治疗。

### 初级止血的遗传性疾病

灵猩犬有无症状的较低循环血小板数[49]。骑士查理王猎犬的巨血小板减少症是一种常染色体隐性遗传病，伴有巨血小板在循环中占主导地位。这是由于 β1– 微管蛋白缺陷[11]（参见之前关于血小板压积的讨论）。诺福克㹴犬也有巨血小板减少症[17]。

血小板功能缺陷可能归因于某些药物或 vWD（表 5–6）。血小板功能障碍（即血栓症）通过在有足够血小板数量的动物中进行血小板功能测试进行诊断。关于膜糖蛋白、血小板黏附、致密体、α– 颗粒分泌、ATP 生成和促凝血活性产生的罕见疾病包括巴赛特猎犬血栓症、斯皮茨犬血栓症、水獭猎犬血栓症、巨血小板综合征、赫曼斯基 – 普德拉克综合征、威斯科特 – 奥尔德里奇综合征、大比利牛斯犬的格兰兹曼血栓症，以及美国可卡犬的密集颗粒贮存池病[3, 5, 9, 40]。

### 获得性初级止血障碍

血小板数量和功能的获得性障碍可能在感染性疾病或肿瘤性疾病后出现，或继发于体温过高或药物治疗。例如，阿司匹林和非甾体抗炎药，它们可逆或不可逆地乙酰化血小板环氧化酶，防止生成分泌和聚集所需的血栓素 $A_2$。毒素包括雌激素（包括睾丸肿瘤）、苯丁酮、化疗药物和氨苯砜。通常无法找到骨髓纤维化或黄骨髓的病原体证据。当患病动物出现双血细胞减少症、全血细胞减少症或外周血细胞形态异常时，需要进行骨髓穿刺（见第 2 章）。

**表 5–6　血小板功能异常的原因**

| 分类 | 原因 |
| --- | --- |
| 药物 | 阿司匹林、布洛芬、苯丁酮、吲哚美辛 |
| 获得性 | 淋巴增生障碍、弥散性血管内凝血（DIC）、尿毒症 |
| 遗传性 | 血管性血友病（vWD）和巴赛特猎犬、水獭猎犬、猎狐犬、斯皮茨犬、大比利牛斯犬、苏格兰㹴犬、美国可卡犬的罕见疾病 |

**免疫介导性血小板减少症・**IMT 是一种常见的疾病，其中抗体结合导致血小板清除[59]。IMT 通常通过排除骨髓生成问题、DIC 和传染性疾病来诊断。对免疫抑制疗法的反应[44]进一步支持了诊断。检测血液或血清中血小板的抗血小板抗体已在犬上得到验证，但在猫上没有。该检测普及度不高，但包括用于检测血清与血小板结合的免疫球蛋白 G（IgG）和与血小板结合的 IgG 的高敏感性流式细胞仪检测[26, 27]。可在骨髓涂片上鉴定抗巨核细胞抗体。血小板计数＜20 000/μL 高度提示 IMT，因此血小板计数过低也是出血的临床标志。IMT 可能继发于药物、感染、多次输血或狼疮，也可能是特发性的。

**埃立克体病・**犬出现血小板减少、贫血、双血细胞减少症或全血细胞减少症时，需考虑埃立克体病。不同种类的埃立克体均可感染犬，这里讨论的是犬埃立克体。血小板减少症通常见于埃立克体病。血小板计数通常＞20 000/μL，但仍可能与出血有关（如鼻出血、前房积血、瘀点）。犬埃立克体病的血小板功能异常可能是由抗血小板抗体引起[18]。如果动物没有埃立克体病导致的骨髓损伤，则血小板计数通常为 75 000 ~ 175 000/μL。与埃立克体病相关的其他血液学发现包括轻度至重度非再生性贫血（约 90% 的病例），以及白细胞减少症和中性粒细胞减少症（约 50% 的病例）。中性粒细胞减少可能严重到足以导致严重的败血症。在一些犬中，尽管全血细胞减少，骨髓的造血功能无效，但呈现出细胞数量从正常到增加的矛盾模式。贫血在急性病例中并不常见。严重贫血和严重白细胞减少症通常只有在发生慢性疾病和骨髓细胞减少时才会出现。该病的急性期类似于其他感染，包括发热、厌食、体重减轻和淋巴结病。

尽管高蛋白血症和高丙种球蛋白血症经常出现，但慢性形式更为多变。高丙种球蛋白血症偶尔严重到足以引起血清黏度过高。预期会出现多克隆丙种球蛋白病，但偶尔出现具有寡克隆峰的血清蛋白电泳图可能会模仿淋巴肿瘤的单克隆峰。骨髓中的大量浆细胞也可能误导人们诊断为浆细胞性骨髓瘤。过度的免疫反应可能导致免疫复合性肾小球疾病和蛋白尿。

**嗜吞噬细胞无形体·**嗜吞噬细胞无形体是瑞典常见感染犬和偶尔感染猫的蜱源性感染[28]。血小板减少是中度的（偶尔＜60 000/μL）且短暂的，在寄生虫血症高峰时更严重。血涂片评估在急性期（约 1 周）进行诊断。可用 PCR 和抗体效价检测。

**溶血性尿毒症综合征·**溶血性尿毒症综合征已在犬和猫中报道。它与感染性疾病和炎性疾病后的急性肾功能衰竭和血小板减少有关，且已经在猫肾移植后和犬胃肠炎中被观察到[2, 20]。血小板超聚集性、血小板血栓、组织缺血、血小板减少和微血管性溶血性贫血是该综合征的特征。暴露于尿毒血清 24 ~ 72 h 后，内皮细胞的血栓形成特性发生改变，组织因子表达增加，血小板沉积增强。

**逆转录病毒病·**患有猫白血病病毒（FeLV）、猫免疫缺陷病毒（FIV）或两者兼有的猫通常患有中度非再生性贫血，伴有或不伴有粒细胞减少症和血小板减少症[45]。应经常检测血小板减少症患猫是否患有 FeLV、FIV、FIP 和立克次体病。FeLV 患猫或 DIC 患猫的血小板可能会有颗粒度降低或空泡化。

**热疗·**热疗在治疗某些类型的癌症和病毒感染方面取得了一定的成功。然而，体温过高可能会导致血小板减少、血浆 FDPs 增加、凝血时间延长，以及（部分）由高温诱导的肝损伤引起的自发性出血[12]。

**药物相关血小板功能障碍·**可能影响血小板功能的药物包括皮质类固醇、舒芬吡唑酮、甲基黄嘌呤、呋塞米、羧苄西林和其他合成青霉素、头孢菌素、硝基呋喃、氯喹、左旋咪唑、吩噻嗪、交感阻滞和刺激剂、前列环素、雌激素、乙醇、咖啡因、肝素、抗组胺药、葡聚糖、维生素 E 和双嘧达莫。停用药物 4 ~ 5 d 后，血小板功能恢复正常，这表明存在因果关系。我们需要更严谨的证据来证明这种影响。

## 继发性止血障碍

异常凝血试验结果表明凝血功能障碍（即形成凝块的能力受损）。PT 或 aPTT 缩短通常被忽略，因为它们与临床高凝状态无关。异常检测结果（以秒为单位报告）通常为延长（某些人类和欧洲兽医实验室可能会将 PT 报告为正常值的百分比）。PT 比参考值延长 3 s 或 aPTT 延长 5 s 是严重的。较小幅度的延长可能不正常，但必须通过其他信息或重复检测来强化这一结论。

通过结合 PT 正常和 aPTT 延长的结果，可以确定内源性途径中的缺陷（即因子Ⅻ、因子Ⅺ、因子Ⅸ、因子Ⅷ）（图 5-7）。通过 aPTT 正常和 PT 延长的组合可以识别因子Ⅶ缺陷（图 5-11）。

共同途径中的缺陷（即因子Ⅹ、因子Ⅴ、凝血酶原、纤维蛋白原）或涉及内源性途径、共同途径和外源性途径的多个缺陷会延长 PT

和 aPTT。除 TT 外的所有检测都会延长是维生素 K 拮抗剂毒性的结果，因为维生素 K 因子（即因子Ⅱ、因子Ⅶ、因子Ⅸ、因子Ⅹ）缺乏，从而导致内源性途径、外源性途径和共同途径的缺陷。不过，纤维蛋白原的浓度应当是正常的（图 5–12）。由于肝脏合成大多数促凝血因子和抗凝血因子，并从血液中去除活化因子，严重的肝功能衰竭会导致凝血级联中的多种缺陷，包括凝血因子和抑制因子的合成减少、活化因子的清除减少、定量和定性血小板缺陷、高纤维蛋白溶解，以及加速的血管内凝血[1]。DIC 在患肝病的动物中常见。共同途径缺陷会延长 PT 和 aPTT，因为正常的内源性途径和外源性途径必须通过共同途径形成血栓（表 5–3）。

临床症状、品种、性别和病史为进行特定因子分析前的诊断提供了重要线索。例如，如果一窝幼犬中只有一些雄性出现严重的出血（包括血肿），并且这些犬的 PT 正常但 aPTT 延长，则问题在于因子Ⅷ或因子Ⅸ。aPTT 延长和 PT 正常的组合让我们将缺陷定位于内源性途径。性别相关遗传问题的历史证据涉及因子Ⅷ和因子Ⅸ，这是仅有的两个性别相关缺陷。出血的严重程度能排除内源性途径中的因子Ⅻ和因子Ⅺ，因为因子Ⅻ缺乏不会导致出血或因子Ⅺ的缺乏出血程度较轻。因子Ⅸ和因子Ⅷ缺陷（即血友病 B 和血友病 A）具有类似的临床出血问题和遗传影响。将特定检测的成本效益和诊断的经济影响相比可以决定为实现更准确诊断的附加检测是否适合。

## 继发性止血的遗传性疾病

血友病 A（因子Ⅷ缺乏症）通过 aPTT 的延长来鉴定。这是最常见的遗传性犬凝血功能障碍，据报道，猫具有多种因子缺陷，导致内源性凝血缺陷。在大约 45% 受严重影响的血友病 A 患病动物中，致病突变已被确定为内含子 22 的反转[21]。一些商业试验已被证实可诊断血友病患犬血浆中的因子Ⅷ：C 和因子Ⅸ缺乏[33]。

因子Ⅸ缺乏症（即血友病 B 或圣诞节病）与血友病 A 一样与性别有关，通过延长的 aPTT 检测。因子Ⅸ缺乏症被报道较少，且临床症状更为严重。它影响德国牧羊犬、英国

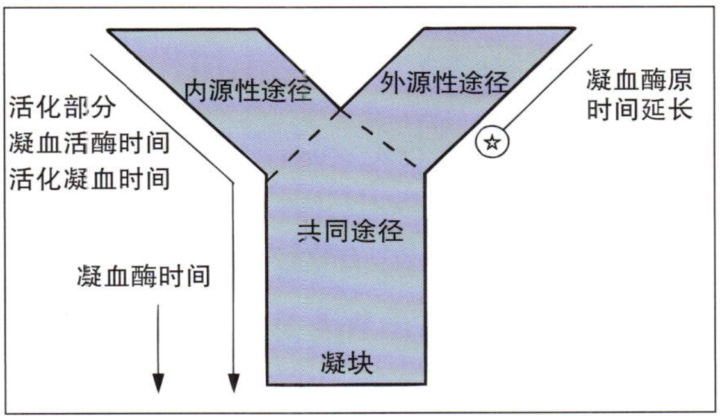


**图 5–11　因子Ⅶ缺陷的试验结果**

只有凝血酶原时间（PT）异常，如外源性系统中因子Ⅶ位点的星号和箭头终点所示。

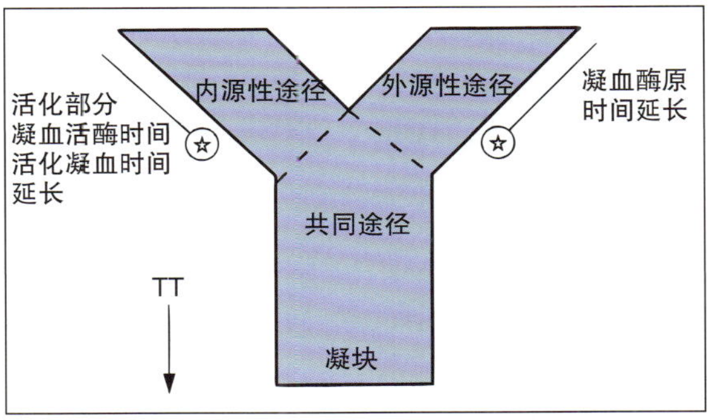


**图 5–12　维生素 K 拮抗剂毒性检测结果**

华法林中毒中维生素 K 相关因子（因子Ⅱ、因子Ⅶ、因子Ⅸ和因子Ⅹ）的抑制会在所有三种途径中产生缺陷。凝血酶时间（TT）应是正常的，因为纤维蛋白原没有受到主要影响。Ⅹ因子缺乏症具有相同的实验室检测模式，因为尽管内源性途径和外源性途径是正常的，但共同途径中的缺陷会减缓凝块形成。除非纤维蛋白原缺乏，否则肝功能衰竭可能具有类似的模式。

短毛猫、暹罗猫和美国家养短毛猫。

因子Ⅹ缺乏症发生在可卡犬和杰克罗素㹴中[13]。因子Ⅺ缺乏症发生于克里蓝㹴、史宾格犬和比利牛斯山犬，是一种严重的出血性疾病，伴有术后出血和aPTT延长[24]。这些犬在创伤或手术后容易出血，但在关节和软组织中没有血友病患病动物特有的自发性出血[16]。

德文卷毛猫可能患有维生素K依赖性凝血功能障碍。它们通过口服维生素$K_1$或血浆输血成功治疗，使凝血因子Ⅱ、因子Ⅶ、因子Ⅸ和因子Ⅹ浓度正常化[30]。凝血酶原缺乏症发生在可卡犬、拳师犬和水獭猎犬身上，并且作为一种共同途径缺陷，aPTT和PT会延长。

据报道，阿拉斯加雪橇犬、拉布拉多寻回猎犬和比格犬存在常染色体显性因子Ⅶ缺陷[32, 47]。因子Ⅻ或哈格曼因子的缺陷已在猫中被确定为具有常染色体隐性遗传模式，与人类报告的模式相似（即哈格曼特征）[23]。一只中国沙皮犬被发现具有联合因子Ⅻ缺乏症和前激肽释放酶活性受损，导致肠道出血和腹泻发作。这在犬上罕见，并且不是典型的出血倾向。

#### 继发性止血的获得性疾病

**维生素K拮抗剂·**华法林类抗凝血灭鼠剂是获得性出血障碍的常见原因。第二代灭鼠剂具有较长的功能半衰期（即与华法林的40 h相比，联苯酮的半衰期为15 ~ 20 d）。这些灭鼠剂的作用是导致功能性维生素K缺乏和功能形式的因子Ⅱ、因子Ⅶ、因子Ⅸ和因子Ⅹ肝脏合成减少。对犬进行磺胺喹恶啉治疗（即抗球虫药）可能会因维生素K的拮抗而导致出血。肝胆管梗阻或严重肠道疾病后很少导致维生素K缺乏。首选PT来监测凝血缺陷。当因子合成受到抑制时，半衰期最短的因子最早出现缺陷。因子Ⅶ的半衰期为2 ~ 4 h，而因子Ⅸ和因子Ⅹ的半衰期为14 ~ 16 h，凝血酶原（因子Ⅱ）的半衰期为41 h。由于因子Ⅶ在外源性系统中，PT出现了最早和最大的相对延长。血栓试验或维生素K缺乏或拮抗诱导产生的蛋白质（proteins induced by vitamin K absence or antagonism，PIVKA）对来自肝脏的前体凝血蛋白质敏感，当维生素K拮抗存在时，前体凝血蛋白质聚集并溢出到循环中。在有效的维生素$K_1$治疗后，肝脏可在9 ~ 11 h内达到最大凝血酶原合成，PT应在24 h内接近正常。华法林还阻断C蛋白的产生，由于其半衰期和因子Ⅶ一样短，其缺乏时间早于因子Ⅱ、因子Ⅸ和因子Ⅹ。这可能会在低凝状态发生之前导致高凝状态。这种高凝状态可能导致血小板减少。

其他获得性凝血功能障碍继发于消化不良和吸收不良的胃肠道疾病、胰腺外分泌缺陷、浸润性肠炎、胆管阻塞或肝病，或由于来自肥大细胞的循环肝素增加。

## 致谢

感谢Gary Kociba博士和Renee Prater博士在先前版本中对本章的贡献。

## 参考文献与推荐阅读

[1] Amitrano L, et al: Coagulation disorders in liver disease. *Semin Liver Dis* 22:83, 2002.

[2] Aronson LR, Gregory C: Possible hemolytic uremic syndrome in three cats after renal transplantation and cyclosporine therapy. *Vet Surg* 28:135, 1999.

[3] Boudreaux MK, Catalfamo JL: Molecular and genetic basis for thrombasthenic thrombopathia in otterhounds. *Am J Vet Res* 62:1797, 2001.

[4] Boudreaux MK, Dillon AR: Platelet function, antithrombin-Ⅲ activity, and fibrinogen concentration in heartworm-infected and heartworm-negative dogs treated with thiacetarsemide. *Am J Vet Res* 52:1986, 1991.

[5] Boudreaux MK, Lipscomb DL: Clinical, biochemical, and molecular aspects of Glanzmann's thrombasthenia in humans and dogs. *Vet Pathol* 38:249, 2001.

[6] Brassard JA, Meyers KM: Evaluation of the buccal bleeding time and platelet glass bead retention as assays of hemostasis in the dog: the effects of acetylsalicylic acid, warfarin and von Willebrand factor deficiency. *Thromb Haemost* 65:191, 1991.

[7] Brooks M, Dodds WJ, Raymond SL: Epidemiologic features of von Willebrand's disease in Doberman pinschers, Scottish terriers, and Shetland sheepdogs: 260 cases (1984–1988). *J Am Vet Med Assoc* 200:1123, 1992.

[8] Budde U, et al: Laboratory diagnosis of congenital von Willebrand disease. *Semin Thromb Hemost* 28:173, 2002.

[9] Callan MB, et al: Inherited platelet delta–storage pool disease in dogs causing severe bleeding: an animal model for a specific ADP deficiency. *Thromb Haemost* 74:949, 1995.

[10] Davidson MG, et al: Vascular permeability and coagulation during *Rickettsia rickettsii* infection in dogs. *Am J Vet Res* 51:165, 1990.

[11] Davis B, Toivio–Kinnucan M, Schuller S, Boudreaux MK: Mutation in beta1–tubulin correlates with macrothrombocytopenia in Cavalier King Charles Spaniels. *J Vet Intern Med* 22:540–545, 2008.

[12] Diehl KA, et al: Alterations in hemostasis associated with hyperthermia in a canine model. *Am J Hematol* 64:262, 2000.

[13] Dodds WJ: Canine factor Ⅹ (Stuart–Prower factor) deficiency. *J Lab Clin Med* 82:560, 1973.

[14] Feldman BF, Madewell BR, O'Neill MA: Disseminated intravascular coagulation: antithrombin, plasminogen, and coagulation abnormalities in 41 dogs. *J Am Vet Med Assoc* 179:151, 1981.

[15] Furlanello T, et al: Stability of stored canine plasma for hemostasis testing. *Vet Clin Pathol* 35:204, 2006.

[16] Gailani D: Gene targeting in hemostasis: factor Ⅺ. *Front Biosci* 6:D201, 2001.

[17] Galain ME, et al: High fluorescent platelets fraction in macrothrombocytopenic Norfolk terrier (Poster 165). Presented at the 20th congress of the ECVIM, September 9–11, 2010, Toulouse, France.

[18] Harrus S, et al: Platelet dysfunction associated with experimental acute canine ehrlichiosis. *Vet Rec* 139:290, 1996.

[19] Hisasue M, et al: Hematologic abnormalities and outcome of 16 cats with myelodysplastic syndromes. *J Vet Intern Med* 15:471, 2001.

[20] Holloway S, et al: Hemolytic uremic syndrome in dogs. *J Vet Intern Med* 7:220, 1993.

[21] Hough C, et al: Aberrant splicing and premature termination of transcription of the FⅧ gene as a cause of severe canine hemophilia A: similarities with the intron 22 inversion mutation in human hemophilia. *Thromb Haemost* 87:659, 2002.

[22] Kalbantner K, Baumgarten A, Mischke R: Measurement of platelet function in dogs using a novel impedance aggregometer. *Vet J*, October 2009.

[23] Kier AB, et al: The inheritance pattern of factor Ⅻ (Hageman) deficiency in domestic cats. *Can J Comp Med* 44:309, 1980.

[24] Knowler C, et al: Factor Ⅺ deficiency in Kerry blue terriers. *J Am Vet Med Assoc* 205:1557, 1994.

[25] Kociba GJ: Disseminated intravascular coagulation proceedings, 29th Annual Meeting, American College of Veterinary Pathologists, San Antonio, TX, 1978.

[26] Kristensen AT, Weiss DJ, Kausner JS: Platelet dysfunction associated with immune–mediated thrombocytopenia in dogs. *J Vet Intern Med* 8:323, 1994.

[27] Lewis DC, et al: Development and characterization of a flow cytometric assay for detection of platelet–bound immunoglobulin G in dogs. *Am J Vet Res* 56:1555, 1995.

[28] Lillehöök I, Egenvall A, Tvedten H: Hematopathology of dogs experminentaly infected with a Swedish granulocytic *Ehrlichia* species. *Vet Clin Pathol* 27:116, 1998.

[29] Lilliehöök I, Tvedten H: Validation of the Sysmex XT–2000iV hematology system for dogs, cats and horses. I Erythrocytes, platelets, and total leukocyte counts. *Vet Clin Pathol* 38:163, 2009.

[30] Maddison JE, et al: Vitamin K–dependent multifactor coagulopathy in Devon Rex cats. *J Am Vet Med Assoc* 197:1495, 1990.

[31] Maruyama H, et al: The incidence of disseminated intravascular coagulation in dogs with malignant

tumor. *J Vet Med Sci* 66:573, 2004.

[32] Mills JN, Labuc RH, Lawley MJ: Factor Ⅶ deficiency in an Alaskan malamute. *Aust Vet J* 75:320, 1997.

[33] Mischke R: Influence of factor Ⅷ: C and factor Ⅸ activity in plasmas of haemophiliac dogs on the activated partial thromboplastin time measured with two commercial reagents. *Haemophilia* 6:135, 2000.

[34] Mischke R, Keidel A: Preclinical studies for the use of the platelet function analyzer PFA-100 with the collagen/ADP cartridge in dogs [in German]. *Dtsch Tierarztl Wochenschr* 109:235, 2002.

[35] Mischke R, Nolte I: Optimization of prothrombin time measurements in canine plasma. *Am J Vet Res* 58:236, 1997.

[36] Moore BR, Hinchcliff KW: Heparin: a review of its pharmacology and therapeutic use in horses. *J Vet Intern Med* 8:26, 1994.

[37] Mosnier LO, Meijers JC, Bouma BN: The role of protein S in the activation of thrombin activatable fibrinolysis inhibitor (TAFI) and regulation of fibrinolysis. *Thromb Haemost* 86:1040, 2001.

[38] Nazarova OA, et al: Features of microcirculatory disorders in acute and recurrent hemorrhagic vasculitis (Schonlein-Henoch disease). *Ter Arkh* 73:39, 2001.

[39] Nolte I, et al: A method for measuring capillary blooding time in non-anaesthetized dogs: prolongation of the bleeding time by acetylsalicylic acid. *J Vet Med (Zentralbl Veterin- aermed) Series A* 44:625, 1997.

[40] Nurden AT, Nurden P: Inherited defects of platelet function. *Rev Clin Exp Hematol* 5:314, 2001.

[41] Pankraz A, Bauer N, Moritz A: Comparison of flow cytometry with the Sysmex XT2000iV automated analyzer for the detection of reticulated platelets in dogs. *Vet Clin Pathol* 38:30, 2009.

[42] Pedersen HD, et al: Idiopathic asymptomatic thrombocytopenia in Cavalier King Charles spaniels is an autosomal recessive trait. *J Vet Intern Med* 16:169, 2002.

[43] Schmaier AH, et al: Hemostatic/fibrinolytic protein changes in C3H/HeN mice infected with *Rickettsia conorii*—a model for Rocky Mountain spotted fever. *Thromb Haemost* 86:871, 2001.

[44] Scott-Moncrieff JC, et al: Hemostatic abnormalities in dogs with primary immune-mediated hemolytic anemia. *J Am Anim Hosp Assoc* 37:220, 2001.

[45] Shelton GH, Linenberger ML: Hematologic abnormalities associated with retroviral infections in the cat. *Semin Vet Med Surg (Small Anim)* 10:220, 1995.

[46] Sinke JD, van Dijk JE, Willemse T: A case of Ehlers-Danlos-like syndrome in a rabbit with a review of the disease in other species. *Vet Q* 19:182, 1997.

[47] Spurling NW: Hereditary blood coagulation factor-Ⅶ deficiency: a comparison of the defect in beagles from several sources. *Comp Biochem Physiol* 89:461, 1988.

[48] Stokol T, Parry B: Efficacy of fresh-frozen plasma and cryoprecipitate in dogs with von Willebrand's disease or hemophilia A. *J Vet Intern Med* 12:84, 1998.

[49] Sullivan PS, Evans HL, McDonald TP: Platelet concentration and hemoglobin function in greyhounds. *J Am Vet Med Assoc* 205:838, 1994.

[50] Thomas JS: von Willebrand's disease in the dog and cat. *Vet Clin North Am Small Anim Pract* 26:1089, 1996.

[51] Tvedten HW: Discrepancy between two Sysmex XT 2000 iV platelet counts. *Vet Clin Pathol* 39:395, 2010.

[52] Tvedten HW, Grabski S, Frame L: Estimating platelets and leukocytes on canine blood smears. *Vet Clin Pathol* 17:4, 1988.

[53] Tvedten HW, Johansson P: Feline platelet counting with prostaglandin E1 on the Sysmex XT-2000iV. *Vet Clin Pathol* 39:190-192, 2010.

[54] Tvedten H, Lilliehöök I, Hillström A, Häggström J: Platelecrit is superior to platelet count for assessing platelet status in Cavalier King Charles spaniels. *Vet Clin Pathol* 37:266, 2008.

[55] Venta PJ, et al: Mutation causing von Willebrand's disease in Scottish terriers. *J Vet Intern Med* 14:10, 2000.

[56] Weir JA, et al: Familial cutaneous vasculopathy of German shepherds: clinical, genetic and preliminary pathological and immunological studies. *Can Vet J* 35:763, 1994.

[57] Weiss RC, Dodds WJ, Scott FW: Disseminated intravascular coagulation in experimentally induced feline infectious peritonitis. *Am J Vet Res* 41:663, 1980.

[58] Wigton DH, Kociba GJ, Hoover EA: Infectious canine

hepatitis: animal model for viral–induced disseminated intravascular coagulation. *Blood* 47:287, 1976.

[59] Wilkerson MJ, et al: Platelet size, platelet surface–associated IgG, and reticulated platelets in dogs with immune–mediated thrombocytopenia. *Vet Clin Pathol* 30:141, 2001.

[60] Wiinberg B, et al: Development of a model based scoring system for diagnosis of canine disseminated intravascular coagulation with independent assessment of sensitivity and specificity. *Vet Journal* 185:292, 2010.

[61] Zola A, Drigo M, Caldin M: Mean platelet concentration in dogs with immune–mediated hemolytic anemia. Abstract in Proceedings European College of Veterinary Internal Medicine, 21st annual meeting, Sept. 8–10, 2011.

第6章

# 电解质和酸碱紊乱

Stephen P. DiBartola

电解质和酸碱紊乱可能由许多不同的疾病引起。及时纠正液体、电解质和酸碱平衡紊乱比做出具体诊断有更直接的益处，尽管两者都很重要。

## 血清钾浓度

**常见指标·**测量血清钾浓度的常见适应证包括长期厌食、呕吐、腹泻、肌无力、心动过缓、室上性心律失常、少尿、无尿和多尿。如果怀疑出现肾上腺皮质功能减退、急性或慢性肾功能衰竭、糖尿病酮症酸中毒、长期呕吐、尿道阻塞、尿腹或阻塞后利尿，或长期使用利尿剂（如呋塞米、噻嗪类、螺内酯）或者血管紧张素转换酶抑制剂（如依那普利），则应测量血清钾浓度。

**分析·**通过干试剂法、离子特异性电位法和火焰光度法（目前很少使用）测定血清、血浆或尿液中的血清钾浓度。不同的方法提供了可比较的结果。用新的“即时检测”仪器测得的钾浓度并不总是与传统分析仪测定的结果有很好的相关性。测量全血中钾的即时检测仪器给出的结果通常比使用其他仪器获得的结果低约 0.5 mEq/L。

**正常值·**犬和猫，3.5 ~ 5.5 mEq/L（mEq/L 与单价离子的 mmol/L 相同）。

**危险值·**浓度＜2.5 mEq/L（肌无力）或＞7.5 mEq/L（心脏传导障碍）被认为是危险的。患严重低钠血症的动物似乎无法代偿高钾血症。

**假象·**血清钾浓度高于血浆浓度，因为钾在凝血过程中从血小板中释放出来。这种差异在血小板增多症发生时最明显。如果红细胞中钾含量高，溶血会导致高钾血症。大多数犬和猫的红细胞含有少量钾，然而，一些品种（如新生动物、秋田犬、英国史宾格犬）的红细胞具有较高的钾含量（即≥20 mEq/L），溶血可导致高钾血症。在白细胞计数＞100 000/μL 的动物中，大量白细胞可能在凝血过程中溶解并释放钾，从而导致血清钾浓度的假性增加。这些都是假性高钾血症的原因，因为仅发生在体外。使用肝素锂管收集血浆，并迅速从细胞中分离血浆，可防止这些问题。从含有液体的静脉输液管道获取污染的血液样本可能会导致钾浓度假性升高或降低，这取决于所输注的液体。当从静脉导管获取血液时，应在采集样本之前取出并丢弃足够的血液以清洁导管。使用 EDTA 或草酸钾作为抗凝剂可能会显著改变测量值。用离子特异性电极测量时，大量胆红素可能会略微增加钾浓度。

**可能改变血清钾浓度的药物·**低钾血症可由呋塞米、噻嗪类、乙酰唑胺、泻药、盐皮质激素（如氟氢可的松、脱氧皮质酮新戊酸酯）、胰岛素、碳酸氢钠、两性霉素 B、静脉注射大剂量青霉素 G、缓慢给予氯化铵、无钾液体和含葡萄糖的晶体溶液引起。如果长期使用无钾透析液，低钾血症可能会由腹膜透析引起。

高钾血症可能由过量的氯化钾（静脉注射或口服）、含有氯丁醇的肝素溶液、洋地黄过量和静脉注射青霉素 G 钾引起。也可能由甲氧苄啶、血管紧张素转换酶抑制剂（如依那普利）、输血（如果来自细胞内钾含量高的犬）、保钾利尿剂（如螺内酯、阿米洛利）、引起急性高渗的甘露醇输液、非特异性 β-受体阻滞剂和非甾体抗炎药（如果它们导致肾功能衰竭）引起。

**低钾血症的原因 ·** 低钾血症可能的三种机制：①摄入钾减少；②钾从细胞外液转移到细胞内液；③钾通过肾脏或胃肠道流失（专栏 6-1 和图 6-1）。给予无钾液体稀释血清钾浓度，特别是含有葡萄糖的液体，可能导致低钾血症。摄入钾减少可能会加重因丢失或转运增加而导致的低钾血症，但其本身不太可能导致低钾血症。低钾血症通常是由摄入钾减少加上尿液或胃肠道丢失（如给厌食患病动物注射无钾液体）造成的。

给予碳酸氢盐或胰岛素介导细胞摄取葡萄糖时，可能发生钾从细胞外液向细胞内液转移。这两种情况通常都是医源性的（如积极治疗糖尿病酮症酸中毒）。如果溶液中不存在足够的钾，则全胃肠外营养会导致低钾。体温过低可能导致钾进入细胞（当低温得到纠正，这种影响会逆转）。幼年缅甸猫的低钾性周期性麻痹会导致钾向细胞内移动，其特征是肢体肌无力、颈部向腹侧弯曲、CK 活性增加和低钾血症的反复发作。

过多的胃肠道（如呕吐、腹泻）和尿液（如多尿）丢失通常会导致低钾血症。呕吐胃内容物会导致钾和氯化物流失。由此产

**专栏 6-1　低钾血症的原因**

**假性低钾血症（罕见且很少引起明显变化）**

**丢失增加（最常见且重要的类别）**

- 胃肠道（$FE_k < 6\%$）
  - 呕吐胃内容物（常见且重要）
  - 腹泻（常见且重要）
- 泌尿道（$FE_k > 20\%$）
  - 猫的慢性肾功能衰竭（常见且重要）
  - 饮食诱导的猫低钾血症性肾病（重要）
  - 阻塞后利尿（常见且重要）
  - 不适当的液体治疗，尤其是补钾不足（常见且重要）
  - 糖尿病 / 酮症酸中毒引起的利尿（常见且重要）
  - 透析（罕见）
  - 药物
    - 髓袢利尿剂（如呋塞米）（常见且重要）
    - 噻嗪类利尿剂（如氯噻嗪、氢氯噻嗪）
    - 两性霉素 B
    - 青霉素（罕见）
    - 沙丁胺醇过量（罕见）
  - 远端（Ⅰ型）RTA（罕见）
  - $NaHCO_3$ 治疗后近端（Ⅱ型）RTA（罕见）
  - 盐皮质激素过量（罕见）
  - 肾上腺皮质功能亢进（轻度改变）
  - 原发性醛固酮增多症（即腺瘤、增生）

**转移（细胞外液→细胞内液）**

- 含葡萄糖液体 +/– 胰岛素（常见且重要）
- 全胃肠外营养解决方案（不常见但重要）
- 碱血症（罕见）
- 儿茶酚胺（罕见）
- 低钾性周期性麻痹（缅甸猫）（罕见）
- 体温过低（可疑）

**摄入量减少（除非饮食严重不足，否则不太可能引起低钾血症）**

- 给予无钾液体（如 0.9%NaCl、5% 葡萄糖水溶液）

数据来源：DiBartola SP: Fluid therapy in small animal practice, ed 2, Philadelphia, 2000, WB Saunders, p 93.

注：$FE_k$，钾的分数排泄；RTA，肾小管酸中毒。

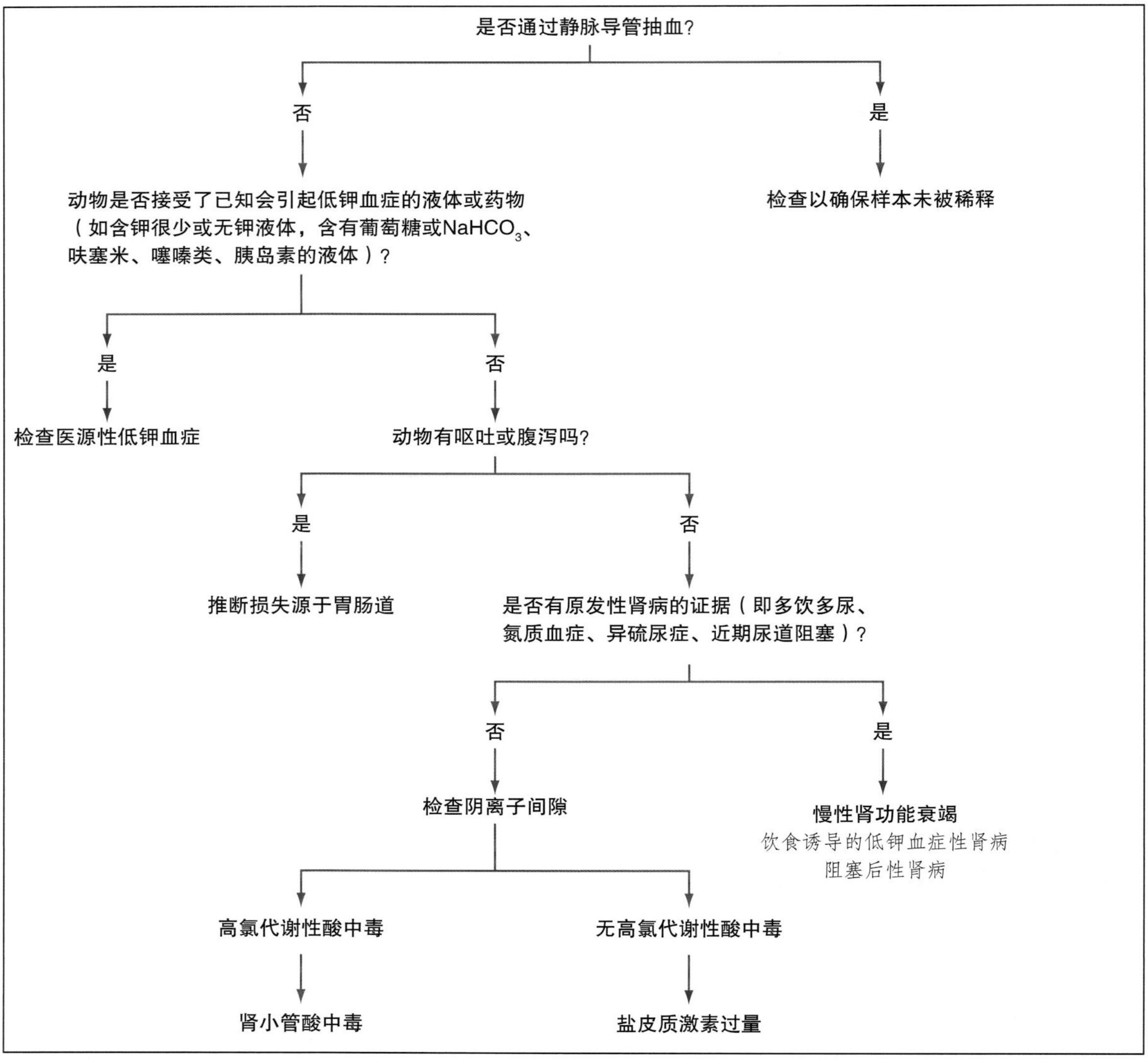


**图 6–1　低钾血症临床诊断程序**

（数据来源：DiBartola SP: Fluid therapy in small animal practice, Philadelphia, 1992, WB Saunders, p 98.）

生的低氯血症和代谢性碱中毒导致尿液中钾离子和氢离子的额外损失。任何原因导致的脱水引起的醛固酮分泌都会导致钠潴留，但会进一步排出钾。髓袢循环利尿剂（如呋塞米）会导致肾钾流失。低钾血症发生在20% ~ 30% 的猫和 10% 的慢性肾功能衰竭患犬身上。

以肾小管间质性肾炎为特征的低钾血症性肾病可能发生在食用高蛋白但含钾不足的食物的猫身上，尤其是食用含有尿酸化剂食物的猫。

低钾血症通常发生在猫尿道阻塞缓解后的利尿期间。由于内源性类固醇的盐皮质效应，犬肾上腺皮质功能亢进可能发生低钾血症，并且与垂体依赖性疾病相比，低钾血症在肾上腺肿瘤中更常见。

中度至重度低钾血症（即＜2.5 ~ 3.0 mEq/L）的最常见原因是呕吐、尿量减少（如阻塞后利尿、多尿性慢性肾功能衰竭）、使用循环利尿剂（尤其是在厌食动物中）、积极的胰岛素和碳酸氢钠治疗（如糖尿病酮症酸中毒的治疗），以及对厌食动物的不适当液体治疗。低钾血症的原因通常可以从病史和体格检查中确定。很少需要额外的实验室检测。

**高钾血症的原因 ·** 高钾血症有三种机制：①钾摄入量增加；②钾从细胞内液转移到细胞外液；③尿钾排泄减少（最常见）（专栏 6–2 和图 6–2）。病因一般不是钾摄入量增加，除非钾摄入严重过量或同时存在肾或肾上腺损伤。

急性无机酸中毒、大量组织损伤（如急性肿瘤溶解）或钾潴留（由急性肾功能衰竭引起）、胰岛素缺乏和急性高血压可导致钾从细胞内液转移到细胞外液。由无机酸（如 $NH_4Cl$、HCl）而非有机酸（如乳酸、酮酸）引起的急性酸中毒可能导致钾从细胞中移出（不常见）。无机代谢性酸中毒对血清钾浓度的影响各不相同，通常 pH 每降低 0.1 单位，钾浓度升高 0.17 ~ 1.67 mEq/L（平均值为 0.75 mEq/L），然而，这种经验法则并不可靠。呼吸性酸中毒对钾浓度的影响很小。淋巴瘤放疗或化疗后很少发生急性肿瘤溶解综合征。大量组织损伤的其他原因包括再灌注损伤和挤压损伤（罕见）。胰岛素缺乏和高渗状态可能导致糖尿病酮症酸中毒患病动物的高钾血症。急性高渗状态（如甘露醇注入、高血糖）可能导致水和钾离开细胞进入细胞外空间，导致高钾血症（罕见）。

尿钾排泄减少是最重要的机制，如果肾功能正常，很少发生高钾血症。尿钾排泄减少的最常见原因是尿道阻塞、膀胱（或输尿管）破裂、无尿或少尿性肾功能衰竭，以及肾上腺皮质功能减退。高钾血症可能发生在猫尿道阻塞的 48 h 内，但通常在膀胱破裂后至少 48 h 内不会发生。高钾血症很少发生于慢性肾功能衰竭，通常只在少尿患病动物中发生。高钾血症、低钠血症和 Na/K 比值＜27 ∶ 1 常（但并非总是）在患有肾上腺皮质功能减退或肾功能衰竭的动物中发生。促

### 专栏 6–2 高钾血症的原因

**假性高钾血症**

- 血小板增多症（通常轻微，但可产生明显变化）
- 白细胞计数＞ 100 000/μL（罕见原因，但可能导致显著变化）
- 红细胞钾浓度高的品种或个体的溶血（如秋田犬、英国史宾格犬、新生动物，偶尔还有其他犬）

**排尿减少（最常见）**

- 尿道阻塞（常见且重要）
- 膀胱 / 输尿管破裂（罕见但重要）
- 无尿或少尿性肾功能衰竭（常见且重要）
- 肾上腺皮质功能减退（罕见但严重）
- 某些胃肠道疾病（如沙门氏菌病、十二指肠溃疡）
- 乳糜胸伴反复胸腔积液引流（罕见）
- 低肾素性醛固酮减少症（伴有糖尿病或肾功能衰竭）（罕见）
- 药物［血管紧张素转换酶抑制剂（如依那普利）*、保钾利尿剂（如螺内酯、阿米洛利、曲安替林）*、前列腺素抑制剂 *、肝素 *］

**摄入量增加**

- 不太在具有正常肾 / 肾上腺功能时发生，除非给药严重过多（如静脉注射高 KCl 浓度的液体，注射大剂量青霉素 G 钾）

**易位（细胞内液→细胞外液）**

- 胰岛素缺乏（如糖尿病酮症酸中毒）（罕见且短暂）
- 急性无机酸中毒（如 HCl、$NH_4Cl$）（罕见）
- 大量组织损伤［如急性肿瘤溶解综合征（罕见）、患有心肌病的猫主动脉血栓栓塞后四肢再灌注（罕见）、挤压伤（罕见）］
- 高钾性周期性麻痹（罕见）
- 药物［非特异性 β– 受体阻滞剂（如普萘洛尔 *）］

数据来源：DiBartola SP: Fluid therapy in small animal practice, ed 2, Philadelphia, 2000, WB Saunders, p 100.

* 仅可能与其他影响因素（如肾功能下降、同时服用钾补充剂）一起导致高钾血症。

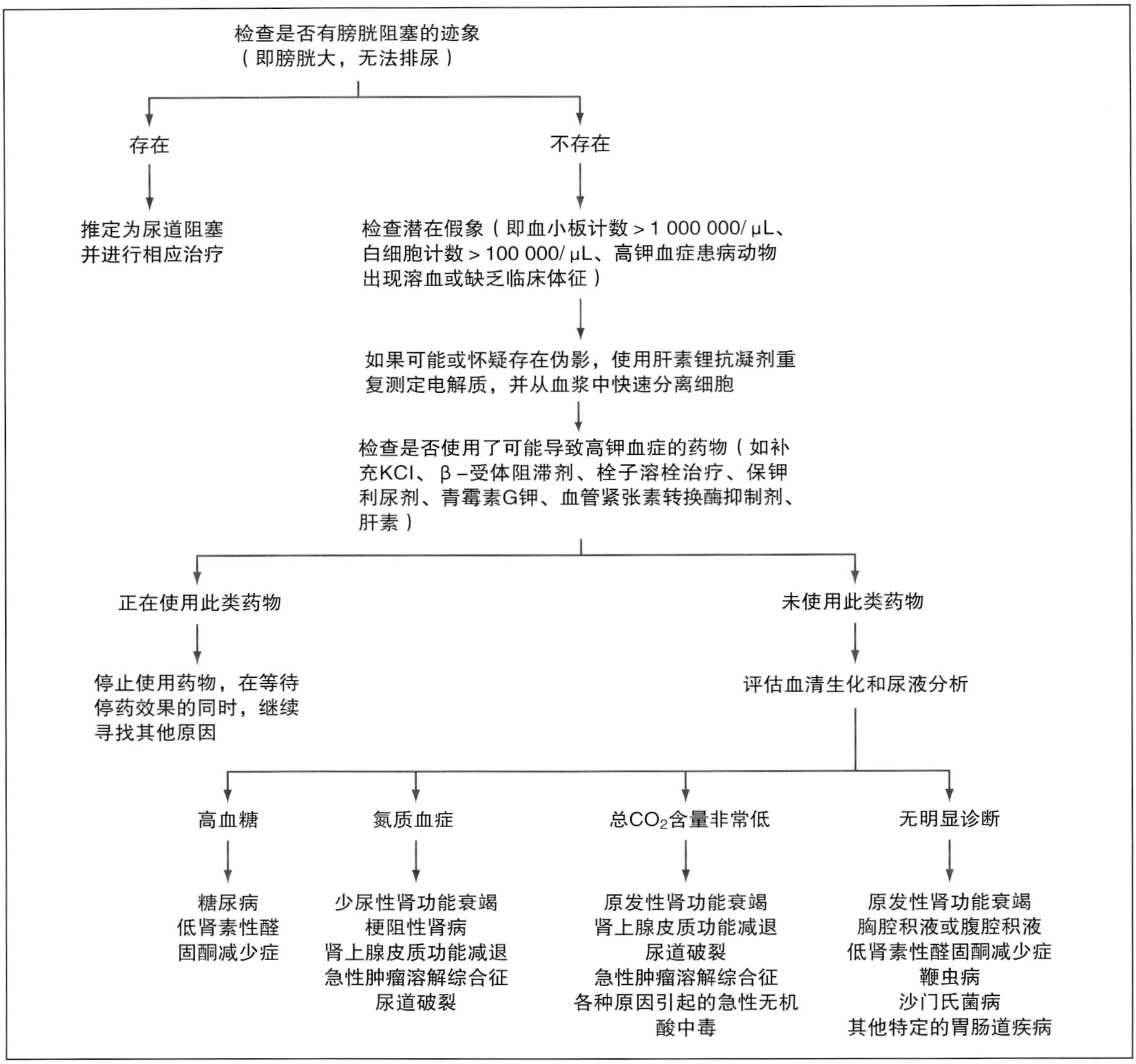


**图 6–2　高钾血症临床诊断程序**

（数据来源：DiBartola SP: Fluid therapy in small animal practice, Philadelphia, 1992, WB Saunders, p 107.）

肾上腺皮质激素（adrenocorticotropic hormone，ACTH）刺激试验（见第 8 章）对于诊断肾上腺皮质功能减退是必要的，因为相同的电解质异常可能由于少尿性肾功能衰竭、鞭虫病、沙门氏菌病和胸腔积液或腹腔积液而发生。

极少数情况下，低肾素性醛固酮减少症会损害尿钾排泄，导致糖尿病或肾功能衰竭患病动物出现高钾血症。通过测量 ACTH 给药前后的醛固酮（非皮质醇）浓度来诊断该疾病。高钾性周期性麻痹是另一种罕见的高钾血症原因，仅在一只犬中有过报道。

严重高钾血症（即＞6.0 mEq/L）的最重要原因是少尿和无尿性急性肾功能衰竭（如乙二醇摄入）、雄性猫尿道阻塞和肾上腺皮质功能减退。假性高钾血症应首先排除。如果血钾浓度＞7.0 mEq/L 且患病动物无症状（如心电图和体格检查正常），应使用肝素锂血浆重新检测血清钾浓度。消除假象后，应检查病史是否有医源性原因。如果高钾血症可能是医源性的，应停用相关药物，并在 1 ~ 2 d 内重新检查血清钾浓度。但是，如果存在其他疾病，则应继续诊断评估。高钾血症通常是评估以下部分或全部指标的指征：血清肌酐、血尿素氮、尿液分析和静息血清皮质醇浓度（见第 8 章）。

## 尿钾排泄分数

**少见适应证・**钾的排泄分数（$FE_K$）有助于区分肾脏和非肾脏钾的丢失。$FE_K$ 的计算公式如下：

$$[(U_K/S_K)/(U_{Cr}/S_{Cr})]\times 100$$

式中：$U_K$= 尿钾浓度（mEq/L）；

$S_K$= 血清钾浓度（mEq/L）；

$U_{Cr}$= 尿肌酐浓度（mg/dL）；

$S_{Cr}$= 血清肌酐浓度（mg/dL）。

**正常值・**犬和猫，6% ~ 20%。

**异常值・**如果动物有非肾脏源性钾丢失（如胃肠道丢失），$FE_K$ 应≤6%。肾功能正常的低钾血症患病动物的 $FE_K$ ＞20%，表明肾钾丢失过多。

## 血清钠浓度

**常见适应证・**血清钠浓度的检测可用于以呕吐、腹泻、多饮多尿、肌无力、异常行为、精神异常、癫痫发作、水肿、胸腔积液或腹腔积液或脱水为特征的全身性疾病。应在以下情况测量血清钠浓度：当诊断出肾上腺、肾脏、肝脏或心脏的功能衰竭时；在长时间的液体或利尿剂治疗的情况下；或在患病动物不喝水的情况下通过即时检测仪器获得的结果通常与传统仪器获得的结果有很好的相关性。

**分析・**通过离子特异性电位法和干试剂法测定血清、血浆或尿液中的血清钠浓度。

**正常值・**犬，140 ~ 150 mEq/L；猫，150 ~ 160 mEq/L（mEq/L 与 mmol/L 相同）。

**危险值・**低钠血症和高钠血症的临床症状与发病速度更加相关，而不是与低血浆渗透压或高渗透压相关。在犬的血清钠浓度＜120 mEq/L 或＞170 mEq/L 时可能出现神经系统体征（如定向障碍、共济失调、癫痫发作、昏迷）。

**假象・**当使用火焰光度法或间接电位法测定并且发现低钠血症和正常血浆渗透压时，这种发现曾被称为假性低钠血症，它由高脂血症或严重高蛋白血症引起。血清中过量的脂质和蛋白质导致机器测定钠浓度不准确。当使用离子特异性电位测定时，很少发生假性低钠血症。高蛋白血症引起的高黏滞可以通过某些抽吸技术导致“样本量少”（和假性低钠血症）。从含有液体的静脉输液管道获取的样本可能会导致钠浓度假性升高或降低，这取决于所使用的液体。从静脉注射导管获取血液时，应在采集样本前移除并丢弃足够的血液以清洁导管。各种抗凝剂（如草酸盐、氟化物、柠檬酸盐）的钠盐会导致钠浓度假性升高。

**可能改变血清钠浓度的药物・**低钠血症可能会因噻嗪类、呋塞米、螺内酯或甲氧苄啶联合利尿剂发生。药物诱导的抗利尿激素分泌失调综合征（syndrome of inappropriate antidiuretic hormone secretion，SIADH）在人（如使用长春新碱）中有报道，但在犬或猫中没有报道。高钠血症可能是由去糖皮质激素醋酸酯或新戊酸酯、氟氢化可的松、碳酸氢钠、乳果糖、生理盐水或高渗盐水溶液治疗不当或磷酸钠灌肠剂所致。

**血清钠浓度异常·**血清钠浓度是钠相对于血液中水体积的量，它不反映全身钠含量。低钠血症和高钠血症患病动物的全身钠含量可能减少、正常或增加。高钠血症几乎总是引起高渗，而低钠血症通常意味着低渗透压。

**低钠血症的原因·**准确评估低钠血症需要测量血浆渗透压。大多数低钠血症患病动物是低渗性的，但高血糖（即糖尿病）或甘露醇给药（专栏 6-3）可能导致高渗性低钠血症。评估低钠血症的下一步是评估水合状态。病史可能表明液体流失。体格检查可以评估患病动物的水合状态（如皮肤肿胀、黏膜湿润度、毛细血管充盈时间、脉搏和特征、颈静脉外观、是否存在腹水）。

脱水的低钠血症患病动物丢失了水和钠，但丢失的钠比水多。非肾脏或肾脏途径可能导致富含钠的液体流失。非肾脏丢失可以是胃肠道（如呕吐、腹泻），第三间隙（如胰腺炎、腹膜炎、尿腹、胸腔积液）或皮肤（如烧伤）。如果钠的丢失大于水的丢失，或者如果随后饮水替换丢失的液体稀释了剩余的钠，胃肠道液体丢失可能导致低钠血症。肾上腺皮质功能减退、利尿剂、糖尿病或肾脏疾病可能导致肾脏液体和盐分流失。同样地，饮用水代替水而不是钠，导致低钠血症。低钠血症也与犬的慢性出血和腹腔积血有关。

过度水合的低钠血症患病动物（如腹水、水肿）可能会有全身钠含量增加。水排泄受损会导致液体潴留，从而稀释血清钠。高血容量的临床症状可能不可见，因为潴留的水可能是细胞内或间质的。高血容量性低钠血症主要发生于充血性心力衰竭、严重肝病、肾病综合征和晚期肾功能衰竭。

原发性（即心源性）多饮、液体疗法（如 5% 葡萄糖或 0.45% 生理盐水）、SIADH（罕见）、具有抗利尿作用的药物和甲状腺功能减退的黏液性水肿性昏迷（罕见）可引起正常血容量性低钠血症。原发性多饮（见第 7 章）通常发生在大型犬种中。这些犬有严重的多饮多尿、严重的低渗尿、轻度低钠血症和轻度低血浆渗透压。SIADH 是指尽管缺乏正常刺激，但仍有过量的抗利尿激素（antidiuretic

### 专栏 6-3 低钠血症的原因

**血浆渗透压正常（假性低钠血症）（现代仪器罕见）**

- 高脂血症
- 严重的高蛋白血症（罕见）

**具有高血浆渗透压**

- 高血糖（常见）
- 输注甘露醇

**具有低血浆渗透压**

- 过度水合（即高血容量）
  - 严重肝病导致腹水（常见）
  - 充血性心力衰竭导致积液（常见）
  - 肾病综合征导致积液（常见）
  - 晚期肾功能衰竭（主要是少尿或无尿）
- 脱水（即低血容量）
  - 胃肠道丢失（常见）（即呕吐或腹泻）
  - 第三间隙丢失［即胰腺炎、腹膜炎、尿腹（常见）、乳糜胸和反复的胸腔积液］
  - 皮肤丢失（即烧伤）
  - 肾上腺皮质功能减退（罕见但重要）
  - 利尿剂（包括渗透性利尿剂）

**正常水合作用（即正常血容量）**

- 使用 5% 葡萄糖、0.45% 生理盐水或低渗液体的不当液体治疗（重要）
- 精神性多饮
- 抗利尿激素分泌失调综合征（SIADH）（罕见）
- 抗利尿剂（如含有氯丁醇、长春新碱、环磷酰胺、非甾体抗炎药的肝素溶液）
- 甲状腺功能减退的黏液性水肿性昏迷（罕见）

---

数据来源：DiBartolas P: Fluid therapy in small animal practice, ed 2, Philadelphia, 2000, WB Saunders, p 60.

hormone，ADH）释放，它可能由恶性肿瘤、肺部疾病或中枢神经系统疾病引起。SIADH 的诊断需要排除肾上腺疾病、肾脏疾病、心脏疾病和肝脏疾病，并发现尽管血清渗透压低，但尿液渗透压过高（>100 mOsm/kg）。刺激 ADH 释放或增强它对肾脏作用的药物可能导致正常血容量性低钠血症。

犬和猫中度至重度低钠血症（即 Na <135 mEq/L）的最常见原因包括呕吐、肾上腺皮质功能减退和晚期充血性心力衰竭（伴或不伴利尿剂治疗）。病史或体格检查通常能提示病因，但如果临床兽医怀疑肾上腺皮质功能减退，则应测量静息血清皮质醇浓度（见第 8 章）。如果原因仍然未知，建议测量血浆渗透压浓度。

**高钠血症的原因**·高钠血症是由失水、钠增加或两者引起的（专栏 6-4）。具有正常口渴机制和充足饮水的动物很少出现高钠血症，除非它们无法摄入水。

在尿崩症和无法察觉的丢失中，会出现游离水丢失（即没有明显电解质损失的水分丢失）。中枢性尿崩症（见第 7 章）由缺乏 ADH 的产生和释放所致。患病动物有严重的多饮多尿，高钠血症很常见。肾源性尿崩症是一种包括许多以肾脏尿液浓度异常为特征的疾病的范畴（见第 7 章）。所有动物都会出现无法察觉的丢失（即正常的呼吸道丢失），如果患病动物不能或不愿饮水（如年轻雌性小型雪纳瑞犬中枢神经系统异常口渴机制导致的低饮），则会导致高钠血症。临床症状包括厌食、嗜睡、虚弱、定向障碍、共济失调和癫痫发作。

低渗性液体丢失是丢失水和电解质，但丢失的水比钠更多。此类丢失可能是肾性的或肾外的（如胃肠道、第三间隙、皮肤）。呕吐、腹泻和小肠梗阻可能导致低渗胃肠道丢失。第三间隙丢失包括胰腺炎和腹膜炎。犬和猫的皮肤丢失不具重要性。肾脏丢失可能是由缺乏 ADH、渗透性的或药物诱导的利尿，或者肾脏疾病影响浓缩能力所致。

**注意：**如果低渗性液体丢失的患病动物通过饮水补充液体，则其可能会患有低钠血症而不是高钠血症，因为饮水会稀释剩余的钠。

### 专栏 6-4 高钠血症的原因

**游离水丢失但补液不足（重要）**

- 正常无法察觉的失水，无正常补液、无水可饮或患病动物无法饮水
- 异常口渴机制
  - 原发性低饮（如小型雪纳瑞犬）（罕见）
  - 中枢神经系统肿瘤
- 无法察觉的失水增加而无补液
  - 高温环境、发热、呼吸急促 / 喘息
- 尿中游离水丢失
  - 尿崩症（中枢性或肾源性）

**在没有充足水分补给情况下丢失低渗性液体（重要）**

- 肾外的
  - 胃肠道（即呕吐、腹泻、小肠梗阻）
  - 第三间隙丢失（即腹膜炎、胰腺炎）
  - 皮肤（如烧伤）
- 肾源性
  - 利尿［渗透性（如糖尿病、甘露醇）、化学性（如药物）］
  - 肾功能衰竭，阻塞后利尿

**钠摄入量增加**

- 注射高渗液体（如高渗盐水、碳酸氢钠、全胃肠外营养液、磷酸钠灌肠剂）
- 使用含钠液体进行不当的保钠液体治疗（重要）
- 食盐中毒
- 醛固酮增多症（罕见）
- 肾上腺皮质功能亢进（轻度变化）

数据来源：DiBartola SP: Fluid therapy in small animal practice, ed 2, Philadelphia, 2000, WB Saunders, p 53.

如果患病动物不摄入足量的水，过量的钠（如高渗盐水、碳酸氢钠、不适当的液体治疗）会导致高钠血症。肾上腺皮质功能亢进、磷酸钠灌肠剂和原发性醛固酮增多症（罕见）可能导致高钠血症。

临床上明显的高钠血症（即犬的 Na ＞ 160 mEq/L，猫的 Na ＞ 170 mEq/L）通常是由纯水缺乏（如不能或不愿意饮水）、低渗性液体丢失（如胃肠道或肾脏丢失）或液体治疗引起的。病史通常足以确定高钠血症的病因。

## 尿钠排泄分数

**少见适应证·**测定钠排泄分数（$FE_{Na}$）可能有助于把高钠血症或低钠血症脱水患病动物的肾前性氮质血症与原发性肾性氮质血症（很少需要）区分开，以及把肾性钠丢失和肾外钠丢失区别开来。$FE_{Na}$ 的计算公式如下：

$$[(U_{Na}/S_{Na})/(U_{Cr}/S_{Cr})]\times 100$$

式中：$U_{Na}$= 尿钠浓度（mEq/L）；

$S_{Na}$= 血清钠浓度（mEq/L）；

$U_{Cr}$= 尿肌酐浓度（mg/dL）；

$S_{Cr}$= 血清肌酐浓度（mg/L）。

**正常值·**正常犬和猫的 $FE_{Na}$ 应＜ 1%。

**异常值·**肾前性氮质血症患病动物的 $FE_{Na}$ ＜ 1%；＞ 1% 提示原发性肾性氮质血症。如果动物正在接受利尿剂（如呋塞米）治疗，尽管肾功能正常，但 $FE_{Na}$ ＞ 1% 的肾前性氮质血症仍可能发生。在脱水患病动物中，$FE_{Na}$ 值＜ 1% 表示非肾性丢失（如胃肠道、第三间隙），＞ 1% 的值表明肾性丢失（如肾上腺皮质功能减退、利尿剂、肾病）。

## 血清氯浓度

**常见适应证·**血清氯浓度通常在以呕吐、腹泻、脱水、多饮多尿为特征的全身性疾病或可能有代谢性酸碱异常的患病动物中测量。

**分析·**通过干试剂系统、比色滴定法、分光光度法（即自动分析仪）、离子特异性电位测定法、库仑滴定法和安培滴定法测定血清、血浆或尿液中的血清氯化物。使用即时测定仪器获得的结果并不总是与传统方法获得的结果有很好的相关性。

**正常值·**水平衡的变化会按比例改变氯离子浓度和钠浓度。氯离子浓度也会发生主要变化，因此，氯化物浓度的评估必须与钠浓度的评估一起进行。使用这种方法，氯离子紊乱分为人为类别（钠和氯化物成比例变化）和纠正类别（氯化物变化比例大于钠变化比例）（专栏 6–5 和专栏 6–6）。游离水的变化是假象氯紊乱中氯变化的原因。在校正性氯离子紊乱中，氯离子本身发生变化。校正的氯化物可按以下方式估算：

$[Cl^-]$ 校正值 =$[Cl^-]$ 测量值 ×146 /$[Na^+]$ 测量值（对于犬）

$[Cl^-]$ 校正值 =$[Cl^-]$ 测量值 ×156 /$[Na^+]$ 测量值（对于猫）

式中：$[Cl^-]$ 测量值和 $[Na^+]$ 测量值分别是患病动物的血清氯浓度和血清钠浓度。值 146 mEq/L 和 156 mEq/L 反映了犬和猫血清钠浓度的平均值。犬的正常 $[Cl^-]$ 校正值为 107 ~ 113 mEq/L，猫的校正值为 117 ~ 123 mEq/L。这些值可能因实验室和分析仪而异。

**危险值·**未知。代谢性碱中毒和离子钙浓度降低可能导致低氯血症患病动物肌肉抽搐或癫痫发作，而与高氯血症相关的临床症状可能是由高渗引起的。

**假象·**当通过非离子选择性技术在高脂血或明显高蛋白样本中测量氯化物时，结果会显示假性低氯血症。高黏度可能会导致在

**专栏 6-5 低氯血症的原因**

**误差（稀释）**

**校正性低氯血症**

- 假性低氯血症（用滴定法测定脂血样本）
- 氯化物相对于钠的过度损失
  - 呕吐胃内容物（常见且重要）
  - 噻嗪类或髓袢利尿剂治疗（常见且重要）
  - 慢性呼吸性酸中毒
  - 肾上腺皮质功能亢进
  - 运动
- 使用钠浓度相对于氯化物浓度高的溶液进行治疗
- 碳酸氢钠

数据来源：DiBartola SP: Fluid therapy in small animal practice, ed 2, Philadelphia, 2000, WB Saunders, p 78.

**专栏 6-6 高氯血症的原因**

**误差（浓度）**

**校正性高氯血症**

- 假性高氯血症
  - 用比色法测定脂血样本
  - 溴化钾治疗（常见且重要）
- 与氯化物相关的钠过量丢失
  - 小肠性腹泻（常见且重要）
- 氯化物相对于钠的过量增加
  - 氯盐治疗（如 $NH_4Cl$、KCl）
  - 全胃肠外营养
  - 液体疗法（如 0.9% NaCl、高渗盐水、补充 KCl 的液体）
  - 食盐中毒
- 肾的氯化物潴留
  - 肾功能衰竭
  - 肾小管酸中毒
  - 肾上腺皮质功能减退
  - 糖尿病
  - 慢性呼吸性碱中毒
  - 药物（如螺内酯、乙酰唑胺）

数据来源：DiBartola SP: Fluid therapy in small animal practice, ed 2, Philadelphia, 2000, WB Saunders, p 79.

分析前稀释样本的机器出现问题。在脂血样本中，某些滴定法低估了氯化物浓度，而比色法高估了氯化物浓度。卤化物（如溴化物、碘化物）被测量为氯化物，导致结果错误地增加（尤其是在接受溴化钾作为抗惊厥药物的动物中）。

**可能改变血清氯浓度的药物·**使用 $NH_4Cl$、KCl、生理盐水溶液（含或不含 KCl）、高渗盐水溶液或含有精氨酸和赖氨酸的全胃肠外营养液可能会向体内添加过量的氯。乙酰唑胺可能导致肾的氯潴留。低氯血症可能由肾脏中氯离子相对于钠（如呋塞米、噻嗪类）的过量丢失或过量摄入无氯钠（如 $NaHCO_3$）所致。

**低氯血症的原因·**许多引起低钠血症的原因也会导致低氯血症。如果钠的变化与氯化物的变化成比例（正常校正氯化物的低氯血症或假性低氯血症），则更容易寻找低钠血症的原因。校正性低氯血症是由于氯相对于钠的过量损失或使用含有相对于氯浓度的高钠浓度的液体（专栏 6-5）。校正性低氯血症的最常见原因是慢性呕吐丢失胃内容物和积极的呋塞米或噻嗪类治疗。使用不含氯化物的钠（如 $NaHCO_3$）也可能导致校正性低氯血症。肾脏氯排泄物增加导致的低氯血症是对慢性呼吸性酸中毒的正常代偿。持续性低氯血症是测定血清钠浓度、血清钾浓度和总二氧化碳（$TCO_2$）浓度的指征（最好通过血气分析）。

**高氯血症的原因·**高钠血症的大多数病因都会并发高氯血症。如果钠的变化与氯化物的变化成比例（正常校正氯化物的高氯血症或假性高氯血症），则更容易找到高钠血症的原因。校正性高氯血症是由相对于氯化物的钠损失过多或者与钠相关的氯化物过量增加或肾脏氯潴留所致（专栏 6-6）。由于富含碳酸氢盐且含氯低的体液流失（即钠过量流失），小肠性腹泻可导致高氯性代谢性酸中毒。食盐中毒或使用 $NH_4Cl$、KCl、阳离子氨基酸、高渗盐水或 0.9% 氯化钠（添加或不添加 KCl）进行的治疗代表氯化物过量增加（如生理盐水溶液含有氯化物 154 mEq/L，但如果补充 20 mEq KCl/L，则含有氯离子 174 mEq/L）。

高氯血症最常见的原因是低渗性液体流失导致高氯性（正常阴离子间隙）代谢性酸中毒。持续性高氯血症是测定血清钠浓度、血清钾浓度和 $TCO_2$ 浓度，以及进行血气分析的指征。

## 渗透压和渗透压间隙

渗透压是指溶液中渗透活性颗粒的数量。张力描述溶液相对于血浆渗透压。具有与血浆相同渗透压的溶液被称为等渗的，而具有比血浆更高渗透压的溶液是高渗的。渗透压浓度低于血浆渗透压浓度的溶液是低渗的。张力取决于这些颗粒施加渗透压的能力，以及颗粒是否能快速穿过半透膜（如细胞膜）。例如，尿素不会引起高血压（即施加渗透压），因为它会迅速地在细胞膜上扩散并在全身平衡。钠和葡萄糖不能快速穿过细胞膜，因此，它们倾向于停留在一侧并引起高渗（即施加渗透压），从而吸引液体。影响张力的所有因素（如钠）也会影响渗透压，但并非影响渗透压的所有因素都会影响张力（如尿素）。

**偶见适应证・**血清或血浆渗透压浓度有助于确定低钠血症的原因、有助于早期诊断乙二醇中毒、评估缺水试验期间的水合状态和肾浓缩能力，并且有时有助于评估糖尿病酮症酸中毒和用甘露醇治疗脑水肿的患病动物。

**缺点・**需要特殊设备（如凝固点降低或蒸汽渗透压仪）。

**分析・**通过凝固点或蒸汽渗透压仪测量血清、血浆或尿液中的渗透压（柠檬酸抗凝剂会导致假性增加）。它通过各种公式估算（即计算）。在没有太多未测量的渗透分子（如乙二醇）的情况下，以下公式可估算渗透压摩尔浓度：

$$\text{渗透压}(\text{mOsm/kg}) = 1.86[(Na^+)+(K^+)] + (\text{葡萄糖}/18) + (\text{血尿素氮}/2.8) + 9$$

式中：血清钠和血清钾以 mEq/L 表示，血尿素氮和葡萄糖以 mg/dL 表示。然而，2×[$Na^+$]可以快速估算渗透压摩尔浓度。可通过以下公式估算张力：

$$\text{张力} = \text{血浆渗透压} - (\text{BUN}/2.8)$$

式中：张力和渗透压以 mOsm/kg 表示，血尿素氮以 mg/dL 表示。

**正常值・**血清或血浆渗透压浓度：犬，290 ~ 310 mOsm/kg；猫，308 ~ 335 mOsm/kg。尿渗透压浓度变化很大。典型范围为 50 ~ 2800 mOsm/kg（犬）和 50 ~ 3000 mOsm/kg（猫）。

**危险值・**和变化的幅度相比，低渗或高渗引起的症状与变化的速度更相关。当血清或血浆渗透压＜250 mOsm/kg 或张力＞360 mOsm/kg 时，可能会出现神经系统症状（如定向障碍、共济失调、癫痫发作、昏迷）。

渗透压差定义为测定的血清渗透压 − 计算的血清渗透压。渗透压差增加是由未测量的渗透分子（如乙二醇代谢产物）、假性低钠血症（即正常渗透压加低钠血症）或实验室错误造成的。蒸汽渗透压仪不能检测挥发性溶质（如甲醇）。如果测得的渗透压低于计算的渗透压，则可能是因为实验室误差。

**正常值（渗透压差）・**犬，10 ~ 15 mOsm/kg；猫，未知。

**危险值（渗透压差）・**渗透压差＞25 mOsm/kg

表示存在未测定的渗透压，通常是中毒所致（如乙二醇、甲醇、乙醇）。

**血清或血浆低渗透压的原因**・参见低钠血症的原因。

**血清或血浆高渗透压的原因**・高渗透压由高钠血症、高血糖、严重氮质血症、甘油和中毒（如乙二醇、乙醇、甲醇）引起。血清渗透压＞360 mOsm/kg 的最常见原因是糖尿病酮症酸中毒、氮质血症和高钠血症。柠檬酸盐抗凝剂可能导致读数增加。高渗透压是测量血清钠浓度、血清钾浓度、血尿素氮和葡萄糖浓度，以及计算阴离子和渗透压差的指征。

**渗透压差增加的原因**・假性低钠血症、甘油、乙二醇、甲醇、乙醇和其他可能的中毒会增加渗透压差。甘露醇或乳酸也可能是原因。如果排除了假性低钠血症，则渗透压差增加要求研究最近接触这些毒素的情况。乙二醇中毒犬的渗透压差增加在 6 h 达到峰值，持续至少 12 h，但在摄入后 24 h 可能会变得正常。如果可能发生乙二醇中毒，应进行尿液分析寻找草酸钙晶体，进行血气分析，明确阴离子间隙和进行适当的毒理学分析（见第 17 章）。

## 血气分析

**偶见适应证**・酸碱评估对严重患病动物有用（如严重脱水、呕吐、腹泻、少尿和无尿、高钾血症、呼吸急促）。血气分析对于评估呼吸系统疾病患病动物的气体交换和 $TCO_2$ 变化也是必要的（见第 11 章）。尿液 pH 值不一定反映全身 pH 值，不能代替血气分析。

**优点**・血气分析可准确识别不同的酸碱平衡紊乱，有助于评估肺功能。

**缺点**・设备昂贵，在获取和处理血液样本时需要严谨的技术，以避免错误结果。快速分析的需要可能使远程实验室使用变得不可能，然而，即时检测设备［如即时响应移动分析（IRMA）］使即时获值成为可能，并且对于繁忙的医院来说是可负担的。

**分析**・血气分析仪配有专用电极，用于测量 pH 值、二氧化碳分压或张力（$PCO_2$）和氧气分压或张力（$PO_2$）。碳酸氢盐（$HCO_3^-$）是通过计算得到的。必需使用动脉血评估 $PO_2$，以检测肺功能，而自由流动的颈静脉血也可用于酸碱分析。正常犬的肺动脉、颈静脉和头静脉样本通常具有相似的值，而动脉血液中的 $HCO_3^-$ 略低（对于静脉血，21 mEq/L 对比 22 ～ 23 mEq/L），$PCO_2$（对于静脉血，37 mmHg 对比 42 ～ 43 mmHg）更低。异常的心血管功能可能会改变这种关系。

对于常规血气分析仪，使用带有 25 号针头的 3 mL 注射器收集 0.5 ～ 1.5 mL 血液。肝素（1000 U/mL）被吸入注射器（覆盖内部），然后将肝素和所有空气排出，使针头接口充满肝素（0.1 ～ 0.2 mL）。即时检测设备，只需要 0.125 mL 血液。采集血液后，必须排出气泡。将针头插入橡胶塞或在注射器接口上放置一个塞紧的盖子，可防止样本暴露在室内空气中。在手掌之间滚动注射器以混合样本，然后送到实验室。应在采集后 15 ～ 30 min 内进行检测（如果储存在 25℃下），若样本浸入冰水浴中，则应在 2 h 内进行分析。开发用于床旁（或笼子）的手持设备（如 IRMA）已作为即时监测设备销售。这些设备可以快速提供危重患病动物的血气数据（以及电解质和其他选定的检测），在等待常规实验室结果时辅助兽医做出决策。这些小型装置获得的结果似乎与来自大型实验室装置的结果有很好的相关性。

**正常值**·正常血气值如表 6–1 所示。

**危险值**·pH 值＜7.1 表示危及生命的酸中毒，可能会损害心肌的收缩力；pH 值＞7.6 表示严重碱中毒。

**假象**·若样本暴露在空气中，$PCO_2$ 降低而 pH 值和 $PO_2$ 增加。样本中的气泡可能会产生相同的假象，特别是当它们占样本体积的 10% 以上时。如果分析延迟，$PCO_2$ 增加，pH 值降低。白细胞的有氧代谢可能会降低 $PO_2$。将样本从 25℃冷却到 4℃会减缓这些变化。静脉穿刺期间持续的静脉淤滞会增加 $PCO_2$ 并降低 pH 值。过量的肝素（超过样本体积的 10%）会降低 pH 值、$PCO_2$ 和 $HCO_3^-$，而柠檬酸盐、草酸盐或 EDTA 可能会降低 pH 值。血气分析仪从 pH 值和 $PCO_2$ 中计算 $HCO_3^-$，$TCO_2$ 在血清化学自动分析仪上测量，但在许多血气分析仪上计算。$TCO_2$ 通常比 $HCO_3^-$ 高 1 ~ 2 mEq/L。

**可能改变血气结果的药物**·乙酰唑胺、$NH_4Cl$ 和 $CaCl_2$ 可能导致酸中毒。抗酸药、碳酸氢钠、柠檬酸钾或葡萄糖酸盐，以及髓袢利尿剂可能导致碱中毒。水杨酸盐可能导致代谢性酸中毒、呼吸性碱中毒或两者兼有。

**血气分析结果**·临床兽医应首先评估 pH 值。如果 pH 值异常，则存在酸碱平衡紊乱。如果 pH 值在正常范围内，临床兽医应检查 $PCO_2$ 和 $HCO_3^-$。如果它们是异常的，则可能存在混合性酸碱平衡紊乱。如果 pH 值低且 $HCO_3^-$ 降低，则存在代谢性酸中毒。如果 pH 值低且 $PCO_2$ 升高，则出现呼吸性酸中毒。如果 pH 值高且 $HCO_3^-$ 升高，则出现代谢性碱中毒。如果 pH 值高且 $PCO_2$ 降低，则存在呼吸性碱中毒。

接下来，临床兽医应使用表 6–2 中的指南计算预期的代偿性反应（如呼吸性碱中毒是代谢性酸中毒的代偿；代谢性碱中毒是呼吸性酸中毒的代偿）。这些指南仅适用于犬。如果患病动物的代偿性反应在预期范围内（即在计算值的 2 mmHg 或 2 mEq/L 范围内），则酸碱平衡紊乱是单纯性的。如果代偿性反应超出预期范围，则可能存在不止一种酸碱紊乱（即混合性紊乱）。

对紊乱类型进行分类后，无论是单纯性还是混合性，临床兽医都应确定酸碱平衡紊乱是否与患病动物的病史和临床表现相符。如果酸碱平衡紊乱不符合患病动物的病史、临床发现和其他实验室数据，则血气分析应该受到质疑。

表 6–1　正常血气值

| | pH 值 | $PCO_2$（mmHg） | $HCO_3^-$（mEq/L） | $PO_2$（mmHg） |
|---|---|---|---|---|
| 犬静脉 | 7.32 ~ 7.40 | 33 ~ 50 | 18 ~ 26 | |
| 犬动脉 | 7.36 ~ 7.44 | 36 ~ 44 | 18 ~ 26 | ≈ 100 |
| 猫静脉 | 7.28 ~ 7.41 | 33 ~ 45 | 18 ~ 23 | |
| 猫动脉 | 7.36 ~ 7.44 | 28 ~ 32 | 17 ~ 22 | ≈ 100 |

表 6–2　犬原发性酸碱紊乱的肾脏和呼吸代偿

| 紊乱类型 | 主要变化 | 代偿性反应 |
|---|---|---|
| 代谢性酸中毒 | $HCO_3^-$ ↓ | $HCO_3^-$ 每减少 1 Eq/L，$PCO_2$ 减少 0.7 mmHg |
| 代谢性酸中毒 | $HCO_3^-$ ↑ | $HCO_3^-$ 每增加 1 Eq/L，$PCO_2$ 增加 0.7 mmHg |
| 急性呼吸性酸中毒 | $PCO_2$ ↑ | $PCO_2$ 每增加 10 mmHg，$HCO_3^-$ 增加 1.5 Eq/L |
| 慢性呼吸性酸中毒 | $PCO_2$ ↑ | $PCO_2$ 每增加 10 mmHg，$HCO_3^-$ 增加 3.5 Eq/L |
| 急性呼吸性碱中毒 | $PCO_2$ ↓ | $PCO_2$ 每减少 10 mmHg，$HCO_3^-$ 减少 2.5 Eq/L |
| 慢性呼吸性碱中毒 | $PCO_2$ ↓ | $PCO_2$ 每减少 10 mmHg，$HCO_3^-$ 减少 5.5 Eq/L |

数据来源：DiBartola SP: Fluid therapy in small animal practice, ed 2, Philadelphia, 2000, WB Saunders, p 196.

**代谢性酸中毒**·代谢性酸中毒（即 pH 值和 $HCO_3^-$ 降低，伴有 $PCO_2$ 的代偿性降低）是由酸的添加、酸的排泄失败、$HCO_3^-$ 的损失或其组合引起的（专栏 6-7）。酸的增加可能是医源性的（如乙二醇、水杨酸盐、$NH_4Cl$、阳离子氨基酸）或自发的（如乳酸酸中毒、酮症酸中毒）。酸排泄减少是由于肾功能不全［如肾功能衰竭、肾上腺皮质功能减退、Ⅰ型肾小管性酸中毒（renal tubular acidosis，RTA）］。$HCO_3^-$ 损失通常由小肠性腹泻引起（即腹泻液比血浆含有更多 $HCO_3^-$），肾性 $HCO_3^-$ 损失（如碳酸酐酶抑制剂，Ⅱ型 RTA）是罕见的。代谢性酸中毒通常由肾功能衰竭、糖尿病酮症酸中毒、灌注不良引起的乳酸性酸中毒、肾上腺皮质功能减退和小肠性腹泻引起。阴离子间隙有时有助于区分这些原因，稍后将对此进行讨论。血液乳酸浓度的测量可能有助于确定酸中毒的原因，也有助于确定预后（即血液乳酸浓度升高与预后较差相关）。有关血液乳酸浓度测量的简要讨论，请参见第 14 章。

**呼吸性酸中毒**·呼吸性酸中毒（即 pH 值降低，$PCO_2$ 增加，$HCO_3^-$ 代偿性增加）是由通气不足（这增加了 $PCO_2$）造成的，与"原发性高碳酸血症"同义（专栏 6-8）。通气不足可能由气道阻塞、心肺骤停、限制性呼吸系统疾病（如膈疝、气胸、胸腔积液、血胸、胸壁创伤、肺纤维化、脓胸）、严重肺部疾病和机械通气不足引起。神经肌肉疾病（如重症肌无力、破伤风、肉毒杆菌中毒、多神经根神经炎、蜱麻痹），以及神经肌肉阻滞药物（如琥珀胆碱、潘库溴铵、氨基糖苷类药物和麻醉药）也可能导致通气不足。气道阻塞、心脏骤停和呼吸麻痹通常会导致呼吸性酸中毒。如果呼吸室内空气，这些患病动物总是血氧过低。呼吸富氧空气（即麻醉）有时会使 $PO_2$ 正常或增加。

**代谢性碱中毒**·代谢性碱中毒（即 pH 值和 $HCO_3^-$ 升高，伴 $PCO_2$ 的代偿性增加）是由体内酸的损失或碱的添加引起的（专栏 6-9）。酸的损失通常是因为呕吐胃液，但通过肾脏的 $Cl^-$ 损失（即由呋塞米引起）可能是其原因。代谢性碱中毒通常是由呕吐胃内容物（尤其是但不仅限于胃排空受阻）或服用呋塞米所致。碱的添加通常是因为使用 $NaHCO_3$、乳酸林格氏溶液或柠檬酸钾。然而，功能正常

**专栏 6-7 代谢性酸中毒的原因**

**阴离子间隙增加（正常氯血症）**

- 乙二醇中毒（重要）
- 糖尿病酮症酸中毒*（常见且重要）
- 尿毒症性酸中毒†（常见且重要）
- 乳酸性酸中毒（常见且重要）
- 水杨酸中毒
- 其他罕见中毒（如对醛、甲醇）

**阴离子间隙正常（高氯血症）**

- 肾上腺皮质功能减退‡（不常见但重要）
- 腹泻
- 碳酸酐酶抑制剂（如乙酰唑胺）
- 稀释性酸中毒（如快速给予 0.9% 生理盐水）
- 氯化铵（罕见）
- 阳离子氨基酸（如赖氨酸、精氨酸、组氨酸）（罕见）
- 低碳酸中毒后代谢性酸中毒（罕见）
- 肾小管性酸中毒（RTA）（罕见）

数据来源：DiBartola SP: Fluid therapy in small animal practice, ed 2, Philadelphia, 2000, WB Saunders, p 213.

* 糖尿病酮症酸中毒患病动物可能伴有高氯代谢性酸中毒，并伴有阴离子间隙酸中毒增加。

† 肾功能衰竭早期的代谢性酸中毒可能是高氯血症，随后转化为阴离子间隙酸中毒增加。

‡ 肾上腺皮质功能减退患病动物通常伴有由水排泄受损（稀释效应）和醛固酮缺乏引起的低氯血症。

**专栏 6-8 呼吸性酸中毒的原因**

**气道阻塞**

吸入（如异物、呕吐物）

**呼吸中枢抑制**

神经系统疾病（如脑干疾病、高颈脊髓损伤）

药物（如麻醉药、镇静药、巴比妥酸盐、吸入麻醉药）

毒血症

**心肺骤停（常见）**

**神经肌肉缺陷**

重症肌无力、破伤风、肉毒杆菌中毒、多神经根神经炎、多发性肌炎、蜱麻痹、伯曼猫的低钾性周期性麻痹、猫的低钾性肌病

药物诱导的（即琥珀胆碱、潘库溴铵、与麻醉药一起使用的氨基糖苷类、有机磷酸盐）

**限制性疾病**

膈疝、气胸、胸腔积液、血胸、脓胸、胸壁创伤、肺纤维化

**肺部疾病（不太常见）**

呼吸窘迫综合征、肺炎、严重肺水肿、弥漫性转移性疾病、烟雾吸入性疾病、肺血栓栓塞、慢性阻塞性肺病、肺机械通气纤维化

**通气不足**

---

数据来源：DiBartola SP: Fluid therapy in small animal practice, ed 2, Philadelphia, 2000, WB Saunders, p 246.

的肾脏会消除碱，除非出现肾功能障碍，否则很少发生医源性碱中毒。

**呼吸性碱中毒**・呼吸性碱中毒（即 pH 值升高，$PCO_2$ 降低，$HCO_3^-$ 代偿性降低）是由呼吸急促（这会降低 $PCO_2$）导致的，与“原发性低碳酸血症”同义（专栏 6-10）。它可能是肺部疾病、肺血栓栓塞、低氧血症、直接刺激延髓呼吸中枢（如革兰氏阴性脓毒血症、肝病、水杨酸盐、黄嘌呤、中枢神经系统疾病、中暑）和过度机械通气的结果。不明原因的呼吸性碱中毒可能提示革兰氏阴性脓毒血症或疼痛。肺水肿可引起呼吸性碱中毒、代谢性酸中毒或呼吸性酸中毒。呼吸性碱中毒可能发生在代谢性酸中毒恢复期间，因为在纠正酸中毒后，过度换气（代谢性酸中毒的代偿）会持续 24 ～ 48 h。这些患病动物有时会血氧过低。呼吸系统疾病有时最初会导致呼吸急促，从而导致低碳酸血症，如果病情恶化，可转变为高碳酸血症。

## 酸碱评估中的总二氧化碳

$TCO_2$ 与 $HCO_3^-$ 在有氧处理的样本中同义。

**专栏 6-9 代谢性碱中毒的原因**

呕吐胃内容物（常见且重要）

利尿剂治疗（如髓袢利尿剂、噻嗪类）（重要）

口服碳酸氢钠或其他有机阴离子（如乳酸盐、柠檬酸盐、葡萄糖酸盐、乙酸盐）

肾上腺皮质功能亢进（不常见）

患高碳酸血症后（罕见）

原发性醛固酮增多症（罕见）

---

数据来源：DiBartola SP: Fluid therapy in small animal practice, ed 2, Philadelphia, 2000, WB Saunders, p 231.

**专栏 6-10 呼吸急促导致呼吸性碱中毒的原因**

**任何原因引起的低氧血症**

从右到左分流、吸入氧分压降低（如居住在高海拔地区）、充血性心力衰竭、严重贫血、肺部疾病

**中枢神经系统（直接刺激延髓呼吸中枢）**

中枢神经系统疾病、肝脏疾病、革兰氏阴性脓毒症、药物（即水杨酸中毒、黄嘌呤如氨茶碱）、中暑、恐惧、疼痛、发热、高血压

**机械通气**

---

数据来源：DiBartola SP: Fluid therapy in small animal practice, ed 2, Philadelphia, 2000, WB Saunders, p 247.

**常见适应证·**在任何严重的全身性疾病过程中，$TCO_2$ 有助于确定是否需要进行血气分析。需要进行 $TCO_2$ 测定和血气分析的疾病包括乙二醇或水杨酸盐中毒、严重糖尿病酮症酸中毒和严重尿毒症。

**优点·**$TCO_2$ 异常可能是进行血气分析的指征。

**缺点·**仅测量 $TCO_2$ 无法准确定义代谢性和呼吸性酸碱紊乱。高 $TCO_2$ 可能是代谢性碱中毒或代偿性呼吸性酸中毒的结果。低 $TCO_2$ 可能是代谢性酸中毒或代偿性呼吸性碱中毒的结果。

**分析·**通过酶法和干试剂法测定血清或血浆中的 $TCO_2$。在采集后 15 ~ 20 min 内分析血清或血浆。分析前，样本可在 4℃的冰上放置在盖好的注射器中长达 2 h。

**正常值·**犬和猫，17 ~ 23 mEq/L。

**危险值·**＜12 mEq/L（暗示但不确认严重代谢性酸中毒的诊断）。

**假象·**干试剂法测定的 $TCO_2$ 不受高脂血症的影响。如果血液样本的处理延迟数小时，血液采集管填充不足，并且肝素抗凝血剂占样本体积的 10% 以上，则会发生错误的 $TCO_2$ 降低。

**可能改变 $TCO_2$ 的药物·**乙酰唑胺和 $NH_4Cl$ 引起代谢性酸中毒，降低 $TCO_2$。呋塞米、噻嗪类和碳酸氢钠引起代谢性碱中毒，增加 $TCO_2$。

**$TCO_2$ 降低的原因·**$TCO_2$ 浓度在代谢性酸中毒（最常见原因）和代偿性呼吸性碱中毒中降低。$TCO_2$ 降低的过度通气动物通常患有代谢性酸中毒，但也可能患有慢性呼吸性碱中毒。血气分析可能是确定存在二者中的哪一种的必要条件。通常认为具有公认的代谢性酸中毒原因（如糖尿病酮症酸中毒）的患病动物的 $TCO_2$ 严重降低就代表了代谢性酸中毒。血气分析对于确认是否存在代谢性酸中毒和评估 pH 值变化的严重程度是必要的。患病动物的 $TCO_2 \leqslant 12$ mEq/L 是进行血气分析的指征。如果无法进行血气分析，临床兽医必须将 $TCO_2$ 与临床情况相关联，并决定是否需要进行 $NaHCO_3$ 治疗。然而，这种方法可能是危险的，因为实际的 pH 值是未知的。测量血清电解质浓度以确保进行最佳的液体疗法（即影响酸碱平衡的干扰通常也导致电解质异常）。

**$TCO_2$ 增加的原因·**$TCO_2$ 浓度在代谢性碱中毒（最常见）和代偿性呼吸性酸中毒（罕见）中增加。应测量血清钠浓度、血清钾浓度和氯化物浓度，因为低氯血症和低钾血症在代谢性碱中毒中很常见。如果发生这些变化，则应纠正它们（即使用 0.9%NaCl+KCl）并诊断其根本原因（如幽门梗阻）。

## 阴离子间隙

**不常见适应证·**阴离子间隙有时有助于区分代谢性酸中毒的原因，并可能有助于阐明混合性酸碱紊乱。具有高阴离子间隙的代谢性酸中毒通常源自不含氯化物的酸（如乳酸、酮酸、水杨酸、乙二醇代谢产物、磷酸盐、硫酸）。以正常阴离子间隙为特征的代谢性酸中毒，其血浆氯浓度升高，称为高氯性酸中毒。

**优点·**只需要根据已测量的值进行简单计算。

**缺点·**阴离子间隙受多种因素影响，很难解释。

**分析·**用 $(Na^+ + K^+) - (Cl^- + HCO_3^-)$ 或 $Na^+ - (Cl^- + HCO_3^-)$ 计算阴离子间隙，取决于临床兽医或实验室的偏好。阴离子间隙及其成分值以 mEq/L 表示。如果患病动物有严重低蛋白血症，阴离子间隙可能无法反映预期的结果。血清蛋白每降低 1 g/dL，阴离子间隙降低约 2.4 mEq/L。

**正常值**·通过（$Na^+$+$K^+$）-（$Cl^-$ + $HCO_3^-$）计算正常阴离子间隙，在犬中为 12 ～ 24 mEq/L，在猫中为 13 ～ 27 mEq/L。

**危险值**·阴离子间隙明显增加可能是急性乙二醇中毒的结果，需要仔细检查患病动物的病史。患严重疾病的动物的阴离子间隙增加与死亡率之间可能存在相关性。

**阴离子间隙减少的原因**·低蛋白血症可能是阴离子间隙减少最常见的原因，免疫球蛋白 G（IgG）多发性骨髓瘤也可能是原因。降低阴离子间隙所需的未测定阳离子（如钙、镁）的增加幅度可能是致命的。实验室误差导致高估 $TCO_2$ 或 $Cl^-$ 或低估钠可能会假性减少阴离子间隙。阴离子间隙减少很少有临床意义。

**正常氯血症（阴离子间隙增加）酸中毒的原因**·酸中毒患病动物阴离子间隙增加的最常见原因是乳酸酸中毒、糖尿病酮症酸中毒、尿毒症酸中毒、乙二醇中毒和实验室错误。

**高氯性（阴离子间隙正常）酸中毒的原因**·严重急性小肠性腹泻导致 $HCO_3^-$ 损失并产生高氯（阴离子间隙正常）性酸中毒。碳酸酐酶抑制剂（如乙酰唑胺）抑制近端肾小管对 $HCO_3^-$ 的再吸收，并产生自限性高氯性代谢性酸中毒。服用 $NH_4Cl$ 引起的酸中毒会降低 $HCO_3^-$ 但血清 $Cl^-$ 会增加并且阴离子间隙不会变。在全胃肠外营养期间输注阳离子氨基酸（如赖氨酸 HCl、精氨酸 HCl）可能会导致高氯性代谢性酸中毒，因为 $H^+$ 会在产生尿素时释放。慢性呼吸性碱中毒时肾脏酸排泄减少，随之伴有血浆 $HCO_3^-$ 减少和 $Cl^-$ 增加。当过度通气的刺激被消除、$PCO_2$ 增加时，pH 值降低，因为需要 1 ～ 3 d 的时间来增加肾脏酸排泄和增加血浆 $HCO_3^-$。这种短暂的症状被称为低碳酸血症后代谢性酸中毒，并与高氯血症有关。

当细胞外体积通过不含碱的含氯化物溶液（如 0.9%NaCl）扩容时，会发生稀释性酸中毒。生理盐水中的高 $Cl^-$（即 154 mEq/L）和肾小管中 $Cl^-$ 的高度可吸收性质导致血浆 $HCO_3^-$ 降低和高氯血症。RTA 是一种罕见的疾病，其特征是高氯性代谢性酸中毒，原因是降低的 $HCO_3^-$ 重吸收（Ⅱ型 RTA）或有缺陷的酸排泄（Ⅰ型 RTA）。

**阴离子间隙增加的其他原因**·严重脱水可能会增加血清蛋白浓度和阴离子间隙。碱中毒可略微增加阴离子间隙。血清放置过久，尤其是在未加盖的容器中，也可能会增加阴离子间隙（第 2 天才分析的样本中的常见错误）。

## 推荐阅读


[1] Alappan R, Perazella MA, Buller GK: Hyperkalemia in hospitalized patients treated with trimethoprim-sulfamethoxazole. *Ann Intern Med* 124:316, 1996.

[2] Cunha MG, et al: Renal and cardiorespiratory effects of treatment with lactated Ringer's solution or physiologic saline (0.9%NaCl) solution in cats with experimentally induced urethral obstruction. *Am J Vet Res* 71:840, 2010.

[3] Chapman PS, et al: Hypodipsic hyponatremia in eight dogs. *Tieraerztliche Praxis Ausgabe Kleintiere Heimtiere* 37:15, 2009.

[4] de Morais HSA: Metabolic acidosis, a quick reference. *Vet Clin North Am Small Anim Pract* 38:439, 2008.

[5] de Morais HSA, DiBartola SP: Hypernatremia, a quick reference. *Vet Clin North Am Small Anim Pract* 38:485, 2008.

[6] de Morais HSA, DiBartola SP: Hyponatremia, a quick reference. *Vet Clin North Am Small Anim Pract* 38:491, 2008.

[7] DiBartola SP: *Fluid, electrolyte, and acid-base*

*disorders in small animal practice,* ed 3, Philadelphia, 2006, Elsevier.

[8] Foy D, de Morais HSA: Metabolic alkalosis, a quick reference. *Vet Clin North Am Small Anim Pract* 38:435, 2008.

[9] Haldane S, et al: Profound hypokalemia causing respiratory failure in a cat with hyperaldosteronism. *J Vet Emerg Crit Care* 17:202, 2007.

[10] James KM, et al: Effects of sample handling on total carbon dioxide concentrations in canine and feline serum and blood. *Am J Vet Res* 58:343, 1997.

[11] James KM, Lunn KF: Normal and abnormal water balance. *Comp Cont Educ* 29:589, 2007.

[12] Kilborn SH, Bonnett BN, Pook HA: Comparison of three different methods of total carbon dioxide measurement. *Vet Clin Pathol* 24:22, 1995.

[13] Kogika MM, de Moralis HSA: Hyperkalemia, a quick reference. *Vet Clin North Am Small Anim Pract* 38:477, 2008.

[14] Kogika MM, de Moralis HSA: Hypokalemia, a quick reference. *Vet Clin North Am Small Anim Pract* 38:481, 2008.

[15] Lagutchik MS, et al: Lactate kinetics in veterinary critical care: a review. *J Vet Emerg Crit Care* 6:81, 1997.

[16] Oyer DL, et al: Instrument correlation study between the i–STAT and the STAT 5 profile in an emergency setting. *J Vet Emerg Crit Care* 6:113, 1997.

[17] Rose BD: *Clinical physiology of acid-base and electrolyte disorders*, ed 5, New York, 2001, McGraw–Hill.

[18] Siegling–Vlitakis C, et al: Qualification of the Stewart variables for the appreciation of the acid–base status in healthy and differently diseased dogs. *Berliner und Munchener Tierarztliche Wochenshrift* 120:148, 2007.

[19] Waldrop JE: Urinary electrolytes, solutes, osmolality. *Vet Clin North Am Small Anim Pract* 38:503, 2008.

[20] Young DS: Effects of drugs on clinical laboratory tests, ed 4, Washington, DC, 1995, AACC Press.

第7章

# 泌尿系统疾病

Jeanne A. Barsanti

## 多饮多尿、排尿困难和尿失禁的鉴别

这三种异常必须在诊断检查的早期通过病史或直接观察排尿情况加以区分。多饮多尿（pu-pd）是指尿量和饮水量超过正常值。排尿困难意味着尿液排出困难，并伴随着尿频，每次排尿量少或极少。动物主人可能会认为频率的增加意味着尿量的增加，但还是需要医生来判断每次排尿量是多、少还是未知。患有多饮多尿或排尿困难的动物会意识到排尿，并且不会出现无意识排尿的表现，除非它们太虚弱或疼痛太严重而无法站立。患有尿失禁的犬和猫在醒来时可能会被尿液浸透，在睡觉的地方留下一点尿液，或者在移动时滴下尿液。

### 多饮多尿

多饮多尿需由准确的病史和持续低尿比重（＜1.030）来判断，必须测量至少 24 h 内的总饮水量（包括食物中的水）才能明确证实多尿症（正常饮水量为每天 20 ～ 70 mL/kg）。这种测量最好在动物主人的家中进行，因为一些多尿动物不会轻易在诊所饮水。除非有可测量新陈代谢的笼子可用，否则难以量化尿量（正常为每天 20 ～ 45 mL/kg）。

多饮多尿有很多可能的原因（表 7-1），病史和体格检查对于评估多饮多尿患病动物至关重要（图 7-1）。医源性原因必须从病史中寻找（如利尿剂、糖皮质激素、抗惊厥药、高盐或极低蛋白饮食、过度补充甲状腺素）。氨基糖苷类药物容易引起多尿和急性肾功能衰竭。糖皮质激素可引起多饮多尿，即使直肠给药或局部给药也是如此。子宫蓄脓通常由病史（发情后 2 个月）或体格检查结果（增大的子宫、阴道分泌物）诊断。如果临床兽医不确定是否存在子宫蓄脓，则可进行 CBC 和腹部影像学检查（嗜中性粒细胞增多伴核左移和子宫增大）。猫体重减轻加上多饮多尿可能表示其患有甲状腺功能亢进、肾功能衰竭或糖尿病（甲状腺功能亢进在犬中很少见），甲状腺功能亢进患病动物通常可在颈部触及肿大的甲状腺，猫的肾脏通常能够通过触诊来评估大小和轮廓，少尿后利尿通常根据病史诊断（如雄性猫已接受尿道阻塞切除术）。多饮多尿最常见于肾上腺功能亢进患犬主人的主诉，大多数受影响的犬在体格检查时有下垂的腹部、肝肿大、脱毛或综合症状，此类犬应接受肾上腺功能检测（见第 8 章）。近期发作的白内障可能提示糖尿病，外周淋巴结肿大暗示淋巴瘤导致高钙血症，其他肿瘤（如肛门囊腺癌）和某些感染性疾病（如系统性真菌病）也可能导致高钙血症。

如果原因不明显，下一步则是进行尿液分析、CBC 和生化分析（图 7-1）。尿路感染

**表 7-1 犬和猫多饮多尿的原因**

| 原因 | 注释 |
|---|---|
| 医源性、药物（如利尿剂、皮质类固醇、甲状腺素、抗惊厥药、氨基糖苷类或两性霉素 B）、含盐饮食或极低蛋白饮食 | 病史应是详尽的<br>低蛋白饮食的血尿素氮应很低 |
| 肾病 | 尿比重维持在 1.008 ~ 1.029（犬）<br>可能是氮质血症或非氮质血症<br>对于非氮质血症性肾功能衰竭，测量 GFR 有助于诊断肾功能不全的病因 |
| 上尿路感染 | 可能是低渗尿<br>排泄性尿路造影是首选的诊断检测，但超声可能会有帮助 |
| 范科尼综合征 | 通常为非氮质血症、高氯性酸中毒、糖尿和氨基酸尿 |
| 糖尿病 | 高血糖<br>注意：猫容易出现应激性高血糖，同时测量的糖尿通常（但不总是）为阴性 |
| 中枢性尿崩症 | 充分水合时低渗尿（图 7-8） |
| 肾性尿崩症 | 充分水合时低渗尿<br>可能是原发性（先天性）、特发性或继发性（肾盂肾炎、肾上腺皮质功能亢进、高钙血症、低钾血症、子宫蓄脓、前列腺脓肿、大肠杆菌败血症、肾上腺皮质功能减退） |
| 肾上腺皮质功能亢进 | 等渗尿、低渗尿或浓缩尿<br>老年犬多饮多尿的常见原因，猫罕见 |
| 肾上腺皮质功能减退 | 多饮多尿发生在约 20% 的患病动物中；可能与肾功能衰竭非常相似，可通过缺乏应激性白细胞象和尽管多尿但存在高钾血症来区分；确诊需要进行 ACTH 反应检测 |
| 高钙血症 | 等渗性或低渗性、氮质血症或非氮质血症 |
| 肝功能不全 | 等渗尿、低渗尿或浓缩尿；可能类似于肾上腺皮质功能亢进（肝酶可能升高），但也可能 ALT 和 SAP 正常 |
| 甲状腺功能亢进 | 主要发生在老年猫上，但由于补充剂可能引起医源性的 |
| 低钠血症 | 任何原因导致的钠流失<br>当＜ 120 mEq/L 时可能导致等渗尿 |
| 尿道后梗阻 | 在消除导致尿毒症的尿道阻塞后偶尔会发生低钾血症 |
| 低钾血症 | 必须持续且严重才能引起多尿 |
| 真性红细胞增多症 | 罕见 |
| 明显精神性多饮 | 浓缩尿液以代偿脱水（图 7-8） |
| 肢端肥大症 | 罕见 |

注：ACTH，促肾上腺皮质激素；ALT，谷丙转氨酶；GFR，肾小球滤过率；SAP，血清碱性磷酸酶。

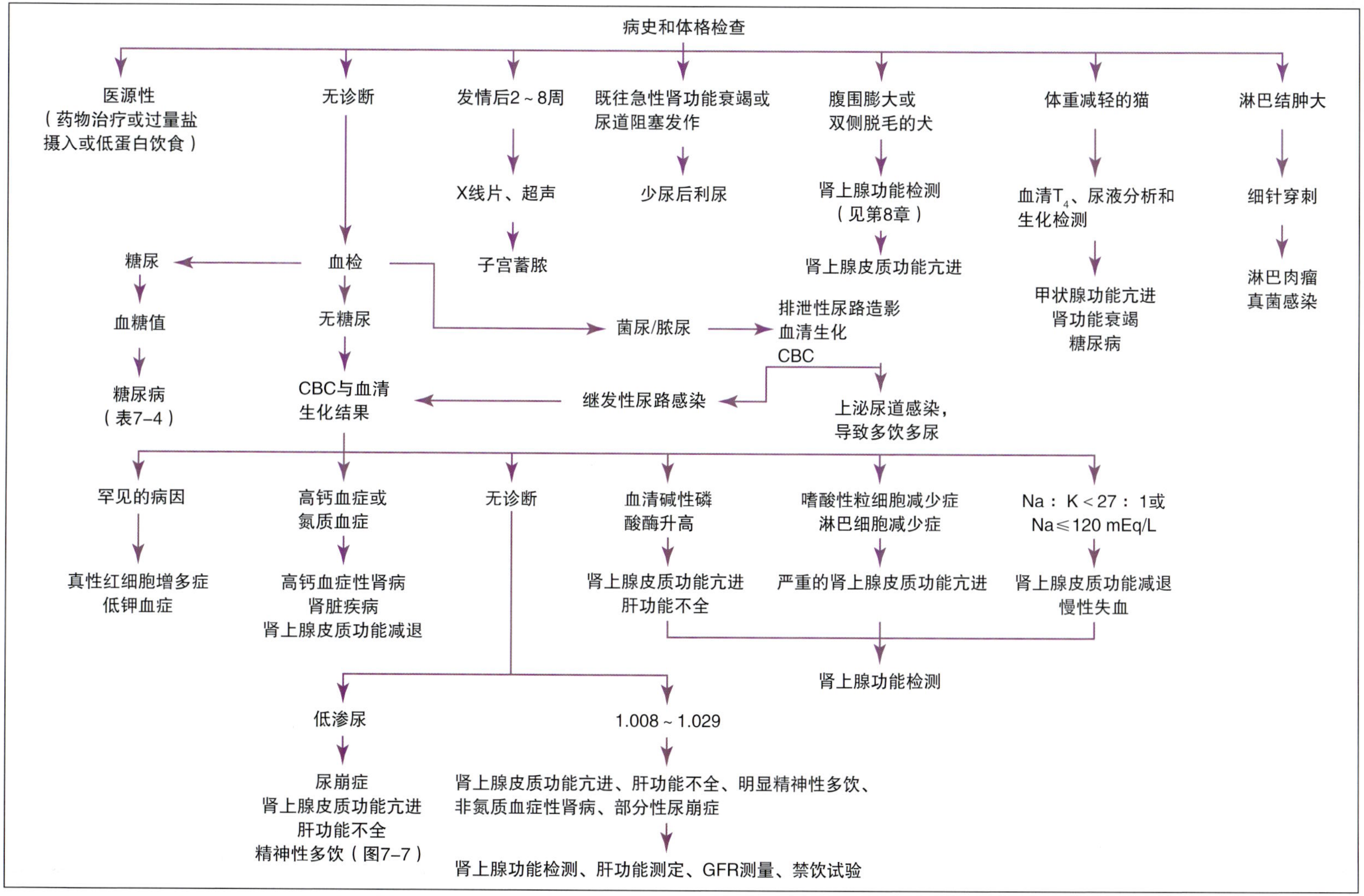


**图 7–1 具有多饮多尿病史的犬或猫的诊断方法**

持续低渗尿、等渗尿或尿液浓缩不充分，或水平衡研究记录的耗水量＞70 mL/（kg·d）。CBC，全血细胞计数；GFR，肾小球滤过率；$T_4$ 甲状腺素。

（urinary tract infection，UTI）可能继发于肾上腺皮质功能亢进或糖尿病，但肾脏感染（即细菌性肾盂肾炎）可导致多饮多尿。肾盂肾炎可能会出现中性粒白细胞增多症、氮质血症、白细胞管型、肾痛或低渗尿。肾盂肾炎很难诊断，排泄性尿路造影是首选的诊断方法（如果肾盂可以成像，也可以通过超声检查发现异常），有时只能通过短期治疗失败后的长期抗生素治疗才能做出推定诊断。临床病理学筛查通常会发现多饮多尿变化以推断病因（如肾功能衰竭、肾上腺皮质功能亢进、肝功能不全、高钙血症、糖尿病）（图 7–1），血清甲状腺素测定通常适用于年长的猫（即＞10 岁）。

许多患有肾上腺皮质功能亢进的犬在体格检查时有明显的类库欣样症状（即皮肤异常、腹围增大和肝肿大），常见的 CBC 和血清化学特征变化包括淋巴细胞减少症、嗜酸性粒细胞减少症，以及血清碱性磷酸酶（SAP）、谷丙转氨酶（ALT）和血清胆固醇升高。40% ~ 50% 的肾上腺功能亢进患犬具有尿路感染，菌尿通常是尿液分析中唯一的异常（即无血尿或脓尿），可能需要进行肾上腺功能检查（见第 8 章）或肝活检以区分肾上腺皮质功能亢进和原发性肝病。

肾功能衰竭、高血钙性肾病和肾上腺皮质功能减退比较相似，前两种疾病通常会引起多饮多尿，而后一种疾病会导致 15% ~ 25% 的患犬出现这种情况。这几种疾病都可能有氮质血症、肾浓缩能力下降（如尿比重为 1.012 ~ 1.029）和高钙血症（10% ~ 15% 的肾功能衰竭患病动物和 30% 的肾上腺功能减退患犬），大多数肾上腺功能减退患病动物的血清 Na ∶ K ≤27 ∶ 1，并伴有低钠血症、高钾血症或两者兼有。一般来说，尽管动物生病，但不存在应激性白细胞象，就需要进行促肾上腺皮质激素（ACTH）刺激实验（见第 8 章）以确认诊断，因为其他疾病可能会引起类似的变化。大多数氮质肾功能衰竭患病动物有高磷血症和轻度高钙血症（即＜13 mg/dL），而大多数患有非肾源性高钙血症的动物血磷浓度正常或稍低，并且可能有明显的高钙血症。然而，如果持续性高钙血症导致肾损伤和高磷血症［尤其是轻度高钙血症（11.5 ~ 14.0 mg/dL）］，则很难区分高钙血症是肾功能衰竭的原因还是结果。此类患病动物需要进行彻底的肿瘤检查，并需要测量离子钙浓度和甲状旁腺激素（parathyroid hormone，PTH）浓度（见第 8 章）。大多数患有肾上腺皮质功能减退和原发性肾功能衰竭的犬的离子钙浓度正常或降低，而患有原发性高钙血症（即甲状旁腺功能亢进、恶性高钙血症）的动物的离子钙浓度升高。

如果诊断仍然不确定，则需要进行更广泛的检测（图 7–1）。一些肾功能衰竭患犬由于功能性肾单位数量减少（可能发生肾功能降低 67%）而多尿，但保持足够的肾小球滤过率（glomerular filtration rate，GFR）以避免氮质血症（需要 GFR 降低 75%）。肌酐或碘海醇清除检测是鉴别这些患病动物的非侵入性方法。如果动物未患有氮质血症，则禁水试验和 ADH 反应检测是有用的。排除其他原因也可以得到合理的初步诊断。

**注意：**肾功能衰竭的尿比重通常为 1.008 ~ 1.020，但在罕见情况下，肾功能衰竭患犬可能有低渗尿（1.006 ~ 1.007），一些肾功能降低 67% 的犬可以将尿液浓缩至 1.027。一些肾功能衰竭患猫的尿比重≥1.035。

持续性低渗尿提示尿崩症，尽管肾上腺皮质功能亢进、肝功能不全和精神性多饮也是可能的。可能需要进行肾上腺和肝功能检查、禁水试验和 ADH 反应检测，或两者都可能需要。除非已评估 CBC、尿液分析和生化特征，否则不应进行禁水试验。具有代谢原因的多饮多尿的动物可能会受到医源性脱水的伤害。

## 排尿困难

与排尿相关的行为改变（多尿除外）通常提示膀胱、尿道或两者都有的功能障碍（图 7-2）。不妨碍尿流的刺激性或炎性（败血性或非败血性）病变通常会导致动物排尿量少，排尿频率高，可能伴有明显的不适（即排尿困难）。尿道阻塞导致动物反复排尿，这种排尿努责要么无效（即完全梗阻），要么有一定排尿能力但膀胱不能排空（即部分梗阻）。一些患有尿道阻塞的动物有尿失禁。这种看似矛盾的尿失禁发生在积聚的尿液由于明显增加的膀胱内压力而强行通过梗阻时。

尿路梗阻必须及时发现，因为完全尿路阻塞 48 ~ 72 h 内会出现尿毒症、高钾血症和死亡，慢性、部分尿路阻塞或输尿管梗阻会导致严重的结构损伤。尿道阻塞或三角区梗阻会导致膀胱肿大、肿胀和无法发挥功能。部分梗阻较难识别，然而，观察排尿情况并评估排尿后膀胱内残余尿量（如触诊、超声检查或导尿）通常可进行诊断。触诊雄性犬和雌性犬的尿道直肠和雄性犬的前列腺很重要。机械性梗阻最常见，可能是腔内梗阻（如尿结石、尿道栓塞、肿瘤）或腔外梗阻（如会阴疝中膀胱压迫引起移位、狭窄、尿道炎症或水肿、严重的前列腺疾病）。在这些情况下，通过导尿可以诊断和治疗。

如果动物不能排空膀胱，在导尿管通过的基础上，应进行尿道造影，以消除解剖性梗阻（导尿管是否可以越过梗阻，取决于导尿管的大小、尿道的大小和梗阻的性质）。逼尿肌功能障碍和功能性尿道阻塞（即逼尿肌 - 括约肌协同障碍）是导致无法排尿的神经肌肉性原因。逼尿肌功能障碍通常继发于尿道阻塞或神经系统疾病，导致膀胱长时间过度膨胀。逼尿肌 - 括约肌协同障碍只有在排除了梗阻的解剖学原因后才能诊断。对于功能性梗阻，神经系统检查通常能发现缺陷，然而，这些缺陷可能是轻微的。

没有梗阻却排尿困难的犬大多数有下泌尿道炎症，UTI 是一个常见的原因。菌尿伴有血尿、蛋白尿和脓尿提示 UTI。确诊需尿液培养，如本章后面的菌尿部分。如果没有 UTI 存在的证据，或者 UTI 没有对治疗产生预期的反应，则应考虑结石、肿瘤、环磷酰胺治疗，以及很少发生的膀胱寄生虫病。

排尿困难和排尿不当的猫可能患有 UTI，高发于 10 岁以上的猫。年幼的猫（即 2 ~ 6 岁）通常患有特发性无菌性膀胱炎。患有无菌性膀胱炎的猫通常有血尿，很少或没有脓尿。这些症状的第二大常见原因是尿结石。特发性无菌性膀胱炎通常在 7 d 自愈。如果问题没有解决，可能需要对膀胱进行 X 线或超声检查，或两者均进行。

如果因为下泌尿道问题而进行手术，无论器官术中看起来是正常还是患有肿瘤，都应该对膀胱和未去势雄性犬的前列腺进行活检。膀胱异常可能无明显病变，而息肉样膀胱炎类似恶性肿瘤。如果尿液培养呈阴性，还需要进行膀胱黏膜活检培养。

## 尿失禁

尿失禁被定义为缺乏自主控制的排尿。尿失禁的诊断方法始于详尽的病史。发病的

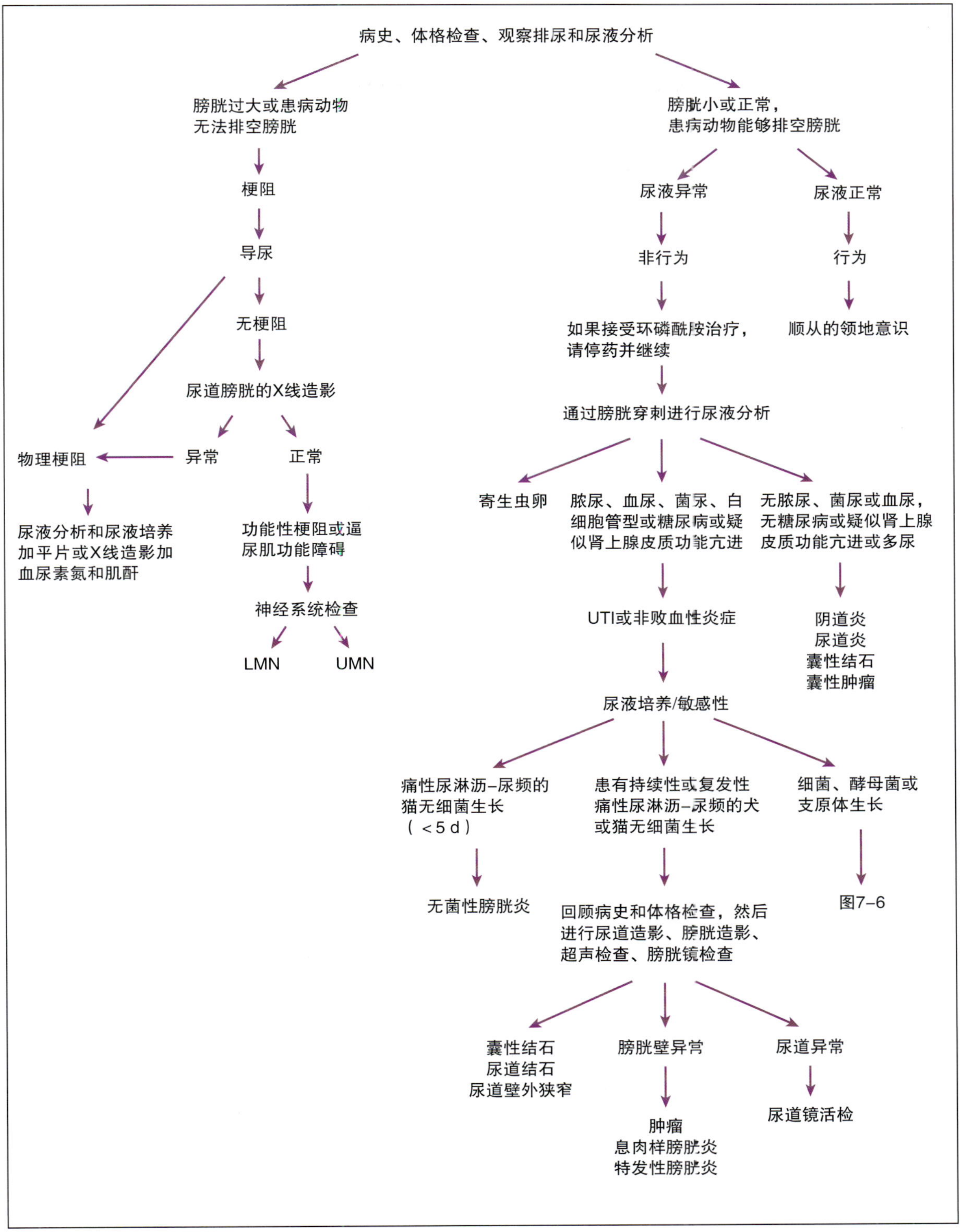


**图 7–2　犬猫排尿困难的诊断方法**

LMN，下运动神经元；UMN，上运动神经元；UTI，尿路感染。

年龄、动物的繁殖状况、失禁与绝育的关系、尿失禁的时间顺序、相关的泌尿道问题、其他神经系统异常病史、是否发生正常排尿、何时发生与排尿有关的尿失禁，以及任何药物使用或饮食变化都是重要的。任何刺激多尿产生的药物、饮食变化或疾病的发展，都可能通过增加膀胱必须储存的尿量而导致潜在的失禁倾向。

接下来是全面的体格检查。要特别注意膀胱。它是大而膨胀，小而收缩，还是正常？对于雄性犬，应该触诊前列腺。应评估肛门张力和会阴反射的完整性。应对任何神经系统异常病例进行全面的神经学检查。如果对膀胱排空能力有任何疑问，应观察排尿情况并测定残留量。并没有对大量的犬和猫测量残留量，但大多数都只有很少的残留量的报道，不到 20 mL。必须记住，一些雄性犬可能想要在膀胱完全排空之前重复标记区域。如果出现完全排尿，应触诊空膀胱有无结石、软组织肿物和壁厚。如果膀胱没有排空，应该在外部和通过直肠仔细触诊雄性动物和雌性动物的尿道。在未去势的雄性犬上发现的任何黄色液体都应该与尿液进行比较，因为与尿道相通的前列腺囊肿液可能与尿液颜色相同。

在调查病史和体格检查后，尿失禁应归类为神经源性（与其他神经系统问题有关）或非神经性失禁（与其他神经系统症状无关）。当神经学检查异常时，应对病变进行定位，并进行进一步的诊断检测，以确定原因。即使神经学检查正常，局部神经肌肉原因（如逼尿肌功能障碍）也可能是尿失禁的原因。神经学检查正常的动物尿失禁的最佳处理方法是根据体格检查将其细分为两类：扩张的膀胱不具完全排空能力，或正常的膀胱有排空能力（表 7–2）。

**表 7–2　尿失禁的原因和诊断检测**

| 类型 | 排除 | 可能的诊断方法 |
|---|---|---|
| 与其他神经系统症状相关 | 脑部病变 | MRI、CT、脑脊液检查 |
| | 脑干病变 | MRI、CT、脑脊液检查 |
| | 脊髓病变（颈椎、胸椎、腰椎） | MRI、CT、脊柱 X 线检查、脊髓造影、脑脊液检查、肌电图 |
| | 骶脊髓、根，骨盆或阴部神经损伤 | MRI、CT、硬膜外造影、脑脊液检查、肌电图 |
| 与其他神经系统症状无关；无力排空膀胱 | 尿道阻塞 | 直肠触诊、X 线检查、尿道造影、尿道镜检查 |
| | 膀胱颈肿物 | 触诊、膀胱超声检查、膀胱尿道造影、膀胱镜检查、穿刺、活检 |
| | 逼尿肌 – 尿道协同障碍 | 通过排除其他疾病进行诊断 |
| | 逼尿肌功能障碍 | 病史、CMG |
| 与其他神经系统症状无关；能够排空膀胱 | 尿道功能不全 | 病史、尿液分析、尿液培养、尿道压力曲线 |
| | 异位输尿管 | 病史、阴道尿路造影、排泄性尿路造影、尿道膀胱镜检查 |
| | 膀胱颈肿物 | 触诊、膀胱超声检查、膀胱尿道造影、膀胱镜检查、穿刺、活检 |
| | 开放性脐尿管 | 体格检查 |
| | 膀胱容量减少 | 膀胱超声检查、膀胱尿道造影、CMG、膀胱镜检查、穿刺、活检 |

注：CMG，膀胱压力图；CT，计算机断层扫描；MRI，磁共振成像。

## 尿液分析

**常见适应证·**尿液分析是全面评估患病动物健康的一部分，这对于有泌尿道问题的患病动物来说是必不可少的。

**优势·**尿液分析操作简单且成本低廉，可为患有全身性疾病和泌尿系统疾病的动物提供重要信息。

**分析·**尿液最好通过膀胱穿刺术获得，但凝血功能障碍患病动物、轻度血尿患病动物首选自主排泄样本，以避免膀胱穿刺术导致轻度医源性出血，或者对子宫蓄脓或其他腹腔内脓肿患病动物造成伤害。如果无法进行膀胱穿刺术，则可以取排尿的中段尿液或插尿管取样。采集方法应被记录下来，以便正确解释异常情况。

为保证准确性（特别是关于管型、细胞成分和结晶尿），应在样本尽可能新鲜时检查尿沉渣。如果不能在 30 min 内进行尿液分析，尿液应在 4℃下储存，并在分析前恢复到室温。

分析包括四个重要步骤：①确定颜色和浑浊度；②使用多功能试纸进行化学分析；③尿比重测量；④尿沉渣的显微分析。应先将样本充分混匀，测定颜色和浑浊度，然后将试纸条浸入尿液中并迅速取出，在容器边缘轻敲试纸条的边缘以去除多余的尿液。试纸条应保持水平，以避免尿液从检测垫之间流失，并防止混合来自不同检测垫的试剂。应该在适当的时间间隔将检测垫的颜色与制造商提供的刻度进行比较。自动试纸分析仪已被证明可获得与人眼观察相似的结果。尿比重应使用折射仪测量。应定期检查折射仪的准确度，以确保用蒸馏水获得的读数为 1.000。

接下来，应将 3 ~ 5 mL 尿液以约 2000 转 /min 的速度离心 5 min。体积、速度和离心持续时间的标准化对于比较不同样本的结果很重要。如果未离心的尿液样本中具有明显出血或非常混浊，临床兽医或技术人员应重复试纸分析和上清液的比重。接着倒出大部分上清液，在管中留下约 0.5 mL，并重悬剩余上清液中的沉渣。临床兽医或技术人员应将一滴重组尿沉渣转移到显微镜载玻片上，并盖上盖玻片，显微镜光的强度应调暗，临床兽医或技术人员应在低倍镜（10×）下检查管型、晶体和细胞，计数每个低倍镜下（lpf）的管型数量，然后样本应在高倍镜（40×）下检查以识别细胞和细菌，临床兽医或技术人员应计算每个高倍镜下（hpf）的白细胞和红细胞数量，并估计细菌数量（即微量、中等、大量）。可以进行尿沉渣染色，通过革兰氏染色[2]或改良的瑞氏染色[49]来增强细菌的可视化。最后，应记录结果并注明尿液是如何采集的，以及如果尿液少于 3 ~ 5 mL，离心了多少毫升尿液。

### 颜色和浑浊度

**分析·**颜色和浑浊度通过目视检查进行分析。正常的尿液是清澈至略微浑浊，淡黄色至琥珀色，稀释的尿液往往无色，而浓缩的尿液呈深黄色。不同颜色及其临床意义列于表 7–3。即使尿液的颜色和浑浊度正常，也可能存在重大疾病。如果发现尿液变色，应回顾患病动物的用药史并仔细检查尿沉渣。血尿、血红蛋白尿和胆红素尿是尿液变色的最常见原因，脓尿、血尿、结晶尿和脂肪尿是浑浊度增加的常见原因。

### 尿比重

**分析·**尿比重用折射仪测定，通过验证蒸馏水的读数是否为 1.000 来定期检查折射仪

表 7–3 犬和猫尿液变色的潜在原因

| 尿液颜色 | 原因 |
|---|---|
| 深黄色 | 浓缩尿液 |
| 淡黄色 | 正常尿色素，尿胆素 |
| 橙黄色 | 胆红素 |
| | 荧光素 |
| | 浓缩尿液 |
| | 非那吡啶 |
| 绿蓝色 | 亚甲蓝 |
| | 二噻嗪 |
| | 胆绿素 |
| 棕黑色 | 胆色素 |
| | 肌红蛋白 |
| | 高铁血红蛋白 |
| 黄褐色 | 胆色素 |
| 红色 | 血红蛋白 |
| | 红细胞 |
| | 肌红蛋白 |
| | 染料 |
| | 非那吡啶 |
| | 酚红 |
| 乳白色 | 脓尿 |
| | 脂肪尿 |
| | 磷酸盐结晶 |
| 无色 | 稀释 |

的校准。在室温或冷藏温度下将尿液在加盖容器中储存至少 24 h 不会影响尿比重的测量[1]。一些试纸条有测量尿比重的检测垫，但检测结果不准确[6]，因此不推荐使用试纸条评估尿比重。

**正常值·**正常犬和猫的尿比重不同，而且在水合动物中，任何随机尿比重都可能是正常的。尿比重＜1.020 可能与患病动物的多尿有关。尿比重对于评估脱水或氮质血症患病动物的肾功能很重要。脱水明显、肾功能正常的犬的尿比重应＞1.030，猫的尿比重应＞1.035。幼犬在 4 周龄之前不会浓缩尿液[17]。

**危险值·**无。

**可能改变结果的治疗和饮食·**低尿比重可能由液体治疗、糖皮质激素、利尿剂、抗惊厥药和过量补充甲状腺激素引起。持续食用低蛋白饮食会导致无法最大限度地浓缩尿液（通常在这种情况下血尿素氮浓度低于正常值）。如果给药前尿比重＜1.040，尿比重增加可能是由放射造影剂引起的（如果给药前尿比重＞1.040，尿比重可能因渗透性利尿而降低）。

**注意：***在治疗前获得尿比重非常重要，尤其是液体治疗或利尿剂治疗。*

**尿比重改变的原因·**尿比重≤1.007 的尿液是低渗的。低渗尿表明肾能够稀释肾小球滤液且大概率没有肾功能衰竭，然而，一些患有肾功能衰竭的犬会排泄轻微低渗的尿液。持续性低渗尿表明缺乏 ADH（即中枢性尿崩症）、过度饮水（原发性多饮）、抗 ADH（即肾源性尿崩症）或髓质张力丧失。原发性多饮可能由甲状腺功能亢进、高钙血症、低钾血症或肝功能衰竭引起，也可能是“精神性”。继发性肾源性尿崩症（如肾上腺皮质功能亢进、高钙血症、严重低钾血症、肾盂肾炎、子宫蓄脓、大肠杆菌败血症、肾上腺皮质功能减退）可能导致抗 ADH。原发性肾源性尿崩症很少见，一般是由先天性缺乏 ADH 受体反应性所致。溶质负荷增加（如糖尿、尿道后梗阻、盐摄入量增加）也可引起多尿，髓质张力降低（如肝功能衰竭、极低蛋白饮食、严重低钠血症、慢性利尿剂治疗）。

尿比重为 1.008 ~ 1.012 的尿液是等渗尿，这意味着肾脏没有改变肾小球滤液的浓度。尿比重为 1.013 ~ 1.029（犬）或 1.013 ~ 1.034（猫）的尿液是浓缩尿液，但不足以证明肾小管功能正常。

尿比重＞1.030 的尿液（犬）表现出足够的浓缩能力，表明有足够的肾功能来维持正常的稳态。尿比重＞1.030 的动物可能仍然患有许多导致多饮多尿的疾病（如肾上腺皮质功能亢进、肝功能不全、甲状腺功能亢进），以及肾小球疾病。

单次尿比重＞1.007 且＜1.030（犬）或＜1.035（猫）并不意味着肾小管功能障碍或多饮多尿，除非患病动物存在临床脱水或氮质血症，在这种情况下，特定的比重反映了肾小管功能异常。但是在禁水试验期间，必须充分记录浓缩尿液失败，以证实尿液浓缩能力异常。持续低渗尿或等渗尿需要进行进一步的检测（图 7–1）。

## 尿液酸碱度

**分析·**尿液 pH 值通常通过尿液试剂条上的 pH 试纸测量。但是，与 pH 计相比，试纸的结果不是很准确[29, 34]。当需要准确测量尿液 pH 值时，应使用便携式 pH 计。在室温或冷藏温度下将尿液储存在加盖容器中至少 24 h，不会对用 pH 计测量尿液的 pH 值产生影响[1]。

**正常值·**正常犬和猫的尿液 pH 值可能为 5.0 ~ 8.5。

**危险值·**无。

**假象·**如果储存尿液样本的容器在室温下打开放置，可能会导致尿液 pH 值增加，从而导致 $CO_2$ 损失；或被清洁剂、消毒剂污染。

**可能改变结果的药物治疗·**尿液 pH 值降低可能是由于使用尿液酸化剂（如甲硫氨酸、扁桃酸盐、磷酸盐或氯化铵）；尿液 pH 值增加可能是由乙酰唑胺、碳酸氢盐或柠檬酸钾引起。

**酸性或碱性尿液的原因·**任何尿液 pH 值都可能正常。尿液 pH 值是酸碱平衡的粗略指标，并不是血液 pH 值的可靠指标（如患有继发性低氯血症的呕吐动物尽管存在全身性碱中毒，但仍可能出现酸性尿，因为它将碳酸氢盐保留为阴离子）。酸性尿液的原因包括摄入肉类、呼吸性酸中毒、代谢性酸中毒、伴有氯化物耗竭的严重呕吐、严重腹泻、饥饿、发热和使用尿液酸化剂。碱性尿液的原因包括最近进餐（即餐后碱性潮）、摄入碱（如碳酸氢盐或柠檬酸盐）、产脲酶细菌（通常是葡萄球菌或变形杆菌属）引起的尿路感染、肾小管酸中毒（RTA）、饮食富含蔬菜和谷类食物、代谢性碱中毒和呼吸性碱中毒。

持续呈碱性的尿液是进行完整尿液分析和尿液培养的指征。如果在病史、尿液分析或尿液培养中没有发现碱性尿液的原因，则应考虑远端 RTA，尽管这种情况很少见。远端和近端 RTA 均会导致阴离子间隙正常的高氯性代谢性酸中毒，并经常导致低钾血症（见第 6 章）。

## 蛋白尿

**分析·**尿蛋白通常通过半定量检测测量，如尿液试纸条（即试纸）或沉淀法（即磺基水杨酸）。试纸对白蛋白比对球蛋白更敏感。尽管半定量检测结果与定量检测结果相关，但半定量检测结果仅应被视为估计值，因为个别结果可能与定量检测结果有很大差异。分光光度分析更加精确，本章稍后将在尿蛋白 / 尿肌酐比值部分进行讨论。

蛋白尿必须根据尿比重来解释。因为筛选实验是定性的，所以必须有更多的蛋白质丢失到稀释的尿液中而不是浓缩的尿液中才能得到相同的结果（如与尿比重为 1.030 的痕量反应相比，尿比重为 1.010 的痕量反应意味着更多的蛋白质丢失到尿液中）。

与骨髓瘤引起的高球蛋白血症相关的蛋白尿（见第 12 章）可能是由本周蛋白（游离轻链）引起的。本周蛋白不会引起试纸的阳性反应，但会在沉淀实验中引起阳性结果。此类患病动物需要进行血清和尿液蛋白电泳。在这种情况下，大部分蛋白是 β 或 γ 区域的单克隆尖峰蛋白，需要寻找溶骨性或淋巴增生性病变。埃立克体病有时类似于骨髓瘤（即肾小球肾炎、单克隆样丙种球蛋白病、骨髓浆细胞增多症），滴度测定可能具有诊断意义（见第 15 章）。

对犬和猫进行单独检测，半定量检测可用于检测尿液中低浓度的白蛋白（1 ~ 30 mg/dL）。该检测受肉眼可见的血尿和脓尿指示的炎症的影响。该检测阳性不一定指示原发性肾病，并且阳性结果会随着年龄的增长而增加[54–56]。该检测并不总能检测到尿蛋白 / 尿肌酐比值＞0.5 的猫[40]，重复性欠佳。

**正常值**・对于犬，尿比重＞1.012 时，微量蛋白尿或 1+ 反应可能是正常的[57]。如果尿比重＜1.012，则任何量的蛋白尿都可能异常。试纸和磺基水杨酸沉淀实验的假阳性结果概率很大，以至于很难确定猫的正常值[39, 40]。试纸条和沉淀实验并不准确，因此需要进行定量检测来精确蛋白质丢失的严重程度，如本章下一节尿蛋白 / 尿肌酐比值中所述。

**危险值**・无。然而，尿液中白蛋白的严重丢失可导致低白蛋白血症。

**假象**・在磺基水杨酸沉淀实验或本周蛋白存在的试纸实验中，强碱性的尿液可能会导致尿蛋白假性降低。在使用放射造影剂的磺基水杨酸沉淀实验中，以及使用非那吡啶、氯己定（洗必泰）进行试纸检测时，试纸在储存过程中会变湿，导致试纸长时间接触过量尿液或强碱性尿液（pH 值≥9），尿蛋白可能会假性升高。

**可能导致蛋白尿的药物治疗**・任何导致肾小管或肾小球损伤的药物都可能导致蛋白尿（专栏 7–1）。

**蛋白尿的原因**・如前所述，首先必须通过检测尿比重来确定蛋白尿是否严重（图 7–3）。如果不严重，则可以忽略它，除非患病动物正在接受肾毒性药物治疗（如氨基糖苷类），无论蛋白尿量如何，都应停用此类药物，因为轻度蛋白尿可能是肾毒性和即将发

**专栏 7–1　特定的潜在肾毒性药物 ***

氨基糖苷类抗生素，如新霉素、卡那霉素、庆大霉素、阿米卡星和妥布霉素（重要）
两性霉素 B（重要）
砷
头孢噻吩（不常见）
顺铂（重要）
环磷酰胺（肾毒性不常见；无菌性膀胱炎更常见）
葡聚糖（低分子量）
乙二醇（重要）
呋塞米（不常见）
重金属（即金、铅、汞）
非甾体抗炎药，如阿司匹林、布洛芬（当已患有肾脏疾病、低血压或已使用其他肾毒性药物时很重要）
多黏菌素 B（重要）
放射造影剂（当存在氮质血症和脱水时很重要）
磺胺类药物（如果使用更易溶解的磺胺类药物则不常见）
四环素类（不常见）
铊
噻嗪类（不常见）
万古霉素（不常见）
锌

* 并非这些所有药物都能导致肾毒性。最危险的药物已标注为重要。

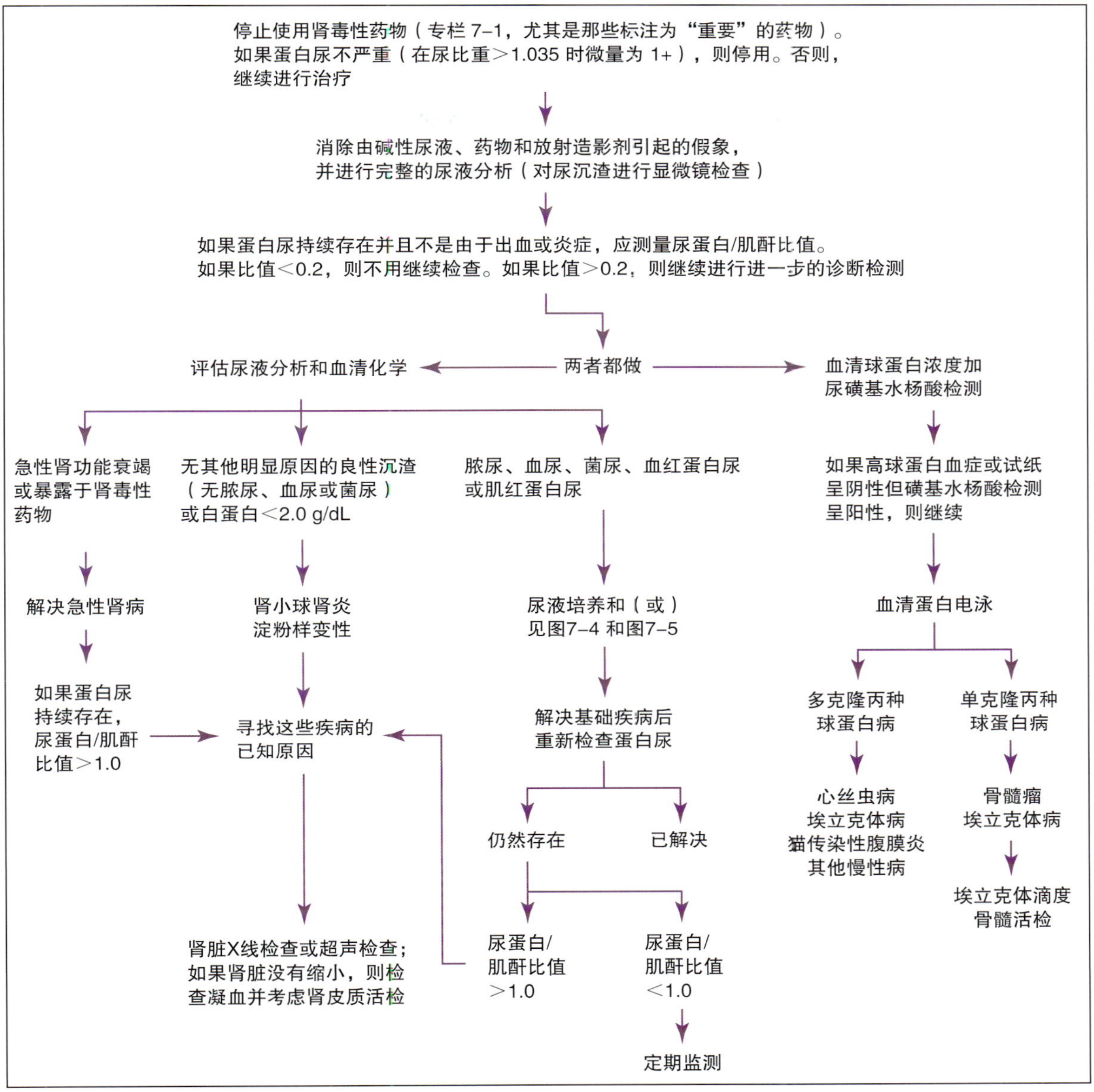


**图 7–3　犬猫蛋白尿的诊断方法**

生急性肾功能衰竭的早期征兆。氨基糖苷类通常在氮质血症之前引起蛋白尿或其他尿液分析改变（如等渗尿、糖尿、管型尿）。

接下来应该通过检查血清球蛋白浓度和尿液分析的潜血结果来确定异常蛋白尿是否是肾前性的（由血红蛋白尿、肌红蛋白尿或本周蛋白尿引起）。

异常蛋白尿的最常见原因是肾后性，与肾盂处或肾盂后的出血或炎症有关。应进行尿液分析和尿沉渣检查以排除出血和炎症的原因。与炎症或出血相关的蛋白尿需要在炎症或出血消退后，重新检查蛋白尿是否持续存在。炎性蛋白尿的最常见原因是 UTI。如果存在感染，应进行尿液培养。为排除蛋白尿的尿路外肾后原因（如生殖道炎症），应检查通过膀胱穿刺术采集的尿液样本。

如果通过正常（“安静”或“不活动”）尿沉渣检查排除了出血和炎症原因，并且不太可能是肾前性原因，则蛋白尿很可能是肾源性。肾源性蛋白尿可能是短暂或持续的，由肾小球或肾小管功能障碍引起，应测量血清白蛋白并重复进行尿液分析以确定蛋白尿是否持续存在。如果低白蛋白血症伴有明显的蛋白尿，则可以假设蛋白尿显著且持续存在。一过性（即功能性）蛋白尿有许多原因（如剧烈运动、发热、癫痫发作、肾脏静脉充血）并很少有临床意义。持续性蛋白尿定义为异常蛋白尿至少出现 3 次，间隔 2 周或更长时间 [37]。持续性蛋白尿伴无活性尿沉渣应及时测定 UPC 比值以确定其严重程度。

**注意：**正常的血清白蛋白浓度并不意味着蛋白尿无临床意义。

## 尿蛋白 / 尿肌酐比值

**适应证 ·** UPC 比值的测量用于定量，从而确定蛋白尿的严重程度。

**优点 ·** UPC 比值比试纸和尿沉渣实验更准确，只需要一个随机尿液样本，并且与 24 h 测定具有很好的相关性。可以通过任何方法收集尿液样本 [7, 25]。

**缺点 ·** 为了寻找肉眼可见的出血或炎症，应对同一样本的等分试样进行完整的尿液分析，但这会影响对结果的评估。在有异常蛋白尿的犬中，UPC 比值每天都在变化，尤其是在较低的异常范围内 [42]。即使使用相同的方法，在值接近 0.5 时，变化可能高达 80%，在值约为 12 时变化高达 35%。单次测量可以准确估计值＜4 的 UPC 比值，更高的值则需 2 ~ 5 次测定。在跟踪患有慢性肾病的犬和猫的 UPC 比值时，应考虑到这种变化。该比值不提供有关蛋白尿起源的信息，只是将它量化。

**分析 ·** UPC 比值不应由尿蛋白和尿肌酐的试纸结果测定，因为检测结果不准确，应通过分光光度法测量尿蛋白和肌酐浓度。不同实验室使用不同类型的测定方法和设备，结果因方法而异，这使得比较实验室间的 UPC 比值存在问题。分析后，计算出以下比值：总蛋白（mg/dL）/ 肌酐（mg/dL）。

**正常值 ·** 对于成年犬和猫，正常值＜0.2（对于至少 2 周龄的幼犬和未去势的雄性猫，更高的值也是正常的 [46]）。临界值是 0.2 ~ 0.5（犬），0.2 ~ 0.4（猫）。

**危险值 ·** 无。然而，在氮质血症和高血压患猫中，死亡或安乐死的风险随着 UPC 比值的增加而增加 [50, 51]。在非氮质血症的老年猫中，UPC 比值可预测氮质血症的发展和存活率 [33]。在患有肾功能衰竭的犬中，初始评估时 UPC 值＞1，尿毒症发病率和死亡的风险增加 [32]。尿液中白蛋白的显著丢失可导致低白蛋白血症。

**假象 ·** 请参见总蛋白（参见第 12 章）和本章后面的肌酐部分的讨论。

**UPC 比值增加的原因 ·** 炎症和出血会增加 UPC 比值，并且 UPC 比值只能在尿沉渣检查正常的尿液中解释。在这种情况下，中度蛋白尿（即 UPC 比值为 0.5 ~ 2.0）可能伴有肾小管或肾小球疾病。

重度蛋白尿（UPC 比值＞2）伴有“安静”的沉渣和正常血清球蛋白或多克隆丙种球蛋白病，通常是由肾小球疾病（即肾小球肾炎、淀粉样变性）导致的。应寻找肾小球肾病的病因，包括：心丝虫病、肝虫病或利什曼病等慢性寄生虫病；系统性红斑狼疮等慢性炎性疾病；慢性传染病，如疏螺旋体病、猫白血病病毒（FeLV）感染、猫免疫缺陷病毒（FIV）感染、埃立克体病、子宫蓄脓或心内膜炎；肿瘤；内分泌疾病，如肾上腺皮质功能亢进[31, 43]和糖尿病[48]；家族性肾小球病。免疫抑制糖皮质激素治疗会导致轻度蛋白尿[47, 53]。如果未发现潜在疾病，或者对已确诊的疾病进行治疗，但蛋白尿持续存在，则应考虑进行肾皮质活检确定是否存在肾小球肾炎或淀粉样变性。

**注意：**猫肾脏的淀粉样变性通常影响肾髓质，可能不会引起蛋白尿。

## 糖尿

**分析·**使用尿液试纸上的检测垫或试纸测量尿糖浓度（即葡萄糖氧化酶法）或进行尿液中还原物质检测（尿中还原物检查剂法）。

**正常值·**在这些检测中，犬和猫尿液中的葡萄糖应该呈阴性。

**危险值·**无。

**假象·**尿糖可能因冷藏尿液、大量抗坏血酸、四环素（由于配方中含有抗坏血酸）、甲醛（用作尿液杀菌剂的乌洛托品胺的代谢产物）、尿液 pH 值低和尿液盐分增加（纸试剂条）而假性降低。过氧化氢、次氯酸盐或漂白剂，以及患有尿道阻塞的猫尿液中的非葡萄糖氧化物质（试纸）可能会使尿糖假性升高。总的来说，猫的尿液试纸检测比犬更准确，尽管假阳性结果在猫上更常见[8]。对犬进行试纸检测有很大可能得到假阴性结果，而且会低估尿糖浓度[8]。

尿中还原物检查剂反应对葡萄糖没有特异性。半乳糖、戊糖、乳糖、果糖、水杨酸盐、青霉素、某些头孢菌素、放射造影剂和大量抗坏血酸或磺胺类药物可能会导致尿糖假性升高。非常强的阳性反应可能被读出较低的值，因为最终颜色比反应过程中发生的橙色更浅（即“通过”现象）。

**可能导致糖尿的药物治疗·**糖尿可能由能够导致高血糖的药物（见第 8 章）、静脉输注含葡萄糖的溶液，以及导致近端肾小管功能障碍的特定肾毒素（如氨基糖苷类肾毒性）引起。

**糖尿的原因·**糖尿通常是因为高血糖（即犬的血糖＞180 mg/dL，猫的血糖＞300 mg/dL）超过葡萄糖重吸收的肾脏阈值。糖尿总是需要测量血糖。由高血糖引起的糖尿最常见的原因是糖尿病（表 7–4）。如果血糖浓度正常，则应使用尿试纸和尿中还原物检查剂重新检测尿液。如果糖尿仍然存在，则可能是近端肾小管功能障碍，应检查肾毒素、尿液分析、血尿素氮和血清肌酐浓度测量历史记录以诊断近端肾小管疾病。有时会发现多个肾小管缺陷。范科尼综合征在某些品种（如巴森吉犬）中存在遗传性，尽管血糖正常，但仍可由某些毒素诱发，导致高氯血症、代谢性酸中毒、高磷血症、氨基酸尿和糖尿。

**表 7–4　犬猫糖尿病的原因**

| | |
|---|---|
| 血糖浓度超过肾功能阈值 | 糖尿病 |
| | 应激（尤其是猫） |
| | 输注含葡萄糖的液体 |
| | 肾上腺皮质功能亢进（罕见引起葡萄糖＞180 mg/dL） |
| | 嗜铬细胞瘤（罕见） |
| 近端肾小管功能异常 | 氨基糖苷类毒性 |
| | 急性肾功能衰竭 |
| | 范科尼综合征 |
| | 原发性肾性糖尿 |
| 污染 | 轻度高血糖患病动物的尿路出血 |
| 假象 | 尿道阻塞患猫的假糖尿 |

## 酮尿

**分析** · 尿液试纸上的检测垫或片剂（酮体检查片）通常用于测量酮浓度。这些检测测量乙酰乙酸和丙酮，但不检测 β－羟基丁酸（导致酸中毒）。

**正常值** · 尿酮结果呈阴性。

**危险值** · 酮症酸中毒的严重程度与酮尿的程度不一定相关。大量尿酮加上嗜睡和呕吐表明酮症酸中毒，需要立即测量血糖并评估酸碱状态［如总二氧化碳（$TCO_2$）测定、血气分析］。

**假象** · 尿液变色、非那吡啶、二硫基丙醇、阿司匹林、卡托普利、美司钠、N－乙酰半胱氨酸和丙戊酸可能会假性增加尿酮浓度。

**可能导致酮尿症的药物治疗** · 链脲佐菌素和阿司匹林中毒可能导致酮尿症。

**酮尿的病因** · 脂肪分解产生酮。饥饿、禁食和糖尿病酮症酸中毒是最常见的原因。如果存在酮尿和糖尿，则很可能患有糖尿病，应通过测量血糖来确诊。酮尿症、糖尿和高血糖的存在证实了糖尿病的诊断，并且需要进行血清钠、钾、磷和 $TCO_2$ 或血气测定。无糖尿的酮尿提示脂质分解代谢过度，一般不会在厌食、非糖尿病患病动物中进一步研究。

## 胆红素尿

**分析** · 尿液试纸上的检测垫（即重氮法）和氧化法（即 Harrison's 斑点检测）可用于检测胆红素尿。片剂法可能比试纸更敏感。

**正常值** · 如果尿比重≥1.030，犬（尤其是雄性）可能会出现少量胆红素尿。正常的猫没有胆红素尿。

**危险值** · 无。

**假象** · 如果尿液样本长时间暴露在紫外线下或在室温下暴露在空气中（胆红素氧化成胆绿素，无法检测到），尿液胆红素可能会假性降低。大量血红蛋白尿也可能通过掩盖试纸上胆红素引起的颜色变化而导致读数假性降低。大量吩噻嗪可能会假性增加尿胆红素。

**可能导致胆红素尿的药物治疗** · 溶血性贫血和黄疸的原因分别见第 3 章和第 9 章。

**胆红素尿的病因** · 胆红素必须结合才能排泄到尿液中。肝脏主要负责结合，但犬的肾脏也可以结合胆红素。犬猫高胆红素血症的最常见原因是肝病、肝后胆管梗阻和溶血性疾病。长期厌食可能导致轻度胆红素尿。

犬的过量胆红素尿或猫的任何胆红素尿都是检测血清总胆红素浓度、SAP 和 ALT 活性，以及血细胞比容的指征。如果血细胞比容低于正常下限，则需要进行 CBC 和网织红细胞计数。黄疸的诊断方法见第 9 章。

## 尿胆素原

**检测** · 尿液试纸上的检测垫用于检测尿胆素原。

**正常值** · 0.1 ～ 1.0 埃利希单位。使用此检测方法无法检测到尿胆素原的完全缺失。

**危险值** · 无。

> **注意：** 尿胆素原尿液浓度与肝胆疾病的相关性很差。该检测的结果没有临床用途，应忽略。

## 潜血

**分析** · 大多数尿液试纸上的潜血检测垫可检测血红蛋白、肌红蛋白，并可在较小程度上检测完整的红细胞。该检测非常敏感，可检测到血红蛋白 0.03 mg/dL 和红细胞 1 ～ 2/hpf [14]。

**正常值·**无血红蛋白尿或肌红蛋白尿。正常尿液中可能存在少量红细胞（即 5 个或更少 /hpf）。在发情前，雌性犬的尿液中可发现更多的红细胞。

**危险值·**无，但是脱水动物中严重的血红蛋白尿或肌红蛋白尿可能指示肾小管损伤。

**假象·**抗坏血酸和卡托普利可能会使潜血检测结果假性降低。跳蚤污垢或氧化剂（如消毒剂）可能会使其假性增加。

**潜血阳性的原因·**血尿是试纸潜血阳性的最常见原因，因此，应进行尿沉渣检查。如果在沉渣中发现红细胞或影红细胞，则可确诊血尿。稀释或碱性尿液可能导致红细胞溶解，并且溶血的红细胞并不总是可见。血尿引起的血红蛋白尿会随后出现（图 7–4）。

如果未发现红细胞，尤其是离心后尿液明显变色，则应测定血细胞比容和血浆颜色。如果静脉穿刺技术正确，血浆仍呈粉红色或红色（血红蛋白血症）（图 7–5），则存在血红蛋白尿。由血红蛋白血症引起的血红蛋白尿提示溶血性贫血（见第 3 章），需要进行 CBC 检查。如果没有血尿或溶血的证据，则应考虑肌红蛋白尿。可以通过 80% 饱和硫酸铵沉淀尿液来检测肌红蛋白尿。如果离心后尿液上清液仍呈红棕色，则应在 5 mL pH 值为中性的尿液中加入硫酸铵 2.8 g。将该混合物离心后，如果上清液仍然是深色的，则确认为肌红蛋白。如果尿液因非蛋白质色素而变色，偶尔会出现解读问题。肌红蛋白尿提示检查横纹肌溶解症或肌炎（见第 14 章），并应测量血清 CK 活性。

如果没有发现血尿、血红蛋白血症、溶血或肌肉疾病的证据，则应重新检查可能导致假象的原因。原因不明的持续性血红蛋白尿应寻找潜在的尿路出血。

## 血尿

**分析·**尿液试纸上的检测垫的潜血和尿沉渣显微镜检查用于检测血尿。

**正常值·**红细胞少于 5/hpf。如果通过膀胱穿刺术或导入术获取尿液，获取样本时的医源性创伤可导致肉眼或镜下血尿。

**危险值·**无。然而严重或持续性血尿可导致再生性贫血，由缺铁导致的慢性损失、非再生性贫血。

**假象·**血尿可能会假性减少，因为溶血在低渗尿或碱性尿液中发生，并可能在 2 h 内完成。这会导致潜血反应阳性，尿沉渣中没有明显的红细胞，尽管有时可以看到影红细胞。

**血尿的病因·**临床兽医应首先考虑取样期间发生医源性出血的可能性（图 7–4）。尝试直接接尿可避免在导尿或膀胱穿刺术期间发生医源性出血的可能性。

如果存在肉眼血尿，确定尿流中最强烈的尿液变色的时间有助于定位出血部位。与排尿无关的血液或排尿开始时最严重的血液可以帮助判定雄性犬的尿道、前列腺或包皮为出血部位，或雌性犬的子宫或阴道。排尿结束时的血液表明膀胱是起源部位。任何部位的出血都可能导致整个排尿过程中都带血。如果通过膀胱穿刺术收集的尿液没有血液，但排出的尿液有血液，则出血部位最有可能是远端尿道、包皮、阴道或子宫。来自前列腺和近端尿道病变的血液通常会反流回膀胱并导致与排尿无关的出血。

血尿可能由感染、结石、其他非败血性炎症、凝血功能障碍、创伤（外源性、医源性）、肿瘤、囊肿、肾梗死、慢性被动性肾充血、尿路寄生虫、剧烈运动、雌性动物发情期或肾小球肾炎（罕见）引起。

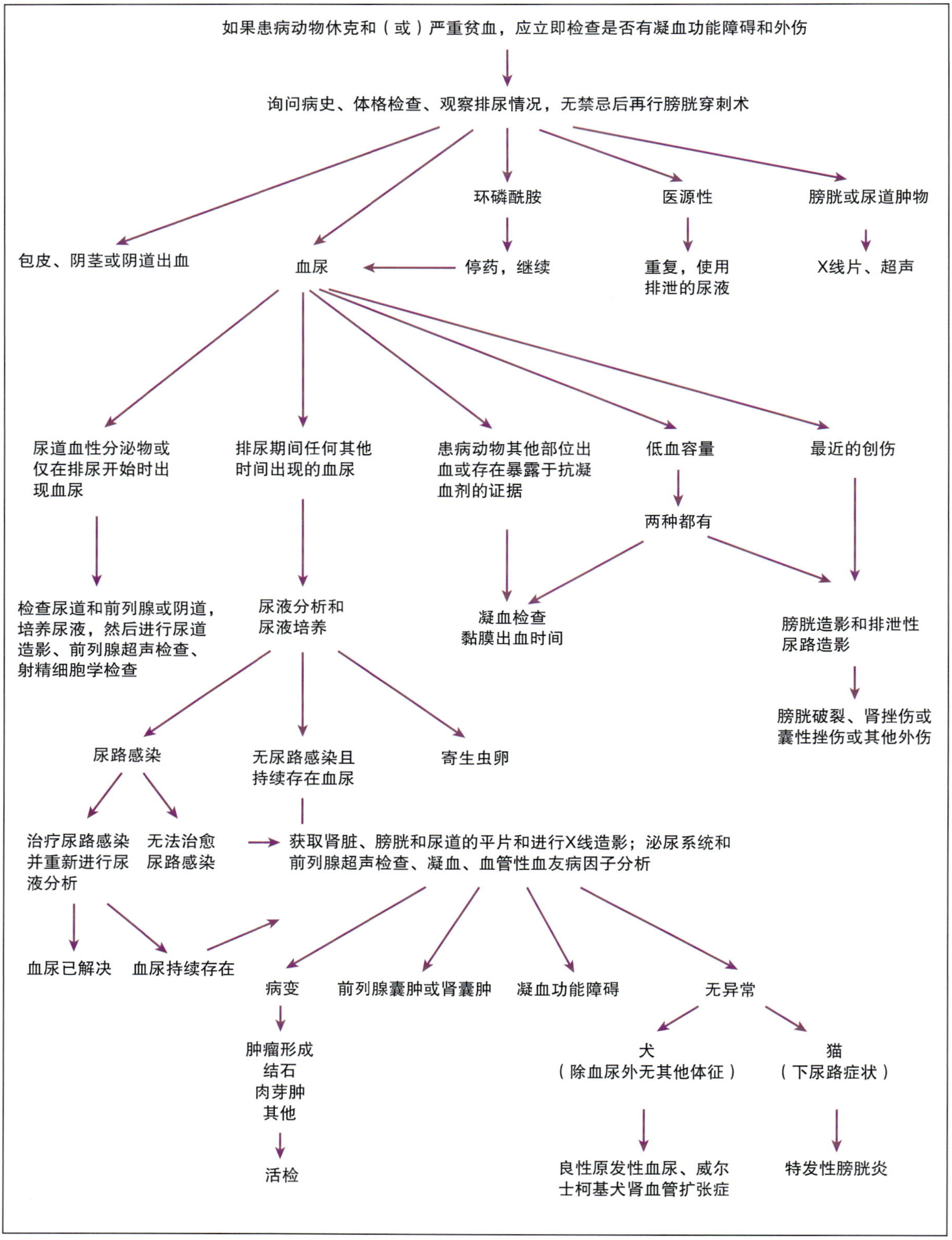


图 7–4 犬猫持续性血尿（肉眼或镜下）的诊断方法

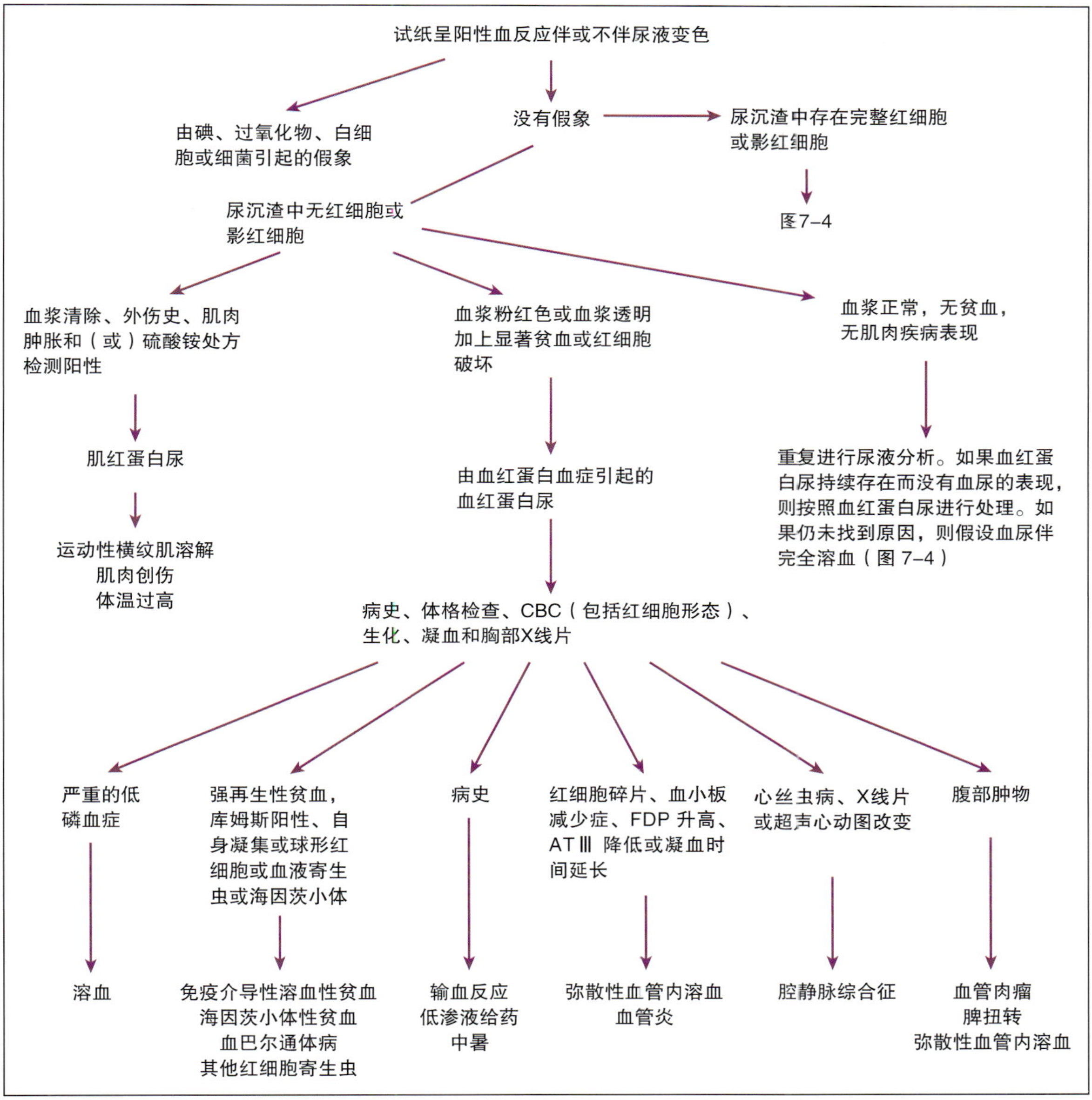


**图 7–5　犬猫血红蛋白尿的诊断方法**

AT Ⅲ，抗凝血酶 Ⅲ；CBC，全血细胞计数；FDP，纤维蛋白降解产物。

在犬中，UTI 是血尿的最常见原因，因此，即使没有脓尿和菌尿，也需要进行尿液培养。结石是另一个常见原因，需要进行腹部 X 线检查或超声检查。如果患病动物有抗凝血剂暴露史、病史或体格检查中有凝血功能障碍的证据、出血引起低血容量或贫血，或者没有明显的泌尿生殖系统出血原因，则需要进行凝血筛查检测（见第 5 章）。如果这些检查都没有发现问题，则需使用 X 线检查和超声或两者检查肾脏、输尿管、膀胱、前列腺和尿道。雄性犬应检查前列腺液（射精、前列腺后按摩或超声可见前列腺内囊肿的抽吸）。

在猫中，特发性膀胱炎是血尿的常见原因。前列腺疾病是猫血尿的罕见原因。除此之外，猫血尿的原因与犬相似。

## 亚硝酸盐尿

**分析·**用尿液试纸上的检测垫检测亚硝酸盐。

**正常值·**阴性。

**危险值·**无。

**注意：**这个检测在犬和猫上不准确，可忽略。

## 脓尿 / 白细胞

**分析·**尿沉渣镜检用于检测脓尿 / 白细胞。用于评估人类尿液白细胞的白细胞酯酶试纸对犬不敏感，无法检测出脓尿，而且在猫中有很高的假阳性率。犬和猫的尿沉渣检查不能用试纸代替[6]。

**正常值·**白细胞＜4/hpf。首选通过膀胱穿刺术获得样本，以避免远端尿道和生殖道污染。

**危险值·**无。

**假象·**碱性尿液、稀释尿液或将尿样长时间暴露在室温下（导致白细胞溶解），可能会导致脓尿 / 尿液白细胞检测结果假性降低。

**脓尿的病因·**脓尿表明炎症。白细胞也可以通过包皮或阴道分泌物进入尿液。应该使用膀胱穿刺术获得的尿液样本来排除这些部位为可能的来源。尿路感染是脓尿的最常见原因，结石和肿瘤是其他常见原因。尿液培养具有诊断意义。

**注意：**尽管有尿路感染，但尿液稀释或白细胞功能受损（如肾上腺皮质功能亢进、糖尿病）患病动物的尿液可能不会出现脓尿。

如果脓尿持续存在，细菌无法培养，则需要对尿路进行 X 线检查和（或）超声检查，以排除结石和肿瘤。

## 菌尿

**分析·**尿沉渣或尿液培养的显微镜检查（见第 15 章）被用来检测菌尿。与未染色的湿片相比，改良瑞氏染色检查尿沉渣可显著提高菌尿检测的准确性[49]。未染色的湿片阴性结果相当准确，但阳性预测值的准确性较差[49]。医学技术人员可以准确判定湿片上的细菌是杆状细菌还是球状细菌[4]。犬尿沉渣的革兰氏染色玻片与尿液培养结果也有很好的相关性[2]。膀胱穿刺术是获得避免远端尿道和生殖道污染尿液的首选方法。

**正常值·**通过膀胱穿刺术获得的尿液含有细菌提示异常。需要定量尿液培养来确定用导尿管采集的尿液中细菌的临床意义。排尿中的细菌可能源自远端尿道和生殖道的正常菌群感染或污染。

**危险值·**无。尽管在极少数情况下，尿路感染可导致败血症、肾脓肿或前列腺脓肿。

**假象·**近期抗生素治疗、利尿、尿液被氧化剂（如漂白剂）污染，或采集和检查之间的延迟，可能会导致菌尿检测结果假性降低。菌尿检测结果可能会因尿液留在室温下并延迟检查，或使用受污染的离心管或染色液而假性增加。无定形碎屑的布朗运动可能与未染色的湿片的菌尿相混淆。

**菌尿的病因·**一旦假象和污染被消除，菌尿就可以诊断为尿路感染（图 7–6）。正确获得的菌尿、脓尿和血尿是尿路感染的典型表现。然而，并不是所有尿路感染都有可检测到的脓尿、血尿或菌尿。稀释尿液中的细胞浓度可能非常低，以至于在尿沉渣中找不到。必须存在＞$10^4$/mL 杆菌或 $10^5$ /mL 球菌，才能在尿沉渣中容易看到。肾上腺皮质功能

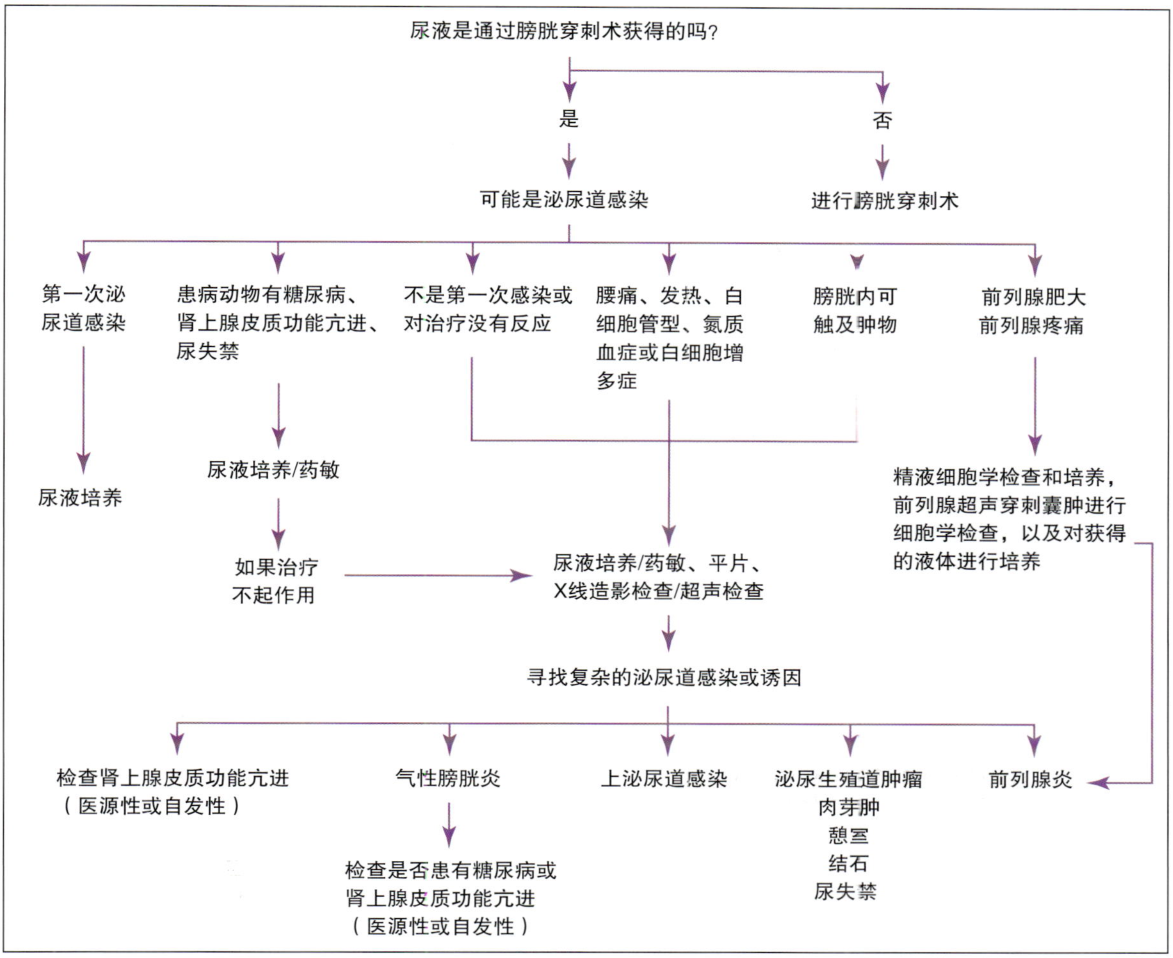


**图 7–6　犬猫菌尿的诊断方法**

亢进（内源性或医源性）或糖尿病患病动物可能没有尿路感染的证据。因此，对所有患有这些疾病的动物的尿液进行培养是合理的。

所有疑似尿路感染的患病动物都建议进行尿液培养。如果尿路感染持续存在或在治疗后复发，则必须进行尿液培养。未去势雄性犬的复发性尿路感染是进行 X 线检查、超声检查、射精细胞学检查和培养的指征。必须仔细查找潜在原因，如治疗不当（如耐药性）、动物主人未给药、重复导尿或留置导尿管、肿瘤、部分梗阻、肾盂肾炎、前列腺炎、结石、肉芽肿、憩室尿、尿失禁、多尿、尿潴留、糖尿病和肾上腺皮质功能亢进（表 7–5）。

## 其他细胞

**分析·**尿沉渣的显微镜检查被用来寻找其他细胞。正常动物的尿沉渣中可见少量大的和小的圆形细胞。大量的尿路上皮细胞提示炎症或肿瘤性疾病[5]。尿路上皮细胞在采集后 30 min 内开始退化[5]。

**其他细胞的病因·**在患有膀胱或尿道恶性肿瘤（尤其是移行细胞癌）动物的尿液中偶尔会发现肿瘤细胞。如果要在尿液中寻找肿瘤细胞，应立即收集大量新鲜尿液，将沉

**表 7-5 持续性或复发性尿路感染的原因和诊断方法**

| 原因 | 诊断方法 |
|---|---|
| 动物主人在给药方面缺乏依从性 | 病史（检查剩余药物） |
| 上尿路感染 | 排泄性尿路造影显示骨盆扩张、肾盂尿液培养、白细胞管型、超声检查 |
| 结石 | 检查和（或）X 线造影检查、超声检查、膀胱镜检查 |
| 前列腺炎 | 精液细胞学检查和培养、前列腺抽吸、前列腺活检、超声检查 |
| 肿瘤 | 尿沉渣细胞学检查、X 线造影检查、活检、超声检查、尿道膀胱镜检查 |
| 憩室 | 阳性 X 线造影检查 |
| 肉芽肿 | X 线造影检查、尿道膀胱镜检查、活检 |
| 任何原因引起的尿失禁或尿潴留 | 病史、体格检查、残余尿量测定 |
| 对感染的抵抗力下降 | 猫肾上腺皮质功能亢进、糖尿病、甲状腺功能亢进（见第8章） |
| 导尿术 | 病史、体格检查 |

渣涂抹在载玻片上并晾干，载玻片用新亚甲蓝或瑞氏吉姆萨（Wright-Giemsa）染色。暴露在尿液中的细胞肿胀和早期退化常见，因为膀胱炎引起的反应性变化常见。这些改变可能类似于恶性肿瘤（即大的或不典型的核和核仁）。放射造影剂可能会产生类似的变化。如果怀疑为尿道肿瘤或囊性肿瘤，但尿液中未发现异常细胞或不能确定所见细胞的性质，则应进行导管活检术或超声引导下穿刺，以获得适合细胞学检查的样本。

真菌尿常见于芽生菌病和弥散性曲霉菌病。其他真菌和酵母菌通常是污染物，尽管白色念珠菌和球拟酵母也可能会感染，特别是与长期抗生素治疗、免疫抑制治疗和（或）留置导尿管有关。

正常情况下，在健康雄性犬的尿液中可以看到精子。

## 管型尿

**分析**·尿沉渣镜检用于检查管型尿。

**正常值**·在正常动物中，中等浓缩的尿液中应该有 0 ~ 2 个透明或颗粒状管型 /lpf。

**危险值**·无。

**假象**·如果尿液储存时间过长（数小时）或受到剧烈的混合或处理，则管型会崩解。碱性尿液中较少见管型。尿液储存 10 h 后，变性的尿路上皮细胞可形成假管型[5]。

**管型尿的病因**·管型起源于肾脏，它们的存在支持肾脏疾病的诊断，但没有管型并不能排除肾脏疾病。管型的类型提供一些关于疾病过程的信息。管型的数量与潜在疾病的可逆性或不可逆性无关。

透明管型无色，由 Tamm-Horsfall 黏蛋白组成，无细胞。它们可能在利尿期间、纠正脱水后或蛋白尿患病动物中发现。上皮细胞管型含有尚未解体的肾小管细胞。它们发生在伴有肾小管上皮细胞损伤的肾脏疾病中。颗粒管型由退化的上皮细胞、蛋白质和其他物质组成。区分粗颗粒管型和细颗粒管型意义不大。这些管型与引起肾小管上皮变性和坏死的疾病有关。蜡样管型代表较老的、退化的颗粒管型。它们呈无色到灰色，有折射性，比透明管型更宽。宽管型是指宽透明、颗粒或蜡样管型。它们被认为是宽的，因为其在集合管或扩张的肾小管中形成。白细胞管型提示肾小管间质炎症。这种类型罕见，肾盂肾炎患病动物很少有这种症状。因此，这种管型的缺失并不排除肾盂肾炎。红细胞管型很少见，意味着肾小管损伤或严重的肾小球损伤，红细胞进入肾小管（如肾小球肾炎、血管炎、肾梗死）。

## 结晶尿

**分析** · 结晶尿通过尿沉渣的显微镜检查来识别。结晶常态（即矿物晶体的特征形状）作为晶体成分的指标（表 7–6），然而，尿液结晶的显微镜识别并不准确，因为它们的外观会因多种因素而改变。结晶成分的明确鉴定需要特殊分析。为了尽量减少时间和温度对结晶形成的影响，应在收集后 60 min 内检查尿液[1]。

**假象** · 结晶尿是指尿液样本中结晶物质过饱和，然而，许多变量会影响结晶尿。如果不考虑这些因素，很容易误判结晶尿的意义。体内变量包括尿液浓度、尿液 pH 值、结晶的数量和溶解度、结晶促进剂和抑制剂的存在，以及药物或诊断剂的排泄。体外变量包括温度、蒸发、pH 值和样本制备技术。需要注意的是，尿液样本冷藏会导致结晶沉淀，这是一种假阳性结果。

**结晶尿的病因** · 通常结晶尿在临床上无意义，但在个别情况下可能很重要。结晶类型与当前或既往存在的结石有关，以及当怀

表 7–6　犬猫尿液中可能存在的结晶

| 名称 | 描述 | 意义 |
|---|---|---|
| 鸟粪石（磷酸铵镁） | 有 3 ~ 6 个面的无色棱柱体（棺材盖样） | 常见于正常犬猫的弱酸性至碱性尿液，可能与鸟粪石结石和产脲酶细菌感染有关 |
| 草酸钙（一水合物） | 哑铃形或小的纺锤状 | 可能正常，由于乙二醇中毒，或与草酸盐结石有关（图 7–7） |
| 草酸钙（二水合物） | 无色信封状或小的星状 | 可能正常，由于乙二醇中毒，或与草酸盐结石有关 |
| 磷酸钙 | 棱柱体（长）或无定形 | 可能正常或与结石有关 |
| 尿酸铵 | 黄褐色“刺苹果”状 | 在斑点犬和英国斗牛犬中可能是正常的或与结石有关；与肝功能不全和门脉分流有关；可能与尿酸盐结石有关 |
| 尿酸 | 黄色至黄棕色棱柱体、钻石状或玫瑰花结状 | 同尿酸铵 |
| 胆红素 | 金黄色至棕色针状或颗粒 | 可能存在于尿液浓缩正常的犬或胆红素尿 |
| 胱氨酸 | 无色扁平六角板 | 由于胱氨酸尿症；可能与结石有关 |
| 胆固醇 | 无色、扁平、带缺口的板 | 可能在正常的犬和猫中发现 |
| 马尿酸 | 带圆角的棱镜（4 ~ 6 面） | 不确定；与草酸钙一水合物晶体混淆 |
| 磺胺类 | 束成捆透明至棕色的偏心捆扎针 | 与磺胺类药物有关 |
| 黄嘌呤 | 无定形、球形或卵形，黄褐色 | 难以与无定形尿酸盐区分开；可以在别嘌呤醇治疗期间形成 |
| 与三聚氰胺毒性相关的晶体 | 具有放射状条纹的黄棕色球形晶体 | 存在于喂食受三聚氰胺 / 氰尿酸污染饮食的动物的尿液中 |

疑门脉分流、乙二醇中毒（图 7–7）或三聚氰胺中毒时很重要。当结晶尿被认为重要时，应检查新鲜的、未冷藏的尿液样本。应评估结晶的数量、大小和结构，以及它们聚集的趋势。尿液 pH 值对于结晶沉淀很重要，一些类型（胱氨酸、尿酸盐）在酸性尿液中溶解度较低，而另一些类型（鸟粪石）在中性至碱性尿液中溶解度较低。每当检测到结晶尿时，应注意尿液 pH 值。在尿液收集后 1 h 内评估尿液 pH 值非常重要。

在猫和犬（除达尔马提亚犬和英国斗牛犬）中检测到尿酸铵结晶可能提示肝功能不全（如门脉分流）。急性肾功能衰竭患病动物的草酸钙一水合物结晶表明摄入了乙二醇（图 7–7）。胱氨酸结晶的存在表明胱氨酸尿症，这使动物处于患胱氨酸结石的风险中。

结晶尿通常提示尿石症。对尿结晶的评估有助于检测尿结石形成条件，评估现有尿结石的矿物质成分，以及评估旨在溶解尿结石或防止其再形成的治疗的有效性。当存在尿结石时，结晶尿不能作为评估结石成分的唯一标准。患有结晶尿的动物不一定会形成尿结石，所以结晶尿并不是治疗的指征。例如，犬和猫通常会排出大量的磷酸铵镁（鸟粪石）。当尿液 pH 值＞6.5 时，这种正常的排泄物开始变得可见，如鸟粪石结晶。尿液 pH 值越高，结晶就越明显。大多数犬和猫的鸟粪石结晶尿是正常的。当尿液 pH 持续呈碱性时，就有患尿石症的风险，尿石症通常是由于感染了产脲酶细菌（犬），或者尿液浓缩且尿液 pH 值＞6.5（猫）。

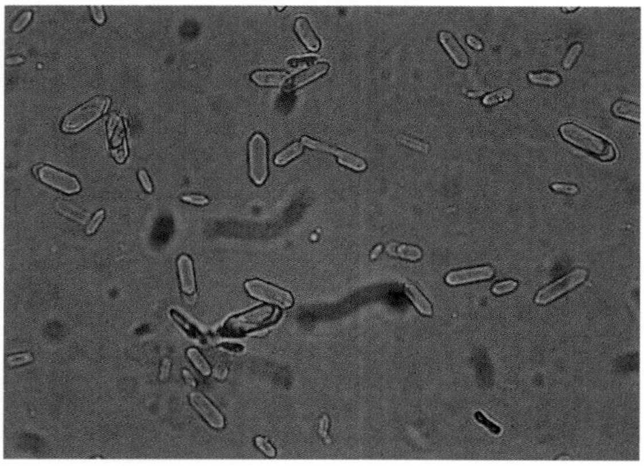

**图 7–7　草酸钙一水合物结晶**

通过犬和猫尿液中的这些细长的六边形晶体可以诊断乙二醇中毒。

## 禁水试验

**适应证·**确诊多饮多尿的特定患病动物需要进行禁水试验：通常是那些具有低渗尿并且大多数多饮多尿的原因已通过病史、体格检查、CBC、尿液分析、生化（即氮质性肾功能衰竭、肝功能衰竭、糖尿病、高钙血症、重度低钠血症、重度低钾血症）和有指征的内分泌检查（即甲状腺功能亢进、肾上腺皮质功能亢进、肾上腺皮质功能减退）排除的患病动物（表 7–1）。排除这些疾病后，禁水试验可将明显的精神性多饮与中枢性尿崩症或肾源性尿崩症区分开（图 7–8）。

**优点·**当多饮多尿的更常见原因已被排除时，禁水试验专门针对性诊断精神性多饮。

**缺点·**该检测无法区分多饮多尿的许多常见医学原因，需要密切监测以避免动物发病和死亡。

**禁忌证·**绝不能对脱水动物或 CBC 和（或）血清生化特征有明显异常的动物进行禁水试验。

**分析·**该检测仅适用于非氮质血症、水分充足的患病动物，这些患病动物需要进行全面病史问询、体格检查、评估 CBC、生化检查和尿液分析。必须排除导致多饮多尿的药物和饮食（如利尿剂、糖皮质激素、抗惊

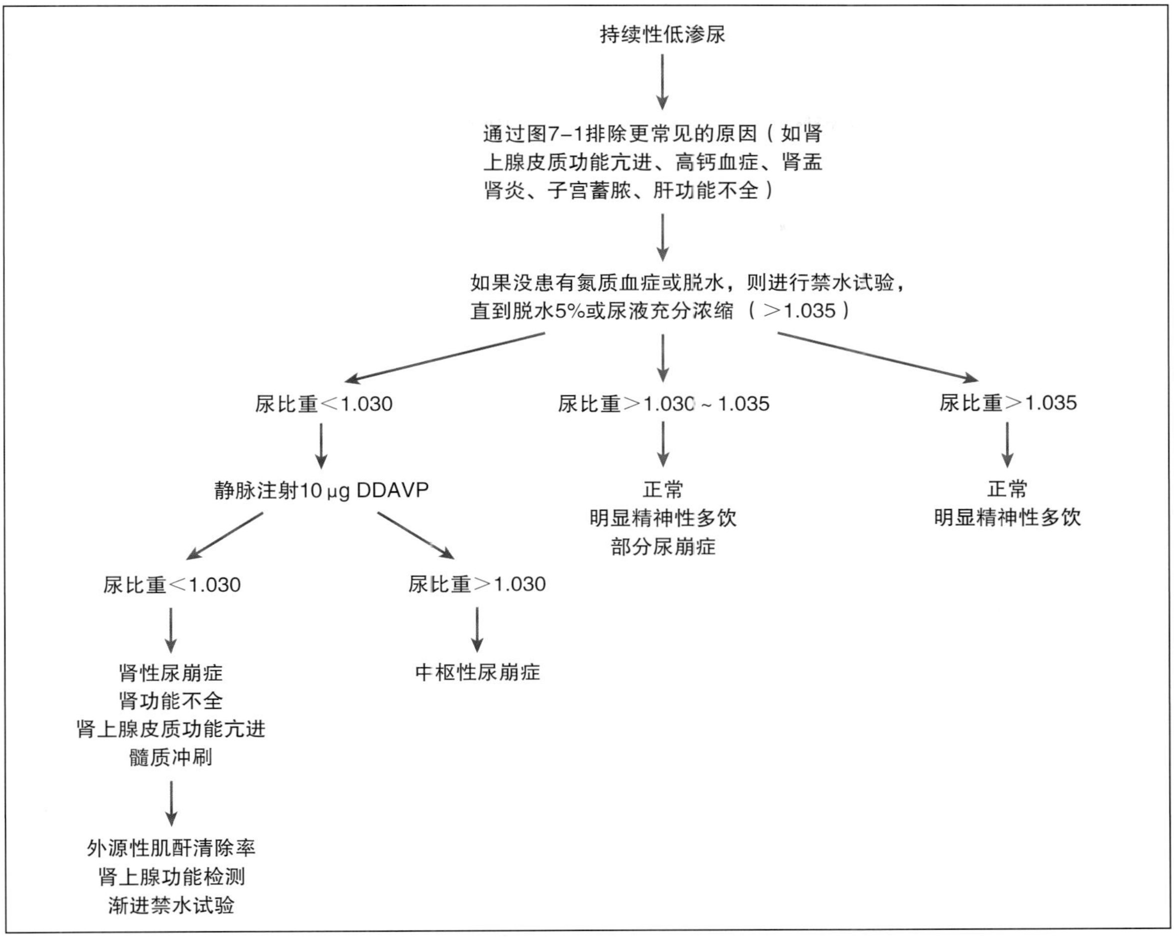


**图 7–8　使用禁水试验和 ADH 反应检测来区分多尿症的原因，尤其是尿量减少的原因**

DDAVP，脱氨基 D– 精氨酸升压素。

厥药、过度补充甲状腺激素、低蛋白饮食或高盐饮食）。环境的变化也是水摄入量变化的可能原因。

突然禁水试验是一种方法。患病动物住院接受检查，开始时禁食一夜，在此期间不限制饮水量。收集早晨排泄的第一晨尿并测量尿比重，因为一天中的这个时间尿液最浓缩。保存一部分尿液和一份血样用于测量渗透压。牵遛动物以促进排便和完全排尿。触诊膀胱以确保其已排空。然后对动物进行准确称重。计算体重减少 5% 的值并将其作为检测结束时的目标体重。如果尿比重达到 1.035，检测结束。所有饮水途径都被移除。继续禁食。收集尿液，测量尿比重，每 1 ~ 4 h 对动物称重一次，具体取决于体重减轻的速度。一旦达到目标体重或尿比重，就收集样本以检测尿液和血浆渗透压。

禁水试验的一个实际问题是试验的持续时间不可预测，人们可能会面临一天过去已经到晚上动物没有达到 5% 脱水，也没有将尿液浓缩至 1.035。在这种情况下，可以将动物转移到隔夜护理设施，以便继续采样，或者可以为动物提供维持水量（按每小时 2.75 mL/kg 计算，动物将不被观察）。第 2 天早上给动物称重，测量尿比重，再次禁水，继续检测直到达到最初的目标体重提示脱水 5% 或尿比重达到 1.035。试验时间过长，可以喂干粮。

已经描述了几种用于执行渐进禁水试验的方法。所有方法都涉及首先测量动物 24 h 内的饮水量。还测量体重，并计算体重 5% 减轻。在一种方法中，提供的水量在 3 d 内逐渐限制在 100 mL/（kg・d），然后动物完全禁水[18]。在另一种方法中，每天提供的水量从最初测量的量开始每天减少初始体重的 2%。例如，如果动物体重为 10 kg，饮水量为 1.5 L/d，则每天的供应量将减少 0.2 L，第 1 天给予动物 1.3 L，第 2 天给予 1.1 L，依此类推。无论使用何种方法，最初都应每天监测尿比重和动物体重，然后在接近目标体重时更频繁地监测。该试验的解释与突然禁水试验相同。进行渐进试验而不是突然试验的原因是担心继发于长时间多尿的髓质冲刷可以防止突然缺水期间的尿液浓缩。除非动物一直食用低蛋白饮食或接受利尿剂治疗，否则髓质冲刷很少见。

**正常值・**95% 的正常犬猫会在体重减轻 5% 之前，将尿液浓缩至尿比重为 1.048。正常犬猫需要几天才能达到这种程度脱水。正常动物在达到目标脱水程度之前，就已达到目标尿比重 1.035。患有多饮多尿且对缺水反应正常的犬很可能患有精神性多饮，然而，一些肾上腺皮质功能亢进患犬对缺水有反应。尚未在猫中描述精神性多饮。如果尿比重达不到 1.030 且脱水 5%，则动物的反应肯定异常。尿比重为 1.030 ~ 1.035 是可疑的反应，但可能表明一定程度的髓质冲刷或部分中枢性或肾性尿崩症。血清渗透压的测量可以通过从检测开始到结束的变化来确认是否发生脱水。血清渗透压增加 1% ~ 2% 会诱导 ADH 的最大释放。尿渗透压变化用于确认尿比重测量。

**危险值・警告：**未能密切监测患病动物可能会导致危及生命的高钠血症性脱水，特别是年龄小或由低渗尿症（如尿崩症）导致严重多饮多尿的患病动物。检测前未能进行尿液分析、CBC 和生化分析可能会导致严重疾病（如氮质性肾功能衰竭、高钙血症、糖尿病、肝功能衰竭）变得不稳定。

**假象・**尿液污染可能会使尿比重假性增加，提示尿浓缩。应通过确保蒸馏水读数为 1.000 来确认折射仪的准确性。

## ADH 反应试验

**适应证・**如果在禁水的情况下尿液没有充分浓缩，则进行 ADH 反应试验来区分中枢性尿崩症和肾源性尿崩症。

**分析・**临床兽医可以使用多种方法来执行此检测。一种方法是使用升压素的合成类似物［即脱氨基 D- 精氨酸升压素（DDAVP）］。动物在检测时应保持充足的水分，并且在检测过程中不要停水。静脉注射 10 μg DDAVP，并在 1 h、2 h、4 h、6 h、8 h、12 h 和 24 h 后测量尿比重。在另一种方法中，鼻用溶液（0.1 mg/mL，1 ~ 4 滴）每 12 h 注入结膜囊一次，持续 5 ~ 7 d，或给予口服片剂（0.1 mg/20 kg，每 8 ~ 12 h 一次），动物主人通过测量每天的饮水量监测反应。如果动物主人注意到动物有反应，则应测量尿比重以进行确认。

**正常值・**ADH 的外源性给药在刺激最大反应方面可能不如禁水试验（ADH 的内源性释放）有效。尿比重≥1.030 或尿 / 血浆渗透压＞3 ： 1（通常＞5 ： 1）表明肾脏对 ADH 有反应。动物对禁水试验没有反应高度提示完全或部分中枢性尿崩症（图 7–8）。部分中枢性尿崩症和肾上腺皮质功能亢进可能难以区分，因为两者都可能引起对禁水试验（但低于正常）和外源性升压素的一些反应。可能需要进行肾上腺功能检测来区分这两种情况。

对禁水或 ADH 没有正常反应的动物很可能患有氮质血症前已经有肾功能衰竭或原发性或继发性肾源性尿崩症。患有肾性尿崩症的动物在检测前通常有低渗尿，而肾功能衰竭患病动物通常有等渗尿或轻度浓缩尿。请注意，肾上腺皮质功能亢进会导致继发性肾源性尿崩症，因此，此类动物对禁水试验和 ADH 反应试验的反应可能与引起多饮多尿的其他疾病的反应相似（见第 8 章）。

**危险值 · 警告：** 使用 ADH 的脱水动物会无限制地饮水，如果患病动物对 ADH 有反应，可能导致水中毒。

## 无尿和少尿

无尿和少尿需要积极的诊断治疗，因为除非迅速开始适当的治疗，否则预后会很差。临床兽医的直接诊断目标是同时发现危及生命的继发性改变和少尿的原因（图 7–9）。首先必须从病史和体格检查中确定患病动物是否有尿路梗阻或尿道破裂、严重脱水或任何肾毒素的可能性。大多数情况下插入导尿管，检查是否有腹腔积液，可排除梗阻和破裂。如果有腹腔积液，应将其肌酐浓度与血清肌酐浓度进行比较（见第 10 章）。应进行尿液分析、全血细胞计数和生化检查（至少包括血清钠、钾、钙、磷、$TCO_2$、阴离子间隙、葡萄糖、血尿素氮和肌酐）。临床兽医应检查高钾血症（生化分析或心电图，尽管心电图敏感性或特异性一般）和严重酸中毒（首选血气分析，但 $TCO_2$ 也有用）。严重的氮质血症、高钾血症和酸中毒应在确诊后立即治疗。应该纠正脱水，但临床兽医应首先尝试收集尿液样本，以确定尿比重。

如果存在尿路感染，应进行尿液培养。如果正在使用导尿管治疗患病动物，应避免使用抗生素治疗尿路感染，除非临床兽医发现全身或肾脏感染的证据[3]。

任何患有急性少尿性肾功能衰竭的犬或猫无论有无暴露途径，都必须考虑乙二醇中毒。草酸钙结晶尿通常发生在摄入后 24 h 内。与乙二醇毒性相关的细长结晶是草酸钙一水合物。在中毒的早期阶段，患病动物有严重的代谢性酸中毒、中枢神经系统体征（即共济失调、癫痫发作）和低钙血症。高渗，以及增加的渗透压和阴离子间隙（见第 6 章）提示乙二醇中毒。如果乙二醇的可能性很小，则应该进行乙二醇的血液检测（见第 17 章）。无尿、少尿和尿毒症通常在摄入后 1 ~ 4 d 内不会发生，这取决于摄入的量。到那时，草酸钙结晶尿和低钙血症可能已经消退。高钾血症不是一成不变的。由于草酸钙晶体的沉积，超声检查可发现明显的肾脏高回声。一旦出现尿毒症，就需要进行肾活检来确诊。

肾上腺皮质功能减退可能模拟急性肾功能衰竭和高钙性肾病。肾上腺皮质功能减退时出现的低钠血症、高钾血症和钠钾比降低可发生在急性肾功能衰竭中，部分肾上腺功能减退患病动物没有正常的肾小管浓缩能力。因此，如果血清电解质浓度提示肾上腺皮质功能减退，应开始适当的液体治疗并进行 ACTH 刺激试验。大多数肾上腺皮质功能减退患病动物在静脉输液时会产生尿液。如果强烈怀疑肾上腺皮质功能减退，应在 ACTH 刺激试验完成后开始糖皮质激素治疗。大多数肾上腺皮质功能减退患犬对液体和糖皮质激

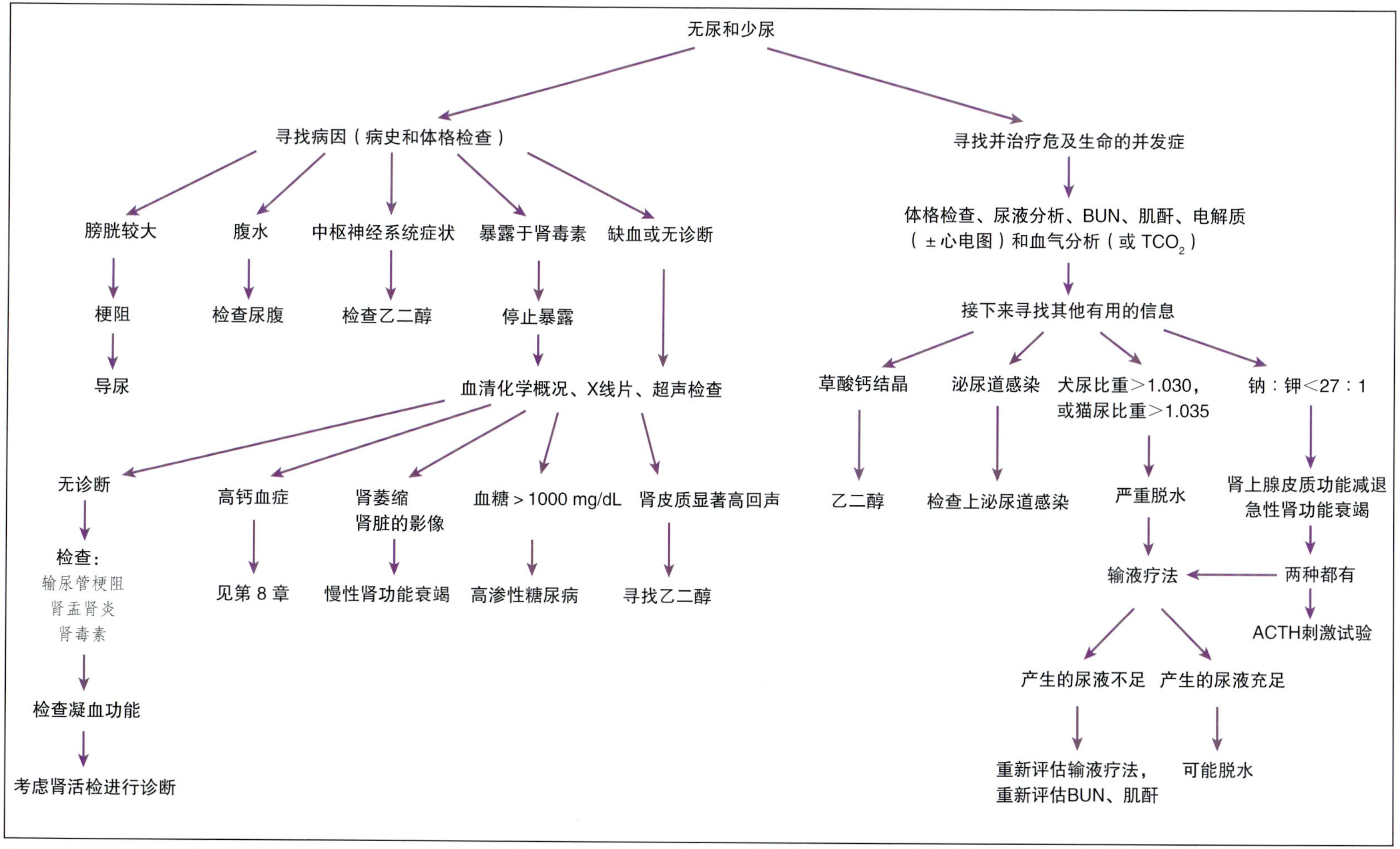


**图 7–9　犬猫无尿或少尿的诊断方法**

ACTH，促肾上腺皮质激素；BUN，血尿素氮；$TCO_2$，总二氧化碳。

素的支持反应迅速。糖皮质激素不应在患有氮质血症的动物中不加区别地使用，因为这些药物会加重氮质血症和尿毒症性肠炎。

任何原因引起的肾缺血（包括脱水和肾上腺皮质功能减退）都可能导致少尿。大多数患犬和患猫在适当补水后会产生尿液。如果严重的长时间缺血已造成肾实质损伤，则很难区分。如果少尿的原因不确定，尽管进行了适当的补液治疗，但排尿量仍然不足，则尿液中钠排泄分数（见第 6 章）可能有助于确定是否发生肾小管坏死。

如果在适当静脉输液的情况下仍持续少尿，原因仍不确定，必须考虑双侧输尿管梗阻或只有一个功能肾动物的单侧输尿管梗阻，特别是猫由草酸钙导致的输尿管结石。腹部超声检查有助于排除这些可能性。对于氮质血症明显的动物不可以进行排泄性尿路造影，因为造影剂排泄不充分，可能加重肾功能衰竭。

高渗性糖尿病罕见导致急性少尿性肾功能衰竭。这些患病动物的血糖水平通常＞1000 mg/dL。

原因不明的无尿和少尿性肾功能衰竭患病动物对初始治疗反应不佳或需要长期、昂贵的治疗时，应进行凝血筛查和肾活检以进行诊断和预后。在犬上，活检通常通过使用腹腔镜、超声检查或微创技术进行，在猫上则是经皮活检。

## 氮质血症 - 尿毒症

氮质血症（即血尿素氮或血清肌酐浓度高于正常值）和尿毒症（显著的氮质血症加上嗜睡、沉郁、食欲减少和呕吐等临床症状）是由血液滤过率显著降低引起的。临床兽医必须记住三件事。第一，血尿素氮或血清肌酐浓度轻度升高表明肾小球滤过率显著降低（GFR 降低超过 75%）。第二，肾前（如严重脱水）和肾后（如尿道阻塞）原因，以及肾脏疾病可能导致 GFR 大幅下降。第三，与 GFR 无关的因素也会轻度影响这些指标（尤其是血尿素氮）。

可能出现明显的肾脏疾病，但无氮质血症。在氮质血症发生（如典型的氨基糖苷类肾毒性导致等渗尿、蛋白尿、糖尿和发生氮质血症前的管型尿）之前，完整的尿液分析可诊断肾脏疾病（如蛋白尿、血糖正常的糖尿、管型、浓缩能力下降）。因此，使用肾毒性药物治疗的患病动物应定期进行尿液分析和血清肌酐评估。

必须同时进行尿液分析，以准确评估血清肌酐和血尿素氮。评估氮质血症的第一步是确定是肾前性、肾性还是肾后性（图 7–10 和表 7–7），参见下一节血尿素氮中关于氮的讨论。

## 血尿素氮

**适应证**・血尿素氮可用于评估肾脏功能，作为常规健康状况的一部分，也可用于检测任何患病动物（特别是伴有呕吐、体重减轻、慢性非再生性贫血、多饮多尿、无尿和少尿、慢性 UTI、蛋白尿或脱水）。应同时测定血清肌酐。

**优点**・血尿素氮浓度的检测方法很容易获得和使用。

**缺点**・血尿素氮浓度受肾外因素影响（有时，在评估动物主人对推荐的低蛋白饮食的依从性时，这又可以是一个优势）。此外，尿浓度与尿流速度成反比。

**分析**・通过分光光度法、干试剂反射率计和氨敏电极法，以及将一滴新鲜全血放在试纸上测量血清或血浆中的血尿素氮。不同

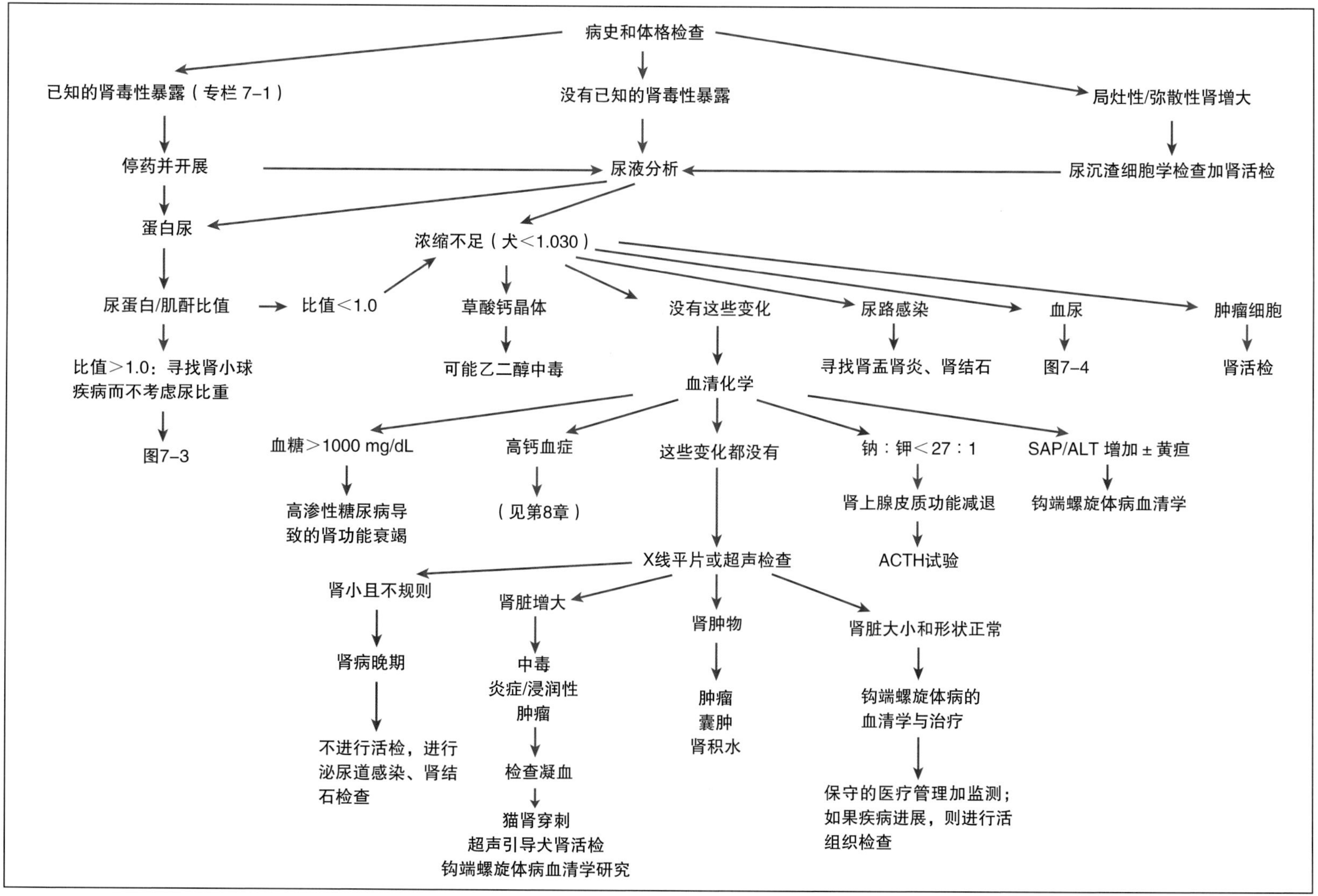


**图 7–10　无尿道阻塞或破裂的犬猫非少尿性肾性氮质血症的诊断方法**

ACTH，促肾上腺皮质激素；ALT，谷丙转氨酶；SAP，血清碱性磷酸酶。

的方法给出了相应的结果，除了试纸仅能提供一个估计值。在紧急情况下，这种试纸可以相当准确地确定氮质血症是否存在，但结果应进一步确认[9]。

**正常值**·犬猫一般为 10 ~ 30 mg/dL。

**危险值**·尿素本身无毒，然而，其显著增加与尿毒症相关，其中酸碱、液体和电解质紊乱可能危及生命。

**假象**·见第 1 章。

**可能影响血尿素氮的药物治疗**·血尿素氮浓度降低可能是由于药物引起明显的多饮多尿。血尿素氮浓度升高可能由糖皮质激素、精氨酸和肾毒性药物引起（专栏 7–1）。

**血尿素氮浓度降低的原因**·血尿素氮因生成减少（即肝功能不全、膳食蛋白质限制）或排泄增加（即多尿、水合过度、妊娠晚期）而降低。血尿素氮浓度降低可能是进行肝功能检查的指征（见第 9 章）

**血尿素氮浓度升高的原因**·血尿素氮浓度升高需要同时进行治疗前尿液分析才能正确解释。也应测量血清肌酐浓度。如果血清肌酐浓度正常，则必须考虑肾外因素对血尿素氮的影响（表 7–8）。除非存在潜在的肾脏疾病，否则这些肾外因素通常只引起轻微的变化。

如果血尿素氮浓度和肌酐浓度均升高，则 GFR 降低。然而，滤过性降低可能由于肾前原因（如由休克、脱水、心排血量低导致的肾灌注不足）、肾实质疾病或肾后原因（如尿道阻塞或输尿管梗阻；表 7–7）。

肾前性氮质血症通常与尿比重＞1.030 的犬和尿比重＞1.035 的猫，以及类似的尿渗透压增加有关。然而，患有早期肾脏疾病的猫可能有氮质血症且尿比重＞1.035。分析治疗前获得的尿液很重要。如果患病动物正在接

**表 7–7 鉴别犬猫肾前性、肾性、肾后性氮质血症的特征**

| 分类 | 特征 |
|---|---|
| 肾前性氮质血症 | 尿比重＞1.030（犬），猫没有明确的尿比重（见下文） |
| | 注：明显的蛋白尿和良性尿沉渣可能是由于原发性肾小球疾病，在这种情况下，尿比重浓缩并不排除原发性肾病 |
| 肾性氮质血症 | 尿比重 1.008 ~ 1.030（犬）或 1.008 ~ 1.035（猫）；部分早期肾功能衰竭患猫尿比重＞1.035，而肾功能衰竭患犬尿比重可能为 1.006 ~ 1.007 |
| | 患病动物可能是多尿、少尿或无尿 |
| 肾后性氮质血症 | 动物因尿道阻塞不能排尿或因尿路破裂尿液排入腹部；单侧或双侧的输尿管或肾盂梗阻均可发生，如果只有一个肾功能正常 |
| | 尿比重可以是任何值 |

**表 7–8 血尿素氮与血清肌酐浓度不一致的原因**

| 血尿素氮升高而血清肌酐正常 | 血清肌酐升高而血尿素氮正常或偏低 |
|---|---|
| 早期肾前性氮质血症（尿流速率降低） | |
| **血尿素氮升高** | **血尿素氮降低** |
| 高蛋白饮食 | 肝功能不全 |
| 胃肠道出血 | 多饮、多尿 |
| 四环素或皮质类固醇用药 | 低蛋白饮食 |
| 发热 | |
| 严重组织创伤（？） | |
| **肌酐浓度降低** | **肌酐浓度升高** |
| 肌肉质量减少（严重的恶病质引起显著变化） | 肌炎 / 肌肉损伤（可能性不大） |
| | 熟肉饮食（轻微的、短暂的变化） |
| | 酮血症（假性增加） |

受输液治疗或使用改变肾重吸收能力的药物（如利尿剂、皮质类固醇）或有其他抑制肾小管功能的疾病（如高钙血症），尿比重可能会降低，使其看起来是肾性氮质血症，但实际上是肾前性疾病。有时，发现低渗尿（即尿比重＜1.008）可能是一个提示。稀释肾小球滤液的能力表明远端小管和集合管范围内的肾小管功能正常。然而，一些肾功能衰竭患犬可能有轻度低渗尿（即 1.006 ~ 1.007）。

一个特殊的案例涉及肾小球疾病。肾小球病变可损害肾小球滤过功能，引起氮质血症伴明显蛋白尿，但尿液仍可浓缩。因为肾小球损伤尚未导致足够的肾小管损伤，从而损害肾浓缩能力而发生尿液浓缩，这称为肾小球－肾小管失衡。

尿液浓缩不足（尿比重为 1.008 ~ 1.029）加上血尿素氮浓度升高和血清肌酐浓度升高（即肾性氮质血症）提示原发性肾病。然而，其他可能导致脱水和肾浓缩能力下降的疾病也可能产生类似的结果（专栏 7–2）。肾上腺皮质功能减退可以产生相同的尿比重、血尿素氮和血清肌酐值，这些值不是由形态学肾损伤引起的，但通过适当的治疗是可逆的。虽然许多肾性氮质血症患病动物有不明原因的慢性肾病，但高钙血症、肾盂肾炎、药物肾毒性（如氨基糖苷、两性霉素 B）、钩端螺旋体病和高渗性糖尿病都是肾性氮质血症的病因，尽管可能危及生命，但通过早期诊断和适当治疗可以解决。因此，肾性氮质血症要仔细检查病史、体格检查、尿液分析、CBC 和生化指标（如血清钠、钾、钙、总蛋白、白蛋白、葡萄糖、$TCO_2$ 值；图 7–10）。虽然敏感性较差，但腹部 X 线片可显示局灶性或弥漫性肾肿大、肾体积缩小或肾结石。超声检查也可以用来评估肾脏。高回声在急性和慢性肾脏疾病中都很常见，然而，明显的高回声提示乙二醇中毒。在轻度至中度肾性氮质血症中，尿路造影可用于检测肾盂肾炎、肾结石、输尿管结石，以及肾脏大小和形状，但是，必须注意避免加重肾脏疾病。

**专栏 7–2　可能导致氮质血症且尿比重为 1.008 ~ 1.029 的疾病 / 情况**

急性或慢性肾功能不全
大肠杆菌败血症 / 子宫蓄脓 / 前列腺脓肿
肾盂肾炎
肾上腺皮质功能减退
高钙血症
严重低钠血症
严重低钾血症
酮症酸中毒或高渗性糖尿病
肾上腺皮质功能亢进伴脱水
尿崩症伴脱水（罕见）
肝功能衰竭
尿路阻塞或破裂（肾后性氮质血症）
用液体或利尿剂治疗氮质血症的任何肾前性原因

**腹腔液中血尿素氮浓度**·发现腹腔液中尿素浓度明显高于血液中的尿素浓度，提示尿道破裂，然而，尿素很容易扩散穿过腹膜。膀胱破裂 48 h 后，腹腔液尿素浓度与血清尿素浓度相似。因此，检测肌酐值是首选方法。

## 肌酐

**适应证**·测定肌酐浓度的原因与测定血尿素氮的原因相同。

**特点**·血清肌酐浓度不受血尿素氮或尿流速等多种肾外因素的影响。

**分析**·用分光光度法或干试剂反射计法测定血清或血浆中的血清肌酐浓度（肝素）。这些给出了可比较的结果。

**正常值**·犬和猫，一般＜1.7 mg/dL，但正常值可能因品种而异[30]。2 ~ 6 月龄的幼猫和幼犬的正常值较低，因为它们的肌肉量较少，GFR 较高[12, 35, 36, 38, 46]。正常血清肌酐浓度比血浆肌酐浓度高 5% ~ 10%[12]。肌酐以前是通过非特异性 Jaffé 反应来测量的，该反应测量了非肌酐发色剂和肌酐。Jaffé 反应在很大程度上已被特定的酶促技术取代，这些技术产生的正常值降低 20% ~ 45%[12]。

**危险值**·和血尿素氮相同。

**假象**·见第 1 章。

**可能改变结果的药物**·肾毒性药物（专栏 7-1）和降低 GFR 血流动力学的药物可能会增加血清肌酐浓度。

**血清肌酐浓度降低的原因**·血清肌酐浓度降低可能由于肌肉明显减少（表 7-8）或妊娠（增加心排血量和 GFR）或犬的门静脉分流[12]。

**血清肌酐浓度升高的原因**·食用熟肉可使血清肌酐浓度在进食后几小时内增加不到 1 mg/dL（表 7-8）。急性肌炎和严重肌肉创伤是潜在的病因，但其意义尚不明确。肾小球滤过率降低是血清肌酐浓度升高的主要原因。至于血尿素氮，滤过率降低可能源于肾前、肾或肾后原因。如血尿素氮所述，尿比重对于鉴别肾前病因至关重要。血清肌酐浓度升高是进行血尿素氮分析和测定的指征。血清肌酐浓度和血尿素氮浓度升高，以及尿液浓缩不足是进行 CBC、生化指标（如血清钠、钾、钙、磷、总蛋白、白蛋白、葡萄糖、$TCO_2$）和肾脏影像学检查的指征（图 7-10）。

**腹水肌酐浓度**·腹水肌酐浓度对诊断尿腹症有用。腹水肌酐浓度明显高于血清肌酐浓度高度提示尿腹症，且是进行膀胱造影或排泄性尿路造影的适应证。

## 尿肌酐

**适应证**·尿肌酐测量用于计算清除率或排泄分数，以及评估蛋白尿的意义（即 UPC 比值）。

**分析**·尿肌酐可用分光光度法测定。

## 尿液排泄分数

**适应证**·尿液排泄分数的测定用于评估肾脏对各种物质（如钠、钾、钙、磷或白蛋白）的排出。单样本测量（“现场”检测）通常与 24 h 的排泄结果没有很好的相关性。现场检测的临床用途尚未确定，而且可能受到限制。

**分析**·临床兽医可以使用以下公式计算，其中所有值都是可以在血液和尿液样本上同时确定的：

$$\frac{\text{尿液成分}}{\text{血清成分}} \times \frac{\text{血清肌酐}}{\text{尿肌酐}} \times 100$$

## GFR 的测量

**适应证**·GFR 的测量适用于疑似发生肾病的非氮质血症患病动物或患有非氮质血症或交界氮质血症肾病［国际肾兴趣学会（International Renal Interest Society，IRIS）分期 1 期和 2 期[16]］且需要连续监测的动物。重要的是要注意患病动物必须是血流动力学稳定且水合正常，这样 GFR 的测量才有意义。

**分析**·对于 GFR 的测量，有三种检测方法是现成的，而且相当准确：①内源性肌酐清除率；②外源性肌酐清除率；③碘海醇清除率[13, 27]。

## 肌酐清除率

**分析**·对于内源性清除，需要定时进行尿液收集和在尿液收集中途采集血清样本。测量该时间段内产生的尿液总量，测定血清和 3 mL 混合尿中的肌酐浓度。对于准确的 GFR 测量，Jaffé 反应不应用于测量血清肌酐。应该使用特定肌酐的酶促反应试验[22]。清除率的计算方法如下：

$$\frac{\text{尿量（mL）}\times\text{尿肌酐（mg /dL）}}{\text{时间（min）}\times\text{血清肌酐（mg /dL）}\times\text{体重（kg）}}$$

单位是 mL/（min·kg）。

评估外源性清除，在禁食 8 h 后，20 kg 以下的患病动物皮下注射无菌肌酐溶液（50 mg/mL），剂量为 2 mL/kg，20 kg 以上的患病动物皮下注射 1.5 mL/kg 肌酐溶液。每个部位只需注射 10 mL。需要注意注射时间。插入胃管，并注入相当于 3% 体重的水。导尿管插入后留在原位。在皮下注射后 38 ~ 40 min，仔细排空膀胱并用生理盐水冲洗 2 次。在注射 40 min 后，开始 20 min 的尿液收集，并在尿液收集的开始和结束时获得血清样本。在 60 min 时，开始第 2 次 20 min 的采集，并在 80 min 时采集最终的血液样本。测定每 20 min 收集的尿液量，以及 3 次血清和 2 次尿液肌酐浓度（每 20 min 收集的样本）。GFR 按每 20 min 收集周期单独计算。内源性肌酐清除率使用相同的公式，除了计算中使用的血清肌酐浓度是每个收集期 2 次测量血清值的平均值。

## 碘海醇清除率

患病动物禁食 12 h，但允许自由饮水。称量患病动物的体重（单位：kg）。静脉单剂量注射 300 mg 碘 /kg 碘海醇，并记录最接近的时间精确到分钟。在给药 2 h、3 h、4 h 后，采集 3 ~ 4 mL 血液样本，让血液凝固，并将血清转移到一个塑料容器中（至少需要 1.2 mL 血清）。必须记录准确的采样时间，精确到分钟。然后将血清样本在一个绝缘容器中冷藏或冷冻，连同冷冻凝胶包一起运往密歇根州立大学动物卫生诊断实验室。实验室将会测出 GFR。

**正常值**·如果实验室使用正常范围的报告，且报告的数据不是下面列出的值而是正常范围内的确定值，临床兽医应询问如何获得这些数据并使用这些数据。

内源性肌酐清除率：犬，2.5 ~ 3.5 mL /（min·kg）[21]；猫，1.8 ~ 2.8 mL /（min·kg）[45]。

外源性肌酐清除率：犬，3.5 ~ 4.5 mL /（min·kg）[20]；猫，2.3 ~ 3.3 mL /（min·kg）[44]。

碘海醇清除率：犬，2.5 ~ 3.5 mL /（min·kg）[10]；猫，3.2 ~ 6.2 mL /（min·kg）[41]。

**危险值**·无，但极低的碘海醇清除率与氮质血症有关。

**假象**·影响肌酐测量的因素同样会影响肌酐清除率检测。如果在这段时间内未能收集产生的所有尿液，将会导致肌酐清除率检测有偏差。将血浆中的非肌酐发色剂当作肌酐进行测量（如 Jaffé 肌酐测量方法）可能导致内源性肌酐清除率假性偏低。不准确的剂量记录、给药时间和实际样本收集次数也会导致不准确的碘海醇清除率。水合状态同样会影响结果，因此被检测动物应处于良好水合状态。体重与使用碘海醇计算的 GFR 之间存在显著的负线性关系，提示正常值还应考虑体重[10, 28]。

**可能改变结果的药物和其他因素**·GFR 降低可能由肾毒性药物引起（专栏 7–1）。水合状态也影响 GFR，因此，输液治疗可能会影响结果。

**GFR 降低的原因**·GFR 降低可能由于肾

前、肾和肾后原因。因此，在测量 GFR 前，排除肾前（如脱水、心排血量降低）和肾后（如尿路梗阻、破裂）原因很重要。如果已排除这些原因，肾功能不全是 GFR 降低最可能的原因。在外源性肌酐清除开始时给予水可避免亚临床脱水。如果 GFR 降低患病动物无肾前或肾后问题，肾影像学检查显示无明显肾功能障碍，应测量血压并进行肾活检。

**GFR 升高的原因·**无意义。

## 磷

GFR 显著降低的患病动物血清磷浓度升高，表示存在氮质血症。患有慢性肾功能衰竭的犬，高磷血症的严重程度与氮质血症的严重程度相关[15]。第 8 章讨论了血清磷浓度的评估。

## 尿液培养

**适应证·**当根据尿液分析怀疑有细菌感染时［即菌尿、脓尿、蛋白尿和（或）血尿］或当特定的疾病可能与尿路感染有关时，需要进行尿液培养[3]。这些疾病包括肾上腺皮质功能亢进、糖尿病、甲状腺功能亢进、慢性肾功能衰竭、尿结石和其他结构性或功能性尿路异常（如输尿管异位，尿失禁，存在导管、导尿管或支架）。尿路感染在接受免疫抑制治疗的动物中也很常见，尤其是糖皮质激素治疗。

**优点·**分离和鉴定导致 UTI 的微生物有助于区分复发和再感染。抗生素敏感性检测帮助进行更合理的治疗。

**缺点·**每个实验室情况不同，尿液培养和敏感性检测可能相对昂贵，需要对导管采集的样本进行定量培养和定性培养。此外，排尿样本经常被膀胱远端微生物污染，使得感染的来源难以分辨，且尿液中的细菌数量在储存时会发生显著变化，需要在相对较短的时间内进行培养。基于预期血清抗微生物药物浓度的药敏试验并不能反映抗微生物药物对尿路感染的疗效。

**禁忌证·**凝血功能障碍和子宫蓄脓是膀胱穿刺术的禁忌证。尿液培养无禁忌证。

**分析·**从正常采集的膀胱穿刺样本中分离出任何细菌都表明患病动物发生 UTI。在通过导管采集的样本中，雄性犬的细菌数量＞$10^4$/mL，雄性猫和雌性猫的细菌数量＞$10^3$/mL，表明感染。收集尿液后，应在 6 h 内冷藏培养，也可将尿液置于有防腐剂的试管中。在培养前，尿液不应孵育、室温保存或冷冻。如果不能在此时间范围内将尿液样本送到实验室，则可以用校准的循环接种血琼脂板，并在 37℃下培养 24 h。如果细菌生长，可以将这些板送到商业实验室进行物种鉴定和药敏试验。

**正常值·**从膀胱收集的尿液应该无菌。需注意，下泌尿道污染可发生在用其他方法收集尿液的过程中。

**危险值·**无。

**假象·**如果尿液在室温下储存，2 h 后细菌数量会增加。在室温或冷藏温度下储存超过 6 h，细菌数量可能增加或减少，细菌可能死亡，导致假阴性。样本在采集过程中或采集后受到污染会导致样本呈假阳性。

## 尿液药物筛查

犬的尿液样本可以筛查巴比妥类药物、阿片类药物、苯二氮䓬类和安非他明 / 甲基苯丙胺，使用人用的筛查方法检测，速度快，可用且价廉[52]。当在急救室中出现可能与此类药物有关的症状时，这种检测很有用。该方法检测不到大麻或美沙酮。

# 尿液传染病检测

## 芽生菌病抗原检测

尿液抗原检测是诊断芽生菌病的一种非常准确的方法，比血清检测更准确，且尿液抗原检测与临床缓解的相关性优于血清检测[23]，见第15章。

# 结石

尿路结石可引起尿道阻塞（如无尿、少尿、氮质血症、尿毒症）、膀胱炎、尿道炎（如排尿困难、血尿）、输尿管或肾盂梗阻（如氮质血症、尿毒症）和肾组织破坏（如氮质血症、尿毒症）。任何有尿道阻塞、持续或复发性尿路感染、血尿或原因不明的肾功能衰竭的患病动物都应考虑结石。可通过体格检查（如膀胱或尿道触诊、导尿）、普通X线片或造影X线片（有些结石是透射线的）或超声检查诊断尿结石。所有取出或自发排出的结石都应进行定量分析，并进行尿液培养。许多犬的尿结石是鸟粪石，继发于产脲酶细菌（主要是葡萄球菌或变形杆菌）的尿液碱化，而其他类型的尿结石导致继发于组织损伤的UTI。因此，尿路感染和尿路结石的诊断并不意味着感染引起了鸟粪石结石，除非尿液呈碱性，并培养出产脲酶细菌。即使在这种情况下，结石也只是一种可能的猜测。如果治疗效果不如预期，应该取出结石并对结石进行分析。准确测定结石的结晶成分对于预防和适当的药物溶解是必不可少的。

## 结石分析

**适应证**・通过任何方法（常规排尿、水推助力、导尿管辅助取出、膀胱镜检查或手术）从犬猫中取出的结石都应分析矿物质含量。如果尿液培养呈阴性，则建议对尿结石进行细菌培养和活检（膀胱黏膜样本）[24, 26]，特别是怀疑有鸟粪石尿结石的犬。尿结石应装入干燥、清洁、不易破碎的容器中，不需要冷藏。

**优点**・结石分析确定了结石的类型，从而可以采取适当的方法预防复发。当尿液培养为阴性时，结石分析可以确认感染在结石形成中的作用。

**缺点**・临床兽医需要将结石送到配有相应分析设备的实验室。

**分析**・最常见的结石分析方法是光学晶体学、X线衍射和化学分析（如现场检测）。比较不常用的方法有扫描电子显微镜、电子显微探针和红外光谱法。晶体学和衍射能提供准确的结果，化学分析不能[11]。因此不建议使用化学分析。

**假象**・化学分析或定性分析（如现场检测）充满了不准确性[11]。

# 参考文献与推荐阅读


[1] Albasan H, Lulich JP, Osborne CA, et al: Effects of storage time and temperature on pH, specific gravity, and crystal formation in urine samples from dogs and cats. *J Am Vet Med Assoc* 222:176, 2003.

[2] Allen TA, Jones RJ, Purvance J: Microbiologic evaluation of canine urine: direct microscopic examination and preservation of specimen quality for culture. *J Am Vet Med Assoc* 190:1289, 1987.

[3] Barsanti JA: Genitourinary infections. In Greene CE, editor: *Infectious diseases of the dog and cat*, ed 3, St. Louis, 2006, Elsevier, pp 935–961.

[4] Barsanti J, Sanchez S, Wall W, et al: Accuracy of urinalysis in predicting the type of infecting bacteria in urinary tract infection (UTI). *J Vet Intern Med* 20:738, 2006.

[5] Batamuzi EK, Kristensen F: Diagnostic importance of urothelial cells of the dog and cat. *J Small Anim Pract* 36:17, 1995.

[6] Bauer N, Rettig S, Moritz A: Evaluation the Clinitek statusTM automated dipstick analysis device for semiquantitative testing of canine urine. *Res Vet Sci*

85:467, 2008.

[7] Beatrice L, Nizi F, Callegari D, et al: Comparison of urine protein–to–creatinine ratio in urine samples collected by cystocentesis versus free catch in dogs. *J Am Vet Med Assoc* 236:1221, 2010.

[8] Behrend EN, Tapia J, Welles EG, et al: Evaluation of a conventional urine glucose test strip method for detection of glucosuria in dogs and cats. *J Vet Intern Med* 22:790, 2008.

[9] Berent AC, Murakami T, Scroggin RD, et al: Reliability of using reagent test strips to estimate blood urea nitrogen concentration in dogs and cats. *J Am Vet Med Assoc* 227:1253, 2005.

[10] Bexfield NH, Heine R, Gerritsen RJ, et al: Glomerular filtration rate estimated by 3–sample plasma clearance of iohexol in 118 healthy dogs. *J Vet Intern Med* 22:66, 2008.

[11] Bovee KC, McGuire T: Qualitative and quantitative analysis of uroliths in dogs: definitive determination of chemical type. *J Am Vet Med Assoc* 185:983, 1984.

[12] Braun JP, Lefebvre HP, Watson ADJ: Creatinine in the dog: a review. *Vet Clin Pathol* 32:162, 2003.

[13] Brown SA, et al: Evaluation of a single injection method, using iohexol, for estimating glomerular filtration rate in cats and dogs. *Am J Vet Res* 57:105, 1996.

[14] Cohen RA, Brown RS: Microscopic hematuria. *N Engl J Med* 348:2330, 2003.

[15] Cortadellas O, Fernandex del Palacia MJ, Talavcra J, et al: Prevalence of hyperphosphatemia in dogs with chronic kidney disease secondary to leishmaniasis. *J Vet Intern Med* 21:599, 2007.

[16] Elliott J, Watson ADJ: Chronic kidney disease: staging and management. In Bonagura JD, Twedt DC, editors: *Current veterinary therapy IV*, St. Louis, 2009, Saunders Elsevier, p 883.

[17] Faulks RD, Lane IF: Qualitative urinalyses in puppies 0–24 weeks of age. *J Am Anim Hosp Assoc* 39:369, 2003.

[18] Feldman EC, Nelson RW: *Canine and feline endocrinology and reproduction*, ed 3, St. Louis, 2004, Elsevier/Saunders.

[19] Finco DR, Brown SA, Barsanti JA, et al: Reliability of using random urine samples for "spot" determination of fractional excretion of electrolytes in cats. *Am J Vet Res* 58:1184, 1997.

[20] Finco DR, Coulter DB, Barsanti JA: Procedure for a simple method of measuring glomerular filtration rate in the dog. *J Am Anim Hosp Assoc* 18:804, 1982.

[21] Finco DR, Coulter DB, Barsanti JA: Simple, accurate method for clinical estimation of glomerular filtration rate in the dog. *Am J Vet Res* 42:1874, 1981.

[22] Finco DR, Tabaru H, Brown SA, et al: Endogenous creatinine clearance measurements of glomerular filtration rate in dogs. *Am J Vet Res* 54:1575, 1993.

[23] Foy DS, Trepanier LA, Hackett E, et al: Correlation of urine and serum *Blastomyces* antigen levels with clinical remission in dogs with blastomycosis. *J Vet Intern Med* 24:705, 2010.

[24] Gatoria IS, Saini NS, Rai TS, et al: Comparison of three techniques for the diagnosis of urinary tract infections in dogs with urolithiasis. *J Small Anim Pract* 47:727, 2006.

[25] Grauer GF, Thomas CB, Eicker SW: Estimation of quantitative proteinuria in the dog, using the urine protein–to–creatinine ratio from a random, voided sample. *Am J Vet Res* 46:2116, 1985.

[26] Hamaide AJ, Martinez SA, Hauptman J, et al: Prospective comparison of four sampling methods (cystocentesis, bladder mucosal swabs, bladder mucosal biopsy, and urolith culture) to identify urinary tract infections in dogs with urolithiasis. *J Am Anim Hosp Assoc* 34:423, 1998.

[27] Heiene R, Moe L: Pharmacokinetic aspects of measurement of glomerular filtration rate in the dog: a review. *J Vet Intern Med* 12:401, 1998.

[28] Heine R, Reynolds BS, Bexfield NH, et al: Estimation of glomerular filtration rate via 2– and 4–sample plasma clearance of iohexol and creatinine in clinically normal cats. *Am J Vet Res* 70:176, 2009.

[29] Heuter KJ, Buffington T, Chew DJ: Agreement between two methods for measuring urine pH in cats and dogs. *J Am Vet Med Assoc* 213:996, 1998.

[30] Hill RC, Crawford PC, Scott KC, et al: Creatinine disposition and daily production in healthy greyhound dogs. *J Vet Intern Med* 21:647, 2007.

[31] Hurley KJ, Vaden SL: Evaluation of urine protein content in dogs with pituitary–dependent hyperadrenocorticism. *J Am Vet Med Assoc* 212:369, 1998.

[32] Jacob F, Polzin DJ, Osborne CA, et al: Evaluation of the association between initial proteinuria and morbidity rate or death in dogs with naturally occurring chronic renal failure. *J Am Vet Med Assoc* 226:393, 2005.

[33] Jepson RE, Brodbelt D, Vallance C, et al: Evaluation

of the development of azotemia in cats. *J Vet Intern Med* 23:806, 2009.

[34] Johnson KY, Lulich JP, Osborne CA: Evaluation of the reproducibility and accuracy of pH–determining devices used to measure urine pH in dogs. *J Am Vet Med Assoc* 230:364, 2007.

[35] Lane IF, Shaw DH, Burton SA, et al: Quantitative urinalysis in healthy Beagle puppies from 9 to 27 weeks of age. *Am J Vet Res* 61:577, 2000.

[36] Laroute V, Chetboul V, Roche L, et al: Quantitative evaluation of renal function in healthy Beagle puppies and mature dogs. *Res Vet Sci* 79:161, 2005.

[37] Lees GE, Brown SA, Elliott J, et al: Assessment and management of proteinuria in dogs and cats: 2004 ACVIM Forum consensus statement (small animal). *J Vet Intern Med* 19:377, 2005.

[38] Levy JK, Crawford PC, Werner LL: Effect of age on reference intervals of serum biochemical values in kittens. *J Am Vet Med Assoc* 228:1033, 2006.

[39] Lyon SD, Sanderson MW, Vaden SL, et al: Comparison of urine dipstick, sulfosalicylic acid, urine protein–to–creatinine ratio, and species–specific ELISA methods for detection of albumin in urine samples of cats and dogs. *J Am Vet Med Assoc* 236:874, 2010.

[40] Mardell EJ, Sparkes AH: Evaluation of a commercial in–house test kit for the semi–quantitative assessment of microalbuminuria in cats. *J Fel Med Surg* 8:269, 2006.

[41] Miyamoto K: Clinical application of plasma clearance of iohexol on feline patients. *J Fel Med Surg* 3:143, 2001.

[42] Nabity MB, Boggess MM, Kashtan CE, et al: Day–to–day variation of the urine protein:creatinine ratio in female dogs with stable glomerular proteinuria caused by X–linked hereditary nephropathy. *J Vet Intern Med* 21:425, 2007.

[43] Ortega TM, Feldman FC, Nelson RW, et al: Systemic arterial blood pressure and urine protein/creatinine ratio in dogs with hyperadrenocorticism. *J Am Vet Med Assoc* 209:1724, 1996.

[44] Ross LA, Finco DR: Relationship of selected clinical renal function tests to glomerular filtration rate and renal blood flow in cats. *Am J Vet Res* 42:1704, 1981.

[45] Russo EA, Lees GE, Hightower D: Evaluation of renal function in cats, using quantitative urinalysis. *Am J Vet Res* 47:1308, 1986.

[46] Schäfer–Somi S, Bär–Schadler S, Aurich JE: Proteinuria and immunoglobulinuria in neonatal dogs. *Vet Rec* 157:378, 2005.

[47] Schellenberg S, Mettler M, Gentilini F, et al: The effects of hydrocortisone on systemic arterial blood pressure and urinary protein excretion in dogs. *J Vet Intern Med* 22:273, 2008.

[48] Struble AL, Feldman EC, Nelson RW, et al: Systemic hypertension and proteinuria in dogs with diabetes mellitus. *J Am Vet Med Assoc* 213:822, 1998.

[49] Swenson CI, Boisvert AM, Kruger JM, et al: Evaluation of modified Wright–staining of urine sediment as a method for accurate detection of bacteriuria in dogs. *J Am Vet Med Assoc* 224:1282, 2004.

[50] Syme HM, Markwell PJ, Pfeiffer D, et al: Survival of cats with naturally occurring chronic renal failure is related to severity of proteinuria. *J Vet Intern Med* 20:528, 2006.

[51] Syme H: Proteinuria in cats: prognostic marker of mediator? J Fel Med Surg 11:211, 2009.

[52] Teitler JB: Evaluation of a human on–site urine multidrug test for emergency use with dogs. *J Am Anim Hosp Assoc* 45:59, 2009.

[53] Waters CB, Adams LG, Scott–Moncrieff JC, et al: Effects of glucocorticoid therapy on urine protein–to–creatinine ratios and renal morphology in dogs. *J Vet Intern Med* 11:172, 1997.

[54] Whittemore JC, Gill VL, Jensen WA, et al: Evaluation of the association between microalbuminuria and the urine albumin–creatinine ratio and systemic disease in dogs. *J Am Vet Med Assoc* 229:958, 2006.

[55] Whittemore JC, Jensen WA, Prause L, et al: Comparison of microalbuminuria, urine protein dipstick, and urine protein creatinine ratio results in clinically ill dogs. *J Vet Intern Med* 17:437, 2003.

[56] Whittemore JC, Miyoshi Z, Jensen WA, et al: Association of microalbuminuria and the urine albumin–to–creatinine ratio with systemic disease in cats. *J Am Vet Med Assoc* 230:1165, 2007.

[57] Zatelli A, Paltrinieri S, Nizi F, et al: Evaluation of a urine dipstick test for confirmation or exclusion of proteinuria in dogs. *Am J Vet Res* 71:235, 2010.

第8章

# 内分泌疾病、代谢疾病和脂质疾病

Richard W. Nelson

## 钙

**常见适应证·**血清钙浓度异常的常见适应证包括：嗜睡、厌食、呕吐、便秘、虚弱、多饮多尿（即高钙血症的症状）、面部瘙痒、不安、肌肉震颤、肌束震颤、后腿抽筋、手足搐搦或癫痫（即低钙血症的症状）。其他适应证包括氮质血症、弥漫性骨病和某些心电图异常，如QRS波群正常而QT间期延长或原因不明的室性早搏。

**分析·**可以通过光电比色法或离子特异性钙电极的电位测定法测量血清、肝素化血浆和尿液中的钙。草酸盐、柠檬酸盐和EDTA等抗凝剂不应使用，因为钙会与这些化学物质结合，无法进行分析。大多数自动化和内部血清化学分析仪测量的是血清总钙浓度，包括具有生物活性的离子钙（55%）、蛋白结合钙（35%）和钙复合物（10%）。在犬中，血浆蛋白浓度的改变可能改变血清总钙浓度，但离子钙水平保持正常。即使血清总钙浓度在生化上可能表现出变低或变高，白蛋白和血浆总蛋白量的简单定量变化也不会导致犬的低钙血症或高钙血症。校正后的血清总钙浓度可采用以下公式确定[22]：

校正后钙浓度（mg/dL）= 测定钙浓度（mg/dL）－白蛋白浓度（g/dL）+3.5

校正后钙浓度（mg/dL）= 测定钙浓度（mg/dL）－［0.4× 血清总蛋白浓度（g/dL）］+3.3

首选根据白蛋白计算的公式，因为血清白蛋白和总钙浓度之间的关系更强。这些公式不适用于24周龄以下的犬，因为计算得到的值可能会偏高，也不适用于猫，因为猫的血清总钙浓度、血清白蛋白浓度和总蛋白浓度之间没有线性关系。这些公式得出的值是对血清总钙浓度的粗略估计，并没有经过离子血清钙的验证。不过，校正后的血清钙浓度和离子钙浓度之间的相关性很弱[24]，这表明校正后的血清总钙浓度可能不是钙平衡的可靠指标。

具有生物活性的离子钙浓度可以直接测定，从而避免血浆蛋白对血清总钙浓度的影响。对于犬和猫的钙评估，离子钙浓度的测定通常优于血清总钙浓度。使用离子钙选择性电极的自动化设备可以精确测量血液、血浆或血清中的离子钙。离子钙浓度测定的结果会受到许多变量的影响，包括样本采集的方法（厌氧收集的样本会提供更精确的结果）；肝素的数量和类型（结果可能偏低或偏高）；样本pH值的变化（离子钙浓度随pH值降低而升高）。为确保得到准确的结果，应遵循临床化学实验室规定的提交用于检测离子钙浓度的血液样本的步骤。

**血清总钙和离子钙正常值** · 成年动物的总钙浓度为 9.0 ~ 11.5 mg/dL；离子钙浓度为 1.12 ~ 1.42 mmol/L。

**注意**：总钙估计值 = 离子钙浓度 ×8。将 mg/dL 乘以 0.25 可转换为 mmol/L。

未成年动物：幼犬（即＜12 月龄），特别是大型犬和巨型犬的血清总钙浓度和离子钙浓度比成年犬高，可高达 1 mg/dL 和 0.1 mmol/L。猫的血清总钙浓度不随年龄变化而变化，但 2 岁以下猫的血清离子钙浓度可能比年龄较大的猫高 0.1 mmol/L。

**危险值** · 血清总钙浓度＜7.0 mg/dL（手足搐搦）。

**注意**：这个值取决于血液 pH 值，血液 pH 值越低（即酸性越强），钙含量越低，而不会引起临床症状，反之亦然。

血清总钙浓度＞16 mg/dL（视血清白蛋白浓度而定）可导致急性肾功能衰竭（特别是存在高磷血症时）和心脏毒性。

**假象** · 血清钙浓度可能因胆红素浓度升高或实验室错误而假性降低。血清钙浓度可能因实验室错误、脱水（轻度升高）和脂血症而假性升高（见第 1 章）。

**可能改变血钙浓度的药物治疗** · 光神霉素、EDTA、胰高血糖素、抗惊厥药、柠檬酸盐、氟化物、糖皮质激素、含磷酸盐灌肠剂和静脉注射磷酸盐（即磷酸钾）可引起低钙血症。

维生素 D、胆钙化醇灭鼠剂、雌激素、孕酮、睾酮、合成代谢类固醇、对乙酰氨基酚、肼丙嗪、肠外给予钙和过量的口服磷酸盐结合剂都可能引起高钙血症。

**高钙血症的原因** · 在犬中，非甲状旁腺恶性肿瘤［即体液性高钙血症（humoral hypercalcemia of malignancy，HHM）］，尤其是淋巴瘤，是高钙血症最常见的原因（专栏 8–1）。其他血淋巴恶性肿瘤（如淋巴细胞白

**专栏 8–1 犬猫高钙血症的原因**

- 恶性肿瘤高钙血症（很常见）
  - 体液性高钙血症
    - 淋巴瘤
    - 顶浆分泌腺腺癌
    - 癌（鳞状细胞癌、乳腺癌、支气管癌、前列腺癌、甲状腺癌、鼻腔癌）
  - 局部骨溶解
    - 淋巴瘤
    - 多发性骨髓瘤
    - 鳞状细胞癌
    - 骨肉瘤
    - 纤维肉瘤
- 原发性甲状旁腺功能亢进（不常见但重要）
- 肾上腺皮质功能减退（不常见但很重要）
- 慢性和急性肾功能衰竭（常见）
- 维生素 D 过多（不常见但很重要）
  - 摄入过多
  - 含有骨化三醇苷的植物（如茉莉）
  - 胆钙化醇灭鼠剂
- 猫特发性高钙血症（常见）
- 肉芽肿性疾病
  - 系统性真菌病
  - 猫传染性腹膜炎
- 良性骨骼病变
  - 骨髓炎
  - 肥厚性骨营养不良
- 医源性疾病
  - 钙补充过多
  - 口服过量磷酸盐缓冲液
  - Doronex 软膏（卡泊三醇）
- 脱水
- 误差
  - 脂血症
  - 餐后检测
- 幼犬（＜6 月龄）、大型犬或巨型犬种
  - 实验室错误

血病、多发性骨髓瘤、骨髓增生性疾病）、肛门囊顶浆分泌腺癌和转移至骨骼的软组织肿瘤（如乳腺癌）也可能引起高钙血症。不常见的原因包括原发性甲状旁腺功能亢进、慢性肾功能衰竭、肾上腺皮质功能减退和维生素 D 过多（即胆钙化醇灭鼠剂中毒、摄入含有骨化三醇苷的有毒植物）。在猫中，特发性高钙血症、恶性肿瘤高钙血症（特别是淋巴瘤和鳞状细胞癌）、慢性肾功能衰竭和原发性甲状旁腺功能亢进是最常见的诊断。高钙血症患猫中常见草酸钙尿石症和食用酸化饮食，然而，它们在引起高钙血症中的作用（如果有的话）尚不清楚。

高钙血症应该多次确认，最好是在禁食 12 h 后从犬或猫上提取无脂血血液样本，然后再开始全面的诊断评估。CBC、血清生化检查和尿液分析结果，再结合病史和体格检查的结果往往会为诊断提供线索（图 8–1）。应特别注意血清电解质和肾脏指标。肾上腺皮质功能减退引起的高钙血症与盐皮质激素缺乏有关，通常出现低钠血症、高钾血症和肾前性氮质血症。发生体液性高钙血症和原发性甲状旁腺功能亢进时，血清磷浓度在正常范围的下半部分或低于正常值（图 8–2）。如果血清磷浓度升高，肾功能正常，则转移性或原发性骨肿瘤引起的维生素 D 增多或骨溶解是主要的鉴别。测量血清离子钙浓度可以帮助鉴别犬猫的由肾功能衰竭引起的高钙血症。血清离子钙浓度在肾功能衰竭时通常表现为正常或降低，而在其他疾病引起的高钙血症中升高。

当出现高钙血症和血清磷浓度正常至偏低时，恶性肿瘤引起的高钙血症和原发性甲状旁腺功能亢进是最主要的鉴别诊断。最常见的恶性肿瘤是淋巴瘤。仔细回顾病史和体格检查结果可为诊断提供线索。全身性疾病症状提示体液性高钙血症。患有原发性甲状旁腺功能亢进的犬和猫通常表现为健康，临床症状轻微。如有肿物、淋巴结肿大、肝肿大、脾肿大或触诊长骨疼痛等症状，应仔细触诊阑尾骨骼、外周淋巴结、腹腔和直肠。胸部和腹部 X 线片；腹部超声检查；肝脏、脾脏、淋巴结和骨髓抽吸物的细胞学检查；血清离子钙浓度、甲状旁腺激素（PTH）和甲状旁腺激素相关肽（PTHrP）浓度的测定；颈部超声检查都有助于识别潜在的恶性肿瘤。

胸骨淋巴结病和肺门淋巴结病常见于由淋巴瘤引起的高钙血症，通过胸部 X 线片很容易识别。胸部和腹部的 X 线片也可用于评估骨骼，椎骨或长骨上的离散性溶骨性病变提示多发性骨髓瘤。高蛋白血症、蛋白尿和骨髓中的浆细胞浸润也提示多发性骨髓瘤（另见犬埃立克体，第 15 章）。外周淋巴结、骨髓和脾穿刺活检的细胞学检查有助于鉴别淋巴瘤，淋巴瘤可累及外周淋巴结或脾脏而不引起肿大。理想情况下应该检查最大的淋巴结。正常的淋巴结、骨髓和脾脏穿刺活检不能排除淋巴瘤的可能。

从同一血液样本中测量血清离子钙浓度、甲状旁腺激素浓度和甲状旁腺激素相关肽浓度有助于区分原发性甲状旁腺功能亢进和体液性高钙血症（图 8–3）。具有生物活性的甲状旁腺激素相关肽的过度分泌在大多数体液性高钙血症的发病机制中起核心作用。血清离子钙浓度升高，血清甲状旁腺激素相关肽浓度可检测到，而检测不到血清甲状旁腺激素浓度可诊断为体液性高钙血症。淋巴瘤是可检测到甲状旁腺激素相关肽浓度的最常见原因，但其他肿瘤，包括顶浆分泌腺腺癌和各种癌症（如乳腺癌、鳞状细胞癌、支气管癌），也可通过这种机制引起高钙血症。相反，

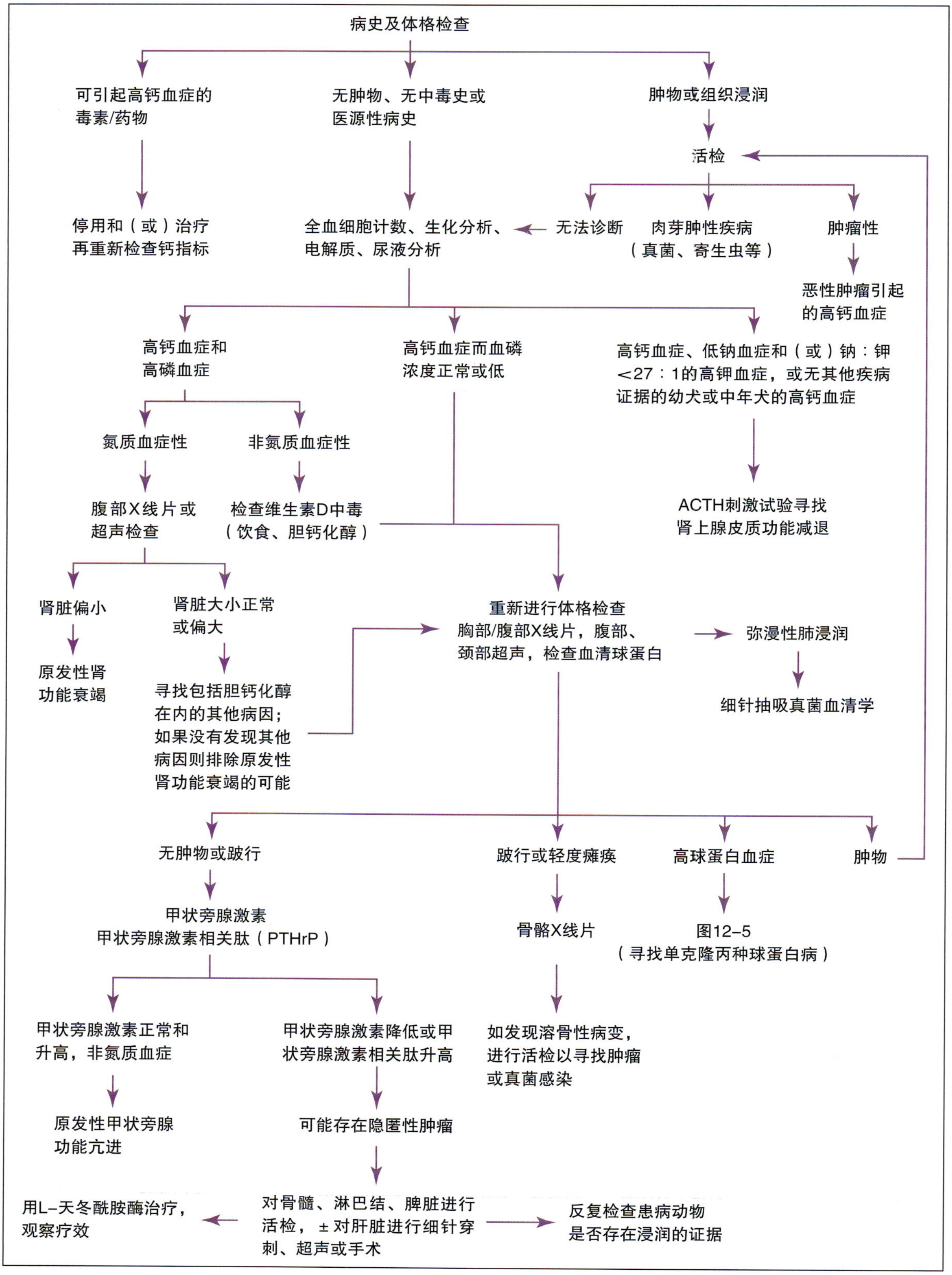


**图 8-1 犬猫高钙血症的诊断评估**

ACTH，促肾上腺皮质激素。

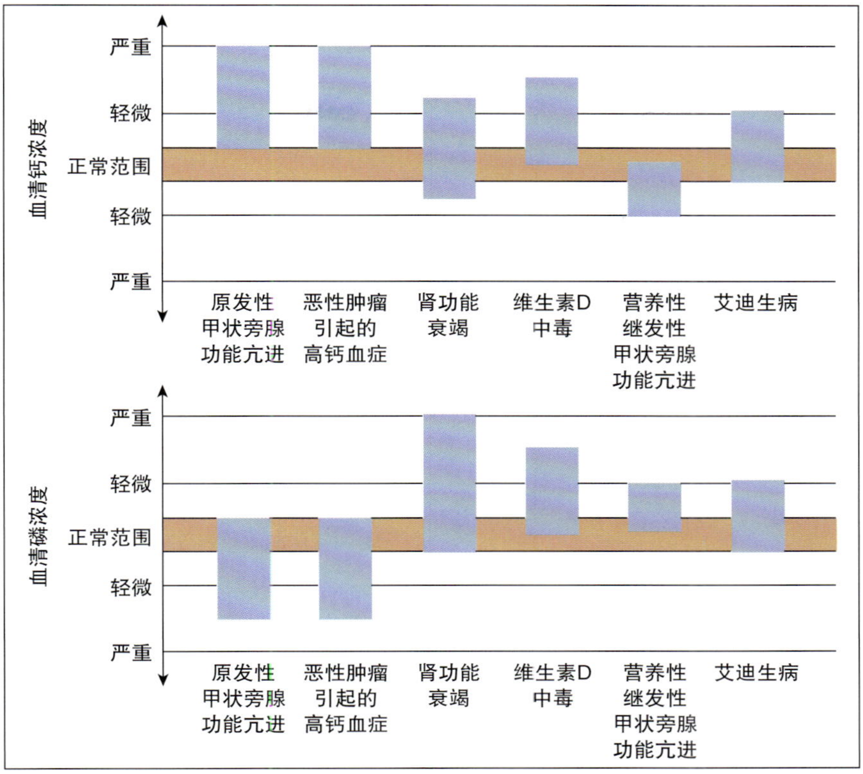


图 8–2　犬高钙血症和甲状旁腺功能亢进的常见病因的血清钙浓度和血清磷浓度范围

（数据来源：Feldman EC, Nelson RW: Canine and feline endocrinology and reproduction, ed 2, Philadelphia, 1996, WB Saunders.）

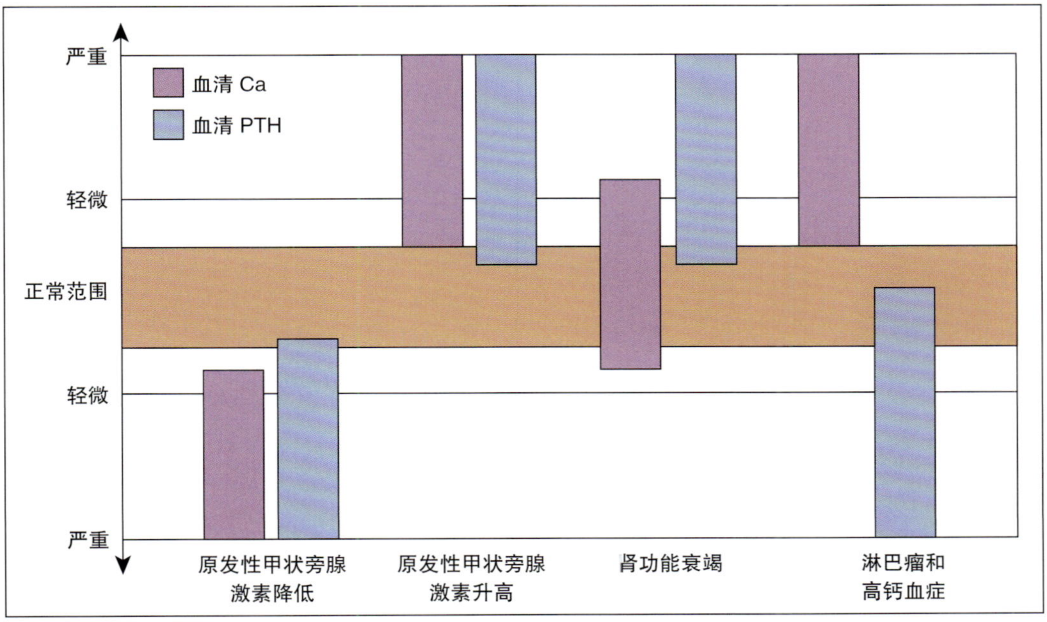


图 8–3　常见的导致血清钙（Ca）或甲状旁腺功能改变的疾病所引起的血清钙浓度和甲状旁腺激素（PTH）浓度变化的范围

（数据来源：Nelson RW, Couto CG: Essentials of small animal internal medicine, St. Louis, 1992, Mosby.）

血清离子钙浓度升高，血清甲状旁腺激素正常至升高，以及无法检测到甲状旁腺激素相关肽浓度可诊断为原发性甲状旁腺功能亢进。超声检查甲状腺－甲状旁腺复合体可显示一个或多个甲状旁腺肿大。大多数甲状旁腺腺瘤的直径为 4 ~ 8 mm，有些可超过 2 cm[10]。相反，患有体液性高钙血症的动物的甲状旁腺很小（直径＜2 mm）或无法检测到。对于原因不明的高钙血症患病动物，应考虑评估 L-天冬酰胺酶治疗后血清钙浓度的变化，以排除隐匿性淋巴瘤。血清钙浓度在 48 h 内明显降低，通常达到正常范围，高度提示隐匿性淋巴瘤。

特发性高钙血症在幼猫至中年猫中越来越常见[23]。高钙血症通常是轻微（＜13 mg/dL）且无症状的。血清磷浓度及肾脏功能参数正常。引起这种疾病的原因尚不清楚。如上所述的完整诊断评估结果无显著改变。血清甲状旁腺激素浓度在正常或较低范围内，这些猫中未发现原发性甲状旁腺功能亢进。血清甲状旁腺激素相关肽、25- 羟基维生素 D 或骨化三醇浓度过高尚未被证实。肾钙质沉着症和尿石症可能继发于尿液中钙排泄增加。目前还没有找到有效的治疗方法，主要是因为这一问题的发病机制尚不清楚。在一些猫的饮食改变为高纤维饮食、为肾功能衰竭设计的饮食或为防止草酸钙尿石症设计的饮食后，或在开始泼尼松治疗（初始剂量，5 mg/24 h）后，血清钙浓度下降，但反应不确定，而且通常短暂。

**低钙血症的原因**・犬猫低钙血症最常见的原因是产后搐搦、急性和慢性肾功能衰竭、同化不良综合征和原发性甲状旁腺功能减退（特别是甲状腺功能亢进患猫进行甲状腺切除术后）（专栏 8-2）。

在伴有低白蛋白血症的动物中血清总钙浓度通常降低，原因将在钙的分析部分中讨论。血清离子钙浓度降低与否取决于潜在的病因。在诊断伴有血清总钙浓度和白蛋白浓度降低的动物为低钙血症之前，应测量血清离子钙浓度。

在开始诊断检测以确定病因之前，应确认是低钙血症。低钙血症的鉴别诊断列表相对较短，病史、体格检查结果、CBC、血清生化检查、尿液分析等可为确诊提供必要的线索（图 8-4）。如果怀疑有胰腺炎，应测量血清胰脂肪酶免疫反应值，并进行腹部超声检查（见第 9 章）。在非氮质血症性、非泌乳期的犬猫上出现低钙血症的临床症状，最可能诊断为原发性甲状旁腺功能减退。较低的基线血清甲状旁腺激素浓度可以进一步证明这一诊断（图 8-3）。

**专栏 8-2　犬猫低钙血症的原因**

原发性甲状旁腺功能减退（不常见但重要）
- 自然获得
- 甲状腺切除术后（双侧）

产后搐搦（子痫）（不常见但重要）
急性和慢性肾功能衰竭（更常见于急性）
乙二醇中毒
危重症（如全身炎症反应综合征、败血症）
急性胰腺炎（罕见）
肠道吸收不良综合征
低蛋白血症或低白蛋白血症（常见）
低镁血症
横纹肌溶解（罕见）
肿瘤溶解综合征（罕见）
营养性继发性甲状旁腺功能亢进（罕见）
维生素 D 缺乏（罕见）
含磷酸盐的溶液灌肠
抗癫痫药物
碳酸氢钠给药
实验室错误

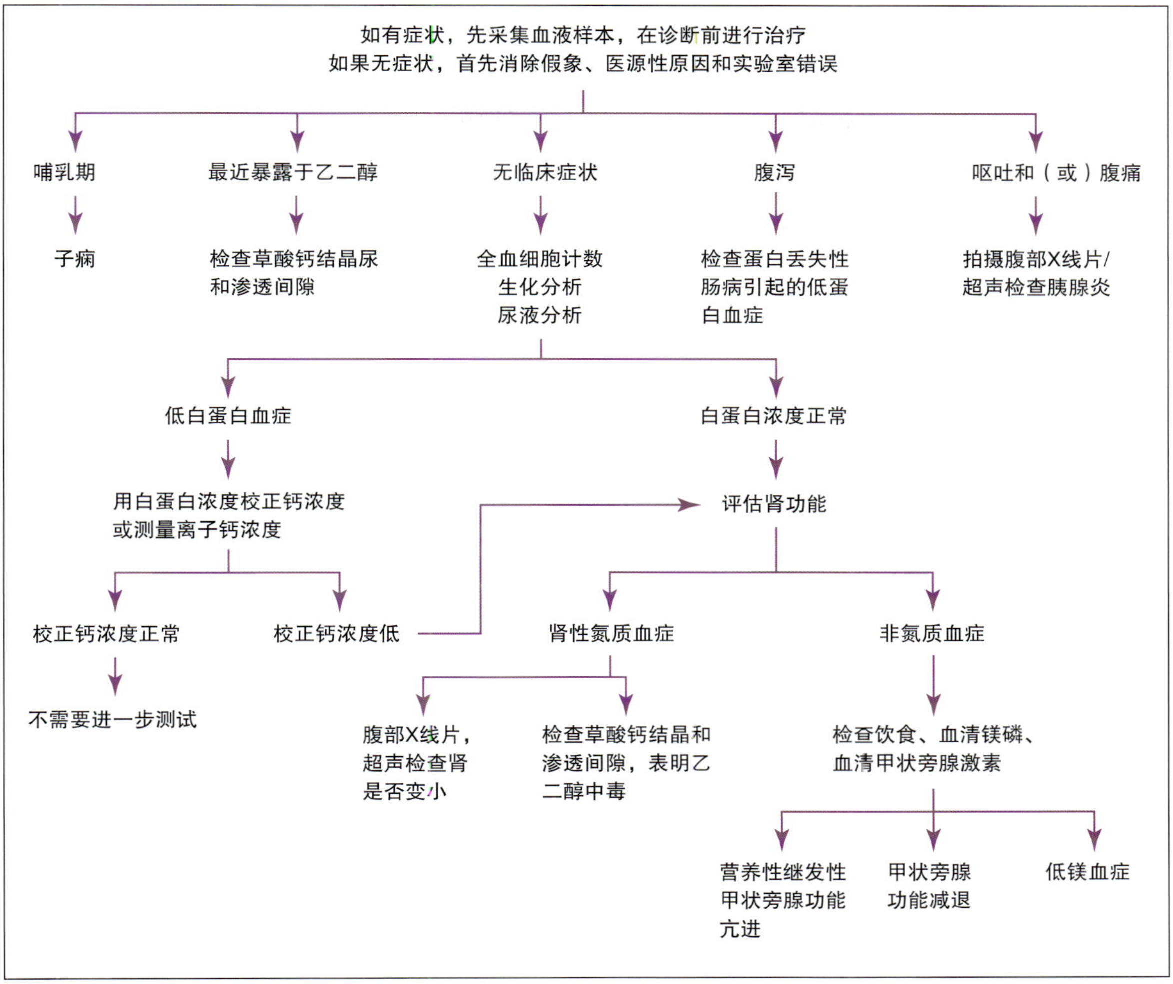


图 8–4　犬猫低钙血症的诊断评估

## 磷

**常见适应证**·通常对有任意钙指征，加上不明原因的溶血、厌食、虚弱、共济失调或癫痫的患病动物测量血磷浓度。

**分析**·可以在用比色法测定血清（首选）、肝素化血浆和尿液中的无机磷。

**正常值**·成年动物：3.0 ～ 6.0 mg/dL。

未成年动物：幼犬（即＜12 月龄），特别是大型犬和巨型犬种，以及幼猫（即＜6 月龄）的血清磷浓度较高（犬，4 ～ 9 mg/dL；猫，4 ～ 8 mg/dL）。血清磷浓度在 12 月龄时降至成年水平。

可以将 mg/dL 乘以 0.323 转换为 mmol/L。

**危险值**·＜1.5 mg/dL（溶血、神经症状）。

**假象**·血清磷浓度可能由于餐后摄入蛋白质（轻微变化）、溶血、高脂血症、高蛋白血症和血小板增多而假性升高。这种影响取决于测量磷浓度的方法。血清磷浓度可能由于餐后摄入碳水化合物（轻微变化，见第 1 章）而假性降低。

**可能改变血磷浓度的药物治疗**·结合磷酸盐的抗酸药、麻醉药、抗惊厥药、碳酸氢盐、利尿剂、胰岛素、肠外葡萄糖注射、静脉注射营养液、光神霉素和水杨酸盐可能导致低磷血症。高磷血症可能是由猫或便秘患犬的含磷酸盐溶液灌肠、静脉补充磷酸钾、合成类固醇、维生素 D 补充剂、呋塞米、氢氯噻嗪和米诺环素引起的。四环素类药物对血磷浓度的影响不定。

**高磷血症的原因·**高磷血症可由肠道磷酸盐吸收增加、尿磷排泄减少或磷从细胞内转移到细胞外引起。磷酸盐在细胞内和细胞外之间的转运类似于钾的转运。高磷血症最常见的原因是继发于肾功能衰竭的肾脏排泄减少（专栏 8–3）。病史、体格检查和常规临床病理评估（如 CBC、血清生化检查、尿液分析）通常能使临床兽医确定病因。氮质血症患病动物可能需要额外的检查来区分肾前性、肾性和肾后性氮质血症（见第 7 章；对原发性甲状旁腺功能减退的评估在本章低钙血

**专栏 8–3　犬猫血清磷浓度变化的原因**

**高磷血症**

- 幼年动物（常见）
- 肾功能衰竭（常见）
- 肾前性氮质血症和肾后性氮质血症（常见）
- 内分泌性
  - 原发性甲状旁腺功能减退
  - 营养性继发性甲状旁腺功能亢进
  - 甲状腺功能亢进（猫）
  - 肢端肥大
  - 肾上腺皮质功能亢进
- 维生素 D 过多
  - 过量补充
  - 胆钙化醇灭鼠剂
  - 摄入茉莉花
- 溶骨性骨病变（肿瘤）
- 横纹肌溶解（罕见）
  - 创伤
  - 坏死
- 肿瘤细胞溶解综合征（罕见）
- 代谢性酸中毒
- 溶血
- 药物——见正文
- 医源性
  - 静脉注射补充磷
  - 含磷溶液灌肠
  - 利尿剂
- 实验室错误

**低磷血症**

- 肠道吸收减少
  - 饮食摄入减少
  - 吸收不良、脂肪泻
  - 呕吐、腹泻
  - 结合磷酸盐的抗酸药
  - 维生素 D 缺乏
- 尿液中排出过多
  - 原发性甲状旁腺功能亢进（不常见但重要）
  - 体液性高钙血症（重要）
  - 糖尿病酮症酸中毒
  - 子痫
  - 范科尼综合征
  - 利尿剂
- 跨细胞转移
  - 从低体温中恢复
  - 积极的胃肠外给液治疗
  - 胰岛素给药，特别是 DKA（常见且重要）
  - 碳酸氢钠给药
  - 胃肠外葡萄糖注射
  - 静脉注射营养液
  - 呼吸性代谢性酸中毒
- 实验室错误

症的原因一节中讨论）。对于有甲状腺功能亢进症状（即体重减轻、多食、躁动）的非氮质血症患猫，应测定其血清 $T_4$ 浓度。拍摄骨骼 X 线片以识别骨性肿瘤。

**低磷血症的原因**·低磷血症是由肠道磷酸盐吸收减少，尿磷排泄增加，或磷从细胞外转移到细胞内造成的。低磷血症通常与体液性高钙血症（即淋巴瘤）、原发性甲状旁腺功能亢进和糖尿病酮症酸中毒的积极治疗（DKA；专栏 8–3）有关。磷酸盐在细胞内和细胞外之间的转运类似于钾的转运。促进钾转移到细胞内的因素（如碱中毒、胰岛素、葡萄糖输注）也促进了磷转移。

在评估低磷血症时，应首先排除假象和医源性原因。没有高钙血症的轻度低磷血症（即＞2.0 mg/dL）通常被忽略，除非动物患有酮症酸中毒（参见本章高血糖的原因部分）。如果并发高钙血症，应评估是否有体液性高钙血症和原发性甲状旁腺功能亢进（见本章高钙血症的原因部分）。

## 镁

**偶见适应证**·对于患有与低镁血症和高镁血症相关的疾病和具有易感因素（专栏 8–4）的犬猫，应检测血清镁浓度，尤其是那些原因不明的低钙血症（低镁血症可能抑制甲状旁腺激素的分泌和作用，促进骨骼的钙吸收）；拮抗肠外补充剂的低钾血症（低镁血症可导致失钾性肾病）；糖尿病酮症酸中毒（可能在治疗的最初 24 h 内发展为低镁血症）；心律失常，以及原因不明的肌无力（包括吞咽困难和呼吸困难）、肌肉痉挛或癫痫。

**分析**·可以使用光电比色法测量血清（首选）、肝素化血浆或尿液中的镁。通过离子选择性电极测量血清镁离子浓度可以更准确地评估全身镁浓度。

**正常值**·镁离子浓度为 1.5 ～ 2.5 mg/dL，0.4 ～ 0.6 mmol/L。

**危险值**·低镁血症的临床症状变化差异

**专栏 8–4　犬猫血清镁浓度改变的原因**

**低镁血症**
- 胃肠道原因（常见）
  - 摄入不足
  - 慢性腹泻和呕吐
  - 吸收不良综合征
  - 急性胰腺炎
  - 胆汁淤积性肝病
  - 鼻饲
- 肾脏原因
  - 肾炎
  - 急性肾小管坏死
  - 梗阻后利尿
  - 药物所致肾小管损伤（如氨基糖苷类、铂化合物）
  - 长时间静脉注射治疗
  - 利尿剂
  - 服用洋地黄
  - 高钙血症
  - 低钾血症
- 内分泌原因
  - 糖尿病酮症酸中毒（常见）
  - 甲状腺功能亢进
  - 原发性甲状旁腺功能亢进
  - 原发性醛固酮增多症
- 各种原因
  - 急性应用胰岛素、葡萄糖、氨基酸
  - 败血症
  - 体温过低
  - 大量输血
  - 腹膜透析、血液透析
  - 全胃肠外营养

**高镁血症**
- 肾功能不全、肾功能衰竭（常见）
- 口服过多（如抗酸药、泻药）
- 胃肠外注射过多（如含镁液体）

很大，但如果血清镁浓度＜1.0 mg/dL，则可能需要治疗。在人中，血清镁浓度＞10 mg/dL往往与呼吸抑制、呼吸暂停、昏迷和心脏骤停有关。

**假象**·见第 1 章。

**可能改变血镁浓度的药物治疗**·药物引起的肾小管损伤（如顺铂、氨基糖苷类、两性霉素 B）、利尿剂（如呋塞米、噻嗪类）、洋地黄、胰岛素、葡萄糖、氨基酸、大量输血和全胃肠外营养可能导致低镁血症。含镁药物（特别是口服抗酸药和泻药）、长期阿司匹林治疗、锂和孕激素可能导致高镁血症。

**低镁血症的原因**·低镁血症是由于镁口服摄入或胃肠道吸收减少（如小肠疾病导致吸收不良）、胃肠道丢失增加（如长期呕吐、腹泻）、尿镁排泄增加（如间质性肾炎、利尿剂），或阳离子从细胞外转移到细胞内。临床上典型低镁血症的最常见原因包括引起小肠同化不良的疾病、高尿量的肾脏疾病、糖尿病酮症酸中毒引起的渗透性利尿，以及糖尿病酮症酸中毒治疗后 24 h 内钾、磷和镁从细胞外转移到细胞内（专栏 8–4）。镁是细胞内的主要阳离子。镁在细胞内和细胞外之间的转运类似于钾的转运。促进钾转移到细胞内的因素（如碱中毒、胰岛素、葡萄糖输注）也促进类似的镁转移。在治疗糖尿病酮症酸中毒期间，由于输液的稀释效应，以及胰岛素和碳酸氢盐治疗后细胞内镁的转移，血清镁浓度可能会严重下降（即＜1 mg/dL）。

确诊低镁血症是有问题的，因为没有简单、快速和准确的实验室检测来检测全身镁浓度。血清总镁占动物体内镁总量的 1%，血清离子镁占体内镁总量的 0.2% ~ 0.3%。因此，血清总镁浓度和血清镁离子浓度并不总是反映全身镁浓度。尽管全身缺镁，但血清镁浓度仍可能正常。然而，较低的血清镁浓度支持全身镁缺乏，特别是当临床症状或电解质异常与低镁血症并发时。推荐使用离子选择性电极测定血清镁离子浓度，这比测量血清总镁浓度能更准确地评估全身镁含量[27]。在血清镁浓度低的动物中，回顾病史、体格检查和常规临床病理评估（如 CBC、血清生化检查、尿液分析），通常会发现潜在原因的线索（专栏 8–4）。

**高镁血症的原因**·高镁血症发生在患有肾功能衰竭和肾后梗阻的犬猫中（专栏 8–4），或由医源性摄入过量的镁（如静脉注射、抗酸药、泻药）引起。因为健康的肾脏会迅速排出过量的镁，医源性引起的高镁血症通常反映了潜在的肾功能不全。患有胸部肿瘤和胸腔积液的猫也有高镁血症的报道，尽管这些猫发生高镁血症的机制尚不清楚[42]。测量血清镁浓度可确诊高镁血症。评估病史、体格检查和常规临床病理评估（如 CBC、血清生化检查、尿液分析）通常可确定高镁血症的原因。

## 甲状旁腺激素

**偶见适应证**·血清甲状旁腺激素水平可用于诊断高钙血症和低钙血症患病动物的原发性甲状旁腺功能亢进和甲状旁腺功能减退。

**优点**·血清甲状旁腺激素测定可以在不需要手术干预的情况下诊断原发性甲状旁腺疾病。

**缺点**·有效的甲状旁腺激素检测受限，样本在运输过程中必须冷冻保存，氮质血症可能会干扰结果。

**分析**·采用免疫放射法和化学发光法测定血清甲状旁腺激素浓度[12]。样本在凝血后应尽快离心并冷冻，然后冷冻保存运往实验室。不同的甲状旁腺激素检测方法检测甲状旁腺激素分子的不同部分，并在同一患病动物上可能会得出不同的结果。用 2 种不同的多克隆抗体同时测定甲状旁腺激素中间区、C 端 39 ～ 84 个氨基酸和 N 端 1 ～ 34 个氨基酸，适用于犬和猫的甲状旁腺激素测定，目前已被大多数兽医实验室采用。

**正常值**・2 ～ 13 pmol/L。正常值可能因实验室而异。

**危险值**・无。

**假象**・在冰点以上的温度下长时间储存或运输可能会产生错误的结果。

**可能改变甲状旁腺激素浓度的药物治疗**・任何影响血钙浓度的药物治疗都会影响血清甲状旁腺激素浓度（参见本章可能改变血钙浓度的药物治疗部分）。降血钙药物可使血清甲状旁腺激素浓度升高，反之亦然。

**血清甲状旁腺激素浓度升高的原因**・引起血清甲状旁腺激素浓度升高的疾病包括原发性甲状旁腺功能亢进、继发性肾源性甲状旁腺功能亢进、营养性继发性甲状旁腺功能亢进、继发性肾上腺性甲状旁腺功能亢进[31, 39]和非甲状旁腺原因的低钙血症（参见本章低钙血症的原因部分）。肾功能正常的高钙血症患病动物的血清甲状旁腺激素浓度正常或升高，强烈提示原发性甲状旁腺功能亢进（图 8–3）[10]。患有非甲状旁腺诱导的高钙血症的动物的血清甲状旁腺激素浓度很低，甚至检测不到。由于并发继发性肾源性甲状旁腺功能亢进，肾功能衰竭患病动物的血清甲状旁腺激素浓度升高。这些动物的血钙浓度通常在正常范围内，但随着慢性肾功能衰竭的终末期到来，血钙浓度可能会降低，或者在较少见的情况下会升高。患有继发性肾源性甲状旁腺功能亢进的犬猫的血清离子钙浓度通常正常。营养性继发性甲状旁腺功能亢进患病动物的血钙浓度低于正常值或处于正常值偏低。

**血清甲状旁腺激素浓度下降的原因**・低钙血症患病动物的血清甲状旁腺激素浓度检测不到，高度提示原发性甲状旁腺功能减退。非甲状旁腺诱导的低钙血症患病动物的血清甲状旁腺激素浓度应正常或升高。引起高钙血症的非甲状旁腺疾病（见本章高钙血症的原因部分）的血清甲状旁腺激素浓度低或检测不到。需注意，慢性肾功能衰竭伴发的高钙血症例外。

## 葡萄糖

**偶见适应证**・多饮、多尿、虚弱、昏迷、行为改变或癫痫（部分或完全）的患病动物通常需要测量血糖浓度。已知肝功能不全或肾上腺功能不全、严重败血症、胰腺肿瘤或糖尿的患病动物，以及接受胰岛素治疗或完全胃肠外营养的患病动物，也应进行检测。

**优点**・检测易于进行并且结果可靠。

**缺点**・在一些患病动物中，单一的血糖浓度可能无法检测到引起明显症状但间歇性低血糖的疾病。血液在分离血清或血浆之前长时间储存可能会导致假象（即低血糖结果）。

**分析**・可以测量全血、血清或血浆（肝素、氟化钠或 EDTA）中的血糖。测量血糖的方法主要有 2 种：①试纸和反射仪［便携式血糖仪（PBGM）］；②标准的实验室方法。后者通常需要使用葡萄糖氧化酶或己糖激酶来启动比色反应的光度分析。便携式血糖仪（PBGM）使用全血，而且快速、简单、廉价，很容易买到。用便携式血糖仪获得的结果与标准实验室方法获得的结果差异很大[5]。

这些方法之间的差异在较高的葡萄糖浓度（即＞300 mg/dL）时更加明显。用便携式血糖仪（PBGM）测量的血糖浓度通常低于标准实验室方法获得的结果。例外的是用于犬猫的便携式血糖仪（AlphaTrak; Abbott Laboratories, Abbott Park, IL），其结果可能高于或低于标准实验室方法获得的结果[5]。

**正常值**·70～120 mg/dL。将 mg/dL 乘以 0.056 换算为 mmol/L。

**危险值**·＜40 mg/dL（昏迷或癫痫）或＞1000 mg/dL［高渗性糖尿病并伴有中枢神经系统功能障碍和昏迷（可能）］。

**假象**·见第 1 章。

血清或血浆必须在采集后 30 min 内与红细胞和白细胞分离，以最大限度地减少细胞对葡萄糖的消耗。在 22℃下，葡萄糖浓度每 30～60 min 下降约 10%，如果存在大量代谢活性细胞（如白细胞增多、白血病），下降速度会更快。

便携式血糖仪（PBGM）检测高葡萄糖浓度（即＞300 mg/dL）时准确度较低。血液对试剂垫的覆盖不足或过多、过期的试剂条，未正确校准的仪表和不准确的计时可能导致错误的结果。

**可能改变血糖浓度的药物治疗**·低血糖可由胰岛素、口服降糖药（如磺酰脲类、双胍类）、普萘洛尔、阿替洛尔和乙二醇引起。高血糖（尤其是糖尿病前期患病动物）可能是由 β－肾上腺素能激动剂、皮质类固醇、二氮嗪、碳酸氢酶抑制剂（如乙酰唑胺、甲唑胺）、噻嗪类药物、胰高血糖素、左旋甲状腺素、孕激素、雌激素和木糖醇引起的。醋酸甲地孕酮可能会引起猫的暂时性或持续性高血糖。

**低血糖的原因**·低血糖通常是由正常细胞（如高胰岛素血症）或肿瘤细胞过度利用葡萄糖、肝脏糖异生和糖原分解受损（如肝功能不全）、致糖尿激素缺乏（如皮质醇减少）、葡萄糖和肝脏糖异生所需的其他底物摄入不足（如新生动物饥饿）或这些病因组合（如败血症；专栏 8-5）所致。医源性低血糖是糖尿病患病动物过度使用胰岛素的常见问题。

在开始诊断这些原因之前，应确认是否存在低血糖。仔细评估病史、体格检查结果和常规临床病理评估（如 CBC、血清生化检查、尿液分析）通常可发现潜在病因的线索（图 8-5）。饥饿、肝功能不全（即门脉分流）、败血症或特发性低血糖是幼犬或幼猫低血糖的常见原因。在幼年动物中，肝功能不全、肾上腺皮质功能减退或败血症通常会导致低血糖。在老年动物中，肝功能不全、β 细胞瘤、胰腺外肿瘤、肾上腺皮质功能减退和败血症是低血糖最常见的原因。

低血糖一般比较轻微（即＞45 mg/dL），通常是在肾上腺皮质功能减退和肝功能不全患病动物中偶然发现。临床病理检查中的其他改变［如低钠血症或高钾血症（肾上腺皮质功能减退），ALT 活性升高，低蛋白血症（肝功能不全）］通常存在。可能需要进行促肾上腺皮质激素（ACTH）刺激试验或肝功能试验（见第 9 章）以确认诊断。严重的低血糖（即＜35 mg/dL）可能在新生犬猫和幼年犬猫（特别是玩具犬），以及患有败血症、β 细胞瘤和胰腺外肿瘤的动物中（特别是肝腺癌和平滑肌肉瘤）发生。败血症很容易通过体格检查和 CBC 异常来确定，包括中性粒细胞增多（通常＞30 000/μL）、中性粒细胞减少和（或）中毒性中性粒细胞（见第 4 章）。胰腺外肿瘤通常可以通过体格检查、腹部或胸部影像发现。患有 β 细胞瘤的犬的体格检查结果通常正常，除低血糖外没有异常。当血糖浓度＜60 mg/dL（最好是＜50 mg/dL）时，有必要测量血清基线胰岛素浓度最低值，以确定是否患有 β 细胞瘤（见下一节胰岛素）。

**专栏 8–5　犬猫血糖变化的原因**

**低血糖**

- β 细胞瘤（胰岛素瘤）（不常见但很重要）
- 胰腺外肿瘤
  - 肝细胞癌、肝细胞瘤
  - 平滑肌肉瘤、平滑肌瘤
  - 血管肉瘤
- 肝功能不全（不常见但很重要）
  - 门脉分流
  - 慢性纤维化、肝硬化
- 败血症（重要）
- 肾上腺皮质功能减退（不常见但很重要）
- 垂体功能减退
- 特发性低血糖
  - 新生动物低血糖
  - 幼年动物低血糖（特别是玩具品种）
  - 猎犬低血糖
- 肾功能衰竭（不常见）
- 胰腺外分泌瘤
- 糖原贮积症（罕见）
- 重度红细胞增多症
- 长期饥饿
- 样本储存时间过长（常见）
- 医源性
  - 胰岛素治疗（常见）
  - 磺酰脲类药物治疗
  - 乙醇
  - 乙二醇
- 误差
  - 便携式血糖仪
- 实验室错误

**高血糖**

- 糖尿病（常见）
- 应激、好斗、兴奋、恐惧（尤指猫）（常见）
- 餐后（丙二醇、玉米糖浆、木糖醇甜味剂）
- 肾上腺皮质功能亢进
- 肢端肥大症（猫）
- 间情期（雌性犬）
- 嗜铬细胞瘤（犬）
- 胰腺炎
- 胰腺外分泌瘤
- 肾功能不全
- 头部创伤
- 药物治疗
  - 糖皮质激素
  - 孕激素
  - 醋酸甲地孕酮
  - 噻嗪类利尿剂
- 胃肠外营养液注射
- 含葡萄糖液体（常见）

**高血糖的原因·**高血糖是由胰岛素缺乏、胰岛素在外周组织中的作用受损（即葡萄糖使用减少）、肝脏糖异生和糖原分解增加或这些病因综合所致（专栏 8–5）。高血糖的医源性原因包括静脉输注含葡萄糖的液体和胃肠外注射营养液，以及使用致糖尿病药物（如糖皮质激素、醋酸甲地孕酮）。输注浓度低至 2.5% 的葡萄糖溶液可能会导致高血糖，这取决于输液速度和干扰碳水化合物耐量的并发疾病。严重的高血糖（通常没有糖尿）通常发生在应激的猫上，可能是由肾上腺素的分泌导致。许多疾病还会引起碳水化合物不耐

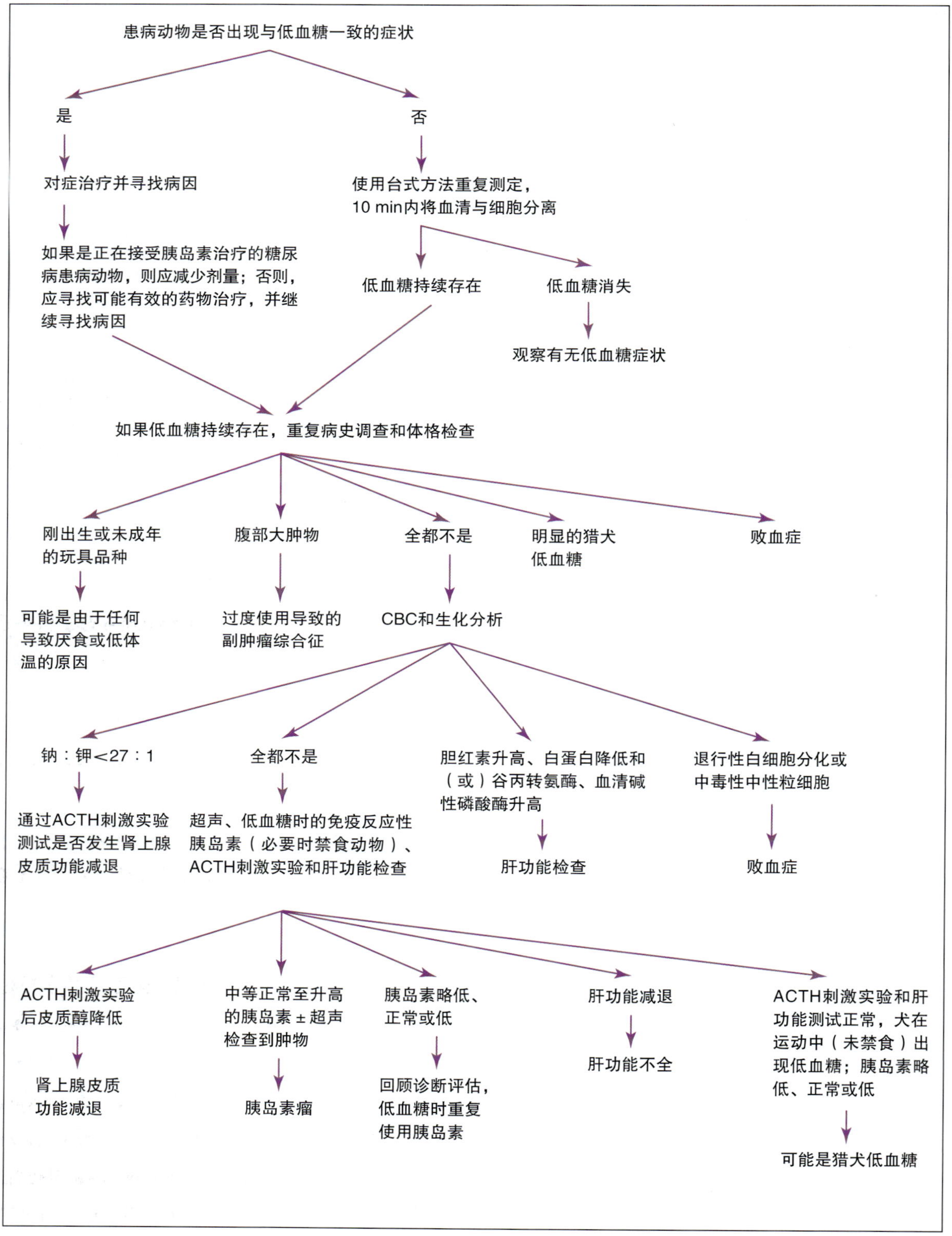


**图 8–5 犬猫低血糖的诊断方法**

ACTH，促肾上腺皮质激素；CBC，全血细胞计数。

受和轻度高血糖，这主要是由于外周组织中的胰岛素作用被干扰。

130 ~ 180 mg/dL 的高血糖不会导致糖尿、多尿或多饮。这个范围内的高血糖在临床上没有症状，通常是未怀疑发现。如果有轻度高血糖（即＜180 mg/dL）的患病动物出现多饮多尿，则应寻找除胰岛素依赖型糖尿病以外的其他疾病。轻度高血糖可见于动物刚摄入含有大量单糖、双糖或木糖醇的食物后，处于应激状态的犬猫，服用致糖尿病药物后，糖尿病的早期阶段，以及患有降低胰岛素有效性的疾病（专栏 8-5）。如果轻度高血糖（即＜180 mg/dL）在已停用致糖尿病药物的禁食、非应激动物中持续存在，则提示诊断动物是否患有导致胰岛素抵抗的疾病。

所有高血糖患病动物都应该检查是否有糖尿。持续性高血糖和糖尿并伴有多饮多尿是糖尿病的诊断标准。糖尿病的持续时间在一定程度上取决于胰岛的病理结果、β 细胞的功能状态，以及并发性糖尿病的可逆性。应停止或调整致糖尿病药物的使用（请参阅本节可能改变血糖浓度的药物治疗部分）；控制或治愈并发的炎性、感染性、激素性或肿瘤性疾病；开始规划治疗糖尿病的饮食；并重新评估对疑似糖尿病患病动物的血糖影响。并发性糖尿病通常从病史、体格检查、常规临床病理评估（如 CBC、血清生化检查、尿液分析），以及胰岛素治疗调节血糖的难易程度等方面发现。当胰岛素治疗难以控制血糖时，应持续怀疑并发性糖尿病。干扰犬血糖调节最常见的原因有肥胖；慢性炎症，如慢性胰腺炎、牙龈炎和炎性肠道疾病；肾上腺皮质功能亢进；发情间期，以及并发感染等。在猫中，最常见的是肥胖、慢性炎症（尤其是胰腺炎）、肾上腺皮质功能亢进、肢端肥大症、隐性甲状腺功能亢进和感染（图 8-6）。其他诊断试验［如血浆脂肪酶免疫反应、低剂量地塞米松抑制（low-dose dexamethasone suppression，LDDS）试验、血清甲状腺浓度］可能是必要的。胰岛素治疗本身的问题（如吸收不良、苏木杰反应、胰岛素作用持续时间短或长）也应在血糖调节异常的动物中考虑。在注射胰岛素时和注射后 10 ~ 12 h 每隔 2 h 测量一次血糖浓度，是评估胰岛素治疗有效性的第一步。

## 胰岛素

**偶见适应证**・测量血清胰岛素浓度有助于诊断胰腺的胰岛素分泌 β 细胞瘤，评估糖尿病患病动物的 β 细胞功能，并增加临床兽医对糖尿病和胰岛素抵抗动物体内循环胰岛素结合抗体的怀疑指数。

**优点**・测量血清胰岛素浓度可以在手术前确定 β 细胞瘤的诊断，这在手术中很难发现。

**缺点**・胰岛素检测必须在犬猫上进行验证。很多变量都会影响血清胰岛素浓度。解释胰岛素浓度时必须结合相应的血糖浓度。

**分析**・用放射免疫分析或化学发光免疫测定法测定血清中的胰岛素。血浆胰岛素浓度往往高于血清胰岛素浓度。首选禁食样本，以尽量减少摄入食物对胰岛素分泌的刺激作用。血清样本应从血液中的细胞成分中分离出来，并在交给实验室之前进行冷冻处理。

**正常空腹值**・5 ~ 20 μU/mL。未经治疗的糖尿病患病动物空腹血清胰岛素浓度＞20 μU/mL，提示为 2 型糖尿病或并发胰岛素拮抗性疾病所致的糖尿病。

将 μU/mL 乘以 7.18 转换为 pmol/L。

**危险值**・除非伴有低血糖，否则无危险。

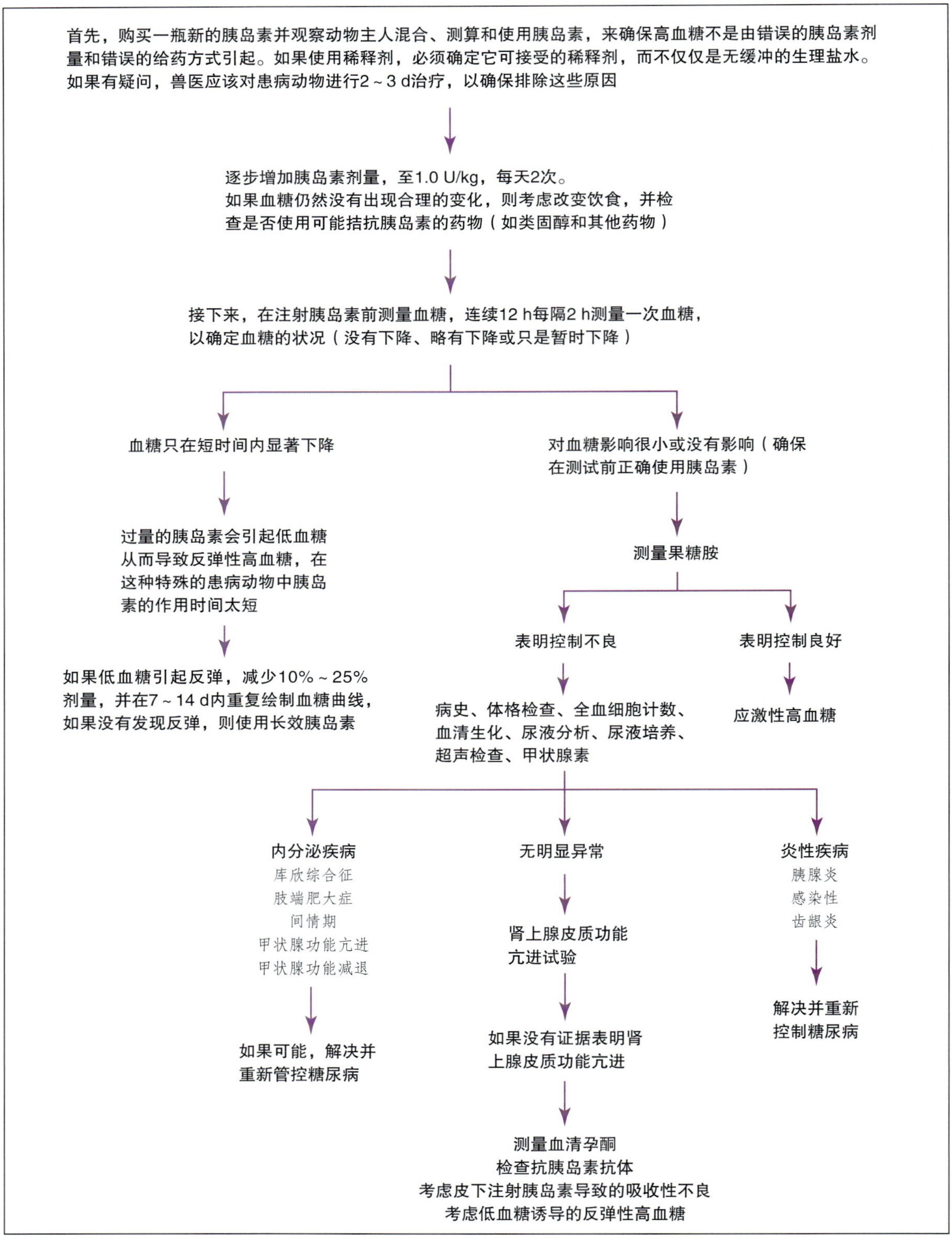


图 8–6　接受胰岛素治疗的糖尿病患病动物的持续性或不适当高血糖的诊断方法

**假象和药物对胰岛素浓度的影响**·餐后几小时内，血清胰岛素浓度会升高。此外，许多影响血糖浓度的药物和疾病也会影响血清胰岛素浓度。胰岛素可以在胰岛素注射后长达 24 h 的血液样本中进行测量。糖尿病患病动物的长期外源性胰岛素治疗可能会引起循环胰岛素结合抗体的形成，这可能会干扰某些放射免疫分析和 ELISA，导致假性升高（即＞400 μU/mL）或检测不到值[6]。

**低血糖期间的解读**·确诊胰岛素分泌型肿瘤需要在低血糖期间记录胰岛素异常分泌情况。如果同一血液样本中血糖浓度＜60 mg/dL（最好是＜50 mg/dL），而血清胰岛素浓度升高（即＞20 μU/mL），则有可能发生胰岛素分泌型肿瘤。即使血清胰岛素浓度处于正常范围内（即 10 ～ 20 μU/ mL），也仍有可能发生胰岛素分泌型肿瘤。胰岛素浓度为正常范围内的低值（即 5 ～ 10 μU/ mL）可能是因为其他原因导致低血糖和胰岛素分泌型肿瘤。仔细评估病史、体格检查结果、临床病理评估、腹部超声，以及重复检测血糖浓度和胰岛素浓度，通常可确定低血糖的原因。血清胰岛素浓度低于正常范围（即＜5 μU/ mL）不符合胰岛素分泌型肿瘤指征。

**高血糖期间的解读**·在正常动物的高血糖期间，血清胰岛素浓度升高（即＞20 μU/mL）。新诊断为糖尿病患病动物的血清胰岛素浓度＞20 μU/mL，提示 β 细胞存在残留的功能，以及 2 型糖尿病或并发胰岛素拮抗性疾病所致的糖尿病。大多数 1 型（胰岛素依赖型）糖尿病患病动物的血清胰岛素浓度＜10 μU/mL。接受胰岛素治疗的糖尿病患病动物在最后一次注射胰岛素超过 24 h 后，血清胰岛素浓度显著升高（即＞400 μU/mL），提示存在胰岛素结合抗体。糖尿病患病动物在上一次注射胰岛素后 24 h 的血清胰岛素浓度通常＜50 μU/mL，表明没有抗体对胰岛素测定造成干扰。在接受胰岛素治疗的糖尿病患病动物中，无法检测到血清胰岛素浓度，特别是在注射胰岛素 2 ～ 8 h 后，表明胰岛素结合抗体干扰胰岛素测定。

## 胰岛素促分泌素试验

**罕见适应证**·胰岛素促分泌素试验有助于区分 1 型糖尿病和 2 型糖尿病，有助于识别动物的碳水化合物不耐受且提示其患有临床前糖尿病，并可能识别隐匿性胰岛素分泌型肿瘤。胰高血糖素刺激试验可识别肝糖原贮积症。最常见的胰岛素促分泌素试验有静脉注射葡萄糖耐量试验（IVGTT）、静脉注射胰高血糖素刺激试验（IVGST）和静脉注射精氨酸刺激试验。

**优点**·无。

**缺点**·这些检测需要大量的人工，费用昂贵，在区分 1 型糖尿病和 2 型糖尿病方面往往无效，不推荐用于胰岛素分泌型肿瘤的诊断。胰岛素促分泌素试验主要是在研究环境下进行的。有关执行这些检测的更多信息，请参阅文献[13, 14, 18, 26]。

## 果糖胺

**常见适应证**·测量血清果糖胺浓度用于监测患糖尿病犬猫的血糖控制，偶尔还用于诊断临床症状与血糖、尿糖检测结果相矛盾的动物的持续性高血糖和可能的糖尿病，以及接受胰岛素治疗的糖尿病患病动物和疑似患有 β 细胞瘤的犬的持续性低血糖。

**分析**·血清中果糖胺的测定采用硝基蓝氯化四氮唑还原自动比色法。血清应保持冷冻，直到检测果糖胺。

**正常值**·225 ~ 375 μmol/L。正常值可能因实验室而异。

**假象**·血清果糖胺浓度可能受低白蛋白血症（降低）、高脂血症（在犬中轻度降低）、氮质血症（在犬中轻度降低）、甲状腺功能亢进（在猫中降低）和室温储存（降低）的影响。

**可能改变血清果糖胺浓度的药物治疗**·任何导致血糖持续和长期升高（如糖皮质激素）或降低血糖浓度（如格列吡嗪、格列本脲）的药物都可分别使血清果糖胺浓度升高或降低。

**犬猫糖尿病的解读**·果糖胺是葡萄糖与血清蛋白结合的结果，该过程是不可逆的、不涉及酶作用的和不依赖胰岛素的。血清蛋白的糖基化程度与血糖浓度直接相关，前2 ~ 3周的平均血糖浓度越高，血清果糖胺浓度越高，反之亦然。当患有糖尿病的犬猫的血糖控制状况恶化时，血清果糖胺浓度升高，当血糖控制状况改善时，血清果糖胺浓度下降。血清果糖胺浓度不会像应激或兴奋诱导的高血糖那样，受血糖浓度急剧升高的影响。作为对接受胰岛素治疗的患有糖尿病的犬猫的常规评估的一部分，单血清果糖胺浓度的检测有助于评估前一个月血糖控制状况。测量血清果糖胺浓度能帮助理清应激或兴奋对血糖浓度的影响，阐明病史、体格检查结果和系列血糖浓度结果之间的差异，并评估胰岛素治疗的有效性。

血清果糖胺浓度的参考范围是在血糖浓度持续正常的健康犬猫上确定的。解读患有糖尿病的犬猫的血清果糖胺浓度时必须考虑到高血糖是常见的，即使在控制良好的糖尿病患病动物中也是如此。如果血清果糖胺浓度能保持在350 ~ 450 μmol/L（参考范围为200 ~ 375 μmol/L），大多数主人对其宠物接受胰岛素治疗后的反应感到满意。＞500 μmol/L表示对血糖控制不良，＞600 μmol/L表示血糖控制严重不良。血清果糖胺浓度在参考范围的低值区域（即＜300 μmol/L）或低于参考范围时，应增加对患有糖尿病的犬猫的明显低血糖或糖尿病症状缓解的关注。血清果糖胺浓度升高（即＞500 μmol/L）提示血糖控制不良，需要调整胰岛素的使用。然而，血清果糖胺浓度升高并不能确定潜在的问题。

对血清果糖胺变化的评估可用于评估易怒或应激性糖尿病患犬、患猫对胰岛素治疗变化的反应，在这些犬猫中，血糖结果的可靠性是存疑的。由于血清蛋白的半衰期相对较短，血清果糖胺浓度变化相对较快（即2 ~ 3周），以响应血糖控制的变化。这种短时间的血清果糖胺浓度变化有利于快速发现血糖控制状况的改善或恶化。因此，可以在改变胰岛素治疗前和改变治疗后3 ~ 4周测量血清果糖胺浓度，以评估改变是否有效。如果胰岛素治疗的变化适当，血清果糖胺浓度应至少降低50 μmol/L。如果血清果糖胺浓度相同或升高，则在改善血糖控制方面无效，应尝试另一种治疗方法，并在3 ~ 4周后再次测定血清果糖胺浓度。

## 高脂血症

高脂血症是指血清中胆固醇浓度、甘油三酯浓度升高，或两者均升高。在临床环境中，当血清胆固醇增加且无脂血症或高甘油三酯血症时，兽医使用术语高胆固醇血症，当甘油三酯增加且存在伴有或不伴有高胆固醇血症的严重脂血时，使用术语高脂血症。在禁食状态下，血清胆固醇浓度升高、甘油三酯浓度升高或两者都升高是一种异常症状，表明脂蛋白的生成加速或降解延迟。脂蛋白作为一种载体系统，在血液的水环境中运输不溶于水的甘油三酯和胆固醇。脂蛋白分为四大类：①乳糜颗粒；②极低密度脂蛋白（VLDL）；③低密度脂蛋白（LDL）；④高密度脂蛋白（HDL）。乳糜颗粒和极低密度脂蛋白主要参与甘油三酯代谢，而高密度脂蛋白和低密度脂蛋白主要参与胆固醇代谢。乳糜颗粒是从饮食脂肪中提取的。从肝脏游离脂肪酸中产生的甘油三酯被包装成极低密度脂蛋白颗粒，然后分泌到循环中。低密度脂蛋白是由组织中的内皮脂蛋白脂肪酶去除极低密度脂蛋白的甘油三酯核心，随后肝脏中的肝脏脂肪酶去除残留在极低密度脂蛋白颗粒中的甘油三酯产生的。低密度脂蛋白的功能是将胆固醇输送到组织中。高密度脂蛋白是在肝脏中产生的，它从细胞和其他脂蛋白中清除多余的未酯化胆固醇，并将其返回肝脏，在胆汁中排泄。高密度脂蛋白是犬猫的主要脂蛋白。

高脂血症通常是通过在血液样本中发现严重脂血（即乳白色血浆或血清）来识别的。餐后高脂血症正常，然而，禁食 12 h 或更长时间的犬猫发生高脂血症不正常。在没有高甘油三酯血症的情况下，透明的血浆或血清不排除高胆固醇血症（这不会引起脂血症）。当血清甘油三酯＞200 mg/dL 时，明显为脂血症。血液中可见严重脂血意味着高甘油三酯血症，且乳糜颗粒或极低密度脂蛋白增多，或两者兼有。高脂血症也是在测量血清胆固醇和甘油三酯浓度后被诊断出来的。成年犬血清甘油三酯浓度的参考范围通常为 50 ~ 150 mg/dL，成年猫为 20 ~ 110 mg/dL。成年犬血清胆固醇浓度的参考范围通常为 125 ~ 300 mg/dL，成年猫为 95 ~ 130 mg/dL。当血清胆固醇、甘油三酯或两者的浓度超过参考范围时，应怀疑高脂血症。

高脂血症可能是特发性、原发性脂蛋白代谢缺陷，或者是全身性疾病的结果（专栏 8–6）。餐后高脂血症是高脂血症最常见的原因，应该在进行更昂贵的检查之前排除。血清甘油三酯浓度的短暂升高通常在进食后 10 h 内消失。餐后血浆胆固醇浓度通常不会超过特定物种参考范围的上限。

对于大多数动物来说，持续性高脂血症是由内分泌紊乱或代谢紊乱引起的。患病动物可能出现与潜在疾病相关（专栏 8–6）或由高脂血症引起的症状，也可能没有症状。持续性高脂血症是进一步检查以消除潜在继发性病因的指征。病史、体格检查、CBC、血

**专栏 8–6　犬猫高脂血症的原因**

**餐后高脂血症**

**继发性高脂血症**

甲状腺功能减退（常见且重要）
糖尿病（常见且重要）
肾上腺皮质功能亢进（常见且重要）
胰腺炎
胆汁淤积
肝功能不全（罕见）
肾病综合征（常见且重要）

**原发性高脂血症**

特发性高脂蛋白血症（小型雪纳瑞犬）（常见且重要）
特发性高乳糜颗粒血症（猫）
脂蛋白脂肪酶缺乏症（猫）
特发性高胆固醇血症

**药物性高脂血症**

糖皮质激素
醋酸甲地孕酮（猫）

清生化、血清胰腺脂肪酶免疫反应性（见第 9 章）、甲状腺素浓度和尿液分析是高脂血症的初步诊断方法（图 8–7）。根据最初的检查结果，可能需要进行额外的诊断检查（如腹部超声、LDDS、血清 $fT_4$ 和促甲状腺激素浓度）。

特发性高脂血症包括小型雪纳瑞犬特发性高脂蛋白血症、特发性高乳糜血症、脂蛋白酶缺乏引起的猫家族性高脂血症和特发性高胆固醇血症 [45]。特发性或原发性高脂血症是在排除持续性高脂血症的继发性原因后诊断的。特发性和原发性高脂血症可通过脂蛋白电泳法或联合超速离心法和沉淀法进一步鉴定。这些技术需要专门的设备，在商业上并不广泛使用。还可以通过测量血清胆固醇浓度和甘油三酯浓度并进行乳糜颗粒试验来了解脂蛋白变化的本质。在乳糜颗粒试验中，脂血血浆或血清样本在 4℃的冰箱中过夜（即 12 h），然后进行目测评估。乳糜颗粒在样本

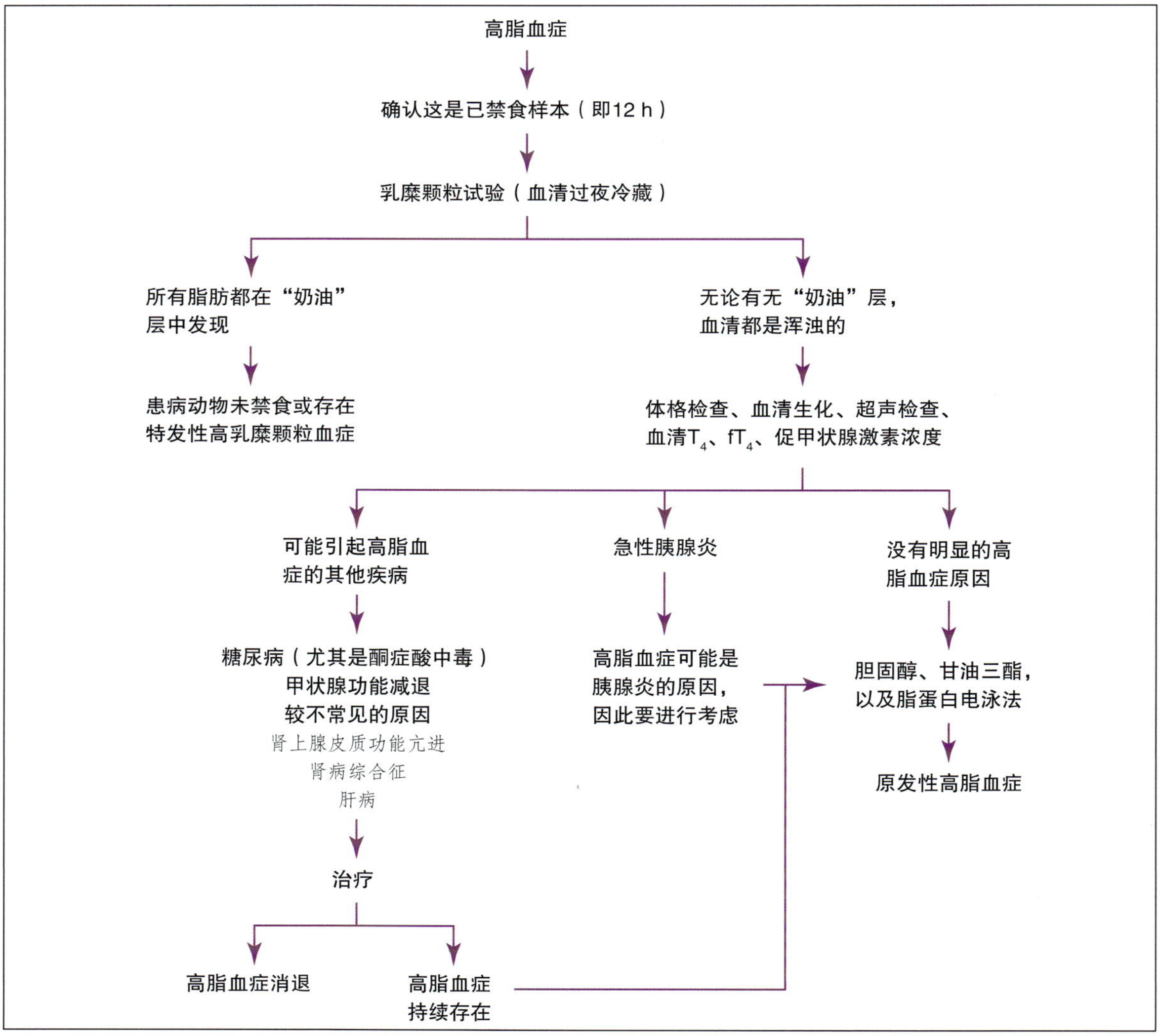


图 8–7 犬猫高脂血症的诊断方法

的顶部形成一层奶油层，而血浆或血清的持久乳白色是由极低密度脂蛋白引起的。

## 胆固醇

**偶见适应证·**血清胆固醇浓度的测定适用于患有高脂血症的犬猫，可作为甲状腺功能减退、肾上腺皮质功能亢进、肝功能不全和蛋白丢失性肠病的筛查试验。高胆固醇血症本身并不会导致严重的脂血症。

**分析·**血清或肝素化血浆中的胆固醇通过分光光度法、色谱法、自动直接法和酶法进行测量。自动直接法测出的血清胆固醇浓度可能略微偏高。

**正常值·**犬，125 ~ 300 mg/dL；猫，95 ~ 130 mg/dL。正常值可能因实验室而异。可将 mg/dL 乘以 0.026 换算为 mmol/L。

**危险值·**无。

**假象·**见第 1 章。

**可改变血清胆固醇浓度的药物治疗·**L- 天冬酰胺酶、硫唑嘌呤、秋水仙碱、胆碱酯和口服氨基糖苷类药物可引起低胆固醇血症。皮质类固醇、甲巯咪唑、苯妥英钠、丙氯丙嗪、噻嗪类和吩噻嗪可引起高胆固醇血症。

**低胆固醇血症的原因·**低胆固醇血症主要发生于蛋白丢失性肠病（如肠淋巴管扩张）、肝功能不全（如门脉分流和肝硬化）、某些恶性肿瘤和严重营养不良。

**高胆固醇血症的原因·**饮食或自发性疾病（专栏 8–6）可能导致高胆固醇血症。喂食特别高脂的食物或在进食后不久抽血可能会导致血清胆固醇浓度轻度升高。禁食动物持续性高胆固醇血症的诊断方法与高脂血症的诊断方法相同（图 8–7）。主要的区别是糖尿病、甲状腺功能减退、肾上腺皮质功能亢进和蛋白丢失障碍，最明显的是累及肾脏。

## 甘油三酯

**偶见适应证·**有时，高脂血症或高胆固醇血症患病动物需要测量血清甘油三酯浓度，特别是存在与高甘油三酯血症相关的临床症状时（即胃肠道症状、腹痛、癫痫、共济失调、虚弱、行为变化、视网膜脂血症和黄瘤）。血液中可见严重脂血意味着高甘油三酯血症。

**分析·**血清或 EDTA 血浆中的甘油三酯采用分光光度法或酶促法测定。血浆甘油三酯浓度往往略低于血清甘油三酯浓度。酶促法测得的值可能比分光光度法略高。人类使用的甘油三酯测定仪可能适用于识别犬的高甘油三酯血症[17]。

**正常值·**犬，50 ~ 150 mg/dL；猫，20 ~ 110 mg/dL。正常值可能因实验室而异。

**危险值·**＞1000 mg/dL（神经症状、癫痫）。

**假象·**脂血症可能会干扰几项常规生化检测（专栏 8–7），这取决于评估的物种（即犬和猫）、分析仪器、实验室方法和高甘油三酯血症的严重程度（见第 1 章）。

**可能改变血清甘油三酯浓度的药物治疗·**抗坏血酸、L- 天冬酰胺酶和肝素可能导致低甘油三酯血症。不同的合成代谢类固醇有不同的作用。雌激素、消胆胺、苯巴比妥和溴化物可能导致高甘油三酯血症[16]。

**低甘油三酯血症的原因·**低甘油三酯血症与任何疾病都没有明确相关。

**高甘油三酯血症的原因·**高甘油三酯血症可能是特发性的，继而发展为原发性脂蛋白代谢问题，或者体现为潜在的全身疾病（专栏 8–6）。餐后高甘油三酯血症是高脂血症最常见的原因，应该在进行更昂贵的检查之前排除（见本章高脂血症部分）。禁食动物持续

**专栏 8-7 严重脂血对犬、猫血清临床化学分析* 的影响**

| 测量值假性升高 | | 测量值假性降低 | |
|---|---|---|---|
| 犬血清 | 猫血清 | 猫血清 | 犬血清 |
| 总胆红素 | 总胆红素 | 肌酐 | 肌酐 |
| 磷 | 磷 | 总二氧化碳 | 总二氧化碳 |
| 碱性磷酸盐†（SAP） | 碱性磷酸盐†（SAP） | 胆固醇 | 谷丙转氨酶 |
| 葡萄糖† | 葡萄糖† | 血尿素氮 | |
| 总蛋白‡ | 总蛋白‡ | | |
| 脂肪酶 | | | |
| 谷丙转氨酶（ALT） | | | |

数据来源：Jacobs RM et al：Effects of bilirubinemia, hemolysis, and Lipemia on clinical chemistry analytes in bovine, canine, equine, and feline sera. Can Vet J 33:605, 1992.

* 使用 Coulter DACES（Coulter diagnostics，Hialeah，FL）测量分析物。

† 干扰只有在非常高的脂质浓度下才会发生。

‡ 使用折射仪测量时。

性高甘油三酯血症的诊断方法与高脂血症的诊断方法相同（图 8-7）。主要的鉴别诊断是糖尿病、甲状腺功能减退、急性胰腺炎和特发性高脂蛋白血症。

## 甲状腺素

**常见适应证·**血清甲状腺素（$T_4$）浓度的测定用于诊断甲状腺功能减退和甲状腺功能亢进，并监测左旋甲状腺素钠治疗甲状腺功能减退和甲巯咪唑治疗甲状腺功能亢进的效果。提示甲状腺功能减退的临床症状包括精神迟钝、嗜睡、运动不耐受或不愿运动、体重增加但食欲或食物摄入量没有相应增加、内分泌性脱毛、皮脂溢、脓皮病、虚弱、神经症状（如面神经麻痹、头倾斜、共济失调、癫痫）、无法发情（雌性动物）和无法生长（即呆小症）。甲状腺功能亢进的临床症状包括体重减轻（可能发展为恶病质）、多食、躁动或多动、被毛变化（如片状脱毛、被毛凌乱、缺乏或过度梳理行为）、多饮多尿、呕吐、腹泻和攻击性行为。有明显颈部结节的老年猫也应考虑甲状腺功能亢进。

**优点：**测定血清 $T_4$ 的检测，包括 ELISA[15]。$T_4$ 是一种稳定的由甲状腺分泌的主要激素。

**缺点：**多种变量会影响血清 $T_4$ 浓度，导致错误结果。

**分析·**可通过放射免疫分析或酶、化学发光、颗粒增强、比浊法或干化学免疫分析系统测量血清 $T_4$ 浓度。血清 $T_4$ 浓度在室温下几天内保持稳定。溶血、冷冻和解冻不影响血清 $T_4$ 浓度。尽管 $T_4$ 稳定，但血清样本应该被冷冻保存，并保持冷冻送到实验室。实验室必须使用被证明对检测物种有效的试剂进行化验。在评估左旋甲状腺素钠疗效时，理想情况下应在每天 2 次左旋甲状腺素钠给药后 4 ~ 6 h 和每天 1 次左旋甲状腺素钠给药前

4 ~ 6 h 获取血清（见第 18 章）。在评估猫的甲巯咪唑疗效时，可以随时获得单一的血清样本 [35]。

**正常值·**犬，0.8 ~ 3.5 μg/dL；猫，1.0 ~ 4.0 μg/dL。

**注意：**不同的实验室有不同的参考范围。将 μg/dL 乘以 12.87 转换为 nmol/L。

对犬甲状腺功能减退的解释：血清 $T_4$ 浓度正常代表甲状腺功能正常。少数（＜1%）患有淋巴细胞性甲状腺炎的甲状腺功能减退患犬有血清 $T_4$ 自身抗体，会干扰某些用于测量 $T_4$ 的放射免疫分析 [40]。在没有全身性疾病的情况下，血清 $T_4$ 浓度如果＜0.5 μg/dL，再结合符合的临床症状、体格检查和血常规检查的结果可以支持诊断为甲状腺功能减退。如果血清 $T_4$ 浓度低于参考范围，但临床症状、体格检查结果和血常规检查结果不能有力支持该诊断，表明或许存在严重的全身性疾病，或者正在使用可降低血清 $T_4$ 浓度的药物，则应进行额外的甲状腺功能诊断检测。

对猫甲状腺功能亢进的解释：若存在临床症状和甲状腺结节，血清 $T_4$ 浓度高于参考范围即可诊断为甲状腺功能亢进。血清 $T_4$ 浓度＜2 μg/dL 可以排除甲状腺功能亢进，除非其并发严重的非甲状腺疾病（这种情况罕见）。在甲状腺功能亢进的早期阶段，一些猫的血清 $T_4$ 浓度在参考范围的上半部分。不应仅凭正常的 $T_4$ 检测结果就排除甲状腺功能亢进，尤其是有临床症状和颈部触诊结节的猫。

**危险值·**无。

**注意：**临床兽医在解释血清 $T_4$ 结果时，必须始终考虑犬的品种、临床症状、临床病理变化、同时使用的多种药物、疾病的影响和怀疑指数。

**影响血清 $T_4$ 浓度的变量·**影响血清 $T_4$ 浓度的变量可分为生理性变量、药物变量和全身性疾病（表 8–1 和表 8–2）。幼犬（＜1 岁）血清 $T_4$ 浓度较高，且随年龄的增长而降低 [32]。幼犬的血清 $T_4$ 浓度高于成年犬和大型犬的。某些品种（如视觉猎犬和北欧犬品种）的血清 $T_4$ 浓度比其他品种的低。发情、妊娠和肥胖会增加血清 $T_4$ 浓度，而低蛋白血症可能会降低血清 $T_4$ 浓度。抗甲状腺激素抗体可在患有淋巴细胞性甲状腺炎的犬中形成，并引起血清 $T_4$ 浓度假性升高或降低 [40]。抗甲状腺激素抗体对血清 $T_4$ 浓度的影响取决于实验室使用的检测方法。表 8–2 列出了已发现的能改变犬血清 $T_4$ 浓度的药物，与临床最相关的药物是同时给予糖皮质激素、苯巴比妥和磺胺类药物。许多非甲状腺疾病与血清 $T_4$ 浓度降低有关（专栏 8–8）。这种现象被称为正常甲状腺病态综合征。病情的严重程度与血清 $T_4$ 浓度抑制的严重程度直接相关。

**血清 $T_4$ 浓度下降的原因·**导致血清 $T_4$ 浓度下降的主要疾病是甲状腺功能减退，必须与前面列出的所有变量区分开，这些变量也可以抑制血清 $T_4$ 浓度（专栏 8–9）。在犬上，淋巴细胞性甲状腺炎、特发性萎缩或甲状腺肿瘤性破坏可能导致原发性甲状腺功能减退。继发性甲状腺功能减退是由垂体促甲状腺激素（thyroidstimulating hormone，TSH）缺乏所致，也可能是由垂体畸形、破坏或被抑制（如糖皮质激素治疗）所致。猫甲状腺功能减退通常是医源性的，由双侧甲状腺切除、过量甲巯咪唑或放射性碘（$^{131}$I）治疗甲状腺功能亢进引起。自然发生的猫甲状腺功能减退是罕见的，一般在幼猫上发现。先天性甲状腺功能减退会导致呆小症。

甲状腺功能减退的诊断必须考虑病史、

**表 8-1 可能影响犬基础血清 $T_4$ 浓度检测结果的因素**

| | |
|---|---|
| 年龄 | 成反比 |
| 新生动物（<3月龄） | $T_4$ 升高 |
| 老年动物（>6岁） | $T_4$ 降低 |
| 体型 | 成反比 |
| 小（<10 kg） | $T_4$ 升高 |
| 大（>30 kg） | $T_4$ 降低 |
| 品种 | |
| 视觉猎犬（如灵猩犬） | 犬 $T_4$ 和 $fT_4$ 低于正常范围； |
| 北欧犬种（如哈士奇） | 促甲状腺激素没有差异 |
| 其他品种（？） | |
| 性别 | 无影响 |
| 每日不同时间段 | 无影响 |
| 体重增加 / 肥胖 | 升高 |
| 体重减轻 / 禁食 | $T_4$ 降低，对 $fT_4$ 无影响 |
| 剧烈运动 | $T_4$ 升高，促甲状腺激素降低，对 $fT_4$ 无影响 |
| 发情（雌激素） | 无影响 |
| 妊娠（孕酮） | $T_4$ 升高 |
| 外科手术 / 麻醉 | $T_4$ 降低 |
| 并发症* | $T_4$、$fT_4$ 降低；根据疾病的不同，促甲状腺激素可能升高、降低或不改变 |
| 中度 / 重度骨关节炎 | 对 $T_4$、$fT_4$ 和促甲状腺激素无影响 |
| 药物 | 见表 8-2 |
| 饮食中碘摄入 | 如果过量，$T_4$ 和 $fT_4$ 会降低；促甲状腺激素会增加 |
| $T_4$ 自身抗体 | $T_4$ 升高或降低；对 $fT_4$ 或促甲状腺激素无影响 |

数据来源：Nelson RW, Couto GC: Small animal internal medicine, ed 4, St. Louis, 2009, Elsevier.

*疾病的严重程度和系统性与血清 $T_4$ 和 $fT_4$ 浓度的抑制有直接关系。

体格检查、临床病理评估、血清 $T_4$ 浓度，以及临床兽医对疾病的怀疑指数。在常规的临床病理评估中，最常见的异常是空腹脂血症、高胆固醇血症，以及较少见的轻度正细胞性中度贫血（即红细胞压积为 30% ~ 35%）。一些先天性甲状腺功能减退患犬可能会出现轻微的高钙血症，骨骼的 X 线检查可能会发现迟发性骨骺骨化、骨盆发育不良（即不规则形成、碎裂或点状骨骺中心）、较短的宽头骨、椎体缩短和长骨骨干长度缩短[36]。通常需要进行其他诊断试验，包括测量基础血清游离甲状腺素（$fT_4$）浓度和内源性促甲状腺激素浓度，以及临床对左旋甲状腺素钠治疗的反应，才能确定诊断。

**表 8-2 可能影响犬基础血清 $T_4$ 浓度检测结果的药物**

| | |
|---|---|
| 胺碘酮 | $T_4$ 升高；$T_3$ 降低 |
| 阿司匹林 | $T_4$、$fT_4$ 降低；对促甲状腺激素无影响 |
| 卡洛芬 | $T_4$、$fT_4$ 和促甲状腺激素降低 |
| 地拉昔布 | 对 $T_4$、$fT_4$ 和促甲状腺激素无影响 |
| 依托度酸 | 对 $T_4$、$fT_4$ 和促甲状腺激素无影响 |
| 美洛昔康 | 对 $T_4$、$fT_4$ 和促甲状腺激素无影响 |
| 糖皮质激素 | $T_4$ 和 $fT_4$ 降低；促甲状腺激素降低或不改变 |
| 氯丙咪嗪 | $T_4$、$fT_4$ 降低；对促甲状腺激素无影响 |
| 呋塞米 | $T_4$ 降低 |
| 甲巯咪唑 | $T_4$ 和 $fT_4$ 降低；促甲状腺激素升高 |
| 苯巴比妥 | $T_4$ 和 $fT_4$ 降低；促甲状腺激素延迟升高 |
| 苯基丁氮酮 | $T_4$ 降低 |
| 溴化钾 | 对 $T_4$、$fT_4$ 或促甲状腺激素无影响 |
| 孕激素 | $T_4$ 降低 |
| 普萘洛尔（心得安） | 对 $T_4$、$fT_4$ 或促甲状腺激素无影响 |
| 丙基硫氧嘧啶 | $T_4$ 和 $fT_4$ 降低；促甲状腺激素升高 |
| 司坦唑醇 | 对 $T_4$ 或 $fT_4$ 没有影响 |
| 头孢氨苄 | 对 $T_4$、$fT_4$ 或促甲状腺激素无影响 |
| 磺胺类药物 | $T_4$ 和 $fT_4$ 降低；促甲状腺激素升高 |
| 碘泊酸盐 | $T_4$ 升高，$T_3$ 降低 |

数据来源：Nelson RW, Couto GC: Small animal internal medicine, ed 4, St. Louis, 2009, Elsevier.

**专栏 8-8　正常甲状腺病态综合征的常见病因**

**急性疾病**

细菌性支气管肺炎
败血症
犬瘟热
自身免疫性溶血性贫血
系统性红斑狼疮
椎间盘疾病
多发性神经根神经炎
急性肾功能衰竭
急性肝炎
急性胰腺炎

**慢性疾病**

全身性蠕形螨病
全身性细菌性疖病
系统性真菌病
淋巴瘤
慢性肾功能衰竭
糖尿病
充血性心力衰竭
心肌病
慢性肝炎、肝硬化
胃肠道紊乱
食管扩张

数据来源：Feldman EC, Nelson RW: hypothyroidism. In Canine and feline endocrinology and reproduction, Philadelphia, 1996, WB Saunders.

在左旋甲状腺素钠治疗期间监测血药浓度，使临床兽医能够评估左旋甲状腺素钠的剂量、给药频率和肠道吸收情况（见第 18 章）。如果剂量和给药方案合适，血清 $T_4$ 浓度应为 2.0 ~ 4.5 μg/dL。血清促甲状腺激素浓度也应在参考范围内。在左旋甲状腺素钠给药 4 ~ 6 h 以外的时间测量的血清 $T_4$ 浓度，应理解为血清 $T_4$ 浓度可能未达到峰值浓度。当给药后血清 $T_4$ 浓度＜2.0 μg/dL 时，调整治疗方案的决定要基于病史、体格检查、左旋甲状腺素钠给药后血检的时间，以及犬服用药物的可能性。如果甲状腺功能减退的临床表现持续存在，血清促甲状腺激素浓度持续升高，或两者兼有，则提示要增加左旋甲状腺素钠的给药剂量或频率，但如果临床疗效良好且血清促甲状腺激素浓度在参考范围内，则不一定需要增加左旋甲状腺素钠的剂量或频率。无论是否存在甲状腺毒症，只要服药后血清 $T_4$ 浓度＞5 μg/dL，就应减少左旋甲状腺素钠的剂量。

**专栏 8-9　犬猫血清 $T_3$、$T_4$ 值变化的原因**

**血清甲状腺激素浓度下降**

甲状腺功能减退（原发性和继发性）
非甲状腺疾病（正常甲状腺病态综合征）（专栏 8-8）
药物（表 8-2）
医源性
　甲状腺切除术后（双侧）

**血清甲状腺激素浓度升高**

甲状腺功能亢进
药物（表 8-2）
甲状腺激素自身抗体
正常犬或猫
医源性
　过量补充甲状腺激素

**血清 $T_4$ 浓度升高的原因**·引起血清 $T_4$ 浓度升高的主要疾病是甲状腺功能亢进（专栏 8-9）。猫自发性甲状腺功能亢进通常是由多结节状腺瘤性甲状腺肿引起的。较少见的是甲状腺腺瘤和恶性甲状腺癌。功能性甲状腺肿瘤导致的甲状腺功能亢进在犬上并不常见，但出现时，可能是腺瘤或癌。

对甲状腺功能减退患犬过量补充左旋甲状腺素钠，并由抗甲状腺激素抗体干扰放射免疫测定血清 $T_4$ 引起的假性升高，也可引起

血清 $T_4$ 浓度升高。根据病史可诊断补充量过多。临床症状为甲状腺功能减退但血清 $T_4$ 浓度升高的犬应怀疑有抗甲状腺激素抗体。正常犬上也可见血清 $T_4$ 浓度高于参考范围的情况，5% 的正常犬处于已建立参考范围的 95% 置信区间的 2 个标准差（SD）之外。测定血清促甲状腺激素有助于鉴别犬血清 $T_4$ 浓度升高的原因。

病史和体格检查是怀疑甲状腺功能亢进的依据。甲状腺功能亢进患猫的 CBC 结果通常正常。最常见的异常是红细胞压积（PCV）和平均红细胞体积（MCV）轻度增加。常见的血清生化异常包括谷丙转氨酶、碱性磷酸酶和谷草转氨酶活性升高，这种增加通常在轻度到中度范围内（即 100 ~ 400 IU/L）。在约 90% 的甲状腺功能亢进患猫中，这些肝酶中的一种或多种升高。如果肝酶活性＞500 IU/L，则应考虑对肝脏进行其他检查评估。在约 10% 的甲状腺功能亢进患猫中发现血尿素氮和肌酐浓度升高，这一发现对初期的治疗具有重要意义[44]。尿比重范围从 1.008 到大于 1.050。大多数甲状腺功能亢进患猫的尿比重都＞1.035。可惜的是，记录浓缩的尿比重对于区分甲状腺功能亢进患猫的原发性肾功能不全和肾前性氮质血症没有帮助[33]。心电图异常包括心动过速、Ⅱ导联 R 波幅度增加，以及较少见的右束支传导阻滞、左前束支传导阻滞、QRS 波群增宽、房性心律失常和室性心律失常。胸部 X 线片可显示心脏增大、肺水肿或胸腔积液。心电图异常取决于甲状腺毒性心肌病的形式。有关超声心动图异常的详细信息，读者可参阅有关超声检查的书籍。

基础血清 $T_4$ 浓度的测定在大多数猫的甲状腺功能亢进诊断中是可靠的（图 8-8）。患有轻度或隐匿性甲状腺功能亢进的猫和患有明显非甲状腺疾病的甲状腺功能亢进患猫的血清 $T_4$ 浓度可以达到参考范围的上半部分。如果血清 $T_4$ 检测结果不确定，应重复测定血清 $T_4$，并在同一血液样本中测定血清 $fT_4$。如果诊断仍未确定，则需要对病例进行批判性评估，血清 $T_4$ 和血清 $fT_4$ 可在 4 ~ 8 周内重复测定，如果条件允许，则可进行放射性核素（锝）甲状腺扫描，或进行三碘甲状腺原氨酸抑制试验。

## 3, 5, 3′- 三碘甲状腺原氨酸

**适应证**·血清 3, 5, 3′ - 三碘甲状腺原氨酸（$T_3$）浓度的测量是在猫甲状腺功能亢进的 $T_3$ 抑制试验中进行的。尽管测量血清 $T_3$ 浓度的理论适应证与血清 $T_4$ 浓度的指征相同，但除了用血清 $T_4$ 浓度检测猫的甲状腺功能亢进外，基础血清 $T_3$ 浓度几乎没有提供额外的诊断信息。它在评估犬甲状腺功能方面的价值很小，甚至没有价值，部分原因是循环中的大部分 $T_3$ 来自外周组织中 $T_4$ 到 $T_3$ 的转换。目前不推荐测量血清 $T_3$ 浓度来评估甲状腺功能。

**优点**·无。

**缺点**·测定血清 $T_3$ 浓度不一定有效，有大量变量可以影响血清 $T_3$ 浓度。

**分析**·与血清 $T_4$ 相同，没有 $T_3$ 即时 ELISA 检测方法。

**正常值**：犬，0.5 ~ 1.8 ng/mL；猫，0.4 ~ 1.6 ng/mL。

> **注意**：不同的实验室有不同的参考范围。

**危险值**·无。

**影响血清 $T_3$ 浓度的变量**·这些变量与影响血清 $T_4$ 浓度的相同。在淋巴细胞性甲

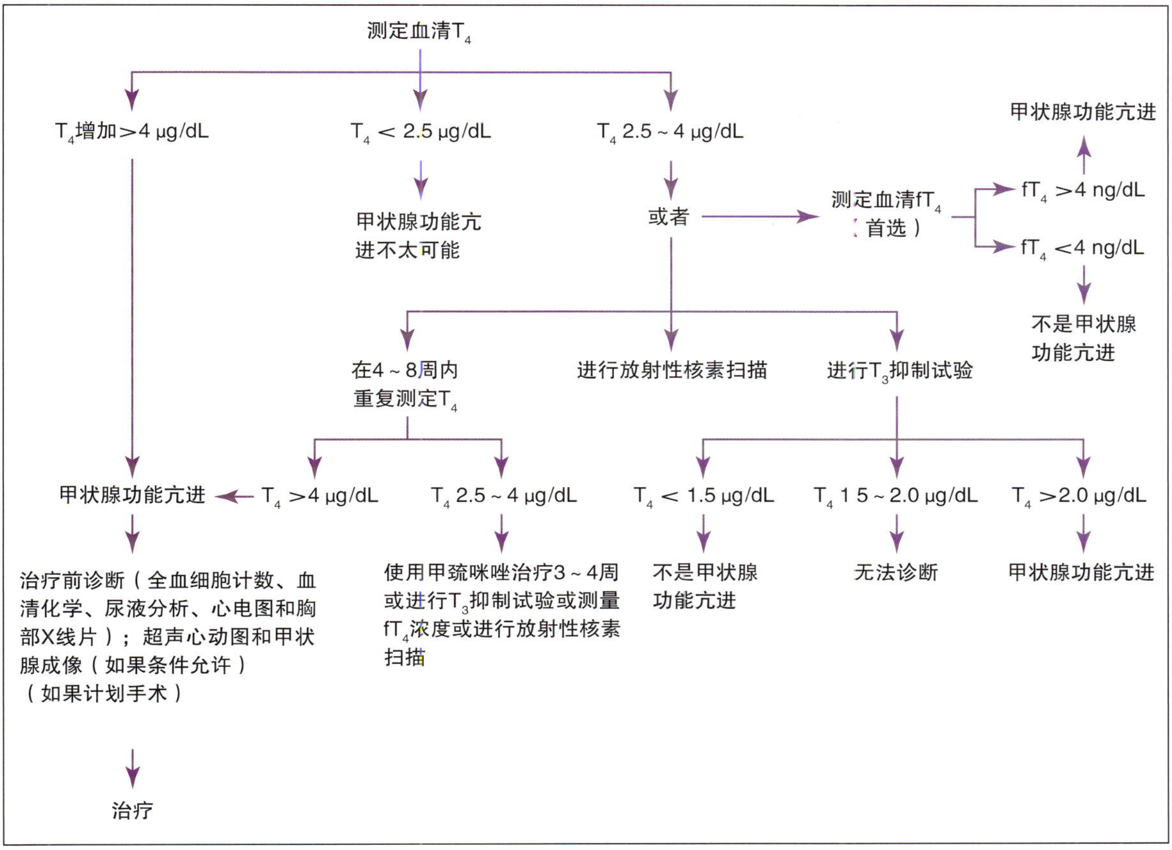


**图 8–8 根据病史、临床症状（即体重减轻、多食、多饮多尿、多动、颈部肿块）或实验室结果（即血清碱性磷酸酶升高、血清磷升高）对怀疑患有甲状腺功能亢进的猫进行评估**

$fT_4$，游离甲状腺素；$T_3$，三碘甲状腺原氨酸；$T_4$，甲状腺素。

状腺炎患犬中，抗 $T_3$ 抗体的发生率高于抗 $T_4$ 抗体。

**血清 $T_3$ 浓度下降的原因**・与血清 $T_4$ 浓度下降的原因相同。

**血清 $T_3$ 浓度升高的原因**・与血清 $T_4$ 浓度升高的原因相同。$T_3$ 比 $T_4$ 更常见由于抗甲状腺激素抗体干扰放射免疫分析而导致假性升高。

## 游离甲状腺素（$fT_4$）

**适应证**・血清 $fT_4$ 浓度的测定通常用于以下情况：那些疑似患有甲状腺功能减退且血清 $T_4$ 浓度无法检测的患犬、并发重度疾病或两者兼有，以及患有隐匿性甲状腺功能亢进的猫。

**优点**・该检测方法易于进行，与改良平衡透析（MED）技术测量血清 $T_4$ 浓度相比可提供更准确地甲状腺功能评估[29]。评估不使用平衡透析的较新 $fT_4$ 检测方法的研究尚未发表，尽管初步研究结果表明，与 ELISA 法和在检测 $fT_4$ 之前使用放射免疫分析利用两种孵育温度分离与蛋白质结合的游离 $T_4$ 的检测方法的结果类似。激素在处理和运输过程中是稳定的。

**缺点**・一些变量可能会影响血清 $fT_4$ 浓度，导致对结果的错误解读。此外，这项检测的费用相对较高。

**分析**・最常用的测定血清 $fT_4$ 的方法是用

平衡透析法将 $fT_4$ 从与蛋白质结合的 $T_4$ 中分离出，用 RIA 测定或一步或两步免疫测定法。

**正常值**・犬，0.8 ~ 3.5 ng/dL；猫，1.0 ~ 4.0 ng/dL。

> **注意：**不同的 $fT_4$ 测定方法有不同的参考范围。不同的实验室有不同的参考范围。将 ng/dL 乘以 12.87 换算为 pmol/L。

**危险值**・无。

**影响血清 $fT_4$ 浓度的变量**・并发症可以抑制血清 $fT_4$ 浓度，尽管血清 $fT_4$ 浓度比血清 $T_4$ 浓度更容易发生变化，可能部分取决于疾病涉及的病理生理机制。一般来说，有并发症的犬血清 $fT_4$ 浓度有下降趋势，但比总 $T_4$ 浓度下降的程度小。然而，如果存在严重疾病，$fT_4$ 浓度可能＜0.5 ng/dL。抑制血清 $T_4$ 浓度的药物和激素也可以抑制血清 $fT_4$ 浓度（表 8–2）。与血清 $T_4$ 浓度不同，循环中的抗甲状腺素抗体不会影响 $fT_4$ 结果。许多已知的影响血清 $T_4$ 浓度的其他变量对血清 $fT_4$ 的影响尚未报道。除非临床研究表明不同，否则，临床兽医应假定影响血清 $T_4$ 浓度的变量也可能对血清 $fT_4$ 浓度有类似的影响。

**血清 $fT_4$ 浓度下降的原因**・与血清 $T_4$ 浓度下降的原因相同。在作者的实验室，假设病史、体格检查和临床病理异常与疾病一致，且不存在严重的并发疾病，血清 $fT_4$ 浓度＜0.8 ng/dL（特别是＜0.5 ng/dL）提示甲状腺功能减退。

**血清 $fT_4$ 浓度升高的原因**・与血清 $T_4$ 浓度升高的原因相同。在一些隐匿性甲状腺功能亢进患猫中，测定血清 $fT_4$ 浓度比测定血清 $T_4$ 浓度能更准确地评估甲状腺功能[30]。由于成本的原因，通常对疑似甲状腺功能亢进的猫进行 $fT_4$ 浓度检测，因为 $T_4$ 的值接近临界值。偶尔会出现并发疾病导致猫的血清 $fT_4$ 浓度增加（这种增加可能超过参考范围）。因此，血清 $fT_4$ 浓度应始终与从同一血液样本中测量的血清 $T_4$ 浓度一起进行判读。血清 $fT_4$ 浓度升高，同时血清 $T_4$ 浓度高于正常或升高，支持对甲状腺功能亢进的诊断。血清 $fT_4$ 浓度升高，同时血清 $T_4$ 浓度低于正常或降低，可支持正常甲状腺病态综合征，而不是甲状腺功能亢进。

## 基线内源性 TSH

**适应证**・基线血清 TSH 用于评估疑似甲状腺功能减退和甲状腺功能亢进患犬的甲状腺功能。从理论上讲，TSH 与血清 $T_4$ 浓度、$fT_4$ 浓度或两者结合的综合考量会提高诊断疑似甲状腺功能减退患犬的准确性。血清 TSH 对猫隐匿性甲状腺功能亢进的诊断价值有待进一步研究。

**优点**・这项检测很容易进行，激素在处理和运输过程中稳定，当与其他甲状腺激素检测结合使用时，可以提高评估甲状腺功能的准确性。

**缺点**・这项检测本身的诊断作用很小，甲状腺功能减退患犬的 TSH 浓度通常正常，并发非甲状腺疾病或服用药物（如苯巴比妥）的犬可能会出现 TSH 浓度升高。目前的 TSH 检测不能识别低 TSH 值。

**分析**・血清 TSH 可以用放射免疫分析、化学发光免疫测定和酶免疫测定来测定[20]。化学发光免疫测定法已经在猫上得到验证[43]。

**正常值**・犬，＜0.03 ~ 0.6 ng/mL；老年猫，＜0.03 ~ 0.15 ng/mL。

**危险值**・无。

**影响血清 TSH 浓度的变量**・存在许多降低基线甲状腺激素浓度的变量，最明显的是并发疾病和服用药物，不过这也可能增加甲状腺功能正常犬的血清 TSH 浓度，如果临床兽医只看数值结果，可能会导致甲状腺功能减退的误诊（表 8–1 和表 8–2）。血清 TSH 浓度可能正常，也可能升高，部分取决于并发疾病或药物对 $fT_4$ 浓度和垂体功能的影响。如果垂体功能受到抑制，则 TSH 浓度在正常范围内或检测不到。如果垂体对 $fT_4$ 浓度变化的反应不受并发疾病或药物的影响，则 TSH 浓度会随着 $fT_4$ 浓度的下降而升高。并发非甲状腺疾病的犬的血清 TSH 浓度很容易超过 1.0 ng/mL。

**血清 TSH 浓度升高的原因・**在犬中，血清 TSH 浓度升高是由原发性甲状腺功能减退、正常甲状腺病态综合征和药物引起的。理想情况下，原发性甲状腺功能减退患犬的基线内源性 TSH 浓度应升高，血清 $T_4$ 浓度和 $fT_4$ 浓度应降低。然而，甲状腺功能减退患犬的血清 TSH 浓度与患有并发疾病的甲状腺功能正常犬的血清 TSH 浓度有重叠，约 20% 的甲状腺功能减退患犬的 TSH 浓度正常（即＜0.6 ng/mL）。在大多数研究中，TSH 测定的敏感性和特异性平均约为 80%[37]。血清 TSH 浓度应始终与同一血液样本中测定的血清 $T_4$ 浓度或 $fT_4$ 浓度一起解读，不应作为甲状腺功能评估的唯一检测。在有适当病史和体检结果的犬的血液样本中发现低血清 $T_4$ 浓度或低 $fT_4$ 浓度，高 TSH 浓度支持原发性甲状腺功能减退的诊断，而发现血清 $T_4$ 浓度、$fT_4$ 浓度和 TSH 浓度正常则排除甲状腺功能减退。血清 $T_4$ 浓度、$fT_4$ 浓度和 TSH 浓度的任何其他组合都很难解释，建议评估病史、体检结果和血清 $fT_4$ 浓度后进行判断。

**无法检测到血清 TSH 浓度的原因・**目前的 TSH 检测方法无法区分犬猫的血清 TSH 浓度是正常还是降低。参考范围下限无法检测。除了血清 $T_4$ 浓度升高的犬和可能患有隐匿性甲状腺功能亢进的猫以外，无法检测到的血清 TSH 浓度的诊断价值有限。因为垂体促甲状腺激素功能的负反馈抑制，甲状腺功能亢进会导致无法检测到 TSH 浓度[43]。从血清 $T_4$ 浓度升高的犬或疑似甲状腺功能亢进的猫身上获得的血液样本中，TSH 的鉴定与甲状腺功能亢进不一致，也可能是血清 $T_4$ 浓度升高的另一个原因。

## 甲状腺球蛋白自身抗体

**适应证・**甲状腺球蛋白（thyroglobulin，Tg）自身抗体的测定是为了鉴别甲状腺功能减退患犬的淋巴细胞性甲状腺炎，并可能作为有繁育计划且目前甲状腺正常的犬的淋巴细胞性甲状腺炎的筛查试验。Tg 自身抗体与 $T_3$ 和 $T_4$ 自身抗体一起出现（见下一节 $T_4$ 自身抗体），并在 $T_3$ 和 $T_4$ 自身抗体阴性的淋巴细胞性甲状腺炎患犬中也有发现，这意味着 Tg 自身抗体测定是一种比 $T_3$ 和 $T_4$ 自身抗体更好的淋巴细胞性甲状腺炎筛查试验。血清 Tg 自身抗体的存在提示甲状腺病理，但不能证明炎症反应的严重程度或进展性质或甲状腺受累程度，也不能作为甲状腺功能的指标。甲状腺功能减退的诊断不能单独根据 Tg 自身抗体。确诊为甲状腺功能减退的患犬 Tg 自身抗体可能阴性，而甲状腺功能正常的犬 Tg 自身抗体可能阳性。如果犬有与淋巴细胞性甲状腺炎相一致的临床症状、生理体征和甲状腺素检测结果，鉴定出 Tg 自身抗体将支持诊断为淋巴细胞性甲状腺炎引起的甲状腺功能减退。

Tg 自身抗体可作为繁殖犬淋巴细胞性甲状腺炎的早期筛查指标。Tg 自身抗体试验阳性提示淋巴细胞性甲状腺炎。然而，血清 Tg 自身抗体作为无临床症状和甲状腺功能正常的犬最终发展为甲状腺功能减退的预测指标的价值仍有待阐明。目前，Tg 自身抗体阳性被认为患有淋巴细胞性甲状腺炎，可在 3 ~ 6 个月内复查甲状腺功能。

## $T_4$ 自身抗体

**适应证・**$T_4$ 自身抗体的测定用于解释疑似甲状腺功能减退患犬的血清 $T_4$ 或 $T_3$ 值异常，识别甲状腺功能减退患犬的淋巴细胞性甲状腺炎，以及作为用于繁育的目前甲状腺正常的犬的淋巴细胞性甲状腺炎的筛查试验（见上一节关于甲状腺球蛋白自身抗体的内容）。对阳性检测结果的解读类似于对 Tg 自身抗体阳性检测结果的解读。循环 $T_4$ 抗体可能会干扰放射免疫分析测量血清 $T_4$ 浓度和 $T_3$ 浓度，导致虚假结果 [40]。干扰的类型取决于放射免疫分析，可能会出现假性偏低和偏高的结果。不过 $T_4$ 抗体导致 $T_4$ 值明显假性升高的概率不到被检测血液样本的 1%。用平衡透析技术测定的血清 $fT_4$ 不受 $T_4$ 自身抗体的影响，应该用来代替怀疑有 $T_4$ 自身抗体的犬的血清 $T_4$ 检测。

## $T_3$ 抑制试验

**适应证・**对患有隐性疾病的猫进行 $T_3$ 抑制试验以确认甲状腺功能亢进的存在。$T_3$ 抑制试验评估垂体 TSH 分泌对三碘甲状腺原氨酸钠抑制的反应。给正常猫注射 $T_3$ 可抑制脑垂体 TSH 的分泌，血清 $T_4$ 浓度降低。后续对血清 $T_4$ 的测量是准确的，因为外源性 $T_3$ 不能转化为 $T_4$。甲状腺功能亢进患猫会出现 $T_4$ 的自主分泌。给甲状腺功能亢进患猫注射 $T_3$ 应该不会有抑制作用。

**优点・**这项试验很容易进行，相对便宜，而且易于解释。

**缺点・**需要 3 d 才能完成，其准确性取决于主人给药 7 次和猫吞药的能力。

**过程・**采血用于测定基线血清 $T_4$ 浓度和 $T_3$ 浓度。然后，主人从第 2 天早上开始给予三碘甲状腺原氨酸钠，每天 3 次，每次 25 μg，连续服用 2 d。在第 3 天早上，第 7 次给药 25 μg。2 ~ 4 h 后,采集第 2 份血液样本，用于测定血清 $T_4$ 浓度和 $T_3$ 浓度。

**解读・**正常猫在给药后血清 $T_4$ 浓度 ＜1.5 μg/dL。甲状腺功能亢进患猫在给药后血清 $T_4$ 浓度＞2.0 μg/dL。给药后血清 $T_4$ 浓度为 1.5 ~ 2.0 μg/dL 无诊断意义。血清 $T_4$ 浓度下降的百分比不可靠，尽管在正常但非甲状腺功能亢进的患猫中会出现低于基线 50% 的抑制 [28]。

血清 $T_3$ 结果被用来确定主人是否成功地给猫服用甲状腺药物。无论甲状腺功能状态如何，所有经过正常给药的猫的血清 $T_3$ 浓度都应该升高。如果猫的血清 $T_4$ 浓度没有下降，而血清 $T_3$ 浓度没有增加，那么很可能存在主人对医嘱遵从性的问题，检测结果不可信。

## TSH 刺激试验

**适应证・**TSH 刺激试验评估甲状腺对外源性 TSH 注射反应性。这项试验的主要优点是可在基线血清 $T_4$ 浓度和 $fT_4$ 浓度较低的犬中区分甲状腺功能减退和正常甲状腺病态综合征。

**优点・**该试验易于进行，通常在区分甲状腺功能减退和降低血清 $T_4$ 浓度的其他疾病方面准确。

**缺点・**目前只有重组人促甲状腺激素（recombinant human TSH，rhTSH）可供选择，而且价格昂贵。在一些犬上会得出无法解释的结果。

**过程·** 目前犬 TSH 刺激方案为每只犬静脉注射或肌内注射 rhTSH 75 μg，并在注射前和注射后 6 h 测定血清 $T_4$ 浓度[3]。剩余的 rhTSH 可在 4℃下保存 4 周，在 –20℃下保存 8 周而不失去生物活性[7]。

**解读·** 解读需基于血清 $T_4$ 值的绝对值。对于甲状腺功能正常的犬，注射 rhTSH 后 6 h 血清 $T_4$ 浓度应≥2.5 μg/dL，且应大于或等于基线血清 $T_4$ 浓度的 1.5 倍。原发性甲状腺功能减退患犬在注射 rhTSH 后血清 $T_4$ 浓度＜1.5 μg/dL（图 8–9）[25]。注射 rhTSH 后血清 $T_4$ 浓度为 1.5 ~ 2.5 μg/dL 无法诊断，可能发生在早期甲状腺功能减退中，也可能代表甲状腺功能正常的犬由于并发疾病或药物治疗而出现甲状腺抑制。严重的全身性疾病会导致注射 rhTSH 后血清 $T_4$ 浓度下降，被认为是原发性甲状腺功能减退（即＜1.5 μg/dL）。同样，低基线血清 $T_4$ 浓度和注射 rhTSH 后血清 $T_4$ 浓度正常也很难解释。为了最终确定甲状腺功能，可能需要评估病史、体格检查、临床病理评估，有时还需要评估对试验治疗的反应。注射 rhTSH 前后血清 $T_4$ 浓度高于基线，并伴有甲状腺对 TSH 缺乏反应（图 8–9）的情况在甲状腺功能减退患犬中偶有发生，这可能反映了在淋巴细胞性甲状腺炎患犬循环中存在甲状腺激素抗体。

## 垂体促肾上腺皮质激素

**偶见适应证·** 在犬上，测定垂体 ACTH 浓度可区分垂体依赖性和肾上腺依赖性自发性肾上腺皮质功能亢进，并区分原发性和继发性肾上腺皮质功能减退。在猫上也有类似的作用。基线内源性 ACTH 浓度的测定不能用于诊断肾上腺皮质功能亢进，因为存在间歇性分泌，以及正常和垂体依赖性肾上腺皮质功能亢进（pituitary-dependent hyperadrenocorticism，PDH）之间存在重叠。

**优点·** 是鉴别 PDH 与肾上腺皮质肿瘤（AT）的可靠方法。

**缺点·** ACTH 是一种脆弱的激素，在处理样本时需要小心谨慎（见下文）。此外，这项检测费用昂贵，可用性有限，而且血浆样本在进行检测前必须保持冷冻状态。

**过程·** 尽管用于 ACTH 测定的血液通常是在早上抽取的，但血液采样时间可能不会影响结果。然而，在进行评估垂体 – 肾上腺皮质轴的检测（即 ACTH 刺激试验、LDDS）之前，必须抽取血液进行 ACTH 测定。ACTH 是一种不稳定的蛋白质，可以附着在玻璃上。血液样本必须放在塑料或有机硅涂层的 EDTA 试管中，并立即放在冰上。血液应立即离

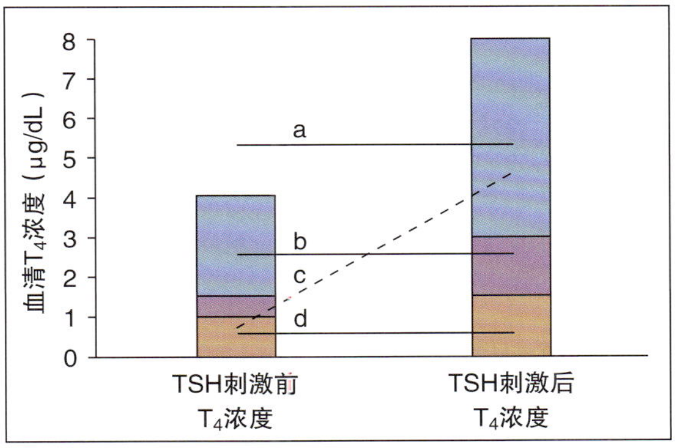


**图 8–9　对犬 TSH 刺激试验的解释**

TSH 刺激后 $T_4$ 值落在正常范围，通常表示甲状腺功能正常。异常包括 TSH 刺激前 $T_4$ 值高但 TSH 刺激后 $T_4$ 无增加（a 线）和 TSH 刺激前 $T_4$ 值低但对 TSH 反应正常（c 线）。应考虑抗 $T_4$ 抗体阳性的原发性甲状腺功能减退（a 线和 b 线）和继发性甲状腺功能减退或并发疾病的抑制作用（c 线）。TSH 刺激前和 TSH 刺激后 $T_4$ 值低（d 线）和 TSH 刺激后 $T_4$ 值在无法诊断范围内，可能预示着甲状腺功能减退或并发疾病的抑制作用。

（数据来源：Nelson RW, Couto CG: Essentials of small animal internal medicine, St. Louis, 1992, Mosby–Year Book, p 549.）

心，血浆应在塑料管中冷冻。整个过程应在 10 min 内完成。样本必须冷冻运输，并必须保持冷冻状态，直到进行 ACTH 检测。

**分析**·用放射免疫分析或化学发光免疫测定法测定血浆中的 ACTH[34]。用于犬猫的试验必须经过验证。

**正常值**·犬，10 ~ 70 pg/mL；猫，10 ~ 60 pg/mL。不同实验室的参考范围可能不同。将 pg/mL 乘以 0.220 转换为 pmol/L。

对患有肾上腺皮质功能亢进的犬猫的解释：

＜10 pg/mL：肾上腺依赖性肾上腺皮质功能亢进。

10 ~ 45 pg/mL：无法诊断。

＞45 pg/mL：垂体依赖性肾上腺皮质功能亢进。

对患有肾上腺皮质功能减退的犬的解释：

＜10 pg/mL：继发性肾上腺皮质功能减退。

10 ~ 45 pg/mL：无法诊断。

＞45 pg/mL：原发性肾上腺皮质功能减退。

**危险值**·无。

**假象**·ACTH 浓度可能因为血浆未冷冻储存，在运送到实验室期间解冻样本，或在收集或储存期间使用玻璃容器而降低。

**可能改变 ACTH 值的药物治疗**·使用糖皮质激素（如地塞米松）可降低 ACTH 浓度，使用胰岛素可增加 ACTH 浓度。

**血浆 ACTH 浓度变化的原因分析**·基线内源性 ACTH 浓度的变化是由原发性脑垂体疾病或影响血液皮质醇浓度的疾病引起的，并对 ACTH 分泌有负性抑制作用（专栏 8–10）。垂体疾病包括与 ACTH 分泌增加有关的 PDH（图 8–10），以及由垂体促肾上腺皮质激素细胞功能丧失和 ACTH 分泌减少引起的继发性肾上腺皮质功能减退（图 8–11）。束状带的功能性肾上腺皮质肿瘤（AT）增加了皮质醇的分泌，这抑制脑垂体 ACTH 的分泌，血浆 ACTH 通常降低到检测不到的浓度（图 8–10）[34]。过量使用外源性糖皮质激素也会出现类似的现象（即医源性肾上腺皮质功能亢进）。破坏束状带（如原发性肾上腺皮质功

**专栏 8–10 犬内源性血浆 ACTH 浓度变化的原因**

**正常到升高**

- 垂体依赖性肾上腺皮质功能亢进
- 原发性肾上腺皮质功能减退
- 非典型肾上腺皮质功能减退

**正常到降低**

- 肾上腺依赖性肾上腺皮质功能亢进
- 医源性肾上腺皮质功能亢进
- 自发性继发性肾上腺皮质功能减退
- 样本采集 / 储存不当

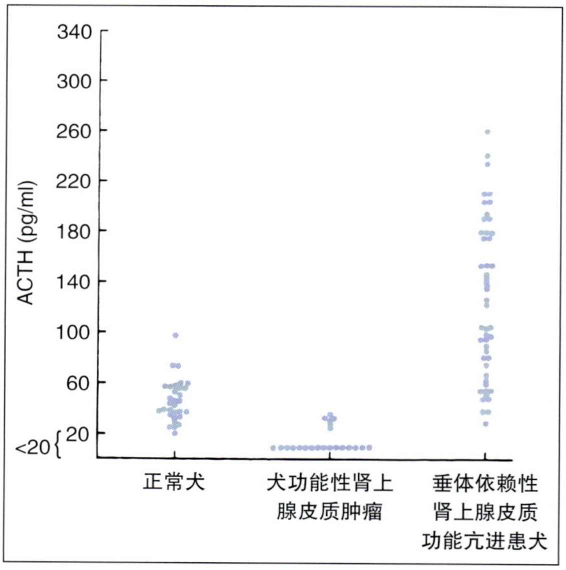


**图 8–10 临床正常犬、肾上腺依赖性肾上腺皮质功能亢进（肾上腺皮质癌或腺瘤）患犬和垂体依赖性肾上腺皮质功能亢进患犬的内源性血浆 ACTH 浓度**

（数据来源：Feldman EC, Nelson RW: Canine and feline endocrinology and reproduction, Philadelphia, 1987, WB Saunders.）

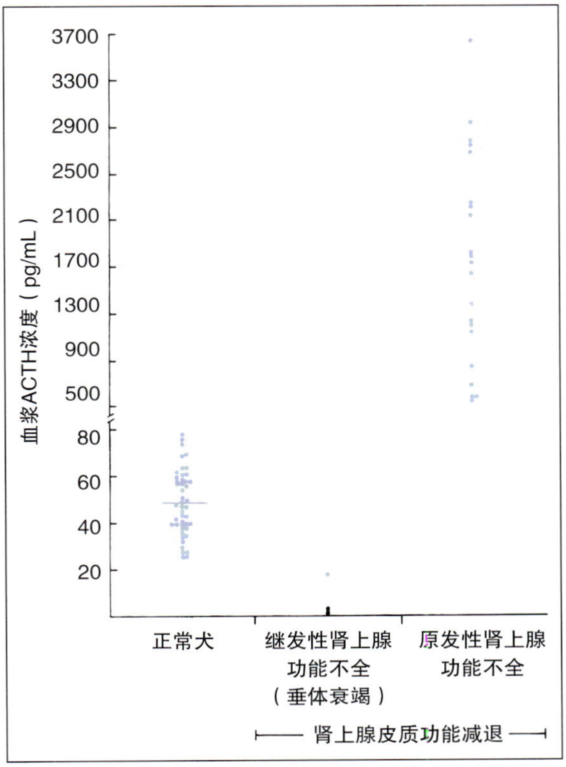


**图 8-11　正常犬、继发性肾上腺衰竭和原发性肾上腺衰竭患犬的内源性 ACTH 浓度**

（数据来源：Feldman EC, Peterson ME: Hypoadrenocorticism. Vet Clin North Am 14:761, 1984.）

能减退）会降低血液皮质醇浓度，从而增加血浆 ACTH 浓度（图 8-11）。猫的血浆 ACTH 浓度也有类似的变化。

## 血清皮质醇

**常见适应证**·测定血清皮质醇以评估疑似肾上腺皮质功能亢进或肾上腺皮质功能减退患病动物的垂体肾上腺皮质轴，并监测肾上腺皮质功能亢进的治疗情况。提示肾上腺皮质功能亢进的症状包括多饮多尿、多食、内分泌性脱毛、气喘、虚弱、皮肤钙质沉着、表皮和真皮萎缩、构象改变（如“壶腹外观”）、胰岛素抵抗型糖尿病、肝肿大、应激性脑白细胞象、血清碱性磷酸酶（SAP）升高、高胆固醇血症、持续性少尿、蛋白尿和反复性尿路感染，尤其是在中老年患病动物中。提示肾上腺皮质功能减退的症状包括嗜睡、沉郁、食欲减退、呕吐、虚弱、体重减轻、心动过缓、血容量减少、低钠血症和高钾血症，尤其是在年轻到中年的犬猫中。

**优点**·这项检测很容易进行，包括快速 ELISA，而且激素是稳定的。基线血清皮质醇浓度可能有助于排除原发性肾上腺皮质功能减退[19]。

**缺点**·在评估犬猫的肾上腺皮质功能亢进或对药物治疗的反应时，基线血清皮质醇浓度没有诊断意义。只有在用 ACTH 或地塞米松控制垂体 - 肾上腺皮质轴后，对其的解释才有效。

**分析**·血清皮质醇通常通过放射免疫分析或化学发光免疫分析来测定。血清采集应迅速完成，并保持冷藏或冷冻直到进行检测。如果血清样本要邮寄，应与冰袋一起运送。反复冻融或溶血不会改变皮质醇浓度。禁食长达 36 h 不会影响皮质醇浓度，在犬猫上也不存在在不同时间检测浓度变化。

**正常值**·犬，1.0 ~ 6.0 μg/dL；猫，1.0 ~ 5.0 μg/dL。将 μg/dL 乘以 27.59 转换为 nmol/L。

**危险值**·无。

**影响血清皮质醇浓度的假象**·环境（如应激、兴奋）和慢性疾病可能会升高基线血清皮质醇浓度。含有氢化可的松、可的松、泼尼松、泼尼松龙，可能还有甲泼尼龙的外源性糖皮质激素制剂可能会与一些皮质醇测定发生交叉反应，导致皮质醇测定值假性升高。地塞米松与皮质醇检测不会发生交叉反应。血清样本可在 2 ~ 8℃的温度下过夜保存，首选冷冻进行长期保存。

**可能改变血清皮质醇浓度的药物治疗**·雌

激素可能会使血清皮质醇浓度升高。长期服用雄激素或糖皮质激素和孕激素如醋酸甲地孕酮可以降低血清皮质醇浓度。

**高皮质醇血症的病因·**高皮质醇血症临床上最相关的原因是肾上腺皮质功能亢进（专栏8-11）。其他原因包括造成应激或兴奋的环境因素、慢性疾病（如糖尿病、肾功能衰竭、肝功能衰竭、充血性心力衰竭），以及与皮质醇分析存在交叉反应的糖皮质激素制剂的使用。对于后者导致皮质醇浓度升高，一定是在采血前12～24 h内给药，并且在检测时仍存在于血液中。一旦制剂中的糖皮质激素被代谢，由于外源性糖皮质激素对脑垂体ACTH分泌的抑制作用，血清皮质醇浓度下降。这一现象（即医源性肾上腺皮质功能亢进）即为肾上腺皮质功能亢进的迹象，但垂体-肾上腺皮质轴受到抑制，类似于肾上腺皮质功能减退（图8-12；参见低皮质醇血症的原因）。

**专栏8-11　犬猫静息血浆皮质醇浓度变化的原因**

升高
- 应激、恐惧、兴奋、攻击性
- 严重或慢性疾病
- 药物
  - 可的松、氢化可的松、泼尼松和泼尼松龙（由于与皮质醇检测的交叉反应）
  - 抗痉挛药
- 肾上腺皮质功能亢进
  - 垂体依赖性
  - 肾上腺依赖性

降低
- 不适当的存储方式
- 医源性肾上腺皮质功能亢进
- 分泌孕酮的肾上腺肿瘤
- 肾上腺皮质功能减退
  - 原发性
  - 继发性（即垂体功能不全）
  - 不典型（即选择性糖皮质激素缺乏症）
- 药物
  - 孕激素类
  - 醋酸甲地孕酮
- 急性危重病

肾上腺皮质功能亢进一般发生在犬上，很少发生在猫上。根据病史、体格检查和常规临床病理评估（如CBC、血清生化、尿液分析；见本节开头常见适应证部分），可初步诊断肾上腺皮质功能亢进。临床病理评估发现的常见异常包括应激性白血病、SAP和ALT活性升高、高胆固醇血症、等渗尿至低渗尿、蛋白尿和菌尿。在肾上腺皮质功能亢进患猫中，高血糖和高胆固醇血症在临床病理中最一致。犬猫的其他异常包括血清淀粉酶浓度、脂肪酶浓度和胰岛素浓度升高，以

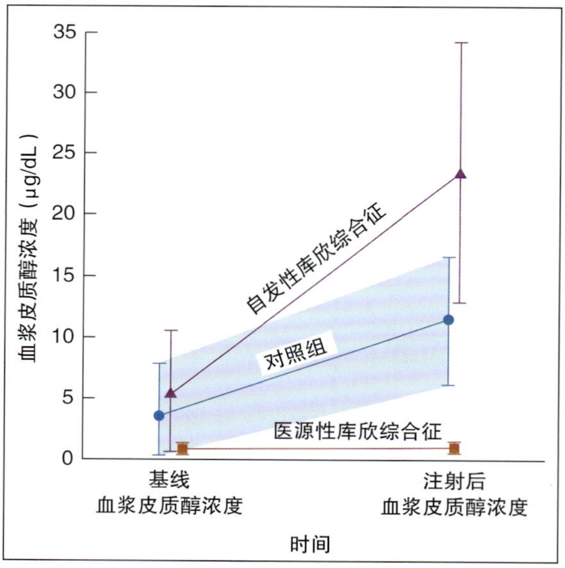


**图8-12　测定对照组、自发性肾上腺皮质功能亢进和医源性肾上腺皮质功能亢进患犬在未注射合成ACTH和注射后1 h的血浆皮质醇平均浓度（±2 SD）**

（数据来源：Feldman EC, Nelson RW: Canine and feline endocrinology and reproduction, ed 2, Philadelphia, 1996, WB Saunders.）

及基线血清 $T_4$ 浓度、$fT_4$ 浓度、$T_3$ 浓度和 TSH 浓度（可能）下降。许多肾上腺皮质功能亢进患犬被误诊为原发性肝病，原因是肝肿大、肝酶升高（尤其是 SAP）、血清胆汁酸浓度升高和空泡性肝病。

诊断肾上腺皮质功能亢进，以及区分垂体依赖性肾上腺皮质功能亢进（PDH）和功能性肾上腺皮质肿瘤（AT）需要在用 ACTH 或地塞米松调控垂体肾上腺皮质轴后评估血清皮质醇浓度（图 8-13）。基线血清皮质醇浓度对诊断肾上腺皮质功能亢进没有实际意义。诊断肾上腺皮质功能亢进的检测包括 ACTH 刺激试验和 LDDS 试验。区分 PDH 和 AT 的检测包括内源性 ACTH 浓度、LDDS 试验、高剂量地塞米松抑制（high-dose dexamethasone suppression，HDDS）试验和腹部超声检查。医源性肾上腺皮质功能亢进的诊断是基于糖皮质激素用药史和 ACTH 刺激试验结果。有关这些检测的具体信息，读者可参阅下面的相应内容。

诊断犬肾上腺皮质功能亢进，以及鉴别 PDH 和 AT 最常用的检测是 ACTH 刺激试验、LDDS 试验和腹部超声检查。尿皮质醇 / 肌酐比值（UCCR）可以作为肾上腺皮质功能亢进初始筛查的一部分进行评估，如果之前的检查结果正常或不确定，且犬的临床症状不明显，则可以评估尿皮质醇 / 肌酐比值以进一步排除肾上腺皮质功能亢进。地塞米松抑制试验、UCCR 和腹部超声可用于诊断猫肾上腺皮质功能亢进。以作者的经验，ACTH 刺激试验对肾上腺皮质功能亢进患猫的敏感性一直＜50%。

**低皮质醇血症的病因**・临床上最相关的病因是原发性肾上腺皮质功能减退（专栏 8-11），由肾上腺球状带（盐皮质激素产生区）和束状带（糖皮质激素产生区）破坏所致。其他原因包括医源性肾上腺皮质功能亢进（参见高皮质醇血症的病因部分）、继发性肾上腺皮质功能减退、分泌孕酮的 AT、醋酸甲地孕酮治疗、急性危重病和不当的样本处理[4]。继发性肾上腺皮质功能减退（即非典型肾上腺皮质功能减退）由选择性糖皮质激素分泌不足所致，这可能是由于脑下垂体疾病导致的 ACTH 分泌不足或由束状带功能的原发丧失所致，后者与血浆 ACTH 浓度升高有关[41]。

原发性肾上腺皮质功能减退通常发生于年轻成犬，很少在猫上发生。病史、体格检查和常规临床病理评估通常提示肾上腺皮质功能减退。临床病理异常可能包括轻度非再生性贫血、患犬或患猫缺乏应激性白细胞象、高钾血症、低钠血症、低氯血症、氮质血症、高磷血症、轻度高钙血症（即 12 ～ 14 mg/dL）、轻度低血糖（即 45 ～ 60 mg/dL）和代谢性酸中毒。尿比重为高渗尿到等渗尿（由于肾钠损耗和肾髓质浓度梯度的丧失），因此可以模拟原发性肾病。严重的高钾血症（即＞7 mEq/L）可发展为心脏传导障碍。如果存在上述干扰，则很容易在心电图的Ⅱ导联节律条上识别出，可能包括 P 波减弱、PR 间期延长、QRS 复合波、T 波峰和室性心律失常。

临床病理评估发现的标志性异常是高钾血症、低钠血症和低氯血症[1]。钠钾比反映了这些电解质的变化。原发性肾上腺皮质功能减退的钠钾比通常＜27：1（正常比率为 27：1 ～ 40：1）。然而，正常的血清电解质浓度并不能排除肾上腺功能不全。早期疾病、选择性皮质醇减少症、近期接受液体治疗的肾上腺功能减退患病动物和继发性肾上腺皮质功能减退患病动物的血清电解质浓度可能正常。此外，其他疾病（特别是肾脏疾病、胃肠道疾病和肝脏疾病）可引起类似肾上腺功能不全的血清电解质变化。有关低钠血症、

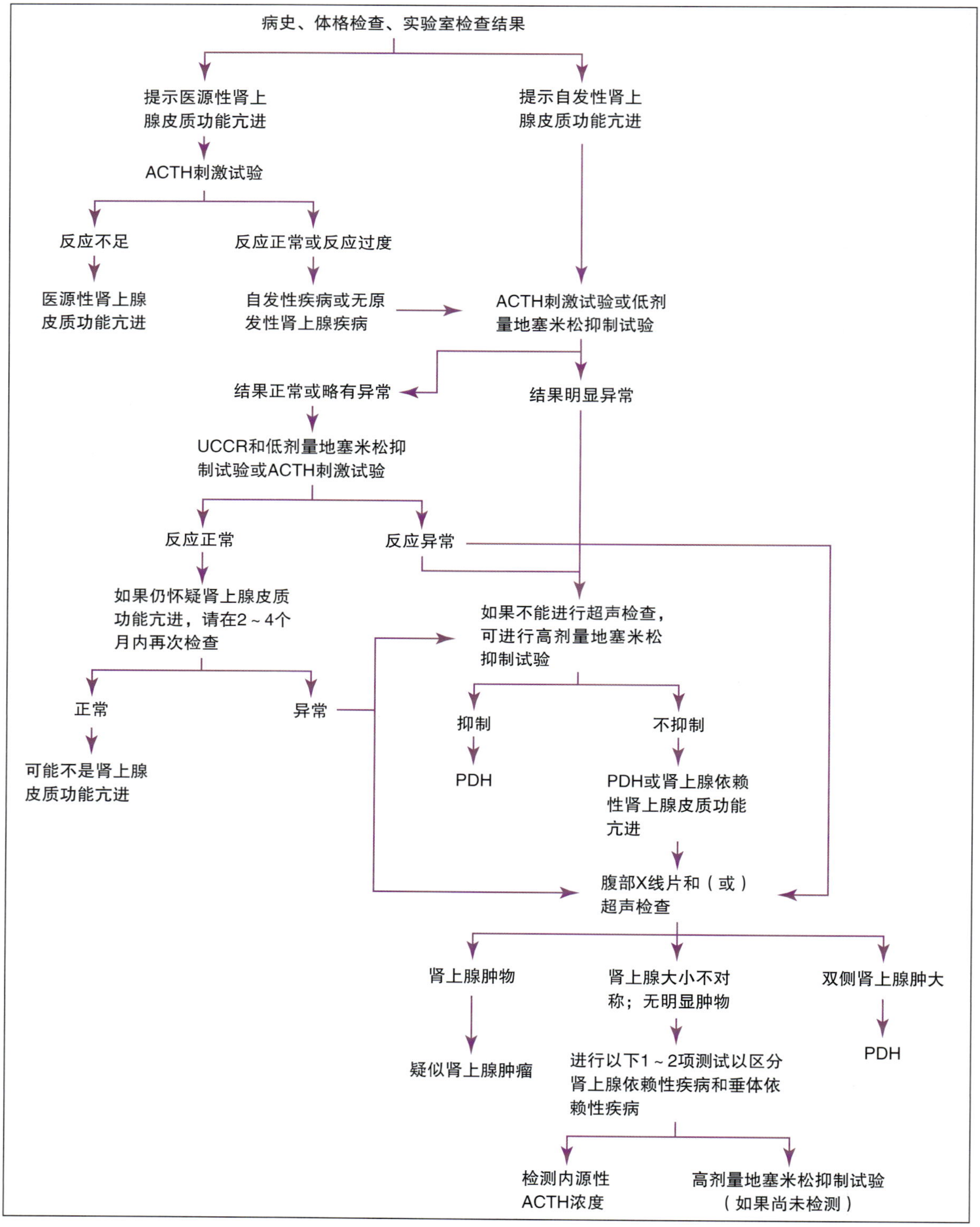


**图 8–13 根据病史（多尿多饮、多食、气喘、虚弱）、体格检查（躯干脱毛、壶腹便秘、皮肤钙质沉着症、肝肿大）或实验室结果（血清碱性磷酸酶升高、淋巴细胞减少、嗜酸性粒细胞减少、高胆固醇血症、尿路感染）对疑似肾上腺皮质功能亢进患病动物进行评估**

ACTH，促肾上腺皮质激素；PDH，垂体依赖性肾上腺皮质功能亢进；UCCR，尿皮质醇/肌酐比值。

低氯血症和高钾血症的其他原因，读者可参考第 6 章。

基线血清皮质醇浓度可用于排除肾上腺皮质功能减退，血清皮质醇浓度＞2 μg/dL 时不考虑该疾病[19]。基线血清皮质醇浓度＜2 μg/dL 可在许多情况下出现（如疾病引起的相对肾上腺皮质功能不全[21]），但不能确诊肾上腺皮质功能减退。需要进行 ACTH 刺激试验确认肾上腺皮质功能减退。肾上腺功能不全患病动物的基线血清皮质醇浓度低或低于正常，而给予 ACTH 后，血清皮质醇浓度小幅度增加或没有增加（图 8-14）。ACTH 刺激试验不能区分原发性肾上腺功能不全和继发性肾上腺功能不全。并发电解质异常提示原发性肾上腺皮质功能减退，但正常的电解质浓度不能区分早期原发性肾上腺功能不全和继发性肾上腺功能不全[41]。要鉴别则需要测量基线内源性 ACTH 浓度或 ACTH 刺激试验期间的血浆醛固酮浓度（参见血浆醛固酮部分）。

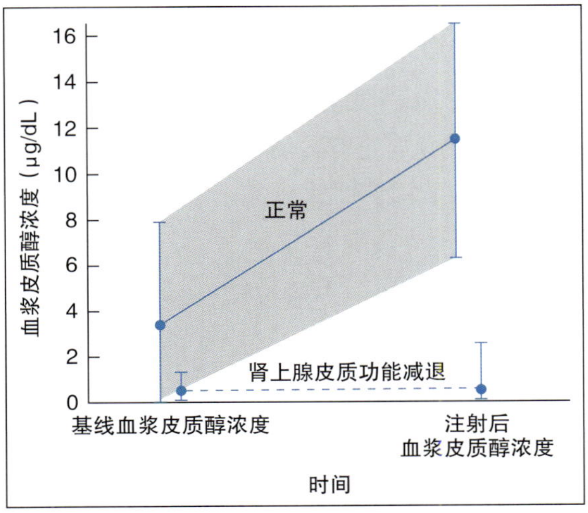


**图 8-14　正常犬和肾上腺皮质功能减退患犬外源性 ACTH 刺激前后的血浆皮质醇浓度范围（平均值 ±2 SD）**

（数据来源：Feldman EC, Nelson RW: Canine and feline endocrinology and reproduction, ed 2, Philadelphia, 1996, WB Saunders.）

## ACTH 刺激试验

**常见适应证**・进行 ACTH 刺激试验是为了确认肾上腺皮质功能减退和医源性肾上腺皮质功能亢进，筛查自发性肾上腺皮质功能亢进，并监测米托坦（o，p'-DDD）、曲洛司坦和酮康唑对垂体依赖性肾上腺皮质功能亢进（PDH）的疗效。ACTH 刺激试验不能区分 PDH 和 AT。

**优点**・这项试验很容易进行，结果也很容易解读。

**缺点**・这项试验费用昂贵。在自发性肾上腺皮质功能亢进患病动物的检测中，假阳性和假阴性很常见；结果可能受到慢性疾病和应激的影响（即夸张）；该试验无法区分原发性肾上腺皮质功能减退和继发性肾上腺皮质功能减退或 PDH 和 AT。

**过程**・ACTH 刺激试验的方案在犬猫之间，以及所使用的 ACTH 类型是不同的。当使用合成 ACTH 时，犬（不论体重）应肌内注射 0.25 mg（250 μg）ACTH，并在注射之前和注射 1 h 后取血进行皮质醇测定；猫（不论体重）应肌内注射 0.125 mg（125 μg）ACTH 并在注射前和注射 30 min 和 60 min 后取血进行皮质醇测定。当使用合成 ACTH 时，较低剂量（5 μg/kg 静脉注射或肌内注射）对犬也有效，未使用的 ACTH 可在 -20℃塑料注射器中冷冻保存 6 个月，对其生物活性没有不良影响。当使用 ACTH 凝胶时，在（犬）肌内注射 ACTH 凝胶前和注射后 2 h、（猫）肌内注射 ACTH 凝胶前和注射后 1 h 和 2 h 采血测定皮质醇。ACTH 刺激试验可以在一天的任何时间进行。

**可能改变结果的假象和药物治疗**・任何

改变血清皮质醇浓度的物质都会影响 ACTH 刺激试验结果（请参阅影响血清皮质醇浓度的假象部分）。抗惊厥药物可能会使 ACTH 刺激试验结果假性升高。

对犬 ACTH 刺激后皮质醇浓度的解释：

＜2 μg/dL：肾上腺皮质功能减退。

＜6 μg /dL：提示医源性肾上腺皮质功能亢进。

6 ~ 18 μg/dL：正常。

18 ~ 24 μg/dL：提示自发性肾上腺皮质功能亢进。

＞24 μg/dL：高度提示自发性肾上腺皮质功能亢进。

对猫 ACTH 刺激后皮质醇浓度的解释：

＜2 μg/dL：肾上腺皮质功能减退。

＜5 μg/dL：提示医源性肾上腺皮质功能亢进。

5 ~ 15 μg/dL：正常。

15 ~ 20 μg/dL：提示自发性肾上腺皮质功能亢进。

＞20 μg/dL：高度提示自发性肾上腺皮质功能亢进。

将 μg/dL 乘以 27.59 转换为 nmol/L。

## 低剂量地塞米松抑制（LDDS）试验

**常见适应证**·进行 LDDS 试验以筛查自发性肾上腺皮质功能亢进，并区分 PDH 和 AT。这项检测不能确定医源性肾上腺皮质功能亢进，也不能用来评估米托坦、曲洛司坦或酮康唑治疗的效果。

**优点**·该试验容易进行，相对便宜，而且结果易于解读。它通常能够诊断肾上腺皮质功能亢进，同时确定 PDH。

**缺点**·结果可能会受急性应激、兴奋、攻击性、恐惧和并发疾病的影响。此外，在试验完成之前，必须避免其他检测。可能会出现假阳性和假阴性检测结果。

**过程**·理想情况下，这项试验应在患病动物入院一夜后次日上午 8：00—9：00 进行。患病动物除在外牵遛或采血外，应在笼子里安静地休息。犬静脉注射 0.01 mg/kg 地塞米松，在注射前、注射 4 h 和 8 h 后采集血清样本进行皮质醇分析。在猫上使用相同剂量的地塞米松，而血液样本是在静脉注射地塞米松之前，以及注射后 4 h、6 h 和 8 h 采集。可以使用地塞米松磷酸钠或聚乙二醇地塞米松。

**分析和假象**·请参阅本章前面的血清皮质醇部分。

**可能改变结果的假象和药物治疗**·任何改变血清皮质醇浓度的物质都会影响 LDDS 检测结果（请参阅影响血清皮质醇浓度的假象部分）。结果可能受应激、恐惧、兴奋、攻击性行为、抗惊厥药物、同时进行其他诊断、外源性糖皮质激素和非肾上腺疾病的影响。非肾上腺疾病越严重，获得假阳性检测结果的可能性越大。

**解释**·注射地塞米松后 8 h 的血清皮质醇浓度用于确认肾上腺皮质功能亢进（图 8–15）。正常犬的血清皮质醇浓度＜1.0 μg/dL，而患有 PDH 和 AT 的犬在注射后 8 h 血浆皮质醇浓度≥1.4 μg/dL。一般来说，注射地塞米松后 8 h 血清皮质醇浓度大于 1.4 μg/dL，浓度越高，检测结果就越支持肾上腺皮质功能亢进。皮质醇浓度为 1.0 ~ 1.4 μg/dL，提示可能存在肾上腺皮质功能亢进，但无法确诊，临床兽医必须考虑其他信息才能确诊。

如果注射地塞米松 8 h 后的皮质醇浓度支持肾上腺皮质功能亢进，则注射地塞米松 4 h 后的皮质醇浓度可能有助于区分 PDH 和 AT。在试验的最初 2 ~ 6 h 内，约 60% 患有 PDH

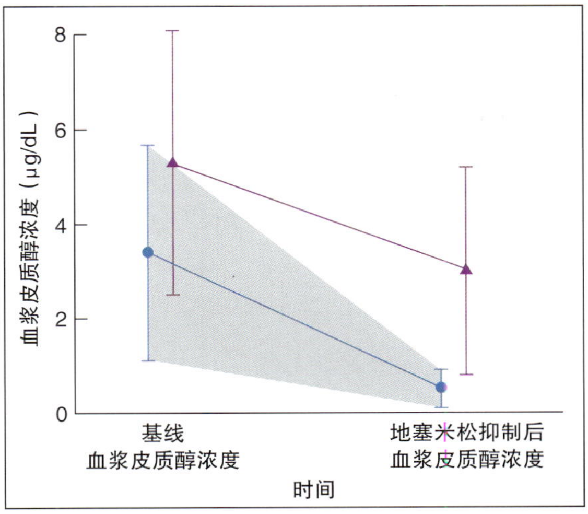


**图 8–15　对照犬（●）和患有高肾上腺皮质激素血症的犬（▲）在静脉注射低剂量地塞米松（0.01 mg/kg）前和注射 8 h 后测定的平均血浆皮质醇浓度（±2 SD）**

读者应注意注射地塞米松后的数值略有重叠。

（数据来源：Feldman EC, Nelson RW: Canine and feline endocrinology and reproduction, Philadelphia, 1987, WB Saunders.）

的犬的脑下垂体 ACTH 分泌和血清皮质醇浓度会被低剂量的地塞米松抑制。而患有 AT 的犬及约 40% 的 PDH 患犬不会被抑制。抑制定义为：①注射地塞米松后 4 h 血清皮质醇浓度＜1.4 μg/dL；②注射地塞米松后 4 h 血清皮质醇浓度低于基线浓度的 50%；③注射地塞米松后 8 h 血清皮质醇浓度低于基线浓度的 50%[9]。任何血清皮质醇浓度满足上述三个标准中的一个或以上的肾上腺功能亢进患犬通常患有 PDH。未能达到这些标准中的任何一项就是不抑制。缺乏抑制是非特异性的，与肾上腺皮质功能亢进相一致，但不能区分垂体疾病和肾上腺疾病。

这项试验在猫上很难解释。偶尔，正常的猫会在静脉注射 0.01 mg/kg 地塞米松后没有出现抑制作用，且血清皮质醇浓度为注射地塞米松后 8 h 的参考范围之外（即注射地塞米松后 8 h 血清皮质醇浓度＞1.4 μg/dL）。血清皮质醇浓度在注射后 4 h、6 h 和 8 h ＞1.4 μg/dL，强烈提示肾上腺皮质功能亢进。如果注射后 4 h 或 6 h 皮质醇浓度＜1.4 μg/dL，而 8 h 的皮质醇浓度＞1.4 μg/dL，该结果就无法下定论。这些结果提示肾上腺皮质功能亢进，但也可能发生在逃避地塞米松抑制作用的正常猫上。应使用 0.1 mg/kg 的地塞米松重复试验（见下一节高剂量地塞米松抑制试验）。由于正常猫有逃逸的可能性，LDDS 检测永远不能作为确认猫肾上腺皮质功能亢进诊断的唯一检测。

## 高剂量地塞米松抑制（HDDS）试验

**不常见适应证 ·** 可对确诊为自发性肾上腺皮质功能亢进的犬进行高剂量地塞米松抑制试验以区分 PDH 和 AT，HDDS 试验也可用于确认猫的肾上腺支质功能亢进。由于腹部超声检查评估肾上腺的可用性越来越高，对这项试验的需求已经减少。

**过程 ·** 理想情况下，这项试验应在患病动物入院一夜后次日上午 8：00—9：00 进行。患病动物除了在外牵遛或采血外，应在笼子里安静地休息。犬在静脉注射 0.1 mg/kg 地塞米松前和 8 h 后采集血清样本进行皮质醇分析。也可以采集注射地塞米松后 4 h 的血液样本。根据作者的经验，在同时进行 LDDS 和 HDDS 的犬中，只有 2% 的犬在注射后 4 h 的 HDDS 样本中获得有用信息[9]。猫使用相同剂量的地塞米松，而血液样本是在静脉注射地塞米松之前，以及 4 h、6 h 和 8 h 后采集的。可以使用地塞米松磷酸钠或聚乙二醇地塞米松。

**解释 ·** 更大剂量的地塞米松被用于抑制患有 PDH 的犬的垂体 ACTH 分泌。抑制定义为注射地塞米松后 4 h 或 8 h 血清皮质醇浓度＜1.4 μg/dL，注射地塞米松后 4 h 或 8 h 血清皮质醇浓度低于基线浓度的 50%。任何患有肾上腺皮质功能亢进且血清皮质醇浓度符合这四个标准中的一个或多个的犬都很可能患有 PDH。大约 75% 的患有 PDH 的犬至少符合上述四项标准中的一个。未能达到这些标准中的任何一个是不抑制。在没有表现出抑制的肾上腺皮质功能亢进患犬中，约 25% 的犬患有 PDH，几乎 100% 的犬患有 AT（图 8–16）。

HDDS 检测也被用来诊断猫肾上腺皮质功能亢进。在正常猫上，血清皮质醇浓度在注射后 4 h、6 h 和 8 h 应＜1.4 μg/dL。但类似的结果也出现在一些患有 PDH 的猫上。如果注射后 8 h 血清皮质醇浓度＞1.4 μg/dL，应怀疑是肾上腺皮质功能亢进。如果注射后 4 h 和 6 h 的血清皮质醇浓度也＞1.4 μg/dL，这种疾病的可能性会进一步增加。地塞米松注射后血清皮质醇浓度低于皮质醇基础值的 50% 的动物，一旦证实患有肾上腺皮质功能亢进，就支持患有 PDH。

## 尿皮质醇 / 肌酐比值

**适应证**・尿皮质醇 / 肌酐比值（UCCR）是一种很好的犬肾上腺皮质功能亢进的初步筛查试验。与健康犬相比，肾上腺皮质功能亢进患犬的 UCCR 增加[8]。肾上腺皮质功能亢进患犬的UCCR值也可能正常，但并不常见。但是 UCCR 的特异性很低（在一项研究中发现特异性为 20%）[38]，所以这项检测不应该被用作诊断肾上腺皮质功能亢进的唯一检查。

**过程**・理想情况下，应使用客户在非应激的家庭环境中获得的任意尿样测定 UCCR。犬在医院收集尿液之前进行体格检查或诊断检测所带来的应激会使结果偏高。在家庭环境中收集的尿液应该冷藏，直到样本可以被带到诊所进行皮质醇和肌酐浓度的测定。UCCR 是用尿皮质醇浓度（单位：μmol/L）除以尿肌酐值（单位：μmol/L）计算的。

**解释**・正常的 UCCR 不支持肾上腺皮质功能亢进。UCCR 大于参考范围支持肾上腺皮质功能亢进，假设病史、体格检查和血常规结果也支持肾上腺皮质功能亢进的诊断，推荐进行其他试验（如 LDDS 检测）以确认诊断。然而，UCCR 升高本身并不能证实肾上腺皮质功能亢进。在非肾上腺疾病患犬和临床症状与肾上腺皮质功能亢进一致但垂体 – 肾上腺皮质轴正常的犬中（结果与肾上腺皮质功能亢进患犬重叠）UCCR 通常会升

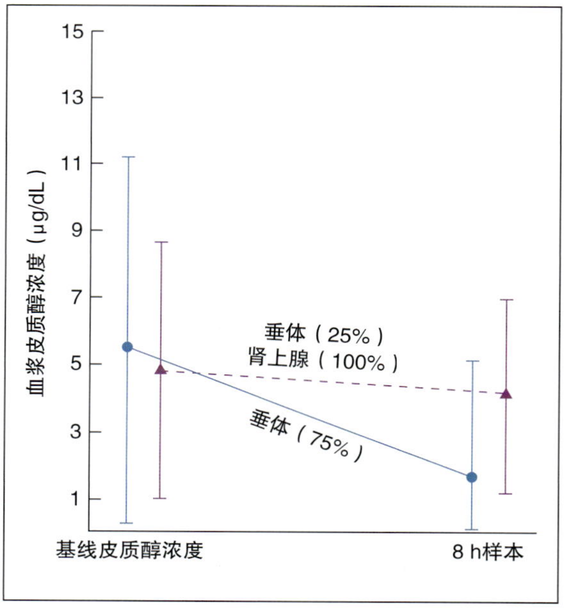


**图 8–16　在高剂量（0.1 mg/kg）地塞米松抑制试验中，垂体依赖性肾上腺皮质功能亢进或肾上腺依赖性肾上腺皮质功能亢进患犬的血浆皮质醇浓度变化**

读者应该注意到，抑制会被诊断为垂体依赖性。在所有肾上腺肿瘤病例和 25% 的垂体依赖性病例中，都存在抑制缺失。

（数据来源：Feldman EC, Nelson RW: Canine and feline endocrinology and reproduction, Philadelphia, 1987, WB Saunders.）

高。UCCR 基本上被用作正常的筛查试验。当 UCCR 升高或 UCCR 正常时，但临床表现高度提示肾上腺皮质功能亢进，需要进行额外的检测。

猫的 UCCR 的解释与犬的相似（即正常的比率排除了肾上腺皮质功能亢进，而比率升高与肾上腺皮质功能亢进一致但无法确诊）。UCCR 检测结果必须根据猫的参考范围进行解释。

## 血浆醛固酮

**适应证**・测定血浆醛固酮的目的是：①确定低钠血症、高钾血症患病动物的选择性醛固酮缺乏，以及血浆皮质醇对 ACTH 的反应正常；②区分血清电解质正常且肾上腺 ACTH 刺激试验结果正常的犬的原发性肾上腺疾病和继发性肾上腺萎缩；③确定醛固酮增多症；④评估肾上腺肿物的激素功能。醛固酮增多症的临床表现包括嗜睡、虚弱、低钾血症、高钠血症、高血压和肾上腺肿大。

**分析**・在 EDTA 或肝素化血浆中通过放射免疫分析式、基于酶或化学发光的免疫分析测量血清醛固酮。样本应冷冻保存。在作者的实验室中，血清和肝素化血浆的结果类似。基线血浆醛固酮浓度通常是诊断原发性醛固酮增多症的指标。诊断醛固酮缺乏症需要测定 ACTH 刺激后的血浆醛固酮浓度（见本章前面的 ACTH 刺激试验）。采血的时间与测定血清皮质醇时的时间相同。必须验证醛固酮检测在每个待检测物种中的使用情况，并建立正常值标准，才能得到有意义的结果。对样本处理和运输的要求如皮质醇所述。

**正常值**・犬的基线浓度：5 ～ 345 pg/mL；ACTH 刺激后：70 ～ 760 pg/mL。猫的基线浓度：70 ～ 140 pg/mL。不同实验室的参考范围可能不同。将 pg/mL 乘以 2.77 转换为 pmol/L。

**危险值**・无。

**假象**・在 22℃下储存≥3 d 或在 37℃下储存 1 d 可导致血浆醛固酮浓度降低。高钠摄入可能会产生抑制，而低钠摄入可能会增加血清醛固酮浓度。

**解释**・血浆醛固酮测定可能有助于区分原发性肾上腺皮质功能减退和继发性肾上腺皮质功能减退，并可用于评估疑似糖皮质激素缺乏但醛固酮正常（即非典型肾上腺皮质功能减退）的犬。检测出较低的基线血浆醛固酮浓度和 ACTH 刺激后血浆醛固酮浓度，可证实醛固酮减少症。然而原发性肾上腺皮质功能减退患犬的血浆醛固酮浓度可能在参考范围的下限，而疑似非典型肾上腺皮质功能减退患犬的血浆醛固酮浓度可能在参考范围内或以下。基线血浆醛固酮浓度显著升高提示犬存在原发性醛固酮增多症，但无法解释低钾血症、高钠血症和全身性高血压。腹部超声发现肾上腺肿物可以进一步支持诊断。

## 胰岛素样生长因子－Ⅰ

**适应证**・胰岛素样生长因子－Ⅰ（insulin-like growth factor-I，IGF-Ⅰ）浓度的测定是胰岛素抵抗型糖尿病患猫的肢端肥大症的筛查试验。生长激素（GH）的大部分促生长作用是由 IGF-Ⅰ介导的。肝脏是 IGF-Ⅰ合成的主要部位，许多循环中的 IGF-Ⅰ被认为来自肝脏。IGF-Ⅰ与胰岛素原和胰岛素的结构有大约 50% 的同源性，IGF-Ⅰ细胞膜受体在结构上与胰岛素受体相似。胰岛素样生长因子－Ⅰ的分泌受生长激素直接控制。因此，肢端肥大症患病动物的血清 IGF-Ⅰ浓度升高。

**分析**・血清胰岛素样生长因子－Ⅰ浓度采用放射免疫分析测定。

**正常值·**猫，5 ~ 70 nmol/L。

**假象·**未知。

**可能改变血清 IGF-Ⅰ浓度的药物治疗·**未知。

**在猫肢端肥大症的诊断试验中的作用·**临床上怀疑肢端肥大症的指征是发现患有胰岛素抵抗型糖尿病的猫的体型变化（如体型增大、大头、下颌骨突出、器官肿大），以及体重稳定或进行性增加。血清 IGF-Ⅰ浓度的测定为肢端肥大症的诊断提供了进一步的证据。肢端肥大症患猫的 IGF-Ⅰ浓度通常升高，但在疾病的早期阶段，浓度可能在参考范围内[2]。如果出现肢端肥大症，4 ~ 6 个月后的重复测量通常会显示血清 IGF-Ⅰ浓度增加。血清 IGF-Ⅰ浓度升高通常与垂体促生长激素腺瘤的发展和生长相一致。在少数控制不良的糖尿病患猫中，已发现血清 IGF-Ⅰ浓度升高，而控制不良不是由肢端肥大症引起的。对血清 IGF-Ⅰ检测结果的解释应始终考虑糖尿病状态的控制状况，胰岛素抵抗的存在和严重程度，以及肢端肥大症的可疑指数，应基于回顾病史、体格检查、血常规、尿液分析和影像诊断结果。存在胰岛素抵抗且糖尿病未得到良好控制患猫的血清 IGF-Ⅰ浓度升高，并伴有提示肢端肥大症的临床特征，为后续进行脑下垂体的 CT 或 MRI 提供了依据。

## 参考文献与推荐阅读


[1] Adler JA, et al: Abnormalities of serum electrolyte concentrations in dogs with hypoadrenocorticism. *J Vet Intern Med* 21:1168, 2007.

[2] Berg RIM, et al: Serum insulin-like growth factor-I concentration in cats with diabetes mellitus and acromegaly. *J Vet Intern Med* 21:892, 2007.

[3] Boretti FS, et al: Evaluation of recombinant human thyroid- stimulating hormone to test thyroid function in dogs suspected of having hypothyroidism. *Am J Vet Res* 67:2012, 2006.

[4] Burkitt JM, et al: Relative adrenal insufficiency in dogs with sepsis. *J Vet Intern Med* 21:226, 2007.

[5] Cohen TA, et al: Evaluation of six portable blood glucose meters for measuring blood glucose concentration in dogs. *J Am Vet Med Assoc* 235:276, 2009.

[6] Davison LJ, et al: Anti-insulin antibodies in diabetic dogs before and after treatment with different insulin preparations. *J Vet Intern Med* 22:1317, 2008.

[7] De Roover K, et al: Effect of storage on reconstituted recom binant human thyroid-stimulating hormone (rhTSH) on thyroid-stimulating hormone (TSH) response testing in euthyroid dogs. *J Vet Intern Med* 20:812, 2006.

[8] Feldman EC, Mack RE: Urine cortisol:creatinine ratio as a screening test for hyperadrenocorticism in dogs. *J Am Vet Med Assoc* 200:1637, 1992.

[9] Feldman EC, et al: Use of low- and high-dose dexamethasone tests for distinguishing pituitary-dependent from adrenal tumor hyperadrenocorticism in dogs. *J Am Vet Med Assoc* 209:772, 1996.

[10] Feldman EC, et al: Pretreatment clinical and laboratory findings in dogs with primary hyperparathyroidism: 210 cases (1987-2004). *J Am Vet Med Assoc* 227:756, 2005.

[11] Flanders JA, et al: Adjustment of total serum calcium concentration for binding to albumin and protein in cats: 291 cases (1986-1987). *J Am Vet Med Assoc* 194:1609, 1989.

[12] Ham K, et al: Validation of a rapid parathyroid hormone assay and intraoperative measurement of parathyroid hormone in dogs with benign naturally occurring primary hyperparathyroidism. *Vet Surg* 38:122, 2009.

[13] Hoenig M, et al: Influence of glucose dosage on interpretation of intravenous glucose tolerance tests in lean and obese cats. *J Vet Intern Med* 16:529, 2002.

[14] Ionut V, et al: Investigation of the effect of acepromazine on intravenous glucose tolerance tests in dogs. *Am J Vet Res* 65:1124, 2004.

[15] Kemppainen RJ, Birchfield JR: Measurement of total thyroxine concentration in serum from dogs and cats by use of various methods. *Am J Vet Res* 67:259, 2006.

[16] Kluger EK, et al: Serum triglyceride concentration

in dogs with epilepsy treated with phenobarbital or with phenobarbital and bromide. *J Am Vet Med Assoc* 233:1270, 2008.

[17] Kluger EK, et al: Evaluation of two portable meters for determination of blood triglyceride concentration in dogs. *Am J Vet Res* 71:203, 2010.

[18] Kitamura T, et al: Acute insulin response to intravenous arginine in nonobese healthy cats. *J Vet Intern Med* 13:549, 1999.

[19] Lennon EM, et al: Use of basal serum or plasma cortisol concentrations to rule out a diagnosis of hypoadrenocorticism in dogs: 123 cases (2000–2005). *Am Vet Med Assoc* 231:413, 2007.

[20] Marca MC, et al: Evaluation of canine serum thyrotropin (TSH) concentration: comparison of three analytical procedures. *J Vet Diag Invest* 13:106, 2001.

[21] Martin GL, et al: Pituitary–adrenal function in dogs with acute critical illness. *J Am Vet Med Assoc* 233:87, 2008.

[22] Meuten DJ, et al: Relationship of serum total calcium to albumin and total protein in dogs. *J Am Vet Med Assoc* 180:63, 1992.

[23] Midkiff AM, et al: Idiopathic hypercalcemia in cats. *J Vet Intern Med* 14:619, 2000.

[24] Mischke R, et al: The effect of the albumin concentration on the relation between the concentration of ionized calcium and total calcium in the blood of dogs. *Berl Munch Tierarztl Wochenschr* 103:199, 1996.

[25] Nelson RW, et al: Serum free thyroxine concentration in healthy dogs, dogs with hypothyroidism, and euthyroid dogs with concurrent illness. *J Am Vet Med Assoc* 198:1401, 1991.

[26] Nelson RW, et al: Transient clinical diabetes mellitus in cats: 10 cases (1989–1991). *J Am Vet Med Assoc* 213:822, 1999.

[27] Norris CR, et al: Serum total and ionized magnesium concentrations and urinary fractional excretion of magnesium in cats with diabetes mellitus and diabetic ketoacidosis. *Am Vet Med Assoc* 215:1455, 1999.

[28] Peterson ME, et al: Triiodothyronine (T3) suppression test: an aid in the diagnosis of mild hyperthyroidism in cats. *J Vet Intern Med* 4:233, 1990.

[29] Peterson ME, et al: Measurement of serum total thyroxine, triiodothyronine, free thyroxine, and thyrotropin concentrations for diagnosis of hypothyroidism in dogs. *J Am Vet Med Assoc* 211:1396, 1997.

[30] Peterson ME, et al: Measurement of serum concentrations of free thyroxine, total thyroxine, and total triiodothyronine in cats with hyperthyroidism and cats with nonthyroidal disease. *J Am Vet Med Assoc* 218:529, 2001.

[31] Ramsey IK, et al: Hyperparathyroidism in dogs with hyperadrenocorticism. *J Small Anim Pract* 46:531, 2005.

[32] Reimers TJ, et al: Effects of age, sex, and body size on serum concentrations of thyroid and adrenocortical hormones in dogs. *Am J Vet Res* 51:454, 1990.

[33] Riensche MR, et al: An investigation of predictors of renal insufficiency following treatment of hyperthyroidism in cats. *J Fel Med Surg* 10:160, 2008.

[34] Rodriguez Peñeiro MI, et al: Accuracy of an adrenocorticotrophic hormone (ACTH) immunoluminometric assay for differentiating ACTH–dependent from ACTH–independent hyperadrenocorticism in dogs. *J Vet Intern Med* 23:850, 2009.

[35] Rutland BE, et al: Optimal testing for thyroid hormone concentration after treatment with methimazole in healthy and hyperthyroid cats. *J Vet Intern Med* 23:1025, 2009.

[36] Saunders HM, Jezyk PK: The radiographic appearance of canine congenital hypothyroidism: skeletal changes with delayed treatment. *Vet Radiol Ultrasound* 32:171, 1991.

[37] Scott–Moncrieff JC, et al: Comparison of serum concentrations of thyroid–stimulating hormone in healthy dogs, hypothyroid dogs, and euthyroid dogs with concurrent disease. *J Am Vet Med Assoc* 212:387, 1998.

[38] Smiley LE, Peterson ME: Evaluation of a urine cortisol:creatinine ratio as a screening test for hyperadrenocorticism in dogs. *J Vet Intern Med* 7:163, 1993.

[39] Tebb AJ, et al: Canine hyperadrenocorticism: effects of trilostane on parathyroid hormone, calcium, and phosphate concentration. *J Small Anim Pract* 46:537, 2005.

[40] Thacker EL, Refsal KR, Bull RW: Prevalence

of autoantibodies to thyroglobulin, thyroxine, or triiodothyronine and relationship of autoantibodies and serum concentrations of iodothyronines in dogs. *Am J Vet Res* 53:449, 1992.

[41] Thompson AL, et al: Comparison of classic hypoadrenocorticism with glucocorticoid–deficient hypoadrenocorticism in dogs: 46 cases (1985–2005). *J Am Vet Med Assoc* 230:1190, 2007.

[42] Toll J, et al: Prevalence and incidence of serum magnesium abnormalities in hospitalized cats. *J Vet Intern Med* 16:217, 2002.

[43] Wakeling J, et al: Subclinical hyperthyroidism in cats: a spontaneous model of subclinical toxic nodular goiter in humans? *Thyroid* 17:1201, 2007.

[44] Williams TL, et al: Survival and the development of azotemia after treatment of hyperthyroid cats. *J Vet Intern Med* 24:863, 2010.

[45] Xenoulis PG, et al: Investigation of hypertriglyceridemia in healthy Miniature Schnauzers. *J Vet Intern Med* 21:1224, 2007.

# 第9章

# 胃肠道疾病、胰腺疾病和肝脏疾病

Michael D. Willard, David C. Twedt

一些胃肠道问题（如呕吐、腹泻、体重减轻、厌食、黄疸、肝肿大、进食异常、腹部疼痛）通常需要进行实验室检查。然而，吞咽困难、反流、流涎、口臭、便秘、黏液样便、便血和黑粪症通常采取其他方式检查，如体格检查、放射学、超声检查、内窥镜检查、开腹手术和（或）活检。

## 咳痰、反流和呕吐的区别

当有液体、黏液、泡沫、食物或血液从口腔中排出时，必须确定是否发生了呕吐、反流、干呕或咳痰。病史有时可帮助区分。

### 咳痰

咳痰是指从肺部或气管中咳出内容物，这些内容物通常是泡沫状黏液或红色血液，而不会出现胆汁和食物。必须从病史或观察中确定内容物是因咳嗽而从口腔排出。反流通常伴有气管炎和吸入性肺炎，但反流和呕吐一般不会伴发咳嗽。咳痰的动物可能由于咽喉部的刺激而剧烈干呕，最终导致呕吐。

### 反流

反流由口腔、咽部或食管功能障碍引起，其特征通常为食管内容物被动排出。干呕是指口腔或咽部内容物排出，可能与导致吞咽困难或者反流的疾病有关。干呕时，腹部收缩幅度通常较小，而典型呕吐时，腹部通常发生剧烈收缩。反流可能在饮水或进食数秒至数小时后发生。患病动物可能会反流白色泡沫（即吞咽的唾液分泌物）和（或）食物。反流的食物未被消化，有时呈管状，与食管腔形状相符。大多数主人无法区分未消化和已消化的食物。长时间留在食管中的反流物质可能由于与唾液长时间混合，而呈现“部分消化”的状态。如果反流物质中有鲜红色血液，则通常是未消化的。因为来自胃部的血液通常部分被胃酸消化，呈现“咖啡渣”外观，很容易与未消化的内容物区分开（除非患病动物在血液被胃酸部分消化前发生呕吐）。

有时很难通过病史区分呕吐和反流，并且在一些患病动物中，它们可同时发生。呕吐可能导致继发性食管炎随后发生反流，而且长期患有食管疾病的动物可能会出现其他导致呕吐的并发症。因此，确定不同症状出现的时间顺序非常重要。如果一些具有典型反流体征的患病动物正在呕吐，可以尝试通过给患病动物喂食来观察其排出食物的方式，尽管这个方法不太可靠（观察反流动物时，它们通常不会发生反流）。如果有明显的咽部吞咽困难，提示口咽部疾病，此时观察患病动物进食是有帮助的。部分吞咽困难的患病动物还会并发食管功能障碍。咽部和食管的 X 线造影和（或）透视通常可以区分呕吐和反流。

反流通常通过病史、体格检查、X 线平片和造影或食管镜检查来评估（图 9–1）。除非怀疑食管破裂（如在 X 线平片上发现纵隔中有气体或液体），否则造影剂应使用钡剂而非碘化物造影剂。食管造影的主要目的是区分食管运动异常和解剖病变（如梗阻、肿物、炎症、瘘管）。某些药物（如甲苯噻嗪、氯胺酮）会导致食管动力不足，仅从 X 线片判断容易误诊。食管镜检查对诊断食管肌无力不敏感，但对发现解剖病变、区分管壁内和管壁外梗阻、识别食管炎和清除异物敏感。对于获得性食管肌无力的患病动物，应评估其是否患有肌病、神经性疾病和重症肌无力（全身性或局限于食管）。其他病因还可能包括肾上腺皮质功能减退、高钾血症、铅中毒、狼尾旋线虫和某些中枢神经系统疾病（如犬瘟热、脑积水）。全身性或局限性肌病和神经性疾病有多种原因（如创伤、皮肌炎、胸腺瘤、肉毒杆菌中毒、蜱麻痹、系统性红斑狼疮、营养因素、弓形虫病、锥虫病）。自主神经功能障碍可以发生在犬和猫上，引起自主神经系统的全身性功能障碍，导致食管动力不足。重要的是要发现潜在疾病，这样就可以针对病因治疗而不是仅仅针对症状治疗。对于意外发现食管异物（如相对较少的食物）的患病动物，评估部分梗阻（如亚临床血管环异常，狭窄）也是明智的。

## 呕吐

呕吐是一种源于中枢神经系统的反射行为，可以由多种因素引起。原发性胃肠道疾病和非胃肠道疾病（如代谢疾病、炎症疾病、毒性疾病）都可能是呕吐的原因。许多呕吐的患病动物都有非胃肠道问题。

呕吐的典型特征是前驱性恶心（即流涎、舔嘴唇），随后是反胃或腹部强烈收缩。呕吐可能发生在进食或饮水后的任何时间（数秒至数小时）。患病动物可能会呕吐食物、水、鲜血，或与反流内容物难以区分的黏液。当排出胆汁、部分消化的血液（咖啡渣样）或 pH 值≤ 5 的内容物时，强烈提示呕吐，而非反流。若呕吐的是十二指肠内容物，则 pH 值可能≥ 7，并且通常胆汁检测为阳性。带有 pH 值指示剂的尿液试纸可用于 pH 值检测。有“干呕”症状的患病动物通常是呕吐而不是反流。

患病动物的呕吐通常分为急性呕吐（＜2 周）和慢性呕吐（＞2 周）。专栏 9–1 和专栏 9–2 列出了常见的呕吐原因。急性呕吐的患病动物在得到液体治疗后，通常会自愈。首先需要了解全面的病史和进行体格检查。如果症状严重或怀疑有严重疾病（如梗阻），应考虑进行实验室检查和（或）影像学检查。如果持续呕吐、进行性发展或伴有其他临床症状（如多饮多尿、体重减轻、黄疸、腹痛、腹水、虚弱、呕血），则需要进行其他检查（图 9–2）。

### 饮食和寄生虫

饮食不当和寄生虫通常会引起急性和慢性呕吐，因此，对于不怀疑患有临床重要疾病的患病动物的初始治疗方案包括改变饮食（转向单一或低敏性食物）、粪便检查和广谱驱虫（如芬苯达唑、噻嘧啶）。持续呕吐则需要进行实验室检查或影像学检查。

### 梗阻

胃梗阻或肠梗阻通常不需要临床病理学检查来诊断。全血细胞计数（CBC）可以提示败血症、弥散性血管内凝血（DIC）或严重失

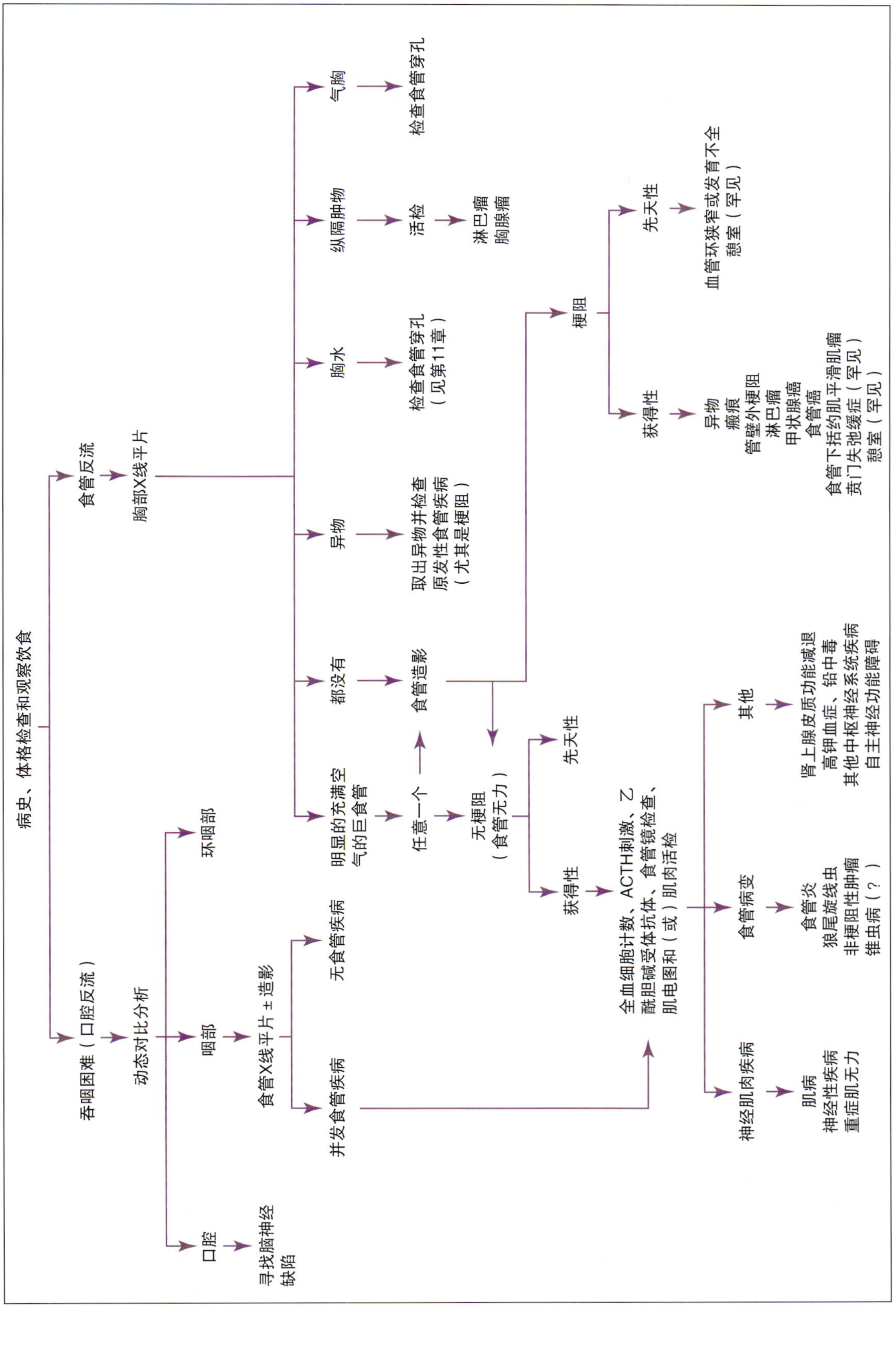


图 9-1　犬、猫慢性反流的诊断方法

**专栏 9–1　犬、猫急性呕吐的主要原因**

**晕动病**

**急性胃肠炎（各种病毒、细菌或毒素）**
- 细小病毒性肠炎（犬和猫）
- 出血性胃肠炎
- 寄生虫

**胃肠道梗阻**
- 异物（梗阻或线状）
- 肠套叠

**饮食**
- 暴饮暴食
- 劣质或变质的食物
- 患病动物对食物过敏或不耐受

**急性胰腺炎**

**医源性（药物）**
- 阿莫西林加克拉维酸
- 化疗药物（如顺铂、环磷酰胺、多柔比星）
- 氯霉素
- 洋地黄
- 红霉素
- 麻醉药
- 呋喃妥因
- 四环素（包括多西环素）
- 茶碱
- 甲苯噻嗪

**中毒**
- 乙二醇
- 蘑菇
- 有机磷酸酯
- 农药（包括除草剂、杀菌剂等）

**专栏 9–2　犬、猫慢性呕吐的主要原因**

**胃肠道梗阻**
- 异物（常见）
- 肠套叠
- 肿瘤（胃或肠道）
- 幽门狭窄（不常见）
- 胃窦黏膜增生
- 胃或肠道的炎性浸润（如水霉菌感染、嗜酸性肿物）
- 慢性部分胃溃疡（不常见）
- 胃肠蠕动减弱（生理性梗阻）（不常见）
- 先天性结构异常（罕见）

**腹部炎症**
- 胰腺炎（常见）
- 慢性肠炎（饮食反应或抗生素反应）（常见）
- 胃肠道溃疡/糜烂
- 腹膜炎（无菌性或败血性）
- 炎性肠病
- 慢性胃炎（不常见）
- 咽喉炎（由猫的上呼吸道病毒引起）（罕见）
- 寄生虫（如泡翼线虫）（区域性）

**系统性（消化道外疾病）（常见）**
- 肝脏疾病/功能不全（常见）
- 肾上腺皮质功能减退（不常见但重要）
- 糖尿病酮症酸中毒（常见）
- 尿毒症（常见）
- 高钙血症（重要）
- 胆囊炎
- 子宫蓄脓（常见）
- 猫甲状腺功能亢进（常见）
- 中枢神经系统疾病（如边缘性癫痫、肿瘤、脑炎或颅内压升高）（罕见）
- 精神病或行为变化（罕见）

血。建议在麻醉前评估肾功能、电解质和酸碱平衡。即便已经知道梗阻部位，也无法准确预测这些指标的变化。任何原因引起的胃内容物持续大量流失都可能导致低钾、低氯性代谢性碱中毒伴酸性尿。然而，大多数呕吐的患病动物并无碱中毒，脱水引起的不明显酸碱变化或代谢性酸中毒可能更常见。尽管部分患病动物的血液 pH 值正常，但肠梗阻可能由于胰腺碳酸氢盐的流失而导致酸中毒。如果梗阻发生在十二指肠上段，可能出现代谢性碱中毒。

最佳初步检查是腹部 X 线检查和超声检查。在部分病例中，可能需要进行消化道

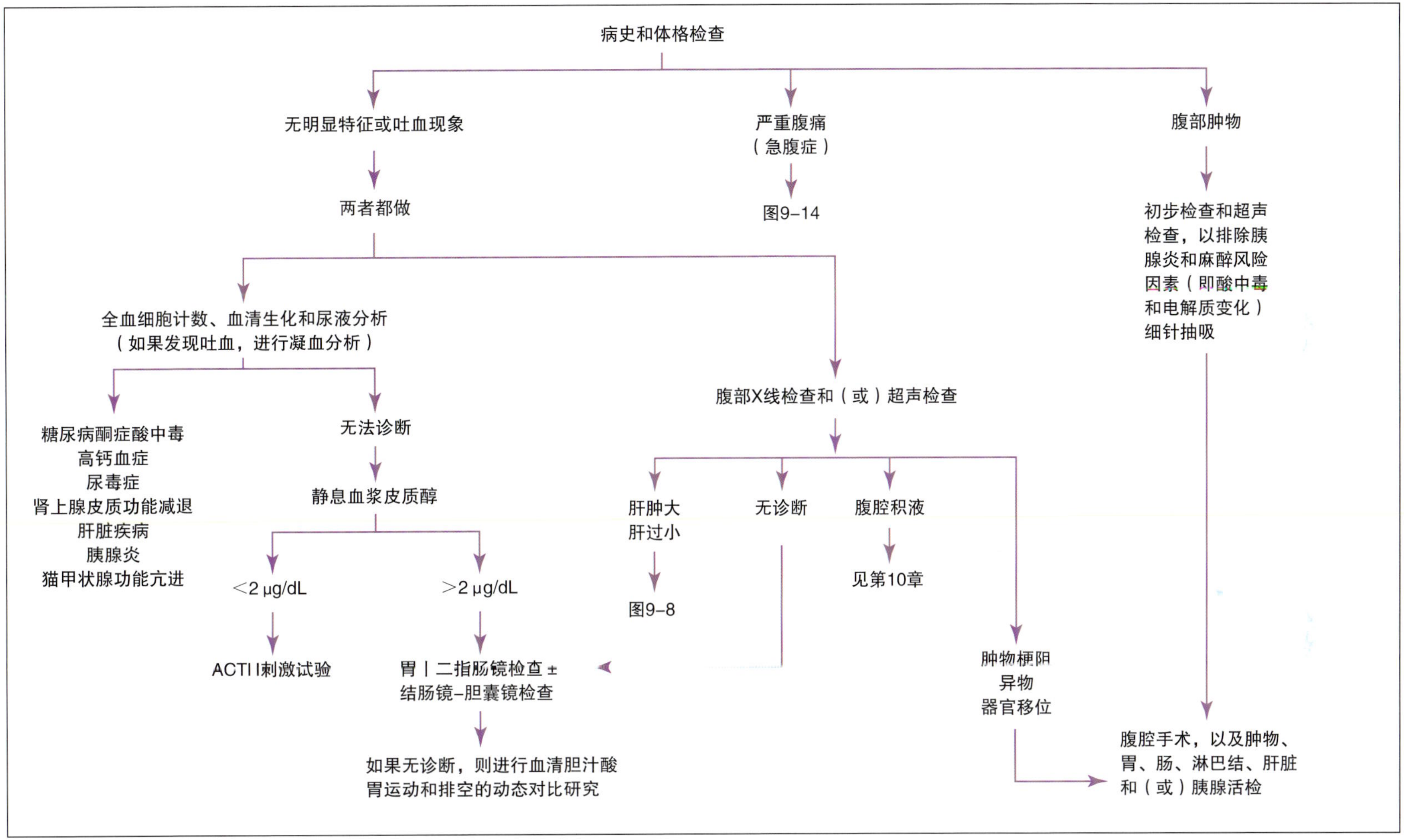


图 9–2　对改变饮食和驱虫治疗无反应的犬、猫的慢性呕吐的治疗方法

造影，除非怀疑肠破裂，否则钡剂通常优于碘化物造影剂。钡剂渗漏到腹腔会导致腹膜炎，需要通过手术进行彻底的腹腔灌洗（见第 10 章）。

### 消化道外疾病

应通过血清生化指标来排除肝脏疾病［如丙氨酸转氨酶（ALT）、血清碱性磷酸酶（SAP）、血尿素氮和白蛋白］，肾上腺皮质功能减退（钠和钾），高钙血症（钙和白蛋白），尿毒症（肌酐、血尿素氮和尿液分析）和糖尿病酮症酸中毒（葡萄糖和尿液分析）。幼年动物（＜12 ~ 14 周龄）和瘦弱的动物（＜3 kg）应监测血糖，以及时发现继发性低血糖。有时需要更精确的检测来诊断这些疾病，如血清胆汁酸水平用于诊断肝功能不全，促肾上腺皮质激素（ACTH）刺激试验用于诊断肾上腺皮质功能减退。其他需要考虑的检测包括：血清胃泌素用于诊断胃泌素瘤，血清甲状腺素用于诊断猫甲状腺功能亢进。

### 胰腺炎

急性胰腺炎很常见。犬的诱发因素包括高脂血症、高脂饮食和肥胖。任何犬都可能发生胰腺炎，但中年肥胖雌性犬、雪纳瑞犬和约克夏犬似乎更容易患病。呕吐可能与进食、腹痛、空腹高脂血症、血性腹泻，以及罕见的弥漫性皮下脂肪坏死有关。在 X 线检查中，可能在右腹头侧观察到局部腹膜炎导致的团块样或模糊不清的影像。CBC、血清淀粉酶和血清脂肪酶活性不敏感且无特异性。胰腺炎患病动物在这些指标的检测中可能会出现任何结果。ALT 和 SAP 水平升高很常见（由于胰腺靠近肝脏和胆管阻塞），但不敏感且非特异性。有时会出现轻度至中度的低钙血症。腹部超声检查对犬胰腺炎的诊断具有特异性，但其敏感性取决于操作者的技术和检查的时机（因为超声检查结果可能在数小时内发生巨大变化）。如果在手术过程中发现胰腺肿物，必须进行活检，慢性胰腺炎和胰腺肿瘤很难区分。犬免疫反应性胰脂肪酶（特异性 cPL）（缅因州威斯布鲁克爱德士公司）检测是对胰腺炎最敏感的检测，但其对临床重要疾病的特异性仍有待确定。如果在不受胰腺腺泡细胞萎缩影响的品种中发现胰腺外分泌功能不全，则可以推断为慢性胰腺炎。

胰腺炎是猫的一种重要但难以诊断的疾病。老年猫的慢性胰腺炎有时会与胆管肝炎和（或）炎性肠病（IBD）同时发生（3 个器官都涉及时通常被称为猫三体炎）。胰腺炎患猫的呕吐并不像犬那样显著。部分患猫的胰蛋白酶样免疫反应（fTLI）水平会升高。腹部超声检查具有特异性，但敏感性尚不确定。确诊可能需要进行胰腺活检。猫免疫反应性胰脂肪酶（特异性 fPL）检测可以用于诊断胰腺炎。猫胰腺炎有时由弓形虫病或猫传染性腹膜炎（FIP）引起（见第 15 章）。

### 胃炎、肠炎和结肠炎

慢性肠炎、结肠炎或胃炎可引起不同程度的呕吐，可能需要通过黏膜活检进行诊断。腹部超声具有特异性，可以发现浸润性或炎性肠道病变，但不敏感。如果怀疑胃炎或肠炎，或者已经排除了其他导致慢性呕吐的主要原因，通过内窥镜或者手术进行胃和肠黏膜活检可能有所帮助。炎性肠病是猫慢性呕吐的重要原因。十二指肠炎是犬呕吐但不腹泻的重要原因，因此也建议对十二指肠炎患犬进行胃和肠道黏膜活检。10% ~ 20% 的结肠炎患病动物会出现呕吐，因此对长期呕吐的患病动物（尤其是猫）进行前后段肠道的内窥镜检查可能有所帮助。正确采集并处理高质量的黏膜组织样本以避免形成假象，因为假象影响诊断结果。

### 吐血

吐血是指呕吐出血液，表明胃肠道溃疡/糜烂、凝血功能障碍或摄入血液。呕吐物可能含有鲜红色血液或类似咖啡渣的消化血液。非甾体抗炎药（尤其与皮质类固醇同时使用时）是犬溃疡的主要原因。同时还要考虑肝功能衰竭、肥大细胞瘤、休克、亚极量运动和使用地塞米松等因素。在排除这些因素后，内窥镜检查可以诊断溃疡（尤其是由异物、炎性疾病或肿瘤造成的）。需要根据病例的具体情况，进行内窥镜检查或对症治疗。

### 腹部炎症

败血性或非败血性腹膜炎（或任何腹腔器官的炎症）都可能引起呕吐。可能需要腹腔穿刺或腹腔灌洗（见第 10 章），尤其是体格检查或腹部影像学检查提示腹腔积液时。隐匿性病例可能需要进行腹腔镜检查或手术探查来诊断。

## 淀粉酶

**罕见适应证·**淀粉酶已不推荐用于诊断胰腺炎。

**缺点·**该检测敏感性和特异性较差。

**可能引起高淀粉酶血症的药物·**一些药物偶尔会引起胰腺炎（专栏 9–3），并引起高淀粉酶血症。皮质类固醇有时会使血清淀粉酶活性升高。

**低淀粉酶血症的原因·**无意义。

**高淀粉酶血症的原因·**肾小球滤过率（GFR）降低（氮质血症）和胰腺炎是高淀粉酶血症的主要原因。胰腺炎患病动物的淀粉酶活性可能正常或显著升高。肠道疾病、肠破裂、肝脏疾病都可以使血清淀粉酶活性升高。

**体腔液淀粉酶升高的原因·**腹腔积液中淀粉酶活性高于血清淀粉酶活性，可能是由于胰腺疾病或肠破裂。

## 脂肪酶

**罕见适应证·**脂肪酶已不推荐用于诊断胰腺炎。

**缺点·**该检测敏感性和特异性较差。十二指肠异物、慢性胃炎和腹腔癌症有时会导致血清脂肪酶活性升高。

**可能引起高脂肪酶血症的药物·**引起胰腺炎和高脂肪酶血症的药物除了肝素外，其他与引起高淀粉酶血症的相同（专栏 9–3）。皮质类固醇（地塞米松）可使血清脂肪酶活性升高，而不表现急性胰腺炎的组织学病变。

**低脂肪酶血症的原因·**无意义。

**高脂肪酶血症的原因·**引起高脂肪酶血症的原因与引起高淀粉酶血症的原因相似。肾功能障碍会引起血清脂肪酶活性升高。并

**专栏 9–3　可能导致急性胰腺炎的药物**

天冬酰胺酶
硫唑嘌呤
氯米帕明
呋塞米
N– 甲基葡萄糖胺
甲硝唑
溴化钾（未证实关联）
柳氮磺吡啶（Azulfidine）
磺胺类药物
四环素
噻嗪类利尿剂

注：这些药物不一定能引起胰腺炎，不能认为服用过这些药物加上有胰腺炎症状就断定患有胰腺炎。但是，如果患有急性胰腺炎的动物正在使用上述药物时，最好停药。

非所有急性胰腺炎患病动物都出现血清脂肪酶活性升高的情况，血清脂肪酶活性升高与胰腺炎的严重程度不成正比。脂肪酶活性显著升高可能由胰腺癌引起。

## 犬免疫反应性胰脂肪酶（特异性 cPL）

**常见适应证**·出现呕吐、腹痛、非败血性炎性腹腔渗出液、黄疸或有既往胰腺炎病史的患犬需要检测特异性 cPL 指标。

**优点**·特异性 cPL 测试是胰腺炎最敏感的检测，只需要血清样本，并且在使用 SNAP 技术时可以在家进行（缅因州威斯布鲁克爱德士公司）。

**缺点**·此检测对临床上重要胰腺病变（与不引起临床疾病的胰腺病变不同）的特异性目前尚不清楚。

**分析**·血清特异性 cPL 通过酶联免疫吸附试验（ELISA）进行检测。

**正常值**·＜200 μg/L。

**假象**·不确定。

**指标降低的原因**·胰腺外分泌功能不全（exocrine pancreatic insufficiency，EPI）或单独发生胰腺脂肪酶缺乏可能会降低特异性 cPL 水平。与血清胰蛋白酶样免疫反应（trypsin-like immunoreactivity，TLI）水平相比，正常犬与 EPI 患犬之间存在更多重叠，TLI 是 EPI 的首选检测方法。由于特异性 cPL 检测非常敏感，阴性结果明确表明没有发生急性胰腺炎，医生应该从其他方面继续寻找呕吐的原因。

**指标升高的原因**·指标＞400 μg/L 时提示胰腺炎或坏死。目前还不清楚是否所有与高水平特异性 cPL 值相关的胰腺微小病变（即炎症、坏死）都具有临床意义。

## 猫免疫反应性胰脂肪酶（特异性 fPL）

**常见适应证**·特异性 fPL 适用于那些尽管经过实验室检查但仍无法确诊的疑似胰腺炎、有模糊临床症状（如不明原因的厌食、腹部不适、不明原因的体重减轻）的猫。

**优点**·特异性 fPL 测试是猫胰腺炎最敏感的检测。

**缺点**·特异性 fPL 对临床上重要胰腺疾病的特异性尚不确定。

**分析**·通过 ELISA 检测血清中特异性 fPL 水平。

**正常值**·＜3.5 μg/L。

**假象**·未知。

**可能影响特异性 fPL 水平的药物**·未知，但任何可以引起胰腺炎的药物都可能使特异性 fPL 水平升高。

**指标降低的原因**·不确定，但 EPI 可能是原因之一。

**指标升高的原因**·指标＞5.4 μg/L 时提示胰腺炎。

## 胃泌素

**罕见适应证**·在慢性呕吐、腹泻、体重减轻、怀疑有胃泌素瘤或不明原因的胃或十二指肠溃疡的情况下，需要检测胃泌素。在排除其他常见的疾病之前，通常不会要求检测胃泌素水平。

**优点**·可以检测出隐匿的胃泌素瘤。

**缺点**·样本需要仔细处理（即快速获取血清，若推迟检测，则需要冷冻保存）。

**分析**·血清中的胃泌素通过放射免疫分析检测。

**正常值**·取决于实验室（针对不同物种

进行验证）。要将 pg/mL 转化为 ng/L（pg/mL × 1.0 = ng/L）。

**假象** · 如果样本在零度以上储存数天，胃泌素可能会因降解而出现假性偏低。

**可能引起胃泌素升高的药物** · 抗酸药，包括组胺 2 型（$H_2$）受体拮抗剂和质子泵抑制剂，可能使胃泌素升高。

**低胃泌素血症的原因** · 无临床意义。

**高胃泌素血症的原因** · 萎缩性胃炎（不常见）、胃窦 G 细胞增生（罕见）、短肠综合征、甲状旁腺功能亢进、胃溃疡、胃出口梗阻、肾功能衰竭和胃泌素瘤都可能导致高胃泌素血症，其中最后 4 种最常见。如果怀疑患病动物有胃泌素瘤但血清胃泌素浓度正常，可以尝试进行促胰液素或钙刺激试验。服用这些药物后，血清胃泌素浓度升高，则提示胃泌素瘤。

## 急性腹泻

腹泻的患病动物根据患病时长可以分为急性腹泻（＜2 ~ 3 周）和慢性腹泻（＞2 ~ 3 周）。急性腹泻（专栏 9–4）通常是自限性的，尽管有时症状会很严重，甚至导致死亡（如急性出血性胃肠炎、细小病毒病、钩虫病、中毒）。病史应了解近期饮食变化或可能接触到的传染源。饮食、细菌、病毒和寄生虫是犬、猫急性腹泻的主要原因。由于肠道寄生虫可能导致任何状态的腹泻，因此通常需要对患病动物进行粪便检查（直接检查和漂浮检查）。贾第鞭毛虫病可能需要特殊的诊断技术（见本章后面的粪便贾第鞭毛虫检测）。诊断的必要性取决于问题的严重程度，病情严重的患病动物需要更多的检查，以及患病动物感染的病原体可能通过口鼻传播或是人畜共患的。

清淡饮食或排除饮食法可能是诊断和治疗的方法。精神沉郁、虚弱和脱水的患病动物应先进行电解质和酸碱评估，从而选择合适的液体替代疗法。12 ~ 14 周龄以内和体重低于 3 kg 的患病动物都应进行血糖检测，以免发生继发性低血糖。CBC 适用于大多数发热或严重精神沉郁的患病动物，可以检测败血症或透壁性炎症。可通过粪便检查、ELISA 和（或）聚合酶链反应（PCR）检测沙门氏菌

### 专栏 9–4　犬、猫急性腹泻的主要原因

**肠道寄生虫（常见）**
- 钩虫
- 蛔虫
- 鞭虫（主要是犬）
- 球虫
- 贾第鞭毛虫（有时难以诊断）
- 粪类圆线虫
- 三毛滴虫（主要是猫）

**饮食（常见）**
- 劣质食物 / 食物中毒
- 突然的饮食变化（尤其是幼年动物）
- 食物不耐受 / 过敏

**急性病毒性或细菌性肠炎**
- 细小病毒（犬和猫）（常见）
- 冠状病毒（犬和猫）
- 产气荚膜梭菌（常见）
- 弯曲杆菌病（罕见）
- 沙门氏菌病（罕见）
- 大肠杆菌（怀疑，但未证实）

**肠套叠**

**中毒**
- 垃圾
- 食物中毒
- 重金属
- 有机磷

**出血性胃肠炎**

属、空肠弯曲杆菌、小肠结肠炎耶尔森菌、维罗毒素阳性大肠杆菌、产气荚膜梭菌和艰难梭菌，但在生物体与疾病之间建立因果关系可能很困难。

并非所有犬细小病毒的患病动物病情都很严重，并发生腹泻、发热或有明显的白细胞减少症。白细胞减少症可能仅持续 24 ~ 36 h，如果在此期间未进行 CBC，可能会错过白细胞减少期。其他引起严重败血症的疾病，如线性异物导致肠穿孔伴有腹膜炎或严重的沙门氏菌病，会导致白细胞减少，这种情况与犬细小病毒性肠炎引起的白细胞减少无法区分开。常规的疫苗接种不一定能预防犬细小病毒。粪便的 ELISA 检测板对细小病毒抗原可能具有特异性，但如果检测时间过早或过晚可能都会呈阴性。症状出现 1 ~ 3 d 后，病毒颗粒可能才会随粪便逐渐排出，并随着时间的推移迅速减少。检测结果会在临床症状出现后的 3 d 内呈强阳性，并保持阳性数天。如果近期接种过疫苗，可能导致粪便 ELISA 检测结果呈弱阳性。

表 9–1　慢性小肠性腹泻与慢性大肠性腹泻的鉴别

| | 小肠性腹泻 | 大肠性腹泻 |
|---|---|---|
| 体重减轻（非常重要的指标） | 预期发生 | 不常见，除严重疾病（如组织胞浆菌病、水霉菌感染或癌症） |
| 多食 | 常见 | 不常见 |
| 呕吐 | 可能发生 | 10% ~ 20% 的患病动物发生 |
| 排便量 | 正常或超出正常 | 正常或少于正常 |
| 排便频率 | 正常至轻微增加 | 正常至显著增加，每次排便量可能较少 |
| 水泥灰样粪便（脂肪痢） | 罕见 | 无 |
| 便血 | 无 | 时有发生 |
| 黑粪症 | 罕见 | 无 |
| 黏液样便 | 罕见（除回肠病变） | 常见 |
| 里急后重 / 排便困难 | 罕见 | 时有发生 |

## 慢性腹泻

慢性腹泻应先确定起源于小肠还是大肠（表 9–1）。有时大肠和小肠同时发生病变。临床表现不严重的慢性腹泻患病动物通常在进行侵入性诊断前先进行尝试性治疗。具体的治疗方法与患病动物患有大肠病变还是小肠病变相关。患病动物通常在 48 h 内至少进行 3 次粪便检查。如果检测结果均为阴性，在进行大量诊断检查前，可以经验性治疗贾第鞭毛虫（取决于患病动物生活环境的寄生虫风险）。贾第鞭毛虫可能难以诊断（见本章后面的粪便贾第鞭毛虫检测）。食物不良反应（即过敏、食物不耐受、缺乏纤维）容易导致慢性腹泻。食物不耐受是对食物中特定物质的反应，而食物过敏是对特定抗原的免疫反应。疑似病例可以尝试调整饮食。一些抗生素反应性肠道疾病也要进行经验性治疗，但是具体的治疗方法需要根据患病动物是大肠性病变还是小肠性病变调整（见下一节）。如果对上述寄生虫、饮食和抗生素的经验性治疗都没有反应，则需要进一步诊断。

### 大肠性疾病

与小肠性疾病相比，引起大肠性疾病的寄生虫不同（即犬鞭虫、胎儿三毛滴虫），饮食（即纤维反应性腹泻）和细菌（梭菌性结肠炎对泰乐菌素或阿莫西林反应最好）也均有不同。如果通过诊断和尝试性治疗排除了寄生虫、饮食和梭菌性结肠炎，可能需要进行额外的检查，如直肠黏膜刮片（不是拭子）

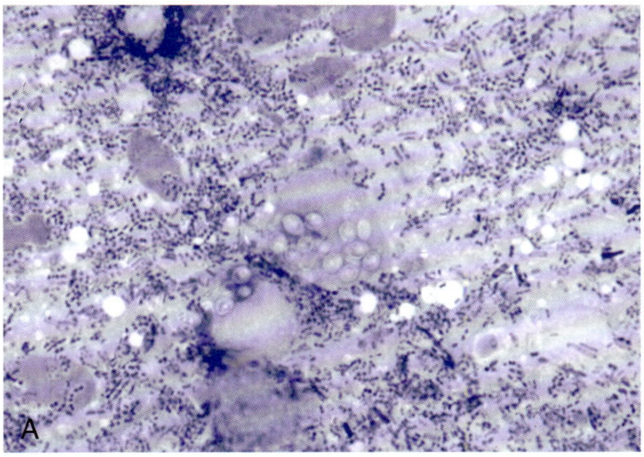


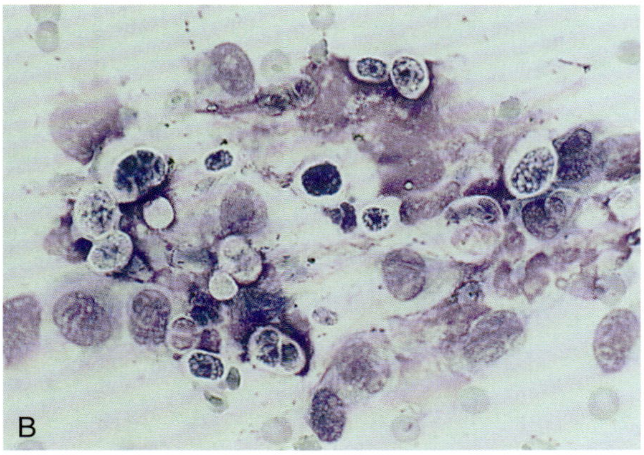


**图 9-3　A. 犬直肠刮片显示巨噬细胞和大量被吞噬的酵母菌，这些是荚膜组织胞浆菌。B. 犬直肠刮片，显示炎性细胞和带有明显光环的球形生物体。这些生物体是原孢囊藻**

（由 Rick Cowell 博士提供）

和细胞学检查（图 9-3）。对于治疗无反应，出现低蛋白血症或体重明显减轻的持续性大肠疾病通常提示应进行腹部超声检查，然后进行细针抽吸和（或）结肠镜 - 回肠镜检查加活检。大多数情况下，硬管结肠镜检查降结肠足以诊断。而可屈曲式内窥镜检查可以进入降结肠、横结肠、升结肠、回盲瓣、盲肠、回肠。如果无法采用可屈曲式内窥镜检查，则可进行腹部超声检查，因为其可发现硬管内窥镜无法触及区域的病变。

## 小肠性疾病

与大肠性疾病相比，引起小肠性疾病的寄生虫不同（如贾第鞭毛虫），其他不同包括饮食问题（如淋巴管扩张）和细菌问题[如抗生素反应性肠病（antibiotic-responsive enteropathy，ARE）或可能对各种抗生素有反应的菌群失调]。慢性和严重的小肠性腹泻需要区分消化不良、蛋白丢失性肠病（PLE）和非蛋白丢失性吸收不良（图 9-4）。小肠性疾病通常会出现体重减轻和腹泻，但有些患病动物只出现体重减轻。

### 消化不良

由胆管梗阻引起胆汁酸分泌不足导致的消化不良比较罕见。肠道乳糖酶缺乏并不常见，但可以在部分患病动物（尤其是猫）中尝试无乳糖饮食。EPI 是消化不良的主要原因，在猫中比较罕见。区分 EPI 和吸收不良导致的肠道疾病非常重要。EPI 在患犬中经常被忽视，或在没有该疾病的患病动物中误诊。临床试验中使用胰酶制剂，结果表明非常不敏感且非特异性。粉状酶制剂通常优于片剂，某些酶制剂明显优于其他制剂。即便在使用适当酶制剂的情况下，一些 EPI 患犬在酶替代疗法生效之前还需要低脂饮食、抗酸药治疗（罕见）或治疗并发症 ARE（常见）。高达 15% 的 EPI 患犬对治疗没有任何反应。经验性酶替代疗法的失败往往导致不必要的检查（即活检），因为 EPI 被误排除。血液学或血清生化指标变化不一致。在粪便中经常可以检测到未消化的脂肪，但并非一致。脂肪吸收检测易误判。TLI 检测是诊断 EPI 的标准检测。值得注意的是，TLI 检测具有物种特异性。

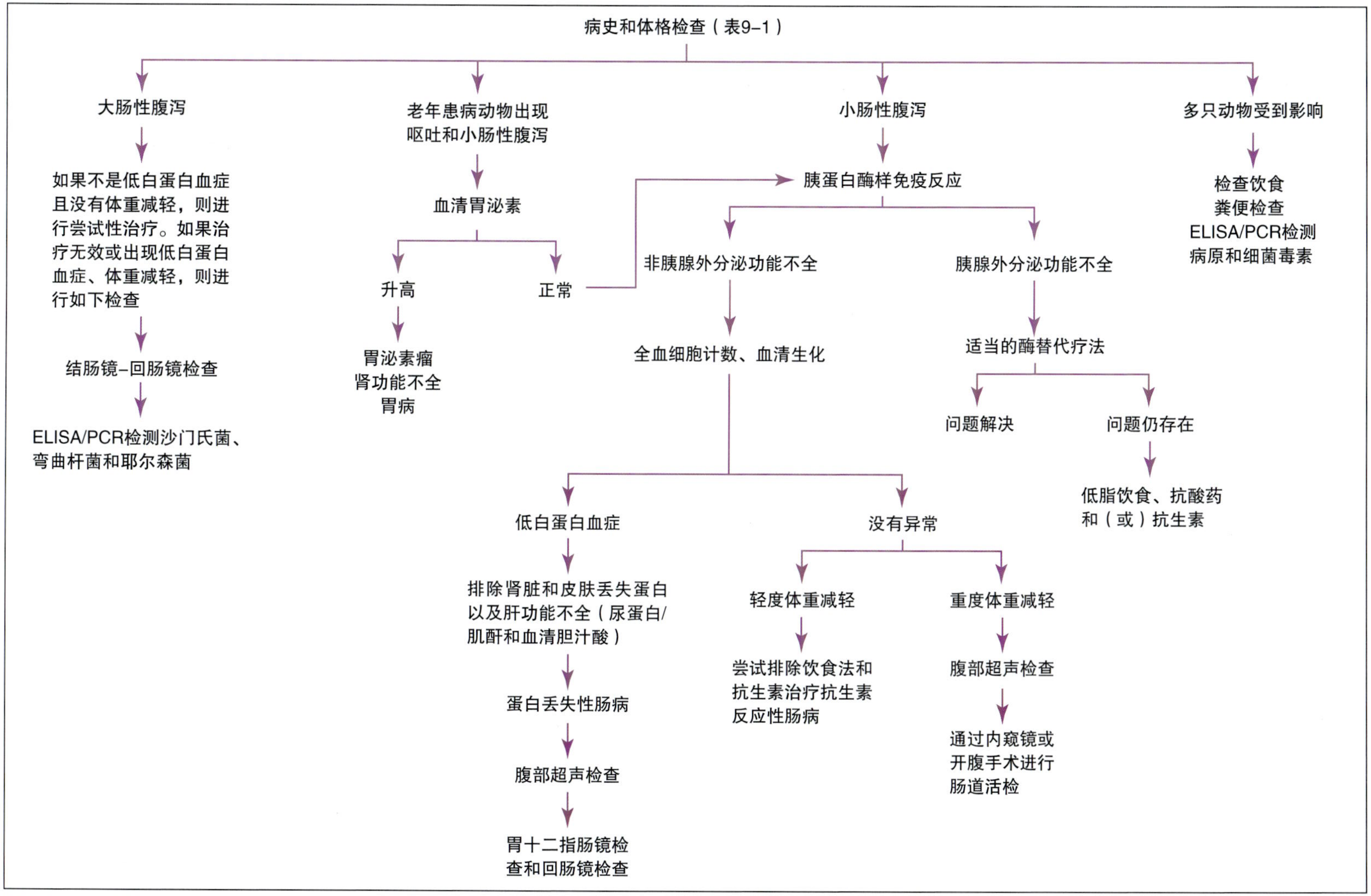


**图 9-4　犬、猫慢性腹泻的诊断方法（多次粪便检查结果阴性，经验性抗蠕虫、抗原虫和饮食治疗未解决腹泻问题）**

ELISA，酶联免疫吸附试验；PCR，聚合酶链反应。

粪便蛋白分解活性检测对于诊断 EPI 来说通常是准确的，但该方法比较麻烦，并且实用性有限。

### 非蛋白丢失性吸收不良

一旦排除了消化不良，那么吸收不良就成为体重减轻的腹泻动物最可能的原因。之后，就需要决定是进行治疗性诊断还是检测诊断。瘦弱的患病动物，血清白蛋白＜2.1 g/dL，或病情发展迅速的患病动物通常应接受腹部超声检查和肠道活检（最好进行内窥镜检查，除非超声检查显示病变不能通过内窥镜诊断或可以在超声引导下抽吸）。非危重的患病动物可以先接受治疗试验。借助最少的实验室检测数据（如生化、粪便检查），选择更合理地治疗试验。两种主要的治疗试验是：①针对食物反应性疾病的饮食试验（即排除饮食法）；②针对 ARE 或菌群失调的抗菌试验。

ARE（以前称为“小肠细菌过度生长”或 SIBO；现在有时称为菌群失调）可能单独存在或与另一种胃肠道疾病共存。该综合征的 CBC 和血清生化指标变化没有一致性。粪便培养不能提供足够的信息，超声和肠道活检也很难确诊。钡剂造影也很少发现部分肠道病变或梗阻会导致继发性 ARE。十二指肠或近端空肠液中需氧菌和厌氧菌的定量培养结果很难解释，因为临床上正常犬的细菌数量可能与患犬的一样多，甚至可能更多。血清钴胺素和叶酸浓度对 ARE 不敏感且不具特异性。ARE 患犬在结合高质量排除饮食法的情况下，通常在 3 ~ 4 周内对合适的抗菌治疗产生反应（如四环素、泰乐菌素、甲硝唑 ± 恩诺沙星），除非存在不可逆的黏膜病变或原发性潜在肠道疾病。

饮食不耐受相对常见，可以通过排除饮食法（如鱼和土豆，火鸡和土豆，豆腐和豆子，水解蛋白）进行试验。至少进行 3 周，最好 4 周，在此期间绝对不能喂食其他食物（包括调味品或药物）。

如果饮食、抗生素、反复驱虫和抗原虫治疗无效，则需要进行超声检查，然后进行小肠活检。超声检查可以显示可进行细针抽吸的病灶，从而避免麻醉和活检，并且可以确定内窥镜检查是否能到达病灶。在大多数患病动物中，胃、十二指肠、回肠和结肠可以通过内窥镜取样。十二指肠细胞学检查有助于诊断某些疾病，如嗜酸性肠炎、化脓性肠炎、贾第鞭毛虫和淋巴瘤。如果进行开腹探查，则可采集多个具有代表性的全层样本，如胃、十二指肠、空肠、回肠和肠系膜淋巴结，这是由于即便是严重患病动物，其胃肠道病变也可能是斑点状。如果进行内窥镜检查，则从每个部位获取多个高质量的组织样本（≥ 6 ~ 8 个）。对内窥镜医生进行如何获得高质量组织样本的技能培训非常重要。由于操作者缺乏培训，许多内窥镜下获得的组织样本无法进行诊断。

### 蛋白丢失性肠病

蛋白丢失性肠病（protein-losing enteropathy，PLE）在猫中不常见，但在犬中较为常见。PLE 被常规描述为能够引起泛低蛋白血症。然而，患有导致高球蛋白血症的疾病（如慢性皮肤病、立克次体病、心丝虫）和某些品种（如巴仙吉犬）的犬可能只检测到低白蛋白血症，因为血清球蛋白浓度最初升高，但是其中的大部分从肠道丢失，血液中剩余的量保持在正常范围内。如果红细胞也丢失，可能发生缺铁性贫血（见第 3 章）。

PLE 可能由各种胃肠道疾病引起（如钩虫、慢性肠套叠、真菌感染、溃疡和糜烂），但淋巴管扩张、消化道淋巴瘤、ARE 和炎性肠病是成年犬 PLE 最常见的原因。在一些消化道疾病中，肠淋巴管扩张会引起血清白蛋白浓度降低（ $<1.0$ g/dL）。低胆固醇血症很常见，外周淋巴细胞计数偶尔会减少。如果严重低白蛋白血症的患病动物已经排除肝功能不全、肾脏和皮肤丢失，那么通过排除法，PLE 则成为主要鉴别诊断。如果怀疑 PLE 患病动物的低白蛋白血症存在其他原因，如肾蛋白丢失、肝功能不全、严重渗出性皮肤病，则检测粪便 α1- 蛋白酶抑制剂浓度可以阐明胃肠道是否发生过度的蛋白质丢失。α1- 蛋白酶相对稳定，抗胃肠道降解，因此可以从粪便中检测到。肠道活检通常是确定 PLE 病因的最终检查。如果血清白蛋白水平 $<1.5$ g/dL，全层活检可能有裂开风险，浆膜补片移植技术可以降低裂开风险。胃十二指肠镜 - 回肠镜检查加活检相对安全，通常可以诊断。但有时通过内窥镜检查无法到达病变部位。对疑似淋巴管扩张的患病动物进行超低脂肪饮食试验可以替代活检，虽然这个方法不推荐。在没有明确诊断的情况下使用类固醇治疗可能具有潜在危险（尤其是对犬），因此不推荐。

## 粪便特征

出现黏液状粪便应考虑大肠或远端小肠问题。对于患有大肠性疾病但没有出现体重减轻或低白蛋白血症的犬和猫，最好的初始检查应包括多次粪便检查、直肠指检和治疗性试验，如饮食治疗、抗菌治疗和（或）抗蠕虫治疗。如果这些方法无法诊断，则结肠镜 - 回肠镜检查加组织活检通常是最有用的诊断方法。便血通常考虑大肠问题。黑粪症则提示摄入血液、凝血功能障碍或胃和肠道上端出血。因此，在进行开腹探查之前，应考虑所有可能摄入血液的原因，如呼吸道咯血和后鼻腔出血。摄入次水杨酸铋或肝脏会导致粪便呈黑色。另外，饮食和肠道菌群变化也会影响粪便颜色，但一般不提示疾病。

## 粪便细小病毒酶联免疫吸附试验（ELISA）

**偶见适应证 ·** 疑似患有细小病毒性肠炎（尤其是那些没有出现典型症状的犬）的犬，或出现不明原因的急性中性粒细胞减少症的患犬应通过粪便 ELISA 检测细小病毒。而该检测也可用于猫，诊断由犬细小病毒 2a 和犬细小病毒 2b 引起的泛白细胞减少症。

**优点 ·** 该检测快速且有效，如果能在合适的时间检测（如出现临床症状的 1 ~ 3 d），则具有良好的敏感性和特异性。

**缺点 ·** 细小病毒性肠炎患犬的检测结果可能为阴性，尤其在疾病的早期和晚期。

**分析 ·** 根据试剂盒的说明使用新鲜粪便（见第 15 章）。必须仔细按照说明进行，否则可能会得到错误结果。

**正常值 ·** 犬的粪便细小病毒抗原检测结果应为阴性。

**解释 ·** 阳性结果支持犬细小病毒性肠炎。并非所有犬细小病毒性肠炎患犬都会出现腹泻和发热，有些犬仅表现厌食、呕吐或发热。理论上，如果粪便中抗体与所有抗原结合，则可能出现假阴性结果。如果在疾病很早期检测，也可能出现阴性结果。对于这些犬，应在 36 ~ 48 h 内重复检测。发病 1 周后病毒颗粒的脱落减少，因此如果在疾病很晚期检测也会出现阴性结果。接种改良活病毒疫苗会导致短暂的病毒颗粒脱落，粪便 ELISA 检测会出现弱阳性结果（接种疫苗后 5 ~ 15 d）。

## 产气荚膜梭菌的粪便分析

**偶见适应证・**产气荚膜梭菌的粪便分析偶尔适用于患有院内急性腹泻或不明原因慢性大肠性腹泻的犬。

**缺点・**该检测对产气荚膜梭菌相关疾病的敏感性和特异性尚不确定。检测到毒素不代表该患病动物因该毒素而患病。相反，没有检测到毒素也不保证患病动物不是因为产生毒素的细菌而患病。动物可能是检测到了毒素但没有腹泻，而毒素阴性却腹泻的患犬可能对抗生素有反应。不新鲜的粪便样本可能产生假阳性结果。

**分析・**根据试剂盒的说明使用新鲜或冷冻的粪便进行检测。反向被动乳胶凝集（RPLA），如 PET-RPLA 毒素检测试剂盒（OxoidLimited，Cambridge，UK）和 ELISA 试剂盒，如产气荚膜梭菌毒素检测（TechLab，Blacksburg，VA）可用于产气荚膜梭菌肠毒素的检测。

**解释・**与 RPLA 检测法相比，ELISA 检测法得到的结果似乎与疾病有更好的相关性。在粪便中检测到产气荚膜梭菌肠毒素且临床症状符合梭菌性腹泻被认为具有诊断意义。然而，不是在所有对泰乐菌素或阿莫西林治疗有反应的患病动物中都能发现肠毒素。对于毒素检测呈阴性的疑似病例，可以在临床症状复发时再次检测，或使用阿莫西林或泰乐菌素尝试治疗。

粪便孢子计数与产气荚膜梭菌肠毒素的产生或腹泻没有很好的相关性。粪便涂片检查（参见本章后面的粪便显微细胞学检查）孢子是非必要的筛查程序。

## 艰难梭菌的粪便分析

**偶见适应证・**艰难梭菌在小动物医学中的重要性尚不清楚。该检测可能最适合疑似院内腹泻或抗生素相关性腹泻。

**优点・**艰难梭菌抗原的 ELISA 检测非常敏感，阴性预测值很准确。而艰难梭菌毒素的 ELISA 检测具有特异性，但敏感性尚不确定。

**缺点・**不能仅根据阳性 / 阴性的检测结果解释。检测到毒素并不意味着患病动物因该毒素而患病。相反，没有毒素也不保证患病动物没有感染艰难梭菌。动物可能是检测到了毒素但没有腹泻，而毒素阴性却腹泻的患犬可能对合适的抗生素有反应。

**分析・**可以通过 ELISA 检测艰难梭菌毒素 A（ImmunoCard Toxin A; Meridan Diagnostics，Cincinnati，OH）。

**可能影响分析结果的药物・**未知。

**解释・**最好的方法是先用 ELISA 检测细菌抗原，从而确定是否存在艰难梭菌。如果检测结果为阴性，那么感染艰难梭菌的可能性非常小。如果细菌抗原 ELISA 呈阳性，同时用 ELISA 检测毒素 A 和毒素 B。如果在腹泻患病动物的粪便中发现了艰难梭菌毒素 A，可能提示因果关系。然而，目前尚不清楚艰难梭菌在犬、猫医学中的重要性，及其可能对人类造成的风险。

## 粪便培养

**罕见适应证・**粪便培养很少适用于那些出现院内腹泻、具有潜在传染性（如发热、白细胞增多、中性粒细胞粪便细胞学检查）或怀疑特定传染源（如沙门氏菌、空肠弯曲杆菌、维罗毒素阳性大肠杆菌和小肠结肠炎耶尔森菌）引起腹泻的犬和猫（尤其是大肠性腹泻）。DNA 分析可能更有用，但通常仅限于研究实验室。

**缺点・**临床兽医必须指定需要培养的病

原体，并且向实验室提供新鲜粪便或保存在适当介质中的粪便。该检测需要在熟悉每种病原体特定富集和分离技术的微生物学实验室中进行。使用培养拭子不足以分离大多数肠道病原体。最后，培养得到的特定病原体也并不意味着临床症状就是由它导致的。

**分析**·新鲜粪便需要及时提交给实验室，实验室需要知道所寻找的具体病原体。非新鲜粪便或未正确收集或处理的粪便或要求“粪便病原体一般培养”通常是在浪费时间和金钱。因此，需要实验室有合适的设备来培养肠道病原体。产气荚膜梭菌的培养对诊断没有帮助。

**解释**·尽管小肠结肠炎耶尔森菌在美国罕见，但任何临床表现正常的动物都可能从其粪便中培养出前面列出的任何病原体。粪便培养的解释必须结合病史、体格检查、实验室结果，有时还需要考虑检测到的微生物数量（即每克粪便中细菌菌落形成数量）。

## 粪便脂肪

**罕见适应证**·粪便脂肪检测可用于检测伴有腹泻或不明原因体重减轻的动物的消化不良或吸收不良。

**优点（半定性分析）**·粪便脂肪检测成本低，具有一定的适用性、合理性和准确性。

**缺点（半定性分析）**·该检测偶尔会产生误导性结果。

**分析**·医生将一滴新鲜粪便与一滴苏丹红Ⅲ混合，加热载玻片至沸腾并在显微镜下观察，对未消化的脂肪进行半定性分析。医生将一滴新鲜粪便、一滴36%乙酸和一滴苏丹红Ⅲ混合，对消化脂肪进行分析。加热载玻片至沸腾，并在仍温暖的情况下进行显微镜下观察。两种情况下，橙色液滴为阳性。重要的是，应给检测的患病动物喂食中脂或高脂的食物。因为给吸收不良的犬喂食低脂食物可能会导致检测结果为阴性。

**正常值**·高倍视野（high-power field，hpf）中很少出现或不含未消化和已消化的脂肪细胞。

**假象**·半定性分析可能出现无法解释的假阴性和假阳性结果。硫酸钡、铋、车前草纤维、矿物油、蓖麻油或低脂饮食都会影响半定量分析结果。

**粪便脂肪增加的原因**·如果在多次检查中都在高倍镜下发现多个橙色球状物，那么主要由吸收不良或消化不良引起。该检测有助于区分EPI（未消化的脂肪为阳性）和吸收不良（已消化的脂肪为阳性）。尽管偶尔出现假阳性结果，但对于有消化不良症状的患犬来说，未消化的粪便脂肪呈现强阳性是TLI的指征。在部分EPI患犬的粪便中可能检测不到脂肪。

## 粪便蛋白分解活性

该检测用于检测患有慢性腹泻或不明原因体重减轻的动物的消化不良。理论上，它可以诊断罕见继发于胰管梗阻的EPI。但是，X线片的消化检测无用，不应被使用。检测粪便蛋白分解活性最可靠的方法是很难执行的，粪便需要经过特殊处理，在本书之前的版本中有过描述。TLI检测是EPI诊断的首选试验。

## 粪便α1-蛋白酶抑制剂活性

**偶见适应证**·对于不明原因的低白蛋白血症或疑似PLE，同时伴有肝功能不全或肾脏、皮肤蛋白丢失的患病动物应检测粪便α1-蛋白酶抑制剂活性。

**优点**·该检测可以确定消化道为蛋白质

丢失的源头。α1- 蛋白酶抑制剂是一种血浆蛋白。如果它渗入肠腔，不会被消化道降解，因此可以在粪便中检测到。

**缺点** · 该检测适用性有限。不同个体粪便 α1- 蛋白酶抑制剂含量不同，不能反映疾病的严重程度。

**分析** · 采集 3 个时间点的粪便样本，每次 1 g，置于实验室提供的试管中。3 个样本非常重要（最好是不同日期或至少是不同时间点采集的粪便），排便后立即收集粪便，而不是直接从直肠中采集。样本在运输前必须冷冻，并且在运输时放在冷藏袋中。目前唯一提供该检测的实验室是得克萨斯农工大学兽医学院的消化道实验室（GI Laboratory，College of Veterinary Medicine，Texas A&M University，College Station，TX 77843–4474）。

**正常值** · 0.23 ~ 5.67 μg/g 粪便，医生需要查看每个检测值和平均值。

**异常原因** · 粪便中检测指标偏高表明血清蛋白从消化道丢失，并且可以表明 PLE 是低白蛋白血症的原因。蛋白丢失程度需要根据实验室检测来定。

## 粪便显微细胞学检查

**罕见适应证** · 粪便显微细胞学检查很少用于大肠性腹泻或小肠性腹泻。

**优点** · 该检查广泛适用且操作简单。

**缺点** · 该检查敏感性低且对不同药物的特异性不同。

**分析** · 将薄、风干且新鲜的粪便涂片用新亚甲蓝或瑞氏染料染色，在高倍镜和油镜下观察。用刮匙获得的直肠和结肠黏膜刮片也是检查黏膜细胞的一种方法。

**正常值** · 杆菌和球菌的混合种群，很少有细菌孢子或酵母菌，偶见上皮细胞和无定形碎片。

**假象** · 不新鲜的粪便样本影响结果，白细胞在长时间的粪便中无法识别，并且细菌数量会发生变化，细菌孢子可能会增加。粪便残渣可能类似于退化的白细胞。

**可能影响粪便显微细胞学检查结果的药物** · 钡剂和车前草纤维可能使解释结果更加复杂，而抗生素会改变肠道菌群组成。

**解释** · 细菌感染（如沙门氏菌、弯曲杆菌）和黏膜炎性疾病可以在粪便中同时观察到白细胞（尤其是中性粒细胞）。透壁性结肠炎偶尔导致粪便中白细胞增多。粪便白细胞可以作为慢性结肠炎患病动物结肠黏膜活检的指征。过敏性或寄生虫性结肠炎有时可见嗜酸性粒细胞。酵母菌数量增多或细菌群均一可能有助于确定患病动物腹泻的原因，但仅出现一种微生物并不能确定其会导致疾病，如点滴复膜酵母（图 9–5）。

## 粪便潜血

**罕见适应证** · 粪便潜血试验可用于检测不明显的胃肠道出血。

**缺点** · 见假象。

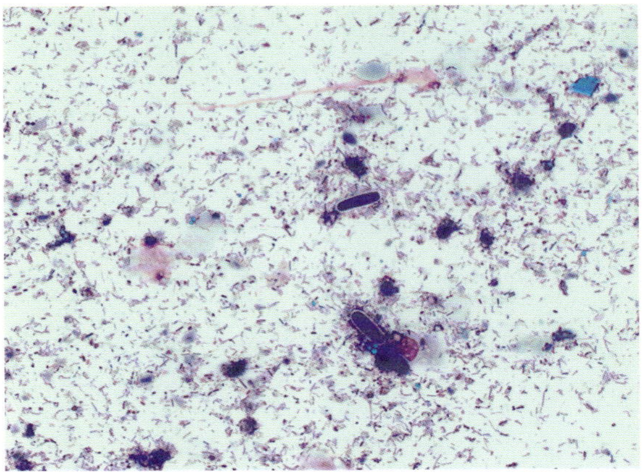

图 9–5　粪便涂片细胞学显示大酵母菌（如点滴复膜酵母）

**分析**·检测前患病动物应进行至少 3 d 无肉饮食，之后将新鲜粪便涂抹在检测板上进行检测。敏感性在不同的检测之间有显著差异。

**正常值**·见假象。

**假象**·样本粪便未混合均匀（血液在粪便中没有均匀分布）或补充维生素 C 可能导致粪便潜血结果呈假阴性。而含有新鲜肉类（含血红蛋白）或新鲜未煮熟蔬菜（即过氧化物酶）的饮食可能使粪便潜血结果呈假阳性。

**粪便潜血原因**·任何原因导致的胃肠道出血和任何程度的胃肠道出血都可能引起粪便潜血阳性。胃肠道失血量达到每 30 kg 体重出血量 2 mL 时，呈现阳性结果。

## 脂肪吸收试验

**罕见适应证**·在慢性小肠性腹泻或不明原因体重减轻的情况下，脂肪吸收试验可以检测并区分消化不良和吸收不良。该检测容易出现假阴性和假阳性结果，因此并不推荐。

**分析**·在本书之前的版本中，该检测方法已有描述。

## 胰蛋白酶样免疫反应（TLI）

**常见适应证**·TLI 检测适用于患有慢性小肠性腹泻或不明原因体重减轻的动物。

**优点**·TLI 检测对 EPI 具有高敏感性和特异性。该检测只需要一份血清样本，不需要特殊或繁琐的处理程序。

**缺点**·该检测具有物种特异性。目前唯一提供 fTLI 检测（针对猫）的实验室是得克萨斯农工大学兽医学院消化道实验室（GI Laboratory，College of Veterinary Medicine，Texas A&M University，College Station，TX 77843-4474）。

**分析**·通过 ELISA 方法对血清 TLI 进行检测。

**正常值**·犬 5 ~ 35 μg/L；猫 12 ~ 82 μg/L。

**危险值**·无。

**假象**·理论上，由胰管梗阻而非腺泡细胞萎缩引起的 EPI 会导致血清 TLI 正常甚至升高。

**可能影响 TLI 的药物**·引起急性胰腺炎的药物（专栏 9-3）可能导致血清 TLI 升高。口服胰酶补充剂不影响血清 TLI 浓度。

**TLI 降低的原因**·TLI 检测是 EPI 的首选检测。血清 TLI 浓度低于 2.5 μg/L（犬）或 8 μg/L（猫）通常被诊断为 EPI。犬 TLI 浓度为 2.5 ~ 5.0 μg/L 时，可以怀疑为亚临床 EPI。这种情况应重复检测，有些犬会发展为 EPI，有些犬则不会。

**TLI 升高的原因**·犬血清 TLI ＞ 50 μg/L 或猫血清 TLI ＞ 100 μg/L 可能是由于胰腺炎（这种情况下，犬、猫的特异性 PL 优于 TLI 检测）、肾功能衰竭、肾前性氮质血症（可能升高 2 倍）和营养不良。fTLI 升高可能与胰腺炎一致。在犬中，TLI 可能在胰腺炎早期升高，之后迅速恢复到正常范围内。

## 血清钴胺素和叶酸

**偶见适应证**·当出现慢性小肠性腹泻、不明原因体重减轻或疑似小肠性疾病时，可以检测血清钴胺素和叶酸水平。该检测对猫比对犬更重要。

**优点**·一份血清样本可以检测这两个值。

**缺点**·该检测对 ARE 的敏感性和特异性较差，对其他肠道疾病或 EPI 的敏感性和特异性尚不确定。对于可能患有肠道疾病的动物，该检测应辅助其他检测。该检测专门针对钴胺素缺乏症。

**分析** · 通过生物测定或免疫测定检测血清中钴胺素和叶酸含量。"不煮沸"这一检测方法对犬来说不可靠，血清应存放在带有盖子的管子中。

**正常值** · 取决于实验室。不同实验室之间正常范围差异很大。特定的实验室需要对犬、猫的检测进行验证。

**危险值** · 无。

**假象** · 钴胺素可能由于血清暴露于阳光下而降解，从而导致检测结果偏低。

**可能影响血清钴胺素水平的药物** · 补充含钴胺素和叶酸的膳食或维生素可能会影响血清钴胺素浓度。影响肠道细菌浓度的药物（即抗菌药）也可能影响检测值。

**血清钴胺素水平降低的原因** · 犬、猫血清钴胺素水平降低的主要原因是回肠疾病或回肠切除术（罕见）、EPI、肠黏膜疾病和 ARE（菌群失调）。肝脏疾病和甲状腺功能亢进会导致猫低钴胺素血症。血清钴胺素水平主要鉴别的是 EPI 和肠道疾病，因此，血清钴胺素水平降低提示检测血清 TLI 水平。并非所有患有 EPI、黏膜疾病或 ARE 的犬的血清钴胺素水平都会降低。患有 EPI、严重小肠疾病（如淋巴瘤、炎性肠病）和某些肝脏疾病（如特发性肝脂质沉积症）的猫的钴胺素水平可能非常低。发现血清钴胺素水平显著降低可能提示动物患有小肠性疾病。

**血清钴胺素水平升高的原因** · 额外补充钴胺素可能引起血清钴胺素水平升高。

**血清叶酸水平降低的原因** · 严重的近端小肠黏膜疾病会降低血清叶酸水平，但并非所有患有该病的动物的叶酸水平都降低。

**血清叶酸水平升高的原因** · ARE、EPI 和膳食补充可能都会引起血清叶酸水平升高。但许多患有这些疾病的动物的叶酸水平并没有升高。低钴胺素浓度和叶酸浓度升高与 ARE 一致，但不敏感且不具有特异性。

## C- 反应蛋白（CRP）

**偶见适应证** · CRP 被应用于一个能确定犬炎性肠病活动指数（CIBDAI）的公式中。

**优点** · 该检测对炎症非常敏感。

**缺点** · 该检测几乎能检测到身体任何部位的炎症。因此，就炎症类型、位置和原因而言，具有非特异性。

**分析** · CRP 通过冷藏或冷冻的空腹血清样本检测。

**正常值** · ＜7.6 mg/L。

**假象** · 未知。

**可能影响 C- 反应蛋白的药物** · 未知。

**解释** · 几乎身体任何部位的任何炎症都会引起 CRP 升高。检测 CRP 最大的应用价值在于监测患病动物的治疗反应（即治疗是否引起 CRP 升高或降低）。CRP 的变化提示炎症消退或进一步发展，即使其他指标都正常。

## 氢呼气试验

**罕见适应证** · 氢呼气试验很少用于慢性小肠性腹泻或不明原因的体重减轻。该试验检测的氢气是细菌发酵碳水化合物的副产物。产氢量增加表明 ARE 或碳水化合物吸收不良。该试验只能在具有专门设备和有经验的诊所 / 实验室中进行，医生应联系实验室，以了解详情。

**解释** · 碳水化合物吸收不良和 ARE 会导致氢气排出量增加。氢的唯一来源是细菌发酵碳水化合物。该检测对犬 ARE 的敏感性和特异性尚不清楚。

## 粪便寄生虫涂片（湿片）

**常见适应证** · 粪便涂片应用于寄生虫和虫卵的筛查，适用于任何伴有腹泻、黑粪症、便血、粪便黏液、体重减轻或呕吐的患病动物。

**优点** · 该检测广泛适用，易于操作且费用不高。

**缺点** · 粪便涂片需要新鲜粪便，与浓度和分子技术相比不敏感。

**分析** · 薄涂片由新鲜粪便（$<5$ min）制成，与一滴生理盐水或水混合后盖上盖玻片以防止脱水。涂片制成后应立即检查，如果观察到原虫，那么应进一步进行细胞学检测。可以在盖玻片的一角滴一滴卢戈氏碘液或 O'Connor 碘液。

**注意：** 碘可以杀死原虫，从而使其停止运动。

**正常值** · 没有发现寄生虫和虫卵。

**假象** · 载玻片过冷或脱水会抑制原虫运动。

**可能影响结果的药物** · 口服含有高岭土、果胶、硫酸钡、铋的药物和其他肠道活性化合物（如泻药、灌肠剂）可能使寄生虫、虫卵和包囊难以被发现和识别。

**能够鉴定的寄生虫、细菌和虫卵** · 能够鉴定贾第鞭毛虫属（图 9–6A）、毛滴虫属（图 9–6A）、溶组织内阿米巴、大肠杆菌、粪类圆线虫（图 9–6B）和猫圆线虫。可能发现任何虫卵，但该检测可能有助于检测狼尾旋线虫、鞭虫卵。油镜下观察到小的螺旋状细菌活动结合白细胞提示可能是弯曲杆菌属。

## 粪便漂浮

**常见适应证** · 粪便漂浮试验的适应证与粪便涂片的相同。

**优点** · 该检测具有一定的敏感性、特异性高、适用性强和低成本。

**分析** · 将粪便与饱和糖溶液或硫酸锌溶液充分混合（1 L 水中加入 331 g $ZnSO_4 \cdot 7H_2O$，用比重计测定比重，使其达到 1.18 ~ 1.20）。这是检测贾第鞭毛虫最好的粪便漂浮技术，因为它不会扭曲包囊，虫卵和包囊会上浮到液

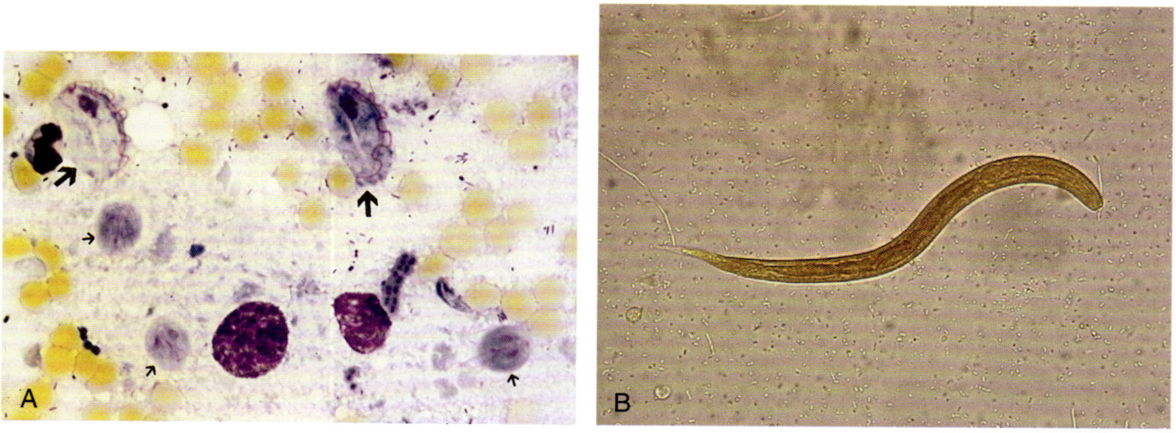


**图 9–6** A. 在涂片中染色贾第鞭毛虫滋养体（小箭头）和毛滴虫滋养体（大箭头）内部结构的比较。其中毛滴虫滋养体较大，并有一个较大的波浪状膜。B. 碘染色的粪便涂片展示了粪类圆线虫的幼虫。其他类圆线虫（如钩虫）的幼虫形态看起来相似，因此寻找类圆线虫时使用新鲜粪便很重要

（由得克萨斯农工大学 Tom Crain 博士提供）

面，并可以用盖玻片收集。用于检测贾第鞭毛虫的样本应在 15 min 内检查，以免包囊变形裂解。样本离心可以提高敏感性。如果需要送至其他实验室检测，将样本冷藏（不得冷冻）可以保存 1 ~ 2 d，或将 1 份粪便与 3 份醋酸钠 – 醋酸 – 福尔马林（1.5 g 醋酸钠 +2 mL 冰醋酸 +4 mL 40% 甲醛溶液 +92.5 mL 水）混合。

**正常值**・不存在虫卵和包囊。

**假象**・腹泻可能导致样本中虫卵减少。

**能够识别的寄生虫虫卵和包囊**・可能发现钩虫属、弓蛔虫属、弓首蛔虫、鞭虫、狼尾旋线虫、翼线虫、肺毛细线虫、皱襞毛细线虫、犬棘头蚴、肾囊虫、等孢子虫属、贾第鞭毛虫属、刚地弓形虫、隐孢子虫属、肺部并殖吸虫和部分绦虫。

## 粪便沉淀

**罕见适应证**・粪便沉淀试验的适应证与粪便漂浮和粪便涂片相似，尤其是在怀疑吸虫感染的情况下。如果粪便中含有过多脂肪，那么福尔马林和乙酸乙酯可能比水更适合进行粪便沉淀。

**缺点**・该检测比直接粪便涂片或粪便漂浮法耗费的时间长。

**分析**・将粪便与溶液混合（如水或生理盐水），过滤 1 ~ 2 次去除大块碎屑，然后静置 30 min 至 2 h，之后用显微镜观察沉淀物。当使用福尔马林或乙酸乙酯溶解粪便时，将滤过的粪便离心，沉淀重悬于 9 mL 的 5% 福尔马林溶液中，加入 3 mL 乙酸乙酯，剧烈振荡。重新离心后，倒出福尔马林、乙酸乙酯溶液，检查沉淀物。

**正常值**・无虫卵。

**假象**・与上文粪便漂浮法中提到的相似。

**可能识别的寄生虫虫卵**・粪便沉淀法可以检测到所有可能通过粪便漂浮法发现的虫卵，以及犬重翼吸虫属、肠道鲑隐孔吸虫、美洲异比吸虫（图 9–7）。

## 粪便贾第鞭毛虫检测

**常见适应证**・慢性腹泻、不明原因的体重减轻、间歇性胆汁性呕吐，或临床怀疑贾第鞭毛虫但多次硫酸锌漂浮并离心的结果为阴性的患病动物，应进行粪便贾第鞭毛虫检测。检测技术包括十二指肠抽吸和细胞学检测、粪便 ELISA 抗原检测，如 ProSpecT 微孔板 ELISA 试剂盒用于贾第鞭毛虫检测（Alexon，Lenexa，KS）和免疫荧光检测（immunofluorescence assay，IFA），如 Meri Fluor 隐孢子虫 / 贾第鞭毛虫检测（Meridian diagnostics，Cincinnati，OH）。

**优点**・对于检测贾第鞭毛虫来说，这些检测比直接涂片或粪便漂浮法更敏感。

**缺点**・十二指肠抽吸需要通过手术或内窥镜进行。

**分析**・应使用新鲜样本进行粪便 ELISA 和粪便 IFA 检测。IFA 比 ELISA 更敏感。新鲜的十二指肠抽吸内容物在保持湿润的情况下，可以直接观察运动的滋养体。

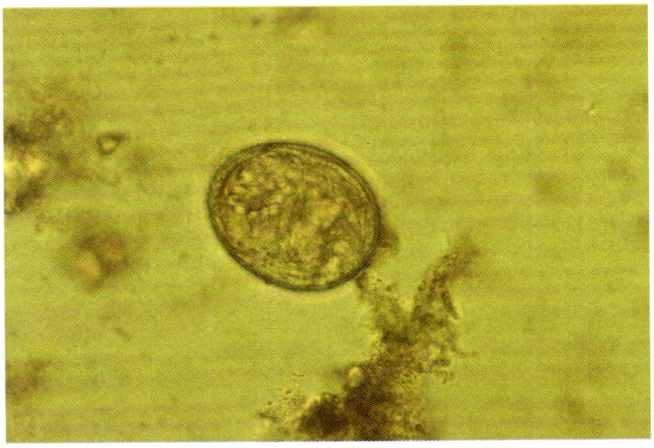

**图 9–7　在粪便沉淀中发现美洲异比吸虫的虫卵**
（由得克萨斯农工大学 Tom Craig 博士提供）

**正常值**·不存在滋养体或粪便抗原。

## 粪便三毛滴虫检测

**偶见适应证**·粪便滴虫检测适用于猫的慢性大肠性腹泻，特别是外来品种的猫，如索马里猫、孟加拉猫和欧西猫。

**优点**·培养比直接粪便检查敏感（约1000个生物体/50 mg粪便），而PCR是最敏感的检测（约10个生物体/200 mg粪便）。

**缺点**·医生需要了解不同检测技术的不同敏感性。粪便需要是新鲜的，不得冷藏。非新鲜粪便可能使直接粪便检查和培养得到假阴性结果。直接粪便检查敏感性低（＜15%）。

**分析**·新鲜粪便样本可以通过显微镜观察（参见本章上文的粪便寄生虫涂片）（图9-6A）。非常新鲜的粪便（约0.05 g）可以使用专门用来培养牛胎儿三毛滴虫的小袋子进行培养（In Pouch TF；Biomed Diagnostics，White City，Oregon）。该检测最好在诊所/医院内进行，无须寄送粪便或培养小袋。装新鲜粪便的小袋子分别在37℃或室温下直立培养2 d或12 d，均为黑暗环境。至少48 h进行一次显微镜检查。

合理保存的粪便（约200 mg粪便溶于3 ~ 5 mL 70%异丙醇，避免混入猫砂）可以邮寄到实验室进行PCR检测。

**正常值**·阴性。

## 粪便隐孢子虫检测

**罕见适应证**·慢性腹泻的患病动物可能需要进行粪便隐孢子虫检测。猫（尤其是感染猫免疫缺陷病毒的猫）可能比犬更易患隐孢子虫病，但该疾病在犬、猫中的患病率和临床意义目前尚不清楚。

**缺点**·卵囊很小，可能很难找到。

**分析**·将新鲜粪便样本送到有经验的参考实验室。可以使用特殊的粪便漂浮技术、直接粪便涂片后抗酸染色或ELISA法，如ProSpecT隐孢子虫微孔板试剂盒（Alexon，Lenexa，KS）检测隐孢子虫。其中ELISA法最敏感。

**正常值**·阴性。

## 粪便异比吸虫检测

**偶见适应证**·通过粪便PCR检测异比吸虫，主要适用于生活在异比吸虫流行地区的患有肠道疾病或肝脏疾病或不明原因高钙血症的犬。

**优点**·该检测比粪便沉淀法更敏感，可以检测到每克粪便中1 ~ 2个虫卵。

**缺点**·检测的可行性有限，目前只可以在得克萨斯农工大学兽医学院消化道实验室进行检测（GI Laboratory，College of Veterinary Medicine，Texas A&M University，College Station，TX 77843-4474）。

**分析**·粪便PCR。

**假象**·未知。

**可能影响检测结果的药物**·未知。

**解释**·动物异比吸虫检测呈阳性且临床症状符合该病是进一步治疗的指征。

## 肝脏异常

处理肝脏疾病最困难的是区分原发性肝病（即肝脏是或将是导致动物患病的原因）和继发性肝病（即肝脏疾病由患病动物的非肝脏疾病引起）。原发性肝病可能伴有相对提示性体征（如肝肿大、肝过小、黄疸、腹水、肝性脑病）或非特异性体征（如精神沉郁、体重减轻、厌食、呕吐）。后者是许多疾病的常见主诉，伴有慢性体征或提示全身性疾病的患病动物需要进行血清生化检测。在原发性肝病患病动物中，没有发现体征或实验室指标异常的一致性。因此，在筛查肝脏疾病时，至少要求进行 CBC、血清 ALT、SAP、总胆红素、白蛋白、胆固醇、血尿素氮、葡萄糖、尿液分析和腹部影像学检查。肝功能检查，如血清胆汁酸和（或）血氨，及超声检查通常非常有用。若需明确诊断，肝脏细胞学 / 活检通常是必需的，除了血管异常的患病动物。肝脏特异性酶异常可能由原发性肝病或继发于非肝脏疾病（如糖皮质激素性肝病、败血症、炎性肠病、胰腺炎）的肝病引起。在确定 ALT、天冬氨酸转氨酶（AST）、SAP 或 γ-谷氨酰转肽酶（GGT）异常后，应先检查是否存在继发性肝病，因为这是导致这些酶活性升高的最常见原因。在这种情况下，肝脏通常出现可逆的退行性变化。实验室检查和超声检查主要用于以下两个目的：①确定是否出现肝脏疾病；②确定是否需要进行肝脏活检。

## 肝过小：小肝脏

小肝脏提示萎缩［如先天性门脉分流（PSS）、肝动静脉（AV）瘘］、纤维化和肝硬化或弥漫性肝坏死（图 9-8）。肝萎缩通常以锐利的边缘为特征，而纤维化和肝硬化会导致肝边缘变圆、钝化。但是一些严重到足以引起门脉高压的原发性肝纤维化患病动物也会有锐利的肝边缘。许多因先天性 PSS 引起显著肝萎缩的患病动物都相对年轻（＜3 ~ 4 岁），并且在断奶前后就有肝病迹象，而大多数肝硬化患病动物在中年以后才出现临床症状。肝动静脉瘘是引起肝过小的一种罕见原因，但通常在小于 2 岁的犬中诊断出来。一些患有先天性 PSS 的犬在 10 岁以上才被诊断出来。然而，一些因肝硬化而导致获得性 PSS 的患犬不到 6 月龄就被诊断出来。

肝脏萎缩通常导致肝功能检查异常（如血清胆汁酸、血氨），ALT、SAP、血尿素氮和血清白蛋白水平可能正常也可能异常。肝功能检查的其中一项正常或异常并不意味着其他肝功能检查也会有类似的结果。检测餐前和餐后血清胆汁酸浓度通常是敏感的肝功能检查（注意，胆汁淤积性疾病也会增加胆汁酸，因此，胆汁酸不是肝功能检测的特异性指标）。但是，如果强烈怀疑有肝脏疾病并且血清胆汁酸浓度没有预期的那么高，则应毫不犹豫地进行其他肝脏指标的检测。如果怀疑肝萎缩，考虑腹部超声检查、高级影像学成像（如门脉造影、CT、MRI）、肝活检或这些检查结合。

具有明显圆形或钝化肝边缘的小肝脏通常是纤维化 / 肝硬化。通常血清 ALT 和 SAP 显著升高，但一些有明显肝硬化的犬的肝酶正常。血清白蛋白和血尿素氮水平变化较大。如果怀疑肝硬化，通常需要活检。明显的结节或鹅卵石外观强烈提示肝硬化，而在肝脏没有大的肉眼变化的情况下，可能发生明显的纤维化，并且一些非肝硬化疾病（如肝功能衰竭伴结节状再生、结节状增生）可能与肝硬化非常相似。腹腔镜检查或开腹探查手术可见的多发性分流通常由肝硬化引起，但也可能继发于先天性肝动静脉瘘、静脉闭塞性疾病、门静脉梗阻或浸润性疾病。

## 肝肿大：肝脏增大

局灶性或不对称性肝肿大通常需要进一步的实验室检查和影像学检查，还可能需要活检。肿瘤是导致局灶性肝肿大的主要原因。肝肿大的程度不能提示预后。

**专栏 9-5 已被证实或疑似会导致肝病引起 ALT 活性升高的药物**

对乙酰氨基酚（尤其是猫）（重要）
胺碘酮
L- 天冬酰胺酶
硫唑嘌呤
巴比妥类药物（重要）
卡洛芬（重要）
克林霉素
多西环素
地西泮
依托红霉素
糖皮质激素（仅限犬）（重要）
灰黄霉素
布洛芬
伊曲康唑
酮康唑
6- 羟基嘌呤
甲巯咪唑
氨甲蝶呤
呋喃妥因
苯巴比妥（重要）
扑米酮（重要）
水杨酸盐
柳氮磺胺吡啶
磺胺类药物
四环素
磺胺甲氧嘧啶药物（重要）

注：这些药物不是一定会引起肝脏疾病。如果可行的话，对于正在接受上述药物之一治疗的 ALT 升高的患病动物，应停止用药，并在 2 ~ 4 周后再次检查 ALT 水平。最有可能引起 ALT 升高的药物已被标记“（重要）”。其他药物不一定，但仍有可能导致严重的肝脏疾病。几乎任何药物都可能导致特定的患病动物 ALT 升高。

**专栏 9-6 已被证实或疑似会导致肝病引起胆汁淤积或肝酶诱导引起 SAP 活性升高的药物**

合成类固醇 / 雄激素
天冬酰胺酶
硫唑嘌呤
巴比妥类（重要）
头孢菌素
环磷酰胺
氨苯砜
依托红霉素
雌激素
糖皮质激素（仅限犬）（重要）
金盐
灰黄霉素
布洛芬
6- 巯基嘌呤
甲巯咪唑
氨甲蝶呤
呋喃妥因
苯巴比妥（重要）
吩噻嗪类药物
扑米酮（重要）
黄体酮
水杨酸盐
睾酮
四环素
磺胺甲氧嘧啶药物
维生素 A

注：最有可能引起 SAP 升高的药物已被标记“（重要）”。其他的药物作用不太一致。

全身性肝肿大需要进行仔细的临床病理学评估。肝肿大可能由原发性肝病或继发性肝病引起。可以通过某些毒素的接触史（专栏 9-5 和专栏 9-6）或已知的会影响肝脏的全身性疾病（如肾上腺皮质功能亢进）的诊断来确定。ALT、SAP、肝功能检测和肝脏大小的变化尽管提示了肝脏疾病也不能完全确诊，即便是对肝脏疾病有倾向性的品种（如杜宾犬、贝灵顿㹴犬）也是如此。因为 SAP、ALT 的变化可能由原发性非肝脏疾病引起，如肾上腺皮质功能亢进、炎性肠病、糖尿病或心

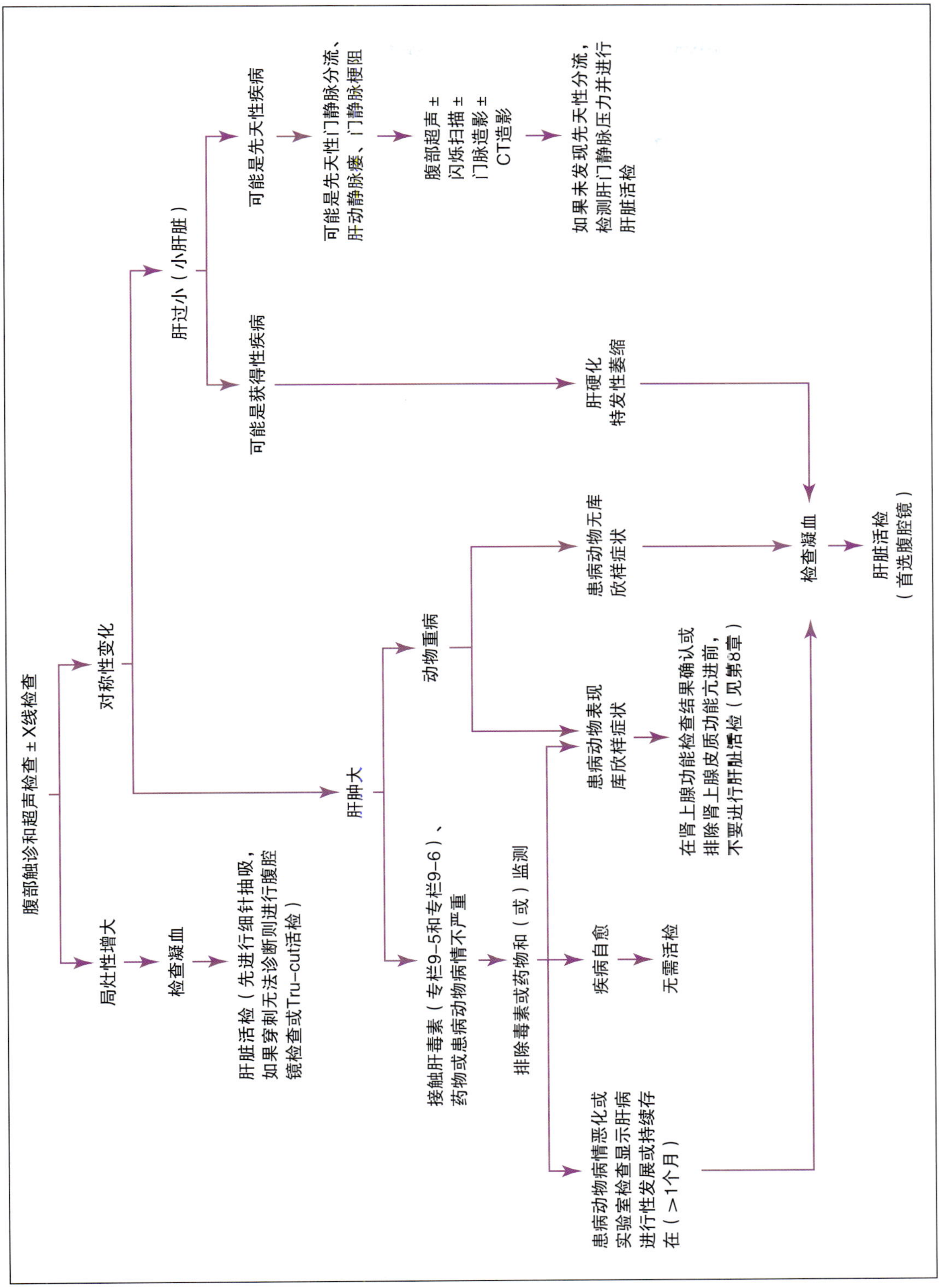


图 9-8　犬、猫肝脏形状或大小改变的诊断方法

力衰竭引起。确诊通常需要进行肝脏活检。医生应首先尝试排除继发性肝功能障碍的非肝脏原因。对于有明显肝脏疾病、没有明显的非肝脏原因（如肾上腺皮质功能亢进或右心衰竭）的患病动物，以及血清 ALT 持续变化（＞1 个月）与慢性或进行性肝病或肝功能检查异常的患病动物一致时，应考虑肝脏活检（图 9–8）。活检之前并不能完全准确区分原发性肝病和继发性肝病，因此，通过开腹探查或腹腔镜进行肝脏活检时，应探查腹部其他部位，如果涉及其他器官，则应进行采样。细针抽吸的细胞学检查可能有助于发现弥漫性肝脏浸润性疾病和肝脂质沉积症（图 9–9）。但是细针抽吸（即便在超声引导下）常常错过浸润过程。细针抽吸细胞学结果呈阴性并不能排除浸润性肝病。肝脏活检可以在超声引导、腹腔镜检查或开腹探查下进行。与超声引导的细针抽吸相比，腹腔镜检查可以获得更优质的样本，并且不像手术那样具有侵入性。

### 肝性脑病

与进食有关的异常行为可能由肝性脑病引起，然而，还需要考虑低血糖、原发性中枢神经系统疾病和癫痫。最好能在发作期间检测血糖水平。对于有行为变化（轻微至显著）、短暂性失明、癫痫、昏迷或中枢神经系统异常的患病动物，需要评估肝功能。先天性 PSS 和严重的获得性肝病（如肝硬化）可能导致肝性脑病。必须进行肝功能检测，因为这些疾病可能不会显著影响血清 ALT、SAP、白蛋白、血尿素氮、葡萄糖和胆红素浓度。对肝功能障碍的患病动物，测量静息状态下的血氨水平具有特异性，但不如血清胆汁酸敏感。肝性脑病发作的患病动物静息血氨水平可能正常或升高。氨耐受试验（ATT）和餐前餐后血清胆汁酸水平可能是肝性脑病肝功能水平最具有敏感性和特异性的试验。一种罕见的先天性尿素循环酶缺乏症可能导致肝性脑病和高氨血症，但不影响酶和胆汁酸。在这种情况下，需要对肝脏样本中的尿素循环酶进行分析。

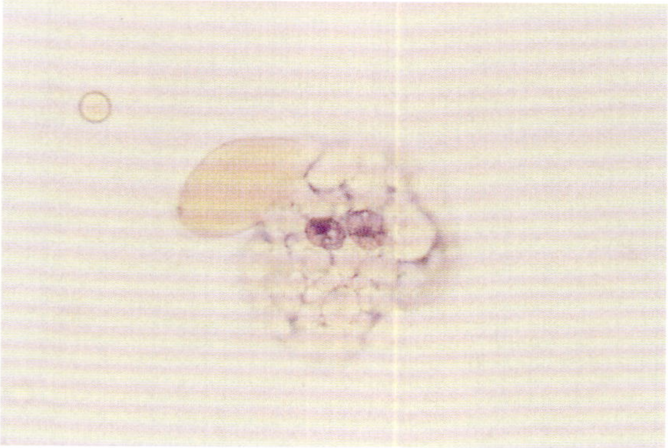

**图 9–9　猫脂肪肝**

用苏丹红和新亚甲蓝染色的双核干细胞，观察细胞内液泡中丰富的脂肪和肝细胞外游离的脂肪。

### 黄疸

黄疸通常是在体格检查或实验室检查血清或血浆时发现。高胆红素血症通常表示肝胆或造血系统疾病（图 9–10）。但肝胆或造血系统疾病并不总是与黄疸有关，任何一个系统的疾病都可能继发于其他疾病。黄疸的存在与否不是诊断或判断预后的重要因素。败血症、胰腺炎和炎性肠病有时会导致继发性肝胆功能障碍，其中包括黄疸。

## 血清总胆红素

**常见适应证・**血清总胆红素检测适用于黄疸（体格检查或通过非溶血性血清或血浆发现）、胆红素尿（猫尿中检测到任何胆红素或犬尿中检测到大量胆红素）或疑似肝

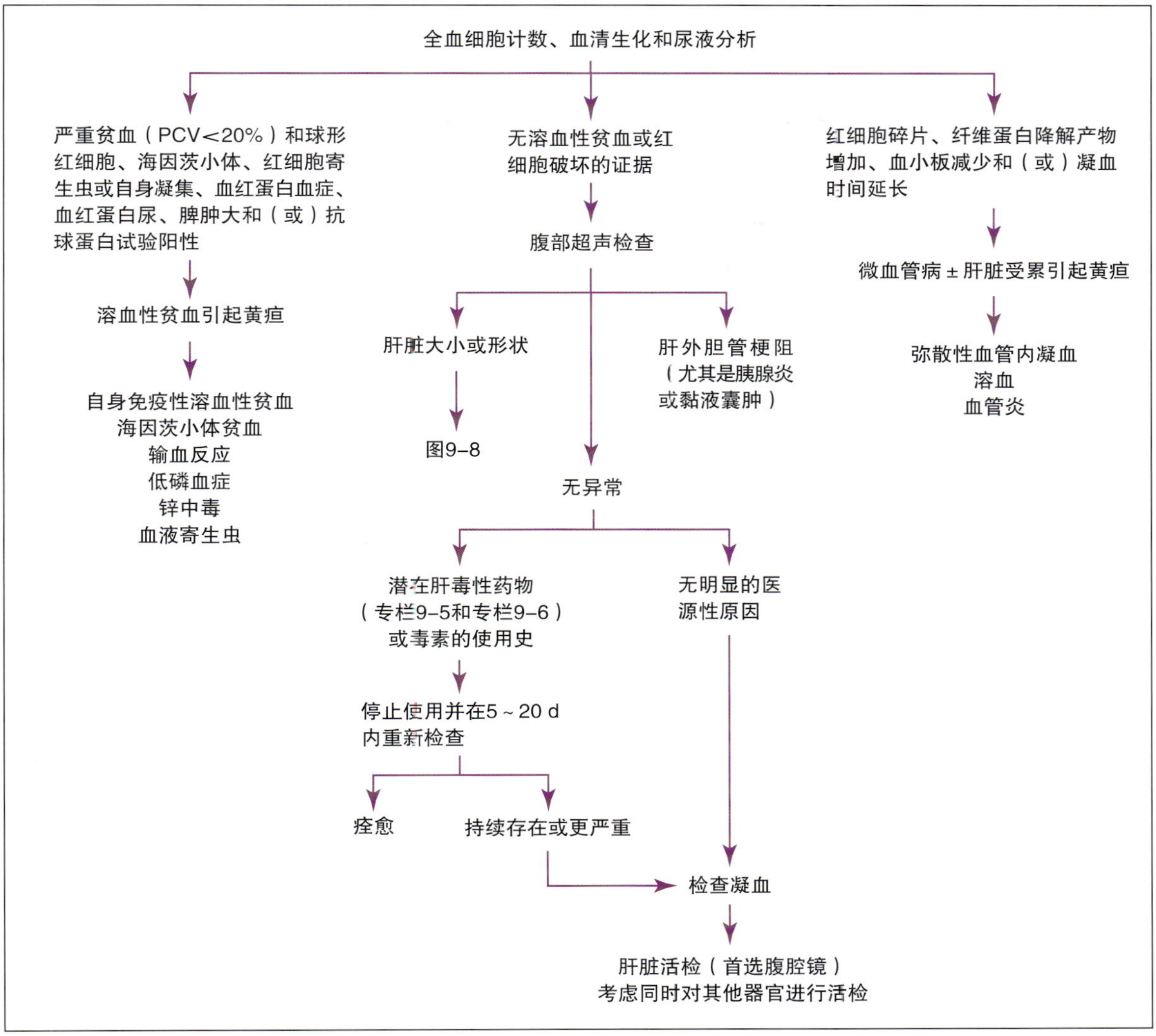


**图 9–10　犬、猫高胆红素血症的诊断方法**

病的动物。当血清胆红素达到 3 ~ 4 mg/dL 时，巩膜可以观察到黄染；当血清胆红素达到 1.5 ~ 2.0 mg/dL 时，血浆出现黄染。

**注意：**许多患有肝病的动物（尤其是犬）没有黄疸。血清胆红素不是肝病最敏感的指标。

检测直接胆红素（结合）和间接胆红素（非结合）比例并不可靠，因为溶血、肝脏疾病和胆道疾病都会引起胆红素组分比例的不可预测的变化。

**分析・**通过分光光度法和干化学法测定血清或肝素血浆中的总胆红素水平。如果总胆红素 > 7.5 mg/dL，干化学法测定需要稀释后测量。如果不暴露在强光下，胆红素可以在 4℃下稳定保存 7 d。尿胆红素的测定在第 7 章中讨论。

**正常值・**犬 < 1.0 mg/dL；猫 < 1.0 mg/dL（取决于实验室）。

**危险值・**犬的不确定，但 > 20 mg/dL 时需要引起关注（核黄疸）；猫的未知。

**假象**·暴露在光照或荧光灯下，胆红素每小时减少 50%（见第 1 章）。

**可能影响血清胆红素水平的药物**·能够诱导肝酶的药物可能引起胆红素降低，如苯巴比妥。胆红素升高可能是药物导致溶血性贫血或急性肝坏死或肝功能障碍（专栏 9–5）。

**高胆红素血症的原因**·溶血性疾病和肝胆疾病是两个主要原因（图 9–10）。每只黄疸患病动物都应进行 CBC 检测，以排除溶血性疾病。红细胞数量快速且显著减少（即 PCV ＜20%）才能引起临床黄疸。再生性贫血可能表明黄疸由免疫介导的溶血性贫血（IMHA）引起。通常可以发现网织红细胞增多症、血红蛋白血症、血红蛋白尿、红细胞自身凝集、球形红细胞增多症、库姆斯试验呈阳性、脾肿大或肝肿大。第 3 章进一步讨论了 IMHA 和其他再生性贫血（如海因茨小体、锌中毒、巴贝斯虫、胞簇虫病、嗜血支原体）。理论上，胆红素尿不存在于溶血性疾病中，但在 IMHA 中较为常见，因为犬肾会结合胆红素。医生切勿被 ALT 升高所误导，因为急性溶血性贫血会导致 ALT 升高（表面上看由急性肝脏缺氧引起）。

严重的肝病（特别是急性坏死）有时伴有 DIC，紧接着是溶血性贫血。这些病例可能很难与 IMHA 区分开来。然而，DIC 引起的贫血通常不像 IMHA 那样具有再生性，此外，当出现呕吐、腹痛和肝性脑病时，存在红细胞碎片、血小板减少、纤维蛋白降解产物（FDP）增加、抗凝血酶Ⅲ减少、凝血时间延长和肝功能检查异常等变化可以帮助鉴别。

犬和猫通常在观察到黄疸之前就已经出现严重的肝病，然而，并不能根据血清总胆红素的浓度进行预测或诊断。继发性肝病（由败血症、毒血症或炎症引起的反应性疾病或所谓的“旁观者现象”）可能导致黄疸。某些细菌内毒素和急性期炎症介质被认为会改变正常的胆红素代谢并导致总胆红素水平升高。

大多数猫肝病最终导致黄疸，最常见的情况包括脂肪肝、胆管炎、胆管肝炎、肝淋巴瘤和 FIP。猫黄疸提示进行 CBC 和血清生化检测。非溶血引起黄疸的猫通常需要进行肝脏活检，因为大多数这类猫患有原发性肝病。活检对于鉴别诊断和制订具体治疗方案是必须的。

犬非溶血性黄疸的常见原因包括胰腺炎引起的胆管阻塞、胆囊黏液囊肿、胆囊炎、慢性肝炎、肝淋巴瘤、急性肝坏死、肝硬化和肝内胆汁淤积。犬黄疸需要进行 CBC 和血清生化检测（至少包括 ALT、SAP、血尿素氮、胆固醇和白蛋白）。超声检查有助于确定是否存在原发性肝病或胆道梗阻。如果诊断出原发性肝病，通常需要进行肝脏活检。如果存在胰腺炎，除非胆管梗阻持续存在需要胆道引流术（如胆囊十二指肠吻合术或胆道支架置入术，均很少需要），或尽管进行了经皮引流，但胰腺脓肿症状仍存在，否则不需要手术。如果发现肝外疾病，则应进一步检查。

## 谷丙转氨酶

ALT 之前被称为血清谷氨酸 – 丙酮酸转氨酶（SGPT）。

**常见适应证**·全身性疾病，包括体重减轻，肝肿大、呕吐、腹泻、黄疸、腹水、精神沉郁和厌食，均提示检测 ALT 水平。此外，ALT 还是未确诊动物筛查肝病的指标。大多数慢性肝炎患病动物应定期检测 ALT，以监测疾病发展。

**优势**·血清 ALT 对肝脏具有特异性。

**缺点**·该检测缺乏敏感性（即患有严重

肝病，如肝硬化或肝肿瘤的患病动物ALT可能正常），并且无法区分不同的肝病和判断是否存在继发性非肝病。

**分析**·通过分光光度法和干化学法测定血清中ALT水平（特定检测中使用肝素化血浆）。ALT在分离的血清中能够稳定1（22℃）～7 d（4℃）。

**正常值**·血清酶活性在不同的实验室检测可能会存在显著差异，取决于检测技术和使用的单位。

**危险值**·尽管ALT与活动性肝损伤有关，但ALT与肝功能之间不存在相关性，因此没有危险值。

**假象**·参阅第1章。

**可能影响血清ALT水平的药物**·任何引起肝损伤的药物（即药物性肝病）都可能导致ALT升高。可能引起ALT升高的药物很多，其中包括许多对大部分患病动物都是安全的药物。专栏9-5中列出了部分经证明可能导致人类和犬、猫ALT升高的药物。但是仅服用其中的一种药物并不能解释ALT升高原因。

**注意**：患病动物可能对任何药物都产生特异质反应，从而导致ALT升高。

**ALT降低的原因**·无临床意义。

**ALT升高的原因**·ALT升高主要与由任何原因引起的肝细胞损伤有关（专栏9-7）。红细胞和横纹肌细胞中含有少量ALT，这些细胞的损伤可能引起血清ALT轻微升高（低于正常水平的2～3倍），剧烈运动也可能导致该情况。患有肌营养不良的犬ALT可能会显著升高，不过AST和CK值也应该升高。

肝细胞的细胞质内含有大量ALT，血清ALT显著升高（如正常值的3倍以上）表明该酶在肝细胞中泄漏，但并不总是提示原发性或不可逆性肝病。肝病动物的血清ALT活性可能正常或显著升高。除非正在考虑特定疾病，否则一般来说，ALT水平升高的程度与肝病的严重程度无关，也不是预后指标。血清ALT半衰期为1～2 d，甚至更短，一旦活动性肝损伤停止，预计血清ALT将在1～2周内降低。据说，在肝再生过程中ALT活性保持升高。

确定血清ALT升高后，必须考虑许多其他因素（图9-11）。如果未发现其他疾病证据，则需要定期监测ALT升高，因为它可能是严重肝病的指征。如果发现其他导致肝病的异常情况，那么处理方法与确诊肝病的其他动物相同。血清ALT超过正常值3倍的常见原因包括肝缺氧、肝灌注不良、自发性或创伤（车祸或手术）、慢性肝炎、肝硬化、胆管炎、胆管肝炎、急性胆道梗阻、肝坏死、急性胰

**专栏9-7　血清ALT活性升高的部分原因（高于正常值3倍）**

| 犬 | 猫 |
|---|---|
| 肝胆疾病 | 肝胆疾病 |
| 胆管炎 | 胆管炎 |
| 胆管肝炎 | 胆管肝炎 |
| 肝硬化 | 猫传染性腹膜炎 |
| 铜贮积病 | 肝淋巴瘤 |
| 肝脏恶性肿瘤 | 肝硬化 |
| 慢性肝炎 | 肝毒素 |
| 肝毒素 | 创伤 |
| 创伤 | 胰腺炎 |
| 胰腺炎 | 甲状腺功能亢进 |
| 其他疾病 | 其他疾病 |
| 由于贫血/休克而缺氧 | 由于贫血/休克而缺氧 |
| 医源性（专栏9-5） | 医源性（专栏9-5） |

注：几乎任何影响肝脏的疾病都会引起ALT活性升高。上述所列的疾病更有可能导致ALT显著升高。不过，这些疾病也可能仅仅引起ALT轻微升高或正常。

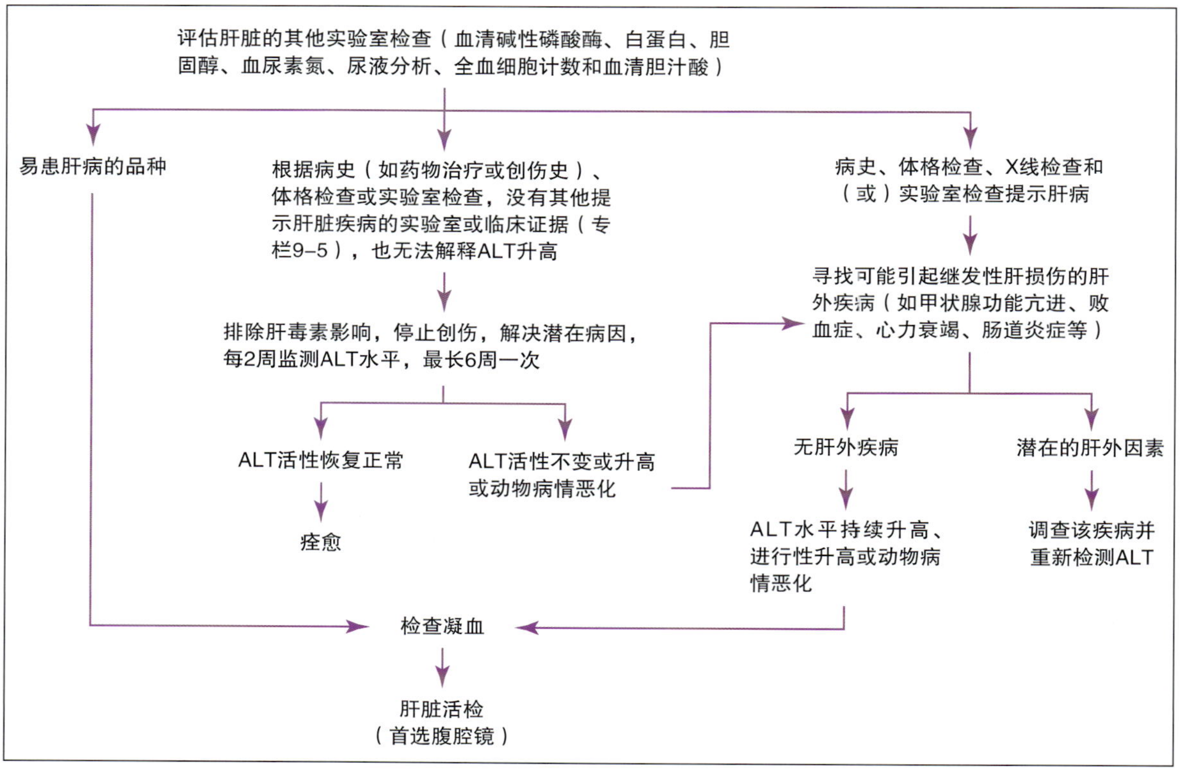


图 9–11　犬、猫 ALT 超过正常值 3 倍的诊断思路

腺炎、肝肿瘤、败血症或某些药物。脓毒症，尤其是败血症和毒血症，可能引起肝细胞损伤。腹部炎症也是如此。胰腺靠近肝脏，当胰腺发生炎症时，肝脏可能受到机械性损伤。杜宾犬、贝灵顿㹴犬、大麦町犬、西高地白㹴犬和拉布拉多寻回猎犬的血清 ALT 持续升高提示慢性肝炎可能与肝铜浓度升高有关。

## 天冬氨酸转氨酶

AST 以前被称为血清谷氨酸 – 草酰乙酸转氨酶（SGOT）。

**偶见适应证**・需要检测 AST 的情况与 ALT 相同。

**缺点**・对于肝脏来说，血清 AST 特异性不如 ALT。

**分析**・AST 检测与 ALT 相同。

**可能影响 AST 水平的药物**・甲硝唑可能引起 AST 活性降低，肝毒性药物可能引起 AST 活性升高（专栏 9–5）。

**AST 降低的原因**・无。

**AST 升高的原因**・AST 与 ALT 一样大量存在于肝细胞中。ALT 主要存在于细胞质中，AST 主要存在于线粒体中。血清 ALT 升高提示细胞膜损伤和泄漏，而 AST 升高往往提示更严重的肝细胞损伤，因为线粒体不如细胞膜那样易受损。不过 AST 也在其他组织中大量存在，包括肌肉和红细胞，因此，对于肝脏来说，AST 升高的特异性不如 ALT 升高。运动和肌内注射都可能使血清 AST 升高。AST 水平升高最常见的原因包括肝病、肌病（炎症或坏死）或溶血（自发性或人为）。AST 升高需要检测 ALT，以确定是否源于肝脏（ALT

和 AST 均显著升高表明 AST 升高是肝源性的）。还可以检测血细胞比容并观察离心后血清和血浆的颜色，以判断溶血情况。

## 血清碱性磷酸酶

**常见适应证・**全身性疾病，包括体重减轻、肝肿大、呕吐、腹泻、腹水、黄疸、沉郁或厌食，都是检测 SAP 的指征。此外，SAP 还是肝病和肾上腺皮质功能亢进的筛查指标。

**优点・**SAP 可用于评估肝脏的胆汁淤积性疾病。

**缺点・**SAP 水平受皮质类固醇（内源性和外源性）、骨骼损伤和幼犬的成骨细胞活动的影响。

**分析・**通过分光光度法测定血清或肝素化血浆中的 SAP 水平。不同技术（即热稳定性、苯丙氨酸、电泳）可以区分骨源性 SAP 和肝源性 SAP。不过区分后诊断的实用性仍存疑，因为不同类型肝病的患犬可能会因疾病而释放内源性类固醇。

**正常值・**可能因实验室而异，未成年犬的 SAP（骨源）活性通常是成年犬的 2 倍。

**危险值・**与肝功能无关，因此不存在危险值。

**假象・**见第 1 章。

**可能引起 SAP 水平升高的药物・**任何能够诱导肝酶或引起胆汁淤积的药物（专栏 9-6）都可能引起 SAP 升高。糖皮质激素、扑米酮和巴比妥类药物容易引起 SAP 升高，其他药物一致性较低。猫一般不受糖皮质激素影响。

**SAP 降低的原因・**无临床意义。

**SAP 升高的原因・**通常，小于 6 ~ 8 月龄犬的骨源 SAP 检测值很高（一般不到正常值的 3 倍）。骨骼疾病（如骨肉瘤、骨髓炎）

**专栏 9-8　血清碱性磷酸酶活性升高的原因**

| 犬 | 猫 |
|---|---|
| 胆管异常 | 胆管异常 |
| 胰腺炎 | 与犬相同 |
| 胆管肿瘤 | |
| 胆石症 | |
| 胆囊炎 | |
| 胆囊黏液囊肿 | |
| 胆囊破裂 | |
| 肝实质疾病 | 肝实质疾病 |
| 胆管肝炎 | 胆管肝炎 |
| 慢性肝炎 | 肝脂质沉积症 |
| 铜贮积病 | 肝淋巴瘤 |
| 肝硬化 / 纤维化 | 猫传染性腹膜炎 |
| 肝脏肿瘤 | |
| 淋巴瘤 | |
| 血管肉瘤 | |
| 肝细胞癌 | |
| 转移癌 | |
| 中毒性肝炎 | |
| 黄曲霉毒素 | |
| 蘑菇 | |
| 西米棕榈 | |
| 药物 | |
| 其他疾病 | 其他疾病 |
| 糖尿病 | 糖尿病 |
| 内源性类固醇（生理性应激或病理性肾上腺皮质功能亢进） | 甲状腺功能亢进 |
| 右心衰竭引起的慢性被动充血 | |
| 膈疝 | |
| 败血症 | |
| 埃立克体病* | |
| 骨生长的幼犬 | |
| 骨髓炎* | |
| 医源性（专栏 9-6） | 医源性（专栏 9-6）* |

注：几乎任何影响肝脏的疾病都会使 SAP 水平升高。上述所列是更可能导致 SAP 显著升高的疾病。不过上述的任何一个原因都有可能不引起 SAP 活性升高。

* 较为罕见。

可能使 SAP 升高（通常轻微升高）。

SAP 升高在犬和猫中的解释不同（专栏 9-8）。猫肝细胞中 SAP 含量较少，很容易通过肾脏排出。因此，任何情况下猫 SAP 水平升高都应引起注意。并非所有肝病患猫的 SAP 水平都会升高。引起猫 SAP 活性升高的主要原因包括脂肪肝、胆管炎、胆管肝炎、甲状腺功能亢进和糖尿病。对于脂肪肝患猫来说，SAP 通常比 GGT 更具有特异性（通常肝脏脂肪沉积的猫 SAP 水平非常高，而 GGT 几乎没有升高，不过该发现结果不一致，无法根据此方法确诊）。肾上腺皮质功能亢进（自发性和医源性）很少引起猫 SAP 升高。猫 SAP 升高需要检测血清甲状腺激素、尿液分析、检测血糖和血清 ALT 活性 ± 肝功能检测（如血清胆汁酸）。如果肝病是引起 SAP 升高的主要原因，则必须确定是否进行肝脏活检（详见本章下文中关于血清胆汁酸的讨论）。

犬 SAP 超过正常值 3 倍的主要原因是肝胆疾病、内源性类固醇（肾上腺皮质功能亢进或应激），以及糖皮质激素或抗惊厥药治疗。SAP 升高的肝病通常伴随胆汁淤积，然而，这并不意味着黄疸或胆道严重梗阻。由胆小管弥漫性或局灶性压迫引起的肝内胆汁淤积可能发生于各种肝病中，甚至继发于败血症、毒血症和慢性应激导致的空泡性肝病（水肿性改变）。急性肝细胞坏死会使 SAP 短暂升高。内源性或外源性糖皮质激素或药物引起的肝外胆道梗阻和肝酶诱导可使 SAP 升高 10 倍以上。与 ALT 相同，SAP 升高的程度与预后无关。

对犬来说，首先应排除幼年、药物和肾上腺皮质功能亢进对 SAP 的影响，以避免不必要的诊断（图 9-12）。肾上腺皮质功能亢进容易与原发性肝病混淆，因为它通常导致肝肿大、多饮多尿、ALT 升高，有时还会导致血清胆汁酸升高。如果患病动物有肝功能衰竭的迹象（如黄疸、肝性脑病、低血糖、体重减轻、呕吐、低白蛋白血症、腹水、肝过小），那么通常认为 SAP 升高由原发性肝病引起。如果患病动物并没有原发性肝病的相关症状，但存在与肾上腺皮质功能亢进一致的体征（如多饮多尿、皮肤变化、腹围增大），那么检测肾上腺皮质功能可能更为合适。如果 SAP 升高但 ALT 和血清胆红素水平均正常，那么肝病的可能性不大。如果 ALT 显著升高（高于 SAP），那么原发性肝病的可能性更大。如果肝活检样本取自患有肾上腺皮质功能亢进或其他引起应激的全身性疾病的动物，则会观察到空泡性肝病变。

## γ-谷氨酰转肽酶

**罕见适应证**·GGT 很少使用，适应证与 SAP 的类似。SAP 对犬的肝胆疾病更为敏感，而 GGT 对猫的肝病（脂肪肝除外）敏感性稍高，特异性可能高。因此，该指标在猫的检测中更为常见。GGT 受继发性肝病或肝酶诱导的影响小于 SAP。SAP 与 GGT 联合检测对肝病的预测价值更高。

**分析**·通过分光光度法测定血清、尿液或体液中的 GGT 水平。血清中的 GGT 在 4℃下能稳定存放至少 3 d，而在 -20℃下能稳定长达 1 年。

**正常值和危险值**·与 SAP 相同。

**假象**·见第 1 章。

**可能影响 GGT 水平的药物**·与 SAP 相同。

**GGT 降低的原因**·无临床意义。

**GGT 升高的原因**·与 SAP 升高的原因类似，并且与 SAP 升高的趋势相同，但骨病变不会引起 GGT 升高。与 SAP 一样，GGT 通常是由糖皮质激素或某些药物治疗诱发的。对

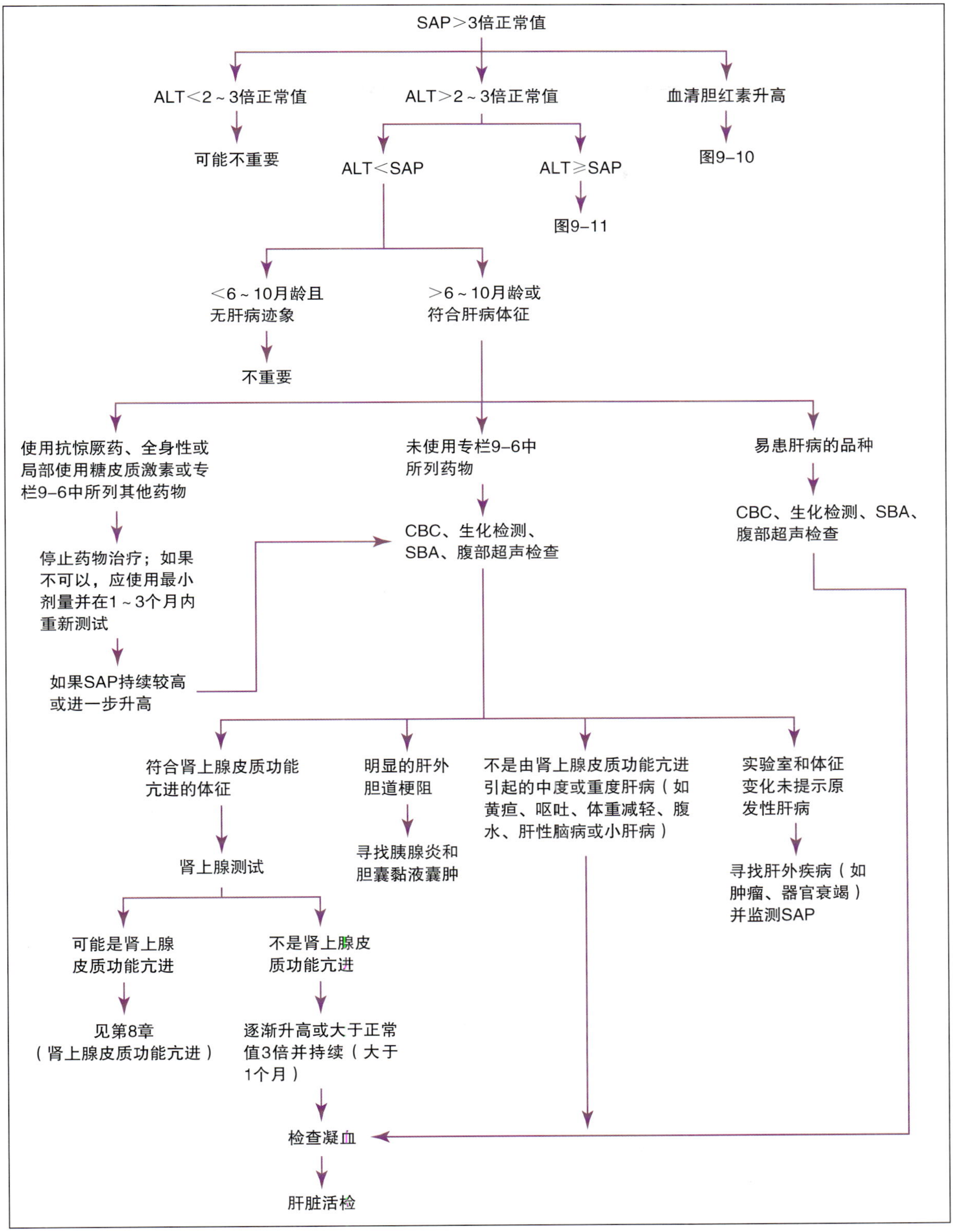


**图 9–12　犬 SAP 升高的诊断方法**

ALT，谷丙转氨酶；CBC，全血细胞计数；SBA，血清胆汁酸。

于猫来说，除了肝脏脂质沉积外，GGT 可能比 SAP 升高更多。急性肝坏死时 GGT 不像 SAP 那样升高。SAP 升高后 GGT 通常也会相应地升高（图 9-12）。与 SAP 相同，GGT 升高可能提示胰腺炎引起胆管阻塞。

**尿 GGT 升高的原因·**24 h 尿液 GGT 排出升高可能由各种肾毒素（如庆大霉素）引起。

## 乳酸脱氢酶

**罕见适应证·**不推荐此检测。

**缺点·**乳酸脱氢酶（LDH）缺乏特异性。

**LDH 升高的原因·**LDH 存在于很多身体组织中。不同程度的升高很常见且不好解释。

## 血清胆汁酸

**常见适应证·**血清胆汁酸（SBA）检测适用于疑似隐匿性肝病、慢性体重减轻、中枢神经系统异常、肝肿大和肝过小的患病动物。SBA 通常被用作肝功能障碍（如 PSS）的筛查指标。

**优点·**SBA 易于检测，几乎没有肝外因素对其产生影响。

**缺点·**SBA 的检测无法可靠地鉴别不同的肝胆疾病。检测值每天都可能自发性地发生较大变化，以至于很难通过 SBA 水平来确定肝功能是否发生变化。

**分析·**通过定量检测总血清 3-α-羟基化胆汁酸的直接酶标法或测量特定胆汁酸的放射免疫分析检测血清中 SBA。重要的是，应使用通过验证的犬、猫检测方法，因为有些方法不准确。酶标法和放射免疫分析的检测值无法比较。

测定餐前 12 h 空腹和餐后 2 h SBA 水平可以获得最多的信息。应该给犬和猫喂食脂肪含量适中的罐头，使胆囊收缩。餐前和餐后 SBA 水平提高了检测的敏感性，使其比静息血氨水平更敏感。取空腹样本后给予雨蛙素，确保胆囊收缩，并获得一致的结果。该指标在诊断 PSS 时没有良好的敏感性和特异性，但对于与呼吸道异常相关的肝病，该指标较敏感。

**正常值·**由于不同的检测技术和分析方法（μmol/L 或 μg/mL），不同的实验室都需要设定相应的正常值。

**危险值·**无。

**假象·**血清脱氢酶活性显著升高时可能需要调整分光光度计检测条件。严重的脂血症（即乳糜微粒血症）和溶血都可能使 SBA 检测值偏低，而高甘油三酯血症可能使 SBA 检测值偏高（分光光度法），但它们不会影响放射免疫分析。该检测对出现黄疸的患病动物无用。

**可能影响 SBA 水平的药物或其他因素·**考来烯胺通过与肠腔中的胆汁酸结合来降低血清 SBA 水平,防止其重吸收。熊去氧胆酸（一种合成胆汁酸）可能升高 SBA 水平。回肠切除术（胆汁酸重吸收的主要部位）、严重的回肠疾病或胆囊切除术也可能导致 SBA 水平无法准确反映肝功能。长期厌食（＞1 ~ 2 d）可能导致空腹 SBA 水平低于患病动物正常进食时的水平。由于未能及时将胆汁酸输送到回肠，肠动力不足可能导致餐后 2 h 的样本对于肝病诊断可能不再敏感。肝功能不全不会降低 SBA 水平。

**SBA 降低的原因·**胃排空延迟、肠道快速转运、吸收不良和回肠切除都可能导致 SBA 降低。对于 ARE 患病动物，总 SBA 水平可能不会减少，但预计未结合血清胆汁酸水平会升高。

**SBA 升高的原因·**肝细胞病变、胆汁淤积性疾病、肝微血管发育不良或 PSS 均可能导致 SBA 升高。当检测空腹和餐后 2 h SBA 水平时，除了氨耐受检测，多时间点的 SBA 检测的敏感性比其他肝功能检测更高。由于该检测易于执行且应用广泛，它已取代其他临床肝功能检测。SBA 检测不能为肝脏或肝外胆管疾病的黄疸动物提供额外信息。对于怀疑肝病的非黄疸患病动物，SBA 是一项很好的筛查指标，可以帮助医生进一步诊断评估。并非所有原发性肝病患病动物的 SBA 水平都升高。SBA 的相对升高和从餐前值到餐后检测值百分比的升高也不代表特定疾病的预后或诊断。空腹 SBA 值＞20 μmol/L 或餐后值＞25 μmol/L 提示原发性肝病、微血管发育不良或 PSS,并需要进一步的肝脏评估和肝活检。如果发现空腹 SBA 值正常，则提示需要进行餐后 SBA 值检测。大多数患有慢性肝炎、明显肝坏死、胆汁淤积和肝肿瘤的动物，其指标都出现异常。SBA 通常不会因继发性肝病、糖皮质激素或抗惊厥药物治疗而发生显著改变。一些没有原发性肝病组织学证据的动物的 SBA 会显著增加。有人认为这些动物可能患有肝微血管发育不良，但也不确定。

升高的 SBA 可能是先天性 PSS 最敏感的生化指标，但该值不能区分 PSS 和微血管发育不良。也有罕见的 PSS 患犬静息和餐后 SBA 水平正常。

## 尿胆汁酸

**偶见适应证**・当难以获得用于测定空腹和餐后 SBA 水平的样本时，可以测量尿胆汁酸（UBA）。

**优点**・主人可以在不带动物的情况下将动物的尿液样本带到医院。因为尿胆汁酸 / 肌酐比值代表随时间变化的平均 SBA 值，所以尿胆汁酸 / 肌酐比值基本上不受瞬时 SBA 浓度的影响，并且似乎比单次 SBA 测量更具特异性。尿液中的胆红素和葡萄糖一般不会干扰检测结果。尚不确定熊去氧胆酸治疗是否会干扰检测结果。

**缺点**・该检测可能不如 SBA 敏感。

**分析**・尿液（约 5 mL）中的 UBA 用酶法检测，UBA 浓度针对尿流量和浓度进行了标准化，方法是同时测量尿肌酐浓度，并计算比率［尿胆汁酸（μmol）/ 尿肌酐（mg）］。

**正常值**・犬＜7.3 μmol/g；猫＜4.4 μmol/g。

**假象**・血尿和血红蛋白尿可能会影响结果。

**可能影响 UBA 水平的药物**・未知。

**UBA 降低的原因**・无临床意义。

**UBA 升高的原因**・与 SBA 相同。

## 血氨和氨耐受性试验（ATT）

**常见指标**・血氨测量的适应证与 SBA 相同。

**优点**・具有良好的敏感性和特异性。

**缺点**・提交样本有特定的程序要求，并且 ATT 可能引起呕吐或中枢神经系统症状。

**分析**・通过酶、选择性电极、干试剂和树脂吸收法测量血液、血清、血浆（建议肝素化）、脑脊液或尿液中的氨。与静脉血相比，动脉血无显著优势和必要。必须将血液抽入冷冻管中，装满后塞紧，立即放回冰上，并迅速送往实验室。除非在实验室中该检测技术非常成熟，否则应设置同时采集对照样本。检测需在 20 min 内进行，或者将血浆在 −20℃下冷冻，这样可以使氨水平至少稳定 2 d。如果进行 ATT，则应在给予 $NH_4Cl$（每千克体重给予 100 mg $NH_4Cl$）之前和之后 30 min 或 45 min 采集样本。$NH_4Cl$ 可以口服（20 ~ 50 mL 的 5% 水溶液），也可作为明胶胶囊中的干粉，或作为 5% 溶液直肠给药（推荐）。

**警告：**给静息血氨水平升高的患病动物服用 $NH_4Cl$ 可能导致肝性脑病。如果患病动物表现出明显的肝性脑病体征或高氨血症，医生则不应进行 ATT。没有明显的肝性脑病体征并不能保证血氨水平正常。不建议对猫进行 ATT。

**正常值**·静息血氨：犬 45 ~ 120 μg/dL；猫 30 ~ 100 μg/dL。ATT，给药 30 min 后氨水平：犬此时的血氨浓度与正常值相比变化很小。

**危险值**·犬＞1000 μg/dL（可能即将出现肝性脑病，尽管肝性脑病的临床症状与血氨浓度之间的相关性很差），猫未知。

**假象**·血液静置和剧烈运动可能使血氨浓度偏高（见第 1 章）。

**可能影响氨水平的药物**·血氨降低可能由肠道抗菌药物、乳果糖、嗜酸乳杆菌培养物、灌肠剂和苯海拉明影响引起。血氨升高可能由丙戊酸、天冬酰胺酶、麻醉药、利尿剂导致低钾血症或碱中毒、高营养、铵盐和高蛋白膳食（包括自发性胃肠道出血）引起。

**高氨血症的原因**·尿素循环障碍（极为罕见）和肝功能不全（尤其是先天性或获得性 PSS）可引起高氨血症。静息血氨浓度在判断肝功能障碍时可能不如 SBA 敏感，而 ATT 在检测 PSS 时可能与餐前和餐后 SBA 一样敏感。空腹血氨浓度显著升高是肝功能不全的特异性表现，因此无须进行 ATT。临床症状与血氨浓度相关性不强。肝病患病动物的 ATT 或静息血氨浓度异常通常需要进行影像学检查（如超声检查、闪烁扫描）± 肝活检。极少数情况下，尤其是并发产脲酶细菌感染时，血氨浓度会因尿路梗阻而升高。一些幼犬（特别是苏格兰猎鹿犬）的静息血氨值偏高，随着犬的年龄增长会自动恢复正常。因此，在评估某些品种的先天性 PSS 时，必须谨慎评估是否可以通过检测静息血氨浓度来诊断疾病。

## C 蛋白

**偶发适应证**·C 蛋白可能有助于区分先天性 PSS 患犬和肝微血管发育不良患犬。黄曲霉毒素中毒患犬的 C 蛋白值很低。

**优点**·C 蛋白对 PSS 的敏感性低于 SBA，但特异性大致相同。

**缺点**·检测的可行性有限。C 蛋白检测目前可在康奈尔大学诊断实验室进行。

**分析**·C 蛋白通过对柠檬酸钠抗凝的血浆进行显色分析来测量（血清会偏高）。样本必须冷藏或冷冻运输。

**正常值**·75% ~ 135%。

**假象**·溶血和脂血症可能使检测值偏高。

**可能影响 C 蛋白的药物**·未知。

**C 蛋白降低的原因**·肝功能改变和凝血功能障碍会降低 C 蛋白水平。C 蛋白＜70% 提示 PSS，而不是微血管发育不良。

**C 蛋白升高的原因**·C 蛋白＞70% 提示微血管发育不良，而不是 PSS。PSS 矫正手术后 C 蛋白值增加到 70% 或更高，表明门静脉血经引导通过肝脏而不是通过分流器。

## 肝脏矿物质分析

**偶发适应证**·肝脏矿物质分析可以鉴别铜是导致肝病的原因或是肝病导致铜贮积。

**优点**·肝脏矿物质分析比铜的特殊染色更具体、更明确。

**缺点**·肝脏矿物质分析需要 50 mg 的肝组织。

**分析**·通过原子吸收光谱或原子发射光谱检测。

**正常值**·肝脏干重＜400 μg/g。

**假象**·肝脏矿物质测量可能会受到组织样本不足或样本受污染的影响。

**可能影响矿物质分析的药物**·未知。

**解释**·胆汁淤积引起的继发性肝铜潴留范围为 400 ~ 1000 μg/g。遗传性铜相关肝病的检测值范围通常＞750 μg/g（通常为数千）。

## 不明原因体重减轻或厌食

体重减轻有很多原因（专栏 9-9）。应首先考虑潜在原因较少的问题（如反流、呕吐、腹泻、黄疸）。如果患病动物在体重开始下降时食欲正常，主要鉴别诊断是小肠疾病、消化不良、肝病、卡路里消耗增加（如甲状腺功能亢进、哺乳）、卡路里损失增加（如糖尿病）或摄入热量不足。如果没有其他可识别的问题（体重减轻或厌食除外），则需要进行系统的检查（图 9-13）。首先应通过病史和体格检查排除尽可能多的原因（即缺乏食物、摄入热量不足、无法进食、反流、呕吐和腹泻）。其次，需要进行广泛的临床病理学筛查。影像学被认为是体格检查的延伸，腹部超声加胸部 X 线检查是合适的。即使患病动物没有咳嗽或肺部异常声音，胸部 X 线片也有意义。如果操作者熟练，那么推荐腹部超声检查，通常比 X 线检查更有用。如果实验室或影像学检查结果均正常或结果不能令人信服，则可以每隔 1 ~ 3 周重复一次检测，具体取决于患病动物的临床状况，或立即进行功能检测和活检。某些肝脏疾病和肾上腺疾病可能需要进行功能检测。值得注意的是，严重的胃或肠道疾病可能分别导致厌食或严重体重减轻，而没有呕吐或腹泻症状。

胃十二指肠镜检查和回肠镜检查加活检对于不明原因严重体重减轻的患病动物来说是合理的。一些胃肿瘤病例可能仅表现为厌食和体重减轻。无法使用内窥镜设备的医生可以考虑开腹探查术。如果进行手术，无论器官的大体外观是否正常，都应该对胃、十二指肠、空肠、回肠、肠系膜淋巴结和肝进行活检。猫还应进行胰腺活检。

癌症恶病质特别难以诊断。它是一种定义不清的多方面综合征，可能涉及味觉丧失、吸收不良、新陈代谢和能量消耗增加，以及其他机制。几乎任何肿瘤都可能导致癌症恶病质，目前尚无一致的实验室结果。致病癌

**专栏 9-9　犬、猫体重减轻的主要原因**

**热量不足（食物不足或食物质量差）**

**无法或拒绝进食**
- 吞咽困难
- 口腔病变
- 任何原因的厌食

**反流**
- 咽部或食管疾病

**呕吐（专栏 9-2）**

**消化不良（EPI）**

**肠道吸收不良（并不总是引起腹泻）**

**吸收不良（器官衰竭）**
- 肝功能衰竭
- 心衰
- 糖尿病
- 尿毒症
- 癌症恶病质综合征
- 肾上腺皮质功能减退

**过度消耗或损失卡路里**
- 甲状腺功能亢进
- 由于环境或运动对卡路里的需求过度
- 哺乳期

**肌肉萎缩**
- 肌病
- 神经病

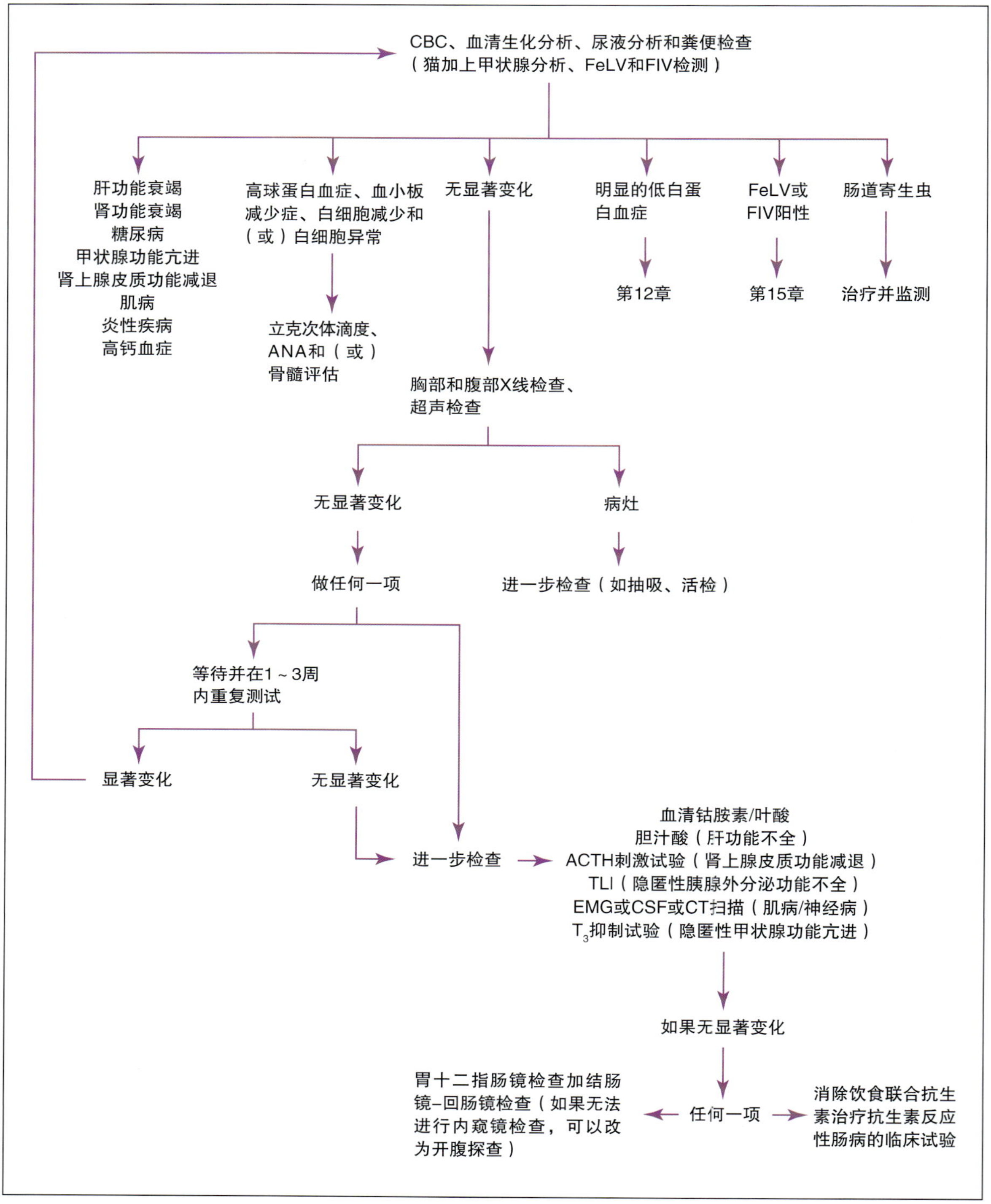


**图 9-13 当病史或体格检查未发现其他异常且动物没有摄入足够的卡路里时（专栏 9-9），犬、猫慢性体重减轻的诊断方法**

ACTH，促肾上腺皮质激素；ANA，抗核抗体；CBC，全血细胞计数；CSF，脑脊液；CT，计算机断层扫描；EMG，肌电图；FeLV，猫白血病病毒；FIV，猫免疫缺陷病毒；$T_3$，三碘甲状腺原氨酸；TLI，胰蛋白酶样免疫反应。

**专栏 9-10　引起厌食的疾病**

**心理原因（尤其是猫）**
**无法闻到食物的味道（嗅觉丧失）**
**吞咽困难**
**全身性炎症**
- 病原体（如病毒、细菌、真菌、立克次体、寄生虫）
- 免疫介导性疾病
- 肿瘤
- 坏死
- 医源性（药物）

**引起恶心或疼痛的消化道或腹部疾病**
- 胃炎 / 肠炎
- 肿瘤

**毒素**
- 外源性（多种）
- 内源性（如主要是由于器官衰竭）

**内分泌疾病**
- 肾上腺皮质功能减退
- 甲状腺功能亢进

**中枢神经系统疾病**
- 原发性
- 继发性

可能大小不一、局灶性或弥漫性，淋巴瘤和癌可能是最常见的原因。

不明原因的厌食与体重减轻类似，如果没有发现其他可识别的异常，则难以评估。诊断方法类似于慢性体重减轻（图 9-13；专栏 9-10）。厌食可分为 3 类：①无法进食（由于口腔疾病、咽部疾病或食管疾病）；②与原发性中枢神经系统疾病相关的原发性厌食（罕见）；③继发性厌食，由全身性疾病或代谢性疾病引起（最常见）。

如有必要，可以尝试治疗性诊断。假设动物患有哪种疾病很重要，因为如果动物确实患有该假定疾病，那么治疗则极有可能成功，相反地，如果试验失败，则排除该疾病并继续尝试其他疗法。为此，医生必须确保治疗的剂量和持续时间充分。

## 腹痛

病史、体格检查、X 线片和超声检查是确定腹痛原因的初步工具（图 9-14）。必须尽早发现腹外疾病（如脊柱问题）和易患非手术性疾病（如胰腺炎）的动物。

对于患有严重、进行性急腹症的动物（病情恶化的患病动物会出现剧烈持续疼痛、休克或昏迷），一旦液体、电解质和酸碱状态在麻醉可接受的范围内，就可进行手术。影像学检查非常重要，广泛的实验室检查不太可能确定急腹症的原因（如肠梗阻、胃扩张和扭转、腹膜炎、器官缺血、肿瘤、败血症或出血），而且通常只会延迟手术时间。腹部探查为确诊和疾病进程的解决提供了一个很好的机会。

**注意：**这些疾病并不总是表现为外科急症。

如果患病动物没有剧烈疼痛并且疾病没有迅速发展，则必须判断最终是否需要手术（无须手术的疾病，如胰腺炎、肝炎、胆囊炎、上尿路感染、前列腺炎、全身性脂肪炎、重金属中毒、落基山斑疹热）。腹部超声检查可用于检查肝脏、脾脏、胰腺、肾脏和前列腺，以及腹腔积液。如果存在腹腔积液，则需要进行腹腔穿刺术或腹腔灌洗并进行细胞学分析。如果这些程序没有确诊且病症仍存在，则可能需要进行探查手术。造影很少有用，因为彻底的腹部探查几乎可以诊断出造影所显示的任何东西，并且通过造影发现的异常通常只是手术的指征。在极少数情况下，表现出的腹痛可能是由其他原因引起的，如肺部疾病或椎间盘疾病。

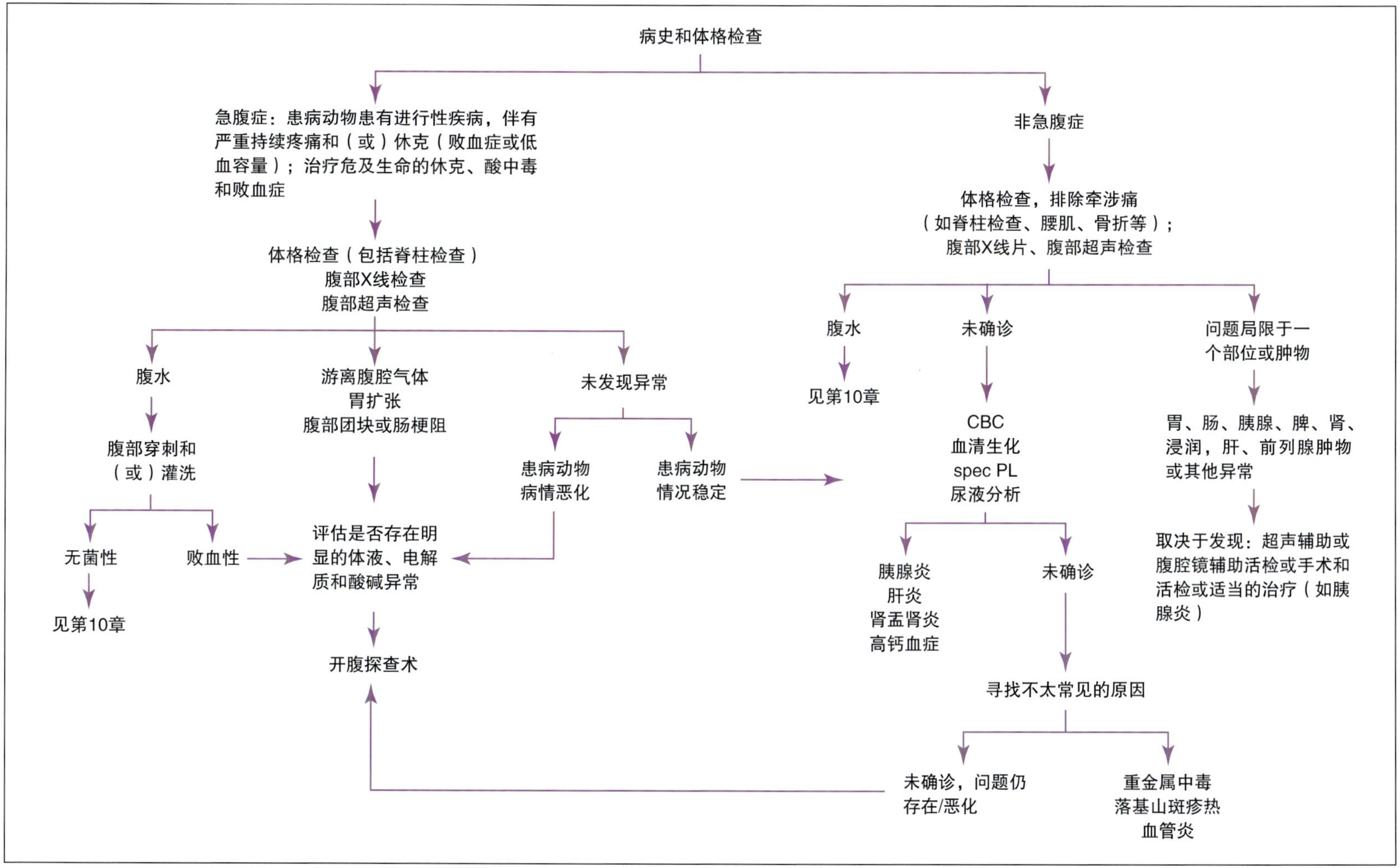


图 9-14　犬、猫腹痛的诊断方法

CBC，全血细胞计数；spec PL，特异性免疫反应性胰脂肪酶。

## 推荐阅读


[1] Balkman CE, Center SA, Randolph JF, et al: Evaluation of urine sulfated and nonsulfated bile acids as a diagnostic test for liver disease in dogs. *J Am Vet Med Assoc* 222:1368, 2003.

[2] Bridger N, Glanemann B, Neiger R: Comparison of postprandial and ceruletide serum bile acid stimulation in dogs. *J Vet Intern Med* 22:873, 2008.

[3] Cave NJ, et al: Evaluation of a routine diagnostic fecal panel for dogs with diarrhea. *J Am Vet Med Assoc* 221:52, 2002.

[4] Chouicha N, Marks S: Evaluation of five enzyme immunoassays compared with the cytotoxicity assay for diagnosis of *Clostridium difficile*-associated diarrhea in dogs. *J Vet diagn Invest* 18:182, 2006.

[5] Cole TL, et al: diagnostic comparison of needle and wedge biopsy specimens of the liver in dogs and cats. *J Am Vet Med Assoc* 220:1483, 2002.

[6] Gerhardt A, et al: Comparison of the sensitivity of different diagnostic tests for pancreatitis in cats. *J Vet Intern Med* 15:329, 2001.

[7] German AJ, day MJ, Ruaux CG, et al: Comparison of direct and indirect tests for small intestinal bacterial overgrowth and antibiotic-responsive diarrhea in dogs. *J Vet Intern Med* 17:33, 2003.

[8] Gerritzen-Bruning MJ, Van den Ingh SGAM, Rothuizen J: diagnostic value of fasting plasma ammonia and bile acid concentrations in the identification of portosystemic shunting in dogs. *J Vet Intern Med* 20:13, 2006.

[9] Gookin JL, Foster dM, Poore MF, et al: Use of a commercially available culture system for diagnosis of *Tritrichomonas foetus* infection in cats. *J Am Vet Med Assoc* 222:1376, 2003.

[10] Hall EJ, German AJ: diseases of the small intestine. In Ettinger SJ, Feldman EC, editors: *Textbook of veterinary internal medicine*, ed 7, Philadelphia, 2010, WB Saunders.

[11] Jergens AE, Schreiner CA, Frank dE, et al: A scoring index for disease activity in canine inflammatory bowel disease. *J Vet Intern Med* 17:291, 2003.

[12] Kimmel SE, Washabau RJ, drobatz KJ: Incidence and prognostic value of low plasma ionized calcium concentration in cats with acute pancreatitis: 46 cases. *J Am Vet Med Assoc* 219:1105, 2001.

[13] Marks SL, et al: Genotypic and phenotypic characterization of *Clostridium perfringens* and *Clostridium difficile* in diarrheic and healthy dogs. *J Vet Intern Med* 16:533, 2002.

[14] Mekaru S, Marks S, Felley A, et al: Comparison of direct immunofluorescence, immunoassays, and fecal flotation for detection of *Cryptosporidium* spp. and *Giardia* spp. in naturally exposed cats in 4 northern California animal shelters. *J Vet Intern Med* 21:959, 2007.

[15] Ruland K, Fischer A, hartmann K: Sensitivity and specificity of fasting ammonia and serum bile acids in the diagnosis of portosystemic shunts in dogs and cats. *Vet Clin Pathol* 39:57, 2010.

[16] Stauffer S, Birkenheuer A, Levy M, et al: Evaluation of four DNA extraction methods for the detection of *Tritrichomonas foetus* in feline stool specimens by polymerase chain reaction. *J Vet diagn Invest* 20:639, 2008.

[17] Steiner J, Newman S, Xenoulis P, et al: Sensitivity of serum markers for pancreatitis in dogs with macroscopic evidence of pancreatitis. *Vet Ther* 9:263, 2008.

[18] Toulza O, Center S, Brooks M, et al: Evaluation of plasma protein C activity for detection of hepatobiliary disease and portosystemic shunting in dogs. *J Am Vet Med Assoc* 229:1761, 2006.

[19] van Asten A, Allaart J, Grone A, et al: Application of PCR-based detection of *Clostridium perfringens* cpb2 in fecal samples. *Vet Microbiol* 129:215, 2008.

[20] Webster CRL, Cooper JC: diagnostic approach to hepatobiliary disease. In Kirk RW, Bonagura JD, Twedt dC, editors: *Kirk's current veterinary therapy 14*, Philadelphia, 2009, Saunders.

[21] Wilberg ME, Westermarck E: Subclinical exocrine pancreatic insufficiency in dogs. *J Am Vet Med Assoc* 220:1183, 2002.

# 第10章 积液性疾病

Sharon A. Center

## 诊断方法

在兽医临床中经常遇到积液，积液常有助于明确诊断。“积液”一词描述的是在血管或淋巴导管和内脏结构外的身体“潜在”或“第三”腔内不应积聚的液体。一般在体格检查时可发现，如皮肤过度水合和唇褶、结膜、跗骨或阴囊增厚可能提示局部或全身水肿，关节腔肿胀提示的关节积液常与关节炎相关，呼吸困难和（或）呼吸急促、肺音减弱或咳嗽可能提示胸腔积液，不规则的股动脉搏动、脉冲交替和伴颈静脉搏动的心音减弱可能提示心包积液，光滑的内脏表面或球形液体波动可能表明有腹腔积液。然而，一些积液在进行影像学检查（X线检查、超声检查）前无法被发现。此外，向心性肥胖容易与腹腔积液混淆,但可通过超声检查鉴别。积液的采集、细胞学物理特征和化学评估对于准确地分类至关重要。考虑到相关疾病的病理机制，纳入这些特征的分类方案可指导鉴别诊断。

## 液体采集技术

**液体采集 ·** 液体采集部位的准备与无菌手术相同。建议使用带有 2.54 cm（1 in）长、20 ~ 23 号针头的特氟龙细针导管或蝶形针导管。通常需要至少 3 ~ 5 mL 液体来进行分析。如果使用超声引导穿刺，注意防止样本被超声耦合剂污染而导致伪影（如 Diff-Quik 或瑞氏 - 吉姆萨染液处理后出现蓝色的杂质）。抽吸时应在针头从采样点抽出时减轻负压，以避免收集到受污染和无关的组织（细胞）。

**腹腔穿刺 ·** 在腹部穿刺前触诊腹部，根据触诊和影像学图像确定位置，以避免划伤内脏。应在手术前排空膀胱（特别是使用 14 号导管时）。对于发生紧张性腹胀的患病动物，应从侧腹穿刺，以避免腹中线重力形成的血清肿和卵巢子宫切除术导致的粘连。如果怀疑有败血性腹膜炎，但未在常规腹腔穿刺中证实，可进行四象限穿刺。超声引导有助于定位采集腹腔内分隔积液或腹腔沟内积液。通常使用一个 20 ~ 22 号 2.54 cm（1 in）的针或特氟龙导管连接到延伸管，或使用蝶形导管。如果患病动物在穿刺过程中移动，可灵活移动延长管有助于避免刺破内脏。如果腹腔积液难以采集，可使用 14 号特氟龙导管穿刺腹部，并通过其管腔插入末端封闭的聚丙烯雄性猫导尿管。特氟龙导管提供了一个“无菌支架”，当患病动物的体位发生改变时，可以用它来操纵导尿管。部分患病动物可能需要局部麻醉（利多卡因阻滞）来进行无痛腹腔穿刺。

**腹腔灌洗 ·** 无菌温热生理盐水（20 mL/kg）

通过延长管和特氟龙导管在腹腔内注射后并维持 5 ~ 10 min。按摩腹部或轻柔晃动动物几分钟，将注入的液体与滞留在网膜凹陷处和腹腔沟的液体混合在一起。随后，抽取灌洗液并进行分析。通常犬白细胞计数＜500/μL。轻度白细胞增多发生在近期腹部创伤或手术后。腹腔灌洗液的诊断指南列于专栏 10–1。灌洗过程中可能导致医源性损伤和细菌污染，并且稀释收集液可能会造成无法确诊。超声在临床实践中的便捷性减少了通过该技术引导穿刺采集积液来使用。

**专栏 10–1　腹腔灌洗积液的诊断指南***

| | |
|---|---|
| **混浊度** | |
| 清亮 | 无疾病或腹部损伤 |
| 带血 | 医源性或出血性 |
| | 慢性渗出液：血源性 |
| 重复穿刺时血液变暗 | 活动性出血：需获取红细胞压积（PCV）的相对变化 |
| 浑浊 | 透过液体看不清报纸，需要进行细胞学检测 |
| **红细胞压积** | |
| ＜5% | 轻微出血 |
| ＞10% | 显著出血 |
| **白细胞计数** | |
| ＜500/μL | 正常犬 |
| ＞1000/μL | 轻度到中度炎症 |
| ＞2000/μL | 可能患有腹膜炎，需要进行细胞学检查 |
| **胰酶（脂肪酶或淀粉酶）** | 若＞血清值：胰腺炎、损伤或坏死 |
| **总胆红素** | 若＞血清值：胆汁溢出或肠破裂 |
| **肌酐** | 若＞血清值：尿路破裂、尿液溢出 |
| **植物纤维** | 肠破裂或肠腔采样 |
| **混合菌群** | 肠破裂、脓肿破裂或肠腔采样 |

* 灌注 20 mL/kg 后，在整个腹腔内混合。

**胸腔穿刺**·胸腔穿刺通常在位于肋软骨连接处的第七或第八肋间隙进行，影像学能更好地指导样本采集。针穿过肋间隙中部，避开神经和血管所在的尾肋缘。最好使动物站立或平卧来采集液体。推荐使用 2.54 cm（1 in）18 ~ 20 号的蝶形导管连接一个三通管和一个 20 ~ 35 mL 注射器。在针头放置过程中注意保持注射器负压，若刚推进针头即有渗出，应避免意外的肺部穿刺或撕裂伤。只有在穿刺部位使用局部麻醉药阻滞后，才能进行重复穿刺。

**心包穿刺**·在心包穿刺前，使用血液样本测定基础红细胞压积（PCV）、总蛋白（TS）浓度、血小板计数和活化凝血时间（ACT）。患病动物最好保持胸骨平卧且局部镇痛阻滞。对胸腔穿刺部位进行外科手术准备，并用局部麻醉药阻滞，在皮肤上做一个小切口，以方便导管在真皮层中移动。首选右侧通路，以避免触及左侧大冠状动脉。心超有助于确定心包穿刺的最佳位置。在没有心超时，可使用可触及的心跳位，或在肘部尾部或下方的肋软骨交界处（第五至第六肋间间隙）。局部麻醉药注射至胸膜水平后，导管经第五或第六右肋间隙（即肺叶之间的心切迹）。使用 12 ~ 16 号，10.16 ~ 15.24 cm（4 ~ 6 in）的特氟龙带针导管，在导管尖端 1.5 ~ 3.0 cm 处用无菌方法剪开 2 ~ 3 个额外的孔。在中大型犬中，必须使用延长管和三通管。导管前进时同时记录心电图（ECG），此时触摸心肌会引起室性早搏。该操作常使用超声引导。胸腔积液作为一种典型的漏出液，常呈现琥珀色至微红色。快速穿刺进入心包，可能伴随“砰”声，导管穿刺针滑入心包囊，接着取出并丢弃针。一般会收集到出血性积液，鉴别穿刺液需要通过比较每种液体的 PCV、血小板计数、TS 浓度和上清颜色，并对液体进行 ACT 检查，以确认其凝血功能。这些评估避免了无意取出大量心内血液。心包血管肉瘤在心包穿刺时可能引发出血性积液，可能难以与医源性心脏穿刺区分。超声检查可能有助于解决这个难题。与心包穿刺相关的并发症包括心室早搏、冠状动脉撕裂和猝死。清除心包积液后，应监测患病动物是否出现心律失常和出血性栓塞的急性复发表现（突然出现心动过速、脉搏质量差、脉搏反常、呼吸急促）。

**收集水肿液·**使用 22 ~ 25 号细针轻柔插入受感染的组织。通常在重力作用下自发排出清澈的水状液体，也可以通过轻柔的按摩或抽吸辅助。如果淋巴结触诊明显，可直接进行淋巴穿刺收集。

## 液体特征

参考表 10–1。

**液体分析·**采集的液体应立即进行分析，以定性和指导进一步诊断（如细菌培养）。将 3 ~ 5 mL 等分液体储存在 EDTA（紫色盖子）无菌抗凝管，分别用于细胞学和物理化学评估。单独的培养样本储存在无菌且含有运输介质的培养皿或肉汤培养基中。如果只收集到了几滴液体，应首先用于细胞学检查。可以使用微型培养棒从针头中获得待分析的液体，或者用培养液冲洗针头和注射器。血性渗出液的红细胞压积、总蛋白和离心上清的外观应与外周血进行比较。积液的物理化学和细胞学评估通常可以将其分为若干类型（表 10–1）。

**积液的物理评估·**应记录液体的颜色和浊度（图 10–1）。浑浊的液体含有细胞或脂质。乳糜积液通常为白色、粉红色或乳白色，上清浑浊。红色或褐红色液体表示存在红细胞或游离血红蛋白。带血液体必须离心，以确定相较于静脉血 PCV 的积液 PCV，并进行上清液评估。红细胞通常出现在继发于炎症或血管充血的积液中，导致 PCV ≤ 8%。如果积液 PCV 与静脉血 PCV 非常相似，且上清液澄清，则可能发生了急性出血或医源性血液污染。积液 PCV 可能存在假性降低，可能由于极高或极低的积液张力、在样本储存过程中反复冻融，或是由于高脂浓度或红细胞破损（如强行将样本注入真空容器）引起溶血。如果上清液呈红褐色，应怀疑溶血。噬红细胞现象（即红细胞被巨噬细胞吞噬）和含铁血黄素（高铁红细胞）的巨噬细胞提示至少 24 h 内发生了血液污染（图 10–2）。不过，在液体储存期间（超过几小时）也会发生噬红细胞现象。慢性出血的样本无血小板，离心后上清液呈黄褐色（发黄）。黄色素血症反映了血液色素（胆红素）的存在，患有黄疸的动物应有黄色积液。胆汁性腹膜炎通常伴有棕绿色或暗黄绿色渗出，并有大量胆汁外溢，包括游离胆红素结晶和吞噬胆红素结晶（图 10–3）。前腹部的局限性胆汁腹膜炎（液体被包裹在大网膜内）可能与胆漏部位附近的典型胆腹积液和腹部其余部分的改性漏出液或渗出液有关。败血性积液可能发出于肠破裂导致的厌氧细菌感染引起恶臭。

**细胞计数和细胞学·**使用抗凝、非离心液进行有核细胞总数和分类计数。总细胞计数可使用血细胞仪和人工计数或流式细胞仪血液分析仪完成。非常小体积的样本可能由于抗凝剂稀释而产生错误的低细胞计数。样本混合不良、样本污染、长时间储存和使用药物都可能影响细胞计数。从浓缩的细胞成分中进行分类计数效果最好。这可以简单地

表 10-1 不同类型积液的特征

| | 漏出液 | | 渗出液 | | | 胆汁性积液 | 乳糜性积液 |
|---|---|---|---|---|---|---|---|
| | 单纯性漏出液 | 改性漏出液 | 出血性积液 | 非败血性渗出液 | 败血性渗出液 | | |
| 颜色 | 清亮<br>水性 | 浆液性<br>血清血液 | 带血 | 血清血液 | 脓性、奶油状<br>血清血液 | 棕色 / 绿色<br>深黄色 / 绿色 | 乳白色 / 白色 / 粉色 |
| 浊度 | 清亮 | 清亮至云雾状 | 不透明 | 云雾状 | 云雾状 / 絮状 | 不透明 | 不透明 |
| 总蛋白（g/dL） | ＜2.5 | 2.5 ~ 5.0 | ＞3.0 | ＞3.0 | ＞3.0 | ＞3.0 | ＞2.5 |
| 比重 | ＜1.017 | 1.017 ~ 1.025 | ＞1.025 | ＞1.025 | ＞1.025 | ＞1.025 | ＞1.018 |
| 有核细胞 /μL | ＜1000 | 500 ~ 10 000 | ＞1000 | ＞5000 | ＞5000 | ＞5000 | 可变 |
| 细胞分类 | 单个核细胞（间皮细胞、淋巴细胞、巨噬细胞） | 间皮细胞<br>巨噬细胞<br>中性粒细胞（非退行性）<br>红细胞（少量）<br>淋巴细胞 | 类似于血液<br>中性粒细胞（可变，非退行性）<br>淋巴细胞（少量）<br>巨噬细胞（噬红细胞现象） | 中性粒细胞（非退行性）<br>巨噬细胞（吞噬碎片）<br>红细胞（可变）<br>间皮细胞（慢性增多）<br>± 肿瘤细胞 | 中性粒细胞（退行性，吞噬细菌）<br>间皮细胞（可变）<br>红细胞（可变） | 中性粒细胞（在急性期为主）<br>巨噬细胞（吞噬和游离胆红素结晶：棕色颗粒状物质）<br>淋巴细胞（少量） | 淋巴细胞（在早期占主要）<br>中性粒细胞（慢性增加）<br>间皮细胞（可变） |
| 细菌 | 无 | 无 | 无 | 无 | 可能看见细菌 | ± | 少量 |
| 脂质 | 无 | 无 | 无 | 无 | 无 | 无 | 高甘油三酯（液体＞血清）<br>胆固醇（液体＜血清）<br>苏丹Ⅲ或油红 O 染色阳性 |

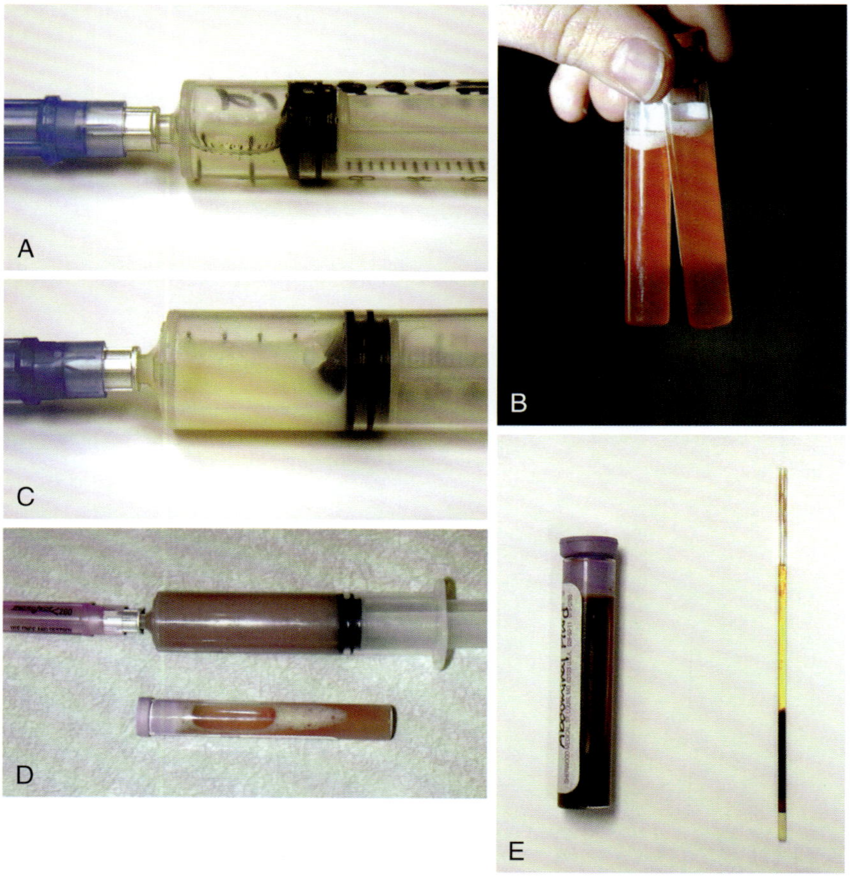


**图 10-1 不同物理特性的积液实例**

A. 单纯低蛋白漏出液，无色、透明的。B. 一种改性漏出液，由于红细胞而呈红色和浑浊。它几乎是不透明的。C. 乳糜渗出物，白色且不透明。D. 败血性渗出物呈乳白色，不透明。E. 暗红色、不透明的腹腔积液。注意毛细管中的上清由于红细胞分解而呈黄褐色（黄色）。

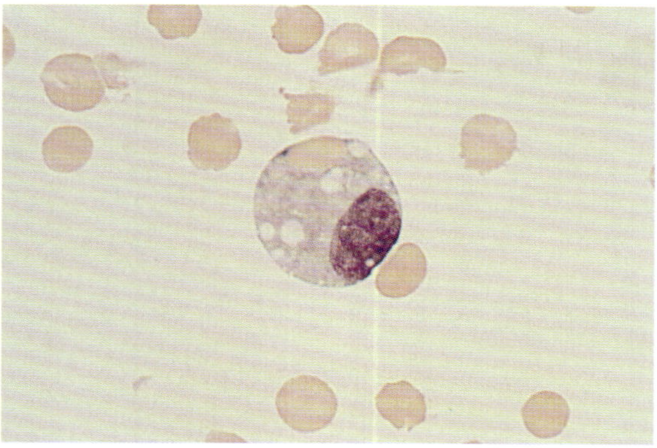

**图 10-2 噬红细胞现象**

如图中的这个巨噬细胞，或吞噬细胞中的含铁血黄素，表明液体中至少存在一部分出血，由已有的疾病（即病理性出血）引起，而不是采集样本时人为导致的。

通过样本离心，涂片制备和 Diff-Quick 染色来完成。当细胞计数＞1000/μL 时，未浓缩液体的细胞涂片可以估计细胞数量。收集的液体应立即制备至少 6 片，迅速风干以保留细胞形态，并使用改良的瑞氏染色剂（如 Diff-Quik）染色。如果细菌可见，则应用革兰氏染色。如果液体看起来相对无细胞，应将一部分离心，并尽快将沉淀物制成涂片。细胞自旋离心可提供最佳细胞形态。临床兽医应时刻警惕染色时出现的微生物污染，取样后因在 EDTA 或生理盐水中长期储存而引起的中

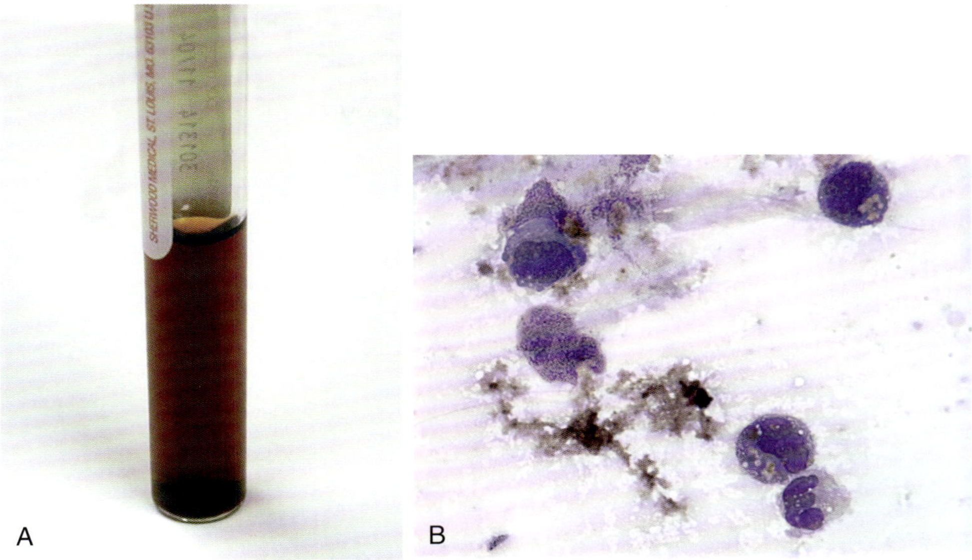


图 10-3　A. 金黄色半透明的胆汁性积液。B. 胆汁渗出液的细胞学显示已吞噬胆汁（棕色物质）的炎性细胞（由 Mark Johnson 博士提供）

性粒细胞变性，或因暴露于尿液或胆汁而引起的细胞变化。在非离心样本中，总有核细胞计数的估计可以使用以下公式进行，并规定所使用的物镜在每个视野中显示 1 ~ 10 个有核细胞：[ 每个显微镜视野中有核细胞的平均数量（计数 10 个区域）] ×（物镜倍数）$^2$。例如，使用 40× 物镜，如果每个视野计数 8 个细胞：$8 \times 40^2 = 12\ 800/\mu L$（译者注：原文为 mL，应改为 μL）。健康犬、猫体腔液体中有核细胞总数＜3000/μL（大多数细胞计数＜1000/μL）。

**测量积液蛋白浓度·**在积液离心的上清液中测定蛋白浓度。蛋白浓度可以用手持式折光仪或生物化学方法来测量。当蛋白质含量＜2.0 g/dL 时，折光仪可能会低估积液中的蛋白含量，但一项研究开发了使用手持式折光仪测量低至 1.0 g/dL 积液蛋白质浓度的转换值（表 10-2）[25]。正常动物体腔液蛋白质含量＜2.5 g/dL。

## 辨别不同类型的积液

参考表 10-1。

### 漏出液

这些积液的蛋白浓度和细胞数量很低，通常是透明和无色的（图 10-4 和图 10-5）。漏出液反映了与组织间液吸收减少（进入毛细血管）相关的流体动力学改变，静脉静水压升高伴有低蛋白血症，或仅有严重的低蛋白血症。

### 单纯性漏出液

这些漏出液的细胞量低（即＜1000/μL），TS 浓度＜2.5 g/μL，比重（SG）＜1.017。典型症状包括伴有低白蛋白血症和肝功能不全引起的门脉高压的腹腔积液，伴有与蛋白丢失性肾病（PLN）和蛋白丢失性肠病（PLE）中的钠和水潴留有关的严重低白蛋白血症，以及膀胱或输尿管破裂引起的医源性液体过载或腹膜炎。

表 10-2 用手持式折光仪估算液体总蛋白的转换

| 折射率 | 比重 | 体液蛋白（g/dL） | 折射率 | 比重 | 体液蛋白（g/dL） |
|---|---|---|---|---|---|
| ＜1.3376 | ＜1.013 | ＜1.0 | 1.3389 | 1.017 | 1.8 |
| 1.3376 | 1.013 | 1.0 | 1.3391 | 1.017 | 1.9 |
| 1.3378 | 1.014 | 1.1 | 1.3393 | 1.018 | 2.0 |
| 1.3380 | 1.014 | 1.3 | 1.3395 | 1.018 | 2.1 |
| 1.3382 | 1.015 | 1.4 | 1.3397 | 1.019 | 2.2 |
| 1.3384 | 1.015 | 1.5 | 1.3399 | 1.019 | 2.3 |
| 1.3385 | 1.016 | 1.6 | 1.3401 | 1.020 | 2.4 |
| 1.3387 | 1.016 | 1.7 | 1.3402 | 1.020 | 2.5 |

数据来源：George 和 O 'neill（2001）。

## 改性漏出液

改性漏出液的 TS 浓度比单纯性漏出液（通常为 2.5 g/dL）更高，通常比重＞1.017，并伴有一定量的细胞。通常富含间皮细胞，改性漏出液反映了来自正常或非炎症血管的漏出性血管渗漏（毛细血管静水压增加或淋巴管阻塞）。改性漏出液可能与肿瘤和许多其他导致漏出性积液的疾病以及膀胱或输尿管破裂引起的腹膜炎有关。

## 出血性积液

出血性积液呈血色，可测量的 PCV 约为全血 PCV 的 10% ~ 25%，且 TS 浓度＞3.0 g/dL（图 10-6）。如果是慢性出血，上清液表现为溶血或黄血症，细胞学检查显示噬红细胞现象、高铁血红素、类胆红素结晶（一种黄色折射结晶或无定形色素，不含铁，由血红素形成）且缺乏血小板。这些积液不会凝集。只有在采样前 1 h 或更短时间内出血时，才会出现血小板。急性或医源性出血没有或只有轻微的噬红细胞现象，无高铁血红素、清澈的上清且含有血小板，并可能发生凝集。如果急性出血性积液先静置再制备涂片，在体外可能发生噬红细胞现象，从而混淆诊断。

## 渗出液

渗出液的特点是高 TS 浓度（即＞3.0 g/dL），高比重（即＞1.025），出现以中性粒细胞和巨噬细胞为主的细胞增多（即＞5000/μL）。这些积液呈败血性或非败血性，并可能与炎性、坏死性、感染性或恶性疾病相关。需针对细菌和（或）真菌对渗出性积液进行有氧和无氧培养。在细菌和真菌培养前，立即对积液进行细胞学检查对识别败血性渗出液很重要。C- 反应蛋白（CRP）的评估最近被证明有助于鉴别漏出性积液和渗出性积液，阈值为 4 μg/mL 时，敏感性为 100%，特异性为 94%[41]。

## 胆汁性漏液

胆汁性漏液含有细胞内和细胞外胆红素结晶（黄色、金色或棕色碎片，可能出现折射或结晶，见表 10-1）。常见出现大量高度分叶中性粒细胞。反应性间皮细胞也很常见。

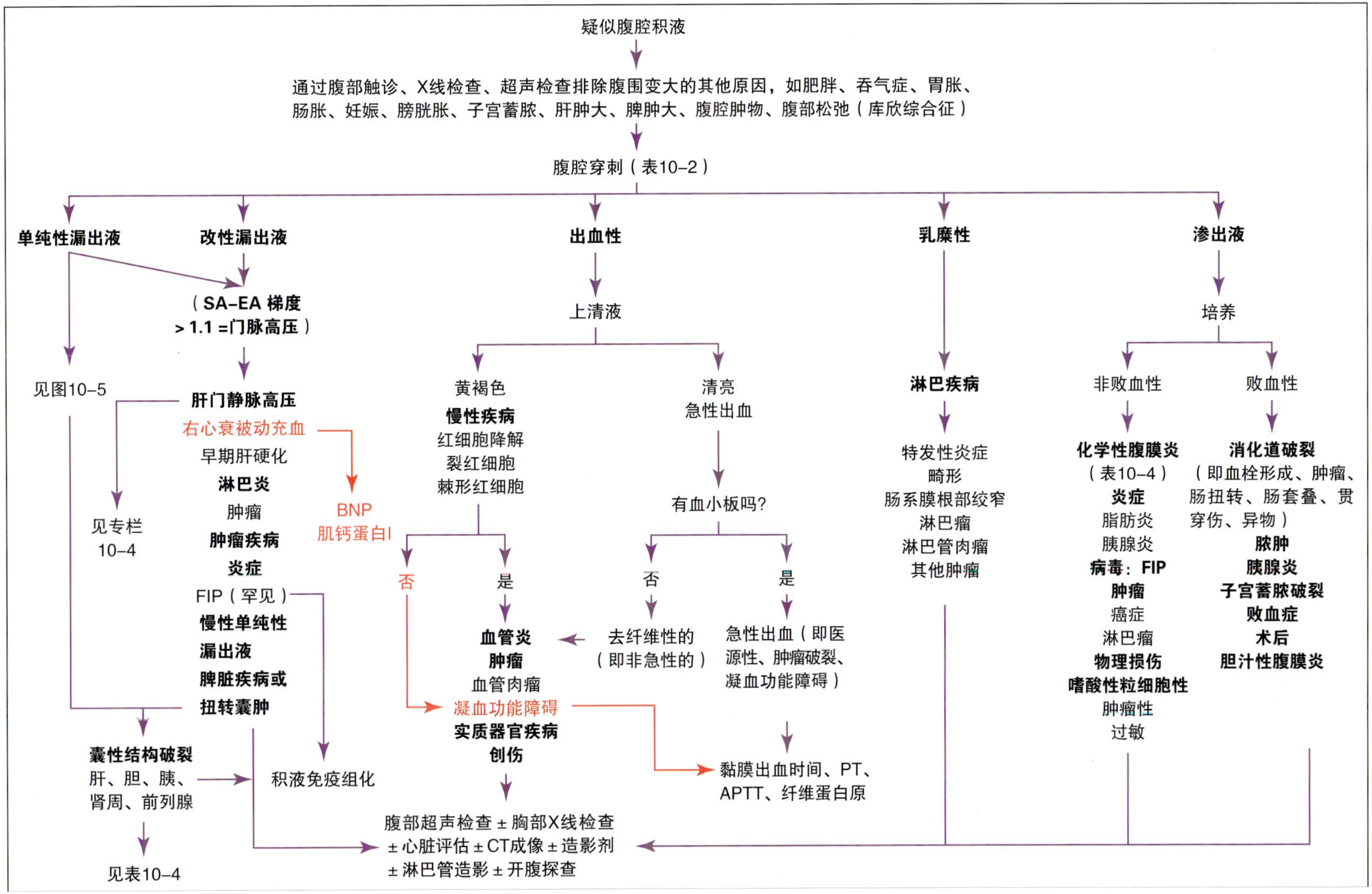


图 10–4　疑似腹腔积液的动物诊断思路

APTT，活化部分凝血活酶时间；BNP，b 型利钠肽；CT，计算机断层扫描；EA，积液白蛋白；FIP，猫传染性腹膜炎；PT，凝血酶原时间；SA，血清白蛋白。

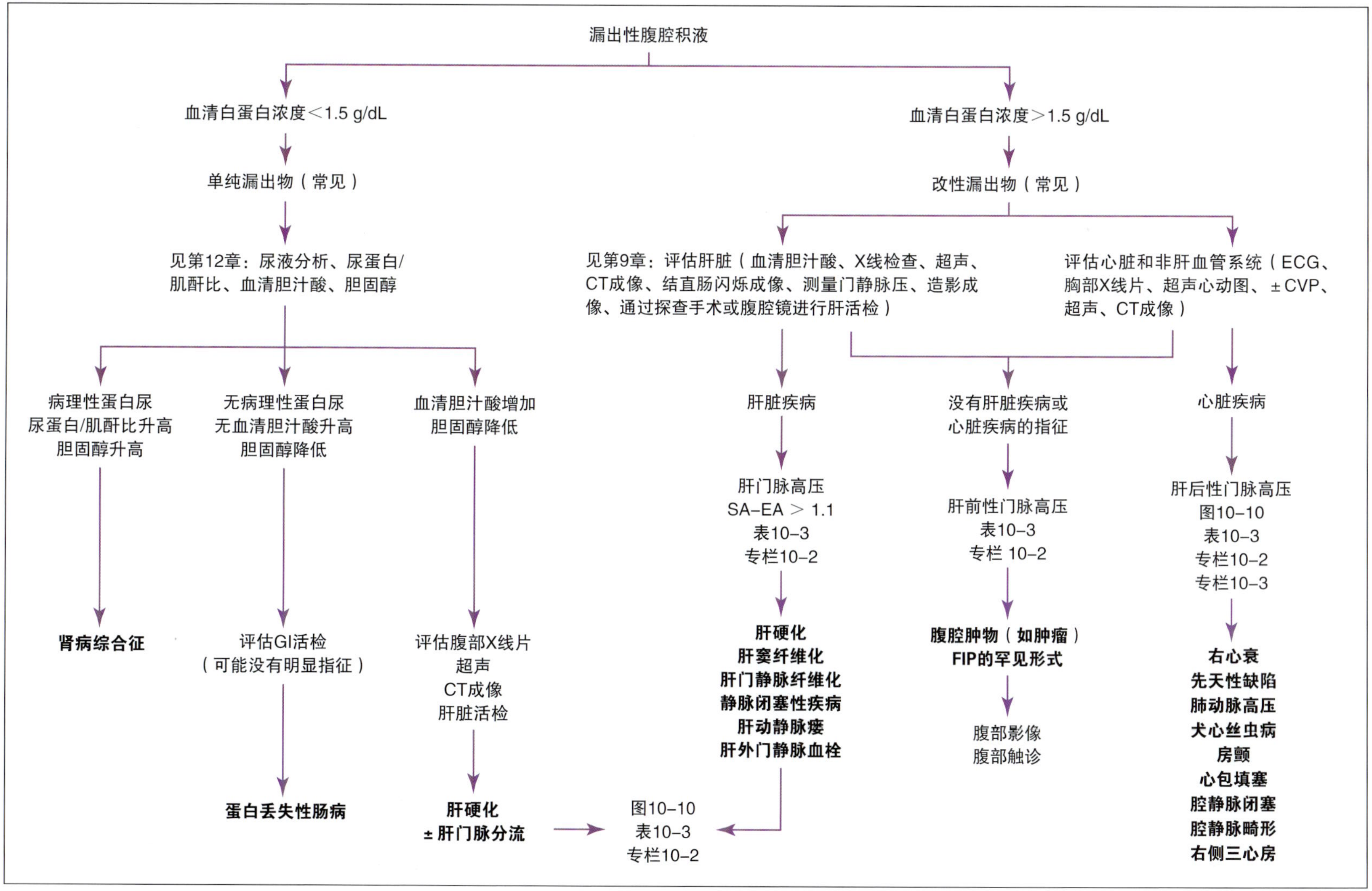


**图 10–5 腹腔漏出液动物的诊断思路**

CVP，中心静脉压；EA，积液白蛋白；ECG，心电图；FIP，猫传染性腹膜炎；GI，胃肠道；SA，血清白蛋白；CT，计算机断层扫描。

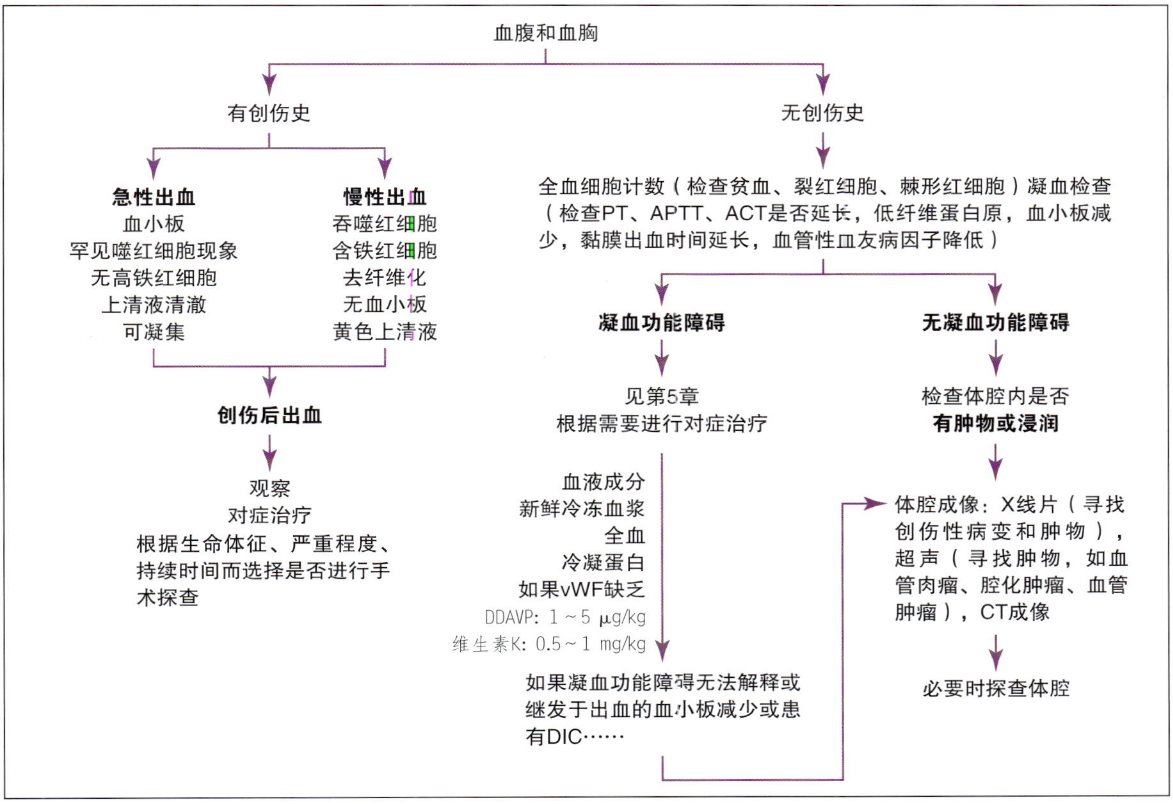


**图 10–6　腹腔或胸腔出血动物的诊断思路**

ACT，活化凝血时间；APTT，活化部分凝血活酶时间；CT，计算机断层扫描；DDAVP，脱氨基 D– 精氨酸升压素；DIC，弥散性血管内凝血；PT，凝血酶原时间；vWF，血管性血友病因子。

如果是败血性积液，细菌可能在吞噬细胞内聚集或在积液中游离。比较积液中的胆红素浓度与外周血中的胆红素浓度，发现积液中的胆红素浓度高 5 ～ 10 倍。由于胆红素的溶解和扩散，黄疸动物的所有积液都呈黄色。

## 乳糜性积液

通常乳糜性积液的 TS 浓度＞2.5 g/dL，比重＞1.018，以单核细胞（淋巴细胞）或大量中性粒细胞为主，或两者兼有，与外周血相比，甘油三酯浓度较高（图 10–4 和表 10–1）。液体与血清甘油三酯比＞2 ∶ 1 或 3 ∶ 1，通常＞10 ∶ 1。体腔液中胆固醇浓度低于外周血。当离心时，乳糜性积液有乳状或乳白色的上清液，当样本被冷冻时，在液体表面有一层富含甘油三酯的乳糜微粒层。1 ～ 2 滴 1 N 氢氧化钠和等量乙醚预处理孵育积液样本，可定性检测高甘油三酯。醚溶性甘油三酯会上升到试管顶部，出现白色分层带。也可将少量液体用油红 O 或苏丹黑染色，然后评估脂肪滴情况（即乳糜微粒）（图 10–7）。乳糜性积液可反映胸导管或小淋巴管破裂，淋巴管或引流淋巴结内肿瘤浸润导致的阻塞（如淋巴瘤、胸腺瘤），纵隔炎症或肿瘤，膈疝或腹膜心包疝引起的淋巴管阻塞、肺叶扭转、先天性畸形（如淋巴管扩张）、心脏疾病（包括心丝虫病）或特发性疾病（可能是先天性畸形）。对没有创伤史的患病动物的诊断可能需要淋巴管造影（X 线或 CT 检查），并在用少量高脂肪食物（摄入乳脂）刺激淋巴管后对相应体腔进行手术探查，定位淋巴管位置。

## 假性乳糜性积液

兽医相关文献中描述的假性乳糜性积液罕见，也可能不存在。这种积液与乳糜性积液极为相似，但与外周血相比胆固醇含量高，甘油三酯浓度低。含有高密度肿瘤细胞的积液在肉眼检查时可能表现为乳糜样，但没有乳糜的其他诊断特征。

## 恶性肿瘤性积液

恶性积液通常表现为改性漏出液或渗出液，常呈血色和黄色，并可通过发现肿瘤细胞确诊。重要的是要意识到继发于肿瘤的积液可能含有恶性细胞。需要注意的是，反应性间皮细胞可能被误认为恶性细胞（如双核细胞，类似于肿瘤细胞的圆形细胞，核质比高，细胞核和核仁大且大小不一）（图 10-8）。在恶性细胞群的细胞学特征仍不确定的情况下，免疫细胞化学染色有助于区分细胞来源。一般难以区分间皮瘤细胞与反应性间皮细胞，需要组织活检才能确诊。除非与活动性或医源性出血相关，血管肉瘤在犬上常引起恶性肿瘤性积液，通常伴有包含大量空泡的巨噬细胞、反应性和静止性间皮细胞、红细胞、黄色上清液和无血小板。作为血管肿瘤，血管肉瘤通常伴有参与循环的棘形红细胞和裂红细胞（见第 2 章和第 3 章）。由于这些细胞不容易脱落，血管肉瘤经常产生缺乏肿瘤细胞学证据的出血性积液。观察可见血管肉瘤细胞是一个体积较大的梭形至多面形细胞，有一个或多个明显核仁的圆形至椭圆形细胞核，深蓝色细胞质（改良的瑞氏 – 吉姆萨染色）和许多小而离散的非染色液泡（图 10-9）。癌症（如植入腹膜或胸膜表面的粟粒瘤）常引起体腔积液。X 线片显示浆膜边缘不清，超声检查有助于液体样本采集。这些积液有高比重和大量蛋白质，可能呈出血性。细胞学检查可发现肿瘤细胞，但在某些情况下，可能无法区分反应性间皮细胞和癌细胞，需要免疫组化鉴别。

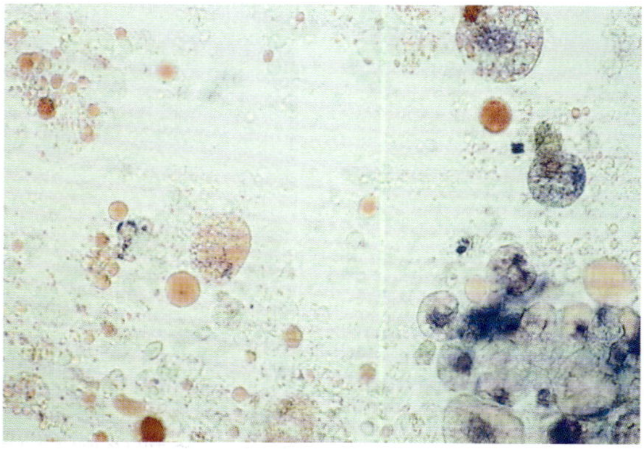

**图 10-7　胸腔积液中乳糜微粒的一种简单、廉价的检测方法是用脂肪染色剂（如苏丹染色剂或油红 O 染色剂）对涂片进行染色，以显示巨噬细胞中中性的脂滴和液体中的游离脂滴，再加一滴新亚甲蓝染细胞核**

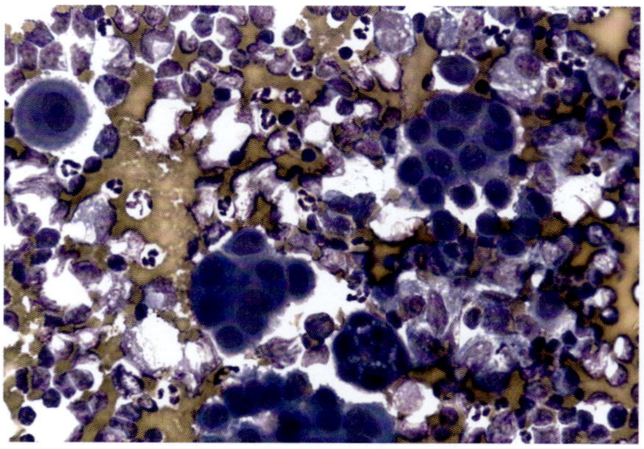

**图 10-8　腹腔积液细胞中的反应性间皮细胞**

这些细胞周围有类似“刷状缘”的胞质泡和非常明显的核仁，多核仁，很像癌细胞。

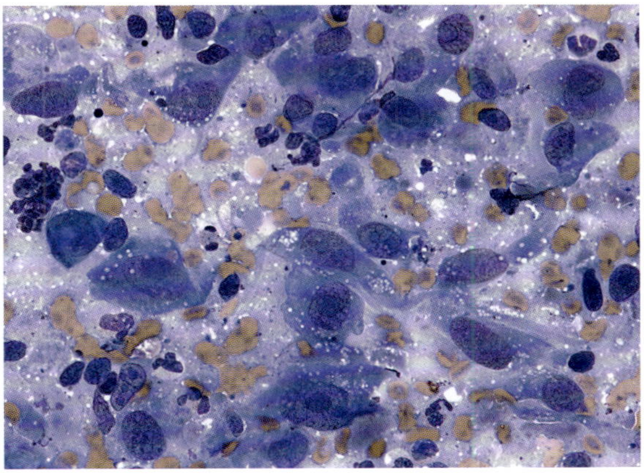

**图 10-9 血管肉瘤细胞学**

许多细胞呈纺锤状，含有大量点状细胞质空泡。（由 Mark Johnson 博士提供）

### 嗜酸性粒细胞性积液

嗜酸性粒细胞性积液包含超过 10% 的嗜酸性粒细胞，其中约 50% 为改性漏出液，其余为非败血性渗出液。嗜酸性粒细胞性积液不能通过体循环嗜酸性粒细胞计数来评估。犬嗜酸性粒细胞性胸腔积液可能与犬心丝虫病、多发性嗜酸性粒细胞性肉芽肿病、全身性肥大细胞增多症、间质性肺炎、淋巴瘤、血管肉瘤和癌症有关。猫嗜酸性粒细胞积液可能与淋巴瘤、全身性肥大细胞增多症和高嗜酸性粒细胞综合征有关。肺浸润通常通过X线检查发现。在一些患有肺部疾病的动物中，气胸比嗜酸性粒细胞性胸腔积液更早发生。肝脏多灶性嗜酸性粒细胞性肉芽肿的动物可发展成漏出性或嗜酸性粒细胞性腹腔积液。

## 特殊体腔积液：诊断思路

### 腹腔积液

对疑似腹腔积液的动物的诊断思路包括很多的疾病（图 10-4）。单纯漏出液通常与严重的低蛋白血症相关（见第 12 章，图 10-5），通常由 PLN、PLE、肝功能衰竭、渗出性皮肤病导致的蛋白质丢失、反复体腔灌洗或对大量积液进行反复腹腔穿刺或治疗性腹腔穿刺引起。仅厌食和消瘦不会产生严重到足以引起水肿或积液的低白蛋白血症。重要排除因素包括病理性蛋白尿的产生（见第 7 章）和肝功能不全（见第 9 章中关于胆汁酸的讨论）。因为 PLE 可能在没有肠道疾病指征的情况下发生，诊断可能需要肠道活检。辅助检查血清胆固醇浓度（见第 8 章）有助于鉴别导致低白蛋白血症相关的单纯性漏出液的原因：PLE 和肝功能衰竭通常导致低胆固醇血症，而 PLN 通常导致高胆固醇血症。通过计算血清白蛋白 - 积液白蛋白（SA-EA）梯度，即用血清白蛋白浓度减去腹腔积液白蛋白浓度，可以用来判断门脉高压，这是腹腔积液的一个重要病理机制。SA-EA 值大于 1.1 表明门脉高压在该患病动物产生积液中起了致病作用。与被血清蛋白浓度及门脉压力影响的腹腔积液总蛋白浓度相比，梯度只与一个生理变量（门脉压力）直接相关。该比值不受利尿、穿刺或引起门脉高压的肝病类型的影响，并且在人类患者积液原因的鉴别诊断中比传统的积液分类方法具有更高的实用性[42]。SA-EA 梯度的效用也在犬身上进行了检验[38]。值得注意的是，SA-EA 梯度检测门脉高压并不等同于诊断肝功能衰竭，因为有许多疾病（图 10-10 和图 10-4），可导致肝前性、肝性（窦前性、窦性、窦后性）或肝后性门脉高压。SA-EA 梯度在人类和动物的不同疾病中有相当大的重叠。在没有肝脏相关原因的情况下，恶性肿瘤是 SA-EA 梯度增加和门脉高压的第二大原因。对腹腔积液原因的鉴别诊断最好考虑体格检查和诊断特征（表 10-3）。

腹腔改性漏出液通常与增加的静脉（毛细血管）静水压（图 10-5）和 SA-EA 值 > 1.1

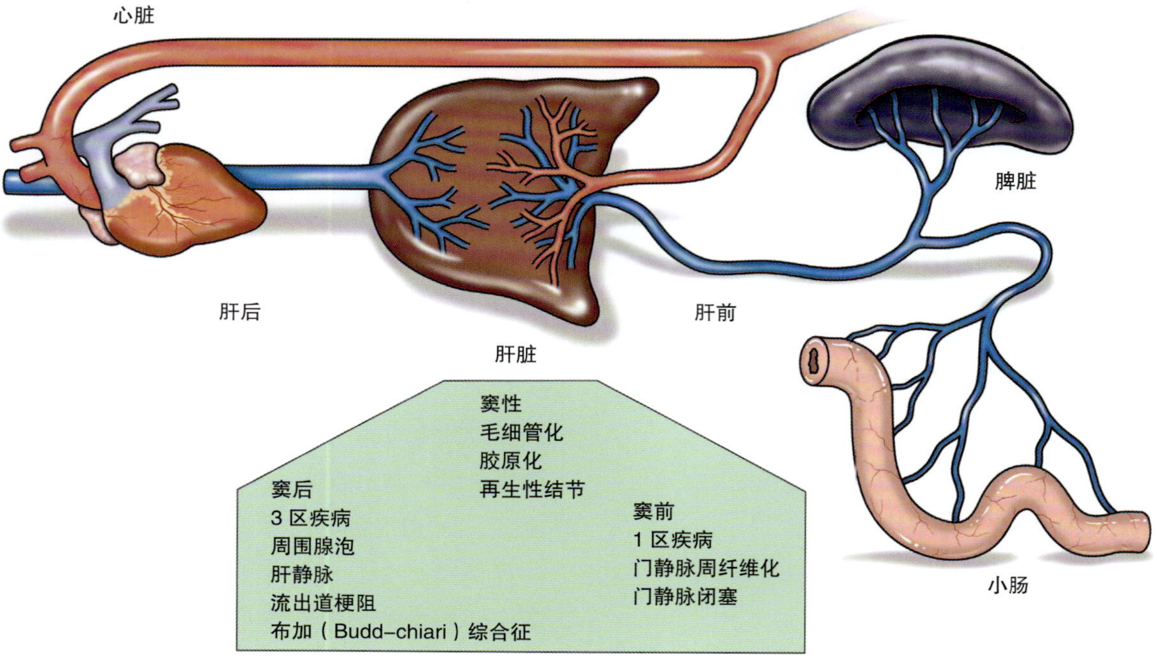


**图 10-10　肝脏血流图**

识别腹腔积液的肝前性、肝后性和肝性原因，以及窦前性、窦性和窦后性原因。

有关。并发肝肿大提示肝小静脉、颅腔静脉到横膈膜、心包、右心房或肺动脉床的血流受损（专栏 10-2、表 10-3 和图 10-10）。临床兽医若发现颈静脉搏动、奇脉、肝颈静脉反射、股动脉搏动弱、心音减弱、运动不耐受性和生理性不适的心动过速，可能提示心包填塞或心包受限。肝颈静脉反射是指通过对肝脏或颅腹部进行轻柔压迫 10 ~ 15 s（增加心脏静脉回流）而观察到颈静脉扩张或搏动（表明右心功能减弱或填塞）。静脉充血引起的肝肿大可能因腹腔积液引起的腹围增大或患病动物身体结构（如深胸犬）而难以确诊。

胸部 X 线片可以评估心脏和心包轮廓的形状和大小，肺动脉的弯曲和充盈，以及血管腔静脉的形状、直径和位置。如果存在心脏肥大，超声心动图检查可区分心脏疾病与心包疾病。使用腹部超声检查血管（彩色血流多普勒）可发现肝静脉扩张和血流模式异常，这是由心脏流出道阻塞、腹腔肿物（即肿瘤、肉芽肿）或门静脉血流阻塞（如血栓引起腔内充盈缺陷）所致。中心静脉压（CVP）值大于8 $cmH_2O$ 具有提示意义，大于等于14 $cmH_2O$ 能够诊断右心功能不全、填塞或入肺血流减少（如肺动脉高压、血栓栓塞）。CVP 在右心房畸形（右心房内的异常先天性闭锁）患犬中可能是正常的，从而导致被动充血继发腹腔积液。CVP 较难评估，因为它受到许多机械变量的影响，使其无法解释数值（如导管末端位置的变化；导管的扭结或折叠，以及导管的闭塞），更为先进的成像方式可以更好地对潜在的疾病机制进行评估。此外，它可能导致凝血功能障碍（如肝功能不全、灭鼠剂中毒、血管炎、血小板减少）患病动物出现医源性出血。

**表 10-3 不同类型门静脉高压的特点**

| 诊断特征 | 肝后性门静脉高压 | | 肝性门静脉高压 | | 肝前性门静脉高压 |
|---|---|---|---|---|---|
| | 心脏 / 心包（充血 / 泵血衰竭） | CVC 梗阻 | 多种原因 | 肝内静脉瘘 | 多种原因 |
| 血清白蛋白：积液白蛋白 | ＞1.1 | ＞1.1 | ＞1.1 | ＞1.1 | ＞1.1 |
| CVP | ↑ | 正常 | 正常 | 正常 | 正常 |
| ECG | 异常 | 正常 | 正常 | 正常 | 正常 |
| X 线片： | | | | | |
| 心脏轮廓 | ↑ / 正常 | 正常 | 正常 | 正常 | 正常 |
| 后腔静脉大小 | ↑ | ↓、正常、团块病变 | 正常 | 正常 | 正常 |
| 肝脏大小 | ↑ | ↑ | 正常、多变、↓ | ↑单叶 | 正常 |
| 超声 | | | | | |
| 肝脏模式 | 低回声 / 正常 | 低回声 / 正常 | 多变 | 无回声病灶 | 正常 |
| 大小：多普勒血流 | | | | | |
| 肝静脉 | 扩张 | 扩张 | 正常 | 正常 | 正常 |
| 门静脉 | 突出 | 突出 | 多变 | 部分突出 | 正常 |
| CBC： | | | | | |
| PCV | ↑ / 正常 | ↑ / 正常 | 多变 | ↓ / 正常 | 多变 |
| MCV | 正常 | 正常 | ↓ | ↓ | ↓分流 / 正常 |
| 异形红细胞 | 罕见 | 罕见 | 常见 | 常见 | 多变 |
| 裂红细胞、棘形红细胞 | ↑ 如果血管病变 | ↑ 如果血管病变 | 罕见 | 罕见 | 罕见 |
| 生化： | | | | | |
| 白蛋白 | 正常 | 正常 | ↓ / 正常 | ↓ / 正常 | ↓ / 正常 |
| 肝酶 | ↑ ALP、↑ ALT、↑ AST | ↑ ALP、↑ ALT、↑ AST | 多变 | 多变 | 多变 |
| 葡萄糖 | 正常 | 正常 | 正常 / ↓ | 正常 / ↓ | 正常 |
| 血清胆汁酸 | 正常 | 正常 | ↑餐后 | ↑餐后 | ↑如果分流 |
| 腹水： | 常见 | 常见 | 慢性疾病 | 常见 | 多变 |
| 单纯性漏出液 | 不常见 | 不常见 | 常见 | 可能 | 可能 |
| 改性漏出液 | 常见 | 常见 | 罕见 | 可能 | 可能 |

注：ALP，碱性磷酸酶；ALT，丙氨酸氨基转移酶；AST，天冬氨酸氨基转移酶；CBC，全血细胞计数；CVC，后腔静脉；CVP，中心静脉压；ECG，心电图；MCV，平均红细胞体积；PCV，红细胞压积。

与慢性肝病相关的改性漏出液可在严重的低白蛋白血症之前出现，并与窦前性、窦性或窦后性门脉高压同时发病（专栏 10-2）。白蛋白漏出在腹腔积液中是导致这些患病动物出现系统性低白蛋白血症的一个因素。腹部超声检查通常可发现以下一种或多种特征：肝过小、肝叶边缘不规则、实质回声改变、肝外门静脉血管扩张和（或）门静脉血流逆

## 专栏 10-2 门静脉高压相关腹腔积液的鉴别诊断思路

### 窦后 / 肝后性门静脉高压

**右心疾病**
- 心肌病
- 三尖瓣闭锁不全
- 犬心丝虫病
- 肺血栓栓塞
- 心脏肿瘤
- 房性、瓣膜性、壁性、浸润性
- 右侧三心房

**心包疾病**
- 心包填塞
  - 心房血管肉瘤
  - 凝血障碍
  - 创伤
  - 良性心包积液
  - 感染性
- 限制性心包炎
- 缩窄性心包炎

**后腔静脉 / 肝静脉梗阻**
- 先天“扭转性”腔静脉
- 创伤后腔静脉狭窄
- 腔静脉综合征（心丝虫病）
- 腔静脉 / 肝静脉血栓
- 横膈膜疝：血管疝入

### 肝性 / 窦性受损，窦性 / 门静脉高压

**肝硬化**
- 再生结节
- 肝窦胶原化
- 实质萎缩
- 慢性弥漫性肝炎
- 慢性胆管肝炎
- 坏死后纤维化
- 品种特异性肝病
- 药物相关肝病

**胆性肝硬化**
- 严重胆周纤维化
- 桥接纤维化——获得性、先天性：
  - 慢性胆管炎 / 胆管肝炎
  - 慢性总胆管梗阻
- 畸形：与细胞外基质沉积增加有关
- 猫多囊肝病 = 胆管板畸形
- 幼龄肝纤维化 = 胆管板畸形

**其他原因**
- 非硬化性门静脉高压
- 先天性门脉闭锁
- 门脉 / 窦性弥散性肿瘤
- 门脉 / 窦性血栓栓塞
- 横膈膜疝：肝疝入
- 肝淀粉样变

**门静脉血流（门静脉血管动脉化）**
- 肝动脉 / 门静脉瘘
  - 先天性
  - 创伤性
  - 肿瘤性
  - 内脏性
- 微吻合术（肝硬化）：肝内窦分流

### 窦前 / 肝前性门静脉高压

**肝前性门静脉梗阻**
- 门静脉血栓形成
- 门静脉狭窄：
  - 创伤
  - 先天性
  - 先天性门静脉闭锁
- 腔外门静脉梗阻
  - 肿瘤形成
  - 淋巴结
  - 脓肿
  - 肉芽肿
  - 腹膜炎

行、脾充血或不正常弯曲的门脉分流（位于肾脏尾部，与脾血管相邻）（表 10-3）。改性漏出液也可反映肝门纤维化、肿瘤闭塞（绞窄）的门静脉血管或门静脉血栓栓塞（通过彩色血流多普勒检查检测）。在所有这些疾病中都会出现 SA-EA 梯度＞1.1（图 10-5）。

脾梗死、血栓栓塞或扭转可引起以改性漏出液或渗出液为特征的腹腔积液。超声显示脾脏部分或整体肿大，彩色血流多普勒检查可能显示灌注不足（如血管血栓、静脉或动脉血流不足）。脾脏和其他腹部肿物（如肿瘤、肉芽肿）也可能产生改性漏出液，这些

通常由超声检查发现。

当 X 线片显示内脏边缘模糊时，可怀疑有积液。然而，超声检查对液体检测更为准确。腹腔排液（引流）后的 X 线检查可评估肝脏大小，检测团块效应或内脏位置改变。由于积液量少，内脏边缘仍不清楚。在穿刺出大量积液后，大多数积液在数小时到数天内会重新生成，因此必须立即进行 X 线检查。

发现渗出性积液需要检查是否存在感染、坏死或恶性肿瘤。识别被吞噬的病原体（如中性粒细胞或巨噬细胞中可见）可以明确诊断败血症，但可能需要仔细重复检查一些细胞学涂片。在腹腔积液中发现植物纤维、肠道内容物或混合“粪便菌群”表明肠道失去完整性或肠道破裂。退行性白细胞（图 10-11，见第 16 章）提示感染，尽管有些生物不改变中性粒细胞形态（如放线菌）。样本处理（如在细胞学涂片制备前储存时间过长）也可能导致白细胞的退行性变化。

发现和识别微生物感染可能很难，特别是当细菌数量很少或细菌在肉芽肿或脓肿内聚集时。某些微生物非常难找（如诺卡氏菌属、放线菌）。因此，所有渗出性积液都应进行需氧和厌氧细菌培养（见第 15 章）。应立即将样本装入无菌凝血管或转移到合适的运输介质中。如果运输介质中的样本不能立即

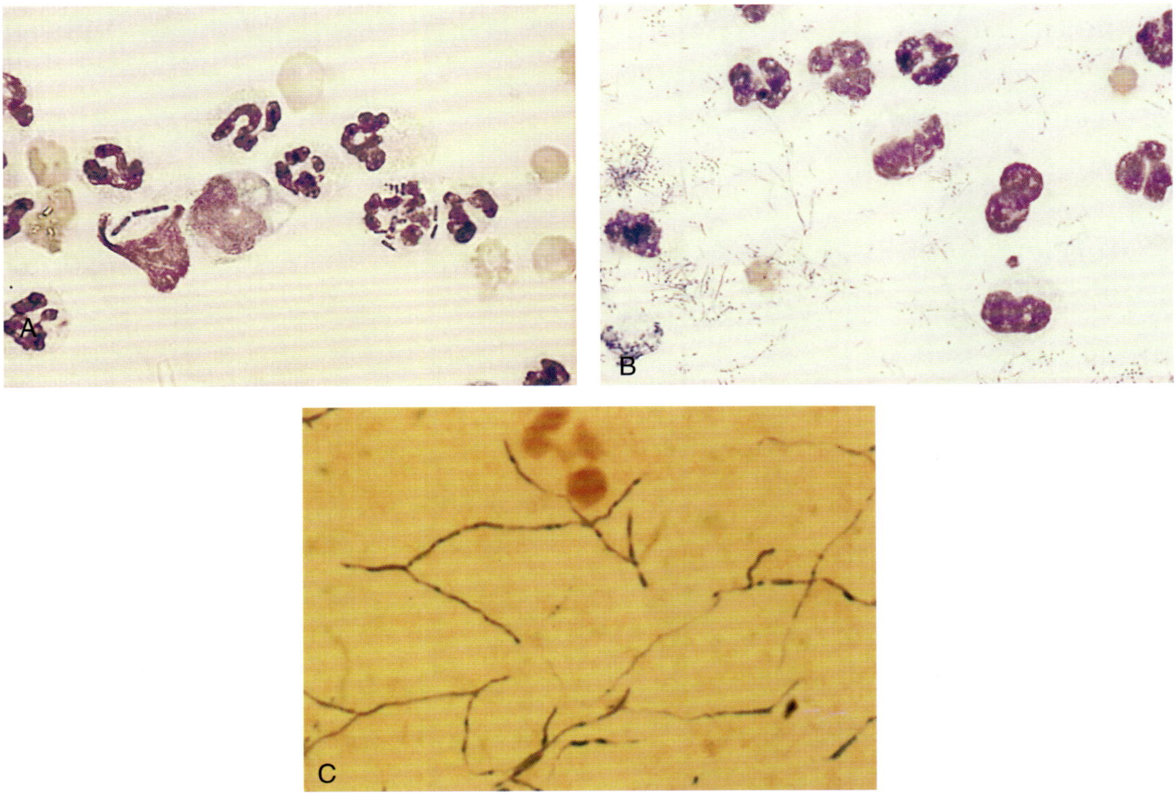


图 10-11　A. 犬腹腔积液中有 2 个中性粒细胞吞噬杆菌。注意，即使渗出液是败血性的，中性粒细胞看起来也没有退行性变化。不应认为吞噬细菌的中性粒细胞是退行性的。B. 胸腔积液中的退行性中性粒细胞具有细胞核肿胀现象，这是其周围细菌败血症引起退化的证据。分枝丝状细菌为放线菌。C. 革兰氏阳性的分枝串珠状生物为放线菌。革兰氏阴性菌很难在渗出物的革兰氏染色涂片上找到。图中显示了许多革兰氏阴性杆菌，但通常在渗出液中每几个显微镜视野只能发现一种细菌，如果呈苍白状，则很容易隐藏在染红的白细胞或碎片中

培养，应将其冷藏保存以减缓细菌生长，避免介质底物利用和微生物死亡。确认发现感染性病原提示可能需要紧急开腹探查手术。然而，对患有化脓性胆管炎或肝炎的动物进行手术探查风险极大，手术探查没有直接生存益处（除组织活检和培养）。患有与败血症相关的阻塞性胆道疾病的动物在术前和术中应静脉使用抗生素，建议联合使用甲硝唑、恩诺沙星和替卡西林。阳性培养结果应与所使用的抗微生物药物相一致，并适当调整方案。患有继发于手术或医源性腹腔感染的动物（如穿刺期间的污染）应根据培养结果和药敏结果进行抗生素治疗，这些病例发生院内病原体的耐药风险较高。真菌感染也可能导致渗出性积液。对于以肉芽肿为特征的体腔积液的动物，以及在已知地方性真菌感染有不明原因积液的动物，应考虑真菌培养（如美国西南部的球孢子菌属，芽生菌病或组织胞浆菌病常见的区域）。

如果渗出液没有败血症的细胞学证据，则需要检查创伤史和可能的尿路、胆道或囊肿破裂（表 10–4，图 10–4）。含中性粒细胞性腹腔积液可在钝性腹部创伤或手术后持续数周。骨骼结构的 X 线片有时能显示出创伤的证据。如果认为创伤不太可能发生，就应该进行全身评估，寻找炎症的其他证据。在猫中，一定要考虑 FIP。尽管临床表现各不相同，但大多数 FIP 患猫都有慢性疾病，伴有全身指征、高球蛋白血症（即≥ 5 g/dL）、高蛋白腹腔积液（即＞ 3.5 g/dL）。通过蛋白质电泳评估积液可能有助于诊断，一项研究表明，在疑似 FIP 的猫群中，发现积液中 γ 球蛋白＞ 32%，且总蛋白浓度＞ 3.5 g/dL，对 FIP 有 100% 的阳性预测价值 [47]。急性期蛋白数值也可能有帮助。在一项实验中发现，患有自发或“野生”FIP 的猫的血浆、血清或积液中 α 1– 酸糖蛋白（AGP）浓度＞ 1.5 g/L，有助于将感染 FIP 的猫与临床症状相似的猫区分开来 [15]。不幸的是，并非所有 FIP 患猫都存在 AGP 升高。FIP 患猫的体腔积液中有核细胞总数变化很大，从 1000 ~ 30 000/μL 不等。细胞学显示非退行性中性粒细胞为主要细胞类型，还存在大量巨噬细胞和不同数量的淋巴细胞和浆细胞。FIP 患猫的体征和临床病理结果的不一致（见第 15 章），对于非典型特征的患猫（如长期存活，改性漏出液），若不进行抗冠状病毒抗体的免疫细胞化学或免疫组织检查则无法进行结论性诊断。血清 PCR 检测冠状病毒抗原或其抗体不能提供明确的诊断。关于腹腔积液的其他诊断思路，如图 10–4 所示。

在排除其他原因后，肿瘤成为改性漏出液或渗出液的重要鉴别。肿瘤细胞有时通过细胞学鉴定，然而，在样本量少时，经常仅有很少或没有脱落的肿瘤细胞。使用细胞离心涂片或检查离心液沉淀物可增加发现恶性细胞的概率。有时肿瘤细胞只能从大量积液的沉淀物（如＞ 50 mL 样本）中发现。重要的是要记住，“反应性”间皮细胞类似于癌细胞，如果没有免疫细胞化学或免疫组织化学检查，可能会误判。超声检查可帮助抽吸肿物进行细胞学评估，获取具有诊断意义的细胞越多就越能明确诊断。

乳糜性腹腔积液常提示肠淋巴管扩张，肠道、肠系膜淋巴管或淋巴结的淋巴增生性疾病，腹腔内肿瘤“扼杀”肠系膜根部，特发性疾病（可能是畸形）。维生素 E 反应性脂肪炎或胆汁性肝硬化伴发猫乳糜腹极少见（图 10–4）。虽然小淋巴细胞是乳糜积液的初始细胞类型，但中性粒细胞会随着慢性炎症

表 10–4　化学性腹膜炎的特点、原因和诊断

| | 胆汁性腹膜炎 | 尿腹 | 胰腺炎 | "囊肿"破裂 |
|---|---|---|---|---|
| 外观 | 金棕绿色，血清洋，浑浊 | 浅至暗黄色 ± 血清色，透明（一些急性发展），浑浊（长期发展） | 白色，黄色，血清色，浑浊 | 透明到浑浊，浅黄到黄色，无色 |
| 原因 | 钝性腹部创伤<br>坏死性胆囊炎<br>胆石症 | 创伤：输尿管或膀胱撕裂，膀胱破裂<br>尿石症 | 胰腺炎 | 肾周囊肿<br>多囊肾 / 肝病<br>胰腺囊肿<br>前列腺旁 / 前列腺囊肿 |
| 临床特征 | 腹痛不明显<br>嗜睡<br>粪便苍白或无胆汁性<br>肝酶升高<br>黄疸（慢性）<br>败血性腹膜炎<br>胆囊：超声检查可能找不到胆囊 | 脱水<br>氮质血症<br>无尿 / 少尿<br>腹胀<br>低钠血症<br>高钾血症<br>高磷血症<br>代谢性酸中毒 | 厌食<br>呕吐<br>腹痛<br>嗜睡<br>发热<br>黄疸<br>升高：肝酶 /TLI/PLI<br>胆固醇 / 胆红素<br>心律失常<br>胸腔积液<br>急性肾功能衰竭 | 根据受累组织和病变严重程度不同而不同 |
| 明确诊断 | 游离和结合胆红素结晶<br>积液胆红素＞血清胆红素<br>可能需要超声引导抽吸液体，CT 成像，或（很少）肝胆闪烁造影 | 静脉尿路造影<br>逆行性<br>输尿管膀胱造影、超声或 CT 成像<br>积液肌酐＞血清肌酐 | 巨噬细胞含有可折射的脂类包涵体<br>积液脂肪酶 / 淀粉酶 / TLI/PLI ＞血清脂肪酶 / 淀粉酶 /TLI/PLI | 超声检查<br>组织活检<br>囊肿抽吸 + 积液分析 / 细胞学 |

注：PLI，胰脂肪酶（物种特异性）；TLI，胰酶样免疫反应性。

而出现。反复大量抽吸乳糜积液会消耗全身蛋白质浓度（即乳糜含有蛋白质 1 ~ 6 g/dL），进一步破坏斯塔林力（Starling 力），并可能进一步增加积液产生。继发性感染在患有乳糜积液的动物中罕见，因为乳糜具有抑菌作用。有乳糜腹的动物应该通过胸部 X 线片来检查是否有胸腔积液、淋巴结病和转移性肿瘤。超声检查可显示肠系膜基部肿物或肠系膜淋巴结病。

腹腔积血可能与创伤（如脾或肝实质破裂，肾集合系统或肠系膜血管损伤）、血管肿瘤（如血管肉瘤，其他血管肿瘤，或有坏死中心的肿瘤，如肝细胞瘤和肝细胞癌）、猫的肝淀粉样变或凝血功能障碍等引起的肝脏脆性增加有关（见第 5 章，图 10–6）。体格检查通常会发现受伤动物的擦伤或疼痛，后续的 X 线检查有时会发现骨折。出血或凝血功能障碍的检查应包括寻找瘀点（如眼底检查、黏膜检查），直肠和粪便检查以发现黑粪或便血，触诊关节血肿（即肿胀、疼痛的关节），以及尿液分析以寻找血尿。在无病史或体格检查表明有创伤的情况下，CBC（包括血小板计数和凝血分析）是很重要的。PCV 显示红细胞量是否减少。然而，在急性大出血中，

PCV 的改变取决于液体的再分配和红细胞再生反应，如在失血后 3 ~ 5 d 出现网织红细胞增多，红细胞分布宽度（RDW）升高。裂红细胞和棘形红细胞（见第 2 章和第 3 章）提示微血管病变损伤红细胞，提示血管肿瘤（如血管肉瘤）或弥散性血管内凝血（DIC）。观察血涂片可发现血小板减少严重到足以引起出血（即＜3 个血小板 /400× 视野，见第 5 章）。非血小板减少引起的严重急性出血最初会增加血小板数量。ACT 和颊黏膜出血时间（BMBT）（见第 5 章）可检测到许多止血缺陷，检测 BMBT 只在血小板数量充足（＞100 000/μL）的动物中进行。在开始体液或血液替代治疗之前，应获得积液样本。胸部 X 线片可发现胸腔积液、淋巴结病（如胸骨淋巴结）或明显转移。超声检查可发现血管肿瘤，通常与肝或脾血肿相关，并可发现活动性出血点。持续腹腔出血的动物除了经验性维生素 $K_1$ 治疗（0.5 ~ 1.5 mg/kg 皮下或肌内注射，每 8 h 注射一次，共 3 次）和合成血管加压素（1 ~ 5 μg/kg 皮下或静脉稀释注射）外，还可能需要输注血液成分，如果怀疑严重缺乏血管性血友病因子（vWF），需使用全血、新鲜冷冻血浆或冷球蛋白，如果可以降低止血风险，则需要开腹探查。

胆囊或胆总管破裂引起的胆汁积液可能来自钝性腹部创伤、坏死性胆囊炎或胆总管炎、胆石症或胆囊黏液囊肿（发展为胆囊缺血性坏死）。在钝挫伤或手术损伤后，胆道泄漏可能立即或延迟发生（表 10–4）。受感染的动物可能无症状或有症状。有症状的患病动物表现为不同程度的低级别腹痛、嗜睡、发热、黄疸和伴有轻度至中度腹腔积液，并可能有细菌感染。无菌性胆汁腹膜炎患病动物除了黄疸和隐约的上腹侧疼痛，可能没有症状。临床症状可能与胆漏的范围或严重程度相关（如实验中，腹腔内注射无菌胆汁的致死剂量为 20 ~ 30 mL/kg 体重）。苍白的或无胆色的粪便表明胆汁未进入肠道（如发生在免疫介导性胆管肝炎患猫的肝外胆管阻塞或严重的分支胆管“胆管减少”）。血清碱性磷酸酶（SAP）、γ – 谷氨酰转肽酶（GGT）、丙氨酸氨基转移酶（ALT）和天冬氨酸转氨酶（AST）活性和总胆红素浓度均升高。黄疸的表现和严重程度取决于潜在原因、胆漏的严重程度和持续性。胆汁引起化学性腹膜炎，与细胞因子释放和液体跨膜转运的改变有关。细胞膜暴露在高浓度的胆汁酸（其功能是破坏细胞膜）、胆红素和溶血磷脂中，形成漏隙连接，可允许肠道细菌和内毒素转移，导致内毒素血症和（或）败血性腹膜炎。局灶性胆汁性腹膜炎可能是由于网膜与胆道结构粘连限制的结果。超声表现为囊周积液或肝门内积液。在这些病例中，使用脊髓针和超声引导进行谨慎的定向穿刺可成功收集液体样本。在超声检查中突然消失可提示胆囊破裂。在某些情况下，超声可以确定胆漏的位置（如局灶性积液、高回声灶、粘连、正常胆囊壁分层不清）。小肠或结肠局灶性肠梗阻可在胆道破裂部位附近发现，提示化学性腹膜炎。胆汁性腹膜炎的细胞学特征是大量的中性粒细胞和巨噬细胞，以及存在游离的和被吞噬的胆汁（图 10–3）。液体样本通常浑浊，呈金棕色或金绿色。胆红素浓度高于外周血。由于大多数诊断性液体（即胆汁颗粒、细菌）的网膜包膜具有提示性，用于胆汁性腹膜炎准确诊断的最佳液体样本需要从渗漏的附近区域采集。

当发生漏尿或尿液进入腹膜腔内时，就会发生尿腹症。如果仅发生单一输尿管破裂或膀胱撕裂被可提供排尿导管的纤维包围，患病动物可能排尿正常。肾门输尿管连接处输尿管撕裂可引起腹膜后积液。创伤是泌尿系统渗漏的主要原因，但膀胱穿刺、创伤性诊断性膀胱镜检查或肿瘤也可能是病因。氮质血症的程度取决于尿腹的严重程度和持续时间。如果几乎所有的尿液都进入腹腔，则会迅速出现氮质血症和高钾血症。大多数患病动物出现隐约的腹部疼痛、嗜睡、发热和脱水。一些动物出现与电解质异常相关的病理性心律失常（如严重的高钾血症和酸中毒）。可能发生血尿素氮和肌酐浓度明显升高、高磷血症、低钠血症、高钾血症和代谢性酸中毒。积液呈轻微浑浊，带血，呈黄色。积液肌酐浓度明显高于外周血，而积液和血清尿素氮浓度可能没有实质差异。小分子的尿素可以在体内液体中快速的全身性扩散，降低了它的诊断作用。超声检查或静脉尿路造影（必要时进行逆行性尿道膀胱造影）通常能定位损伤部位。如果使用CT造影，诊断可能更明确。如果手术干预延迟，尿路引流和腹腔灌洗可迅速纠正电解质和酸碱紊乱。

胰腺炎有时引起弥散性腹膜炎和大量积液。临床病理变化见第9章，超声检查可提供重要的诊断信息，如胰腺回声改变、边缘不规则、胆管形态改变（扩张）、远端胆管梗阻、超声探头施加压力时存在局灶性疼痛、局灶性肠梗阻（十二指肠呈波浪样、无动力）和胰周脂肪高回声（皂化）。在冷冻和离心后，积液明显浑浊，有时可见脂质表层。炎症的特征是大量的中性粒细胞和巨噬细胞，巨噬细胞通常含有许多由小到大、透明或有折射力的液泡（吞噬的脂质）。积液中的胰酶活性可能明显高于外周血（即脂肪酶或淀粉酶），这提示胰管有酶渗漏。

肝脏、肾脏、胰腺或前列腺“囊性”病变的破裂偶尔会引起漏出性腹腔积液（图10–4）。大囊肿内的液体有时被误诊为腹腔游离积液。囊性液体用于评估潜在的恶性肿瘤或感染，但通常表现为漏出液。多囊性肝脏或肾脏疾病具有发育良好的囊肿在猫（如波斯猫、缅因猫）中比在犬中更常见。猫的囊腺瘤性畸形由于存在多腔室结构，通常不能引流。当囊肿位于门静脉附近或门静脉内时，由于对血管的压迫，导致积液生成。肾周假性囊肿在猫中更为常见，尤其老年雄性猫。胰腺囊肿尽管罕见，但可能是良性的，可能是胰腺炎后脓肿或假性囊肿，也可能是恶性肿瘤（如胰腺腺癌）。在未去势的雄性犬中，前列腺旁囊肿或前列腺囊肿可能性很大，并可能引起感染。如果发现直肠周围囊肿，应确认膀胱的位置（通过自主排尿或导尿减压）。随后应抽吸囊液并分析肌酐。超声引导下的囊肿抽吸和疑似腹腔积液的采样是确定是否需要切除或引流囊肿的侵袭性最小、成本效益最高的方法。检查与任何腹腔积液有关的囊性液体，重要的是确定感染、肿瘤或其他可能引发化学性腹膜炎的生化成分。

## 胸腔积液

胸腔积液的一般鉴别诊断方法与腹腔积液的鉴别诊断方法相似（图10–12）。然而，胸腔不容易通过探查手术和超声检查显示。有胸腔积液的动物通常呼吸急促而偏浅，腹部用力明显。在左右侧位和腹背位拍摄X线片。放射学上，胸腔积液的特征是游离的（会在患病动物移位时移动）或囊化的（位置改变时不能移动）。

单纯性漏出液在胸膜腔比在腹腔更少见（图10–13）。这些积液提示严重的低蛋白血症和胸血管高压。单纯性漏出液也会发生在

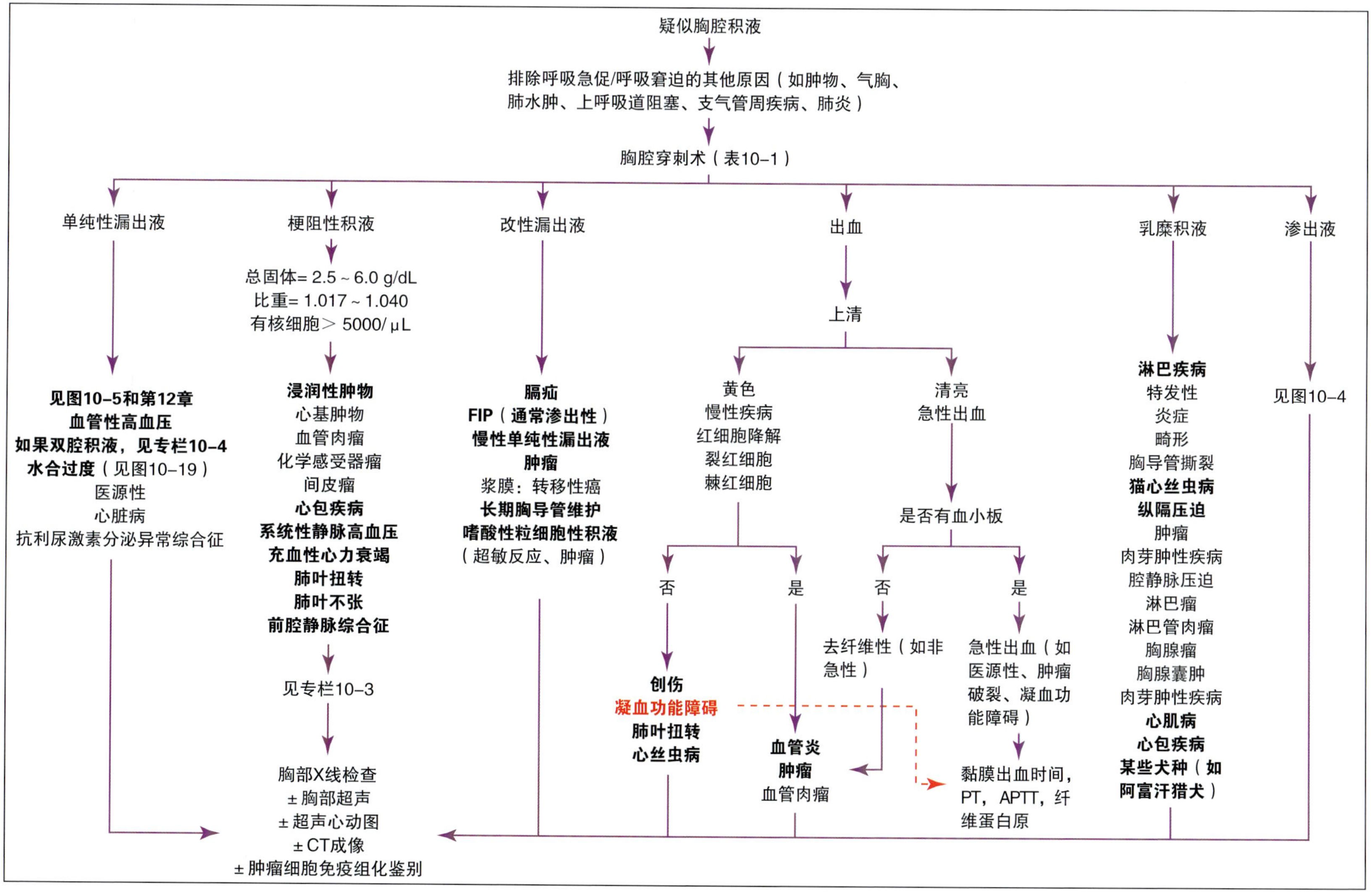


**图 10–12　疑似胸腔积液动物的诊断思路**

APTT，部分活化凝血活酶时间；FIP，猫传染性腹膜炎；PT，凝血酶原时间。

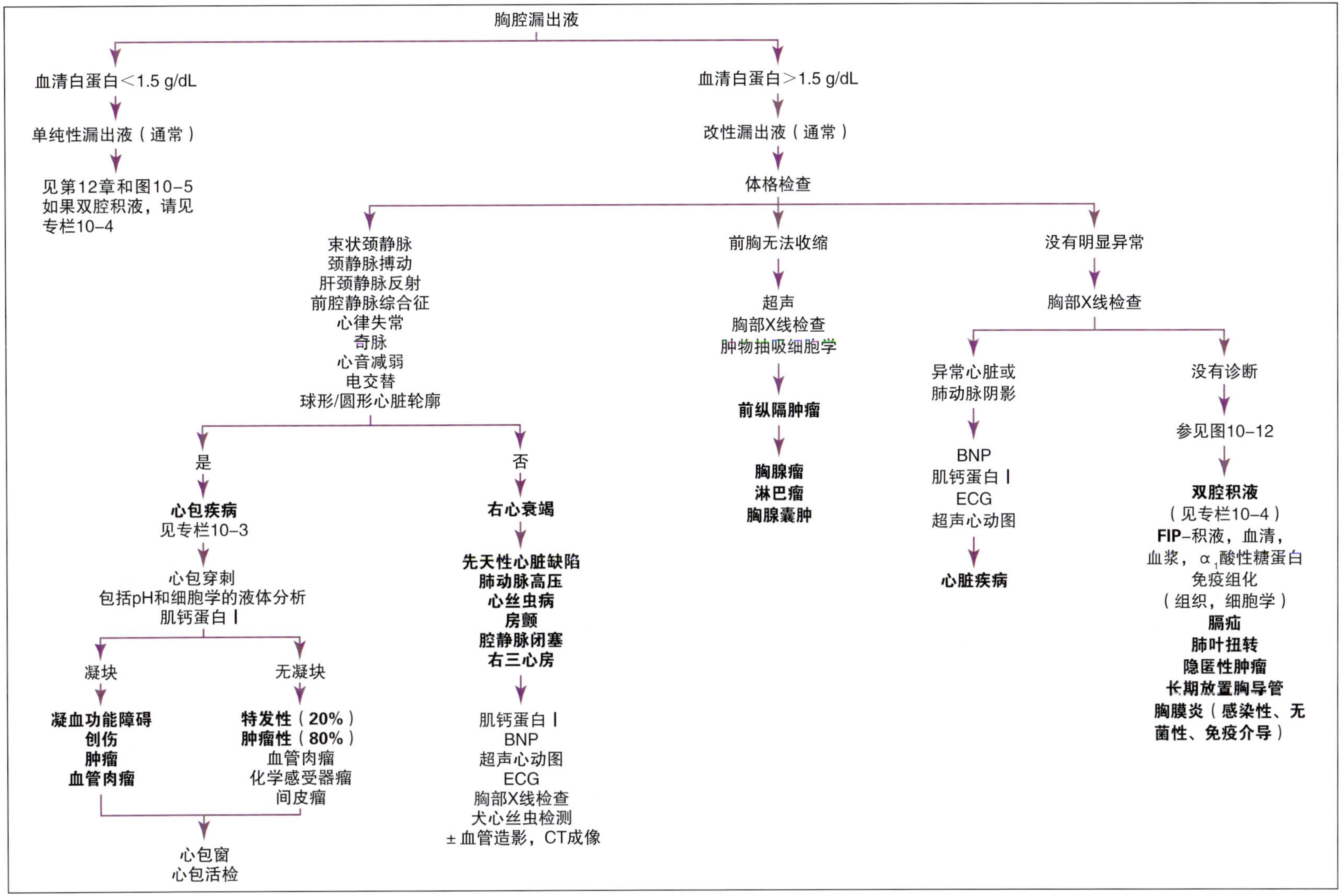


图 10-13　有胸腔漏出液的动物的诊断思路

BNP，B 型利钠肽；CT，计算机断层扫描；ECG，心电图；FIP，猫传染性腹膜炎。

晶体液过多水合的动物身上。这在超重动物中最常见，因为此时根据体重计算输液量是错误的。过度水合导致的胸腔和肺部液体潴留是早期心脏病（如无症状心肌病）患病动物的最主要症状。

改性漏出液是最常见的胸腔积液类型（图 10–13）。梗阻性积液可为无色至淡黄色，比重为 1.015 ~ 1.040，且TS浓度≥2.5 g/dL。细胞成分通常混合红细胞、淋巴细胞和少量中性粒细胞、嗜酸性粒细胞、巨噬细胞和间皮细胞，随着长期发展，炎症逐渐加重。体格检查可见一些特征，这些特征提示一种主要的潜在疾病（如奔马律，心杂音，心脏增大或纵隔肿物的猫失去前胸的正常收缩）。创伤史加上腹部模糊的“虚空”和听诊胸腔内的肠鸣音提示膈疝。右心衰患犬通常出现腹水，而心衰患猫经常出现局灶性肺渗出和（或）胸腔积液。良性或肿瘤性心包积液、缩窄性或限制性心包炎、右心房血管肉瘤可引起犬胸腔积液并伴心包填塞（专栏 10–3）。偶尔，有前纵隔肿物和相关胸腔积液的动物表现出前腔静脉综合征的特征（即下颌水肿，颈静脉充血和脉冲式搏动，结膜血管充血表明颅内静脉回流、淋巴回流受损，或两者都有受损）。该综合征最常见的原因包括胸腺瘤、胸腺囊肿、淋巴瘤、浸润性甲状腺腺癌和双侧颅静脉血栓形成。

胸腔穿刺术前应先拍摄胸部 X 线片，以尽量减少医源性肺撕裂伤的可能性，以确定心脏增大（提示心肌病或心包积液），并检测内脏结构（膈疝）内的气体或脓肿。清除积液后进行 X 线片拍摄可鉴别肿物和实变的肺叶或膈肌不连续性。胸部超声检查可通过胸腔积液增强，超声引导下的肿物抽吸以提供明确诊断。大多数动物在穿刺胸膜周围间隙更深的病灶前需要镇静。

### 专栏 10–3　心包积液的鉴别诊断

**特发性心包炎（约 20% 病例）**

**肿瘤（70% ~ 80% 病例）**

**肿物病灶定位及鉴别诊断：**

- 右心房（最常见）：
  - 血管肉瘤（约 88%；5% ~ 30% 同时有脾肿瘤）
  - 神经内分泌
  - 甲状腺腺癌
  - 间皮瘤
  - 淋巴瘤（原发性和多中心性）
  - 肉瘤
- 心基（第二常见）：
  - 神经内分泌（约 40%）
  - 甲状腺腺癌
  - 间皮瘤
  - 血管肉瘤
- 心包肿物
- 右心室肿物
- 前纵隔肿物
- 左心房肿物

**浸润性疾病**

- 淋巴瘤
- 脓性肉芽肿性炎症：
  - 球孢子菌、组织胞浆菌

**先天性**

- 腹膜心包膈疝
- 心包囊肿

**其他**

- 右心衰竭
- 左心房破裂：特发性（二尖瓣闭锁不全）
- 右心房破裂：创伤性
- 抗凝血灭鼠药中毒
- 尿毒症性心包炎
- 细菌或真菌感染
- 缩窄性心包炎

胸腔渗出物（图 10–14）需要仔细检查感染因素。在败血性胸腔积液中可发现多种细菌。常在犬上发现放线菌和诺卡氏菌，特

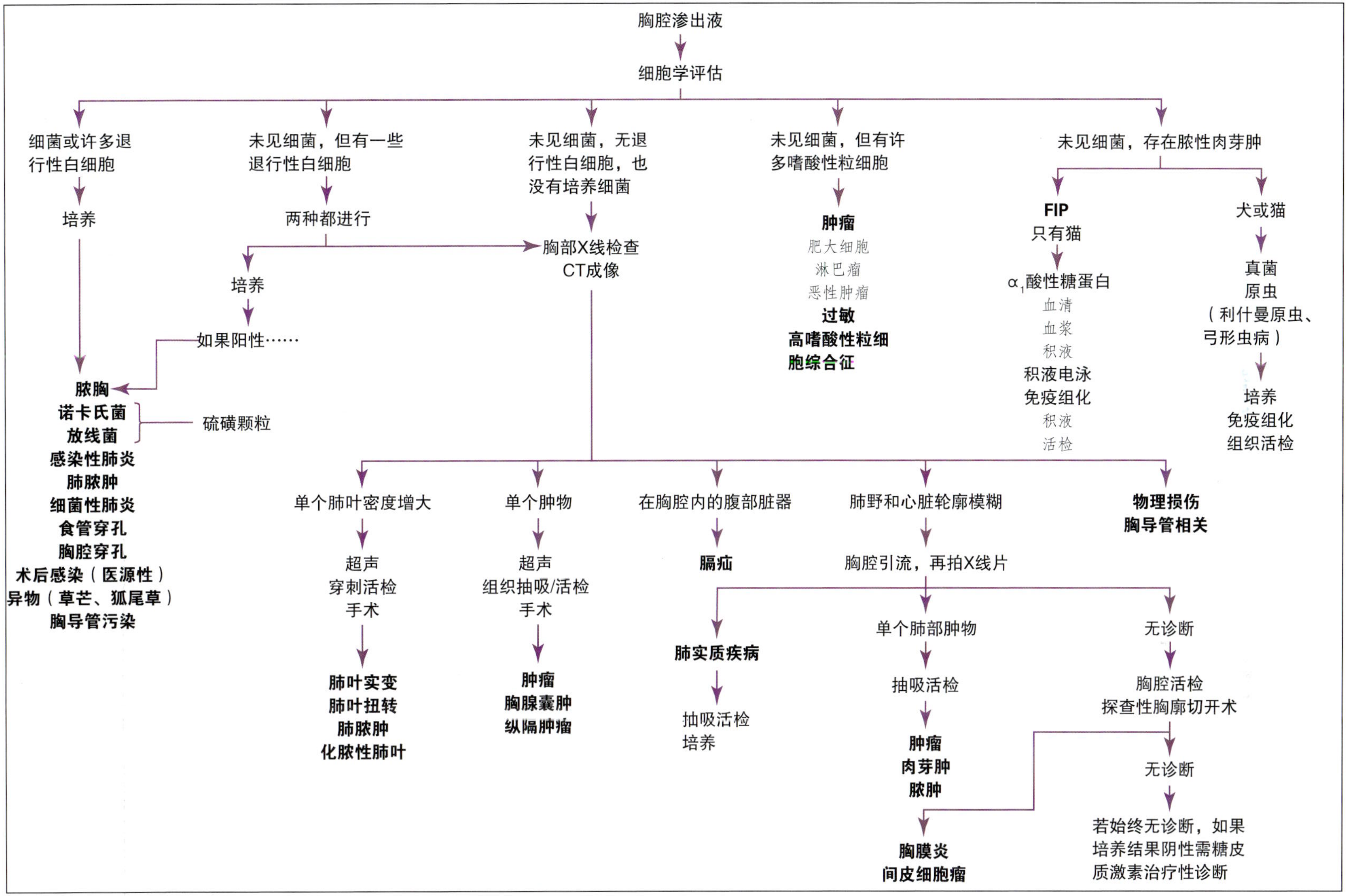


图 10–14　有胸腔渗出液动物的诊断思路

FIP，猫传染性腹膜炎。

别是在有狐尾草的地方。猫脓胸中常见多种细菌。败血性渗出物通常浑浊、奶油色、带血红色或浅褐色，并有退行性白细胞。单纯放线菌感染相关的渗出物可能有轻微或无白细胞变性，常见与诺卡氏菌双重感染，两种生物的混合菌群可以在浓稠或稀薄的红棕色渗出液中发现，渗出液中含有退行性白细胞和“硫磺颗粒”。细胞学涂片上包含的彩色或白色斑点或“颗粒”有助于识别放线菌和诺卡菌属。当发现串珠状、分支的细丝（图 10–11）时，可做出推测。大多数诺卡菌属可用改良的抗酸染色剂进行抗酸染色，而放线菌属则不能。虽然这两种生物都产生含有硫磺颗粒的渗出物，但只有放线菌在组织内产生硫磺颗粒。在脓胸动物中，胸部 X 线片可显示累及肺实质。当插入胸导管处理积液时，只要胸导管未拆除，胸腔积液就会持续存在。这就需要连续的胸腔积液细胞学评估，以估计治疗效果和指导适时拔管。

带有出血性成分的非败血性渗出物与肺叶扭转相关（影像学显示主支气管位置不正确，扭转支气管内持续存在空气，通常有大量液体产生）。支气管镜可清楚地显示支气管扭曲。超声检查可通过实施肺叶灌注来确诊肺扭转。非败血性渗出物也与特发性胸膜炎、传染性肺炎（如支原体肺炎）和各种肿瘤有关。FIP 可引起脓性肉芽肿性胸腔积液，呈淡黄色、黏稠、蛋白含量高。在细胞学检查中，常见蛋白质背景（瑞氏－吉姆萨染色均为粉红色背景）。

胸部肿瘤常引起胸腔积液并伴有大量间皮细胞脱落。犬和猫最常见的引起胸腔积液的肿瘤是纵隔淋巴瘤。在犬中，淋巴细胞是主要的细胞群，这些细胞可能缺乏明显的恶性特征。抽吸纵隔肿物或淋巴结或其他更易抽吸的肿大淋巴结具有诊断性。在猫中，常见脱落的淋巴母细胞。重要的是区分胸腺瘤和淋巴瘤，因为胸腺瘤可能有更好的预后。胸腺瘤与淋巴瘤的鉴别可能需要组织取样。恶性或良性的胸腺囊肿也可引起胸腔积液。间皮瘤相对难以诊断，通常需要组织活检以确定诊断。

出血性胸腔积液（图 10–6）通常由创伤或肿瘤引起。对于创伤，X 线片可显示肋骨骨折、肺实变或气胸。非创伤性出血性胸腔积液通常由出血性肿瘤引起，然而凝血功能障碍也必须考虑在内（如轻微创伤可能导致严重血管性血友病患犬大量出血，或因华法林类灭鼠剂导致维生素 K 消耗，见第 5 章）。其他非创伤性原因的血胸包括肺叶扭转、肺脓肿、肺梗死、心丝虫病和狼尾旋线虫相关的主动脉瘤（在美国罕见）。在犬中，由弥散性肺血管肉瘤引起的出血性胸腔积液很难在死前诊断。肺抽吸或开胸活检有较高风险引起张力性气胸和出血加重。

乳糜积液在胸腔比在腹腔更常见（图 10–12）。这些可能是特发性的，也可能与前面所述的潜在疾病有关。有些犬种（如阿富汗猎犬）可能有乳糜性胸腔积液的先天易感性。胸部超声或引流后拍摄 X 线片可帮助确定潜在病因。经肠系膜淋巴管或胸导管造影对比淋巴管造影可明确乳糜漏的部位。另一种方法是在手术探查前不久饲喂少量高脂（如奶油）食物，用明显可辨认的乳糜充满淋巴管。

## 双腔积液

鉴别诊断分析包括几种疾病（专栏 10–4）。肿瘤和心脏病是特别常见的原因。

## 心包积液

心包腔是心包壁层和脏层之间的潜在体腔，

**专栏 10-4　与双腔积液相关的病因**

**心血管疾病**
- 特发性出血性心包积液
- 缩窄性心包疾病
- 双心室心衰
  - 充血性心肌病
  - 肥厚性心肌病
  - 特发性肺动脉高压
- 右心室血栓栓塞
- 后腔静脉血栓栓塞
- 先天性梗阻：后腔静脉

**胰腺炎**

**胆汁性腹膜炎**

**终末期肝病**

**猫传染性腹膜炎**

**肿瘤疾病**
- 右心房纤维瘤
- 转移性腺癌
- 淋巴瘤
- 血管肉瘤
- 间皮瘤
- 胆管细胞癌
- 化学感受器瘤
- 前列腺腺癌
- 弥漫性癌变

通常含有 1 ~ 15 mL 血浆超滤液。正常心包内压等于胸膜内压，通气时波动 ±4 mmHg[45]。心包内积液超过其可变性容量，会损害右心房或心室充盈压力（正常为 4 ~ 8 mmHg），导致心包填塞。这会损害静脉回流、心室充盈、每搏输出量和心输出量。最初，心率和周围血管阻力的代偿性增加可缓和心包填塞的全身性影响，维持正常血压和心输出量。然而，随着积液和心包内压力增加，左心房和心室充盈受损导致左心功能障碍和继发于心输出量和外周血压明显下降的心源性休克。引起症状的心包填塞的心包积液量随积液生成速度、潜在原因和积液总量的变化而变化。25 ~ 100 mL 体积的快速积液形成可能会突然导致填塞，而在出现临床症状之前，缓慢的积液形成可能会在大型犬（最常受影响）中产生 2 L 的积液。慢性心包积液患犬最终表现出与右心衰一致的临床症状：嗜睡、运动不耐受、呼吸急促、体重减轻和腹围增大。症状渐进性发展，与超过心包囊顺应性相一致。存在急性心包积液症状的犬表现为急性虚脱、晕厥或体力消耗引起的虚弱，需要紧急心包穿刺。临床兽医应检查颈静脉搏动、奇脉、肝颈静脉反射、股动脉弱、心音模糊、运动不耐受和与心包填塞或限制性心包疾病相关的生理性不适的心动过速。肝颈静脉反射是通过对肝或前腹进行轻柔的腹部压迫 10 ~ 15 s（增加心脏静脉回流）并观察到颈静脉扩张或搏动，表明右心功能下降或充盈减少而引起。静脉充血引起的肝肿大可能难以触诊，因为腹水引起的腹胀或继发于患病动物结构（深胸犬）。最好在患病动物侧卧时检测奇脉。它能说明呼吸过程中动脉压的巨大变化：吸气时压力下降，呼气时脉搏增强，与吸气时右心房和心室过度充盈，以及左心室容积减少引起的心搏出量减少相关。

心包积液通常与心包刺激和炎症、肿瘤引起的出血或中心静脉充血有关。有充血性心肌病的动物可能有少量到中度的心包积液，这可能导致在描述临床症状的原因时出现诊断混乱。心包积液可见明显的球状或圆形心脏轮廓，随着积液量的增加，心脏轮廓增大（慢性呈大尺寸，快速发病时可能接近正常心脏形状和大小）。后腔静脉是重要的容量血管，在胸腔侧位片上通常较大，反映了被动充血引起的肝充血和肝肿大。胸腔积液和转移性疾病的证据可能很明显。由于与心脏收缩减弱相关的运动伪影减少，心脏轮廓的边缘可能显得异常“尖锐”[46]。腹部X线片可见肝肿大或腹部细节减少，这是由心包填塞引起的严重被动充血（右侧充血性心力衰竭）导致的腹腔积液。窦性心动过速是一种常见的电生理表现，伴有低振幅QRS复合波（50%患犬伴心包积液）。电交替（R波振幅的循环变化）反映悬浮在心包积液中的心脏运动。正常心电图并不能排除心包积液。诊断心包积液的金标准是超声心动图，心包腔中的积液非常明显，入门级超声操作员即可识别。超声检查可检测到少量至10 ~ 15 mL的液体。右心房或右心室舒张功能下降是一个典型的特征[46]。超声可识别肿物病变，但通常需要经过专门培训的操作者才能识别。右心房肿物与血管肉瘤高度一致，血管肉瘤是大型犬最常见的肿瘤，导致产生血性/淡黄色积液引起心包填塞。在超声心动图“窗口”更远处的小血管肉瘤可能无法发现。

严重的低蛋白血症可能出现以单纯性漏出液为特征的心包积液。改性漏出液可出现在特发性心包炎、右心衰竭、心包囊肿（先天性畸形）、尿毒症性心包炎以及与血管渗漏相关的综合征中。FIP和细菌性或真菌性心包炎常伴有渗出液。败血性心包炎较罕见，但可在移动的草芒中继发。明显的乳糜心包积液也较罕见，但可能继发于由心肌病引起的纵隔静脉高压。创伤、肿瘤、凝血功能障碍或罕见的自发左心房破裂可引起心包积血。心包填塞在犬中最常见，最常与出血性积液有关。然而，它也可能出现改性漏出或渗出液。可在约50%的犬中发现良性心包积液。在其余病例中，最常见的诊断是肿瘤，其中以右心房血管肉瘤（占60% ~ 75%的肿瘤来源）最为常见，其次是化学感受器瘤（约占10%的肿瘤来源），间皮瘤（约占5%的肿瘤来源），很少见转移性腺癌。特发性心包炎与广泛的纤维化和混合性炎症反应有关，其在心脏表面的强度最大。胸膜表面和纤维化心包内可见血管周围淋巴浆细胞聚积[13]。值得注意的是，一些特发性心包炎在单次心包穿刺后消失。

良性和恶性心包积液仍不能完全使用细胞学鉴别。不论最终诊断如何，出血性积液是最常见的。一项对50只心包积液患犬的研究证实，细胞学特征不能可靠地区分肿瘤和其他潜在原因[48]。对犬使用液体pH来区分良性和肿瘤性心包积液仍有争议。测定pH需要在试验中使用精确的便携式pH计，同时及时分析样本上清液。人的炎性心包积液的平均pH明显低于非炎性疾病。与肿瘤性积液相比，犬的特发性积液的pH往往较低，但存在广泛的重叠，阻碍了pH作为诊断参数的临床应用。测定血清心肌肌钙蛋白Ⅰ（cTnⅠ）有助于鉴别心包积液的特发性和肿瘤性原因。肿瘤继发引起积液的犬cTnⅠ中位数为2.77 ng/dL（范围为0.09 ~ 47.18 ng/dL），而特发性心包积液的犬cTnⅠ中位数为0.05 ng/dL（范围为0.03 ~ 0.09 ng/dL）。值得注意的是，两组之间的值存在重叠，这影响了cTnⅠ作为独立诊断参数的临床应用。

鉴别良性和恶性疾病通常需要X线片、超声和CT成像结合胸腔镜或探查手术。通过腹腔镜心包切除术进行的心包活检是最不具侵入性的，也是用于组织提取中明确诊断的最可靠方法。虽然这一过程可能会在富血管肿瘤取样时引发致命出血，但它通过打开心包窗口（液体流入胸腔）来纠正心包积液。大多数有心包疾病的猫还有心脏病（如心肌病、瓣膜异常）、肿瘤（如淋巴瘤、转移性癌）、慢性肾脏疾病（尿毒症性心包炎）、凝血疾病，或更罕见的细菌感染或限制性心包炎。心包内囊肿是心包积液和心包填塞的罕见原因。这与犬的淡黄色改性漏出液或渗出液有关，可通过超声心动图进行诊断。这些病变反映了胚胎发育时心包结构中包裹有大网膜或镰状韧带，除非伴有积液，否则通常无症状。

## 关节积液

关节囊由三层组成：提供关节稳定性和灵活性的最外层纤维层，作为关节液来源的滑膜下层，以及由两种细胞类型组成的滑膜内层：A 型滑膜细胞（巨噬细胞样细胞）和 B 型滑膜细胞（产生透明质酸的成纤维细胞样细胞）。滑膜细胞产生滑膜液，提供黏性透明质酸润滑关节，清除大分子（即血浆蛋白），参与关节软骨的维护。滑膜液是一种富含黏性透明质酸的血浆超滤液，对关节活动很重要，滋养关节软骨，并作为关节周围组织的边界润滑剂[32]。滑膜积液可以反映退行性关节病、创伤、免疫介导机制和感染的软骨损伤。在损伤时，软骨细胞和滑膜细胞释放细胞因子，诱导滑膜下毛细血管舒张，导致血管通透性增强，蛋白质和炎性细胞外渗到关节间隙。炎症是由白细胞及多种细胞类型释放的降解酶和介质引起。浸润滑膜并迁移到滑膜液的白细胞的数量和细胞组成决定了关节积液的特征和相关关节炎的临床特征。一般来说，关节病需要区分是炎性或退行性、渗出性或漏出性、败血性或非败血性、出血性或非出血性、糜烂性或非糜烂性，在细胞学附加评估关节液黏度上与其他体腔积液相似。

对于关节肿胀、波动且与既往退行性关节病无关的患病动物应进行关节液分析。由于关节疼痛可能轻微，应仔细触诊关节是否活动、肿胀和不适。非创伤性关节穿刺需要熟悉关节的解剖结构。滑膜液分析可以区分非炎症和炎症状态，但对发现的解释一定要与免疫介导性和系统性炎症结合起来。关节液的检查和细菌培养可能对区分败血症或免疫介导性疾病相关的不明原因的发热动物有帮助。对关节液的评估，以及对外观和细胞学变化的解释遵循对其他体液的建议，并附加对液体黏度的评估（图 10–15）。

### 体积

大多数正常关节都有非常少量的液体，因此，采集到相对大量的滑液提示关节积液。健康动物的关节穿刺术通常收集＜0.1 ~ 0.25 mL 的液体。关节疾病可伴有滑液量的增加或减少。在体格检查时，急性和炎性关节病导致的关节肿胀通常会发现滑液体积增加，而慢性和非炎性疾病，尽管关节液量正常或减少，但由于软组织肿胀或增厚，导致关节增大。当对没有肿胀关节的动物进行关节穿刺以评估发热或原因不明的跛行时，至少应在 2 ~ 3 个关节中取样（通常是腕关节和跗关节），因为考虑到抽取的液体量少。

### 大体外观

正常的滑液呈清澈、无色、带黏性，无絮凝物碎片。它不凝结，尽管在搅拌时表现出溶胶 – 凝胶可逆性（触变性）[17, 32]。其容量相对主观。如果从单个关节收集的液体超过 0.25 mL，应将其置于 EDTA 管（以避免凝结）和无菌普通试管中（用于培养和黏蛋白凝块试验）。用于细胞计数和细胞学涂片的液体样本可在冰箱中保存 24 h，但细胞学涂片应及时制备。均匀红色或发红的液体提示与创伤、炎症或出血相关的关节出血。只有在穿刺结束时含有“条纹”的血或出血的液体表

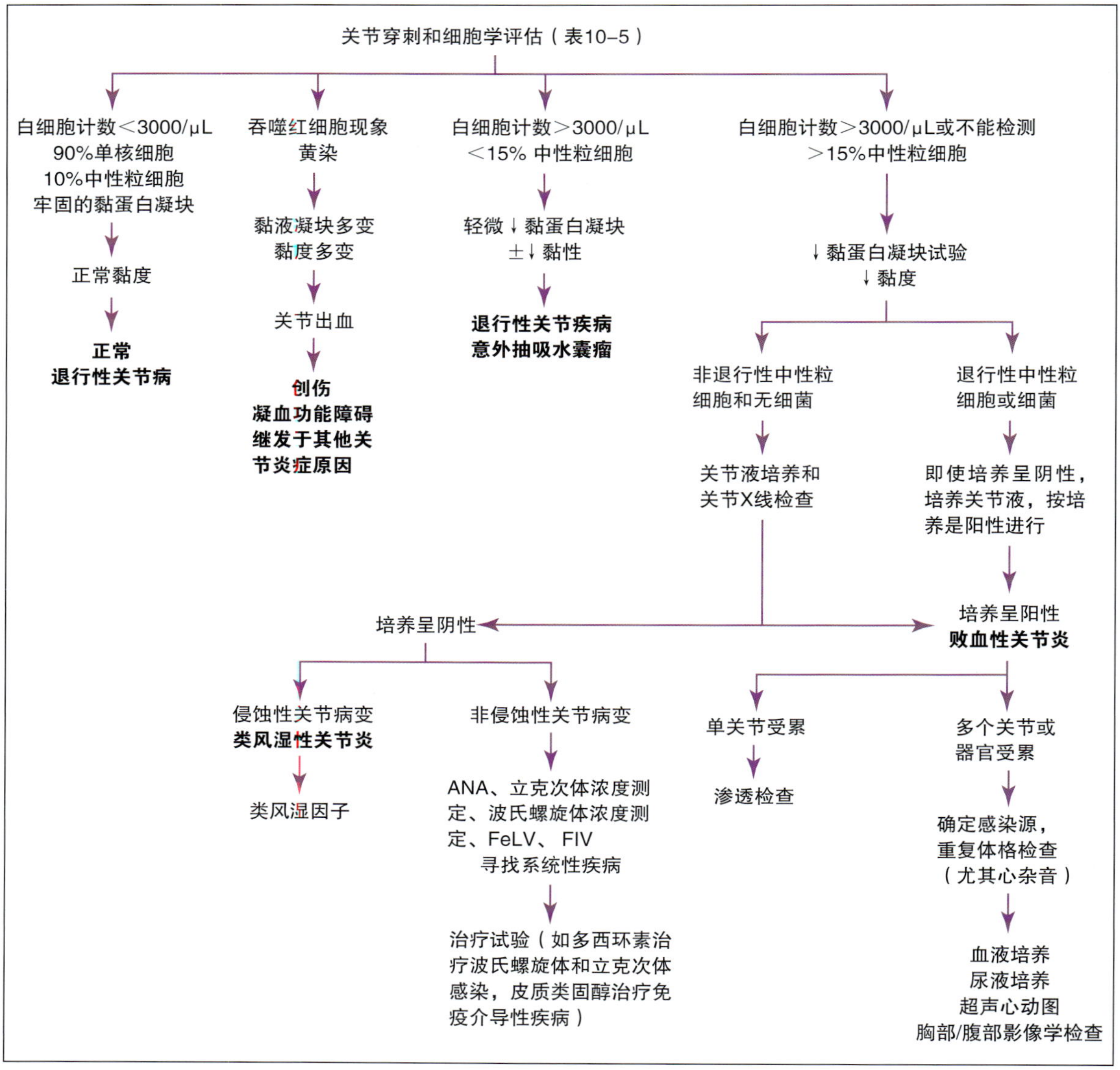


**图 10-15　关节积液动物的诊断思路**

ANA，抗核抗体；FeLV，猫白血病病毒；FIV，猫免疫缺陷病毒。

明关节穿刺后出血，细胞学检测应该看到血小板。黄染（橙黄色液体变色）表明先前有出血和血红蛋白破裂。白色或浅黄色液体或沉淀物表明与炎症、败血症或肿瘤（罕见）相关的有核细胞计数增加。液体浊度增加反映悬浮微粒，包括红细胞、白细胞、感染因子、纤维蛋白、肿瘤细胞（罕见）和晶体（罕见）。

## 黏度

在收集时应大致评估滑液黏度，因为这反映了透明质酸的数量和聚合以及关节润滑度。黏度降低反映了与滑膜损伤、稀释（血浆或液体）、降解（白细胞或细菌）、关节内药物注射或关节灌洗相关的透明质酸产生减少。黏度的粗略估计是通过目测来完成的：一滴液体悬浮在拇指和相对手指之间，或悬浮在针上，应该在断裂前形成至少 2.54 cm（1 in）长的细丝。更定性的评估是使用采集在一个普通或肝素化真空器中的滑液进行黏液凝块试验。该检测在 EDTA 保存的样本中无效。滑膜液和 2.5% 冰乙酸（1 份液体 ：4 份酸）的混合物混合在试管中，混合均匀，并进行沉淀半定量分级：良好 = 紧密的黏稠凝块与透明溶液，中等 = 软凝块与浑浊溶液，差 = 易碎凝块与云雾状溶液，极差 = 絮状物质在云雾状溶液中[7]。当只收集了几滴液体时，也可以根据显微镜下观察到的背景染色的密度粗略估计透明质酸的含量（也就是黏度）[32]。正常黏度表现为均匀的粉红色、细到粗颗粒的背景染色和样本细胞学涂片上大量明显的新月体或褶皱（图 10–16）。在大多数类型的关节积液中，积液黏度降低。

## pH

滑液的 pH 可在采集后立即用窄范围 pH 试纸测定（普通试管样本），正常 pH 值的范围为 7.2 ~ 7.4。实验研究显示，在关节败血症发生后不久，pH 值会下降（至 6.9），但这尚未对临床患病动物的诊断进行准确性评估。

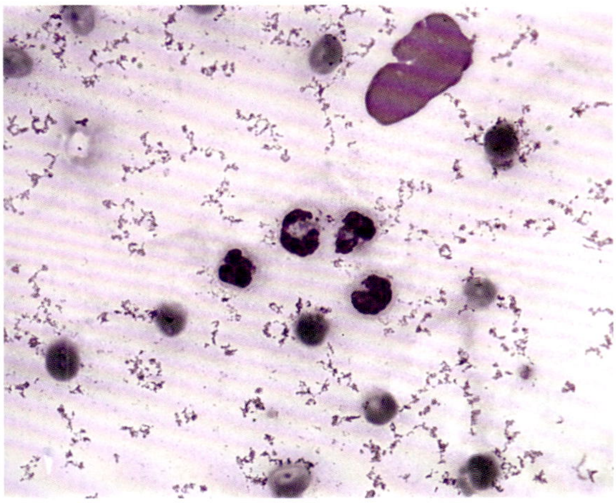

**图 10–16　犬关节液细胞学**

注意背景中粉红色的颗粒，这是关节液中的黏液蛋白。这属于正常现象。

（由 Mark Johnson 博士提供）

## 总蛋白

滑液总蛋白的测定最好采用定量生化法，也可使用折射法。一般认为正常的参考范围为 1.5 ~ 3.0 g/dL[32]。总蛋白浓度的增加反映了炎症和（或）血浆蛋白渗出。然而，关节液中过量 EDTA 会导致折射仪测定的滑液蛋白浓度假性偏高。

## 液体分析

建议进行细菌培养、有核细胞计数、细胞分类计数和液体黏度评估（表 10–5，图 10–15）。大多数类型的关节积液黏度降低。如果只获得少量液体（如液滴），则优先考虑确定相对细胞数和主要细胞类型的涂片。测定液体的总有核细胞数 /μL，有助于区分炎性和非炎性关节病。尽管重复关节取样会导致单个核细胞计数增加，但连续关节穿刺已被用于评估对治疗的反应。

## 总有核细胞计数

正常的犬膝关节液中的有核细胞计数应 <3000/μL，无出血时中性粒细胞 < 10% ~ 12%（通常 < 5%）[32]。单个核细胞占有核细胞的其余部分，占有核细胞总数的 60% ~ 97%。红细胞量化可提供的有用信息很少。总有核细胞计数可通过人工计数方法检测，采用细胞分类计数或电子细胞计数器，在计数前用透明质酸酶处理样本可以消除液体黏稠度带来的问题（移液、稀释、透明质酸的酸沉淀）。在少量滑膜液中加入 1 ~ 2 滴 150 U/mL 的透明质酸酶悬浮液，可在几分钟内降低黏度，但会增加细胞沉积率，在样本评估前需要仔细混匀。透明质酸酶治疗也使黏蛋白凝块试验不准。发现白细胞计数 > 3000/μL 或 > 15% 的细胞为中性粒细胞提示有炎症。

表 10–5 关节积液分析

| | 非炎性关节疾病 | | | 炎性关节疾病 | | 正常 |
|---|---|---|---|---|---|---|
| | 退行性关节疾病 | 关节肿瘤性疾病 | 关节积血 | 感染性炎症 | 非感染性炎症 | |
| 颜色 | 浅黄色 | 浅黄血色 | 血色，黄染 | 多变：黄色、血染、血色 | 多变：黄色、血染 | 稻草色 |
| 浑浊度 | 清亮至轻度浑浊 | 轻度至中度浑浊 | 浑浊 | 浑浊至乳糜 | 多变：轻度至中度浑浊 | 清亮 |
| 黏度 | 正常 | 正常或降低 | 降低 | 降低 | 降低 | 黏性 |
| 黏蛋白凝块试验 | 常规坚硬 | 常规坚硬 | 正常至轻度易碎 | 易碎 | 易碎 | 坚硬 |
| 细胞学 | | | | | | |
| 红细胞 | 少量 | 少量到大量 | 大量噬红细胞现象 | 中量 | 少量至中量 | 罕见 |
| 白细胞 /μL | ＜3000 | 多变 | 多变 | 40 000 ~ 250 000 | 大量但多变 | 0 ~ 2900 |
| 中性粒细胞 | 少量（＜20%） | 中量 | 中量 | 大量（通常＞90%） | 大量但多变 | 0 ~ 10% |
| 退行性变化 | 无 | 无 | 无 | 可能可见 | 没有至轻度 | 无 |
| 淋巴细胞 | 少量至中量 | 少量至中量 | 罕见 | 少量 | 少量至中量 | 少量 |
| 滑膜细胞 | 常见 | 少量 | 罕见 | 少量至中量 | 少量至中量 | 少量 |
| 巨噬细胞 | 少量至中量 | 少量至中量 | 慢性时为中量 | 少量至中量 | 少量至中量 | 罕见 |
| 微生物 | 无 | 无 | 无 | 可能可见 | 无 | 无 |
| 肿瘤细胞 | 无 | 多变 | 无 | 无 | 无 | 无 |
| 其他 | | | 血小板的存在说明血液污染 | 可能看不见细菌 | 可能会看到红斑狼疮细胞，“双核”细胞，类风湿细胞 | 血液污染，抽吸到最后可见血液污染，血小板 |

### 细胞学特征

关节液的细胞学检查受液体黏度影响，会导致细胞聚集和许多有核细胞在厚涂片区呈固缩性（小，深染，形态难以识别）。因此，中性粒细胞可能无法与淋巴细胞区分。涂片边缘可能是唯一可以区分细胞形态的位置（迅速干燥的区域，薄样本）。因为红细胞在正常的关节液中很少见，它们的存在反映了与炎症相关的关节创伤或出血，或是关节穿刺引起。医源性出血会出现血小板。滑膜液中红细胞的长期存在导致噬红细胞现象和血红蛋白降解色素（巨噬细胞中蓝 / 黑颗粒）的积累。在正常和病变关节液中均可发现中性粒细胞、淋巴细胞、单核细胞和巨噬细胞。正常关节液在每个高倍视野（400×）中有 1 ~ 3 个有核细胞，其中，每个有核细胞约代表 1000/μL；＜10% 的细胞是中性粒细胞，它们具有正常的细胞学外观。其余细胞（90%）由小淋巴细胞、单核细胞、巨噬细胞和少量滑膜细胞组成。细胞质吞噬细胞碎片在退行性关节病和溶解性或慢性炎症动物的关节液中很常见。感染性病原体，包括细菌、真菌和原虫，有时在败血性关节炎的巨噬细胞中发现。在不同的疾病中，罕见但有临床意义的细胞包括多核巨细胞、破骨细胞、类风湿细胞和红斑狼疮（LE）细胞。多核巨细胞很少被观察到，但表现为融合巨噬细胞，在灰色的颗粒状细胞质中，有多个圆形到椭圆形的核，可能是被吞噬的碎片或病原体。破骨细胞大小为中性粒细胞的 5 ~ 10 倍，细胞边缘不规则，大量呈细颗粒状，浅蓝灰色细胞质，以及几个含有单一核仁的圆形细胞核，这表明骨骼暴露时软骨损伤[32]。类风湿性细胞是含有小的、圆形的、紫色的、大小不一的细胞质颗粒的中性粒细胞，这些在炎性和免疫介导性关节炎动物的关节液中很常见。细胞质颗粒被认为是免疫复合物的吞噬残留[12]。虽然这些可能与吞噬球菌混淆，但它们是根据颗粒大小的多变性进行区分。在免疫介导性关节病［如系统性红斑狼疮（systemic lupus erythematosus，SLE）、类风湿性关节炎］患病动物中发现的 LE 细胞是吞噬细胞，包含吞噬的退行性核蛋白，呈均匀的粉红色外观，充满细胞质。双核细胞可能与 LE 细胞混淆，在任何炎性关节病相关的关节液中，都可以看到双核细胞。

### 炎性关节病

炎性关节病具有与化脓性滑膜炎症相同的特征（图 10-15）。感染和免疫介导的疾病都产生类似的病理反应，包括补体激活、血管液体渗漏、炎症介质释放，以及导致关节囊膨胀和疼痛的滑膜液增加。如果不及时放入 EDTA 管中，总蛋白、纤维蛋白和凝血蛋白的增加可能会导致关节液在收集时凝集。败血性积液的细胞计数最高，而患有败血性和免疫介导性关节炎的犬的中性粒细胞计数有广泛重叠。中性粒细胞性炎症也可在退行性关节炎的关节中看到，其数量可达 12 000/μL，和可达 56% 的中性粒细胞分布。在败血性和非败血性炎性关节炎中，中性粒细胞的形态可以很好地保存，而感染因子的鉴定可能很困难。炎性关节炎与浑浊滑膜液相关（高细胞计数），颜色从黄色到橙色。败血性关节积液表现为黄绿色，反映大量退行性中性粒细胞。由于透明质酸和糖蛋白被酶降解，这种液体的黏度降低，黏蛋白凝块检测结果不佳，细胞学的背景染色减少。

### 免疫介导性关节病

在犬和猫中，免疫介导性关节病比感染性关节病更常见。是否存在影像学侵蚀性病变有助于对这些疾病进行分类（图 10–15）。对侵蚀性病变应进行犬类风湿因子（rheumatoid factor，RF）滴度检测。类风湿因子是一种针对免疫球蛋白 G（IgG）Fc 部分的抗体，需要物种特异性抗血清。免疫介导性关节炎动物的滑膜液中有核细胞总数增加，伴中性粒细胞或混合炎性细胞反应。类风湿性细胞很常见，而 LE 细胞很少被观察到。泡沫状巨噬细胞很常见，含有细胞碎片、红细胞和核崩解。分解的细胞成分也可以在背景中被识别出来。发现 LE 细胞和类风湿性细胞有助于对 SLE 相关免疫介导性关节病的诊断。由于免疫介导性关节炎的周期性变化，相关的关节积液变化多样，给最初诊断和关节穿刺的后续评估带来困扰。疾病监测中反复穿刺关节可能增加单个核细胞计数。在犬类风湿性关节炎（一种侵蚀性免疫介导的疾病）的评估中也存在类似的问题，因为受影响的动物可能主要表现为中性粒细胞的或单个核的关节炎症。淋巴浆细胞性滑膜炎是一种见于一些犬的前交叉韧带破裂和退行性关节疾病的免疫介导性关节病，其组织学特征为滑膜增生和淋巴细胞聚集。受影响动物的关节液的特征是细胞计数中度增加（5000 ~ 20 000/μL），以中性粒细胞或小淋巴细胞为主。

**感染性关节病**

虽然大多数犬多发性关节炎是非特异性免疫介导的，但它可能反映了感染。败血症可由退行性中性粒细胞提示，并可通过观察或培养感染因子确认。败血性关节积液中的中性粒细胞不一定都是退行性的。细胞涂片的判读应首先关注细胞类型和涂片边缘的细胞。虽然吞噬细菌证实了败血性关节炎，但只有在大约 50% 的培养阳性液体样本中观察到细菌。因为关节败血症和免疫介导性关节炎可以产生类似的总有核细胞计数和细胞类型分布，细菌培养对确定败血症很重要。如果吸入少量液体，可以用肉汤浓缩培养基冲洗注射器和针头，并培养冲洗材料。在血液培养基中，预先培养 24 h 的滑膜液可能对感染性病原体的检测更敏感（即液体血液培养基被认为可以防止样本凝固，稀释细菌生长抑制剂，灭活或稀释抗生素，减少细菌体外白细胞吞噬）。如果怀疑有厌氧菌，必须立即将样本收集到厌氧运输介质中，使其远离室内空气。如果怀疑有支原体，则需要专门的培养基。在慢性低级别感染中，培养滑膜组织活检可能比关节液体培养更有效。在培养结果为阴性但仍被认为可能感染的情况下，血液和尿液培养可能发现感染因子。心脏杂音的突然发现可能预示着感染性心内膜炎的发生，应该用超声心动图进行检查。由于同时进行抗生素治疗，许多有败血性关节炎的犬很少或没有退行性中性粒细胞或是培养呈阴性。有些感染因子可能不会引起退行性中性粒细胞变化，也无法在细胞学上检测到，如支原体、立克次体、L 型细菌、病毒（猫体内的杯状病毒、接种后关节炎）。化脓性肉芽肿反应通常与真菌和细菌 L 型感染有关（L 型是缺乏细胞壁的细菌）。在感染的急性期，仅在滑液中极少数的中性粒细胞（约 1%）中发现埃立克体。在滑膜液巨噬细胞中也可观察到引起全身感染的原虫（如利什曼原虫）、真菌菌丝（如曲霉菌）或酵母菌（如芽生菌）。猫多发性关节炎（即慢性进行性多发性关节炎）在统计上与猫合胞体形成病毒（FeSFV）和猫白血病病毒（FeLV）感染有关。病毒性关节炎可表现为轻微或明显的单个核积液，如猫杯状病毒或化脓性反应。脐静脉炎可能是新生动物的感染源。疏螺旋体病（如莱姆病）的血清学检测可能有助于诊断不明原因的炎性关节炎（见第 15 章）。对治疗的反应可能是诊断莱姆病或立克次体多关节病最有力的基础。然而，在没有感染的情况下，多西环素对这些症状也有抗炎作用，可能调节关节疼痛和积液。

### 渗出性关节疾病

无败血症证据的渗出性关节疾病根据 X 线片分为侵蚀性和非侵蚀性（图 10–15）。类风湿性关节炎通常被认为是侵蚀性的。非侵蚀性关节炎则难以有明确诊断和分类。与各种基础疾病相关的 SLE 和关节炎是最常见的。类风湿性细胞、LE 细胞或两者均提示免疫介导性疾病（图 10–17）。血清抗核抗体（antinuclear antibodies，ANA）和 RF 滴度（见第 12 章）的检测，为 LE 细胞准备的血液，组织学评估的滑膜活检可能涉及免疫破坏过程。慢性、进行性猫多发性关节炎通常发生在雄性动物，存在两种形式。骨膜增生型是最常见的，主要影响年轻成年猫引起腱鞘炎，其次是不变形的关节周骨膜增生和软骨下层骨侵蚀。变形或类风湿样关节炎形式在老年猫中为隐性发病，它与严重的软骨下层骨破坏、关节不稳定和畸形有关。脚、腕关节和跗关节受到严重而对称的影响。

### 非炎性 / 退行性关节疾病

非炎性关节疾病最常见的原因是继发于创伤或关节不稳的退行性关节炎。其他原因包括关节积血、肿瘤、遗传或发育障碍、饮食或营养缺乏或过量，以及其他原因（如肥厚性骨病）。非炎性关节炎（如退行性关节疾病、创伤性关节损伤、关节出血、肿瘤性关节疾病）通常以低级别滑膜单核细胞炎症为特征。液体分析可能正常或仅显示轻微变化：轻度血管舒张可使液体体积和总蛋白含

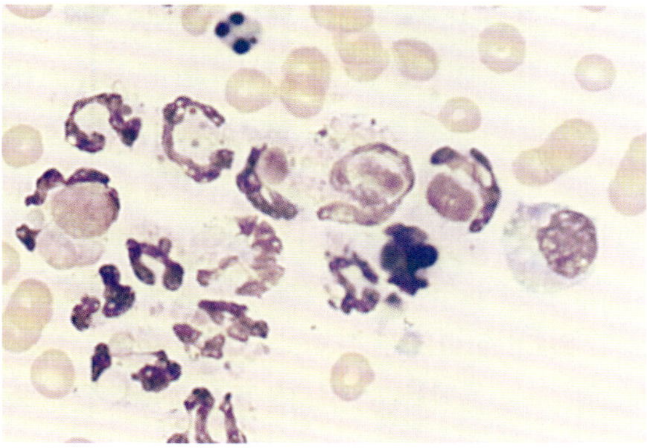

**图 10–17　犬滑液涂片**

最左边有一个大的红斑狼疮（LE）细胞，这是一个中性粒细胞，包含一个大的圆形紫色 LE 小体，由与抗核抗体结合的死亡溶解细胞的核蛋白组成。许多其他的中性粒细胞有多个更小的内含物，可能是抗原 – 抗体复合物，这些白细胞被称为类风湿性细胞。两者均提示免疫介导性关节疾病。

量轻微增加，导致透明质酸和液体黏度轻度稀释或无变化，黏液蛋白凝块检查正常或尚可。在这些情况下，关节液的颜色从透明和淡黄色到血色或黄色不等，反映关节内出血。总有核细胞计数可能正常或轻度增加，但很少＞5000/μL。细胞学特征包括以圆核细胞为主，中性粒细胞数量正常至轻微增加，细胞总数和分类计数必须与血液污染一致。单个核细胞可能增大，并有与吞噬活性一致的丰富的泡沫状细胞质。创伤性或凝血功能障碍性关节病常产生噬红细胞现象和含铁血黄素的巨噬细胞。软骨碎片、软骨细胞和破骨细胞可能表明严重的软骨损伤。退行性骨关节炎的诊断是通过综合体格检查结果、放射学检查和滑膜液分析来实现的。影像学上明显的骨改变表明晚期病变与不可逆的软骨损伤相关。

## 水肿和全身水肿

水肿的定义是指临床上明显的间质液量

增加。全身水肿指的是严重的全身性水肿。腹水是指腹腔内的积液，胸水是指胸腔内积液。根据病因和发病机制的不同，水肿可能是局灶性或广泛性的。维持血管内血浆容量和间质液体空间之间液体分布的内稳态平衡的力称为 Starling 力。发现水肿或全身水肿标志着 Starling 力的不平衡，有利于液体分布到间质空间：①胶体渗透压降低（即血浆蛋白减少）；②静水压改变（即间质和血管内压力），有利于间质液体产生；③血管完整性降低（即静脉、动脉、毛细血管、淋巴管渗漏）；④保存全身水和钠的病理生理信号增加（如血管紧张素转换酶活性增强，醛固酮和 ADH，全身性或内脏性低血压）。为了确定区域性或局灶性水肿的原因，必须考虑局部血管和软组织的解剖，以及局部炎症、结构或肿瘤的存在。大量的疾病过程可参与水肿的形成和全身水肿的发展（图 10–18 和图 10–19）。

当 TS 浓度＜1.0 g/dL 时，严重的低白蛋白血症导致水肿，而当 TS 浓度＞2.5 g/dL 时，静脉充血、淋巴水肿或炎症产生水肿液。在后一种情况下，细胞总数和分类计数可以区分炎性（如血管炎）和非炎性原因。

局部水肿通常由炎症或血管或淋巴管阻塞引起（图 10–18）。淋巴结病是淋巴结抽吸进行细胞学和培养的一个指征。先天性或获得性动静脉（AV）瘘相对罕见，但可引起局部水肿。这些可通过可触摸或可听诊的颤音或杂音、超声检查或 CT 血管造影来检测。创伤、手术或局部感染后获得性淋巴功能不全常引起局部水肿。淋巴管造影术通常不适用于持续时间可能较短的急性疾病。细针抽吸受累组织或局部淋巴结和抽吸水肿液可帮助鉴别潜在病因。有淋巴管阻塞或炎症的动物偶尔可触诊到淋巴索，淋巴液很容易从这些突出的淋巴管中吸出。先天性畸形或退行性淋巴疾病可引起幼龄动物淋巴水肿，淋巴结有时萎缩或消失。肢体水肿和尾部水肿是最常见的。受感染的动物会出现明显肿胀的附肢（单个或多个），但没有明显的身体缺陷。

普遍性水肿或全身水肿通常是相关的，四肢远端或胸部常见（图 10–19）。过多的水分、右心充血性心力衰竭和明显的低白蛋白血症是最常见的原因（专栏 10–5）。医源性水合过度通常不会引起明显的普遍性水肿，除非另有其他潜在因素（如低蛋白血症、无尿 / 少尿）同时存在，给予了不适当的大量液体，或同时发生的疾病或药物治疗刺激了 ADH 的释放。虽然出现咳嗽或呼吸急促的动物可从短期呋塞米给药中获益，但过度水合作用通常在停液后 48 h 内消除。血清白蛋白浓度正常但对医源性液体过载高度敏感的动物可能有早期心脏病（如与严重贫血、慢性瓣膜功能不全相关的高输出量心力衰竭）、无尿 / 少尿性肾功能衰竭，或疾病过程或药物治疗刺激过量的 ADH 释放（SIADH）。

血清白蛋白浓度≤1.5 g/dL 时，会引起全身水肿和漏出性体腔积液。患有血管炎相关的全身性水肿患病动物通常出现某些器官系统的血管周围出血（如点状出血、微血尿、视网膜出血）或微血管病变效应（如裂红细胞、棘形红细胞）。继发于 SIADH（见第 6 章）的全身水分潴留通常与另一种掩盖了其症状的疾病共存。SIADH 也可由几种药物治疗引起。在低白蛋白血症中，机体会像发生肾脏、肝脏和心脏疾病一样，驱动肾素 – 血管紧张素 – 醛固酮系统引起水钠潴留，进一步加剧液体潴留。全身性高血压常反映该系统的异常活动。通过病史、体格检查、血清白蛋白

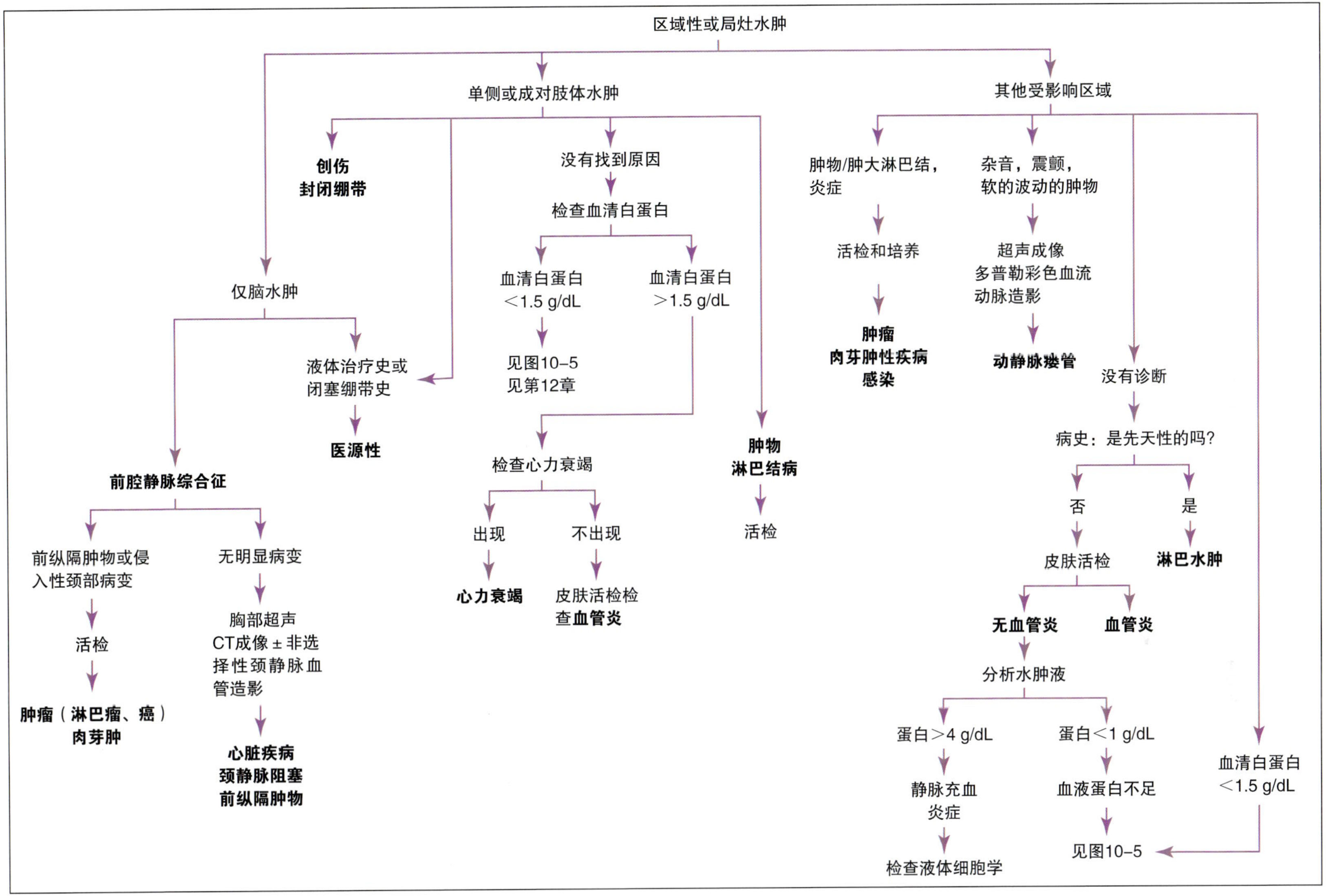


图 10–18　区域性或局灶水肿动物的诊断思路

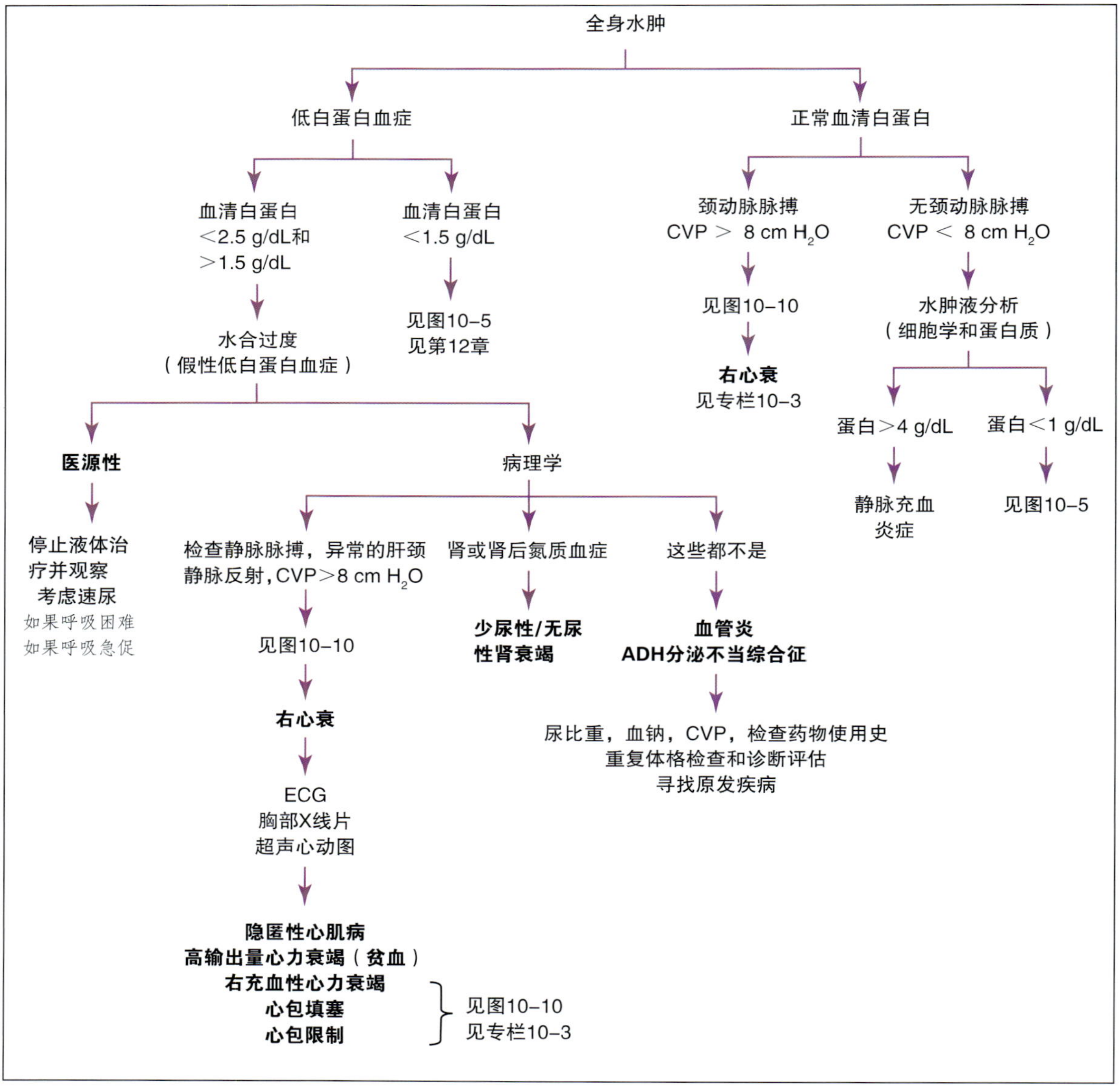


**图 10-19　全身水肿动物的诊断思路**

ADH，抗利尿激素 ;CVP，中心静脉压 ;ECG，心电图。

测定、胸部 X 线检查、心脏评估（即 ECG、超声心动图）、系统性血压、CVP 测定（非常规使用）、尿液分析、腹部超声检查和 CT 成像有助于确定全身水肿的原因（图 10-19）。颈静脉搏动或异常的肝颈静脉反射提示前纵隔内或累及心脏或心包的胸腔内疾病。如果没有发现潜在原因，则再次进行体格检查并复查实验室数据，以确定是否为血管炎（即淤血、观察微血管病变、显微镜下观察血尿、血涂片上的裂红细胞）。皮肤活检可在瘀伤或皮肤病变区域进行，以诊断血管炎，受影响和未受影响的组织和边缘界面都应取样。收集水肿液并分析其蛋白质含量可能有助于发现炎症原因。

**专栏 10-5　与全身水肿有关的病因**

**医源性水合过度**

给予或注射的液体量过多

病态肥胖患病动物根据体重给液会导致水合过度（特别是猫）

**充血性心力衰竭**

限钠失败

如果加上结晶液以正常维持速率给药

体内水钠潴留增加的原因：

抗利尿激素升高

增加的肾素－血管紧张素－醛固酮系统活性

**急性肾功能衰竭**

无尿伴输液

**肝功能衰竭**

低白蛋白血症

门脉高压

体内钠水潴留增加的原因：

抗利尿激素升高

增加的肾素－血管紧张素－醛固酮系统活性

**肾病综合征**

低白蛋白血症

体内水钠潴留增加的原因：

抗利尿激素升高

增加的肾素－血管紧张素－醛固酮系统活性

**血管炎**

血管通透性增加：多种原因

免疫介导（如系统性红斑狼疮）

感染性疾病（如立克次体感染）

过敏反应

## 阴囊积液

阴囊积液通常由腹腔积液经腹股沟环进入阴囊引起。严重的睾丸炎或睾丸扭转也可能导致阴囊积液，可通过超声检查和抽吸细胞学检查确定。阴囊水肿可能是由血管炎（如落基山斑疹热）引起，所以检查阴囊是否水肿对全身感染的评估很重要。如果积液局限于阴囊，可通过去势进行诊断和治疗。

## 参考文献与推荐阅读

[1] Alleman AR: Abdominal, thoracic and pericardial effusions. *Vet Clin North Am Small Anim Pract* 33:89, 2003.

[2] Aronson MG, et al: Clinical and pathologic features of thymoma in 15 dogs. *J Am Vet Med Assoc* 184:1355, 1984.

[3] Atilola M, Lumsden J, Rooke F: A comparison of manual and electronic counting for total nucleated cell counts on synovial fluid from canine stifle joints. *Can J Vet Res* 50:282, 1986.

[4] Berg R, Wingfield W: Pericardial effusion in the dog: a review of 42 cases. *J Am Anim hosp Assoc* 20:721, 1984.

[5] Berg RI, Sykes JE, Kass PH, et al: Effect of repeated arthrocentesis on cytologic analysis of synovial fluid in dogs. *J Vet Intern Med* 23:814, 2009.

[6] Bolton GR, Ettinger SJ: Peripheral edema. In Ettinger SJ, editor: *Textbook of veterinary internal medicine*, ed 3, Philadelphia, 1989, WB Saunders.

[7] Boon D: Synovial fluid analysis: a guide for small-animal practitioners. *Vet Med* 92:443, 1997.

[8] Bowers R: Discussion on Miles RM & Jeck HS: experimental bile peritonitis. *Surgery* 34:445, 1953.

[9] Braun JP, Guelfi JF, Pages JP: Comparison of four methods for determination of total protein concentrations in pleural and peritoneal fluid from dogs. *Am J Vet Res* 62:294, 2001.

[10] Center SA: Pathophysiology of liver disease: normal and abnormal function. In Guilford WG, et al, editors: *Strom beck's small animal gastroenterology*, Philadelphia, 1996, WB Saunders.

[11] Center SA, et al: Proteins invoked by vitamin K absence and clotting times in clinically ill cats. *J Vet Intern Med* 14:292, 2000.

[12] Davis MJ, denton J, Freemont AJ: Comparison of serial synovial fluid cytology in rheumatoid arthritis: delineation of subgroups with prognostic implications. *Ann Rheum dis* 47:559, 1988.

[13] Day MJ, Martin MWS: Immunohistochemical characterization of the lesions of canine idiopathic pericarditis. *J Small Anim Pract* 43:382, 2002.

[14] de Laforcade A, Rozanski E, Freeman L, et al:

Biochemical analysis of pericardial fluid and whole blood in dogs. *J Vet Intern Med* 19:833, 2005.

[15] Duthie W, Eckersall PD, Addie DD, et al: Value of α1-acid glycoprotein in the diagnosis of feline infectious peritonitis. *Vet Rec* 141:299, 1997.

[16] Edwards NJ: The diagnostic value of pericardial fluid pH determination. *J Am Anim hosp Assoc* 32:63, 1996.

[17] Fernandez F, Grindem C, Lipowitz A, et al: Synovial fluid analysis: preparation of smears for cytologic examination of canine synovial fluid. *J Am Anim hosp Assoc* 19:727, 1983.

[18] Fine DM, Tobias AH, Jacob KA: Use of pericardial fluid pH to distinguish between idiopathic and neoplastic effusions. *J Vet Intern Med* 17:525, 2003.

[19] Forrester SD, Fossum TW: Pleural effusions: pathophysiology and diagnostic considerations. *Compend Contin Educ* 10:121, 1988.

[20] Fossum TW, et al: Chylothorax in cats: 37 cases (1969-1989). *J Am Vet Med Assoc* 198:672, 1991.

[21] Fossum TW, et al: Lymphedema: clinical signs, diagnosis, and treatment. *J Am Vet Med Assoc* 6:312, 1992.

[22] Fossum TW, Birchard SJ, Jacobs RM: Chylothorax in 34 dogs. *J Am Vet Med Assoc* 188:1315, 1986.

[23] Fossum TW, Jacobs RM, Birchard SJ: Evaluation of cholesterol and triglyceride concentrations in differen-tiating chylous and nonchylous pleural effusions in dogs and cats. *J Am Vet Med Assoc* 188:49, 1986.

[24] Freeman K, Todhunter R, Lust G, et al: Cytology of polychromestained equine synovial fluid. *Acta Cytol* 35:512, 1991.

[25] George JA, O'Neill SL: Comparison of refractometer and biuret method of total protein measurement in body cavity fluids. *Vet Clin Pathol* 30:16, 2001.

[26] Gibson N, Carmichael S, Li A, et al: Value of direct smears of synovial fluid in the diagnosis of canine joint disease. *Vet Rec* 144:463, 1999.

[27] Gores BR, et al: Chylous ascites in cats: nine cases (1978- 1993). *J Am Vet Med Assoc* 205:1161, 1994.

[28] Griffin d, Vasseur P: Synovial fluid analysis in dogs with cranial cruciate ligament rupture. *J Am Anim hosp Assoc* 28:277, 1992.

[29] Jackson, J, Richter KP, Launer dP: Thoracoscopic partial pericardiectomy in 13 dogs. *J Vet Intern Med* 13:529, 1999.

[30] Kolata RJ: diagnostic abdominal paracentesis and lavage: experimental and clinical evaluations in the dog. *J Am Vet Med Assoc* 168:697, 1976.

[31] Lozano MD, et al: Immunocytochemistry in the differential diagnosis of serous effusions. *Cancer Cytopathol* 93:68, 2001.

[32] MacWilliams PS, Friedrichs KR: Laboratory evaluation and interpretation of synovial fluid. *Vet Clin North Am Small Anim Pract* 33:158, 2003.

[33] Marchevsky A, Read R: Bacterial septic arthritis in 19 dogs. *Aust Vet J* 77:233, 1999.

[34] Martin MWS, Green MJ, Stafford-Johnson MJ, et al: Idiopathic pericarditis in dogs: no evidence for an immune mediated etiology. *J Small Anim Pract* 47:387, 2006.

[35] Miles RM, Jeck hS: Experimental bile peritonitis. *Surgery* 34:445, 1953.

[36] Montgomery R, Long I, Milton J, et al: Comparison of aerobic culturette, synovial membrane biopsy, and blood culture medium in detection of canine bacterial arthritis. *Vet Surg* 18:300, 1989.

[37] O'Brien PJ, Lumsden JH: The cytologic examination of body cavity fluids. *Semin Vet Med Surg* 3:140, 1988.

[38] Parra MD, Papasouliotis K, Ceron JJ: Concentrations of C-reactive protein in effusion in dogs. *Vet Rec* 158:753, 2006.

[39] Parry BW: Synovial fluid. In Cowell RL, Tyler RD, Meinkoth JH, editors: *diagnostic cytology and hematology of the dog and cat*, ed 2, St. Louis, 1999, Mosby, pp 104.

[40] Pedersen NC, Pool RR, O'Brien T: Feline chronic progressive polyarthritis. *Am J Vet Res* 41:522, 1980.

[41] Pembleton-Corbett JR, Center SA, Schermerhorn T, et al: Serum-effusion albumin gradient in dogs with transudative abdominal effusion. *J Vet Intern Med* 14:613, 2000.

[42] Runyon BA, Montano AA, et al: The serum-ascites albumin gradient is superior to the exudates-transudate concept in the differential diagnosis of ascites. *Ann Intern Med* 117:215, 1992.

[43] Rush JE, Keene BW, Fox PR: Pericardial disease in the cat: a retrospective evaluation of 66 cases. *J Am*

*Anim hosp Assoc* 26:39, 1990.

[44] Shaw SP, Rush JE: Canine pericardial effusion: diagnosis, treatment, and prognosis. *Compend Contin Educ Small Anim Pract* 29:405, 2007.

[45] Shaw SP, Rush JE: Canine pericardial effusion: pathophysiology and cause. *Compend Contin Educ Vet* 29:400, 2007.

[46] Shaw P, Rozanski EA, Rush JE: Cardiac troponins I and T in dogs with pericardial effusion. *J Vet Intern Med* 18:322, 2004.

[47] Shelly SM, Scarlett-Kranz J, Blue JT: Protein electrophoresis on effusions from cats as a diagnostic test for feline infectious peritonitis. *J Am Anim hosp Assoc* 24:495, 1988.

[48] Sisson d, Thomas WP, Ruehl WW, et al: diagnostic value of pericardial fluid analysis in the dog. *J Am Vet Med Assoc* 184:51, 1984.

[49] Steyn PF, Wittum TE: Radiographic, epidemiologic, and clinical aspects of simultaneous pleural and peritoneal effusions in dogs and cats: 48 cases (1982–1991). *J Am Vet Med Assoc* 202:307, 1993.

[50] Suess RP, et al: Constrictive pleuritis in cats with chylothorax: 10 cases (1983–1991). *J Am Anim hosp Assoc* 30:70, 1994.

# 第11章 呼吸系统疾病和心脏疾病

Ned F. Kuehn, Sonya G. Gordon

## 呼吸系统疾病

### 呼吸困难

呼吸困难（也称为呼吸窘迫）表现为呼吸频率、节律和深度发生改变。呼吸困难是与多种呼吸系统和非呼吸系统疾病有关的一种常见症状。首先需要进行体格检查。阻塞性呼吸疾病患病动物的呼吸模式以呼吸深度、频率和力度增加为特征。胸腔入口头侧（即上呼吸道）的动态阻塞（如喉麻痹）会导致吸气用力增加。胸腔入口尾侧（即下呼吸道）的动态阻塞（如气管塌陷）会导致呼气用力增加。固定阻塞（如气管肿瘤）通常与吸气和呼气用力增加有关。鼻腔阻塞只会在动物不能通过口腔呼吸的情况下出现阻塞性呼吸模式。听诊哮鸣音提示阻塞，但并不是所有呼吸阻塞的患病动物都出现哮鸣音。单音哮鸣音（即单音调）可能在软腭过长时出现。哮鸣音可以有多种音调（即复音哮鸣音），就像在哮喘患猫中所听到的呼吸音。

由呼吸外原因引起的呼吸困难（如严重贫血、严重代谢性酸中毒）可能具有阻塞性呼吸模式，能听见正常肺音（如支气管肺泡音）的强度增加，但无哮鸣音。

限制肺部扩张的疾病会导致限制性呼吸模式，其特征是呼吸频率增加，但无论是否增加吸气力度，呼吸深度都正常或减少。在患有某些限制性肺部疾病（如气胸、胸腔积液）时，听诊可能显示爆破音（尤其是吸气时），或完全听不见肺音。通过听诊可能很难诊断肺实质的异常，尤其是在低潮气量的小型患病动物中。尽管肺音明显正常，但这些患病动物的胸部X线片可能观察到明显的肺实质异常。阻塞性和限制性呼吸模式之间的区别并不是很清楚，呼吸模式的表现取决于受影响组织中病理变化的相对数量。例如，患有严重肺水肿的犬可能患有阻塞性（气道液体）和限制性（间质液体）疾病。

患有连枷胸等疾病的动物偶尔会出现自相矛盾的表现（即吸气时胸壁部分塌陷，呼气时胸壁扩张）。肺血管疾病可能与吸气性，或混合吸入性和扩张性呼吸困难有关。

呼吸困难的常见原因见专栏11-1。

#### 常用诊断方法

在通过体格检查确定了异常呼吸模式的位置后，通常进行气管和胸部X线片检查（图11-1）。

**注意：**虽然气管塌陷可以通过放射学诊断，但即使拍摄了吸气片和呼气片，也不能通过放射学排除。气管塌陷的诊断可能需要透视或气管支气管镜检查来确定。

## 专栏 11-1　呼吸困难（呼吸窘迫）的原因

**呼吸疾病**

阻塞性疾病

- 胸腔外疾病
  - 鼻腔（仅当患病动物不通过口腔呼吸时）
  - 鼻孔狭窄
  - 肿瘤
  - 慢性炎性鼻炎
  - 真菌性肉芽肿
  - 异物
  - 软骨间质错构瘤（猫）
  - 创伤
  - 鼻出血（血块）
  - 鼻咽
    - 异物
    - 肿瘤
    - 鼻咽息肉
    - 鼻咽狭窄
    - 鼻咽鼻甲
  - 咽
    - 延长 / 水肿性软腭
    - 咽部水肿
    - 异物
    - 肿瘤
    - 咽部息肉（猫）
  - 喉
    - 喉麻痹
    - 喉水肿
    - 喉塌陷
    - 喉痉挛
    - 喉球囊外翻
    - 异物
    - 肿瘤
  - 气管
    - 颈部气管塌陷
    - 异物
    - 肿瘤
    - 狭窄
    - 管腔外压迫
    - 创伤性破裂
- 胸腔内疾病
  - 气管
    - 胸腔内气管塌陷
    - 异物
    - 肿瘤
    - 狭窄
    - 管腔外压迫（肿瘤或肉芽肿）
    - 寄生虫（奥氏奥斯勒丝虫）
  - 主支气管
    - 支气管塌陷
    - 异物
    - 肿瘤
    - 狭窄
    - 管腔外压迫（肿瘤、肉芽肿、肺门淋巴结病、左心房增大）
    - 寄生虫（奥氏奥斯勒丝虫）
  - 下呼吸道和肺实质
    - 支气管疾病
    - 慢性支气管炎（犬）
    - 支气管哮喘（猫）
    - 肺水肿
    - 肺炎（病毒、细菌、真菌）
    - 吸入性肺炎
    - 寄生虫性肺炎
    - 过敏性肺病
    - 嗜酸性粒细胞性支气管肺病
    - 肺出血
    - 肿瘤

限制性疾病

- 肺部疾病
  - 肺纤维化
  - 肺水肿
  - 间质性肺炎
  - 嗜酸性粒细胞增多性肺浸润
- 胸膜间隙或体壁疾病
  - 气胸
  - 胸腔积液
  - 疝
    - 胸膜腹膜疝

续表

| | |
|---|---|
| 心包腹膜疝 | 血液学 |
| 横膈前移 | 贫血（严重，非真正呼吸困难） |
| 腹部肿物 | 高铁血红蛋白血症 |
| 腹腔积液 | 代谢性 |
| 胃扩张 | 酸中毒（非真正呼吸困难） |
| 创伤 | 休克 |
| 肋骨骨折 | 中暑 |
| 连枷胸 | 神经和神经肌肉疾病（非真正呼吸困难） |
| 肿瘤 | 中枢神经系统（CNS） |
| 纵隔 | 头部创伤 |
| 胸壁 | CNS 炎性疾病 |
| 肥胖 | 肿瘤 |
| **非呼吸性疾病** | 涉及呼吸肌的神经肌肉疾病 |
| 血管疾病 | 重症肌无力 |
| 心丝虫病 | 多发性肌病 |
| 肺栓塞 | 神经病 |
| 心脏病 | 多发性神经根神经病 |

如果 X 线检查表明需要进行下呼吸道细胞学分析或培养，尤其当存在咳嗽时，可采取经气管抽吸（TTA）、支气管肺泡灌洗（BAL）或经胸腔细针抽吸（见后续章节）。也可通过咽镜、鼻咽镜和喉镜检查患病动物是否患有上呼吸道阻塞。气管和支气管镜检在诊断气管和支气管疾病，特别是在诊断如气管塌陷等阻塞性疾病时常用，这在大多数咽部和喉部异常中是必需的检查（图 11-1）。胸腔积液通常是体液分析的指征（见第 10 章）。如果怀疑有心丝虫病，则需要进行诺特氏试验、滤过试验或心丝虫抗原（或猫抗体）化验（见第 15 章）。粪便漂浮和贝尔曼粪便分析尽管不太能够确诊，但它们成本低且无创，可以最终诊断呼吸道寄生虫。系统性真菌病（组织胞浆菌病除外）的血清学检测对犬可能有用（见第 15 章）。检测尿液中组织胞浆菌和芽生菌抗原的检测现在已经可用（http://www.miravistalabs.com），并且可能比血清学更好。

CBC 虽然有用，但诊断性较差。过敏或寄生虫病偶尔会导致犬嗜酸性粒细胞增多，但这在猫中并不稳定。也有严重贫血引起的呼吸困难。大多数患病动物的血清生化和动脉血气分析效果较差，除非异常的呼吸模式是非呼吸性的（如严重的代谢性酸中毒）。在 BAL 和浅层结构（如淋巴结）抽吸无法诊断的情况下，常用经皮细针肺穿刺活检诊断浸润性疾病（如芽生菌病、组织胞浆菌病、癌、淋巴瘤）。用 X 线检查、超声检查或透视引导针头可能会增加肿物抽吸的诊断机会。但细针穿刺有导致气胸或血胸的风险。

## 咳嗽（包括咯血）

专栏 11-2 列出了犬和猫咳嗽的常见原因。了解病史首先消除自限性、传染性疾病。由

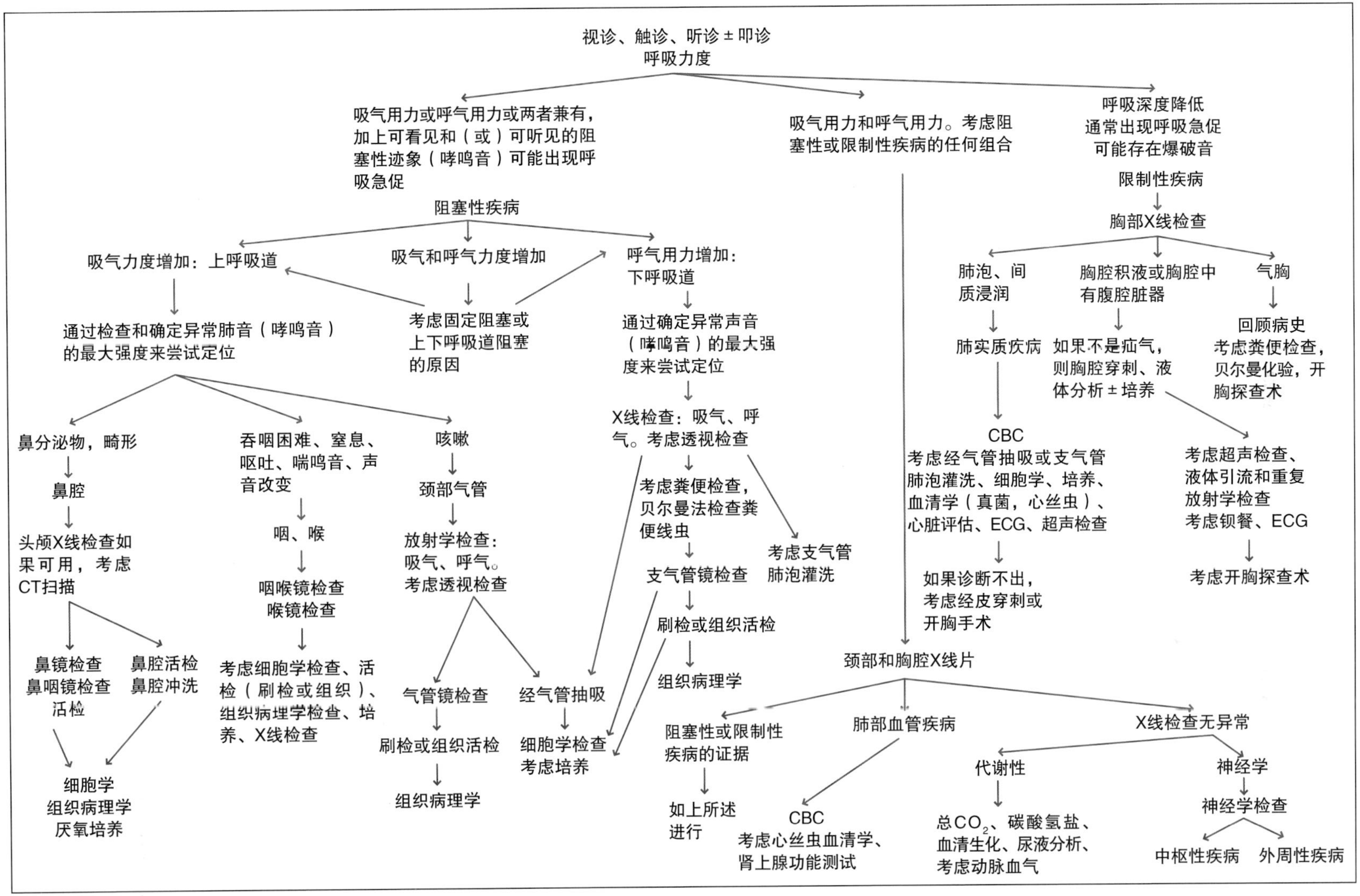


**图 11-1 犬猫呼吸窘迫和呼吸急促的诊断方法**

CBC，全血细胞计数；CT，计算机断层扫描；ECG，心电图。

于动物主人难以区分干呕和咳嗽，医生应详细询问动物病史。干呕（不是咳嗽之后）会提示鼻咽或非呼吸性疾病（即口咽、食管或胃肠道疾病）。区分痰咳（如支气管肺炎）和干咳（如病毒性气管支气管炎），以及识别异常呼吸模式（专栏 11-1 和图 11-1）也很有帮助。气管和胸腔 X 线片对诊断慢性咳嗽、咯血或心血管疾病患病动物至关重要，但在急性感染性气管支气管病中用处不大，除非怀疑有继发性肺炎。X 线检查可以用来诊断气管塌陷，但不能完全排除气管塌陷。可能需要进行透视检查，以排除气管塌陷或将其纳入鉴别诊断，并且如果存在气管塌陷，一般会将透视检查用于评估其程度。TTA 或 BAL（尤其是结合支气管镜检查时）通常对于过敏性疾病、寄生虫感染或细菌感染有诊断性，并能够支持某些慢性支气管疾病（如慢性支气管炎）的临床诊断。诊断异物或阻塞性疾病通常需要支气管镜检查。除非存在明显的嗜酸性粒细胞增多症（如过敏或寄生虫病），否则 CBC 检查效果较差。粪便漂浮和贝尔曼粪便分析虽然诊断效果较差，但因其简单且成

### 专栏 11-2　犬、猫咳嗽的原因

**鼻腔 / 鼻窦疾病并伴有鼻后滴流**

- 专栏 11-3

**咽 / 喉**

- 创伤
- 异物
- 感染（细菌或病毒）
- 肿瘤
- 喉麻痹（先天性或获得性）
- 喉球囊外翻
- 喉塌陷
- 肉芽肿性喉炎
- 嗜酸性肉芽肿

**气管 / 下呼吸道**

- 创伤
- 异物
- 过敏（过敏性支气管炎 / 哮喘）
- 感染
  - 病毒（专栏 11-3）
  - 细菌（支气管败血症鲍特菌）
  - 寄生虫（类丝虫属、奥氏奥斯勒丝虫、嗜气毛细线虫）
- 异常［塌陷、发育不全、原发性纤毛运动障碍、节段性狭窄、管腔外压迫（左心房、肿瘤）］
- 肿瘤［骨软骨发育不良（骨软骨瘤）］
- 退行性疾病（支气管扩张）

**肺实质疾病**

- 创伤
- 过敏（嗜酸性粒细胞增多性肺浸润）
- 感染
  - 病毒（专栏 11-3）
  - 细菌
  - 真菌（皮炎芽生菌、荚膜组织胞浆菌、粗球孢子菌、新型隐球菌、曲霉属）
  - 原虫（刚地弓形虫、卡氏肺孢子虫）
  - 寄生虫（体毛丝虫、米氏类丝虫、心丝虫、血管圆线虫、猫肺并殖吸虫）
- 退行性疾病（肺气肿）
- 肿瘤（原发性或转移性）
- 非感染性肉芽肿性疾病（肺嗜酸性肉芽肿病、肺淋巴瘤样肉芽肿）

**心血管疾病**

- 肺水肿
- 左心房增大导致支气管压迫
- 血栓栓塞（心丝虫病、肾上腺皮质功能亢进、蛋白质丢失性肾病、肿瘤、心脏病）

**纵隔疾病（导致气道压迫）**

- 淋巴瘤（尤其是猫）
- 胸腺瘤

本较低，所以在诊断时也会进行该检查。动脉血气分析对无呼吸困难的咳嗽患病动物很少有诊断价值，并且成本较高。

## 鼻分泌物、打喷嚏和鼻出血

鼻分泌物和打喷嚏可能是原发性鼻腔疾病，也可能继发于支气管肺部疾病（如肺炎）。鼻出血可能是原发性鼻腔疾病（如肿瘤）或系统性疾病（如凝血功能障碍）的结果。常见病因见专栏 11–3。

当发生鼻出血时，首先应进行凝血功能评估（见第 5 章）。再进行 X 线检查，最好是进行鼻腔的 CT 或 MRI 检查（图 11–2），但这些研究可能无法诊断急性疾病。如果发现肿物病变或骨质溶解，则需要通过鼻孔进行活检。鼻镜检查寻找异物是在成像诊断研究之后进行，而且可以在患病动物进行影像学检查时的麻醉过程中进行鼻镜检查。直接检查可能可以发现成年犬肺孢子虫。鼻曲霉菌病的血清学检测可能是假阴性，所以其诊断不可靠（见第 15 章）。鼻腔（背鼻道和腹鼻道）的直接检查可以用硬镜或软镜进行（见鼻镜）。鼻咽部和鼻腔后部可以用牙科镜和手提灯来观察，或者更有效的方式是用柔性内窥镜观察。小型犬和猫的鼻腔前部的内窥镜检查会受到内窥镜直径的限制。鼻腔灌洗诊断价值较差。常规情况下不建议进行细菌培养，由于鼻腔的正常细菌数量众多，结果解读会很困难（见第 15 章）。曲霉菌病真菌培养可产生假阳性和假阴性两种结果（见第 15 章）。如果样本是鼻腔活检组织，而不是鼻腔拭子，那么真菌培养的结果通常更可靠。鼻腔活检样本可以通过鳄鱼式翻盖器械、子宫或结肠活检钳、骨刮匙（稍后介绍）获取。如果这些操作不能诊断，且病情持续，则应考虑探查性鼻切开术，前提是已进行过鼻腔的 CT 或 MRI 检查。

## 鼻腔 X 线检查

**常见适应证·**鼻腔 X 线检查适用于长期鼻分泌物、鼻出血、严重急性未确诊的喷嚏、面部畸形、鼻塞、面部或鼻子抓挠（专栏 11–3）。

**专栏 11–3　犬、猫鼻分泌物、打喷嚏和鼻出血的原因**

**结构 / 功能异常**

- 腭裂
- 口鼻瘘
- 环咽失弛缓症 / 非同步
- 食管无力

**过敏 / 免疫性**

- 过敏性鼻炎
- 淋巴浆细胞性鼻炎

**出血性疾病**

- 凝血因子缺乏（先天性和获得性）
- 血小板减少症（感染性和免疫介导性）
- 血管壁（创伤和血管炎）
- 异物 / 创伤

**感染**

- 病毒：犬瘟热、副流感、2 型腺病毒（犬）；疱疹病毒，杯状病毒（猫）
- 细菌：包括牙科疾病、慢性猫鼻窦炎、支气管败血症鲍特菌（犬）
- 真菌：曲霉菌属、青霉菌属、新型隐球菌、西伯鼻孢子虫；其他条件致病性真菌很少见（如丝孢菌）
- 立克次体：犬埃立克体、落基山斑点热
- 寄生虫：犬肺炎囊螨、正锯齿舌形虫、嗜气毛细线虫、比翼线虫、黄蝇属
- 其他：衣原体属、支原体属

**肿瘤 / 息肉**

- 癌、肉瘤、淋巴瘤、性传播肿瘤
- 息肉（猫的鼻咽部）
- 软骨间质错构瘤（猫）

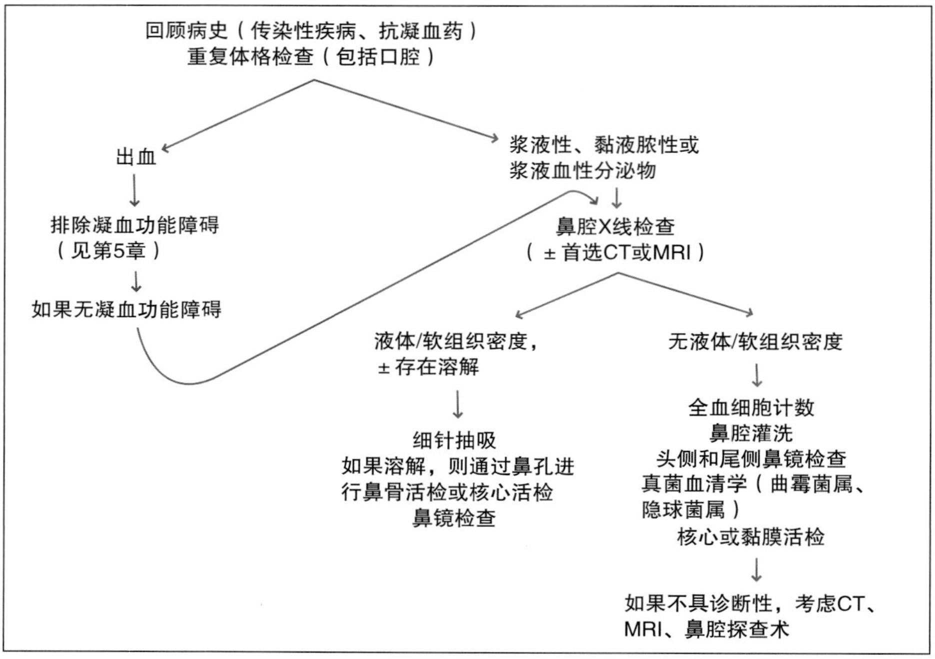


图 11-2　犬、猫鼻分泌物和鼻出血的诊断方法

**优点**·鼻腔X线检查具有无创性。肿瘤和曲霉菌病常引起骨质溶解，这在其他疾病中很少出现。

**缺点**·需要全身麻醉，过多的液体（如鼻腔出血、渗出物）可能掩盖软组织异常。此外，该过程对精细细节的分辨率低（偶尔猫和小型犬的高细节牙科X线片除外）。

读者可以参考放射学书籍了解更多信息[20]。CT和MRI是首选的成像方式，可以为评估鼻腔提供极好的细节。

## CT

**常见适应证**·CT与鼻腔X线检查具有相同的适应证。这对于计划鼻部肿瘤的放射治疗至关重要，并且强烈建议在外用克霉唑治疗鼻曲霉菌病之前进行CT检查，确保筛板未被侵蚀。MRI可以代替CT。MRI比CT能提供更多的软组织细节，但CT通常就足够了，而且更快、成本更低。

**优点**·CT所需的麻醉时间较短，并且能比定位良好的鼻腔X线检查提供更多的细节[13, 15]。CT在确定疾病范围方面效果较好，它能发现曲霉菌病导致鼻甲结构破坏和丢失的“空洞”，并且CT在发现肿瘤方面也有很好的效果。CT很容易检测曲霉菌病和肿瘤是否涉及眶区、额窦、颅骨和筛板。

**缺点**·主要缺点是需要专门的设备，并且与X线检查相比成本稍高。有时还需要造影剂来区分鼻分泌物导致的非增强性软组织密度，以及肿瘤或炎症导致的增强性密度。读者可参考放射学书籍了解更多信息。

## 鼻镜检查

**偶见适应证**·进行鼻镜检查的原因通常与鼻腔影像学检查的原因相同。

**优点**·鼻镜检查相对无创，可在同一麻醉过程中在进行鼻腔影像学检查后进行，并可提供明确诊断[6]。它对诊断鼻曲霉菌病特别有用。

**缺点·**需要麻醉。如果使用耳镜锥体，只能看到前侧鼻孔。即使使用纤维镜、关节镜或膀胱镜，整体可视性也很有限，因此需要进行仔细且系统的检查，但并不总能进行诊断。大量的鼻分泌物或出血会阻碍鼻腔结构的可视性。对于小型犬来说，除非使用关节镜，否则很难进行鼻镜检查。检查时必须小心，避免动作过大引起出血，使视野被遮挡。

**操作过程·**应首先进行影像学检查。接下来，在咽后部放置一个可弯曲的窥镜，并将其向后弯曲，以便在软腭上方进行后鼻镜检查。如果没有灵活的窥镜，可以用卵巢切除钩将软腭缩回，并用牙科镜和鼻咽照明灯观察该区域。然后进行前鼻镜检查，最好使用刚性关节镜或膀胱镜，或小直径柔性支气管镜或输尿管镜。如果这些都不可用，可使用耳镜或鼻窥镜检查鼻孔前侧。组织或刷检活检可用于细胞学分析、组织病理学检查或培养。

**分析和解读·**见鼻腔活检。

## 鼻腔灌洗

**偶见适应证·**鼻腔灌洗的原因与鼻腔 X 线检查相同。

**优点·**与核心活检相比，它创伤小且并发症少。

**缺点·**很少具有诊断价值。

**操作过程·**在全身麻醉、气管插管下，用纱布海绵填塞鼻咽，并用乳酸林格液通过软橡胶管（Rob-Nel 导管，Sherwood Medical，St.Louis，MO）用力冲洗鼻腔。在置于鼻孔处的盘子中回收液体。异物偶尔会从鼻腔或鼻咽纱布海绵中取出。

**分析·**离心回收鼻腔灌洗液，染色并检查沉淀物。寻找生物体（如隐球菌）时，首选瑞氏（Giemsa）或革兰氏染色。如果灌洗后的样本看起来是渗出物，则可以进行真菌培养。细菌培养很少有用。直接检查灌洗液可能会发现成年或幼年犬肺炎囊螨。

**解读·**在过敏性鼻炎中，可以看到许多嗜酸性粒细胞（有关鼻腔样本的更多解读，请参见鼻腔活检）。

## 鼻腔活检

**常见适应证·**适应证与鼻腔灌洗相同。无论影像学检查是否显示肿物或骨质溶解，都应进行鼻腔活检，明确当前鼻腔疾病的性质。如有需要，也可进行该操作以获得培养用组织。

**优点·**可获得组织来进行组织病理学评估（如有需要，还可以进行培养）。除肿瘤或真菌性鼻炎外，可通过该方法诊断的疾病包括：①各种特发性炎性疾病[8, 14]；②原发性纤毛运动障碍（即固定纤毛综合征），尽管其需要电子显微镜才能确诊。

**缺点·**手术经常导致出血，可能会大量出血。虽然可能性较小，但如果在进行内窥镜检查时医生操作不当，可能将鼻腔筛板穿破。

**操作过程·**如果动物的凝血状态可疑，应进行血小板计数、颊黏膜出血时间、活化凝血时间或凝血酶原时间（PT）和部分凝血活酶时间（PTT）（见第 5 章）等检查。鼻腔活检是在气管插管和全身麻醉下进行的。头部摆位应使鼻子朝向下方。鼻咽可以像鼻腔灌洗中那样被封起来。活检器械可以是小型患病动物使用的小型翻盖钳，也可以是大型患病动物使用的子宫或结肠活检钳、骨刮匙。病变的直接活检也可以在鼻镜检查期间使用合适的活检钳完成。活检钳上需要标记从鼻孔到眼睛内眦的距离，因为这与距离筛板的距离相近。活检仪器向前推进，咬合器在到达受影响组织之前略微张开，一旦相关区域被穿透，咬合器就会闭合，带组织的活检仪器也会被取出。注意：活检器械不得超过内眦水平，因为这样筛板可能会被穿破。

样本用福尔马林（或如果需要电子显微镜的话，就用其他合适的固定剂）固定并提交。如果需要，可以提交部分活检样本进行真菌或细菌培养（见第 15 章）。印压涂片可用于细胞学检查，剩余组织可提交组织病理学评估。活检后预计会有鼻腔出血，但通常会在 30 min 内消失。偶尔，出血量会大、时间会长，或两者兼有，在这种情况下，可以用蘸有稀释（1 ∶ 10 000）肾上腺素溶液的棉签填塞受影响区域，同时将动物保持在麻醉状态，直到出血停止。或者，也可以使用鼻卫生棉条（Merocel 标准带拉绳鼻敷料，Medtronic Xomed，Jacksonville，FL）。在紧急情况下，结扎同侧颈内动脉可以挽救生命。

## 压印细胞学解读

### 感染

因为健康和患病的鼻腔都含有各种细菌（见第 15 章），所以细菌的鉴定诊断效果较差。曲霉菌属和青霉菌属有时可以从正常动物的鼻腔和其他疾病（如肿瘤）患病动物的鼻腔中检查到，因此，曲霉菌病或青霉菌病的细胞学诊断必须通过直接观察真菌斑块或偶尔根据 CT 所见的特征性影像学改变来确认。在患有慢性鼻疾病的猫身上发现隐球菌通常具有诊断性（图 11–3），然而，隐球菌属偶尔可以从正常犬和猫的鼻腔冲洗液中培养出来。

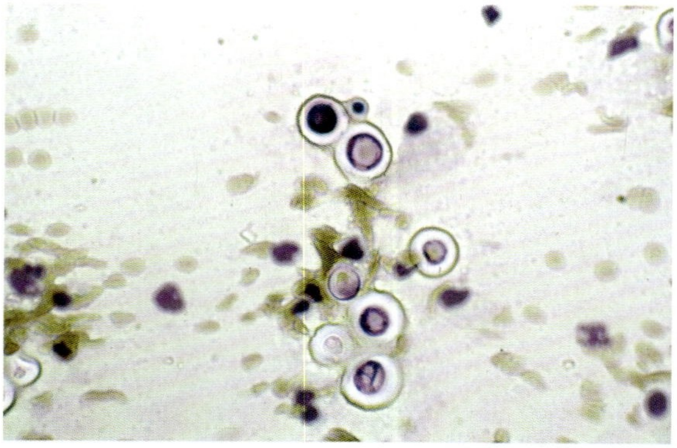

**图 11–3 鼻腔活检样本中抽吸出的新型隐球菌**

### 肿瘤

最常见的犬鼻肿瘤是腺癌和癌（图 11–4），尽管偶尔会见到圆形细胞瘤（如性传播肿瘤、肥大细胞瘤、淋巴瘤）。最常见的猫鼻肿瘤是淋巴瘤和癌。其他恶性间质细胞肿瘤（如纤维肉瘤、骨肉瘤）也可能发生，但其脱落较少，细胞学诊断更困难（见第 16 章中对肿瘤细胞细胞学评估的讨论）。

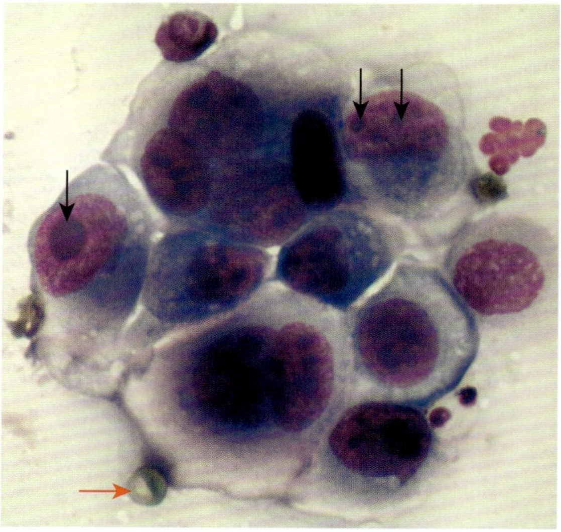

**图 11–4 鼻腔肿瘤细针抽吸（FNA）涂片中的癌细胞**

注意巨大且大小不一的核仁（黑色箭头）。左边的细胞有一个比红细胞大的核仁（红色箭头）。一个细胞有 2 个细胞核，另一个有 3 个细胞核。

出血

在鼻出血中，红细胞和白细胞的比例大致与全血中的比例相当。

## 鼻腔细针穿刺活检

**偶见适应证·**如果患病动物的鼻骨受到破坏，允许将针头插入额窦或鼻腔而不穿过鼻孔，则可以进行鼻腔细针抽吸活检。

**优点·**不需要麻醉，并且是微创操作。

**缺点·**一些肿瘤（如间质源性肿瘤）的剥脱性较差。

**操作过程·**通过鼻腔触诊或影像检查确定骨溶解区域。将 22 号或 23 号针头穿过骨溶解区，进行抽吸。提交样本进行细胞学检查。

**解释·**参见本章之前鼻腔活检中的压印细胞学解释。

## 探查性鼻切开术

**偶见适应证·**如果之前讨论的任何操作都无法确定打喷嚏、鼻分泌物或鼻出血的原因，那么可以对患病动物进行探查性鼻切开术[3]。在鼻切开术前最好先进行 CT 检查。

**优点·**它可以很好地进行鼻腔观察、活检和样本培养，以及识别异物。

**缺点·**这是一种侵入性大、疼痛感较强的手术。

**操作流程·**读者可参考该手术的相关文献了解操作。压印组织样本制成细胞涂片，然后进行细胞学检查。对组织进行真菌培养，并固定在福尔马林中，以提交组织病理学评估。

## 鼻真菌病的血清学 / 抗原检测

**偶见适应证·**有时对可能由曲霉菌病或隐球菌病引起的慢性、未确诊的鼻分泌物患病动物（很少有其他真菌，见第 15 章）进行针对特定真菌抗原或其血清抗体检测。

## 鼻出血患病动物的其他检查

**偶见适应证·**对于未确诊的鼻出血患病动物，尤其是在手术或侵袭性活检前，凝血检查很重要（见第 5 章）。慢性单侧鼻腔出血但无全身性出血的症状，通常是由鼻原发性疾病引起，建议进行凝血检查，但不强制执行。然而，急性双侧出血需要检查凝血时间和血小板计数，也可检查颊黏膜出血时间。严重高血压也会导致鼻出血；因此，在这些情况下，重复测量体循环血压是合适的。

## 鼻咽、喉和咽部检查

**偶见适应证·**鼻咽、喉和咽部检查对于患有喘鸣音或显示有阻塞性疾病（如鼻咽息肉、喉麻痹、肿瘤、鼻咽狭窄）的干呕或有异物的患病动物非常重要[7, 16]。

**优点·**可以对息肉、喉麻痹、咽或喉癌、鼻咽狭窄或异物进行明确诊断和治疗。

**缺点·**需要适当的麻醉。

**操作过程·**在轻度麻醉下（即患病动物自主呼吸），观察喉软骨的运动。如果患病动物没有自主呼吸或呼吸很浅，可以服用多沙普仑刺激呼吸。杓状软骨的角状突和声带通常应在吸气时外展，呼气时被动内收。喉麻痹时，这些结构在吸气时不会外展，但在用力吸气时仍处于部分内收位置或塌陷（即内收）。口咽是通过向前拉舌头来检查的。按照后鼻镜检查所述检查鼻咽。

## 气管和胸部 X 线 / 透视检查

**常见适应证·**气管和胸部 X 线 / 透视检

查对于慢性或严重咳嗽或其他支气管肺病患病动物的早期诊断非常重要。

**优点·**这些是无创操作，且通常可以定位疾病发生的位置。

**缺点·**它们在非心丝虫病引起的急性炎性疾病（如病毒性气管支气管炎）或血栓栓塞中诊断价值较差。

**操作过程和解读·**读者可以参考放射学文献了解更多信息。评估左侧位和右侧位可提高肺部肿物的显影。

## 经气管 / 气管抽吸

**常见适应证·**气管抽吸（TA）和经气管抽吸（TTA）的适应证通常与胸部 X 线检查相同。

**优点·**TTA 相对无创，可以在无麻醉的情况下对气管支气管进行采样。TA 相对无创，但需要 2 ~ 3 min 的麻醉。因此，TA 更常见于猫和较小型的犬，因为它们很难用针安全地穿透气管。

**缺点·**TTA 的并发症并不常见，可能包括皮下（SC）肺气肿，源于针刺穿部位、食管穿孔、出血和下呼吸道导管针刺伤。样本可能无法准确反映下呼吸道或肺部疾病（如细支气管炎、间质性肺炎）。TTA 禁用于严重呼吸窘迫患病动物，因为保定会加重其呼吸窘迫并导致死亡。严重的凝血功能障碍是一种相对禁忌证。TA 可能的并发症包括加重呼吸窘迫和麻醉相关问题。

**操作过程·**犬通常能够在没有镇静的情况下忍耐 TTA，但也可以使用镇静药（如乙酰丙嗪）。对猫来说，需要常规镇静（如静脉注射氯胺酮 1 ~ 2 mg/kg），如果发生呼吸窘迫，应提供氧气。患病动物背卧保定。在喉上方的皮肤进行剃毛和手术准备后，在环甲状腺膜上注入一个利多卡因小泡。穿过环状甲状腺膜插入穿针型导管（Intrach；Deseret Medical inc.，Sandy，UT）（猫和小型犬使用 20 号，中型和大型犬使用 16 号），并推进至大约主干支气管处。对于大型犬，也可以将一个无菌的 8.89 cm（3.5 in）聚丙烯导尿管通过 14 号针插入。在麻醉动物中，导管可以通过无菌气管插管插入（如果麻醉耐受的话，建议对猫使用这个方法）。

根据动物的体型，将 0.5 ~ 1.0 mL/kg 的无菌乳酸林格液（可以使用0.9%的生理盐水，但会导致更多的细胞变形）注入导管。在动物咳嗽后进行抽吸。液体滴注后使用胸部叩击疗法可能会促进呼吸道碎屑的排出。通常只能排出少量的滴注液体。如果有低压（即＜5 mmHg）吸入泵，排出量会更高。使用抽吸泵方法，可将材料抽吸至吸滤器（Dee Lee 吸滤导管；American Hospital Supply，McGraw Park，IL）。可以注射多次乳酸林格液，直到获得样本。等分样本可用于细胞学分析和需氧、厌氧或真菌培养。建议对离心样本的细胞颗粒使用“滚压制片”的制片方法，因为如果未离心的液体样本无法在收集后 1 h 内送到实验室，通常会出现细胞破裂。滚压制片的方法，是使用棉签的木质端轻轻地将细胞从颗粒团滚到干净的载玻片上。根据细胞学检查结果决定是否培养（见下文解释）。

对于 TA，患病动物需要麻醉（如异丙酚）并插管。导尿管通过气管插管到达胸内气管或分叉处，然后按照 TTA 所述进行冲洗。

**解读·**正常情况下，偶尔有纤毛柱状或立方上皮细胞、未分化的巨噬细胞，很少或没有空泡，罕见中性粒细胞，有少量黏液。由于样本制备过程中的破坏，一些正常上皮细胞可能出现污迹或缺少纤毛。支气管肺疾病患病动物的 TTA 抽吸物可分为黏液化脓性炎症、非化脓性炎症、肿瘤性或出血性（见第 16 章）。

**黏液化脓性炎症**·这种抽吸物是中性粒细胞（见第 16 章中性粒细胞性炎症的讨论）和大量黏液的混合物，通常加上一些巨噬细胞（图 11-5）。在黏液化脓性炎症中，当炎症变得更严重时，黏液物质可能染色为嗜碱性（蓝色）或变成嗜酸性（粉红色）。如果发现退行性中性粒细胞，应仔细寻找细菌（尤其是细胞内细菌）（图 11-6）。黏液化脓性炎症的原因包括细菌、真菌、病毒、支原体和原虫感染，以及慢性支气管炎、肿瘤、异物和抽吸物。有时，细菌（如支气管败血症鲍特菌）会附着在纤毛柱状上皮细胞上（图 11-7）。

细胞学检查前，应将一部分 TTA 样本置于培养皿中（见第 15 章）。如果发现黏液存在化脓性炎症，这部分也应进行培养（见第 15 章）。

**非化脓性炎症**·这种抽吸物中的巨噬细胞（见第 16 章肉芽肿和脓性肉芽肿性炎症的讨论）、嗜酸性粒细胞（见第 16 章嗜酸粒细胞性炎症的论述）或两者的百分比均高于黏液化脓性渗出物。非化脓性渗出物可能含有大量嗜酸性粒细胞或巨噬细胞，或嗜酸性粒细胞、巨噬细胞和中性粒细胞的混合物。嗜酸性粒细胞炎症（图 11-8）提示吸入性过敏原、寄生虫或肺嗜酸性粒细胞性肉芽肿引起的超敏反应。引起炎症的寄生虫包括心丝虫、

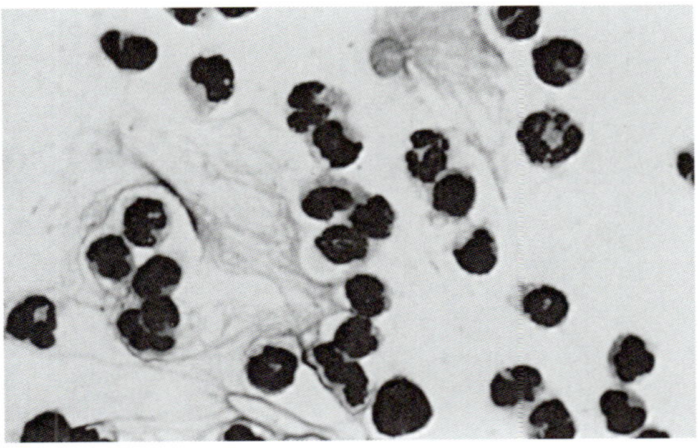

**图 11-5　与气管塌陷相关的慢性阻塞性肺疾病患犬经气管抽吸显示的黏液化脓性炎症**

注意大量非退行性中性粒细胞和大量黏液。

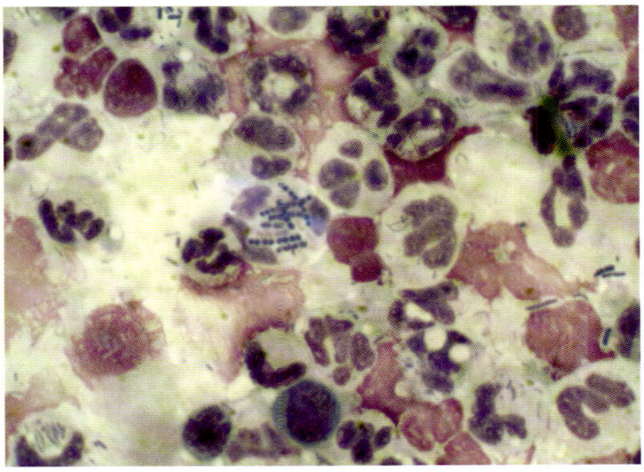

**图 11-6　细菌性肺炎患犬经气管抽吸（TTA）样本中的化脓性炎症**

注意大量的退行性中性粒细胞，其中一些细胞内含有细菌。

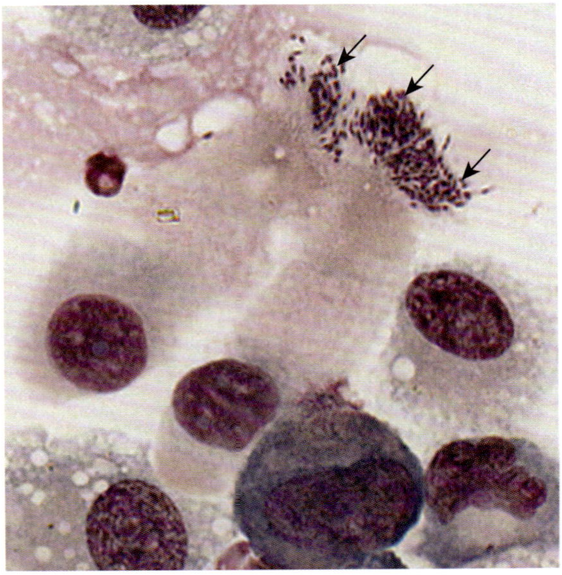

**图 11-7　气管冲洗后的纤毛柱状上皮细胞**

这些细胞的顶端附着着许多杆状细菌（即支气管败血症鲍特菌）（箭头）。

嗜气毛细线虫（图 11–9）、猫肺并殖吸虫（图 11–10）、奥妙猫圆线虫（图 11–11）、奥氏奥斯勒丝虫（*Oslerus osleri*）、类丝虫属或迁移寄生虫，如弓首蛔虫属和钩虫属。少量肥大细胞在嗜酸性粒细胞炎症中常见。庞大数量的已分化的巨噬细胞（即具有丰富细胞质和大量细胞质空泡的较大巨噬细胞）表明存在亚急性至慢性疾病，如真菌或脂质引起的颗粒性肺炎。很少发现真菌生物，因为它们往往存在于间质中，而不是在呼吸道中。

**气管内抽吸物中的其他细胞** · 反应性上皮细胞可在任何炎症过程中被发现，尤其是在猫中。细胞质比正常上皮细胞更具有嗜碱性（蓝色），细胞核有精细的染色质和可见核仁。细胞可以是单个或成簇分布。

在炎性疾病中偶尔可见杯状细胞。它们含有细胞内黏液颗粒，通常与大量细胞外黏液一起出现。

偶尔可以从患有原发性肺肿瘤，特别是腺癌患病动物身上获得肿瘤细胞。然而，原

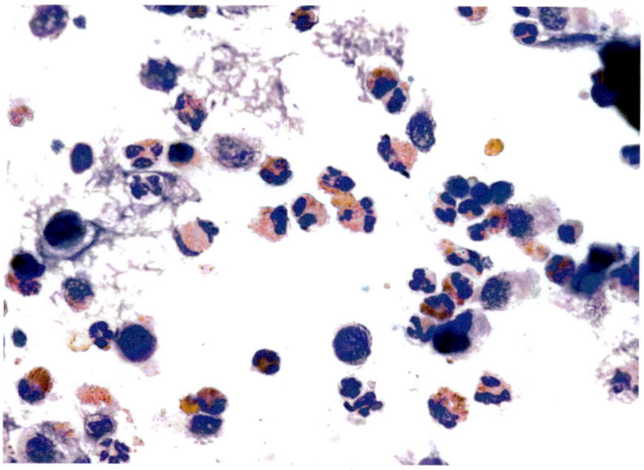

图 11–8　犬经气管抽吸（TTA）样本中的嗜酸性粒细胞炎症

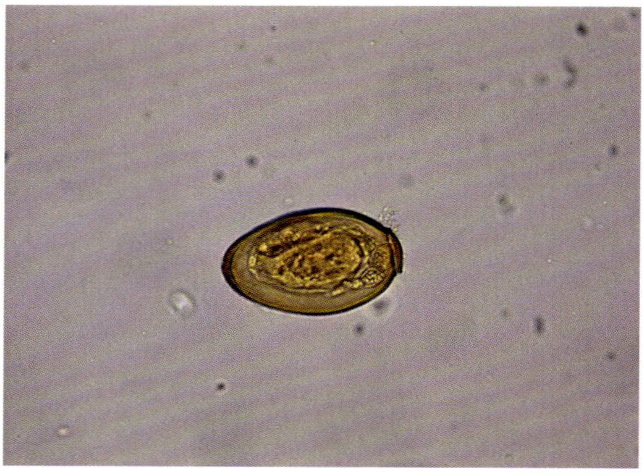

图 11–10　慢性咳嗽患猫粪便样本中的猫肺并殖吸虫卵

（由得克萨斯农工大学 Tom Craig 博士提供）

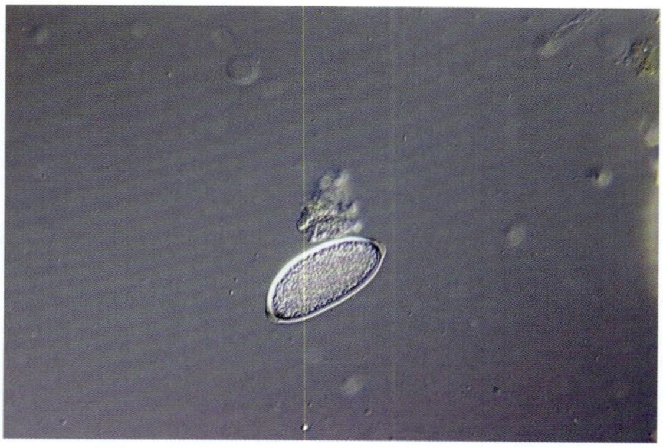

图 11–9　慢性咳嗽患犬粪便样本中的嗜气毛细线虫卵

（由得克萨斯农工大学 Tom Craig 博士提供）

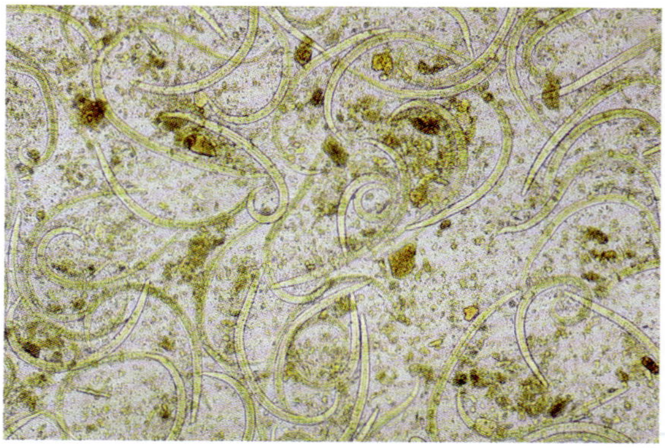

图 11–11　贝尔曼粪便检查中的奥妙猫圆线虫幼虫

（由得克萨斯农工大学 Tom Craig 博士提供）

发性肺肿瘤远不如转移性肿瘤常见。由于转移性肺肿瘤的细胞位于肿瘤间，因此在 TTA 样本中很少见。

鳞状上皮细胞（可能被细菌覆盖）或某些大型细菌（如西蒙斯菌属）可从口腔中获得（图 11–12）。

急性病毒性气管支气管炎可见淋巴细胞。在慢性、进行性、败血性支气管肺炎，以及无菌性支气管肺炎或肺淋巴肉芽肿可见淋巴细胞和浆细胞。

偶有发现嗜气毛细线虫（图 11–9）、猫肺并殖吸虫（图 11–10）的卵母细胞和体毛丝虫，以及奥氏奥斯勒丝虫、狐环体线虫、奥妙猫圆线虫（图 11–11）、犬弓首蛔虫、猫弓首蛔虫和粪类圆线虫的幼虫，以及心丝虫的微丝蚴。

炭尘色素在巨噬细胞内呈致密的黑色颗粒，在工业区的犬身上偶发。

## 支气管肺泡灌洗（BAL）

**常见适应证·**BAL 的适应证一般与 TTA 相同。

**操作·**BAL 是一种侵入性技术，需要全身麻醉，并会造成暂时性呼吸损伤。虽然在技术上并不困难，但需要练习来获得 BAL 操作的信心和技巧。该过程可以通过气管内插管进行。然而，我们更推荐在内窥镜下进行 BAL，因为这样可以提高采样位置的选择性并增加灌洗液的回收量。

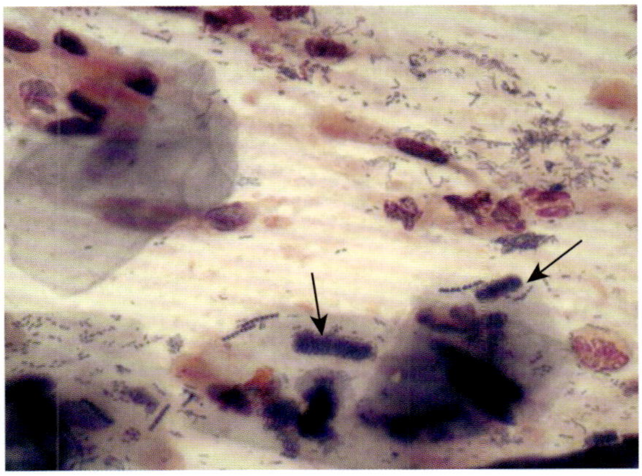

图 11–12　犬经气管抽吸（TTA）样本中的西蒙斯菌属（箭头）和其他细菌

接受 BAL 操作的动物应注射阿托品作为麻醉前药物，并静脉注射氯胺酮 / 乙酰丙嗪或氯胺酮 / 地西泮，猫用异氟醚罐诱导，犬用其他静脉短效麻醉药（如丙泊酚）。如果需要维持麻醉，可以静脉注射其他麻醉药。在猫和非常小型的犬中，可以直接通过无菌的气管内导管（内径 4 mm）进行 BAL 的操作。气管内导管放置于气管叉的吻侧，并将充气球囊充气。灌洗前给予氧气（100% 氧气）1 ~ 2 min。预充氧气后，将患病动物置于侧卧位，受影响最严重的一侧朝下，并将注射器连接到气管内导管上。将三等份（5 mL/kg）加温且无菌的乳酸林格液（0.9% 生理盐水也可以，但可能会导致更多的细胞形态变形）轻轻注入肺部，并立即轻轻吸出。抬高患病动物的后半段身体可以帮助 BAL 液的排出。每个等份的样本都要被保存在一个单独的注射器中进行分析。手术结束后，持续给予氧气（100%）直到动物完全醒来，并且呼吸不再受到抑制。

如果使用内窥镜，则不需要气管插管。内窥镜可以在当氧气通过内窥镜活检通道（注意避免气压伤），或通过内窥镜旁的适配器输送时，被输送进气管。在大型犬中，内窥镜可以通过气管内导管，氧气和吸入麻醉药可以用 T 型适配器在内窥镜周围输送。内窥镜的远端“楔”在主支气管或想观察的气道中。三等份（即 2 mL/kg）加温且无菌的乳酸林格液通过内窥镜活检通道冲洗，并如前所述，立即回收，并进行 BAL 操作前、后的氧合。

由于BAL操作中肺表面活性物质的回收，BAL液常呈泡沫状。未离心的BAL样本应被立即转移到实验室进行分析。如果不能将BAL液快速送至实验室，应立即用细胞离心法或滚压制片的方式制备细胞学样本（细胞离心机Ⅱ；Shandon Southern Instruments，Sewickley，PA）。滚压制片是由离心后的细胞颗粒制成的。用棉签的木质端轻轻将细胞从颗粒团滚到干净的载玻片上。这能持续产生优质的细胞学样本。

BAL样本的细胞特征与TTA的有很大不同。主要的细胞类型为肺泡巨噬细胞。然而，大量的嗜酸性粒细胞（高达30%）可能会出现在临床正常的猫中。根据患病动物的疾病，可能也会出现其他细胞类型和感染性生物（如酵母菌、真菌菌丝、细菌）。对此的解读与之前对TTA的描述类似。

由于在BAL操作中不可避免口腔对器械的污染，BAL样本的细菌培养是不准确的（除非对腔镜和相关器械进行消毒）。用于培养的样本最好由TTA或用保护性棉签收集。

## 气管支气管镜

**偶见适应证·**气管支气管镜主要用于持续性且未诊断的咳嗽、咯血或疑似梗阻性病变的患病动物；当需要直接观察较大的气道以寻找阻塞或塌陷时；或者选择性地对气管支气管树的一个区域取样时，可使用气管支气管镜。如果造影或透视检查不能确诊气管塌陷，那么气管支气管镜是最好的诊断方式。最好使用可弯曲的支气管镜。

**优点·**可视化主气道，并允许对特定部位进行活检。这是诊断奥氏奥斯勒丝虫感染的首选技术。刷活检获得的细胞学样本通常优于TTA。肺活检可通过经支气管活检进行。

**缺点·**需要全身麻醉，肺活检有气管破裂（特别是猫）、纵隔气肿、气胸和肺出血的潜在风险。如果氧气通过活检通道被吸入，必须小心避免气压伤。

**操作·**内窥镜通过气管内导管（大型犬）或直接进入气管（小型犬或猫）。需要对气管支气管树的所有可及部位进行全面系统检查。

**解读·**在气管、主支气管或支气管塌陷时，我们需要评估病变的严重程度。其他可见病变可以用刷子或内窥镜钳取样。获得的样本可用于细菌学培养或细胞学和组织病理学检查。

## 粪便检查

**偶见适应证·**粪便检查对未确诊的咳嗽或呼吸困难患病动物有帮助，特别是当出现不明原因的嗜酸性粒细胞增多症或影像学征象提示肺部寄生虫时。

**优点·**无创。

**缺点·**一些肺部寄生虫（如体毛丝虫）无法被有效回收。

**操作·**粪便漂浮使用硫酸锌溶液或其他漂浮介质（见第9章）。

**解读·**可能检测到嗜气毛细线虫（图11-9）、体毛丝虫、波西米毛细线虫和猫肺并殖吸虫（图11-10）。

## 贝尔曼漏斗装置

**偶见适应证·**贝尔曼漏斗装置可用于与呼吸道寄生虫粪便漂浮相同的原因。

**优点·**无创。

**缺点·**不方便且繁琐，有些寄生虫（如奥氏奥斯勒丝虫）会不规律地产卵。

**操作·**将新鲜粪便放在滤网中的粗棉布

上，然后放入贝尔曼器械（一种漏斗，在管柄端夹有胶管）。往漏斗里加水直至盖住粪便，然后粪便将会被分解成小块。几个小时后，少量的水通过橡胶管排出，并在显微镜下检查幼虫。

**解读**·米氏类丝虫、体毛丝虫、奥氏奥斯勒丝虫、狐环体线虫、奥妙猫圆线虫（图 11-11）和粪小杆线虫的虫卵可以被鉴定出来，但阴性检测结果并不能排除这些寄生虫的存在。诊断奥氏奥斯勒丝虫感染的方法是支气管镜检查。

## 肺抽吸活检

**偶见适应证**·肺抽吸活检主要用于肿物或弥散性浸润性疾病的患病动物，并为培养获取样本。

**优点**·无须开胸术就可以对肺实质进行采样。

**缺点**·可能的并发症包括气胸、肺出血、咯血和心律失常（如果心肌无意中被穿透），其中任何一种都很少会导致死亡。

**禁忌**·不配合的患病动物，以及血小板减少、凝血功能障碍、无法控制的严重咳嗽的患病动物禁用。

**操作**·应通过血小板计数和颊黏膜出血时间检查凝血状况（见第 5 章）。对于弥散性肺疾病，建议抽吸位置在第 7 和第 9 肋间隙之间，从肋软骨连接处到椎体距离的 2/3。用 25 号皮下针或脊柱针（Becton-Dickinson，Rutherford，NJ），将针柱移除，并使用一个 12 mL 注射器。在剃毛和备皮后，将针头连接到注射器并插入肺实质，进行抽吸。这个过程应该迅速完成，真正的抽吸不超过几秒钟。通常只能抽吸到很少的样本，而且存在的样本通常在留置针的针头里。应该将针从注射器中取出，将空气引入注射器，将针重新连接，并将吸入的材料迅速“吹”到干净的载玻片上。另一块干净的载玻片水平交叉推开样本，用于细胞学检查。肺抽吸应在当天早些时间进行，以便监测患病动物因气胸、肺出血或咯血引起的呼吸困难。超声检查通常不适用于评估肺实质。然而，如果存在肿物病变，超声或透视引导可能有助于抽吸针的放置。

用于组织病理学检查的较大肺组织样本可以通过类似的技术获得，使用改良 Menghini 穿刺活检针（Becton-Dickinson）或 Bard Monopty 活检针（C.R. Bard，Inc，Murray Hill，NJ）[1]。并发症类似于肺抽吸活检。

**解读**·细针穿刺活检样本应进行细胞学检查，可分为炎性、肿瘤性或出血性（见第 16 章）。较大的样本需送样进行组织病理学检查。

**炎性**·以中性粒细胞、单核细胞或嗜酸性粒细胞为主。常见红细胞数量多。在真菌性肺炎中，特别是芽生菌病（图 11-13）或组织胞浆菌病（图 9-3A）引起的肺炎，可以看到游离的或被吞噬的酵母菌。嗜酸性粒细胞数量升高可能会在有肺浸润嗜酸性粒细胞，以及其他过敏和寄生虫病的动物中出现。

**肿瘤性**·肿瘤细胞偶尔可见。恶性上皮

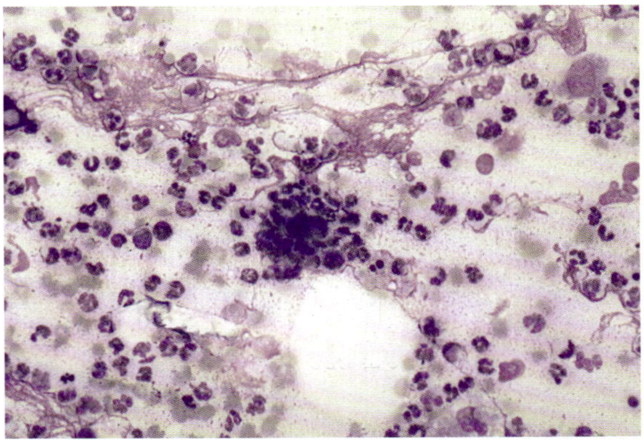

**图 11-13 细针吸入肺部样本中的皮炎芽生菌**
来自一只体重减轻、呼吸困难的犬。

细胞倾向于成簇出现（如木筏状），还可能存在炎性细胞。

**出血性**·出血经常发生，通常是医源性出血。

**寄生虫性**·体毛丝虫的成虫很罕见。

## 肺部疾病的血清学 / 抗原检测

在组织胞浆菌病、芽生菌病、隐球菌病和球孢子菌病中，发现生物体（酵母菌形式）具有诊断意义。由这些微生物引起的肺部疾病通常属于间质性，TTA 很少会显现这些微生物。在 TTA、BAL 和肺穿刺活检不能确定初步诊断的情况下，血清抗体或抗原检测（即球孢子菌病、芽生菌病、隐球菌病、组织胞浆菌病）具有诊断价值（见第 15 章）。弓形虫的血清学检测很少用于肺病患病动物。

## 氨基末端 B 型利钠肽（NT-proBNP）

**适应证**·目前的适应证是基于现有数据，但这是一个不断发展的领域，在不久的将来适应证可能会发生显著变化。该检测应与其他不能替代它的合适的检测结合使用。适当使用 NT-proBNP 可以同时提高准确性和可信度。NT-proBNP 的评估可能有助于筛选选定的无症状犬和猫的心脏病群体，包括杜宾犬、拳师犬、有杂音或奔马律或心律失常的猫，以及有心肌病高风险的纯种猫。这种评估有助于区分心脏功能衰竭的临床症状（如呼吸困难、呼吸急促、端坐呼吸、运动不耐力、虚弱、昏厥 / 晕厥）是否与犬和猫的心脏病或其他非心脏的病因有关。最近的数据表明，患有慢性瓣膜病的无症状犬的数值趋势可能有助于确定其发生心力衰竭的风险是否增加。

**优点**·NT-proBNP 是一种简单的血液检测，相对便宜。

**分析**·ELISA 法检测 EDTA 血浆，血浆加入到实验室（爱德士实验室）提供的蛋白酶管中。血液样本必须在 1 h 内离心，并将血浆放入蛋白酶管中。一旦进入蛋白酶管，样本稳定。

**正常值**·根据现有数据，猫的正常值通常＜50 pmol/L，犬的正常值＜800 pmol/L。然而，这是一个不断发展的研究领域，解释个体患病动物的检测结果时，我们应该使用当前诊断实验室（爱德士实验室）提供的标准。

**危险值**·目前，已知具有获得性心脏病的无症状犬的数值＞1800 pmol/L（猫的数值＞270 pmol/L）被认为是发展为心力衰竭的风险因素。在有临床症状显示心力衰竭的犬、猫中，血清水平分别＞1800 pmol/L 和 270 pmol/L，这些数值支持目前的临床症状与心脏病有关，应被视为进行其他心脏检查（如胸部 X 线片、超声心动图）的指征。

**假象**·可能存在假阳性，常见于对不合适的群体进行检测（如所有犬）。

**可能改变数值的药物**·适当的心力衰竭治疗可以降低 NT-proBNP 水平，但不会恢复正常。

**血清 NT-proBNP 降低的原因**·未知。

**血清 NT-proBNP 升高的原因**·隐性和有临床症状的获得性和先天性心脏病、肺动脉高压和严重心律失常可引起 NT-proBNP 升高，可能会出现假阳性。

## 心脏肌钙蛋白 I（cTnI）

**适应证**·心脏肌钙蛋白 I（cTnI）是心肌细胞严重损伤的标志，已被证明在患有原发性心脏病和已知可引起心脏损伤的全身性疾病的动物中升高。因此，它可能有助于识别显著心脏损伤风险增加的患病动物，有助于确定应该进行哪些额外的（更具体的）诊断检测。

**优点**·这是一种简单的血液检测，相对便宜，而且在许多实验室可进行检测。

**分析**·典型的分析采用免疫分析法，并对血清进行分析。然而，最好与提交样本的实验室核对，因为提交的样本可能会有一些不同。此外，必须在每个实验室进行验证，并为犬、猫建立参考范围。

**正常值**·一般来说，＞0.2 ng/mL 的值与犬、猫的生存时间缩短有关。然而，应使用进行检测的实验室的具体参考范围。

**危险值**·一般来说，数值越高反映的心脏损伤越严重。与心肌炎（增加 5 倍）相比，缺血时 cTnI 的升高更大（约增加 10 倍）。在其他获得性心脏病中的增加倍数可能更低。

**假象**·cTnI 升高提示心肌损伤，但不能诊断具体原因。cTnI 升高应被认为是其他心脏诊断检查的指征。阴性检测并不能排除所有心脏疾病。

**可能改变结果的药物**·适当的心脏治疗可能导致 cTnI 降低。

**cTnI 降低的原因**·尚不清楚。

**cTnI 升高的原因**·犬：胃扩张和扭转、子宫蓄脓、心脏挫伤、巴贝斯虫病、获得性和先天性心脏病、拳师犬的心律失常性右室心肌病、梗死、心源性和非心源性呼吸困难、心包积液、年龄因素影响。

猫：甲状腺功能亢进、心肌病。

## 动脉血气

肺泡通气是指吸入的空气进入肺泡和离开肺泡的能力。通气衰竭指的是进出肺泡的气流不足，导致无法维持体内二氧化碳（$CO_2$）的稳态。呼吸衰竭指的是通气、灌注或扩散的衰竭。

**罕见适应证**·对于气道或肺实质疾病引起的任何原因的呼吸功能不全或通气衰竭的患病动物，可以进行动脉血气测量。

**优点**·它可以量化呼吸损伤的程度，评估代偿性变化，并监测对治疗的反应。

**缺点**·它不能帮助医生确定、诊断或预测是否是局灶性或弥散性呼吸道疾病。此外，它需要动脉穿刺和及时提交样本。

**样本获取**·见第 6 章。

**分析**·动脉血液样本是评估呼吸系统所必需的。第 6 章讨论了用静脉血气分析法测定酸碱状态，静脉氧气张力（$PvO_2$）将在下一节讨论。

**正常动脉值**·见表 6–1。

**危险值**·动脉氧分压（$PaO_2$）＜60 mmHg；动脉二氧化碳分压（$PaCO_2$）＞70 mmHg。

**注意**：危险值取决于问题的持续时间（慢性疾病允许代偿机制，能容忍更高程度的异常）。

**假象**·分析前不恰当的样本储存会降低 $PaO_2$，而有气泡会增加 $PaO_2$（见第 6 章）。

**可能改变数值的药物**·过量的肝素会降低 pH 值和 $PaO_2$，而柠檬酸盐、草酸盐或 EDTA 会降低 pH 值（见第 6 章）。任何改变呼吸驱动控制的药物（如麻醉药）都可能改变 $PaO_2$。

### 氧气分压

尽管 $PaO_2$ 的测量有助于评估呼吸障碍的程度，但它只是影响氧气输送到组织的一个因素。其他参数，如心输出量、血压、局部血流量、血红蛋白解离曲线位置、血红蛋白浓度等也很重要（专栏 11–4）。根据湿度的不同，海平面大气空气中的 $PaO_2$ 可能为 149 ～ 159 mmHg（19.7% ～ 20.8%）。肺泡空

气中相应的 $PaO_2$（104 mmHg 或 13.6%）由于 $PaCO_2$ 和 $H_2O$ 呼吸气体增加而相对较低。

**低氧血症的原因** · 低氧血症的原因包括吸入空气中氧气不足、肺泡通气不足、弥散受损、通气 / 灌注不匹配和血管分流（专栏 11–4）。描述和评价低氧血症及其伴随的 $PCO_2$ 和 $HCO_3^-$ 变化将在稍后的血气诊断评价中讨论。

## 二氧化碳分压

海平面上肺泡空气中 $PaCO_2$ 为 40 mmHg（5.3%），而大气空气的 $PaCO_2$ 仅为 0.3 mmHg（0.3%）。$PaCO_2$ 的增加或减少分别是由通气量的减少或增加引起的（表 11–1）。因为 $PaCO_2$ 的升高会降低 pH 值，这种情况也被称为呼吸性酸中毒。相反，$PaCO_2$ 降低会升高 pH 值（即呼吸性碱中毒）。

**高碳酸血症（hypercarbia）的原因** · 参见第 6 章。

**低碳酸血症（hypocarbia）的原因** · 参见第 6 章。

### 专栏 11–4　犬、猫低氧血症的原因

**吸氧不足**

- 高海拔
- 麻醉期间氧源不足

**肺泡低通气（与 $PaCO_2$ 升高相关）**

- 呼吸中枢抑制 / 骤停
- 呼吸肌肉衰竭
- 第三空间疾病（气胸、胸腔积液、连枷胸、膈疝）
- 气道阻塞

**弥散性损害**

- 肺间质疾病（肺炎、水肿、肿瘤、栓塞）
- 气道疾病

**血管分流**

- 右 – 左心脏分流（法洛四联症，由于动脉导管未闭、房 / 室间隔缺损导致的右 – 左分流）
- 肺内动静脉分流

表 11–1　基于血气分析的通气评估

| | | | |
|---|---|---|---|
| **$PaCO_2$ 下降（通气过度）** | | | |
| pH 值↓ ~ ↓↓<br>$HCO_3^-$ ↓<br>部分代偿性代谢性酸中毒 | pH 值正常<br>$HCO_3^-$ ↓<br>代偿性代谢性酸中毒 | pH 值↑<br>$HCO_3^-$ ↓<br>慢性过度通气（部分代偿性呼吸性碱中毒） | pH 值↑↑<br>$HCO_3^-$ 正常<br>急性过度通气（非代偿性呼吸性碱中毒） |
| **正常 $PaCO_2$** | | | |
| pH 值↓ ~ ↓↓<br>$HCO_3^-$ ↓<br>非代偿性代谢性碱中毒 | | pH 值↑ ~ ↑↑<br>$HCO_3^-$ ↑<br>非代偿性代谢性酸中毒 | |
| **$Paco_2$ 升高（通气不足）** | | | |
| pH 值↓ ~ ↓↓<br>$HCO_3^-$ 正常<br>急性通气衰竭（非代偿性呼吸性酸中毒） | pH 值正常<br>$HCO_3^-$ ↑<br>慢性通气衰竭（代偿性呼吸性酸中毒） | pH 值↑<br>$HCO_3^-$ ↑<br>部分代偿性代谢性碱中毒 | |

注：对于 pH 值的解释（犬）如下。pH 值正常为 7.36 ~ 7.44；pH 值↑，7.45 ~ 7.50；pH 值↑↑，>7.50；pH 值↓，7.30 ~ 7.35；pH 值↓↓，<7.30。未量化 $HCO_3^-$ 的变化。

**对血气变化的代偿反应** · $PaO_2$ 降低与 $PaCO_2$ 升高或降低相关。在犬中，可预测的 $HCO_3^-$ 的变化与 $PaCO_2$ 的变化相关，在猫中也可能发生类似的变化（表 6–2）。

## 血气的诊断评估

首先，医生应确定指标异常是否严重。$PaO_2$ 的轻微升高除了描述基础疾病之外，并不能作为需要附加评估的指征。在呼吸富氧混合物的患病动物中，如果 $PaO_2$ 小于吸入氧浓度约 5 倍，则提示需要进行其他诊断。如果变化显著，首先应将指标的异常定性为原发性或继发性、代偿性或非代偿性疾病，然后寻求确定的潜在原因（表 11–1）。建议采用三步法来描述异常。下面将简要概述这 3 个步骤。欲了解更多信息，请参阅 DiBartola[5, 11]。

### 步骤 1：通气状态评估

临床兽医应评估 $PaCO_2$。通气分为可接受（即 $PaCO_2$ 正常）、过度通气（即 $PaCO_2$ 降低）或通气不足（即 $PaCO_2$ 升高）。从表 11–1 中可知，异常可以被评估为呼吸性或代谢性来源。有关更多信息，请参见专栏 6–8 和专栏 6–10，以及第 6 章中关于呼吸性酸中毒和呼吸性碱中毒的讨论。

### 步骤 2：低血氧状态评估

$PaO_2$ 的降低证实动脉低氧血症，并提示组织低氧（专栏 11–4）。

### 步骤 3：组织含氧状态评估

正常的组织氧合需要充分氧合的血液进行灌注。因此，这一步骤包括评估心脏状态、外周灌注和血氧运输（见下文）。

## 静脉血氧分压

**偶见适应证** · 测量 $PvO_2$ 有助于评估氧气输送到组织的充分性和监测心输出量。

**分析和解读** · 如果出现肺水肿，应测量 $PaO_2$。$PaO_2$ > 65 mmHg 时，静脉血氧分压（$PvO_2$）能够反映心输出量。样本应该从颈静脉中获得。静脉阻塞时间 > 5 ~ 10 s 会人为地降低 $PvO_2$。正常的 $PvO_2$ > 40 mmHg。分析前获取和储存血液样本的注意事项与动脉血气相同。

如果 $PvO_2$ < 30 mmHg，则说明向组织输送氧气不足。心输出量、氧饱和度、血红蛋白浓度和外周动静脉分流应被纳入 $PvO_2$ 降低的原因，并如前所述进行评估。在心脏病患病动物中，$PvO_2$ 不能被认为与特定的心输出量相关，但 $PvO_2$ 的升高或降低能够分别反映出相对于初始值的心输出量的改善或恶化。

## 脉搏血氧测量

**偶见适应证** · 脉搏血氧评估脉搏率和动脉血血红蛋白饱和度（$SaO_2$）。$SaO_2$ 的测量几乎和 $PaO_2$ 一样重要，因为两者都是衡量肺部向血液输送氧气能力的指标。脉搏血氧是一种对于发现低氧血症很有用的持续监测，特别是在麻醉期间尤为重要。

**操作** · 将脉搏血氧计电极与患病动物相连（如舌头、嘴唇、耳朵）。动脉血气测量可以验证脉搏血氧测量的准确性。

**解读** · 肺和心血管的合理功能对于实现准确的脉搏率和血红蛋白饱和度测量都是必需的。周围血管收缩可能导致脉搏率读数差，但对鉴别低氧血症有意义。$PaO_2$ 和 $SaO_2$ 与低氧血症的关系如下：正常，$SaO_2$ > 90 mmHg，$PaO_2$ > 80 mmHg；重度低氧血症，$SaO_2$ < 90 mmHg，$PaO_2$ < 60 mmHg；非常严重的低氧血症，$SaO_2$ < 75 mmHg，$PaO_2$ < 40 mmHg。$SaO_2$ 在贫血时应该为正常，但在高铁血红蛋白血症或严重的心肺疾病时应该会降低。关

键是要根据患病动物的呼吸状况来解读 $SaO_2$，而不要盲目相信数字。另外，探头放置不当也容易出现 $SaO_2$ 读数过低。

## 胸腔穿刺术

**偶见适应证**・胸腔穿刺术用于胸腔积液，或胸腔、纵隔肿物的患病动物。

**优点**・相对无创。

**缺点**・有可能产生气胸、血胸或心律失常。

**操作**・在右侧第 5 ~ 11 肋间隙（如果有积液，可在其他部位）上的皮肤进行剃毛和手术准备。将蝶形导管的针插入第 7 ~ 8 肋间隙，大约在肋间软骨连接处的水平，并将液体抽吸入注射器。如果该过程既是治疗性的也是诊断性的，那么可以在注射器上安装一个三通阀。液体分析在第 10 章中做介绍。我们也可以抽吸肿物进行细胞学检查，最好是在透视或超声引导下。当分析液体后（见第 10 章），尽可能多地吸出液体会很有帮助，然后通过胸部 X 线片（或重拍 X 线片）来寻找抽液之前不明显的结构（如纵隔肿物）。

**解读**・参见第 10 章。

## 胸腔镜检查 / 胸廓切开术

**罕见适应证**・胸腔镜检查和胸廓切开术可以在患有诺卡氏菌病或放线菌病动物中用于寻找异物（如草芒），或诊断导致慢性或进行性胸腔积液的浸润性疾病（如间皮瘤）。胸廓切开术也可以通过肺叶切除术或活检（肺或肿物）来诊断患有浸润性疾病的动物。与胸廓切开术相比，胸腔镜具有发病率低、术后恢复时间短的优点。然而，胸腔镜不能够做到像胸廓切开术那样彻底的检查。一般情况下，在开胸或胸腔镜检查前应进行影像学检查（即 X 线或 CT 检查）。

## 参考文献与推荐阅读


[1] Bauer TG: Lung biopsy. *Vet Clin North Am* 30(6):12, 2000.

[2] DeBerry JD, et al: Correlation between fine–needle aspiration cytopathology and histopathology of the lung in dogs and cats. *J Am Anim hosp Assoc* 38:327, 2002.

[3] Degner dA: Surgical considerations of nasal discharge. *Clin Tech Small Anim Pract* 21(2):64, 2006.

[4] Dehard S, et al: Comparison of bronchoalveolar lavage cytospins and smears in dogs and cats. *J Am Anim hosp Assoc* 44:285, 2008.

[5] DiBartola SP: Introduction to acid–base disorders. In DiBartola SP, editor: *Fluid, electrolyte and acid-base disorders in small animal practice*, ed 4, St. Louis, 2011, Saunders Elsevier, Ch 9.

[6] Elie M, Sabo M: Basics in canine and feline rhinoscopy. *Clin Tech Small Anim Pract* 21(2):60, 2006.

[7] Hunt GB, Foster SF: Nasopharyngeal disorders. In Bonagura JD, editor: *Current veterinary therapy XIV*, St. Louis, 2009, Saunders Elsevier.

[8] Johnson LR: Rhinitis in the cat. In Bonagura JD, editor: *Current veterinary therapy XIV*, St. Louis, 2009, Saunders Elsevier.

[9] Johnson LR, drazenovich TL: Flexible bronchoscopy and bronchoalveolar lavage in 68 cats (2001–2006). *J Vet Intern Med* 21:219, 2007.

[10] Johnson LR, Kass PH: Effect of sample collection methodology on nasal culture results in cats. *J Fel Med Surg* 11:645, 2009.

[11] Johnson RA, DeMorais HA: Respiratory acid–base disorders. In DiBartola SP, editor: *Fluid, electrolyte and acid-base disorders in small animal practice*, ed 4, St. Louis, 2011, Saunders Elsevier, Ch 11.

[12] Kogan DA, et al: Clinical, clinicopathologic, and radio– graphic findings in dogs with aspiration pneumonia: 88 cases (2004–2006). *J Am Vet Med Assoc* 233:1742, 2008.

[13] Kuehn NF: Nasal computed tomography. *Clin Tech Small Anim Pract* 21(2):55, 2006.

[14] Kuehn NF: Rhinitis in the dog. In Bonagura JD, editor: *Current veterinary therapy XIV*, St. Louis, 2009, Saunders Elsevier.

[15] Lefebvre J, Kuehn NF, Wortinger A: Computed

tomography as an aid in the diagnosis of chronic nasal disease in dogs. *J Small Animal Pract* 46:280, 2005.

[16] MacPhail CM, Monnet E: Laryngeal diseases. In Bonagura JD, editor: *Current Veterinary Therapy XIV*, St. Louis, 2009, Saunders Elsevier.

[17] Norris CR, et al: Thoracic radiography, bronchoalveolar lavage cytopathology, and pulmonary parenchymal histopathology: a comparison of diagnostic results in 11 cats. *J Am Anim hosp Assoc* 38:337, 2002.

[18] Norris CR, et al: Comparison of results of thoracic radiography, cytologic evaluation of bronchoalveolar lavage fluid, and histologic evaluation of lung specimens in dogs with respiratory tract disease: 16 cases (1996–2000). *J Am Vet Med Assoc* 218:145, 2001.

[19] Pomrantz JS, et al: Comparison of serologic evaluation via agar gel immunodiffusion and fungal culture of tissue for diagnosis of nasal aspergillosis in dogs. *J Am Vet Med Assoc* 230:1319, 2007.

[20] Pownder S, Rose M, Crawford J: Radiographic techniques of the nasal cavity and sinuses. *Clin Tech Small Anim Pract* 21(2):46, 2006.

[21] Schmiedt C: Small animal exploratory thoracoscopy. *Vet Clin North Am* 39:953, 2009.

第12章

# 免疫系统和血浆蛋白疾病

Mark C. Johnson

## 血清总蛋白和白蛋白

**常见适应证**·适用于大多数患病动物，尤其是已知或疑似贫血、水肿、腹腔积液、创伤、凝血功能障碍、腹泻、体重减轻、肝脏或肾脏疾病的动物。

**优点**·可操作性较强。

**缺点**·这些变化往往是非特异性的，需要额外的检测来确定蛋白浓度改变的原因。

**分析**·可以通过折射法评估液体、血清或血浆（EDTA 或肝素）中的总蛋白浓度。用温控折射仪校准总蛋白比用只读取总蛋白的折射仪检测效果更好（见“假象”下的“注意”）[6]。可以通过分光光度法或干试剂法检测血清、尿液或液体中的总蛋白和白蛋白。血清球蛋白浓度通过血清总蛋白减去血清白蛋白进行计算。

**正常值**·见表 12–1。

> **注意：** 围产期和年幼动物的正常值较低。该数值会逐渐增加至成年数值，表 12–1 中较高的数值是成年动物的平均正常值。然而，白蛋白和球蛋白都会随着年龄的增长而下降。

**危险值**·白蛋白浓度≤1.0 g/dL 可能与积液形成有关，但同时伴有门静脉高压的动物在更高白蛋白浓度时可能有形成腹腔积液的风险（如＞1.5 g/dL）。严重低白蛋白血症的患病动物也可能有抗凝血酶Ⅲ（AT Ⅲ）活性下降（见低白蛋白血症的原因），因此也使它们面临出现肺、肠系膜或门静脉血栓的风险。

**假象**·脂血症、严重高血糖、氮质血症、明显的高钠血症和高氯血症都会导致数值（折射仪）假性升高。在病史调查中，高胆红素血症被认为是血清总蛋白假性升高的原因之一，但可能只在明显升高的情况下出现[15]。同样，溶血会干扰总蛋白读数，但不会直接干扰测量[6]。

> **注意：** 某些测量人白蛋白的方法不适用于犬白蛋白的测量。

**可能改变蛋白浓度的药物**·在体征变化（如体重、肌肉量）可能已经很明显的情况下，激素变化对血清蛋白的影响仍较小。人体内的合成代谢类固醇、孕酮、胰岛素和甲状腺激素可能会引起高蛋白血症，但在犬、猫上

表 12–1　正常血清总蛋白和白蛋白浓度（g/dL）

| | 犬 | 猫 |
|---|---|---|
| 血浆总蛋白 | 6.0 ~ 7.8 | 6.0 ~ 7.5 |
| 血清总蛋白 | 5.5 ~ 7.5 | 5.5 ~ 7.8 |
| 血清白蛋白* | 2.5 ~ 4.0 | 2.5 ~ 4.0 |

* 血清球蛋白浓度可以反映血清白蛋白浓度。

不会出现类似的结果。长期大剂量的皮质类固醇治疗可引起正常犬的高蛋白血症和高白蛋白血症，但在停止治疗后的几周内其数值会恢复正常[15]。低蛋白血症可能是由于雌激素引起的，也可能是由于抗惊厥药、对乙酰氨基酚、雌激素和体内各种抗肿瘤药物引起。如果没有相关的潜在原因（如肝硬化），犬和猫的抗惊厥药和抗肿瘤药的使用本身不会引起类似的变化。

**血浆和血清蛋白浓度改变的原因·**血清总蛋白浓度是血清白蛋白和球蛋白相加的结果。因此，该值只提供了蛋白稳态的概况。

**高白蛋白血症的原因·**临床上唯一有意义的原因是脱水。

**低白蛋白血症的原因·**首先要考虑血清球蛋白浓度，并确定它是否也有类似的下降（非选择性），或者只有白蛋白浓度下降（选择性）。如果两者都下降（即泛低蛋白血症），低蛋白血症的非选择性原因，如出血、严重皮肤病的渗出、蛋白丢失性肠病（PLE）和血液稀释通常更有可能（专栏 12–1）。明显的出血应该是显而易见的，但如果是相对轻度且慢性的胃肠道出血则很难确定。胃肠道出血可由许多类型的胃肠道疾病引起（见第 9 章），包括 PLE，但其他非特异性疾病（如肾上腺皮质功能减退）也需要被考虑。引起 PLE 的原因很多，将在第 9 章讨论。尽管血清白蛋白和球蛋白在 PLE 中经常下降，但球蛋白的浓度在某些病例中可能是正常或升高的（特别是那些同时患有其他疾病的病例，如心丝虫感染、埃立克体病或慢性皮肤病）。血液稀释很少引起低白蛋白血症，但可因静脉输液过量或血浆扩容剂（如羟乙基淀粉）、引起水肿性疾病（如充血性心力衰竭）而发生，很少因 ADH 分泌过多而发生。血液稀释通常引起轻度下降（白蛋白浓度为 2.1 ～ 2.4 g/dL），而 PLE 可引起中度（1.5 ～ 2.0 g/dL）至重度（＜1.5 g/dL）低白蛋白血症。

机体在白蛋白减少的同时球蛋白正常或增加可被称为选择性低白蛋白血症。最常见的和具有临床意义的原因是慢性肝功能不全导致的白蛋白生成减少，蛋白丢失性肾病（PLN）导致的白蛋白丢失增加，或因大量渗出而积聚在体腔中（专栏 12–1）。如果肝脏受到严重影响，慢性肝功能不全可产生明显的低蛋白血症（＜1.0 g/dL）。造成肝功能不全的原因很多，可以是先天性的（如先天性门脉分流）或获得性的（如肝硬化、肿瘤）（见第 9 章）。PLN 引起的低白蛋白血症可能极显

**专栏 12–1　犬、猫低白蛋白血症的原因**

**生成减少**

- 慢性肝功能不全 *,1
- 蛋白质摄入不足 †,‡
- 消化不良 †
- 吸收不良 †

**高丙种球蛋白血症**

**扣押**

- 体腔积液 1
- 血管病变

**丢失增加**

- 由于肾小球疾病导致的蛋白丢失性肾病（PLN）*,1
- 胃肠道：蛋白丢失性肠病（PLE）*,2
- 皮肤病变的渗出物 2
- 出血 2

**血液稀释** 2

---

* 导致血清白蛋白≤2.0 g/dL 的最常见和重要的原因。其他原因很少导致血清白蛋白≤2.0 g/dL。

† 作为血清白蛋白≤2.0 g/dL 唯一原因的重要性值得怀疑。更可能作为一个其他问题导致低白蛋白血症的诱因。

‡ 对于非常年幼的动物或喂养方式长期极度缺乏蛋白质的动物可能很重要。

1 重要的选择性原因。

2 重要的非选择性原因。

著（如＜2.0 g/dL，甚至＜1.5 g/dL）。如果检测到肾脏蛋白丢失，通常需要进行尿液分析 ± 尿蛋白 / 肌酐比值检查（见第 7 章），以确认白蛋白尿的存在和严重程度。第 7 章讨论了导致 PLN 的原因。

**注意：**非常严重的 PLN 有时可并发低球蛋白血症。

白蛋白可能漏出于胸腔、腹腔或皮下组织。低白蛋白血症患病动物可能因为白蛋白漏出进一步降低了血清白蛋白浓度。另外，白蛋白漏出也可能继发于流体静水压的升高（如门静脉高压、右心衰）。免疫介导性或感染性血管病（如内毒素血症和菌血症、埃立克体病、落基山斑疹热）也会使白蛋白从血管腔中漏出。由于白蛋白漏出或血管病变引起的低白蛋白血症通常是轻微的。

严重营养不良、吸收不良或消化不良导致的蛋白质摄入不足，也可能引起低白蛋白血症，但程度一般较低。同样，炎症引起的高球蛋白血症也会导致轻度的低白蛋白血症，这是因为用减少生成白蛋白来抵消球蛋白的增加，或者是因为白蛋白是一种负性急性期蛋白，在炎症期间会减少。显著的低白蛋白血症（即白蛋白浓度＜2.1 g/dL）不应仅仅归因于营养不良或白蛋白合成下降，而需要通过明确的检测（不仅仅是病史和体格检查）先排除肝功能不全和蛋白丢失性疾病，因为除了幼年动物外，饥饿和白蛋白生成下降很少导致血清白蛋白浓度＜2.1 g/dL。

低白蛋白血症患病动物的基本诊断方法见图 12–1。对体格检查结果提示存在低白蛋白血症的动物应进行临床病理检测，如 CBC、血清生化和尿液分析。如果怀疑肝功能不全，则应进行血清胆汁酸和血氨的检查（见第 9 章）。如果发现蛋白尿，但没有脓尿或血尿，并且存在低白蛋白血症，应进行尿蛋白 / 肌酐比值检查（见第 7 章）。脓尿和血尿可引起蛋白尿，因此无法确定是否存在肾小球丢失，因此，在脓尿或血尿解决后应进行后续尿液分析。应对低白蛋白血症的严重程度进行分类（2.1 ~ 2.4 g/dL，轻度；1.5 ~ 2.0 g/dL，中度；＜1.5 g/dL，显著），以做初步的鉴别诊断。但在进行更多的检测之前，不应该通过这种分类来明确排除潜在原因，因为在一些 PLE、PLN 和早期肝功能不全的病例中可以观察到轻度低白蛋白血症。

低白蛋白血症患病动物的初步处理方法从临床评估开始。严重的皮肤渗出性病变可通过体格检查诊断，但仍应调查肾脏、肝脏和消化道疾病的可能性。与低白蛋白血症相关的皮下水肿和体腔积液通常为漏出液。与 PLN 或 PLE 相关的低白蛋白血症、慢性肝功能不全、免疫介导性或感染性血管炎都可能引起体腔积液，主要以漏出液为主。但我们每次均应评估液体性质，以确定它们确实是漏出液，而不是其他的改性漏出液或渗出液（这将明确表明不仅仅是低白蛋白血症导致的渗出）。

接下来，在诊断样本上识别某些特定模式可以提示不同的疾病过程。高胆固醇血症加低白蛋白血症，提示 PLN。明显的蛋白尿而无脓尿和血尿，提示需要对 PLN 进行诊断（见第 7 章）。低胆固醇血症加上低白蛋白血症，提示肝功能不全或 PLE。伴有肝肿大的低白蛋白血症，肝过小，神经系统特征，黄疸，伴有或不伴有丙氨酸氨基转移酶（ALT）和（或）血清碱性磷酸酶（SAP）升高的血尿素氮降低，或肝功能检查结果异常（如血清胆汁酸），表明应进行肝功能不全的诊断（见第 9 章）。

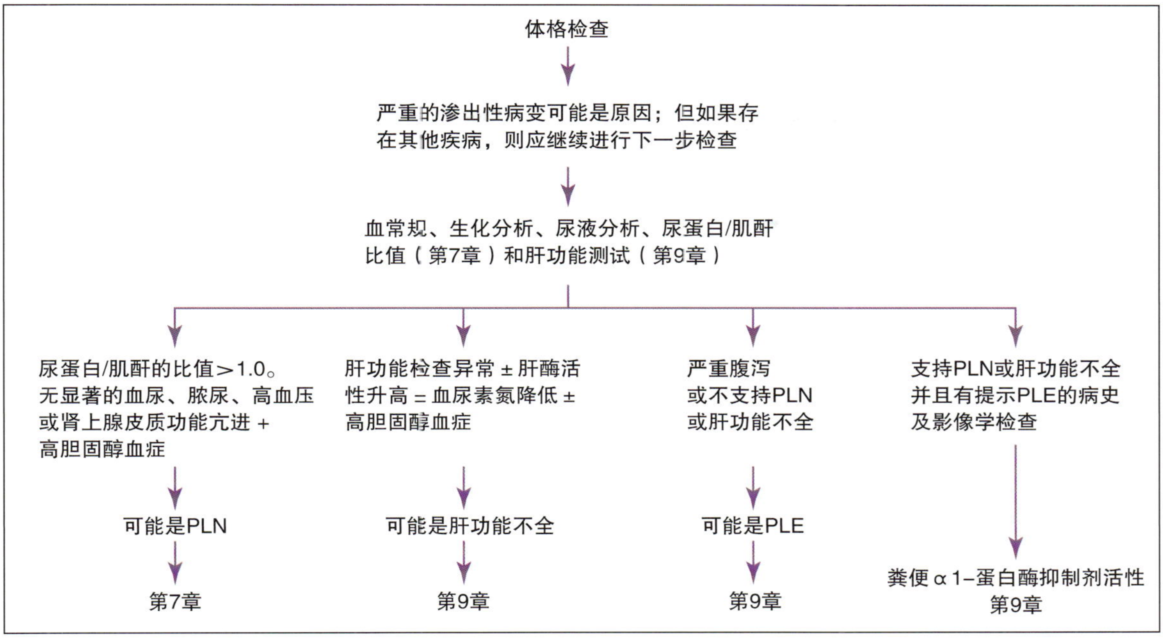


**图 12-1　犬、猫血清白蛋白浓度≤ 2.0 g/dL 时的低白蛋白血症诊断评估**

PLE，蛋白丢失性肠病；PLN，蛋白丢失性肾病。

> **注意：** ALT 和 SAP 在许多严重的肝病患病动物中可能是正常的，在患有先天性门脉分流的犬中有时会出现平均红细胞容积（MCV）下降（见第 2 章）。

先天性门脉分流在年轻动物中发病率更高，不过先天性门脉分流在 10 岁以上的动物中也可能诊断出。获得性肝病在成年动物中更常见，这需要进行肝脏活检来诊断；然而，也存在一些不到 1 岁的犬有严重的获得性肝病，并有获得性门脉分流。低白蛋白血症伴肝功能检查正常，无蛋白尿或皮肤病变，即使粪便正常也可以通过排除法诊断 PLE（见第 9 章）。如果患病动物有肾脏或肝脏疾病，PLE 仍在考虑范围内，那么测量粪便中的 α1-蛋白酶抑制剂的浓度（第 9 章）可以诊断 PLE。肠道活检可以明确诊断是哪种肠道疾病引起 PLE。内窥镜活检比外科活检更安全，但关键是要获得优质的组织样本，许多内窥镜下获得的样本质量差且不具有诊断价值。如果进行开腹探查手术，一般应将肝脏活检与肠道活检一起进行。即使没有发现明显的大体病变，在小肠的几个部位获得活检样本也很重要。

**球蛋白浓度改变的原因 ·** 球蛋白浓度的改变最常归因于免疫球蛋白浓度的改变。低球蛋白血症的非选择性原因与低白蛋白血症的非选择性原因相似（见前面关于低白蛋白血症原因的讨论）。真正的选择性低球蛋白血症（即白蛋白正常或增加）偶尔会发生在患先天性或获得性免疫缺陷病的犬、猫上。然而，新生儿免疫缺陷患病动物很可能在生命的早期就死于这种疾病，而且往往未能有明确的诊断。由于抗体的产生受到损害或缺乏抗体，获得性免疫缺陷通常继发于化疗或放疗，或直接来源于淋巴细胞的肿瘤性转化（即淋巴增生性疾病）。高球蛋白血症可以是脱水引起的非选择性的（即白蛋白同时升高），也可以是下列3个主要病因导致选择性：①急性期蛋白增加（通常只引起球蛋白的轻度升高）；②通过引发慢性炎症的一般抗原刺激引起免疫球蛋白增加；③淋巴增生性疾病引起的副蛋白血症（血液中免疫球蛋白的异常生成）（见下文讨论）。

## 急性期蛋白

**偶见适应证**・急性期蛋白分析是在某些需要关于炎症或凝血的更具体信息的临床情况下进行的。总的来说，急性期蛋白是蛋白质电泳中测量的α球蛋白和β球蛋白的一部分（见下文中的蛋白质电泳），与γ球蛋白一起构成了总蛋白分析中的球蛋白部分。急性期蛋白通常包括纤维蛋白原、触珠蛋白、C反应蛋白（见第9章）、补体（C3a）、血清淀粉样蛋白A、α1-酸性糖蛋白、α1-抗蛋白酶、转铁蛋白、α2-巨球蛋白和血浆铜蓝蛋白。

**优点**・一些急性期蛋白（如纤维蛋白原）可以快速测量并提供有关动物凝血和炎症状态的具体信息。

**缺点**・需要对这些蛋白质进行其他检测，有些还需要特殊检测程序。与总蛋白、白蛋白和球蛋白相比，检测结果可能无法提供关于动物健康状况的更多有用信息。

**分析**・除了纤维蛋白原需要使用血浆外，大多数急性期蛋白检测都可以用血清样本。检测方法包括热沉淀（纤维蛋白原）、免疫检测、ELISA和分光光度法。

**正常值**・一般认为犬、猫的纤维蛋白原的正常参考区间为100 ~ 300 mg/dL，但根据测量纤维蛋白原的方法不同而略有不同。其他急性期蛋白的正常值根据发表的数据而变化，所以使用进行分析的实验室建立的参考区间来进行分析很重要[3]。

**危险值**・数值的改变只反映了健康状况的变化（即该数据会随着炎症发展和脱水而增加，或随着蛋白质的消耗或损失而减少）。因此，不存在危险值。

**假象**・溶血和脂血会干扰某些检测方法。与仪器测量相比，纤维蛋白原热沉淀法准确度较差。脱水会导致一些急性期蛋白（如纤维蛋白原）的数值相对增加。实验室或取样错误也可能导致虚假结果。

**急性期蛋白增加的原因**・一些急性期蛋白随着相关炎症的产生而增加，并被适当地称为正急性期蛋白。高纤维蛋白原血症是大动物急性炎症的最佳指征之一，但传统意义上还没有在小动物医学中得到应用。这一概念可能会改变，因为相关实验室正在试图使用更精确的纤维蛋白原分析方法。无论如何，纤维蛋白原水平的升高经常见于感染性疾病（如细菌、病毒、原虫、真菌）、创伤、肿瘤和坏死。妊娠犬的C反应蛋白会增加，糖皮质激素治疗会增加犬的触珠蛋白，苯巴比妥治疗会引起犬的α1-酸糖蛋白升高[8-10, 15]。

**注意：**在动物急性期蛋白正常或偏低时，排除其炎症时必须谨慎，因为这些蛋白可以随着肝功能不全而减少（类似白蛋白），在普遍的蛋白丢失性疾病（PLE）中可能会丢失，或者在凝血功能障碍的情况下可能被消耗。

**急性期蛋白减少的原因**・急性期蛋白在患病动物体内也会减少，当减少与炎症有关时，通常被称为负急性期蛋白。白蛋白（见前面关于低白蛋白血症的原因的讨论）和转铁蛋白被认为是典型的负急性期蛋白。然而，如生成不足或消耗等其他机制可能与急性期蛋白的减少有关，但这并不是代表负急性期蛋白的蛋白减少结果。严重的肝功能不全可导致大部分急性期蛋白产物水平下降，这与白蛋白相似。纤维蛋白原虽然最常被认为是与炎症有关的正急性期蛋白（见前关于急性期蛋白增加的原因的讨论），但其数值下降对于患病动物同样具有临床意义。低纤维蛋白原血症的主要考虑因素是消耗性凝血功能障碍，如弥散性血管内凝血（DIC）。虽然不是每个病例都有（在某些情况下纤维蛋白原正常或升高），但低纤维蛋白原血症与明显的血小板减少、AT Ⅲ降低、裂红细胞、高 D- 二聚体以及活化部分凝血活酶时间（aPTT）或凝血酶原时间（PT）的延长并发，高度提示 DIC（见第 5 章）。犬的遗传性或先天性低纤维蛋白原血症的报道罕见[15]。

## 蛋白质电泳

**偶见适应证**・当高球蛋白血症不是由脱水或已知的抗原刺激引起的，却高到足以怀疑淋巴增生性疾病引起的单克隆丙种球蛋白病时，可进行蛋白质电泳。电泳很少在疑似体液免疫缺陷患病动物上进行。

**优点**・蛋白质电泳是一种有用的筛查方法，可以将单克隆丙种球蛋白病与其他原因的高球蛋白血症区分开来。

**缺点**・仅通过电泳无法确定诊断结果。

尽管很少能得到特异性诊断，但当与临床症状和其他实验室数据一起解读时，电泳可能具有很高价值。一般有两种常见的电泳方法，即蛋白质电泳和免疫电泳。蛋白质电泳是一种定量方法，可在血液和尿液中进行，通常作为判断单克隆丙种球蛋白病的第一步。免疫电泳是一种定性方法，可以确定单克隆性丙种球蛋白病中存在的特定类别的免疫球蛋白。免疫电泳是检测尿液和血清中本周蛋白的首选方法，这是一种单克隆蛋白，等同于免疫球蛋白轻链，偶尔会出现在多发性骨髓瘤和巨球蛋白血症中。对浓缩的尿液样本进行蛋白质电泳，偶尔会检测到尿液中单独存在的单克隆峰（如本周蛋白）。发现尿液电泳模式与血清电泳模式相似，表明肾小球病变的严重程度足以使包括血清单克隆重链峰在内的血清蛋白漏出，因此，这不能证明它是本周蛋白轻链。犬的本周蛋白尿很少通过热沉淀检测。由于可能出现假阳性结果，酸沉淀筛选试验出现本周蛋白阳性结果后，应通过浓缩尿液电泳或免疫电泳进行再次确认。

**分析**・可对血清或尿液进行分析，并可将其冷藏或冷冻保存。

## 电泳

**分析**・醋酸纤维素技术是首选方法。电泳图的分析是基于对醋酸纤维素条上蛋白质条带染色强度的密度测量。血清可分为 4 部分：①白蛋白；② α 球蛋白；③ β 球蛋白；④ γ 球蛋白（表 12–2）。犬和猫的 α 球蛋白和 β 球蛋白通常各分为两个亚组分：$\alpha_1$、$\alpha_2$；$\beta_1$、$\beta_2$。尽管较早的参考文献确实列出了 $\gamma_1$ 和 $\gamma_2$ 这两个子部分，但 γ 球蛋白通常被认为是免疫球蛋白 G（IgG）的一个主要组成部分。重要提示：免疫球蛋白 M（IgM）和免疫球蛋白 A（IgA）抗体常常出现在 $\beta_2$ 区,或在电泳中“桥接”$\beta_2$–γ 区。图 12–2 和图 12–3 显示了犬和猫的正常电泳图。

**假象**・与化学方法相比，电泳法测得的白蛋白浓度一般更低。因此，白蛋白 / 球蛋白比（A ：G）在化学测定中通常比电泳测定高。

## 免疫电泳

**分析**・在琼脂凝胶中电泳后，将特定蛋白（包括免疫球蛋白）的多克隆抗血清加入到与分开的血清蛋白平行的槽中。试剂开始发生扩散。为了获得单个免疫球蛋白的含量，可采用径向免疫扩散法（RID）、电免疫扩散法（即火箭电泳）或激光压电法，这些方法也可用于免疫球蛋白亚类的定量分析。

**正常值**·不同的实验室和不同的单免疫球蛋白定量技术，会使其数值不同（表 12–

**表 12–2　犬和猫血清蛋白电泳的正常值（平均值 ±1 SD）**

| 犬 | Breitschwerdt 等（1987） | | Kaneko（1980）* | |
|---|---|---|---|---|
| | 平均值 | 范围 | 平均值 | 范围 |
| 总蛋白（g/dL） | 6.84 ± 0.66 | （6.0 ~ 7.6） | 6.10 ± 0.52 | （5.4 ~ 7.1） |
| 白蛋白 † | 3.20 ± 0.34 | （2.72 ~ 3.67） | 2.91 ± 0.11 | （2.6 ~ 3.3） |
| $\alpha_1$ 球蛋白 | 0.33 ± 0.11 | （0.25 ~ 0.60） | 0.30 ± 0.03 | （0.2 ~ 0.5） |
| $\alpha_2$ 球蛋白 | 1.13 ± 0.25 | （0.72 ~ 1.40） | 0.62 ± 0.21 | （0.3 ~ 1.1） |
| $\beta_1$ 球蛋白 | 0.74 ± 0.10 | （0.63 ~ 0.89） | 0.82 ± 0.23 | （0.7 ~ 1.3） |
| $\beta_2$ 球蛋白 | 0.79 ± 0.14 | （0.59 ~ 0.96） | 0.89 ± 0.33 | （0.6 ~ 1.4） |
| $\gamma$ 球蛋白 | 0.64 ± 0.15 | （0.49 ~ 0.83） | | |
| $\gamma_1$ 球蛋白 | | | 0.80 ± 0.25 | （0.5 ~ 1.3） |
| $\gamma_2$ 球蛋白 | | | 0.70 ± 0.14 | （0.4 ~ 0.9） |
| 白蛋白 / 球蛋白比 | 0.89 ± 0.10 | （0.79 ~ 1.02） | 0.83 ± 0.16 | （0.59 ~ 1.11） |
| 猫 | Turnwald 和 Barta（1989） | | Kaneko（1980）* | |
| | 平均值 | 范围 | 平均值 | 范围 |
| 总蛋白（g/dL） | 7.66 ± 0.10 | （7.3 ~ 7.8) | 6.60 ± 0.70 | （5.4 ~ 7.8） |
| 白蛋白 † | 3.41 ± 0.18 | （2.82 ~ 4.18) | 2.70 ± 0.17 | （2.1 ~ 3.9） |
| $\alpha_1$ 球蛋白 | 0.47 ± 0.03 | （0.30 ~ 0.64) | 0.70 ± 0.02 | （0.2 ~ 1.1） |
| $\alpha_2$ 球蛋白 | 0.55 ± 0.04 | （0.41 ~ 0.68) | 0.70 ± 0.02 | （0.4 ~ 0.9） |
| $\beta_1$ 球蛋白 | 0.91 ± 0.06 | （0.77 ~ 1.25) | 0.70 ± 0.03 | （0.3 ~ 0.9） |
| $\beta_2$ 球蛋白 | 0.40 ± 0.02 | （0.35 ~ 0.47) | 0.70 ± 0.02 | （0.6 ~ 1.0） |
| $\gamma$ 球蛋白 | 1.92 ± 0.12 | （1.39 ~ 2.22) | | |
| $\gamma_1$ 球蛋白 | | | 1.60 ± 0.77 | （0.30 ~ 2.50） |
| $\gamma_2$ 球蛋白 | | | 1.70 ± 0.36 | （1.40 ~ 1.90） |
| 白蛋白 / 球蛋白比 | 0.80 ± 0.11 | （0.63 ~ 1.15) | 0.71 ± 0.20 | （0.45 ~ 1.19） |

数据来源：Breitschwerdt D et al: Monoclonal gammopathy associated with naturally occurring canine ehrlichiosis, J Vet int Med, 1: 2, 1987; Kaneko JJ: Serum proteins and the dysproteinemias. in Kaneko JJ, editor: Clinical biochemistry of domestic animals, ed 3, San diego, 1980, Academic Press; Turnwald GH, Barta O: Immunologic and plasma protein disorders. in Willard MD, Tvedten H, Turnwald GH: Small animal clinical diagnosis by labora tory methods, Philadelphia, 1989, WB Saunders.

* 数字相加不等于表中给出的总蛋白值和白蛋白 / 球蛋白比。

† 与化学测定法相比，电泳法测量的白蛋白浓度会更低。因此，化学测定法的白蛋白 / 球蛋白比通常高于电泳测定法。

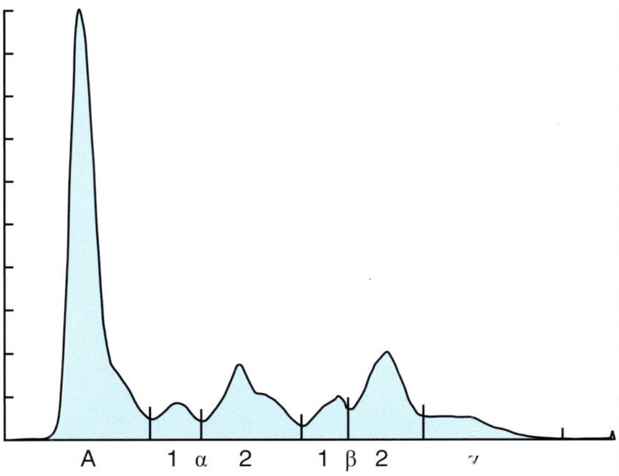


| 片段 | g/dL | g/dL | 范围 |
|---|---|---|---|
| 白蛋白 | 3.4 | 3.0 | 4.5 |
| $\alpha_1$ | 0.3– | 0.5 | 1.6 |
| $\alpha_2$ | 1.0– | 1.3 | 2.7 |
| $\beta_1$ | 0.4– | 0.9 | 2.3 |
| $\beta_2$ | 1.0 | | |
| $\gamma$ | 0.5 | | |
| 总计 | 6.5 | 5.6 | 7.9 |

**图 12–2　犬血清的正常电泳图**

A，白蛋白；1 α 2，$\alpha_1$ 球蛋白和 $\alpha_2$ 球蛋白；1 β 2，$\beta_1$ 球蛋白和 $\beta_2$ 球蛋白；γ，γ 球蛋白。

（由 TVMDL 的 Susan Fielder 提供）

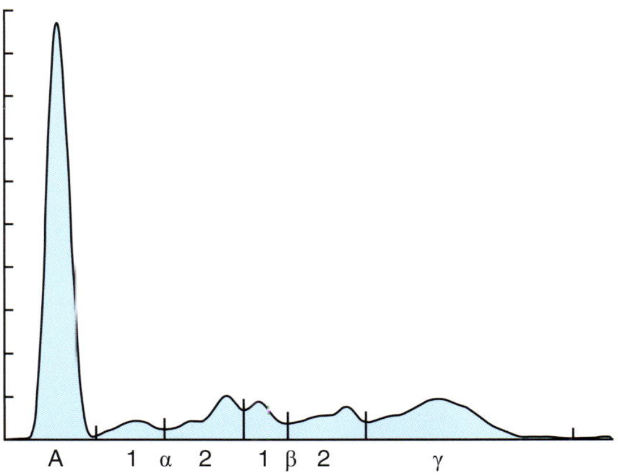


| 片段 | g/dL | g/dL | 范围 |
|---|---|---|---|
| 白蛋白 | 3.5 | 3.2 | 4.7 |
| $\alpha_1$ | 0.3 | 0.2 | 1.1 |
| $\alpha_2$ | 0.6 | 0.4 | 0.9 |
| $\beta_1$ | 0.4 | 0.3 | 0.9 |
| $\beta_2$ | 0.6 | 0.6 | 1.0 |
| $\gamma$ | 1.2– | 1.8 | 4.5 |
| 总计 | 6.5 | 6.5 | 8.9 |

**图 12–3　猫血清的正常电泳图**

A，白蛋白；1 α 2，$\alpha_1$ 球蛋白和 $\alpha_2$ 球蛋白；1 β 2，$\beta_1$ 球蛋白和 $\beta_2$ 球蛋白；γ，γ 球蛋白。

（由 TVMDL 的 Susan Fielder 提供）

2）。免疫球蛋白在电泳的 $\beta_2$ 区和 γ 区迁移。表 12–3 中列出了免疫球蛋白种类的平均浓度。

**注意：**幼犬的正常值与成年犬的正常值差别很大。在定量测量幼犬免疫球蛋白样本时，建议使用年龄匹配的对照组，因为不同类别的抗体在成年动物中的数值有很大差异。某些特定品种可能也会出现变化。

**假象·**高强度染色的电泳带（如白蛋白）假性降低，而低强度染色的电泳带假性升高。免疫球蛋白在 $\beta_2$ 球蛋白和 γ 球蛋白区域迁移，因此，通过 RID 定量测定的免疫球蛋白浓度通常高于通过电泳定量的 γ 球蛋白部分。当免疫球蛋白产生过多时，特别是当 IgM 或 IgA 成为主要抗体时，这种差异会进一步增加，如在一些骨髓瘤、犬埃立克体病、FIP 和其他慢性感染中。

**电泳模式改变的原因·**对电泳图异常病例的诊断评估将在高球蛋白血症的原因中进行讨论。

**高球蛋白血症的原因·**多克隆高球蛋白血症（即多克隆丙种球蛋白血症）有一个广泛的峰值，包括 β 区和 γ 区（有时 α 区），这表明存在持续的抗原刺激和继发于传染病（慢性细菌、病毒、真菌、原虫、立克次体或寄生虫病）的炎症、肿瘤或免疫介导性疾病（图 12–4 和专栏 12–2）。根据所处地理位置，犬最常见的病因是皮肤寄生虫病、脓皮病、心丝虫病和埃立克体病（图 12–5 和专栏 12–2）。在猫上，引起严重的多克隆丙种球蛋白血症的最常见原因是 FIP（图 12–6）。猫球蛋白通常在 γ 区增加，但也可以在 β 区建立连接。

单克隆高球蛋白血症或单克隆丙种球蛋

**表 12-3　犬猫的血清免疫球蛋白浓度**

| | 平均浓度（mg/dL） | | | | |
|---|---|---|---|---|---|
| | 幼犬（2 周龄） | 幼犬（2 月龄） | 成年杂交犬 | 成年纯种犬 | 成年猫 |
| IgA | 无检测值 | 30 | 79 | 83 | ND |
| IgG | 56 | 143 | 1445 | 925 | 2400 |
| IgM | 73 | 118 | 45 | 156 | ND |

数据来源：Reynolds HY, Johnson JS: Quantitation of canine immunoglobulins. J Immunol 105: 698, 1970; HeddLe RJ, Rowley D: Dog immunoglobulins: immunochemical characterization of dog serum, saliva, colostrum, milk and small bowel fluid. Immunology 29: 185, 1975; Schultz RD, Adams LS: Immunologic methods for the detection of humoral and cellular immunity. Vet Clin North Am 8: 721, 1978; Reimann KA, et al: Immunologic profiles of cats with persistent naturally acquired feline leukemia virus infection. Am J Vet Res 47: 1935, 1986.

注：ND，未完成。

白病一般在 β 区或 γ 区有一个高而窄的电泳峰（即“尖峰”），通常不宽于白蛋白峰。很少出现带有双峰的单克隆丙种球蛋白病例[7]。单克隆免疫球蛋白升高也被称为副蛋白或 M 蛋白，通常由淋巴细胞和浆细胞肿瘤引起（如多发性骨髓瘤、巨球蛋白血症、淋巴瘤，见专栏 12-2）。单克隆或寡克隆尖峰偶尔由感染性疾病（如埃立克体病、利什曼病）（图 12-7）或特发性疾病引起，但它们很可能是多克隆起源，并拥有相似却密切相关的免疫球蛋白类型（即 $IgG_1$ 和 $IgG_2$）[7]。多发性骨髓瘤和埃立克体病可以同时存在单克隆电泳模式和骨髓浆细胞增多症，因此根据这两种异常表现很难区分两种疾病。然而，在埃立克体病或利什曼病中，电泳模式通常是但不总是单克隆或寡克隆模式或在更宽的球蛋白峰上叠加或出现（图 12-7）[7]。在这种情况下，检查染色的电泳带，可见在颜色较浅且宽的背景带中，有一条明显且较小的单克隆带，边缘较尖锐。相反，与肿瘤性疾病相关的单克隆峰值经常伴随着正常或减少的非副蛋白球蛋白片段，这通常反映其他免疫球蛋白产生受到影响（图 12-8）。

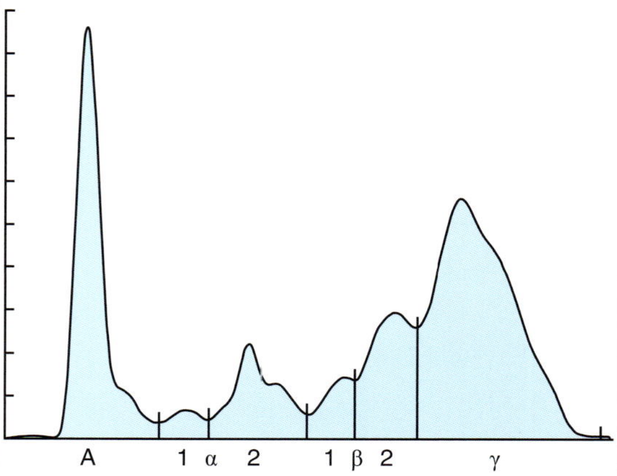


| 片段 | g/dL | g/dL | 范围 |
|---|---|---|---|
| 白蛋白 | 2.6– | 3.0 | 4.5 |
| $\alpha_1$ | 0.2 | 0.2 | 0.5 |
| $\alpha_2$ | 1.0 | 0.3 | 1.1 |
| $\beta_1$ | 0.4– | 0.7 | 1.3 |
| $\beta_2$ | 1.3 | 0.6 | 1.4 |
| γ | 4.3+ | 0.9 | 2.3 |
| 总计 | 9.8+ | 5.6 | 7.9 |

**图 12-4　一只怀疑全身性真菌病患犬的电泳图**

提示多克隆性血清球蛋白病。A，白蛋白；1 α 2，$\alpha_1$ 球蛋白和 $\alpha_2$ 球蛋白；1 β 2，$\beta_1$ 球蛋白和 $\beta_2$ 球蛋白；γ，γ 球蛋白。（由 TVMDL 的 Susan Fielder 提供）

图 12-9 列出了高球蛋白血症的建议诊断方法。应首先尝试评估高球蛋白血症的程度，并将变化提示与体格检查结果和怀疑的临床诊断相联系。轻度到中度的球蛋白升高通常

## 专栏 12-2　导致犬猫高球蛋白血症的原因

**多克隆**

**感染**

- 细菌 *,†
  - 布鲁氏菌病
  - 脓皮病
  - 细菌性心内膜炎
- 病毒
  - 猫传染性腹膜炎（FIP）‡
  - 猫免疫缺陷病毒（FIV）
  - 猫白血病病毒（FeLV）
- 真菌 *,†
  - 全身性真菌感染（如芽生菌病、组织胞浆菌病、球孢子菌病）
- 立克次体 †,‡
  - 埃立克体病
- 寄生虫
  - 心丝虫病 *,†
  - 蠕形螨病
  - 疥螨

**免疫介导性疾病**

- 感染（免疫复合物）
  - 心丝虫病 *,†
  - 猫胆囊炎 / 胆管肝炎
  - 子宫蓄脓
- 系统性红斑狼疮（SLE），包括肾小球肾炎、免疫介导性溶血性贫血和血小板减少症（IMT），以及多发性关节炎 *
- IMHA，IMT（不是因为 SLE）*
- 天疱疮复合体，水疱性类天疱疮 *
- 类风湿性关节炎 *

**肿瘤** †,‡

**单克隆**

**感染**

- 埃立克体病 †,‡
- 利什曼病 †,‡
- FIP（罕见）
- 特发性 †,‡
- 良性单克隆丙种球蛋白病

**肿瘤** †,‡

- 多发性骨髓瘤 ‡
- 巨球蛋白血症
- 淋巴瘤
- 髓外浆细胞瘤（罕见）

**其他**

- 皮肤淀粉样变性
- 浆细胞性胃小肠结肠炎

注：评估球蛋白值时，应考虑年龄的影响（见文中高球蛋白血症的原因）。

* 轻度（4 ~ 5 g/dL）。

† 中度（5 ~ 6 g/dL）。

‡ 严重（>6 g/dL）。

与皮肤病、寄生虫、全身性或局部性传染病有关。轻度高球蛋白血症也与免疫介导性疾病和非淋巴细胞性肿瘤有关，但这很少需要广泛的评估。一般使用蛋白电泳代替这些过程的具体诊断评估。重要提示：在某些情况下，高球蛋白血症可能有多个病因（尤其是感染性因素）。

对于有高球蛋白血症和严重瘙痒性皮炎的患犬，诊断评估可能只涉及体格检查以确认跳蚤和蜱虫，或皮肤刮片检测螨虫。犬蠕形螨通常很容易被检测出来，而疥螨往往难以发现。对于犬心丝虫病，ELISA 抗原检测是首选的筛选试验。在埃立克体病或落基山斑疹热的流行地区，必须进行血清学测试（见第 15 章），特别是当患病动物有贫血、血小板减少、白细胞减少或共同发生时。其他感染性疾病

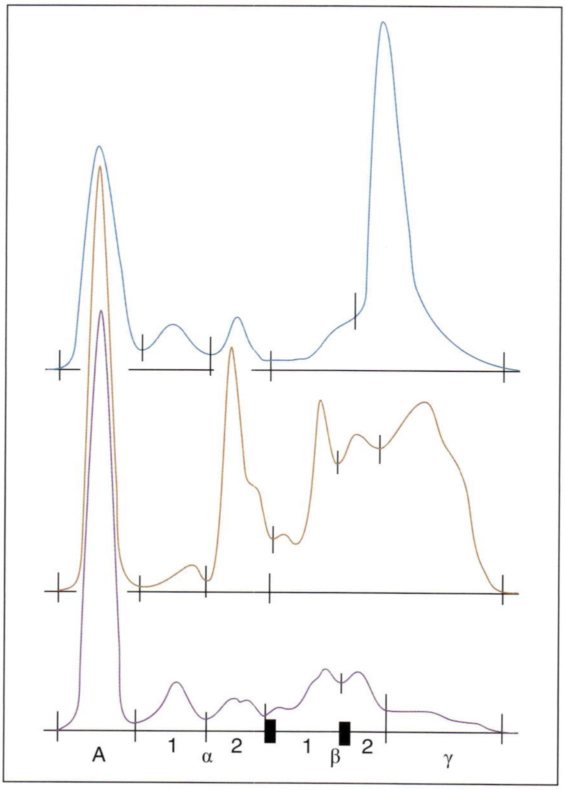


**图 12–5 不同犬血清的电泳图**

上图，单克隆丙种球蛋白病（即埃立克体病）；中图，多克隆丙种球蛋白病（即芽生菌病、埃立克体病、心丝虫病）；下图，正常。A，白蛋白；1 α 2，$\alpha_1$ 球蛋白和 $\alpha_2$ 球蛋白；1 β 2，$\beta_1$ 球蛋白和 $\beta_2$ 球蛋白；γ，γ 球蛋白。

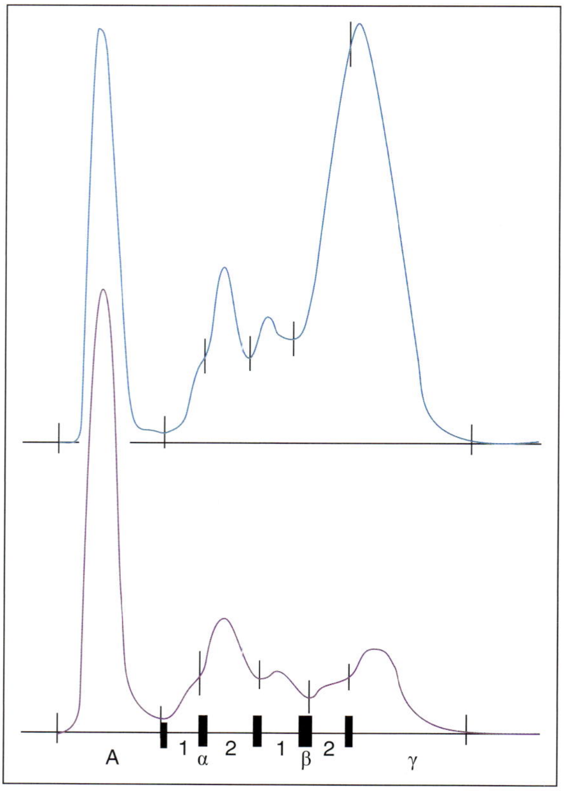


**图 12–6 猫血清的电泳图**

上图，多克隆丙种球蛋白病（即 FIP）；下图，正常。A，白蛋白；1 α 2，$\alpha_1$ 球蛋白和 $\alpha_2$ 球蛋白；1 β 2，$\beta_1$ 球蛋白和 $\beta_2$ 球蛋白；γ，γ 球蛋白。

（如布鲁氏菌病、芽生菌病、组织胞浆菌病、球孢子菌病）的检测要根据地理位置和其他体格检查、实验室或影像学检测的异常情况来决定。如果高球蛋白血症伴有关节疼痛、步态僵硬或关节液量增加，则应进行 X 线检查和关节液分析（见第 10 章）。如果关节液为无菌性渗出物，则应进行类风湿因子（RF）检测、抗核抗体（ANA）检测、立克次体滴度或疏螺旋体病滴度（或这些检测的组合）。

猫的高球蛋白血症也可归因于各种感染性过程，包括皮肤病、寄生虫和真菌感染（如组织胞浆菌病、隐球菌病），但通常 FIP 是最可能的原因。FIP 抗体滴度检测一般没有意义。FIP 患猫的体腔积液往往具有高总蛋白值和不同的有核细胞计数。有些人主张在怀疑 FIP 时，评估猫体腔液与血清 γ 球蛋白的比值，但必须注意不要高估这个比值的临床意义（见第 15 章）。确诊 FIP 的检查可以使用受累的组织活体，通常是肝脏，一般使用针对 FIP 病毒的免疫组织化学染色法。导致猫高球蛋白血症的其他原因包括心丝虫病（较犬少见）、慢性猫白血病病毒（FeLV）和猫免疫缺陷病毒（FIV）感染（后两种疾病的球蛋白值有所不同）。

在临床上，血清蛋白电泳一般只适用于有严重高球蛋白血症（＞5 g/dL）的患病动物，这些患病动物的病情表现不符合且未确

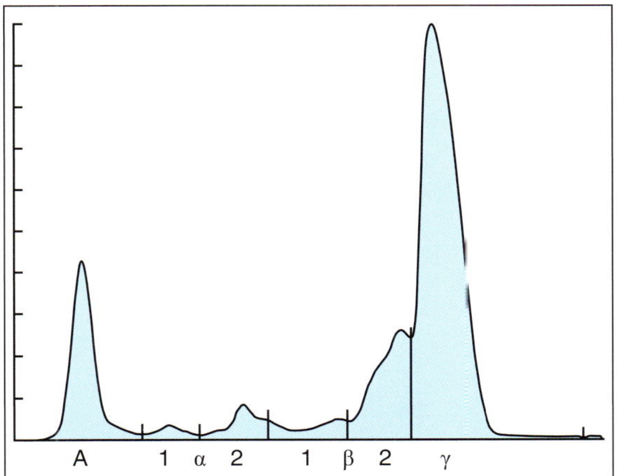


| 片段 | g/dL | g/dL | 范围 |
|---|---|---|---|
| 白蛋白 | 2.3– | 3.0 | 4.5 |
| $\alpha_1$ | 0.2 | 0.2 | 0.5 |
| $\alpha_2$ | 0.6 | 0.3 | 1.1 |
| $\beta_1$ | 0.5– | 0.7 | 1.3 |
| $\beta_2$ | 2.1+ | 0.6 | 1.4 |
| γ | 8.8+ | 0.9 | 2.3 |
| 总计 | 14.6+ | 5.6 | 7.9 |

**图 12–7　埃立克体病患犬的电泳图**

提示单克隆丙种球蛋白病。注意 γ 区高而窄的峰出现在 $\beta_2$ 区内更宽的峰内。A，白蛋白；1 α 2，$\alpha_1$ 球蛋白和 $\alpha_2$ 球蛋白；1 β 2，$\beta_1$ 球蛋白和 $\beta_2$ 球蛋白；γ，γ 球蛋白。

（由 TVMDL 的 Susan Fielder 提供）

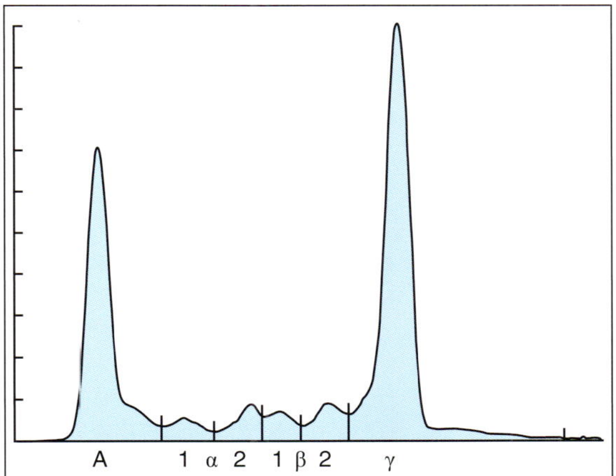


| 片段 | g/dL | g/dL | 范围 |
|---|---|---|---|
| 白蛋白 | 2.6– | 3.0 | 4.5 |
| $\alpha_1$ | 0.2 | 0.2 | 0.5 |
| $\alpha_2$ | 0.3 | 0.3 | 1.1 |
| $\beta_1$ | 0.3– | 0.7 | 1.3 |
| $\beta_2$ | 0.4– | 0.6 | 1.4 |
| γ | 4.0+ | 0.9 | 2.3 |
| 总计 | 6.5 | 5.6 | 7.9 |

**图 12–8　浆细胞骨髓瘤患犬的电泳图**

提示单克隆丙种球蛋白病。注意 γ 区的高而窄的峰和正常的 α 和 β 峰。A，白蛋白；1 α 2，$\alpha_1$ 球蛋白和 $\alpha_2$ 球蛋白；1 β 2，$\beta_1$ 球蛋白和 $\beta_2$ 球蛋白；γ，γ 球蛋白。

（由 TVMDL 的 Susan Fielder 提供）

诊。这些患病动物应进行血清蛋白电泳，特别是当出现高血黏稠度的迹象时（见后面的血清黏稠度），以区分单克隆和多克隆丙种球蛋白病。多克隆丙种球蛋白病病因较多，最常见的是慢性感染性疾病、非淋巴性肿瘤和免疫介导性疾病（见本节前部分）。如果多克隆性丙种球蛋白病的病因不明，可能需要进行胸部和腹部影像学检查、血清学检查和（或）对肿物或病变进行活检。

单克隆丙种球蛋白病通常是由淋巴增生性疾病引起的（如浆细胞瘤、B 细胞淋巴瘤）。对单克隆患病动物的评估一般包括骨骼 X 线片、血清和尿液免疫电泳，以及骨髓活检的细胞学和组织学评估。诊断犬的多发性骨髓瘤至少需要发现以下情况中的两种：骨溶性病变、骨髓浆细胞增多症、本周蛋白尿，或由于存在副蛋白而在血清蛋白电泳中出现单克隆峰。猫科多发性骨髓瘤中少见骨骼病变。在埃立克体病的流行地区，对患有单克隆性血小板增多症的犬应进行犬埃立克体的滴度抗体检测。埃立克体病通常会引起蛋白尿和骨髓浆细胞增多症，这与多发性骨髓瘤非常相似。FIP 很少引起单克隆峰。如果在多发性骨髓瘤或淋巴瘤患病动物中发现了单克隆丙种球蛋白病，可以进行免疫电泳或通过 RID（或火箭电泳）对免疫球蛋白进行定量，以确定组成副蛋白的免疫球蛋白的类别。这些检查也可以检测出非副蛋白免疫球蛋白缺陷，这种缺陷偶尔会在淋巴增生性疾病或免疫缺陷的患病动物上出现（见后面高球蛋白

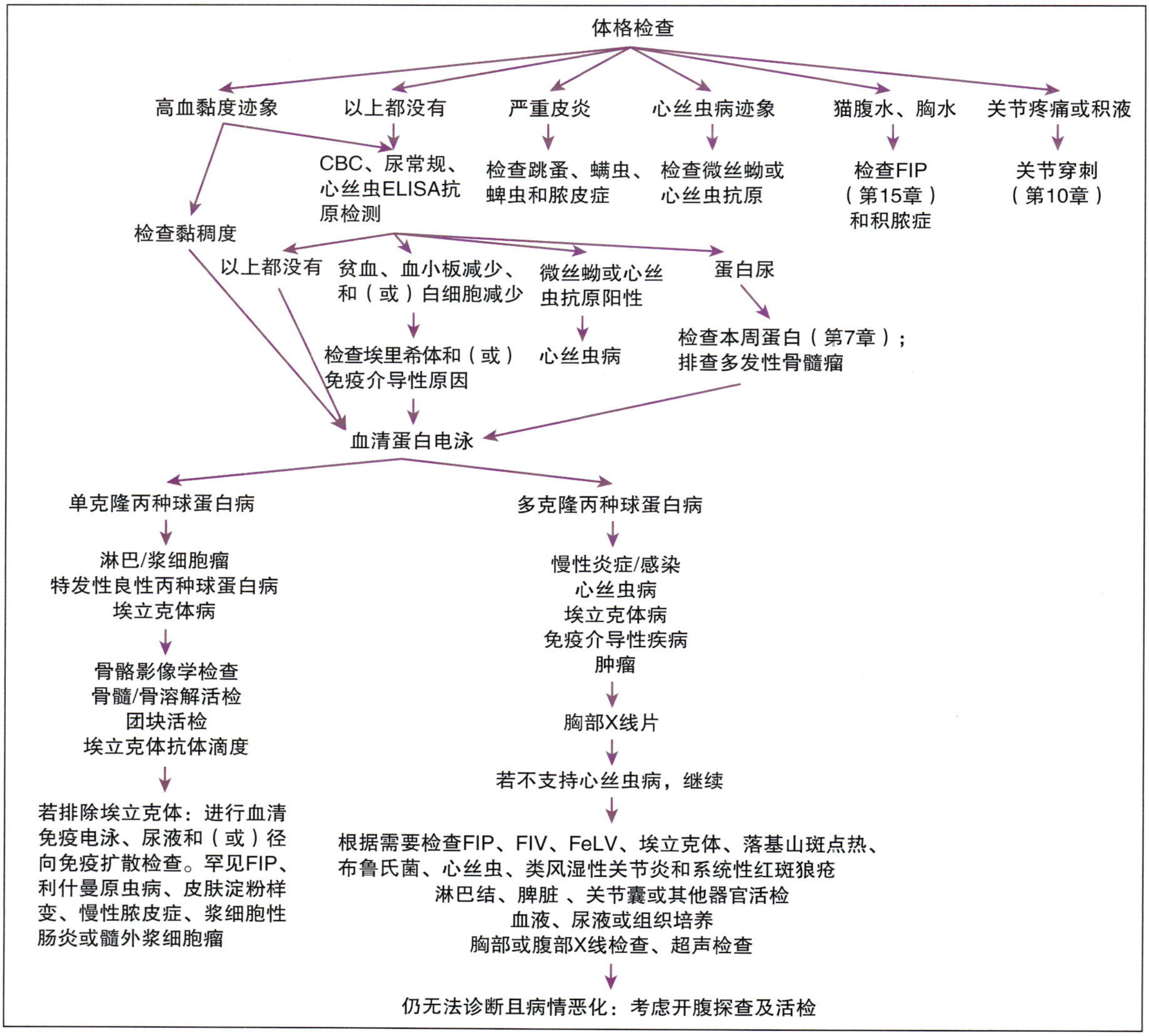


**图 12–9　犬、猫中度至重度高球蛋白血症（球蛋白浓度≥ 5.0 g/dL）的诊断评估**

CBC，全血细胞计数；ELISA，酶联免疫吸附试验；FeLV，猫白血病病毒；FIP，猫传染性腹膜炎；FIV，猫免疫缺陷病毒。

血症的原因）。

**低球蛋白血症的原因·**与低白蛋白血症一样，低球蛋白血症的原因也分为非选择性疾病和选择性疾病。最常见的原因是外部失血和 PLE（见前面的低白蛋白血症的原因）引起的非选择性低球蛋白血症。非选择性低球蛋白血症一般不与 PLN 一起出现，除非肾小球完整性严重丧失。选择性低球蛋白血症不常见，通常是由免疫缺陷（获得性或先天性）、新生动物状态和肝功能不全（见第 9 章）导致。然而，临床上并不认为肝功能不全会导致低球蛋白血症，因为它与 α 球蛋白和 β 球蛋白（如纤维蛋白原、转铁蛋白、触珠蛋白、脂蛋白）产量减少有关，而与构成大部分球蛋白的免疫球蛋白无关。为抵消血清低蛋白造成的渗透压降低，免疫球蛋白生成量实际上可能会增加[15]。

获得性免疫缺陷通常由化疗或放疗或其

他化合物（如毒素、药物）导致。这些免疫缺陷根据病因不同可能是永久性或暂时性。存在先天性联合或选择性免疫缺陷，但这很少能被诊断，可能是因为患有免疫缺陷的幼年犬、猫很快就会死于感染。在犬上，这些感染通常是犬瘟热或细小病毒引起，一般发生在产后母源抗体减弱之后。当一窝饲养得当的幼犬在出生后的 2 ~ 6 个月内有 1 只以上死于感染时，就应该怀疑存在免疫缺陷症。重要的是要记住，新生动物有低丙种球蛋白血症，其血清总蛋白浓度是成年动物的 60% ~ 80%，如果没有母源抗体，就不存在免疫保护。严重的联合免疫缺陷常见于杰克罗素㹴犬、巴赛特猎犬和卡迪根威尔士柯基犬，选择性 IgM 和 IgA 缺陷分别常见于杜宾犬和德国牧羊犬[15]。选择性 IgG 和 IgA 缺乏症在威玛犬中有过描述[4]。CBC、血清化学分析、血清蛋白电泳和免疫电泳是对怀疑有免疫缺陷的幼犬进行的典型基础检查。建议通过 RID 或火箭电泳对免疫球蛋白进行定量，以确定存在的免疫球蛋白缺乏症的类型。

免疫球蛋白定量法比定性法（即免疫电泳）更精确。选择性（单类或亚类）和部分免疫球蛋白缺陷可能无法通过血清电泳和免疫电泳检测。怀疑有体液免疫缺陷时，应定量检测所有类别的免疫球蛋白（以及 IgG 亚类，如果有的话）。体液免疫缺陷通常是通过发现 IgG 和 IgA 减少、IgM 浓度正常或减少来检测。选择性 IgA 缺乏症和一过性低丙种球蛋白血症仅在犬中发生。选择性 IgA 缺乏症患病动物可能会出现黏膜免疫相关的慢性症状（如抗生素反应性肠病）或无症状。选择性或部分免疫球蛋白缺乏症患病动物的血清电泳结果可能正常，甚至出现球蛋白多克隆性升高。正常犬血清的免疫电泳可能显示弱或未染色的 IgA 沉淀带，这是因为 IgA 的浓度相对较低，或由于抗血清或技术问题导致。当怀疑有选择性 IgA 缺乏症时，最好的诊断方法是定量 RID 或火箭电泳。IgA 缺乏症有时会伴有 IgM 或 IgG 浓度的升高。检测补体和评估淋巴细胞和吞噬细胞功能也可用于疑似先天性免疫缺陷的动物（见本章末尾的“多种免疫学试验”）。

**注意：**在副蛋白血症（如多发性骨髓瘤、巨球蛋白血症、B 细胞淋巴瘤）患病动物中，非肿瘤性免疫球蛋白常被抑制。

目前尚不清楚慢性炎性肠病（如淋巴细胞性浆细胞性肠炎）与血清 IgA 缺乏之间的关系。可能局部分泌性 IgA 缺乏并不总反映在血清 IgA 浓度上。此外，血清 IgA 浓度低也与犬过敏性疾病和寄生虫病有关，一般在治愈后会恢复正常。这表明，这些疾病可能通过免疫调节致 IgA 浓度降低，而低 IgA 可能在潜在慢性炎性肠病中无致病作用。特定品种免疫球蛋白的正常范围可以更清楚地显示慢性肠病中选择性 IgA 缺乏的作用。

## 血清黏度

**罕见适应证 •** 血清黏度适用于单克隆丙种球蛋白血症、高球蛋白血症伴有高黏度迹象的患病动物（即组织渗透性差、视网膜血管扩张、视网膜出血或视网膜脱落、肾脏疾病、中枢神经系统功能障碍、出血问题），以及需要持续监测已存在血清黏度过高的患病动物。可通过高血清蛋白（通常＞10 g/dL）或血清性状（即黏稠或糖浆状）来怀疑黏度过高。红细胞增多症（PCV ＞60%）也可导致血液黏稠度增加，因此对于出现高黏度临床症状的患病动物，应先排除这种可能性。

**优点**·检测简单且具有诊断意义。

**分析**·用奥斯特瓦尔德黏度计或 0.1 mL 的毛细管吸管测量血清的黏度。将一定体积的血清从吸管中流出的时间与相同体积水的用时进行比较。

**正常值**·相对黏度为 1.4 ~ 1.8 [ 相对黏度 = 血清流动时间（s）/ 水流动时间（s）]。

**假象**·由于脱水导致血清蛋白浓度增加而引起的血容量不足可能会增加血清黏度，但这不具有诊断价值。血液黏度显著增加会影响流动装置的检测结果（如血液自动分析仪）。

**可能改变血清黏度的药物治疗**·任何导致血容量损失的药物都可能增加血清黏度。

**血清黏度过高的原因**·相对黏度≥ 4 在人与犬上均为异常。由于 IgM 体积相对较大，是最有可能导致黏度过高的原因。IgA（可作为聚合物或二聚体存在）和极高浓度的 IgG 也可引起黏度过高。临床上显著的血清黏度过高几乎都由淋巴增生性疾病（如多发性骨髓瘤、巨球蛋白血症、淋巴瘤；专栏 12–2）引起。高黏滞综合征很少发生在由埃利立克病或其他隐性疾病引起的丙种球蛋白病（单克隆或多克隆）。

诊断方法见图 12–9 中对单克隆性丙种球蛋白病的描述。由于淋巴瘤和多发性骨髓瘤是引起血清黏度过高的主要原因，所以常需要穿刺骨髓、肿大的淋巴结、脾脏或肝脏病变或其他肿物。如果结果不明确，则需要对骨髓或其他受累组织进行活检和组织病理学评估。

## 冷冻沉淀

冷球蛋白通常是单克隆或复合免疫球蛋白，在低温下会可逆性沉淀或形成凝胶，但在加热后会溶解。在犬多发性骨髓瘤和巨球蛋白血症中很少发现冷球蛋白。

**罕见适应证**·冷球蛋白检测表明，血液或血清冷藏于 4℃时，会出现沉淀或凝胶状的副蛋白。

> **注意：**冷球蛋白不是冷血凝集素（即抗体在温度 < 37℃时可逆地结合抗原）。

**优点**·检测冷球蛋白很重要，若不检测冷冻蛋白可能会导致临床或实验室检查中血液黏度过高的患病动物出现高球蛋白血症或单克隆副蛋白血症的假阴性结果。

**分析**·临床兽医应与参考实验室联合对冷球蛋白进行检测。

**冷球蛋白血症的原因**·巨球蛋白血症或 IgM 和 IgA 类的多发性骨髓瘤可能引起犬的冷球蛋白血症。如对单克隆丙种球蛋白病的描述一样，发现冷球蛋白血症表示可对淋巴细胞和浆细胞肿瘤进行诊断评估。

## 抗核抗体（ANA）

**偶见适应证**·提示系统性红斑狼疮（SLE）的异常情况，如主要分布在头部和黏膜的对称性皮炎、溶血性贫血、血小板减少、非感染性多发性关节炎、肌炎、蛋白尿或不明原因的发热，也是测量 ANA 的指征。一般较少见提示神经肌肉、心脏或肺部的异常情况。该检测可用于监测正在接受 SLE 治疗的患病动物。

**优点**·该检测很简单，当滴度相对较高并伴有相应的临床异常时，则表明有免疫介导性疾病。

**缺点**·ANA 不是一种疾病特异性检测（即除 SLE 外，许多疾病可能显示低滴度或偶发性高滴度；专栏 12–3）。

**分析**·ANA 可使用间接免疫荧光试验（indirect immunofluorescence testing，IIT） 在血清中测定。结果应显示患病动物血清内导致明显细胞核染色的最高稀释度。核荧光的模式一般为：均质型（弥漫型）、边缘型（周边型）、斑点型（小或大的斑点）和核仁型。目前正在开发用于诊断 SLE 的其他检测方法，如使用微球检测抗组蛋白抗体的流式细胞仪（组蛋白是一种核蛋白，常被认为是与 SLE 形成有关的抗原），但迄今为止未证明可更加有效的取代 IIT[11]。

**正常值·**由于所使用的基质、对照和流程不同，各实验室的数值也不同。结果的准确度依赖于程序和经验。胎儿和新生儿血清不能染色细胞核。大多数兽医实验室使用组织培养的单层人类上皮 -2（HEp-2）细胞作为基质，这样可以提高荧光染色识别度，并使流程相对标准。当这种方法用于 112 个犬血清样本的比较研究时，筛选至稀释度为 1∶25 时，得到了＞95% 特异性的显著阳性滴度，而使用大鼠肝脏切片发现，最低显著 ANA 滴度为 1∶100 时，即可确定相同的＞95% 特异性的 ANA 阳性犬群。最近一项在犬上进行的使用流式细胞仪微球检测的研究[11]表明，当出现一种或无 SLE 的临床症状或实验室结果异常时，ANA 滴度＜1∶160 即可排除 SLE；而当出现2种以上的临床症状或实验室结果异常时，滴度≥ 1∶160 可诊断为 SLE（见后面抗核抗体滴度增加的原因）。在这项研究中，61% 的 SLE 患犬的滴度≥ 1∶640，表明高滴度和 SLE 之间存在强相关性。不过，少数无 SLE 的犬的滴度也＞1∶160[4]。

**专栏 12-3　导致犬猫抗核抗体滴度增加的原因**

**系统性红斑狼疮（SLE）（该病的滴度易持续升高）***

**皮肤疾病**
- 红斑型天疱疮（少有寻常性天疱疮）†
- 盘状红斑狼疮
- 广泛性蠕形螨病
- 跳蚤叮咬过敏症
- 浆细胞性爪部皮炎

**血液疾病**
- 免疫介导性溶血性贫血
- 免疫介导性血小板减少症

**心肺疾病**
- 细菌性心内膜炎
- 心丝虫病

**其他疾病**
- 胆囊炎
- 猫白血病病毒（FeLV）
- 猫传染性腹膜炎（FIP）
- 类风湿性关节炎
- 淋巴细胞性甲状腺炎
- 各种肿瘤
- 溃疡性自身免疫性口炎†

注：在没有 * 或 † 的疾病中，如果 ANA 为阳性，可能滴度较低。
* 中度至高度滴度。
† 中度滴度。

**可能改变抗核抗体滴度的药物治疗·**任何减少抗体合成的药物（如细胞毒性药物、长期或高剂量激素治疗）都可以降低滴度。ANA 阳性滴度可能因使用灰黄霉素、肼屈嗪、普鲁卡因酰胺、磺胺类药物和四环素类药物治疗而引起。使用丙硫氧嘧啶或甲巯咪唑治疗的猫也可能出现 ANA 阳性滴度。其中一些猫会出现药物引起的免疫介导性溶血性贫血和免疫介导性血小板减少症（immune-mediated thrombocytopenia，IMT）。

**假象·**试剂制备、储存或应用不当，以及对照不足。

**抗核抗体滴度增加的原因·**阳性滴度可能发生在一些感染性、炎性和肿瘤性疾病中。专栏 12-3 列出了部分疾病（SLE 除外）。在正常犬、猫中也可以检测到 ANA，但往往滴度较低。在 SLE 以外的疾病中产生的阳性滴度一般不会明显升高，因此，重要的是实验室所得的低、中、高滴度值。同样重要的是，考虑与SLE诊断具有相似点的其他临床和临床病理变化。

对于疑似SLE的患病动物，必须评估临床症状和包括ANA在内的实验室检查结果。提示需检测SLE的临床症状包括多发性关节炎、皮肤或口腔病变、多发性肌炎、全身性免疫介导性疾病和神经系统紊乱（特别是猫）。异常的实验室结果包括血小板减少症、白细胞生成减少症、蛋白尿和溶血性贫血[14]。在检查SLE之前，至少出现这些实验数据异常中的其中一种[14]。

在符合既定的临床标准且未做出排除性诊断（如FeLV或FIP感染、胆囊炎、立克次体或系统性寄生虫病）的情况下，ANA滴度阳性是诊断SLE最重要的标准。在犬、猫中，尚未有公认的ANA荧光模式来区分SLE和非SLE免疫介导性疾病或其他与ANA滴度阳性有关的情况（专栏12-3）。在尚无公认标准的情况下，尽管ANA滴度在SLE中经常高于其他疾病，但也可能产生重叠[14]。同样，滴度值的高低并不与疾病的严重程度呈正相关，高滴度并不一定代表是SLE，出现升高但仍较低的滴度也不能排除SLE。定期监测ANA滴度可能对评估狼疮患病动物治疗反应有意义。

ANA滴度阳性可以作为进行其他区分SLE和非SLE疾病检查的指征：多发于黏膜结合处相关的皮炎是进行活检、组织病理学检查和免疫组化或直接免疫荧光试验的指征（见本章后面的“多种免疫学试验”），溶血性贫血是抗球蛋白（即库姆斯）试验（见第3章）和血液寄生虫试验的指征，关节肿胀、疼痛是关节穿刺、积液分析（见第10章）和RF试验（见后面的讨论）的指征。

## 红斑狼疮试验

**偶见适应证**·红斑狼疮（lupus erythematosus，LE）试验适用于疑似SLE的病例（见上一节抗核抗体）。

**优点**·该试验具有特异性；不需要特定物种试剂，可以广泛使用。

**缺点**·该试验耗时，且敏感性显著低于ANA试验，需要非常新鲜的血液样本。

**分析**·根据实验室的不同，使用肝素抗凝或凝固的血液。在常规染色的骨髓涂片或多发性关节炎患病动物的关节液中，活体内LE细胞的形成较少（图12-10），但当它出现时则高度提示SLE。这需要在操作和分析LE细胞检测方面有经验的实验室中进行。

**假象**·LE细胞必须与“双核”细胞相区别，后者是吞噬了完整细胞核的中性粒细胞。LE细胞检测依赖于补体，低浓度的补体、过量的肝素或没有使用新鲜的血液都可能导致假阴性结果。

**药物治疗导致假阴性结果**·类固醇治疗

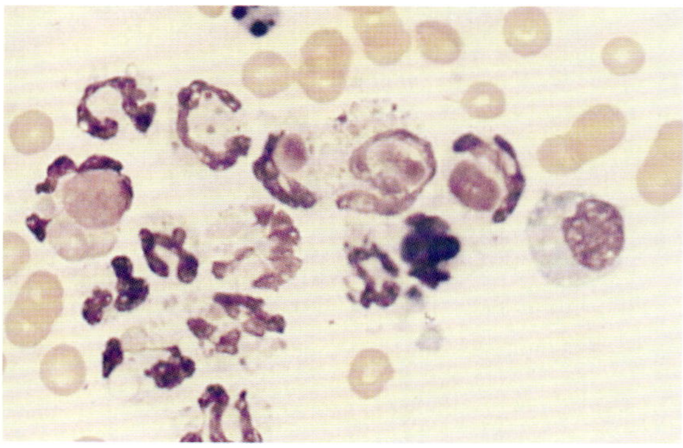

**图12-10　犬狼疮性关节炎**

这张犬滑膜液涂片的最左边有一个大的红斑狼疮（LE）细胞，这是一个中性粒细胞，含有一个大的圆形紫色LE体，这个LE体是由与抗核抗体结合的裂解细胞的核蛋白组成。其他许多中性粒细胞有多个较小的包涵体，可能是抗体-抗原复合物，这些白细胞被称为类风湿细胞。它们都是免疫介导性关节疾病的标志。

会改变检查结果。与 ANA 滴度相比，LE 细胞检测对类固醇的影响更为敏感。

**红斑狼疮细胞制剂阳性的原因** · 理想情况下，一块载玻片上至少要有 3 ～ 4 个 LE 细胞，才能诊断为 SLE。该试验应至少进行 3 次，然后才能确定结果为阴性。该试验对 SLE 具有特异性，但不敏感。阴性结果在 ANA 阳性的 SLE 患病动物中很常见。这类患病动物可能缺乏与 LE 细胞生成相关的对抗组蛋白 –DNA 的自身抗体，但有其他类型的 ANA 可通过免疫荧光检测。在其他疾病（如分离性骨软骨炎、非肿瘤性关节病、肿瘤、DIC）中很少获得阳性检测结果。如果 LE 细胞制备呈阳性，则需要进行 ANA 滴度和其他支持 SLE 的检测（如前面抗核抗体中所述）。ANA 滴度是 SLE 的首选筛查方法。

## 抗球蛋白（库姆斯）试验

见第 3 章。

## 免疫介导性血小板减少症检测

犬、猫出现明显血小板减少（＜50 000/μL）表明可能患有 IMT。这通常是一种排除性诊断，因为医院可通过化验对 IMT 进行明确的诊断。IMT 患病动物的骨髓检查常常表现为巨核细胞增生，这可以强有力地支持 IMT 的临床诊断 [12]。然而，如果骨髓检查显示巨核细胞发育不良，则不能在鉴别诊断中排除 IMT，因为免疫介导的过程也可以针对巨核细胞。

用流式细胞仪测量血小板相关抗体和用免疫放射法检测血小板相关的免疫球蛋白，是用来潜在诊断 IMT 的特定方法 [13, 16]。然而，IMT 和非免疫介导性疾病（如感染性、肿瘤性、炎性）都可能有血小板相关的抗体存在，所以检测到抗血小板抗体并不能明确诊断 IMT [5]。同样，这些检测通常需要用非常特殊的方式处理血液样本，并需要在专门的实验室中进行。

## 类风湿因子试验

**罕见适应证** · 类风湿因子试验适用于怀疑患有类风湿性关节炎的犬，特别是小型犬，因为它们有跛行、发热、肿胀或多个关节位置，特别是周边关节疼痛的表现。在慢性病例中可以发现关节捻发音、关节松弛和滑膜侵蚀性变化。非特异性症状包括厌食、发热、沉郁和不愿意活动，且可能出现在临床或影像学上发现关节疾病之前。

**缺点** · 该试验不敏感（即有很多假阴性结果），而且由于滴度相对较低，犬类风湿性关节炎特异性不高。

**分析** · 血清需冷藏送样，但最好与送检实验室联系，以确定如何正确运送样本。尽管在人 RF 检测上有比浊法、散射比浊度法和 ELISA 试验等更新的检测方法，但传统上认为罗 – 瓦二氏试验（改自人的 RF 试验）仍是犬类 RF 的金标准试验 [1]。犬 RF 是针对 IgG 的 Fc 部分的自身抗体，但也可能是 IgG、IgA 和 IgM 的混合复合体。通过将兔 IgG 敏感的绵羊红细胞与患病动物血清的连续稀释液（兔罗 – 瓦二氏试验）孵育来进行检测。如果存在 RF，就会产生凝集现象。因为犬血清中经常含有自然存在的绵羊红细胞抗体，所以必须用未致敏的绵羊红细胞作为对照。如果在对照组中出现相同或更高稀释度凝集，那么在检测 RF 前必须从血清中去除天然抗体。不建议对犬 RF 进行乳胶凝集试验，因为该实验结果的可重复性差，且缺乏特异性。乳胶凝集试验的滴度可能与罗 – 瓦二氏滴度有很大差别。ELISA 试验能够检测所有类别的免疫球蛋白，可以替代罗 – 瓦二氏试验进行检测 [1]。

**结果·**对于正常动物的罗－瓦二氏试验，差值滴度（即未致敏的绵羊红细胞与致敏的绵羊红细胞发生凝集的滴度之差）应该＜8[2]。对致敏红细胞的滴度没有根据对绵羊红细胞的天然抗体的实际滴度进行校对，可能会产生误差，因为一些正常动物对绵羊红细胞的天然抗体滴度较高。一些实验室在进行罗－瓦二氏试验时，预先用绵羊红细胞吸收所有试验血清。在这种情况下，正常犬的滴度应＜1∶16。

**假象·**用于RF检测的血清不应冷冻，因为RF活性（尤其是IgM）可能被破坏，导致假阴性结果。犬的RF易发生自结合，形成多聚体复合物，极大降低可检测的滴度。随着时间的推移，RF滴度会出现广泛的、偶尔为负数的波动，这些波动似乎与疾病的严重程度没有关系。如果患病动物的血清中有针对绵羊红细胞的抗体，而没有对其进行适当的控制或去除，则在罗－瓦二氏试验中可能出现假阳性的结果。

**类风湿因子滴度增加的原因·**因为RF是针对免疫球蛋白分子Fc片段的抗体，只有在抗体与抗原结合后才会暴露，任何存在长期免疫复合物的疾病最终都会引起RF的形成。在罗－瓦二氏试验中，RF滴度差值≥1∶8表示阳性[2]。40%～75%的类风湿性关节炎患犬RF检测结果为阳性。因此，阴性结果并不能排除RF。RF试验在正常犬中很少呈阳性，在一些SLE患病动物中偶尔呈阳性，因为RF可能是SLE综合征的一部分。其他关节病和系统性疾病中RF的发生率还没有通过罗－瓦二氏方法进行充分研究，但其他方法显示RF滴度与这些关节病患病动物中患类风湿性关节炎的动物相当。因此，RF试验的阳性结果不应作为诊断犬类风湿性关节炎的唯一标准（重要）。

类风湿性关节炎是一种进行性、侵蚀性、免疫介导性多发性关节炎，最好是在发生关节损伤之前，与其他类型的关节疾病相区分。但目前没有任何一种犬用RF检测方法能高度可靠地做出这种区分。其他用于诊断的常规检查包括拍摄关节X线片和滑膜液分析。败血症性多关节炎常常引起侵蚀性病变，特别是对较大的关节，需要进行血液常规检查以证明败血症和滑液培养检查（见第10章）。相反，类风湿性关节炎在发展到大关节之前，通常会引起周围小关节的侵蚀性病变。早期类风湿性关节炎可能不存在或不确定存在影像学病变。此外，没有明显的细胞学特征可以可靠地区分类风湿性关节炎、SLE和其他类型的免疫介导性关节病，因为这些疾病都有类似的关节液细胞学特征。对受影响关节滑膜进行组织病理学检查是诊断犬类风湿性关节炎最可靠的方法。

对于缺乏典型影像学病变的患病动物，可以通过滑膜的组织病理学检查进行早期诊断和治疗。ANA滴度有助于区分SLE和类风湿性关节炎，但它在类风湿性关节炎中偶尔也会呈阳性。研究发现两种类型的自身抗体可能代表罕见的同时出现SLE和类风湿性关节炎（即所谓的重叠综合征），或者是在仅有类风湿性关节炎或SLE的患病动物中出现多种自身抗体。无论是哪种情况，都需要临床标准来诊断。

**多种免疫学试验·**许多基于免疫学的试验可在特定实验室中进行。其中包括组织免疫染色、间接免疫荧光试验、细胞免疫试验、吞噬细胞功能检测、T淋巴细胞和B淋巴细胞比例计数，以及体外淋巴细胞功能评估。

**偶见适应证·**一般来说，当怀疑有免疫性疾病或需要对肿瘤进行具体分类（如T细胞或B细胞淋巴瘤）以明确诊断和（或）考虑治疗时，可对样本进行检测。临床兽医如果怀疑有免疫介导性疾病，如寻常性天疱疮或落叶天疱疮、盘状红斑狼疮、大疱性类天疱疮等问题时，应考虑对黏膜皮肤病变上的皮肤病变部位进行免疫染色或间接免疫荧光检测。可以对针对细胞基底膜的免疫介导性疾病（如肾小球疾病）的组织进行类似的检测。医生还应该考虑对反复感染和怀疑有免疫缺陷或白细胞疾病（如白细胞黏附缺陷症）的动物进行细胞免疫、吞噬细胞功能检测、T 淋巴细胞和 B 淋巴细胞比例，以及淋巴细胞功能检测。应考虑用免疫组织化学或免疫细胞化学方法来区分肿瘤类型（如组织细胞肉瘤与未分化癌）或对肿瘤进行具体分类（如 B 细胞淋巴瘤与 T 细胞淋巴瘤）。

**优点** · 检查结果可以确定疾病具体病因，而组织病理学或常规诊断检查可能只提示一个病因。在某些情况下，可根据检查结果改变治疗方案去治疗特定类型的疾病或癌症，如 T 细胞或 B 细胞淋巴瘤。

**缺点** · 由于疾病和检测方法的差异，阳性或阴性的检测结果可能不能完全排除或包括某些疾病。收集这些高度专业化的检测样本需谨慎，并应该了解如何正确地获取和处理样本。使用免疫抑制剂、皮质类固醇或大量内源性皮质类固醇（如肾上腺皮质功能亢进）可导致某些免疫介导性疾病的检测呈假阴性。

## 参考文献与推荐阅读


[1] Andrysíková R, Kudlácková H, Toman M: Standardisation of ELISA for rheumatoid factor IgM detection in canine serum. *Acta Vet Brno* 78:129, 2009.

[2] Barta O: Rose–Waaler test. In Barta O, editor: *Veterinary clinical immunology laboratory*, Blacksburg, VA, 1993, BARLAB.

[3] Cerón JJ, Eckersall PD, Martínez–Subiela S: Acute phase proteins in dogs and cats: current and future perspectives. *J Vet Clin Pathol* 34:85, 2005.

[4] Day MJ, et al: Low serum immunoglobulin concentrations in related Weimaraner dogs. *J Small Anim Pract* 38:311, 1997.

[5] Dircks BH, Schuberth HJ, Mischke R: Underlying diseases and clinicopathologic variables of thrombocytopenic dogs with and without platelet–bound antibodies detected by use of a flow cytometric assay: 83 cases (2004). *J Am Vet Med Assoc* 235:960, 2009.

[6] George JW: The usefulness and limitations of hand–held refractometers in veterinary laboratory medicine: an historical and technical review. *J Vet Clin Pathol* 30:201, 2001.

[7] Giraudel JM, Pagès JP, Guelfi JF: Monoclonal gammopathies in the dog: a retrospective study of 18 cases (1986) and literature review. *J Am Anim hosp Assoc* 38:135, 2002.

[8] Hojo T, et al: Enzyme and plasma protein induction by multiple oral administrations of phenobarbital at a therapeutic dosage in dogs. *J Vet Pharmacol* 25:121, 2002.

[9] Kuribayashi T, et al: Determination of serum C–reactive protein (CRP) in healthy beagle dogs of various ages and pregnant beagle dogs. *Exp Anim* 52:387, 2003.

[10] Martínez–Subiela S, Ginel PJ, Cerón JJ: Effects of glucocorticoid treatments on serum acute phase proteins in dogs. *Vet Rec* 154:814, 2004.

[11] Paul S, et al: Development and evaluation of a flow cytometry microsphere assay to detect anti–histone antibody in dogs. *Vet Immunol Immunopathol* 107:315, 2005.

[12] Putsche JC, Kohn B: Primary immune–mediated thrombocytopenia in 30 dogs (1997). *J Am Anim hosp Assoc* 44:250, 2008.

[13] Scott MA, et al: Development of a sensitive immunoradiometric assay for detection of platelet surface–associated immunoglobulins in thrombocytopenic dogs. *Am J Vet Res* 63:124, 2002.

[14] Smee NM, harkin KR, Wilkerson MJ: Measurements of serum antinuclear antibody titer in dogs with and without systemic lupus erythematosus: 120 cases (1997). *J Am Vet Med Assoc* 230:1180, 2007.

[15] Stockham SL, Scott MA: Proteins. In *Fundamentals of veterinary clinical pathology*, ed 2, Ames, IA, 2008, Blackwell Publishing.

[16] Wilkerson MJ, et al: Platelet size, platelet surface–associated IgG, and reticulated platelets in dogs with immune–mediated thrombocytopenia. *Vet Clin Pathol* 30:141, 2001.

# 第13章 生殖系统疾病

Cheri A. Johnson

## 一般诊断方法

生殖系统的临床病理检测通常用于正常动物，目的是优化生殖性能，也会用于泌尿生殖系统疾病的患病动物。询问病史和体格检查是最重要且能指示后续评估的诊断程序。问诊雌性动物的病史应包括乳腺形态和乳腺分泌物的变化，外生殖器外观的变化和有无外阴分泌物，以及这些变化是否具有周期性。病史还应包括行为变化的调查，如母性行为、性活动、过度舔舐生殖器或尿路变化。用于繁殖的雌性动物发情周期的历史应包括每个周期开始的日期，雄性动物在每个周期中的身体和行为特征，每个发情周期的持续时间，配种日期和授精方法（自然或人工）。种犬在和雌性犬配种前后与其他雌性犬的繁殖表现也很重要。此外，还应注意妊娠检查的日期和方法，以及有无流产的迹象。如果动物妊娠，则应注意分娩是否正常，以及妊娠期长短和产崽数。

问诊雄性动物的病史应包括外生殖器外观的变化，包皮分泌物，有无过度舔舐生殖器和尿路变化。用于繁殖的雄性犬病史应包括性欲、交配能力、配种的雌性犬数量、受孕率、繁殖方法（即自然或人工授精、使用频率、如何选择授精日期）、雌性犬在与该雄性犬交配前后的繁殖能力。生殖史应包括用于筛查影响生殖的传染性疾病的方法（如犬布鲁氏菌病和猫的病毒性鼻气管炎）（见第15章）、已知影响生殖功能的药物（如糖皮质激素）、与不孕不育的家族性联系，以及一些易应激的活动，如竞赛或者被展示。

雄性生殖器官的体格检查包括阴茎、包皮和阴囊皮肤的检查。应触诊双侧睾丸、附睾和精索。经直肠和经腹触诊前列腺。雌性动物的体格检查包括观察和触诊乳腺和外阴。经腹触诊子宫。如果雌性犬体型足够大，可以用戴手套的手指触诊阴道后侧；有时也可进行直肠触诊。

## 阴道细胞学检查

即使没有外阴分泌物，许多生殖疾病也会导致阴道细胞学检查结果异常。当存在分泌物时，必须首先区分分泌物是否正常，然后确定原因。首先进行阴道细胞学检查。记录阴道上皮细胞、红细胞、白细胞和细菌的形态特征和数量，以及其他成分（如肿瘤细胞、黏液、碎屑、子宫内膜蛋白、子宫内膜细胞、巨噬细胞）。雌激素对阴道上皮细胞的影响是疑似有卵巢残留或雌激素过多动物的有用指标，也可以监测配种动物发情周期的各个阶段，确定繁殖和幼崽管理，调查异常发情周期，以及调查可能的“错配”。

使用内窥镜，将生理盐水润湿的棉签插入尿道口外的阴道，或用移液管将生理盐水冲入阴道并从阴道中吸出，在获取样本时要小心避免损伤阴蒂窝和皮肤。接下来，将拭子轻轻地滚动到载玻片上，或者将生理盐水吸液滴放在载玻片上。然后将载玻片固定并染色。改良瑞氏吉姆萨染色（Diff Quik）、新亚甲蓝、瑞氏吉姆萨染色、瑞氏染色和三色染色是常用的染色方法，但其他许多染色方法也可行。至少需检查 100 个上皮细胞并制成表格。

## 出血

红细胞在正常和异常阴道分泌物中常见（专栏 13–1），它们的意义由伴行的细胞决定。带有红细胞的阴道表层（角质）上皮细胞可能在正常发情前期和发情期出现，但也可能是由外源性雌激素或卵巢病理状态引起，如卵泡囊肿或卵巢残留。在正常产后阴道分泌物恶露中发现混合有黏液的红细胞。当细胞学检查显示外周血中偶尔有中间上皮细胞和副基底上皮细胞时，应寻找出血原因，如胎盘部位退化不全、阴道撕裂、子宫和阴道肿瘤、子宫扭转和凝血功能障碍。

**专栏 13–1　雌性犬和雌性猫外阴出血性分泌物的原因**

**以表层（成熟）上皮细胞为主（雌激素影响）**
- 正常发情期，发情前期后期或间情期早期（最常见）
- 卵巢残留（常见）
- 卵巢病理情况（如囊性卵泡、功能性卵巢肿瘤）
- 外源性雌激素

**无表层（成熟）上皮细胞（无雌激素影响）**
- 正常恶露，产后早期（最常见）
- 胎盘部位退化不全，产后晚期（年轻初产雌性犬）
- 阴道撕裂
- 阴道或子宫肿瘤（老年雌性最常见的病因）
- 子宫扭转
- 出血性障碍

胎盘部位退化不全是一种产后疾病，其特征是血性分泌物持续时间超过 8 ~ 12 周。它通常发生在健康的初产雌性犬身上，很少出现明显失血。诊断基于病史、体格和细胞学检查结果。诊断可以通过胎盘部位的组织病理学评估来确认，但临床应用较少。阴道撕裂相对少见，但可能发生于配种创伤、难产、产科手术或阴道镜检查。如果怀疑阴道撕裂，应进行内窥镜检查。

平滑肌瘤是小动物最常见的子宫和阴道肿瘤，伴有或不伴有可触及肿物的外阴出血性分泌物是最常见的症状。肌瘤不容易剥落，因此，在细胞学上很少发现肿瘤细胞。子宫扭转几乎只发生在围产期雌性动物身上。特征是腹部疼痛和持续紧张，出血性分泌物很常见。需要做腹部超声检查。外阴出血并不是凝血功能障碍的唯一临床症状。如果怀疑有出血性疾病，则应做凝血功能检测（见第 5 章）。

**注意：**外阴出血，即使与雄性犬的吸引有关，也并不总是代表发情前期或发情期（专栏 13–1）。

## 化脓性或败血性分泌物

任何炎症过程都可能伴随出血。如果白细胞与红细胞比例的改变比外周血更能提示渗出物，则应寻找炎性疾病的原因。白细胞提示有炎症，但通常在间情期的前 1 ~ 2 d 大量出现，而在正常恶露中发现的数量较少。败血性（即可见细菌）或化脓性外阴分泌物可能来自外阴、前庭、阴道或子宫。败血性/化脓性渗出物的来源决定预后，必须加以鉴别。下一步应进行阴道镜检查。前庭炎或阴道炎应表现为充血、水肿或黏膜损伤。这并不排除并发子宫病变（图 13-1）。如果内窥镜检查提示有子宫和（或）子宫颈分泌物，或者细胞学检查发现子宫内膜细胞，则可能累及子宫，并需要腹部超声检查。

了解发情周期的阶段对于评估子宫病理学至关重要。在黄体期（间情期），由于子宫蓄脓、妊娠并发子宫感染或即将流产，可能产生败血性或化脓性分泌物。如果分泌物出现在分娩后、流产后，或在乏情期，应考虑子宫炎或子宫残端肉芽肿 / 脓肿。

## 肿瘤细胞

性传播肿瘤和移行细胞癌很容易脱落。患病动物通常是因可视肿物而去医院。当膀胱移行细胞癌累及尿道乳头时，可在阴道细胞学上发现肿瘤细胞。可通过细针抽吸获取阴道和外阴肿物样本。如果细胞学检查不能明确诊断肿瘤，切取或切除活检的组织病理学应该可以评估。用于分期和治疗计划的附加诊断检测取决于肿瘤类型。

## 黏液

这是恶露的主要成分。黏液分泌物可能在正常妊娠晚期出现，并可能在非妊娠黄体期（即间情期）少量出现。对这些原本健康的动物通常不需要进行进一步检查。宫颈炎、子宫蓄黏液症和雄激素也会引起黏液分泌物。然而，在健康雌性犬身上出现稀少的外阴黏液分泌物属于正常（专栏 13-2）。

**专栏 13-2 阴道黏液分泌物的临床分析**

- 正常（正常雌性犬最常见的原因）
  - 恶露
  - 妊娠晚期
  - 黄体期（间情期）
- 雄激素刺激
  - 内源性（双性）
  - 外源性（米勃酮、睾酮）
- 子宫颈炎
- 子宫蓄黏液症
- 特发性（？）（绝育雌性犬最常见的原因）

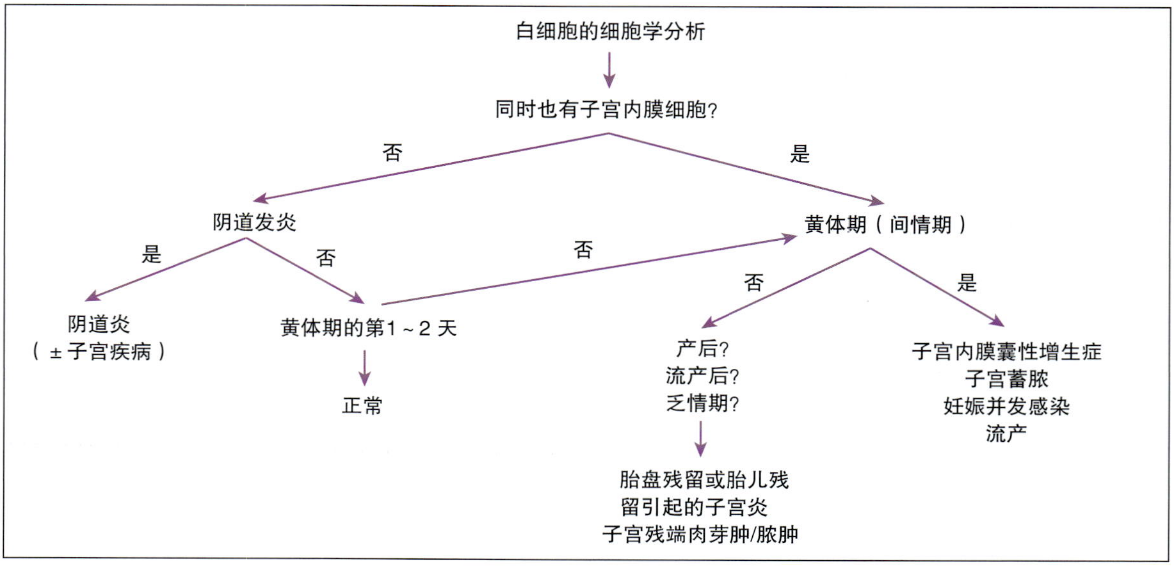


图 13-1 化脓性或败血性阴道细胞学的诊断思路

## 子宫绿素

这种深绿色的血液色素出现在犬胎盘中属于正常现象。若子宫绿素出现在外阴分泌物中，表明至少有一个胎盘分离。这在Ⅱ期分娩中伴随着分娩幼犬属于正常现象，但在其他时间出现都表明患有胎盘相关疾病。

## 阴道上皮细胞

雌激素可导致阴道上皮细胞增殖和角化。因此，阴道细胞学可以用来监测发情周期，特别是发情前期的卵泡期和发情期，此时卵泡正在产生雌激素（图 13–2）。在发情前期，副基底细胞、中间细胞和一些浅表上皮细胞脱落。红细胞、白细胞和细菌都存在。随着雌激素的增加，角化上皮细胞逐渐增多，白细胞逐渐减少。在发情期，表层（角化）上皮细胞占优势，最终占脱落上皮细胞的 90% 以上。红细胞和胞外细菌经常存在（表 13–1）。发情期时无白细胞，除非同时存在炎症。

间情期（黄体期）的特点是有很突然的变化：基底层和中间层细胞多于表层细胞。间情期开始时，常可观察到一片上皮细胞。白细胞通常在这个时候重新出现。经常存在红细胞和细菌。因此，不能仅通过阴道涂片来区分发情前期晚期和间情期。在乏情期，脱落的细胞较少，因此，此期间阴道涂片相对来说细胞量少。在乏情期，存在副基底上皮细胞和中间上皮细胞，可能有少量或没有白细胞和细菌（表 13–1）。在猫的发情周期中也发生类似的变化，但红细胞和白细胞不常见。

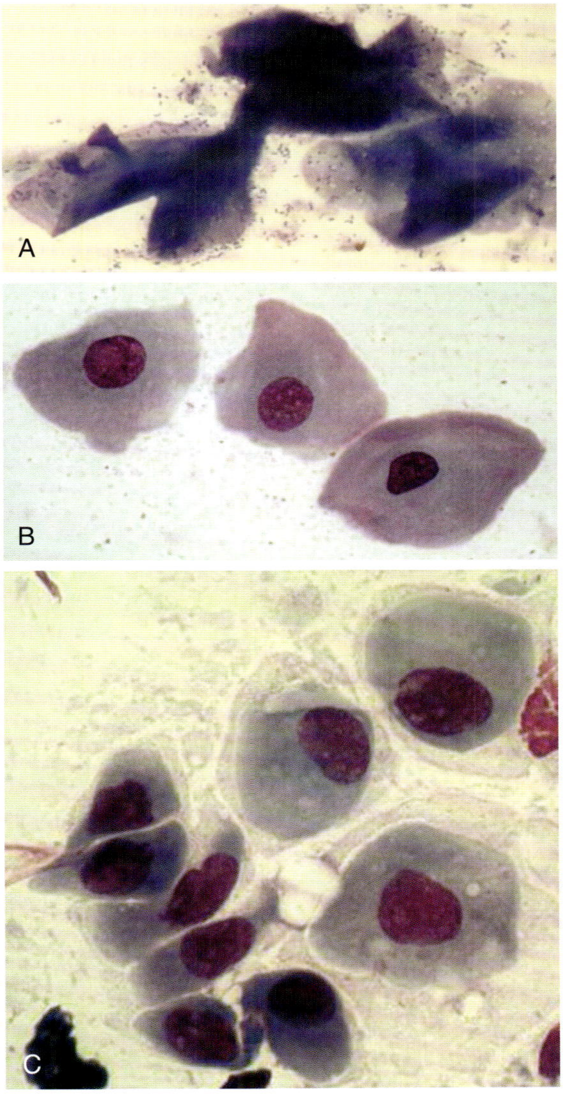


**图 13–2　在阴道细胞学样本中可见的典型细胞**

A. 表面（角化）无核鳞状上皮细胞，有细菌；B. 中间细胞；C.6 个副基底细胞（左侧底部较小的细胞）和 3 个中间细胞（右侧较大的细胞）。

（由 Harold Tvedten 博士提供）

## 犬繁育与生产管理

确定发情周期的阶段有助于确定最佳的繁殖日期，以最大限度地提高受孕率和产崽量，并更准确地预测产崽日期。当将阴道细胞学作为繁育管理的唯一实验室辅助手段时，以及正常雌性犬在发情第 1 天配种并且在之后 3 d 及以后再次配种时，受孕率和产崽量最高。隔天繁殖虽然不能改变受孕率和产崽量，但也可以进行（专栏 13–3）。正常的妊娠周期为第 1 天配种后 58 ~ 72 d 不等。如果从细胞

表 13-1　发情周期中的阴道细胞学表现

| | 发情前期 | 发情期 | 间情期 | 乏情期 |
|---|---|---|---|---|
| 副基底细胞 | + | – | – | 偶见 |
| 中间细胞 | + | 罕见 | + | 偶见 |
| 表面 - 中间上皮细胞 | 偶见 | + | ± | 罕见 |
| 表面上皮细胞 | 罕见 | 90% | 罕见 | – |
| 红细胞 | – | + | – | – |
| 白细胞 | + | ± | ± 第 1 天 | – |

**专栏 13-3　犬繁育管理**

1. 仅选择健康、犬布鲁氏菌阴性、正常的动物进行繁育。
2. 确定发情的第 1 天。
   A. 在繁殖季（发情前期）早期（第 3 天）开始。
   B. 每隔一天对雌性犬进行一次行为检查（与有经验的雄性种犬试情）和（或）阴道细胞学检查。
3. 根据血清孕酮或黄体生成素（见正文）确定排卵时间。
4. 建议至少配种 2 次，间隔 48 h。
5. 妊娠检查需在 20 ~ 30 d 后进行。
   A. 如果妊娠，制订妊娠和分娩管理。
   B. 如果未妊娠，则测定血清孕酮以评估排卵和黄体功能。

学间情期第 1 天开始计算妊娠周期，93% 的雌性犬在间情期后的第 57 天产崽。根据细胞学间情期计算妊娠时长，而不是根据配种日期计算妊娠时长，有助于识别妊娠延长或早产。

### 错配

阴道细胞学可以帮助确定雌性犬近期是否进行配种，因为在 24 h 和 48 h 前繁殖的雌性犬的阴道涂片中分别检测到 68% 和 50% 的精子头（不是完整的精子）。没有精子并不能排除最近交配的可能性。不建议在错配后使用戊酸雌二醇（estradiol cypionate，ECP）来预防受孕。阴道细胞学检查显示在间情期时，25% 使用 ECP 的雌性犬会出现子宫蓄脓。ECP 也可能导致轻度或致命的骨髓抑制。

## 乳腺

乳腺肿大和分泌最常见的原因是哺乳，但乳腺炎、增生和肿瘤也常见。

### 乳腺炎

乳腺炎是一种对单个或多个哺乳期乳腺的细菌感染，在产后雌性犬中最为常见。这在雌性猫和经历假孕的雌性犬中罕见。诊断是依据近期有无分娩，并发现发热、嗜睡、肿胀、乳腺疼痛伴有脓性乳汁等进行诊断。如果乳汁没有明显的异常，乳汁或乳房抽吸物的细胞学检查显示为化脓性炎症，通常提示败血性。乳汁淤积（即乳汁的积聚和停滞）也会导致腺体发热、肿胀和疼痛，但雌性动物健康，不会看到细菌感染，乳汁细胞学检查显示正常。哺乳停滞在断奶期间最为常见。

### 乳腺增生

乳腺增生（即纤维腺瘤性病变，纤维腺瘤）的特征是在间情期或妊娠期间，雌性猫的乳腺迅速异常生长。据报道，用孕酮治疗的绝育雌性猫和雄性猫也有这种情况。如果病史证实是孕酮刺激，则怀疑为乳腺增生。如果不确定，应做活检，与肿瘤相鉴别。

### 乳腺肿瘤

乳腺肿瘤在中年至老年的雌性犬和雌性猫中常见。它的特点是乳腺肿物（一个或多个），常伴有乳头异常分泌物。可通过细针抽吸肿物获取样本。然而，必须认真解读细胞学检查的结果（见第 16 章），但其结果通常不具有诊断价值。切除活检和组织病理学评估最能提示肿瘤的类型和程度。

## 精液评估

如果怀疑雄性不育，就需要进行精液评估（图 13–3），这也是育前检查中的常规检查。精液细胞学检查也可用于评估前列腺、睾丸和附睾病。

### 方法

精液是通过手动刺激犬的阴茎来收集。在处理精液样本时要小心。所有设备都应清洁干净，且确保去除可能影响精子存活率的污染物（如水、过量的润滑剂）。应保护样本不受温度影响。犬的精液可以在室温下处理大约 15 min，不会产生不良影响。尽管如此，样本仍应及时处理。载玻片和盖玻片应保持在 37℃。评估精液样本中精子的体积和颜色，以及精子的浓度、活力和形态（表 13–2）。

### 体积

犬的精液由连续射精的三个部分组成。第一部分是清亮的前列腺液，通常只有几滴。有些犬可能含有多达 2 mL 的前列腺液。第二部分是富含精子的部分，体积为 0.5 ～ 5.0 mL。第三部分还是前列腺液，也是体积最大的部分。正常的前列腺液表现透明，很容易与乳白色的富含精子的部分区分开。对于常规的精液评估，临床兽医应该收集足够的前列腺液，以确保获得完整的富含精子的部分。

### 颜色

颜色是通过肉眼观察来评估。正常的犬精液通常是脱脂牛奶的颜色。颜色异常的样本应仔细检查是否有异物，污染物可能会降低精子存活率。黄色的外观可能代表被尿液污染。颜色呈粉红色或红色（像血液颜色），通常是因为前列腺或阴茎擦伤。阴茎擦伤是通过及时的肉眼检查阴茎来识别。

炎性细胞可能会导致样本出现絮状或黄绿色。这些细胞可能源自尿路或生殖道。包皮污染很常见。当出现白细胞精子症时，应寻找来源，并对样本进行细菌和支原体培养。犬应接受犬布鲁氏菌感染检测（见第 15 章）。

### 浓度

精子的浓度受到相对体积较大的无精子前列腺液的影响。因此，精子数被报告为每次射精的总精子数，而不是每毫升精子数。一种简单的精子计数方法是使用血细胞计数器（见第

**表 13–2　正常犬精液的特性**

| 部分 | 体积 | 颜色 |
|---|---|---|
| 前精液 | 几滴（很少有几毫升） | 清亮 |
| 富含精子 | 0.5 ~ 5.0 mL | 云白色、乳白色 |
| 前列腺液 | 1 ~ 20 mL | 清亮 |
| 每次射精的精子总数量 | $250 \times 10^6 \sim 2000 \times 10^6$ | |
| 活力 | ≥ 80% 前进性移动 | |
| 形态 | ＜25% 异常 | |

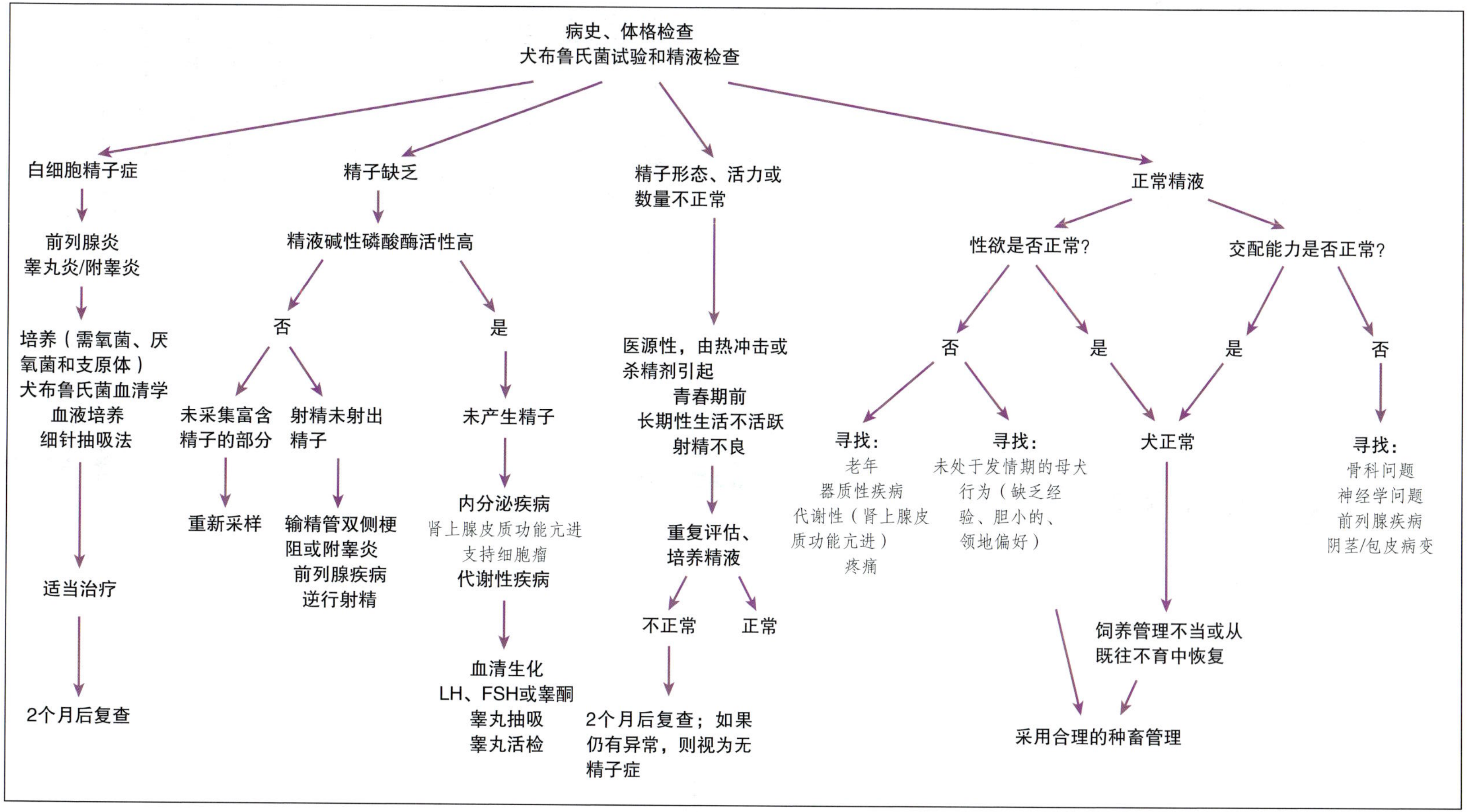


**图 13–3　雄性不育的诊断方法**

LH，黄体生成素；FSH，卵泡刺激素。

2 章）。犬精液可以用红细胞、白细胞和血小板计数器进行计数。红细胞移液管将样本稀释为 1 ∶ 200。白细胞和血小板吸管将样本稀释为 1 ∶ 100。少精子症的样本可能不需要稀释。每次射精精子数 $250\times10^6$ ~ $2000\times10^6$ 属于正常。品种的差异性相当大，因为精子产量与睾丸大小直接相关。

## 活力

将一滴精液放在温热的载玻片上（37℃），盖上一块温热的盖玻片，在载玻片加温器上放置 15 ~ 30 s。然后用显微镜检查它的前进运动。精子应该以快速、稳定、向前的方式在视野中移动。检查 100 个精子，并估算具有前进活力的百分比。70% ~ 75% 的活动率预期属于正常，但生育能力好的犬通常会有 80% 以上的活动率。在犬的精液中很少见波浪型（如在公牛精液中可见），因为精子浓度太低。暴露在热或冷、过量的润滑剂、水、尿液、炎性细胞等环境中，会降低活力的百分比和活力。这通常发生在用于人工授精的冷藏和冷冻解冻的精液中。

## 形态

相差光学显微镜是评估精子形态的理想方法，但其可用性有限。几种染色方法可用于评估精子的形态特征。可惜的是，一些染液会导致犬精子的形态缺陷。不合适的渗透压或 pH 可能会导致这些缺陷。常见的形态染色含有曙红 – 黑色素，通常不对精子以外的细胞染色。样本也可以用新亚甲蓝或瑞氏染色。至少检查 100 个（最好是 200 个）精子，并将其归类为正常或异常。如果一个精子有一处以上的异常，则根据最严重的异常进行分类。影响精子头部、顶体、中段和近端液滴的大小和形状的异常通常被认为是最严重的。松散或脱落的头部（其他一切正常）和尾巴弯曲被认为不严重，然而，它们通常是睾丸受到损伤后第一个注意到的异常。生育能力好的犬通常有不到 20% ~ 25% 的异常精子。由于样本处理不当而导致的异常现象应在随后正确处理的样本中消失。犬精液中最常见的医源性变化之一是弯曲的尾巴。

在形态检查中，应记录其他细胞类型或异物的存在。如果发现精子以外的细胞数量过多（如白细胞），则应确定其来源。当使用像瑞氏这样的染色剂时，这些细胞最容易被评估。结晶是一种常见的异物。它们可能被尿液或滑石粉污染。

## 精液碱性磷酸酶

碱性磷酸酶由犬附睾产生，在正常精液中含量较高（即＞1000 IU/L）。精液碱性磷酸酶检测有助于评估无精子症精液样本。与血清一样对样本进行离心（如 3000 转 /10 min），并收集精液上清液。然后用与测定血清碱性磷酸酶相同的方法测定精液中碱性磷酸酶的浓度（见第 9 章）。当无精子症样本的精液碱性磷酸酶含量较低（即＜300 IU/L）时，可能是附睾部的双侧梗阻，或者是精子含量较高的部分实际上并未被射出。如果样本有较高的碱性磷酸酶，但没有精子，则存在睾丸衰竭或从睾丸到附睾的梗阻。无精子症动物的精液碱性磷酸酶如果处于中等水平，则需要进行其他检测。

## 对精液鉴定的解读

精液样本在采集当天并不能反映睾丸或附睾部的功能。犬的精子形成大约需要 60 d。为了帮助确定预后或消除对样本不满意的原因的怀疑，应该在至少 2 个月内对犬进行多次重新评估。在判定样本“满意”或“不满意”之前，必须考虑犬的年龄、品种（睾丸大小）和使用频率。精液质量较好并不能证明生育能力好，雄性还必须有正常的性欲和交配能力（图 13–3）。同样，精液质量较差并不一定意味着不育，除非发现无精子症或完全死精症（即死亡精子）。

## 前列腺

前列腺病（如良性前列腺增生症、细菌性前列腺炎、前列腺脓肿、前列腺和前列腺旁囊肿、前列腺瘤）在老年雄性犬中很常见。病史和体格检查（特别是直肠触诊）通常将问题定位于前列腺，但有必要进行其他检查来确定原因。前列腺液是犬射精液中的第三部分也是体积最大的一部分，因此评估射出的前列腺液是诊断前列腺病的首选方法。也可通过前列腺按摩、细针抽吸和前列腺活检等方法进行诊断。

射精特征与良性前列腺增生和前列腺炎犬的活检样本的组织病理学检查有很好的相关性。出血是前列腺增生犬精液中最常见的异常，而炎症是慢性细菌性前列腺炎犬精液中最常见的异常。由于前列腺液通常会回流到膀胱，尿路感染和前列腺炎经常共存。

经皮前列腺细针抽吸和活检，特别是在超声引导下，是获得微生物学和细胞学评估材料的极好方法。犬前列腺液生化检测对各种前列腺病的鉴别诊断没有帮助。前列腺疾病患犬的血清和精液中的前列腺特异性抗原（prostate-specific antigen，PSA）和前列腺酸性磷酸酶通常没有变化。在良性前列腺增生症犬中，犬前列腺特异性酯酶（canine prostate-specific esterase，CPSE）较正常犬升高，但在其他前列腺疾病时也会升高。

## 睾丸和附睾

评估睾丸和附睾最重要的诊断程序是体格检查，但超声、细针抽吸和精液检查也有用。通常用 25 号针进行睾丸细针抽吸，对评估局灶性病变特别有帮助。它也可以用来显示精子发生是否存在，但组织病理学是评估整个生精周期所必需的。附睾抽吸会引起动物不适，并可能导致精囊肉芽肿的形成。

## 内分泌评估

黄体生成素、雌二醇、孕酮和睾酮的检测由几个商业兽医诊断实验室提供。不同实验室的正常范围有很大不同。黄体生成素、孕体酮和松弛素的院内检测也是可用的。

### 黄体生成素（LH）

血清 LH 浓度被用来预测排卵（即“排卵时间”）和确定性腺是否存在（即已被绝育或去势）。从发情前期开始连续测定 LH 可以识别雌性犬排卵前 LH 的激增。由于 LH 峰值的持续时间平均约为 24 h，因此每天都要进行测量。排卵预计在 LH 高峰后约 2 d，犬卵母细胞成熟在 2 ~ 3 d 后完成。因此，第 1 次受精的时间定在 LH 高峰后 4 ~ 6 d，以优化犬的受孕率和产崽数。

性腺切除后，由于性腺激素的负反馈消失，血清 LH 和卵泡刺激素（FSH）浓度长期升高。相反，当性腺组织存在时，除排卵前的 LH 高峰外，LH 水平将会降低。测定血清 LH 有助于确定雌性是否已绝育，确定绝育后是否还有卵巢残留，以及区分已去势雄性和患有隐睾症的雄性。发现低 LH 提示存在性腺组织，或者更不可能的是存在外源性雌激素或雄激素。发现高 LH 提示要么没有性腺组织，要么雌性处于发情期并即将排卵（即 LH 激增）。后者可以通过体格检查确定有无发情迹象，通过阴道细胞学检查证实角化上皮细胞（即雌激素），通过发现血清孕酮＞2 ng/mL（6 nmol/L）或通过测量几天后 LH 高峰消退来确认。对 FSH 的解读更容易，因为绝育雌性犬的血清中的浓度始终高于正常雌性犬。目前还没有商业化的 FSH 检测方法。

## 孕酮

测定血清孕酮浓度用于预测和确认排卵，评估剩余卵巢组织，监测黄体功能，预测分娩。孕酮浓度可用于测定雌性犬的排卵时间，因为孕酮浓度从＜1 ng/mL 的乏情期水平到＞2 ng/mL（6 nmol/L）的转变与 LH 激增相一致。与每日 LH 测定不同，孕酮通常每 2 ~ 3 d 测量一次。配种可以用孕酮进行计时，就像 LH 一样（即作为排卵前监测），或者配种可以根据排卵后孕酮浓度进行计时。当孕酮浓度＞8 ng/mL（25 nmol/L）到 19 ~ 26 ng/mL（60 ~ 80 nmol/L）时进行授精，妊娠率最高。孕酮浓度＞8 ng/mL（25 nmol/L）表明已发生排卵。

无论是否妊娠，雌性犬的黄体功能在发情期后通常持续 60 d 以上。一只排卵但未妊娠的雌性猫，其黄体功能持续约 40 d。在此期间，低浓度的孕酮（即预期的间情期）表明排卵失败或维持正常黄体功能失败（图 13–4）。在预期的乏情期，发现血清孕酮浓度＞2 ng/mL 可能表明已绝育的动物仍存在卵巢组织，或黄体囊肿或存在产生孕酮的颗粒细胞瘤。

血清孕酮浓度＞2 ng/mL（6 nmol/L）是维持雌性犬妊娠的必要条件。孕酮浓度＜2 ng/mL 之后的 24 h 内会发生分娩。检测孕酮浓度可以帮助预测分娩和管理难产。分娩预期在排卵期前上升（即 LH 激增）后 65 d ± 1 d，在产前 24 h 内下降到＜2 ng/mL。监测血清孕酮有助于确定流产药物和前列腺素治疗黄体囊肿的疗效。在这两种情况下，孕酮浓度必须＜2 ng/mL，以确保治疗成功。

**注意：**血清分离管不能用于孕酮测定，因为结果会显著降低。可以使用血清或血浆。临床兽医应咨询实验室。

## 睾酮

血清睾酮可以用来评估可疑的隐睾症或双性动物，以及评估下丘脑－垂体－性腺轴。血清睾酮浓度在个体内和个体之间波动很大。根据物种的不同，睾丸激素的分泌脉冲每 30 ~ 90 min 发生一次。在单一随机时间测定睾酮的诊断价值有限。例如，正常的有生育能力的雄性猫可能间歇性无法检测出含量。另一方面，如果发现高浓度睾酮，则表明存在睾丸组织。通常，睾酮是在服用人绒毛膜促性腺激素（hCG）或促性腺激素释放激素（GnRH）前、后测定，睾酮的大幅增加意味着睾丸组织功能正常。被广泛接受的犬猫的 hCG 或 GnRH 刺激试验方案尚未建立。因此，建议就 hCG 或 GnRH 的剂量、采样频率和对结果的解读咨询进行检测的实验室。

## 雌二醇

对犬和猫来说，通常没有必要评估血清中的雌二醇浓度，因为与雌二醇的病理产生有关的常见情况很容易通过其他方法进行评估。最常见的高雌激素血症的原因是雄性犬中产生雌激素的睾丸肿瘤，以及雌性犬和雌性猫的卵巢残留综合征和卵泡卵巢囊肿。

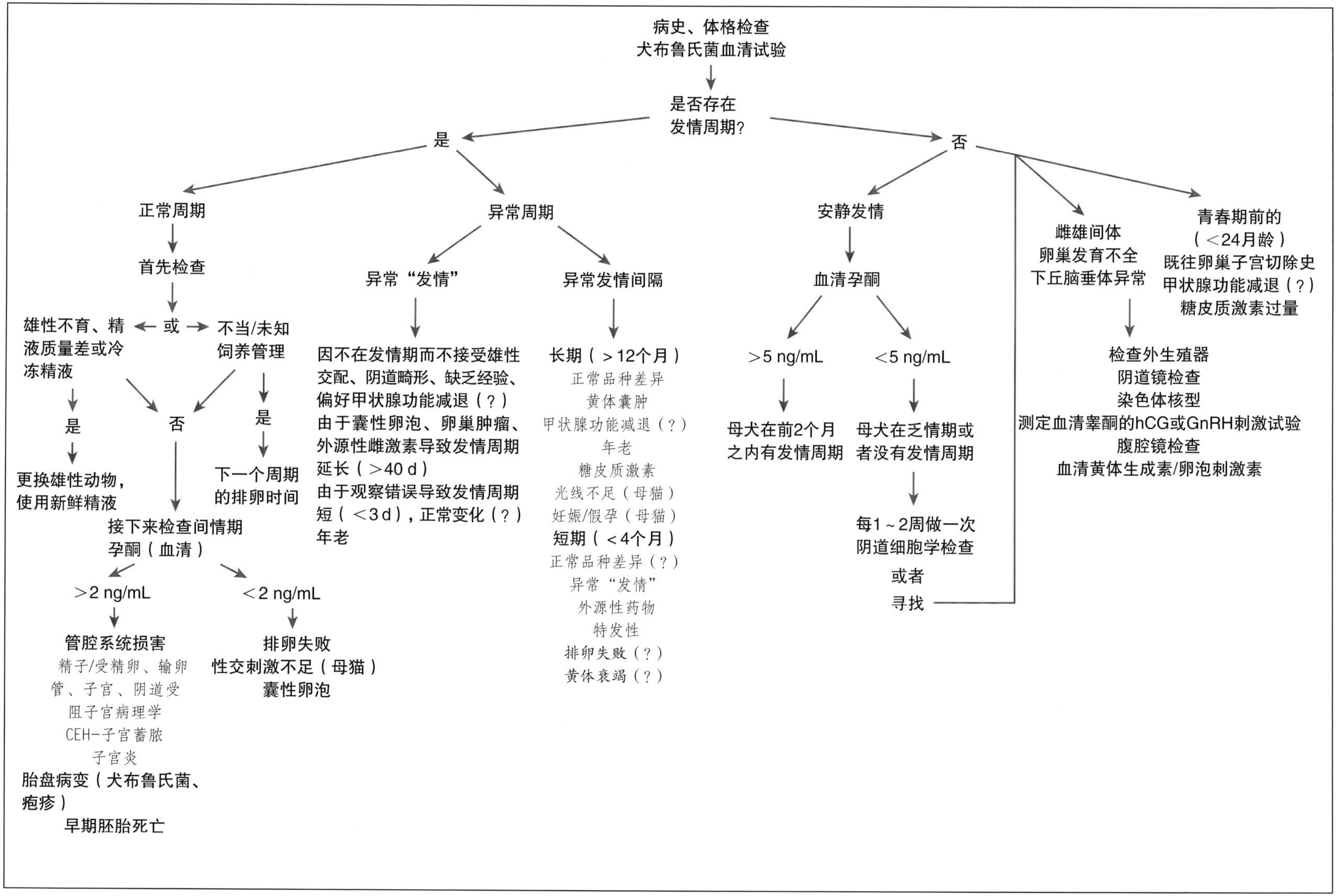


**图 13–4　雌性犬不孕的诊断方法**

CEH，子宫内膜囊性增生；GnRH，促性腺激素；hCG，人绒毛膜促性腺激素。

雄性犬雌激素过多的最常见症状是脱发、色素沉着、苔藓样硬化斑、雌性乳房发育和包皮下垂。睾丸肿瘤最好通过触诊、超声检查或两者进行诊断。卵巢残留综合征的特征通常是卵巢子宫切除后仍存在发情周期和发情行为。一些有卵巢残留的雌性犬没有发情周期，而是表现出与雄性雌激素增多症相似的皮肤变化。阴道上皮细胞角化，以及同时发生的发情典型行为或体征具有诊断价值。囊性卵泡可导致持续发情或异常频繁的发情周期。卵巢超声检查应具有诊断性。雌激素对包皮上皮的作用与对阴道上皮的作用相似。

### 松弛素

血清松弛素的测定可以用来诊断雌性犬和雌性猫的妊娠。通常在繁殖后 20 ~ 28 d 内可以检测，但有时要到 31 d 才能检测。由于松弛素主要由胎盘产生，所以血清松弛素的测定具有较高的特异性。检测结果呈阳性表示妊娠。目前还没有假阳性结果的报道。然而，由于残留的胎盘组织，松弛素可能会在分娩或流产后的几天内保持阳性。如果松弛素突然从血液中消失（即突然出现阴性结果），将表明发生了自然流产。在妊娠期间过早进行测试时可能会出现假阴性的结果。产崽数量少也有可能产生假阴性结果。

## 辅助检测

对怀疑患有双性状态或性腺发育异常的动物可以进行染色体核型分析。通过细针抽吸睾丸、附睾、前列腺和阴道病变组织可以获得样本。也可以从生殖道的任何部位获得活检样本，但要注意性腺活检可能会对剩余的正常组织产生有害影响。

### CBC

妊娠雌性犬和雌性猫的红细胞压积（PCV）在妊娠 20 d 后下降，并持续下降至分娩，雌性猫的 PCV 预计为 30.6% ± 0.8%。妊娠动物可能患有轻度成熟的中性粒细胞增多症。犬雌激素对骨髓干细胞的毒性作用非常敏感。动物可能因为药理剂量的雌激素和产生雌激素的肿瘤，出现血小板减少、白细胞减少、贫血或其组合等情况（见第 3 章）。

中性粒细胞增多症、核左移、不同程度的中毒性中性粒细胞和单核细胞增多症通常与乳腺炎、子宫炎和前列腺脓肿有关。有子宫蓄脓的动物的白细胞象各有不同，但预计会出现白细胞增多和核左移。严重的白细胞增多症（即 100 000 ~ 200 000/μL）伴核左移可能是因封闭性子宫蓄脓所致。相反，由于子宫蓄脓或前列腺脓肿导致严重败血症的动物，可能会出现白细胞减少伴退行性核左移。

### 尿液分析

雄性患尿路感染伴有细菌性前列腺炎，以及雌性患前庭阴道炎，都相当常见。即使在没有感染的情况下，一些患有阴道炎的雌性犬排尿频率也会增加（即尿频），这可能会被误认为是尿路疾病。对于有泌尿道体征的动物，以及持续存在阴道或包皮分泌物的动物，需要进行尿液分析和培养。通过膀胱穿刺术获取尿液样本是减少生殖道污染的理想选择。由于前列腺液正常回流到膀胱，性功能完好的雄性犬的尿液中会含有富含蛋白质的精液，这可能导致无论尿沉渣中有无精子，尿液化学性质检查中都可能出现蛋白质阳性反应和潜血假阳性反应。

# 参考文献与推荐阅读


[1] Ball R, Birchard S, May L, et al: Ovarian remnant syndrome in dogs and cats: 21 cases (2000–2007). *J Am Vet Med Assoc* 236:548, 2010.

[2] Dorfmann M, Barsanti J: Diseases of the canine prostate gland. *Compend Cont Educ* 17:791, 1995.

[3] England GCW, Russo M: Breeding management of the bitch. In Bonagura JD, Twedt DC, editors: *Kirk's current veterinary therapy XIV*, St. Louis, 2009, Saunders/Elsevier, pp 974.

[4] Görlinger S, Galac S, Kooistra HS, et al: Hypoluteoidism in a bitch. *Theriogenology* 64:213, 2005.

[5] Görlinger S, Kooistra HS, van den Brock A, et al: Treatment of fibroadenomatous hyperplasia in cats with aglepristone. *J Vet Intern Med* 16:710, 2002.

[6] Johnson CA: Reproductive system disorders. In Nelson RW, Couto CG, editors: *Small animal internal medicine*, ed 4, St. Louis, 2009, Mosby, pp 885.

[7] Löfstedt RM, VanLeeuwen JA: Evaluation of a commercially available luteinizing hormone test to for its ability to distinguish between ovariectomized and sexually intact bitches. *J Am Vet Med Assoc* 220:1331, 2002.

[8] Olson PN, Mulnix JA, Nett TM: Concentration of luteinizing hormone and follicle-stimulating hormone in the serum of sexually intact and neutered dogs. *Am J Vet Res* 53:762, 1992.

[9] Prober LG, Johnson CA, Olivier NB, et al: Effect of semen in urine specimens on urine protein concentration determined by means of dipstick analysis. *Am J Vet Res* 71:288, 2010.

[10] Purswell BJ: Use of vaginal cytology and vaginal cultures for breeding management and diagnosis of reproductive tract disease. In Bonagura JD, Twedt DC, editors: *Kirk's currentvet erinary therapy XIV*, St. Louis, 2009, Saunders/Elsevier, pp 980.

[11] Root Kustritz MV: Vaginitis. In Bonagura JD, Twedt DC, editors: *Kirk's current veterinary therapy XIV*, St. Louis, 2009, Saunders/Elsevier, pp 1010.

[12] Scebra LR, Griffin B: Evaluation of a commercially available luteinizing hormone test to distinguish between ovariectomized and sexually intact queens. In: *Proceedings of the 21ST Annual American College of Veterinary Internal Medicine Forum,* Charlotte, NC, 2003, abstract 214.

第 14 章

# 神经系统疾病

Jonathan M. Levine, Gwendolyn J. Levine

神经系统疾病的诊断在人类医学和动物医学中不断发展，这在很大程度上是由于影像学、分子医学和临床病理学的进步。MRI 使临床兽医能够获得更多关于中枢神经系统疾病的结构性数据，并已被证明在犬椎间盘突出症和纤维软骨栓塞症（fibrocartilagenous embolism，FCE）中提供独立于体格检查的预后信息。在 MRI 出现之前，人们认为缺血性局部梗死等情况在犬中不常见，如今却被越来越多的人认识到。运动性昏厥和退行性脊髓病的分子检测更好地确定了这些疾病的发病机制。生物标志物可能是中枢神经系统肿瘤或脊髓损伤的额外的预后数据和靶向治疗的来源。尽管取得了这些显著的进展，但基于体格检查的神经解剖学定位仍然是兽医神经疾病诊断方法的起点。

## 神经解剖学定位

在动物医学中，神经系统疾病（病变）是根据体格检查来定位的。经典的定位区域包括：前脑、尾侧脑干（中脑、脑桥或延髓）、小脑、外周前庭器、脊髓（C1–C5、C6–T2、T3–L3、L4–S3 节段）和一般神经肌肉系统。在某些情况下，多个区域可同时受累（多灶性疾病），或临床症状可反映神经系统大范围受累（弥漫性疾病）。神经学检查的组成部分包括评估心理状态、步态、姿势反应、脊髓反射、颅神经、痛觉和椎旁结构。

伴侣动物的警觉性描述包括：正常、迟钝、呆滞、木僵或昏迷。迟钝意为动物需要额外的刺激才能与环境正常互动，呆滞的动物没有与外界的互动，木僵的动物只对有害的刺激做出反应，昏迷的动物甚至对深度疼痛检测也没有反应。异常的精神状态与前脑或尾侧脑干定位一致。

神经性步态障碍通常反映出轻瘫（虚弱）和共济失调（不协调）。轻瘫可分为上运动神经元（upper motor neuron，UMN）或下运动神经元（lower motor neuron，LMN）轻瘫。患有 UMN 轻瘫的家养动物步长拉长，而患有 LMN 轻瘫的家养动物步长缩短。有尾侧脑干或 C1–C5 损伤的动物将出现四肢 UMN 轻瘫。那些有 C6–T2 损伤的动物将在前肢出现 LMN 轻瘫，在后肢出现 UMN 轻瘫。仅有后肢瘫痪的动物可能有 T3–L3（UMN）或 L4–S3（LMN）损伤。全身性神经肌肉疾病会导致四肢全部出现 LMN 症状。

共济失调可分为全身性本体感受（general proprioceptive，GP）性、前庭性或小脑性共济失调。患有 GP 性共济失调的动物会出现肢体交叠或拖着爪背（爪背磨损）。GP 性共济失调的存在表明尾侧脑干、脊髓或全身性神经肌肉系统（可能是周围神经）的功能障碍。前庭性共济失调与宽基步态相关，常伴有身体和头部向前庭张力最小的一侧倾斜。前庭性共济失调的动物可能神经病变定位在尾侧脑干、前庭周围器官或小脑。小脑性共济失调包括肢体远端关节过屈，并伴有辨距不良和伸展过度。它见于小脑皮层疾病。

姿势反应是一种唤起检测，用于评估运动强度和本体感受。翻正反应和单脚跳是检测小动物最常用的两种姿势反应。延迟或缺失并不能定位病变，仅提示 LMN、UMN 或 GP 系统的异常。结合受影响的肢体和神经学检查的其他因素可进行定位。

脊柱反射与步态分析结合，用来确定 UMN 或 LMN 轻瘫是否发生在特定的肢体上。患有 LMN 轻瘫的动物通常反射受抑制或缺乏，而 UMN 轻瘫的动物反射则保留或增强。交叉伸肌反射的存在意味着与伸展肢体同侧的 UMN 缺失。前肢屈肌缩回（C6–T2 脊髓节段）、后肢屈肌缩回（L6–S2 脊髓节段）、髌骨反射（L4–L6 脊髓节段）和颅胫反射（L6–S1 脊髓节段）被认为最可靠，但缺乏客观数据支持这一论点。

颅神经评估对于定位颅穹隆内的病变必不可少。颅神经Ⅱ与前脑相关，并调节视觉通路。颅神经Ⅲ和颅神经Ⅳ与中脑相关，在协调眼外肌肉运动和瞳孔收缩方面起重要作用。颅神经Ⅴ参与面部感觉，支配咀嚼肌，细胞核位于脑桥。颅神经Ⅵ ~ Ⅻ有位于延髓内的细胞体，这些神经协调眼球运动、平衡和吞咽。

脊柱旁触诊和痛觉评估通常在检查将要结束时进行，因为这些检查会给动物带来痛感。对于患有脊髓疾病或有严重颅内症状的动物，痛觉评估必不可少。具有完整深痛的胸腰椎间盘突出患犬有 86% ~ 96% 的机会在术后主动行走，而无深痛的犬仅有 50% ~ 60% 的机会在术后主动行走。必须仔细进行椎旁触诊，并用它来检测感觉过敏的区域。影响脊柱骨骼或韧带、局部软组织、脑膜、椎间盘、神经根或脊髓背角的疾病可能导致脊柱旁感觉过敏。

神经学检查可能会被身体其他系统的疾病所混淆。例如，患有四肢骨关节炎的动物可能会因为负重引起的疼痛而不能适当地进行单脚跳姿势反应。骨科疾病会限制关节的活动范围，这可能会错误地减弱屈肌缩回反射。最后，代谢紊乱或心脏病等全身性疾病可以模仿神经系统结构性损伤所表现出的轻瘫和共济失调。因此，神经学检查数据需要结合所有可用的临床症状进行综合考虑。

在未来的几年里，神经学检查衍生的头部创伤和脊髓损伤评分可能会在动物诊疗中发挥越来越大的作用。评分有助于专业医护人员的沟通、对临床进展的客观说明和对康复的预测。改良的格拉斯哥昏迷评分已被用于头部创伤患犬，并可预测 48 h 的预后[23]。在椎间盘相关的脊髓损伤患犬中，改进的弗兰克尔评分、得克萨斯脊髓损伤评分和 14 分后肢运动评分是确定损伤严重程度的有效手段，与 MRI 损伤标志物相关，并且易于操作[13]。作者强烈鼓励临床兽医标准和适当地使用这些系统，以更好地提供护理。

## 鉴别诊断

鉴别诊断列表基于神经解剖定位、病征，以及临床症状的发病、进展和持续时间（表 14–1 和表 14–2）。肿瘤性疾病、椎间盘突出症和特发性癫痫都有年龄和品种特异性。中枢神经系统血管疾病发病快且无进行性，而

**表 14-1　根据神经解剖学定位和病因学分类的犬常见神经系统疾病**

| | 前脑 | 尾侧脑干 | 外周前庭 | 小脑 | 脊髓 | 全身性神经肌肉疾病 |
|---|---|---|---|---|---|---|
| 退行性 | 脑白质营养不良<br>贮积病<br>认知障碍 | 脑白质营养不良<br>贮积病 | 未见 | 生活力缺失<br>NAD<br>贮积病 | DM<br>腰椎间盘突出症<br>LS 疾病 | 肌营养不良症<br>品种特发性 |
| 畸形 | 脑积水<br>Chiari 样畸形 | 四叠体区囊肿<br>Chiari 样畸形<br>丹迪－沃克畸形 | 未见 | 四叠体区囊肿<br>Chiari 样畸形<br>丹迪－沃克畸形 | CSM<br>A-A 半脱位<br>蛛网膜下腔囊肿<br>脊髓空洞症<br>驼背<br>脊柱侧凸<br>脊柱裂 | 未见 |
| 代谢性 | 甲状腺功能减退<br>电解质<br>低血糖 | 甲状腺功能减退 | 甲状腺功能减退 | 未见 | 未见 | 甲状腺功能减退<br>糖尿病<br>甲状腺功能亢进<br>库欣综合征<br>艾迪生病 |
| 肿瘤性 | 脑膜瘤<br>神经胶质瘤<br>淋巴瘤<br>室管膜瘤<br>CPP<br>转移性 | 脑膜瘤<br>神经胶质瘤<br>淋巴瘤<br>室管膜瘤<br>CPP<br>转移性 | 腺癌<br>鳞状细胞癌 | 脑膜瘤<br>神经胶质瘤<br>淋巴瘤<br>室管膜瘤<br>CPP<br>成神经管细胞瘤<br>转移性 | 脑膜瘤<br>NST<br>淋巴瘤<br>室管膜瘤<br>胶质瘤<br>肾母细胞瘤<br>转移性 | 副肿瘤性 |
| 营养性 | 硫胺素缺乏症 | 硫胺素缺乏症 | 未见 | 硫胺素缺乏症 | 钴胺缺乏症 | 未见 |
| 特发性 | 特发性癫痫 | | IVD | | | |
| 炎性 | 病毒<br>原虫<br>立克次体<br>真菌<br>线虫<br>细菌<br>肉芽肿性 ME<br>坏死性 ME<br>MUE | 病毒<br>原虫<br>立克次体<br>真菌<br>线虫<br>细菌<br>肉芽肿性 ME<br>坏死性 ME<br>MUE | 细菌 | 病毒<br>原虫<br>立克次体<br>真菌<br>线虫<br>细菌<br>肉芽肿性 ME<br>坏死性 ME<br>MUE | 病毒<br>原虫<br>立克次体<br>真菌<br>线虫<br>细菌<br>肉芽肿性 ME<br>SRM<br>MUE | 病毒<br>原虫<br>立克次体<br>特发性多发性神经根病<br>特发性多发性肌炎<br>重症肌无力 |
| 创伤 | | | | | | |
| 毒素 | 番木鳖碱<br>聚乙醛<br>铅<br>溴杀灵 | 甲硝唑 | 氯己定<br>髓袢利尿剂 | 氟尿嘧啶<br>大麻 | | 长春新碱<br>顺铂<br>肉毒杆菌<br>蜱麻痹<br>珊瑚蛇咬伤 |
| 血管性 | 缺血性脑梗死<br>出血 | 缺血性脑梗死<br>出血 | 未见 | 缺血性脑梗死<br>出血 | FCE | 未见 |

注：A-A，寰枢椎；CPP，脉络丛乳头状瘤；CSM，颈椎病；DM，退行性脊髓病；FCE，纤维软骨栓塞症；IVD，特发性前庭疾病；LS，腰骶段；ME，脑膜脑炎；MUE，病因不明的脑膜脑炎；NAD，神经轴突性营养不良；NST，神经鞘瘤；SRM，类固醇反应性脑膜脑炎。

**表 14-2 根据神经解剖学定位和病因学分类的猫常见神经系统疾病**

| | 前脑 | 尾侧脑干 | 外周前庭 | 小脑 | 脊髓 | 全身性神经肌肉疾病 |
|---|---|---|---|---|---|---|
| 退化性 | 脑白质营养不良<br>贮积病 | 脑白质营养不良<br>贮积病 | 未见 | 生活力缺失<br>NAD<br>贮积病 | 腰椎间盘突出症 | 肌营养不良症<br>品种特发性 |
| 畸形 | 脑积水 | | 未见 | 发育不全 | 脊髓空洞症<br>驼背<br>脊柱侧凸<br>脊柱裂 | 未见 |
| 代谢性 | 电解质<br>低血糖 | 未见 | 未见 | 未见 | 未见 | 甲状腺功能减退<br>糖尿病<br>甲状腺功能亢进<br>库欣综合征<br>艾迪生病 |
| 肿瘤性 | 脑膜瘤<br>神经胶质瘤<br>淋巴瘤<br>室管膜瘤<br>转移性 | 脑膜瘤<br>神经胶质瘤<br>淋巴瘤<br>室管膜瘤<br>转移性 | 腺癌<br>鳞状细胞癌 | 脑膜瘤<br>神经胶质瘤<br>淋巴瘤<br>室管膜瘤<br>转移性 | 脑膜瘤<br>淋巴瘤<br>室管膜瘤<br>神经胶质瘤<br>转移性 | 副肿瘤性 |
| 营养性 | 硫胺素缺乏症 | 硫胺素缺乏症 | N/A | 硫胺素缺乏症 | 钴胺缺乏症 | 未见 |
| 特发性 | 特发性癫痫 | | IVD | | | |
| 炎性 | FeLV<br>FIP<br>FIV<br>狂犬病<br>弓形虫<br>真菌<br>线虫<br>细菌 | FIP<br>狂犬病<br>弓形虫<br>真菌<br>线虫<br>细菌 | 细菌 | FIP<br>狂犬病<br>弓形虫<br>真菌<br>线虫<br>细菌 | FeLV<br>FIP<br>狂犬病<br>弓形虫<br>真菌<br>线虫<br>细菌 | FIV<br>狂犬病<br>弓形虫<br>特发性多发性神经根病<br>特发性多发性肌炎<br>重症肌无力 |
| 创伤 | | | | | | |
| 毒素 | 番木鳖碱<br>聚乙醛<br>铅<br>溴杀灵 | 甲硝唑 | 氯己定<br>髓袢利尿剂 | 氟尿嘧啶<br>大麻 | | 长春新碱<br>顺铂<br>肉毒杆菌<br>蜱麻痹<br>珊瑚蛇咬伤 |
| 血管性 | 缺血性脑梗死<br>出血 | 缺血性脑梗死<br>出血 | 未见 | 缺血性脑梗死<br>出血 | FCE | 未见 |

注：FCE，纤维软骨栓塞症；FeLV，猫白血病病毒；FIP，猫传染性腹膜炎；FIV，猫免疫缺陷病毒；IVD，特发性前庭疾病；NAD，神经轴突性营养不良。

中枢神经系统退行性疾病发病隐匿、临床病程短。正确的神经解剖学定位加上强大的鉴别列表有助于临床医生制订诊断计划。

## 神经影像学

**脊柱适应证・**可使用 X 线检查、脊髓造影术、CT 和 MRI 来评估脊柱。通常认为 X 线检查是筛查明显的结构性疾病（如骨折、脱位、脊椎椎间盘炎、大的溶骨性肿瘤）的一种最具成本效益的手段。腰椎间盘突出症、颈椎病或脊髓实质内疾病的 X 线检查诊断准确率低。脊髓造影术的缺点很多和 X 线检查的一样，因为脊髓不能直接可视化，图像仅可在有限数量的平面上查看，脊髓造影术还与患病动物的不良事件（如癫痫、脊髓造影术后脊髓病、死亡）有关。CT 是评估骨性病理的最佳手段，也是确定脊椎骨折或脱位的首选诊断方法。像脊髓造影术一样，软组织细节的显示并不理想，因此，脊髓实质内病变或非矿化性椎间盘突出的可视化可能具有挑战性。MRI 已经彻底改变了脊柱疾病的诊断。信号模式可以指示特定的病理过程（如出血、水肿），可以针对特定的病因，并且可以提供与结果相关的数据。例如，胸腰椎间盘突出患犬的脊髓内每个 L2 椎体长度的 T2 加权高信号可将其行走的可能性降低 1.9 成[14]。

**颅内适应证・**MRI 是研究非创伤性颅内疾病的首选方法。初步研究表明，它能够合理地区分肿瘤和炎性疾病。与 CT 相比，它被认为在检测缺血性区域性梗死方面具有更高的敏感性，特别是在使用弥散加权成像等现代序列时。MRI 是诊断先天性疾病（如 Chiari 样畸形）的理想方法。在接下来的几年里，弥散张量成像、MRI 纤维束成像、MRI 纹理分析和功能成像可能会继续推动基于 MRI 的诊断。

## 电反应诊断

电反应诊断是测量来自肌肉、神经和中枢神经系统结构的自发和诱发活动的技术。肌电图（electromyography，EMG）、运动神经传导（motor nerve conduction，MNC）和感觉神经传导（sensory nerve conduction，SNC）是评估周围神经系统（peripheral nervous system，PNS）的常用研究方法。体感诱发电位（somatosensory evoked potential，SSEP）、运动诱发电位（motor evoked potential，MEP）、脑电图（electroencephalogram，EEG）和脑干听觉诱发反应（brainstem auditory evoked response，BAER）常用于评估中枢神经系统。在现代兽医实践中，EEG 通常用于辅助癫痫监测，并作为一种手段来说明疑似脑死亡动物的脑皮层活动。BAER 可以确定疑似耳聋或重度尾侧脑干损伤的动物的听觉通路的完整性。

电反应诊断（即 EMG、MNC、SNC）在评估 PNS 患病动物中至关重要。EMG 上异常自发活动的出现通常与轴突或肌肉病理有关，与重症肌无力等（神经肌肉）接点疾病无关。MNC 速度减慢可能提示髓鞘紊乱或大直径轴突的缺失，而复合运动单位动作电位幅度降低可能提示肌病、轴突病变或接点疾病。通过结合 EMG、MNC、感觉研究、重复神经刺激和其他研究的结果，受过电生理学训练的临床兽医可以识别 PNS 的异常区域。电生理学不能明确诊断病因，需要进一步的诊断，如血清学和活检。

## 脑脊液分析

**常见适应证・**脑脊液（CSF）是仅有的评

估神经系统疾病细胞反应的手段之一。建议对有中枢神经系统症状或神经根病的动物进行常规采集。在患有颅内中枢神经系统疾病的动物中，通常在进行神经成像后进行采集（见禁忌证）。脑脊液应该在脊髓造影术之前获得，以防止在患有原发性中枢神经系统炎症的动物的鞘内注射碘化造影剂，并避免脊髓造影术后的脑脊液细胞增多症妨碍脑脊液的评估。

**禁忌证·**高颅压可能会增加脑脊液采集后脑疝的风险。患有颅内疾病的动物在采集脑脊液之前应接受成像检查。支持脑疝、中线偏移或占位效应的成像检查可作为采集的相对或严格的禁忌证，具体取决于病变的严重程度。目前还没有明确的证据表明，脑脊液的获取部位可以改变不同物种间脑疝的风险。出血因素、椎体不稳定和局部软组织感染可增加脑脊液获取后出现不良反应的风险。

**脑脊液采集过程·**脑脊液可在全身麻醉情况下从小脑延髓池（cerebellomedullary cistern，CMC）或腰椎池（lumbar cistern，LC）获取。从 CMC 采集的方法是将动物侧卧（侧卧的一侧应与进行手术的临床兽医的惯用手相匹配）放在水平安全的桌子上。动物的头颈放到桌子边缘，颈部弯曲大约 90°。保持头部与桌面平行对于正确插入采集针和识别标志位至关重要。最常用的识别针插入位置的技术依赖于识别两条线的交点，我们将其称为“x”和“y”。“x”线从枕骨隆突延伸到轴的棘突，并定义为水平。“y”线位于寰椎左右翼的颅缘之间。在插入针头之前，对脑脊液采集部位周围的区域进行剪毛和无菌准备。然后，将一根 22 号的脊椎针［3.81 cm（1.5 in）用于＜25 kg 犬或猫，6.35 cm（2.5 in）用于＞25 kg 犬］插入脑脊液采集标志位下面的软组织。传统上，针的斜面指向颅侧，因为这可能会增加脑脊液的流速。幼犬或猫的皮肤可能需要从下面的软组织中谨慎地穿透。针平行于桌面进入，角度与下颌骨相匹配（通常略微指向尾侧）。通常情况下，针穿过弓状韧带和硬脑膜后会感觉到阻力减少，这表明已经进入 CMC。这种阻力的减少并不总能感觉到，可以通过频繁地移除针头或在没有针头的情况下推进针来检查脑脊液。

在 LC 收集脑脊液时需要犬侧卧，并通过向腹部腹侧弯曲骨盆来弯曲腰椎。髂骨的颅翼位于 L6 水平。通常，一根 22 号长的脊椎针［6.35 ~ 15.24 cm（2.5 ~ 6 in），取决于犬的大小］平行于 L6 棘突插入 L5 ~ L6 椎间间隙。针通常被插入到椎管的腹底。

大多数临床兽医更喜欢从 CMC 收集脑脊液而不是 LC，因为 CMC 更容易操作，较少被血液污染，可以获得更多的脑脊液，而且在中枢神经系统疾病中通常更容易解释，因为关于预期特征的数据更丰富。理论上，LC 脑脊液可能比 CMC 更适合于诊断尾侧局灶性病变。

**脑脊液处理·**当进入 CMC 或 LC 时，通过从针头接口自由流出来收集脑脊液。不建议在有压力的情况下直接从针头接口抽吸脑脊液，也很少需要使用 25 号针头和 3 mL 注射器从针头接口抽吸。通常，每 5 kg 动物体重可获得 1 mL 的脑脊液（10 ~ 15 滴）。如果附近有能够处理样本的实验室，应该将其收集到红色盖管中。如果每 9 滴脑脊液中加入 1 滴自体血清，则可以尝试在 4℃下保存红盖采集的脑脊液 24 ~ 48 h 而不改变分类计数。当将血清添加到脑脊液中时，蛋白质浓度将发生变化，因此若要测量蛋白质浓度，需保留单独的等量脑脊液[3]。一些实验室要求使用

EDTA 管来保留细胞结构，但 EDTA 管会提高蛋白质浓度并稀释细胞浓度。

**分析·**脑脊液形态：正常脑脊液呈无色透明。当红细胞计数＞400/μL 或有核细胞计数（nucleated cell count，NCC）＞200/μL 时，脑脊液呈混浊状态[18]。采集针头上的血液呈漩涡状，强烈提示医源性出血，尽管在某些情况下，带有医源性血液污染的脑脊液会从针头出来呈均匀的粉红色。中枢神经系统疾病引起的脑脊液出血并不常见，但当它发生时，红细胞破坏在 1 ~ 4 h 内开始[12]。黄染（脑脊液变黄）是内源性红细胞破坏继发的血红蛋白被破坏的结果。吞噬红细胞或含铁血黄素细胞的显微镜证据也提示中枢神经系统或蛛网膜下腔出血史。

**脑脊液蛋白质浓度·**正常脑脊液蛋白质浓度较低，其参考范围因采集部位和处理实验室而异。在作者的机构，小动物的 CMC 和 LC 中脑脊液蛋白浓度参考范围分别＜25 mg/dL 和＜35 mg/dL。脑脊液蛋白浓度升高虽常见但具有非特异性（表 14–3）。蛋白质可能会由于血脑屏障破坏、血液污染或免疫球蛋白的鞘内产生而升高。总 NCC 正常的蛋白升高被称为蛋白细胞分离，并且被认为最常见于非炎性疾病。潘氏试验是对鞘内产生的球蛋白存在的定性评估。

**脑脊液红细胞计数·**正常脑脊液中不会出现红细胞，它们的存在通常说明血液污染。出现内源性脑脊液出血可能是由于炎性疾病导致红细胞渗血或血管破裂所致。噬红细胞现象、含铁血黄素和黄染提示亚急性、既往脑脊液出血史。椎间盘突出、纤维软骨栓塞症、肿瘤和中枢神经系统炎症是与这一发现相关的常见病因。

显著的医源性脑脊液出血会影响脑脊液判读。然而，红细胞计数＜500/μL 不会改变 NCC 或总蛋白[25]。在一些报告中，红细胞计数高达 15 000/μL 与 NCC 升高超出参考范围无关[32]。

**脑脊液有核细胞计数·**脑脊液细胞增多是指脑脊液中 NCC 增加超出参考范围（对于 CMC 和 LC 的脑脊液，通常＞5/μL）。脑脊液细胞增多可能呈轻度（大于参考值但＜25/μL）、中度（26 ~ 100/μL）或显著（＞100/μL）[18]。导致脑脊液细胞增多的病因多种多样。必须结合细胞增多症的严重程度、主要细胞类型和其他数据（如神经影像学）结果来提供临床诊断。例如，肉芽肿性脑膜脑炎患犬的 NCC 中位数为 250/μL，通常以淋巴细胞或单核细胞为主，并且在脑部 MRI 上经常有信号变化[20]。相比之下，类固醇反应性脑膜炎患犬的 NCC 中位数为 1775/μL，通常以中性粒细胞为主，并且通常具有正常的 MRI[2]。

**脑脊液细胞学·**正常脑脊液中细胞很少，是大单核细胞和淋巴细胞的混合物。总 NCC 正常的脑脊液样本中若中性粒细胞＞25%，则应被视为异常。脑脊液的细胞学表现通常分为中性粒细胞为主（＞70%）、大单核细胞为主（＞70%）、淋巴细胞为主（＞70%）、混合细胞（没有一种细胞类型＞70%）和嗜酸性粒细胞性（＞10% ~ 20%）[18]。中性粒细胞脑脊液见于某些形式的感染性中枢神经系统疾病、类固醇反应性脑膜炎、脑膜瘤和急性中枢神经系统损伤[9]。多种炎症、肿瘤和压迫性疾病会导致大单核细胞、淋巴细胞和混合细胞脑脊液增多症（表 14–3）[29]。嗜酸性粒细胞性脑脊液不常见，通常与特发性炎症、幼虫移行和真菌病有关[29]。

**脑脊液生物标志物·**生物标志物是位于体内的分子，具有预后、预测或诊断价值。

表 14–3　犬、猫神经系统疾病的脑脊液特征

| 疾病 | 动物数量 | 采集部位 | 异常百分比 | 蛋白（mg/dL，范围） | NC（/μL，范围） | 细胞学 | 参考 |
|---|---|---|---|---|---|---|---|
| **感染性炎症** | | | | | | | |
| 细菌性脑炎 *† | 14 | CM | 93%（13/14） | 164~777（中值，337） | 18 ~ 10 850 | 中性粒细胞性（9/13）<br>单核细胞性（2/13） | Radaelli and Platt [24] |
| 犬瘟热 * | 25 | CM | — | 4 ~ 136（中值，37） | 0 ~ 501（中值，<25） | 淋巴细胞性 | Vandevelde and Spano[30] |
| FIP* | 16 | CM | 25%（4/16 蛋白质升高） | 20 ~ 1120（中值，97） | — | 中性粒细胞性（1/2）<br>淋巴细胞性（1/2） | Foley et al.[10] |
| FIP* | 10 | — | — | 6 ~ 1090（中值，6） | 1 ~ 295（中值，28） | — | Boettcher et al.[4] |
| 原虫（犬） | 19 | CM | 89%（17/19） | 正常 – 强烈升高 | 0 ~ ＜1000 | 混合单核细胞 | Tipold[29] |
| **非感染性炎性（犬）** | | | | | | | |
| GME* | 29 | CM | 93%（27/29） | 9 ~ 1848（中值，226） | 0 ~ 11 840（中值，250） | 淋巴细胞性（15/29）<br>单核细胞性（6/29） | Munana and Luttgen [20] |
| 特发性震颤 / “抖抖狗” | 22 | CM | 50%（11/22） | 12 ~ 46（中值，21） | 6 ~ 40（中值，13） | 淋巴细胞性（4/8）<br>大单核细胞 (3/8） | Wagner et al.[31] |
| NME* | 14 | CM | 86%（12/14） | 25 ~ 203（中值，88） | 0 ~ 540（中值，120） | 淋巴细胞性（8/12）<br>单核细胞性（2/12） | Levine et al.[15] |
| NME* | 12 | CM | 100%（12/12） | 58 ~ 228（中值，122） | 71 ~ 630（中值，347） | 淋巴细胞性（12/12） | Cordy and Holliday[7] |
| SRM | 36 | CM | 100%（36/36） | 7 ~ 1333（中值，66） | 6 ~ 9720（中值，1775） | 中性粒细胞性（36/36） | Bathen–Noethen et al.[2] |
| SRM | 20 | CM | 100%（20/20） | 17 ~ 480 | 25 ~ 2500 | 中性粒细胞性（12/20）<br>单核细胞性（8/12） | Lowrie et al.[17] |
| **椎间盘突出症（犬）** | | | | | | | |
| 颈椎 * | 111 | L | 82%（85/104）蛋白质增加<br>23%（26/111）NC 增加 | 10 ~ 306（中值，60） | 0 ~ 54（中值，2） | 淋巴细胞性（11/26）<br>中性粒细胞性（8/26） | Windsor et al.[33] |
| 颈椎 * | 25 | CM | 44%（11/25） | 中值，21 | 0 ~ 12（中值，2） | 单核细胞性 | Thomson et al.[28] |

续表

| 疾病 | 动物数量 | 采集部位 | 异常百分比 | 蛋白（mg/dL，范围） | NC（/μL，范围） | 细胞学 | 参考 |
|---|---|---|---|---|---|---|---|
| 胸腰* | 312 | L | 66%（152/232）蛋白质增加 | 3 ~ 1920（中值，57） | 0 ~ 428（中值，8） | 淋巴细胞性（78/190） | Windsor et al.33 |
| | | | 61%（190/312）NC 增加 | | | 中性粒细胞性（60/190） | |
| 胸腰* | 57 | CM | 49%（28/57） | 12 ~ 110（中值，26） | 0 ~ 245（中值，3） | 中性粒细胞性（12/17）<br>混合单核细胞（4/17） | Witsberger et al.[34] |
| 胸腰* | 35 | CM | 26%（9/35） | 10 ~ 42（中值，19） | 0 ~ 11（中值，2） | — | Levine et al.[16] |
| **血管性** | | | | | | | |
| FCEM（犬）† | 32 | L（26），CM（6） | 44%（14/32） | 50 ~ 239 | 7 ~ 84（中值，6） | 中性粒细胞性（4/6）<br>混合单核细胞（2/6） | De Risio et al.[8] |
| FCEM（猫） | 5 | CM（4），L（1） | 80%（4/5） | 15 ~ 193（中值，38） | 0 ~ 495（中值，6） | 中性粒细胞性（3/4） | Mikszewski et al.[19] |
| 缺血性梗死 | 33 | — | 12%（4/33） | — | — | 中性粒细胞性 | Garosi[11] |
| **脑（犬）‡** | | | | | | 单核细胞性 | |
| **肿瘤（犬）** | | | | | | | |
| 脑膜瘤* | 56 | CM | 84%（43/51） | 26 ~ 210（中值，66） | 5 ~ 580（中值，17） | 中性粒细胞性（10/15） | Dickenson et al.[9] |
| 中枢神经系统肿瘤——任意部位† | 24 | — | 83%（20/24） | 26 ~ 1953 | 6 ~ 184 | 混合单核细胞（6/9）<br>淋巴细胞性（2/9） | Bohn et al.[5] |
| **退行性脊髓病（犬）*** | 15 | CM | 0%(2 血液污染) | 13 ~ 31 | 0 ~ 8 | — | Coates et al.[6] |
| **椎体不稳 / 畸形** | 10 | — | 80%（8/10） | 6/10 异常 | 2/10 异常 | 淋巴细胞性（1/2）<br>单核细胞性（1/2） | Bohn et al.[5] |

注：CM，小脑延髓；FCEM，纤维软骨栓塞性脊髓病；FIP，猫传染性腹膜炎；GME，肉芽肿性脑膜脑脊髓炎；L，腰椎；NC，有核细胞；NME，坏死性脑膜脑炎；SRM，类固醇反应性脑膜炎。

* 仅限尸检确认或手术确认的诊断。

† 蛋白质浓度和有核细胞计数的数据仅包括这些参数异常的病例。

‡ 关于在 Garosi[11] 中被描述为缺血性脑梗死患犬的个人交流。

对于犬椎间盘突出症，NCC 升高程度、蛋白质浓度和 CK 活性与损伤严重程度和行走结果相关[34]。基质金属蛋白酶 9 表达也与损伤严重程度相关[16]。患有类固醇反应性脑膜炎的犬经常出现脑脊液免疫球蛋白 A（IgA）浓度升高，尽管这一发现的特异性和敏感性仍不清楚[2]。在未来几年，生物标志物领域的发展有助于兽医提供护理和预测结果。

## 传染病的抗体检测

**偶发适应证・**检测各种传染性病原体的抗体一直是神经影像学和脑脊液分析的长期补充诊断方法。这些检验通常在患有炎性中枢神经系统或 PNS 疾病的动物中进行。尽管大多数临床兽医都熟悉传染病的抗体检测，但结果可能难以解读。在许多情况下，必须谨慎看待阳性和阴性滴度。首先，脑脊液或血清中的抗体可能是由于过去暴露于某种病原后而产生。接触率和疾病流行率成为滴度判读的重要辅助工具。例如，当接触疾病不常见（如弓形虫病）时，滴度阳性可能并不具有诊断价值。同样，如果某个地区的疾病流行率非常低，则滴度的阳性预测值会降低。其次，抗体同种型可能有助于确定是否存在活跃的感染。免疫球蛋白 M（IgM）通常与近期感染有关，而转换为免疫球蛋白 G（IgG）需要时间。第三，脑脊液中抗体的存在可能是血液污染或穿过血脑屏障的非特异性渗漏的结果。在血液和脑脊液中出现一种对于影响中枢神经系统的病原（如细小病毒）来说不常见的第二抗体，可能是确定抗体是否是由于血液污染或渗漏而存在于脑脊液中的方法。第四,连续检测抗体滴度有助于确定暴露，或活跃疾病。升高的滴度和同种型转换表明持续的免疫反应。最后，数值滴度本身可以提供信息，因为极高的值更有可能与临床相关。

当病征、病史、影像学和脑脊液将传染性中枢神经系统疾病作为合理的鉴别诊断时，通常最好使用传染性疾病滴度检测[21]。必须使用区域流行的感染性中枢神经系统疾病的知识来选择适当的检验。分子检测，如 PCR，代表了收集有关感染性病因学数据的另一种方法。

**具体检测的分析和解释・**参见第 15 章。

## 传染病 PCR

**偶见适应证・**基于 PCR 的技术可检测与各种感染性生物相关的基因组 RNA 或 DNA。与基于抗体的检测相比，PCR 的优势是：①生物基因组对感染具有特异性；②敏感性较高，因为只需要很少的基因组拷贝进行检测[21]。尽管有这些优势，但在某些情况下，PCR 对检测中枢神经系统感染的敏感性可能较低，在血液作为检测样本且目标生物具有短暂的血液传播阶段的情况下，敏感性可能更低。脑脊液可能是基于 PCR 的技术检测感染性脑炎的理想样本，尽管一过性感染或仅限于深埋在中枢神经系统实质的感染可能难以通过脑脊液评估来检测。据作者所知，目前还没有关于脑脊液 PCR 用于确认犬猫传染性脑炎的敏感性或特异性数据。此外，由于有各种可用的 PCR 技术，包括简并 PCR 和多重 PCR，关于敏感性和特异性的比较是困难的。在人类中，脑脊液 PCR 极大地推动了对传染性脑炎的检测。在某些疾病中，敏感度和特异度均＞95%，早期准确的结果有助于快速提供治疗药物[21]。

目前，作者在样本量允许的情况下会使用脑脊液 PCR。在某些情况下，使用简并 PCR 技术可以筛查整个感染性病原体家族，从而纠正传统技术（如组织病理学、滴度）导致的误导性诊断。如果疑似疾病的生物学特性表明可能存在病原体，那么血液和尿液等体液可以通过 PCR 进行评估。

**分析和解释** · 参见第 15 章。

## 尿液有机酸和糖胺聚糖

**罕见适应证** · 在患有先天性代谢障碍或由于外源性代谢产物使正常系统超负荷的动物的尿液中，可以发现过高浓度的有机酸或糖胺聚糖。筛查尿液有机酸对诊断甲基丙二酸尿症很有用，据报道，这种疾病会导致马尔济斯犬的癫痫发作和木僵。患 D– 乳酸酸尿症和各种线粒体疾病的动物的尿液有机酸谱也可能发生改变。

**分析** · 对尿液进行分析。如果尿液不能立即运往实验室，则必须将其冷冻在 –20℃。应该联系实验室了解有关运输的详细信息。

**解读** · 硫酸皮肤素是一种糖胺聚糖，在黏多糖贮积症患犬的尿液中浓度会增加。

## 乙酰胆碱受体抗体

**常见适应证** · 获得性重症肌无力是一种自身免疫性疾病，会导致犬和猫的神经肌肉功能障碍。动物可能有全身性神经肌肉无力或出现局灶性疾病（如在没有肢体轻瘫的情况下，食管、眼部或喉部无力）。临床症状是由于针对烟碱乙酰胆碱受体的自身抗体增加而产生。

**分析** · 可以通过加州大学圣地亚哥分校（https://vetneuromuscular.ucsd.edu/）提供的放射免疫分析，在血清中检测到乙酰胆碱受体抗体。没有特殊的处理要求。

**解读** · 该检测对犬获得性重症肌无力的诊断准确率为 98%[27]。接受过糖皮质激素治疗的动物测试可能呈假阴性。

## 肌酸激酶（CK）

**常见适应证** · CK 是一种与肌肉能量代谢有关的酶，由于心肌细胞损伤而释放到血液中。

**假象** · 与采血有关的保定可导致 CK 轻度升高（通常＜1000 IU/L）。CK 活性在常温保存的血液制品中会迅速下降，在冰冻的等量溶液中甚至也会下降，因此对样本进行快速处理很重要。

**分析** · 在血清或血浆上进行检测。

**解读** · 犬 CK 的半衰期为 2 ~ 3 h[26]。CK 活性的显著升高表明存在导致肌肉紊乱的疾病（如免疫介导性多发性肌炎、传染性多发性肌炎、肌营养不良）。创伤、休克和癫痫发作可导致严重的心肌坏死，因此也可能导致 CK 显著升高。CK 的结果应与临床检查、电生理和肌肉活检相结合。

## 动力蛋白 –1 基因

**偶见适应证** · 运动诱发的晕厥（exercise-induced collapse，EIC）是一种常见疾病，在拉布拉多寻回猎犬中较常出现。经过 10 ~ 15 min 的剧烈运动后动物体温过高，犬可能开始表现出共济失调、轻瘫、倾斜、跌倒和四肢无力。全身性癫痫和痉挛发生较少，在 EIC 之后罕见死亡。通常情况下，犬会在倒地发生后 45 min 内恢复正常功能。最近，人们发现动力蛋白 –1 基因的一个突变导致了动力蛋白中的氨基酸替换，这与 EIC 有很高的相关性。动力蛋白通常具有调节内吞小泡形成的功能，在某些物种发生突变时对温度敏感。

**分析** · 这项检测是对 EDTA 血液、精液或悬爪（幼犬）进行的。精液和悬爪在运输前应该冷冻储存。样本应与冰冻的冰袋一起寄出，以便在 1 ~ 5 d 内都处于冷冻状态。可通过明尼苏达大学诊断实验室（http://www.cvm.umn.edu/vdl）进行商业化检测。

**解释**·患有 EIC 的犬中 97% 是突变纯合子，而未受影响的犬只有 9% 是纯合子[22]。

## 超氧化物歧化酶（SOD）基因

**罕见适应证**·退行性脊髓病（degenerative myelopathy，DM）是一种影响老年犬的疾病，通常是中大型犬，在德国牧羊犬、拳师犬和彭布罗克威尔士柯基犬中最常见。在犬中，症状通常发展缓慢，反映受累 T3 ~ L3 脊髓，没有脊柱旁感觉过敏。DM 的发病机制尚不清楚，但最近的数据表明超氧化物歧化酶 -1 基因（*SOD1*）突变与临床症状之间存在联系[1]。在一份报告中，DM 患犬总有 *SOD1* 突变，但突变在许多未受影响的动物中也相当常见（在某些品种中，超过 70% 的动物被研究）[1]。

**分析**·可检测 EDTA 血液、精液或组织（如肝脏、肌肉、肾脏、脾）。5 ~ 10 mL 的 EDTA 血液在寄到实验室之前应冷藏储存，但储存时间不能超过 1 周。样本应与冷藏包装一同寄送。精液（1 根吸管）和组织［约 16.38 $m^3$（1 $in^3$）］应冷冻，并与冷冻的冷藏包装一起运输。动物骨科基金会目前正在处理超氧化物歧化酶基因检测的样本。

**解释**·未受影响的犬的高突变携带率使得 *SOD1* 检测在确认 DM 方面的价值有限，尽管它可能起到排除性检测的作用。脊柱 MRI 提示无脊髓受压或实质内改变，以及脑脊液缺乏多细胞增多症，仍然是体内诊断 DM 的基础标准。

## 其他基因检测

**罕见适应证**·基因检测现在可用于多种影响小型家养动物的不常见和罕见的神经系统疾病。这些疾病包括：①蜡样脂褐质沉积症，可能导致幼年或成年犬的精神错乱、行为改变和失明；②丙酮酸脱氢酶缺乏症，一种与运动不耐受相关的线粒体肌病；③磷酸果糖激酶缺乏症，可导致溶血性贫血和肌病性无力；④黏多糖症Ⅵ，可导致新生幼猫骨骼畸形和脊髓压迫。

## 乳酸

**不常见适应证**·疑似代谢性肌病，特别是在拉布拉多寻回猎犬中；代谢性酸中毒的评估；正在接受休克治疗的患病动物的灌注评估；帮助确定危重动物（如有胃扩张 / 扭转的犬）的预后。

**缺点**·样本处理是很重要的。

**分析**·乳酸盐在肝素锂血浆中或在碘醋酸管中采集的血液中进行检测。氟化管可能相似。可使用标准实验室分析仪或床旁仪器进行分析。

**正常值**·2 ~ 13 mg/dL（0.22 ~ 1.44 mmol/L）。

**危险值**·＞6.0 mmol/L 与预后不良相关（见下文）。

**假象**·静脉血淤滞（如长时间压迫静脉）、在静脉穿刺术时挣扎，以及有近期进食史可能会导致血液乳酸水平显著提高。从头静脉采集的样本往往比从颈静脉采集的样本的数值略高。应迅速将血浆与红细胞分离，或使用采集血浆前在 4℃下储存不超过 2 h 的血液。如果血液样本在室温下放置，乳酸浓度会逐渐增加。如果使用碘醋酸管，在采集血浆之前，血液可以在室温下保存长达 2 h。采集的血浆应冷藏或冷冻。草酰乙酸酯抗凝剂可能影响检测。阿司匹林、肾上腺素和苯巴比妥可能会改变血乳酸水平。

**乳酸升高的原因**·测量犬的乳酸水平的一个原因是为了诊断拉布拉多寻回猎犬的代谢性肌病。第一份血液样本是在犬休息时采集的。然后，让犬快速行走 10 ~ 15 min，并采集另一份血液样本。在轻微运动后，明显高于正常范围的增幅表明这种紊乱。另一个原因是评估患病动物（通常是危重患病动物）是否存在乳酸酸中毒，并帮助确定其预后。血液乳酸浓度＞6.0 mmol/L 的胃扩张 / 扭转患犬预后较差，更有可能发生胃壁坏死。接受休克治疗的动物的乳酸浓度持续升高表明可能没有达到足够的血流灌流，这与较差的预后有关。

## 参考文献与推荐阅读


[1] Awano T, Johnson GS, Wade CM, et al: Genome-wide association analysis reveals a SOD1 mutation in canine degenerative myelopathy that resembles amyotrophic lateral sclerosis. *Proc Natl Acad Sci U S A* 106:2794, 2009.

[2] Bathen-Noethen A, Carlson R, Menzel D, et al: Concentrations of acute-phase proteins in dogs with steroid responsive meningitis-arteritis. *J Vet Intern Med* 22:1149, 2008.

[3] Bienzle D, McDonnell JJ, Stanton JB: Analysis of cerebrospinal fluid from dogs and cats after 24 and 48 hours of storage. *J Am Vet Med Assoc* 216:1761, 2000.

[4] Boettcher IC, Steinberg T, Matiasek K, et al: Use of anti-coronavirus antibody testing of cerebrospinal fluid for diagnosis of feline infectious peritonitis involving the central nervous system in cats. *J Am Vet Med Assoc* 230:199, 2007.

[5] Bohn AA, Wills TB, West CL, et al: Cerebrospinal fluid analysis and magnetic resonance imaging in the diagnosis of neurologic disease in dogs: a retrospective study. *Vet Clin Pathol* 35:315, 2006.

[6] Coates JR, March PA, Oglesbee M, et al: Clinical characterization of a familial degenerative myelopathy in Pembroke Welsh Corgi dogs. *J Vet Intern Med* 21:1323, 2007.

[7] Cordy DR, Holliday TA: A necrotizing meningoencephalitis of pug dogs. *Vet Pathol* 26:191, 1989.

[8] De Risio L, Adams V, Dennis R, et al: Magnetic resonance imaging findings and clinical associations in 52 dogs with suspected ischemic myelopathy. *J Vet Intern Med* 21:1290, 2007.

[9] Dickinson PJ, Sturges BK, Kass PH, LeCouteur RA: Characteristics of cisternal cerebrospinal fluid associated with intracranial meningiomas in dogs: 56 cases (1985-2004). *J Am Vet Med Assoc* 228:564, 2006.

[10] Foley JE, Lapointe JM, Koblik P, et al: Diagnostic features of clinical neurologic feline infectious peritonitis. *J Vet Intern Med* 12:415, 1998.

[11] Garosi L, McConnell JF, Platt SR, et al: Results of diagnostic investigations and long-term outcome of 33 dogs with brain infarction (2000-2004). *J Vet Int Med* 19:725, 2005.

[12] Jamison EM, Lumsden JH: Cerebrospinal fluid analysis in the dog: methodology and interpretation. *J Vet Intern Med* 3:122, 1988.

[13] Levine GJ, Levine JM, Budke CM, et al: Description and repeatability of a newly developed spinal cord injury scale for dogs. *Prev Vet Med* 89:121, 2009.

[14] Levine JM, Fosgate GT, Chen AV, et al: Magnetic resonance imaging findings associated with neurologic impairment in dogs with acute thoracic and lumbar intervertebral disk herniation. *J Vet Intern Med* 23:1220, 2009.

[15] Levine JM, Fosgate GT, Porter B, et al: Epidemiology of necrotizing meningoencephalitis in Pug dogs. *J Vet Intern Med* 22:961, 2008.

[16] Levine JM, Ruaux CG, Bergman RL, et al: Matrix metalloproteinase-9 activity in the cerebrospinal fluid and serum of dogs with acute spinal cord trauma from intervertebral disk disease. *Am J Vet Res* 67:283, 2006.

[17] Lowrie M, Penderis J, McLoughlin M, et al: Steroid responsive meningitis-arteritis: a prospective study of potential disease markers, prednisolone treatment, and long-term outcome in 20 dogs (2006-2008). *J Vet Int Med* 23:862, 2009.

[18] Meinkoth JH, Crystal MA: Cerebrospinal fluid analysis. In Cowell RL, Tyler RD, Meinkoth JH, editors: *Diagnostic cytology and hematology of the dog and*

*cat*, ed 2, St. Louis, 1999, Mosby.

[19] Mikszewski JS, Van Winkle TJ, Troxel MT: Fibrocartilaginous embolic myelopathy in five cats. *J Am Anim Hosp Assoc* 42:226, 2006.

[20] Munana KR, Luttgen PJ: Prognostic factors for dogs with granulomatous meningoencephalomyelitis: 42 cases (1982–1996). *J Am Vet Med Assoc* 212:1902, 1998.

[21] Nghiem P, Schatzberg S: Conventional and molecular diagnostics for the acute neurological patient. *J Vet Emerg Crit Care* 20:46, 2009.

[22] Patterson EE, Minor KM, Tchernatynskaia AV, et al: A canine DNM1 mutation is highly associated with the syndrome of exercise-induced collapse. *Nat Genet* 40:1235, 2008.

[23] Platt SR, Radaelli ST, McDonnell JJ: The prognostic value of the modified Glasgow Coma Scale in head trauma in dogs. *J Vet Intern Med* 15:581, 2001.

[24] Radaelli ST, Platt SR: Bacterial meningoencephalomyelitis in dogs: a retrospective study of 23 cases (1990–1999). *J Vet Int Med* 16:159, 2008.

[25] Rand JS, Parent J, Jacobs R, Percy D: Reference intervals for feline cerebrospinal fluid: cell counts and cytologic features. *Am J Vet Res* 51:1044, 1990.

[26] Shell WE, Kjekshus JK, Sobel BE: Quantitative assessment of the extent of myocardial infarction in the conscious dog by means of analysis of serial changes in serum creatine phosphokinase activity. *J Clin Invest* 50:2614, 1971.

[27] Shelton GD: Myasthenia gravis and disorders of neuromuscular transmission. *Vet Clin North Am Small Anim Pract* 32:189, 2002.

[28] Thomson CE, Kornegay JN, Stevens JB: Canine intervertebral disc disease: changes in the cerebrospinal fluid. *J Small Anim Pract* 30:685, 1989.

[29] Tipold A: Diagnosis of inflammatory and infectious diseases of the central nervous system in dogs: a retrospective study. *J Vet Intern Med* 9:304, 1995.

[30] Vandevelde M, Spano JS: Cerebrospinal fluid cytology in canine neurologic disease. *Am J Vet Res* 38:1827, 1977.

[31] Wagner SO, Podell M, Fenner WR: Generalized tremors in dogs: 24 cases (1984–1995). *J Am Vet Med Assoc* 211:731, 1997.

[32] Wilson JW, Stevens JB: Effects of blood contamination on cerebrospinal fluid analysis. *J Am Vet Med Assoc* 171:256, 1977.

[33] Windsor RC, Vernau KM, Sturges BK, et al: Lumbar cerebrospinal fluid in dogs with type I intervertebral disc herniation. *J Vet Intern Med* 22:954, 2008.

[34] Witsberger TH, Levine JM, Slater MR, et al: Cerebrospinal fluid biomarkers and neurologic outcome in dogs with acute intervertebral disk herniation. In *Proceedings of the American College of Veterinary Surgery*, Washington, DC, 2009.

# 微生物学和传染病

第15章

Michael R. Lappin

可通过细胞学分析、组织病理学评估、培养、病毒分离、抗原检测或核酸扩增技术直接鉴定感染源。聚合酶链反应（PCR）是小动物传染病中最常用的核酸扩增技术。抗体的检测可提供先前接触病原或当前感染的间接证据。本章介绍了获取样本的方法，概述了目前用于一些较常见传染病的检测程序，并讨论了对各种程序和检测结果的解读*。

## 何时怀疑细菌/真菌/立克次体/病毒感染

对于大多数疾病，尤其出现发热或其他炎症迹象的疾病，应将传染病列入鉴别诊断列表。病史、体格检查结果和常规临床病理学检查很少能确定感染原因，但有助于临床兽医对鉴别诊断进行排序并制订合理的诊断计划。

病史调查可增加对传染病的怀疑程度。与受感染的动物或污染物的接触史对于直接接触传播的病原体很重要，如能诱发呼吸道疾病（如猫疱疹病毒1型、犬鲍特菌病）或肠胃炎（如犬和猫贾第鞭毛虫病、犬和猫细小病毒感染）的病原体。接触媒介［如蚊子会导致心丝虫病；蜱会导致莱姆病（硬蜱属）、埃立克体病（血缘裂头吸虫）、立克次体（落基山斑疹热、矩头蜱属）；犬巴贝斯虫（*R. sanguineus*）］或相关旅行史（如美国西南地区的球孢子菌病；密西西比州、密苏里州和俄亥俄河流域的芽生菌病）也可以提示可能患有传染病。调查疫苗接种史、驱虫史，以及确定环境中的其他动物或人是否受到影响，有助于在鉴别诊断列表中对传染病进行排名。

体格检查结果可能提示感染原因。病原体感染可引起发热。反应性淋巴样增生导致的淋巴结肿大可能由感染性疾病引起。肝脾肿大可由慢性细胞内感染（如埃立克体病、布鲁氏菌病）诱导的免疫刺激引起。内源性葡萄膜炎通常发生于猫免疫缺陷病毒（FIV）、猫传染性腹膜炎病毒（FIP）、弓形虫病和系统性真菌病感染。黏液化脓性分泌物可能提示原发性或继发性细菌感染。一些传染病会导致特定的症状，如角膜溃疡（猫疱疹病毒1型）、舞蹈性肌阵挛（犬瘟热病毒）或睾丸肿胀和疼痛（犬布鲁氏菌病）。

病原体感染可能会导致异常的临床病理学结果。中性粒细胞增多，特别是如果同时存在核左移或退行性中性粒细胞（见第4章）时，提示感染。白细胞减少伴退行性核左移提示革兰氏阴性菌感染引起的败血症。单核细胞增多症或淋巴细胞增多症提示细胞内病

---

*详见表15-1。

原体的持续感染，从而导致进一步持续感染，如埃立克体病、弓形虫病和巴尔通体病。多克隆（如多种感染原因）丙种球蛋白病或单克隆（如通常由肿瘤引起，很少与犬埃立克体病相关）丙种球蛋白病可能提示慢性免疫刺激。房水、脑脊液、滑膜液或尿液中出现中性粒细胞可能提示感染性炎症。

## 细胞学

**常见适应证・**当怀疑有细菌和真菌疾病（偶尔也有立克次体和病毒性疾病）时，需进行渗出物、血涂片、组织压片、抽吸活检或毛发湿涂片的细胞学检查。

**优点・**细胞学检查成本低且容易操作，可以快速确认和鉴定感染性病原体。有助于区分正常的菌群和污染物，以明确感染（如耳道中细菌和酵母菌相对数量的解读）。细胞学检查还可以显示相对数量的病原体（培养结果在快速或缓慢生长的细菌中可能具有误导性）。

**缺点・**不能总是找到感染性病原体（如埃立克体病、嗜血支原体病、病原体数量低于细胞学敏感水平的感染）。有时，细胞学诊断必须通过其他方法（如组织病理学、培养、PCR 分析）来确认感染，而且细胞学在检测病毒包涵体方面的价值也很有限，除非是在犬瘟热的短暂病毒感染期。

### 样本采集与分析

有关细胞学技术和细胞学结论的讨论，请参见第 16 章。

#### 细菌性疾病

采集疑似细菌感染动物的分泌物放置在载玻片上，风干、固定，用革兰氏和罗曼诺夫斯基染色剂染色（见第 16 章）。从低倍率（10 倍放大）开始，至油镜（100 倍）以检查细菌形态特征（即杆菌、球菌），及革兰氏染色特征［即革兰氏阳性（蓝色）或革兰氏阴性（粉红色）］。革兰氏染色的主要缺点是当背景物质染成粉红色时，革兰氏阴性菌可能很难找到。使用罗曼诺夫斯基染色剂更容易找到细菌（深蓝色染色剂）并且更容易识别其他细胞（即炎性细胞）的形态学细节。革兰氏染色结果具有可变性；体液中的微生物进行染色可能与血琼脂平板上生长的微生物形态不同。革兰氏染色显示的革兰氏阳性分支细丝提示放线菌属和诺卡氏菌属（图 10–11）。抗酸染色剂可用于分枝杆菌属，并有助于区分放线菌属与诺卡氏菌属（抗酸）。

一些细菌具有独特的形态学特征。在腹泻犬猫的粪便细胞学中发现含有孢子的大型杆菌提示产气荚膜梭菌（图 15–1）。在美国西南部或西部猫发炎的颈部淋巴结抽吸物中发现双极染色的革兰氏阴性球菌，提示鼠疫耶尔森菌。在腹泻动物的粪便细胞学中发现的短螺旋体提示但不能证实是弯曲杆菌病。在呕吐动物的胃黏膜细胞学中发现的螺旋体提

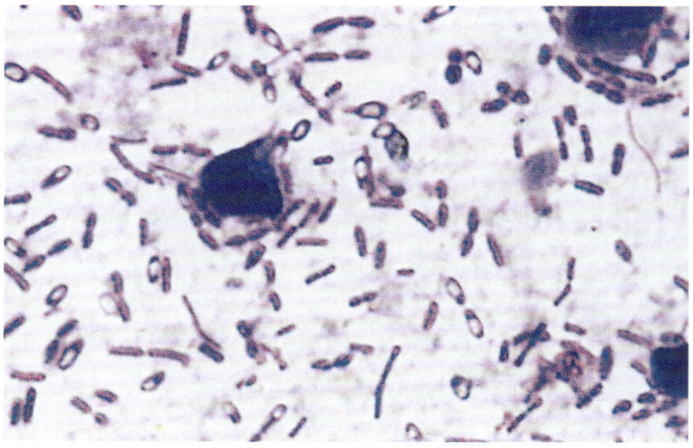

**图 15–1　腹泻粪便涂片**

可见产芽孢菌提示产气荚膜梭菌。芽孢内清晰透明黑色边界明显。

（数据来源：Nelson RW, Couto CG: Small Animal Internal Medicine,ed 4.Elsevier, inc., St. Louis, 2009.）

示螺杆菌病。

为了证明急性猫衣原体结膜炎的包涵体，可用扁平抹刀获取结膜刮片、涂片，进行罗曼诺夫斯基染色，检查胞浆内聚集物猫衣原体［*Chlamydophila*；以前称为衣原体（*Chlamydia*）］。

埃立克体（*Ehrlichia* spp.）的桑椹胚罕见于单核细胞（犬埃立克体）、中性粒细胞［尤因埃立克体；吞噬无形体（以前的马埃立克体）］或血小板（血小板型埃立克体）。猫嗜血支原体（仅限猫）、“加州型嗜血支原体（haemominutum）”（仅限猫）、“苏黎世型嗜血支原体（turicensis）”（仅限猫）、犬嗜血支原体（仅限犬）、“微小嗜血支原体（haematoparvum）”（仅限犬）、猫胞簇虫（仅限猫）和巴贝斯虫属有时会在犬或猫的红细胞表面或内部发现。

### 皮肤寄生虫病

为了排查姬螯螨属，可将一块透明的胶带轻轻地压在有结痂或皮屑的地方，然后放在载玻片上观察。接下来剃毛，在皮肤和显微镜载玻片上涂上矿物油，然后用钝的 10 号手术刀刮皮肤。采用皮肤刮片来寻找蠕形螨时，应固定皮肤，并通过挤压和刮擦法挤压毛囊以寻找螨虫。用刮片寻找疥螨属或姬螯螨属时，应在更大范围的皮肤面积上浅刮（引起轻微的毛细血管渗出）。刮片转移至 10 倍镜下观察是否有螨虫。

### 真菌病

为了确诊皮肤癣菌，从病变周围拔毛，放在显微镜载玻片上，然后用 10% ~ 20% 的氢氧化钾覆盖，以清除皮屑。然后，将载玻片加热（不煮沸），并在 10 倍或 40 倍镜下进行检查，以寻找菌丝、孢子、分生孢子、出芽酵母菌和真菌引起的毛发损伤（如肿胀或断裂的毛干）。40 倍目镜用于识别小孢子［可能覆盖毛干的球形结构的致密聚集体（图 15-2）］。找不到小孢子并不能排除皮肤真菌病。直菌培养对皮肤真菌病的诊断更加敏感（见真菌培养）。

在寻找皮肤癣菌以外的其他真菌时，罗曼诺夫斯基染色（如瑞氏染色）优先于湿涂片制剂和墨水染色（见第 16 章）。罗曼诺夫斯基染色也可用于渗出液、脑脊液、淋巴结抽吸细胞学或经气管抽吸细胞学样本检查酵母菌，如皮炎芽生菌、组织胞浆菌、申克孢子丝菌、粗球孢子菌或隐球菌（图 11-3）。

### 病毒性疾病

淋巴细胞、中性粒细胞或红细胞中的犬瘟热病毒包涵体（图 15-3）具有 CDV 感染的诊断价值，但因包涵体仅暂时存在，因此常见假阴性结果。猫疱疹病毒 1 型感染后，会短暂地出现结膜上皮细胞的核内包涵体。极少数情况下，FIP 诱导的冠状病毒株会导致循环池中中性粒细胞出现一过性的胞浆内包涵体。

## 细菌培养与药敏试验

**常见适应证** · 适用于大多数疑似细菌性

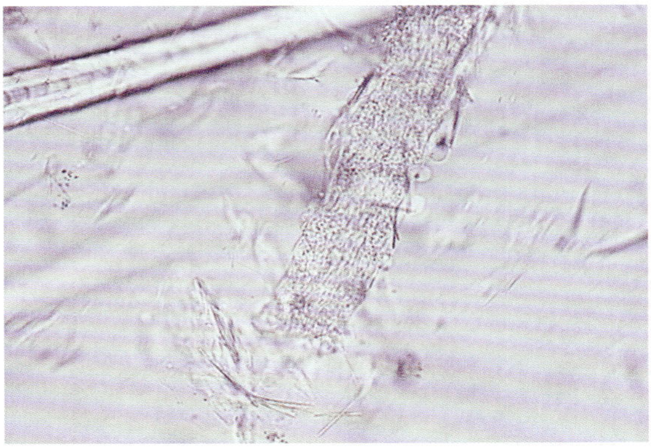

**图 15-2 犬癣菌病皮肤刮擦法**

左上方为正常的毛干。中央肿胀、碎裂的毛干上充满了小而圆的犬小孢子菌的小孢子。

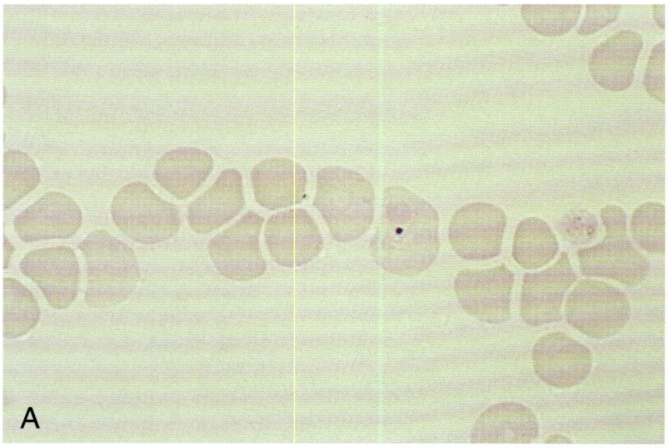


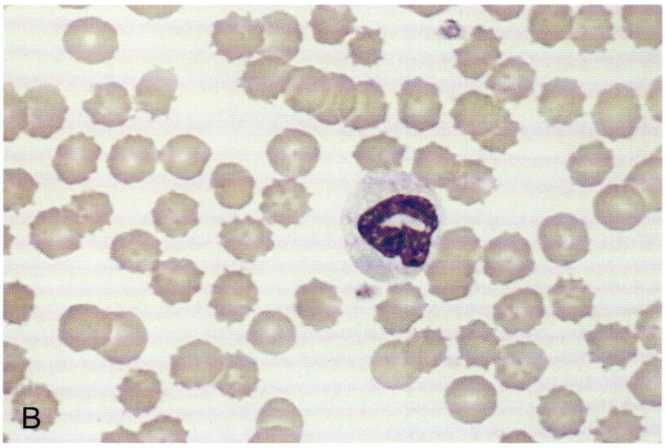


**图 15–3　犬瘟热**

A. 颜色灰色到微红色不等的圆形病毒包涵体。位于深蓝色、较小的豪 – 乔小体上方的包涵体最明显。B. 中性粒细胞胞浆内细胞边缘 7 点钟方向，可见大的、灰色的病毒包涵体。

疾病（专栏 15–1），特别是当临床症状没有因药物而改善的情况下。需要记住的是，皮肤和黏膜表面有常驻微生物群落（专栏 15–2），因此必须小心避免污染。

**优点**·培养和抗菌药敏感性通常能使感染得到最有效的治疗。

**缺点**·病原体生长需要时间；此外，一些细菌难以培养 / 生长或有特殊的培养需求。其他缺点是费用高昂，容易污染或培养失活，结果无效。

## 细菌培养

### 采样

**体腔**·皮肤穿刺部位的准备应与血液培养相同（见心血管系统的讨论）。如果可能有脓胸或腹膜炎，但无法抽吸液体，则需进行灌洗（见第 10 章）。由于常见混合感染，也可能会出现纯厌氧菌感染，因此应同时进行需氧和厌氧培养。

**心血管系统**·血液培养用于诊断疑似细菌性心内膜炎或败血症的患病动物。当疑似心内膜炎患犬处于发热期间 24 h 内，参照外科准备使用碘和酒精相继擦拭大静脉，获得 3 份血液样本。培养少于 3 个样本将使阳性率显著降低。将至少 5 mL 的血液直接放入需氧和厌氧细菌培养基中，在 20℃培养 24 h。不可使用凝集的血液或含有 EDTA 或柠檬酸盐的血液进行检测，因为这会降低病原体的分离率（巴尔通体除外；它们可以在 EDTA 试管培养；见巴尔通体病部分）。如果患病动物病情危重，怀疑有败血症，应在开始抗菌治疗前 1 ~ 3 h 内进行 3 次培养。由于泌尿系统是细菌进入身体的常见通路，因此当败血症或细菌性心内膜炎的来源未知时，通常会对患病动物的尿液进行培养。

**中枢神经系统**·中枢神经系统细菌感染并不常见。即使在感染发生时，少量的微生物也会难以通过细胞学和培养检查出来。但是，如果在脑脊液中检测到中性粒细胞数量增多和蛋白质增加（见第 14 章），则需要进行需氧和厌氧细菌培养和药敏试验。应将脑脊液样本放置在转运培养基中，尽快送往实验室。当怀疑中枢神经系统细菌感染时，应同时进行需氧和厌氧细菌培养。

**眼部**·应在表面麻醉或应用荧光素染色之前进行结膜的细菌培养，在结膜处滚动湿润的无菌拭子采集样本。眼部穿刺术是眼内培养的必要手段。

**胃肠道**·偶尔会出现原发性细菌性胃肠炎。沙门氏菌属、弯曲杆菌属、产气荚膜梭菌属和大肠杆菌属是常见的肠道病原体。然而，这些微生物也可以从正常动物身上分离

**专栏 15-1 犬猫感染性疾病不同部位常见分离出的细菌**

**表皮**

**脓皮病**

- 伪中间葡萄球菌
- 变形杆菌属
- 假单胞菌属
- 大肠杆菌（通常继发于葡萄球菌）

**耳朵**

- 马拉色菌属
- 假单胞菌属
- 金黄色葡萄球菌 / 中间葡萄球菌
- 变形杆菌属

**呼吸系统**

**肺炎**

- 假单胞菌属
- 大肠杆菌
- 克雷伯菌
- 巴氏杆菌属
- 博代氏菌
- 葡萄球菌
- 链球菌属
- 支原体属

**胸膜腔**

- 诺卡氏菌
- 放线菌属
- 巴氏杆菌属
- 厌氧菌

**胃肠道**

**肠道**

- 沙门氏菌属
- 弯曲杆菌
- 产气荚膜梭菌
- 大肠杆菌

**生殖泌尿道**

- 大肠杆菌
- 变形杆菌属
- 克雷伯菌
- 金黄色葡萄球菌 / 中间葡萄球菌

**眼睛**

**结膜和角膜**

- 金黄色葡萄球菌（凝固酶阳性和阴性）
- 链球菌属
- 表皮葡萄球菌
- 大肠杆菌
- 变形杆菌属
- 芽孢杆菌属

**心血管系统**

**需氧菌**

- 金黄色葡萄球菌
- 乙型溶血性链球菌
- 大肠杆菌
- 克雷伯菌
- 假单胞菌属
- 变形杆菌属
- 沙门氏菌属

**厌氧菌**

- 类杆菌属
- 梭杆菌属
- 梭状芽孢杆菌

数据来源：Greene CE, editor: Clinical microbiology and infectious diseases of the dog and cat, Philadelphia, 1998, WB Saunders.

## 专栏 15-2　犬猫不同部位的正常细菌菌群

**皮肤系统**

**皮肤**

- 需氧菌
  - 微球菌属
  - 葡萄球菌
  - 链球菌属
  - 革兰氏阴性杆菌，包括巴氏杆菌属
  - 类白喉菌
- 厌氧菌
  - 梭状芽孢杆菌

**耳**

- 需氧菌
  - 葡萄球菌
  - 棒状杆菌属
  - 链球菌属
  - 大肠杆菌群
  - 芽孢杆菌
- 酵母菌
  - 马拉色菌属

**呼吸系统**

**鼻腔，咽部**

- 需氧菌
  - 葡萄球菌
  - 链球菌属
  - 奈瑟氏菌
  - 棒状杆菌属
  - 大肠杆菌
  - 乳杆菌
  - 变形杆菌属
- 厌氧菌
  - 梭状芽孢杆菌
  - 双歧杆菌属
  - 丙酸杆菌
  - 梭杆菌属
  - 类杆菌属

**气管**

- 链球菌属
- 葡萄球菌
- 巴氏杆菌
- 克雷伯菌
- 棒状杆菌属

**眼**

**角膜、结膜**

- 需氧菌
  - 金黄色葡萄球菌（凝固酶阳性和阴性）
  - 非溶血性、甲型和乙型溶血性链球菌
  - 芽孢杆菌
  - 假单胞菌属
  - 大肠杆菌
  - 棒状杆菌属
  - 奈瑟氏菌
  - 莫拉氏菌

**胃肠道**

**口腔和粪便**

- 需氧菌
  - 革兰氏阳性菌
    - 链球菌属
    - 葡萄球菌
    - 芽孢杆菌
    - 棒状杆菌属
  - 革兰氏阴性菌
    - 肠杆菌科（尤其是大肠杆菌、肠杆菌属、变形杆菌属和克雷伯菌属）
    - 假单胞菌属
    - 奈瑟氏菌
    - 莫拉氏菌
- 厌氧菌
  - 革兰氏阳性菌
    - 梭状芽孢杆菌
    - 乳杆菌
    - 丙酸杆菌
    - 双歧杆菌属
  - 革兰氏阴性菌
    - 类杆菌属
    - 梭杆菌属
    - 韦氏杆菌属
  - 其他
    - 螺旋体
    - 支原体
    - 酵母菌

（续）

| | |
|---|---|
| **泌尿生殖道** | 棒状杆菌属 |
| ***远端尿路和包皮*** | 革兰氏阴性菌 |
| 革兰氏阳性菌 | 黄杆菌属 |
| 金黄色葡萄球菌 | 嗜血杆菌 |
| 表皮葡萄球菌 | 莫拉氏菌 |
| 链球菌属 | 巴氏杆菌 |
| 支原体 | 克雷伯菌 |
| 芽孢杆菌 | |

数据来源：Greene CE, editor: Clinical microbiology and infectious diseases of the dog and cat, Philadelphia, 1998, WB Saunders.

出来。沙门氏菌属和弯曲杆菌属可引起小肠性或混合性肠道腹泻；产气荚膜梭菌通常与大肠性腹泻有关。可收集 2 ~ 3 g 新鲜粪便提交给实验室以获得最佳结果。如果延迟送检，临床兽医应咨询实验室以获取适当的转运培养基。由于这些微生物有特殊的培养要求，必须告知实验室怀疑的病原体。产气荚膜梭菌的阳性培养并不能证明它是疾病的原因，因为并不是所有的产气荚膜梭菌都产生肠毒素。相反，并不是所有肠毒素阳性的动物都会腹泻。因此，产气荚膜梭菌的培养或 PCR 应与肠毒素检测相结合（见第 9 章）。

**泌尿生殖道 ·** 通过膀胱穿刺获得的尿液是尿液细菌培养的首选样本。如果患病动物血小板严重减少（＜50 000/μL），或者如果无法进行膀胱穿刺，则可以接受导管插入术或取中段尿样（需要进行定量培养）。细菌的分离应始终与尿沉渣同时进行评估。极少数情况下，难以诊断的尿路感染需要对膀胱壁活检样本进行浸润和培养。应用无菌研钵和矿杵粉碎结石并培养。如果在没有结石、肿物和需氧菌的情况下发现脓尿，则应考虑支原体或念珠菌属的感染。也应考虑钩端螺旋体属感染。

对于前列腺液培养，建议采用射精（首选）的第三部分液体或前列腺按摩采集前列腺液培养。精液的第二部分培养推荐用于睾丸培养。也可以对通过抽吸或活检，取出的前列腺或睾丸组织进行培养。对疑似有前列腺脓肿的犬应避免前列腺按摩和闭合式前列腺抽吸或活检。在射精前和射精后获取远端尿路样本进行定量培养，有助于避免尿路污染造成的干扰。尿液或前列腺液的厌氧培养诊断价值较差。

**皮肤和耳朵 ·** 对于浅表脓皮病，病变周围区域剪掉毛发，但不消毒。用无菌细号针刺破脓疱，培养脓液拭子。对于深部脓皮病，修剪病变周围的毛发，并用抗菌剂对该区域进行消毒。挤压病灶，用拭子收集渗出液。操作时应戴手套。

对于耳部分泌物的培养，可将无菌锥形耳镜插入到水平耳道平面，并通过耳镜擦拭耳朵。当怀疑中耳感染时，可将动物麻醉并通过鼓膜切开术采集用于培养的样本，方法是用穿过无菌锥形耳镜的无菌脑脊液针穿透鼓室。

**肌肉骨骼系统 ·** 肌肉骨骼组织中不存在正常菌群。对于出现椎间盘脊椎炎放射学证据的犬应进行犬布鲁氏菌和巴尔通体的感染评估（见“特定细菌感染的诊断检测”）。椎间关节在透视引导下抽吸或需要进行脊柱减压手术培养。大多数椎间盘脊椎炎病例是在来自椎体外的细菌通过血液传播后发生的。通常对椎间盘脊椎炎患病动物进行血液和尿液培养，常培养出葡萄球菌属。

患有化脓性关节炎（有或无细菌细胞学检查）的犬猫应该对其滑膜液进行需氧菌和支原体培养（见第 10 章）。如果滑液中含有退行性中性粒细胞，那么阳性培养结果的可能性会增加。通常不能通过常规培养技术从关节液中培养出 L 型细菌。L 型细菌的滑膜活检做培养加组织病理学检查比单纯液体培养更敏感。几乎从来没有通过常规培养从莱姆病患犬的关节中分离出来伯氏疏螺旋体。应用滑膜液 PCR 扩增支原体、伯氏疏螺旋体、吞噬无形体和埃立克体的 DNA 被证明可能是记录受影响动物关节中微生物存在的有效方式，但缺乏客观数据。

在骨髓炎，瘘管培养不如患骨培养敏感。很少进行感染性肌炎的培养，除非是基于恶臭、皮下肺气肿或脓胸时，怀疑为厌氧性感染（如梭状芽孢杆菌）。临床兽医可以使用血清学检测或 PCR 分析更好地评估其他感染性肌病（如弓形虫病、钩端螺旋体病）。

**呼吸系统 ·** 最好在支气管镜检查期间通过经气管抽吸或支气管肺泡灌洗获得下呼吸道样本。可以使用细针穿刺活检肺，但风险更大（见第 11 章）。可以从一些临床上健康犬的气管中分离出细菌。这些细菌可能是一过性的；常见的分离株见专栏 15–2。由于从正常犬分离出的许多微生物也与下呼吸道炎症有关，因此所有经气管抽吸采集的样本都应通过培养、抗菌药物敏感性和细胞学进行评估。通过细胞学检查，临床兽医应寻找被细菌包裹的鳞状细胞（这表明口咽部污染）（图 11–12）。除非伴有中性粒细胞性炎症，否则细菌感染并无临床意义。已从具有呼吸道疾病临床症状的患病动物的下呼吸道纯培养物中分离出来支原体属[18.71]。对有经气管抽吸的样本都应进行支原体属的培养；这些样本需要在 Amies 培养基或改良的 Stuart 细菌转运培养基中运送到实验室。支原体属培养有特别要求。通过 PCR 分析从气道分泌物中扩增支原体 DNA 也可用于感染。

最好通过鼻腔灌洗或组织芯活检获得鼻腔样本，或通过拭子穿过无菌锥形耳镜获取（见第 11 章）。临床兽医最好使用在咽镜检查期间采集的带保护的拭子来获取咽部样本。由于鼻腔和鼻咽部存在大量正常菌群，因此很难判读鼻和咽的培养结果（专栏 15–2）。

### 样本运输

对于需氧菌培养，如果保持拭子湿润，并可在 3 h 内接种到培养基上，则不需要特殊的转运培养基。然而，经常使用含有液体或凝胶转运培养基的棉签。常规培养物可以在室温下安全地储存在转运培养基中长达 4 h。在此之后，由于不同生物的生长速度不同，过度生长是一个潜在问题。冷藏的常规样本可以在运输介质中储存至少 2 d。组织样本可以冷藏长达 2 d。液体（如尿液）可以在室温下安全储存 1 ～ 2 h，冷藏 24 h，在转运培养基中冷藏 72 h[44]。由于人为稀释，定量培养对储存在转运培养基中的液体是不准确的。

厌氧菌培养时，应将液体吸入注射器，针头上盖上橡胶塞，并在采集后 10 min 内将样本接种到培养基上。可使用支持厌氧菌生长的转运培养基，但这并不是所有苛养微生物的理想选择。介于这些限制，样本可以在适当的转运培养基中冷藏 2 d。

**分析 ·** 血琼脂平板可以培养最常见的细菌病原体。通常使用含有血琼脂和麦康凯琼脂的双板。常见的厌氧培养基为硫代乙酸酯。决定进行诊室内检测而不是使用商业化实验室是基于检测病例量、可用的设备和专业性。

**药敏试验**·药敏试验提供了对给定浓度的抗菌药物的合适程度的体外评估。采用2种方法：稀释试验和纸片扩散试验。

**稀释试验**·该试验是定量的，可确定防止微生物生长所需的最低抗菌药物含量［最低抑菌浓度（minimum inhibitory concentration，MIC）］。当需要密切监测抗菌药物给药计划时（如庆大霉素），或纸片法药敏试验结果不适用、不明确或不可靠时（如生长缓慢的病原体、确认多黏菌素的敏感性、确认特定剂量的氨基糖苷类药物的敏感性或耐药性），可进行定量药敏试验。其他适应证包括厌氧菌和抗菌药物之间的协同或拮抗检测。

**优点**·稀释试验可能有效，即使纸片扩散试验有相反的提示（如抗生素在尿液中浓缩）。

**缺点**·稀释试验的缺点包括费用较高、无法在诊室进行试验，以及需要确定某种抗生素的所需浓度是否可行。理想情况下，血药浓度应超过MIC的4倍，尿液浓度应该是MIC的10 ~ 20倍。局部抗菌药物的MIC敏感性很少能被确定，因为这些方法是基于血或尿浓度。

**纸片扩散试验**·这是临床上应用最广泛的方法（即Kirby–Bauer技术）。在含有固定量抗生素的纸片周围可以看到细菌生长的抑制区。该试验是定性的，并可将病原体分为敏感（易感）、中间（不确定）或耐药类别。

**优点**·纸片扩散试验的优点是简单、适合大多数常规培养，可以在医院进行，并且适用于快速生长的病原体（如肠杆菌科、金黄色葡萄球菌）。

**缺点**·这项试验不适用于生长缓慢的病原体和厌氧菌。此外，在预测扩散性差的抗生素（如多黏菌素）的敏感性方面存在不确定性，必须标准化影响试验的因素（如培养基的pH和厚度、微生物浓度、培养时间）。必须遵循适当的步骤，以避免诊断错误。

**假象**·假象是由于不适当的样本采集（即错误的样本、污染）、不适当的样本转运、未告知实验室可疑病原体（如沙门氏菌、厌氧菌、弯曲杆菌、支原体）、近期使用抗生素治疗，以及对次要病原体而不是生长缓慢的主要病原体的培养（即培养持续时间不足）造成的。无法培养出苛养厌氧菌可能是由于样本短时间的、似乎微不足道的暴露于有氧环境中，或者没有使用预制的培养基。

**解读**·识别正常菌群（专栏15–1）对于正确解读报告是必要的。初步鉴定预计将在18 ~ 24 h内完成，抗生素敏感性报告将在36 ~ 48 h内完成。大多数需氧生物和兼养生物在5 d内被鉴定；厌氧微生物或支原体的鉴定可能额外需要2 ~ 3 d。

专栏15–2列出了从身体各系统中分离出来的常见细菌病原体。应注意到常驻微生物和病原微生物之间的重叠。

伪中间葡萄球菌是从犬脓皮病皮肤中分离出的主要病原体。有浅表脓皮症，革兰氏阴性菌可能是污染菌，而在深部脓皮病时，常继发于伪中间葡萄球菌。

犬猫少见原发性细菌性鼻炎，常由感染支气管败血症鲍特菌、支原体和猫衣原体引起。原发性细菌性肺炎可由败血症鲍特菌或支原体引起，而其他微生物通常继发于病毒感染或吸入性感染。

因为膀胱通常是无菌的，通过膀胱穿刺术获得的尿液样本进行培养，若发现细菌应重视。然而，尿液培养最好与尿液分析结合起来判读。如果在没有明显脓尿的情况下出现细菌生长（见第7章），则必须考虑样本污染、样本运输不当或免疫抑制性疾病（如肾上腺皮质功能亢进、糖尿病、FIV感染）。在导尿或中段排尿的尿液定量培养中，菌落个数≥100 000/mL是有意义的。较低浓度的菌尿可能提示慢性感染或雌性动物。在通过射精获得的前列腺液样本中，如果样本含有的细菌量大于或等于尿道样本的100倍，则诊断为感染[34]。前列腺抽吸物培养可能更准确。

血液培养可能很难判读。正常皮肤的微生物污染可能引起假阳性结果，包括棒状杆菌属、芽孢杆菌属、凝固酶阴性葡萄球菌、厌氧类白喉菌、链球菌和梭状芽孢杆菌。从两种或两种以上的培养物中分离出相同的微生物，就能强烈表明它是致病菌，而只在一种培养物中生长则不太确定，除非它是一种不太可能是污染物的致病细菌。

脑脊液和滑液膜通常是无菌的；无菌获取的这些样本，培养出任何微生物都具有临床意义。

## 真菌培养

### 采样

对于皮肤真菌培养，从病变周围剪下毛发；用镊子拔出毛干，在皮肤真菌试验培养基（DTM）或Derm Duet上培养。

无论是否有血清学检查，皮下和深部真菌感染最好的诊断方法是细胞学或组织病理学检查。如果不能识别微生物，可以培养病变皮肤，但由于常驻细菌和真菌的过度生长，很少有意义。当怀疑病变是皮肤癣菌时，拭子应涂布在沙弱堡（SDA）和海藻糖培养基上。

系统性和皮下真菌可能需要在沙弱堡培养基上培养2周才能生长。

## 特定细菌感染的诊断检测

### 猫巴尔通体病（汉赛巴尔通体、克氏巴尔通体、克勒巴尔通体）

**偶发适应证·**到目前为止，大多数患有临床巴尔通体病的猫都感染了汉赛巴尔通体[13, 14]。然而，克氏巴尔通体、克勒巴尔通体和五日热巴尔通体是通过猫栉首蚤在猫中传播的，因此有跳蚤感染史的猫更容易被感染[20]。大多数接触巴尔通体的猫是亚临床感染；然而，发热、葡萄膜炎、淋巴结病、心内膜炎、心肌炎、血尿和高球蛋白血症已在实验感染或自然感染猫中得到令人信服的证明。关于巴尔通体与牙龈炎和口炎之间的关系，一直模棱两可[23]。在其他原因无法解释且患有上述一种或多种临床综合征的猫，可进行巴尔通体检测。

**分析、假象和解读·**循环抗体的检测采用免疫荧光抗体分析法（IFA）、酶联免疫吸附分析法（ELISA）和免疫印迹法[11, 49]。上述检测结果证实曾接触过巴尔通体，但由于汉赛巴氏杆菌、克氏巴氏杆菌和克勒巴尔通体在血清学上会发生交叉反应，基于汉赛巴氏杆菌抗原的检测不能区分这3种病原体。当前通过培养或PCR检测结果可证实巴尔通体属感染。部分PCR或基因测序结果可用于鉴定感染巴尔通体的种类[43]。猫可同时感染一种以上的巴尔通体。眼部局部抗体的检测和房水中巴尔通体DNA的检测被用来诊断由于巴尔通体引起的葡萄膜炎[51]。

高达93%的感染猫栉首蚤的健康猫的血清呈阳性，因此单凭抗体检测结果不能证明临床巴尔通体病[67]。血清呈阴性的猫中有3%～15%有菌血症，因此抗体检测结果不能用来排除鉴别诊断列表中的巴尔通体。感染血液培养呈阳性或 PCR 呈阳性可证明当前感染，但不能证明有临床疾病。在实验接种和自然感染的猫中已检测到反复菌血症；因此，单一的血液培养或 PCR 结果为阴性并不能排除感染[47]。由于这些发现，目前建议在评估临床上患病的猫是否患有巴尔通体病时，需要将血清学检测结果与血液培养或 PCR 检测结果结合起来。如果检测结果呈阳性，并且对病因没有更好的解释，则可能需要治疗。迄今为止，当治疗有效果时，继续进行巴尔通体检测，并没有被证实具有临床意义。

由于血清学检测结果与菌血症的存在并不十分具有相关性，而且个体培养或 PCR 检测结果可能为假阴性，因此没有迹象表明需对健康猫进行巴尔通体检测[14, 46]。疾病控制和预防中心建议保持防治跳蚤的措施，避免咬伤和抓伤，以避免巴尔通体病[45]。用于献血的健康猫，应血清检测呈阴性，培养或 PCR 检测呈阴性，并应长期使用跳蚤防治产品[81]。

## 犬巴尔通体病（文森巴尔通体和汉赛巴尔通体）

**偶发适应证 ·** 来自流行地区或有不明原因心肌炎、心内膜炎、肉芽肿性淋巴结炎、皮肤血管疾病、溶血性贫血、多关节炎、特发性积液、肉芽肿性脑膜脑炎、肉芽肿性鼻炎或血小板减少症的犬应考虑进行文森巴尔通体检测[12, 13]。犬中与汉赛巴尔通体相关的疾病的全部范围尚未确定，但似乎与文森巴尔通体相似[13, 30]。基于血清呈阳性概率的研究，感染跳蚤或蜱的农村犬最有可能感染巴尔通体。

**分析、假象和解读 ·** 针对文森巴尔通体和汉赛巴尔通体的循环抗体，IFA 是最常见的检测方法。可通过培养或 PCR 检测结果证明感染情况。文森巴尔通体与汉赛巴尔通体的血清学交叉反应是可变的；因此，建议对这两个进行单独检测。无论犬有无临床症状都可以检测到抗体。血清阴性检测结果呈阴性降低了由文森巴尔通体和汉赛巴尔通体引起的临床疾病的可能性。然而，许多受感染的犬巴尔通体抗体呈假阴性。因此，目前的建议是将血清学检测结果与 PCR 或培养结果相结合。从犬血中扩增或培养巴尔通体比从猫血培养更困难。巴尔通体感染的金标准是在 BAPGM 培养基上培养与 PCR 分析（Galaxy Diagnostic，Inc）相结合[25, 59]。

与猫一样，没有检测结果能证明犬患有临床巴尔通体病，但如果检测结果呈阳性，并且没有更好的病因解释，则可能需要治疗。

## 疏螺旋体病（莱姆病）（伯氏疏螺旋体）

**偶发适应证 ·** 来自硬蜱流行地区或有同类旅行史和发热、跛行、肾小球肾炎或非败血性、化脓性多发性关节炎患犬，应怀疑患有疏螺旋体病（莱姆病），并对伯氏疏螺旋体抗体进行筛查[10, 22, 58]。

**分析、假象和解读 ·** 用 IFA、ELISA 和免疫印迹法检测血清中的循环抗体。可以通过组织培养、组织学技术或 PCR 结果确诊。

血清抗体通常被用来筛查犬接触伯氏疏螺旋体的情况。犬血清中可检测到针对伯氏疏螺旋体的免疫球蛋白 M（IgM）抗体和免疫球蛋白 G（IgG）抗体。通过实验室及相关分析，认为二者滴度存在显著差异。这两类抗体在暴露后都可以在血清中持续数月。根据使用的化验方法，IFA 和 ELISA 法中使用的伯氏疏螺旋体抗原与其他螺旋体可能发生交叉反应；因此，阳性滴度并不总能证明暴露于伯氏疏螺旋体。伯氏疏螺旋体疫苗诱导抗体的产生，可通过某些 IFA 和 ELISA 法检测。免疫印迹法可用于区分疫苗诱导的抗体和自然感染后产生的抗体。接种疫苗很少诱导针对伯氏疏螺旋体 C6 多肽的抗体；商业上可基于这种多肽的床旁检测[55]。由于伯氏疏螺旋体在组织中转移，大多数患有疏螺旋体病的犬在检测到疾病时，抗体呈阳性。然而，健康犬可与临床患犬产生相同的抗体反应。由于这些因素，较难解释阳性血清抗体滴度。针对伯氏疏螺旋体的血清抗体检测仅提示接触或曾感染过伯氏疏螺旋体（或类似抗原），而不表明临床疾病。市场上有一种量化 C6 多肽抗体的方法；然而，这种方法的临床实用性还没有文献记载[56]。

明确的诊断需要通过培养、组织病理学评估或 PCR 分析来证明病原体的存在。可以基于疾病临床症状、病史和实验室证据，结合阳性的血清学检测和对治疗反应推定诊断犬临床莱姆病。

## 布鲁氏菌病（犬布鲁氏菌）

**偶发适应证·**患有生殖道异常、淋巴结肿大、高球蛋白血症、椎间盘炎或葡萄膜炎的犬应怀疑患有布鲁氏菌病，并进行犬布鲁氏菌抗体筛查。

**分析、假象和解读·**最常通过快速玻片凝集试验（rapid slide agglutination test，RSAT）、试管凝集试验（tube agglutination test，TAT）、琼脂凝胶免疫扩散（agar gel immunodiffusion，AGID）和 ELISA 检查血清中的循环抗体[16, 79]。

RSAT 和 TAT 是筛选试验；RSAT 可商业销售用于床旁检测。两种检测均使用 2- 巯基乙醇（2-mercaptoethanol，2-ME），以消除导致大多数假阳性反应的异源 IgM 凝集素。2-ME TAT 中的假阳性反应可能是由溶血样本中自身凝集引起。AGID 可以使用细胞壁抗原或细胞质抗原。用细胞质抗原进行的 AGID 是最具特异性的抗体测定；用细胞壁抗原进行的 AGID 是最敏感的。由于非特异性沉淀素反应，细胞壁抗原的 AGID 阳性结果难以解释。

感染和阳性检测结果之间的最短时间因检测而异，但大多数感染患犬在感染后第 8 ~ 12 周时，2-ME TAT 和 AGID 呈血清阳性。比较来自不同实验室的 ME TAT 滴度没有诊断价值；然而，1 : 50 ~ 1 : 100 的滴度通常是可疑的，而≥ 1 : 200 的滴度通常可从血液培养中分离出犬布鲁氏菌[16]。菌血症消失后，2-ME TAT 滴度在数周内迅速降低至低于 1 : 200，并在 6 个月或更长时间内保持低水平（1 : 25 ~ 1 : 50）。在 AGID 中，针对外部抗原的抗体持续数周，而针对内部（即细胞质）抗原的抗体在菌血症停止后持续长达 12 个月。尽管这些动物无菌血症，但可以从特定的器官（如附睾、前列腺）中分离出犬布鲁氏菌。

当 2-ME RSAT 或 TAT 用作筛查试验且结果为阳性时，初步诊断为布鲁氏菌病；应使用阳性血液培养或 AGID 来确认结果。如果血液培养或 AGID 为阴性，则不太可能出现布鲁氏菌病。如果强烈怀疑患有布鲁氏菌病的犬的 2-ME RSAT 或 TAT 结果为阴性，则应在 4 周内重复检测，以排除早期感染的可能性。

明确的诊断需要分离出犬布鲁氏菌，尽管这并不总是能够实现。理想的诊断方法是血液培养，但它不方便且昂贵。也可以对雄性动物进行尿液或精液培养。通常在 7 d 内生长，但培养物应在丢弃前保存 3 ~ 4 周。建议至少取 3 次相隔几天的样本并分别进行培养。

### 钩端螺旋体病（钩端螺旋体属）

**偶发适应证·**对于未确诊的发热、瘀斑、呕吐、腹泻、肌肉疼痛、葡萄膜炎、咳嗽、呼吸困难、肾痛、血小板减少、肾功能衰竭（尤其是急性）或肝酶活性升高的犬，应考虑进行钩端螺旋体抗体的血清学检测[77, 80]。在犬最常见的致病性血清型包括犬型钩端螺旋体、出血性黄疸型钩端螺旋体、流感伤寒型钩端螺旋体、布拉迪斯拉发钩端螺旋体、秋季钩端螺旋体和波摩那型钩端螺旋体。

**分析、假象和解读·**通过显微凝集试验（microscopic agglutination test，MAT）、ELISA（IgM、IgG）和显微微囊凝集试验检测血清中的循环抗体。大多数诊断实验室使用 MAT。血清学检测的主要缺点是难以确定阳性滴度是由活跃感染、既往感染还是疫苗接种引起的。此外，当比较不同实验室的结果时，结果通常会有所不同。

应选择使用评估多种血清病毒抗体并参加国际钩端螺旋体病协会的技能培训计划的实验室[76]。在感染后数天至数周内通过 MAT 检测抗体。通常，急性感染患犬 MAT 结果呈阴性；应在 7 ~ 14 d 内对具有提示性临床症状但 MAT 结果为阴性的犬进行重新检测；阳性滴度可证实近期感染。抗体滴度增加 4 倍也可以确认近期感染。接种疫苗可诱导阳性 MAT 滴度。由于存在交叉反应性抗体，无法确定在急性感染期间诱导最高滴度的血清型是引起感染的血清型。抗体滴度增加与相关的临床病理异常和临床症状相结合，提示临床钩端螺旋体病。

明确的诊断需要通过尿液暗视野显微镜、相差显微镜、培养或 PCR 分析来证实病原体的存在。检查尿液中是否有钩端螺旋体通常效果较差。通过肾组织的组织病理学评估显示螺旋体的推定诊断，可通过组织培养证实。当 MAT 结果为阴性时，在感染过程的早期进行培养或 PCR 检测可能最有益。在感染的前 10 d，该微生物在血液中的含量很高，在尿液中含量最高[36]。由于间歇性排出病原体，可能需要重复培养。抗菌治疗可能会导致假阴性结果。

### 土拉菌病（兔热病；土拉雷斯氏菌）

**罕见适应证·**应考虑对来自流行地区的一些动物进行土拉菌病（即兔热病）检测，这些动物出现发热、淋巴结肿大、体重减轻或口腔溃疡，特别是当确认有接触蜱、吃兔或确认了人类感染时。土拉菌病是从患临床疾病的猫传染到人的直接人畜共患病。

**分析、假象和解读·**临床兽医使用显微镜凝集测定法测量血清中的抗体[32, 60]。

感染到获得阳性滴度之间的时间未知。犬急性感染时，通常检测到 1 ∶ 140 ~ 1 ∶ 160 的滴度。兔热病患猫的滴度通常＞1 ∶ 20。急性和恢复期血清（2 周后）出现阳性滴度或滴度增加 4 倍是感染的推定证据。可通过在血液培养样本中分离细菌，或通过免疫荧光鉴定组织获得明确诊断。

## 真菌感染的诊断检测

### 曲霉病（烟曲霉）

**偶尔适应证·**患有鼻或肺部疾病的犬和猫可以进行血清学检测筛查烟曲霉抗体。猫比犬更容易感染。结果通常结合细胞学、放射学、组织病理学和培养来解读。

**分析、假象和解读·**AGID、反免疫电泳（CIEP）和 ELISA 已用于检测血清中烟曲霉的循环抗体[62]。血清抗体的存在可能代表接触或感染，一些鼻曲霉病患犬的血清抗体会出现假阴性。在最近一项针对患有和未患有鼻曲霉病的犬的研究中，血清抗曲霉抗体结果的敏感性、特异性以及阳性和阴性预测值分别为 67%、98%、93% 和 84%[70]。由于一些接受治疗的犬持续存在滴度（即 12 个月），不建议通过监测滴度以评估治疗反应。感染青霉属的犬猫，如果仅使用烟曲霉抗原检测评估，则血清检测呈阴性。

鼻甲骨破坏的影像学检查结果提示曲霉菌病或鼻肿瘤。细胞学检测（图 16–18）和单独的犬鼻分泌物培养不具诊断性，因为真菌可能在感染犬中检测不到，在未感染的犬（包括鼻部肿瘤患犬）中可能发现。有时很难从曲霉菌（真菌球）中培养出该病原体。鼻灌洗是一种低产量证明病原体的方法；建议进行鼻活检（见第 11 章）。明确诊断应基于 3 个因素：①组织侵袭的组织病理学证据；②曲霉菌球结合有感染证据的血清学和培养；③血清学感染和放射学证据（即骨溶解）。在罕见的传播性疾病病例中，对病变组织的抽吸物进行细胞学评估可能有意义。如果获得的鼻腔活检样本不能证明病原体，阳性血清学检测结果应提示进行探查性手术。

## 芽生菌病（皮炎芽生菌病）

**偶发适应证**·来自疾病流行地区的患犬，若有发热、体重减轻、肺间质疾病、淋巴结肿大、葡萄膜炎和失明、溃疡性或引流性皮肤病变、未确诊的前列腺或睾丸疾病、颅内疾病、骨髓炎或（少见）肾脏疾病可能提示芽生菌病，如果细胞学（图 11–13）、组织病理学或培养未证实该病原体，则可以进行血清学筛查皮炎芽生菌的抗体[52, 75]。在疾病流行地区，应考虑在具有肺间质疾病、颅内疾病、淋巴结肿大、溃疡性或引流性皮肤损伤，或葡萄膜炎和失明的患猫中，筛查针对皮炎芽生菌的抗体。

**分析、假象和解读**·AGID 最常在血清中检测到循环抗体。已使用 MVista Blastomyces 抗原 EIA（miravistalabs.com）测量出犬的尿液和血液中的芽生菌抗原[74]。由于犬亚临床感染不常见，因此阳性血清抗体检测结果提示意义较大。假阴性结果发生在患有超急性感染或免疫系统功能较差的晚期患病动物身上。犬的尿液抗原检测、血清抗原检测和 AGID 血清抗体检测的敏感性分别为 93.5%、87.0% 和 17.4%[72]。因此，高度怀疑芽生菌病且血清抗体呈阴性的犬应筛查尿液或血清抗原。许多芽生菌病患猫的血清抗体呈阴性。血清或尿抗原检测是否有助于诊断猫的芽生菌病仍有待确定。

确诊需要通过细胞学、组织病理学或真菌培养鉴定酵母菌。病变皮肤处的压片和肿大的淋巴结抽吸物经常可检测到病原体；从经气管抽吸、肺抽吸活检样本或尿液中发现病原体的一致性较差。培养需要 10 ~ 14 d，并且产量低于细胞学或活检。弥漫性结节性间质性肺病和肺门淋巴结肿大是常见的影像学表现。阳性血清学结果结合相应的临床症状和影像学异常可进行推定诊断。

## 球孢子菌病（粗球孢子菌）

**偶尔适应证**·来自疾病流行地区的患有肺间质疾病、不明原因的发热、肺门淋巴结肿大、骨髓炎、葡萄膜炎、心包炎和结节性或溃疡性皮肤损伤的犬提示球孢子菌病，如果细胞学检查、组织病理学或培养未证实该病原菌，则可以筛查粗球孢子菌抗体（图 15–4）[34]。猫感染很少见，但与结节性或溃疡性皮肤损伤、

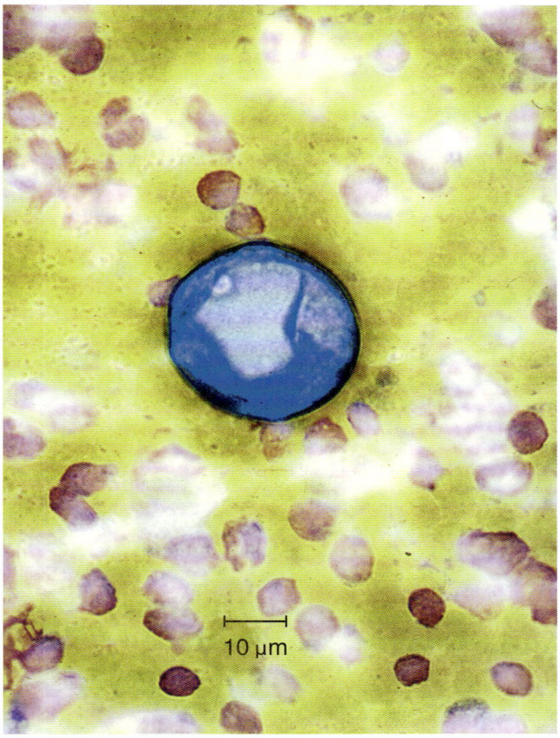


**图 15-4 淋巴结细胞学和粗球孢子菌小球体**

注意较大的小球体包含许多内生孢子。

肺间质疾病、骨髓炎、葡萄膜炎和中枢神经系统疾病有关[35]。已评估抗原检测可用于人类样本，但尚未验证可用于犬猫的样本。

**分析、假象和解读·**通过补体结合（complement fixation，CF）、AGID、ELISA、乳胶凝集（latex agglutination，LA）和试管沉淀素（TP）检测检测血清中的循环抗体。TP 检测 IgM 抗体；CF 和 AGID 检测 IgG 抗体[34]。TP 的假阴性结果发生在感染的早期阶段（＜2 周）、慢性感染、快速进展的急性感染和原发性皮肤球孢子菌病中。CF 检测的假阳性结果是由抗补体血清引起的，可能是由细菌污染物或免疫复合物引起的。最后，组织胞浆菌病和芽生菌病患病动物的交叉反应可能发生在所有检查中。疾病消退后，CF 滴度在数周内下降，但可保持在数月的低滴度下（如 1 ∶ 32）数月阳性。

确定诊断结果可通过涂片、抽吸物、组织病理学评估或培养证明病原体。通常难以证明存在病原体。对未染色或染色（过碘酸–希夫）涂片或抽吸物进行湿涂片检查比干涂片更合适，干涂片可能让小球体形状扭曲。常见的胸部 X 线片表现为混合间质型、支气管型和肺泡型征象，以及肺门淋巴结肿大。阳性血清学检测结果和典型的放射学变化可帮助初步诊断。

## 隐球菌病（新型隐球菌）

**偶尔适应证·**猫和犬的呼吸道（尤其是鼻腔）、中枢神经系统、眼睛（尤其是葡萄膜）和皮肤（尤其是结节或溃疡性病变）感染未确诊的情况下，如果病原体不能由细胞学、组织病理学或培养证明，可以筛查新型隐球菌和格特隐球菌抗体[26, 61]。

**分析、假象和解读·**临床上不使用新型隐球菌或格特隐球菌抗体检测。可以使用乳胶凝集试验在血清、房水或脑脊液中检测隐球菌抗原。

血清 LA 滴度阴性可能出现在疾病早期，或罕见慢性低级别感染、化疗诱导的缓解或非弥散性疾病。血清 LA 的特异性很高。血清或脑脊液中滴度＞1 ∶ 1 为阳性；通常检测到非常高的滴度。在一些动物中，血清滴度的降低与治疗反应平行[61]。一些动物在明显成功的治疗反应后出现阳性滴度，表明持续的低度感染或假阳性结果[27, 42]。隐球菌性脑炎可能导致在血清 LA 阴性的情况下，脑脊液 LA 滴度呈阳性。

明确诊断结果基于细胞学、组织病理学或培养发现病原体，或阳性 LA 检测结果。细胞学检查通常呈阳性（图 11-3），因为在感染的组织（如鼻和皮肤损伤、房水和玻璃体液）中通常可发现许多酵母菌。

**注意：**可以从正常动物的鼻腔冲洗液中获得病原体。

脑脊液内可能含有酵母菌，但应使用浓缩技术（即细胞离心法）进行检测。常规细胞学染色（如瑞氏染色）足以证明病原体的存在。尽管炎症很少或没有炎症，但通常可以看到大量病原体。很少需要培养。如果不能通过细胞学证明酵母菌或监测对治疗的反应，则使用血清学检测。PCR 检测已用于从组织中扩增病原体 DNA，但迄今为止尚未进行广泛应用[45]。

### 组织胞浆菌病（荚膜组织胞浆菌）

**罕见适应证·**如果细胞学、组织病理学或培养未证实荚膜组织胞浆菌，则可以对患有体重减轻、肺间质疾病、葡萄膜疾病、腹泻或淋巴结肿大的动物进行血清学筛查，以检测荚膜组织胞浆菌的抗体[31]。

**分析、假象和解读·**AGID 主要用于检测血清中的循环抗体。血清抗体的存在证实了接触，但不能证实感染引起的临床疾病。AGID 的临床实用性并不确定，因为在某些动物的疾病消退后，滴度持续时间超过 1 年，并且会出现假阳性和假阴性结果。抗体检测对猫更不适用。

需要通过细胞学检查（图 9-3A）、活检、培养或 PCR 分析来证明病原体的存在。用于检测人尿液中组织胞浆菌抗原的酶免疫测定法，尚未经过验证可用于犬猫。该病原体比皮炎芽生菌更难发现；然而，结肠组织胞浆菌患犬的直肠刮片细胞学检查通常具有诊断意义。其他器官细针抽吸检测可以证明病原体的存在。在大多数患有全身性组织胞浆菌病的猫中，可通过骨髓细胞学确诊。如果怀疑肺组织胞浆菌病，则需要进行胸部 X 线检查；可能会出现结节状间质型肺部征象。荚膜组织胞浆菌培养的阳性率低于活检。

## 特定原虫感染的诊断检测

### 巴贝斯虫病（美国犬巴贝斯虫和吉氏巴贝斯虫）

**罕见适应证·**美国犬巴贝斯虫和吉氏巴贝斯虫会感染犬，可以对来自疾病流行地区的犬或有适当旅行史且有发热、贫血、黄疸、脾肿大（即急性巴贝斯虫病）或间歇性发热和体重减轻（即慢性巴贝斯虫病）的犬进行诊断检测。虽然巴贝斯虫病会导致猫贫血，但在美国没有发现感染猫的巴贝斯虫种类。接触血红扇头硬蜱（犬巴贝斯虫）或比特犬（犬吉氏巴贝斯虫）是犬暴露于这两种病原体的危险因素[6]。

**分析、假象和解读·**IFA 可检测血清中的循环抗体。在大多数实验室中，＞1 ∶ 40 的滴度被认为是阳性的。实验性感染的犬在感染后大约 3 周可检测到 IgG 滴度。假阴性结果可能发生在未成年犬、超急性病例或存在于免疫抑制犬。根据特定实验室使用的抗原来源，针对吉氏巴贝斯虫和犬巴贝斯虫的抗体可能会发生交叉反应，因此对这两种病原体都应使用特定的 IFA。犬巴贝斯虫和吉氏巴贝斯虫的 DNA 可以通过 PCR 分析进行扩增，阳性结果表明当前感染[6, 17]。但是，在健康犬和临床患犬中都可以检测到抗体和 DNA。抗体滴度大小与是否存在疾病无关。滴度＞1 ∶ 320 指示吉氏巴贝斯虫，但并非所有受感染的犬都能达到这个量级[7]。确定病例中涉及的物种很重要，因为对治疗的反应各不相同。疾病消退后阳性滴度的持续时间未知。未经治疗的实验感染犬的滴度至少高水平保持 6 个月。未经治疗的血清阳性犬应被视为感染携带者。治疗仅适用于血清反应阳性的临床患犬。

确诊需要在罗曼诺夫斯基（如瑞氏吉姆萨染液）（图 15–5）染色的血涂片中或 PCR 检测中证明病原体存在。微毛细血管系统（如耳朵或脚趾甲的腹侧）的血液（尤其是急性疾病）中易发现该病原体。

**注意：** 病原体的形状可能会在久置的血液中变形。

在慢性病或无症状携带者中，病原体的存在没有临床意义，初步诊断应基于临床症状和阳性滴度。巴贝斯虫病患犬通常是库姆斯试验呈阳性（见第 3 章）。

## 新孢子虫病（犬新孢子虫）

**罕见适应证** · 对有多发性神经根肌炎临床症状的犬可以进行新孢子虫血清学检查，包括进行性上行性僵硬麻痹、吞咽困难、肌

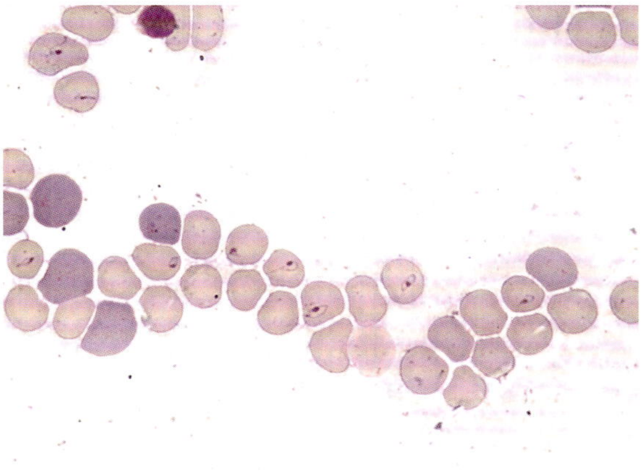

**图 15–5　吉氏巴贝斯虫患犬的血涂片**

犬吉氏巴贝斯虫显示为小点，而不是犬韦氏巴贝斯虫的经典“泪滴”形状特征。

肉萎缩和（罕见）心肌功能障碍或肺炎。

**分析、假象和解读** · IFA 可检测血清中的循环抗体。可以通过结合疾病的适当临床症状、阳性血清学，或脑脊液中抗体的存在，与排除引起类似临床综合征的其他原因（特别是弓形虫），推定诊断新孢子虫病。大多数患有临床新孢子虫病患犬的 IgG 抗体滴度 ≥ 1 ：200；在滴度≥ 1 ：50 时，与刚地弓形虫的血清学交叉反应最小。由于该病原体是一种原虫，血清阳性可能与永久性感染有关。犬新孢子虫的循环抗体仅提示感染，而不是临床疾病。然而，如果在具有适当临床疾病症状的动物中检测到抗体，则可能需要治疗，以减缓疾病进展。

通过组织中测出病原体的存在来明确诊断。该病原体可以通过免疫组织化学和 PCR 分析在结构上与刚地弓形虫区分开来。在一些犬的粪便中也能发现新孢子虫卵囊[64]。

## 弓形虫病（刚地弓形虫）

**偶发适应证 · 健康猫** · 刚地弓形虫的特异性抗体在健康犬猫和患猫或患犬的血清、房水和脑脊液中产生。抗体与弓形虫临床疾病之间没有直接关系。目前没有可用的血清学检测可以准确预测血清反应阳性猫曾何时排出卵囊。如果再次感染，血清阳性猫比血清阴性猫更不可能排出病原体。

**患有临床疾病的犬和猫** · 对于患有葡萄膜炎、发热、肌肉疾病、黄疸、胰腺炎、对免疫抑制治疗无反应的明显炎性肠病、中枢神经系统疾病和呼吸系统疾病的猫，应考虑进行弓形虫病的血清学检测。对患有发热、肌肉疾病、中枢神经系统疾病和呼吸系统疾病的犬，应考虑进行弓形虫病的血清学检测。与猫相比，犬患临床弓形虫病的概率低。

**分析·血清抗体检测**·弓形虫抗体可通过多种技术检测，包括 ELISA、IFA、蛋白印迹免疫测定、萨宾费尔德曼染料检测和各种凝集检测[24, 48]（表 15–1）。

ELISA、IFA 和蛋白印迹免疫测定可适用于检测各种抗体；通常检测 IgM 和 IgG。在实验诱导弓形虫病后 2 ~ 4 周，约 80% 的亚临床患猫可通过 ELISA 在血清中检测到弓形虫特异性 IgM；其滴度通常在感染后 16 周内为阴性。在一项临床弓形虫病研究中，93.3% 的猫的血清中存在可检测到的 IgM 滴度；在 60% 的猫中检测到 IgG 滴度[48]。IgM 滴度在一些临床患猫中持续超过 16 周；这些猫经常同时感染 FIV 或患有眼弓形虫病。在重复接种刚地弓形虫、初次接种 FIV 的佩塔卢马分离株和给予糖皮质激素后，一些患有慢性弓形虫病的猫会出现可检测到的 IgM 滴度的短期复发[48]。健康犬和临床患犬偶尔会出现可检测到的 IgM 滴度。犬感染后，其 IgM 滴度的动力学未知。

在对亚临床患猫进行实验性诱导感染后，4 周内可以通过 ELISA 在大多数猫的血清中检测到弓形虫特异性 IgG。阳性 IgG 抗体通常在感染后持续数年。单一的高 IgG 滴度可用于提示近期或活跃感染。然而，作者在实验性诱导弓形虫病 5 年后，在亚临床患猫中检测 IgG 抗体滴度＞1 ：16 384。单一血清样本中的阳性 IgG 抗体滴度仅表明接触史，而不是近期或活跃疾病。证明 IgG 滴度升高可以记录近期或活跃疾病。从第一个可检测到的阳性 IgG 滴度到最大 IgG 滴度的时间跨度为 2 ~ 3 周，为记录滴度升高留下了非常狭窄的窗口期。许多患有临床弓形虫病的猫都有慢性、低度的临床症状，直到它们的 IgG 抗体滴度达到最大值才来检测。在慢性弓形虫病再激活的人类中，IgG 滴度很少升高；猫也表现出类似的情况。

已经使用猫血清评估了几种凝集试验。可商购 LA 和间接血凝试验（indirect hemagglutination assay，IHA）。这些检测不是物种特异性的，并且可能检测针对弓形虫的所有类型的血清免疫球蛋白。不幸的是，当 ELISA 仅 IgM 呈阳性时，LA 和 IHA 很少检测到猫血清中的抗体。使用福尔马林固定的速殖子进行改良的凝集是检测猫血清中刚地弓形虫抗体的最敏感的方法，但通常不可用于商业。

**房水和脑脊液抗体测量**·在实验接种的亚临床患猫，以及因弓形虫病而患有临床疾病的犬猫，脑脊液和房水中会局部产生弓形虫特异性 IgG。

仅在患有临床疾病动物的脑脊液和房水中检测到局部 IgM 产生。大多数患有葡萄膜炎并在房水中产生弓形虫特异性抗体的猫对给予抗弓形虫药物有反应，这表明房水抗体检测有助于诊断临床眼部猫弓形虫病。

**粪便检查**·粪便卵囊可以用不同溶液的浮选技术检查，其比重为 1.15 ~ 1.18。糖溶液离心可能是最佳方式。刚地弓形虫的卵囊直径为 10 ~ 12 μm，大约是猫弓形虫卵大小的 1/8。只聚焦于显微镜载玻片或盖玻片的一个平面会导致卵囊漏检。无法将卵囊与哈氏哈蒙德虫或达林贝诺孢子虫（感染猫的非致病性球虫）进行区分。从粪便中分离的孢子化卵囊可以接种到小鼠或组织培养物中，以进行最终鉴定。由于在患有亚致死性临床弓形虫病的猫中很少检测到卵囊脱落，因此粪便检查的诊断价值较低。然而，由于潜在的人畜共患病风险，出现弓形虫相关的临床症状的猫应接受粪便检查。

**解读·** 通过在血清、房水或脑脊液中发现抗体提示接触过弓形虫。通过发现 IgM 滴度＞1：64，或 IgG 滴度增加 4 倍或更多，或房水或脑脊液中的局部抗体产生，提示近期或活动性弓形虫病。因为在健康的受感染动物的血清、脑脊液和房水中也可以检测到弓形虫特异性抗体，所以不能仅根据这些检测对临床弓形虫病进行生前诊断。临床弓形虫病的活体诊断可初步基于以下组合：

- 证明感染的血清学证据。
- 与弓形虫病相关疾病的临床症状。
- 排除其他常见原因。
- 对适当治疗的积极反应。

弓形虫可在 18.6% 葡萄膜炎的患猫房水 PCR 中检测到。这种病原体也可以在健康的、实验性接种的猫的房水和血液中短暂检测到，但是，这使得 PCR 对临床疾病的阳性预测值＜100%[48]。

### 锥虫病（南美锥虫病）（克氏锥虫）

**罕见适应证·** 应考虑对来自疾病流行地区的犬和有全身淋巴结肿大、神经系统体征或心肌功能障碍（尤其是二度或三度心脏传导阻滞或室性心动过速）的犬进行抗克氏锥虫抗体的血清学检测。

**分析、假象和解读·** IFA、直接血凝法和 CF 通常检测犬血清中的循环抗体[4]。

犬通常在感染后 3 周血清呈阳性。阳性滴度表明接触病原体，而不表明临床疾病。阳性滴度因检测方式而异。明确的诊断可在血涂片、淋巴结穿刺涂片或血液淡黄层和血浆界面涂片上观察到病原体。偶尔可在外周血中发现克氏锥虫，但组织中未见明显病原体。需要进行心肌疾病的标准检查，包括胸部 X 线片、心电图、电解质和超声心动图（如果有）。另外，可能在组织中发现克氏锥虫。PCR 可用于病原体 DNA 扩增。

## 特定立克次体感染的诊断检测

### 犬嗜粒细胞无形体病（嗜吞噬细胞无形体）

**适应证·** 生活在硬蜱属流行地区的伴有急性发热或多发性关节炎的犬，应通过 PCR 筛查嗜吞噬细胞无形体（以前称为马埃立克体）或血液中嗜吞噬细胞无形体 DNA 的抗体[63, 66, 72]。这种病原体在犬慢性疾病综合征中的作用尚不明确。

**分析、假象和解读·** 血清中针对嗜粒细胞无形体的抗体可通过 IFA 或市售 ELISA（SNAP 4Dx，表 15–1，缅因州威斯布鲁克爱德士公司）检测。这些抗体与其他无形体属、埃立克体属或新立克次体属具有可变的交叉反应性，因此阳性检测结集可能表明接触了嗜粒细胞无形体。当首次出现疾病的临床症状时，呈血清阴性的受感染患犬可立即通过 PCR 测定进行评估，或者在大约 2 周内进行重复血清学检查以评估血清转化。或者，可以同时进行两种检测。抗生素治疗可能导致 PCR 检测结果出现假阴性。可以在健康犬和临床患犬中检测到嗜粒组胞无形体的 DNA 和抗体，因此阳性检测结果不能诊断临床疾病。很少在临床样本的细胞学检测中观察到桑椹胚。

### 猫嗜粒细胞无形体病（嗜吞噬细胞无形体）

**适应证·** 生活在硬蜱属流行地区的伴有发热、轻度血小板减少症或多发性关节炎的猫，应通过 PCR 检测评估血液中的嗜吞噬细胞无形体 DNA[8, 50]。IFA 可检测血清中的抗体，但没有标准化检测。

**分析、假象和解读·**已从几只出现无形体病临床症状的猫上扩增出来了嗜吞噬细胞无形体 DNA[50]。一些猫在首次检测时呈血清阴性，但在后来的检测中发生血清转化。用于检测犬血清中嗜吞噬细胞无形体抗体的床旁检测是否适用于猫血清检测尚不清楚。抗生素治疗可能导致 PCR 检测结果呈假阴性。可以在健康猫和临床患猫中检测到嗜吞噬细胞无形体的 DNA 和抗体，因此阳性检测结果不能确诊临床疾病。在临床样本中的细胞学中很少见桑椹胚。未经治疗的健康猫在接触蜱后数周内 PCR 检测结果可能呈阳性。

## 犬嗜粒细胞（伊氏埃立克体）

**适应证·**生活在美国中西部且伴有发热或多发性关节炎的犬，应通过 PCR 检测评估血液中的伊氏埃立克体 DNA[57, 66]。可在血清中检测到特异性抗体，但目前尚无标准化检测[68]。

**分析、假象和解读·**犬埃立克体抗原和伊氏埃立克体之间存在可变的交叉反应性，因此当致病原是伊氏埃立克体时，犬埃立克体的血清学检测并不总是阳性。可以对伊氏埃立克体进行 PCR 检测，应该对疑似急性感染患犬的血液进行检测。抗生素治疗可能导致 PCR 检测结果呈假阴性。健康犬的血液中伊氏埃立克体可能 PCR 阳性。

## 犬嗜单核细胞埃立克体病（犬埃立克体、查菲埃立克体、立氏新立克次体）

**常见适应证·**犬埃立克体、查菲埃立克体和立氏新立克次体都是感染犬的单核细胞，并可能与临床疾病有关[66]。根据临床患犬的 PCR 检测结果，犬埃立克体似乎是最常见与临床疾病相关的病原体。犬埃立克体血清学检测或 PCR 检测适用于来自疾病流行地区或有适当旅行史且伴有血小板减少症、贫血、白细胞减少症、高球蛋白血症、蛋白尿、多发性关节炎、发热、葡萄膜炎、淋巴结肿大、肝脾肿大或炎性中枢神经系统疾病的犬，特别是如果动物有接触扇头蜱的病史。

**分析、假象和解读·**通过 IFA 或 ELISA 检测血清中的犬埃立克体循环抗体。它们不会与立克次体或扁平无形体发生交叉反应（见稍后的犬嗜血小板无形体病）。埃立克体之间的血清学交叉反应抗体和针对嗜吞噬细胞无形体（以前称为马埃立克体；参见之前的犬嗜粒细胞无形体病）、查菲埃立克体、伊氏埃立克体（见之前的犬嗜粒细胞埃立克次体病）和立式新立克次体（之前称为埃立克体）的抗体是可变的。需要从鉴别诊断列表中进行多项血清学检测，以排除所有埃立克体属、无形体属和新立克次体属。因此，通常 PCR 检测与血清学检测相结合。此外，在某些犬的血清转化之前，PCR 检测结果可能是阳性的。

在实验感染患犬中，抗犬埃立克体抗体最早可在 7 d 内检测到，并且几乎总是在接种后 28 d 出现[66]。未经治疗的实验性感染犬在接种后数周至数月内抗体滴度继续增加。犬埃立克体滴度＜1 ∶ 80 时，应在 14 ~ 21 d 内重新检查；滴度≥ 1 ∶ 80 具有诊断意义。最近上市的床旁检测的初步阳性结果需要滴度约 1 ∶ 100。阳性滴度在感染消退后 3 ~ 9 个月恢复为阴性；滴度持续≥ 9 个月表明携带者状态。然而，在一些自然感染患犬成功治疗后的几个月内，仍检测到阳性抗体[5]。临床患病、血清阳性犬应至少治疗 28 d，直到临床症状和实验室检测异常得以解决[66]。对于健康的血清阳性犬是否需要治疗有争议的；最近评估了该情况所涉及的问题[40, 66]。

临床兽医可以通过在单核细胞中发现桑椹胚（即病原体簇）、培养物或 PCR 分析对犬埃立克体的感染做出明确的诊断。除非犬受到免疫抑制，否则在常规血涂片或骨髓抽吸细胞学检查中很少能发现桑椹胚。接受治疗犬的细胞学和 PCR 检测结果可能为假阴性。可以使用感染患犬肝素血液或骨髓抽吸样本的组织培养分离埃立克体属，但培养的可用性不高、昂贵且产量低。可以通过 PCR 在全血中检测到埃立克体属[65]，这对于监测治疗具有潜在意义。美国兽医内科学院（ACVIM）传染病研究小组关于小动物埃立克体病的共识声明[66]指出：如果使用 PCR 检测用于监测治疗，应在抗生素治疗停止 2 周后重复 PCR 检测。如果 PCR 结果为阳性，则应再进行 4 周的治疗，并在停止抗生素治疗 2 周后重复 PCR 检测。如果 2 个治疗周期后 PCR 结果呈阳性，则应考虑使用抗埃立克体替代药物。如果 PCR 结果为阴性，则应在 2 个月内复查；如果仍然是阴性则可以终止治疗。然而，病原体可能在脾脏等其他组织中发现。

## 猫嗜单核细胞埃立克体病（埃立克体属）

**罕见适应证·**患有血小板减少症、贫血、白细胞减少症、高球蛋白血症、蛋白尿、多发性关节炎、发热或淋巴结肿大的猫应接受埃立克体属的检测。如果没有其他明显原因，则通过 PCR 检测血液中埃立克体 DNA[9, 11, 69]。迄今为止，犬埃立克体是从自然感染患猫中扩增的嗜单核细胞株[11]。血清中的抗体可以通过 IFA 检测，但没有标准化的检测。

**分析、假象和解读·**虽然已经在一些猫的血清中检测到了针对犬埃立克体的血清抗体，但一些从血液中扩增出犬埃立克体 DNA 的猫是血清阴性的[11, 69]。因此，虽然 IFA 可用于猫血清中犬埃立克体抗体的检测，但也应结合 PCR 检测。可以在健康猫的血清中检测到犬埃立克体抗体，因此不能单独用于埃立克体病的明确诊断[76]。猫埃立克体病的初步诊断需基于临床症状、血清学阳性或 PCR 检测结果、排除其他已知原因，以及对四环素的用药反应。

## 犬嗜血小板无形体病（扁平无形体）

**偶发适应证·**对来自疾病流行地区或有适当旅行史和血小板减少症或内源性葡萄膜炎的犬进行扁平无形体感染检测[57, 66]。

**分析、假象和解读·**IFA 可以在血清中检测到针对扁平无形体的循环 IgG 抗体。抗扁平无形体的抗体与市售试剂盒中使用的嗜吞噬细胞无形体抗原会发生反应[19]。实验感染的犬在感染后 13 ~ 19 d 抗体呈阳性[28]。当首次出现临床症状时，感染患犬血清可能呈阴性，可立即通过 PCR 检测或在大约 2 周内重复进行血清学检查，以评估血清转化。或者，可以同时进行两种检测。抗生素治疗可能导致 PCR 检测结果呈假阴性。扁平无形体 DNA 和抗体在健康犬和临床患病的犬中均可检测到，因此阳性检测结果不能诊断临床疾病。在临床样本细胞学检查中很少见桑椹胚。

## 落基山斑疹热（立氏立克次体）

**偶发适应证·**立氏立克次体抗体（落基山斑疹热）的血清学检测适用于来自疾病流行地区或有适当旅行史和急性发热、淋巴结肿大、瘀点、神经症状、步态僵硬、外周水肿、呼吸困难或巩膜充血的犬。蜱接触史可能导致不同情况。感染犬要么发展为大约 14 d 临床病程的急性疾病，要么呈亚临床感染经过。在美国大部分地区，蜱虫从春季到秋季都很活跃；因此，落基山斑疹热仅应被视为患犬在此时间内的主要鉴别诊断。大多数病例是在美国东南部各州确诊的。

**分析、假象和解读·**犬血清中的立氏立克次体抗体可以通过 IFA、ELISA 和 LA 进行检测。ELISA 或 IFA 可以检测针对落基山斑疹热的 IgM 和 IgG 抗体。LA 不存在抗体类别特异性。抗体阳性的阈值以及特异性和敏感性因不同试验而异[33]。非致病性斑疹热组的立克次体（贝利立克次体、蒙大拿立克次体、扁头蜱立克次体）的抗体与立氏立克次体抗原发生交叉反应。在因落基山斑疹热而患有临床疾病的犬中，IgM 抗体通常为阳性。由于 IgM 在血清中的存在时间很短，因此 IgM 检测可能会出现假阴性结果。假阳性结果在 IgM ELISA 中最常见。感染后 20 ~ 25 d 可检测到 IgG 阳性。IgG 滴度≥ 1 ∶ 64 的血清样本通常被认为是阳性。如果在有落基山斑疹热临床症状和实验室检查结果的患病动物中未检测到 IgG 或 IgM 抗体，建议在 2 ~ 3 周后检测恢复期 IgG。第 2 次检测滴度的时间并不重要，因为 IgG 抗体滴度在感染后至少 3 ~ 5 个月内不会降低。血清转换或 IgG 滴度增加 4 倍提示近期感染。

可以根据疾病的临床症状、病史和临床病理学证据综合诊断犬落基山斑疹热；血清学检测结果；排除导致临床症状的其他病因；以及对抗立克次体药物的反应。初始血清学检测后 2 ~ 3 周血清转换或滴度增加的检出表明近期感染。最近一项研究中使用的诊断标准包括抗体滴度升高 4 倍或单个滴度≥ 1 ∶ 1024（如果临床症状持续一周或更长时间）[29]。仅阳性血清抗体检测结果无法诊断落基山斑疹热，因为亚临床感染很常见。此外，血清抗体检测呈阳性并不能证明立克次体感染，因为感染非致病性斑疹热组病原会诱导交叉反应性抗体。

通过将已感染病原组织或血液接种到易感的实验动物中，或通过使用直接荧光抗体染色检测内皮细胞中的病原体，可以明确诊断立氏立克次体导致落基山斑疹热，但这些技术在临床上并不实用。PCR 可用于检测血液、其他体液或组织中的立克次体，将来可能应用于临床。

## 特定病毒感染的诊断检测

### 犬瘟热

**罕见适应证·**有特异性中枢神经系统症状的犬在脑脊液和血清中可能出现针对犬瘟热病毒的抗体。

**分析、假象和解读·**临床兽医可以通过血清病毒中和、IFA 或 ELISA 检测脑脊液和血清中抗犬瘟热病毒的 IgG 抗体。可用 ELISA 检测血清中的 IgM 抗体。脑脊液中犬瘟热病毒的抗体会增加，随后这些犬经组织病理学诊断为犬瘟热脑炎。被血液污染的脑脊液样本可能会出现假阳性结果。可以同时检测血清抗体浓度；如果脑脊液浓度高于血清浓度，脑脊液中的抗体一定是局部产生的，这表明是中枢神经系统性犬瘟热。检测血清 IgG 抗体的诊断价值较差，因为阳性滴度可继发于疫苗接种或既往接触。血清 IgG 抗体滴度在 3 ~ 4 周内增加 4 倍，则提示近期感染。循环 IgM 抗体的检测与近期感染一致，但与临床疾病无关。可用检测犬瘟热抗体的床旁试验。

在该检测中，抗体呈阳性的已接种疫苗的犬可能不需要加强免疫。受外周血液污染的样本中，脑脊液蛋白和白细胞（以淋巴细胞为主）增加，加上脑脊液抗体滴度阳性，即可做出犬瘟热脑炎的诊断依据。通过细胞学检查（图 15–3）、细胞学或组织病理学样本的直接荧光抗体染色、组织病理学评估或外周血、脑脊液或结膜刮片中的逆转录 –PCR（RT–PCR）来证明病毒包涵体可确诊犬瘟热感染（表 15–1）。注射改良活疫苗可诱导 RT–PCR 检测结果呈阳性。病毒包涵体很少在感染患犬的红细胞、白细胞和白细胞前体细胞中发现。包涵体通常在感染后 2 ~ 9 d 内存在，因此在出现临床症状时通常不存在。相比外周血涂片，包涵体更有可能出现在血液淡黄层涂片和骨髓抽吸物制成的涂片中。感染后 5 ~ 21 d，扁桃体、呼吸道、尿路、结膜刮片和脑脊液细胞中均可检测到病毒颗粒。

## 肠道病毒

**适应证 ·** 对于发热和腹泻的年轻动物应怀疑由细小病毒、冠状病毒和其他病毒引起的病毒性肠炎，特别是存在中性粒细胞减少症（如细小病毒）的情况下。

**分析、假象和解读 ·** 临床上很少检测猫或犬细小病毒或冠状病毒的血清抗体，因为阳性结果与临床疾病无关。可以使用床旁检测检测犬细小病毒抗体。在该试验中，接种疫苗的犬如果血清反应呈阳性，则可能不需要加强免疫。

通过电子显微镜、病毒分离、粪便血凝、粪便 LA 或 ELISA 检测粪便排出的犬细小病毒抗原，可确认当前感染。ELISA 检测似乎可以准确检测急性病例粪便中的犬细小病毒（见第 9 章）。检测的特异性很好，但它们不能区分细小病毒疫苗株和野毒株。可能会出现假阴性反应。这些方法还可以检测猫细小病毒[1]。病毒分离、电子显微镜或分子检测可用于证明粪便中的冠状病毒，但结果与是否存在疾病无关。

## 猫传染性腹膜炎（FIP）

**罕见适应证 ·** 对于患发热、葡萄膜炎、视网膜出血、非败血性腹腔或胸腔渗出液或改良漏出液、贫血、高球蛋白血症，以及肾脏、肝脏或神经系统异常的猫，FIP 是合理的鉴别诊断之一。目前可用的血清或血液检测结果不能独立用于 FIP 的确诊。

**分析、假象和解读 ·** 循环中的冠状病毒抗体可通过猫血清 IFA 和 ELISA 检测。冠状病毒抗体阳性表明之前接触过肠道冠状病毒或 FIP 诱导的冠状病毒。抗体阳性不能诊断 FIP 或预防疾病[3]。含有牛血清的猫疫苗偶尔会导致假阳性结果。患有 FIP 的猫很少会出现阴性结果，因为疾病进展迅速伴滴度增加延迟，抗体在疾病末期消失或形成免疫复合物。冠状病毒抗体滴度呈阳性并不能预测猫是否会患上 FIP。

滴度高低无法区分暴露于肠道冠状病毒或 FIP 诱导的毒株。极少数情况下，冠状病毒疫苗接种可诱导阳性抗体。由于初乳抗体，幼猫在 9 周龄前可能呈血清阳性。如果环境中的成年猫感染了幼猫，8 ~ 14 周后可以再次检测到抗体。

目前的冠状病毒感染可以通过粪便病毒分离、粪便电子显微镜检查或粪便 RT–PCR 检测。然而，阳性检测结果不能确诊 FIP，因为健康猫也可以传播冠状病毒[2]。FIP 的明确诊断需要对组织进行组织病理学评估。光学显微镜下可见的病变通常具有特征性（能确

**表 15–1 兽医实践中诊断试验的选择**

| 项目 | 公司 | 地址 |
|---|---|---|
| **心丝虫检测** | | |
| FHW 猫心丝虫抗体检测 | 合生元公司 | 加利福尼亚州圣地亚哥 |
| 猫心丝虫抗体检测 | 合生元公司 | 加利福尼亚州圣地亚哥 |
| 检测盒心丝虫抗体检测 | 赫斯卡公司 | 科罗拉多州洛夫兰 |
| HW 心丝虫抗原检测 | 合生元公司 | 加利福尼亚州圣地亚哥 |
| HW 心丝虫抗原检测 | 合生元公司 | 加利福尼亚州圣地亚哥 |
| SNAP 心丝虫抗原检测 | 爱德士公司 | 缅因州威斯布鲁克 |
| Pet Chek 心丝虫 PF 抗原检测 | 爱德士公司 | 缅因州威斯布鲁克 |
| Solo Step CH 检测盒心丝虫抗原检测 | 赫斯卡公司 | 科罗拉多州洛夫兰 |
| Solo Step CH 检测纸心丝虫抗原检测 | 赫斯卡公司 | 科罗拉多州洛夫兰 |
| **FeLV/FIV 检测** | | |
| SNAP FIV 抗体 /FeLV 抗原组合检测 | 爱德士公司 | 缅因州威斯布鲁克 |
| SNAP FeLV 抗原检测 | 爱德士公司 | 缅因州威斯布鲁克 |
| ASSURE/FeLV 猫白血病病毒抗原检测 | 合生元公司 | 加利福尼亚州圣地亚哥 |
| ViraCHEK/FeLV 猫白血病病毒抗原检测 | 合生元公司 | 加利福尼亚州圣地亚哥 |
| Witness FeLV 猫白血病病毒抗原检测 | 合生元公司 | 加利福尼亚州圣地亚哥 |
| **TESTS 瘟热病毒 / 细小病毒检测** | | |
| 犬瘟 / 犬细小病毒检测 | 合生元公司 | 加利福尼亚州圣地亚哥 |
| ASSUE/Parvo 犬细小病毒抗原检测 | 合生元公司 | 加利福尼亚州圣地亚哥 |
| Witness 犬细小病毒抗原试验 | 合生元公司 | 加利福尼亚州圣地亚哥 |
| SNAP Parvo 抗原试验 | 爱德士公司 | 缅因州威斯布鲁克 |
| TiterCHEK CDV/CPV | 合生元公司 | 加利福尼亚州圣地亚哥 |
| **其他检测** | | |
| SNAP 3Dx 和 SNAP 4Dx | 爱德士实验室 | 缅因州威斯布鲁克 |
| Toxotest–MT | 田边美国公司 | 加利福尼亚州圣地亚哥 |
| TPM– 检测（弓形虫病） | 万波尔实验室 | 新泽西州普林斯顿 |
| CALAS 隐球菌抗原乳胶凝集检测 | 子午线生物科学公司 | 俄亥俄州辛辛那提 |
| D–Tech CB（布鲁氏菌病） | 合生元公司 | 加利福尼亚州圣地亚哥 |
| **样本处理材料** | | |
| 培养基 | 哈代诊断 | 加利福尼亚州圣玛丽亚 |
| 德姆杜特培养基奏 | 拜蔻迪公司 | 加利福尼亚州山景城 |
| BDL 培养拭子、采集和转运系统 | 贝顿 · 狄金森微生物学系统 | 新泽西州富兰克林湖 |
| BBL 培养拭子 Plus | 贝顿 · 狄金森微生物学系统 | 新泽西州富兰克林湖 |
| 胰酪胨大豆肉汤培养基 | 贝顿 · 狄金森微生物学系统 | 新泽西州富兰克林湖 |

定诊断），而免疫组织化学可用于确认冠状病毒颗粒。RT–PCR 可以从积液、组织和血液中扩增冠状病毒 RNA，并且通常与 FIP 相关。在积液和组织中通过 PCR 扩增冠状病毒可预测 FIP，但在血液中检测则不然 [15, 37]。可能出现高蛋白血症和多克隆丙种球蛋白病（通过电泳检测；见第 12 章），特别是在非渗出液中。很少发生单克隆丙种球蛋白病。典型的非败血性肉芽肿性渗出液或含有高蛋白和相对低细胞计数的改性漏出液（见第 10 章）通常作为诊断依据。也可以对体液进行电泳检查。≥ 32% 的丙种球蛋白分数高度提示 FIP，而体液中的白蛋白：球蛋白比率＞0.81 可能排除 FIP [73]。在另一项研究中，白蛋白：球蛋白比率为 0.5 的阳性预测值为 89%，而白蛋白：球蛋白比率为 1.0 的阴性预测值为 91% [38]。

## 猫免疫缺陷病毒（FIV）

**常见适应证·**患有慢性体重减轻、发热、鼻炎、结膜炎、牙龈炎、皮炎、腹泻、葡萄膜炎、复发性脓肿、临床弓形虫病、任何慢性传染病、慢性肾功能衰竭或淋巴结肿大的猫应进行评估 FIV 感染。

**分析、假象和解读·**可以通过 ELISA、IFA 和 Western blot 免疫测定法检测血清中的 IgG 抗体 [39, 53]。不同的国家有不同的院内可用临床试剂盒 [39]。Western blot 免疫测定法可在一些商业实验室中进行。在美国，一种院内 ELISA 可用于检测 FIV 抗体和猫白血病病毒（FeLV）抗原的组合。该检测可与心丝虫抗原的检测结合。实验感染患猫在接种后 5 ～ 9 周发生血清转化。血清阳性患猫可能终生感染 FIV。ELISA 检测可能出现假阳性，但很少见。ELISA 阳性结果应通过蛋白质印迹免疫测定或 IFA 确认，特别是在不太可能接触 FIV 的健康猫中。循环抗体的检测只能确认感染，而不代表患病。可以在 12 ～ 14 周内检测到幼猫体内的初乳衍生抗体。由于与 FIV 感染相关的许多临床综合征是由机会感染引起的，因此进一步的诊断程序可能会确定该病因是否可被治疗。例如，许多患内源性葡萄膜炎的 FIV 血清阳性猫会同时感染弓形虫。

一些实验室提供病毒分离和 RT–PCR，用于确认感染。最近上市的 FIV 疫苗诱导的血清抗体与自然暴露产生的抗体，使用目前可用的抗体检测无法区分 [54]。病毒分离或 RT–PCR 对于准确区分自然感染和接种过疫苗的猫的能力目前尚不清楚，实验室之间也存在差别 [21]。

## 猫白血病病毒（FeLV）

**常见适应证·**由于 FeLV 感染的临床症状多样，所有临床患猫都需要进行检测，尤其是那些有感染、肿瘤、生殖、免疫或血液疾病的猫，以及接触过 FeLV 阳性猫但临床表现正常的猫 [53]。

**分析、假象和解读·**病毒抗原（p27）可通过 IFA 在血液或骨髓中的中性粒细胞和血小板中检测，或通过 ELISA 在血液、血浆、血清、唾液或泪液中检测。也可通过核酸扩增测定评估感染阶段 [41, 78]。在评估抗原时，检测血清或血液可获得最佳结果；不应检测泪液和唾液。美国有几种床旁 ELISA 检测方法。在其他国家也有其他检测方法 [39]。FeLV 包膜抗原（中和抗体）和病毒转化肿瘤细胞（猫致癌细胞膜抗原，或 FOCMA，抗体）的抗体滴度在一些实验室可用，但结果的预后意义未知；因此，这些检测不用于临床。

FeLV 感染有 4 种主要结果 [53]。具有免疫反应较差的猫会发展为进行性感染，并且通常会发展为FeLV相关疾病。退行性感染患猫的血液或血清中的p27抗原可能暂时呈阳性，但最终变为阴性。具有良好免疫反应的猫体内病毒会被清除，并且不会发生感染。很少会发生脾脏、淋巴结、小肠或乳腺等组织的局灶性感染。患有退行性感染、顿挫型感染，或局灶性感染的猫很少生病。

ELISA检测结果通常在暴露于FeLV后30 d内变为阳性，并且可在发生退行性感染的猫中恢复为阴性。怀疑有退行性感染的猫应与其他猫隔离，并在几周内重新检测ELISA，或进行IFA或PCR检测。阳性IFA检测结果证明骨髓已被感染，99%能分离出病毒。这些猫通常会发展为进行性感染。当白细胞减少或血小板减少到一定程度导致细胞的数量不足无法评估时，可能会发生假阴性IFA反应。嗜酸性粒细胞的非特异性染色很少出现假阳性。IFA阳性表明猫有病毒血症和传染性。

几乎所有IFA阳性的猫，其ELISA也是阳性的。发现IFA阳性但ELISA阴性的猫表明存在与技术相关性假象。阴性ELISA结果与阴性IFA和无法分离FeLV的相关性约为100%。患猫若ELISA阳性但IFA阴性，则被称为不一致。不一致的结果通常是由假阳性ELISA结果、假阴性IFA结果或退行性感染的早期阶段引起的。可以使用PCR对血液、骨髓或组织进行病毒RNA或细胞相关DNA（原病毒）检测，并用于评估ELISA和IFA结果不一致的病例。

一些病变局限于骨髓的局灶性感染患猫的骨髓IFA结果呈阳性。识别局灶性FeLV感染的最可靠方法是病毒分离或PCR检测。患有局灶性感染的猫在极度应激或服用糖皮质激素后，可能会出现病毒血症。

## 心丝虫病的诊断（犬心丝虫）

### 细胞学（诺氏试验或过滤试验）

**常见适应证**·微丝蚴细胞学评估用于有心丝虫病症状（右心病、咳嗽、呼吸困难、嗜酸性粒细胞增多、多克隆高球蛋白血症、蛋白丢失性肾病）的犬，以及即将开始预防性治疗的犬（与二乙基卡巴嗪、伊维菌素或米尔贝霉素一起），很少用于与心丝虫病一致的症状（即呼吸困难、心脏肿大、不明原因呕吐）的猫。

**分析、假象和解读**·犬心丝虫的细胞学检测非常具有特异性（微丝蚴形态可将犬心丝虫与隐蔽棘唇线虫的微丝蚴区分开来），并且快速、便宜。所有浓缩技术（诺氏和过滤检测）都比新鲜血涂片检查敏感得多，并且对未用杀丝虫药物治疗的犬也相当敏感。高达40%的犬患有自发性隐匿性心丝虫病，必须通过血清学检测和X线检查进行诊断。所有细胞学检查对猫的敏感性都很差。因此，微丝蚴技术不应再用作独立的诊断检测，而只能与抗原检测同时使用[*,†]。阳性检测结果可诊断心丝虫病，除了不足4月龄、可能有过经胎盘传播微丝蚴的幼年犬。

### 心丝虫成虫抗原滴度

**常见适应证**·心丝虫抗原滴度应包括在犬的年度体检中，以评估是否感染心丝虫，并且应在有与心丝虫病一致的临床症状、实验室检查异常或胸部X线片变化的犬和猫中

---

* www.heartwormsociety.org/veterinary-resources/canine-guidelines.html#3

† www.heartwormsociety.org/veterinary-resources/feline-guidelines.html#Diagnostic%20Testing

进行。该检测还可用于评估杀虫剂的疗效。

**分析、假象和解读**·ELISA 可以检测血清中的循环心丝虫抗原；有几种试剂盒是市售的。与微丝蚴检测相比，其敏感性更高。犬的心丝虫抗原检测可在感染后 5 ~ 6 个月时呈阳性，通常在感染后 6 ~ 7 个月呈阳性。假阴性结果通常发生在感染的早期阶段，并且可能发生在单性感染（仅限雄性）或虫量少（＜3 ~ 5 条虫）的犬或猫身上。对已感染早期结果为阴性的犬，应在 2 ~ 3 个月内重复检测。在用杀成虫剂治疗后，检测结果在约 12 周内变为阴性。实验感染阳性患猫在感染后约 8 个月，其检测结果也会变为阴性。然而，单一性别或低虫量的感染可能导致假阴性结果。因此，阳性抗原检测结果对感染具有特异性，但阴性结果并不能排除心丝虫病。在猫中，血清抗原检测结果与血清抗体检测结果的组合比单独进行其中一种检测都更敏感（见心丝虫抗体滴度，下一小节）[74]。

### 心丝虫抗体滴度（猫）

**罕见适应证**·应对有咳嗽、不明原因呕吐、晕厥或心丝虫病放射学证据的猫进行心丝虫抗体滴度检测。

**分析、假象和解读**·几种 ELISA 检测猫血清中的心丝虫抗体。该检测比微丝蚴检测的技术更敏感。检测非常具有特异性；与隐蔽棘唇线虫不存在交叉反应。然而，心丝虫病的阳性预测值＜100%，因为自然清除感染的猫体内可能存在循环抗体。也会出现假阴性抗体检测结果；因此，对疑似患有丝虫病的猫，应同时进行血清抗体和抗原检测[74]。

## 参考文献与推荐阅读


[1] Abd–Eldaim M, Beall M, Kennedy M: Detection of feline panleukopenia virus using a commercial ELISA for canine parvovirus. Vet Ther 10:E1, 2009.

[2] Addie DD, Jarrett O: A study of naturally occurring feline coronavirus infections in kittens. Vet Rec 130:133, 1992.

[3] Barr MC: FIV, FeLV, and FIPV: interpretation and misinterpretation of serological test results. Semin Vet Med Surg (Small Anim) 11:144, 1996.

[4] Barr SC: American trypanosomiasis. In Greene CE, editor: Infectious diseases of the dog and cat, ed 3, St. Louis, 2006, Saunders Elsevier, p 676.

[5] Bartsch RC, Greene RT: Post–therapy antibody titers in dogs with ehrlichiosis: follow–up study on 68 patients treated primarily with tetracycline and/or doxycycline. J Vet Intern Med 10:271, 1996.

[6] Birkenheuer AJ, Correa MT, Levy MG, Breitschwerdt EB: Geographic distribution of babesiosis among dogs in the United States and association with dog bites: 150 cases (2000– 2003). J Am Vet Med Assoc 227:942, 2005.

[7] Birkenheuer AJ, Levy MG, Savary KC, et al: Babesia gibsoni infections in dogs from North Carolina. J Am Anim Hosp Assoc 35:125, 1999.

[8] Bjöersdorff A, Svendenius L, Owens JH, Massung RF: Feline granulocytic ehrlichiosis—a report of a new clinical entity and characterization of the new infectious agent. J Small Anim Pract 40:20, 1999.

[9] Bouloy RP, Lappin MR, Holland CH, et al: Clinical ehrlichiosis in a cat. J Am Vet Med Assoc 204:1475, 1994.

[10] Bowman D, Little SE, Lorentzen L, et al: Prevalence and geographic distribution of Dirofilaria immitis, Borrelia burgdorferi, Ehrlichia canis, and Anaplasma phagocytophilum in dogs in the United States: results of a national clinic–based serologic survey. Vet Parasitol 160:138, 2009.

[11] Breitschwert EB, Abrams–Ogg AC, Lappin MR, et al: Molecular evidence supporting Ehrlichia canis–like infection in cats. J Vet Intern Med 16:642, 2002.

[12] Breitschwerdt EB, Atkins CE, Brown TT, et al: Bartonella vinsonii subsp. berkhoffii and related members of the alpha subdivision of the Proteobacteria in dogs with cardiac arrhythmias, endocarditis, or myocarditis. J Clin Microbiol 37:3618, 1999.

[13] Breitschwerdt EB, Maggi RG, Chomel BB, Lappin

MR: Bartonellosis: an emerging infectious disease of zoonotic importance to animals and human beings. J Vet Emerg Crit Care (San Antonio) 20:8, 2010.

[14] Brunt J, Guptill L, Kordick DL, et al: Association of Feline Practitioners 2006 Panel report on diagnosis, treatment, and prevention of Bartonella spp. infections. J Feline Med Surg 8:213, 2006.

[15] Can-Sahna K, Soydal Ataseven V, Pinar D, Oquzo lu TC: The detection of feline coronaviruses in blood samples from cats by mRNA RT-PCR. J Feline Med Surg 9:369, 2007.

[16] Carmichael LE, Shin SJ: Canine brucellosis: a diagnostician's dilemma. Semin Vet Med Surg (Small Anim) 11:161, 1996.

[17] Carret C, Walas F, Carcy B, et al: Babesia canis canis, Babesia canis vogeli, Babesia canis rossi: differentiation of the three subspecies by a restriction fragment length polymorphism analysis on amplified small subunit ribosomal RNA genes. J Eukaryot Microbiol 46:298, 1999.

[18] Chandler JC, Lappin MR: Mycoplasmal respiratory infections in small animals: 17 cases (1988-1999). J Am Anim Hosp Assoc 38:111, 2002.

[19] Chandrashekar R, Mainville CA, Beall MJ, et al: Performance of a commercially available in-clinic ELISA for the detection of antibodies against Anaplasma phagocytophilum, Ehrlichia canis, and Borrelia burgdorferi and Dirofilaria immitis antigen in dogs. Am J Vet Res 71:1443, 2010.

[20] Chomel BB, Kasten RW, Floyd-Hawkins K, et al: Experimental transmission of Bartonella henselae by the cat flea. J Clin Microbiol 34:1952, 1996.

[21] Crawford PC, Slater MR, Levy JK: Accuracy of polymerase chain reaction assays for diagnosis of feline immunodeficiency virus infection in cats. J Am Vet Med Assoc 226:1503, 2005.

[22] Dambach DM, Smith CA, Lewis RN, Van Winkle TJ: Morphologic, immunohistochemical, and ultrastructural characterization of a distinctive renal lesion in dogs putatively associated with Borrelia burgdorferi infection: 49 cases (1987- 1992). Vet Pathol 34:85, 1997.

[23] Dowers KL, Hawley JR, Brewer MM, et al: Association of Bartonella species, feline calicivirus, and feline herpesvirus 1 infection with gingivostomatitis in cats. J Feline Med Surg 12:314, 2010.

[24] Dubey JP, Lappin MR: Toxoplasmosis and neosporosis. In Greene CE, editor: Infectious diseases of the dog and cat, ed 3, St. Louis, 2006, Saunders Elsevier, pp 754.

[25] Duncan AW, Maggi RG, Breitschwerdt EB: A combined approach for the enhanced detection and isolation of Bartonella species in dog blood samples: pre-enrichment liquid culture followed by PCR and subculture onto agar plates. J Microbiol Methods 69:273, 2007.

[26] Duncan C, Stephen C, Campbell J: Clinical characteristics and predictors of mortality for Cryptococcus gattii infection in dogs and cats of southwestern British Columbia. Can Vet J 47:993, 2006.

[27] Flatland B, Greene RT, Lappin MR: Clinical and serologic findings in 52 cats with cryptococcosis. J Am Vet Med Assoc 209:1110, 1996.

[28] French TW, Harvey JW: Serologic diagnosis of infectious cyclic thrombocytopenia in dogs using an indirect fluorescent antibody test. Am J Vet Res 44:2407, 1983.

[29] Gasser AM, Birkenheuer AJ, Breitschwerdt EB: Canine Rocky Mountain spotted fever: a retrospective study of 30 cases. J Am Anim Hosp Assoc 37:41, 2001.

[30] Goodman RA, Breitschwerdt EB: Clinicopathological findings in dogs seroreactive to Bartonella henselae antigens. Am J Vet Res 66:2060, 2005.

[31] Greene CE: Histoplasmosis. In Greene CE, editor: Infectious diseases of the dog and cat, ed 3, St. Louis, 2006, Saunders Elsevier, pp 577.

[32] Greene CE, DeBey B: Tularemia. In Greene CE, editor: Infectious diseases of the dog and cat, ed 3, St. Louis, 2006, Saunders Elsevier, p 446.

[33] Greene CE, Marks MA, Lappin MR, et al: Comparison of latex agglutination, indirect immunofluorescent antibody, and enzyme immunoassay methods for serodiagnosis of Rocky Mountain spotted fever in dogs. Am J Vet Res 54:20, 1993.

[34] Greene RT: Coccidioidomycosis. In Greene CE, editor: Infectious diseases of the dog and cat, ed 3, St. Louis, 2006, Saunders Elsevier, p 598.

[35] Greene RT, Troy GC: Coccidioidomycosis in 48 cats: a retrospective study (1984-1993). J Vet Intern Med

9:86, 1995.
[36] Greenlee JJ, Alt DP, Bolin CA, et al Experimental canine leptospirosis caused by Leptospira interrogans serovars pomona and bratislava. Am J Vet Res 2005;66:1816.
[37] Gunn–Moore DA, Gruffydd–Jones TH, Harbour DA: Detection of feline coronaviruses by culture and reverse transcriptase–polymerase chain reaction of blood samples from healthy cats and cats with clinical feline infectious peritonitis. Vet Microbiol 62:193, 1998.
[38] Hartmann K, Binder C, Hirschberger J, et al: Comparison of different tests to diagnose feline infectious peritonitis. J Vet Intern Med 17:781, 2003.
[39] Hartmann K, Griessmayr P, Schulz B, et al: Quality of different in–clinic test systems for feline immunodeficiency virus and feline leukaemia virus infection. J Feline Med Surg 9:439, 2007.
[40] Hegarty BC, de Paiva Diniz PP, Bradley JM, et al: Clinical relevance of annual screening using a commercial enzymelinked immunosorbent assay (SNAP 3Dx) for canine ehrlichiosis. J Am Anim Hosp Assoc 45:118, 2009.
[41] Hofmann–Lehmann R, Cattori V, Tandon R, et al: How molecular methods change our views of FeLV infection and vaccination. Vet Immunol Immunopathol 123:119, 2008.
[42] Jacobs GJ, Medleau L, Calvert C, Brown J: Cryptococcal infection in cats: factors influencing treatment outcome, and results of sequential serum antigen titers in 35 cats. J Vet Intern Med 11:1, 1997.
[43] Jensen WA, Fall MZ, Rooney J, et al: Rapid identification and differentiation of Bartonella species using a single–step PCR assay. J Clin Microbiol 38:1717, 2000.
[44] Jones RL: Laboratory diagnosis of bacterial infections. In Greene CE, editor: Infectious diseases of the dog and cat, ed 3, St. Louis, 2006, Saunders Elsevier, p 267.
[45] Kano R, Fujino Y, Takamoto N, et al: PCR detection of the Cryptococcus neoformans CAP59 gene from a biopsy specimen from a case of feline cryptococcosis. J Vet Diagn Invest 13:439, 2001.
[46] Kaplan JE, Benson C, Holmes KK, et al: Guidelines for prevention and treatment of opportunistic infections in HIV–infected adults and adolescents. MMWR Recomm Rep 58(RR–04):1, 2009.
[47] Kordick DL, Breitschwerdt EB: Relapsing bacteremia following blood transmission of Bartonella henselae in cats. Am J Vet Res 58:492, 1997.
[48] Lappin MR: Feline toxoplasmosis: interpretation of diagnostic test results. Semin Vet Med Surg (Small Anim) 11:154, 1996.
[49] Lappin MR, Breitschwerdt E, Brewer M, et al: Prevalence of Bartonella species DNA in the blood of cats with and without fever. J Feline Med Surg 11:141, 2009.
[50] Lappin MR, Breitschwerdt EB, Jensen WA, et al: Molecular and serological evidence of Anaplasma phagocytophilum infection of cats in North America. J Am Vet Med Assoc 225:893, 2004.
[51] Lappin MR, Kordick DL, Breitschwerdt EB: Bartonella spp. antibodies and DNA in aqueous humor of cats. J Feline Med Surg 2:61, 2000.
[52] Legendre AM: Blastomycosis. In Greene CE, editor: Infectious diseases of the dog and cat, ed 3, St. Louis, 2006, Saunders Elsevier, p 569.
[53] Levy J, Crawford C, Hartmann K, et al: 2008 American Association of Feline Practitioners' feline retrovirus management guidelines. J Feline Med Surg 10:300, 2008.
[54] Levy JK, Crawford PC, Slater MR: Effect of vaccination against feline immunodeficiency virus on results of serologic testing in cats. J Am Vet Med Assoc 225:1558, 2004.
[55] Levy S, et al: Utility of an in–office C6 ELISA test kit for determination of infection status of dogs naturally exposed to Borrelia burgdorferi. Vet Ther 3:308, 2002.
[56] Levy SA, O'Connor TP, Hanscom JL, et al: Quantitative measurement of C6 antibody following antibiotic treatment of Borrelia burgdorferi antibody–positive nonclinical dogs. Clin Vaccine Immunol 15:115, 2008.
[57] Little SE: Ehrlichiosis and anaplasmosis in dogs and cats. Vet Clin North Am Small Anim Pract 40:1121, 2010.
[58] Littman MP, Goldstein RE, Labato MA, et al: ACVIM small animal consensus statement on Lyme disease in dogs: diagnosis, treatment, and prevention. J Vet Intern Med 20:422, 2006.
[59] Maggi RG, Duncan AW, Breitschwerdt EB: Novel chemically modified liquid medium that will support the growth of seven Bartonella species. J Clin

Microbiol 43:2651, 2005.

[60] Magnarelli L, Levy S, Koski R: Detection of antibodies to Francisella tularensis in cats. Res Vet Sci 82:22, 2007.

[61] Malik R, et al: Cryptococcosis. In Greene CE, editor: Infectious diseases of the dog and cat, ed 3, St. Louis, 2006, Saunders Elsevier, p 584.

[62] Matthews KG, Sharp NJH: Canine nasal aspergillosis/penicilliosis. In Greene CE, editor: Infectious diseases of the dog and cat, ed 3, St. Louis, 2006, Saunders Elsevier, p 612.

[63] Mazepa AW, Kidd LB, Young KM, Trepanier LA: Clinical presentation of 26 Anaplasma phagocytophilum–seropositive dogs residing in an endemic area. J Am Anim Hosp Assoc 46:405, 2010.

[64] McAllister MM, Dubey JP, Lindsay DS, et al: Dogs are definitive hosts of Neospora caninum. Int J Parasitol 28:1473, 1998.

[65] McBride JW, Corstvet RE, Gaunt SD, et al: PCR detection of acute Ehrlichia canis infection in dogs. J Vet Diagn Invest 8:441, 1996.

[66] Neer TM, Breitschwerdt EB, Greene RT, Lappin MR: Consensus statement on ehrlichial disease of small animals from the Infectious Disease Study Group of the ACVIM. J Vet Intern Med 16:309, 2002.

[67] Nutter FB, Dubey JP, Levine JF, et al: Seroprevalences of antibodies against Bartonella henselae and Toxoplasma gondii and fecal shedding of Cryptosporidium spp, Giardia spp, and Toxocara cati in feral and pet domestic cats. J Am Vet Med Assoc 225:1394, 2004.

[68] O'Connor TP, Saucier JM, Daniluk D, et al: Evaluation of peptide– and recombinant protein–based assays for detection of anti–Ehrlichia ewingii antibodies in experimentally and naturally infected dogs. Am J Vet Res 71:1195, 2010.

[69] Peavy GM, Holland CH, Dutta SK, et al: Suspected ehrlichial infection in five cats from a household. J Am Vet Med Assoc 210:231, 1997.

[70] Pomrantz JS, Johnson LR, Nelson RW, Wisner ER: Comparison of serologic evaluation via agar gel immunodiffusion and fungal culture of tissue for diagnosis of nasal aspergillosis in dogs. J Am Vet Med Assoc 230:1319, 2007.

[71] Randolph JF, Moise NS, Scarlett JM, et al: Prevalence of mycoplasmal and ureaplasmal recovery from tracheobronchial lavages and prevalence of mycoplasmal recovery from pharyngeal swab specimens in dogs with or without pulmonary diseases. Am J Vet Res 54:387, 1993.

[72] Scorpio DG, Dumler JS, Barat NC, et al: Comparative strain analysis of Anaplasma phagocytophilum infection and clinical outcomes in a canine model of granulocytic anaplasmosis. Vector Borne Zoonotic Dis 11:223, 2011.

[73] Shelly SM, Scarlett–Kranz J, Blue JT: Protein electrophoresis on effusions from cats as a diagnostic test for feline infectious peritonitis. J Am Anim Hosp Assoc 24:495, 1998.

[74] Snyder PS, Levy JK, Salute ME, et al: Performance of serologic tests used to detect heartworm infection in cats. J Am Vet Med Assoc 216:693, 2000.

[75] Spector D, Legendre AM, Wheat J, et al: Antigen and antibody testing for the diagnosis of blastomycosis in dogs. J Vet Intern Med 22:839, 2008.

[76] Stubbs CJ, Holland CJ, Reif JS, et al: Feline ehrlichiosis: literature review and serologic survey. Comp Cont Ed Pract Vet 22:307, 2000.

[77] Sykes JE, Hartmann K, Lunn KF, et al: 2010 ACVIM small animal consensus statement on leptospirosis: diagnosis, epidemiology, treatment, and prevention. J Vet Intern Med 25:1, 2011.

[78] Torres AN, Mathiason CK, Hoover EA: Re–examination of feline leukemia virus: host relationships using real–time PCR. Virology 332:272, 2005.

[79] Wanke MM: Canine brucellosis. Anim Reprod Sci 82–83:195, 2004.

[80] Ward MP, Glickman LT, Guptill LF: Prevalence of and risk factors for leptospirosis among dogs in the United States and Canada: 677 cases (1970–1998). J Am Vet Med Assoc 220:53, 2002.

[81] Wardrop KJ, Reine N, Birkenheuer A, et al: Canine and feline blood donor screening for infectious disease. J Vet Intern Med 19:135, 2005.

# 炎性或肿瘤性肿物的细胞学检查

第 16 章

Harold Tvedten

## 细胞学在诊断中的角色

大多数病变的细胞学评估已成为非常普遍的诊断。只需要极少的设备就可以在任何诊所进行细胞学诊断。细胞学诊断可即时得出结论，无须像组织学诊断那样等待一天或数天。细胞学诊断可以对超声或其他影像诊断发现的异常结构给出细胞或形态学的解释。细针抽吸是微创，对患病动物的压力也很小。细胞学检查可以节省麻醉和手术的费用。本章讨论肿物的细胞学评估。液体、阴道分泌物、精液、尿沉渣、呼吸道物质和特定器官的细胞学分析，将在其他章节进行描述。

细胞学可以改变或决定是否进行手术。明显的良性肿物，如脂肪瘤和表皮包涵囊肿，不需要立即切除。当它们被切除时，窄边距切除（即“剥离”）就足够，而切除潜在的恶性肿瘤应保持较大的范围。任何恶性的细胞学证据（如可能是癌或肉瘤）都要求在手术切除肿物前寻找是否存在转移的证据。存在转移是手术切除的禁忌证。诊断为全身性肿瘤（如淋巴瘤）通常需要进行化疗而不是手术。血管性或侵袭性太强而无法手术的肿瘤可能需要用细胞学来诊断，而不是组织病理学。如果做出具体的肿瘤诊断，可以尽早开始具体的治疗。细胞学诊断应被视为肿瘤的暂定诊断，而组织学诊断则用于对肿瘤类型和恶性程度进行更具体的分类。一些病变，如肉芽肿和肉芽组织，在细胞学上通常看起来是恶性的。

细胞学诊断有局限性，而组织病理学通常更具诊断性和确定性，因为从组织学切片中获得的信息（即组织结构）比从细胞学涂片上不同数量的细胞中获得的信息更多。某些类型的肿瘤（如犬乳腺肿瘤、肛周腺体肿瘤）的恶性程度最好通过肿瘤细胞侵入正常组织的组织学证据来确定，而这在细胞学上很少有记录。虽然细胞学在许多情况下能给出明确的诊断（如传染性疾病、肥大细胞瘤、淋巴瘤、脂肪瘤），但在其他情况下，细胞学通常只能给出一般诊断（如上皮肿物有明显的恶性肿瘤的细胞学证据）。大多数肿瘤需要进行组织学评估，以明确诊断和评估恶性程度。应在确诊后再采取进一步的措施（如安乐死）。

在 147 种皮肤肿瘤中，只有 105 种（71%）细胞学诊断与组织学诊断结果相一致[7]。但也存在例外情况，即细胞学诊断与组织学诊断相当（或比组织学更有诊断价值）（如白血病的单个细胞细节比组织模式更有诊断价值）。细胞学对 64 例圆细胞瘤中的 60 例诊断是正确的，偶尔比组织学更具诊断性[6]。细胞学和组织学对以下所有肿瘤的诊断都是一致的：37例肥大细胞瘤、11例黑色素瘤、2例组织细胞瘤和1例皮肤淋巴瘤[7]。对鳞状细胞癌、脂肪瘤和淋巴结转移也有准确的细胞学诊断。

## 细胞学技术

### 样本采集和玻片制备

正确的样本采集和玻片制备十分重要，也是细胞学诊断的常见影响因素。细胞学诊断需要有足够数量的、具有良好形态的细胞来代表肿物。细针抽吸（fine-needle aspirate，FNA）应从反映主要问题的肿物区域获得。采样的部位决定要收集的材料（图16-1）。肿物表面的印压涂片通常只有渗出物、细菌和坏死或反应性细胞，这并不能反映原发肿物。同样，对肿物进行清洗［如鼻腔冲洗、支气管肺泡灌洗（BAL）］，通常只在表面收集渗出物和反应性细胞。脓液（化脓性渗出液）可能会引起误导，提示肿物是脓肿。深层组织的FNA样本可能更具有诊断性。

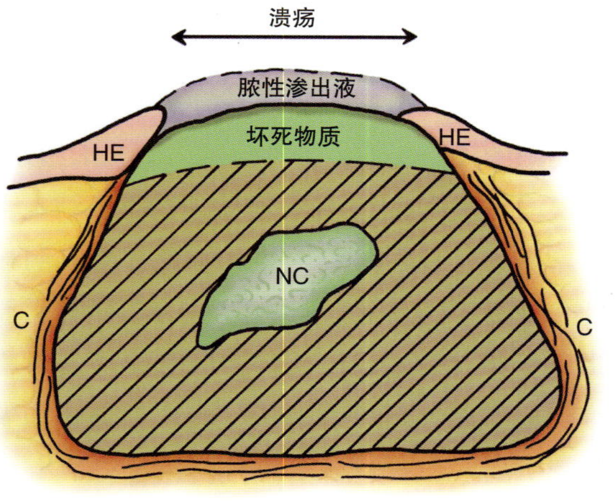


**图16-1 肿物的采样部位**

从不同的部位提取不同的细胞群。来自增生性肿物的细胞（阴影）具有代表性和诊断性。来自表面的样本可能只是坏死物质或脓性渗出液。来自溃疡边缘的不成熟的增生性上皮细胞（HE）可能与癌相似。来自坏死中心（NC）的物质可能只类似于碎片。来自边界（C）的细胞可能是来自囊内的成纤维细胞或局部炎症反应。成熟的脂肪或血液可能从邻近的正常组织中收集。

> **注意：**肿物溃疡表面的印压涂片通常没有诊断价值，仅能反映继发性炎症和感染。

溃疡边缘的上皮细胞通常未分化，因为它们在积极增殖以覆盖溃疡（如角膜溃疡在细胞学上可类似于鳞状细胞癌）。溃疡面常有继发性炎症和败血性变化。表面下深层出现的恶性细胞更有可能真正表明肿物是恶性的。肿物的软中心可能是坏死或出血，所以一个较小的、坚硬的肿物或肿物边缘更可行的区域可能更具有诊断性。

FNA只需要获得一滴或几小滴液体，可划出类似血涂片的条纹。过多的抽吸会导致出血和血液稀释样本。常使用20～22号针头获取样本。在针头穿透肿物后，可在5～10 mL的注射器上来回施加负压，在针尖来回穿过肿物时应保持负压；然后，应释放负压并拔出针头。针头中的细胞需要轻轻地放在涂片上，而不是从针头中射出喷在玻片上。小液滴会干燥得太快，而无法形成单层。且它们仍然是厚厚的液滴，细胞形态不佳。应将针头从注射器中取下，并在注射器中注入空气。重新放置针头，并将一滴液体轻轻地滴在载玻片上。然后用盖玻片或另一块载玻片将这滴液体快速拉开，制成涂片。也可以用针将液滴铺平，变成薄薄的单层扩展（所谓的“海星设计”）。

薄片区域的细胞（单层细胞）平铺开来，暴露出很大的表面积可供观察（图16-2）。如果涂片很厚，细胞在载玻片上支撑得更直立，直径更小。厚的区域的细胞更高（更厚），因此染色更深，通常太深而无法看到任何细节。

富含蛋白质的液体、坏死的碎片或细胞周围的超声凝胶会干扰染色。如果液体是黏稠的，压片准备可能有助于得到一个薄的涂片。将一滴液体放在两块载玻片之间，当这滴液体扩散到最大直径时，载玻片被滑开，而两个表面相互接触。这就在每块载玻片上形成了一个涂片。淋巴细胞和来自坏死中心的细胞非常脆弱，很容易裂解而无法识别。使用盖玻片进行压片制备或血涂片类型的涂片通常对细胞造成的损害较小。

非抽吸（毛细血管）技术更容易操作，并能获得同等或更多细胞的较少血液样本，特别是来自血管密集组织的血液样本（如肝脏）[9]。这里描述的技术是 Rick Cowell 博士在俄克拉荷马州立大学时使用的改良非抽吸技术。将空气（即 5 mL）吸入一个 10 mL 的注射器中，然后连接一个 22 号针头。注射器被固定在针头的底部，以便更好地控制，操作者用另一只手来稳定肿物。针头穿入肿物中，并沿着同一通道快速来回移动 5 ~ 6 次。不使用负压（即抽吸）。通过剪切和毛细血管作用收集细胞。将针头从肿物中抽出，压下柱塞，将收集的细胞快速而轻柔地排出到干净的载玻片上。一个常见的错误操作是“猎枪式喷射”，即针头中的少量液体以小水滴的形式喷射到玻璃上（就像猎枪射中目标一样）。这些厚的小液滴干得太快，无法制成薄薄的涂片。相反，操作者应该将针头的一端接触到玻片上，轻轻地将内容物排出，然后迅速地、轻轻地将其摊开，成为薄薄的涂片。一般来说，每次采集只能做一个涂片。因此，应从不同部位采集 3 ~ 4 次。另一种方法是“填充”技术，即只用针头（不连接注射器）穿过肿物，用细胞充满针头，不抽吸。

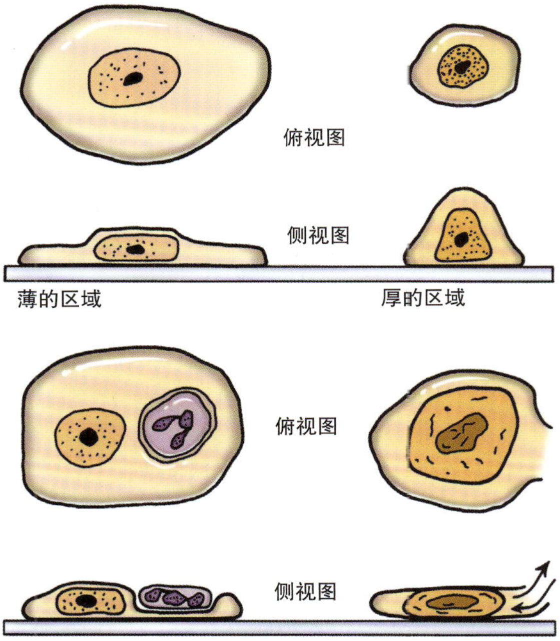


**图 16-2　三维细胞形态**

右上角的细胞处于涂片的较厚部分，所以它不能大面积扩散。与左上角的细胞相比，它看起来更小（直径更短），而且从顶部看更暗，左上角的细胞在涂片的薄层区域内扩散，可以进行适当的评估。上皮细胞（左下）的表面有一个凹陷中性粒细胞。从上面看时，中性粒细胞似乎在细胞内。部分裂解的细胞（右下）有一个肿胀、增大的细胞核和核仁，看起来可能是恶性的，而不仅仅是受损。

如果通过手术切除部分肿物，在将活体组织放入福尔马林之前，应该对肿物的代表性区域进行印压涂片，以便进行细胞学检查。应使用新切的表面，并擦去过多的血液和富含蛋白质的液体。操作者应将表面接触到载玻片上，不要扭曲或摩擦。但是如果在这些涂片上没有发现细胞，或者感觉肿物很硬，应该用刀片从表面猛烈刮取细胞，并将这些细胞在载玻片上涂片。纤维性肿物通常不容易释放细胞，可能需要用手术刀刮取，以获得足够的细胞用于诊断。刀片上的湿润物质要在载玻片上进行涂片。

患犬的身份信息和其他信息必须在玻片

上注明。对于没有见过动物或病变的细胞学家来说，需要充分的描述来解释结果。描述应包括对于部位和病变的描述（如“使用填充技术从肿大肝脏获取”或“肛门附近皮肤肿瘤的 FNA”）。这样的描述比“有什么样的细胞”的一般描述要好，因为无须描述取样于动物的哪个部位的病变。一个特定的问题允许一个特定的答案。如果对一个或多个部位进行了采样，应注意每张切片与采样部位的关系。如果在不同时间取样，则需要注明日期。载玻片应在磨砂端上用铅笔标注。打印机生成的用于标记试管的纸质标签在细胞学玻片上会产生问题。当玻片被染色后，纸质标签也可能被染得很深，以至于无法辨别字迹。电脑标签太大，载玻片无法在显微镜载物台上放置，而且上面有胶水。当过多的纸张被移除时，胶水会残留，所以载玻片会黏在显微镜平台上，使该载玻片或随后的载玻片无法移动。邮寄给实验室的薄的纸板箱在到达时，往往会发现有被压碎的载玻片，即使在纸板箱上标明为“手工取消”，信封可能会通过机器处理。因此，应使用较大的盒子（如长方形塑料盒）装载玻片进行邮寄，使其无法通过邮局自动注销邮票机。

**注意：**邮局的自动化机器通常会压碎用薄而平的容器邮寄的载玻片。请使用较大的容器进行邮寄。

对于瑞氏染色和新亚甲蓝染色，涂片通常会被风干处理。巴氏或 Sano's 染色需要酒精固定，很少有细胞学家使用这种染色。在潮湿的环境中慢慢风干涂片可能会导致细胞变形。如果问题持续存在，可以使用吹风机来加速干燥。烘干机应与涂片保持距离，以避免过度加热细胞。对于需要最佳形态的肿瘤细胞学检查来说，没有必要对涂片进行烘烤。然而，燃烧蜡质耳拭子，或血琼脂平板上的菌落玻片用于革兰氏染色是有用的。涂片不应存放在冰箱里或暴露在灰尘、霉菌、花粉和苍蝇中。苍蝇会吃掉未染色的细胞。人们应该只在玻璃的侧面处理玻片，因为指纹的鳞状细胞会污染涂片并干扰解释。

暴露在福尔马林中的涂片通常在瑞氏染色中出现过多的蓝染。用于印压涂片的组织样本在制作玻片之前不应放在福尔马林中。福尔马林不应存放在染色剂或涂片附近。福尔马林不应与细胞学涂片放在同一包装内，因为其烟雾可能会影响未染色的细胞。肝素抗凝剂也会导致瑞氏染色细胞变蓝。

**注意：**福尔马林会导致细胞染色不良，所以细胞学载玻片和福尔马林固定的组织病理学样本应单独包装邮寄。

## 染色

改良的瑞氏染色剂和新亚甲蓝通常足以用于诊断。目前使用的“快速”染色剂可能被称为“瑞氏染色剂”，但实际上不是瑞氏或吉姆萨（即真正的罗曼诺夫斯基）染色剂。快速染色剂，如 Diff-Quik 和 Hemacolor，具有蓝色和红色染料，其染色特性与经典的罗曼诺夫斯基染色剂相似。蓝色染料对酸性结构，如核酸（DNA 和 RNA），进行蓝色至紫色染色。红色染料对碱性结构，如蛋白质（如红细胞中的血红蛋白），进行红色至橙色染色。冲洗水或样本中的 pH 变化会影响染色特性。可以调整如 Diff-Quik 这样的快速染色剂，使涂片上的细胞颜色更蓝、更红或更深。蓝色和红色的染料在不同的容器里；通过增加或减少将玻片浸入某种颜色的次数，蓝色或红色的强度会增加或减少。在血涂片上，Diff-

Quik 对犬瘟热包涵体的染色比一些“瑞氏染色剂”更好。水基“瑞氏染色剂”可能无法对肥大细胞和嗜碱性粒细胞中的颗粒进行染色。耳拭子涂片应在单独的染色罐中只对耳拭子进行染色，因为染色剂可能很快被酵母菌污染，而酵母菌会转移到其他患病动物的涂片中。

新亚甲蓝是一种单色染色剂，具有不同强度的蓝色染色。将一滴新亚甲蓝滴在风干的涂片上，然后盖上盖玻片，即可制成“湿片”。为了防止部分涂片（通常是最有诊断价值的区域）上有气泡残留，应在缓慢盖上盖玻片之前，用盖玻片轻轻拉动新亚甲蓝液滴使其湿润细胞。染色是即时的。新亚甲蓝对核物质染色良好，并显示出明显的染色质模式（图 16–3）。这种核的细节对于评估恶性标准非常有用。新亚甲蓝的主要优势是其具有透明性，可以透过较厚的组织碎片，而这些碎片用瑞氏染色剂染色后颜色太深。显微镜可以通过不同深度的组织碎片聚焦，以三维方式判断单个细胞的细节和结构模式。组织碎片往往是肿瘤涂片上最有诊断价值的材料，但染色太深，无法用瑞氏染色法评估。这些碎片就像微小的活检切片，可以评估细胞在肿物中的排列方向。这些结构模式有助于识别组织类型。与涂片上可能来自肿物不同区域或细胞类型的独立细胞相比，人们可以评估相邻的细胞是否有真正的异型性，表明有恶性肿瘤。

总之，新亚甲蓝染色对核的细节、厚的组织碎片和大多数真菌都有较好的效果。瑞氏染色适用于炎性病变，因为白细胞的染色外观与血涂片中的相似，而且细菌始终具有特有的暗蓝色（图 16–4）。虽然瑞氏染色在核细节方面不如新亚甲蓝，但在评估组织细胞的恶性标准方面是可以接受的，对细菌和大多数真菌来说是非常好的（图 16–5）。对同一病变同时使用瑞氏和新亚甲蓝染色剂效果很好，因为不同的染色剂能说明细胞的不同特征。

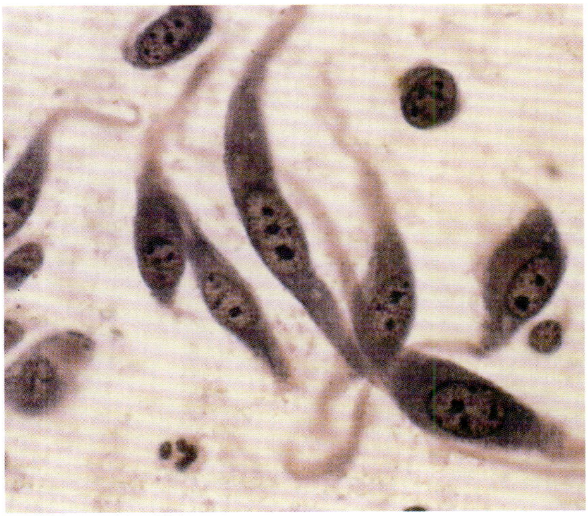

**图 16–3　核的细节**

通过新亚甲蓝染色可以得到核的细节，包括核仁和染色质的大小和形状。注意这个肉瘤细胞学检查中突出的核仁。细胞还表现出间质细胞的典型纺锤形。

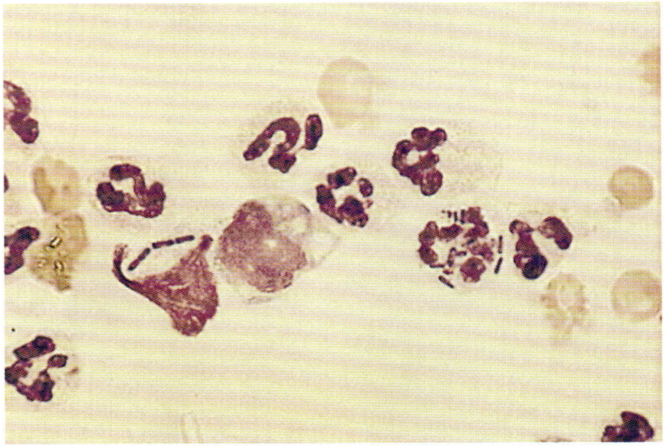

**图 16–4　化脓性渗出液中有 2 个中性粒细胞和明显的蓝色胞内细菌**

瑞氏（吉姆萨）染色是发现细胞学样本中细菌的最佳方法，也是常规使用染色的首选。这些中性粒细胞看起来没有退行性，尽管左边有细菌的中性粒细胞已经受损。可以忽略受损的细胞，根据完整的中性粒细胞的外观来解释中性粒细胞是否有退行性。

可使用其他染色剂。苏丹染色对诊断脂肪肝、乳糜胸（图 16–6）、吸入性肺炎（图 16–7）或脂质肉芽肿很有用。将一滴苏丹染色剂（或其他中性脂肪染色剂）滴在涂片上，对细胞和背景进行选择性脂质染色。将多余的染色剂倒掉，然后用一滴新亚甲蓝对涂片进行复染，以显示足够的细胞细节。新亚甲蓝将细胞核和其他细胞结构染成蓝色，而苏丹则将中性脂肪染成红色。

兽医有时会对细胞学样本进行革兰氏染色，因为对革兰氏阳性和革兰氏阴性细菌使用不同的抗生素。然而，绝对不建议对细胞学涂片进行革兰氏染色。对渗出物中的细菌进行革兰氏染色是不一致的。在厚的涂片中，细菌可能不会脱色，造成细菌是革兰氏阳性的错误印象。在薄涂片中，细菌可能脱色太多，表明它们是革兰氏阴性。革兰氏染色对于筛查细胞学涂片中红色蛋白背景中数量较少的革兰氏阴性（即红色）细菌并不敏感（图 16–8）。瑞氏 – 吉姆萨类型的染色剂对细菌的染色是一致的，对于在细胞学涂片上寻找细菌是非常可取的。瑞氏 – 吉姆萨染色剂可以更容

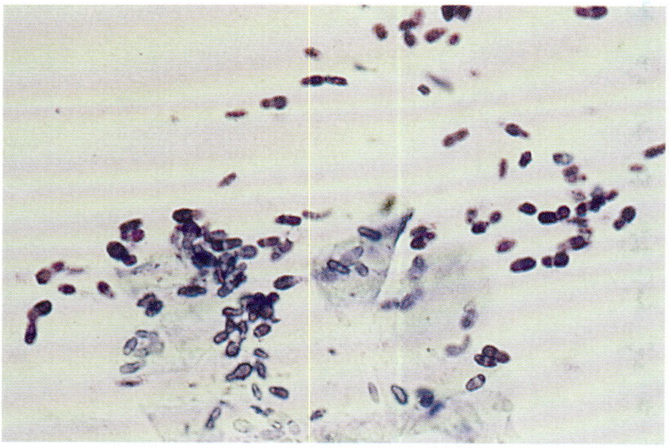

图 16–5　瑞氏染色剂可以很好地鉴别耳拭子中的酵母菌和细菌。这张照片中有许多出芽的酵母菌（马拉色菌）

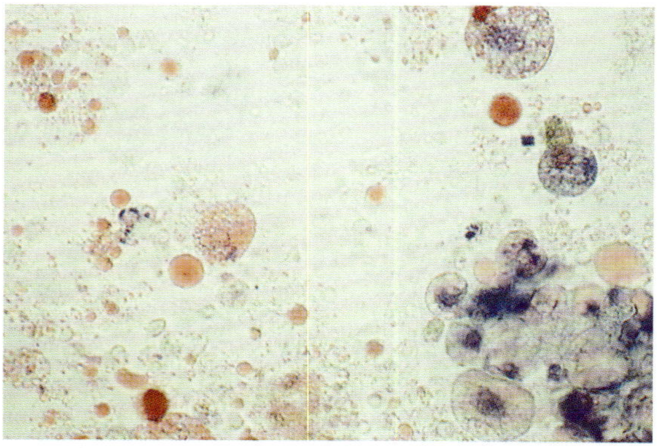

图 16–6　通过苏丹染色与新亚甲蓝复染的结合，可以很好地证明在空泡、巨噬细胞和背景中游离的中性脂肪滴的存在。这是一种简单且廉价的乳糜胸检测方法

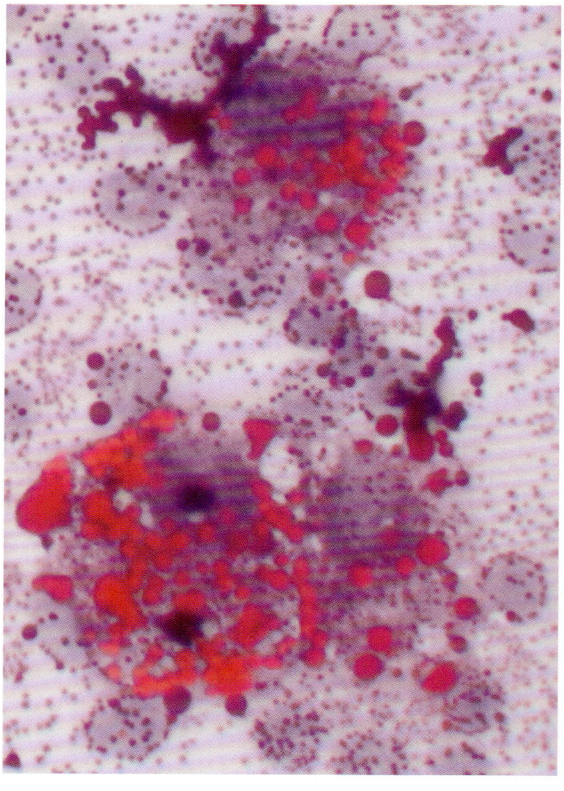

图 16–7　吸入性肺炎的肺部印压涂片中的 3 个巨噬细胞含有几个中性脂肪的空泡，用苏丹染色剂将其染成鲜红色。涂片用新亚甲蓝复染以显示核和细胞的细节。在吉姆萨染色的涂片上，空泡是清晰而明显的。通常吸入的脂质很难从肺部清除，是吸入性肺炎的证据

易地检测和确定大小和形状。一般来说，球菌可能是革兰氏阳性葡萄球菌和链球菌。革兰氏染色最好限于细菌学实验室，在那里涂片的厚度一致，并且每天对细菌进行染色最终确定其类型。在血液琼脂平板上培养的均匀薄的涂片上，革兰氏染色能很好地区分革兰氏阴性细菌和革兰氏阳性细菌。通常不需要进行抗酸染色，因为分枝杆菌感染并不常见（图 16–8）。分枝杆菌的独特之处在于，由于它们有蜡质外衣，在瑞氏 – 吉姆萨染色剂中完全不染色（图 16–9）。

巴氏染色法经常用于人类医学（宫颈拭子），很少用于兽医实践。巴氏染色法有其优点；但是，笔者通常能够在完成巴氏染色法涂片的染色之前，用新亚甲蓝和瑞氏染色的涂片做出诊断并写出报告。因此，我们不再使用巴氏染色法。对于用这些染色剂染色的细胞，已经确定具体的恶性标准。巴氏染色剂是一种透明的染色剂，可以评估厚的组织碎片和精细评估核的特征。在巴氏染色之前，涂片需要立即用酒精固定。

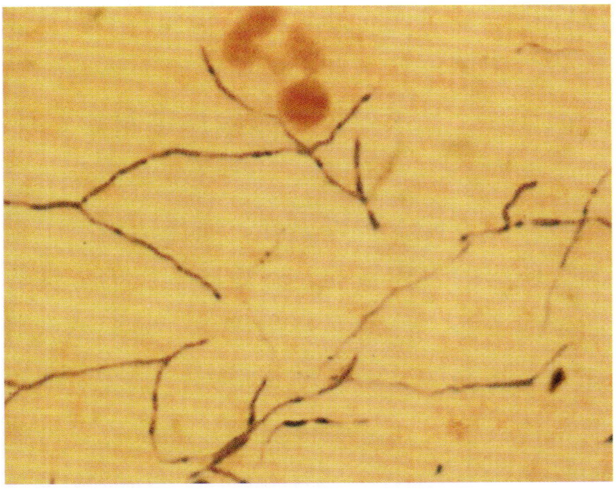

图 16–8　败血性渗出液的革兰氏染色显示革兰氏阳性、细丝状、珠状和分支放线菌，但数百个革兰氏阴性杆菌不明显。细胞学样本中出现细菌的频率通常很低，因此很难在红色背景中找到偶尔出现的革兰氏阴性细菌

## 显微镜

细胞学诊断需要一台高质量、维护良好的显微镜。符合人体工程学的双目显微镜可使观察者在长时间观察时更舒适。建议使用 4 个物镜：4× 和 10× 物镜用于扫查涂片并快速找到可能的诊断区域，然后用 50× 油镜和 100× 油镜检查细节。一台设备齐全、质量良好的显微镜是昂贵的，但在诊所中会有多种用途，而且应该可以使用很久。每块载玻片所需要的显微镜成本如下。

一个 50× 油性平场消色差物镜（即 40× ~ 60× 油镜）通过节省检查玻片的时间来支付它的费用（350 ~ 1000 美元，即 2561 ~ 7318 元）。放大倍数对大多数细节来说是足够的，而且可以在更短的时间内看到更多的细胞。“平场”意味着整个视野都在聚焦。在更大的视野里有更多的细胞，可以更好地比较细胞之间的变化，更容易识别。消色差透镜纠正一种颜色的球面差。高度消色差透镜可校正 3 ~ 4 种颜色，但价格较高，

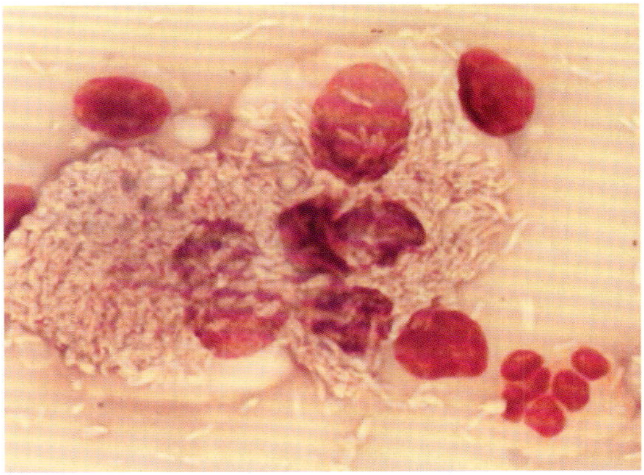

图 16–9　分枝杆菌不吸收任何染色剂，因此显示为透明的杆菌，周围的物质颜色呈负染。这只犬的淋巴结抽吸物有 2 个大的巨噬细胞，里面充满了透明的杆菌。背景中富含蛋白质的液体中也有透明的、未被染色的棒状物。还有大约 5 个淋巴细胞和 1 个中性粒细胞

对诊断来说是非必需的。50× 油镜避免了盖上涂片的需要。

在大多数 40× 高 – 干物镜下观察到的瑞氏染色细胞表现模糊，因为细胞被空气包围。使用带有盖玻片或油的涂片，可以排出气泡，并允许高 – 干镜头观察到更好的细胞细节。加一滴油比用盖玻片盖上涂片要快得多。然而，油性涂片储存起来比较麻烦，也不太持久，但是 45× 高 – 干物镜容易被油污染，且凸透镜的油污不易清除。只有油物镜的显微镜避免这个问题并防止了时间的损失。

镜检结束后，应将油从镜头上清除。因为油会渗透到一些镜片的后面，使其失去作用，或干燥后成为镜片上的硬涂层。浸渍油不能被酒精清除，但可以被汽油或二甲苯清除，日常清洁时应该用汽油或二甲苯代替酒精。无尘擦拭纸是不起毛的纸巾，适用于清洁不用于摄影显微镜的物镜。无尘擦拭纸比镜头纸更能吸收油，因此清洁效果更好。凹面透镜需要用棉签沾上汽油来清洁凹陷的区域。物镜的最后抛光应该用镜头纸来进行。应根据需要清洁滤光片、光源、平台和聚光器。完全覆盖显微镜可以防止灰尘在难以清洁的地方堆积。应避免剧烈的振动（如沿桌子表面拖动显微镜、用力放下）。这可能会使棱镜失准，造成重影。

反光镜必须处于适当的位置，以获得最佳的细节（如寻找细菌）。如果反光镜靠近平台上的玻璃片下方，就接近最佳设置（即柯勒照明）。更具体地说，日常应进行几个简单的步骤。在高倍率下（如 40× 物镜），应将注意力集中在涂片上的细胞上。显微镜底部的视野光圈完全关闭，反光镜稍微向上或向下移动，直到视野中的光圈有尖锐的边缘。然后，反光镜应保持在这个最佳高度。然后，应将光圈集中到视野中心，并重新完全打开视野光圈，使视野中不出现阴影。可以调整聚光器的光圈，以优化对比度，大多数用户可以完全打开聚光器。目前，高质量的油镜在聚光器光圈完全打开的情况下也能正常工作。一个常见的错误做法是将聚光镜的光圈膜片关闭得太多，导致反差过大。这通常是为了减少光照强度而做的（这种做法不正确）。减少光照强度的正确方法是使用中性密度滤镜、调光灯泡或更可控的光源，而不是导致细胞细节不佳。通过微关闭聚光镜中的光圈，可以获得更好的对比度，但这适用于对使用光镜有经验的实验室专家。

当不需要形态学细节，并且目标是容易被发现的物体，如粪便检查中的寄生虫卵、尿沉渣中的结石，或血细胞计中的血小板，反光镜可以被移动到最低但仍然可提供足够照明的位置。从而更加清晰显示各个结构，使目标更容易被发现。

显微镜的一些常见错误操作包括将载玻片倒置在平台上。在这种情况下，操作者可以在中等放大率（即 10×、40×）下聚焦于细胞，但不能用 100× 油镜，因为细胞在玻片的下面，如果盖玻片或涂片培养基太厚，就不能在高倍率下聚焦。如果细调节器不能在所需的方向上转得更远，应该把粗调节器调过所需的聚焦平面，然后向相反的方向转动细调节器，以恢复聚焦能力。如果细胞看起来是折光的，而且细节很差，那么照明可能是错误的。在这种情况下，应该将显微镜调整为柯勒照明。如果细胞在 100× 物镜下可以聚焦，但在高 – 干 45× 物镜下不能聚焦，那 45× 物镜可能被油污染，必须清洗。

## 细胞学结论

肿物通常由组织细胞的增殖或炎性细胞的堆积构成,或两者兼有。其他肿物包括血肿、囊肿或局灶性坏死区。图 16–10 简化了对病例进行细胞学解读的一般方法。许多细胞学诊断可能需要更完整的描述[11]。

### 载玻片阅读方法

大多数美国兽医都接受过充分的显微镜、组织学和病理学培训，所以只要他们认识到自己的局限性，并从病例中不断学习，大多数兽医都能学会做出许多类型的细胞学诊断。可以对切除的肿物进行细胞学评估，然后将描述和结论与组织病理学报告进行比较。细胞学评估是一项目测任务，因此应该获得一份或多份细胞学图谱，以便在实验室中进行参考[2, 5, 11]。为了获得一致的结论，对异常肿物的抽吸或印压涂片进行有组织的处理是必要的。下面是步骤的摘要，详细内容将在下文讨论。

首先应确定细胞学样本是否可能代表病变。相邻的结构可能会被偶然取样。例如，一个常见的错误是抽吸唾液腺，而不是下颌淋巴结。唾液腺有正常的、成熟的腺泡和导管结构，具有泡沫状上皮细胞。因此，结论应该是样本不具有代表性，而不是存在腺瘤或转移癌。其他示例包括在获得“胸腔”抽

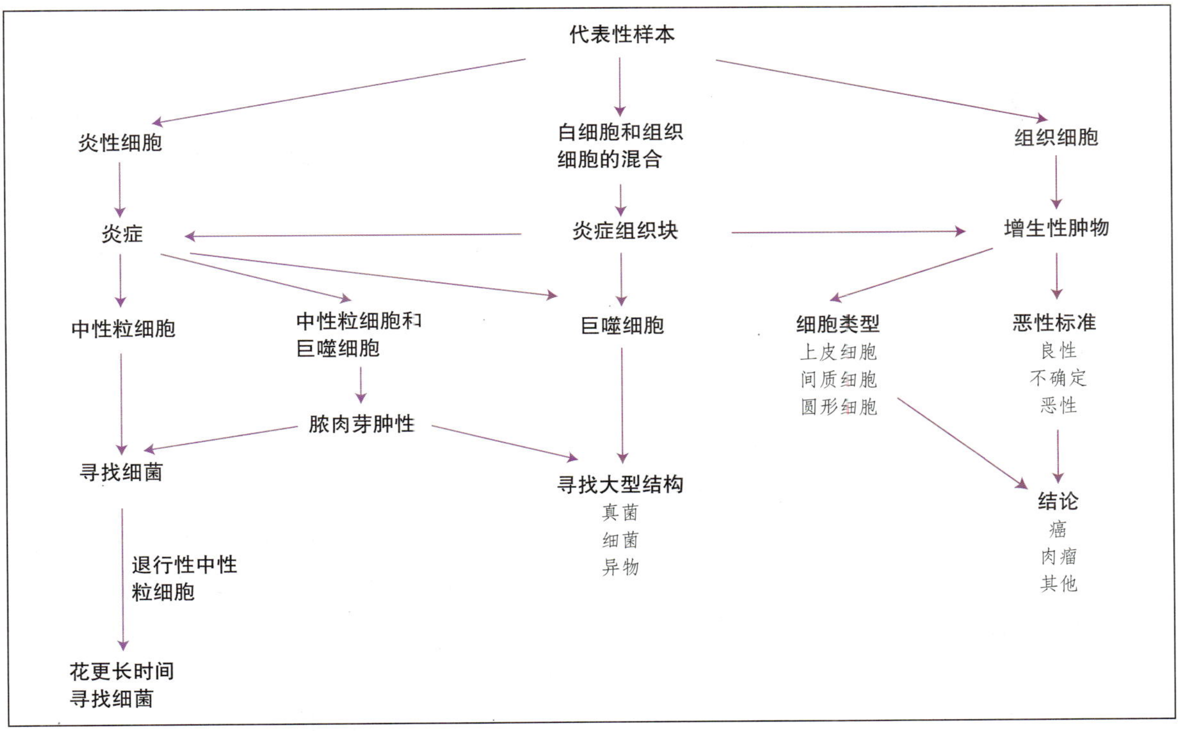


**图 16–10　一般的细胞学方法**

大多数诊断性样本最初被分为炎性或细胞增殖，或两者兼有。炎性样本需检查可能的致病菌。中性粒细胞的退行性变化使得需花更长时间寻找细菌。细胞增殖需评估细胞类型和是否为恶性肿瘤。然后进行总结陈述。如果既有炎性细胞，又有增殖组织细胞，则一方面可以解释为原发性炎症病变，另一方面或者根据涂片上的证据表明原发性增殖性肿物（肿瘤）伴有继发性炎症。细胞学家应该在报告中总结其对最终结论的可靠性。没有任何诊断是 100% 准确。

吸物时无意中对肝脏进行采样，使针头一直穿过一个小肿物，并仅抽出皮下脂肪。操作者可能会因为不小心刺破肠道而使膀胱穿刺的尿液样本受到肠道细菌的污染。而正确的结论经常需要直觉和经验。

1. 确定有足够数量的、完整的、正确染色细胞存在，并能正确代表该肿物。
2. 用低倍率扫描涂片，以确定分布和内容的变化。寻找大型结构（如真菌、细菌菌落、寄生虫卵或幼虫）。
3. 在染色质量好的具有完整细胞的薄层区域，开始对细胞进行精细评估。
4. 确定细胞群是否主要是炎性的。如果是，则试图确定病原体。
5. 确定是否有足够的一种类型的组织细胞存在，以表明非炎性、增殖性的组织。
6. 对于增生性组织肿物（如肿瘤或增生），确定存在的细胞类型（结缔组织、上皮、圆形细胞）和表明恶性的细胞数量。

初诊应该是对涂片进行大体上的筛选，找出那些最可能具有诊断性的区域。可能有涂片上小的组织碎片呈颗粒状，应该用新亚甲蓝或其他半透明的染色剂进行染色。染色为深蓝色的涂片是细胞最丰富的涂片，且最可能具有诊断性。它们呈强烈的蓝色是因为它们的细胞核最多。有少量有核细胞的血液稀释涂片在瑞氏染色法下呈现橙色（像血涂片），很难进行诊断。

如果过早使用 100× 油镜，并长时间停留在这个高倍率很容易疲劳。必须首先使用扫描物镜（4×、10×），以找到涂片中的有效区域，然后用油镜（50×、100×）进行评估。有诊断意义的区域很薄，有完整的、染色良好的独立细胞。用瑞氏染色剂染色不良的细胞会发生改变的、苍白的、弥漫的蓝色。要避免坏死、裂解细胞的颜色和条纹状的外观区域。有诊断价值的结构（如细菌和真菌菌落）可能是罕见和独立的，所以应该投入时间来扫查涂片，而不是在只显示少数区域的高倍率下浪费时间。同样，有价值的组织碎片分布不规则，并能通过扫查发现。组织颗粒常表现为在羽化边缘的深色颗粒。

准确而完整的描述有助于得出结论。用血液学细胞计数器对细胞进行分类计数，对每一个细胞进行分类，而不是偏向突出的细胞，如嗜酸性粒细胞、浆细胞，以及比小细胞更多的大细胞，如淋巴细胞。识别所有的细胞十分困难。炎性肿物中常见少数不常见细胞（如成纤维细胞、单核细胞、淋巴母细胞），这些细胞可能看起来不成熟，具有恶性细胞学特征。如果它们很少，它们可能被认为是继发于炎症的反应细胞。一份恶性肿瘤细胞学报告通常会导致兽医在没有进一步检测的情况下将患病动物安乐死，因此进一步的检测可能会给出更好的诊断。没有细胞学家喜欢将犬和猫安乐死。

## 炎性肿物

用细胞学检查诊断炎症比诊断肿瘤要容易得多。细胞学诊断只需要有足够数量的炎性细胞。用于诊断的细胞数量随样本的不同而不同。细针抽吸发现浆细胞和吞噬性巨噬细胞表明有炎症，而在脓液中可发现成千上万的中性粒细胞。在血液稀释的样本中，通常要考虑在血液中发现的白细胞的数量和类型。血液中红细胞和白细胞的比例约为 500：1，白细胞主要是中性粒细胞和淋巴细胞。白细胞增多（如比例为 20：1 或 1：20）或存在血液中没有的白细胞（如浆细胞、吞噬性巨噬细胞）与血液稀释的样本一起用于诊断炎症（如肝脏细胞学）。根据主要的白细胞类型，怀疑不同的病因。

**注意：**炎症比肿瘤更常被细胞学诊断出。

## 中性粒细胞性炎症

中性粒细胞浸润（如渗出、化脓、脓肿形成、化脓性炎症）频繁地出现，以至于它们几乎成了炎症的同义词。中性粒细胞是最易迁移的白细胞，也是最先浸润在一个区域或在表面渗出的成分。有些人将中性粒细胞性炎症称为“急性炎症”，尽管中性粒细胞在慢性但活跃的炎症中可能很突出。因此，急性一词可能是指一种细胞类型（如中性粒细胞占优势），而不一定是指一个时间间隔。脓液是含有许多中性粒细胞和细胞碎片的蛋白性液体。抽吸时很容易收集到这种液体物质；因此，涂片上经常出现许多中性粒细胞。如果存在瘢痕和纤维化，炎性肿物中的其他细胞可能不易脱落（尤其是成纤维细胞）。中性粒细胞与细菌感染和一些酵母菌感染（如念珠菌）有关，但也存在非炎性原因，包括免疫介导的过程（如狼疮性多发性关节炎）和化学刺激（如胰腺炎、胆汁性腹膜炎）。迁移到鳞状上皮细胞之间的中性粒细胞可能会进入鳞状细胞的表面，当它脱落时看起来好像在鳞状细胞内（图 16–2）。

**细菌性败血症 ·** 中性粒细胞性炎症表明需要寻找细菌。最好在中性粒细胞的细胞质中进行检查（图 16–4）。中性粒细胞的细胞质通常透明，没有颗粒状碎片。巨噬细胞通常含有吞噬的细胞碎片，可与细菌相区分。细菌在透明的中性粒细胞质中更为突出，吞噬空泡可能有助于检出生物体。细菌具有统一的形状和大小，与颗粒状的碎片形成对比。形成均匀的成对、四分体和链状的结构可确定为细菌。杆菌比球菌更容易确定。瑞氏染色沉渣在外观上是球形的，可能像球菌。然而，沉淀物的大小不一、更多的紫色和折光性可以区分染色沉渣和细菌。细菌的颜色更为暗淡（图 16–4）。染色沉渣可能在中性粒细胞上，表明有吞噬作用，但也会出现在载玻片的其他地方，包括没有放样本的玻片空白地方。

对细菌的描述应包括数量、位置（如游离在涂片中、被中性粒细胞吞噬、在上皮细胞上）、形态，以及是否存在单一或混合菌群。这些现象应该可以得出某些结论。例如，来自脓肿淋巴结的中性粒细胞内的链状小球菌的菌群表明有感染（如链球菌），而腹腔液中中性粒细胞内大小不一的大杆菌甚至混合菌群表明有肠道破裂。串珠状生物表示高等细菌（如放线菌）（图 16–11 和图 16–8）。

**注意：**在中性粒细胞中，发现胞内吞噬并结合中性粒细胞性炎症能确定为细菌感染。然而，在有中性粒细胞性炎症的新鲜样本中，细胞外细菌也可能会表明有感染。有中性粒细胞性炎症的细胞学样本中没有细菌并不能排除感染，因为样本的细菌数量可能低于显微镜检查的可检测水平，特别是在抗生素治疗期间。

中性粒细胞对细菌的吞噬作用比游离细菌更能说明存在细菌感染。但即使是游离细菌与中性粒细胞性炎症相结合，也可能说明存在感染，尤其是在新鲜样本中。背景中游离的细菌或真菌可能是染色剂中的细菌或真菌污染，或者是陈旧的样本。对于液体（如气管灌洗液）并在做涂片前存放数小时或数天的样本，污染的可能性尤其大。没有炎症反应的样本中的细菌或真菌通常是污染，但也有例外（如耳拭子、糖尿病、库欣病）。

角化上皮细胞上的细菌通常是体表的正

常菌群。犬的口咽部的正常菌群是西蒙斯氏菌。发现这种由 12 ~ 20 个细菌细胞组成的特征性的、巨大的、扁平的多细胞形式（称为三色细胞），表明至少有一部分样本来自口腔或咽部。在上皮细胞上发现西蒙斯氏菌和其他细菌的混合物表明，不能确定在经气管冲洗或 BAL 的另一个区域发现细菌是下呼吸道感染的指征。支气管败血症鲍特菌容易入侵呼吸道上皮细胞的纤毛，所以在纤毛上发现小杆菌提示有败血症鲍特菌感染（图 16-12）。

**退行性中性粒细胞**·在中性粒细胞性炎症的样本中寻找细菌需要多长时间？在慢性感染、抗生素治疗以及某些样本（如关节液和脑脊液）中，细菌可能处于低浓度状态。5 ~ 10 min 是一个合理的时间限制，除非出现证据表明需要延长寻找时间。例如，如果出现退行性中性粒细胞，就应该比平时多花时间寻找细菌。因为细菌毒素常导致中性粒细胞快速死亡（细胞核溶解）。中性粒细胞的退行性变化提示但并不能证明败血症。除此之外，有些细菌对中性粒细胞的毒性似乎较小，在非退行性中性粒细胞中也可能发现细菌（图 16-4）。

退行性中性粒细胞的特征是细胞核核溶解和细胞质肿胀。核溶解表现为一个更宽、形状更不规则、染色更浅的细胞核，缺少深色、清晰的颗粒染色质模式和细胞核的分叶状（图 16-11）。严重退行性中性粒细胞可能丧失中性粒细胞的特征，膨胀并分解成核碎片。由细菌引起的退行性变化，必须与由于样本储存、涂片过程中对脆弱细胞的损伤，或非细菌性病变（如尿液）引起的肿胀相区别。缺乏经验的细胞学家倾向于通过检查受损细胞，而将其过度识别退行性中性粒细胞（图 16-4）。人们应该只评估完整无损的细胞。

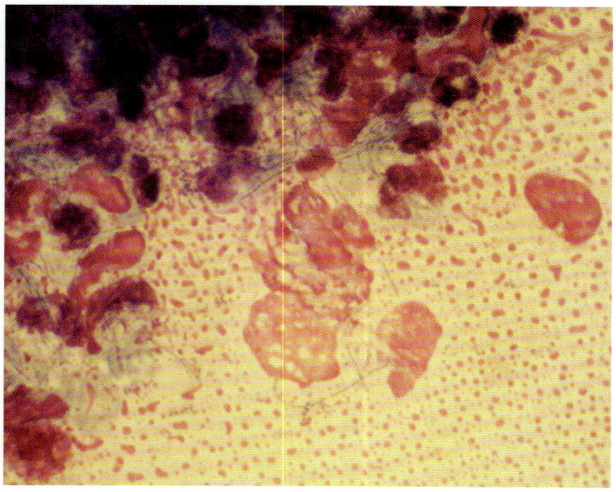

**图 16-11　胸腔积液中的败血性渗出液显示退行性中性粒细胞和放线菌**

退行性中性粒细胞有核溶解现象，其染色质“溶解”到背景中，常提示有细菌。放线菌是一种细长的、丝状的、“串珠状”的细菌，其分支也分为背景中的小杆状的“二尖瓣”形式。

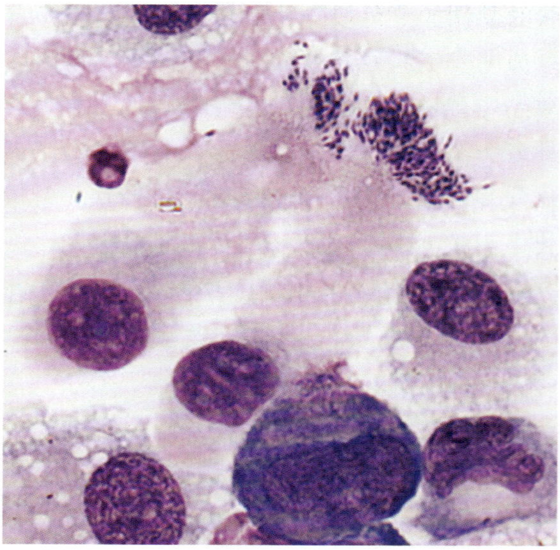

**图 16-12　支气管败血症鲍特菌附着在犬的 BAL 中的 2 个呼吸道上皮细胞的纤毛上**

在这张照片中，有很多小杆菌。细菌不仅需要在中性粒细胞内才表示有致病性。还需要注意成熟、柱状上皮细胞，细胞核位于细胞的底部。

（由 Mike Scott 博士提供的数字案例）

如果细胞边缘完整的中性粒细胞没有退行性，载玻片上溶解的中性粒细胞可能人为破坏，而不是细菌毒素引起的退行性。

非退行性中性粒细胞与新鲜血涂片中的正常中性粒细胞相似（即清晰的细胞质；深色、细的、分叶状的细胞核）。由于缺乏细菌毒素，细胞可以活得更长。老化的中性粒细胞过度分叶，是无毒素的证据。非退行性中性粒细胞会因年老而缓慢死亡，并形成核固缩或核破裂。核固缩（一个非常深的、均匀的核）和核破裂（大小不一的深色、均匀的、圆形的核物质碎片）是非退行性中性粒细胞的证据。

**坏死·**坏死是一种常见的病理学变化。坏死与炎症和肿瘤一起发生，并可能是细胞学样本上唯一的变化。许多裂解的细胞提示坏死，但最好是通过巨噬细胞内吞噬的细胞碎片来证明。坏死细胞的核物质黏稠。长条状的黏稠的紫色核碎片常被误认为是黏液或真菌菌丝（图 16–13）。这些常常延伸到具有相同颜色和质地的受损细胞核。相反，菌丝具有平行的细胞壁和不同的暗蓝色。颗粒状坏死碎片不应该被误认为是细菌或酵母菌。胆固醇结晶反映了某些脂质的分解，看起来像玻璃板（即透明的长方形晶体）。结晶是透明的，并且被旁边的其他染色材料"负染"。

**病理性出血·**在巨噬细胞中发现的血色素（如含铁血黄素和类胆红素结晶）或噬红细胞现象（图 16–14）证明了红细胞的局部分解，是病理性出血的证据。病理性出血可由原发性或单纯出血（如血肿）引起，但出血通常伴随着炎症和肿瘤作为一种继发问题。血液存在于大多数细胞学样本中，人们应该确定它是否是收集的人工伪象或是已有疾病的证据。

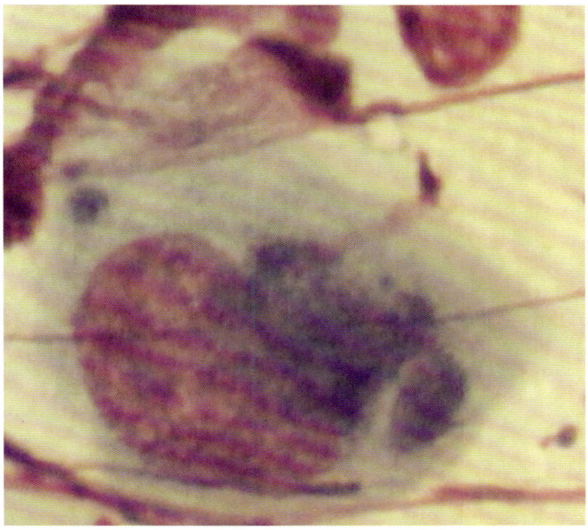

**图 16–13　在急性感染的猫的结膜拭子上可能检测到鹦鹉热衣原体**

该上皮细胞的细胞核右侧有一个有点三角形的网状体，含有许多基本体。再往右有第二个较小的网状体，在细胞的左上方可能有嗜碱性的初始体。衣原体通常位于细胞核附近，而支原体则更常位于细胞边缘。还有来自受损细胞核的 DNA 链穿过照片。

（由 Anna Hillström 博士提供）

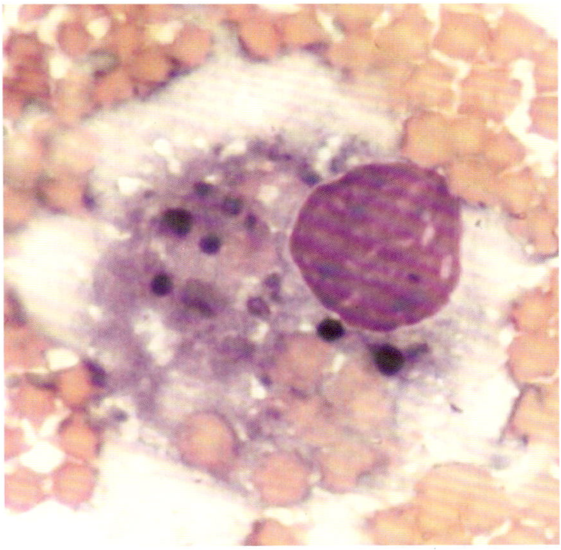

**图 16–14　通过在巨噬细胞中发现红细胞（噬红细胞现象）或血色素（含铁血黄素或类胆红素结晶），可将病理性出血（由于生理性的疾病）与样本采集造成的人为出血区分开。在巨噬细胞中有几个红细胞（特别是在细胞底部）和中度的深色色素（含铁血黄素），表明有病理性出血**

## 肉芽肿性和脓性肉芽肿性炎症

当炎症主要是巨噬细胞（肉芽肿性）或中性粒细胞和巨噬细胞的混合（脓肉芽肿）时，应考虑比细菌更大的病原体（如真菌、异物）。真菌、高等细菌、异物和细胞碎片主要被巨噬细胞吞噬。如果没有找到病原体，通常只能得出化脓性肉芽肿性炎症或肉芽肿性炎症的形态学结论。中性粒细胞比巨噬细胞更容易脱落，因此在渗出液或印压涂片中比在组织切片中数量更多。同样，免疫介导的多关节炎的关节液细胞学检查可能提示渗出液（主要是中性粒细胞），而滑膜活检可能显示淋巴细胞浆细胞性滑膜炎。两者都是正确的，但反映了身体不同部位的细胞类型。

> **注意：** 肉芽肿性炎症（即＞50%的巨噬细胞）表明是因为大的结构，如异物、坏死碎片、真菌和某些类型的细菌，而不是脓液形成刺激的巨噬细胞增殖。

巨噬细胞中的吞噬物质通常能提示诊断。注射部位的肉芽肿性炎症通常有大量含有无定形碎片的巨噬细胞（图16–15）。坏死病变的巨噬细胞含有核碎片和细胞碎片。在血肿中，巨噬细胞含有被吞噬的红细胞和红细胞降解产物（如含铁血黄素、类胆红素结晶）（图16–14）。在脂肪炎中，涂片含有油滴，或少部分含有黄色脂肪。酵母菌和菌丝通常用新亚甲蓝和瑞氏染色法染成蓝色，但当染色不佳时，较暗的背景可以显示它们的轮廓。为了确认未染色微生物的存在，人们应该尝试其他的染色方法。分枝杆菌不染色，在巨噬细胞中表现为清晰的裂缝（即杆状影）（图16–9）。

刺激巨噬细胞反应的大的结构可能很多，如吸入性肺炎中的脂肪滴，可在大多数巨噬细胞中发现（图16–7），但更多情况下，具有诊断意义的结构数量很少，容易漏诊。在舌异物肉芽肿样本中，扫描涂片对于发现大的异常结构是至关重要的，如牛蒡芒（金棕色、线形、带刺的植物）。类似地，真菌菌落可能在一个涂片的一个区域中显示为点状。如果通过对最初抽吸的液体或冲洗液进行肉眼检查，来发现涂片中的真菌或细菌菌落，则可以提高发现这些菌落的检出率。应采集在新鲜样本中发现的不正常的白色、黄色或绿色斑点，并制备涂片。

## 慢性炎症

缺乏上述肉芽肿类别中所述的大量巨噬细胞的慢性炎性病变具有炎性细胞的混合，包括浆细胞、淋巴细胞、巨噬细胞、中性粒细胞和偶尔的成纤维细胞。例如，在炎性病变（如陈旧性脓肿）愈合的后期阶段，或在慢性炎性疾病（如增生性滑膜炎）中，这种模式是预期可见的。纤维性病变的涂片通常细胞量少，可能会被误认为抽吸不佳。重复细胞学取样产生的细胞样本通常也很差，因此应改用组织病理学。因为成纤维细胞脱落量少，故应使用浆细胞作为慢性炎症化的细

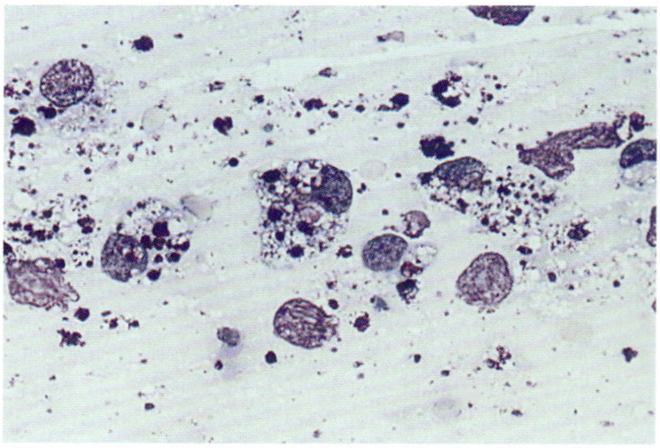

**图16–15　注射部位的肉芽肿性炎症**

背景中有大量的细胞碎片，更重要的是被巨噬细胞吞噬。（由Rick Cowell博士提供）

胞学指标。浆细胞在炎症损伤中增殖需要几天到几周的时间。

### 嗜酸性炎症

炎症通常根据数量最多的白细胞类型来分类。因为嗜酸性粒细胞通常很少，所以它们只需要超过炎性细胞 20% ~ 30% 就表明嗜酸性炎症。猫和西伯利亚哈士奇犬的嗜酸性肉芽肿复合体在预期区域的典型病变，其涂片显示具有不同成分的巨噬细胞、浆细胞和肥大细胞的嗜酸性炎症具有诊断意义。猫的嗜酸性斑块和线形肉芽肿通常有嗜酸性粒细胞浸润和成纤维细胞，而嗜酸性溃疡可能没有。寄生虫和过敏反应通常是第一排除因素，但病因也可能包括各种感染、炎症、肿瘤性疾病和综合征（见第 4 章）。

### 淋巴细胞炎症或增生

局灶性淋巴组织增生可能表现为黏膜表面的小肿物或隆起，主要由小淋巴细胞和不同数量的浆细胞组成。这些增生发生在鼻咽区、阴道和肠道，该处的淋巴结或局部淋巴组织增生通常不易被人们发现。淋巴增生可以是局灶性的（如阴道、脾或肠内的局灶性淋巴增生）或弥漫性的（如淋巴细胞性鼻炎）。弥漫性黏膜下或滑膜下淋巴细胞增生更常被称为炎症，特别是如果与其他类型的白细胞增殖混合时。

## 部分病原体

下面是对几种生物体的描述。显微镜附近应备有一份或多份细胞学图谱和微生物学资料 [11]。肉芽肿性或化脓性肉芽肿性炎症提示较大的生物体，但炎症类型不是各种病原体的主要鉴别特征。这里强调通过显微镜鉴定进行诊断。微生物培养和免疫学检验在第 15 章详细讨论。许多生物体具有不同的地理分布（如华盛顿州、俄勒冈州和北加利福尼亚州的鲑鱼病）。感染的解剖位置（如猫鼻腔中的隐球菌病）也有助于诊断。

生物体的大小通常以微米（μm）为单位。一些显微镜可以精确测量结构。千分尺可以插入显微镜的目镜中。可以用血细胞计数器的网格为每个物镜校准测微计的单位。涂片上的红细胞和白细胞更容易获得，也可用于估计大小。犬红细胞的直径约 7 μm，猫红细胞的直径约 6 μm，血涂片上白细胞的大致直径如下：中性粒细胞，14 μm；嗜酸性粒细胞，16 μm；小淋巴细胞，6 ~ 10 μm；大淋巴细胞，12 ~ 15 μm；母细胞转化的淋巴细胞，15 ~ 25 μm；单核细胞，14 ~ 20 μm；巨噬细胞，20 ~ 40 μm（图 16–16）。由于涂片的厚度和细胞直径不同（图 16–2），所以这些值只是近似值。

**注意：**应该通过与红细胞或中性粒细胞的大小进行比较，来判断生物体的大小。

### 真菌特征

酵母菌的特点是形成的芽孢大小均匀，为圆形至椭圆形的结构（图 16–5）。球孢子菌虫、鼻孢子虫和原壁菌等形成内生孢子。这些生物体可通过大小、芽孢或内生孢子的外观、形状、囊和在体内的位置来区分（图 16–17）。其他结构可能与酵母菌相似，如尿液中的脂肪滴，特别是当两个相邻的油滴类似于出芽时。与酵母菌不同的是，油滴大小不一，具有折射性，不会被瑞氏染色。类似的液滴可能是超声凝胶（红色液滴）或药物。

真菌菌丝有 2 个平行的细胞壁并形成分枝。菌丝的厚度为 3 ~ 20 μm，可能有明显的间隔，并可能形成孢子或子实体。曲霉菌的特征是厚度均匀的有间隔菌丝（图 16–18）。

核碎片的条纹、被卷成圆柱形的蛋白质、纤维和绒毛可能类似菌丝。链格孢菌是空气、灰尘和涂片中的一种常见污染物（图 16–19）。它有金色的有间隔菌丝（瑞氏 – 吉姆萨染色可染成绿色）和具有诊断性的棒状大分生孢子。

小型致病真菌（如组织胞浆菌、孢子丝菌）存在于巨噬细胞中，而大型真菌通常不被吞噬。污染真菌可以在载玻片上的任何地方找到，包括远离组织印片或液体涂片。如果发现真菌菌落，应通过将染色剂涂在空白载玻片上来检查染色剂是否被真菌污染。

## 组织胞浆菌病

猫的组织胞浆菌最常在骨髓抽吸物中发现[4]。血涂片分析是一种不敏感的诊断试验，但在任何体液的吞噬细胞中都可能发现酵母菌。淡黄色涂片集中白细胞进行检查。组织胞浆菌可通过肿大的淋巴结、肝脏或其他器官（如结肠刮片）细胞学或组织病理学进行

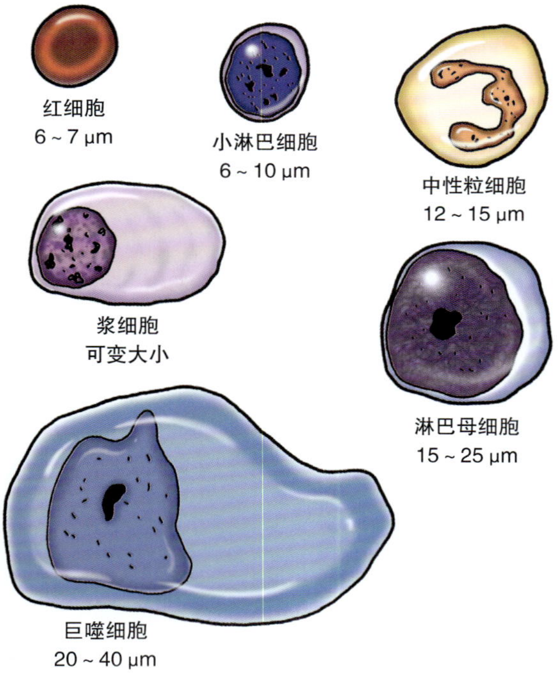


**图 16–16　细胞大小**

涂片上的某些细胞（特别是红细胞）可用微米来判断感染性病原体以及存疑细胞的细胞核大小。图中的细胞按比例绘制。与中性粒细胞相比，红细胞的大小受涂片厚度影响变化较小。举例来说，淋巴瘤病例中细胞核的大小常被描述为淋巴瘤细胞核比红细胞的直径大多少倍。

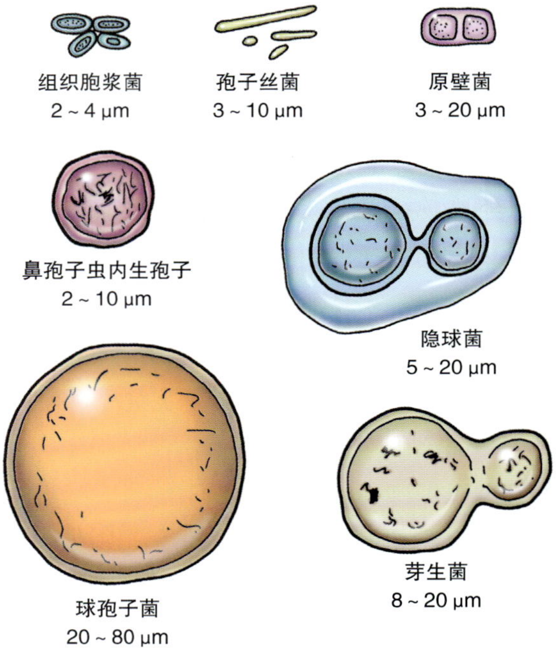


**图 16–17　所选酵母菌和球形生物的比较形态学**

除球孢子菌外，其他都是按比例绘制的。大小对于区分病原体是有用的。生物体的形状和酵母菌的出芽有助于鉴定。

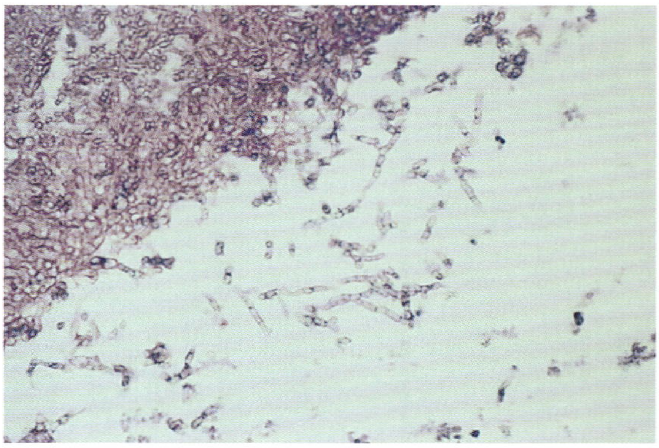

**图 16–18　犬鼻真菌病显示曲霉菌的菌落具有厚度均匀的有间隔菌丝**

这些菌落可能在样本中数量很少，需要筛选涂片上的奇怪颜色结构，且很容易被认为是碎片。

诊断。小的（即 2 ～ 5 μm）酵母菌在巨噬细胞中，偶尔也在中性粒细胞中可观察到。一个吞噬细胞可能含有过多的酵母菌（图 16–20）。可观察到出芽。

### 孢子丝菌病

申克孢子丝菌在引流的、溃疡的猫病变样本中数量很多，但在犬病变中很难发现。在猫中，酵母菌多形性很强，在巨噬细胞和中性粒细胞中呈圆形、椭圆形和纺锤形（如经典的描述为雪茄形）（图 16–21），约 3 ～ 10 μm 并在背景中游离。

**警告：**与其他霉菌病相比，人们更容易从动物上感染孢子丝菌病。

### 隐球菌病

新型隐球菌可在各种组织中发现。猫鼻肿物是一个典型的表现。这种酵母菌最好通过不同厚度的荚膜来鉴别，其大小约是细胞的 2 倍（图 16–22）。隐球菌菌株罕见荚膜缺乏。酵母菌本身通常染色为透明至嗜酸性。

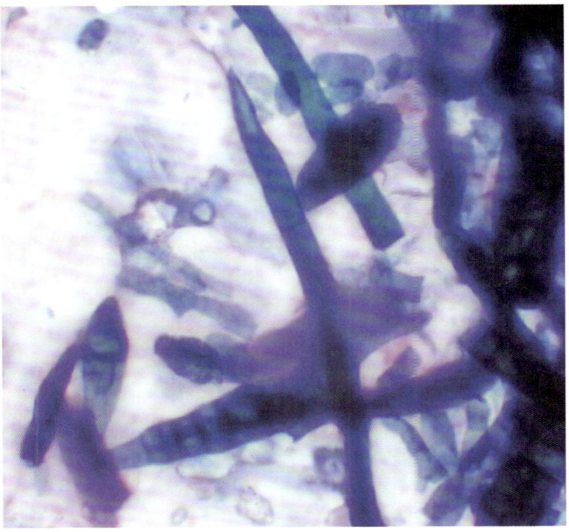

**图 16–19　在 BAL 样本中发现大型的绿色有间隔菌丝和典型的棒状大分生孢子**

这些大头孢子被细分为内部腔室，显示链格孢菌的污染。链格孢菌是细胞学样本的一种常见污染物。

窄基出芽与宽基出芽的相反。细胞的直径为 8 ～ 20 μm。西伯氏鼻孢子虫很少出现在犬的鼻子里，产生的内生孢子（2 ～ 5 μm）可能会与隐球菌病混淆。用瑞氏或新亚甲蓝染色制作的隐球菌酵母涂片效果良好。印度墨水染色效果较差，不需要进行。炎症可能不存在，而病变呈折光状结构。

### 鼻孢子虫病

鼻孢子虫感染犬的鼻腔，形成复发性非肿瘤性息肉。充足的营养阶段（即 60 ～ 120 μm）

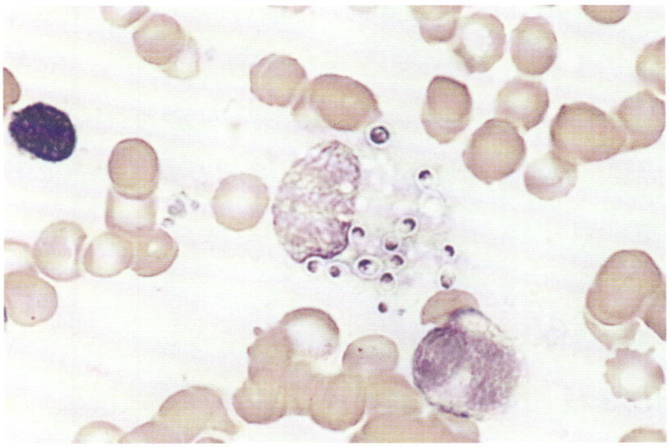

**图 16–20　犬组织胞浆菌病是通过在巨噬细胞中具有明显细胞壁的、小的（2 ～ 4 μm）、椭圆形、出芽的酵母菌来识别。这个巨噬细胞是骨髓抽吸物中的**

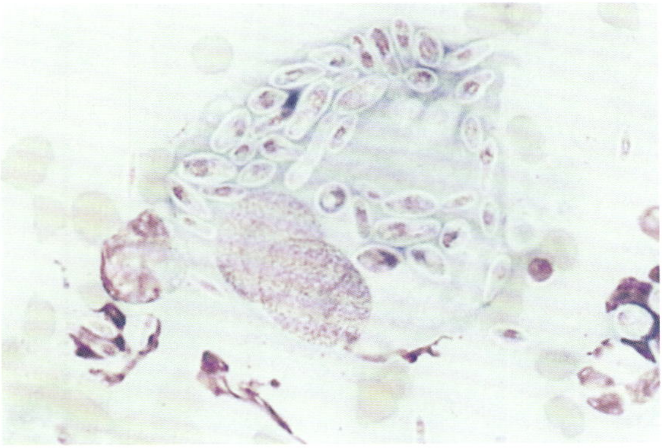

**图 16–21　猫孢子丝菌病是由巨噬细胞中具有明显细胞壁的多形性“雪茄”形酵母菌来识别的。这个样本来自一只猫的感染性伤口，是在用消毒不充分的设备进行手术切除爪后产生的**

和孢子囊（即 100 ~ 300 μm）在组织学切片上可以诊断，在细胞学样本上偶尔可以看到。来自破裂的孢子囊的较小的 2 ~ 10 μm 的内生孢子在细胞学制备上通常可见（图 16-23）。球形内生孢子缺乏发芽和与隐球菌相关的特征性透明囊。

### 球孢子菌病

粗球孢子菌常见于犬的肺部或弥散性病变，在猫中少见。它的特点是体积大，内部有内生孢子。球形孢子囊的直径为 10 μm 至 ＞100 μm（图 16-17）。内生孢子（直径为 2 ~ 5 μm）通常在较大的球体中。在涂片上，球状生物体往往被吞噬细胞所吞噬[10]。在真菌溃疡培养物中形成的芽孢具有高度传染性；因此，如果怀疑是粗球孢子菌，应提醒微生物学家注意。

### 芽生菌病

皮炎芽生菌是一种厚壁出芽酵母菌（直径约为 20 μm），感染犬的肺或其他组织，偶尔也会感染猫（图 16-17）。在瑞氏染色中，酵母菌细胞呈深蓝色，在染色过程中经常因酒精脱水而皱缩，但在新亚甲蓝染色中更为典型。由于酵母菌很大，它们经常被推到涂片的末端，最好通过扫查载玻片来发现。

### 念珠菌病

白色念珠菌通常是正常菌群。它可能是在表面过度生长（如鹅口疮、念珠菌病），但很少是系统性感染或弥散性感染。它是典型的薄壁出芽酵母菌，直径为 2 ~ 6 μm。它在形成假菌丝（3 ~ 4 μm）方面与其他酵母菌不同，假菌丝在培养物中看起来像短的有隔膜菌丝，偶尔在组织样本中也是如此。

### 马拉色菌

马拉色菌（糠疹癣菌属）（图 16-5）是一种类似于白色念珠菌的小型出芽酵母菌。它常见于对抗生素治疗无效果的慢性耳炎患犬的耳拭子中。慢性酵母性耳炎的诊断应该是常规检查。Karen Moriello（威斯康星大学皮肤科医生）建议使用不锈钢“扁平圆头微型压舌板”从持续舔爪子的犬的脚趾间采集酵母菌。这种铲子是为将少量化学品转移到称重秤上而设计的（可从经销商处购买）。它可

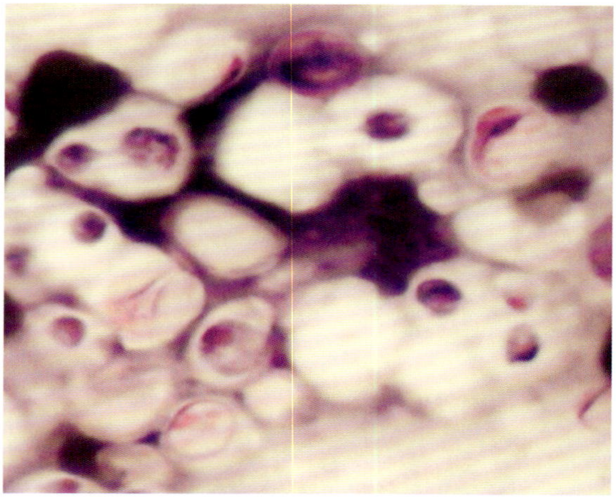

**图 16-22　猫的喉部肿物有一个大的隐球菌菌落**

酵母菌（8 ~ 20 μm）的特点是有一个大的透明荚膜或光圈，形成窄基出芽。

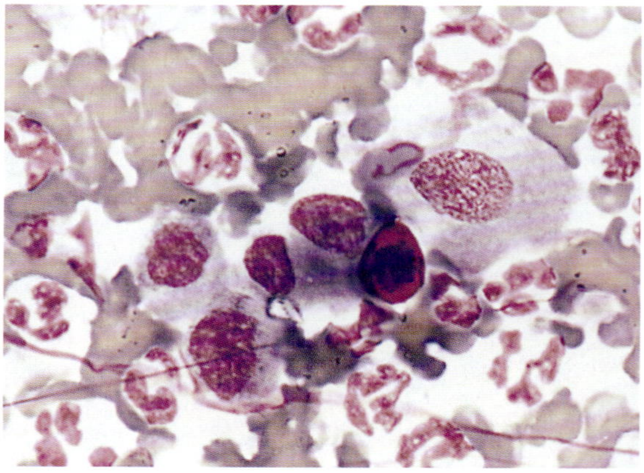

**图 16-23　犬鼻肿物细胞学中，除了中性粒细胞、血液和上皮细胞外，中间右侧有一个红色的鼻孢子虫内生孢子**

（由 Rick Cowell 博士提供）

以有效采集酵母菌，容易清洗，而且在皮肤刮片时不会造成创伤。胶带制备在收集酵母菌方面也很有效。猫的马拉色菌可能比较小，类似于大的球菌。对耳拭子应使用单独的染色系统，以避免发现酵母菌污染其他细胞学样本。

### 原藻病

原藻病是一种很少传播的犬类传染病。症状与皮肤、眼睛和肠道的病变有关。圆形至椭圆形的藻类直径为 3 ~ 20 μm（通常只比中性粒细胞小），有透明的细胞壁，可能有 2 个或多个内生孢子（图 16–17 和图 16–24）。细胞学和组织学诊断可通过组织的培养和免疫荧光试验进一步证实。

### 曲霉病

曲霉菌属是与犬鼻腔感染有关的最常见真菌（见第 11 章）。扫查许多涂片以找到真菌菌落至关重要，多数样本为渗出物，伴有继发细菌性败血症。通常，发现败血症渗出物可能表明是细菌引起的。应肉眼检查鼻腔冲洗液是否有绿色（烟曲霉）或棕色（黑曲霉）的团块（即真菌菌落）。任何奇怪颜色的块状物都要放在涂片上，以提高检出率。通过扫查涂片可以发现真菌菌落。菌落类似于一团碎屑，但应在高倍镜下检查。菌落是由厚度相当均匀（即 3 ~ 4 μm），有隔膜的分枝菌丝组成的（图 16–18）。粗细一致的菌丝提示曲霉病。曲霉菌菌落的中心可能不会被染色，因此需要检查其周围区域。具有 2.5 ~ 3.0 μm 球形分生孢子的大（即 300 μm）分支分生孢子最具诊断价值，但最常在琼脂上生长的真菌菌落中看到。偶见病例可能只有小的、透明的、带蓝色的球形孢子，可能有一个薄而清晰的光晕。参见前文在真菌特征下关于菌丝的讨论，以区分非致病形式，如链格孢属。

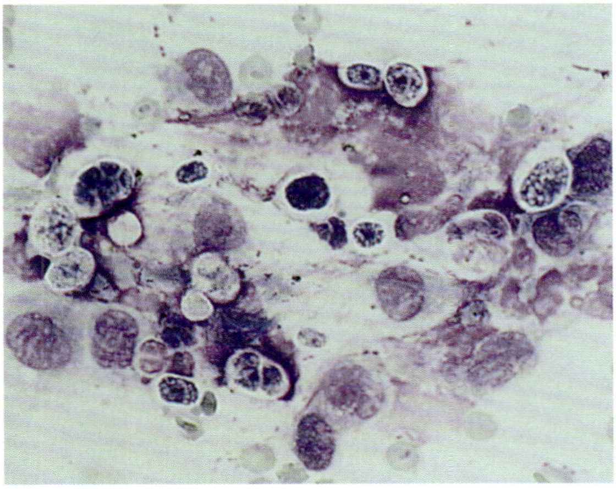

**图 16–24　犬直肠刮片有炎症，也有原壁菌，这是一种球形生物体，有一个清晰的光环**

### 足分支菌病

皮肤真菌性肉芽肿有许多名字（如真菌性足菌肿、马杜拉真菌病、着色芽生菌病），其由多种真菌引起［如德雷克斯霉菌属（*Drechslera*）、霉样真菌属、马杜拉分支菌属、枝孢菌属、着色芽生菌］。对细胞学诊断的范围仅限于识别肉芽肿性或化脓性肉芽肿性炎症，并伴有一种或多种真菌形式（如菌丝、孢子）。应记录未染色载玻片上真菌的形状、大小和颜色，但不太可能通过形态学来识别真菌的类型。真菌培养用于特异性病因诊断。

### 毛霉菌病

在胃溃疡或其他组织中可能会发现毛霉菌和类似的相对非致病性的真菌。菌丝不具隔膜、分枝，比曲霉的菌丝宽 15 ~ 20 μm。真菌的类型通过培养确定。

### 链格孢属

链格孢菌是一种普遍存在的污染物，存在于各种样本中，不能与真正的致病真菌混淆。链格孢菌有大的金棕色隔膜菌丝和具有特征性的棒状分生孢子，分生孢子有纵向和横向隔膜（图 16–19）。链格孢菌很少致病。若检查结果表明它已经侵入了更深的组织，则表明是感染，而不仅仅是表面污染。

### 皮肤真菌

皮肤真菌病可以通过发现充满分节孢子的肿胀的异常毛干（图 16–25 和图 16–26），或发现鳞片或发干上有分隔的菌丝，或在菌丝分裂成分节孢子时发现长方形的节孢子来识别（见第 15 章）。

### 高等细菌

放线菌、诺卡氏菌和嗜皮菌是高等细菌。它们有分支，但比真菌菌丝薄得多（宽为 0.5 ~ 1.0 μm）。相反，真菌菌丝有 2 个不同的细胞壁，由明显的空间隔开（图 16–18）。放线菌有很长的细丝，偶尔会分支，在瑞氏染色上有珠状外观（即沿细丝的染色强度可变）（图 16–8 和图 16–11）。放线菌和诺卡氏菌是多形性生物，看起来可能是一种混合细菌感染，有分支丝状和较小的杆状白喉形。黏性放线菌是从 11 只临床诊断为犬诺卡氏菌病的密歇根州患犬中培养出来的，但没有发现一例诺卡氏菌。渗出液中的菌落大体上呈白色到黄色（称为“硫磺颗粒”），应收集用于涂片。

与其他物种相比，刚果嗜皮菌引起犬的皮肤感染的频率较低。人们可以通过将皮肤结痂浸泡在生理盐水中，然后在玻璃片上摩擦结痂的底部来识别它。应用瑞氏染色，鳞状细胞上可见典型的铁轨状平行和纵向排列的游动孢子（0.5 ~ 1.0 μm）（图 16–27），形成不同厚度的分支结构。

### 分枝杆菌病

麻风分枝杆菌、偶发分枝杆菌、牛分枝杆菌和其他一些物种会在猫身上引起皮肤或皮下肿物，而在犬上不太常见[8]。猫的任何地方都有可能出现由麻风分枝杆菌引起的病变；非典型分枝杆菌病常会导致腹侧的瘘管。细菌通过肉芽肿印压涂片或抗酸染色的引流道涂片来检查（图 16–28）。分枝杆菌不被瑞氏染色，故染色阴性的杆状细胞在巨噬细胞中显示为清晰的狭缝或“幽灵”（图 16–9）。

鉴定分枝杆菌的样本需要特殊处理。生

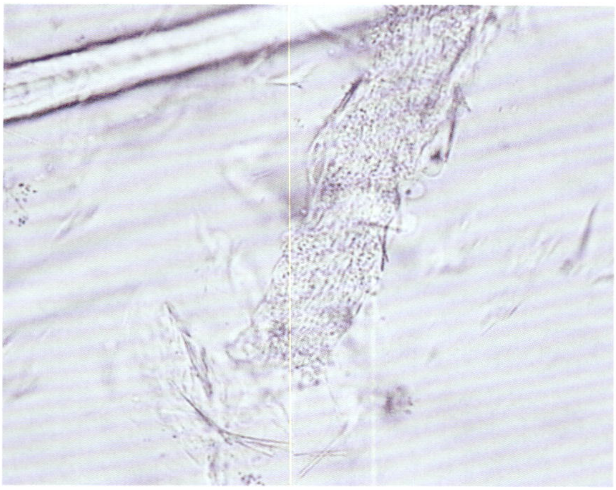

**图 16–25　犬皮肤刮片**

一根正常毛干和另一根肿胀毛干（中心）被犬小孢子菌分节孢子增生破坏。

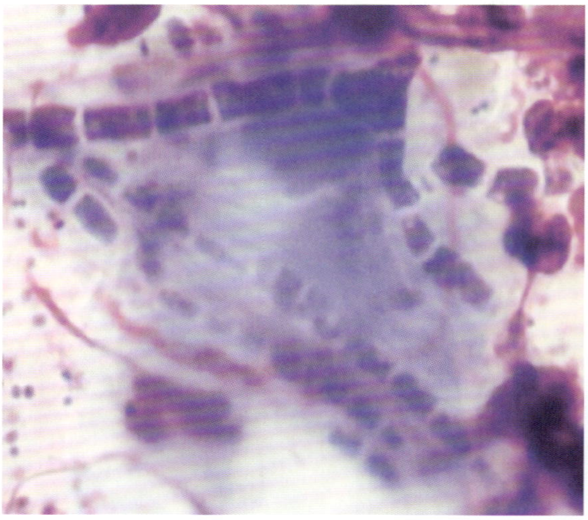

**图 16–26　这个皮肤刮片上有皮肤癣菌感染，其中须毛癣菌的隔状菌丝已断成长方形的节孢子，还存在葡萄球菌感染**

物体倾向于定位在肉芽肿中心的透明脂滴中，如果进行常规的玻片准备，它们会在酒精和二甲苯步骤中丢失。冰冻切片保留生物体，因此它们可以在切片中展示。需要培养才能区分猫麻风病和非典型分枝杆菌病。应用培养基来培养非典型分枝杆菌。细胞学、组织病理学和培养可能需要重复试验。

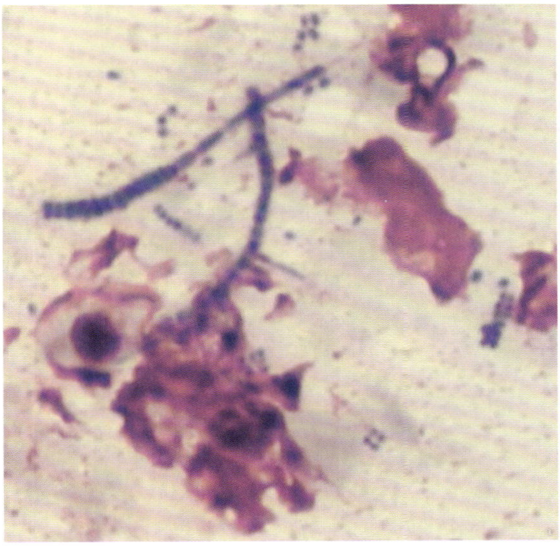

图 16–27　刚果嗜皮菌是具有游动孢子的高等细菌，游动孢子分为垂直和水平两行（铁轨模式）。这些结构也有分支。在皮肤结痂底部的印压涂片上可以看到这种细菌，这些结痂已经被生理盐水浸湿，并使用瑞氏或吉姆萨染色

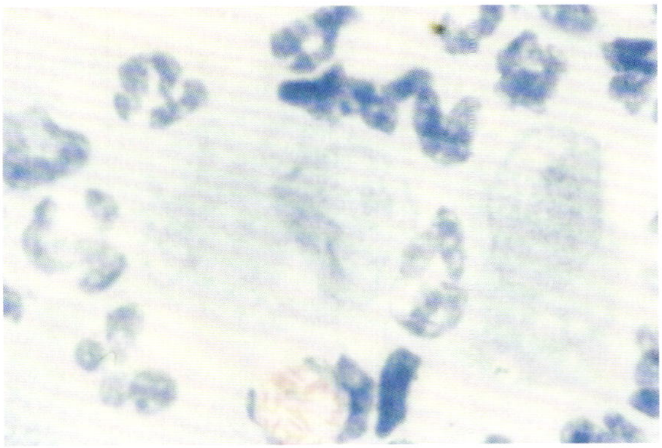

图 16–28　化脓性肉芽肿性炎症，底部的中性粒细胞中有红色的杆菌（抗酸染色阳性杆菌）。从猫的皮下病变中培养出分枝杆菌

**注意：**应注意分枝杆菌感染的可能性，因为对组织病理学样本进行特殊处理可以提高发现这种生物体的机会。

### 鲑鱼病（Salmon Disease）

蠕虫新立克次体可以在被感染的犬的淋巴结的巨噬细胞中发现。大小适中的球状至杆状小体（直径为 0.3 μm）散布于巨噬细胞的细胞质中，可形成桑椹胚。麦氏染色法非常适合对立克次体进行染色，瑞氏染色法也适用。在吃掉被感染的鱼 1 周后，犬的粪便中可检出吸虫卵。

### 埃立克体病

在循环白细胞、肺细胞学涂片或滑液中发现犬埃立克体桑椹胚（即树莓样微小体簇）具有诊断意义，但除了在疾病高度流行地区（如巴西），这种情况很少见（见第 5 章和第 15 章中埃立克体的诊断讨论）。犬粒细胞性“埃立克体病”现在被称为嗜吞噬细胞无形体。

### 弓形虫病

巨噬细胞、神经、眼部或肌肉组织中很少发现刚地弓形虫。分裂的形式（即速殖子）呈新月形［即（2 ~ 4）μm×（4 ~ 7）μm］，一端有一个细胞核（图 16–29）。当几个一起在一个细胞中时，形状可能看不出来，但当从破裂的细胞中释放出来时，形状就变得明显。稳定组织囊肿中较小的缓殖子在很长一段时间内保持感染性。犬新孢子虫速殖子看起来形态相似。类似的原虫有肉孢子虫和利什曼原虫。活动性弓形虫感染通过血清学诊断（见第 15 章）。猫摄入受感染的肉后，弓形虫的小球虫卵囊（即 10 ~ 12 μm）在不久后会（即 2 周）从粪便中排出。这表明是肠

道感染，但过于短暂，无法进行一致的诊断。其他球虫卵囊通常较大（即 20 ~ 40 μm）。

### 利什曼原虫

在患有内脏利什曼原虫感染的犬的骨髓、淋巴结或脾脏抽吸物的巨噬细胞中，可能发现利什曼原虫（图 16–30）。椭圆形的原虫有一个圆形的细胞核，其特征是有动基体。受感染的犬经常来自地中海周边国家（如希腊、西班牙）。PCR 检测具有特异性和敏感性（见第 15 章）。克氏锥虫是一种原虫，它也有一个细胞核和动基体。它看起来与利什曼原虫相似，但细胞形状更圆，动基体更大、更圆。

### 胞簇虫病

猫胞簇虫病是一种家猫的蜱虫传播的、高度致命的原虫疾病。胞簇虫病的诊断方法是在生前发现红细胞内的小印戒环（50% 的病例），或在肺、肝、脾、淋巴结或骨髓抽吸物或印压涂片中发现含有发育中的胞裂虫的大型巨噬细胞。

## 寄生虫感染

在细胞学样本中发现的成年寄生虫或处于不同生命阶段的寄生虫，应尽可能地进行鉴定，但可能需要送至寄生虫学家处进行最终分类。外寄生虫和内寄生虫包括的种类太多，本章无法全部论述。在犬和（或）猫的下呼吸道和呼吸道细胞学中发现的一些寄生虫，包括圆线虫、奥斯勒线虫、赫氏丝虫、凯氏并殖吸虫和嗜空气毛细线虫。如果嗜酸性炎症反应提示是寄生虫引起的，那么所有的细胞学样本都应在低倍镜下进行寄生虫筛查。图 16–31 说明了雄性寄生虫的特征性交配器官。贝尔曼粪便分析可用于鉴定幼虫。奥斯勒氏菌会形成黏膜下结节，可通过支气管镜检查观察到。当对这些结节进行细胞学取样时，可能会发现盘绕的第一阶段幼虫（图 16–32）。筛选放大镜倍数可用于发现幼虫或卵。

## 眼细胞学

结膜拭子通常可识别结膜的原发性炎症

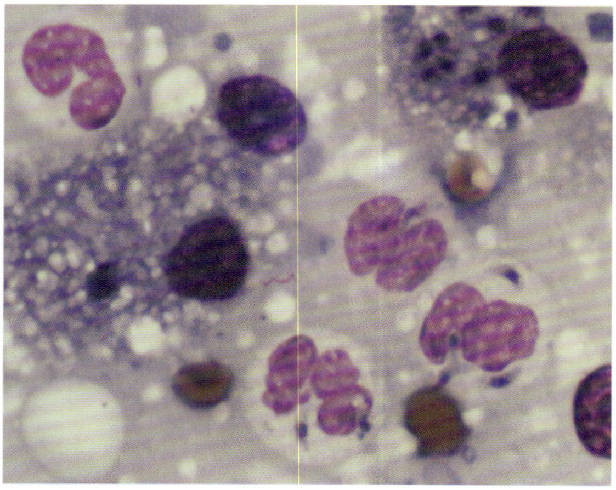

图 16–29 刚地弓形虫速殖子呈新月形［即（2 ~ 4）μm×（4 ~ 7）μm］，一端有一个细胞核。在这张患有弓形虫病的猫的肺部印压涂片中，三个中性粒细胞（中下）各自含有 1 ~ 3 个速殖子

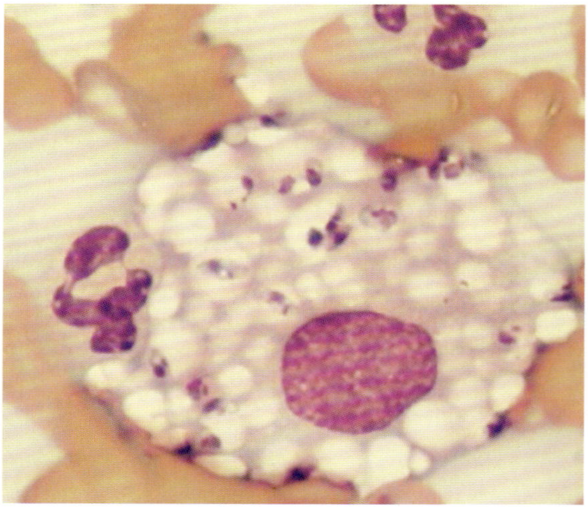

图 16–30 利什曼原虫病是南欧的一种常见传染病。来自犬淋巴结肿大的巨噬细胞包含大约 15 个椭圆形的原虫，包含一个细胞核和一个杆状的动基体

反应，并可识别生物体。除了常见的细菌感染，真菌感染（如曲霉菌感染）也可在用抗生素治疗的坏死病变中发现。原发感染包括鹦鹉热衣原体。鹦鹉热衣原体最初可能有嗜碱性的初始体，在细胞质中表现为小型至中型的圆形蓝色体；这些可能看起来不太具体，就像碎片一样。充满球状衣原体原质小体的网状体不太可能与碎片混淆（图 16-13）。支原体细菌缺乏细胞壁，在结膜上皮细胞上呈圆形或多形性、暗蓝色生物体（图 16-33）。支原体多见于上皮细胞边缘，而衣原体多见于核周。

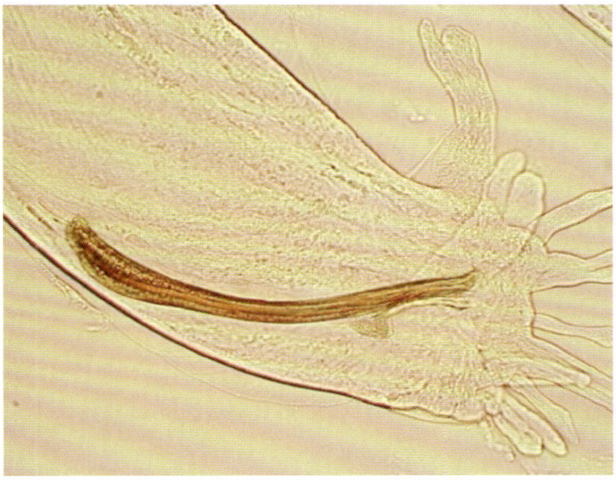

图 16-31　狐环体线虫是常见于狐狸的肺蠕虫，可引起犬嗜酸性支气管炎。这个金黄色的棒状结构是一种寄生虫的交配器官，在犬的肺部清洗中发现。狐环体线虫被认为导致犬的肺部嗜酸性炎症

## 增生性肿物（肿瘤）

肿瘤的细胞学检查比炎症和感染性病变的细胞学检查更困难。基于细胞学结果的决定对患病动物来说可能是毁灭性的。因此，做出治疗决定的兽医需要知道样本检查结果的可信度。细胞学检查报告应详细描述样本，以表明它是否足以进行诊断。报告需要很好地描述得出结论的证据，以表明给予细胞学结论很大的重视。

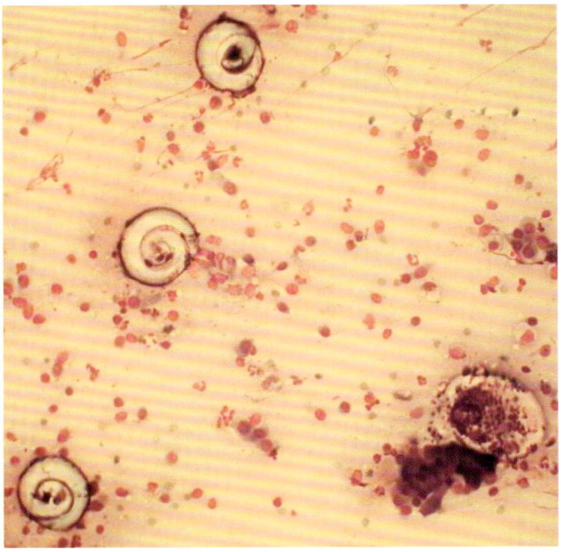

图 16-32　奥氏奥斯勒丝虫（类丝虫）出现在“犬气管黏膜下的气泡”。在镜下放大时，可以很容易地发现这些大型盘绕的第一阶段幼虫（照片中有 4 只）。可与背景中的中性粒细胞比较大小

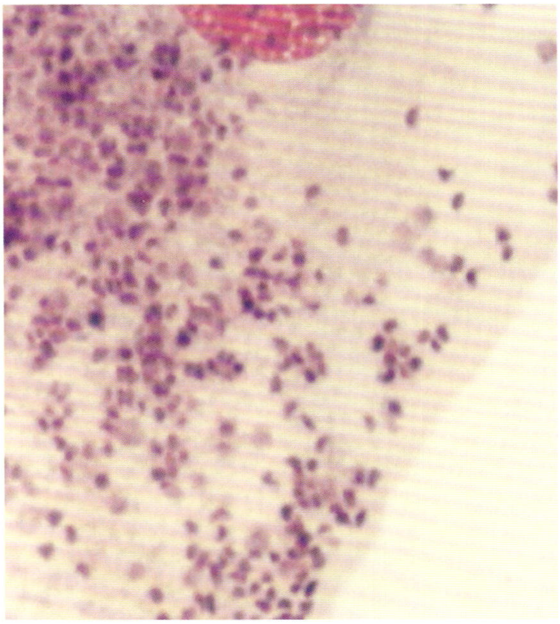

图 16-33　支原体在结膜上皮细胞上表现为圆形的多形性细菌，因为它们缺乏细胞壁，因此结构牢固

## 初步结论

两个主要的初步结论是：①涂片代表结构；②结构由一种类型的非炎性组织细胞增殖组成。得出确切结论所需的最小细胞数是主观的，但对于乳腺肿瘤细胞学研究，每块载玻片需要超过 100 个细胞才能进行评估[1]。当存在少量组织细胞时，它们不代表患肿瘤的风险增加。当样本被血液、渗出液或其他液体稀释时，情况尤其如此。并发炎症、纤维化和坏死常使诊断变得困难。群体中炎性细胞的百分比和总数越高，就越能确定肿物主要是炎性的。肿瘤的诊断还需要识别细胞类型，并确定细胞学恶性证据的程度。

## 细胞分型

细胞的形状、细胞之间的联系（特别是在组织碎片中），以及细胞质特征被用来指示细胞的起源类型。根据细胞学通常将细胞类型分为三大类，分别为上皮细胞、间质细胞（即结缔组织、梭形细胞）或圆形细胞。足够的信息（如采集位置）加上细胞形态可能足以确定细胞属于某种特定类型，如肛门周围的肛周腺体细胞。然而，如果细胞学可以确定（如肿物是上皮型），并且有很强的恶性标准，可以合理地确定为癌，这应该是一个可以接受的细胞学结果。对于大多数肿瘤的类型和恶性程度需要通过组织病理学检查进行更具体的分类，而细胞学检查只是初步诊断。本章将对肿瘤的细胞学特征进行概述。有关肿瘤类型的详细描述，应参考相关文献[11]。

上皮细胞以明显、紧密、细胞间的连接为主要表现（图 16–34、图 16–35、图 16–12）。上皮细胞形成的表面有紧密的细胞连接，在涂片上有不同分化程度的细胞。上皮细胞排列在基底膜上，因此常常形成具有边缘均匀的细胞群（沿基底膜）。我们应该谨慎地将涂片的厚的部分的相邻、重叠的细胞解释为有上皮细胞连接，其中的细胞只是沿着接触的边缘变平。相反，我们应该寻找明显的线性连接，并形成角度。上皮细胞可能形成层，因此一个上皮细胞可能重叠在相邻的上皮细胞上（就像一只手放在另一只手掌上的方式）。涂片中的组织碎片可能会保留一些结构，如带状或带有管腔（腺体起源）或乳头状结构（即指状上皮的突起，中央有结缔组织基质的核心）。腺体肿瘤被称为腺瘤或腺癌。组织结构最好用半透明的染色剂（如新亚甲蓝）来染色。分化良好的上皮细胞可能保留鳞状、多面体、立方体或柱状和纤毛。有分泌物（如黏液、颗粒或空泡）表明是腺上皮细胞。

巨噬细胞形态多变，这通常使细胞学家感到困惑。上皮性巨噬细胞可以结合在一起，缺乏吞噬空泡，因此看起来像上皮细胞。一个常见的错误是在细胞学或组织病理学上将

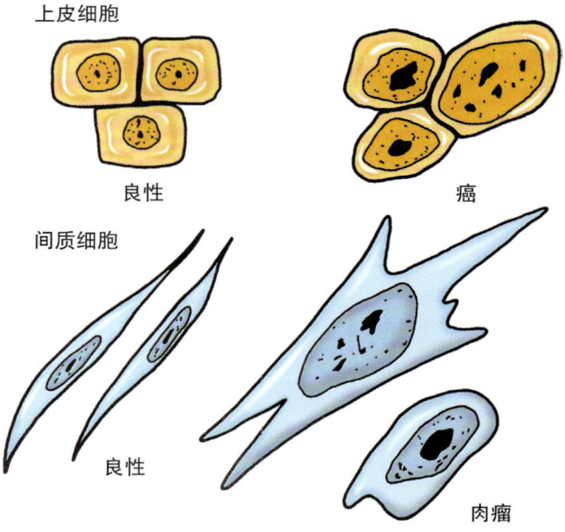


**图 16–34　良性和恶性的上皮细胞和间质细胞的示例**

2 簇由 3 个上皮细胞组成的细胞间紧密连接（顶部）。2 对独立的细胞（底部）具有间质细胞的拉长的纺锤形或星状的形状。右图所示的恶性细胞的细胞核较大，变化较多，核仁和染色质更不规则。

肉芽肿误诊为癌。滑膜细胞、内皮细胞和黑色素细胞也可能与上皮细胞有相似的外观。间皮细胞（和滑膜）会形成一个像上皮组织的形态。间皮细胞经常形成上皮类型的乳头，这是间皮细胞在刺激表面时形成的指状突起（如放线菌胸膜炎或心包积血的绒毛增生）。反应性间皮细胞的外观经常出现间变性，尤其是在液体中膨胀后，常造成胸膜、心包和腹腔液体中的癌或间皮瘤的误诊。液体中反应性和肿胀的间皮细胞、肿瘤性上皮细胞，以及肿瘤性间皮细胞三者之间很难区分（图 16–36）。不应该浪费时间和金钱将此类型的液体发送给专家，期望得到一个准确答案。不应该只根据液体细胞学诊断为癌或间皮瘤，而在没有其他证实的证据（如组织病理学检查）的情况下就将犬或猫安乐死。某些肿瘤（如淋巴瘤）可以在液体细胞学中得到一致的诊断，但不包括癌，因为癌细胞类似于反应性间皮细胞。

**注意：**腹膜、胸膜或心包液中反应性且肿胀的间皮细胞与肿瘤细胞（如癌、间皮瘤）也很难区分。将带有这种类型的大间变性细胞的液体细胞学涂片送到实验室检测，既无法进行准确诊断且浪费时间和金钱。不应该仅根据一份液体细胞学报告就将任何一只犬或猫安乐死。

细胞被划分为间质细胞（如纤维、骨、肌肉或神经结缔组织），主要通过拉长的形状形成尾巴状或圆锥形延伸（图 16–34）进行分类。纺锤形细胞有 2 条尾巴（图 16–3）。星状细胞有 3 条或更多的尾巴。细胞核比上皮细胞更呈椭圆形。间质细胞倾向于有更模糊的“束状”细胞边缘，逐渐消失在背景中（图 16–37）。间质细胞产生的基质（如类骨质、软骨、胶原纤维）可能存在于细胞之间（图 16–38）。

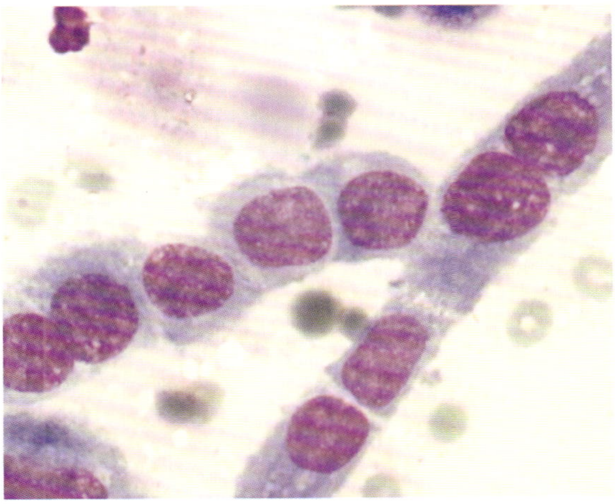

**图 16–35　犬乳腺肿瘤抽吸物涂片显示典型的上皮细胞形态**

有明显的、有角度的细胞与细胞之间的连接，在细胞之间显示为白线。此外，细胞呈立方形排列，表明这些细胞是上皮细胞。该肿瘤是恶性的，但这一区域的细胞核较均匀，直径约为红细胞的 2 倍，并有 1 ~ 2 个中等大小的核仁。

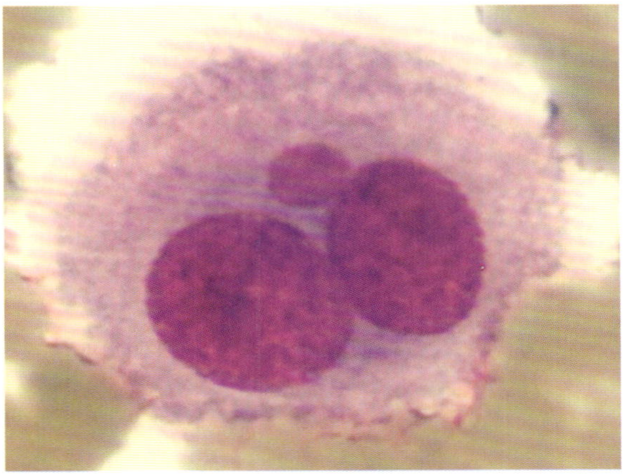

**图 16–36　液体（腹部、胸部、心包）中的间皮细胞通常是活化的（反应性的），具有大的核，核大小不等，核数量可变，大的核仁和有丝分裂。它们通常肿胀，这使得细胞、细胞核和核仁看起来更大。在许多液体制剂中，区分反应性细胞和恶性细胞也较为困难。这些变化经常被误解为癌症或间皮瘤。间皮细胞有粉红色的边缘，表明它是间皮细胞。它含有一个微核，表明染色体有丝分裂异常。该犬的心包囊内没有恶性肿瘤**

细胞质结构表明了特定的细胞类型。黑色素细胞通常有细腻的棕色到黑色的色素。黑色素颗粒在黑色素细胞中可能呈杆状，在黑色素吞噬细胞中可能呈圆形且较大。含铁血黄素可能被误认为是黑色素，但通常较大，可能与绿色或黄色色素混合，后者更容易被识别为含铁血黄素或伴随噬红细胞现象。骨细胞有时有明显的粉红色细胞质颗粒。柱状上皮细胞可能类似梭形细胞，因为细胞基底部脱离其与基底膜的附着点通常会拉出一条细而尖的尾巴。柱状细胞的另一端有一个平的表面，表面有纤毛，表明其真正的类型。

4 种典型的圆形细胞肿瘤包括：①淋巴瘤和其他造血细胞肿瘤；②肥大细胞瘤；③性传播肿瘤；④犬组织细胞瘤（图 16–39）。大多数兽医应该能够通过细胞学检查识别肥大细胞瘤（至少是分化良好的类型）（图 16–40 和图 16–41）。其他肿瘤，包括低分化肿瘤（如恶性黑色素瘤），可能主要是圆形细胞（图 16–37）。“恶性大的圆形细胞肿瘤”是一种描述性的术语，能够进行充分的细胞学诊断。

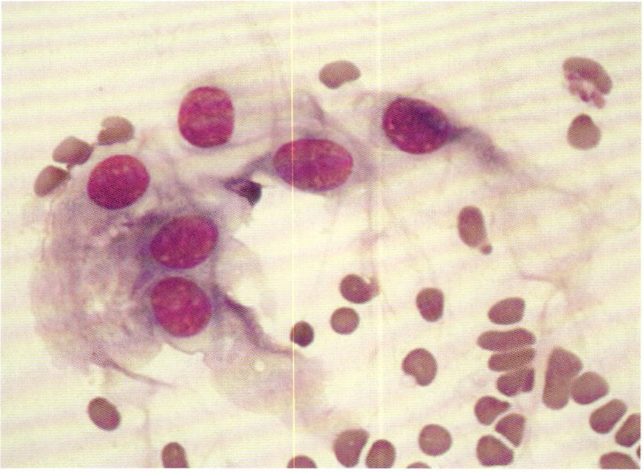

**图 16–37 犬血管周壁肿瘤（血管外皮细胞瘤）抽吸物**

这些间质细胞具有模糊的、纤细的细胞边缘和圆形至椭圆形的细胞核。

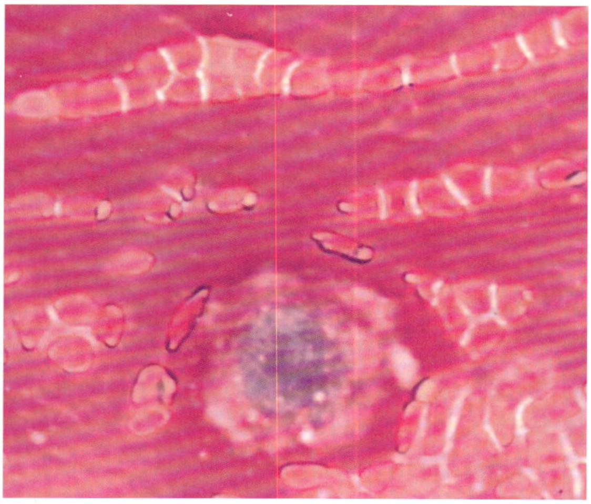

**图 16–38 犬软骨肉瘤背景中有丰富的红色软骨基质**

软骨可能有深浅不同的蓝色到紫色。还要注意底部的软骨细胞呈圆形，不是梭形。基于经验区分间质细胞肿瘤和“圆形”细胞肿瘤是一个很好的方法，但也有例外。

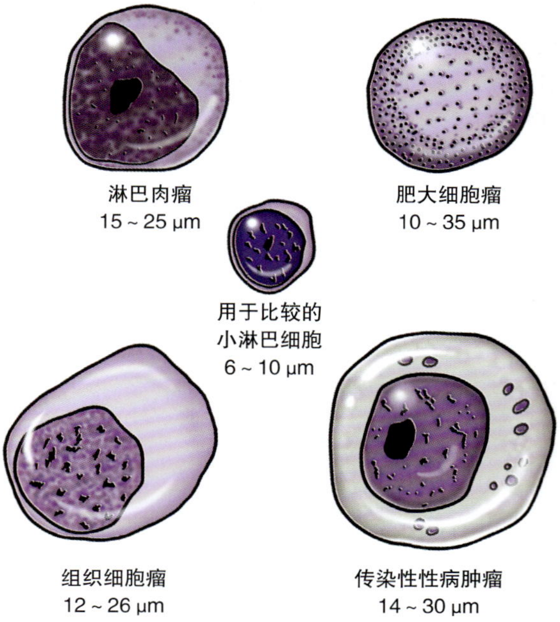


**图 16–39 典型的圆形细胞肿瘤**

4 种典型的圆形细胞肿瘤的细胞特性用一个小淋巴细胞进行大小比较。有关说明，请参见正文。

**注意**：圆细胞肿瘤不仅包括经典的 4 种肿瘤（淋巴瘤、肥大细胞瘤、性传播肿瘤和皮肤组织细胞瘤），还包括间变性黑色素瘤、浆细胞瘤、间变性癌等其他肿瘤。许多肿瘤在细胞学涂片上可能仅表现为离散的圆形细胞。

## 恶性标准

肿瘤的细胞学诊断需要评估恶性程度。样本中出现的恶性标准的类型和观察到的强度（即小、中、大）在样本描述中列出，并

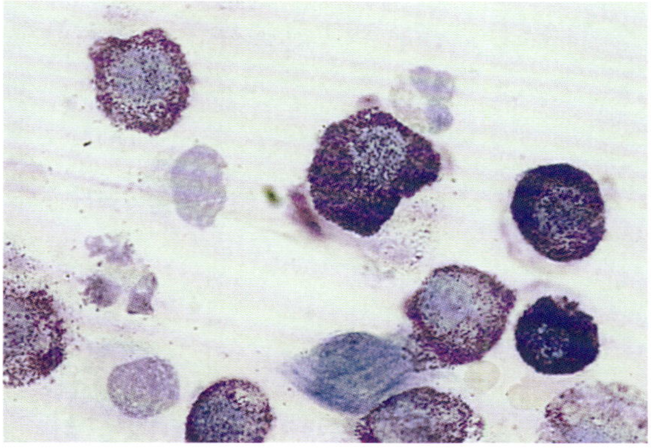

图 16-40　犬肥大细胞瘤的诊断通常很直接，因为抽吸物通常含有大量的肥大细胞。本例中的肥大细胞是分化良好的圆形细胞，充满紫色颗粒。预期会出现嗜酸性细胞并支持诊断

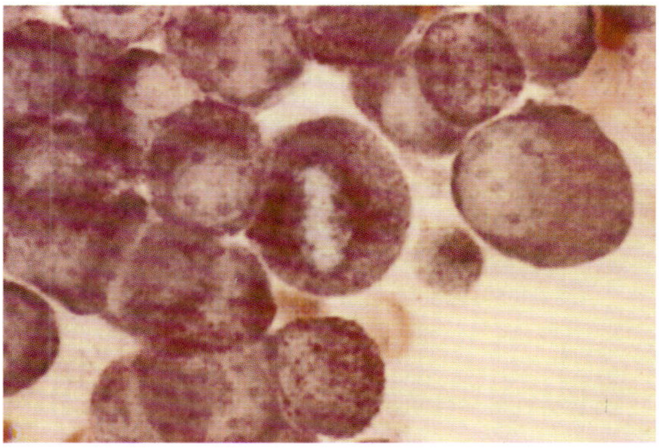

图 16-41　这种犬恶性肥大细胞瘤应与图 16-40 进行比较。恶性肥大细胞可能很少或没有颗粒，与正常肥大细胞不太相似。这张照片中的肥大细胞具有明显的恶性标准，如大且大小不一的细胞核、数量不等的核仁和有丝分裂象

在结论中总结，例如，“上皮增生伴有强烈的恶性细胞学证据”。将结论称为“印象”或“解释”，向提交样本的兽医表明，细胞学提供的肿瘤诊断不如组织病理学提供的肿瘤诊断特异性高。对特定类型肿瘤和可能的恶性肿瘤的推测可以在“注释”下进行。

分级系统试图将主观观察转化为定量测量。目前，报道了一种犬乳腺肿瘤恶性程度的分级系统[1]。已被证明与恶性组织病理学结论显著相关的 10 项细胞学指标中的每一项都被给予 1 分。0 ~ 3 分为良性，4 ~ 7 分为不确定，8 ~ 10 分为恶性。诊断需要几个恶性标准，而许多样本没有确定的恶性证据。该系统的假恶性诊断（即高阳性预测值）较少，但对恶性肿瘤的识别敏感性仅为 17% ~ 25%（即低阴性预测值）较少。在达到一个简单的阈值数字之前，人们不应该直接评估计算恶性标准。即使对每个恶性标准都有严格的定义，乳腺肿瘤评分系统也有很大的不确定范围。每个病例中记录的恶性标准的数量各不相同，因为实验人员看到的情况各不相同。在一个观察者看来是很大的核，而在另一个观察者看来可能正常。人们看待样本的彻底程度也各不相同。与大多数细胞有很大变化时相比，如果在少数细胞几乎没有变化的情况下给予相同的比例，那么编号系统的作用就会减弱。没有一个特征或一组特征总是证明是恶性的，结论是主观的。同样，计算机诊断程序也不能代替人脑。

不同类型的肿瘤有不同的恶性肿瘤诊断标准。细胞学的恶性标准通常表明肿瘤是否可能恶性，但也有例外。犬乳腺肿瘤的肿瘤细胞侵袭性的组织学证据是与肿瘤转移的生物学倾向最密切相关的标准。对于犬甲状腺肿瘤，大多数是生物学上的恶性，但在涂片

上可能几乎没有恶性的细胞学证据。因此，不同的肿瘤类型有不同的解释。

恶性肿瘤通过异型性细胞核来显示（图 16–42、图 16–2、图 16–41）。即使在质量差的涂片上，核大小的变化（即核大小不等）和非常大的核也很明显。偏离正常范围越大（如核大小增加越多，核大小不等）表明恶性肿瘤的风险越大。间变意味着变得更加未分化和不成熟。间变性细胞倾向于具有大的细胞核和最小的细胞质，导致细胞核：细胞质（N：C）比较高。奇怪的核形状变化，如伪足和明显的卷曲，提示恶性肿瘤。正常来说不会出现多核现象的细胞，若出现多核现象，则通常是在恶性和反应性细胞中。在相邻细胞的细胞核周围形成核塑型是细胞彼此相邻生长的证据，而不是恶性肿瘤的强有力标准。

恶性肿瘤的染色质模式特点是染色质颗粒的大小、形状和分布的可变化。DNA 的活跃增殖发生在细胞核的透明区域（常染色质），而不活跃的 DNA 则出现在聚集的染色质（异染色质）中。因此，未成熟的细胞核由于更大面积的常染色质而呈现较浅的染色。活性核具有精细的染色质（即小的异染色质颗粒）和染色质之间增加的透明空间（即常染色质区域）。静止的细胞核较小，看起来很暗，染色质浓缩，分布更均匀（即更多的异染色质）。染色质的分布、大小和形状可能是恶性肿瘤的有力证据。它包括不规则的副染色质清除，这是一个不均匀的透明空间，将染色后颗粒分开。加上异染色质块大小的变化，形成粗糙的、不规则的染色质模式。瑞氏染色只能提供模糊的核细节，可以用新亚甲蓝、Sano's 三色或巴氏染色评估染色质和核仁的变化（图 16–3）。

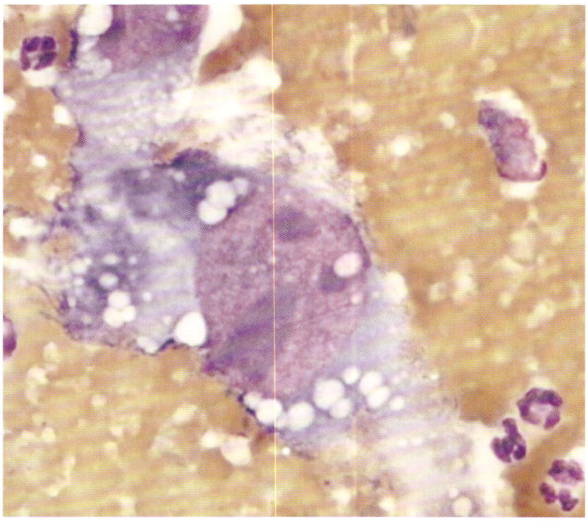

图 16–42　大的细胞核和核仁是恶性细胞的主要特点。血管肉瘤细胞核内的 3 个核仁大小相当于或大于单个红细胞，大小不一。细胞核的直径约为 4 个中性粒细胞。这也可能因细胞肿胀而变大

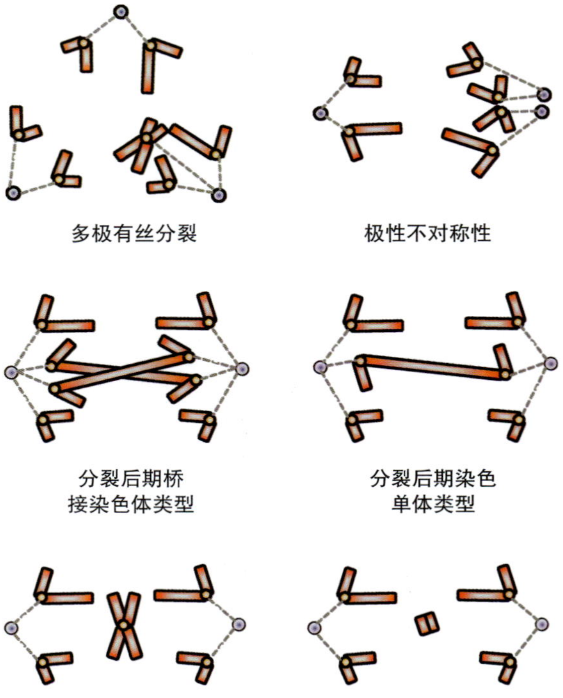


图 16–43　由 Gisselsson 建议的分类辅助非典型有丝分裂的正确、一致的分类[12]

恶性细胞常有明显的核仁异型性，如核仁数量变化过大（即从 1 个到 5 个或更多不等），核仁体积大（可能比红细胞大），核仁形状变化（即锯齿状、尖锐、不规则的核仁），甚至同一核内的核仁大小变化（图 16–42）。核仁的变化是恶性细胞的有力证据，在新亚甲蓝染色的涂片上很容易识别。良性细胞有数量较一致（如 1 ~ 3 个）的小到中等大小的圆形或不明显的核仁，没有不规则的角形。

恶性肿瘤的有丝分裂通常更为常见，真正的非典型有丝分裂象是恶性肿瘤的有力证据。然而，有丝分裂常被过度重视为恶性标准，正常的有丝分裂往往被错误地归为非典型。有丝分裂常见于非肿瘤性巨噬细胞。

异常的有丝分裂形状可以分为几种类型（图 16–43）。其中一些可以通过常规细胞学或组织学很好地识别出，而一些则需要通过细胞生物学家的鉴别[12]。应该注意的是，正常的有丝分裂（如中期）可以平行或垂直于纺锤体；因此，染色体板可能看起来像一个圆圈（平行）排成一行（垂直）。正常的有丝分裂有时被认为是异常的。纺锤体多极表明有两个以上的极（中心粒）。三极不对称是常见的（图 16–44）。染色体落后（即有丝分裂象中一条或多条染色体与主要染色体群分离）在常规细胞学样本中也很容易识别（图 16–44）。极性不对称表明染色体分裂，如后期所见。这表现为细胞两侧的染色体数量不等，但要小心，因为当细胞在载玻片上裂解时，染色体的不均匀分离可能只是伪象。染色体不均匀分裂的有丝分裂错误在分裂间期可被视为微核（图 16–36）。细胞学通常检测不到后期桥接。

如果颗粒、纤毛或其他细胞形状（即柱状）显示成熟，则细胞质的外观可以表明细胞分化良好（图 16–12）。但细胞质的变化是恶性肿瘤的弱指标。嗜碱性细胞质表明蛋白质的合成活跃，RNA 丰富。大的核仁也表明 RNA 合成活跃，从而表明蛋白质合成活跃。蛋白质合成在恶性细胞中通常很高，但在活跃的非肿瘤细胞（如增生、反应性改变）中也是如此。例如，正常的肝细胞有大的核仁，反映了信使 RNA（mRNA）和蛋白质的活跃合成。肥大细胞瘤的恶性程度可通过细胞质颗粒的数量、大小和分布的变化来提示（图 16–40 和图 16–41）。退行性变化与恶性变化相似。细胞核和核仁随细胞损伤和变性而膨胀（图 16–2 和图 16–42），核大、核色浅、核仁突出，使受损细胞看起来恶性。不应评估细胞质边缘破裂或漏出细胞核的细胞！因为这类细胞不完整。即使是表面上完整的细胞也可能肿胀和退化。评估细胞死亡的标准是染色质在瑞氏染色剂上失去了颗粒状、斑点状的外观，显得有条纹或斑点。在新亚甲蓝染色的细胞上，变性不太明显，所以更容易误认为恶性肿瘤。细胞在某些液体中迅速

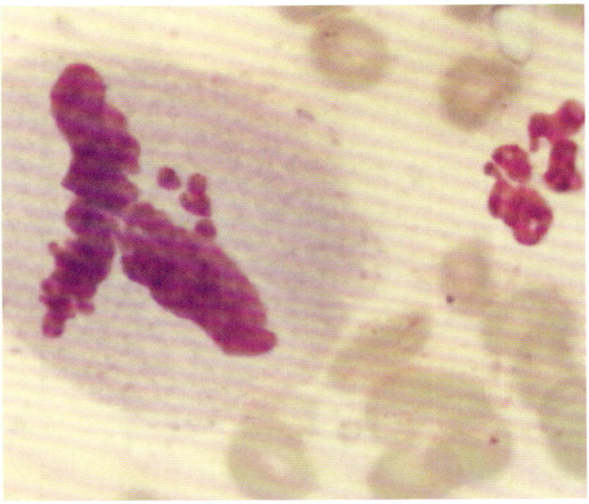

**图 16–44　左边的非典型有丝分裂显示了 2 种异型性**

这是 1 个多极（本例为三极）有丝分裂，有 3 个染色体板，还有 4 条滞后的染色体（细胞右侧中央）与主要的染色体板分开。

变性，如无缓冲盐水和尿液。例如，直接从支气管细胞刷收集的细胞比用生理盐水冲洗收集的细胞细节更完整。细胞在普通盐水中几分钟内就会变性，这些盐水是酸性的（即pH值为6），缺乏无机离子和细胞代谢所需的葡萄糖。汉克斯平衡盐溶液（Hanks's balanced salt solution，HBSS）能保留细胞形态，当细胞细节至关重要时（如肿瘤诊断），HBSS是一种能够更好地获得细胞的液体。但HBSS的成本较高，在兽医领域仍不常用。中等的细胞细节足以评估渗出物和败血症，但不能用于肿瘤的诊断。为防止细胞过度变性，应尽快进行直接涂片，避免细胞在液体中长时间储存。在离心前（如细胞离心机）向液体（如BAL）中加入蛋白质，如5% ~ 10%的牛血清白蛋白溶液，或几滴血清或血浆，可最大限度地减少细胞变性。

**注意：**来自坏死区的细胞、旧样本或在细胞处理过程中的退行性变化，会与恶性变化相似。碎片也可能类似于感染性病原体。

## 部分细胞学诊断

### 乳腺肿瘤

犬乳腺肿瘤的生物学恶性的最具体证据是肿瘤细胞侵入正常组织的组织学证据。根据细胞变化，大约一半的犬乳腺肿瘤可能看起来是恶性的，并被许多病理学家称为癌。然而，这些“癌”中只有一半（约占所有乳腺肿瘤的1/4）会转移，并且在生物学上是恶性的。组织学肿瘤浸润是确定真正可能转移的标准。尽管无法证明侵袭性，但仍需要对乳腺肿物进行细胞学评估，以制订手术切除方案。引流的淋巴结应进行细胞学检查，以确定是否有转移。淋巴结涂片中上皮细胞的浸润提示确切的恶性肿瘤和转移，而犬乳腺肿瘤的细胞学检查则可以提供比较模糊的恶性肿瘤的证据。

10个细胞学标准与恶性肿瘤的组织病理学结论显著相关[1]。这项研究非常值得描述，因为恶性肿瘤的标准适用于肿瘤的细胞学检查。用改良的Sano's三色染色法对用95%乙醇固定但仍湿的涂片进行细胞学评估。恶性标准是：①可变的细胞核大小；②大细胞核（超过正常大小的2倍）；③核膜或胞质膜扭曲；④高N：C比（即＞1：2）；⑤不规则的染色质形状；⑥可变的染色质大小；⑦副染色质清除（即在更密集的染色质模式中的离散的苍白区域）；⑧核仁数量变化（即＞3）；⑨核仁形态异常；⑩大核仁（超过正常大小的2倍）。异常的核仁形状被定义为“不是圆形或椭圆形”。核膜扭曲是细胞质细胞器（如空泡）对核形状的压痕，而核塑型是指一个核围绕另一个细胞的核，而不会造成细胞拥挤。

异常的有丝分裂象（如纺锤体多极、三极）通常提示恶性肿瘤，但很少见。无论是核塑型、不规则厚的核边缘、涂片的细胞量、细胞间连接差，还是多核都不能区分良性和恶性肿瘤。乳腺肿瘤的细针抽吸物比涂片、刮片或乳头分泌物更具细胞性，组织结构更清晰。涂片上的梭形细胞不能区分简单肿瘤、复杂肿瘤或混合肿瘤。在另一项调查中，19例组织学确诊的乳腺癌病例中只有8例与细胞学检查结果一致[7]。

**注意：**乳腺肿瘤的细胞学检查不敏感，可能有误导性；因此，应要求进行组织病理学检查以确定恶性程度。

### 肛周腺瘤

肛周腺瘤（即肝样腺瘤）细胞与肝细胞极为相似，呈多面体形，细胞质丰富。圆形核有 1 ~ 2 个明显的核仁。瑞氏染色显示细胞质具有特征性颗粒度。从肛门附近的肿物中获取细胞形态，可以始终正确地诊断肿瘤类型。细胞学表现可能不能反映恶性肿瘤，因为在转移部位（如肺）可能发现分化良好的细胞。幸运的是，转移罕见，但细胞学诊断不应包括腺瘤和癌的结论。

**注意：**肛周腺瘤的恶性程度（像犬乳腺肿瘤）最好通过血管侵袭的组织学证据确诊。细胞学检查可以准确地识别出肛周腺的肿瘤（即肝样腺），但可能无法确定恶性程度。

### 脂肪瘤

通过细胞学诊断脂肪瘤是快速和简单的，因此兽医应该进行常规诊断。诊断不需要有经验的细胞学家。涂片上有清晰的脂质液滴，在染色前不会干燥。不需要用苏丹染色剂或其他脂肪染色剂进行染色。涂片可能缺乏细胞，或者单独或在组织碎片中有数量不等的脂肪细胞。脂肪细胞是大的细胞，在边缘有一个小的深色细胞核。薄的细胞膜可能出现褶皱，因为当瑞氏染色剂中的酒精去除细胞内脂质时，细胞会收缩。成熟的脂肪细胞具有与脂肪瘤相同的外观。脂肪瘤可能是创伤性、出血性、纤维化或炎症性的。巨噬细胞、其他炎性细胞的浸润和纤维化可能会混淆诊断。浸润性脂肪瘤有成熟的脂肪细胞，但这些脂肪细胞在肌肉或其他组织的浸润中表现出侵袭性。脂肪细胞的浸润在组织病理学上可以更好地观察，但在细胞学的样本中可能会发现脂肪细胞与肌肉纤维紧密结合。

### 肥大细胞瘤

分化良好的肥大细胞瘤很容易诊断。犬肿瘤的抽吸物中通常有中等到大量的典型肥大细胞群，其中有数量不等的嗜酸性细胞。在瑞氏染色中，分化程度较高的肿瘤细胞呈圆形、明显颗粒状，很容易识别（图 16–40 和图 16–41）。一些水基、改良的瑞氏染色剂可能无法对肥大细胞颗粒进行染色。醇基染色剂对肥大细胞和嗜碱性粒细胞颗粒的染色效果更好。发生局灶性皮炎会伴有肥大细胞增生；因此，少量的肥大细胞不能诊断为肥大细胞瘤。

犬皮肤肥大细胞瘤的组织学分级具有预后意义。分级为 1 级（即分化良好，圆形单形细胞，无有丝分裂活动，圆形核，染色质浓缩）、2 级（即中级）、3 级（高等级恶性）。3 级有多形性细胞，细胞形状不规则，细胞核更开放（更多的常染色质），有一个或多个明显的核仁，双核，频繁的有丝分裂象和不明显的细胞质颗粒。1 级和 2 级的区别不明显，组织病理学家倾向于分类为 2 级。在细胞学上，皮肤肥大细胞瘤按分化程度进行分类。一些恶性的核标准可能很难在瑞氏染色的细胞学涂片上识别，因为细胞核可能被颗粒遮盖，并且由于肥大细胞的肝素含量，往往染色效果不佳。新亚甲蓝在检测核细节方面效果更好。犬恶性肿瘤的细胞质特征包括颗粒的大小、密度和突出程度的变化。恶性细胞的颗粒更少、更细（图 16–41）。颗粒可能向恶性细胞的一端分化。间变性细胞更大（即 12 ~ 35 μm，而不是正常的 10 ~ 20 μm），有较大的细胞核，核仁明显，更多的常染色质（更开放的细胞核），有丝分裂象和双核[6]。具有恶性肿瘤核标准的间变性、大而颗粒少的肥大细胞明确提示恶性，但一些分化良好的肥大细胞瘤具有转移的可能。所有肥大细胞瘤都应被视为潜在的恶性肿瘤。游离胶原束和大的不成熟的间质细胞常见于肥大细胞瘤的细胞学样本中，是坏死的证据，也是一部分肥大细胞瘤的特点，而不是并发的肉瘤。

不累及脾脏的单独的猫皮肤肥大细胞瘤通常是良性的。在一项对14只猫的小型调查中，存活率与用于犬的分级系统并不相关[3]。在年轻暹罗猫的组织细胞型皮肤肥大细胞瘤中，颗粒可能很难找到（见第4章对肥大细胞增多症的讨论）。间变性肥大细胞瘤确实发生在猫中，并且可以转移。

### 组织细胞瘤

犬组织细胞瘤的细胞学诊断可能是困难和不确定的。细胞可能脱落不良，可能出现继发性炎症。细胞不是独特的圆形细胞，具有圆形细胞核和适量的比较透明的细胞质。许多其他类型的细胞看起来也是一样的。细胞直径为12 ~ 26 μm,有明显的细胞边缘。偶有凹陷核，无明显核仁[6]。染色质完好，有丝分裂活性可变。瑞氏染色的细胞质呈淡蓝色。N ∶ C的比各不相同，通常为1 ∶ 1。不熟悉这种良性肿瘤的人类病理学家通常认为它是恶性的。幼犬有圆顶状（纽扣状肿瘤）、无毛皮肤肿瘤史有助于诊断。淋巴瘤、其他组织细胞肿瘤，甚至局灶性单个核细胞皮炎，可能与犬皮肤组织细胞瘤相混淆，因此，尽管年龄较大的犬可能患有组织细胞瘤，但如果患病动物年龄超过5岁，则建议谨慎诊断。犬皮肤浆细胞瘤是老年犬的一种圆形细胞肿瘤。看到双核和位于偏心位置的细胞核提示浆细胞瘤。

### 性传播肿瘤

性传播肿瘤是一种具有离散细胞的圆形细胞肿瘤，其细胞大小可能显示中度至显著的变化。圆形细胞的直径为14 ~ 30 μm。圆形至椭圆形的细胞核有明显的核仁和线状、绳状染色质。细胞质呈淡透明蓝色，有明显的空泡[6]。有丝分裂活性很常见。综合考虑肿物在身体上的位置（即生殖器区、口腔）和患病动物是否来自流行区，有助于诊断。

### 表皮或毛囊囊肿

表皮或毛囊囊肿是犬常见的皮肤肿物，经常由细胞学家诊断出。囊肿的内容物主要由囊状毛囊中的鳞屑堆积组成。通过在抽吸涂片上发现大量鳞屑（通常是大量积聚）和角质化碎片进行诊断。鳞状上皮是来自复层鳞状上皮表面的非常成熟、薄的无核细胞（注意：偶尔出现的鳞屑是涂片上常见的污染物，主要来自指纹）。其他碎片，包括胆固醇晶体，可能存在于囊肿中。囊肿经常破裂，角蛋白具有高度刺激性，因此强烈的化脓性肉芽肿性炎症反应也是典型的。破裂和炎症通常会导致皮肤肿物的大小迅速增加，这可能会引起主人的警觉，炎症会刺激患犬。主要病变是毛囊囊肿，可见中等数量的鳞状上皮，常被巨噬细胞所包围。上皮细胞可以含有丰富的黑色素，但这并不表明肿物是黑色素瘤。由于毛囊破裂和角蛋白释放到真皮中，疖病看起来非常相似。

> **注意：**表皮包涵样囊肿是一种常见的皮肤肿物，通过发现大量的无核鳞状物和常在抽吸物中发现胆固醇晶体很容易诊断。当它们破裂时，通常有严重的化脓性肉芽肿性炎症。

### 血肿和血清肿

血肿是一种含有液体的波动皮下肿物，其血量随变性程度的变化而变化。血清肿类似于血肿，但其液体多于血液。这两种情况的证据都是吸出带有噬红细胞现象或含铁血黄素的巨噬细胞的各种血性液体（图16–14）。血色素是颗粒状或结晶状的色素，具有各种颜色（如蓝、绿、黑、金、黄）。由于样本采集引起的人为出血很常见，但新鲜血液通常包括血小板。

### 肝细胞学

肝细胞通常有丰富的颗粒细胞质和一个圆形细胞核，核仁明显。双核（即二倍体）在少数肝细胞中是正常的。双核肝细胞数量增多可能提示增生。常见的改变包括空泡变性（如脂肪肝、糖皮质激素性肝病）、炎症（如淋巴细胞浆细胞性肝炎）、胆汁淤积和肿瘤。细胞学检查可以识别这些过程，但组织病理学可以更好地确定炎症是否存在及其位置和数量（即胆管肝炎）。当轮廓清晰、大小不一的肝细胞空泡可见时，通常会发生脂肪变性。空泡中的中性脂肪可以用苏丹染色来证明。犬糖皮质激素性肝病是糖原而非脂肪堆积。糖原累积表现为浅粉红色，细胞质透明，而不是明显的空泡。胆汁淤积表现为肝细胞间肿胀的绿色胆汁。肝细胞内常见的深蓝色至绿色颗粒色素是脂褐素（老年）色素，没有诊断意义。淡蓝绿色折射颗粒提示铜积聚，发生在与铜相关的肝脏疾病和继发性胆汁淤积中（图 16–45）。

炎症可能很难从细胞学上证实，因为肝炎或胆管性肝炎患病动物肝脏中的白细胞数量通常很少。通常有血液和肝抽吸物，中性粒细胞可能聚集在一些毛细血管床中。如果血液稀释涂片上只有少量中性粒细胞或淋巴细胞，则很难确定白细胞是来自外周血污染还是轻度炎症浸润（如胆管肝炎）。推荐使用前面描述的毛细血管收集（非抽吸）技术或填充技术，以最少的血液稀释获得肝细胞，因此白细胞的存在更好地反映了肝炎。在肝组织碎片中发现的白细胞和胶原蛋白也支持炎症。因为浆细胞和空泡巨噬细胞不存在于外周血中（也不会因血液稀释而污染样本），所以它们比中性粒细胞和淋巴细胞更能反映炎症。髓外造血表现为有核红细胞和巨核细胞。尽管肝癌样本可能主要是肝细胞，而没有恶性的细胞学标准，但肿瘤是根据先前描述的标准诊断的。

### 淋巴结细胞学和淋巴瘤

抽吸细胞学是评估肿大淋巴结的首选检查方法。即使在正常大小的淋巴结中，细胞学也可以提供转移和其他疾病的证据。由于淋巴细胞是脆弱的，而大的淋巴结通常是坏死的，因此许多涂片没有诊断价值（因为完整细胞的数量不足）。必须学会非常轻柔的涂片技术，如使用盖玻片或使用“海星”法抽出液体，以制备诊断涂片。应在具有良好细胞形态细节的薄区域进行淋巴细胞分类计数。这要求实验人员识别每个细胞，因此如果至

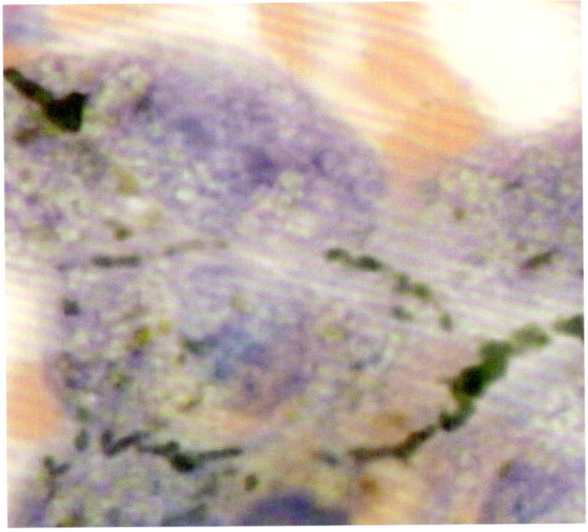

**图 16–45 犬铜肝病表现为肝细胞内具有折光性的淡蓝绿色颗粒**

照片的焦点是颗粒，而不是肝细胞核。看起来像绿色的小管，还有几个肿胀的胆小管，肝细胞之间有浓缩的绿色胆汁滴。

少有100个完整的细胞无法识别，就不必能给出结论。应检查其他区域和涂片，以确保分类计数具有代表性。典型的情况是，某些部位或涂片的淋巴细胞可能肿胀从而显得更不成熟，而在其他部位或涂片的淋巴细胞染色更典型，可能表现正常。具有代表性的淋巴细胞分类计数可以得出不同的结论和描述不同的模式。

除了一些常见的反应性淋巴结（如肠系膜、颌下），正常淋巴结中的淋巴细胞为2% ~ 15%的淋巴母细胞、60% ~ 90%的中小型淋巴细胞，以及很少的浆细胞（即0 ~ 3%）。很明显，在一个淋巴结中有多于三种类型的淋巴细胞，这种三细胞淋巴细胞（淋巴母细胞、浆细胞、淋巴细胞）快速且一致地描述了淋巴细胞的成熟和多样性。在这种血液学类型定义中，“淋巴母细胞”是一种看起来比淋巴细胞更大且明显更不成熟的细胞。明显的核仁清楚地表明造血细胞是母细胞。淋巴母细胞与中性粒细胞一样大，甚至更大。细胞核较大（直径大于一个红细胞的1.5倍），染色质颗粒更细、更小，常染色质更多，因此细胞核更轻、外观更开放。相比之下，小淋巴细胞比红细胞大，但比中性粒细胞小。淋巴细胞核染色质更粗、更深（异染色质更多），没有可见的核仁（图16–16）。如果中等大小的淋巴细胞具有成熟的、粗糙的染色质，并且没有可见的核仁，则中等大小的淋巴细胞被归类为分化良好（懒性）小淋巴细胞。对于反应性淋巴结和某些类型的淋巴瘤，以中等大小的淋巴细胞为主，或者在小、中、大细胞之间没有明确的划分。中性粒细胞少于5%，仅有偶见的巨噬细胞、肥大细胞和嗜酸性粒细胞。

淋巴结细胞学通常用于诊断淋巴瘤（见第4章）。完整的淋巴瘤诊断应包括识别犬15 ~ 30种淋巴瘤的方法[13]。在以下讨论中，使用了一个大大简化的系统，其中淋巴细胞分为淋巴细胞、浆细胞和淋巴母细胞。淋巴母细胞或一种类型淋巴细胞的单形群体占主导是淋巴瘤的主要诊断标准。淋巴母细胞＞50%细胞是诊断淋巴瘤的常见标准。淋巴瘤诊断的可信度随着大的未成熟淋巴细胞的百分比和涂片上细胞明显未成熟的程度而增加。最常见的淋巴瘤是弥漫性大B细胞淋巴瘤[13]，在细胞学或组织学上很容易诊断。它以大的多形性淋巴母细胞为主，有一个或多个大而明显的核仁。有频繁的有丝分裂和许多易染体巨噬细胞，提示细胞快速增殖和死亡。

少于50%的淋巴母细胞不排除其他形式的淋巴瘤。几种形式的淋巴瘤具有小至中等的淋巴细胞，缺乏明显的核仁，在细胞学上更难诊断。例如，多形性小T细胞淋巴瘤、蕈样肉芽肿、多形性中到大T细胞淋巴瘤和慢性淋巴细胞白血病[11]。免疫表型有助于淋巴瘤的分类和预后。一种类型的显著淋巴细胞群可能提示肿瘤。除不成熟外，非典型形态不是淋巴瘤的一致或敏感指标。当存在时，诸如奇异的细胞核和细胞质形状（如具有细胞质伪足的“手持镜细胞”）或不常见的染色质模式的特征有助于对淋巴瘤的诊断。

读者应该注意到，在前面的描述中，术语“淋巴母细胞”是指大的、不成熟的淋巴细胞，更符合血液学母细胞的血液学分类。在更新的Kiel淋巴母细胞性淋巴瘤分类中，被分类为淋巴母细胞的细胞没有明显的核仁[1]。淋巴母细胞指的是另一种细胞类型（和淋巴瘤类型），专门用于淋巴瘤诊断。

淋巴瘤中淋巴结的频繁坏死可导致主要

抽吸到松散坏死碎片。抽吸和印压涂片上过多细胞碎片的厚背景会干扰染色。可能在涂片的薄周边仅发现一小部分完整且染色良好的细胞。溶解的细胞（即裸核）和部分溶解的正常细胞具有肿胀的细胞核和核仁。这就产生了一个更大、染色更浅的细胞核，有一个明显的类似淋巴母细胞的核仁。忽略这些受损细胞会导致淋巴母细胞百分比过高，并可能得出淋巴瘤的错误结论。人们不应该看受损的细胞。需要重复抽吸和非常小心的划线方法来获得诊断样本。

慢性淋巴细胞白血病（CLL）作为一种血液学诊断在第 4 章讨论。CLL 的细胞学诊断很困难，因为成熟染色质模式的淋巴细胞为主。血液中明显的淋巴细胞增多有助于诊断。如果出现由小至中等大小淋巴组胞组成的单一淋巴细胞群，CLL 应被认为是淋巴结病的原因。某些类型的 CLL 中的淋巴细胞具有中等至丰富的细胞质，并且在外观上非常一致。CLL 和小细胞淋巴瘤可以通过其他方法诊断。

将淋巴结分类为反应性和增生性意味着二者在本质上相同。两者都是对其引流区域中的某种刺激物（如蠕形螨）的良性预期反应。增生的淋巴结中淋巴细胞数量增多，但由于免疫刺激，淋巴结变大。如果有一些含含铁血黄素的巨噬细胞出血，或中性粒细胞和嗜酸性粒细胞或淋巴母细胞轻微增加，诊断更倾向于反应性淋巴结，而不仅仅是增生。

高反应性淋巴结的淋巴母细胞（和大至中等淋巴细胞）的百分比可能增加（如 15% ~ 30%），或者一些淋巴母组胞可能太大，以至于可能提示淋巴瘤。然而，淋巴细胞群的异质性，包括淋巴细胞的大小和成熟程度的变化，以及通常出现的大量浆细胞，仍然表明更可能是反应性淋巴结，而不是淋巴瘤。

中性粒细胞超过 10%、巨噬细胞超过 5% 或嗜酸性粒细胞超过 3% ~ 5% 表示淋巴结炎。巨噬细胞可能以小聚集体出现，并含有含铁血黄素等物质。这些是最少数量，在脓肿淋巴结或系统性肉芽肿疾病中会出现更多数量的中性粒细胞和巨噬细胞。白细胞的主要类型决定了炎症的分类（即中性粒细胞性、肉芽肿性、脓性肉芽肿性、嗜酸性粒细胞性）。髓样白血病浸润很少发生，诊断是基于白细胞的成熟度。当血液中显著的粒细胞增多症伴有淋巴结抽吸物时，强烈表明慢性粒细胞性白血病，该淋巴结抽吸物看起来像骨髓，具有成熟中性粒细胞的混合粒系细胞，以及早幼粒细胞和原始粒细胞。

如果出现足够数量的恶性非淋巴细胞，则诊断为转移性肿瘤。少数大的间变性细胞可出现在非肿瘤反应性淋巴结中；除非细胞非常独特（如形成明确的上皮模式），否则可靠的诊断需要许多细胞（如 50 ~ 100 个）。淋巴结偶见肥大细胞正常，淋巴结可能有肥大细胞增生。因此，必须发现许多肥大细胞或非常不典型的肥大细胞来诊断肥大细胞瘤。含铁血黄素的巨噬细胞类似于黑色素细胞，因此在诊断转移性黑色素瘤时应该小心。有炎症的淋巴结可能会纤维化；因此，在没有诊断肉瘤的情况下，可能出现少量成纤维细胞。相比之下，只有少数细胞，如复层鳞状上皮细胞、肛周腺细胞和分泌黏蛋白的上皮细胞，如果它们与淋巴结无关，则可能表明有转移。

## 感谢

作者要感谢 Rick Cowell 博士在前几版中对本章的贡献。

## 参考文献与推荐阅读

[1] Allen SW, Prasse KW, Mahaffey EA: Cytologic differentiation of benign from malignant canine mammary tumors. *Vet Pathol* 23:649, 1986.

[2] Baker R, Lumsden JH: *Color atlas of cytology of the dog and cat*, St. Louis, 2000, Mosby.

[3] Buerger RG, Scott DW: Cutaneous mast cell neoplasia in cats: 14 cases (1975–1985). *J Am Vet Med Assoc* 190:1440, 1987.

[4] Clinkenbeard KD, Cowell RL, Tyler RD: Disseminated histoplasmosis in cats: 12 cases (1981–1986). *J Am Vet Med Assoc* 190:144, 1987.

[5] Cowell RL, Tyler RD, Meinkoth JH: *Diagnostic cytology and hematology of the dog and cat*, ed 2, St. Louis, 1999, Mosby.

[6] Duncan JR, Prasse KW: Cytology of canine cutaneous round cell tumors. *Vet Pathol* 16:673, 1979.

[7] Griffiths GL, Lumsden JH, Valli VEO: Fine–needle aspiration cytology and histologic correlation in canine tumors. *Vet Clin Pathol* 13:13, 1984.

[8] Gross TL, Connelly MR: Nontuberculous mycobacterial skin infections in two dogs. *Vet Pathol* 20:117, 1983.

[9] Menard M, Papageorges M: Technique for ultrasound–guided fine–needle biopsies. *Vet Radiol Ultrasound* 36:137, 1995.

[10] Perman V, Alsaker RD, Riss PC: *Cytology of the dog and cat*, South Bend, In, 1979, American Animal Hospital Association.

[11] Raskin RE, Meyer DJ: *Atlas of canine and feline cytology*, ed 2, St. Louis, 2010, Elsevier.

[12] Tvedten H: Atypical mitoses: morphology and classification. *Vet Clin Pathol* 38:418, 2009.

[13] Valli VE: *Veterinary comparative hematopathology*, Ames, Ia, 2007, Blackwell Publishing.

# 第17章 实验室诊断毒理学

Gary Osweiler, Paula Martin Imerman

## 毒理学诊断原理

毒理学诊断基于4类主要证据：准确和完整的病史、对临床症状和体格检查的评估、临床病理学实验室检查和（或）病变的大体/组织学评估的合理使用，以及特定毒理学检查的适当使用。其中每一项都很重要，而几乎不可能仅通过这4项诊断中的一项就获得诊断。本章将重点讨论适当的实验室检测。

选择合适的样本和实验室检查，需要注意实际或潜在的全面既往暴露史。这需要对动物主人或看护者进行有效的询问，对动物生活环境和看护有一定的了解，并对潜在中毒的时间过程有合理的说明。重要的既往史发现包括地点或食物来源的变化、最近使用的化学品（如喷洒杀虫剂、给草坪施肥、更换散热器冷却剂）、用药情况、动物是否可以自由走动，以及与公共区域或商业区域的距离。

在大多数急性中毒病例中，必须结合病史和临床发现来对动物进行生命支持和有效解毒。在急性中毒病例中，人们很少能等到实验室检查的结果。及时的临床检验室检查（CBC、血清生化、血气分析、电解质和尿液分析）可以快速检测出主要代谢途径的紊乱或特定器官的损伤。这些信息还可以与已知特定毒物的实验室结果相关联。

为了协助临床观察并帮助确定受影响的器官系统，表17–1～表17–6说明了与不同器官系统和临床症状（如癫痫、肝功能衰竭、呕吐）有关的可能的毒性；然而，很少有中毒症状具有病理特征。虽然许多中毒症状（如呕吐、癫痫）也是由感染性、代谢性和内分泌疾病引起，但了解高风险毒理学差异是完成诊断过程的第一步。应完成全面的病史和体格检查，以确定潜在的毒物暴露，应让主人收集任何可能的诱饵、呕吐物或其他可疑物质，以便进行可能的化学分析。

## 临床实验室检查

在从病史和体格检查中获得临床数据后，使用实验室检查来识别和确定特定毒物的典型病理生理效应（如嗜碱性点彩和有核红细胞，而无网织红细胞增多提示铅中毒；高血清渗透压、低钙血症和阴离子间隙增加与乙二醇中毒对应）。表17–7总结了可能因特定毒物而改变的临床实验室检查结果。一些毒物可能会改变一些临床实验室参数，但另一些可能不会引起显著变化。

毒理学实验室的一个主要用途是确定某一特定毒物是否存在和可能的数量。不同的权威机构都建议进行两种级别的毒物检测。第一级是临床评估（如上一段所述）。这些指

**表 17–1　神经系统常见毒物的临床症状**

| 毒物 | 常见来源 | 附加症状 |
| --- | --- | --- |
| **兴奋** | | |
| 氨基比林 | 鸟类控制诱饵 | 震颤，共济失调，可能会过度兴奋 |
| 咖啡因、其他甲基黄嘌呤生物碱 | 巧克力、咖啡、茶；非处方的兴奋剂或抗嗜睡药等 | 兴奋、反应过度、反射亢进；心律失常、呼吸急促、呕吐。胃肠道内容物、血液或尿液中可检测到生物碱 |
| 氰化物 | 能产生氰化物的植物（苹果、桃子、樱桃种子）；熏蒸剂；灭鼠剂（很少）；工业化学品 | 兴奋、激动、癫痫发作，进展为共济失调、虚弱和昏厥；还有流涎、呼吸急促、粉色黏膜。病程非常快。检测胃内容物，血液中的氰化物，或死亡动物肝脏和肌肉中的氰化物 |
| 铅 | 涂料（1970 年前）或特殊涂料、含铅物体（窗帘铅坠、钓鱼坠） | 间歇性呕吐和行为改变；震颤、共济失调、癫痫发作、视力改变、厌食 |
| 聚乙醛 | 蜗牛和鼻涕虫诱饵；非处方的固体燃料 | 持续震颤，偶有癫痫发作；协调障碍和小脑性共济失调；眼球震颤、流涎也较明显 |
| 除虫菊酯、拟除虫菊酯 | 宠物和家庭杀虫剂中的有效成分 | 震颤、过度兴奋、激动、偶尔癫痫发作；有时与沉郁交替出现 |
| 番木鳖碱 | 鼹鼠和囊地鼠诱饵，使用通常＜0.05% | 急性发作感觉过敏，反射亢进发展为强直性癫痫（因外部刺激而加重）；快速浅呼吸，心动过速 |
| 震颤性霉菌毒素 | 发霉的核桃和其他坚果产品上的青霉震颤素 A；不太常见的是变质乳制品 | 震颤、共济失调和伸展过度为特征，可能是持续性的；运动或应激会加剧。检查胃内容物或可疑物质是否含有青霉震颤素 A 或其他毒物。可用的实验室检查有限 |
| 磷化锌 | 用作抗凝血剂替代品；在美国一些州购买无须处方。诱饵有轻微的大蒜或乙炔气味 | 兴奋、刺激和癫痫发作；可能包括震颤和“痉挛”。另一种症状可能是沉郁。呕吐、绞痛常伴有神经系统症状 |
| **沉郁或昏迷** | | |
| 酒精 | 饮料、消毒剂、啤酒残留物 | 沉郁、早期定向障碍，随之出现昏迷、呼吸抑制、酸中毒、心搏骤停。酒精残留物出现在血液和尿液中 |
| 巴比妥类药物 | 可获得片剂或胶囊；有时在使用巴比妥类药物实施安乐死的动物的肉中 | 沉郁、反射丧失、体温过低、低血压、昏迷、呼吸衰竭。巴比妥类药物在存活动物的血液或尿液中，在死亡动物的肝脏或肾脏中 |
| 溴杀灵 | 相对较新的灭鼠剂，常用作抗凝血灭鼠剂的替代品 | 症状可能包括后肢共济失调和虚弱，有时还会因脑水肿而呕吐。可用的实验室检查有限 |
| 柑橘油 | 柑橘提取物用于杀虫剂和驱虫剂（如 D– 柠檬烯）。对猫来说是最危险的 | 沉郁，共济失调，昏迷和明显的体温过低。柑橘提取物在肝脏中结合，并在尿液中排泄。可用的实验室检查有限 |
| 一氧化碳 | 表 17–5 | 表 17–5 |
| 乙二醇 | 汽车散热器防冻液。也用于防止空置房屋或活动房屋的水管结冰 | 早期严重沉郁是由于酒精样的醉酒；后期的沉郁症状是由于严重的代谢性酸中毒 |

续表

| 毒物 | 常见来源 | 附加症状 |
| --- | --- | --- |
| 碳氢化合物（脂肪族和芳香族） | 石油馏分油和松油化合物；大多数存在于油漆稀释剂、矿物油、清洁液中；因溅到皮肤、脚垫上或吸入烟雾而暴露 | 通常最初的沉郁和共济失调类似于乙醇中毒。高剂量会导致呕吐、可引出现肝和（或）肾损伤、严重沉郁、昏迷、呼吸抑制和死亡 |
| **副交感神经刺激症状** | | |
| 蓝绿藻 | 蓝绿藻（鱼腥藻和微囊藻）在夏末的湖泊和农场池塘中最常见 | 除了猝死（神经肌肉麻痹）和肝毒性外，蓝绿藻还可能抑制胆碱酯酶，导致流涎、呕吐、震颤和呼吸困难的症状。胆碱酯酶抑制剂的检测需要全血样本。蓝绿藻水样应新鲜固定后送检（添加 1 份福尔马林 / 9 份水） |
| 伊维菌素、米尔贝霉素、莫西克丁 | 驱虫药、控制体外寄生虫、小动物和大动物（更高浓度产品） | 共济失调、感觉过敏、流涎、呕吐、心动过缓、斜卧。见正文中 *MDR1* 基因一般概述 |
| 阿片类药物 | 处方药或娱乐性药物 | 瞳孔缩小、流涎、心律失常、呕吐、排便、排尿。尿检可能呈阳性 |
| 有机磷和氨基甲酸酯杀虫剂 | 控制家庭和花园害虫；偶见用于小动物体外寄生虫控制 | 流涎、流涕、呕吐、腹泻、心动过缓、呼吸困难、排尿困难、共济失调和肌无力。采集全血样本以确认胆碱酯酶抑制 |
| 尼古丁 | 烟草制品、特殊杀虫剂（如硫酸尼古丁）。偶尔也用于捕捉枪 | 最初的症状是由于早期去极化而产生（震颤、兴奋、流泪、呕吐），随后是麻痹、共济失调和完全晕厥，并死于呼吸系统瘫痪。尼古丁生物碱很容易在胃内容物、血液或尿液中检测到 |
| **副交感神经抑制剂症状** | | |
| 安非他命 | 处方药或娱乐性药物，包括甲基苯丙胺 | 瞳孔放大，心动过速，但缺乏抗胆碱能药物的其他主要作用 |
| 阿托品 | 颠茄属植物，可以在花园里作为观赏植物种植 | 引起黏膜干燥、瞳孔放大、呼吸急促、心动过速、体温过高、定向障碍、视觉障碍、胃肠道蠕动迟缓、易在血液和（或）尿液中检测到 |
| 麻黄 | 用于减肥，缓解充血，娱乐性草药产品 | 瞳孔放大、震颤、癫痫、体温过高、流涎、死亡 |
| 东莨菪碱 | 莨菪和曼陀罗是常见的植物来源。也可作为药物使用 | 症状和效果与阿托品相似（见本表） |
| SSRI（5- 羟色胺选择性重摄取抑制剂） | 处方药。兽医用来治疗尿液标记、舔舐性肉芽肿、分离焦虑 | 昏迷、自主神经不稳定、震颤、癫痫发作、心动过缓、呕吐、腹泻、绞痛 |
| **共济失调、不协调、虚弱或瘫痪** | | |
| 氨基糖苷类抗生素 | 卡那霉素、新霉素、链霉素、庆大霉素 | 这种效应是由于突触后受体对神经肌肉接头的阻断，导致轻瘫、瘫痪和呼吸衰竭而死亡。血液和（或）尿液的检测可以确定暴露 |

续表

| 毒物 | 常见来源 | 附加症状 |
|---|---|---|
| 肉毒杆菌 | 肉毒梭状芽孢杆菌在腐烂的有机物中生长，尤其是蛋白质含量高的有机物 | 下运动神经元瘫痪导致肌无力、吞咽困难、进行性轻瘫和瘫痪、瞳孔散大、吞咽困难。胃内容物中的可疑物质可在小鼠中进行培养或注射，作为生物试验，然后用抗毒素进行保护试验 |
| 胆碱酯酶抑制剂 | 见副交感神经刺激症状 | 检测确认胆碱酯酶抑制剂，如上文所述的有机磷和氨基甲酸酯类杀虫剂的副交感神经刺激的症状 |
| 伊维菌素、米尔贝霉素 | 见副交感神经刺激症状 | |
| 震颤性霉菌毒素 | 发霉的冰箱食品（如奶油奶酪、核桃、花生、高蛋白产品） | 呕吐、腹泻、躁动、震颤、体温过高、心动过速、横纹肌溶解引起的色素尿 |
| **行为改变** | | |
| 阿托品 / 东莨菪碱 | 见副交感神经抑制剂症状 | 阿托品过量后会出现影响行为的定向障碍，并且可能丧失视力。阿托品过量的诊断在副交感神经抑制剂的症状中描述 |
| 乙醇 | 见沉郁或昏迷 | 见沉郁或昏迷的症状 |
| 铅 | 见兴奋 | 暴露于铅可能导致精神变化，难以识别熟悉的人，好斗和歇斯底里 |
| 麦角酸二乙胺（LSD） | 来源是一些植物（牵牛花种子、麦角化谷物）或非法街头毒品 | 可能出现明显行为变化，从兴奋和出现幻觉到深度沉郁。对呕吐物或粪便的分析可能有助于确定暴露 |
| 大麻 | 非法的街头毒品，由大麻的叶子或种子制备。有时在食品中制备，如布朗尼 | 行为变化可能包括沉郁、兴奋、出现幻觉，对未知刺激吠叫；眼球震颤、呕吐和腹泻。通过识别可疑物质和（或）检测血液或尿液中的大麻生物碱来进行诊断 |

## 表 17-2 消化系统的毒物

| 毒物 | 常见来源 | 注释 |
|---|---|---|
| **直接刺激物** | | 非常不具有特异性。预期急性发作、潜在口咽病变、干呕、绞痛、呕吐和（或）腹泻（可能出血）；腹胀或胀气 |
| 酸类、碱类、醛类 | 电池、清洁剂和漂白剂、消毒剂 | 流涎、吞咽困难、急性舌咽肿胀、咳嗽、流鼻涕。对可疑物质的实验室检测可以确定来源，但是对这些物质的动物检测通常不实际或者没有意义 |
| 石油蒸馏物 | 溶剂、油漆稀释剂、家具清洁剂、汽油、煤油 | 咳嗽、呕吐、窒息。可能的后果是吸入性肺炎和中枢神经系统抑制。很难通过实验室检测出血液或组织中的该类物质 |
| 挥发性油类 | 松节油、树胶烈酒、松树油、桉树油、薄荷油、柠檬油 | 伴有呕吐和可能腹泻的急性肠胃炎。全身影响包括癫痫发作、精神错乱、沉郁和昏迷 |

续表

| 毒物 | 常见来源 | 注释 |
| --- | --- | --- |
| 出血性胃肠炎 | 黄曲霉毒素、阿司匹林、非甾体抗炎药 | 黄曲霉毒素也有肝毒性；阿司匹林和非甾体抗炎药可能导致胃溃疡、血小板功能障碍和（或）肾损伤 |
| **肠胃炎、充血 / 坏死** | | |
| 毒鹅膏菌（死帽菇、毒蘑菇） | 野生有毒蘑菇。在美国东部或西部沿海地区最为突出 | 急性临床症状是出血性胃肠炎伴呕吐和血性腹泻，潜伏期 12 ~ 24 h 后出现肝病。可用的实验室检测有限 |
| 砷、锑、铋 | 旧的杀虫剂或除草剂，包括蚂蚁的诱饵；旧的油漆颜料。大多数砷的使用都受限制或禁止。锑可能存在于腐蚀性浆料中 | 急性呕吐，随后是中度至重度腹泻，在 24 ~ 48 h 内从水样便变为坏死性和出血性。还会造成低血压、休克和肾小管损伤。分析尿液或胃肠内容物有助于确定暴露情况。来自死后样本的肝脏和肾脏浓度可能有意义 |
| 铁 | 意外地获得膳食铁补充剂 | 1 ~ 2 d 后出现急性胃肠炎、休克、血管衰竭和死亡、肝脏损伤。检测肝功能，测定血清总铁和总铁结合能力 |
| 葡萄球菌毒素 | 变质的食物，尤指存放在室温下的鸡蛋和高蛋白产品 | 短潜伏期（＜3 h）后可出现严重呕吐和腹泻。培养可以识别潜在的细菌，但单独培养并不能确定 |
| **胃肠炎、非出血性** | | |
| 洋地黄苷 | 偶然接触到处方药；植物来源包括洋地黄、夹竹桃 | 心脏症状可能先于绞痛和呕吐，也可能伴随绞痛和呕吐 |
| 铅 | 表 17–1 | 间歇性呕吐 |

### 表 17–3 肝胆系统的毒物

| 毒物 | 常见来源 | 注释 |
| --- | --- | --- |
| 对乙酰氨基酚 | 非处方止痛药和消炎药 | 最初出现呕吐、发绀和面部浮肿的症状。之后是黄疸、沉郁和轻度高铁血红蛋白血症 |
| 毒鹅膏菌 | 野生蘑菇，最常见于美国东部或西部海岸地区 | 急性呕吐后 1 ~ 2 d 出现肝功能衰竭 |
| 蓝绿藻 | 藻类，通常由低潮和盛行风聚集而成 | 急性胃肠炎、呕吐和出血性腹泻。用 1 ∶ 10 福尔马林固定的水可以检测蓝绿藻的存在。冷冻样本通过小鼠生物测定法进行毒性活性测定 |
| 铁 | 膳食补充剂 | 表 17–2 |
| 石油馏分 | 涂料、油漆稀释剂、脱漆剂中的溶剂；包括汽油、煤油在内的燃料 | 肝损伤可能伴随着神经功能障碍的最初症状 |
| 西米棕榈树 | 热带气候的室外有毒植物，室内作为盆栽植物 | 黄疸，严重的肝损伤，继发肝功能衰竭。如果不治疗，通常致命 |

表 17–4　心血管系统的毒物

| 毒物 | 常见来源 | 注释 |
|---|---|---|
| 沙丁胺醇 | 吸入剂、减充血剂 | 心律失常、心动过速 |
| $\alpha_2$ 肾上腺素能药物 | 兽用甲苯噻嗪（通常为医源性）、地托咪定、罗米非定 | 心律失常、心动过缓、低血压、房室传导阻滞、呕吐、偶尔呼吸骤停。高血糖很常见 |
| 安非他明，甲基苯丙胺 | 娱乐性药物或处方药 | 心动过速。伴有癫痫发作、呼吸急促、瞳孔散大 |
| 杜鹃花 | 观赏灌木 | 心律不齐，之前常伴有呕吐和肠胃炎 |
| 巴氯芬 | 人类处方药、骨骼肌松弛剂 | 严重用药过量时出现心律失常、心动过缓。其他症状有呕吐、共济失调、流涎、体温过低 |
| 钙通道阻滞剂 | 人类和兽用心血管处方药 | 心动过缓、心律不齐、低血压、呕吐、虚弱 |
| 强心苷 | 地高辛及相关处方药；洋地黄、夹竹桃、蟾蜍 | 呕吐、绞痛、腹泻，随后出现虚弱、心动过缓和心律失常 |
| 胆钙化醇 | 维生素补充剂、灭鼠剂。高剂量会在 12 ~ 36 h 内引起症状 | 高钙血症、氮质血症、心动过缓、心律失常、营养不良性钙化 |
| 可卡因 | 非法街头毒品 | 心动过速和心律不齐。检测血浆或尿液 |
| 离子载体 | 家禽抗球虫药；反刍动物饲料补充剂。对犬很危险 | 颤抖、虚弱、僵硬、躺卧、心血管功能不全。胃内容物分析；心肌活检用于诊断 |
| 匹莫苯丹 | 充血性心力衰竭的兽医处方，通常是意外用药过量 | 大量用药过量会导致心律失常、低血压、心动过速、呕吐、腹泻 |
| 紫杉灌木 | 装饰性常绿灌木，有带状的两列深绿色叶子 | 摄入后数小时突然死亡；紧张、颤抖、心动过缓和心律不齐。胃中紫杉生物碱的检测 |

表 17–5　血液和骨髓的毒物

| 毒物 | 常见来源 | 注释 |
|---|---|---|
| **溶血性贫血** | | |
| 甲硫氨酸 | 尿酸化剂（给犬服用以减少草坪上的褐斑） | 海因茨小体性贫血、猫的高铁血红蛋白血症；腹痛、躁动、活动过度。全血细胞计数、生化检测血尿素氮数值低、低血糖 |
| 樟脑丸、石脑油 | 家庭护理产品；可能通过口服或吸入途径接触 | 海因茨小体性贫血。用血液学检查确认 |
| 洋葱、大蒜 | 意外接触大量预制食品或直接摄入 | 急性症状是典型溶血危象 |
| 吩噻嗪驱虫药 | 旧的、很少使用的驱虫药 | 可能出现急性溶血危象。尿液中的吩噻嗪被氧化成红色。吩噻嗪可以在血液或尿液中检测到，但许多实验室不提供常规检测 |
| 丙二醇 | 许多消费品的组成部分。防冻剂替代品 | 海因茨小体性贫血（猫）。还会出现沉郁、虚弱、低血压、酸中毒 |
| 锌 | 锌金属物品，镀锌食品或盛水容器，锌软膏，1983 年后铸造的硬币 | 呕吐和腹泻，伴有苍白的黏膜和黄疸 |

续表

| 毒物 | 常见来源 | 注释 |
| --- | --- | --- |
| **高铁血红蛋白** | | |
| 对乙酰氨基酚 | 非处方止痛药和抗炎药，见表 17–3 | 肝毒性明显。由于高铁血红蛋白血症，血液可能呈深棕色 |
| 苯胺染料 | 鞋油、墨水、油漆。在旧的产品中更为常见 | 见下面的亚硝酸盐 |
| 氯酸盐 | 土壤 / 接触除草剂或土壤消毒剂。用于需要长期抑制植物生长的情况。可能会意外摄入颗粒 | 见下面的亚硝酸盐 |
| 亚硝酸盐 | 草坪肥料、炸药、肉类腌制剂、被污染的井水 | 高铁血红蛋白血症、发绀、虚弱、沉郁、呼吸急促。有关高铁血红蛋白的分析，请参见正文中有关对乙酰氨基酚的部分 |
| **碳氧血红蛋白** | | |
| 一氧化碳 | 通风不良的加热器、汽车尾气 | 沉郁、虚弱、嗜睡、昏迷和死亡。黏膜呈亮粉色，血液呈樱桃红至粉红色 |
| **再生障碍性贫血和血小板减少症** | | |
| 苯 | 汽油和工业或商业产品作为溶剂。小动物可能因吸入暴露而面临危险 | 引起震颤、共济失调等最初的中枢神经系统症状。心脏纤维性颤动可能在高度急性暴露时发生。长时间暴露通常会导致全血细胞减少。血清铁增加，胎儿血红蛋白可能增加。贫血是大红细胞性的，网织红细胞相对较少，通常不成熟 |
| 雌激素 | 用于纠正错配、治疗前列腺增生、人工流产或减少尿失禁 | 嗜睡、虚弱、黏膜苍白、出血点、血尿、黑粪症。全血细胞减少，网织红细胞计数减少 |
| **凝血功能障碍** | | |
| 抗凝血灭鼠剂 | 用于家庭和商业灭鼠的非处方药诱饵 | 皮肤和黏膜瘀点和瘀斑、咯血、鼻出血、黑粪症、黏膜苍白、虚弱、呼吸困难、皮下血肿、心肺音减弱、沉郁和死亡 |

### 表 17–6 肾脏的毒物

| 毒物 | 常见来源 | 注释 |
| --- | --- | --- |
| 氨基糖苷类抗生素 | 主要是卡那霉素、新霉素和庆大霉素 | 通常在长期治疗中出现。最初的发现是多饮多尿，随后是呕吐和氮质血症 |
| 乙二醇 | 汽车散热器防冻液 | 最初的症状是中枢神经系统的共济失调和沉郁，随后是代谢性酸中毒、草酸盐肾病和氮质血症 |
| 真菌毒素 | 冷藏餐桌食品（奶油奶酪、坚果）中的赭曲霉毒素或桔霉素 | 症状是肾小管性肾病引起的多尿、多饮 |
| 葡萄 / 葡萄干 | 犬偶然大量误食 | 厌食，嗜睡，呕吐，腹泻。通过肾功能检测和高钙血症 / 高磷血症进行确认 |
| 卤代烃 | 商业产品、涂料、清洁剂中的溶剂 | 最初的症状可能包括醉酒状、动作不协调和沉郁，随后在 1 ~ 3 d 内出现中毒性肾小管性肾病。临床实验室检查结果反映急性肾小管损伤 |

续表

| 毒物 | 常见来源 | 注释 |
| --- | --- | --- |
| 金属 | 许多金属和准金属是强效肾小管毒物 | 影响和症状是肾小管性肾病的典型特征。用于金属分析的样本应包括血液、尿液、肾脏和肝脏 |
| 非甾体抗炎药 | 布洛芬、萘普生，通常是误食或主人投喂 | 肾损害和临床实验室检查结果与氨基糖苷类抗生素相似。参见表 17-1 |
| 植物（非草酸盐） | 东方百合（百合种）、黄花菜（萱草属） | 猫最容易受到这些植物的威胁。百合花有一种强效肾小管毒药。应对可疑动物进行肾功能检测。目前没有可用的毒物分析 |
| 维生素 $D_3$ | 维生素补充剂和维生素 $D_3$（胆钙化醇）基灭鼠剂 | 潜伏期 18 ~ 24 h 后的症状；1 ~ 3 d 后发展为多尿、过度口渴、触诊时肾脏疼痛 |

## 表 17-7　受毒物影响的临床实验室检查

| 实验室参数 | 有毒物质 | 对值的影响 |
| --- | --- | --- |
| 谷丙酸转氨酶 | 对乙酰氨基酚、黄曲霉毒素、苯并咪唑驱虫剂、卤代烃（如氟烷、氯仿）烃溶剂、铁、茶树油、蘑菇（鹅膏属）、磷化物、西米棕榈、木糖醇、锌 | 中度至大量增加，取决于剂量和毒物 |
| 氨 | 铵基肥料 | 增加 |
|  | 中毒性肝损伤 | 与肝性脑病症状有关的增加 |
| 非再生性贫血 | 镉、铅、锌 | 严重程度不同；铅通常是轻度贫血，锌往往引起临床重度贫血 |
|  | 癌症化疗（如治疗皮肤癌的 5- 氟尿嘧啶软膏） | 取决于剂量。5- 氟尿嘧啶患病动物可能在贫血发生前急性死亡 |
|  | 苯基丁氮酮 |  |
|  | 氯霉素 | 猫比犬更常见 |
|  | 雌性激素治疗 | 通常只有在长时间高剂量下才会出现。雪貂可能异常敏感 |
| 再生性贫血 | 对乙酰氨基酚、阿司匹林、铜、甲硫氨酸、樟脑丸（石脑油）、洋葱 / 大蒜、酚类、丙二醇 | 海因茨小体表示所列毒物的氧化剂损伤 |
| 氮质血症 | 钙质补充剂 | GFR 下降、肾结石 |
|  | 甲硫氨酸 | 血清氨和脂肪酶升高 |
|  | 樟脑球 | 高胆红素血症和酸中毒 |
|  | 非甾体抗炎药，兽用 | 贫血、少尿、低白蛋白血症 |
|  | 彩弹球 | 乳酸中毒和低血容量 |
|  | 百草枯 | 少尿 |
|  | 西米棕榈 | 低白蛋白血症和低血糖 |
|  | 盐 | 酸中毒和低钠血症 |
|  | 锌 | 尿液中的血红蛋白和胆红素增加 |

续表

| 实验室参数 | 有毒物质 | 对值的影响 |
| --- | --- | --- |
| 嗜碱性点彩 | 铅 | 伴有有核红细胞。临床意义不大的轻度贫血 |
| 胆汁酸 | 对乙酰氨基酚、黄曲霉毒素、糖皮质激素、乙胺嗪、5-氟尿嘧啶、西米棕榈、硫乙胂胺（卡帕索酸盐） | 早期出现轻度至中度增加，通常于肝损伤前出现其他症状 |
| 胆红素 | 对乙酰氨基酚、黄曲霉毒素、硫乙胂胺（卡帕索酸盐） | 增加 |
| 血液 pH | | |
| 酸中毒 | 酒精、阿司匹林、面团、胆钙化醇、精油、乙二醇、葡萄 / 葡萄干、啤酒花、铁、聚乙醛、甲硫氨酸、草酸盐、彩弹球、苯酚 / 松油、磷化物、丙二醇 | 酸中毒，通常由代谢紊乱引起，或较少由毒物的酸性引起 |
| 碱中毒 | 钙补充剂、利尿剂、异物、酚类 / 松油 | |
| 血清钙 | 卡泊三烯、胆钙化醇灭鼠剂、利尿剂、葡萄 / 葡萄干、啤酒花、木糖醇 | 增加 |
| | 乙二醇、氟化物、氢氟酸、草酸盐、磷酸盐灌肠剂、大黄、肥皂 | 减少 |
| 肾脏，管型 | 氨基糖苷类抗生素、砷（猫）、镉、百合（大多数物种），非甾体抗炎药 | 肾小管肾上皮损伤 |
| 氯化物，血清 | 氯化铵 | 升高的机制包括丧失浓缩能力、实验室干扰 |
| | 两性霉素 | |
| | 溴化物 | 潜在的实验室误差 |
| | 锂 | |
| 红细胞胆碱酯酶 | 蓝藻、氢氟酸、伊维菌素、有机磷酸酯 / 氨基甲酸酯杀虫剂、磷化物 | |
| 凝血因子 | 用于人心血管疾病的抗凝血剂（“血液稀释剂”）；香豆素类灭鼠剂（如华法林、溴鼠灵、溴敌隆） | 与凝血因子Ⅱ、Ⅶ、Ⅸ、Ⅹ丢失相关的 PT 和 aPTT 延长 |
| 肌酸激酶 | 离子载体（如莫能菌素、拉沙里菌素、盐霉素） | 增加 |
| 结晶尿 | 含草酸的植物（如大黄、酢浆草） | 尿沉渣中的草酸盐结晶 |
| | 乙二醇代谢物 | 草酸结晶出现在尿液中，也来自尸检时肾脏的印压涂片 |
| | 受污染的商业食品中的三聚氰胺 / 三聚氰酸 | 2007 年突发事件。通常伴随着肾功能衰竭的进展症状 |
| γ-谷氨酰转肽酶 | 巴比妥酸盐、糖皮质激素 | 适度增加 |
| 葡萄糖 | 沙丁胺醇、醇 / 醛、$\alpha_2$ 肾上腺素能激动剂（地托咪定、右美托咪定、甲苯噻嗪）、双甲脒杀虫剂、钙通道阻滞剂、麻黄、铁、除虫菊酯 / 拟除虫菊酯、蝎子毒液、单氟乙酸钠（化合物 1080） | 增加<br>高血糖的原因多种多样，主要与阻断 TCA 循环或交感神经刺激葡萄糖释放有关 |

续表

| 实验室参数 | 有毒物质 | 对值的影响 |
|---|---|---|
| 血红蛋白尿 | 对乙酰氨基酚、棕色隐士蜘蛛毒液、氯酸盐除草剂、铜、响尾蛇（蝮蛇）毒液、樟脑丸、洋葱 / 大蒜、丙二醇（猫）、锌（金属） | 升高，轻度至重度。通常是由于毒物的强红细胞氧化性和溶血性的结果 |
| 血清黄疸 | 对乙酰氨基酚、黄曲霉毒素、苯二氮䓬、蓝绿藻、娱乐性药物、樟脑丸、蘑菇、磷化物、西米棕榈、兽用非甾体抗炎药、木糖醇、锌 | 在临床实验室中，低浓度时也反映为高胆红素血症 |
| 白细胞计数 | 苯 | 中性粒细胞减少症，可能有核左移 |
| | 氯霉素<br>雌激素（犬）<br>苯基丁氮酮 | 化学性中性粒细胞减少症和（或）全血细胞减少症一般由于长期使用后对干细胞的抑制或破坏所致 |
| 血清镁 | 庆大霉素 | 减少，继发于肾病或高钙血症 |
| | 维生素 D 诱导的高钙血症 | |
| 高铁血红蛋白 | 对乙酰氨基酚、苯佐卡因、氯酸盐除草剂、铜、肉类腌制盐（亚硝酸盐）、甲硫氨酸、亚硝酸盐、洋葱 / 大蒜、酚类、吸入烟雾 | MetHb 增加超过 40% 会引起临床症状。MetHb 可能在采集后迅速代谢或发生变化；请联系实验室了解保存和运输方面的要求 |
| 渗透压 | 阿司匹林、乙醇、乙二醇、磷酸盐灌肠剂 | 高渗透压和高渗透压间隙 |
| 卟啉尿症 | 六氯苯、铅 | 抑制卟啉合成途径而中度增加 |
| 全血细胞减少症 | 苯衍生物、癌症化疗、氯霉素、5- 氟尿嘧啶、铊 | |
| 血清磷酸盐 | 白夜丁香、胆碱酯酶灭鼠剂 | 因维生素 D 作用而增加 |
| | 木糖醇 | 据报道，木糖醇可引起高磷酸盐血症或低磷酸盐血症 |
| 血清磷酸盐 | 沙丁胺醇 | 减少 |
| 血清钾 | 血管紧张素转换酶抑制剂、钙通道阻滞剂、洋地黄糖苷、利尿剂、葡萄 / 葡萄干、火柴 / 烟花、非甾体抗炎药 | 增加 |
| 血清钾 | 沙丁胺醇 | 减少<br>沙丁胺醇还可能导致血磷和血清镁降低，乳酸升高，以及交感神经刺激引起的继发性高血糖 |
| 血清钠 | 阿司匹林、巧克力 / 咖啡因、脱水、盐摄入量过多、葡萄 / 葡萄干、彩弹球 | 增加 |
| 血小板细胞计数 | 黄曲霉毒素、头孢菌素、响尾蛇（蝮蛇）、雌激素、5- 氟尿嘧啶、IFE 疗法、非甾体抗炎药、酚类、西米棕榈、木糖醇、锌 | 减少 |

注：aPTT，活化部分凝血活酶时间；GFR，肾小球滤过率；IFE，静脉注射脂肪乳剂；MetHb，高铁血红蛋白；PT，凝血酶原时间；TCA，三羧酸。

标包括血气、电解质、血糖、血尿素氮、肌酐、肝功能、阴离子间隙、渗透压和肾功能。第二级是特定药物或毒物检测[6]。在临床实验室评估后，临床兽医可利用某种形式的“筛选”检测快速提示潜在的毒物类别。根据筛选试验的结果，可以选择特定的验证性仪器或免疫学程序来支持初始诊断。当存在潜在的产品责任或需要取证（如疑似恶意中毒）时，这些检查程序通常最重要。对阳性检测进行量化可能对某些毒物的解释很重要，但对其他毒物则不重要。例如，胃内容物中任何剂量的番木鳖碱都可以被诊断为中毒，而其他毒物的诊断则取决于定量（如铅）是否超过阈值来确定中毒。毒物的定量受时间推移和特定毒物的半衰期的影响很大。因此，如果预期要进行特定的确认检测，那么及早收集呕吐物、粪便、血液和尿液是化学实验室检查的关键。

## 获取和运输样本

血液或血浆是身体运输毒物的主要载体。收集全血时应使用抗凝血剂（常规选择 EDTA 或肝素）。呕吐物或粪便可为近期口腔暴露、胆汁排泄或两者兼有提供证据。许多有机毒物由肾小管运输系统直接分泌随尿液排出。毛发可以记录有毒物质（特别是金属或含硫化合物）的长期积累，即使在胃肠道和器官的浓度不再升高或检测不到有毒物质时，通过检查毛发也可表明是否曾暴露于有毒物质。然而，毛发检测值必须谨慎解释，因为检测可能受到外部污染而不是系统积累的影响。诱饵和其他环境样本可能构成毒源或可能的暴露途径。环境样本包括食物、水、疑似有毒植物、诱饵、杀虫剂、家用产品、药物和溶剂。空的容器也可能有用。

当动物死亡时，临床兽医应建议进行彻底的尸检，并收集适当的样本，以检查病变和分析毒物。胃内容物可能含有植物、异物、异常颜色（如与农药有关的标记染料）、片剂或胶囊。适当的器官和组织样本应冷冻保存；置于 10% 中性福尔马林缓冲液中进行显微镜检查。样本应包括脑、肝、肾、心肌、胃、肠、肺、尿、粪便和任何其他出现异常的组织。许多中毒可以通过特征性病变来推定诊断［如香豆素抗凝剂引起凝血功能障碍，通常伴有血胸；EG 中毒通常在死后通过肾印压涂片显微镜检查，或常规苏木精和伊红（HE 染色）组织病理学检查进行诊断］。如果有责任或恶意投毒的争议，最好将整只动物提交到有兽医病理检查资格的实验室。观察严重的病变，特别是显微镜下的病变通常是消除某些中毒反应或提示其他中毒反应的有价值的方法，而且这些信息通常具有成本效益。

不受污染（如环境因素、药物、防腐剂）的适当样本可以单独密封在玻璃或塑料容器中进行化学检测。虽然标准抽空的血液或血清管足以处理大多体液，但一些微量元素（如锌）需要特殊的微量元素管。最好不使用防腐剂。运送前应将血清与血凝块分离。如果要进行毒理学分析，最好将样本冷冻储存。对于特殊的分析，或如果对所需的样本有疑问，临床兽医应咨询毒理学家或致电实验室获取信息。

应遵循适用的美国邮政服务（USPS）关于生物、传染性和有毒材料的规定。常在整个提交样本时使用联合国批准的包装材料（通常在包装材料目录中注明）。如果样本的完整性和监管链很重要（如保险索赔，诉讼），临床兽医应密封运输箱，将传送样本信息放在标有“发票”的信封中，将信封贴在密封的盒子外面，尽可能直接将其发送给特定接收人。USPS 对具有潜在毒性或感染性污染物的生物样本的规定和建议非常广泛，超出了本章的范围。动物医院定期通过美国邮政管理局或通过商业载体提交样本，应了解目前的建议和规定；将这项责任分配给实践中能够跟上这些规则的 1 ～ 2 位员工可能有帮助。

## 选择分析实验室

在选择和使用分析实验室或参考实验室时，应考虑某些标准。首先，实验室应获得负责审核及批准程序和方法的外部组织的认可或认证。实验室信息管理系统（LIMS）中的样本和样本跟踪对于保持清晰的接收、存储和分析记录至关重要。样本追踪程序必须保证分析数据和获得的样本之间的联系。按照法律要求来自实验室的数据必须能够拥有完整的“保管链”。样本的分析应使用标准操作程序，并已在内部或从文献中验证。为了进行良好的质量控制，执行该方法时应使用内标物、对照样本或加标样本。内标物是添加到样本中的一种化合物，其性质与目标化合物相似。对照样本是指在与被分析物质相同或相似的基质中含有所要化合物的样本。加标样本是将两个样本称重，并在其中一个样本中加入所要的化合物，从而确定回收率。程序中使用的分析仪器必须经过验证，在控制范围内运行，以获得报告所需的可验证数据。必须保存良好的文件和记录，以确保数据的有效性。

最后，重要的是毒理学家能够结合病史、分析数据，给出合理建议。

下面是对分析毒理学实验室用于调查和鉴定相关化合物的技术的简要回顾。它们旨在帮助临床兽医了解现代化分析实验室的信息技术。

### 薄层色谱法

薄层色谱法（thin-layer chromatography，TLC）是一种分离化合物的技术，通常使用正相（二氧化硅）或反相（改良后的二氧化硅，含有 C18 臂）。在使用 TLC 时，样本与标准品一起被固定在平板上（固定相），并与显影溶剂（流动相）一起放在一个槽中。溶剂通过毛细作用在板上移动，化合物被分离。根据化合物的情况，可以用紫外线或荧光观察平板，或喷洒形成明显的发色团。这种技术主要用于筛选，使目标化合物与基质很好地分离时，也可以用密度测量法定量。TLC 的用途相对广泛，价格低廉，但与许多仪器方法相比，特异性较差。

### 气相色谱法

气相色谱法（gas chromatography，GC）是一种用于分析和量化挥发性化合物的技术。化合物被注入气相色谱仪并在蒸发到柱子上。这可以通过使用填充剂或毛细管柱来完成。柱子是固定相，气体是流动相。化合物在柱子上通过与气体的相互作用而被分离；热量也使化合物沿柱子移动。离开柱子后，化合物可以被各种检测器检测到。其中一些常用的检测器包括火焰光度检测器（flame ionization detector，FID）、热导检测器（thermoselective detector，TSD）或氢火焰离子检测器（flame photometric detector，FPD），以及电子捕获检测器（electron capture detector，ECD）。

### 高压液相色谱法

高压液相色谱法（high-pressure liquid chromatography，HPLC）是一种用于分离和定量非挥发性化合物的检测方法。化合物被注射到一个柱子上，流动相在高压下被泵入柱子，分离化合物。通常使用紫外线或荧光来检测化合物。在某些情况下，化合物可以被衍生化以吸收紫外线或发出荧光。

## 质谱法

质谱法（mass spectrometry，MS）是一种测量带电粒子的质荷比的分析技术。这被用于测量化合物的颗粒质量。一般有两种类型：气相色谱 - 质谱法（GC–MS）和液相色谱 - 质谱法（LC–MS）；其名称表示样本的引入方式。GC–MS 使用气相色谱仪，对化合物进行裂解，给出该化合物特有的特征模式。LC–MS 使用 HPLC 引入样本，检测化合物的整个质量。为了进一步确认该化合物，可以进行液相色谱 - 串联质谱分析（LC–MS/MS），在该方法中检测到化合物质量，然后用特定的碰撞能量撞击，并裂解成从化合物形成的子离子。这些技术用于确认化合物，并可作为法律依据。

## 原子吸收光谱法

原子吸收光谱法（atomic absorption spectroscopy，AAS）是一种用于量化样本中特定金属元素的技术。有两种类型：火焰 AAS 和石墨炉 AAS（GF–AAS）。这些技术通常一次只能分析一种元素。在火焰 AAS 中，样本被吸入火焰中，想要的元素被吸收并被检测到，从而被量化。在 GF–AAS 中，样本被放置在石墨炉中，并被加热到极高的温度，使元素气化，从而被吸收和检测，以达到定量的目的。

## 电感耦合等离子体发射光谱法

电感耦合等离子体发射光谱法（inductively coupled plasma emission spectroscopy，ICP–ES）是一种用于分析金属和矿物的技术。样本被吸入等离子体中，等离子体激发原子，然后发射出特征电磁辐射，其波长可以被测量。使用这种技术，可以同时测量许多元素。

## 电感耦合等离子体质谱法

电感耦合等离子体质谱法（inductively coupled plasma mass spectrometry，ICP–MS）是一种测量金属和非金属的质谱法。与 ICP–ES 类似，样本被吸入等离子体中，但该技术的敏感性更高［十亿分之一（ppb）到万亿分之一（ppt）］，因为人们测量的是元素的实际质量。这种技术可用于元素的确认和形成，并可作为法律依据。

# 通过实验室分析诊断特定毒物

当需要进行化学诊断时，化学分析是诊断毒物的最重要的最终确认方式。具体选定的常见毒物将在下一节中介绍。此外，还提供了部分器官系统的不同毒素列表，以及每种毒物的不同来源和关于区分毒物的临床或实验室特征的注释（表 17–1 ~ 表 17–6）。也可参考表 17–7，其中对常见兽用毒物相关的具体临床实验室变化进行比较。

## 对乙酰氨基酚

**适应证** · 任何有对乙酰氨基酚用药史的猫都可能出现对乙酰氨基酚中毒的情况（尤其是出现呼吸困难或发绀的症状）。一片含量为 325 mg 的药就可能造成中毒。

**样本采集** · 血浆（来自 EDTA 或肝素保存的样本）或血清和尿液是首选的活体样本。血液中的对乙酰氨基酚浓度通常在摄入后 4 ~ 6 h 达到峰值。如果在 24 h 内进行分析，应将样本冷藏，如果时间延长，则应将样本冷冻。血涂片应检查是否有海因茨小体。活体全血可以检测高铁血红蛋白。高铁血红蛋白不稳定，必须在 4 h 内进行检测，或通过用等量的无菌水对全血进行溶血来稳定。临床兽医应提前与实验室联系，了解处理和提交高铁血红蛋白分析样本的建议。组织中的毒性浓度尚未确定。

**分析**·对乙酰氨基酚在血清或血浆中通常使用 HPLC 测定。如果检测后，血液中的谷胱甘肽值会降低。中毒的猫可能会有中度（即 10% ~ 50%）到明显（即＞50%）数量的大的海因茨小体。正常猫多达 10% 的红细胞可能含有小的海因茨小体（见第 3 章）。可能出现血红蛋白尿或血尿；高铁血红蛋白浓度增加。

**正常值**·动物的数据很少，但对乙酰氨基酚值＜100 μg/mL 可能不提示中毒。

**危险值**·未在猫身上确定；人类的对乙酰氨基酚值＞300 μg/mL，表明有肝病。

**假象**·其他产生高铁血红蛋白血症或血红蛋白尿的药剂（如苯胺染料、铜盐、亚硝酸盐、洋葱；表 17–5）与对乙酰氨基酚症状相似。

**原因**·常见猫对乙酰氨基酚中毒；犬较少中毒，但比猫更容易出现明显的肝脏毒性。接触通常是人为的。应排除造成海因茨小体和高铁血红蛋白血症的其他原因（表 17–5 和第 3 章）。高铁血红蛋白血症的证据，中度到明显的大的海因茨小体的数量，或两者都伴随着对乙酰氨基酚或其代谢物的阳性检测结果，支持对乙酰氨基酚中毒的诊断。

## 黄曲霉毒素

**适应证**·犬最常受到影响。急性症状为呕吐、出血和肝功能衰竭，或亚急性反应，包括渐进性肝功能衰竭、黄疸、低蛋白血症、凝血功能障碍和体重减轻，这些是典型黄曲霉毒素中毒的临床症状。黄曲霉毒素是由黄曲霉菌和其他曲霉菌属形成的强效肝脏毒素。当发霉的谷物被用于宠物食品中时，它们很少引起宠物食品的大规模污染。提示黄曲霉毒素中毒的临床实验室变化，包括低蛋白血症、凝血功能障碍和肝功能不全或衰竭。肝脏酶［丙氨酸氨基转移酶（ALT）、山梨醇脱氢酶和 γ–谷氨酰转肽酶（GGT）］增加，血清胆汁酸升高是肝脏黄曲霉毒素中毒的一个敏感指标。腹部超声和肝脏活检已被用于检测肝脏黄曲霉毒素中毒的典型的小叶中心坏死和出血。

**样本采集**·从几袋可疑的宠物食品中分别取样，并记录每袋的批号。将食品储存在阴凉干燥的地方，如果需要长期保存，可以将其冷冻，以保持采样时的状态。尿液中的黄曲霉毒素代谢物表明最近暴露于黄曲霉毒素，在因黄曲霉毒素中毒而亡的动物的身体组织（肝脏和肾脏）中可以发现黄曲霉毒素代谢物的残留物，如黄曲霉毒素 M1。

**分析**·当需要对受污染食品进行定量和确认时，从可以在临床实验室进行的 ELISA 试剂盒和（或）横向流动快速检测，到 TLC、HPLC 或 LC–MS/MS 进行的更复杂的定量分析，存在一系列可用的饲料分析程序。

**正常值**·黄曲霉毒素的使用由美国食品药品监督管理局监管。超过 20 ng/g（ppb）的谷物值不允许在美国州际贸易中使用。

**危险值**·当黄曲霉毒素浓度超过 60 ng/g 时，与犬的黄曲霉毒素中毒有关。当食物浓度超过 200 ng/g 时，更有可能出现严重的亚急性中毒。

**假象**·并非所有黄曲霉毒素的毒性都相

同，一些对总黄曲霉毒素的检测可能会非特异性地高估毒性最大的代谢物黄曲霉毒素 B 的真实水平。

**原因**·曲霉菌（黄曲霉、寄生曲霉和集峰曲霉）可能会污染水分含量超过 14% 或者不适当储存的谷物。最危险的是玉米、棉籽和花生；玉米是许多宠物食品中的常见成分。

## 沙丁胺醇

**适应证**·急性发作时出现恐惧、躁动和心律失常，并伴有呼吸急促和昏倒是中毒的指征。这些症状通常是由于过度的 $\beta_2$ 受体激动剂活性造成的，并且由于 $Na^+$、$K^+$–ATP 酶的激活而出现严重的低钾血症，以及由于交感神经的刺激而出现高血糖。

**样本采集**·当出现沙丁胺醇暴露或出现典型的临床症状时，需要采血检测葡萄糖和血清电解质。

**分析**·建议进行常规电解质检查，包括血清钾、磷、镁、乳酸、AST 和葡萄糖。此外，根据出现的症状和潜在的严重低钾血症，有必要监测血压和心电图。可以通过 HPLC 或 LC–MS 测定血浆、血清或肝脏中的沙丁胺醇。

**危险值**·明显的低钾血症和可能的低磷血症和低镁血症，以及天门冬氨酸氨基转移酶（AST）、血液中乳酸和血糖的升高是沙丁胺醇中毒的指标。

**假象**·许多有毒物质会影响血糖和血钾（表 17–7）。急性 $\beta_2$ 受体激动剂症状合并高血糖和低钾血，沙丁胺醇中毒可作为有效的鉴别诊断。

**原因**·当犬咀嚼和刺穿人类通常使用的或患病动物标签外使用的加压罐式吸入器时，最常碰到沙丁胺醇中毒。

## 生物碱类

**适应证**·中枢神经系统兴奋，包括癫痫发作（表 17–1），伴有或不伴有呕吐，以及可能暴露于生物碱类药物的患病动物，应考虑生物碱类药物中毒。高危生物碱毒物包括 4–氨基吡啶（Avitrol）、安非他命、咖啡因、可卡因、可可碱、尼古丁和番木鳖碱。其中一些已被列为毒品，可可碱是巧克力产品中主要的有毒生物碱。

**样本采集**·吸收后，生物碱可能会在肝脏中浓缩，并最终通过尿液排出。血浆值可能比尿液值低，除非尿液在死亡之前迅速排出（如＜1 h）。首选的样本是活体动物的呕吐物或尿液，以及任何可疑的诱饵[如鸟类毒剂（4–氨基吡啶）]。血液或血浆可能含有某些大量的生物碱[如甲基黄嘌呤（咖啡因、可可碱）]。有些生物碱（如番木鳖碱）很难在生前的血液中检测出。尸检样本应包括肝脏、肾脏和尿液。冷藏足以保存生物碱。

**分析**·对小动物具有重要毒性的生物碱化合物包括 4–氨基吡啶、安非他命、阿托品、咖啡因、其他甲基黄嘌呤、可卡因和番木鳖碱。筛选分析可通过 TLC 进行。定量分析最好通过 HPLC、GC、GC–MS 或 LC–MS 进行。

**正常值**·对于前面列出的生物碱，并无参考值；它们只要在体内的存在均表明暴露于外源性来源。例如，任何剂量的番木鳖碱都表明中毒。

**危险值**·分析证实了暴露情况，但对于大多数常见的生物碱来说，毒性浓度尚未确定。

**假象**·许多植物化合物和药物含有无毒的杂环氮化合物，可作为生物碱反应。依靠比色反应，只测量一般的生物碱反应的简单斑点检测，可能会因为检测结果为假阳性而错误地暗示中毒。建议在适当的溶剂提取后进行至少一次 TLC，如果有必要，再进行另一种确认性的仪器检测。

**病因・**生物碱中毒需要与其他毒物（表 17–1 和表 17–2）、其他引起中枢神经系统兴奋的原因和其他引起呕吐的原因相鉴别（见第 9 章）。诊断通常通过结合病史和临床症状，以及在胃内容物或体液中的生物碱来确诊。

## 双甲脒

**适应证・**对于有呕吐、沉郁、共济失调、频繁排便或腹泻的患病动物，以及有意使用、误用或意外接触外用药、驱蜱项圈或一些家畜喷雾剂而暴露于双甲脒的动物，应考虑双甲脒中毒。晚期全身症状包括心动过缓、低血压和惊厥。低血糖是一个典型的临床实验室变化。

**样本采集・**通常不检测血液，因为血液中双甲脒浓度很低，但尿液中的代谢物可用于诊断。当暴露不确定时，可以分析毛发上或呕吐物中的双甲脒。呕吐物、肝脏、肾脏、皮肤、毛发、大脑或肺部的样本可用于尸检病例。

**分析・**样本通常使用氮磷检测器进行气相色谱分析，以定量测定双甲脒。也可使用 HPLC，但可能需要更广泛的净化程序来消除干扰。

**正常值・**双甲脒不会出现在正常组织中。

**危险值・**尚未确定。

**原因・**通常导致双甲脒中毒的原因是大量的治疗性过量或无意中暴露于不建议使用双甲脒的物种（如猫）。需要排除其他毒素（表 17–2）和其他导致呕吐和腹泻的原因（见第 9 章）。临床症状可能与有机磷酸盐或氨基甲酸酯类中毒的症状相似；这些症状可能需要通过适当的检测（如乙酰胆碱酯酶）来排除。

## 抗凝血灭鼠剂

**适应证・**出血、活化凝血时间（ACT）延长、凝血酶原时间（PT）延长或活化部分凝血活酶时间（aPTT）延长（或两者兼有），表明维生素 K 反应性抗凝血灭鼠剂中毒（表 17–5）。维生素 K 活性诱导的蛋白质（PIVKA）异常结果也被用于检测维生素 K 拮抗剂引起的凝血障碍。

**样本采集・**全血（在 EDTA 或肝素中）、血清或尿液可用于对香豆素类灭鼠剂进行化学分析。临床兽医应使用小号针头进行采血，以减少静脉穿刺部位的出血。胃内容物或呕吐物可能含有少量或没有抗凝血剂，因为临床症状是在 1 ~ 2 d 的潜伏期后出现的。尸检样本应包括肝脏和肾脏。

**分析・**对小动物具有重要毒理学意义的抗凝血灭鼠剂包括华法林、杀鼠酮和氯鼠酮（第一代），以及溴敌隆、敌鼠、噻鼠灵和溴鼠灵（第二代）。分析技术的范围包括从用 TLC 进行初步筛选到用 HPLC 进行定量分析，并利用可疑毒饵、血液、血清或中毒动物的尿液进行紫外线或荧光检测。此外，如果有条件，还可以使用 LC–MS/MS。诱饵通常含有 0.05% 的活性成分。当使用强效灭鼠剂（如溴敌隆、敌鼠）时，血液浓度可能非常低（ppb 范围）。中毒动物的肝脏和肾脏可能同时含有母体化合物和羟化代谢物。

羟化代谢物在尿液中排泄，在停止暴露后可能存在 1 ~ 2 d，如果涉及第二代抗凝剂，则可能存在更长时间（几周）。溴鼠灵残留可在组织中持续长达 120 d[2]。通过临床实验室检测无功能的维生素 K 依赖性凝血因子（PIVKA），可以获得维生素 K 拮抗作用的间接证据，当检测到灭鼠剂或其代谢物时，确诊是最确定的。

**正常值**・抗凝血灭鼠剂不会出现在血液或组织中；＜1 ng/mL（1 ppb）的数值与临床中毒症状无关。

**危险值**・血清或血浆的浓度变化很大，取决于初始剂量和暴露时间，在溴鼠灵中毒期间可能为 1 ～ 10 ng/mL[1]。肝脏的浓缩量比血浆或血清要高约 1000 倍。尸检时，在临床中毒犬的血液或肝脏中，敌鼠和溴敌隆的浓度可能低于百万分之一（ppm）。

**原因**・在有出血问题的患病动物中，必须将中毒与其他原因引起的因子缺乏，以及血小板减少症和弥散性血管内凝血进行区分（表 17–5 和第 5 章）。抗凝血灭鼠剂的显著浓度，同时升高的 ACT、PT 和 aPTT（无论是否有 PIVKA），在临床上可以确诊。由于目前大多数灭鼠剂使用的是第二代灭鼠剂，尿液中的残留物会存在数周。

## 阿司匹林

**适应证**・对于有呕吐、发热和实验室结果符合代谢性酸中毒的患病动物，应考虑阿司匹林中毒（见第 6 章）。猫阿司匹林中毒的风险比犬大。如果近期给猫服用过阿司匹林且剂量过大（即＞75 mg/kg，持续 7 d 以上），表明阿司匹林中毒。

**样本采集**・分析 EDTA 血液的血小板减少症和海因茨小体，同时分析血浆中血清水杨酸盐浓度。24 h 内进行的检测，样本放冷藏保存。检测时间超过 24 h 的血浆应冷冻。水杨酸盐代谢物可能存在于肝脏和肾脏中，但毒性浓度尚未确定。

**分析**・定性推定尿液检测包括向 1 mL 尿液中加入几滴 10% 的氯化铁。在存在水杨酸盐的情况下，会形成紫色。HPLC、GC、GC–MS 或 LC–MS/MS 允许对尿液或血浆进行更准确和定量检测。

**正常值**・动物的正常值尚未确定；预期的人类治疗性血浆浓度＜50 mg/dL。

**危险值**・血清或血浆中的水杨酸盐浓度表明暴露于水杨酸盐，但在动物中的毒性阈值尚未确定。人类中毒的血液浓度为 50 ～ 100 mg/dL；猫的致命中毒与血液浓度为 60 mg/dL 有关。

**原因**・大多数阿司匹林中毒发生在猫身上。有阿司匹林用药史和呕吐史的猫，可推定诊断。诊断可以通过血浆水杨酸盐测定来确认。

## 蓝绿藻

**适应证**・突然出现神经系统症状或急性呕吐，随后是迟发的肝损伤或肝功能衰竭，这与铜绿微囊藻的蓝绿藻中毒相一致。有毒的微囊藻毒素是一种强效的肝脏毒素，它破坏肝脏的细胞骨架，导致急性肝坏死。在犬中，对乙酰氨基酚中毒、急性黄曲霉毒素中毒、铁中毒、西米棕榈（苏铁棕榈）和木糖醇中毒是有效的鉴别诊断。

**样本采集**・有潜在危险的水可以检查微囊藻属物种，可以通过显微镜鉴定。位于加利福尼亚州戴维斯的加州动物健康和食品安全实验室和奥本大学（http://www.cyanopros.com）提供微囊藻毒素检测分析。

**分析**・微囊藻毒素可以通过 ELISA 试剂盒进行分析，但 LC–MS/MS 是首选方法；其中一些毒素甚至需要进行液相色谱 – 三重质谱分析（LC–MS/MS/MS）。

**正常值**・血清中的肝酶和电解质正常，表明微囊藻毒素没有影响。

**危险值**·碱性磷酸酶、AST、谷丙转氨酶（ALT）和胆红素的血清浓度增加，以及高钾血症和低血糖是中毒犬的特征性血清生化变化。在可疑的水样或犬的胃内容物中发现微囊藻毒素，可以证实暴露于这种强效藻毒素。

**组织病理学**·在因微囊藻毒素中毒而死亡的动物中，会出现肝细胞肿胀、肝脏肿大，以及显微镜下显示的中心小叶肝坏死。

**假象**·尚无报告。

**原因**·微囊藻属最常被称为蓝绿藻，该属的一些物种可产生一种强大的肝脏毒素，称为微囊藻素。在炎热的夏天和（或）低水位时，富含氮和磷的湖泊和池塘会出现有毒的藻华。濒临死亡的藻类水华的浓度可导致微囊藻素暴露，主要发生在受污染的水中游泳或饮水的犬上。

## 一氧化碳

**适应证**·有嗜睡、精神状态下降或突然出现昏睡和沉郁的动物可能暴露于一氧化碳（CO）。体格检查结果可能包括反射能力下降、心动过速和呼吸急促。长期接触一氧化碳后，可能会出现残留的神经毒性。

**样本采集**·血液和血清的常规取样足以进行对一氧化碳中毒诊断，这是很重要的临床实验室检查。

**危险值**·血液的正常静脉颜色伴随着正常的CBC和血清生化指标。由于碳氧血红蛋白（carboxyhemoglobin，COHb）的色素特性，COHb升高的血液呈红色至粉红色。未凝固的全血可以通过测量血液中的COHb来检测CO暴露。在一些兽医诊断实验室和许多人类医院实验室都提供该测定。COHb浓度超过20%与沉郁和呼吸效应有关。血液中的COHb超过50%表示严重急性中毒，需要立即处理。

**假象**·当发生CO中毒时，血红蛋白饱和度分析可能不准确。脉搏血氧仪会高估饱和血红蛋白的数量，因为该方法不能区分COHb和氧合血红蛋白。因此，如果怀疑CO中毒，直接测量COHb很重要。

**原因**·CO本身是无色、无味的，而且与空气的密度非常接近。所以在密闭空间内的汽车尾气、运输过程中的尾气泄漏、犬舍内有缺陷的空间加热器，以及火灾中急性暴露于烟雾中，都可能造成动物CO中毒。

## 铜

**适应证**·当发生慢性或进行性肝脏损害，导致慢性肝功能衰竭，有时导致肝硬化时，就需要检测肝组织中的铜（见第9章）。

## 精油

**适应证**·猫比犬更容易受到精油的影响。中毒的初期症状可能包括急性肝功能衰竭、共济失调、震颤、体温过低和昏迷。暴露通常是由于精油洒出或其他途径直接接触皮肤。

**样本采集**·建议用血液和血清测定肝功能和凝血。如果摄入是暴露途径，内窥镜检查有助于评估胃肠道（GI）损害。

**分析**·临床生化和凝血的常规方法适用于评估肝功能和凝血功能障碍。血清或血浆中的精油检测方法并不常见，但如果提供的话，一般是通过毛细管GC-FID检测或GC-MS检测。

**危险值**·碱性磷酸酶 、AST、ALT、CK、总胆红素和凝血都升高。

**假象**·无报道，但酶的变化模式和凝血状况与其他肝毒性药物相似。

**原因**·各种各样的精油都是从植物中提取出来的，用于各种产品，从芳香和香料到药物和杀虫剂。一些精油被认为对动物有害，包括苦杏仁、白千层 / 茶树油、薄荷油和艾草。在家庭中使用这类产品，会导致犬和猫不经意间暴露于这些精油。

## 乙二醇

**适应证·**对已知或怀疑摄入乙二醇（EG）的患病动物，应考虑乙二醇中毒。共济失调、沉郁和呕吐符合 EG 中毒；可能会发生癫痫发作。考虑体重因素，猫比犬更容易受到影响。

**样本采集·**最初需要采集全血（EDTA 或肝素）、血清或血浆以及尿液样本。应迅速测定电解质、酸碱状态、渗透压和阴离子间隙（见第 6 章）。在摄入后 6 h 内采集的血液样本最有可能为 EG 阳性。在此之后，预计会出现酸性中间体（如乙醇酸）。应在死后获取肾脏，以进行草酸盐结晶的组织病理学检测；肾脏和尿液可保存，用于可能的 EG 或酸性代谢物分析。

**分析·**使用商业检测试剂盒（REACT 乙二醇检测试剂盒；PRN Pharmacal inc.，Pensacola，FL）检测血清或血液中的 EG。如果在摄入后 24 ~ 36 h 内进行分析，结果最佳。近年来，由于缺乏特异性或潜在的非特异性，EG 快速检测的可用性各不相同。如果早期有尿液的话（即摄入后不到 6 h），尿液含有 EG，随后是草酸盐和草酸钙结晶，可以用偏振光用光学显微镜观察到。草酸钙结晶（图 7–7）在摄入后 3 ~ 6 h 出现，虽然不是绝对正确，但对诊断有用。4 h 后，血清钙可能因与 EG 的草酸代谢产物络合而降低。渗透压、渗透压间隙和阴离子间隙通常增加，但这些可能会受到其他醇或代谢性酸中毒的影响；预计会出现严重的代谢性酸中毒（见第 6 章）。用 GC 或 GC–MS 分析乙二醇效果最好。除了血清和尿液，肾脏也是很好的分析样本。

**正常值·**微量的乙二醇盐或草酸盐晶体。

**危险值·**EG 值＞20 ~ 50 mg/dL 表明暴露；毒性浓度变化很大，取决于初始剂量和暴露后的时间。高阴离子间隙和严重的代谢性酸中毒表明 EG 严重中毒。

**假象·**乙醇或甲醇也可能异常增高血清渗透压，但不应该导致草酸盐结晶或高 EG 浓度。EG 试剂盒与丙二醇、福尔马林、甘油、过量的血清乳酸脱氢酶（LDH）和一些药物（如戊巴比妥、地西泮）发生交叉反应。

**原因·**EG 中毒需要与其他中毒（表 17–1 和表 17–6）和其他原因引起的急性中枢神经抑制、代谢性酸中毒和少尿性肾功能衰竭相鉴别。从中枢神经系统症状迅速发展（即 1 ~ 3 d）到伴有草酸钙结晶的少尿性肾功能衰竭和阴离子间隙增加的代谢性酸中毒（第 6 章），可推定为 EG 中毒。中枢神经系统症状短暂，可能会被遗漏。除非 EG 中毒在摄入后几小时内得到治疗，否则预后很差。

## 葡萄 / 葡萄干

**适应证·**急性呕吐和沉郁，继而出现少尿或无尿肾功能衰竭，伴高钾血症和代谢性酸中毒是葡萄 / 葡萄干中毒的主要特征。到目前为止，只有犬被证实易受这种中毒影响。主要鉴别［非甾体抗炎药中毒、氨基糖苷中毒、EG 摄入和维生素 $D_3$（胆钙化醇）中毒］需要迅速确定真正的原因，以最好地支持挽救生命治疗。

**样本采集·**呕吐物中出现葡萄或葡萄干应提示潜在中毒。由于中毒原理尚不清楚，排除主要的鉴别诊断是诊断确认的唯一途径。

**分析·**目前尚无关于有毒原理的分析方

法。诊断得到适当的临床化学结果的支持。

**正常值**·电解质在正常范围内，无氮质血症，尿量和比重正常，表明葡萄/葡萄干中毒没有发生。

**危险值**·血尿素氮、肌酐、碱性磷酸酶、丙氨酸氨基转移酶、淀粉酶和脂肪酶升高伴有高钾血症、高磷血症、高钙血症、等渗尿、蛋白尿和葡萄糖尿。

**假象**·其他肾脏毒物可能会有类似的临床化学变化模式。

**原因**·葡萄属（葡萄或葡萄干）含有未知毒素，可导致急性肾功能衰竭，并伴有高钙血症、高磷血症、高钾血症和肝酶升高。

## 铁

**适应证**·铁中毒有4个临床阶段。第一阶段（摄入后0～6 h）主要是胃肠道综合征，伴有呕吐、腹泻、绞痛和胃肠道出血。第二阶段（6～24 h）是临床症状减少和明显恢复，但随后是第三阶段，持续高达4 d，出现呕吐、腹泻、消化道出血、低血容量和酸中毒。如果动物在这一阶段存活下来，由于严重的胃肠道黏膜损伤，第四阶段可能会发展为胃肠道疤痕和狭窄。

**样本采集**·血液或血清。

**分析**·铁中毒的检测可以使用火焰原子吸收光谱分析（flameAAS）、石墨炉原子吸收光谱分析（GF-AAS）、电感耦合等离子体发射光谱仪（ICP-ES）或电感耦合等离子体质谱仪（ICP-MS）。对血清总铁和总铁结合能力（TIBC）进行比较，以评估是否超过了铁的运输能力（见第3章）。

**正常值**·犬的正常血清铁为95～125 μg/dL。犬的正常TIBC是血清铁浓度的3～4倍，450 μg/dL是正常上限（见第3章）。

**危险值**·当血清中的铁总量超过TIBC时，这种游离铁的指标表明，未结合的铁的氧化作用将对胃肠道和肝脏产生毒性和氧化作用。

**假象**·溶血血清可能会导致错误的高值。GF-AAS检测血清铁无明显的假象，但溶血后血清总铁可能较高，因为GF-AAS会检测到从溶血红细胞中释放的血红素铁。

**原因**·在小动物中，主要是犬，铁中毒通常是由于无意中摄入大量的铁补充剂片。结果是幸存者出现并发的严重胃肠道损伤、肝损伤、休克和潜在的胃肠道瘢痕。

## 铅

**适应证**·对于有周期性呕吐，伴有或不伴有轻度贫血和嗜碱性点彩的犬，以及有厌食和偶尔呕吐的猫，应考虑铅中毒。大多数铅中毒的动物还会出现癫痫和行为改变（如癔症、沉郁），偶尔还会出现共济失调和面部震颤。

**样本采集**·在EDTA或肝素中采集的全血是首选的活体样本，用于制作血涂片以寻找嗜碱性点彩和有核红细胞，检测卟啉（血浆），或用于分析铅（铅主要存在于红细胞中）。铅在血液中长期稳定，但样本应该冷藏，以保持红细胞的完整性。尿液可能有帮助（卟啉含量升高）。在死后可以收集肝脏和肾脏以供分析。最近，已有一种或多种快速和简单的血铅分析方法可用于紧急使用，当血铅高于临床显著值时，可提供阳性结果。Lead Care II系统是一种成本最低的仪器（2000～3000美元，折合人民币14 631～21 947元），可用于血铅分析；最近将其与GF-AAS进行比较，显示出可提供类似诊断结果的结果，尽管就精确的铅浓度而言，GF-AAS仍是金标准。

**分析**·血液中的铅通常用 GF-AAS、ICP-ES 或 ICP-MS 检测；在组织中也可以使用火焰 AAS。

**正常值**·全血中＜0.05 ppm 或肝脏或肾脏中＜3 ppm 被认为是无毒的暴露。小动物的尿液或血浆卟啉的正常范围尚未确定。人类原卟啉的正常值＜50 mg/dL。如果提交样本进行分析，临床兽医应使用来自正常的、未暴露动物的样本进行比较。

**危险值**·血铅值＞0.3 ppm 表明暴露过多，＞0.4 ppm 通常被认为确认中毒。肝脏或肾脏的铅值＞10 ppm，则支持铅中毒的诊断。

**假象**·一些使用有机螯合剂提取铅而非酸消化的实验室更偏好肝素化的全血。在最低值以上，铅的浓度与临床症状的严重程度并不密切相关，但却是身体负担的反映。如果其他参数（即临床症状、嗜碱性点彩、有核红细胞、尿液或血浆卟啉升高）与中毒一致，那么低至危险值（即 0.15 ppm）的 50% 的数值就可能表明中毒。

**原因**·嗜碱性点彩对铅中毒既不敏感也不特异。当发现嗜碱性点彩并伴有有核红细胞且无网织红细胞增多时，就需要进行铅检测。铅中毒必须与毒性（表 17-1）和其他原因引起的中枢神经系统刺激相区别。中毒最常见于可以接触到旧住房、剥落的油漆和铅制品的年轻的犬（即＜1 岁）。血液中的铅浓度确定暴露情况，通常与中毒情况相关，但与严重程度无关。为了检测长期低水平暴露而血铅浓度相对较低的情况，临床兽医应收集 24 h 尿样，然后注射 EDTA 二钠钙（75 mg/kg，肌内注射），并在 EDTA 之后的 24 h 内获得第二个 24 h 尿样。铅中毒的动物尿铅增加超过 10 倍。

## *MDR1* 基因突变

**适应证**·某些毒物和动物医学中使用的一些药物可能会对特定品种的犬产生异常的毒性。易感性受到编码 P- 糖蛋白的 *MDR1* 基因的影响，P- 糖蛋白是一种药物转运泵，限制药物在血脑屏障的吸收。牧羊犬品种特别容易受到影响。这些品种和其他高风险品种（MCR1 突变＞50%）包括澳大利亚牧羊犬（标准型和迷你型）、牧羊犬、长毛猎犬，所有这些都具有 *MDR1* 基因突变，降低限制药物吸收、分布和排泄的正常能力。其他风险较低的品种有边境牧羊犬、英国牧羊犬、德国牧羊犬、麦克纳布犬、古英国牧羊犬、喜乐蒂牧羊犬和丝绸猎犬。受突变影响的药物包括乙酰丙嗪、布托啡诺、多柔比星、红霉素、伊维菌素、洛哌丁胺、米贝霉素、莫西克丁、利福平、塞拉菌素、长春花碱和长春新碱。

**样本采集**·实验室需要在 EDTA 试管中放置 2 mL 血液，并附上一份提交表格；这应该通过夜间冰冻服务发送。还需提供脸颊刷拭子样本。临床兽医应联系实验室或查看在线说明。

**样本分析**·样本应提交至兽医临床药理实验室，邮政信箱 609（美国邮寄）或 17 VTH（联邦快递或 UPS），华盛顿州普尔曼，991630609；电话为 509-335-3745；传真为 509-335-6309。

**危险值**·实验室可以提供检测的解释。

**假象**·如对检测结果有任何疑问，请与实验室联系。

## 聚乙醛

**常见适应证**·如果患病动物暴露于杀螺剂或固体燃料（即用于营地炉子的固体块，

也被称为“罐装热”)，同时出现急性流涎、震颤、共济失调、抽搐、眼球震颤和呕吐等症状，应考虑聚乙醛中毒。

**样本采集 ·** 可以收集全血、血清和尿液的样本，在分析之前应保持冷冻。尸检样本（即胃内容物、尿液）可确定暴露情况；毒性浓度则无法确定。

**分析 ·** 快速检测聚乙醛的方法是将该杀螺剂放在试管中并慢慢加热。聚乙醛升华，然后形成大量的“降雪”晶体。聚乙醛会被代谢成乙醛，在急性中毒期间，可以通过 GC 或 GC–MS 在血清或尿液中检测到。乙醛会导致代谢性酸中毒（见第 6 章）。

**正常值 ·** 正常动物的血液中不存在聚乙醛。

**危险值 ·** 尚未记录。

**假象 ·** 乙醛也是乙醇的一种代谢产物。在分析过程中可能会形成乙醛，除非在分析前对血液蛋白进行沉淀。

**原因 ·** 聚乙醛中毒具有一定的季节性，还受地理位置的影响。温和湿润的气候（如西海岸、美国东南部）是预期的聚乙醛暴露地区。详细病史与临床症状和可检测到的聚乙醛相关联，可以做出推定诊断。必须将聚乙醛与毒物（表 17–1）和其他引起中枢神经系统兴奋的原因加以区分。

## 非甾体抗炎药

**适应证 ·** 可能的非甾体抗炎药过度治疗或长期治疗的病史表明需要评估潜在的不良反应。已知的大量摄入，或患病动物出现持续的呕吐（通常是出血）、腹泻、黑粪症，和（或）出现少尿或无尿的肾功能损害，应该评估非甾体抗炎药的摄入和影响。

**样本采集 ·** 全血和血清可用于血细胞计数、临床生化分析和尿液分析。建议每天监测红细胞压积。

**分析 ·** 分析通常由 HPLC 完成。

**危险值 ·** PCV 减少、血小板减少、氮质血症、少尿或无尿、胃或肠道出血，这些都是肾脏或胃肠道损害持续存在的原因。中毒犬的非甾体抗炎药值尚未确定，但中毒犬的布洛芬血药浓度可能＞100 μg/mL。在有效治疗的前 48 h 内，药物浓度可能会迅速下降。

**假象 ·** 尚无报道。

**原因 ·** 非甾体抗炎药是前列腺素抑制剂，产生的有益效果是减轻炎症。然而，长期使用或过量使用的不良反应可导致流向肾脏和胃肠道的血液减少，并使胃碳酸氢盐缓冲液的分泌受到影响。可导致进行性肾功能衰竭和胃溃疡。

## 有机磷酸盐和氨基甲酸酯杀虫剂

**适应证 ·** 对于有毒蕈碱症状（如流涎、胃肠动力亢进、瞳孔缩小）、烟碱症状（如肌肉震颤、无力）以及中枢神经系统兴奋或抑制的患病动物，应考虑有机磷（OP）或氨基甲酸酯中毒。

**样本采集 ·** 对于乙酰胆碱酯酶（acetylcholinesterase，AChE）的测定，临床兽医应采集 EDTA 或肝素全血。样本应该冷藏，而不是冷冻。AChE 在冷藏时能至少稳定 3 d；冷冻可能会破坏或降低 AChE 的活性。早期采样对氨基甲酸酯很重要，因为疼痛可能会在接触后 1 ~ 3 h 内自发逆转。对于 OP 化合物，采样时间不那么关键，因为它们在一段时间后（称为老化）会紧密结合。由于血液中可能没有足够的 OP 或氨基甲酸酯残留物来评估诊断，临床兽医应该收集尿液、呕吐物、毛发和潜在的诱饵或喷雾剂进行分析。如果暴露是通过浸泡或喷洒进行的，则可提交毛皮或毛发。

对于死亡的动物，临床兽医应提交整个大脑或至少尾状核（在侧脑室前腹壁下方）。注意，一些 OP 和氨基甲酸酯类杀虫剂有剧毒；医生和主治人员在检查或给中毒动物洗澡时，应佩戴手套或其他防护服，并佩戴口罩和护目镜，以避免自身暴露。

**分析 ·** 对 OP 或氨基甲酸酯类化合物进行直接化学分析，包括对诱饵、杀虫剂、胃内容物和肝脏使用 TSD 或 FPD 进行 GC 分析，或对 OP 进行 GC-MS 分析。有些氨基甲酸酯可以用 GC 分析，但有分解的倾向。HPLC 或 LC-MS 是一种较好的技术。血清拟胆碱酯酶测定不用于动物医学。尽管 OP 和氨基甲酸酯的残留物可能存在于血液或组织中，但非常低的数值和快速的代谢往往阻碍检测。大多数 OP 和氨基甲酸酯会迅速代谢，在接触后数分钟至数小时内可能在血液或组织中检测不到。测定 AChE 的活性通常用于检测 OP 化合物的活性。有几种实验室方法可以使用。

**正常值 ·** 使用不同的 AChE 分析方法。临床兽医应要求实验室提供正常值的范围，并确定抑制的百分比。用 OP 化合物治疗寄生虫，在治疗后的前 1 ~ 7 d 内，AChE 可减少 50%。

**危险值 ·** 如果全血 AChE 被抑制超过 50%，表明暴露于过量的 OP。显著的 CP 或氨基甲酸酯的浓度因怀疑的药剂而异。通常，＞50% 的 AChE 的抑制意味着过度暴露，＞75% ~ 80% 的抑制支持初步诊断为中毒。

**假象 ·** AChE 的值是高度可变的。血液值可能因肝病而升高。在 OP 中毒中，胆碱酯酶的抑制是持续的；在氨基甲酸酯中毒中，胆碱酯酶的值很快恢复正常。

**原因 ·** 典型的临床症状、胆碱酯酶的抑制和检测出的农药通常足以诊断。需要考虑其他毒素（表 17-1 和表 17-2）和其他引起中枢神经系统兴奋或抑制、呕吐和腹泻的原因（见第 9 章）。毒蕈碱、烟碱和中枢神经系统的症状与除虫菊酯中毒相似（后续将讨论）。

## 除虫菊酯和拟除虫菊酯杀虫剂

**适应证 ·** 对于使用浸泡剂或喷雾剂后出现震颤、流涎、呕吐或中枢神经系统兴奋或抑制的动物，应考虑使用除虫菊酯和拟除虫菊酯杀虫剂中毒。除非发生口服或呼吸道暴露，否则很少发生中毒现象。

**样本采集 ·** 由于分析上的困难和解释的问题，动物生前的样本没有用。可以对诱饵或喷雾剂进行分析，以便与标签上的浓度进行比较。可以用毛发或皮毛来确定暴露情况。胃内容物分析证实经口暴露，可能出现脑部除虫菊酯 / 拟除虫菊酯，但其浓度与反应的严重程度没有关联性。冷藏或冷冻均可充分保存。

**分析 ·** 通过 GC-ECD 对喷雾剂、浸泡剂、毛发或毛皮或胃内容物等浓缩来源进行分析。暴露过的动物组织通常含有非常低的浓度。脑的分析已经被用来确认暴露，但与中毒相关的量化并不可靠。除虫菊酯对 AChE 无抑制作用，因此测定 AChE 有助于消除 OP 中毒。

**正常值 ·** 正常动物的组织中不会出现除虫菊酯 / 拟除虫菊酯。

**危险值 ·** 无参考范围。除虫菊酯 / 拟除虫菊酯的存在表明暴露，这必须与病史和临床证据相关联。胃部或毛发上的浓度可能达到几百 ppm，也仅表示暴露，而若大脑中的浓度超过 100 ppm，则表示中毒。

**原因 ·** 由于这些产品在正常使用下是安全的，除虫菊酯或拟除虫菊酯的中毒往往被怀疑，而不是被证实。大多数报告的中毒事件都发生在猫上。对其他毒物（如 OP、氨基甲酸酯）的分析可以帮助排除这些毒物，并确定暴露于除虫菊酯的情况。

## 西米棕榈（苏铁属）

**适应证**·受影响的犬在进食后的几天内出现肝脏坏死；肝脏损伤前的早期症状包括呕吐和腹泻。从共济失调到癫痫发作的神经系统症状可继发于严重的肝脏疾病。这种中毒非常严重，如果不及时治疗，可能致命。

**样本采集**·常规的血液和血清取样可满足临床实验室检查范围，这对西米棕榈的诊断很重要。

**分析**·一般来说，没有关于西米棕榈中有毒物质的常规检测方法。诊断可通过所述的临床化学检测来支持。

**危险值**·特征性变化反映肝功能和血液学数值的改变。可能有白细胞增多（主要是中性粒细胞增多），PCV 增加，总蛋白减少，血小板减少，以及 ACT、PT 和部分凝血活酶时间（PTT）增加。ALT、AST、碱性磷酸酶、胆红素和胆汁酸的增加反映了严重的肝脏疾病。可能发生氮质血症、低白蛋白血症和低血糖。

**假象**·检测中的假象尚不清楚，但其他常见和严重的肝脏毒素可能会出现临床实验室变化。

**原因**·西米棕榈或苏铁棕榈（*Cycas* spp.）是亚热带气候（如佛罗里达州）或在室内作为室内盆栽种植的一种比较常见的观赏植物。该植物的所有部分都有毒，种子中的毒物浓度最高，且最有可能被犬吃掉，西米棕榈中毒的主要影响是肝脏中毒和相关的继发症状。这些毒素是称为苏铁碱和甲基甲酸的糖苷。

## 维生素 D/ 胆钙化醇

**适应证**·接触含有维生素 $D_3$（即胆钙化醇）的化合物的动物，应考虑维生素 D 中毒。常见的商品名称包括 Quintox、Rampage 和 Ortho Rat-B-Gone。诱饵中通常含有 0.075% 的胆钙化醇。临床症状在 1 ~ 2 d 的潜伏期后出现，包括厌食、嗜睡、虚弱和呕吐。犬的肾功能衰竭和高钙血症的类似症状是由过量食用葡萄或葡萄干引起的。

**样本采集**·由于摄入和临床症状出现之间有一段滞后期，收集胃内容物的时间对解读至关重要（见分析）。可以分析血清或血浆（EDTA 或肝素抗凝剂）。样本应在分析前冷藏，如果分析延迟超过 24 h，则应冷冻。明显的高钙血症（即＞14 mg/dL；见第 8 章）高度提示中毒，检测高钙血症比检测胆钙素或其代谢物更容易。在尸检时，应收集肝脏和肾脏以进行维生素 D 代谢物的潜在分析。此外，肾脏的钙浓度是正常水平的 10 ~ 20 倍，可能是支持维生素 D 中毒的有意义的死后样本。

**分析**·诱饵可以进行维生素 $D_3$ 检测。胃内容物或呕吐物可能含有少量（即＜0.01%）的胆钙化醇。由于潜伏期的原因，当临床症状出现时，胃通常已经排空有毒物质。虽然肝脏和肾脏含有维生素 D 代谢物（如 1,25-二羟基胆钙醇），但需要专业检测，主要由 HPLC 或 LC-MS/MS 进行，而不是由临床实验室常规提供。用特殊的钙染色进行组织病理学检查也有助于发现肾脏或血管钙化。尸检分析显示肾脏钙值升高。

**正常值**·血清 1,25- 二羟基胆钙化醇值＜30 pg/mL 被视为正常。正常犬肾的钙值在湿重的基础上为 50 ~ 200 ppm。

**危险值**·血清 1,25- 二羟基胆钙化醇值＞30 pg/mL 表示潜在中毒，＞50 pg/mL 表示中毒。死后肾脏钙浓度＞2000 ppm 和＜8000 ppm 支持胆钙化醇中毒的诊断。

＞8000 ppm 的数值表示有潜在的 EG 中毒。

**假象**·甲状旁腺功能亢进或与高钙血症相关的肿瘤（如淋巴瘤）可产生类似于胆钙素中毒的血钙值（专栏 8–1）。

**原因**·可根据病史、临床症状、高钙血症和氮质血症建立初步诊断。高钙血症的其他常见原因在第 8 章中讨论。

## 木糖醇

**适应证**·早期症状通常以呕吐开始，随后很快（摄入后＜1 h）出现低血糖，表现为沉郁、共济失调、虚弱、震颤或癫痫。肝脏损伤发生在较晚的时间，在摄入木糖醇后 12 ～ 72 h。预计会出现肝脏损伤的症状，包括呕吐、腹泻、黑粪症、黄疸、出血，可能还有肝性脑病。

**样本采集**·常规的血液和血清取样足以满足临床实验室检查的范围，这对于诊断木糖醇中毒很重要。

**分析**·血清或尿液中的木糖醇可以用 GC 或 GC–MS 分析，但必须衍生化。

**危险值**·CBC、临床生化分析、凝血功能、腹部超声和肝活检的肝脏形态是主要检查项目。在最初的 12 h 内出现明显的低血糖；随后的变化包括中性粒细胞增多、血小板减少、PCV 增加，以及 ALT、AST、碱性磷酸酶和胆红素升高。低血钾、多变的血磷和高钙血症常见。凝血参数升高，纤维蛋白降解产物升高。肝活检显示镜下有退行性和坏死性改变。

**假象**·诊断基于临床实验室检查，结果可能与其他原因引起的严重急性肝病或中毒相似。

**原因**·木糖醇天然存在于水果和蔬菜中，含量很低。它还被用作口香糖和糖果，以及一些烘焙食品中的替代甜味剂 / 糖替代品。犬很容易摄入含有木糖醇的食物，过量摄入会导致低血糖，这是胰岛素分泌和肝脏坏死的结果，机制目前尚不清楚。其他影响可能继发于严重的肝脏损伤或坏死。

## 锌

**适应证**·急性呕吐、血尿、血红蛋白尿、黄疸、肾功能衰竭和肝功能衰竭的患病动物应考虑锌中毒。显示胃肠道中有不透射线的物体（如硬币）的 X 线检查是进一步检测的指征。对于正在接受膳食锌治疗以帮助治疗 / 预防铜肝病的犬来说，测量血清锌可能是监测锌状况的有用方法。

**样本采集**·可使用全血（即 EDTA、肝素抗凝剂）或血清进行分析。临床兽医应咨询实验室以确定首选样本。首选不含微量元素的管（如真空容器、紫蓝色塞）。冷藏可提供充分的保存。尸检样本包括肝脏和肾脏。

**分析**·锌的分析是通过火焰 AAS、GF–AAS、ICP–ES 或 ICP–MS 进行。

**正常值**·血清中＜2.0 mg/mL。正常的肝脏锌为 30 ～ 70 ppm（湿重为基础）。

**危险值**·在中毒期间，血清中的锌可能为 3 ～ 10 μg/mL（ppm）。在此期间，肝脏和肾脏的锌浓度可能超过 200 ppm（比正常值增加 6 ～ 8 倍）。

**假象**·带有橡胶密封的塑料注射器可能含有锌，会污染样本。

**原因**·大多数报道的病例是由于摄入含锌的物体（如硬币）。需要排除引起溶血性贫血（见第 3 章）、肾功能衰竭（见第 7 章）和呕吐（表 17–2 和第 9 章）的其他原因。对于不明原因呕吐、肝脏或肾脏疾病和溶血性贫血症状的犬，应进行 X 线检查。呕吐、肝损伤的实验室指标（如碱性磷酸酶和 ALT 增加）、氮质血症和血管内溶血（特别是在腹部 X 线片上观察到胃内金属密度时）高度提示锌中毒。

## 参考文献与推荐阅读

[1] DuVall MD, et al: Case studies of second-generation anticoagulant rodenticide toxicities in nontarget species. *J Vet Diagn Invest* 1:66, 1989.

[2] Lipton RA, Klass EM: Human ingestion of a "superwarfarin" rodenticide resulting in a prolonged anticoagulant effect. *JAMA* 252:3004, 1984.

[3] Osweiler GD, Brutlag AE, Hovda LR, Lee J, editors: *The five minute veterinary consult clinical companion: small animal toxicology*, Ames, Ia, 2010, Wiley-Blackwell.

[4] Peterson ME, Talcott PA, editors: *Small animal toxicology*, ed 2, St. Louis, 2006, Saunders Elsevier.

[5] Spee B, Arends B, Van Wees AM, et al: Functional consequences of RNA interference targeting COMMD1 in a canine hepatic cell line in relation to copper toxicosis. *Anim Genet* 38:168, 2007.

[6] Wu AB, McKay C, Broussard LA, et al: National Academy of Clinical Biochemistry laboratory medicine practice guidelines: recommendations for the use of laboratory tests to support poisoned patients who present to the emergency department. *Clin Chem* 49:357, 2003.

第18章

# 治疗药物监测

Dawn Merton Boothe

药物标签上提供的固定给药方案是为了产生在治疗范围内的血浆药物浓度（plasma drug concentration，PDC）（图 18-1）。PDC 目的保持在最低有效浓度（$C_{min}$）以上，以避免治疗失败，同时保持在最高浓度（$C_{max}$）以下，尽量减少副作用。固定给药方案是基于在正常成年动物小样本群体中进行的药代动力学研究。然而，这些方案通常被用于不健康的动物，这些动物的药物吸收、分布、代谢或排泄（或这些因素的综合）因生理因素（如年龄、性别）、病理因素（导致肾脏或肝脏损伤）或药理因素（如药物相互作用）而发生改变。此外，许多用于动物的药物剂量是基于人类药物的剂量。因此，PDC 可能高于或低于预期，分别增加毒性或治疗失败的风险。在这些情况下，使用治疗药物监测（therapeutic drug monitoring，TDM）对剂量进行个体监测和调整，可以优化药物的疗效和

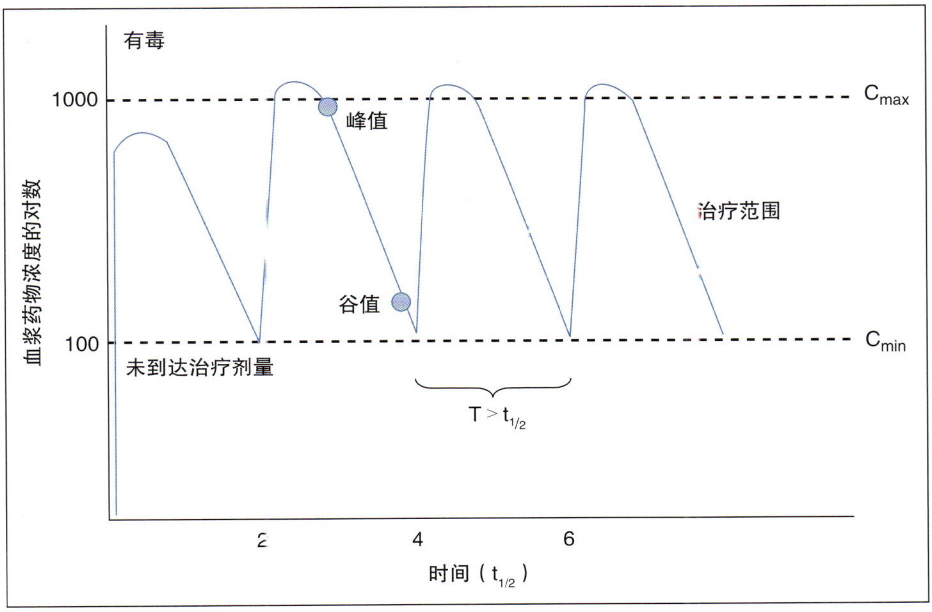


**图 18-1　半衰期（$t_{1/2}$）短于给药间隔的药物多次给药后的血浆药物浓度 PDC**

在本例中，每 4 个半衰期给药 1 次。因为每次剂量的大部分（94%）在下一次剂量之前已被消除，所以 PDC 显著波动，永远不会真正达到“稳定状态”。毒性和亚治疗性药物浓度均可在一次给药间隔内发生；应采集这些药物的峰值和峰谷的样本。

安全性。在动物医学中，TDM 被证明有用，包括一些抗惊厥药（如选定的苯二氮䓬、苯巴比妥、去氧苯巴比妥、左乙拉西坦、溴化钾、唑尼沙胺、加巴喷丁）；抗生素（如氨基糖苷类药物：庆大霉素、阿米卡星）；心脏活性药物（如地高辛、普鲁卡因胺、利多卡因）；茶碱；甲状腺激素（用于补充甲状腺素）；以及免疫调节剂（如环孢素）（表 18–1）。

## 适应证

"启动，检查，怎么样"是对适应证有意义的提示。以下几种情况应用 TDM 来建立患病动物的治疗范围：实现反应或者未能实现反应（即使剂量增加至超过推荐剂量时）（"启动"）；确保浓度没有随着患病动物、药物、饮食或疾病因素而改变（"检查"）；以及在指示毒性或治疗失败的临床症状的情况（"怎么样"）。TDM 可能特别有用的 7 种具体情况是：①药物治疗的临床终点定义不明确或难以检测（如免疫调节剂）；②如果停药，会使患病动物处于危险之中（如抗惊厥治疗）；③治疗指数很窄，表明有效的和有毒性的 PDC（如地高辛、茶碱）之间几乎没有差别；④存在明显的个体间药代动力学差异，因此难以预测 PDC（如苯巴比妥、环孢素）；⑤药代动力学是非线性的，导致迅速累积到潜在的毒性浓度或迅速下降到潜在的亚治疗浓度［如苯巴比妥（猫）］；⑥药物相互作用可能增强毒性（如环孢素和大环内酯类药物、恩诺沙星诱导的茶碱毒性、氯霉素或咪唑诱导的苯巴比妥毒性）；⑦有必要确定患病动物的不依从性或者药物配制不良是否是治疗失败或药物不良反应的原因，或可能发生过量用药。

## 分析和实验室可行性

一般来说，PDC 是用涉及抗体与相关药物的特异性结合的分析方法来测量的。基于抗体的方法容易实现自动化，通常比色谱法和分光光度法更快速、更经济，后者对有限数量的药物来说是必要的。尽管溴化物也可用自动检测方法，但氯化金法仍然是公认的验证标准，各种检测方法可用于准确测量大多数药物的 PDC。当务之急是每一种检测方法都要经过验证才能用于相关的物种，并且实验室产生的结果是准确和可重复的。

美国的大多数兽医学院和许多诊断实验室都提供 TDM。然而，提供的服务范围和使用的分析方法差别很大。在向某一特定实验室提交样本之前，应寻求有关样本处理、运送和质量保证方式的操作信息。当提交样本给通常为人类患者提供服务的机构时，必须要谨慎，不要将人类的推荐治疗范围与动物的推荐治疗范围相混淆（如氯拉酸、溴化物、普鲁卡因胺）。更重要的考虑因素是临床药理学家的建议。

## 误差

假设采用适当的质量保证措施，由于与药物分析有关的错误引起的错误化验结果很罕见。一个值得注意的例外可能是那些可以被代谢掉的药物。如果药物是前体药物（如氯拉酸）或代谢物是活性的（如地西泮），则该分析方法可以理想地测量所有活性化合物。如果代谢物没有活性或仅有弱活性，则此化验应仅针对母体化合物（如苯巴比妥），或检测的治疗范围应反映代谢物。因此，药物的治疗范围可能会因所进行的化验而有所不同。错误的 PDC 数据更可能是由于样本采集

表 18-1　在正常且健康的小型动物中监测药物的治疗药物监测数据

| 药物 | 间隔（h） | 治疗范围* | 消除半衰期† | 达到稳定状态的时间 | 样本采集峰值 | 样本采集谷值 |
|---|---|---|---|---|---|---|
| 阿米卡星 | 24 | 2 ~ 25 μg/mL① | 1 ~ 2 h | ＜1 d | 1 h（仅塑料） | 2 个半衰期（3 ~ 6 h）② |
| 阿司匹林（犬） | 8 ~ 12 | 50 ~ 100 μg/mL | 8 h | 40 h | 2 ~ 4 h | BND |
| 阿司匹林（猫） | 72 | 50 ~ 100 μg/mL | 38 h | 8 d | | |
| 苯二氮草类 | | 100 ~ 200 ng/mL③ | 8 h | 1 d | 2 ~ 5 h | BND[2] |
| 溴化物 | 12 ~ 24 | 1.0 ~ 3.5 mg/mL④（1.4 ~ 3.9 mol/L）（加或不加其他抗惊厥药） | 24 d | 2 ~ 3 个月 | | BND |
| 环孢素 | 12 | 12 h 以上到达谷值⑤ | 6 h | 1 d | 2 h | BND |
| | 12 | 400 ~ 600 ng/mL；肾移植：750 ng/mL 用于诱导，接着 350 ~ 400 ng/mL 用于维持；肛周瘘：100 ~ 600 ng/mL；炎性肠病和其他慢性炎性疾病，250 ng/mL<br>2 h 峰值：800 ~ 1400 ng/mL | | | | |
| | 12 | | | | | |
| 地高辛（犬） | 12 | 0.9 ~ 3.0 ng/mL | 31 h | 7 d | 毒性：2 ~ 5 h⑥（仅玻璃） | 疗效：BND⑤ |
| 地高辛（猫） | 12 ~ 24 | 0.9 ~ 2.0 ng/mL | 32 h | 7 d | | |
| 加巴喷丁 | 8 | 12 ~ 21 μg/mL（70 ~ 120 μmol/L） | 3 h | ＜1 d | 2 h | BND；如果 12h 的用药间隔，则为 8 h。 |
| 庆大霉素（犬） | 12 ~ 24 | 0.5 ~ 1.5 μg/mL① | 0.9 ~ 1.3 h | ＜1 d | 1 h（仅塑料） | 两个半衰期（3 ~ 6 h）② |
| 庆大霉素（猫） | 12 ~ 24 | 5.0 ~ 8.0 μg/mL | | | | |
| 左乙拉西坦 | 8 ~ 12 | 6 ~ 21 μg/mL（32 ~ 120 μmol/L） | 3 ~ 4 h | ＜1 d | 2 h⑦ | BND；如果用药间隔 12 h，则为 8 h |
| 苯巴比妥（犬） | 12 | 20 ~ 45 μg/mL（86 ~ 194 μmol/L） | 32 ~ 75 h | 14 ~ 16 d | 2 ~ 4 h⑦ | BND |
| 去氧苯巴比妥（犬） | 12 ~ 24 | 基于苯巴比妥 | 6.1 h | 14 ~ 16 d | 2 ~ 4 h⑦ | BND |
| 去氧苯巴比妥（猫） | 12 ~ 24 | | | | | |
| 普鲁卡因胺（犬） | 12 | 25 ~ 50 μg/mL⑧ | 2.9 h | ＜1 d（15 h） | 2 ~ 4 h | BND |

续表

| 药物 | 间隔（h） | 治疗范围* | 消除半衰期† | 达到稳定状态的时间 | 样本采集峰值 | 样本采集谷值 |
|---|---|---|---|---|---|---|
| 茶碱（犬） | 8 ~ 12；缓释剂型：12 | 10 ~ 20 μg/mL | 5.7 h | 29 h | 1 ~ 2 h[⑨] | BND |
| 茶碱（猫） | 12 ~ 24；缓释剂型：24 | | 7.9 h | 40 h | | |
| 甲状腺激素 | 12 ~ 24 | 0.8 ~ 1.5 ng/mL（D）[⑩] | 5 ~ 6 h（D） | 24 h[⑪] | 4 ~ 5 h | BND |
| | 12 ~ 24 | 0.8 ~ 1.5 ng/mL（C）[⑩] | | | | |
| | 12 ~ 24 | 1.5 ~ 3.5 μg/dL（D） | 12 ~ 15（D） | 48 ~ 72 h[⑪] | | |
| | 12 ~ 24 | 1.5 ~ 5.0 μg/dL（C）[⑫] | | | | |
| 唑尼沙胺 | 12 | 10 ~ 40 μg/mL[⑬]（35 ~ 180 μmol/L） | 16 ~ 20（D）[⑫] 30（C） | 最多 14 d | 2 h | BND |

注：BND，下一次给药前；C，猫；D，犬。

* 除非另有说明，治疗范围是根据人类患者的情况推断出来的。范围也可能随实验室的研究结果而变化，特别是随用于检测相关药物的仪器而变化。如果仪器的数值已经过合理验证，本表中的数值可能会作废。由于样本大小和检测方法不同，应联系进行检测的具体实验室，了解样本量、适当的收集管、冷藏的需要和其他样本处理的具体情况，以及“正常”范围。

† 这里列出的半衰期是近似值，可能会因患病动物而异。半衰期表示用药间隔期间的波动量和达到稳态的时间。

①氨基糖苷类药物的“目标”峰值浓度取决于感染微生物，特别是感染微生物的最低抑菌浓度（MIC）。目标峰值浓度应该是 MIC 的 8 ~ 10 倍。谷值浓度应等于或低于建议的浓度，以减少毒性。

②对于半衰期很短的药物和低浓度的药物，谷值样本可能不再有可检测的药物。在峰值和谷值样本采集之间等待 1 ~ 2 个预测的药物消除半衰期。这类药物不能达到真正的“稳态”。

③在人类中列出的治疗水平为 600 ng/mL。化验应测量所有苯二氮䓬类药物（母体和活性代谢物）与用药间隔的关系。

④如果负荷给药，在服药后立即采样和 3 周后进行单次采样。如果不负荷给药，则在 3 ~ 4 周后采集单个样本。对于这两种情况，都需在 3 个月后单次采样作为新的基线。

⑤治疗范围随方法的不同而不同。使用转换因子将一种方法确定的结果改变为另一种方法确定的预期结果，这并不如为每种方法建立实验室确定的范围那么理想。应与实验室联系，了解其检测方法的具体范围。人类的范围已基本确定；犬的数据有限。范围是基于检测母体化合物的单克隆免疫测定法。对于某些适应证，特别是慢性炎性疾病，100 ng/mL 的谷值浓度可能可以接受。浓度也可能随检测方法而变化。

⑥建议峰值和谷值两者均使用，因为半衰期可能很短，尤其是对治疗有反应的患病动物；如果担心毒性，可接受单个峰值样本。

⑦如果癫痫发作难以控制，建议使用峰值和谷值。我们的实验室推荐 2 h 的峰值浓度。

⑧建议来自：Papich mg，Davis LE，Davis CA：Procainamide in the dog: antiarrhythmic plasma concentrations after intravenous administration. J Vet Pharmacol Ther 9:359，1986。

⑨对于缓释制剂，一个样本可能就足够。

⑩甲状腺激素的参考范围来自放射免疫测定。每个实验室的数值都可能不同。请联系实验室，如果是在医院里进行，请建立自己的正常范围。无论在哪个实验室，正常和异常之间的重叠都很大，对结果的解读应基于临床症状。

⑪在机体有机会从生理上适应药物治疗之前（即治疗实施后 4 ~ 6 周），不应进行监测。

⑫可在任何时间监测正在治疗甲状腺功能亢进的猫。

⑬人类的治疗范围可能不适用于犬或猫。犬可能需要更高的浓度。某些犬的半衰期可能更长（> 150 h）。

不当造成的。应避免使用血清分离管，因为分离管中的硅凝胶会与样本结合并去除样本中的药物，从而导致假性数值降低。收集管造成测量误差的其他例子，包括氨基糖苷类药物与玻璃管的结合，以及地高辛与红色塞子的结合。应该避免血液样本的溶血和脂血，但它们的影响经常可以忽略不计。一般来说，自动化方法的检测程序应该确定脂血或溶血对准确度的预期影响。

## 实施治疗药物监测

### 处理过程和决定

一般都是监测血清；然而，大多数方法可以测量血浆中的药物浓度。环孢素应在全血中测定。可能会出现与这些一般情况有关的其他偏差，应在绘制和提交样本之前进行检查。如果要立即对样本进行检测，通常不需要特殊的处理（如冷藏、冷冻）。在进行 TDM 之前，应该确定几项原则。其中 3 项是：①何时启动 TDM；②收集的样本数量；③收集样本的时间。由于各实验室之间存在差异，应就样本提交的实验室联系。

### 稳定状态

当开始治疗时，重复和有规律地连续给药可能导致药物的积累。与服药间隔相比，半衰期越长，药物积累的量越大。最终，在每个给药间隔期间消除的药物量等于每次的给药量。此时，已达到稳态平衡；只要剂量和间隔不变，峰值（即药物的最高血药浓度）和谷值（即药物的最低血药浓度）在多个给药间隔内保持恒定。理想情况下，TDM 和临床反应对治疗应在稳定状态下实施，以评估最大的反应。达到稳定状态所需的时间仅取决于药物消除的速度（即药物消除半衰期），与剂量或间隔无关。在多次给药积累的情况下，PDC 在 1 个半衰期（$t_{1/2}$）达到稳态浓度的 50%，2 个半衰期达到 75%，3 个半衰期达到 87.5%，以此类推（图 18–2）。一般来说，在开始以相同剂量方案进行药物治疗后，经过 3 ~ 5 个半衰期，才可以实施 TDM。例如，对于 $t_{1/2}$ 为 72 h 的苯巴比妥，在开始治疗后约 15 d 才应实施 TDM。如果改变给药方案的任何方面，必须经过相同的时间段（即 5 个半衰期）才能重新建立稳态血浆浓度。溴化物是个例外，可以在开始用药后的 1 个半衰期（即 3 周）采集样本，以主动评估用药方案；在 1 个半衰期，药物浓度应接近稳态浓度。达到稳定状态所需的时间（以及其他药代动力学和剂量信息）列于表 18–1。然而，这些时间是基于从样本群体确定的平均半衰期。有些药物（如唑尼沙胺、环孢素）的半衰期的个体差异巨大。药物之间的相互作用可能会导致类似的变化。药物在单个患病动物体内达到稳定状态的时间可以通过测量该患病动物的药物半衰期来确定（即通过采集峰值和谷值样本）。

对于 $t_{1/2}$ 值与给药间隔相比非常短的药物（如庆大霉素 $t_{1/2}$=0.9 ~ 1.3 h；给药间隔 12 ~ 24 h），稳定状态无关紧要，因为药物不会随着重复给药而累积。因此，TDM 可以立即启动（即在第一次服药后或改变剂量后的头几天）。

### 负荷剂量

当临床情况需要立即达到治疗药物浓度时（如癫痫患病动物正在接受溴化物治疗），稳定状态下预测的 PDC 可以更快地实现，方法是先给一次负荷剂量，然后再给予推荐的

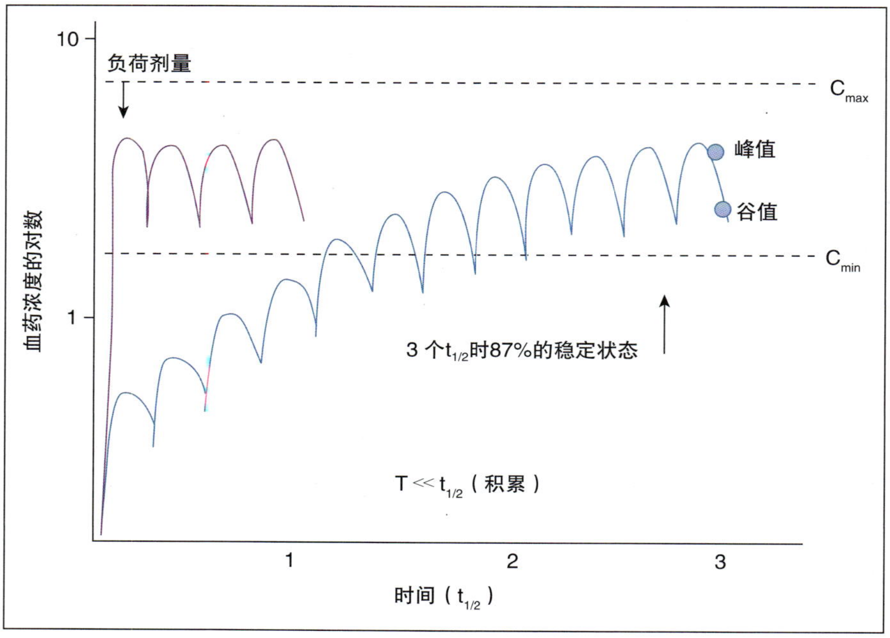


**图 18–2 半衰期（$t_{1/2}$）长于给药间隔的药物多次给药后的 PDC**

在本例中，每个药物半衰期大约给药 2 次。因为在给药间隔期间，每次给药的剂量很少被消除，所以很少发生波动，可以收集单个样本进行监测。为了迅速达到药物作用，可以给予负荷剂量。然而，稳态平衡仍将发生，如果维持剂量不能维持负荷剂量所达到的效果，PDC 可能会增加或减少。

维持剂量（图 18–2）。负荷剂量基于稀释药物的组织的体积；药物的生物利用度也影响非静脉给药的负荷剂量。尽管预测的稳态 PDC 已经通过给药实现，但 PDC 还没有处于稳定状态，而且在患病动物维持剂量的药物在 3 ~ 5 个半衰期达到平衡之前，PDC 不会处于稳定状态。如果维持剂量分别大于或小于在每个给药间隔中消除的剂量，则给药后获得的 PDC 可能增加或减少。特别是对于溴，TDM 应在给药后 1 ~ 3 d 内进行，以确认已达到目标浓度（即预测的稳态浓度），并在一个药物半衰期后再次进行 TDM（即溴化物的 3 ~ 4 周），以确保维持剂量维持在给药后达到的 PDC。尽管使用负荷剂量可减少发生最强烈的反应所需的时间（通过避免缓慢积累到稳定状态），但不良反应的危险要大得多。因此，不建议将负荷量用于治疗指数较窄，且倾向于引起不理想的不良反应（如地高辛）的药物。

## 样本数量

药物半衰期与给药间隔（以及监测目的）之间的关系决定了要采集的样本数量。如果给药间隔长于药物半衰期（如地西泮、左乙拉西坦、加巴喷丁、大多数抗生素、环孢素），则 PDC 在每个给药间隔内波动很大（图 18–1）。假设想要检测药物疗效和安全性，就应该收集 2 个样本，使它们的峰值和谷值浓度相吻合。对于用药间隔相比半衰期长的药物，药物浓度在每个用药间隔期间变化不大，单个样本一般能反映整个用药间隔的 PDC。对于某些药物来说，需要 1 ~ 2 个样本的情况有所不同。对于地高辛，可以考虑同时收集峰值和谷值样本，因为这种药物的治疗指数很窄，而且接受心血管药物治疗的患病动物可能会出现明显的半衰期变化。对于苯巴比妥来说，单次谷值样本通常就足够；然而，由于已经测量到＜24 h 的消除半衰期，临床兽医应该在癫痫发作难以控制的患病动物中同时收集峰值和谷值样本。虽然环孢素的半衰期很短，但从人类推断出的建议可能是基于峰值或谷值样本，或者两者兼有。

### 样本采集的时间

单一样本采集的时间取决于 TDM 的意图。如果对疗效存疑，并且只需一个采样时间，则建议评估谷值浓度，因为该浓度在给药间隔期间总是最低的，因此可以与随后的 TDM 进行比较。相比之下，峰值浓度并不总是同时出现，很难预测，特别是口服药物。通过在下一次给药前立即采集样本，可以很容易地确定谷值浓度。理想情况下，PDC 的谷值不会下降到建议的 $C_{min}$ 以下。对于与用药间隔相比半衰期较短的药物（如氨基糖苷类药物），以及将提交峰值和谷值两个样本的药物，收集谷值样本可能导致浓度检测不到。对于这类药物来说，可以在用药后的 2 ～ 3 个半衰期收集第 2 个样本（而不是真正的谷值样本），但前提是还要收集一个峰值样本，这样才能计算半衰期并预测出谷值浓度。对于毒性，应确定单个峰值样本。

用于确定峰值浓度的样本的时间更难估计，因为这些样本只应在药物吸收和分布完成后采集。特别是口服药物的吸收是可变的，并受到进食的影响（通常必须禁食）。一般情况下，口服后 2 ～ 4 h 达到 PDC 峰值，尽管吸收缓慢的药物需要更长的时间才能达到峰值（如苯巴比妥需要 5 h）。肌内和皮下给药吸收更快（如 30 ～ 60 min）。吸收时间与静脉注射的药物无关，但分布可能需要 1 ～ 2 h。因此，峰值 PDC 通常在肠外给药后 1 ～ 2 h 测量。峰值和谷值样本通常在单次给药间隔期间采集。一个不太理想的方法是收集谷值样本，给患病动物用药，然后再收集峰值样本。

## 修改剂量方案

精确调整剂量方案需要生成药代动力学图谱和计算药代动力学参数，如清除值和分布量，这些参数只有在静脉给药后才能确定，除非已知药物在患病动物中的生物利用率。如果有必要达到这种复杂程度，应该咨询临床药理学专家。可以从收集到的两个（峰值和谷值）样本的数据中产生一个修正的曲线图。对于不需要精确调整剂量且患病动物处于稳定状态的情况，一个相对简单的方法是使用剂量和 PDC 之间的直接比例关系。例如，如果剂量增加 1 倍，产生的 PDC 也将增加 1 倍。反之，如果剂量减半，产生的 PDC 也会减半。下面的剂量调整方程描述了这种关系：

$$新剂量 = \frac{原剂量 \times 目标\ PDC}{已测\ PDC}$$

利用表 18–1 中列出的治疗范围和 TDM 得出的 PDC 结果，可以计算出一个新的调整剂量，以达到理想的目标 PDC。例如，如果给犬服用 8 mg/kg 的唑尼沙胺后测得的峰值 PDC 是 23 μg/mL，并决定增加剂量以达到 35 ng/mL 的目标峰值 PDC，新的剂量可以按以下方式估算：

$$新剂量 = \frac{8\ mg/kg \times 35\ \mu g/mL}{23\ \mu g/mL} = 12\ mg/kg$$

对于半衰期较短的药物，增加剂量可能会导致在给药间隔期间 PDC 过高和过低。修改剂量与给药间隔的决定应考虑到患病动物主人的方便和在给药间隔期间 PDC 的期望波动。尽管消除半衰期的计算为给药间隔的变化提供了一种更准确的方法，但给药间隔也可以按比例改变。药物的消除半衰期可以计算为 $t_{1/2}=0.693/k_{el}$，其中 $k_{el}$ 是在 2 个 TDM 点之间绘制的线的斜率（峰值或 $C_1$，$T_2$；和谷值，$C_2$，$T_2$）：$K_{el}=\ln[C_1/C_2]$ 除以 $t_2-t_1$。必须使用浓度的自然对数（ln），因为药物消除是首要考虑的。可以咨询临床药理学家，以帮助设计给药方案。

临床兽医不应仅根据 PDC 及其与治疗范围的关系来决定修改给药方案。伴随 TDM 结果的治疗范围与伴随临床实验室检测的"正常范围"不同。治疗范围是在很大比例（如 95%）的目标群体对药物治疗有反应的 $C_{min}$ 和 $C_{max}$ 之间。然而，一些动物的反应是在治疗范围之外（低于 $C_{min}$ 或高于 $C_{max}$），而其他动物可能在治疗范围内出现"中毒"。在调整剂量时必须始终考虑临床反应。这对于有效治疗范围和毒性 PDC 范围重叠的药物（如地高辛、甲状腺激素）尤其重要。每当改变剂量时，应继续进行 TDM，以确认患病动物的目标 PDC 已经达到。

虽然 TDM 可以确定患病动物是否达到理想的治疗范围，但它不能用来确定治疗是否成功。当 PDC 在推荐的治疗范围内，但动物没有令人满意的好转，或已经有好转但希望减少剂量时，建议对剂量进行小幅度的"阶梯式"调整。每个增量的大小取决于药物的治疗范围和安全性。如果患病动物对药物的反应不理想，则按比例增加剂量，直到达到预期的反应或达到范围的最大极限，并且不良反应的风险限制了剂量的进一步增加。例如，苯巴比妥（治疗范围：15 ~ 45 μg/mL）可以增加 5 μg/mL，溴化物（治疗范围：1.0 ~ 3.5 mg/mL）可以增加 0.5 μg/mL。每种药物的剂量增加约 25%，以达到递增的效果。同样，如果 PDC 接近或超过范围的最大值（引起可能产生的副作用或毒性的关注），可采用逐步降低的方式来确定控制临床症状，同时避免毒性的最低有效浓度（如抗惊厥治疗）。对于每个剂量的变化，在达到新的稳定状态之前，不应评估反应。

## 特定药物的治疗监测

### 氨基糖苷类（阿米卡星、庆大霉素）

**适应证** · TDM 用于监测由易感细菌引起的危及生命、严重或慢性感染的氨基糖苷类 PDC。

**样本采集** · 一般来说，$C_{max}$（验证疗效）和 $C_{min}$（验证安全性）都需要。目前，用药建议是用药间隔 24 h。理想情况下，$C_{max}$ 应是该药物对感染性生物体最小抑制浓度的 8 ~ 10 倍（基于培养和药敏数据）。$C_{min}$ 的浓度应 <2 μg/mL。由于氨基糖苷类药物的消除半衰期短（即 1 ~ 3h），应在峰值浓度后 4 ~ 6 h 收集谷值浓度，而不是真正的谷值浓度[即"下次给药前"（BND）]，因为在下次给药前不太可能检测到浓度。

**假象** · 氨基糖苷类药物会与玻璃结合。用于 TDM 的样本不应收集在玻璃管中，而在收集后应立即转移到塑料管中。

**剂量调整** · 剂量可根据 $C_{max}$ 按比例增加或减少。如果 $C_{min}$ 高于推荐的谷值浓度，间隔时间应以一个药物半衰期的增量延长（表 18–1）。

## 苯二氮䓬类药物（地西泮、氯氮卓）

**适应证** · TDM 用于确保长期接受药物控制癫痫发作的患病动物的 PDC 不低于 $C_{min}$。通常地西泮用于猫，氯氮卓用于犬。因为这 2 种药物都会被代谢成活性代谢物，所以都要对母体药物和代谢物进行监测。

**样本采集** · 苯二氮䓬类药物的消除半衰期很短，在 8 h 或 12 h 的用药间隔内，PDC 会有明显的波动。建议采集 2 个样本（表 18-1）。

**剂量调整** · 如果在给药间隔期间 PDC 的波动幅度不理想，则应减少间隔时间。剂量应根据 PDC 的需求按比例调整。剂量和间隔时间可同时修改。

## 溴化物

**适应证** · TDM 适用于任何接受该药物的癫痫患病动物。无论使用哪种盐，溴化物都是被测量的活性成分。

**样本采集** · 与用药间隔相比，溴化物的半衰期非常长；因此，单次取样适用于 TDM。推荐使用谷值浓度，但在给药间隔内的任何时间都可以接受。浓度应在基线稳定状态，每隔 3 ~ 6 个月或 12 个月，以及动物癫痫发作时测量。主动监测应在负荷剂量后进行（以确定负荷量达到多少），并在负荷剂量后 3 周再次进行（以确保维持剂量正在维持浓度）。如果没有给予负荷剂量，则在使用维持剂量治疗 3 周后可能会进行主动监测。对于氯离子摄入量或清除量可能发生变化的患病动物，也应实施主动监测（一次半衰期）。在监测溴化物时，强烈建议由临床药理学家会诊。

**假象** · 一些实验室已经验证了一种用于溴化物检测的自动化方法；氯化金方法仍然是公认的标准技术。溴化物会导致氯离子浓度假性升高。

## 环孢素

**适应证** · TDM 适用于接受器官移植的患病动物，以及那些正在接受免疫介导性疾病和部分慢性炎性和过敏性疾病（如哮喘、炎性肠病、肛周瘘）治疗的患病动物。尽管该药物被广泛用于犬猫，但有关治疗范围的信息有限。与人类相比，环孢素在犬猫上的耐受性似乎更好；目前还没有确定毒性浓度，也没有确定适当反应所需的治疗范围。监测以确保浓度不是非常高或在人类建议的范围内，一旦出现反应就确定患病动物的治疗范围、并确保浓度保持不变是合理和推荐的。环孢素会发生许多药物相互作用影响，包括涉及 P-糖蛋白和药物代谢酶。因此，对于接受其他可能与环孢素发生相互作用的药物的患病动物，应实施预防性监测。由于人类常用产品在动物上差异很大，每次更换产品时都应实施监测。因为不同的方法会产生不同的结果，所以应向实验室询问该实验室特定的治疗范围。使用校正因子将一种方法获得的结果调整为另一种方法获得的结果，但给每个实验室的检测方法确定治疗范围效果更好。

**样本采集** · 对于危重患病动物，应同时采集峰值和谷值浓度（表 18-1）。对于大多数情况，建议采集基于谷值（但不是中段）的样本。因为药物会分布到红细胞，所以一般应收集全血。对于危重患病动物，在诱导期间可能需要每周到每 3 周进行一次监测，此后可每月至每 3 ~ 6 个月进行一次。在潜在的药物相互作用的情况下，监测峰值和谷值以便计算出半衰期，应该在开始使用或停止使用相互作用的药物之前和之后 1 ~ 2 周进行。

**剂量调整**·当以 12 h 为间隔给药时，一般应改变剂量。如果以 24 h 为间隔给药，动物的反应很差，应考虑以 12 h 为间隔给药。

## 地高辛

**适应证**·TDM 适用于怀疑对地高辛有中毒反应的患病动物或反应不足的患病动物。

**样本采集**·为了设计最安全和最有效的给药方案，可能需要采集峰值和谷值样本。这对于反应不充分的患病动物或那些由于疾病或药物治疗引起的肝肾功能变化，从而导致地高辛的作用可能出现异常的患病动物更加重要。如果担心毒性问题，单个峰值样本可能就足够。地高辛的吸收和分布可能因使用的产品和患病动物而异，可能需要长达 8 h。建议在 3 ~ 5 h 内达到峰值浓度（表 18-1）。地高辛的半衰期也不同，尽管正常动物的半衰期为 36 h，但在一些动物中短至 12 h。如果要收集单一样本来评估疗效，应收集谷值样本。由于心脏疾病可引起明显的作用变化，在对后负荷治疗、利尿剂治疗或两者一起做出反应之前和之后应实施 TDM，因为随着疾病对治疗的反应，作用可能会发生变化。

**假象**·采集管上的红色塞子可能会与药物结合，降低浓度。

**剂量调整**·如果只采集一个样本，地高辛的剂量应按比例调整。如果同时采集峰值和谷值样本，则应为患病动物生成药代动力学图谱（见上文），并确定适当和方便的给药间隔，同时确定新剂量。

## 加巴喷丁

**适应证**·TDM 适用于任何接受加巴喷丁控制癫痫发作的动物；也可考虑用于治疗镇痛。

**样本采集**·加巴喷丁的半衰期很短，以至于在服药间隔期间 PDC 可能会有明显的波动。建议在基线和治疗失败的情况下进行峰值和谷值采样。为了保证疗效并确保在给药间隔期间浓度保持在 $C_{min}$ 以上，建议对单个样本进行真正的谷值测量。峰值和中期样本都不能预测整个用药间隔的浓度。如果患病动物仍然没有癫痫发作，每隔 6 ~ 12 个月取一次谷值样本。然而，如果患病动物有“突发性”癫痫发作，建议同时提供峰值和谷值样本。

**剂量调整**·加巴喷丁的剂量可按比例调整。然而，对于半衰期短的患病动物，可能需要缩短给药间隔时间。

## 左乙拉西坦

**适应证**·TDM 适用于任何接受左乙拉西坦控制癫痫发作的动物。

**样本采集**·左乙拉西坦的半衰期有明显差异，但在大多数接受常规释放产品的动物上，半衰期非常短。PDC 水平可能在给药间隔内显著波动。建议在基线和治疗失败的情况下采集峰值和谷值样本。为了保证疗效并确保在给药间隔期间浓度保持在 $C_{min}$ 以上，建议对单个样本进行真正的谷值测量。峰值和中期样本都不能预测整个给药间隔的浓度。如果给予缓释产品，建议在开始治疗时测量一个峰值和一个谷值，以建立适当的剂量间隔。如果患病动物没有癫痫发作，可以每隔 6 ~ 12 个月采集一次谷值样本。然而，如果患病动物有“突发性”癫痫发作，建议同时采集峰值和谷值样本。

**剂量调整**·左乙拉西坦的剂量可按比例调整。然而，半衰期短的患病动物可能需要缩短给药间隔。

## 苯巴比妥和去氧苯巴比妥

**适应证**·TDM 适用于接受这些任一控制癫痫发作药物的动物。去氧苯巴比妥被转化为苯巴比妥，所以主要测量苯巴比妥，而不是去氧苯巴比妥。这两种药物在不同动物中的处置方式有很大不同。此外，这两种药物都会诱导药物代谢酶，导致更大的变化。另外，还需要密切关注药物的副作用（即眩晕无力、肝脏毒性），对样本进行安全监测。

**样本采集**·苯巴比妥的半衰期可以短到需要同时采集峰值和谷值样本，也可以长到只需采集谷值样本。建议在基线和即将诱导时，在 1 ～ 3 个月后进行谷值采样（表 18–1）。如果患病动物仍无癫痫发作，可以每隔 6 ～ 12 个月取一次谷值样本。然而，如果患病动物有"突发性"癫痫发作，那么可能需要峰值和谷值样本。

**剂量调整**·苯巴比妥的剂量可以按比例调整。

## 普鲁卡因胺

**适应证**·普鲁卡因胺虽然不是常规用药，但可以对长期控制心律失常反应不佳的患病动物进行监测。

> **注意**：普鲁卡因胺对人的疗效反映了一种在犬上很少形成的活性代谢物。推荐浓度同时反映了普鲁卡因胺及其乙酰化代谢物。

**样本采集**·由于普鲁卡因胺的半衰期足够短，不良药物相互作用的可能性足够大，因此应该同时收集峰值和谷值样本（表 18–1）。也可以使用单个谷值样本来验证疗效。

## 茶碱

**适应证**·TDM 适用于接受该药作为支气管扩张剂但未有充分反应的患病动物，以及怀疑对茶碱有不良反应的患病动物。

**样本收集**·常规茶碱的半衰期很短，所以最好同时收集峰值和谷值样本（表 18–1）。可以收集单一的谷值样本验证疗效。也可以收集单个峰值样本验证安全性（即检测不良反应）。缓释制剂吸收的速度很慢，因此只需要采集单次谷值样本。

**剂量调整**·茶碱的剂量可以按比例调整。如果有峰值和谷值数据，可以修改间隔时间。

## 甲状腺激素

**适应证**·TDM 适用于任何接受甲状腺素补充剂的动物（通常是犬）或正在接受药物治疗的甲状腺功能亢进动物（通常是猫）。因为 $T_4$ 是循环中的重要激素（$T_3$ 主要位于细胞内），所以它通常是被测量的激素。大部分激素与蛋白质结合，因此没有药理活性；因此，$fT_4$ 可能是被检测的首选激素。平衡透析是测量 $fT_4$ 的最准确方法。

**样本采集**·尽管激素的浓度可能迅速达到稳定状态，但机体可能不会立即平衡。对甲状腺激素的生理平衡可能需要 4 ～ 6 周，因此在可能出现平衡之前不用进行监测（表 18–1）。同样，对旨在控制甲状腺功能亢进的药物的反应可能需要 3 ～ 4 周。

**分析**·首选已经在相关物种中验证过的方法。

**剂量调整**·剂量应按比例调整。

## 唑尼沙胺

**适应证**·TDM 适用于任何接受唑尼沙胺来控制癫痫发作的动物。

**样本采集**·唑尼沙胺在犬中的半衰期为 15 ～ 150 h，差异很大。然而，对大多数动物来说，半衰期足够长，PDC 在给药间隔期间不会有明显的波动。对大多数患病动物来说，可以只采集单个谷值样本。对于有危及生命的癫痫发作风险的患病动物或反应不佳的患病动物，或同时接受苯巴比妥的患病动物，可能建议在基线和治疗失败的情况下，同时采集峰值和谷值样本。如果患病动物保持无癫痫发作，每隔 6 ~ 12 个月采集一次谷值样本就足够。唑尼沙胺的治疗范围尚未在犬中确定，但可能超过人类的最大推荐浓度。高 PDC 的唑尼沙胺可能会抑制甲状腺激素的合成，因此可能需要监测甲状腺素。

**剂量调整・**唑尼沙胺的剂量可按比例调整。

## 推荐阅读

[1] Boothe DM: Principles of drug therapy. In *Small animal clinical pharmacology and therapeutics*, ed 2, St. Louis, 2011, Elsevier.

[2] Boothe DM: Factors affecting drug disposition. In *Small animal clinical pharmacology and therapeutics*, ed 2, St. Louis, 2011, Elsevier.

[3] Boothe DM: Therapeutic drug monitoring. In *Small animal clinical pharmacology and therapeutics*, ed 2, St. Louis, 2011, Elsevier.

附录

# 部分参考值清单

Harold Tvedten

## 部分参考值列表

这里提供了部分参考值来指导实验室结果的解读。参考文献中的参考值或信息的其他来源在表格中分别列出。必须为当下使用的仪器和方法建立当下的参考值，以便对这些仪器做出的结果进行最佳解读。每次购买新仪器都很难找到 120 只“正常”和有代表性的犬和猫，但至少应该使用 20 只动物将新方法的结果与公认的参考值进行比较，公认的参考值应使用至少 120 只正常动物。

血液学数值，如血红蛋白浓度和白细胞计数，被认为有些“通用”，但不同类型的仪器——甚至在一种类型和型号的仪器的结果中可能存在明显差异，这与仪器的校准和所使用的软件版本有关。例如，不同的血液学仪器使用不同的染色和方法来测定网织红细胞，一些参考值在仪器类型之间存在明显差异。Sysmex XT-2000iV 检测到的网织红细胞多于 Advia 120（见附表 1），而 Laser Cyte 检测到的网织红细胞较少。

来自西门子 Advia 120 的犬和猫的自动化血液学结果的参考值见附表 1 和附表 2，该表基于 Moritz 等修改的文献结果 [1]，但这些结果与其他仪器的结果不同。请注意，来自自动化仪器的白细胞分类计数不计数未分段的中性粒细胞；因此，需要手动分类白细胞计数以显示核左移。无论是 Advia 2120、Sysmex XT-2000iV、Laser Cyte，还是 Cell-Dyn 仪器都不能正确检测犬和猫的嗜碱性细胞；因此，没有列出嗜碱性细胞的自动化结果。同样，凝血功能和临床生化结果也会因仪器、方法，甚至在不同时间购买的不同批次试剂而有所不同。

## 参考文献与推荐阅读

[1] Moritz A, Fickenscher Y, Meyer K, et al: Canine and feline hematology reference values for the Advia 120 hematology system. *Vet Clin Pathol* 33:32, 2004.

附表 1　Advia 120 和 Sysmex XT-2000IV 仪器的犬全自动血液学参考值

| 参数 * | 单位 | Advia 120 | | Sysmex XT-2000iV | |
|---|---|---|---|---|---|
| | | 平均值 | $2.5^{th}$ ~ $97.5^{th}$ 百分位 | 平均值 | $2.5^{th}$ ~ $97.5^{th}$ 百分位 |
| RBC | $10^{12}$/L | 7.56 | 5.68 ~ 9.08 | 6.3 | 5.1 ~ 7.6 |
| Hb | g/dL | 17.07 | 13.77 ~ 20.38 | 15.8 | 12.4 ~ 19.2 |
| HCT | L/L | 0.52 | 0.42 ~ 0.62 | 0.43 | 0.35 ~ 0.52 |
| MCV | fL | 69 | 63 ~ 75 | 66 | 60 ~ 71 |

续表

| 参数* | 单位 | Advia 120 | | Sysmex XT-2000iV | |
|---|---|---|---|---|---|
| | | 平均值 | $2.5^{th}$ ~ $97.5^{th}$ 百分位 | 平均值 | $2.5^{th}$ ~ $97.5^{th}$ 百分位 |
| MCH | pg | 23 | 20 ~ 25 | 24 | 22 ~ 26 |
| MCHC | g/dL | 32.9 | 31.6 ~ 34.4 | 36.6 | 34.4 ~ 38.1 |
| CHCM | g/dL | 31.3 | 29.7 ~ 32.8 | — | — |
| RDW | % | 12.6 | 12.0 ~ 13.2 | 16.2 | 13.2 ~ 19.1 |
| WBC | $10^9$/L | 10.55 | 5.84 ~ 20.26 | 11.0 | 5.6 ~ 20.4 |
| LUC | % | 1.0 | 0.6 ~ 1.7 | — | — |
| 总中性粒细胞 | $10^9$/L | 6.22 | 4.27 ~ 9.06 | 6.6 | 2.9 ~ 13.6 |
| 淋巴细胞 | $10^9$/L | 3.08 | 2.04 ~ 4.66 | 2.6 | 1.1 ~ 5.3 |
| 单核细胞 | $10^9$/L | 0.51 | 0.24 ~ 2.04 | 0.7 | 0.4 ~ 1.6 |
| 嗜酸性粒细胞 | $10^9$/L | 0.35 | 0.10 ~ 1.20 | 0.9 | 0.1 ~ 3.1 |
| LUC | $10^9$/L | 0.11 | 0.03 ~ 0.58 | — | — |
| 网织红细胞 | % | 0.65 | 0.14 ~ 1.48 | 0.89 | 0.3 ~ 2.4 |
| 网织红细胞 | $10^9$/L | 48.8 | 10.9 ~ 111 | 58.2 | 19.4 ~ 150 |
| PLT | $10^9$/L | 338 | 173 ~ 486 | 316 | 108 ~ 562 |
| MPV | fL | 11.5 | 8.6 ~ 14.4 | 10.6 | 9.1 ~ 12.7 |

* 数据来源：Moritz A, Fickenscher Y, Meyer K, Fuling K, Weiss dJ: Canine and feline hematology reference values for the Advia 120 hematology system. Vet Clin Pathol 33:32, 2004.

## 附表 2 Advia 120 型血细胞分析仪的猫血液学参考值

| 参数* | 单位 | 分布 | 平均值 | $2.5^{th}$ ~ $97.5^{th}$ 百分位 |
|---|---|---|---|---|
| RBC | $10^{12}$/L | Log-normal | 8.13 | 5.9 ~ 11.2 |
| Hb | g/dL | Gaussian | 11.71 | 8.2 ~ 15.3 |
| HCT | L/L | Other | 0.38 | 0.24 ~ 0.46 |
| MCV | fL | Gaussian | 45.97 | 37 ~ 55 |
| MCHC | g/dL | Other | 31.17 | 26.2 ~ 35.9 |
| RDW | % | Other | 16.46 | 13.8 ~ 21.1 |
| WBC | $10^9$/L | Log-normal | 11.99 | 7.73 ~ 18.6 |
| 总中性粒细胞 | $10^9$/L | Gaussian | 7.83 | 3.1 ~ 12.5 |
| 淋巴细胞 | $10^9$/L | Log-normal | 3.13 | 1.3 ~ 7.5 |
| 单核细胞 | $10^9$/L | Log-normal | 0.37 | 0.1 ~ 1.1 |
| 嗜酸性粒细胞 | $10^9$/L | Log-normal | 0.36 | 0.1 ~ 2.2 |
| LUC | $10^9$/L | Log-normal | 0.04 | 0 ~ 0.4 |
| 网织红细胞 | % | Log-normal | 0.23 | 0.0 ~ 1.2 |
| 网织红细胞 | $10^9$/L | Log-normal | 18.56 | 4 ~ 94 |
| PLT | $10^9$/L | Other | 281.34 | 42 ~ 630 |
| MPV | fL | Log-normal | 15.02 | 10 ~ 26 |

* 数据来源：Moritz A, Fickenscher Y, Meyer K, Fuling K, Weiss dJ: Canine and feline hematology reference values for the Advia 120 hematology system. Vet Clin Pathol 33:32, 2004.

附表 3 凝血功能参考值

| | 检测 | 单元 | 犬 | 猫 |
|---|---|---|---|---|
| 凝血 | 血小板 * | $\times 10^3/\mu L$ | 166 ~ 575 | 230 ~ 680 |
| | PT* | s | 5.1 ~ 7.9 | 8.4 ~ 10.8 |
| | aPTT* | s | 8.6 ~ 12.9 | 13.7 ~ 30.2 |
| | 纤维蛋白原 | mg/dL | 100 ~ 245 | 110 ~ 370 |
| | FDP | μg/mL | ＜10 | ＜10 |

* 1999 年在密歇根州立大学兽医临床中心实验室用 Fibrometer 系统进行了凝血试验。猫的数值来自 Killingsworth C: Screening coagulation tests in the cat. Vet Clin Pathol 14:19, 1985.

附表 4 将常用单位转换为国际单位制的部分因素

| 物质 | 通用单位 | × | 换算系数 | = | 国际单位 |
|---|---|---|---|---|---|
| 白蛋白（蛋白质） | g/dL | | 10 | | g/L |
| 氨 | μg/dL | | 0.587 | | μmol/L |
| 重碳酸盐 | mEq/L | | 1 | | mmol/L |
| 胆汁酸 | μg/mL | | 2.45 | | μmol/L |
| 胆红素 | mg/dL | | 17.1 | | μmol/L |
| 钙 | mg/dL | | 0.25 | | mmol/L |
| 总 $CO_2$ | mEq/L | | 1 | | mmol/L |
| $Pco_2$ | mmHg | | 0.133 | | kPa* |
| 胆固醇 | mg/dL | | 0.026 | | mmol/L |
| 氯化物 | mEq/L | | 1 | | mmol/L |
| 肌氨酸酐 | mg/dL | | 88.4 | | μmol/L |
| 叶酸 | ng/mL | | 2.27 | | nmol/L |
| 葡萄糖 | mg/dL | | 0.0555 | | mmol/L |
| 胰岛素 | μIU/mL | | 0.0417 | | μg/L |
| 铁 | μg/dL | | 0.179 | | μmol/L |
| 镁 | mg/dL | | 0.411 | | mmol/L |
| $Po_2$ | mmHg | | 0.133 | | kPa* |
| 磷酸盐 | mg/dL | | 0.323 | | mmol/L |
| 钾 | mEq/L | | 1 | | mmol/L |
| 钠 | mEq/L | | 1 | | mmol/L |
| 尿素氮 | mg/dL | | 0.357 | | mmol/L |
| 木糖 | mg/dL | | 0.067 | | mmol/L |
| 酶 | IU/L | | 0.017 | | μkat/L† |

续表

| 物质 | 通用单位 | × | 换算系数 | = | 国际单位 |
|---|---|---|---|---|---|
| 淀粉酶 | Somogyi units/dL | | 1.85 | | IU/L |
| ALT (SGPT) | Karmen units/mL | | 0.48 | | IU/L |
| 脂肪酶 | Cherry–Crandall units/mL | | 278 | | IU/L |
| 血细胞 | Cells/μL | | 1 000 000 | | Cells/L‡ |

数据来源：Kaneko JJ: Clinical biochemistry of domestic animals, ed 3, New York, 1980, Academic Press, pp 785 ~ 791; Lehmann hP, Henry JB: SI units. in henry JB, editor: Clinical diagnosis and management by laboratory methods, ed 17, Philadelphia, 1984, WB Saunders, pp 1428 ~ 1450.

*kPa，千帕。

†1 kat，1 katal（即 1 mol/s），用于报告酶活性，但大多数实验室以国际单位 IU/L 或 U/L（即 1 μmol/min）报告血清酶活性。

‡ 报告为 $10^9$/L。